ÉLÉMENTS

DE

BOTANIQUE

PARIS. — IMP. SIMON RAÇON ET COMP., RUE D'ERFURTH, 1.

ÉLÉMENTS

DE

BOTANIQUE

Comprenant

**L'ANATOMIE, L'ORGANOGRAPHIE
LA PHYSIOLOGIE DES PLANTES, LES FAMILLES NATURELLES
ET LA GÉOGRAPHIE BOTANIQUE**

PAR

P. DUCHARTRE

DE L'INSTITUT (ACADÉMIE DES SCIENCES)

PROFESSEUR DE BOTANIQUE A LA FACULTÉ DES SCIENCES
DE PARIS

MEMBRE DE LA SOCIÉTÉ IMPÉRIALE ET CENTRALE D'AGRICULTURE DE FRANCE, ETC.

AVEC

506 figures dessinées d'après nature par **A. RIOCREUX**

ET INTERCALÉES DANS LE TEXTE

PARIS

J. B. BAILLIÈRE et FILS

LIBRAIRES DE L'ACADÉMIE IMPÉRIALE DE MÉDECINE

rue Hautefeuille, 19 (près le boulevard Saint-Germain)

Londres | **Madrid**

HIPPOLYTE BAILLIÈRE | C. BAILLY-BAILLIÈRE

LEIPZIG, E. JUNG-TREUTTEL, 10, QUERSTRASSE

1867

ÉLÉMENTS

DE

BOTANIQUE

INTRODUCTION

La partie de l'Histoire naturelle qui a pour objet l'étude des *Plantes* ou *Végétaux* est la BOTANIQUE (*Botanica, res herbaria*), ainsi nommée d'un mot grec (βοτάνη, herbe, plante) qui désignait les êtres dont elle s'occupe. De là ceux qui cultivent cette belle et utile science sont appelés *Botanistes*.

Dans l'ordre général de la nature, les végétaux jouent un rôle dont il est aisé d'apprécier l'importance majeure : d'un côté, ils forment la riante parure de la terre qui, sans eux, ne serait qu'un horrible désert; de l'autre, ils fournissent directement ou indirectement la nourriture de l'homme et des animaux, et par là leur présence à la surface du globe est la condition nécessaire de la vie animale.

En effet, puisant diverses matières dans le sol et dans l'atmosphère, ils les élaborent pour les transformer en composés variés qu'ils incorporent à leur substance, et celle-ci suffit à elle seule pour nourrir un grand nombre d'animaux (herbivores, frugivores, granivores); puis ces animaux à leur tour deviennent la proie de ceux que l'on qualifie de carnivores, parce qu'ils vivent de chair, c'est-à-dire parce qu'ils exigent pour leur alimentation des substances préalablement animalisées. C'est ainsi que les plantes forment l'intermédiaire indispensable et comme le trait d'union entre le règne inorganique (terre, eau, air, etc.) et les êtres (animaux) que leur perfection place aux degrés supérieurs dans le règne organique.

Pour arriver à une connaissance complète des végétaux qui sont l'objet spécial de ses études, la botanique les envisage à des points de vue divers, et, pour ce motif, on la subdivise en plusieurs branches dont chacune correspond à l'un de ces points de vue. Ces branches de la science ont pris naissance successivement, à mesure que les travaux d'un grand nombre de savants étendaient les limites de son domaine ou en faisaient mieux connaître les différentes parties.

I. Les plantes sont des êtres *organisés* et *vivants*, c'est-à-dire qu'elles sont formées de parties configurées et construites de manières spéciales ou bien d'*organes* (racine, tige, feuilles, etc.) et que leurs parties ou organes jouent des rôles particuliers (*fonctions*) concourant tous à l'effet général qu'on exprime par le mot de *vie*. La branche de la botanique qui étudie les organes et leurs fonctions n'a pris tout son développement et presque sa naissance que dans les temps modernes, grâce aux progrès de l'art d'observer, grâce surtout aux perfectionnements qui ont été apportés aux instruments d'observation. Les botanistes du siècle dernier la nommaient *Physique végétale* ou *Physique des plantes*, dénomination commode, mais qui causerait peut-être aujourd'hui quelque équivoque, et à laquelle on peut substituer celle de Botanique physiologique.

La botanique physiologique ou physique végétale s'occupe donc des organes des plantes et des fonctions qu'ils sont chargés de remplir; de là elle se divise naturellement en deux parties consacrées, l'une à l'étude des organes, l'autre à celle des fonctions. En outre, ces organes et ces fonctions peuvent rester dans les conditions normales ou bien subir des altérations, des dérangements, et cette nouvelle considération a fait naître diverses sections de la science désignées par des noms qu'il est indispensable de connaître, parce qu'on en fait un usage fréquent.

A. L'étude des organes des plantes considérés à l'état normal et tels qu'ils s'offrent habituellement à nos yeux, dans leur ensemble comme dans leurs parties, constitue l'*Organographie* (de ὄργανον, organe, et γράφω, j'écris, je dépeins), à laquelle se rattache intimement l'examen spécial des formes diverses qu'ils peuvent revêtir, tout en restant les mêmes au fond, c'est-à-dire la

Morphologie (de μορφή, forme, et λόγος, discours, traité) [1]. Elle se complète par la recherche, grâce aux dissections et au microscope, des éléments anatomiques élémentaires qui se groupent et s'unissent de manières diverses pour en composer la substance, c'est-à-dire par la branche que les botanistes appellent l'*Anatomie végétale* ou la *Phytotomie* (de φυτόν, plante, et τομή, section).

Quant à l'examen des organes dans un état anormal, c'est-à-dire tels qu'on les voit lorsque des influences qui nous sont presque toujours inconnues en ont altéré la configuration régulière pour en faire des monstruosités, il est l'objet de la *Tératologie végétale* (de τέρας, τέρατος, prodige, monstre, et λόγος, discours, traité), section intéressante dont le but philosophique est de faire servir l'observation et l'interprétation des anomalies à la connaissance plus approfondie de l'organisation végétale.

B. L'histoire des fonctions remplies par les organes de la vie végétale dans son ensemble forme l'objet spécial de la *Physiologie végétale* (de φύσις, nature, et λόγος, discours, traité). Cette branche éminemment intéressante de la botanique, qui nous révèle la série des phénomènes grâce à l'accomplissement desquels les plantes vivent, et qui en outre éclaire de vives lueurs les diverses pratiques de la culture, a subi un démembrement important le jour, peu éloigné de nous, où quelques botanistes ont porté toute leur attention sur la marche du développement des organes, en vue surtout d'en faire mieux comprendre l'état définitif ou adulte, et ont ainsi donné naissance à l'*Organogénie végétale* (de ὄργανον, organe, et γίνομαι, naître).

Lorsque les fonctions des organes sont altérées, que la vie est dérangée dans sa marche régulière et normale, la plante devient malade. La connaissance des maladies des plantes, qui est d'une haute utilité pour la culture, forme l'objet spécial de la *Nosologie végétale* (de νόσος, maladie, et λόγος, discours, traité), à laquelle divers auteurs ont appliqué le nom de Pathologie végétale, par analogie avec la branche correspondante de la médecine humaine; mais cette dénomination semble être peu convenable lorsqu'il s'agit d'êtres privés de sensibilité.

II. Les végétaux existent à la surface du globe en nombre tellement considérable que, sans l'emploi de classifications rigoureusement méthodiques, il serait à peu près impossible de tirer

---

[1] Aug. Saint-Hilaire définit la Morphologie : « L'Organographie expliquée par les transformations auxquelles sont soumises les parties des végétaux. » (*Leçons de Morphol.*, p. 17.

parti des ouvrages dans lesquels ils sont catalogués. D'un autre côté, pour que chacun d'eux puisse être reconnu, il faut qu'il soit décrit méthodiquement et avec exactitude. La partie de la science qui enseigne à décrire et à classer les plantes est la BOTANIQUE SYSTÉMATIQUE, dans laquelle on distingue la *Taxonomie* (de τάξις, arrangement méthodique, et νόμος, loi, règle), qui pose les lois fondamentales des classifications, et la *Phytographie* (de φυτόν, plante et γράφω, j'écris, je dépeins), qui enseigne l'art de décrire. A ces deux parties se rattachent les règles de la nomenclature ou de la langue botanique ; celles-ci font l'objet propre de la *Terminologie* (de *terminus*, terme, et λόγος, discours, traité), dont le nom moitié grec et moitié latin a été avantageusement remplacé par celui de *Glossologie* (de γλῶσσα, langage, et λόγος, discours, traité).

C'est une erreur fort répandue de voir dans la botanique systématique, ou même dans la seule nomenclature, la botanique tout entière. La simple division de cette science que j'expose en ce moment suffit pour montrer que ce n'en est qu'une partie, importante sans doute, mais non unique, à beaucoup près.

III. Les plantes ne sont pas distribuées au hasard sur la surface de la terre, et, d'un autre côté, en pénétrant au-dessous de cette surface, dans la profondeur des terrains qui concourent à la formation de l'écorce terrestre, on reconnaît que beaucoup d'entre elles existaient à des époques géologiques plus ou moins reculées, dont leurs restes enfouis et passés à l'état fossile aident à déterminer l'ancienneté. A ce point de vue de la distribution des végétaux sur la terre actuelle et dans la profondeur de ses couches, on distingue une troisième division de la science qu'on serait peut-être autorisé à nommer BOTANIQUE TOPOGRAPHIQUE. Dans celle-ci rentrent : la *Géographie botanique*, qui s'occupe de la répartition des plantes sur la surface de notre globe, et la *Botanique fossile*, qui s'attache à reconnaître celles dont les restes ont été enfouis dans la profondeur des terrains.

IV. Enfin les nombreux usages des plantes et de leurs produits en médecine, en agriculture et horticulture, pour l'économie domestique, dans l'industrie, etc., ont fait admettre, pour notre science, une quatrième et dernière grande division qu'on a désignée, dans son ensemble, sous le nom de BOTANIQUE APPLIQUÉE. Celle-ci comprend la *Botanique médicale*, la *Botanique agricole*, la *Botanique horticole*, la *Botanique économique*, la *Botanique industrielle*, etc., dont les dénominations seules indiquent suffisamment l'objet.

La subdivision de la science des plantes, telle que je viens de l'exposer, peut être résumée en un tableau synoptique qui permette d'en embrasser l'ensemble d'un coup d'œil.

La botanique étudie les plantes ou végétaux au point de vue

De leur organisation et de leur vie.	I BOTANIQUE PHYSIOLOGIQUE Elle étudie	les organes	à l'état normal.	ANATOMIE VÉGÉTALE...	Structure élémentaire.
				ORGANOGRAPHIE.....	Étude des organes.
				MORPHOLOGIE......	Étude des formes que revêtent les organes.
			à l'état anormal ou monstrueux.	TÉRATOLOGIE......	Étude des monstruosités.
		les fonctions	à l'état normal.	PHYSIOLOGIE.......	Fonctions des organes et vie de la plante.
				ORGANOGÉNIE......	Développement des organes.
			à l'état anormal ou morbide.	NOSOLOGIE VÉGÉTALE...	Maladies des plantes
De leur classement et de leur description.	II BOTANIQUE SYSTÉMATIQUE. Elle comprend			TAXONOMIE.......	Classifications et leurs règles.
				PHYTOGRAPHIE.....	Descriptions et style descriptif.
				GLOSSOLOGIE......	Nomenclature et langue botanique.
De leur distribution sur et dans la terre.	III BOTANIQUE TOPOGRAPHIQUE. Elle comprend			GÉOGRAPHIE BOTANIQUE...	Distribution des plantes sur la terre.
				BOTANIQUE FOSSILE...	Succession des plantes fossiles dans les couches de la terre.
De leur utilité directe.	IV BOTANIQUE APPLIQUÉE. Elle se subdivise en			BOTANIQUE MÉDICALE...	Plantes médicinales.
				BOTANIQUE AGRICOLE...	Plantes de la grande culture.
				BOTANIQUE HORTICOLE..	Plantes des jardins.
				BOTANIQUE ÉCONOMIQUE..	Plantes potagères et fruitières.
				BOTANIQUE INDUSTRIELLE.	Plantes industrielles, etc.

Cet exposé de la division de la botanique en plusieurs branches et sections me permet d'indiquer maintenant le plan de ces *Éléments*. L'ouvrage entier sera divisé en trois parties.

La PREMIÈRE PARTIE en sera consacrée à la botanique physiologique considérée dans ses différentes subdivisions, parmi lesquelles je ne laisserai de côté que la Tératologie et la Nosologie, dont l'objet est trop spécial pour qu'elles puissent trouver place dans un livre élémentaire. Pour rendre aussi complète que possible l'histoire de chaque organe en particulier, je l'examinerai successivement en lui-même, dans son développement, dans sa structure anatomique et dans les phénomènes dont il est le siége; en d'autres termes, j'en présenterai, dans un même chapitre, l'Organographie et la Morphologie, l'Organogénie, l'Anatomie et la Physiologie. Je ne réserverai, pour en faire le sujet d'un chapitre distinct et séparé, que les grands phénomènes de la vie végétale à l'accomplissement desquels concourent plusieurs organes ou même l'ensemble de la plante.

A notre époque, et je ne pense pas qu'il y ait lieu de s'en plaindre, à côté des données de la science pure, on aime à trouver exposées ou au moins indiquées les applications utiles ou pratiques qui peuvent en être faites. Aussi aurai-je soin de joindre à l'examen de chaque organe et à l'histoire de chaque acte physiologique l'indication des principaux faits d'application qui s'y rattachent, surtout celle des opérations de la culture qui en reçoivent ou leur explication naturelle ou une direction plus sûre et mieux raisonnée.

La DEUXIÈME PARTIE de cet ouvrage sera consacrée à la botanique systématique. Après avoir exposé sommairement les principes fondamentaux des classifications et les lois de la nomenclature établies par l'immortel Linné, je m'attacherai à l'étude de l'arrangement méthodique des végétaux, tel qu'il est admis depuis A. L. de Jussieu, c'est-à-dire de la Méthode naturelle, et je présenterai l'histoire abrégée des principaux groupes naturels de plantes, désignés sous le nom de Familles végétales. Bien qu'il faille laisser aux ouvrages spéciaux l'énumération détaillée des plantes qui intéressent la médecine, la culture, l'industrie, etc., je ne négligerai pas de joindre à l'article concernant chaque famille l'indication des végétaux dont il ne semble guère permis d'ignorer le nom, en raison de leur utilité majeure.

Dans la TROISIÈME PARTIE, je donnerai un résumé succinct de géographie botanique réduit à l'exposé des causes qui déterminent la distribution des plantes sur notre globe, ainsi qu'aux grands faits généraux de cette distribution. Pour pénétrer plus avant dans l'étude de cette partie de la botanique, je devrais m'appuyer sur une connaissance assez approfondie de la population végétale de la terre, et il ne serait pas logique de supposer des notions si étendues chez les lecteurs d'un ouvrage élémentaire.

Lorsqu'il s'agit de faire connaître l'organisation des êtres vivants, un texte, fût-il même rigoureusement méthodique et parfaitement clair, ne saurait suppléer à l'absence de dessins reproduisant avec fidélité l'aspect et la forme des objets. Aussi l'éditeur de ces Éléments a-t-il tenu à y intercaler les figures qui devaient en faciliter l'intelligence. Annoncer que ces figures ont été dessinées par M. Riocreux et gravées par M. F. Leblanc, c'est dire qu'elles doivent réunir une exactitude rigoureuse à un rare mérite artistique. A fort peu d'exceptions près, elles ont toutes été exécutées d'après nature par M. Riocreux, et l'auteur même de ce livre n'a osé se substituer à cet habile dessinateur que dans les cas où le dessin devait reproduire des préparations délicates observées au microscope.

Quant au texte, j'ai fait tous mes efforts pour qu'il reproduisît fidèlement, sous une forme élémentaire et dans un cadre restreint, l'état actuel de la science. Puissè-je n'être pas resté trop loin du but que je m'étais proposé! Ayant à résumer les observations et les découvertes d'un grand nombre de savants, j'aurais voulu donner toujours la citation exacte de leurs ouvrages, pour faciliter la vérification sur les textes originaux; malheureusement les bornes étroites de ces Éléments ne m'ont permis que dans les cas les plus essentiels de satisfaire mon désir à cet égard. J'espère que les auteurs et les lecteurs voudront bien me pardonner un tort qui n'a pas été volontaire.

PREMIÈRE PARTIE

BOTANIQUE PHYSIOLOGIQUE OU ÉTUDE DES ORGANES ET DES FONCTIONS

La connaissance de l'organisation végétale, qui est la seule base rationnelle et solide des études en botanique, ne peut être acquise que par un examen attentif des organes dont la réunion constitue la *Plante*. Cet examen des organes, pour être complet, pour satisfaire pleinement l'esprit, doit porter essentiellement sur chacun d'eux, considéré dans son ensemble et dans les parties qu'il peut présenter ; mais, en outre, il doit pénétrer dans les détails intimes de leur structure et arriver jusqu'aux éléments anatomiques fondamentaux dans lesquels, en définitive, s'accomplissent les actes physiologiques dont la résultante générale est la *vie*. Or, ces éléments anatomiques, agrégés presque toujours en nombre immense pour composer une plante, et dont l'*Anatomie végétale* ou *Phytotomie* nous donne la connaissance, sont de dimensions assez faibles pour que le miscroscope seul puisse en permettre l'observation. D'un autre côté, ils subissent des modifications nombreuses de forme et d'agencement, soit dans les divers organes d'une même plante, soit dans des plantes différentes, bien que leur constitution essentielle présente une uniformité remarquable. En raison de ces circonstances, on peut se demander quel est le moment le plus favorable pour faire de ces éléments anatomiques l'objet d'une étude dont personne n'a jamais contesté la nécessité. Faut-il, dans un ouvrage élémentaire tel que celui-ci, par ce motif que l'œil ne peut les observer sans le secours d'instruments grossissants, en renvoyer l'examen à l'époque où les organes eux-mêmes auront été tous étudiés, mais incomplétement et abstraction faite de leur structure anatomique, c'est-à-dire des particularités qui permettent d'en comprendre ou d'en expliquer le jeu physiologique, qui même, dans plusieurs cas, en fournissent le caractère essentiel ? Doit-on, au contraire, exposer, relativement à ces matériaux constitutifs de l'organisation végétale, les généralités essentielles, les notions fondamentales, dès le début des études botaniques, pour faire ensuite à chaque organe en particulier l'application de ces données une fois posées, et pour compléter ainsi à la fois l'histoire des organes et celle de la structure intime des végétaux ?

Cette dernière marche me semble être la seule logique, la seule qui satisfasse l'esprit et qui conduise, sans retards inutiles comme sans répétitions fastidieuses ni omissions injustifiables, au but final des études botaniques, c'est-à-dire à une connaissance approfondie de l'organisation végétale. Je crois donc devoir la suivre dans ces *Éléments*, convaincu que les objections élevées contre elle par quelques botanistes de notre époque n'ont qu'une bien faible valeur, si même elles ne sont dépourvues de tout fondement. D'ailleurs, et pour prévoir tous les cas possibles, j'aurai soin, dans la suite de cet ouvrage, la première fois que j'emploierai l'une des dénominations qui doivent être expliquées dans le premier livre, relatif à l'anatomie, de renvoyer à la page où l'explication en est donnée. Il résultera de cette méthode que les lecteurs qui voudraient, pour un motif quelconque, étudier immédiatement les organes et leurs fonctions, sans acquérir d'abord une connaissance sommaire de la structure anatomique des végétaux, pourront encore suivre cette marche sans inconvénient notable, à la condition toutefois de chercher, avec le secours des renvois, dans le résumé d'anatomie végétale qui forme le premier livre, l'explication des termes et la description des dispositions tissulaires qui leur seraient inconnus.

LIVRE PREMIER

ANATOMIE VÉGÉTALE OU ÉTUDE DES ÉLÉMENTS ANATOMIQUES DES PLANTES

Les végétaux et leurs organes, tels qu'ils s'offrent à nos yeux, varient presque à l'infini de forme, de consistance et de texture ; cependant, étudiés avec soin, quant à leur structure intime et à leurs éléments anatomiques fondamentaux, ils montrent une surprenante simplicité qui n'est pas l'un des moindres sujets d'admiration dont nous devions la révélation au microscope. En dernière analyse, un seul élément anatomique primaire, nommé *Cellule* ou *Utricule*, avec un élément secondaire ou dérivé du premier, et désigné sous le nom de *Vaisseau*, tels sont les seuls matériaux que la puissance créatrice ait employés pour former toutes les parties de ces êtres; tels sont aussi les organes fondamentaux dont l'anatomie végétale fait l'objet spécial de ses études, et sur lesquels je dois appeler d'une manière particulière, dans ce premier livre, l'attention du lecteur.

La cellule étant l'élément essentiellement constitutif des plantes, et ayant aussi la plus haute importance physiologique, puisque c'est en elle que se concentre la vie et que s'élaborent toutes les matières végétales, c'est par elle que doivent commencer les études anatomiques. C'est donc son histoire qui formera le premier chapitre de ce livre.

CHAPITRE PREMIER

CELLULES ET TISSU CELLULAIRE

Pour bien comprendre la nature de l'organe élémentaire qu'on nomme *Cellule* ou *Utricule* dans les plantes, examinons-le d'abord dans les végétaux les plus simples pour le suivre ensuite au milieu des arrangements par lesquels il donne naissance à des formes plus complexes et plus élevées.

Cellule solitaire des Protococcus, etc. — En faisant l'ascension d'une haute montagne dans les Alpes de Suisse, en 1760, H. B. de Saussure fut surpris de voir que la neige avait perdu, en certains endroits, sa blancheur éblouissante pour se colorer en rouge pourpre, et plus tard, il observa le même fait sur un grand nombre de points différents de la même chaîne. Depuis ce célèbre naturaliste, beaucoup d'observateurs se sont également trouvés en présence de cet étrange phénomène de la neige rouge. Ramond l'a vu sur les Pyrénées; d'autres l'ont rencontré en Norvége, dans les régions polaires. Ainsi, un jour le capitaine Ross a traversé, près de la baie de Baffin, une étendue de plusieurs kilomètres carrés couverte de neige ainsi colorée, et il a pu constater que cette remarquable coloration pénétrait, par places, jusqu'à trois et quatre mètres au-dessous de la surface. Enfin on rapporte que, au mois de mars 1808, tout le territoire de Cadore, Bellune et Feltre, en Italie, fut couvert, dans l'espace d'une nuit, d'une couche épaisse de neige qui paraissait rose parce qu'une assise rouge s'y trouvait placée entre deux autres qui avaient conservé toute leur blancheur.

La cause de ce phénomène bien capable de frapper l'imagination a été découverte depuis longtemps. En plaçant sur le porte-objet d'un microscope de la neige rouge, on a vu qu'elle y laissait, après sa liquéfaction, une grande quantité de très-petits globules distincts et séparés, composés chacun d'une membrane mince, parfaitement fermée de toutes parts, et constituant dès lors un sac sans ouverture, incolore et renfermant, dans l'intérieur de sa cavité, un liquide rouge. En continuant l'observation pendant assez lontemps, on a reconnu que dans ce liquide intérieur se produisent des granules qui grossissent peu à peu en prenant des caractères remarquables, et qui finalement, devenus libres par la déchirure de l'enveloppe où ils avaient été renfermés jusqu'alors, ne tardent pas à donner naissance à des vésicules globuleuses semblables à celles dans lesquelles ils étaient nés.

Des globules formés comme on vient de le voir et doués de la faculté de se reproduire offrent évidemment par cela même les caractères de l'organisation et de la vitalité végétative ; aussi les êtres microscopiques qui, en se développant au milieu de la neige, lui communiquent leur couleur, ont-ils été regardés avec raison comme étant chacun un individu d'une espèce végétale que le botaniste suédois C. A. Agardh a nommée *Protococcus nivalis* (et plus tard, *Hæmatococcus nivalis*).

Or, le petit sac globuleux et sans ouverture qui forme un *Protococcus* tout entier n'est pas autre chose qu'une *cellule* ou *utricule*, dont on peut aisément prendre une idée nette, grâce à son complet isolement. Seulement ce n'est qu'aux degrés les plus bas de l'échelle qu'il existe des végétaux réduits à cette extrême simplicité d'organisation ; cette simplicité a conduit divers botanistes à voir dans les êtres qui la présentent (*Protococcus, Hæmatococcus, Chlorococcum,* etc.), et qui, rangés dans la catégorie des Algues, ont été qualifiés d'*Algues unicellulaires*, non pas des êtres distincts et complets, mais des corps reproducteurs de plantes d'un ordre plus élevé.

Partout ailleurs les cellules se réunissent et s'accolent plusieurs ensemble, ou même le plus souvent en nombre immense, en même temps qu'elles modifient plus ou moins leur configuration, pour former la substance de végétaux moins imparfaits que celui que je viens de considérer.

Voyons donc comment elles se réunissent pour composer une matière végétale plus complexe, c'est-à-dire un *tissu* qui, résultant de l'agrégation de ces *cellules* ou *utricules*, reçoit le nom de *Tissu cellulaire* ou *utriculaire*.

Union des cellules en tissu, et Méats intercellulaires. — J'ai dit que chaque cellule constituant un *Protococcus* reste libre et indépendante de ses voisines ; lorsqu'elle les touche, elle ne contracte pas adhérence avec elles. Supposons maintenant, au contraire, que, par une cause quelconque, partout où l'une de ces cellules vient en contact avec ses voisines, elle se colle avec celles-ci ; on comprend sans peine qu'il se formera de cette manière une agrégation, une matière continue, en d'autres termes, un *tissu cellulaire*. Mais ce tissu sera très-peu consistant et comme spongieux, parce que, des globules ne pouvant se toucher que par un point ou tout au plus par une très-petite surface, il restera beaucoup de vide entre leurs points d'adhérence. Ces vides restants feront le tour de chacune de ces cellules agrégées en tissu et ne seront interrompus qu'aux points par lesquels elle adhère à ses voisines immédiates. Il était bon de leur donner un nom pour les désigner commodément ; ils ont reçu celui de *Méats intercellulaires* (*meatus intercellulares*, c'est-à-dire passages entre les cellules).

Considérée tout entière, l'agrégation de cellules arrondies, dont je viens d'indiquer la formation, sera un véritable tissu cellulaire analogue à celui qu'on observe dans les parties molles des végétaux, notamment dans la pulpe des fruits et dans la substance de ces plantes épaisses, tendres et aqueuses qu'on nomme plantes grasses.

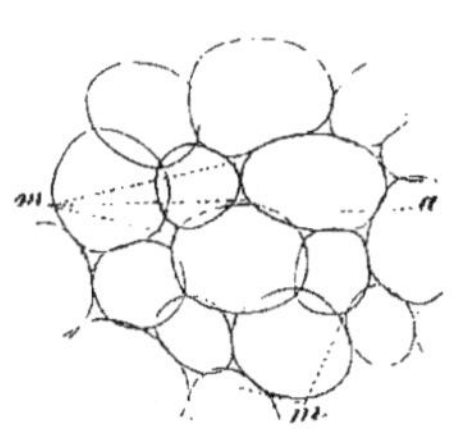

Fig. 1. — Fragment du tissu cellulaire de la tige charnue du *Rhipsalis salicornioides* Haw. — *m, m*, méats intercellulaires presque tous triangulaires, mais dont un, plus grand, est à quatre côtés. — *a*, une cellule entourée de six autres.

Si, avec un rasoir bien affilé, on enlève une tranche mince d'une pareille agrégation de cellules arrondies, sur la section chacune de celles-ci se montrera comme un cercle. Toute la tranche offrira donc, sous le microscope, un nombre plus ou moins considérable de cercles soudés les uns aux

autres par leurs points de contact. Ces cercles étant de grandeur
égale ou peu différente, chacun d'eux sera entouré par six autres,
et dès lors les espaces vides ou méats intercellulaires compris
entre eux dessineront sur cette même tranche tout autant de petits
triangles à côtés arqués et concaves. C'est ce qu'on voit nettement
sur la figure 1, qui reproduit fidèlement le tissu cellulaire de la
tige d'une plante grasse. La cellule *a*, par exemple, s'y montre
embrassée par six autres cellules arrondies ou un peu ovoïdes
comme elle, et entre les points d'union de ces diverses cellules
se montrent les petits vides *m m* qu'on nomme méats intercellulaires.

Pression réciproque des cellules et ses effets. — Les *Protococcus*,
que j'avais pris pour exemple de cellules, c'est-à-dire, pour parler
désormais en termes généraux, les cellules sont vivantes et, par
conséquent, en voie d'accroissement : d'un autre côté, lorsqu'elles
sont réunies en tissu cellulaire, elles forment des plantes dont la
forme est déterminée et qui sont même couvertes le plus souvent à
l'extérieur par une enveloppe protectrice commune plus ou moins
résistante, qu'on nomme l'*Épiderme*. Il résulte de ces circonstances qu'elles ne sont pas libres de s'étendre autour d'elles sans
obstacle, comme pourrait l'exiger leur accroissement. Dès lors il en
résulte aussi que, pour grandir, elles se pressent réciproquement et
de plus en plus l'une l'autre, et qu'elles ne peuvent amplifier leur
cavité qu'en empiétant peu à peu sur les espaces vides extérieurs
à elles, c'est-à-dire sur les méats intercellulaires. De là découlent
deux conséquences nécessaires : d'abord les cellules ainsi gênées
dans leur agrandissement progressif se touchent non plus par
de simples points, mais bien par des surfaces de plus en plus
larges ; d'où, au lieu de continuer à former des globules, elles
prennent chacune la forme d'un solide géométrique à faces nombreuses, c'est-à-dire d'un polyèdre ; ensuite, à mesure que leurs
faces s'agrandissent, les méats intercellulaires deviennent par
cela même plus petits, et ils peuvent même disparaître entièrement, si les cellules se façonnent en polyèdres dont les faces viennent se rencontrer en arêtes vives et non émoussées.

Supposons maintenant qu'avec un instrument tranchant nous
enlevions une tranche mince de ce tissu serré, à cellules polyédriques, dont nous venons de voir la formation, comme nous le fai-
sions tout à l'heure pour le tissu cellulaire lâche à cellules arrondies ; là section de chacune de ces cellules sera, non plus comme
dans l'exemple précédent, un cercle adhérent par six points aux

six cercles qui l'entourent, mais bien un hexagone embrassé par six autres hexagones, adhérant avec ceux-ci par presque tout son pourtour (fig. 2, c, c, c), et présentant seulement à chacun de ses angles un tout petit triangle vide (fig. 2, m), qui indique un méat intercellulaire. Telle est, en effet, la nature du tissu cellulaire qu'on observe le plus généralement dans les plantes, et c'est aussi sous l'apparence d'une dentelle à mailles hexagonales que le microscope nous montre les lames minces de ce tissu qu'on

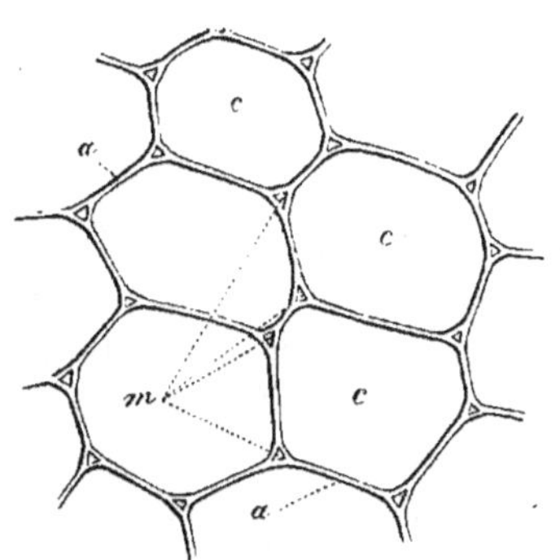

Fig. 2. — Tissu cellulaire de l'oignon du *Lilium superbum* L. — c, c, c, Cellules à section hexagonale; m, méats intercellulaires en très-petits triangles placés aux angles. — a, membrane continue qui forme la paroi commune à deux cellules adjacentes.

taille avec un instrument bien tranchant pour les soumettre à l'observation sous le microscope.

Solide géométrique formé par chaque cellule. — La section soit longitudinale, soit transversale d'une cellule adhérente à ses voisines par des faces planes étant hexagonale, combien aura de faces le solide géométrique ou le polyèdre que constitue cette cellule? Ses deux moitiés, supérieure et inférieure, sont embrassées chacune par six cellules, ce qui lui donne deux fois six ou douze faces; en outre, en haut et en bas, elle adhère à deux cellules placées l'une en dessus, l'autre en dessous, ce qui lui donne deux autres faces qu'on peut appeler ses deux bases, et qui portent le nombre total à quatorze. Les cellules dont la coupe est hexagonale forment donc chacune, du moins quand elles sont régulières, un solide à quatorze faces (tétradécaèdre) et non à douze, comme on le dit souvent.

Irrégularité d'accroissement des cellules. — Jusqu'ici je n'ai considéré que des cellules globuleuses ou devenues à peu près régulièrement polyédriques par pression et adhérence réciproques: mais il est rare que cet élément anatomique des plantes conserve la régularité que j'ai supposée en lui pour simplifier la notion de son état premier et de son union en tissu; le plus souvent, au contraire, son accroissement s'opère soit surtout dans un sens, soit principalement sur des points particuliers: dès lors, dans le premier cas, la cellule devient plus ou moins allongée, dans le second, elle offre des prolongements qui la rendent rameuse ou étoilée.

Déjà les Algues unicellulaires dont le *Protococcus nivalis* nous a offert un exemple étendent souvent l'unique cellule qui les constitue en ovoïde tantôt obtus, tantôt pointu, ou même elles la développent en tube délié qui peut s'allonger beaucoup, comme on le voit aurtout chez diverses autres Algues qui croissent dans nos eaux douces et qui s'y montrent sous l'apparence de nombreux filaments généralement verts (*Vaucheria*, etc.).

Il n'y a rien d'étonnant à ce que la même inégalité d'accroissement se montre dans les végétaux plus élevés en organisation; aussi chez ces derniers rencontrons-nous tous les degrés d'élongation, depuis les cellules dont la longueur surpasse à peine la largeur jusqu'à celles qui se développent en poils à la surface de la graine du Cotonnier et qui forment chacune l'un des longs brins du coton dit à longue soie.

Classement des cellules d'après leurs formes. — L'effet immédiat de l'inégalité d'extension que peuvent prendre les cellules dans leurs différents sens ou sur divers points de leur contour est de leur donner des configurations extrêmement diverses. Il serait peu utile et trop long d'énumérer ici un grand nombre d'entre les configurations que quelques botanistes, notamment Ch. Morren, ont voulu, sans utilité appréciable pour la science, désigner toutes par des dénominations spéciales. D'ailleurs les détails à l'exposé desquels conduira l'histoire de chaque organe en fourniront des exemples variés; mais il est essentiel de signaler dès cet instant celles qui entrent le plus ordinairement dans la constitution anatomique des plantes. Il est toutefois important de faire remarquer que ce classement des modifications les mieux caractérisées des cellules et du tissu cellulaire est loin d'avoir une rigueur absolue; en effet les formes qu'il distingue présentent fréquemment entre elles des transitions bien ménagées, et, en outre, la marche de la végétation fait assez souvent succéder l'une à l'autre. Il n'est pas non plus inutile de dire que, dans beaucoup de cas, les contours avec lesquels s'offrent les cellules sont loin d'avoir la régularité à laquelle feraient croire certaines planches botaniques qui, au lieu d'avoir été calquées sur la nature, au moyen de la chambre claire, ont été simplement dessinées à l'œil et, par conséquent, un peu de fantaisie.

L'irrégularité de forme est souvent assez grande pour que, dans l'hexagone que forme la section d'une cellule, certains côtés soient notablement plus petits ou plus grands que les autres, ou même que le nombre des côtés de ce polygone soit tantôt restreint et tantôt augmenté. C'est ce dont on peut prendre une idée par la figure 5, qui représente un fragment de moelle de la Vigne, dans laquelle cependant l'irrégularité de contour des cellules est bien moindre que dans un grand nombre d'autres cas.

En général les diverses modifications du tissu cellulaire peuvent être rangées sous deux grandes catégories : A, le tissu cellulaire à cellules courtes; B, le tissu cellulaire à cellules allongées.

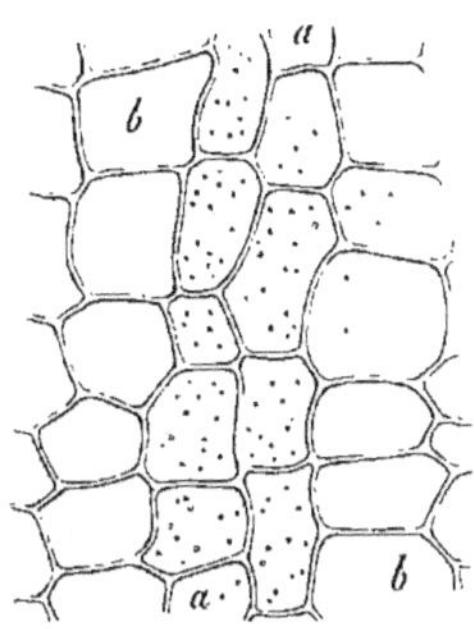

Fig. 5. — Portion du tissu cellulaire qui forme la moelle de la Vigne, vue sur une coupe longitudinale. On y voit des contours de cellules à six côtés inégaux, d'autres à cinq côtés, d'autres même à quatre côtés. — *a*, cellules ponctuées; *b*, cellules peu ou pas ponctuées.

A. DANS LE TISSU CELLULAIRE A CELLULES COURTES, qu'on nomme souvent pour abréger *Tissu cellulaire court*, et auquel on applique plus habituellement la dénomination générale de *Parenchyme* (de παρέγχυμα, substance des organes), les cellules qui se sont réunies ne sont guère plus longues que larges, ou tout au plus elles sont un petit nombre de fois plus longues que larges. Tout en restant dans ces conditions, elles peuvent subir de nombreuses variations de forme dont il importe de distinguer les plus remarquables.

1°. *Parenchyme arrondi.* L'exemple que j'ai pris plus haut pour donner une idée de la formation d'un tissu cellulaire montrait ce tissu constitué par une agrégation de vésicules globuleuses. Toutes les fois que les cellules agrégrées en tissu se rapprochent plus ou moins de cette forme, c'est-à-dire qu'elles sont vaguement arrondies ou un peu ovoïdes, qu'elles ont, en un mot, un contour non anguleux et qu'elles laissent entre elles de grands méats intercellulaires, le tissu qu'elles composent est appelé *Tissu cellulaire arrondi*, ou *Parenchyme arrondi.* C'est un tissu de cette sorte qui forme certains organes à leur naissance, et on en voit encore des exemples dans les parties entièrement développées qui restent très-molles, comme dans le tissu gorgé de sucs des plantes grasses, dans la chair de divers fruits (fig. 4). Le botaniste allemand Meyen avait proposé pour cette sorte de tissu cellulaire la dénomination spéciale de *Mérenchyme* qui n'est pas entrée dans la langue usuelle de la science.

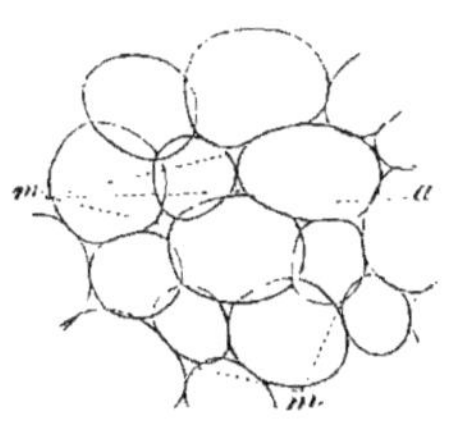

Fig. 4. — Parenchyme arrondi de la tige charnue du *Rhipsalis salicornioides* Haw. — *a*, une cellule entourée de six autres; *m*, méats intercellulaires.

2° *Parenchyme polyédrique.* — J'ai montré plus haut les cellules courtes, qui s'unissaient en tissu, prenant plusieurs faces, c'est-à-dire devenant polyédriques par l'effet de leur pression réciproque, de telle sorte que la section de chacune d'elles offrît le contour d'un hexagone à faces égales ou inégales. Le tissu qui présente ces conditions est le plus répandu de tous dans les plantes; c'est le *Parenchyme* proprement dit, qu'on distingue aussi par les qualifications, n'ayant en général qu'une exactitude relative,

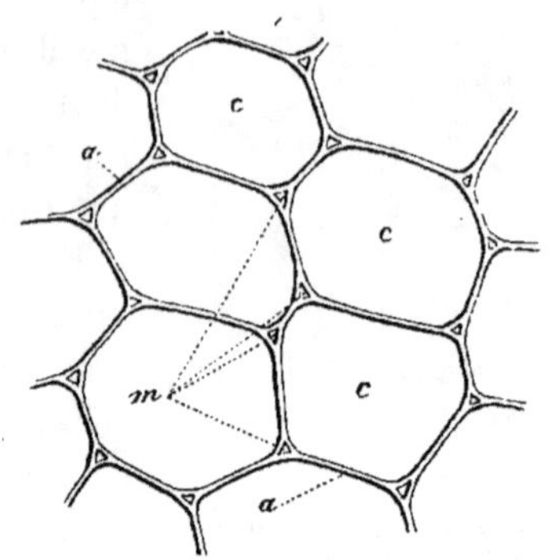

Fig. 5. — Coupe longitudinale d'un fragment de parenchyme polyédrique du *Lilium superbum* L. — *c, c, c,* cellules à coupe hexagonale; *m m,* méats intercellulaires fort petits; *a,* membrane commune à deux cellules adjacentes.

de *Parenchyme hexagonal, Parenchyme polyédrique, Tissu cellulaire hexagonal,* etc. On en voit de beaux exemples dans la moelle des tiges et ailleurs (fig. 5.)

3° *Parenchyme muriforme.* — Dans la tige de nos arbres et des végétaux analogues, on voit des cellules dont la plus grande longueur est dirigée, non dans le sens longitudinal de cette tige, mais dans une direction perpendiculaire à celui-ci, c'est-à-dire horizontale; en outre, ces mêmes cellules ont à fort peu près la forme du solide géométrique nommé *parallélipipède,* de telle sorte que leur section représente un quadrilatère rectangle. S'appliquant à la suite les unes des autres par rangées horizontales, elles ressemblent assez bien aux pierres de taille dont les assises composent nos murs (fig. 6). Cette ressemblance a fait nommer le tissu qu'elles constituent *Parenchyme muriforme* ou *Tissu cellulaire muriforme.* Ce tissu particulier a une place déterminée dans les plantes que j'ai citées; c'est lui qui forme ces lignes bien visibles sur la

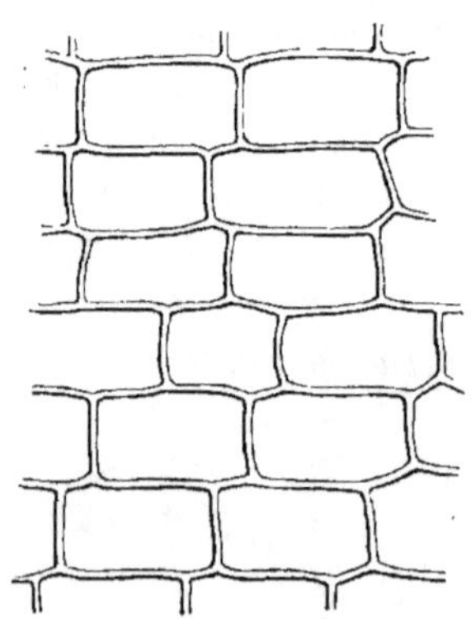

Fig. 6. — Parenchyme muriforme pris dans la tige de l'*Aristolochia Sipho* L'Hérit., vu tel que le montre une coupe longitudinale.

coupe transversale d'un tronc de Chêne, d'Orme, etc., auxquelles on donne le nom de *Rayons médullaires,* parce qu'elles s'y montrent rayonnant du centre où se trouve la moelle, vers la circonférence.

4° *Parenchyme tabulaire.* — Ailleurs et spécialement à la surface même des organes des plantes, la couche extérieure du tissu cellulaire qui forme l'enveloppe générale protectrice ou l'*épiderme* subit un tiraillement dans le sens de la largeur et surtout de la longueur de ces organes, en raison de l'accroissement graduel des tissus qu'elle recouvre. Il s'ensuit que les cellules qui la constituent grandissent peu à peu dans ces deux sens sans gagner proportionnellement en épaisseur. De là chacune d'elles finit souvent par être beaucoup plus large et surtout plus longue qu'épaisse; elle ressemble dès lors à une table privée de ses pieds. Cette ressemblance a fait donner aux cellules ainsi conformées le nom de *Cellules en table*, et au tissu résultant de leur union celui de *Parenchyme tabulaire* (fig. 7). C'est de cette sorte de tissu cellulaire qu'est formé l'épiderme dont sont recouvertes les diverses parties des plantes terrestres, d'un ordre un peu élevé, entre autres leurs feuilles sur lesquelles il est facile d'observer cette enveloppe protectrice.

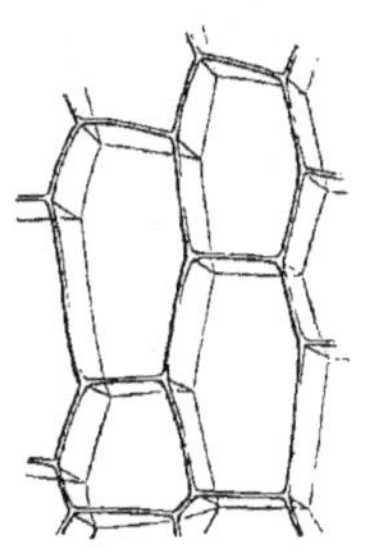

Fig. 7. — Parenchyme tabulaire, ou cellules qui forment l'épiderme d'une Fougère de nos pays, le *Polystichum Filix-mas* DC., vulgairement nommé Fougère mâle.

Dans les quatre modifications du parenchyme dont il vient d'être question, le contour de la cellule était uni, c'est-à-dire sans proéminences ni enfoncements; au contraire, celles qu'il me reste à signaler se distinguent parce que les cellules qui les constituent subissent un accroissement plus ou moins considérable dans les points par lesquels elles adhèrent à leurs voisines; elles en viennent ainsi à former sur ces mêmes points des saillies plus ou moins proéminentes, tandis que les portions libres de leur surface, qui correspondent aux méats intercellulaires ne prennent pas un développement analogue et restent dès lors plus enfoncées. La formation de ces proéminences a pour effet d'amplifier considérablement les méats intercellulaires et d'offrir par là un facile accès à l'air qui circule autour des cellules ainsi configurées; en outre, on conçoit sans peine que la substance formée par cette sorte de cellules doit être toujours fort lâche et comme spongieuse.

5° *Parenchyme rameux.* — Quand les proéminences sont situées irrégulièrement et peu saillantes, on se contente de désigner les cellules qui les présentent sous la dénomination vague de *Cellules rameuses* et le tissu formé par elles sous les noms de *Parenchyme rameux, Parenchyme lacuneux*; tel est celui qui compose la couche voisine de la face inférieure dans la plupart des feuilles (*pr'*, fig. 8).

6° *Parenchyme étoilé.* — Ailleurs ces mêmes proéminences sont situées au pourtour de chaque cellule avec une régularité presque comparable à celle qu'affectent les rayons d'une roue relativement à son moyeu, et de plus elles acquièrent une longueur beaucoup plus grande que dans le premier cas. Elles donnent à chacune de ces cellules la forme d'une étoile, ce qui fait nommer celles-ci *Cellules étoilées* et le tissu qu'elles constituent *Parenchyme étoilé, Tissu cellulaire étoilé*. Ce tissu est l'un des plus élégants qu'on puisse observer sous le microscope. Il existe notamment dans l'intérieur de la tige des plantes aquatiques (Sagittaire, Joncs, etc.), dans

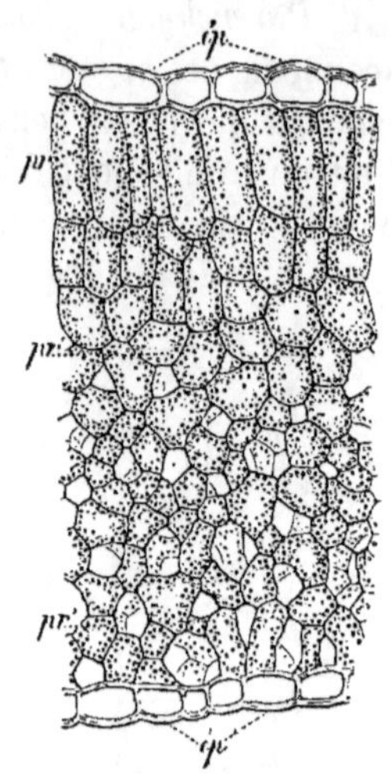

Fig. 8. — Coupe transversale d'une feuille de *Pelargonium inquinans* Ait., montrant le parenchyme rameux ou lacuneux *pr'*, *pr'*, qui en forme la plus grande partie. — *pr*, parenchyme supérieur, à cellules oblongues ou ovoïdes; *ép*, épidermes.

lesquelles il forme, d'espace à autre, et en travers de grands canaux remplis d'air, des cloisons criblées de trous qui sont destinées à consolider ces tiges sans gêner sensiblement le passage du gaz dans toute la longueur des cavités dont elles sont creusées (fig. 9.)

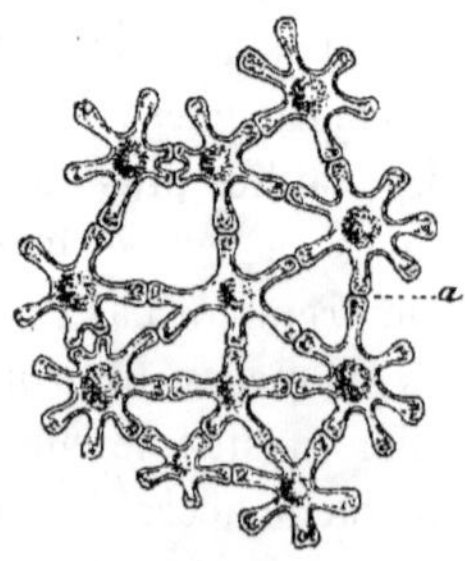

Fig. 9.

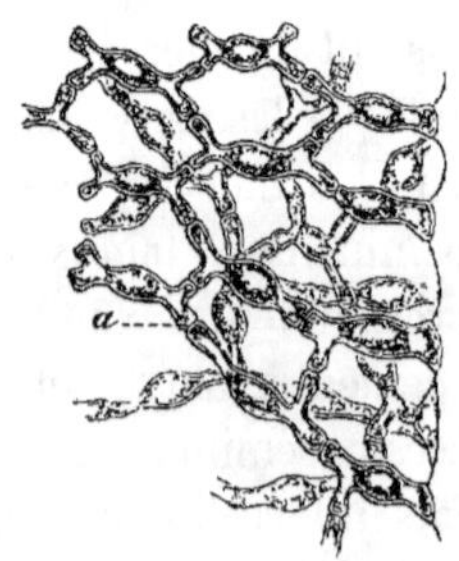

Fig. 10.

Fig. 9. — Parenchyme étoilé formant les cloisons criblées qui se montrent en travers des canaux pleins d'air, dans la tige du *Juncus effusus* L. Il est vu par-dessus. — *a*, point où s'unissent les extrémités de deux rayons adjacents.

Fig. 10. — Parenchyme étoilé du *Juncus effusus* L., vu sur une coupe longitudinale, de manière à montrer que chaque rayon se divise en deux branches pour s'unir à deux cellules voisines situées l'une un peu plus haut, l'autre un peu plus bas. — *a*, un point d'union de deux branches appartenant à deux cellules adjacentes.

Les rayons des cellules étoilées sont parfois simples, c'est-à-dire non subdivisés, tandis qu'ailleurs chacun d'eux se bifurque en deux branches dirigées obliquement l'une en haut, l'autre en bas. C'est ce que l'on voit par exemple, sur la figure 10 qui représente le parenchyme étoilé du Jonc commun, d'après une coupe longitudinale ou de profil.

B. Tissu cellulaire a cellules allongées.

Les organes des plantes, dans le cours de leur développement, passent en général par deux périodes successives : dans la première, les cellules qui en forment la substance se multiplient sans cesse en restant courtes ; dans la seconde, leur nombre n'augmente plus, mais on les voit suivre par leur allongement graduel l'élongation progressive que subit la partie où elles se trouvent. Dans cette dernière période, la forme de chacune d'elles se modifie notablement, et cette modification s'opérant de manières différentes donne lieu de distinguer au moins deux catégories de cellules allongées.

7° *Cellules allongées cylindriques.* — Dans l'une, les cellules, se trouvant superposées en files longitudinales, conservent cette disposition, et finissent ainsi par former des cylindres plus ou moins élancés que terminent deux surfaces horizontales ou modérément inclinées. Les cellules de cette sorte sont assez répandues dans les plantes, mais les anatomistes n'avaient guère porté sur elles leur attention jusqu'à ces derniers temps. A la date de quelques années, M. Caspary, le savant professeur de Kœnigsberg, en a fait l'objet d'observations suivies ; voyant qu'elles se trouvent généralement dans les faisceaux qui forment la partie essentielle de la charpente des végétaux, et que la matière azotée contenue dans leur intérieur semble indiquer pour elles un rôle important dans la vie de la plante, il a été conduit à penser qu'elles sont la principale voie suivie par le liquide éminemment nourricier et il les a nommées, pour ce motif, *Cellules conductrices,* expression dont il a, il est vrai, élargi ou même modifié plus tard le sens et l'application (*Cellulæ conductrices, Leitzellen* en allemand.)

8° *Cellules fusiformes* ou *Prosenchyme, Fibres.* — Dans l'autre mode d'élongation, chaque cellule, en s'allongeant, forme à ses deux extrémités une pointe qui s'insinue entre les cellules de même nature qu'elle, qui se trouvent en-dessus et en-dessous. Finalement, elle prend ainsi la conformation générale d'un fuseau. (fig. 11). En raison de cette forme de fuseau, Dutrochet désignait cette sorte de cellules sous le nom de *Clostres* (κλωστήρ, κλωστῆρος, fuseau). Comme ces cellules fusiformes forment la partie résistante ou fibreuse du bois et de l'écorce, on leur donne souvent le nom de *Fibres*; le tissu résultant de leur agrégation est nommé *Prosenchyme* (de πρός qui ajoute l'idée de force, et ἔγχυμα, c'est-à-dire substance forte). Quelques botanistes, à l'exemple de A. de Jussieu, croient devoir distinguer le prosenchyme, sous le nom de *Tissu fibreux*, comme un élément anatomique spécial et différent du tissu cellulaire. Cette distinction n'est pas admissible, comme il est facile de le reconnaître, soit en suivant toutes les transitions qui existent entre les cellules du simple parenchyme et les fibres le mieux caractérisées, soit en observant, comme nous le verrons plus tard, que les fibres ont commencé par n'être que des cellules courtes qui, dans cet état premier, constituaient un véritable parenchyme.

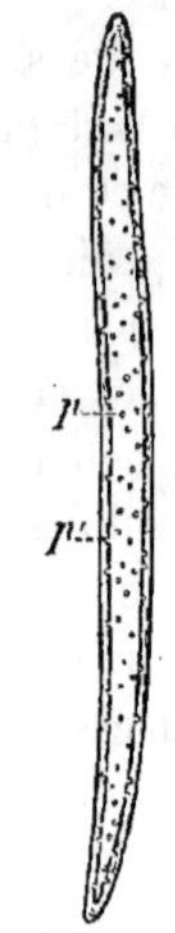

Fig. 11. — Une cellule fusiforme ou de prosenchyme isolée. Elle est prise dans le *Bragantia tomentosa* Bl. — *p, p'*, ponctuations.

Résumé synoptique. — On peut résumer en tableau synoptique l'énumération des principales modifications des cellules et du tissu cellulaire. — Le tissu cellulaire offre deux grandes catégories :

		CELLULES.	TISSUS.
Cellules courtes ou Parenchyme	à contour uni ou sans proéminences.	Cellules globuleuses ou ovoïdes, à section arrondie ou ovale, formant le.	Parenchyme arrondi.
		Cellules polyédriques ou à quatorze faces, à section hexagonale.	Parenchyme ordinaire ou polyédrique.
		Cellules en parallélipipède ou à section rectangulaire.	Parenchyme muriforme.
		Cellules en table, ayant au moins une section en rectangle allongé.	Parenchyme tabulaire.
	à proéminences ou ramifications.	Cellules rameuses ou à saillies courtes et irrégulières. . . .	Parenchyme rameux ou lacuneux.
		Cellules étoilées, à saillies généralement longues et plus régulièrement disposées. . . .	Parenchyme étoilé.
Cellules allongées.		Cellules cylindriques, à bases horizontales ou peu inclinées. (Cellules conductrices Casp.)	
		Cellules fusiformes (Clostres Dutr., fibres des auteurs).	Prosenchyme.

Hypothèse sur la continuité de substance des plantes. — Dans tout ce qui précède, j'ai considéré le tissu cellulaire comme résultant de l'agrégation de cellules distinctes qui, pour le former, se sont soudées entre elles par une portion plus ou moins considérable ou même par la totalité de leur surface extérieure. Cette manière de voir trouve dans les faits sa complète justification ; aussi est-elle adoptée aujourd'hui à peu près universellement. Cependant quelques botanistes anciens, et, dans notre siècle, Mirbel, ont professé une autre opinion. Ils ont pensé que les végétaux sont constitués à l'origine par une matière pleine et continue. D'après eux, cette matière se creuserait bientôt de vacuoles qui ne seraient pas autre chose que la cavité des cellules. La matière solide qui s'étend d'une vacuole ou cellule à l'autre ne résulterait pas de l'adhérence des parois de deux cellules accolées et soudées entre elles ; ce serait une lame unique de la substance solide primitive, une sorte de mur mitoyen entre deux cavités cellulaires adjacentes. Enfin si, dans l'épaisseur même de ce mur mitoyen et aux angles des cellules, on voit souvent des méats intercellulaires, ceux-ci seraient simplement, d'après cette théorie, des vides qui auraient été produits dans la substance végétale par suite d'un retrait dû au desséchement du tissu, desséchement qui s'opérerait jusque dans des parties gorgées de suc. Si l'on veut me permettre une comparaison empruntée à des objets vulgaires, je dirai que, d'après cette théorie, il se passerait dans la substance primitive du végétal quelque chose d'analogue à ce qui a lieu dans la pâte du pain, dans l'épaisseur de laquelle un dégagement gazeux, s'effectuant pendant la fermentation panaire, creuse un nombre immense de vacuoles, entre lesquelles les portions de pâte qui sont restées pleines et continues forment des cloisons de séparation. Il est inutile d'insister sur cette manière de voir qui ne résiste pas aux nombreuses objections formulées contre elle.

Matière intercellulaire. — Mais puisqu'une plante résulte de l'union en un tout unique de myriades d'éléments anatomiques formant chacun un petit corps distinct et séparé, comment se fait-il que la substance en soit cohérente ? M. Hugo Mohl a montré, dès 1836, qu'il existe, sur les points où les cellules s'accolent entre elles, une matière particulière distincte, très-vraisemblablement sécrétée par elles, qui joue le rôle d'un ciment destiné à les réunir. En raison de la place qu'elle occupe d'ordinaire entre les cellules et de sa destination, cette substance adhésive a été nommée par le savant allemand qui l'a découverte *Matière intercellulaire*

(*Intercellularsubstanz*, en allem.) Elle existe d'ordinaire en couche fort mince entre les cellules qu'elle fait adhérer l'une à l'autre ; mais parfois aussi elle y devient notablement plus abondante, au point même de remplir de larges méats intercellulaires ; enfin, dans quelques végétaux inférieurs, on regarde comme formée par elle une sorte de gelée au milieu de laquelle sont plongées des files de petites cellules (*Nostoc*, etc.).

Union intime des cellules. — Il est facile de comprendre que la couche de matière intercellulaire qui colle deux cellules l'une à l'autre est unique et comme commune aux deux. On voit même en général la lame qu'elle forme devenir plus résistante que les parois cellulaires elles-mêmes ; de là, ainsi que l'a montré M. H. Mohl, lorsque, par le simple tiraillement, s'il s'agit de tissus mous et gorgés de sucs, par l'ébullition dans l'eau ou par la congélation pour les tissus de fermeté moyenne, enfin par une ébullition peu prolongée dans l'acide azotique quant aux tissus très-fermes, on isole les cellules les unes des autres, leur séparation n'a lieu que par une lacération irrégulière. Il arrive alors quelque chose d'analogue à ce qui a lieu lorsqu'on essaye de séparer l'une de l'autre deux pages de papier fortement collées et qu'on arrache des fragments tantôt de l'une, tantôt de l'autre, sans parvenir à les dissocier nettement.

L'existence de cette substance intermédiaire, si énergiquement adhésive, montre que l'on s'écarte de la vérité rigoureuse des faits lorsqu'on dessine, comme on le fait tous les jours, les cellules composantes du tissu végétal, avec des lignes nettes de séparation. Il est vrai qu'on peut regarder ces lignes fictives de séparation comme représentant la couche de matière intercellulaire.

On peut voir en *a, a*, sur la figure 2, que la membrane interposée entre deux cellules adjacentes se montre comme une lame unique, au moins quand elle n'a qu'une faible épaisseur.

C'est la même couche de matière intercellulaire qui paraît avoir été prise par un habile observateur allemand, M. Hartig, pour la plus externe des trois assises qu'il admet comme entrant dans la composition de toute paroi cellulaire ; seulement cette couche externe, qu'il nomme *Eustathe*, est regardée par lui comme appartenant en commun à deux cellules contiguës.

Jusqu'à ce moment je ne me suis occupé que de la forme des cellules et de leur agencement en tissu ; je dois aborder maintenant l'examen de la membrane qui les forme, afin d'exposer les modifications remarquables qu'elle peut subir dans sa manière d'être pendant le cours de la végétation, et d'en déduire plusieurs notions sans lesquelles on ne pourrait s'expliquer comment s'effectuent divers phénomènes de la vie des plantes.

Changement de consistance du tissu végétal et ses causes. — Il n'est pas besoin de se livrer à une observation bien attentive de la nature pour reconnaître que non-seulement les différentes plantes, mais encore les différentes parties d'une même plante comparées l'une à l'autre offrent le plus souvent une dissemblance prononcée quant à leur dureté et à la résistance qu'elles opposent à l'action destructive des agents atmosphériques. Les fruits charnus et pulpeux d'un côté, de l'autre les bois durs et certaines graines qui rivalisent presque avec la pierre, sous ces deux rapports, sont des termes extrêmes entre lesquels il existe une longue série d'intermédiaires. Or, la consistance d'un tissu végétal peut sans doute tenir en partie à la grandeur des cellules qui entrent dans sa formation; mais elle est due principalement à l'épaisseur et à la fermeté des parois de ces mêmes cellules. A leur naissance, tous les organes sont mous et faciles à détruire; peu à peu ils se raffermissent, et finalement certains d'entre eux acquièrent une grande dureté. Ces changements successifs marchent parallèlement à ceux qui s'opèrent dans les parois cellulaires; d'abord faibles et très-minces, celles-ci deviennent peu à peu plus consistantes et plus épaisses; elles peuvent même finir par restreindre beaucoup, grâce à leur épaisseur, et par faire à fort peu près disparaître la cavité des cellules. Dès lors, dans l'état jeune, un volume donné de tissu végétal étant composé de cellules à parois fort minces et à cavité relativement très-grande, ne renferme en réalité que très-peu de matière solide, avec de grands vides; au contraire, quand ce même tissu est arrivé au plus haut point de son développement, la cavité de ses cellules étant presque nulle et les parois de celles-ci fort épaisses, le même volume de tissu n'offre presque plus que des parties solides, douées même d'une consistance remarquable. Cherchons à reconnaître comment s'opère un changement si complet et si important par ses résultats.

Épaississement et composition chimique des cellules. — Dans sa première jeunesse, le petit sac qui constitue une cellule est formé d'une membrane extrêmement mince, et cette membrane elle-même est composée d'un principe immédiat auquel M. Payen a donné le nom de *Cellulose* pour rappeler que les cellules en sont essentiellement formées. Cette cellulose est un composé ternaire, dans lequel entrent seulement du carbone, de l'hydrogène et de l'oxygène dans les proportions relatives qu'indique la formule chimique $C^2H^{10}O^{10}$; sous cette première couche il s'en dépose bientôt une seconde, puis une troisième, une quatrième, etc., si la paroi cellulaire est destinée à parvenir à une grande épaisseur.

C'est donc par dépôt de couches successives et appliquées toutes sous les couches antérieurement exis-tantes que la paroi des cellules gagne graduellement en épaisseur. Ces couches sont faciles à reconnaître sur les tranches minces des tissus végé-taux, comme le montre notamment la figure 12, et par une conséquence naturelle de ce qui vient d'être dit, elles sont d'autant plus jeunes qu'elles se trouvent plus à l'intérieur de la cellule. Mais leur dépôt graduel pré-sente deux circonstances d'un haut

Fig. 12. — Coupe transversale de quel-ques cellules à parois épaisses, prises sur une Aristoloche exotique (*Aris-tolochia cymbifera* Mart.). Les lignes concentriques dessinées dans l'épais-seur des parois de chacune d'elles en indiquent les couches superposées; *p'*, *p''* canalicules creusés dans les parois.

intérêt, dont l'une surtout mérite d'être exposée avec quelques détails.

Marques diverses sur les parois cellulaires. — 1° La cellule est, dans les plantes, l'organe essentiellement actif. C'est en elle que s'opère l'élaboration du suc nutritif qui donne naissance aux pro-duits variés presque à l'infini, auxquels surtout le règne végétal doit son utilité majeure. Il faut donc quelle reçoive de dehors ce suc nutritif qui ne peut y pénétrer qu'à travers ses parois, par l'effet du phénomène physique appelé *Endosmose*; il faut donc aussi que ses parois soient perméables à ce suc, et on conçoit qu'elles le deviendraient de moins en moins pour ne plus l'être enfin du tout, après un assez court espace de temps, si, quand elles s'épaississent peu à peu, les choses se passaient rigoureusement comme je viens de le dire; mais dans ce cas, grâce à une particularité curieuse, les parois cellulaires conservent une suffisante perméabilité pour les liquides, tout en acquérant une épaisseur de plus en plus grande. — En effet, lorsqu'une seconde couche s'applique sous celle qui a été la première en date, elle épargne, pour employer une expression usitée en peinture, certaines places sur lesquelles celle-ci reste à nu. S'il était possible de détacher la nouvelle cou-che pour la considérer isolément, on la verrait toute percée de trous dont chacun correspondrait à l'une de ces places épargnées. Ensuite, chose remarquable! lorsqu'une troisième, une quatrième couche, etc., se déposent à leur tour, elles épargnent encore ces mêmes places, de telle sorte que chaque trou de la deuxième couche devient par cela même une sorte de petit puits ou canalicule d'autant plus profond qu'il s'est produit successivement un plus grand nombre d'assises. De là sur une coupe de ces mêmes parois, à chacune des places où les dépôts secondaires ont manqué, on voit une sorte de petit canal en cul-de-sac, ou un canalicule qui vient se terminer à la couche cellulaire la plus ancienne, laquelle, sur ces mêmes points, ne finit par disparaître elle-même que très-rarement et alors fort tard. La figure 12 montre nettement, dans l'épaisseur des épaisses parois cellulaires, les canalicules, qui, partant de la cavité même de la cellule, arrivent jusqu'à sa couche la plus ancienne (*a*), c'est-à-dire la plus externe. La plupart de ces canalicules sont indivis (fig. 12, *p'*); quelques-uns se bifurquent (fig. 12, *p''*), ou même se trifurquent. On les voit aussi (fig. 13, *p'*) sur la coupe longitudinale de l'une des cellules dont la figure 12 représente la coupe transversale en *lb*. Sur la figure 14, *p* montre les ponctuations de face, *p'* les montre telles qu'elles s'offrent sur la coupe longitudinale. Il en est de même pour la figure 15.

On conçoit qu'une telle membrane, regardée dans son ensemble et par sa face extérieure, sera plus transparente à chaque place où se trouve l'un de ces canalicules creusés dans son épaisseur et que par conséquent le contour de cette même place se tracera par une ligne qui le dessinera. Il résultera de là, sur la paroi de la cellule, selon le contour et la disposition de ces places plus minces, des apparences diverses : tantôt de tout petits ronds, c'est-à-dire des *points* ou ponctuations (*voyez* fig. 5 en *a*, *a*,

Fig. 13. — Coupe longitudinale de l'une des cellules fusiformes dont la figure 12 montre la coupe transversale (*lb*). On y voit bien les canalicules *p'*.

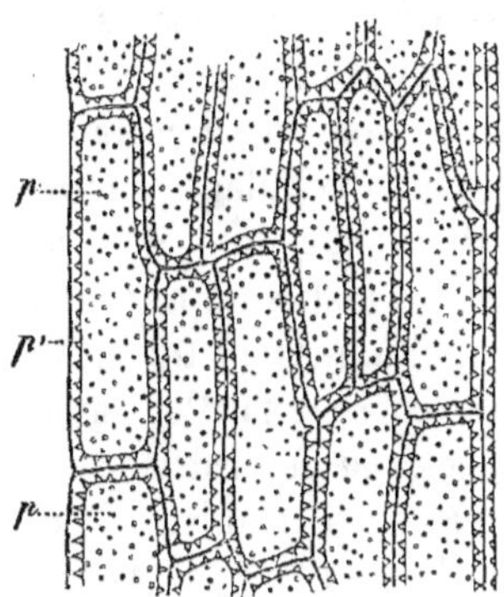

Fig. 14. — Coupe longitudinale de cellules cylindroïdes à parois médiocrement épaisses et abondamment ponctuées, prises sur un arbuste exotique (*Bragantia Wallichii* R. Br.). On y voit les ponctuations de face et en coupe : *p*, ponctuations vues de face; *p'*, les mêmes vues de profil ou sur la coupe longitudinale.

fig. 14 en *p*), tantôt des *raies*, tantôt enfin des lignes en *réseau* (fig. 15), des *anneaux* ou des *spires*.

Théorie de l'épaississement centrifuge. — Je ne dois pas négliger de dire que cette manière d'expliquer l'épaississement progressif et centripète des parois cellulaires en même temps que la formation des marques de toute sorte qu'elles peuvent offrir, bien qu'elle ait été appuyée sur les observations concordantes de M. Hugo Mohl et de la plupart des observateurs de ce siècle, n'a pas obtenu l'assentiment de quelques botanistes d'un grand mérite qui ont cru à un développement des cellules s'opérant en sens inverse, c'est-à-dire de dedans en dehors ou centrifuge. En particulier M. Hartig, en Allemagne, M. Harting, en Hollande, ont exposé des théories distinctes, mais concordantes sur ce point que, dans une membrane de cellule composée de plusieurs assises superposées, elles considèrent celle qui est tout à fait à l'intérieur comme ayant été formée la première, et les autres comme d'autant plus jeunes qu'elles sont plus externes. De son côté, en France, M. Trécul a pensé que, du moins dans certains cas, la membrane de la cellule se développe en épaisseur en se nourrissant en quelque sorte dans sa substance même, c'est-à-dire par intussusception, et que fort souvent les épaississements qui dessinent le contour de ses marques diverses « ont lieu par l'interposition (entre les deux cellules contiguës) d'une matière intercellulaire qui refoule la membrane primaire vers le centre de la cellule. » De ces différentes manières de voir, les unes prêtent matière à de fortes objections qu'on trouvera développées dans l'important travail de M. Hugo Mohl sur la cellule[1]; les autres reposent sur des observations qui pourraient être plus nombreuses, ou qui parfois semblent susceptibles d'être interprétées d'une autre manière. Pour ces motifs, j'adopterai ici la théorie de M. H. Mohl que j'ai exposée avec quelque détail.

Classement des cellules d'après leurs marques. — Les marques variées dont j'ai tâché d'expliquer la formation donnent, on le comprend, à la membrane qui forme chaque cellule des apparences diverses, en raison desquelles on a distingué des cellules : 1° *ponctuées*, lorsque leurs parois offrent çà et là de tout petits cercles, c'est-à-dire des ponctuations, manière d'être à la fois la plus simple et la plus fréquente de toutes ; 2° *rayées*, lorsque leur membrane présente des lignes transversales généralement courtes

[1] *Die vegetabilische Zelle*, 1851.

ou des raies; 3° *réticulées* (fig. 15); 4° *annelées*; 5° *spiralées*, lorsque les portions de la paroi cellulaire sur lesquelles se sont faits exclusivement les dépôts y forment un réseau, des anneaux ou une spire. Les cellules spiralées, annelées et réticulées, sont fréquemment réunies sous la dénomination commune de *cellules fibreuses* (*cellules à filets*, de M. Alph. de Candolle). On les rencontre surtout à des places déterminées des végétaux où elles paraissent

Fig. 15. — Deux cellules régulièrement et légèrement réticulées, à réticulations petites et polygonales. Elles ont été prises dans la graine (albumen) de l'*Aristolochia Clematitis* L.

chargées de remplir un rôle particulier (fig. 16). J'aurai occasion de les considérer plus attentivement dans la suite de ces Éléments.

Cellules à couche tertiaire. — Je dois dire encore que, dans quelques cas, le dépôt des couches successives dans la cellule se fait de diverses manières à différentes époques; il en résulte que la même paroi cellulaire offre à la fois et comme superposées, par exemple, des ponctuations et des lignes (*Taxus*). Quelques auteurs ont admis, dans ce cas, qu'il existe une membrane primaire unie, des couches secondaires ponctuées et une couche tertiaire spiralée.

Correspondance des ponctuations. — La composition remarquable des parois cellulaires par portions épaissies, circonscrivant des places minces, acquiert une haute importance physiologique, grâce à une particularité qui s'y rattache généralement;

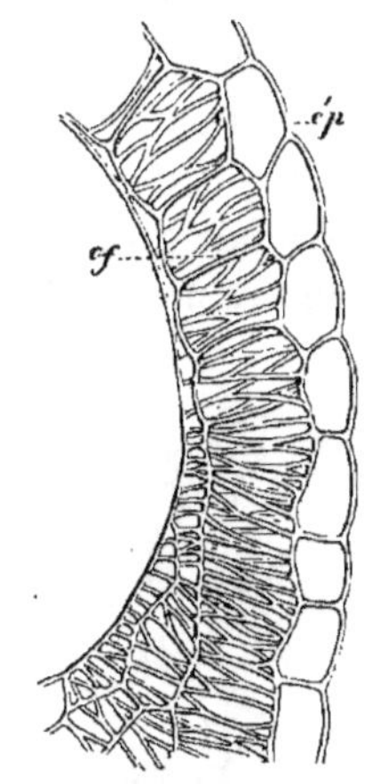

Fig. 16. — Coupe transversale d'un organe (anthère) dans lequel, sous une couche externe de cellules d'épiderme *ép*, se trouvent des cellules fibreuses *cf*, à fibres en réseau.

en effet, dans deux cellules contiguës, il y a d'ordinaire une correspondance régulière dans la situation des parties non épaissies, c'est-à-dire dans les ponctuations et marques du même genre. Vis-à-vis de chaque ponctuation dans une cellule se trouve une autre ponctuation dans celle qui la touche; d'où il résulte que, pour parvenir de l'une de ces deux cellules dans l'autre, les liquides n'ont qu'à passer par endosmose à travers la très-faible épaisseur des deux membranes primitives soudées entre elles, quelque épaisses que puissent être partout ailleurs les parois de ces cellules. C'est là un fait important, qui exerce l'influence la plus décisive sur la nutrition des végétaux.

On voit des exemples de cette correspondance des ponctuations et des canalicules qui les produisent sur la figure 12.

Ponctuations aréolées. — Un autre fait montrera quelle importance ont ces détails, tout relégués qu'ils sont dans le domaine des infiniment petits.

Les ponctuations dont je viens de décrire la formation sur les cellules apparaissent à l'extérieur de celles-ci comme un très-petit cercle; mais il en est d'autres qui se montrent à l'observateur dessinées par deux cercles concentriques. De ces deux cercles, l'intérieur, ou le plus petit, correspond à la ponctuation proprement dite, tandis que l'extérieur termine une petite zone qui entoure cette ponctuation en lui formant une sorte de bordure ou d'aréole. De là ces sortes de ponctuations sont appelées *Ponctuations aréolées*. M. Schacht les appelle *Macules* (*maculæ*) pour les distinguer des ponctuations simples ou proprement dites, qu'il nomme *Pores*.

La figure 17 montre des cellules pourvues de ces ponctuations aréolées qu'on voit, les unes de face, p, avec leurs deux cercles concentriques, les autres sur une coupe longitudinale, p', dans l'épaisseur même des parois cellulaires. De quelle disposition résulte cette apparence particulière d'où nous allons voir que l'anatomie végétale a tiré le moyen de distinguer, même à l'état fossile, certaines catégories de bois?

A l'endroit où se trouve une de ces ponctuations, les parois des deux cellules contiguës ne sont pas restées intimement adhérentes entre elles, comme partout ailleurs; mais, se séparant l'une de l'autre de la même manière que s'il s'était produit sur ce point une bulle de gaz, elles ont laissé entre elles un petit vide lenticulaire d'un diamètre supérieur à celui

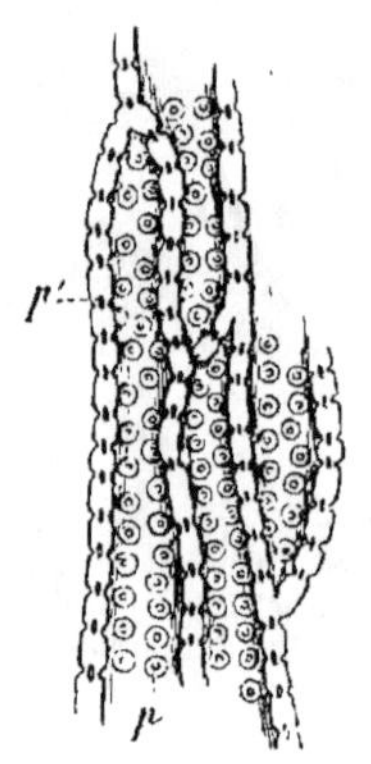

Fig. 17. — Coupe longitudinale de cellules dont les parois présentent des ponctuations aréolées. En p on voit ces ponctuations de face; en p' on les voit coupées longitudinalement dans l'épaisseur des parois cellulaires.

des deux canalicules symétriques qui forment la ponctuation elle-même. C'est le contour de ce vide lenticulaire qui, vu à travers l'épaisseur de la membrane cellulaire, dessine le cercle extérieur auquel se termine l'aréole. Telle est l'explication de cette apparence de deux cercles concentriques qu'on doit à M. H. Mohl, et qui avait été admise par tous les botanistes jusqu'à ces derniers temps.

En 1859, dans une note succincte[1] et un peu plus tard, dans un mémoire spécial[2], Schacht a exposé une autre interprétation à laquelle il avait été conduit par l'étude de préparations bien réussies. D'après cet habile observateur, chaque ponctuation , aréolée, à l'état de formation complète, est une véritable perforation dans la membrane des deux cellules adjacentes, et les deux canalicules symétriques, appartenant à l'une et à l'autre de ces cellules, viennent s'ouvrir également dans le vide lenticulaire qui existe sur ce point dans l'épaisseur de la double membrane cellulaire. C'est là l'état définitif; mais de meilleure heure, le vide lenticulaire interstitiel était coupé en deux moitiés séparées par une cloison très-mince, longitudinale, qui n'était que la couche primaire des deux cellules accolées. C'est par la résorption de cette cloison que le vide lenticulaire s'est formé et qu'une communication libre a été établie entre les deux cavités cellulaires adjacentes.

Ces faits ont été confirmés par les observations de M. C. Sanio et de M. Dippel[3], de telle sorte qu'ils sont aujourd'hui définitivement acquis à la science.

Les ponctuations aréolées sont beaucoup plus répandues dans le règne végétal qu'on ne l'avait cru d'abord; mais elles existent surtout avec une disposition caractéristique et des dimensions relativement considérables chez tous ces arbres verts, ou arbres résineux, comme on les nomme d'habitude, tels que les Pins, Sapins, Cèdres, etc., qui constituent le groupe des Conifères. Les fibres ligneuses de ces arbres en présentent chacune, sur deux faces opposées, une ou deux rangées longitudinales. C'est là un caractère qui permet de reconnaître ces végétaux sur un simple morceau de bois, soit frais, soit fossile.

Amincissement. — Un fait inverse de celui que je viens de signaler se produit dans la chair des fruits. Les parois des cellules qui la forment augmentent d'épaisseur, pendant les premiers temps du développement, par la formation successive de couches concentriques; mais M. Frémy a montré que, à partir du moment où elles ont atteint leur maximum d'épaisseur jusqu'à celui où le fruit

---

[1] *Bot. Zeit.*, 1859, p. 283.
[2] *De maculis*, etc.; in-4°, 1860, et *Ann. sc. nat.*, 1860, XIII.
[3] *Bot. Zeit.*, 1860.

est mûr, elles s'amincissent graduellement, de manière à rendre le tissu qu'elles composent de plus en plus mou.

Variations dans la composition chimique de la membrane des cellules. — Ce n'est pas uniquement quant à l'épaisseur et à l'apparence de ses parois que la cellule subit des modifications importantes pendant le cours de la végétation ; la composition chimique de ces mêmes parois peut être aussi altérée graduellement, de manière à donner des propriétés physiques toutes différentes à des tissus qui, dans l'origine, ne différaient pas sous ce rapport. C'est ainsi, par exemple, que les bois varient considérablement de couleur, de densité, de dureté, etc., bien que tous aient commencé par n'être formés que de cellules à fort peu près identiques pour la composition chimique et la consistance. A quelle cause sont dus ces changements importants? Pour s'éclairer sur ce point, on est forcé de recourir aux indications fournies par les chimistes. Or, d'après M. Payen, les cellules sont toutes composées à l'origine de cellulose pure, facile à reconnaître à la coloration bleue que prennent les tissus formés par elle, lorsqu'on les traite par l'iode et l'acide sulfurique ; mais à la cellulose viennent ensuite se mêler des matières diverses qui s'incorporent à sa substance au point d'en masquer plus ou moins la réaction caractéristique, et ces matières reçoivent de ce savant la dénomination commune de *Matières incrustantes*. Dans le cas particulier des bois, les matières incrustantes, à la présence desquelles sont dues essentiellement les propriétés physiques si diverses par lesquelles ils se distinguent entre eux, sont au nombre de quatre. Ailleurs, elles consistent en pectates et pectinates (épiderme des Cactées); ailleurs encore ce sont des matières azotées, de la silice, etc. Il faut ajouter que, dans ces couches successives qui épaississent graduellement la paroi cellulaire, la cellulose se montre, d'après le même chimiste, de plus en plus cohérente, et ce durcissement pourrait même avoir plus d'importance que la présence des matières incrustantes au milieu de cette substance.

Cette explication fort simple n'est pas acceptée par M. Mulder. Ce chimiste hollandais admet qu'à la cellulose qui formait primitivement la paroi des cellules peuvent succéder des matières diverses, dont le dépôt se fait soit en dedans, soit en dehors de la membrane primitive, soit enfin dans l'épaisseur même de celle-ci.

Ces deux manières de voir ont cela de commun qu'elles admettent également une substance identique, la cellulose, comme formant, au moins à l'origine, toutes les sortes de cellules ; mais la découverte récente par M. Schweizer d'un réactif (oxyde de cuivre ammoniacal, réactif ammoniaco-cuivrique) susceptible de dissoudre la cellulose a conduit à des idées entièrement différentes.

Idées de M. Frémy. — En faisant agir ce réactif sur divers tissus cellulaires, en apparence semblables de nature, on a reconnu que ceux-ci se comportent de manières diverses. Conduit par ces premières observations de MM. Cramer, Nægeli, etc., à porter d'une manière toute spéciale son attention sur ce sujet, M. Frémy en est venu à distinguer comme formant la substance des tissus végétaux non-seulement plusieurs sortes de celluloses, ou plutôt plusieurs substances analogues de composition élémentaire à la cellulose, et s'en distinguant par l'arrangement de leurs molécules, c'est-à-dire isomériques avec elle, mais encore des matières d'une composition différente.

Ce chimiste habile admet d'abord la *Cellulose* proprement dite, caractérisée par sa solubilité dans le réactif ammoniaco-cuivrique, comme formant les parois de presque toutes les fibres des écorces, du parenchyme des fruits et des racines, du coton, etc., et la *Para-cellulose* soluble dans le même liquide, mais seulement après qu'elle a été traitée de manières particulières, et qui, d'après lui, compose particulièrement les cellules de la moelle, celles de l'épiderme, le tissu cellulaire muriforme disposé en plans verticaux et rayonnants au milieu du bois de nos arbres, c'est-à-dire les rayons médullaires, etc. Il regarde ensuite les cellules allongées ou fibres du bois, c'est-à-dire le prosenchyme ligneux, comme ayant pour principe constitutif la *Fibrose*, matière soluble dans l'acide sulfurique concentré et insoluble dans le réactif ammoniaco-cuivrique, dont toutefois elle subit l'action après qu'elle a été modifiée par les agents chimiques. Enfin il distingue comme un principe immédiat particulier auquel il donne le nom de *Vasculose*, la substance dont sont composés les tubes déliés, répandus au milieu de la masse du bois et que nous allons apprendre à connaître sous la dénomination commune de *Vaisseaux*. Cette dernière substance est caractérisée, d'un côté par son insolubilité dans les acides chlorhydrique et sulfurique, ainsi que dans le réactif ammoniaco-cuivrique, de l'autre par sa solubilité dans la potasse concentrée et bouillante[1].

On voit que, d'après M. Frémy, la composition chimique des tissus végétaux serait bien loin de la remarquable uniformité que lui assignaient les chimistes qui, jusqu'à ces derniers temps,

---

[1] *Comptes rendus*, vol. XLVIII, 1859.

s'étaient occupés de ce sujet. Ajoutons toutefois que, même après la publication des travaux dont je viens de résumer les principaux résultats, M. Payen a persisté dans sa première manière de voir, en disant catégoriquement que « les différences qui existent entre les propriétés de la cellulose primitivement homogène dans les organismes végétaux dépendent surtout des degrés très-variables de sa cohésion graduellement accrue et de l'influence des substances organiques ou minérales qui s'y trouvent injectées. [1] »

D'un autre côté, M. Trécul a fait observer [2] qu'il ne semble pas très-convenable de fonder des espèces chimiques sur un seul caractère, et surtout sur la dissolution d'une matière organique dans un liquide.

Quoi qu'il en soit, si les chimistes diffèrent d'opinion quant à la nature des substances qui viennent altérer la simplicité primitive de composition du tissu cellulaire, le fait même de cette altération n'en semble pas moins constant, et la connaissance en est nécessaire à quiconque veut s'expliquer les changements notables qui s'opèrent graduellement dans les propriétés physiques des matières végétales.

Naissance et multiplication des cellules. — Pour terminer cette histoire sommaire des cellules considérées en elles-mêmes, il me reste à rechercher comment elles naissent et se multiplient. C'est là un point de vue du plus haut intérêt, puisqu'il nous fait pénétrer le mystère de la formation première et de l'accroissement des organes, et qu'en outre il nous permet de comprendre des phénomènes de développement bien faits pour nous étonner, en raison de la promptitude avec laquelle ils s'accomplissent. On sait en effet que certaines plantes grandissent avec une telle rapidité, que leur accroissement suppose la formation d'un nombre immense de cellules nouvelles dans un très-court espace de temps. Les Champignons, la tige florifère de l'*Agave americana* vulgairement et à tort nommé Aloès, et les jeunes pousses des Bambous qui s'élèvent de plusieurs centimètres en vingt-quatre heures, offrent à cet égard des exemples qui n'ont pas échappé aux regards des personnes les plus étrangères aux observations scientifiques.

Idées de Mirbel. — Mirbel est le premier qui ait porté sérieusement son attention sur ce sujet. Dans son beau mémoire sur le *Marchantia*, il s'est efforcé d'établir que les cellules nouvelles se

[1] *Comptes rendus*, vol. XLVIII, 1859, p. 324.
[2] *Ann. sc. nat.*, 4e série, X, p. 219.

produisent d'après les trois manières suivantes : 1° *développement inter-utriculaire*, dans lequel des cellules apparaîtraient dans l'intervalle d'autres cellules ; 2° *développement super-utriculaire*, dans lequel les cellules nouvelles naîtraient sur la face externe des cellules antérieurement existantes ; 3° *développement intra-utriculaire*, consistant en ce que les nouvelles cellules prendraient naissance dans la cavité même d'autres cellules. Les travaux des observateurs postérieurs à Mirbel ont appris que jamais on ne voit naître des cellules ni dans l'intervalle d'autres cellules ni sur la surface externe de celles-ci, et que dès lors il n'y a pas lieu d'admettre l'existence des développements inter-utriculaire et super-utriculaire. Ils ont aussi montré que toujours la production des cellules ou utricules est intra-utriculaire, pour employer le langage de Mirbel, mais que ce mode général réunit deux types bien distincts, savoir : 1° la production de cellules nouvelles par l'effet de la division de celles qui existaient déjà ; 2° la formation de cellules nouvelles isolément et sans division, c'est-à-dire la formation libre. De ces deux modes, le premier paraît être extrêmement répandu dans le règne végétal ; le second est restreint à un moindre nombre de cas. Jetons un coup d'œil rapide sur l'un et l'autre.

1° *Production de cellules par division.* — Il est facile de se faire une idée de ce mode de production en l'étudiant sur ces végétaux aquatiques, fort peu élevés en organisation, qui se développent en abondance dans nos eaux douces dormantes, qui appartiennent au vaste groupe des Algues et qu'on nomme des Conferves. Chacun des longs filaments verts et très-déliés qui composent tout le système végétatif de ces plantes consiste en une file simple de cellules placées bout à bout et dont chacune a la forme d'un petit cylindre. Entre toutes ces cellules superposées en file simple c'est celle par laquelle se termine l'un quelconque de ces filaments qui a seule la faculté de se diviser. Pour cela, comme l'a fort bien décrit M. Hugo Mohl, elle s'allonge graduellement jusqu'à ce que sa longueur soit devenue à peu près double de celle qu'ont toutes les autres. Alors, au milieu de sa longueur, et sur la face interne de sa paroi, on voit apparaître une sorte de bourrelet périphérique ou d'anneau proéminent, qui par sa présence rétrécit à ce niveau la cavité de la cellule. Cet anneau, devenant de plus en plus prononcé, s'avance par cela même de plus en plus vers l'axe du cylindre ; enfin il ne tarde pas à atteindre cet axe, et dès lors il forme une cloison transversale et complète, qui sépare en deux cavités distinctes celle jusqu'alors unique de la cellule primitive.

En d'autres termes, la cellule primitive a été ainsi divisée en deux par la cloison transversale dont on vient de voir le mode de formation. A son tour, celle des deux moitiés ainsi séparées qui forme maintenant la sommité du filament va devenir dès cet instant le siége d'une division pareille. Elle aussi acquerra graduellement une longueur double de celle des autres cellules du filament ; après quoi une cloison transversale prendra naissance dans le milieu de sa longueur et la divisera en deux cavités distinctes ; puis sa moitié supérieure se divisera également, et ainsi de suite.

Un phénomène analogue donne naissance aux ramifications latérales qui peuvent naître de chacune de ces cellules. Au point où existera une de ces ramifications, la cellule qui doit lui servir de point de départ et de base se relève extérieurement en une petite bosse ou proéminence latérale. Cette proéminence a d'abord sa cavité intérieure en continuité avec celle de la cellule qui la porte ; puis lorsque, devenant de plus en plus saillante, elle a pris une longueur à peu près égale à celle de l'utricule sur laquelle elle repose, une cloison se forme à sa base et dès lors par cela même elle constitue une cellule distincte et séparée, qui à son tour ne tardera pas à se subdiviser en deux, après avoir doublé de longueur, grâce à l'apparition d'une cloison transversale dans son milieu. Il existera donc bientôt sur ce point un rameau latéral auquel une succession de divisions, s'opérant toujours dans la cellule terminale, donnera promptement une longueur notable.

On conçoit que les divisions que je viens de décrire, s'opérant rapidement et sur un grand nombre de points à la fois, auront pour résultat un prompt accroissement de la Conferve sur laquelle elles s'opèrent : aussi voit-on tous les jours ces Algues étendre en peu de temps leurs longs filaments dans une masse d'eau relativement considérable. Dans les végétaux plus élevés en organisation, et dans le tissu cellulaire qui constitue les organes en voie de développement, la formation d'une cloison en travers de cellules jusqu'alors uniques donne également lieu à la production de cellules nouvelles ; seulement ce cloisonnement s'accompagne en général de phénomènes dont l'observation est très-délicate et dont l'exposé m'entraînerait forcément dans des détails trop circonstanciés pour pouvoir trouver place dans ces *Éléments*. Je me contenterai de dire que la faculté de se subdiviser par cloisonnement ne passe pas d'ordinaire à un grand nombre de générations cellulaires successives, mais se concentre essentiellement dans les parties les plus jeunes et en voie de développement incessant. Il existe toutefois, à cet égard, d'un organe à l'autre des différences notables.

J'ajouterai que la cloison qui se forme en travers d'une cellule pour la subdiviser en deux est d'une ténuité extrême, à ce point que, sur une coupe faite avec un instrument bien tranchant et parfaitement réussie, elle se montre comme une simple ligne facile à distinguer des parois notablement plus épaisses de la cellule même qui vient d'être ainsi subdivisée. En outre, à ce moment, on n'observe pas encore de méats intercellulaires aux points où cette cloison s'unit aux parois de la cellule mère ; c'est seulement plus tard que les cellules de nouvelle génération, issues de ce cloisonnement, épaissiront peu à peu leur paroi, tout en grandissant elles-mêmes, et qu'à leurs angles pourront apparaître des méats intercellulaires.

2° *Production de cellules par formation libre.* — Ce mode de production de cellules nouvelles n'a lieu que dans un assez petit nombre de cas, mais il offre un intérêt particulier, par ce motif qu'on l'observe essentiellement dans les parties destinées à la multiplication des végétaux. C'est à M. Schleiden qu'on doit les premières et les plus complètes observations sur la marche que la nature suit dans ce cas ; seulement ce botaniste avait cru devoir attribuer à ce mode de naissance des cellules une généralité que de nombreuses recherches ont plus tard démontré ne pas lui appartenir.

À part peut-être quelques organismes tout à fait inférieurs, les végétaux ne produisent des cellules libres que dans la cavité d'autres cellules déjà existantes. En particulier les végétaux pourvus de fleurs ou, comme on les nomme en botanique, les *végétaux phanérogames*, nous montrent cette production s'opérant dans une cavité de leur très-jeune graine où doit naître le germe de la nouvelle plante, c'est-à-dire l'embryon, cavité circonscrite par une cellule fort agrandie qu'on a nommée, pour ce motif, sac embryonnaire.

La cellule dans laquelle doit avoir lieu une formation cellulaire libre se montre remplie d'un liquide incolore, mélangé de matières azotées, essentiellement organisables, qu'on a nommé *Protoplasma*. Préludant aux formations nouvelles, ce protoplasma s'amasse et se concentre çà et là, dans la masse liquide. Chacun de ces petits amas, d'abord vague à son pourtour, se dessine bientôt plus nettement en se condensant surtout à sa surface. Peu après, cette même surface se raffermit et s'organise en une membrane fort délicate qui, d'après M. H. Mohl, est la partie essentiellement active de la cellule, dont elle doit désormais former l'assise interne et à laquelle ce savant anatomiste a donné le nom d'*Utricule primordiale*[1] (*utriculus primordialis, Primordial-Schlauch*, en allem.; *utricule protoplasmique* de M. Trécul). Bientôt l'utricule primordiale sécrète, sur sa face externe, la première assise de cellulose, et dès lors la cellule est contituée; il ne lui reste plus, à partir de cet instant, qu'à grandir et à épaissir peu à peu sa paroi par formation de couches de plus en plus nombreuses qui, d'après ce même botaniste, sont toutes dues à l'activité de l'utricnle primordiale.

Cette théorie de M. H. Mohl qui attribue la formation de toutes les assises de la membrane cellulaire à la force productrice de l'utricule primordiale et à une véritable sécrétion opérée par cette utricule, a été combattue par quelques botanistes, notamment par M. Pringsheim[2]. Cet observateur distingué nie formellement qu'il existe dans les cellules une couche particulière intérieure distincte de la membrane cellulaire proprement dite, ou, en d'autres termes, une utricule primordiale. « Admettre, dit-il, une sécrétion de cellulose par la face externe d'une utricule primordiale, c'est établir une hypothèse qui, non-seulement n'est pas nécessaire, mais encore est fausse. » Je dois dire cependant que M. H. Mohl a répondu par des arguments de poids aux objections et aux observations de M. Pringsheim.

Quant à cette petite masse de protoplasma que nous avons vue être l'origine première de la nouvelle cellule, elle remplit d'abord celle-ci tout entière; puis, à mesure que les parois cellulaires qui viennent d'apparaître s'amplifient et agrandissent par conséquent la cavité cellulaire, l'amas protoplasmique ne prenant pas un accroissement correspondant devient de plus en plus petit relativement à la cellule, dans laquelle on continue à le voir sous la forme d'une très-petite sphère plus ou moins déprimée, tantôt libre dans la cavité cellulaire, plus souvent appliquée contre la face interne des parois. Souvent même il n'a qu'une existence temporaire et disparaît à une époque plus ou moins avancée de la vie de la cellule.

---

[1] Quelques botanistes français font aujourd'hui masculin le mot *Utricule*. Le *Dictionnaire de l'Académie* ne renferme pas ce mot; mais Mirbel, de Candolle, A. Richard et d'autres botanistes qui font autorité, ont toujours dit *une* utricule; d'un autre côté, des lexicographes respectables, Boiste, par exemple, disent formellement : *utricule*, substantif féminin ; enfin *utricule* n'est qu'un diminutif d'*outre*, qui est féminin. Pour ces divers motifs, je crois devoir regarder *utricule* comme féminin.

[2] *Untersuchungen über den Bau u. Bildung d. Pflanzenzelle.* Berlin, 1854; in-4.

Ce petit corps a été remarqué d'abord par F. Bauer. Il a été examiné avec attention, pour la première fois, par le célèbre botaniste anglais Robert Brown ; enfin M. Schleiden en a fait l'objet d'observations suivies et a montré la part importante qu'il prend à la formation des cellules libres.

En raison du rôle majeur qu'il joue, dans ce cas, et de la place qu'il occupe dans l'intérieur des cellules, ce petit corps a été nommé par R. Brown Noyau de la cellule (*Nucleus cellulæ*), d'où est venu le nom de *Nucléus* qu'on lui donne le plus souvent. M. Schleiden a proposé de l'appeler *Cytoblaste* (de κύτος, cavité, et βλαστός, germe). J'ajouterai qu'on distingue dans son épaisseur un, deux ou quelquefois plusieurs corps extrêmement petits, dont la constitution et le rôle physiologique ont été appréciés de diverses manières par les botanistes de nos jours et dont je me bornerai à signaler l'existence. Ces petits corps ont reçu le nom de *Nucléoles* (petits nucléus).

Il semble difficile de contester que le nucléus ne remplisse, dans la physiologie de la cellule, un rôle important. Plusieurs anatomistes vont même jusqu'à voir en lui l'organe principal de l'activité cellulaire et à lui attribuer, comme on le verra plus loin, la formation des matières solides les plus répandues dans la cavité des cellules et les plus essentielles à la vie végétale. Quant à sa constitution propre, je n'en dirai que deux mots : les uns voient dans ce corps une simple petite masse protoplasmique sans enveloppe, tandis que les autres admettent qu'il existe à sa surface une membrane-enveloppe fort délicate et le regardent par conséquent comme une vésicule. Ces deux opinions comptent aujourd'hui un nombre à peu près égal de partisans.

Le nucléus intervient aussi le plus souvent dans la production des cellules par division ; mais, dans ce cas, son rôle est moins nettement indiqué que dans celui de la formation cellulaire libre. Ce qu'on peut dire de plus général à cet égard, c'est que d'ordinaire il préexiste aux cellules nouvelles, ou, en d'autres termes, qu'il s'en produit d'abord autant qu'on verra plus tard de cellules. On a reconnu que les nouveaux nucléus tantôt résultent de la division d'un nucléus premier, et tantôt se sont produits isolément.

Mort de la cellule. — Nous avons vu naître les cellules ; nous les avons suivies pendant leur accroissement et au milieu des modifications qu'elles subissent pendant le cours de la végétation. Tant que ces phénomènes s'accomplissent et que les parois cellulaires conservent leur activité, manifestée surtout par l'élaboration des matières contenues dans leur intérieur, la cellule est vivante. Mais cet état de choses a un terme ; la cessation de l'activité est pour elle la mort. Dès lors sa membrane devient inerte et cette nouvelle manière d'être se traduit par l'introduction rapide et l'accumulation de gaz dans sa cavité ; de là l'observation directe permet en général de reconnaître les tissus cellulaires dans l'intérieur desquels les phénomènes physiologiques ont cessé d'avoir lieu. C'est ce dont on peut prendre une bonne idée en comparant la moelle d'un rameau d'arbre de nos pays qui a pris naissance dans l'année même avec celle qui occupe le centre d'une branche âgée de trois ou quatre ans. On voit le parenchyme qui forme la première rempli de sucs et en pleine activité, tandis qu'on ne trouve dans celui qui constitue la dernière que de l'air à la place du liquide qui en avait d'abord occupé la cavité.

Lacunes et canaux à air. — Les modifications qui s'opèrent souvent dans la dureté et la densité de la substance des plantes sont, avant tout, le résultat des changements que subit la membrane constitutive des cellules ; je me suis attaché à donner, dans ce qui précède, une idée de ces divers changements ; mais une autre cause peut intervenir dans la production du même résultat, et cette cause, plus ou moins accidentelle, consiste dans la formation, au milieu des tissus, de cavités souvent considérables qui ne renferment que de l'air.

Ces cavités prennent naissance de deux manières différentes : 1° par dissociation de cellules ; 2° par déchirure de masses cellulaires. Avec Meyen et M. Leitgeb[1] on peut donner le nom de *Canaux aérifères* (*Luftgænge*, en allem.) à celles qui proviennent de la première cause et réserver celui de *Lacunes aérifères* (*Luftlücken*, en allem.) à celles que produit la seconde. Pour les canaux à air, une dilatation insolite de méats intercellulaires amenée, selon toute apparence, par une accumulation d'air, écarte les cellules sans les rompre et donne ainsi naissance à un vide qui s'étend en général dans le sens de la longueur de l'organe où on l'observe. C'est ce qui a lieu presque constamment dans les tiges et les feuilles des plantes aquatiques qui en acquièrent une grande légèreté. Pour donner une idée de cette légèreté, je rappellerai que M. Unger a constaté la présence de 715 parties d'air en volume sur 1000 de la substance du *Pistia texensis*.

[1] *Sitzungsberichte*, 1856

Un fait bien digne de remarque consiste dans la symétrie avec laquelle sont disposés ces canaux dans la profondeur des tiges et des feuilles de diverses plantes aquatiques ; ainsi la feuille de la Zostère (*Zostera marina L.*), plante abondante dans les mers qui baignent nos côtes, présente au milieu de son épaisseur une série régulière de grands canaux aérifères (*l*, *l*, *l*, *l*, fig. 18), séparés les uns des autres par une simple couche de cellules (*cl*, *cl*, fig. 18) :

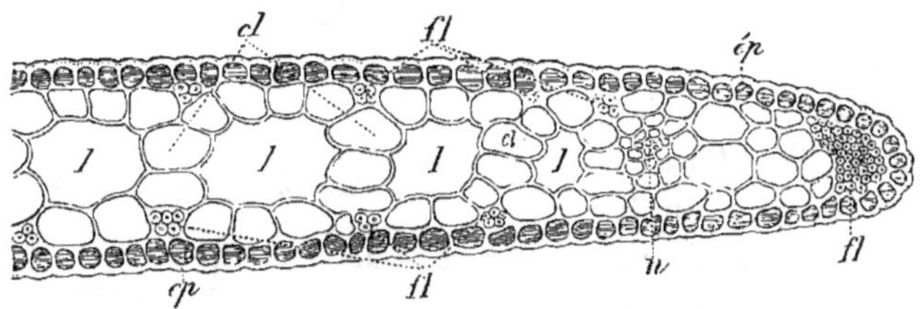

Fig. 18. — Coupe transversale d'une portion de la feuille de la Zostère (*Zostera marina L.*) montrant la rangée de canaux aérifères *l*, *l*, *l*, *l*, dont elle est creusée, et que séparent des cloisons *cl*, *cl*, formées d'une seule rangée de cellules. — *n*, nervures ; *ép*, épiderme ; *fl*, faisceaux de cellules très-longues.

ainsi encore la feuille du *Cymodocea æquorea*, autre plante marine des rivages de l'Italie et du Levant, qu'on a retrouvée, il y a peu de temps, sur les côtes de la Provence, outre les grands canaux de la rangée médiane (*l*, *l*, *l*, *l*, fig. 19), en offre de plus

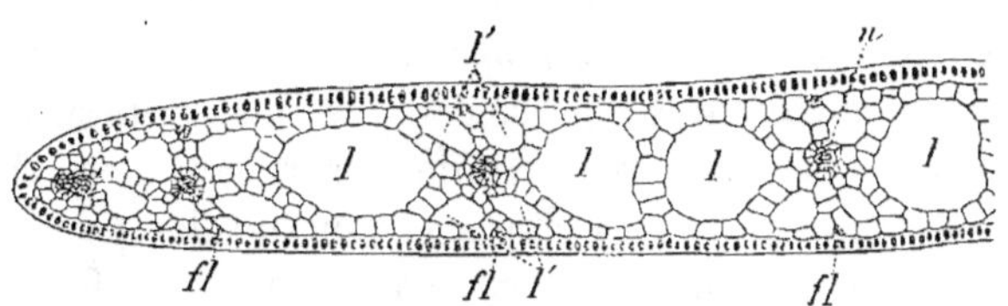

Fig. 19. — Coupe transversale d'une portion de la feuille du *Cymodocea æquorea* Kœnig, montrant qu'elle est creusée non-seulement d'une rangée médiane de grands canaux à air *l l l*, mais encore de deux autres rangées de canaux plus petits *l' l' l'*, qui sont placés par paires dessus et dessous les premiers. — *n*, nervures ; *fl*, faisceaux de cellules très-longues.

petits placés par paires (*l' l'*, même figure) en-dessus et en-dessous de chaque faisceau fibreux ou nervure (*n*, même figure).

Les canaux aérifères se forment de bonne heure dans la profondeur des organes et leur amplification graduelle marche parallèlement à l'accroissement de ceux-ci.

Les lacunes aérifères, au contraire, ne commencent en général à se creuser dans la profondeur des organes que lorsqu'ils sont déjà formés ou même, dans beaucoup de cas, avancés dans leur développement. Elles se produisent dans les points où le tissu cellulaire, ne suivant pas l'accroissement des parties environnantes, subit un tiraillement qui le déchire et laisse dès lors un vide à sa place. C'est pour ce motif, par exemple, que la tige du Roseau, du Blé, du Seigle et de la presque totalité des plantes analogues, c'est-à-dire des Graminées, offre une vaste lacune à son centre où existait d'abord un tissu cellulaire continu. C'est encore ainsi que les feuilles de beaucoup de plantes à oignons sont plus ou moins lacuneuses pour la

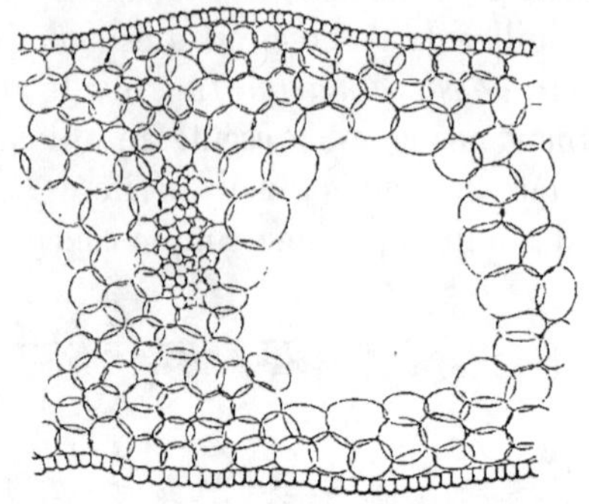

Fig. 20. — Portion de la coupe transversale d'une feuille de Jacinthe (*Hyacinthus orientalis* L.), montrant une lacune entière et le commencement d'une seconde.

même cause, comme le montre la figure 20 prise sur la Jacinthe.

M. Leitgeb distingue deux catégories de ces lacunes : les unes, nommées par lui *canaliformes* (Canalartige Luftlücken, en allem.) présentent d'espace à autre des cloisons transversales criblées de de trous, comme étant formées de cellules étoilées (*voy.* fig. 9) qui n'interceptent pas le passage de l'air ; ce sont celles qui existent dans la tige des Joncs de nos marais ; les autres, désignées par lui sous le nom de *lacunes proprement dites* (Eigentliche Luftlücken, en allem.), sont parfois isolées au milieu du tissu végétal, et souvent aussi se superposent en files, en restant alors séparées les unes des autres par des cloisons transversales parfaitement fermées. C'est ce qu'on voit, par exemple, dans les Graminées, et aussi dans l'Angélique, le Panais, le Persil, et les autres plantes de la famille des Ombellifères.

CHAPITRE II

VAISSEAUX ET TISSU VASCULAIRE, OU ÉLÉMENTS ANATOMIQUES SECONDAIRES ET DÉRIVÉS

Les végétaux que la simplicité de leur organisation placé aux degrés inférieurs de l'échelle, et les organes naissants chez ceux qui ont une texture plus compliquée, n'offrent tous que des cellules pour unique élément constitutif de leur substance. Mais, chez ces derniers, lorsqu'on examine, dans un état un peu avancé, des parties qui avaient offert d'abord la plus grande simplicité structurale, on est surpris d'y trouver, comme l'un de leurs éléments constitutifs, une formation anatomique particulière, qui rappelle les cellules sous les rapports essentiels, mais qui en diffère nettement à d'autres égards. Cette formation anatomique consiste en tubes d'une grande longueur mais d'un très-faible calibre, qui occupent des places déterminées dans l'organisme végétal, et qui, contribuant fort peu à la consolidation des parties, semblent tirer leur principale importance de leur rôle physiologique. Ce sont ces tubes qu'on a cru devoir comparer aux canaux dans lesquels circule le liquide nourricier des animaux et qu'on a nommés pour ce motif *Vaisseaux*. La réunion des vaisseaux ou leur ensemble est quelquefois nommé *Tissu vasculaire*, comme l'agrégation des cellules est appelée tissu cellulaire.

Si l'on compare entre eux les différents vaisseaux que de nombreuses observations ont fait découvrir dans les plantes, on voit qu'ils se rangent en deux catégories bien distinctes par la nature et l'apparence de leurs parois, par leur contenu, par leur situation, etc. Dans l'une, ils consistent en tubes réguliers simples, c'est-à-dire non ramifiés, qui marchent généralement selon la longueur des organes, et dont la membrane porte toujours les marques particulières, points, raies, réseaux, anneaux, spires, que j'ai signalées plus haut comme caractérisant diverses sortes de cellules. Les tubes de cet ordre sont situés dans la profondeur des organes, et si, par exemple, nous les recherchons dans la tige d'un arbre de nos pays, nous ne les y trouverons que dans l'épaisseur de la masse ligneuse ou du bois, jamais dans l'écorce. Dans l'autre sorte, au contraire, nous ne voyons que des tubes irréguliers ou variant de diamètre souvent sur des points rapprochés, ramifiés ou même reliés en réseau irrégulier, enfin remarquables par leurs parois homogènes et sans marques particulières ; en outre, ces derniers tubes se montrent remplis d'un liquide généralement opaque, laiteux ou coloré, et leur place essentielle se trouve dans l'écorce.

Les tubes de la première catégorie sont les *Vaisseaux proprement dits*, qu'on nomme aussi *vaisseaux lymphatiques*, *vaisseaux aériens*, selon qu'on les croit destinés à conduire la séve ou à ne contenir que de l'air, *vaisseaux spiraux*, *spiroïdes*, etc., lorsqu'on veut rappeler la disposition plus ou moins nettement spirale qu'affectent les marques tracées sur leur tube, etc.

Quant à ceux de la seconde catégorie, on les appelle *Vaisseaux laticifères* ou simplement *Laticifères*, à cause du liquide spécial qu'ils renferment et qui a été nommé *Latex*; on les a aussi nommés vaisseaux du suc vital (Lebenssaftgefæsse, en allem.), vaisseaux du suc propre, vaisseaux propres.

Examinons successivement les vaisseaux de l'une et l'autre de ces catégories.

ARTICLE PREMIER. — VAISSEAUX PROPREMENT DITS

Origine des vaisseaux. — Il est assez facile de concevoir comment se forment les vaisseaux et, par conséquent, comment ils dérivent des cellules. Dans les parties fort jeunes et encore uniquement cellulaires où ils doivent apparaître prochainement, on voit des cellules disposées l'une au-dessus de l'autre en files longitudinales, mais conservant encore leurs cavités distinctes que séparent leurs bases superposées constituant entre elles des cloisons transversales. Cet état est transitoire et n'a même qu'une courte durée. Bientôt les cloisons transversales commencent à être résorbées, et elles ne tardent pas à disparaître en laissant cependant, dans beaucoup de cas, une sorte de bourrelet périphérique intérieur, qui indique à la fois le plan de superposition de deux cellules primitives et la place où existait entre elles une cloison transversale de séparation.

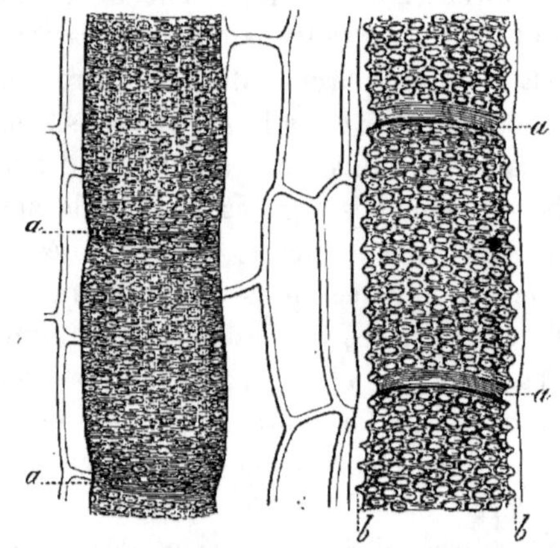

Fig. 21. — Coupe longitudinale d'une portion de tige de l'Aristoloche Siphon (*Aristolochia Sipho* L'Hérit.), dans laquelle on voit deux gros vaisseaux ponctués, l'un, à gauche, entier, avec deux étranglements *a a*, qui indiquent deux points d'union des cellules primitives, l'autre, à droite, coupé dans sa longueur pour montrer, à son intérieur, en *a a*, deux bourrelets annulaires, restes de deux cloisons horizontales; en *b b*, la section de ses parois, dans lesquelles chaque ponctuation forme un enfoncement.

On voit un exemple démonstratif de cette formation dans la figure 21 qui montre, à gauche, un vaisseau tout entier, vu par sa face externe et remarquable par les étranglements *a a* qui indiquent deux unions de cellules superposées, à droite, un vaisseau analogue coupé longitudinalement et montrant ainsi dans son intérieur, aux points *a a*, le reste de deux cloisons transversales primitives.

Dans quelques cas, la résorption des cloisons, qui change en tubes continus de simples files de cellules, se fait seulement par places; c'est ainsi que M. H. Mohl a décrit et figuré, chez divers Palmiers, des vaisseaux dans lesquels la cloison transversale persistait, sous l'apparence d'un treillis à larges mailles.

Continuité du tube vasculaire. — La cavité des vaisseaux se continue sur une grande longueur. On peut le reconnaître à l'aide de coupes longitudinales, lorsque celles-ci mettent par hasard à découvert un vaisseau sur une grande étendue; mais ce moyen de démonstration est toujours imparfait, à cause de l'extrême difficulté qu'on éprouve pour suivre longuement un même tube; une autre preuve directe de ce fait a été donnée par Gaudichaud lorsqu'il est parvenu à faire passer un cheveu à travers un vaisseau, sur plusieurs centimètres de longueur.

Classification des vaisseaux. — On distingue cinq sortes de vaisseaux, d'après les marques qu'ont formées sur leur membrane primitive les épaississements secondaires, absolument comme on a distingué cinq sortes de cellules d'après le même caractère (*voy.* plus haut, p. 27). Quand ce sont des cellules spiralées qui se sont unies en vaisseau, celui-ci présente intérieurement une sorte de fil spiral ou une *spiricule*, et il reçoit lui-même le nom de *vaisseau spiral* proprement dit, ou *Trachée* (fig. 22, *v″*, *v‴*, *v⁗*). Cette dernière dénomination, qui est la plus usuelle, est basée sur la ressemblance de ces vaisseaux avec les tubes respiratoires ou trachées des insectes. La spiricule est assez ferme et elle adhère assez peu à la membrane

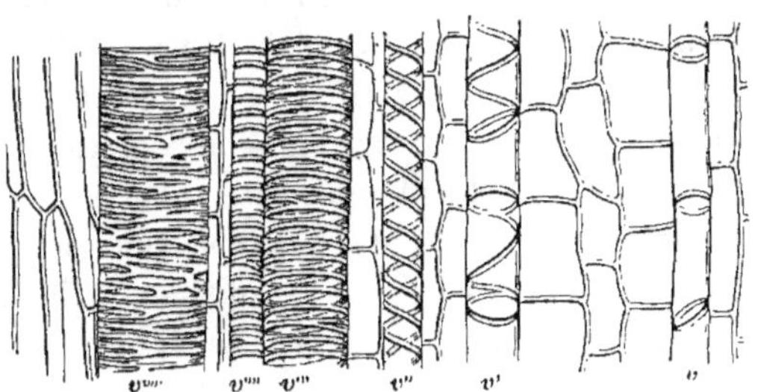

Fig. 22. — Coupe longitudinale d'une portion de tige de Balsamine (*Balsamina hortensis* Desp.). On y voit : 1° un vaisseau annelé *v*; 2° un vaisseau spiro-annelé *v′*; 3° trois trachées ou vaisseaux spiraux *v″*, *v‴*, *v⁗*; 4° un gros vaisseau réticulé *v⁗′*.

extrêmement mince du tube dans lequel elle est contenue pour s'en détacher aisément; de là vient que, lorsqu'on rompt une partie de plante où se trouvent des trachées, comme un rameau de Rosier, etc., on voit souvent les deux fragments, séparés légèrement après la rupture, rester reliés l'un à l'autre par des filaments blancs, très-déliés, qui s'allongent sans se rompre, tant qu'on n'exerce sur eux qu'une traction modérée. Ces filaments ne sont pas autre chose que des spiricules qui se sont déroulées en déchirant le tube qui les renfermait ou en s'en détachant.

De même la fusion de cellules annelées, réticulées, rayées, ponctuées, donne des vaisseaux qui en conservent l'apparence extérieure et les noms, et qu'on nomme dès lors *vaisseaux annelés* (fig. 22, *v*), *vaisseaux réticulés* (fig. 22, *v''''*), *vaisseaux rayés* (fig. 23, A, B), *vaisseaux ponctués* (fig. 21). On nomme aussi fréquemment les vaisseaux rayés *vaisseaux scalariformes* (en forme d'échelle), parce que les raies dont ils sont marqués sont le plus souvent comparables, pour leur parallélisme et leur régularité, aux échelons d'une échelle.

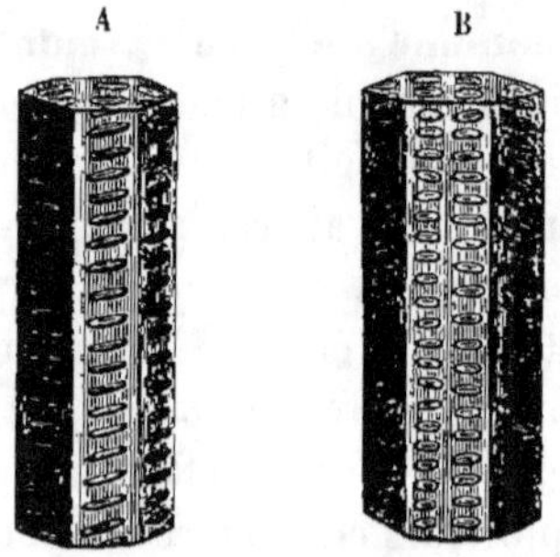

Fɪɢ. 23. — Portions de deux vaisseaux rayés du *Polystichum Filix-mas* DC. — A n'a qu'une rangée de raies sur toutes ses faces; B en offre deux rangées adjacentes, sur sa face antérieure.

Analogie des vaisseaux entre eux. — Il y a beaucoup d'analogie entre les trachées et les vaisseaux annelés : la situation en est généralement la même dans les plantes, et en outre on voit souvent des vaisseaux tour à tour annelés et spiralés sur différents points de leur longueur, ou bien dans lesquels la spiricule se rompt en fragments distincts dont les extrémités se contournent en anneaux. C'est ce que montre par exemple le vaisseau *v'*, figure 22. Ce fait a conduit M. Schleiden à penser que les vaisseaux annelés provenaient de trachées dont la spiricule se serait rompue en fragments qui auraient soudé ensuite leurs bouts de manière à former chacun un anneau; mais cette opinion soulève de très-graves difficultés et ne semble pas, au total, mériter d'être admise. D'un autre côté, l'analogie est tout aussi évidente entre les vaisseaux réticulés, d'une part, et les vaisseaux, soit ponctués, soit rayés, de l'autre. On conçoit aisément en effet que la distinction de ces trois sortes de vaisseaux repose uniquement sur le plus ou moins de grandeur, d'irrégularité, etc., des marques qu'offrent leurs parois. Pour leur assigner un caractère qui permette de les reconnaître, M. H. Mohl n'admet comme vaisseaux ponctués que ceux dont les ponctuations sont aréolées ; mais il fait observer que souvent le même vaisseau offre ce caractère sur les points où il touche extérieurement à un tube semblable, tandis qu'il en est dépourvu sur d'autres points où il s'applique contre des cellules.

Situation des vaisseaux dans les plantes. — L'étude particulière des organes des plantes montrera quelle est la distribution des cinq sortes de vaisseaux dans l'organisme-végétal. Je croirais prématuré d'en parler maintenant ; aussi, pour terminer le paragraphe relatif à ces tubes, me bornerai-je à exposer quelques détails qui se rapporteront pour la plupart au plus répandu et au plus important d'entre eux, je veux dire aux trachées.

Largeur des vaisseaux. — Ce sont les vaisseaux ponctués qui ont généralement le diamètre le plus considérable ; on les voit même devenir parfois assez larges pour que l'ouverture en soit visible à l'œil nu, comme par exemple, sur une coupe transversale de la tige des Rotins ou Rotangs (*Calamus*), vulgairement connus sous le nom impropre de Joncs à cannes. Les trachées et les vaisseaux annelés sont, au contraire, fort étroits d'ordinaire ; cependant on observe chez eux à cet égard de grandes différences, même pour ceux qui se trouvent côte à côte, comme on le voit bien sur les deux trachées v'' et v''', figure 22, dont la dernière est deux fois plus large que la première.

Rapprochement des tours de la spiricule. — Il existe aussi de grandes différences d'une trachée à l'autre pour le rapprochement des tours de la spiricule. Ces tours sont en effet très-rapprochés dans ceux de ces vaisseaux dont la formation est très-récente, tandis qu'ils sont d'autant plus écartés que le vaisseau, datant de plus loin, a été forcé de s'allonger davantage pour suivre l'allongement de la partie qui le renferme. On voit encore nettement cette différence sur la figure 22, dans laquelle les vaisseaux annelés et les trachées sont de plus en plus récemment formés de la droite vers la gauche de la figure.

Nombre des spiricules. — Je ferai aussi observer qu'une trachée renferme souvent deux ou même plusieurs spiricules marchant parallèlement entre elles. On en voit deux dans la trachée v'' de la figure 22. On en a observé deux et trois chez diverses plantes ; même De Candolle en a compté sept dans les trachées du Bananier

(*Musa*), et La Chesnaye affirme en avoir compté jusqu'à vingt-deux dans une même trachée de cette plante.

La spicule est-elle pleine ou creuse? — Vers la fin du dernier siècle, Hedwig regardait la spicule des trachées comme creuse et comme formant dès lors un tube extrêmement délié, mais cependant susceptible de laisser circuler dans son intérieur le liquide nourricier des végétaux. Les observateurs postérieurs, qui cependant disposaient de microscopes incomparablement plus parfaits, ont été dans l'impossibilité de reconnaître l'existence du petit tube indiqué par Hedwig. Seul, dans ces derniers temps, M. Trécul a repris en partie cette opinion qu'il s'est attaché à baser sur des observations attentives, faites sur certaines plantes grasses (*Mamillaria, Echinocactus*). Seulement, d'après cet anatomiste lui-même, on ne pourrait guère assimiler la spicule à un tube susceptible de servir à la circulation d'un liquide, puisqu'il la décrit comme « composée de deux substances : 1° d'un tube creux, à parois minces, bien définies, d'une cellule spirale enfin : 2° d'une matière gélatineuse que celle-ci renferme, qui a une couleur différente et une consistance variable.» L'opinion d'Hedwig reste donc plutôt comme une simple vue de l'esprit que comme le résultat d'observations démonstratives.

Vaisseaux transitoires. — En général, les vaisseaux une fois formés persistent pendant toute la durée de l'organe qui les renferme. C'est ainsi qu'on retrouve des trachées parfaitement caractérisées et encore déroulables autour de la moelle de gros arbres dont le tronc est resté sain dans un âge avancé. Néanmoins une curieuse exception à cette règle a été signalée dans ces derniers temps. D'après les observations de M. Caspary, confirmées plus récemment par d'autres botanistes, chez certaines plantes aquatiques, la tige, qui avait été décrite comme uniquement composée de tissu cellulaire, et qui l'est en effet à l'état adulte, possède dans sa première jeunesse une trachée centrale ; mais ce vaisseau ne tarde pas à disparaître et il reste à sa place une petite lacune longitudinale en forme de canal étroit.

ARTICLE II. — VAISSEAUX IMPARFAITS

Dans un mémoire relatif aux faisceaux vasculaires des plantes[1] M. Caspary a récemment attiré d'une manière toute particulière

---

[1] *Ueber die Gefässbündel* dans *Monatsber..* ou *Comptes rendus de l'Académie des sciences* de Berlin, 1862.

l'attention des botanistes sur des cellules qui ont été très-souvent prises à tort, d'après lui, pour des vaisseaux et qu'on pourrait, en adoptant ses idées, regarder comme des vaisseaux imparfaits, ou comme intermédiaires entre les cellules et les vaisseaux. Partant de ce principe que les vaisseaux sont des tubes continus sur une grande longueur, et qui résultent de la confluence de cellules superposées en file à l'origine, il pense qu'on doit en séparer soigneusement toutes les cellules qui présentent des marques analogues sur leurs parois, mais qui conservent leur cavité distincte, de manière à ne pas se confondre en un tube continu. Ces mêmes cellules se terminent en pointe aux deux extrémités qui, à la vérité, paraissent être parfois percées latéralement de telle sorte que la cavité de l'une communique ainsi avec celle de la cellule suivante contre le sommet de laquelle elle s'applique. On voit un exemple de cette terminaison en pointe pour deux cellules trachéennes ou, si l'on veut, pour deux trachées imparfaites, dans la figure 24.

Fig. 24. — Extrémités en pointe et appliquées l'une contre l'autre de deux trachées imparfaites ou cellules trachéennes de la tige de la Balsamine. (*Balsamina hortensis* Desp.)

Modifiant la signification du nom de *cellules conductrices* qu'il avait donné antérieurement à celles en forme de cylindre fréquemment élancé qui n'offrent en général sur leurs parois aucune marque particulière, il étend aujourd'hui cette dénomination à ces cellules pourvues de marques sur leurs parois ; d'après la nature de ces marques, il en distingue cinq sortes qui correspondent aux cinq sortes de vaisseaux parfaits, et il établit ainsi le classement que résume le tableau synoptique suivant, emprunté à son mémoire.

Faisceau conducteur nommé souvent par abréviation peu rigoureuse Faisceau vasculaire.	Faisceau conducteur vasculaire ou simplement Faisceau vasculaire.	Vaisseaux annelés.
		— spiraux ou trachées.
		— réticulés.
		— rayés ou scalariformes.
		— ponctués.
	Faisceau conducteur cellulaire.	Cellules conductrices annelées.
		— — spiralées.
		— — réticulées.
		— — rayées ou scalariformes.
		— — ponctuées.

La distinction établie ainsi par le savant allemand est sans doute rigoureuse ; mais on ne peut nier qu'elle ne soit parfois

d'une application difficile, parce qu'on éprouve souvent beaucoup
de peine à suivre une cellule très-allongée ou un tube vasculaire
sur une assez grande longueur pour en connaître la terminaison.
Or, M. Caspary dit avoir mis à nu, dans le *Nelumbium*, une cellule
conductrice sur une étendue de cinq pouces, sans l'avoir vue tout
entière. A la vérité, il n'est pas absolument nécessaire de suivre
ces cellules d'un bout à l'autre pour les reconnaître, puisqu'il suffit
pour cela d'en observer une extrémité. Dans tous les cas, si l'on
adoptait la distinction proposée par lui, peut-être serait-il commode de voir dans ces cellules des *vaisseaux imparfaits* et de leur
en donner le nom, comme je le fais ici.

Je ferai observer toutefois que divers auteurs ont décrit comme
des vaisseaux des séries de cellules semblables à celles que M. Caspary nomme aujourd'hui conductrices. Mais ce n'est pas ici le lieu
pour entrer dans des détails circonstanciés à ce sujet.

ARTICLE III. — VAISSEAUX LATICIFÈRES

§ 1. — Latex.

Un assez grand nombre de plantes laissent sortir, lorsqu'on les
blesse, un liquide généralement opaque, le plus souvent blanc et
semblable pour l'apparence à du lait (Figuier, Pavot, Laitue,
Euphorbes, etc.), plus rarement coloré, et alors tantôt jaune vif,
comme dans la grande Chélidoine ou Éclaire qui croît communément sur les vieux murs, tantôt orangé, comme dans l'Artichaut, tantôt verdâtre, comme dans la Pervenche, etc. Ces sucs
laiteux n'existent pas chez toutes les plantes ; mais là où on les
rencontre, ils sont abondants et se montrent disséminés dans
à peu près tous les organes. En outre, leur état physique et
leur composition chimique les rendent
fort remarquables. Sous le premier
rapport, le microscope les montre formés d'un liquide dans lequel flottent
en nombre immense de très-petits globules (fig. 25) auxquels celui-ci doit son
opacité et sa coloration. Sous le second
rapport, on a reconnu qu'ils contiennent
des matières diverses qui donnent à

Fig. 25. — Globules du latex du Figuier cultivé (*Ficus carica* L.) vus
sous un très-fort grossissement

plusieurs végétaux laiteux un grand intérêt pour l'industrie, la
médecine, les arts, etc. Leurs globules sont en général formés de
caoutchouc ou de matières analogues.

Usages du latex. — Extrait au moyen d'entailles qui lui livrent passage, le liquide laiteux des *Siphonia*, arbres de la famille des Euphorbiacées qui croissent dans les Guyanes et au Brésil, du *Castilloa elastica*, celui du *Ficus elastica* de l'Inde, de l'*Urceola elastica*, arbuste de la Malaisie, et de quelques autres espèces, se concrète à l'air et devient le caoutchouc dont les arts et l'industrie font si grand usage ; de même celui de l'*Isonandra Gutta* Hook., arbre de la Malaisie, qu'on coupe au pied dans ce but, donne la gutta percha[1], substance qui a de nos jours une utilité reconnue, et qui seule a rendu possible l'établissement de télégraphes électriques sous-marins. Certains de ces liquides renferment des matières colorantes, comme celui de divers arbres de la famille des Clusiacées qui, concrété, devient la gomme-gutte, ou des alcaloïdes qui leur donnent des propriétés médicinales précieuses : je citerai comme exemple de ces derniers celui du Pavot somnifère qui, sortant des fruits encore verts de cette plante, par des incisions peu profondes, pratiquées avec un instrument spécial, forme l'opium. Beaucoup sont âcres, ou constituent même de terribles poisons, comme celui de l'*Antiaris toxicaria* qui fournit le terrible *Upas antiar* avec lequel les Javanais empoisonnent leurs armes ; tandis que, par opposition, il en est quelques-uns qui rappellent assez le lait de vache par leurs qualités alimentaires et même par leur saveur, pour que, dans les pays où croissent les arbres qui les produisent, les habitants y trouvent une ressource alimentaire précieuse. Tels sont ceux du *Galactodendron utile* H. B., arbre d'Amérique vulgairement nommé arbre à la vache (*Palo de vaca*), du *Tabernæmontana utilis*, ou Hya-Hya de la Guyane, etc.

Rôle du latex dans la plante. — L'abondance des liquides laiteux dans les plantes qui en sont pourvues et leurs propriétés remarquables devaient frapper vivement les botanistes ; aussi, depuis déjà longtemps a-t-on cherché à reconnaître le rôle qu'ils peuvent jouer dans l'organisme végétal et a-t-on étudié les canaux qui les renferment. Quant à leur rôle, il n'est pas encore aujourd'hui bien connu, et il a été considéré de deux manières différentes : les uns y ont vu le liquide éminemment nourricier des végétaux, ou la séve déjà modifiée par son passage à travers les feuilles, et le savant allemand qui s'en est le plus occupé, à la date de plusieurs années, M. C. H. Schultz, de Berlin, leur a donné, pour ce motif, les noms de *suc vital* (*Lebenssaft*, en allem.) et *Latex* ; les autres,

---

[1] Ce mot est une très-légère altération des deux mots malais *gutta pertjah*. Il n'y a donc aucun motif pour le prononcer *gutta-perka*, comme on le fait souvent.

au contraire, les ont regardés comme une simple matière produite ou sécrétée par la plante vivante et ne leur ont dès lors attribué qu'une faible importance pour la nutrition. J'aurai à revenir plus tard sur ce sujet.

§ 2. — Laticifères.

Quant aux canaux qui renferment les liquides dont il s'agit en ce moment, ils ont reçu les noms de *vaisseaux laticifères* ou simplement *Laticifères*, *vaisseaux du suc vital* (*Lebenssaftgefæsse*, en allem. Schultz), *vaisseaux du suc laiteux* (*Milchsaftgefæsse* en allem.), *vaisseaux propres*, etc. Depuis trente ans environ, ils ont été l'objet de travaux nombreux ; même l'Académie des sciences de Paris en a mis deux fois l'étude au concours, et elle a couronné, en 1835, un grand travail de M. C. H. Schultz, de Berlin, en 1863, deux beaux mémoires dus à deux autres savants allemands, M. Dippel et M. Hanstein. Néanmoins, l'histoire de ces singuliers canaux est loin d'avoir encore perdu toutes ses incertitudes, et en essayant de la résumer ici, je ne me dissimule pas que je serai forcé d'y laisser du vague à certains égards.

Caractères des laticifères. — Les *Vaisseaux laticifères* ou les *Laticifères*, comme on les appelle simplement pour l'ordinaire, s'offrent à l'observateur avec des caractères tranchés qui les font aisément distinguer des vaisseaux proprement dits. Ils constituent des tubes remarquables à la fois par leurs parois dépourvues de toute marque particulière et généralement minces, par leur marche plus ou moins sinueuse, par l'inégalité de leur diamètre sur différents points de leur longueur, enfin et surtout par leurs ramifications ou par les branches transversales de communication qui en relient entre eux les troncs principaux (fig. 26).

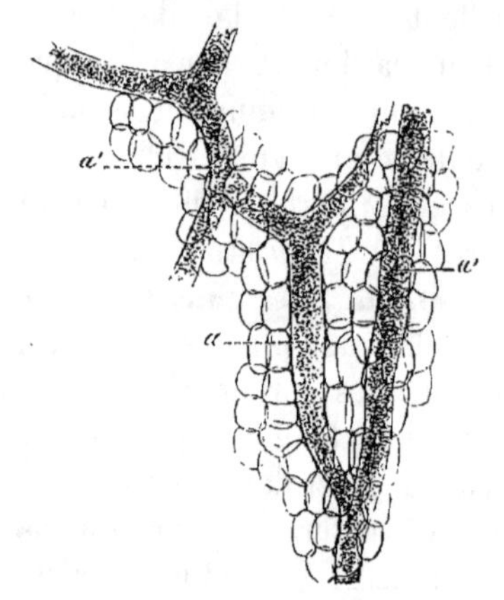

Fig. 26. — Fragment d'un vaisseau laticifère pris dans le fruit du Figuier cultivé (*Ficus carica* L.). On y voit par transparence les globules du latex ; seulement le rasoir l'ayant ouvert sur quelques points, il s'y est vidé plus ou moins comme en *a*, tandis qu'en *a'* il est resté plein.

Si l'on ajoute à ces caractères des tubes eux-mêmes l'opacité et la coloration que leur donne le liquide dont ils sont remplis, si enfin on tient compte de cette circonstance que, abstraction faite d'un petit nombre de végétaux, tels surtout que les Papayacées, on ne les pas dans le bois des tiges, mais seulement dans l'écorce et quelquefois aussi dans la moelle, c'est-à-dire qu'on les rencontre en général là où manquent les vaisseaux proprement dits, on verra qu'il n'y a aucune difficulté pour les distinguer de ceux-ci.

Opinions sur la nature des Laticifères. — Quelle est la nature de ces tubes si nettement caractérisés? Deux manières de voir entièrement différentes et presque diamétralement opposées sont encore aujourd'hui professées à ce sujet : les uns pensent que, comme les autres vaisseaux, les laticifères proviennent de la soudure et de la confluence de cellules placées bout à bout ; les autres admettent, au contraire, que ce ne sont pas des vaisseaux dérivés de cellules, mais bien de simples méats intercellulaires agrandis par l'accumulation du latex dans leur cavité, et autour desquels le liquide sécrété qui s'y amasse formerait peu à peu, par un simple dépôt de matière, les parois du canal.

La dernière de ces opinions a été développée et appuyée sur des observations attentives surtout par un savant allemand qui a gardé l'anonyme, et à qui l'on doit un remarquable mémoire publié, en 1846, dans la *Gazette botanique* de MM. H. Mohl et Schlechtendal (Botanische Zeitung). De ses recherches, cet auteur croit pouvoir conclure : qu'un vaisseau laticifère, à son origine, est simplement un conduit creusé dans le tissu cellulaire, dont les parois ne sont pas formées par une membrane propre, mais seulement par les cellules environnantes : que ce conduit, d'abord étroit, ne tarde pas à s'élargir, et que ses parois se revêtent d'un épaississement qui devient bientôt appréciable, mais qui n'est pas toujours également fort, et qui souvent s'isole des cellules aux points de jonction de celles-ci, de manière à montrer sur ces points la membrane qu'il forme libre de toute adhérence.

Cette opinion a été partagée par des anatomistes du plus grand mérite, notamment par MM. H. Mohl, Schleiden, etc.

Néanmoins elle a perdu du terrain, dans ces derniers temps, à mesure que la première en gagnait, et les travaux les plus récents et les plus approfondis sur ce sujet renferment l'exposé d'un grand nombre de faits qui la contredisent formellement.

Ainsi M. Unger[1] décrit et figure les laticifères du *Chelidonium majus* comme formés de cellules faciles à distinguer les unes des

----

[1] *Anat. u. Phys.* p. 158.

autres, et qui sont à peine plus longues que larges dans la racine, allongées en cylindres visiblement renflés à leurs extrémités dans la tige. Schacht[1] dit en termes formels que les laticifères résultent de la fusion en un tout unique de plusieurs cellules. M. Dippel et M. Hanstein, dans leurs mémoires couronnés en 1863 par l'Académie de Paris, expriment la même opinion. Il en est de même de M. Vogel qui a communiqué, au mois de décembre 1863, à l'Académie des sciences de Vienne, un mémoire sur les laticifères du Pissenlit; de M. Trécul, etc.

Il est donc assez généralement reconnu aujourd'hui que les vaisseaux du latex ont une origine analogue à celle des vaisseaux proprement dits, puisqu'ils résultent également de files de cellules qui se sont unies pour les former.

Divers types de laticifères. — En comparant entre eux les laticifères de diverses plantes, on reconnaît des différences dans leur manière d'être. Je rappellerai seulement pour mémoire que, dans son grand mémoire couronné en 1853, M. C. H. Schultz exprimait l'idée que chacun de ces vaisseaux, dans le cours de son développement, passait par trois états distincts qu'il nommait : le premier, état de contraction, le deuxième, état d'expansion, le troisième, état d'articulation. Ces vues n'ont pas été confirmées par les observations postérieures. Récemment M. Unger a distingué[2] cinq degrés de formation et trois types de laticifères ; mais il me semble plus convenable de n'admettre que les deux types signalés par M. Dippel, savoir : des *Laticifères disjoints* et des *Laticifères rétiformes* ou en réseau. Les premiers sont des tubes pourvus de ramifications diverses, mais non anastomosées avec les tubes voisins et par conséquent ne formant pas un réseau ; en outre, ces vaisseaux se montrent, dans toutes les phases de leur développement, comme articulés, c'est-à-dire visiblement composés de cellules que la macération sépare facilement. On en voit des exemples dans le *Chelidonium majus* ou Grande Éclaire, dans les Euphorbes, la petite Pervenche, les Aulx, les Chicorées, etc. Quant aux *Laticifères rétiformes*, leurs troncs longitudinaux sont reliés les uns aux autres en réseau par des branches transversales qui établissent une communication entre eux ; en outre, à l'état de développement parfait, ils sont inarticulés et ne laissent pas reconnaître les cellules qui se sont unies pour les former.

Cellules constitutives des Laticifères. — Je me bornerai à

[1] *Die Milchsaftgefässe d. Carica*, 1857.
[2] *Anat. u. Physiol.*, p 158, et suiv.

quelques mots sur la nature des cellules qui s'unissent pour former les vaisseaux laticifères.

Il y a quelques années, M. Th. Hartig découvrit dans la portion fibreuse de l'écorce de nos arbres et arbustes, c'est-à-dire dans ce qu'on nomme le liber, des cellules allongées en tubes et superposées en files, remarquables parce qu'elles offrent soit sur le diaphragme formé par leur superposition, soit sur leurs parois latérales, des surfaces toutes marquées de petites ponctuations et dès lors ressemblant assez à de très-petits cribles. Pour ce motif, il les nomma *Tubes cribreux* (Siebrœhren, en allem.). M. H. Mohl étudiant ensuite ces cellules les appela *Cellules treillisées* ou *grillagées* (Cellulæ clathratæ. Gitterzellen, en allem.). On n'a pas tardé à reconnaître l'affinité de ces cellules avec les laticifères. Quelques-uns ont pensé que ce sont des cellules de cette sorte qui s'unissent en laticifères (Vogel, *l. c.*) : tandis que d'autres ont admis une sorte de parallélisme entre ces deux formations, et M. Dippel exprime comme découlant de ses observations cet énoncé précis : que les vaisseaux du latex remplacent, dans les plantes lactescentes, les cellules treillisées qui se trouvent dans l'écorce (liber) des autres plantes phanérogames.

Canaux de latex. — Les sucs laiteux ne se trouvent pas uniquement dans les vaisseaux laticifères ; on les voit aussi, chez quelques plantes, logés dans de simples canaux, c'est-à-dire dans de véritables lacunes qui ont été formées par la résorption des parois de certaines cellules disposées comme en faisceau. C'est ce qui a lieu notamment dans les Sumacs ou *Rhus*, dans l'*Alisma Plantago*, dans l'Angélique sauvage et généralement dans les plantes de la même famille que celle-ci, c'est-à-dire dans les Ombellifères pourvues de suc laiteux.

Rapports des laticifères avec les vaisseaux proprement dits. — Je terminerai cette histoire abrégée du latex et des laticifères en rappelant que M. Trécul a soulevé, en 1857, une question d'un haut intérêt physiologique, en avançant que les laticifères, après avoir sécrété le latex, le versent dans les vaisseaux proprement dits, soit par leurs grands troncs appliqués çà et là contre ceux-ci, soit par leurs ramifications qui viendraient se terminer également à la surface de ces derniers. Les vaisseaux auraient la mission d'élaborer ce suc et de le répandre dans la plante ; ils seraient donc, d'après M. Trécul, analogues aux artères des animaux, tandis que les laticifères devraient être comparés aux veines. — Le concours ouvert en 1859 par l'Académie des sciences avait pour

principal objet l'étude de la question soulevée par M. Trécul.
MM. Dippel et Hanstein sont arrivés à des résultats contraires
aux propositions formulées par cet habile observateur, de telle
sorte que les idées exprimées par lui ont besoin de la confirma-
tion définitive que font pressentir deux notes succinctes présentées
par lui à l'Académie des sciences, le 9 janvier et le 13 mars
1865[1], dans lesquelles il rapporte, à l'appui de sa théorie, des
observations faites principalement sur des plantes de la famille
des Lobéliacées et de celle des Papavéracées.

CHAPITRE III

CONTENU DES CELLULES

Dans les deux chapitres précédents, j'ai tâché de faire connaître
les éléments anatomiques des plantes, cellules et vaisseaux, ainsi
que leur agencement, leur développement, etc.; mais je n'en ai
envisagé que la portion essentiellement constitutive, c'est-à-dire
la membrane qui en forme les parois; j'ai fait abstraction de ce
qui existe dans leur cavité, et cependant l'étude des matières qui
s'y trouvent renfermées a un intérêt majeur à tous les points de
vue. Je ne puis donc la passer sous silence. Seulement c'est à un
autre endroit de ces éléments que j'aurai à m'occuper du contenu
des vaisseaux, et quant à celui des laticifères, ce que j'en ai déjà
dit me dispense d'entrer ici dans de nouveaux détails. Je n'ai donc à
entretenir maintenant le lecteur que des matières contenues dans
les cellules; encore ne pourrai-je le faire, faute d'espace, avec
tous les détails que demanderait la haute importance de ce sujet.

Il est, en effet, facile de sentir que cette étude, pour n'être pas
trop incomplète, devrait prendre un grand développement. La cellule est le laboratoire des plantes; c'est en elle que s'opère l'élaboration des sucs nourriciers, en elle que se produisent les matières si variées que nous fournit le règne végétal. Sans doute
beaucoup de ces matières sont surtout du ressort de la chimie;
mais la recherche des caractères physiques qui en distinguent
plusieurs, et l'examen de leur manière d'être dans la plante,

---

[1] *Comptes rendus*, LX, 1865, p. 78 et p. 522.

appartiennent uniquement à la botanique; et à ces deux points de vue, cette science voit s'ouvrir devant elle un vaste champ d'études.

Aperçu synoptique des substances contenues dans les cellules. — Pour donner une idée de l'extrême variété des substances que peuvent renfermer les cellules, je crois devoir indiquer, sous la forme de tableau synoptique, les catégories auxquelles on peut les rattacher. Je dois cependant faire observer que ce tableau ne doit être pris, ni pour une classification rigoureuse, ni pour une énumération complète; c'est un moyen de groupement, et rien de plus.

Les matières contenues dans les cellules sont :

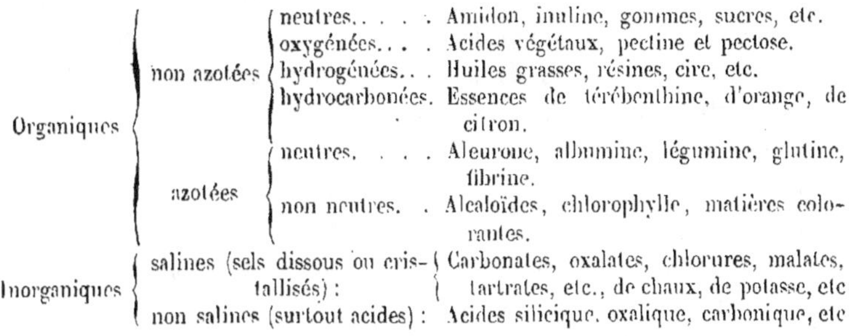

Je dois maintenant étudier avec quelques détails celles d'entre les substances indiquées dans le tableau ci-dessus qu'il est essentiel de connaître, à cause du rôle important qu'elles jouent dans la vie des plantes. Seulement, pour plus de facilité et de commodité, je les diviserai d'après l'état liquide ou solide qu'elles affectent dans l'intérieur des cellules.

ARTICLE PREMIER. — SUBSTANCES LIQUIDES OU DEMI-LIQUIDES
CONTENUES DANS LES CELLULES

§ 1. — Suc cellulaire.

Les cellules, lorsqu'elles sont bien développées, sont généralement remplies d'un liquide aqueux, le plus souvent incolore, mais aussi coloré en rouge-pourpre ou en bleu, dans les cas assez rares où elles appartiennent à un organe ou à une partie d'organe qui offre l'une de ces teintes. Ce liquide reçoit habituellement la dénomination de *Suc cellulaire*, qui est assez vague pour ne rien préjuger sur sa nature. Il peut tenir en solution des matières extrêmement diverses dont les principales sont indiquées dans le tableau synoptique ci-dessus, et entre lesquelles je me contenterai de citer les suivantes:

1° Les *gommes*, parmi lesquelles on distingue la *gomme arabique*, qui vient exsuder et se concréter à la surface de petits arbres spontanés dans l'Afrique intertropicale et appartenant au genre *Acacia*, de la famille des Légumineuses-Mimosées, comme les *Acacia vera*, *Verek*, *arabica*, *Ehrenbergii*, etc.; la *gomme du pays*, qui se montre de la même manière sur le tronc de nos arbres fruitiers dits à noyau, de la famille des Rosacées-Amygdalées, notamment sur le Cerisier, l'Amandier, le Prunier; enfin la *gomme adragante* ou *gomme de Bassora*, qu'on recueille sur de petits arbustes du genre *Astragalus*, de la famille des Légumineuses-Papilonacées, appartenant à la section de ce grand genre qui a été nommée *Tragacantha* à cause de ses épines, notamment sur les *Astragalus creticus*, *verus*, *gummifer*, etc.; celle-ci est curieuse parce que, comme l'a reconnu M. H. Mohl[1], elle résulte surtout d'une transformation particulière que subissent les parois des cellules de la moelle et des rayons médullaires; 2° les *sucres*, parmi lesquels le plus utile est celui de Canne, qu'on extrait aujourd'hui en immense quantité, dans les contrées chaudes, de la Canne à sucre (*Saccharum officinarum* L.), et de divers Palmiers, dans l'Amérique septentrionale de l'Érable à sucre, dans nos pays de la Betterave, mais qui existe aussi dans beaucoup d'autres végétaux.

Au milieu du suc cellulaire flottent souvent des gouttelettes d'huiles, soit grasses, soit volatiles, qui abondent d'autant plus dans les cellules que le suc aqueux y est en moindre quantité, et qui peuvent même finir par remplacer entièrement celui-ci dans certains cas.

§ 2. — Protoplasma et ses courants.

Le suc cellulaire n'a pas toujours existé dans les cellules. A leur naissance, comme on l'a déjà vu, elles étaient remplies par cette matière azotée et visqueuse, se colorant en brun sous l'action de l'iode, qu'on a nommée *Protoplasma* ou matière protoplasmique, matière autour de laquelle et par laquelle s'est produite leur première membrane. Ensuite, à mesure qu'elles s'agrandissent, il se produit çà et là dans la matière protoplasmique de petits vides où commence à se former le suc cellulaire, et, à partir de ce moment, celui-ci devient de plus en plus abondant relativement au protoplasma qui finit par ne plus constituer que des sortes de filaments ou plutôt de traînées dirigées à travers la cavité de la cellule. Ces filaments se rattachent d'un côté

[1] *Botan. Zeit.*, 1857.

au nucléus, de l'autre aux parois cellulaires, en formant entre les deux une sorte de réseau à grandes mailles irrégulières. Chose étrange! ils sont le siége d'un mouvement lent, mais appréciable sous le microscope, dont la cause est inconnue, et que des botanistes de nos jours, MM. Cohn, Unger, et après eux M. Max Schultze [1], ont cru devoir attribuer à une contractilité vitale. Ces courants sont faciles à suivre sous le microscope lorsque le protoplasma renferme des granules dont on voit alors le déplacement, cas fréquent, qui s'offre notamment dans les poils de la Courge, dans ceux de l'Ortie, etc. La constatation du transport est au contraire fort difficile quand le protoplasma est entièrement homogène. Dans le premier cas, M. H. Mohl l'évalue, en moyenne, à 1/1857 de ligne par seconde chez la Courge, à 1/750 de ligne chez l'Ortie, à 1/500 de ligne dans les poils floraux du *Tradescantia virginica*, à 1/183 de ligne dans les feuilles de la Vallisnérie spirale [2].

La variabilité de disposition que présentent, dans la même cellule, à différents moments, les trainées de protoplasma, montre combien était dénuée de fondement l'idée de M. C. H. Schultz, qui les prenait pour un système de tubes, opinion étrange que cependant un observateur a essayé de ressusciter parmi nous, il y a quelques années.

ARTICLE II. — SUBSTANCES SOLIDES CONTENUES DANS LES CELLULES

Comme le montre le tableau synoptique ci-dessus, les substances solides contenues dans les cellules sont, les unes organiques, les autres inorganiques. De là deux sections distinctes dans leur histoire.

Section première. — *Substances solides organiques.*

§ 1. — Amidon ou Fécule amylacée.

La plus importante de toutes ces substances, en raison de son extrême fréquence dans les plantes et aussi de son utilité majeure, soit pour la végétation elle-même, soit pour l'alimentation de l'homme et des animaux, est l'*Amidon* ou la *Fécule amylacée*. Dans le langage usuel, cette substance est nommée généralement *Fécule*, lorsqu'elle provient des productions souterraines ou des

[1] *Das Protoplasma d. Rhizopoden u. d. Pflanzen-Zellen*, par M. Max Schultze. Leipzig, 1863, in-8 de 68 pages.
[2] *Bot. Zeit.*, 1846, col. 92.

tiges de diverses plantes, tandis qu'on lui conserve plus ordinairement le nom d'Amidon lorsqu'elle est retirée des graines. Ainsi l'on dit tous les jours la fécule de la Pomme de terre et l'amidon du Froment. Toutefois ces deux mots sont souvent employés l'un pour l'autre et sans la moindre rigueur.

Fréquence de l'amidon. — L'amidon est tellement répandu dans le règne végétal, qu'on aurait peine à citer une plante qui n'en renferme dans l'une ou l'autre de ses parties, à l'une ou l'autre époque de sa végétation annuelle. Il s'accumule même dans certains organes en si grande quantité que ceux dans lesquels s'opère cette accumulation deviennent pour l'homme des aliments importants et déterminent la culture en grand des végétaux auxquels ils appartiennent.

Aspect et composition de l'amidon. — Tel qu'on l'extrait de diverses plantes et considéré à l'œil nu, l'amidon se présente à l'état d'une poudre blanche et formée de grains fort petits. Ces grains ont été simplement mis en liberté par la déchirure, opérée en général mécaniquement, des cellules où ils s'étaient produits et dans lesquelles ils étaient disposés sans ordre, comme le montre la figure 27. Dans la composition chimique de cette matière entrent du carbone, de l'hydrogène et de l'oxygène, dans les mêmes proportions que dans la cellulose($C^{12}H^{10}O^{10}$). Aussi, M. Trécul, n'a-t-il pas hésité à avancer que « les membranes végétales dites de cellulose et le grain d'amidon sont composés d'un même principe immédiat, à divers états d'agrégation [1]. »

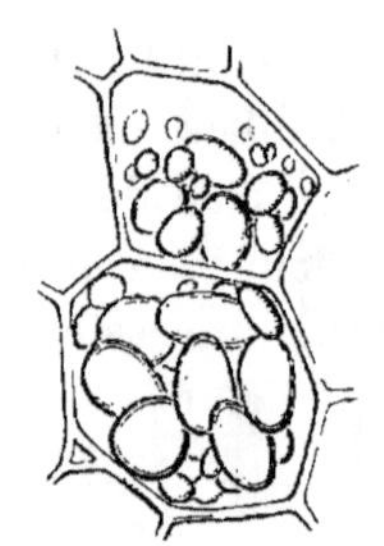

Fig. 27. — Deux cellules contenant des grains d'amidon prises dans un tubercule de Pomme de terre.

Végétaux féculifères. — L'homme extrait l'amidon de plantes et parties de plantes fort diverses afin de satisfaire à des besoins variés, mais particulièrement pour s'en nourrir. Je crois devoir énumérer ici les principales espèces végétales qui sont cultivées en grand, sur les divers points du globe, pour cet objet de première nécessité. Je les classerai d'après celles de leurs parties dans lesquelles s'amasse la matière amylacée, et qui dès lors leur donnent leur utilité majeure.

1° *Graines.* Les plus importantes d'entre les plantes à graines

[1] *Ann. des sc. nat.*, 1858, X, p. 205.

féculentes appartiennent à la famille des Graminées; on les réunit ordinairement sous la dénomination commune de Céréales. Celles de premier ordre sont : *a*, sous les climats tempérés, en général, les Blés ou Froments (*Triticum*), les Orges (*Hordeum*), le Seigle (*Secale cereale*), les Avoines (*Avena*); *b*, dans les pays chauds, le Maïs (*Zea Mays* L.) principalement dans le nouveau monde, et le Riz (*Oryza sativa* L.) dans l'ancien. Celles de second ordre sont : *a*, en Afrique, le Teff (*Poa abyssinica* Jacq.), le Dourra (*Sorghum*), le Tocusso (*Eleusine Tocusso* Fres.); *b*, dans l'Inde et plus rarement en Afrique : le Nutchanec ou Muroca des Indous (*Eleusine coracana* Gært.), le Millet à chandelle, Bujera ou Bujra des Indous (*Penicillaria spicata* W.), etc. Quelques autres plantes appartenant à différentes familles sont cultivées en grand concurremment avec les céréales ou à leur place. Tels sont en Europe et dans l'Asie centrale : le Blé sarrasin ou Blé noir (*Fagopyrum esculentum* Mœnch, et *F. tataricum* Gærtn.); le Quinoa (*Chenopodium Quinoa* L.), sur la Cordillère de l'Amérique du Sud; dans le nord de l'Inde, deux ou trois Amarantes fort mal connues, *Amarantus frumentaceus* Buchan., *A. farinaceus* Roxb., *A. Anardhana* Royle.

C'est encore pour leurs graines féculentes que sont cultivés : 1° les légumes secs, qui appartiennent au grand groupe naturel des Légumineuses, savoir : les Haricots (*Phaseolus*), le Pois (*Pisum sativum* L.), la Lentille (*Ervum Lens* L.), la Fève (*Faba vulgaris* Mœnch), le Pois-chiche (*Cicer arietinum* L.), les Dolics (*Dolichos*), etc.; 2° le Châtaignier (*Castanea Vesca* L.), et quelques autres arbres.

Il est bon de faire observer que, dans les plus précieuses d'entre les graines qui viennent d'être énumérées, la fécule se trouve mélangée de matières azotées qui en rendent la farine beaucoup plus nutritive; c'est là le cas principalement pour les Céréales qui renferment le gluten en proportions diverses, et pour les Légumineuses, chez lesquelles se trouve la légumine.

2° *Fruits*. Les Bananes ou les fruits des Bananiers (*Musa*), avant leur maturité, renferment en abondance de la matière amylacée qu'on peut en extraire à cette époque, et qui y est remplacée par du sucre lorsque la maturation est terminée.

3° *Tiges*. Chez quelques végétaux, le tissu cellulaire accumulé vers le centre de la tige renferme de la matière amylacée en grande quantité; c'est là l'origine du sagou. Ces végétaux sont principalement des Palmiers, comme les Sagoutiers proprement dits (*Metroxylon Rumphii* Mart. et *M. læve* Mart.), l'*Arenga saccharifera* Labil., le *Caryota urens* L. ; tels sont encore des végétaux qui ont un port assez analogue à celui des Palmiers avec une organisation fort différente, je veux dire les *Cycas* (*C. revoluta* Thunb ; et *C. circinalis* L.), dont il paraît que le sagou est presque entièrement consommé sur place.

4° *Parties souterraines.* La matière amylacée s'accumule dans les parties souterraines de diverses plantes qui, pour ce motif, servent d'aliments ou fournissent des fécules alimentaires. Les plus importantes de ces plantes sont la Pomme de terre (*Solanum tuberosum* L.), la Batate (*Batatas edulis* Choisy), les Ignames (*Dioscorea alata* L., *D. Batatas* Dcne, etc.), la Colocase ou le Kuchoo des Indous (*Colocasia antiquorum* Schott), le Taro ou Tara des Océaniens (*Colocasia esculenta* Schott), et leur Pia (*Taçca pinnatifida* Forst.), le Manioc (*Manihot Aipi* Pohl, ou Juca dulce des Espagnols, et *M. utilissima* Pohl, ou Juca amarga des Espagnols), qui est, en Amérique et même aujourd'hui dans presque toute la zone chaude, l'objet de cultures étendues, et qui fournit le Tapioca ; l'Arrow-root des Anglais (*Maranta arundinacea* L.), plante des Antilles qui donne en majeure partie la fécule connue sous le même nom, etc.

Constitution de l'Amidon. — Examiné dans les tissus qui lui donnent naissance, l'amidon se montre fort rarement à l'état d'une sorte de gelée amorphe (d'après MM. Schleiden, Sanio, Trécul), presque toujours sous la forme de grains distincts et séparés, contenus dans la cavité des cellules et libres de toute adhérence avec les parois de celles-ci (fig. 27). Ces grains varient de grosseur et de configuration d'une plante à l'autre ; mais, en général, dans chaque espèce végétale, ils ont une forme caractéristique et leurs dimensions ne dépassent pas un certain maximum. Si l'on prend pour exemple ceux de l'amidon de la Pomme de terre, qui sont les plus commodes pour l'étude, on voit que chacun d'eux, examiné attentivement sous le microscope (fig. 28), se montre comme un petit corps ovoïde,

Fig. 28. — Un grain d'amidon de Pomme de terre. — *h*, point central ou noyau, souvent appelé *hile* ; *a*, *b*, les deux extrémités du grain, dont la dernière est fortement excentrique.

souvent un peu plus épais vers l'un de ses deux bouts *b*. Non loin de son extrémité la plus étroite *a*, on remarque une sorte de petite tache *h*, et celle-ci est comme un centre autour duquel sont tracées des lignes en courbes fermées qui s'embrassent l'une l'autre et qui deviennent de plus en plus excentriques à mesure qu'elles se trouvent plus rapprochées de la périphérie du grain.

On a beaucoup écrit pour expliquer la constitution qui donne aux grains d'amidon l'apparence que je viens de décrire en eux. Depuis Leeuwenhoek jusqu'à nos jours, on a proposé diverses hypothèses explicatives, et bien que, dans ces derniers temps, MM. Payen et Trécul en France, Fritzsche, Schleiden et surtout Nægeli en Allemagne, aient donné toute leur attention à ce sujet, les difficultés qu'il offrait n'ont pas encore entièrement disparu. L'espace me manquerait pour rapporter et discuter toutes les théories qui ont été proposées ; mais je ne puis me dispenser, lorsqu'il s'agit d'une matière de cette importance, de rappeler brièvement celles qui ont eu le plus de vogue ou qui semblent rendre le mieux compte des faits.

Idées de Leeuwenhoek et de M. Raspail. — Vers la fin du dix-septième siècle, le célèbre Leeuwenhoek soumit à l'examen microscopique les grains d'amidon des céréales, et crut voir que chacun d'eux formait une vésicule remplie d'une matière transparente. A une époque encore peu éloignée, en 1825, M. Raspail formula une opinion assez analogue ; en y ajoutant des idées dont il est facile de démontrer l'inexactitude. Pour lui, chaque grain d'amidon était formé d'une enveloppe résistante marquée de simples lignes ou plis courbes et contenant une matière soluble analogue à la gomme. Chaque grain était d'abord fixé à la paroi de la cellule dans laquelle il se produisait, et la cicatrice qui restait à sa surface, lorsqu'il se détachait, formait la petite tache (*h*, fig. 28) que j'ai signalée plus haut, à laquelle il donnait, pour ce motif, le nom de *hile*, que porte aussi la cicatrice ou tache qui reste visible sur les graines quand elles s'isolent à la maturité.

Il a été bientôt reconnu que cette description de l'amidon par M. Raspail était inexacte. D'abord les lignes courbes qu'on voit dessinées sur ces grains ne sont pas de simples plis superficiels, car sur un grain qui, ayant été placé dans l'eau tourne sur lui-même au gré des courants de ce liquide, ces lignes conservent toujours la même apparence, s'embrassent toujours l'une l'autre, ce qui prouve qu'elles sont dues à la superposition de couches concentriques. Telle est, en effet, la constitution de ces grains, qu'on peut mettre en évidence par divers autres procédés, comme en en faisant des coupes transversales, en les cassant, ou en les faisant éclater, au moyen d'une goutte d'alcool à 0,85 de densité, en morceaux qui, sur leur tranche, montrent des assises superposées. En second lieu, jamais les grains d'amidon n'ont eu un point d'adhérence avec la paroi cellulaire, ce qui montre l'impropriété du mot de hile ; en outre, l'observation d'un grain d'amidon tournant sur lui-même dans l'eau, comme je viens de le dire, nous apprend que la petite tache nommée hile, fort à tort, est tout à fait intérieure, et paraît telle, quelle que soit la position du grain. Enfin, puisque l'amidon est constitué par des couches solides superposées, il n'y a pas lieu d'y voir une enveloppe mince, résistante et une masse continue intérieure, soluble ou demi-liquide.

Ce que je viens de dire pour faire ressortir le défaut de fondement des idées de M. Raspail sur la constitution de l'amidon m'a servi en même temps à exposer en quoi consiste cette constitution. On voit qu'elle résulte de la superposition de plusieurs couches concentriques autour d'un espace ou d'un corps central qui se montre, grâce à la transparence des couches, sous l'aspect d'une tache plus foncée. Mais qu'est-ce d'abord que ce point central et, en second lieu, dans quel ordre se sont produites les couches qui l'enveloppent? Ce sont là les deux questions sur lesquelles ont porté particulièrement les recherches et ensuite les hypothèses qui en sont résultées.

Théorie de M. Fritzsche. — En 1854, un savant allemand, M. Fritzsche s'est efforcé de prouver que le corps central ou la tache intérieure est la première partie qui se soit formée dans le grain, et qu'elle joue le rôle d'un noyau autour duquel toutes les couches se sont déposées successivement et de dedans en dehors. De là, d'après ce savant, les couches les plus anciennes du grain d'amidon sont à l'intérieur et les plus nouvelles à l'extérieur ; seulement ces dernières sont plus denses, plus résistantes que les premières, et le noyau en particulier est la portion la moins dense de tout le grain.

Cette théorie de la formation des grains d'amidon par couches qui viendraient s'appliquer sur celles qui existaient antérieurement a été adoptée par la plupart des botanistes : elle a été seulement modifiée par M. Schleiden en ce sens que le noyau serait une cavité centrale.

J'emprunterai à la théorie que je viens d'exposer la dénomination de *noyau* pour désigner le point intérieur visible sous l'aspect d'une petite tache; je ne l'emploierai toutefois que faute de mieux et sans y voir l'expression rigoureuse du fait.

Théorie de M. Payen. — Une opinion entièrement opposée à la précédente, quant au mode de formation et de développement des grains d'amidon, a été présentée, en 1838, par M. Payen. D'après ce savant chimiste, les couches nouvelles d'un grain d'amidon se formeraient à l'intérieur de celles qui existaient déjà, et ces dernières seraient ainsi repoussées vers l'extérieur. Le grain se nourrirait donc par son centre, et les matériaux de sa nutrition lui arriveraient par une sorte de petit canal ou d'entonnoir, ouvert à l'extérieur et pénétrant jusqu'à ce centre même. C'est cette sorte de canal allant de la surface du grain à son centre organique qui produirait la petite tache que M. Raspail appelait hile et que M. Fritzsche a nommée noyau, que M. Schleiden qualifie de cavité centrale, et que M. Payen lui-même appelle tantôt hile et tantôt, on ne sait pourquoi, opercule. L'observation rapportée plus haut de grains d'amidon qui, tournant sur eux-mêmes, montrent toujours cette petite tache située à leur intérieur, n'est nullement conciliable avec l'idée du petit canal de nutrition dont M. Payen admet l'existence.

L'idée émise par M. Payen que les couches, dont la superposition forme un grain d'amidon, sont d'autant plus jeunes qu'elles sont plus intérieures, a été adoptée par quelques auteurs, particulièrement, en Allemagne, par M. Julius Münter[1].

Théorie de M. Nægeli, de M. Trécul. — Une troisième manière de voir a été exposée par le savant professeur de Munich, M. Nægeli, en 1847. Elle consiste à voir dans chaque grain d'amidon une véritable vésicule ou cellule, formée, comme toutes les cellules, d'une membrane qui renferme dans sa cavité un contenu liquide. La membrane de cette vésicule déposerait à sa face interne des couches nombreuses d'épaississement, qui ne seraient pas autre chose que les assises mêmes de matière amylacée dont est formée la presque totalité du grain, et sa cavité centrale, finissant par être fort réduite, serait la petite tache intérieure ou le noyau.

Cette théorie a été abandonnée par M. Nægeli lui-même, dans ses derniers grands travaux sur l'amidon (1858); mais elle a été adoptée sans réserve et développée avec de grands détails, en 1858, par M. Trécul[2], qui s'est attaché à l'étayer d'observations

[1] *Botan. Zeit.*, 1845.
[2] *Ann. des sc. natur.*, 1858, X, pp. 205-331.

nombreuses. D'après cet habile observateur, chaque grain d'amidon est une vésicule amylacée que ses propriétés caractéristiques rapprochent au plus haut point de la cellule proprement dite. Cette vésicule renferme une matière organisable et vivante, c'est-à-dire un protoplasma ou plasma analogue à celui d'une cellule. Ce plasma amylacé, par une végétation spéciale, engendre successivement les couches qui constituent la masse solide du grain. Les couches ainsi produites végètent elles-mêmes pour leur propre compte, se subdivisent même fréquemment en couches secondaires, et elles gagnent ainsi plus ou moins considérablement en épaisseur. Dans les grains très riches en principe amylacé, c'est-à-dire chez lesquels l'assimilation est puissante, les couches peuvent se multiplier jusques auprès du centre, où il n'existe même pas, dans ce cas, de cavité proprement dite, parce que le plasma qui s'y trouve devient lui-même solide; au contraire, dans ceux dont la substance centrale est moins riche et moins active, il existe une cavité intérieure nettement circonscrite et qui reste même parfois assez grande. C'est cette cavité centrale, dont l'ampleur varie beaucoup d'une plante à l'autre, qui, sur le grain formé, produit l'effet d'une petite tache intérieure nommée successivement hile, noyau, cavité centrale, etc. Il arrive, dans un assez grand nombre de cas, que les couches intérieures du grain, renfermant beaucoup d'eau au moment où la végétation cesse, diminuent considérablement de volume, c'est-à-dire, se contractent par la dessiccation qu'elles subissent ensuite; cette contraction amène forcément en elles la formation de fissures qui se rattachent à la cavité centrale, et qui rendent celle-ci en quelque sorte étoilée; on voit alors dans le grain l'apparence d'un noyau étoilé. — D'un autre côté, un assez grand nombre de grains d'amidon ne montrent pas de couches appréciables; cela tient à ce que leur stratification est masquée par de la substance amylacée qui les imprègne et les encroûte en quelque sorte.

En résumé, d'après M. Trécul, les grains d'amidon sont autant de cellules dont les membranes, superposées et déposées de dehors en dedans, deviennent nombreuses, épaisses et ne circonscrivent dès lors qu'une cavité petite ou très-petite. La substance qui constitue ces cellules est la matière amylacée que ce botaniste identifie avec la cellulose.

Telles sont les théories qui ont eu plus ou moins de vogue jusqu'à ce jour. Toutes donnent prise à des objections en même temps qu'elles rendent compte de certains faits. J'ai cru devoir les exposer, parce qu'il est essentiel d'en avoir une idée pour se reconnaître au milieu des nombreux écrits qui ont été publiés sur ce point important de l'organisation végétale.

Production de l'amidon. — Jusqu'à ces dernières années, on ne savait rien ou à peu près rien sur la manière dont l'amidon prend naissance dans l'intérieur des cellules. M. Trécul a eu le mérite de publier les premières observations suivies et précises sur ce sujet, dans son mémoire cité plus haut. M. A. Gris n'a pas tardé à le suivre dans la même voie[1]. Je ne puis entrer ici dans le détail des faits que nous ont appris à ce sujet ces botanistes; je me bornerai à dire que, d'après leurs observations, l'amidon est excrété par la matière protoplasmique contenue dans les cellules, c'est-à-dire tantôt par l'utricule primordiale, tantôt par les filaments protoplasmiques, tantôt directement ou indirectement par le nucléus cellulaire.

Résorption de l'amidon. — L'amidon est pour les plantes une matière nutritive emmagasinée, qui doit servir aux besoins ultérieurs de la végétation. C'est surtout dans les graines que le rôle de cette substance est facile à reconnaître, car après qu'elle y a existé en grande quantité, on la voit diminuer, puis disparaître enfin, à mesure que se développe la jeune plante qui était contenue dans ces graines sous des dimensions fort réduites, c'est-à-dire à l'état d'embryon. Mais cette jeune plante ne peut absorber pour s'en nourrir que des matières qui lui arrivent dissoutes dans l'eau, et l'amidon est insoluble dans ce liquide. Cette grave difficulté est levée, grâce à la production, à cette époque, d'une matière particulière nommée diastase, qui, changeant l'amidon en dextrine, le rend par cela même soluble.

Il était intéressant de reconnaître les altérations que les grains d'amidon subissent, quant à leur forme, dans leur première manière d'être, pendant leur dissolution graduelle. En 1851, M. Schleiden avait publié un petit nombre d'observations sur ce sujet, en s'attachant principalement à montrer ce qui se passe pour l'amidon dans un tubercule de Pomme de terre qui pousse[2]; mais, plus récemment, M. A. Gris a plus que personne élucidé cette question en en faisant l'objet de recherches approfondies. D'après ce dernier observateur, les grains d'amidon subissent deux modes différents de résorption : tantôt, comme dans la germination du

---

[1] *Ann. des sc. nat.*, 1860, XIII.
[2] *Physiol. d. Pflan. u. Thiere.* p. 102 et suiv.

Froment, du Seigle, de l'Orge, du Maïs, du Blé sarrasin, etc., le grain, attaqué par places et suivant des dessins capricieux, est peu à peu rongé, troué, mis en lambeaux ; il subit donc une résorption *locale* ; tantôt, au contraire, il semble se dissoudre d'une manière uniforme, égale et par toute sa surface qui reste lisse, de telle sorte qu'il diminue insensiblement de volume ; cette résorption, que M. A. Gris qualifie d'*égale*, a lieu, par exemple, dans l'Avoine, la Belle-de-nuit, l'*Arum*, etc.

Réactif de l'amidon. — Un moyen très-commode pour reconnaître l'amidon même à l'intérieur des tissus consiste dans l'emploi de l'iode, soit en teinture, soit surtout à l'état d'eau iodée. La teinte violet-bleu que cette substance prend sous l'action d'une goutte de ce réactif la décèle immédiatement.

Principales formes des grains d'amidon. — Les grains d'amidon varient beaucoup de forme d'une plante à l'autre. Dans une même plante, ils sont sans doute soumis encore sous ce rapport à quelques variations, mais entre des limites assez étroites pour que le type en reste généralement fort reconnaissable. Évidemment ce n'est pas dans un ouvrage élémentaire qu'il serait permis de passer en revue toutes les configurations diverses sous lesquelles on a observé cette substance ; néanmoins il me semble indispensable de caractériser

Fig. 29. — Grain composé accidentellement d'amidon de la Pomme de terre, dans lequel trois grains simples se sont réunis en un seul.

ici les grains des amidons les plus répandus et le plus fréquemment employés ; la connaissance qu'il est facile d'en acquérir peut devenir très-utile en faisant reconnaître, dans certains cas, les mélanges frauduleux dont cette matière alimentaire n'est pas toujours exempte.

Une distinction essentielle à établir entre les différentes sortes d'amidon consiste à séparer celles à *grains simples*, c'est-à-dire tous libres et distincts de celles dont chaque grain offre habituellement un groupe cohérent de grains élémentaires et peut être

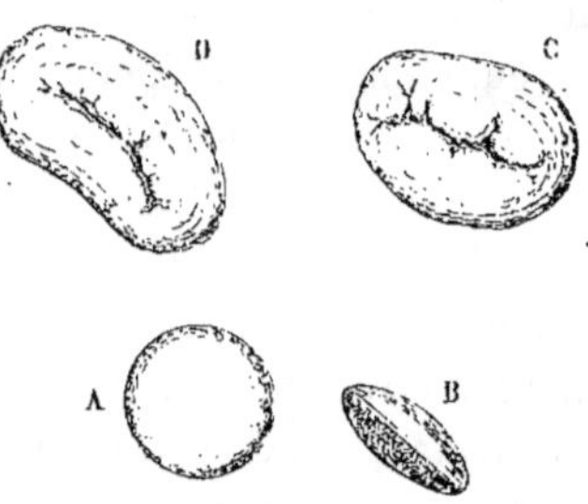

Fig. 30. — A et B, grain d'amidon du Blé rond de Hongrie, en A vu par-dessus, en B vu de profil ; C et D, deux grains d'amidon du Haricot panaché, vus par-dessus, et différant l'un de l'autre parce que leur noyau allongé est visiblement étoilé sur ses bords dans le grain C et a ses bords presque entiers dans le grain D.

nommé *grain composé*, dans le sens large de ce mot. Quelquefois les amidons à grains simples passent à l'état composé; mais ce ne sont là que de simples accidents dont la figure 29 montre un exemple emprunté à la Pomme de terre.

Ceci posé, voici le tableau des formes de cette substance qu'il me semble essentiel de connaître :

A, Grains simples	à contour ovale ou arrondi.	sans noyau visible,	très-petits, arrondis. *Ex.* : Presque partout dans les plantes, même dans le bois en hiver.
		à noyau petit et arrondi,	gros, ovoïdes, généralement un peu plus étroits vers un bout. *Ex.* : Pomme de terre (fig. 28).
			moyens, lenticulaires, à lignes concentriques peu visibles. *Ex.* : Blé, Seigle, Orge (fig. 30, A, B).
		à noyau allongé et étroit	gros ou moyens, ovales, un peu déprimés. *Ex.* : Haricot (fig. 30, C, D), Pois, Fève.
	anguleux ou polyédriques		polyédriques, plus ou moins arrondis d'un côté. *Ex.* : Maïs.
			très-petits, polyédriques à arêtes vives. *Ex.* : Riz.
B, Grains composés		sans noyau visible	formés de deux à quatre grains élémentaires. *Ex.* : Arrow-root des Antilles [1] (Schleid).
		à noyau visible	formés de deux à quatre grains élémentaires, à noyau petit et arrondi. *Ex.* : Tapioca.
			formés de plusieurs petits grains élémentaires disposés comme autour d'un plus gros. *Ex.* : Sagou.

Dimensions des grains d'amidon. — Le volume des grains d'amidon ne varie pas moins que leur forme. En voici quelques exemples, empruntés à un tableau qu'a donné M. Payen.

Grosse Pomme de terre Rohan..	0^{mm}.185	Gros pois..	0^{mm}.050
Plusieurs variétés de Pomme de terre.	0^{mm}.140	Blé blanc.	0^{mm}.050
Arrow-root du *Maranta arundinacca*.	0^{mm}.140	Batate..	0^{mm}.045
		Gros maïs.	0^{mm}.030
Sagou importé.	0^{mm}.070	Gros millet (*Panicum miliaceum*)..	0^{mm}.010
Sagou frais..	0^{mm}.045	Graine de Betterave.	0^{mm}.004
Grosse fève..	0^{mm}.075	Graine de Quinoa (*Chenopodium Quinoa*).	0^{mm}.002
Lentille.	0^{mm}.067		
Haricot.	0^{mm}.063		

[1] M. Jul. Münter (*Bot. Zeil.*, 1845, n° 12) a montré que, sous le nom commun d'Arrow-root, le commerce nous apporte les fécules : 1° du *Maranta arundinacca* L., véritable Arrow-root, à grains simples, assez semblables à ceux de la fécule de Pomme de terre, mais plus petits et ayant le noyau vers leur milieu ; 2° du *Maranta bicolor* Ker, dont les grains sont composés et offrent les caractères indiqués par M. Schleiden pour l'Arrow-root des Antilles; 3° même du *Manihot*, du *Tacca*, des *Curcuma leucorhiza* et *longa*. La confusion est tout aussi grande pour les matières que le commerce nous apporte sous le nom de sagou. Celles-ci proviennent bien en majeure partie des Sagoutiers; mais assez souvent aussi on les retire d'autres plantes.

§ 2. — Inuline.

L'inuline est ainsi nommée parce qu'on l'extrait ordinairement des parties souterraines de l'*Inula Helenium* L., ou Aunée, grande et belle plante de la famille des Composées, qu'on trouve dans nos prairies humides. C'est, au reste, dans les parties souterraines des plantes de la même famille qu'on la rencontre en plus grande abondance, et là elle remplace l'amidon dont elle joue le rôle. Ainsi c'est elle qui existe dans les tubercules du Topinambour (*Helianthus tuberosus* L.), du Dahlia ; on la retrouve dans la racine du Grand Soleil des jardins (*Helianthus annuus* L.), etc.

Cette subtance a la composition chimique de l'amidon ($C^{12}H^{10}O^{10}$) ; mais elle diffère de celui-ci surtout par ses propriétés physiques. Elle est à peu près insoluble dans l'eau froide, et très-soluble dans l'eau bouillante. A froid, elle absorbe beaucoup d'eau et devient ainsi transparente ; il en résulte que, tant qu'elle se trouve au milieu du suc cellulaire des tissus vivants, elle passe généralement inaperçue. On comprend dès lors qu'elle soit beaucoup plus répandue dans le règne végétal qu'on ne le dit habituellement.

L'inuline se trouve dans les cellules à l'état de très-petits grains arrondis, qui forment une poudre blanche quand ils sont secs. L'iode la colore en jaune et fournit ainsi un moyen de la reconnaître, dont toutefois M. H. Mohl conteste l'infaillibilité, puisqu'il assure avoir vu celle du Dahlia ne pas jaunir le moins du monde sous l'action de ce réactif.

Cette substance joue certainement un rôle important dans la nutrition d'un grand nombre de végétaux.

§ 3. — Aleurone.

Sa découverte récente. — La découverte de la matière qui a reçu ce nom est l'un des faits les plus importants dont le microscope ait enrichi la physiologie végétale dans ces dernières années ; elle est due à un habile et ingénieux observateur de Brunswick, M. Th. Hartig, qui l'a signalée, pour la première fois, en 1855, dans une courte note [1], et qui a fait, l'année suivante, de la substance découverte par lui l'objet d'un mémoire plus explicite et beaucoup plus étendu [2]. Comme cette matière, extraite des cellules qui la contenaient, forme une poudre blanche à grains fins, M. Hartig lui a donné le nom de *Aleurone*, tiré d'un mot grec

[1] *Bot. Zeit.*, 1855, col. 881-882, trad. dans *Ann. des sc. nat.*, 1856, VI.
[2] *Bot. Zeit.*, 1856.

qui signifie farine (ἄλευρον, farine), et comme il a reconnu qu'elle est azotée, il l'a nommée, en allemand, *Klebermehl*, qui revient à farine-gluten ou farine glutineuse.

Son importance. — Il semble certain que l'aleurone est l'une des matières les plus importantes qui existent dans l'organisme végétal, soit à cause du rôle qu'elle joue dans la nutrition des plantes, soit à cause des qualités essentiellement alimentaires que lui doivent les organes dans lesquels elle s'accumule. D'un autre côté, bien qu'elle soit restée complétement inaperçue jusqu'à ces derniers temps, elle est extrèmement fréquente dans le tissu cellulaire. En effet, elle y est, selon M. Hartig, encore plus répandue que l'amidon, puisqu'on la trouve dans toutes les graines, parmi lesquelles beaucoup ne renferment pas d'amidon ; elle accompagne partout celui-ci ; comme lui, elle constitue une nourriture mise en réserve par la nature pour servir à la germination des semences, ainsi qu'au développement des nouvelles pousses : elle forme dans les cellules des grains souvent plus gros que ceux de la matière amylacée ; enfin elle entre pour la part la plus essentielle dans la constitution des fruits oléagineux, comme les noix, l'amande et leurs analogues.

Extraction de l'aleurone. — Pour obtenir isolée l'aleurone pure, M. Hartig indiquait, dès 1855, le procédé suivant : On coupe les organes qui la contiennent, par exemple, la portion comestible d'une amande ou d'une noix, en tranches aussi minces que possible. On lave ces tranches avec une huile grasse jusqu'à ce que ce liquide passe sans être troublé. On jette cette huile sur un tamis très-fin ; après quoi, on la laisse en repos. Au bout de quelques heures, elle laisse un dépôt sous la forme d'une poudre blanche. Cette poudre est placée sur un filtre, débarrassée de l'huile qui la mouille par des lavages à l'alcool absolu et à l'éther ; après quoi elle reste à l'état d'aleurone pure.

Caractères physiques de l'aleurone. — L'aleurone forme des grains plus ou moins régulièrement arrondis, ordinairement incolores, mais quelquefois teints en brun, jaune, vert ou bleu par une matière que M. Trécul dit être en quelque sorte surajoutée à leur substance ; ces grains sont remarquables parce que leur surface est généralement fovéolée, c'est-à-dire marquée de petites fossettes, ou qu'elle présente même des facettes se joignant à vive arête, qui en font de véritables cristaux. Leur diamètre est en général compris entre $0^{mm},00125$ et $0^{mm},0375$ (Hartig). Assez souvent, parmi les grains à peu près égaux qui remplissent une cellule, on en voit un beaucoup plus gros que M. Hartig nomme *solitaire*; ailleurs encore, un grain très-gros remplit seul, ou au plus avec un peu d'amidon, une cellule entière; ce grain est ce que le savant allemand nomma un *grain comblant (Füllkorn,* en allem.) Cette substance diffère des autres matières granuleuses contenues dans les cellules par la rapidité avec laquelle elle se dissout dans l'eau, dans le suc végétal fraîchement exprimé, dans les acides affaiblis et dans les alcalis. Cette grande solubilité dans l'eau explique pourquoi elle a échappé, jusqu'à ces dernières années, aux regards des micrographes qui observent habituellement les préparations de tissus végétaux dans l'eau, c'est-à-dire dans le dissolvant principal de la matière dont il s'agit. L'aleurone est insoluble dans l'huile, dans l'alcool et dans l'éther : aussi vient-on de voir qu'on la retire des plantes en lavant des tranches des tissus qui la contiennent avec une huile grasse qui l'entraîne sans l'altérer. Une autre conséquence de cette propriété consiste en ce qu'on doit plonger dans l'huile les préparations qu'on a faites en vue de l'observer attentivement sous le microscope. Toutefois, M. Trécul[1] dit que ces caractères tirés de la solubilité ne sont pas aussi généraux que le pensait l'auteur de la découverte de la substance en question, puisque très-peu de grains sont entièrement solubles dans l'eau, et que même, chez certaines plantes, ces grains ne sont dissous ni par l'eau, ni par les alcalis, ni par l'acide sulfurique, soit affaibli, soit même assez concentré.

Réactifs. — L'aleurone se colore en brun jaune sous l'action d'une solution d'iode ; en outre, la portion intérieure de ses grains prend une couleur rouge brique, en quelques minutes, lorsqu'on traite ceux-ci par une solution d'azotate de mercure dans de l'eau additionnée d'un peu d'acide azotique.

Constitution des grains d'aleurone. — Les divers botanistes qui ont porté leur attention sur la constitution de l'aleurone ont assimilé chacun des grains qu'elle forme à une vésicule, c'est-à-dire qu'ils y ont vu une membrane formant une enveloppe fermée et une cavité analogue à celle d'une cellule quelconque, dans laquelle se trouvent tantôt une matière homogène, tantôt aussi des corps divers, nommés par M. Hartig : Globides, cristalloïdes, albines, noyau cristallin, dont les trois premières sortes, d'après le même savant, échapperaient à l'action des réactifs signalés plus haut, et qui tous seraient caractérisés par leur forme déterminée

---

[1] *Ann. des sc. nat.* 1858. X, suiv., p. 351 et suiv.

ainsi que par leur insolubilité, soit dans l'eau, soit dans l'ammoniaque. Toutefois les observateurs sont loin d'être d'accord sur la nature de l'enveloppe, que les uns regardent comme simple, d'autres comme double ou même comme plus complexe encore, tandis que, dans son grand travail récent, qui a principalement pour objet la substance dont il s'agit en ce moment[1], M. A. Gris déclare n'avoir jamais pu constater sur ces mêmes grains l'existence d'une membrane externe. Les auteurs diffèrent aussi d'opinion relativement au corps même des grains et aux corpuscules divers qu'on y remarque. D'un autre côté, quoique beaucoup ait été déjà fait sur la substance ou les substances qui forment ces grains, il règne encore une assez grande diversité de sentiment à cet égard ; on a même reconnu sous ce rapport des propriétés diverses à cette substance chez des plantes différentes, à ce point que M. Radlkofer a été conduit par ses observations à dire que le mot d'Aleurone « ne désigne pas une substance pourvue de propriétés chimiques déterminées, mais bien un groupe entier de corps semblables en général, mais différant entre eux sous quelques rapports. » Pour ces motifs, et afin d'éviter des détails minutieux qui ne pourraient être compris sans le secours de nombreuses figures, je ne pousserai pas plus loin l'étude de ce point fort délicat de l'anatomie végétale.

Composition chimique de l'aleurone. — La manière dont l'aleurone se comporte avec les réactifs chimiques semble démontrer en elle une composition chimique dans laquelle intervient l'azote et qui la rattache ainsi à la catégorie des matières albuminoïdes ; toutefois sa composition est complexe à ce point que M. Hartig admet comme entrant dans la formation des grains aleuriques de la fibrine, de l'albumine, de la gliadine, de la légumine, de la gomme, du sucre, etc. De son côté, M. Trécul regarde ces grains comme étant de nature albuminoïde ; mais il pense que certains d'entre eux produisent des matières également albumineuses, tandis que les autres sécrètent des substances oléagineuses ; aussi nomme-t-il les premiers *albuminigènes* et les derniers *oléigènes*. Quant à M. A. Gris, il suppose que les grains aleuriques ont une corrélation physiologique avec les substances grasses qui les accompagnent toujours, et même que ces substances grasses entrent au moins partiellement dans leur composition. « Ces corpuscules, dit-il, ne sont sans doute pas absolument graisseux, comme le

---

[1] *Ann. des sc. nat.* 1864, II.

démontrent leur structure anatomique et leurs réactions; mais pourquoi ne seraient-ils pas des corps d'une organisation complexe, dont la masse principale serait formée d'un mélange de matières grasse et protéique? » (L. c., p. 98.) On voit que, sous ce rapport encore, la science n'est pas définitivement fixée et que le seul point, fondamental il est vrai, qui semble définitivement acquis, c'est l'intervention au moins partielle de l'azote dans la composition de la formation complexe que désigne le nom d'Aleurone.

§ 4. — Couleurs des plantes.

A. COULEURS EN GÉNÉRAL. — Les couleurs qu'offrent les plantes dans leurs divers organes, ou même à différentes phases de la vie d'un même organe, sont variées presque à l'infini; c'est par elles surtout que le règne végétal donne à la terre sa plus brillante parure, et c'est surtout pour elles que nous réunissons dans nos jardins des végétaux empruntés à toutes les contrées. L'étude de ces couleurs a, pour ces motifs, un intérêt particulier; mais dans la première partie de ces *Éléments*, je ne puis en examiner qu'une face, puisque je n'ai à m'en occuper qu'au point de vue anatomique, c'est-à-dire quant à la distribution des matières colorées dans l'épaisseur du tissu des organes, et quant à la manière d'être de ces matières elles-mêmes. Il est vrai que c'est surtout à ce point de vue que la science possède aujourd'hui des données précises et mérite de fixer toute l'attention du lecteur.

État physique et classification des couleurs. — On a essayé d'établir une sorte de classification des couleurs qui existent dans les plantes; et, par une circonstance remarquable, l'état physique des matières colorées s'est trouvé être généralement en harmonie avec ce classement. On a constaté que les diverses couleurs dont les physiciens reconnaissent l'existence dans la lumière solaire décomposée au moyen du prisme peuvent être rangées en deux séries qui, à peu d'exceptions près, s'excluent l'une l'autre dans le règne végétal, de telle sorte qu'on ne les voit pas réunies dans la même fleur, et même que presque toujours les fleurs des plantes voisines par leur organisation n'appartiennent qu'à l'une ou à l'autre. Le bleu étant pris comme couleur fondamentale de l'une de ces deux séries, et le jaune comme type de l'autre, de Candolle a nommé la première *série cyanique* (de κυανός, bleu) et la seconde *série xanthique* (de ξανθός, jaune). En déterminant la succession des teintes qui s'échelonnent dans ces deux séries réunies par l'intermédiaire du vert, Schübler et Frank ont établi l'échelle chromatique suivante :

Rouge,	
Orange rouge,	
Orange,	Série xanthique DC. oxydée de Schübl. et Fr.
Orange jaune.	
Jaune,	
Jaune vert.	
Vert,	Couleur des feuilles.
Bleu verdâtre.	
Bleu,	
Bleu violet.	
Violet,	Série cyanique DC. désoxydée de Schübl. et Fr.)
Violet rouge.	
Rouge,	

L'anatomie confirme cette division. En effet les couleurs résidant dans l'intérieur des cellules, les teintes de la série cyanique s'y montrent généralement en solution dans le suc cellulaire, tandis que celles de la série xanthique, et avec elles le vert, y existent sous la forme de granules colorés, plongés dans un suc cellulaire incolore. On observe cependant quelques exceptions à cette règle générale; telle est celle que M. H. Mohl et après lui M. G. Lawson ont signalée dans la magnifique fleur du *Strelitzia Reginæ*, dans laquelle des folioles d'un très-beau bleu doivent cette coloration à des cellules remplies de granules de cette couleur, parmi lesquelles se trouvent quelques cellules contenant des granules rouges; telle est encore celle qui a été reconnue dans la fleur de la Sauge brillante (*Salvia splendens* Ker.), qui doit sa belle couleur rouge à des granules ainsi colorés.

Production de diverses teintes. — Les couleurs pures sont généralement produites par des cellules contenant toutes la même matière colorée; mais on observe assez souvent, dans ce cas, que des cellules entièrement incolores sont disséminées en plus ou moins grand nombre au milieu de celles qui renferment la couleur. On conçoit sans peine que la teinte produite par les dernières est affaiblie en proportion du nombre des premières. — Ailleurs on voit une teinte unique, mais non pure, résulter du mélange ou de la superposition de cellules qui renferment des matières colorées diversement; c'est ainsi notamment que la fleur brune du *Calycanthus floridus* doit sa couleur à une couche de cellules rouges superposée à une couche de cellules vertes, qu'ailleurs l'orangé est produit par des cellules, les unes jaunes, les autres rouges, etc. — Les mouchetures et les panachures proviennent de groupes plus ou moins étendus de cellules colorées d'une manière particulière entourés par celles qui communiquent à l'organe sa teinte dominante. — Enfin les changements de couleur que subissent certains organes, à différents moments de leur existence, tiennent le plus souvent à la production graduelle d'un principe colorant qui s'ajoute en proportion de plus en plus forte à la couleur initiale. C'est ainsi que certaines fleurs brunissent finalement, grâce à la production de rouge dans des cellules qui ne renfermaient d'abord que du jaune.

Il est bon de faire observer que parfois une teinte vive domine assez pour en masquer une autre. L'exemple le plus important à citer sous ce rapport est celui de certaines feuilles rouges qui n'en renferment pas moins un assez grand nombre de granules verts. Ce fait explique même l'erreur de quelques physiologistes qui ont raisonné ou expérimenté comme si ces feuilles étaient absolument dépourvues de matière verte

Le blanc est produit de deux manières différentes. Quand il est pur, il est dû simplement à la présence de l'air interposé en assez grande quantité au milieu du tissu de l'organe; dans ce cas, si l'on met cet organe sous le récipient d'une machine pneumatique, on voit sa blancheur parfaite disparaître lorsqu'on fait le vide. Telle est la cause de la blancheur du Lis ; c'est également ainsi que sont produites les taches blanches disséminées sur la feuille du Bégonia à taches argentées (*B. argyrostigma* Fisch.). Mais le plus souvent nous appelons blanches des fleurs qui possèdent une teinte extrêmement affaiblie, et cette teinte se révèle soit dans les reflets, soit par le contraste avec un corps réellement blanc, comme l'avait fort bien reconnu notre célèbre peintre de fleurs Redouté, qui, avant de peindre une fleur blanche, la plaçait devant une feuille de papier blanc pour en reconnaître la nuance réelle.

Le noir existe dans le bois d'ébène; mais sur les fleurs, on prend presque toujours, peut-être même toujours, pour du noir des teintes très-foncées, bleues, violettes ou pourpres.

Brillant métallique et velouté. — Le brillant métallique est fort rare dans le règne végétal; il existe cependant chez quelques plantes de la famille des Orchidées, notamment sur les feuilles des *Anœctochilus setaceus, xanthophyllus, Lowii*, sur lesquelles des lignes d'or longitudinales, croisées de diverses manières par d'autres lignes semblables mais transversales ou obliques, forment des dessins d'un effet merveilleux. Ch. Morren a reconnu que cette apparence métallique est due à ce que, sur ces lignes, les cellules superficielles ou épidermiques, de forme prismatique et serrées, sont couronnées chacune d'une calotte hémisphérique ; une couche mince d'air reste emprisonnée entre ces saillies. Le botaniste belge pensait que la réflexion de la lumière s'opérait sur cet air et sur les calottes cellulaires remplies, comme les cellules elles-mêmes, d'un liquide transparent, de manière à produire le brillant qu'on admire sur ces charmantes petites plantes.

Le velouté qui ajoute à la beauté de certaines fleurs, et qu'on admire même sur les feuilles de plusieurs plantes, est dû à ce que les cellules qui forment la couche superficielle ou l'épiderme de ces organes ont leur face externe relevée en manière de papille plus ou moins proéminente, comme le montrent, pour la Pensée, les figures 31 et 32. C'est le jeu de la lumière sur ces papilles et

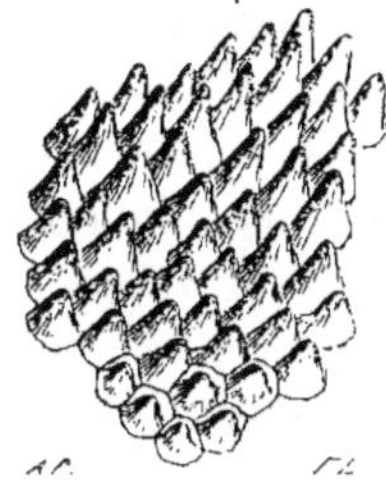

Fig. 31. — Morceau d'épiderme d'un pétale de Pensée assez grossi pour montrer les éminences ou papilles qu'il offre.

Fig. 32. — Trois des mêmes cellules épidermiques fortement grossies pour montrer nettement l'éminence que forme chacune d'elles.

sur la couche d'air retenue entre elles qui produit l'effet du velouté et souvent aussi celui du chatoiement.

Hypothèses sur les couleurs des plantes. — Une idée fort séduisante, mais que tout autorise aujourd'hui à regarder comme dépourvue de fondement, a donné naissance à plusieurs hypothèses que je me contenterai de rappeler en quelques lignes. Cette idée consiste à faire dériver toutes les couleurs des plantes de modifications éprouvées par une matière fondamentale unique à laquelle A. P. de Candolle a donné le nom de *Chromule*, (de χρῶμα, couleur). De là : 1° l'hypothèse de M. Macaire-Prinsep, d'après laquelle le jaune et le rouge ne seraient que du vert rougi par un acide ; 2° celle de Schübler et Frank, qui admettaient l'oxydation de cette matière unique comme donnant naissance à la série xanthique ou jaune, et sa désoxydation comme faisant naître la série cyanique ou bleue; 3° celle de Clamor-Marquart, selon laquelle la matière verte des feuilles chargée d'eau ou hydratée deviendrait le principe jaune qui est la base de la série xanthique, c'est-à-dire l'*Anthoxanthine*, tandis que la même matière

déshydratée deviendrait l'*Anthocyane*, principe essentiel de la
série cyanique ; 4° enfin celle de Berzélius qui faisait dériver de la
matière verte des feuilles un principe rouge ou *Érytophylle* et un
jaune ou *Xanthophylle*. Ces diverses théories chimiques donnent
toutes prise à des objections très-sérieuses, et aucune d'elles
n'est suffisamment autorisée par l'expérience. Je crois donc avec
M. Morot que la communauté d'origine de toutes les couleurs des
plantes est inconciliable avec les faits, et inadmissible dans l'état
actuel de la science.

B. Vert des feuilles ou chlorophylle. — Le vert est la couleur
habituelle des feuilles et des organes foliacés en général : aussi
est-il extrêmement répandu dans le règne végétal qu'il semble
caractériser essentiellement. Il est dû à une matière contenue dans
l'intérieur des cellules et dont la teinte se voit par transparence
à travers leur membrane ; cette matière a été désignée d'abord
sous le nom de *Fécule verte*, puis sous ceux de *Matière verte*,
Viridine, Vert des feuilles, et enfin *Chlorophylle* (de χλωρός, vert et
φύλλον, feuille). Cette dernière dénomination, proposée en 1818,
par Pelletier et Caventou, dans un important travail, est aujour-
d'hui la seule usitée.

Son état. — La chlorophylle existe, à l'intérieur des cellules,
sous deux états différents, dont l'un est beaucoup plus fréquent
que l'autre. Généralement, en effet, elle se montre en très-petits
grains arrondis, plus rarement ovoïdes, qui parfois flottent librement dans le suc cellulaire et qui plus ordinairement sont appliqués contre la face interne des parois des cellules, en conservant
une légère adhérence avec celles-ci. Ailleurs, mais dans des cas
beaucoup plus rares, elle se présente à l'état d'une sorte de gelée
verte, sans forme déterminée, circonstance qui la fait désigner
alors sous le nom de *Chlorophylle amorphe*. Ces deux manières
d'être ont été reconnues, pour la première fois, en 1806, par
Wahlenberg.

Chlorophylle amorphe. — Elle forme ordinairement des sortes
de petits nuages gélatineux ou des filaments adhérents aux parois
des cellules ; mais, dans certaines plantes aquatiques du vaste
groupe des Algues, elle se façonne en lames ou en rubans fort
remarquables. Ainsi, dans le *Mougeotia genuflexa* Ag., elle forme,
à l'intérieur de chaque cellule, une lame plane ou tordue ; dans
le *Conferva zonata* et ailleurs le ruban qu'elle constitue s'arrange en anneau en travers de chaque cellule ; dans les *Zygnema*,
elle constitue un long ruban qui tourne en spirale d'une extrémité

à l'autre, et contre la paroi même de chaque cellule cylindrique.

Chlorophylle granulée. — C'est généralement à l'état de grains que la chlorophylle existe dans les cellules (voyez la figure 58 pour les cellules *p.*); mais cette substance elle-même n'entre que pour une faible portion dans la constitution de ces grains, dont chacun est en réalité, malgré son extrême petitesse, une formation complexe. Aussi M. Boehm[1] distingue-t-il dans chacun de ces grains la chlorophylle proprement dite et son support qu'il appelle *Chlorophore* (ou porte-vert, de χλωρός, vert, et φέρω, je porte). La matière verte y est même en si faible proportion que Berzélius croyait pouvoir évaluer au plus à dix grammes toute celle qui donne à un grand arbre sa belle verdure, et, dans son excellent mémoire sur la chlorophylle[2], M. Morot se montre disposé à croire, d'après les résultats de ses propres recherches, que ce chiffre est encore exagéré.

Constitution physique des grains. — Les premières et les plus importantes observations sur la constitution physique des grains de chlorophylle sont dues à M. H. Mohl, qui en a fait l'objet d'un beau mémoire, dès 1837[3], et qui a traité de nouveau ce sujet en 1855[4]. Dans le dernier de ses deux mémoires, ce savant déduit de ses observations les conséquences suivantes :

Les grains de chlorophylle, tels qu'ils existent dans la très-grande majorité des plantes, sont de deux sortes bien tranchées dans leurs formes extrêmes, mais qu'unissent l'une à l'autre de nombreux intermédiaires : 1° La première sorte consiste en grains globuleux, ou plus souvent encore aplatis et rattachés par leur côté plan à la paroi de la cellule ; leur diamètre dépasse rarement 1/300e à 1/250e de ligne (1/133e à 1/111e de millim.) et reste souvent moindre. Ces grains peuvent prendre un contour hexagonal par l'effet de leur pression réciproque. Dans leur substance on reconnaît des granules fort petits, qui arrivent même parfois à leur surface. L'eau agit très-rapidement sur ces grains : sous son action, ils se gonflent en vésicules, ce qui éclaircit leur teinte verte et rend en même temps plus visibles leurs granules intérieurs. Dans l'eau, chacun d'eux se creuse d'une ou plusieurs vacuoles qui distendent la matière verte, et qui plus tard en sortent sous la forme de vésicules incolores. La substance de ces

---

[1] *Sitzungsber.*, 1857, XIII.
[2] *Ann. des sc. nat.*, 1850, IX.
[3] Trad. dans *Ann. des sc. nat.*, 1838, IX.
[4] *Bot. Zeit.*, 1855, et *Ann. des sc. nat.*, 1856, VI.

grains est très-molle ; mais il est très-vraisemblable que leur couche externe est plus consistante, sans cependant former une membrane distincte de la substance interne. On peut les étudier commodément dans les feuilles du *Clivia nobilis*. — 2° Les grains de chlorophylle de la seconde sorte sont souvent plus gros que ceux de la première. Ils sont essentiellement caractérisés parce qu'ils renferment un ou plusieurs grains d'amidon qui leur forment comme un noyau recouvert d'une couche assez consistante de matière verte. Il ne s'y produit pas de vacuoles quand on les met dans l'eau. M. H. Mohl signale les cellules intérieures des feuilles du *Ceratophyllum demersum* comme les plus avantageuses pour l'étude de cette seconde sorte de grains de chlorophylle. Au reste, il n'y a pas de règle fixe pour la distribution dans les plantes des grains avec ou sans amidon à l'intérieur : dans une même feuille, les cellules voisines de la surface contiennent des grains sans amidon, tandis que ceux à gros grains d'amidon occupent les cellules situées plus profondément ; mais parfois aussi toutes les cellules d'une feuille ne contiennent que de la chlorophylle sans amidon.

Les observations de M. H. Mohl ont obtenu l'assentiment de la presque totalité des botanistes, notamment, dans ces derniers temps, de M. Ed. Morren[1], et de M. A. Gris[2] ; elles ont eu pour objet principal de démontrer que la couche externe des grains de chlorophylle, bien qu'elle ait vraisemblablement, dans certains cas, un peu plus de consistance que la substance limitée par elle, ne peut être regardée comme une membrane spéciale, et ne peut dès lors faire de chacun de ces grains une véritable vésicule.

C'est toutefois cette dernière manière de voir qu'ont professée quelques auteurs, notamment : Turpin (1828) et M. Raspail (1837), qui considéraient les grains de chlorophylle comme des vésicules destinées à se développer en véritables cellules ; Meyen, qui, après avoir admis (1830) la nature vésiculeuse de ces grains, abandonna plus tard (1837) cette idée ; Mirbel (1851) ; surtout M. Naegeli qui regardait d'abord l'enveloppe de ces vésicules comme formée de cellulose, et par conséquent comme tout à fait analogue à la membrane d'une cellule ordinaire, mais qui plus récemment a pensé qu'elle n'était pas autre chose que du protoplasma condensé ; enfin M. Trécul, qui, considérant comme des vésicules toutes les matières granulées que peuvent contenir les cellules, a cru être

[1] *Dissert. sur les feuilles vertes et color.*, 1858.
[2] *Thèse et Ann. des sc. nat.*, 1857, VII.

autorisé par ses observations à affirmer que la chlorophylle et les grains colorés quelconques n'échappent pas à cette loi[1]. Toutefois ce dernier savant pense aussi qu'il existe des grains verts non vésiculeux. « J'avoue, dit-il, que, dans un grand nombre de cas, il m'a été impossible d'y découvrir un tégument ; souvent même on les voit se délayer dans l'eau aussitôt qu'ils sont placés dans ce liquide, sans qu'il apparaisse rien qui indique l'existence d'une pellicule, si mince qu'elle puisse être : mais, dans une multitude d'autres cas, il en existe assurément une. »

Ne semble-t-il pas logique de penser, d'après tout ce qui précède, que la matière verte gélatineuse affecte une série d'états qui s'enchaînent et qui passent l'un à l'autre, depuis celui d'une gelée plus ou moins diffuse jusqu'à celui de grains bien déterminés dans lesquels la couche externe peut acquérir plus de consistance et se condenser en une fausse enveloppe? Par là s'expliqueraient les théories plus contradictoires en apparence qu'en réalité dont la publication a marqué ces quarante dernières années.

Composition chimique de la chlorophylle. — La difficulté de retirer des feuilles la matière verte ou chlorophylle pure a laissé longtemps les chimistes dans une complète ignorance touchant la composition chimique de cette matière. En 1818, dans leur travail qui avait cependant une importance réelle, Pelletier et Caventou la considéraient comme une substance très-hydrogénée et non azotée : mais, en 1844, le chimiste hollandais Mulder étant parvenu à retirer des feuilles du Tremble la chlorophylle beaucoup moins mélangée d'autres matières, reconnut ce fait capital que l'azote intervient dans sa composition, et en donna une formule ($C^{18}H^9AzO^8$), qui la rapprocherait de l'indigo, mais dont il ne garantissait pas la parfaite exactitude, vu la petite quantité de substance qu'il avait pu analyser. M. Mulder reconnut encore, après Clamor-Marquart, que la chlorophylle est constamment accompagnée d'une matière grasse, dont il exprima la composition par la formule $C^{15}H^{15}O$.

M. Morot a perfectionné le procédé pour extraire la chlorophylle, et, ayant obtenu ainsi cette matière pure, il en a fait, ainsi que de la graisse, qu'il a vue à son tour l'accompagner constamment, des analyses dont il a exprimé les résultats [2] par des formules sensiblement différentes des précédentes, savoir : pour la chlorophylle $C^{18}H^{10}AzO^5$; pour la graisse C^8H^7O. D'après ce chimiste,

[1] *Ann. des sc. nat.*, 1858, X, p. 135-165.
[2] *Ann. des sc. nat.*, 1850. XIII.

la matière grasse a une couleur jaune qui se montre seule dans les feuilles jeunes et pâles, dans lesquelles l'action de la lumière solaire n'a pas encore déterminé l'apparition de la matière verte ; cette même particularité lui semble expliquer encore la teinte automnale des feuilles mortes dans lesquelles la matière verte a disparu, pense-t-il, laissant la graisse à découvert.

Enfin, en 1860, M. Fremy[1] a été conduit par ses recherches à exposer une nouvelle manière de voir au sujet du vert des feuilles. D'après lui, la couleur verte de cette matière résulte de l'union d'une substance jaune, nommée par lui *Phylloxanthine* (de φύλλον, feuille, et ξανθός, jaune, c'est-à-dire matière jaune des feuilles), avec une bleue à laquelle il donne le nom de *Phyllocyanine* (de φύλλον, feuille, et χύανος, bleu, c'est-à-dire matière bleue des feuilles). La première de ces deux matières lui a semblé être beaucoup plus stable que la dernière, avant laquelle elle se développe de très-bonne heure, dans les jeunes pousses, et à laquelle elle survit à l'automne, de manière à donner alors aux feuilles la teinte appelée feuille-morte. C'est encore, pense-t-il, ce principe colorant jaune qui existe seul dans les feuilles que la privation de lumière a rendues très-pâles ou étiolées. Toutefois dans sa note, qui n'est présentée que comme le résumé d'un travail inédit, cet habile chimiste n'a pas donné d'analyse des deux matières colorantes dont il admet que l'union colore les feuilles en vert ; il va même jusqu'à se demander[2] si ces deux corps « n'ont pas été modifiés par les réactifs et s'ils existent réellement dans les végétaux. »

Peut-être n'est-il pas inutile d'ajouter que, même dans des organes nullement colorés, M. Verdeil a dit avoir trouvé un principe qui devient vert par son oxydation à l'air, et qui diffère entièrement de la chlorophylle, ainsi que de toutes les autres matières colorantes des végétaux par ses propriétés soit physiques, soit chimiques. C'est particulièrement dans les têtes de Chardons et d'Artichauts encore jeunes qu'il a trouvé cette nouvelle substance[3].

Au total, on voit que les granules qui, contenus dans les cellules des feuilles, communiquent leur couleur verte à ces organes, proviennent, malgré leurs faibles dimensions, de la réunion de plusieurs substances fort diverses ; on y voit, en effet : une matière azotée verte, la chlorophylle proprement dite, ou, d'après M. Fremy, deux matières colorantes, l'une jaune, l'autre bleue

---

[1] *Comptes rendus*, 1860, L, p. 405.
[2] *Loco cit.*, p. 411.
[3] *Comptes rendus*, 1858, XLVII.

(Phylloxanthine et Phyllocyanine), une graisse, dans un grand nombre de cas de l'amidon, ailleurs une substance albuminoïde; et il est probable que de nouvelles recherches y feront reconnaître encore quelque autre substance composante ou modifieront les idées qui règnent en ce moment relativement à celles dont on y a déjà indiqué l'existence.

Origine de la chlorophylle. — L'origine première de la chlorophylle est fort intéressante à rechercher, à cause des rapports intimes qui rattachent l'existence de cette matière à l'action de la lumière solaire; cependant il y a fort peu de temps que la science s'est enrichie de données précises sur ce sujet.

La première idée qui ait été émise à cet égard est due à M. J. Quekett et remonte seulement à l'année 1846. Dans une note relative au développement de l'amidon et de la chlorophylle[1], ce botaniste dit que cette dernière matière lui a paru provenir, comme la première, du nucléus de la cellule.

En 1851, M. H. Mohl annonça avoir vu, sur des plantes qui, après avoir été tenues à l'obscurité, avaient été placées au jour pour y prendre la couleur verte, que la formation de la chlorophylle était en rapport intime avec le protoplasma cellulaire, puisque la matière verte, à sa première apparition, colorait quelques portions de ce protoplasma, en formant elle-même de petits nuages mucilagino-granuleux sans circonscription nette.

Les recherches les plus suivies que nous possédions sur ce sujet sont dues à M. A. Gris, et les résultats en ont été publiés en 1857[2]. Confirmant et généralisant l'idée que M. Quekett avait exprimée en termes vagues et d'après des observations peu nombreuses, M. A. Gris attribue, comme fait général, la production de la matière verte au nucléus, sans nier toutefois que, dans quelques cas regardés par lui comme exceptionnels, il puisse en être autrement. D'après lui, une gelée verte émane du nucléus et s'étend sur les parois de la cellule. Cette gelée se divise ensuite en fragments polyédriques, ou bien elle s'isole en petites masses sphériques qui, dans l'un et l'autre cas, constituent des grains distincts et séparés. Si la chlorophylle doit contenir un noyau d'amidon, celui-ci n'y apparaît que postérieurement à la formation de la gelée en grains.

M. Trécul[3] a pensé que cette théorie était une trop grande

---

[1] *The Annals, etc.*, 1846.
[2] A. Gris, Thèse et *Ann. des sc. nat.*, 1857, VII; *Bull. soc. bot.*, 1857, p. 154-156.
[3] Mém. cité de 1858.

généralisation de faits exacts mais pas assez nombreux. Il a même objecté ce fait remarquable, que des cellules qui n'ont jamais eu de nucléus n'en renferment pas moins des grains de chlorophylle. A ses yeux, le nucléus produit rarement de la chlorophylle, et cette matière verte, toujours en solution dans du mucilage, émane essentiellement du protoplasma partout où il existe dans la cellule, mais surtout de celui qui tapisse les parois de celle-ci, et qui forme ce que notre auteur nomme l'Utricule protoplasmique, c'est-à-dire l'utricule primordiale de M. H. Mohl. On voit donc qu'en réalité M. Trécul professe une opinion analogue à celle qu'avait énoncée succinctement ce dernier botaniste relativement aux rapports intimes de la matière verte avec le protoplasma.

Section deuxième. — Substances solides inorganiques.

Les seules substances inorganiques dont je doive m'occuper ici sont celles qui se concrètent dans la cavité des cellules, soit en prenant la forme cristalline, soit en formant des corps particuliers assez remarquables pour qu'il soit utile d'en donner une idée.

§ 1. — Cristaux.

Il est fort peu de plantes dans lesquelles certaines cellules, soit dans un organe, soit dans un autre, ne renferment des cristaux bien formés. Ce sont, on le conçoit sans peine, des sels divers, parmi lesquels les plus répandus sont, au premier rang, l'oxalate de chaux, et moins fréquemment le carbonate, le tartrate, le sulfate de chaux, etc. Une particularité digne de remarque, c'est que, sauf quelques exceptions, les cellules dans lesquelles existent des cristaux ne renferment pas d'autres matières solides, par exemple pas de grains de chlorophylle ni d'amidon.

L'oxalate de chaux est extrêmement abondant dans certaines plantes, à ce point que, d'après M. Schleiden, dans une plante grasse, fort curieuse par sa tige en colonne épaisse chargée d'une grande quantité de longs poils blancs, le *Pilocereus senilis*, une fois l'eau déduite, il reste 0,855 de ce sel contre 0,145 de matière végétale et d'autres matières inorganiques.

Raphides DC. — L'oxalate de chaux se montre en cristaux différents, parmi lesquels les plus répandus sont des aiguilles très-fines, réunies côte à côte en faisceaux épais qui occupent presque entièrement la cavité de cellules particulières. Ces cristaux en aiguilles et les cellules qui les contiennent ont fait naître des idées

qu'il est bon de connaître pour l'histoire de la science. Les cristaux eux-mêmes, ont été nommés *Raphides* par A. P. de Candolle,
aux yeux de qui c'étaient « des faisceaux de poils ou de pointes
de consistance assez roide [1]. » Quant aux cellules qui les contiennent et qui se distinguent le plus souvent par leur grandeur de
celles du tissu environnant (*a* fig. 33, A), Turpin les avait regardées comme des orga-
nes particuliers, percés
à leurs deux extrémités
opposées de ceux ou-
vertures par lesquelles
ils auraient pu lancer
les corps logés dans
leur cavité ; de là le
nom de *Biforines*, qu'il
leur avait donné. En
réalité, comme le mon-
tre la figure 33 A,
prise sur une Colocase,
c'est-à-dire sur un vé-
gétal de la famille des
Aroïdées, dans laquelle
ces cellules sont fort
communes et très-dé-
veloppées, les deux ex-

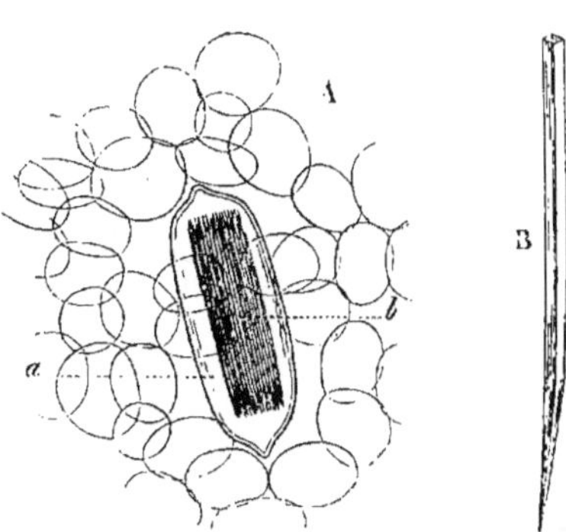

Fig. 33. — A, Cellule à cristaux du *Colocasia antiquorum*. Une
cellule *a*, beaucoup plus grande que toutes celles qui
l'entourent, renferme un gros faisceau *b* de cristaux en
aiguille d'oxalate de chaux (*Raphides* DC.). On voit qu'elle
tient au tissu cellulaire adjacent par sa portion médiane
seulement, et que ses deux extrémités sont libres de toute
adhérence. Ces extrémités offrent chacune un mamelon
très-prononcé. — B, extrémité d'un de ces cristaux en aiguille pris dans la Vigne. Généralement ils se terminent en
pyramide à quatre faces, au lieu d'être en pointe oblique,
comme ici. La figure est très-fortement grossie.

trémités dont il s'agit peuvent offrir chacune une sorte de mamelon
plus ou moins proéminent. Lorsqu'une pareille cellule parfaitement intacte est mise dans l'eau, à cause de son contenu mucilagineux elle absorbe, par endosmose, ce liquide en assez grande
quantité pour en être distendue. Sa membrane cède alors d'ordinaire à l'un de ces mamelons, et par cette ouverture s'établit un
courant qui entraîne les cristaux l'un après l'autre. J'ai pu, sur une
cellule de ce genre, voisine de celle que représente la figure 33 A,
observer ce courant pendant tout le temps qui a été nécessaire
pour l'expulsion successive de toutes les aiguilles cristallines dont
était formé le faisceau *b* à l'origine.

Les autres cristaux se montrent sous deux états différents :
tantôt isolés, de telle sorte qu'on n'en observe qu'un seul dans
une cellule, tantôt réunis plusieurs ensemble en un groupe cohé-

[1] DC., *Organ. végét.*, I. p. 126.

rent, arrondi; qui présente à sa surface, et de tous les côtés, l'extrémité libre des cristaux dont tout le reste est adhérent en une masse commune. C'est un de ces groupes contenu encore dans une cellule, que montre la figure 34, en *cr*. Comme tous les cristaux proprement dits, ces groupes sont entièrement libres dans la cellule qui les enveloppe et, en outre, ils ne sont mélangés d'aucune matière étrangère. Ces deux caractères les distinguent nettement des corps dont il va être question maintenant.

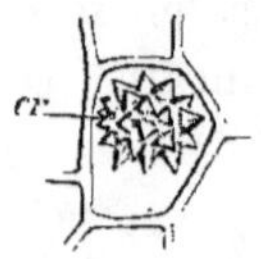

FIG. 34. — Une cellule, prise chez l'*Aristolochia Sipho*, qui renferme une masse *cr* composée de cristaux réunis, ne montrant libre qu'une de leurs extrémités.

§ 2. — Cystolithes.

M. Weddell a nommé *cystolithes* (de κύστις, vessie, et λίθος, pierre) de petits corps assez singuliers, qui ont fixé l'attention de plusieurs observateurs. Ces corps existent dans des cellules presque toujours superficielles des Orties et de toutes les autres plantes qui avec celles-ci composent le grand groupe des Urticées. Dans ces dernières années, MM. Gottsche et Schacht les ont retrouvés dans plusieurs genres de la famille des Acanthacées. Quoique situés le plus souvent dans des cellules qui dépendent de l'épiderme, ces corps se montrent quelquefois dans des cellules plus profondes et jusque dans la moelle.

Le botaniste allemand Meyen est le premier qui, vers l'année 1827, ait observé ces corps. Il les découvrit dans certaines cellules fort amplifiées de l'épiderme de la feuille du *Ficus elastica* Roxb., Figuier exotique fréquemment cultivé dans les serres à cause de la beauté de son feuillage; il les retrouva ensuite dans plusieurs autres espèces du même genre. Il constata que dans chacune de ces cellules spéciales se trouve un petit corps ovoïde, mamelonné à sa surface et suspendu au plafond de cette cellule par une sorte de queue grêle, absolument comme un lustre l'est par un soutien quelconque à la voûte d'une salle. Ce petit corps était un cystolithe que Meyen regarda comme n'étant qu'une petite masse de gomme formée de couches superposées et munie d'un support également gommeux. Ce savant en exprimait la composition présumée en le nommant *massue gommeuse* (*Gummikeule*, en allem.); mais il avait fort bien vu que les proéminences qu'offrait la surface de cette petite masse étaient formées par des cristaux de carbonate de chaux.

Plusieurs années après, M. Payen, ayant examiné ces mêmes corps, reconnut que la substance organique dont ils sont essentiellement formés, et que Meyen avait prise pour de la gomme, n'était pas autre chose que de la cellulose; seulement il crut voir que cette substance n'y était pas disposée en couches superposées, mais en cellules groupées et dont chacune sécrétait une certaine quantité de carbonate de chaux.

Cette idée qu'un cystolithe est une masse cellulaire a été combattue par divers botanistes. M. Schleiden y voit un simple dépôt organique, englobant quelquefois de petits cristaux de carbonate de chaux; Schacht [1] décrit cette petite formation comme un corps en grappe composé de couches superposées de cellulose, imprégné de carbonate de chaux et suspendu par une queue ou pédicule de cellulose sans mélange. Enfin, en France, M. Weddell, ayant été amené par ses grands travaux sur les Urticées à étudier avec soin les cystolithes, qu'il a reconnus exister chez toutes ces plantes sans exception, a décrit [2] ces petits corps comme variant beaucoup de forme : les uns étant globuleux (*Parietaria*) ou ovoïdes (*Ficus*), les autres allongés et en quelque sorte en Y (*Pilea*), ou courbés en arc, rarement en fer à cheval. Il les a vus toujours suspendus par un filament de cellulose, au moins à l'état jeune. Il a constaté qu'ils sont formés de couches superposées de cellulose, entremêlées de grains calcaires et devenant bien visibles lorsque l'action d'un acide a fait disparaître les concrétions calcaires qui les masquaient; mais le pédicule ou suspenseur lui-même lui a semblé être un appendice parfaitement homogène, c'est-à-dire nullement stratifié, de la paroi de la cellule à laquelle il tient. Ce botaniste a reconnu encore que, lorsque les feuilles des Urticées sèchent, leur tissu diminuant nécessairement d'épaisseur par perte d'humidité, tandis que les cystolithes conservent leur volume, l'épiderme se moule sur ceux-ci, qui, dès lors, font plus ou moins saillie. De là résulte l'apparence particulière qui les a fait prendre, dans cet état, par divers botanistes, tantôt pour des poils couchés ou adhérents, tantôt pour de petits tubercules superficiels. Enfin il a montré que les cystolithes allongés atteignent, dans certains cas, un millimètre et plus de longueur, tandis que ceux qui sont globuleux ont à peine, dans plusieurs plantes, deux ou trois centièmes de millimètre de diamètre.

[1] *Abhand., Senkenb. Gesel.*, 1, 1854, et *Lehr.*, I. p. 284.
[2] *Ann. des sc. nat.*, 1854, II.

§ 5. — Concrétions minérales amorphes.

Je me contenterai de citer, comme les plus remarquables, celles de carbonate de chaux, qui se forment aux bords des feuilles de quelques Saxifrages (*Saxifraga Aizoon* L. et analogues), surtout celles d'acide silicique ou silice, qui motivent l'emploi journalier des tiges de la Prêle d'hiver (*Equisetum hyemale* L.) comme matière propre à polir les métaux, et qui, dans les tiges creuses des Bambous, forment en majeure partie les sortes de petites pierres vulgairement nommées *Tabaschir*. Dans la Prêle, d'après la description qu'en a donnée M. Golding Bird, chacune des quatorze côtes longitudinales de la tige porte deux rangées de tubercules siliceux qui ont le luisant et l'apparence générale de grains de verre ; ce sont ces grains qui font de la surface de cette tige une sorte de lime végétale.

Au reste, la silice existe dans cette plante en proportion si considérable, que, d'après l'analyse de John, elle forme un peu plus de 8 pour 100 de sa substance desséchée.

C'est encore à la présence d'une grande quantité de silice, que l'épiderme des Rotangs ou Rotins (*Calamus*) doit son poli, sa dureté et son inaltérabilité qui rendent les tiges de ces plantes si utiles pour la confection des fonds de siéges.

CHAPITRE IV

FORMATIONS CELLULAIRES IMMÉDIATES

Dans les trois chapitres précédents, je me suis attaché à faire connaître les éléments anatomiques, c'est-à-dire les organes élémentaires des plantes. Une grande partie de cet ouvrage aura pour objet l'étude des organes auxquels ces matériaux constitutifs de l'organisation végétale donnent naissance en s'unissant de manières diverses et sous leurs différentes modifications ; mais entre l'examen prochain des organes composés, et celui déjà terminé des organes élémentaires proprement dits, je dois placer un exposé succinct de l'histoire de quelques formations auxquelles donnent lieu certaines cellules, soit en subissant un développement spécial, soit en se groupant et s'unissant entre elles de manières particulières. Ces formations, qu'il est d'usage de ranger parmi les organes élémentaires, mais qui, en réalité, offrent plus de complexité que chacun de ceux-ci, puisqu'ils résultent de leur union, ou qui en constituent au moins une dérivation, sont : l'épiderme, les poils et les glandes, les stomates, qui formeront l'objet de trois articles distincts.

ARTICLE PREMIER. — DE L'ÉPIDERME.

Sa structure anatomique. — On nomme Épiderme une couche de cellules qui recouvre les différents organes de toutes les plantes non submergées, abstraction faite seulement de celles qui occupent les degrés inférieurs de l'échelle végétale (Algues, Champignons, Lichens). Les cellules qui forment cette couche protectrice sont le plus souvent aplaties dans le sens de leur épaisseur, c'est-à-dire tabulaires (fig. 35), et leurs faces latérales sont intimement unies l'une à l'autre, de manière à ne pas laisser entre elles de méats intercellulaires. Leur union intime n'est interrompue que çà et là, sur les points où se trouvent de fort petites ouvertures bordées chacune de deux cellules courbées en rein et constituant de petits appareils que nous apprendrons bientôt à connaître sous le nom de STOMATES. Les cellules épidermiques sont remarquables par l'absence, à leur intérieur, de toute matière solide ou granuleuse, par conséquent aussi des grains de chlorophylle, sur les feuilles et les autres organes verts. Il résulte de là que l'épiderme des parties vertes renferme un liquide incolore, et laisse voir par transparence la coloration des tissus qu'il recouvre. Cependant il en est d'ordinaire autrement pour celui qui recouvre des parties colorées en rouge, violet, bleu, c'est-à-dire en teintes appartenant à la série cyanique (voyez p. 73); dans ce cas, le suc renfermé dans ses cellules offre le plus souvent la coloration même de l'organe que celles-ci recouvrent.

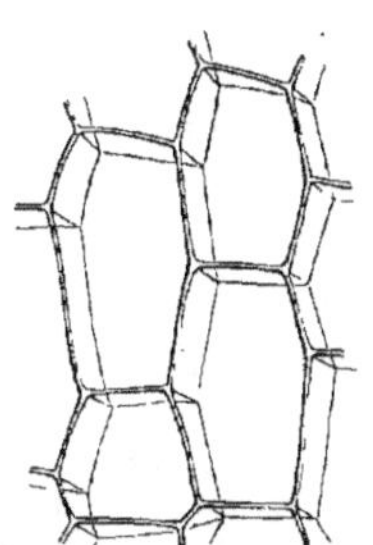

Fig. 35. — Parenchyme tabulaire, ou cellules qui forment l'épiderme d'une Fougère de nos pays, le *Polystichum Filix-mas* DC., vulgairement nommé Fougère mâle.

Dans le plus grand nombre des cas, l'épiderme n'est composé que d'une seule assise de cellules ; mais ailleurs, et particulièrement sur les feuilles d'une texture sèche et coriace, il consiste

en deux (Ex. : *Banksia*), ou même trois couches cellulaires intimement unies (Ex. : Laurier-rose ou *Nerium Oleander* L.).

Disposition et contour des cellules épidermiques. — Les cellules qui composent l'épiderme sont souvent disposées sans ordre
appréciable, quand elles recouvrent des organes dont le développement s'est opéré à peu près avec la même énergie dans tous
les sens ; leur contour est alors fréquemment sinueux. C'est ce
qu'on voit par exemple sur la figure 56. Au contraire, dans l'épiderme des organes qui se sont développés beaucoup plus en longueur qu'en largeur, les cellules s'allongent aussi notablement ;
généralement même, dans ce cas, elles s'arrangent en files longitudinales. On voit un exemple de cette manière d'être sur la
figure 57, qui représente un morceau d'épiderme pris sur une

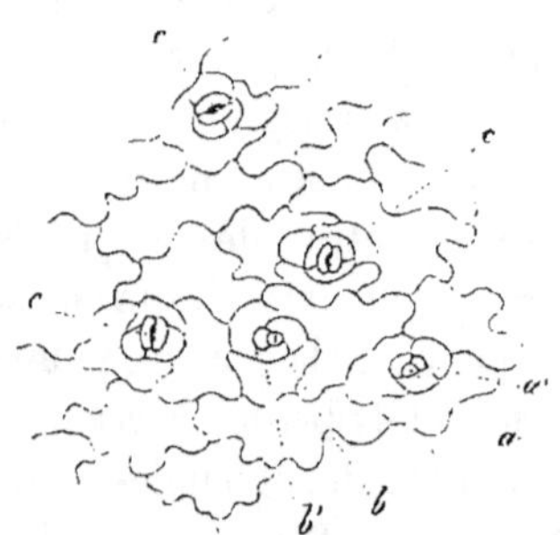

Fig. 56. — Morceau d'épiderme de la feuille
du *Sedum Telephium* L., montrant ses
cellules à contour sinueux et les stomates *c*.
Voyez, pour l'explication des autres lettres,
figure 48.

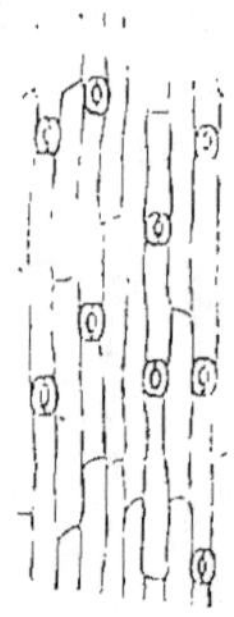

Fig. 57. — Lambeau d'épiderme pris sur la
feuille de la Jacinthe (*Hyacinthus orientalis* L.), montrant les cellules de l'épiderme dont le contour est en rectangle
étroit et allongé. On y voit aussi les stomates rangés en files longitudinales.

feuille de Jacinthe (*Hyacinthus orientalis* L.). Je me bornerai ici
à ces indications, l'examen de la structure anatomique des feuilles
devant amener plus tard sur ce sujet des détails qui seraient peut-
être prématurés en ce moment.

Cuticule. — Dans le cours de ses belles recherches sur la structure anatomique des feuilles, M. Brongniart avait reconnu que,
lorsque des feuilles de Chou ont subi une longue macération dans
l'eau, on détache sans peine de toute leur surface externe une
pellicule très-mince, homogène et sans indices d'organisation,
continue dans toutes ses parties et percée seulement çà et là de
fort petits trous qui correspondent chacun à l'ouverture d'un stomate. Un peu plus tard, ce savant botaniste revint avec plus de

détails sur ce sujet [1], et déclara s'être assuré de l'existence générale d'une pellicule superficielle très-fine, qui recouvre la surface
externe de la couche celluleuse de l'épiderme. Cette pellicule superficielle a reçu de lui le nom de *Cuticule*.

La cuticule complète pour l'épiderme la faculté protectrice qu'il
a reçue de la nature ; elle est en effet beaucoup plus durable que
lui, beaucoup plus apte à résister aux agents atmosphériques, et
même elle supporte l'action de substances qui désorganisent les
tissus végétaux, à ce point que l'acide sulfurique concentré lui-
même ne l'attaque pas.

Lorsqu'on enlève avec un rasoir une lame très-mince d'une
feuille de Jacinthe par exemple, en dirigeant l'instrument perpendiculairement à la surface de cet organe, on remarque, sous un
grossissement suffisant (fig. 38), que les cellules dont est composé
l'épiderme (*ép*) ont leur paroi ex-
terne beaucoup plus épaisse que
les autres. On distingue, par un
examen attentif, que cet excès d'é-
paisseur de la paroi externe est dû
à une bande extérieure (*c*) qui est
évidemment comme surajoutée à
la membrane cellulaire proprement dite (*ép*). Cette bande extérieure n'est pas autre chose que
la section de la couche de cuticule,
qui en montre l'épaisseur. Mais

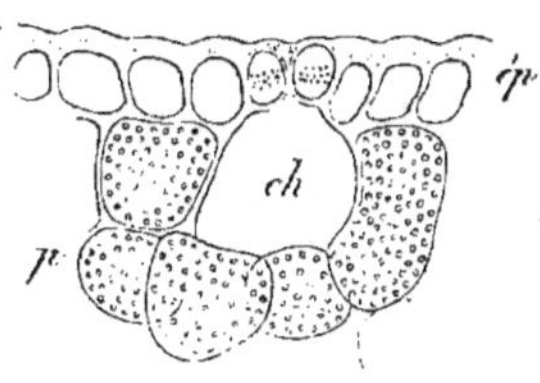

Fig. 38. — Coupe perpendiculaire à l'épiderme *ép* d'un fragment de feuille de Jacinthe (*Hyacinthus orientalis* L.). — *c*,
coupe de la cuticule qui recouvre extérieurement les cellules de l'épiderme *ép*;
p, parenchyme intérieur de la feuille,
dans lequel on voit que les cellules renferment beaucoup de grains de chlorophylle.

cette couche externe qui, dans certains cas, notamment sur la
tige du Gui, acquiert une épaisseur supérieure au diamètre entier
des cellules épidermiques, appartient-elle en entier à la cuticule ?
Presque tous les botanistes résolvent cette question affirmativement. A leurs yeux, tout ce qui s'ajoute à la paroi externe
de l'épiderme pour en augmenter l'épaisseur forme la cuticule,
dont ils expliquent la nature et la formation de deux manières
différentes.

Les uns, à l'exemple de Meyen, admettent qu'il n'y a là qu'un
épaississement de la paroi cellulaire externe, plus ou moins analogue à celui qui s'opère dans la membrane d'un grand nombre de
cellules : ils regardent donc la cuticule comme une dépendance
et même comme une portion de l'épiderme. Les autres, avec

[1] *Ann. des sc. nat.*, 1834. I.

M. Schleiden, voient dans cette couche extérieure appelée cuticule un produit de l'épiderme lui-même, le résultat d'une véritable exsudation ou sécrétion.

Or, d'après M. H. Mohl, ces deux manières de voir seraient l'une et l'autre trop absolues. Cet anatomiste, à qui l'on doit différents mémoires sur ce sujet, a été conduit par ses dernières observations à voir dans l'épaississement externe des cellules épidermiques deux formations distinctes : 1° tout à fait à l'extérieur, c'est-à-dire en contact avec l'atmosphère, la *cuticule proprement dite*, produit d'une exsudation, qui ne forme généralement qu'une lame très-mince, soluble dans la potasse caustique et dans laquelle on n'a pu démontrer encore l'existence de la cellulose ; 2° les *couches cuticulaires de l'épiderme* (*Cuticularschichten*, en allem.), situées entre la cuticule et les cellules épidermiques dont elles dépendent. Celles-ci sont composées de cellulose imprégnée d'une substance à laquelle elles doivent la faculté de résister à l'acide sulfurique, et qui brunit sous l'action de l'iode. Si l'on fait disparaître cette substance incrustante au moyen de la potasse caustique, on reconnaît aisément la disposition de la cellulose par couches superposées, et de plus on la voit bleuir aisément par l'iode.

Ce que sont pour A. P. de Candolle la cuticule et l'épiderme. — Il est essentiel de rappeler que le célèbre A. P. de Candolle, dans son *Organographie végétale*, a fait des mots cuticule et épiderme une application qui lui est propre. L'épiderme tout entier reçoit de lui le nom de cuticule, et lorsque, sur des tiges en voie d'accroissement, cet épiderme vient à disparaître, ce sont les couches cellulaires qui, comme nous le verrons plus loin, le remplacent en qualité d'enveloppe protectrice, auxquelles il applique la dénomination d'épiderme. Cet emploi de deux mots, qui ont aujourd'hui un sens différent, pourrait induire en erreur, si l'on n'était averti.

Modifications de l'épiderme. — En France, je ne sache pas qu'on ait jamais essayé de distinguer différentes sortes d'épidermes, d'après les modifications, au fond assez légères, que peuvent subir les cellules dont cette enveloppe est formée ; mais, en Allemagne, M. Schleiden a cru voir dans ces mêmes modifications des motifs suffisants pour faire distinguer trois sortes d'épidermes qui ont été désignées par lui sous des noms particuliers. Ces dénominations étant fréquemment employées par les botanistes allemands, il me semble indispensable de les faire connaître.

Les épidermes, dit ce savant et ingénieux botaniste, peuvent être de trois sortes différentes, en raison des milieux dans lesquels ils se développent[1] : 1° l'*Épithélium* est formé de cellules à parois très-délicates, remplies d'un suc homogène, transparent et incolore, unies intimement entre elles sans laisser d'ouvertures. C'est un épithélium qui recouvre tous les organes en voie de formation, ainsi que les différentes parties colorées des fleurs. Son principal caractère consiste en ce qu'il est dépourvu d'ouvertures munies de ces petits appareils que je vais bientôt décrire et qu'on nomme des stomates. Il reste sous le même état dans les cavités fermées des organes creux; ailleurs il se change plus tôt ou plus tard en l'une ou l'autre des deux sortes suivantes; 2° l'*Épiblema* est composé de cellules à parois assez fermes, dont l'externe est déprimée sans que les cellules elles-mêmes le soient beaucoup ; il n'offre pas non plus d'ouvertures ; il existe sur les organes plongés dans l'eau ou dans la terre. Quelques botanistes le caractérisent essentiellement parce qu'il n'est pas recouvert d'une cuticule ; 3° l'*Épiderme* proprement dit résulte de l'union de cellules généralement aplaties en table, dont la paroi externe, et souvent aussi les latérales, sont plus ou moins épaissies. Ces cellules sont unies intimement entre elles par leurs côtés, sauf sur certains points où elles laissent de petites ouvertures destinées à établir une communication libre entre l'atmosphère et l'intérieur des organes. A ces mêmes points se trouvent les stomates, dont j'aurai bientôt à parler. C'est sur les parties destinées à vivre au milieu de l'air atmosphérique qu'on observe cette troisième sorte d'épiderme.

Il ne semble guère possible aujourd'hui de conserver la division des épidermes en trois sortes, telle que l'a proposée M. Schleiden. D'abord, quant à ce que ce savant nomme Épithélium, on peut se demander s'il y a quelque intérêt à distinguer et à désigner sous un nom spécial ce qui n'est que l'état jeune et transitoire des épidermes le mieux caractérisés; en outre, l'absence de stomates ne peut pas non plus fournir un caractère distinctif, puisque ces petits appareils existent sur tous les organes colorés des fleurs, et parfois jusque dans l'intérieur de ceux qui forment une cavité, comme l'a montré M. Schleiden lui-même pour les Passiflores et certaines Crucifères[2], et comme M. E. Fournier vient de le reconnaître aussi pour le Réséda. En second lieu, le caractère tiré pour l'épiblema de l'absence de cuticule à sa surface est basé sur des

[1] *Grundzüge*, 5e édit., I, p. 270.
[2] *Loco cit.*, p. 524.

observations incomplètes. En effet, M. Brongniart a montré depuis longtemps une cuticule sur les feuilles des plantes submergées, et, en 1857, M. Adol. Weiss a confirmé ce fait pour un certain nombre d'entre ces plantes. Je crois donc, au total, comme le botaniste allemand que je viens de nommer, qu'il n'existe aucun motif sérieux pour admettre trois sortes d'épidermes, ni, par conséquent, pour adopter deux dénominations inutiles.

ARTICLE II. — POILS ET GLANDES.

1° **Poils**. — Un grand nombre de plantes sont plus ou moins couvertes de poils, et assez souvent on voit ce revêtement devenir assez abondant, assez touffu pour altérer entièrement la couleur naturelle de l'organe qui le porte. La botanique descriptive puise dans la nature, l'abondance, la couleur des poils que portent les différents organes des indices caractéristiques ou différentiels qui aident à reconnaître ou à distinguer les espèces végétales ; mais en ce moment ce sera seulement au point de vue anatomique que je m'occuperai des productions pileuses que peuvent offrir les végétaux ; j'aurai plus tard à indiquer à quels degrés divers la villosité des plantes influe sur leur apparence.

Les poils émanent de l'épiderme, dont ils sont une simple dépendance ; cependant, dans certains cas, des organes ou des portions d'organes se divisent en filaments analogues d'aspect aux poils épidermiques, mais différents de ceux-ci par leur nature réelle ; c'est ainsi qu'on voit fréquemment voltiger dans l'air des graines de Pissenlit et d'autres plantes appartenant comme lui au vaste groupe naturel des Composées, soutenues qu'elles sont par une sorte de parachute de poils, ou par ce qu'on nomme une aigrette. Ces filaments déliés sont, comme nous le verrons plus loin, d'une autre nature que les poils dont il s'agit ici.

Poils unicellulés. — J'ai déjà dit plus haut (page 76) que l'aspect velouté de certaines fleurs tient à ce que les cellules de leur épiderme se relèvent extérieurement chacune en une éminence ou *papille* plus ou moins saillante (fig. 31 et 32). Ces papilles sont, à proprement parler, le premier degré de la formation des poils. Supposons en effet, ce qui a lieu très-souvent, que cette papille s'allonge davantage, elle deviendra ainsi un véritable poil dont la cavité sera continue d'un bout à l'autre. Ces poils *unicellulés* ont reçu de de Candolle le nom de *poils simples*, qui, d'après l'emploi usuel du mot *simple* en botanique, signifierait plutôt qu'ils ne sont pas ramifiés, et qui, par conséquent, peut donner lieu à quelque confusion. Tout en conservant cette extrême simplicité de structure, ils peuvent s'allonger plus ou moins, et c'est même parmi eux que nous trouvons les poils très-probablement les plus longs que l'on connaisse, je veux dire les filaments qui forment le coton et qui ne sont pas autre chose que les poils unicellulés dont est chargée à sa surface la graine des Cotonniers (*Gossypium*). On les voit, d'un autre côté, compliquer souvent leur forme et se diviser à leur extrémité en deux, trois, quatre branches, qui même peuvent se ramifier à leur tour. Ils arrivent ainsi par degrés jusqu'à la forme que représente la figure 59, dans laquelle, tout en conservant son unique cavité continue, la cellule qui forme le poil offre une sorte de colonne courte ou de petite tige, en saillie sur l'épiderme, laquelle se divise à son sommet en trois ramifications subdivisées elles-mêmes à leur tour.

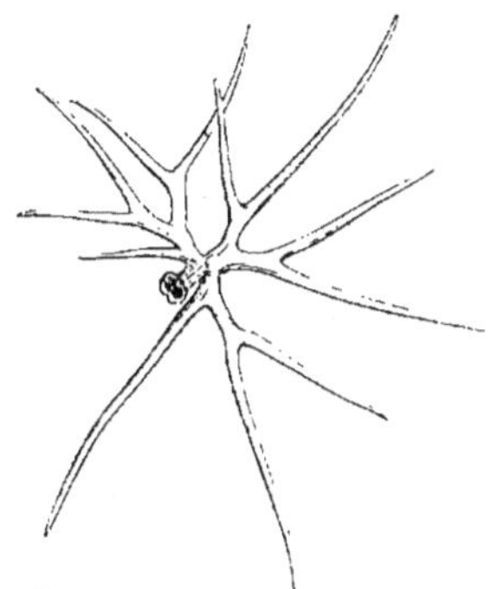

Fig. 59. — Un poil unicellulé et étoilé pris à la face inférieure de la feuille de l'*Alyssum saxatile* L., vulgairement nommé Corbeille d'or. Il est vu par-dessous.

Poils unisériés. — Dans un grand nombre de poils, la structure devient plus complexe. Dès que la cellule qui leur donne naissance est arrivée à une certaine longueur, une cloison transversale se forme vers son milieu, de manière à subdiviser sa cavité jusqu'alors unique en deux distinctes et superposées. De nouvelles cloisons transversales se formant de même successivement, le poil finit par consister en une file de cellules placées bout à bout. Les poils ainsi construits peuvent être nommés *unisériés*. De Candolle les nommait poils *cloisonnés*. On en voit un exemple dans la figure 40, qui représente un petit poil de ce genre composé seulement de trois cellules superposées. On voit aussi sur cette figure

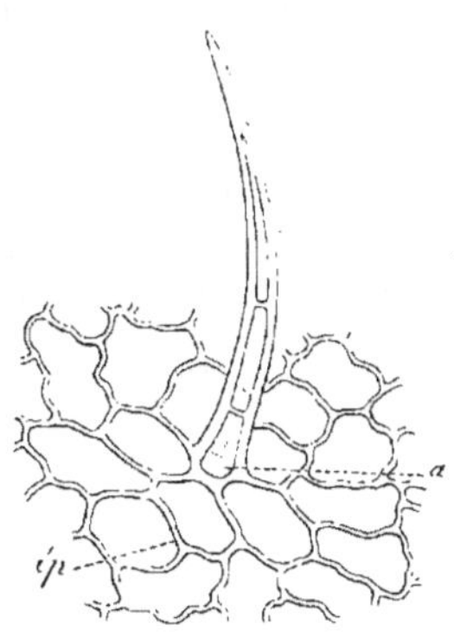

Fig. 40. — Poil pluricellulé, unisérié, du *Pelargonium inquinans* Ait. Il est terminé en alène ou subulé. — *a*, la cellule épidermique qui lui sert de base; — *ép*, les autres cellules épidermiques voisines, à côtés faiblement sinueux.

que la cellule épidermique *a*, qui a donné naissance à ce poil, est
sensiblement plus pe-
tite et plus arrondie
que les autres cellules
épidermiques *ép* dont
elle est entourée.

Les cellules qui for-
ment les poils de cette
sorte peuvent se dis-
poser de manière à
former des ramifica-
tions diverses. La
figure 41 en montre
deux pris sur la feuille
de l'*Aralia papyrifera*
Hook., plante dont la

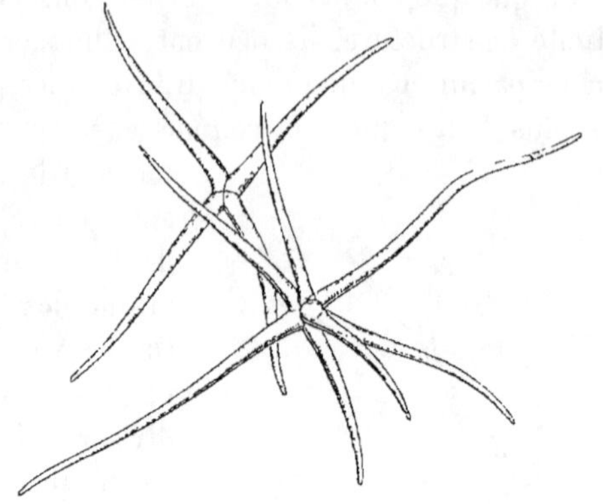

Fig. 41. — Deux poils rameux et rayonnés pris sur la feuille de
l'*Aralia papyrifera*.

moelle taillée en lames forme ce qu'on nomme fort improprement
le Papier de Riz. On voit que des cellules, allongées et pointues, s'y
disposent en rayons à partir d'une base commune.

Poils plurisériés. — La complexité de structure anatomique
augmente encore dans les poils que constituent plusieurs files de
cellules juxtaposées et parallèles. On voit même, dans certains
cas, des cellules s'isoler quelque peu du corps de cette petite
colonne, à leur extrémité, de manière à former des saillies
qui rendent le poil dentelé ou barbelé. Ailleurs les cellules s'é-
talent au sommet d'un petit support, en manière de nombreux
rayons, qui peuvent même se souder en un disque circulaire.
Cette dernière disposition se montre remarquablement accusée
dans les poils *en écusson* de l'Argousier (*Hippophae rhamnoides*
L.) dont un est représenté vu par-dessus sur la figure 42, tandis

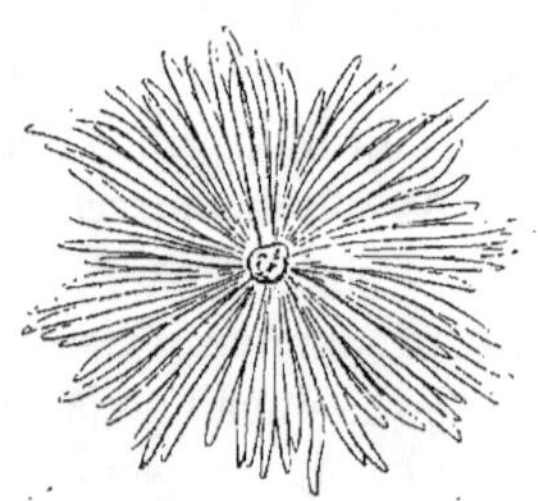
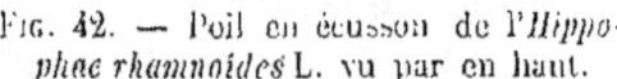
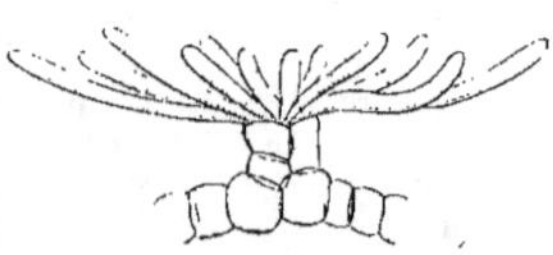

Fig. 42. — Poil en écusson de l'*Hippo-*
phae rhamnoides L. vu par en haut.

Fig. 43. — Le même, vu de profil avec
les cellules de l'épiderme qui le porte.

que, sur la figure 43, il est vu de profil. A cette catégorie de poils, non-seulement pluricellulés, mais encore *plurisériés*, se rattachent ceux que de Candolle nommait poils *aculéiformes*, c'est-à-dire en forme d'aiguillons, parce que, dit-il, il n'existe pas d'autre caractère que celui de leur mollesse qui puisse servir à les distinguer des piquants superficiels ou aiguillons, et même que, ce seul caractère admettant tous les degrés intermédiaires, il est réellement impossible de distinguer avec précision les poils aculéiformes des vrais aiguillons. On peut encore ranger dans cette catégorie les petites formations superficielles qu'on observe en grand nombre chez les Fougères et qui s'offrent comme des écailles brunes et sèches, de dimensions et surtout de largeur variées. C'est ce que les botanistes nomment, en général, à l'exemple de de Candolle, des poils *scarieux*, d'un mot qui indique la nature de leur substance sèche et translucide. Dans ceux-ci, les files de cellules, au lieu de se juxtaposer en filament arrondi, se sont étalées l'une à côté de l'autre en un seul plan, de manière à former une lame très-mince.

2° **Glandes**. — Les poils dont je viens de parler ne présentent à l'intérieur de leurs cellules, tant qu'elles sont vivantes, qu'un liquide incolore que ne distingue aucune propriété particulière, c'est-à-dire une sorte de lymphe ou de liquide aqueux auquel on ne pourrait guère attribuer que des caractères négatifs ; aussi de Candolle les a-t-il réunis sous la qualification de poils *lymphatiques*, qui est commode pour en désigner l'ensemble. Mais il en est d'autres qu'accompagnent toujours des liquides remarquables par leur odeur, leur âcreté, ou par quelque autre propriété saillante. Ces liquides particuliers sont produits ou sécrétés par des cellules spéciales qui se groupent généralement sous la forme de petits corps en rapport avec l'épiderme, ou qui même se rattachent chacun à un poil, de manière à en faire partie et à lui donner, par conséquent, une organisation plus complexe que celles que j'ai signalées jusqu'ici. Ces petits corps chargés de sécréter des fluides particuliers sont ce qu'on nomme des *Glandes*. Leur forme est presque toujours arrondie ou ovoïde, quelquefois aplatie en dessus ou déprimée, etc. On en a décrit un grand nombre, car elles abondent dans le règne végétal, et on en voit même quelquefois des sortes différentes réunies sur une même plante. Pour en prendre une connaissance approfondie, on peut consulter un ouvrage de Guettard [1], et surtout un mémoire spécial de Meyen qu'accompagnent de nom-

---

[1] Guettard, *Observations sur les plantes.* 2 vol. in-12 1847 ; et *Mém. de l'Acad. des sc. de Paris*, 1745.

breuses figures [1]. Ne pouvant entrer ici dans de longs détails à ce sujet, je me bornerai à citer quelques exemples saillants.

Classification des glandes. — Quelques botanistes ont essayé de ranger les diverses formes et dispositions des glandes en catégories, de manière à les classer méthodiquement. Guettard en distinguait plusieurs sortes, parmi lesquelles il comprenait même des organes qu'on ne peut regarder comme des glandes. Mirbel en a reconnu dans les fleurs seulement deux classes [2] : les glandes *vasculaires*, à la constitution desquelles concourent des cellules et des vaisseaux, et les glandes *cellulaires*, qui ne renferment que du tissu cellulaire. Les premières sont des formations plus complexes que les vraies glandes auxquelles il semble qu'on ne doit pas les rattacher; ce sont même souvent des organes composés qui sont restés plus ou moins rudimentaires, comme j'aurai occasion d'en montrer des exemples par la suite. Il ne reste donc que les dernières qui soient de véritables glandes. Enfin Meyen, circonscrivant plus exactement les formations glanduleuses, et les réduisant à celles qui n'ont pour éléments essentiels que des cellules, seul organe sécréteur, les divise en *Glandes simples* et *Glandes composées*; mais il ne distingue ces deux catégories que d'après la quantité de leurs cellules composantes, qui est plus considérable dans les dernières que dans les premières, et il fait observer lui-même qu'il y a de nombreuses transitions des unes aux autres. Je ne vois donc pas de motif suffisant pour adopter cette division.

Poils glanduleux. — Les glandes se montrent quelquefois à la surface des plantes sous la forme d'un petit corps celluleux, plus ou moins exactement arrondi, tantôt reposant immédiatement sur l'épiderme, tantôt soulevé par un support très-court; telles sont celles qu'on voit en grand nombre sur les jeunes pousses du joli *Robinia viscosa*; mais, le plus souvent, elles sont associées à un poil, soit qu'elles le surmontent, soit au contraire qu'elles lui servent de base. De Candolle a réuni tous les poils associés à une glande, d'une manière ou d'une autre, sous la dénomination de *Poils glanduleux*, que quelques botanistes ont critiquée, mais qui n'en reste pas moins très-commode par cela même qu'elle est fort vague. Il distingue ensuite les poils *glandulifères* qui, comme l'indique ce mot, portent la glande à leur sommet, et les poils *excrétoires* qui surmontent la glande, et qu'il regarde, avec

[1] *Ueber die Secretions-Organe der Pflanzen*, par F. J. F. Meyen. Berlin, in-4, 1837.
[2] *Annal. du Muséum d'hist. natur.*, IX, p. 455, et *Mém. de l'Instit.* pour 1808, p. 344.

Guettard, comme les canaux excréteurs par lesquels celle-ci peut verser son produit à l'extérieur.

On peut prendre une bonne idée de l'organisation des poils glandulifères par l'examen de celui que représente la figure 44.

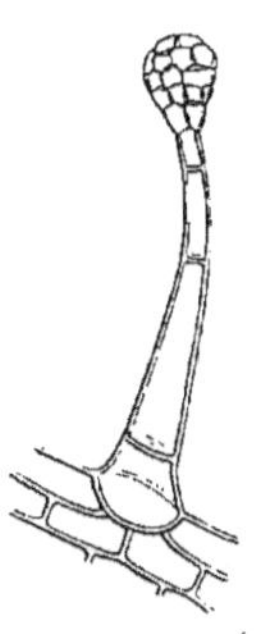

Fig. 44. — Poil glandulifère pris sur la feuille du *Pelargonium inquinans* Ait. des jardins.

On voit qu'au sommet du poil proprement dit, formé ici de quatre cellules superposées en une seule file, se montre un renflement presque en forme de poire, qui n'est pas autre chose que la glande. Cette sorte de poils est souvent nommée, dans le langage descriptif, *poils en tête (pili capitati)*. Il en est dont la tête se creuse en coupe, et qu'on nomme, pour ce motif, *poils à cupule (pili cupulati)*. On voit un bon exemple de ceux-ci dans le Pois chiche (*Cicer arietinum* L.), chez lequel la glande exsude un liquide très-acide qui a été regardé par Deyeux comme contenant de l'acide oxalique; par Vauquelin, comme offrant un mélange des acides malique, oxalique et acétique: par Dulong, comme n'étant que de l'acide malique et de l'acide acétique à l'état libre. Il est même de ces poils qui, étant rameux, portent une glande au bout de chacune de leurs ramifications, et qu'on nomme dès lors *poils à plusieurs têtes (pili polycephali)*.

Quant aux poils à glande basilaire, c'est-à-dire à ceux que de Candolle a nommés *Poils excrétoires*, il en existe chez la Fraxinelle (*Dictammus albus* L.) qui méritent d'être connus, soit pour leur organisation, soit pour le phénomène curieux auquel ils donnent lieu. Pendant les soirées de l'été, cette plante, surtout lorsqu'elle est en pleine fleur, est entourée d'une sorte d'atmosphère inflammable due à la vaporisation d'une huile essentielle que sécrètent ses glandes. Aussi a-t-on vu parfois cette vapeur s'enflammer lorsqu'on approchait de la plante une bougie allumée. Le docteur Hahn a reconnu que cette expérience réussit toujours lorsqu'on approche la bougie des supports des fleurs au moment où celles-ci commencent à se faner, les glandes ayant pris alors tout leur développement. Quant à leur structure, ces petits appareils excréteurs consistent en une glande ovoïde qui repose sur l'épiderme, et que surmonte un petit poil court à trois ou quatre cellules superposées. En faisant une coupe longitudinale de la glande, on voit qu'elle offre une enveloppe à une

seule couche de cellules, qui est le véritable appareil producteur
de l'huile volatile, et une grande cavité centrale circonscrite par
ces cellules, qui sert de réservoir au liquide.

Une sorte de poils du même ordre, qui mérite peut-être plus
que toute autre de fixer l'attention,
c'est celle que nous présentent les
Orties, plantes vulgaires dans nos pays,
et bien connues, à cause de la sensation brûlante que produit leur piqûre. Ces poils remarquables, type de
ceux auxquels on donne l'épithète de
urticants (de *Urtica*, ortie), ou qu'on désigne sous le nom latin de *Stimuli*, ont
été souvent décrits et figurés ; néanmoins il importe d'en faire connaître
l'organisation, puisque, même dans
des ouvrages récents, elle a été dé-
peinte d'une manière peu exacte.

Comme le montre la figure 45, le
poil de notre Ortie grièche, ou Petite
Ortie (*Urtica urens* L.), est formé d'une
seule cellule *bb*, qui se renfle inférieurement en une ampoule ovoïde, et qui,
se rétrécissant peu à peu à partir de
ce renflement, forme comme un poinçon dont le sommet même est un très-
petit bouton plein, émoussé, un peu
déjeté de côté. Ce poil est enchâssé par
sa base renflée dans une petite co-

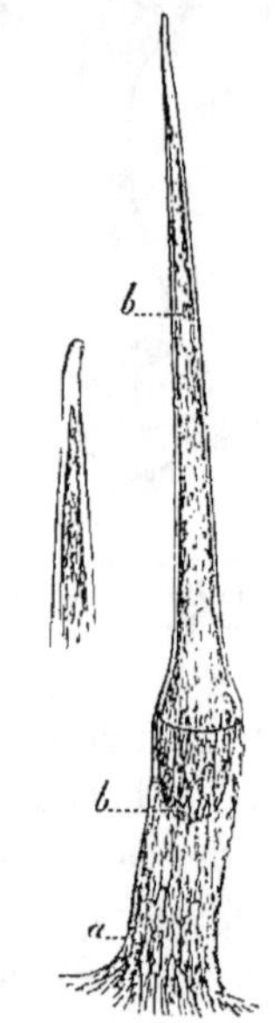

Fig. 45. — Poil entier de l'Ortie
grièche (*Urtica urens* L.). — *bb* est
le poil lui-même, unicellulé, dont on
voit la base renflée en une ampoule
qui s'enfonce en majeure partie
dans la substance du support cellulaire *ab*. A côté une figure, plu-
fortement grossie, montre plus nettement le sommet du poil.

lonne *ab* cylindrique et pleine (fig. 46 C.), qui, pour le recevoir,
se creuse en godet à son extrémité supérieure. Les figures 46 A et B
montrent que cette colonne ou pédicule, en se creusant ainsi,
réduit son tissu à ne plus former que deux, et finalement une
assise de cellules. Meyen, et la plupart des botanistes avec lui,
pensent que ce pédicule est l'organe producteur du liquide brûlant
que renferme le poil, et auquel est due la vive cuisson que cause
la piqûre de l'Ortie. De son côté, la cellule qui constitue le poil
proprement dit n'est ainsi qu'un simple réservoir du suc sécrété
par la glande basilaire.

Cette organisation connue, il est facile de s'expliquer comment
pique l'Ortie. La petite pointe du poil est transparente, sèche et

cassante comme du verre. En entrant dans la peau par un léger choc, elle se brise, et le poil ainsi ouvert répand dans la blessure le liquide brûlant qui le remplit.

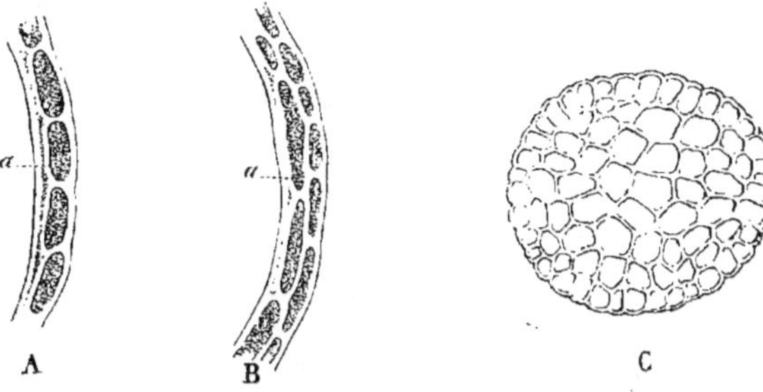

Fig. 46. — Coupes transversales successives du pédicule du poil menées, en A, presque à son extrémité supérieure où il n'est formé que d'une couche de cellules avec le rudiment *a* d'une deuxième couche; en B, un peu plus bas, où il offre deux couches de cellules bien formées; *a* est la couche qui était à peine indiquée en A; C, coupe menée au-dessous du poil, là où ce pédicule est plein et tout celluleux.

La longueur relative du poil et de son pédicule glanduleux varie selon les espèces d'Orties ; ainsi M. Weddell dit que, dans l'*Urtica ferox* Forst., ce dernier devient beaucoup plus long que la partie saillante de la cellule supportée par lui.

L'âcreté du liquide contenu dans les poils de nos Orties indigènes, toute vive qu'elle est, ne peut être comparée à celle qui rend redoutables au plus haut point quelques espèces exotiques. Ainsi l'*Urtica crenulata* Roxb. (*Laportea crenulata* Gaud.), de l'Inde, pique si cruellement, surtout en automne, qu'elle est fort redoutée des Indous. Leschenault rapporte qu'en ayant ressenti la piqûre à trois doigts de la main, dans le jardin botanique de Calcutta, il en éprouva, pendant deux jours, de très-vives douleurs accompagnées de symptômes tétaniques, et qu'il ne cessa qu'après neuf jours d'en ressentir les énergiques effets. L'*Urtica ferox* Forst., de la Nouvelle-Zélande, fait sentir vivement pendant quatre jours, assure M. Colenso, l'effet douloureux d'une seule piqûre ; enfin, une espèce de Java, que Blume nommait *Urtica urentissima*, est désignée par les indigènes de cette île sous le nom de *Daoun setan*, qui signifie Feuille du diable, parce que sa piqûre cause des douleurs cuisantes pendant des années, surtout lorsque le temps est humide. On assure même qu'elle peut occasionner le tétanos et la mort.

Une catégorie curieuse de poils urticants est celle des *Poils en navette* (*Pili malpighiacei*), qui se trouvent sur les feuilles des *Malpighia*. Ici le poil proprement dit a la forme d'une navette, c'est-à-dire qu'à partir d'une base courte, la cellule dont il est composé se partage en deux longues branches pointues qui se rabattent horizontalement sur une seule ligne droite parallèle à l'épiderme. C'est dans l'épaisseur de celui-ci, ou même un peu plus bas dans le tissu de la feuille, que se trouve la glande, à cellules fort petites, qui sécrète le liquide âcre dont le poil est le réservoir. Assez souvent ces poils en navette atteignent ou dépassent même un demi-centimètre de longueur.

Je classerai synoptiquement dans le tableau suivant les diverses catégories de poils dont je me suis occupé dans cet article.

1° Poils ordinaires ou lymphatiques :

Unicellulés. . . . . { simples.
                                                          { bi-trifurqués.
                                                          { rameux et étoilés.

Pluricellulés. . . . . . { unisériés. . . . . { simples.
                         {   { rameux.
                         {   { cylindriques. . . { simples et lisses.
                         { plurisériés. . . {   { dentés ou barbelés.
                         {   {   { en écusson.
                         {   { aplatis. . . . . . scarieux.

2° Poils glanduleux ou accompagnés d'une glande :

À glande terminale ou glandulifères. . . . { simples. . . . . { à tête ou capités.
                                           {   { à cupule.
                                           { rameux. . . . . . à plusieurs têtes.

À glande basilaire ou excrétoires. . . . . { inoffensifs.
                                           { urticants. . . . { subulés ou en alène.
                                                              { en navette.

ARTICLE III. — STOMATES.

En 1849, le botaniste allemand Link a nommé *Stomates*[1] (de στόμα, bouche; *Spaltöffnungen*, en allem.) de petits appareils qui dépendent de l'épiderme, dont le rôle physiologique est d'une importance majeure pour la vie des plantes, et dont la configuration rappelle assez bien une bouche pour justifier le nom qui leur a été donné. En effet, chacun d'eux consiste en une petite ouverture oblongue, nommée *Ostiole* (de *ostiolum*, petite porte), que bordent deux cellules symétriques et arquées, dont la disposition rappelle assez bien celle des deux lèvres autour de la bouche (fig. 47). Ces petits appareils ont été envisagés de manières diverses, avant qu'on fût définitivement fixé sur leur destination, et ils ont reçu, pour ce motif, beaucoup de noms qu'il

---

[1] Je crois devoir faire observer que Link écrivait au pluriel *stomatia*, tandis que la plupart des auteurs écrivent aujourd'hui *stomata*.

est bon de rappeler, bien qu'ils ne soient plus employés, afin qu'on puisse en reconnaître la signification à la lecture des ouvrages dans lesquels on en a fait usage. Ainsi Guettard les nommait *Glandes miliaires*, de Lamétherie *Glandes épidermoïdales*, de Saussure *Glandes corticales*, Hedwig *Pores évaporatoires*, Mirbel *Pores allongés* ou *Grands Pores*, de Candolle *Pores corticaux*.

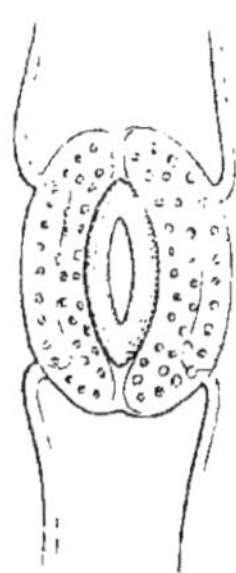

Fig. 47. — Un stomate pris sur une feuille de Jacinthe (*Hyacinthus orientalis* L.) vu par-dessus, avec le commencement des cellules qui l'entourent.

On voit par les dénominations qui ont été données successivement aux stomates, que pendant longtemps les botanistes ont cru que c'étaient des glandes épidermiques, et cette idée avait encore cours à une époque récente; Meyen, par exemple, en 1837-1839, les appelait *Hautdrüsen*, c'est-à-dire Glandes épidermiques, et il s'attachait à montrer que Guettard avait eu raison de les ranger parmi les glandes sous le nom de Glandes miliaires.

Développement des stomates. — L'épiderme qui recouvre les organes jeunes consiste en une couche de cellules intimement unies entre elles par toutes leurs faces latérales, c'est-à-dire qui ne laissent nulle part entre elles des méats intercellulaires. Cette continuité parfaite des cellules, qui fait alors de l'épiderme une enveloppe parfaitement close, persiste sur certains organes pendant toute leur existence; mais sur plusieurs autres, particulièrement sur les feuilles et les parties vertes en général, il s'opère bientôt un changement important. On voit certaines cellules de l'épiderme, éparses à la surface de l'organe, devenir le siége d'un travail intérieur. Chacune de ces cellules, généralement arrondie à ce moment, renferme, comme ses voisines, un nucléus. Celui-ci, qui était jusqu'alors appliqué contre la paroi cellulaire en un point quelconque, se détache et se porte vers le milieu de la cavité de la cellule. Peu après, on le voit se diviser en deux nucléus distincts qui ne tardent pas à s'écarter l'un de l'autre. Bientôt une cloison délicate se forme d'un bout à l'autre de cette cellule, entre les deux nucléus, et dès lors aussi à la cellule primitive ont succédé deux cellules distinctes, adhérentes l'une à l'autre par toute leur surface de contact que détermine la cloison récemment formée. Ce sont là, on l'a déjà compris, les deux cellules constitutives du stomate. Pour compléter celui-ci, cette cloison se dédouble bientôt dans son milieu en deux feuillets qui se dissocient et s'écartent, laissant entre eux un petit vide qui n'est pas autre chose que l'ostiole, et, dès ce moment, le stomate est complétement formé.

Cette marche du développement des stomates a été reconnue par M. H. Mohl, et vérifiée par plusieurs autres observateurs, parmi lesquels je citerai surtout M. Weiss[1], qui s'est attaché à montrer que les choses se passent bien comme on vient de le voir.

Sur la figure 48, à côté de stomates entièrement formés et pourvus de leur ouverture centrale ou ostiole (*ccc*), on en voit un autre *b*, dans lequel la cellule-mère vient seulement de se partager en deux, sans que la cloison, qui a déterminé cette division, se soit encore dédoublée pour donner naissance à l'ostiole. On y voit même en *a* une cellule stomatique beaucoup moins avancée, puisqu'elle n'offre pas le moindre indice de division.

Pendant que le stomate se forme comme on vient de le voir, le parenchyme de la feuille qui se trouve au-dessous de ce point subit une dislocation de laquelle résulte

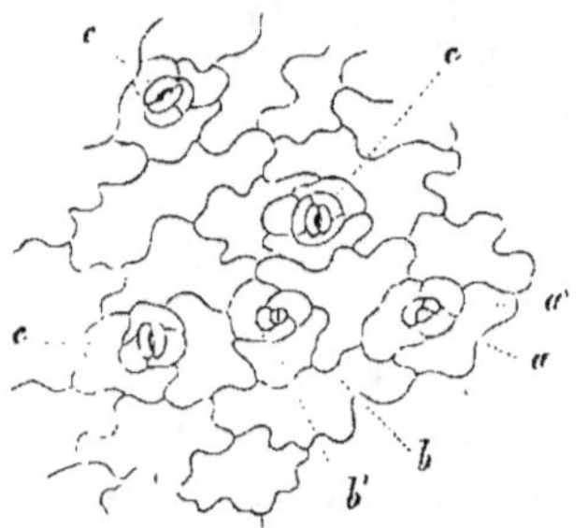

Fig. 48. — Lambeau d'épiderme de la feuille du *Sedum Telephium* L. montrant des stomates entièrement formés *ccc*, et un autre *b*, moins avancé, dans lequel la cellule-mère vient seulement de se diviser en deux ; *b'*, l'une des cellules qui encadreront ce stomate ; en *a*, cellule très-jeune qui ne s'est pas encore divisée en deux pour former le stomate ; *a'*, l'une des cellules qui doivent l'encadrer.

la formation d'un petit vide ou d'une sorte de chambre que circonscrivent dans tout son pourtour les cellules mêmes de ce parenchyme.

Cette *chambre aérienne* ou *sous-stomatique* (*ch*, fig. 49) communique avec l'atmosphère par l'ouverture de l'ostiole ; d'un autre côté, les méats intercellulaires qui s'étendent entre les cellules du parenchyme foliaire viennent s'y ouvrir ; elle forme donc un carrefour où aboutissent ces méats et que l'ostiole fait communiquer avec l'atmosphère, c'est-à-dire un réservoir qui permet les échanges de gaz entre l'atmosphère et la plante. La figure 49 est particulièrement destinée à montrer : 1° la situation des deux cellules du stomate, dans chacune desquelles de

[1] *Verhandl. des Zoolog.-Botan. Vereins in Wien.* 1857.

très-petits granules verts sont réunis en un plan médian, et qui se trouvent ici placées à fort peu près au niveau de l'épiderme *ép*, sans le dépasser : 2° la position de la chambre à air et des cellules à chlorophylle qui en forment les parois, soit latérales, soit inférieure, tandis que son plafond est constitué par l'épiderme et le stomate lui-même.

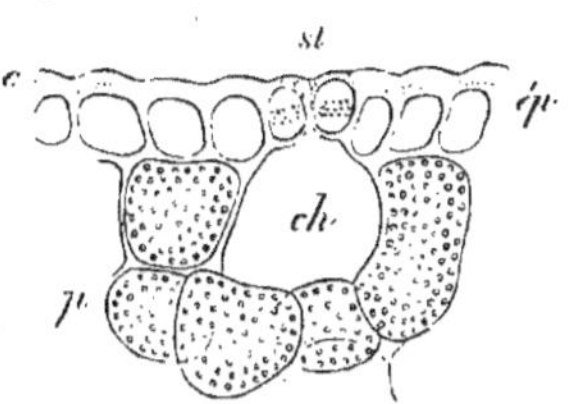

Fig. 49. — Coupe menée perpendiculairement à l'épiderme d'une feuille de Jacinthe (*Hyacinthus orientalis* L.) et passant par le milieu d'un stomate *st*. — *ép*, l'épiderme entre les cellules duquel est comme enchâssé le stomate; *c*, cuticule qui recouvre extérieurement l'épiderme; *ch*, chambre à air située sous le stomate; *p*, parenchyme de la feuille dont les cellules renferment des grains de chlorophylle en grand nombre. On voit aussi des grains de chlorophylle former une couche au milieu de chacune des deux cellules du stomate.

Situation des stomates relativement à l'épiderme. — La situation des stomates doit être considérée relativement au plan de l'épiderme et sous le rapport de leur dispersion à la surface de celui-ci.

1° Relativement à la membrane épidermique, les stomates sont fréquemment au même niveau, de manière à être compris dans le plan de celle-ci, comme le montre la figure 49. Ailleurs et plus rarement ils sont soulevés, au point de faire sensiblement saillie à la surface de l'organe; ailleurs aussi, et ces cas méritent une mention particulière, ils sont enfoncés au-dessous du niveau extérieur de l'épiderme. Des végétaux fort remarquables sous ce rapport sont ceux de la famille des Protéacées, chez lesquels la disposition des stomates a été étudiée avec beaucoup de soin par M. H. Mohl. Chez eux le véritable stomate est fort petit, caché au fond d'une sorte de puits dont la profondeur égale l'épaisseur de l'épiderme et dont l'orifice arrondi ou un peu ovale est sensiblement resserré. Aussi faut-il des préparations spéciales pour le mettre à découvert.

La feuille du Laurier-rose (*Nerium Oleander* L.) est encore plus remarquable sous ce rapport. Longtemps on a pensé qu'elle était dépourvue de stomates, et cette erreur se retrouve jusque dans l'un de nos meilleurs traités récents de botanique. L'épiderme de cette feuille est très-épais et composé de trois assises superposées de cellules intimement unies entre elles; il est creusé d'enfoncements ovales, on pourrait presque dire de poches rétrécies à leur orifice et tapissées de poils dans leur intérieur. C'est au fond de ces poches et entre ces poils que sont cachés de fort petits stomates réunis en assez grand nombre dans chacune d'elles.

Répartition des stomates. — Il existe ou peut exister des stomates sur toutes les parties des plantes que la nature a destinées
à vivre entourées d'air ; mais c'est particulièrement sur les organes verts qu'on les voit en plus grande quantité, c'est-à-dire
sur les feuilles, sur les tiges jeunes et peu consistantes, sur celles
d'entre les parties de la fleur qui sont colorées de la même teinte.
On a souvent dit que ces petits appareils manquent sur les organes floraux qui offrent une couleur autre que la verte, notamment sur les folioles de teintes si variées et si vives qui donnent
à la plupart des fleurs tout leur éclat, c'est-à-dire sur les pétales
de la corolle ; cependant M. Weiss et d'autres observateurs ont
montré qu'ils y existent le plus souvent, et que, s'ils s'y trouvent
généralement en nombre peu considérable, ils ne laissent pas d'y
abonder dans quelques cas.

Un fait très-curieux consiste dans la présence des stomates à
l'intérieur même de la cavité de l'organe de la fleur qui doit devenir plus tard le fruit. Cette particularité remarquable a été
signalée par M. Schleiden chez les Crucifères et les Passiflores[1] ;
l'exactitude en a été vérifiée récemment, pour les Crucifères, par
M. E. Fournier, qui l'a retrouvée aussi chez le Réséda.

On pose également comme règle générale que les stomates
manquent sur les parties pourvues d'un épiderme qui vivent au
milieu du sol ou en contact avec l'eau. C'est là un fait général
qui souffre cependant des exceptions ; ainsi j'ai signalé et décrit
des stomates parfaits sur les petites feuilles conformées en écailles
charnues et blanchâtres de la Clandestine (*Lathræa Clandestina* L.),
singulière plante parasite souterraine, qui ne montre au jour que
ses fleurs ; d'un autre côté, bien que les plantes dont les feuilles
flottent sur l'eau manquent généralement de stomates sur leur
face foliaire inférieure qui touche le liquide (*Nymphæa, Nenu-
phar*, etc.), j'ai reconnu qu'il en existe un petit nombre à la
même face sur les feuilles de l'*Hydrocharis Morsus-ranæ* L., et
une quantité beaucoup plus considérable chez le *Limnocharis
Humboldtii* Rich.

Les plantes que la nature a créées pour vivre submergées sont
dépourvues de stomates sur toute leur surface ; mais ce fait est
une conséquence naturelle de leur organisation spéciale et non,
selon toute vraisemblance, l'effet direct de la submersion, car
je me suis assuré, il y a plusieurs années, sur les Jacinthes qu'on

---

[1] *Grundz.*, 3ᵉ édit., II, p. 524.

oblige à se développer renversées dans un vase plein d'eau, que ce liquide n'altère ni leurs stomates ni l'épiderme dont ceux-ci sont une dépendance.

C'est sur les feuilles qu'il est essentiel de connaître la répartition des stomates. En général, ils occupent seulement la face inférieure de ces organes ; c'est le cas notamment pour les arbres et arbrisseaux, ainsi que pour beaucoup de plantes plus petites et à tige non ligneuse, c'est-à-dire d'herbes. Il en est autrement chez un assez grand nombre d'autres herbes dont les feuilles portent des stomates à leurs deux faces, ordinairement en plus grand nombre à l'inférieure, quelquefois aussi plus abondamment à la supérieure.

Sur les feuilles qui flottent à la surface de l'eau, c'est la face supérieure qui généralement est pourvue de stomates ; à la face inférieure, chez les *Nymphæa*, on voit seulement des cellules éparses çà et là, arrondies, à parois épaisses, remplies d'un liquide mucilagineux, qui probablement représentent les stomates arrêtés dès les premières phases de leur développement.

Sur les feuilles, les stomates correspondent aux parties uniquement cellulaires, c'est-à-dire qu'ils se trouvent dans les espaces circonscrits par les faisceaux fibro-vasculaires ou nervures. Là ils sont disséminés sans ordre, chez les arbres de nos pays et les végétaux analogues d'organisation (Dicotylédons), à peu d'exceptions près ; ils sont, au contraire, disposés en files longitudinales sur les feuilles des Graminées, des Iris, des Lis et des plantes voisines de celles-ci (Monocotylédons). Ils sont également rangés par séries longitudinales sur des bandes spéciales de petites cellules, à la surface des feuilles en aiguilles des Pins et autres Conifères.

Nombre et grandeur des stomates. — Les stomates existent sur les feuilles en nombre dont il serait difficile de se faire une idée, si on ne les comptait avec soin. Il est bon, dès lors, de donner des chiffres qui puissent fixer à cet égard. Dans ce but, plusieurs observateurs ont fait connaître le résultat de leurs observations, et, récemment, M. Ed. Morren, après avoir résumé les travaux des autres sur ce point, a donné le tableau de ses propres appréciations sur trente-huit espèces de plantes différentes [1]. J'ai moi-même compté les stomates sur les feuilles de trente-sept plantes spontanées aux environs de Paris ou cultivées dans les

[1] Détermination du nombre des stomates. etc., *Bulletin de l'Académie royale de Belgique.* 2ᵉ série XVI.

jardins. Je crois devoir donner ici le tableau des nombres moyens que j'ai obtenus, en y joignant l'indication de la longueur moyenne de ces petits appareils épidermiques. Je ferai remarquer cependant qu'on ne peut espérer, dans des relevés de ce genre, d'arriver à autre chose qu'à une simple approximation, à cause des variations auxquelles ces petits organes sont sujets dans leur distribution sur les feuilles et dans leurs dimensions ; mais cette simple approximation est assez instructive pour qu'on ne doive pas la négliger.

1. — Végétaux terrestres.

A, Herbes et sous-arbrisseaux à feuilles minces.

	NOMBRE DES STOMATES PAR MILLIMÈTRE CARRÉ.		LEUR LONGUEUR EN FRACTIONS DE MILLIMÈTRE.
	Face supérieure.	Face inférieure.	
Lolium perenne L.	65	40	$0^{mm},040$ à $0^{mm},050$
Hordeum murinum L.	40	45	$0^{mm},037$ à $0^{mm},045$
Polygonatum vulgare Desf. . .	0	65	$0^{mm},030$ à $0^{mm},033$
Echium vulgare L.	190	190	$0^{mm},026$ à $0^{mm},030$
Chenopodium Vulvaria L. . . .	65	85	$0^{mm},023$
Tagetes patula L. (Œillet d'Inde)	45	70	$0^{mm},036$ à $0^{mm},050$
Balsamine. . . . , ...	55	95	$0^{mm},030$ à $0^{mm},050$
Reine-Marguerite.	35	70	$0^{mm},045$ à $0^{mm},047$
Pulmonaria angustifolia L. .	25	85	$0^{mm},033$ à $0^{mm},040$
Euphorbia helioscopia L. . . .	Très-rares.	50	$0^{mm},027$ à $0^{mm},030$
Mercurialis annua L.	0	65	$0^{mm},027$
Parietaria officinalis L. . . .	0	100	$0^{mm},023$
Hypericum perforatum L. . .	0	165	$0^{mm},026$
Teucrium Chamaædrys L. . .	0	225	$0^{mm},020$ à $0^{mm},026$
Teucrium Scorodonia L. . . .	0	150	$0^{mm},020$ à $0^{mm},023$
Fraisier Ananas.	0	110	$0^{mm},050$
Calystegia sepium R. Br. . . .	Très-rares.	50	$0^{mm},030$ à $0^{mm},033$
Helianthemum vulgare Gærtn.	30 à 40	85 à 100	$0^{mm},026$ à $0^{mm},036$

B, Herbes à feuilles charnues.

	Face supérieure.	Face inférieure.	
Pourpier commun.	45	20	$0^{mm},046$ à $0^{mm},050$
Sedum reflexum L.	75 tout autour (0, vers le sommet)		$0^{mm},045$

C, Arbrisseaux et arbres.

	Face supérieure.	Face inférieure.	
Æsculus Hippocastanum L. . .	0	175	$0^{mm},025$
Buis à bordures.	0	140	$0^{mm},033$
Châtaignier.	0	175	$0^{mm},030$
Cerasus Mahaleb Mill.	0	170	$0^{mm},023$ à $0^{mm},040$
Frêne commun.	0	165	$0^{mm},027$
Ligustrum vulgare L.	0	95	$0^{mm},030$
Lonicera Periclymenum L. . .	0	65	$0^{mm},030$
Olivier.	0	215	$0^{mm},016$ à $0^{mm},020$
Quercus pedunculata Ehrh. . .	0	250	$0^{mm},030$
Syringa vulgaris L. (Lilas. . .	0	175	$0^{mm},027$ à $0^{mm},033$
Tilia platyphyllos Scop. . . .	0	150	$0^{mm},027$
Vigne.	0	125	$0^{mm},030$
Protea cynaroides L.	25-30	25-30	$0^{mm},020$

D, Arbres résineux (Conifères).

	Face supérieure.	Face inférieure.	
Pinus Pinaster Solan.	50 (tout autour, par bandes).		

II. — Végétaux aquatiques.

	NOMBRE DES STOMATES PAR MILLIMÈTRE CARRÉ.		LEUR LONGUEUR EN FRACTIONS DE MILLIMÈTRE.
	Face supérieure.	Face inférieure.	
Nymphæa alba L.	255	0	0mm,027
Limnocharis Humboldtii Rich .	125	75 (sur bandes spéc.)	0mm,037
Hydrocharis Morsus-ranæ L. .	60	Rares.	0mm,040

Les chiffres consignés dans ce tableau sont un peu différents, quant au nombre des stomates qui se trouvent sur l'étendue d'un millimètre carré, de ceux que donne M. Ed. Morren pour les espèces que nous avons examinées l'un et l'autre; je crois cependant pouvoir compter sur l'exactitude de mes relevés[1]. Ainsi ce botaniste indique 345 pour le Chêne sur lequel j'ai trouvé 250 ; il donne 226 pour le Lilas, 154 pour la Vigne, 226 pour le *Cerasus Mahaleb*, 159 pour le Frêne, etc., tandis que j'ai compté 175 sur le premier, 125 pour la deuxième, 170 pour le troisième, 165 pour le quatrième, etc.

Le plus ou moins de vigueur dans la végétation des plantes, surtout l'inégalité d'âge des feuilles observées de part et d'autre, rendent suffisamment compte de semblables différences.

Au total, les nombres rapportés ci-dessus, rapprochés de ceux dont nous devons la publication aux deux Krocker, à MM. Thomson, Lindley, Unger, surtout à M. Ed. Morren, conduisent à des conclusions intéressantes dont j'énoncerai seulement les principales : 1° A peu d'exceptions près, les végétaux ligneux sont plus riches en stomates que les herbes ; 2° parmi eux, ce sont surtout ceux à feuilles fermes ou coriaces qui en offrent le plus grand nombre. Le *Protea cynaroides* fournit une exception saillante à cette sorte de règle générale ; mais dans ce végétal, comme dans la généralité de ceux qui forment la famille des Protéacées, ces petits organes ont une manière d'être exceptionnelle à plusieurs égards ; 3° les feuilles charnues sont de celles qui portent le plus faible nombre de stomates ; 4° les herbes dépourvues de ces petits appareils à leur face supérieure, ou qui ne les y montrent qu'en faible quantité, sont presque aussi nombreuses que celles qui en sont pourvues ; 5° parmi ces dernières, quelques-unes en portent plus en

---

[1] Pour compter les stomates, j'ai dessiné, à la chambre claire, sous un grossissement de 500 diamètres, un assez grand lambeau d'épiderme. J'ai fait plusieurs de ces dessins pour chaque plante. J'avais découpé d'avance, dans un carton, un vide égal à l'étendue que paraissait avoir, sous le même grossissement, un petit carré dont le côté avait 0mm2. En posant ce carton sur les dessins, il était facile de savoir combien il existait de stomates sur un carré de 0mm2 de côté, et par un calcul fort simple sur une surface de 1mm carré.

dessus qu'en dessous, quelques-unes en ont le même nombre des deux côtés, la plupart en offrent plus en dessous qu'en dessus ; 6° les feuilles épaisses et allongées, et dans lesquelles on ne peut distinguer nettement deux faces, ont leurs stomates répartis sans inégalité marquée sur tout leur pourtour ; 7° les stomates sont d'autant plus petits qu'ils sont moins nombreux ; cependant on ne peut prendre cet énoncé comme ayant une rigueur absolue.

Quant au nombre de ces petits appareils qui existent sur une feuille, on peut concevoir combien il est élevé, en raison de celui qu'on observe sur un seul millimètre carré. En effet, d'après mes mesures directes, une feuille de Lilas, de grandeur moyenne, a une surface de 4,500 millimètres carrés environ pour l'une de ses faces seule. Si, de ce nombre, on déduit un dixième pour la portion d'épiderme correspondante aux nervures, où manquent les stomates, il reste 4,050 millimètres carrés ; donc, à raison de 175 par millimètre carré, cette feuille portera 708,750 stomates. On arrive de même à voir qu'une feuille moyenne d'Olivier, dont j'ai trouvé l'étendue égale seulement à 450 millimètres carrés, doit avoir environ 86,000 stomates ; qu'une feuille de Tilleul, avec une étendue de 7,800 millimètres carrés, si l'on suppose également que sa portion correspondante aux nervures soit égale au dixième de sa surface, portera environ 1,053,000 stomates. Qu'on essaye dès lors de calculer le nombre de ces petits appareils qui existent sur l'ensemble des feuilles d'un Tilleul parvenu déjà aux proportions qui en font un grand arbre !

Action des stomates. — Dès l'instant où les stomates furent découverts, c'est-à-dire dès l'époque des deux pères de l'anatomie végétale, l'Italien Malpighi et l'Anglais Néhémias Grew, dont les importants ouvrages remontent à 1675 et 1679 pour le premier, à 1682 pour le second, deux opinions différentes furent exprimées à leur sujet. Malpighi les regarda comme analogues à des glandes [1] ; Grew y vit des ouvertures destinées soit à la sortie des liquides superflus, soit à l'entrée de l'air [2]. De ces deux manières de voir, qui ne reposaient alors que sur des observations incomplètes, la première s'est maintenue dans la science presque jusqu'à

---

[1] ... Minimi tumores, veluti glandulæ, foramine perviæ (De très-petites proéminences, comme des glandes, percées d'une ouverture). Malp. *Opera omnia*, 1687, p. 142.

[2] Orifices or Pass-ports, either for the better avolation of superfluous sap, or the admission of air (Des orifices ou passages soit pour faciliter la sortie de la séve en excès, soit pour laisser entrer l'air). Grew, *Anat. of plants*, 1682, p. 155.

ces dernières années, c'est-à-dire même après que le perfectionnement du microscope composé eut permis de pousser fort avant les observations. Ainsi, non-seulement, comme on l'a vu plus haut, Guettard, dont les travaux remontent au milieu du siècle dernier, classait les stomates parmi les glandes, mais encore Rob. Brown et même Meyen, qui écrivait en 1857-1859, admettaient la nature glanduleuse de ces petits appareils, dans lesquels ils se refusaient à admettre l'existence d'une ouverture centrale. Aujourd'hui, cependant, l'évidence est devenue telle, qu'il a fallu renoncer à cette idée en désaccord manifeste avec la réalité des faits.

Mais ceux qui ont admis, à l'exemple de Grew, que les stomates sont pourvus d'une ouverture destinée à mettre l'intérieur des plantes en relation directe avec l'atmosphère, ont pensé que les deux cellules arquées dont est bordée cette ouverture étaient susceptibles de mouvements dont l'effet était de fermer ou d'ouvrir cet orifice stomatique. En effet, leurs observations leur ont appris que, dans des circonstances différentes, l'ostiole se montre tantôt béant et tantôt fermé; seulement l'interprétation de ce fait a conduit à des contradictions formelles. Les uns, et à leur tête Joseph Banks (1805), ont pensé que les stomates se ferment par un temps sec, et s'ouvrent, au contraire, par un temps humide, leur rôle essentiel étant d'absorber l'humidité. D'autres, à l'exemple de J. J. P. Moldenhawer (1812), ont admis, au contraire, que l'humidité détermine l'occlusion de l'ostiole stomatique, tandis que l'air sec, et plus particulièrement l'action directe des rayons solaires, en amènent l'ouverture. Cette dernière manière de voir a même été appuyée sur des observations attentives par Amici, qui a reconnu que les stomates se montrent largement ouverts sur des plantes exposées au soleil, tandis qu'ils sont resserrés ou même fermés pendant la nuit ou sous le contact de l'eau.

A la date de quelques années, M. H. Mohl a donné toute son attention à cette question intéressante, et ses recherches lui ont permis de constater que les deux opinions contradictoires de Banks et de J. J. P. Moldenhawer sont également fondées, selon les plantes qu'on observe, les stomates se fermant sous l'eau chez certains végétaux, tandis qu'ils s'ouvrent chez d'autres dans les mêmes circonstances. Ne s'arrêtant pas à cette constatation, le savant professeur de Tubingue s'est proposé de remonter à la cause même des mouvements des deux cellules qui entourent l'ostiole stomatique, et il a cherché à reconnaître si ces mouvements sont dus à ces cellules mêmes ou bien à celles de l'épiderme, dont elles sont comme encadrées. Par des expériences et des observations sur les feuilles de plantes à oignon, dans lesquelles les stomates sont assez gros pour être aisément étudiés sous le microscope, il a reconnu que les deux cellules stomatiques, une fois débarrassées de leur entourage, ouvrent largement l'ostiole, quand elles se gonflent en absorbant de l'eau; le ferment, au contraire, quand elles s'affaissent plus ou moins en perdant de leur contenu. Il est même des plantes dont les deux cellules stomatiques exécutent les mêmes mouvements, bien qu'on les laisse enchâssées dans l'épiderme; dans ce cas, on voit les stomates des feuilles entières s'ouvrir dans l'eau et se fermer plus ou moins à l'air sec. Mais, en général, il en est tout autrement, et les cellules de l'épiderme dont chaque stomate est entouré, se gonflant lorsqu'elles absorbent de l'humidité, contrarient par ce fait les mouvements des deux cellules stomatiques, et pressent même sur elles au point de les obliger à se fermer dans l'eau. Au total, il existe un antagonisme complet entre les deux cellules du stomate, qui tendent à ouvrir l'ostiole sous l'action de l'eau, et les cellules épidermiques environnantes, qui agissent pour fermer alors cette même ouverture. Selon que l'une ou l'autre de ces deux tendances opposées prédomine, on observe le plus souvent l'occlusion des stomates sous l'eau, plus rarement leur ouverture dans ces conditions. Le même anatomiste a reconnu encore la portion des cellules stomatiques à laquelle on doit attribuer essentiellement les mouvements de celles-ci; il a constaté que c'est la partie des parois cellulaires qui borde l'ostiole lui-même, et non leur portion placée plus en dehors, qu'il nomme *antichambre* (*Vorhof*, en allem.), ni celle qui se trouve plus en dedans et qu'il appelle *arrière-chambre* (*Hinterhof*, en allemand).

L'histoire des stomates se complétera, dans la suite de ces *Éléments*, par quelques détails qu'amèneront l'examen spécial des organes et l'exposé des phénomènes physiologiques dont certains d'entre eux sont le siége.

LIVRE DEUXIÈME

ORGANOGRAPHIE ET PHYSIOLOGIE, OU ÉTUDE DES ORGANES COMPOSÉS ET DE LEURS FONCTIONS

Les phénomènes de la vie végétale forment une série qui, ayant un point de départ déterminé, aboutit à un résultat final également déterminé. En effet, toute plante tire son origine d'une graine ou, en termes plus généraux, d'un corps reproducteur spécial, et elle finit par produire un corps reproducteur organisé comme celui d'où elle est sortie. Tous les faits de développement qui s'échelonnent entre ces deux points identiques de départ et d'arrivée s'enchaînent dans l'ordre même de leur succession, et leur enchaînement naturel semble prescrire la marche à suivre dans un ouvrage comme celui-ci. Dès lors la graine étant le point de départ de toute végétation et le premier développement d'un végétal quelconque consistant surtout dans l'accroissement que prennent certaines de ses parties, il me paraît indispensable de faire connaître avant tout ces mêmes parties que, sans cela, je serais forcé, contre toute logique, de supposer déjà connues. D'un autre côté, puisque c'est encore par la production de la graine que se termine, pour beaucoup de plantes, l'existence entière, pour les autres, chaque période végétative, il est naturel de renvoyer à la fin de l'étude des organes l'examen plus complet et plus approfondi de cette même graine qu'on peut alors suivre dans toutes les phases de sa formation. Ainsi, dès l'abord, énumération rapide des parties que comprend une graine; plus tard, étude plus approfondie de cette portion fondamentale de l'organisme végétal : telle est la division que je crois devoir adopter. En suivant cette marche, il me sera facile d'aller toujours du connu à l'inconnu ; de plus, dès les premiers pas dans l'étude de l'organisation végétale, je pourrai signaler des organes dont l'importance est telle, qu'on en a tiré le principe de la formation des grands embranchements du règne végétal. Or, l'emploi des noms sous lesquels sont désignés ces embranchements est indispensable, dès les premiers instants, dans toute étude botanique ; d'un autre côté, l'une des conséquences les plus essentielles qui découlent de l'examen que j'aurai à faire de tous les organes, c'est de faire ressortir les différences de structure par lesquelles se distinguent les plantes rangées dans ces mêmes embranchements. Il me semble donc exister, pour ces motifs, des avantages marqués à faire précéder les études organographiques de l'indication sommaire des parties qui concourent à la formation d'une graine, sauf à réserver pour le chapitre final de l'organographie l'histoire de leur formation et l'exposé des rapports qu'elles peuvent avoir, soit entre elles, soit avec ce qui les entoure.

Coup d'œil sur l'organisation de la graine. — La *Graine* ou *Semence* étant indispensable pour la conservation et la propagation des espèces végétales, la nature a toujours soin de l'entourer d'abris protecteurs destinés à la garantir de tout accident jusqu'au moment où elle doit s'isoler pour aller remplir le rôle essentiel en vue duquel elle a été créée. A un petit nombre d'exceptions près, ces abris protecteurs forment toute la portion externe de l'ensemble qu'on nomme *fruit*, et cette portion externe qui, jusqu'à la maturité, par-fois même au delà, cache les graines à nos regards, constitue ce qu'on nomme le *Péricarpe* (de περί, autour, et καρπός, fruit ou même graine).

Pour prendre un exemple parmi les plantes qu'on a le plus souvent sous la main, une gousse entière de Haricot (*Phaseolus*) (fig. 50 A) est formée d'une enveloppe allongée, plus ou moins arquée, qui, d'abord verte et

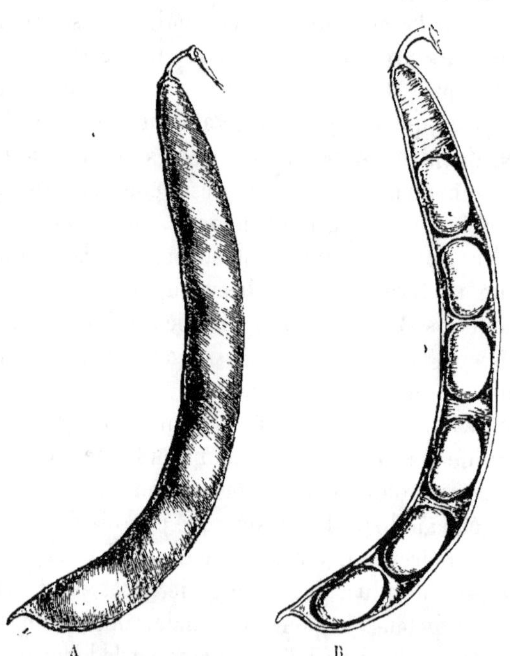

FIG. 50. — A, une gousse entière de Haricot Flageolet (*Phaseolus vulgaris* L.). — B, la même gousse ouverte pour montrer en place les six graines qu'elle renferme.

assez tendre pour être comestible, durcit ensuite en jaunissant ou se colorant lorsque le fruit arrive à sa maturité. Cette enveloppe est le *Péricarpe*, dans la cavité duquel sont contenus, dans l'exemple que montre la figure 50 A, six grains accusés même à l'extérieur par autant de bosselures et qu'on voit en place dans la gousse ouverte, telle que la montre la figure 50 B. Chacun de ces grains de Haricot est une *Graine* ou *Semence*, et il est attaché

Fig. 51. — Coupe transversale de la même gousse pour montrer la graine *ct*, attachée par l'intermédiaire du funicule *fu* au péricarpe *pr*.

au péricarpe par l'intermédiaire d'un petit filet ou cordon nommé *Funicule* (*Funiculus*, petit cordon) ou *Cordon ombilical* (*Podosperme* Rich.) qu'on voit très-bien au moyen d'une coupe transversale de la gousse encore close (*fu*, fig. 51). A la maturité, le funicule se détache de la surface de la graine, où il laisse, sur toute l'étendue par laquelle il y avait adhéré jusqu'alors, une cicatrice visible dans l'échancrure du grain de Haricot (fig. 52 A). Cette cicatrice est le *Hile* (Hilus, Hilum) ou *Ombilic*.

Examinons maintenant la graine isolée, telle que la représente la figure 52 A. L'observation la plus simple nous montrera que sa portion extérieure est formée par une sorte de peau qu'il est facile d'enlever. Cette peau ou tégument, dont on voit la faible épaisseur dans la figure 51, est le *Tégument séminal*, que de Candolle appelait *Spermoderme*

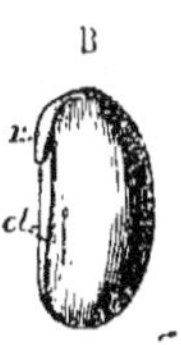

Fig. 52. — A, une graine de Haricot entière. B, la même dépouillée de son tégument séminal : *ct*, les deux cotylédons; *r*, radicule.

(c'est-à-dire peau de la graine), et pour lequel Richard a successivement employé les mots de *Périsperme* et *Épisperme*.

Ce tégument séminal enlevé, il reste un corps de forme assez complexe qui entrait pour la part de beaucoup la plus forte dans la constitution de cette graine, et que représente dans son entier la figure 52 B. Ce corps est la partie la plus essentielle de la graine; en effet, à la germination, il se développera en un nouvel individu qu'il représente déjà, dans l'état où nous le voyons, mais sous des proportions fort réduites. Ce corps si essentiel, cette plante en miniature se nomme l'*Embryon* (Embryo, Corculum). Il est facile de voir que, dans le Haricot, la plus grande portion de son volume est formée par deux masses symétriques *ct*, fig. 51 et 52 B, épaisses, planes en dedans, convexes en dehors, qui s'appliquent l'une contre l'autre par leur côté plan, et dont la substance farineuse est la portion essentiellement comestible des Haricots en grains. Chacune de ces petites masses est un *Cotylédon* (du grec κοτυληδών). Ces deux cotylédons adhèrent par un de leurs points à une sorte de petit bec (*r*, fig. 52 B) qui fait saillie entre eux et le tégument séminal.

L'embryon, étant la plante en miniature, doit présenter des parties analogues à celles qui forment la base essentielle de l'organisation végétale en général. C'est ce qui a lieu en réalité ; en effet, dans celui du Haricot, que j'ai pris pour exemple, le petit bec saillant *r*, fig. 52 B, qui forme un cylindre pointu à son extrémité inférieure, en est la tige, et, pour ce motif, on le nomme la *Tigelle* (Cauliculus). Quant à son extrémité libre et pointue, elle doit s'allonger en racine à la germination ; elle représente donc la racine de la plante adulte, aussi l'a-t-on nommée *Radicule* (Radicula, Rostellum). Longtemps même les botanistes ont étendu ce nom de radicule au petit bec tout entier, et l'emploi de ce mot, dans ce sens large et peu rigoureux, est fréquent encore aujourd'hui, surtout dans les ouvrages de botanique descriptive.

Pour les cotylédons, leur rôle deviendra manifeste à nos yeux si nous faisons germer comparativement les graines de diverses espèces de plantes. Nous verrons alors que fréquemment, à mesure que l'embryon se développe, sa tigelle s'allonge assez pour les soulever jusque hors de terre. Dans le Haricot, ils sont élevés par la tigelle de la plante naissante jusqu'à quelques centimètres au-dessus du sol, mais néanmoins ils conservent à peu près la configuration qu'ils avaient dans la graine sans grandir beaucoup, en s'épuisant plus ou moins et en verdissant faiblement ; ailleurs au contraire, comme par exemple dans

Fig. 53. — Très-jeune pied de Frêne réduit au tiers environ de sa grandeur naturelle. — *r*, racine ; *t*, la tigelle accrue et élevant hors de terre les deux cotylédons *ct* épanouis en petites feuilles séminales. On voit que les feuilles qui apparaissent après celles-ci prennent des configurations de plus en plus complexes *f*, *f'*, *f"*.

le Frêne (*Fraxinus excelsior* L.) (*ct*, fig. 53), on les voit devenir deux petites *feuilles séminales* minces, ovales et sans divisions, par conséquent bien différentes de celles (*f*, *f'*, *f''*) qui apparaîtront après elles ; ailleurs encore, comme dans la Clochette ou Volubilis de nos jardins (*Pharbitis hispida* Choisy ; *Ipomæa purpurea* L.), ils deviennent des feuilles séminales notablement plus grandes, entaillées même d'une profonde échancrure, de manière à former dans leur moitié supérieure deux avancements ou lobes, c'est-à-dire configurées tout autrement que les feuilles ordinaires en forme de cœur que la plante doit développer après elles. Nous voyons par là que les cotylédons ne sont pas autre chose que les premières feuilles de la très-jeune plante réduite à l'état d'embryon.

Pour compléter la description de l'embryon du Haricot, je dirai qu'en arrachant ou écartant les deux cotylédons, on voit, à l'extrémité supérieure de sa tigelle, de très-petites ébauches de feuilles plus ou moins accusées dont la réunion forme un véritable petit bourgeon nommé, pour ce motif, la *Gemmule* (diminutif de *gemma*, bourgeon). C'est le développement de cette gemmule qui donnera la tige de la plante à partir du niveau des cotylédons, ainsi que tous les organes qui apparaîtront successivement sur cette tige.

Dans le Haricot, le Frêne, le Volubilis, la tigelle de l'embryon s'allonge assez, à la germination, pour élever les deux cotylédons hors de terre ; mais ailleurs elle reste courte et les laisse enfouis dans le sol. On distingue ces deux cas différents en disant, dans le premier, que les cotylédons sont *épigés* (de ἐπί, sur, et γῆ, terre), dans le second, qu'ils sont *hypogés* (de ὑπό, sous, et γῆ, terre). Ces deux manières d'être, bien que fort différentes en apparence, se rencontrent quelquefois chez des plantes très-analogues d'organisation ; c'est ainsi que le Haricot a les cotylédons épigés, tandis que la Fève, les Vesces, le Pois les ont hypogés.

Les embryons que j'ai décrits et figurés portent tous deux cotylédons attachés à la tigelle l'un vis-à-vis de l'autre, c'est-à-dire opposés ; ils sont donc *Dicotylédonés* ou *Dicotylés*, comme on le dit quelquefois pour abréger ; mais il en est beaucoup chez lesquels on n'observe qu'un seul cotylédon impair, et qui sont dès lors *Monocotylédonés* ou *Monocotylés* (μόνος, seul, unique) ; tels sont les embryons des Lis, des Tulipes, de l'Asperge, des Palmiers, etc. Il est aussi un grand nombre de végétaux chez lesquels l'embryon, ou la partie qu'on peut regarder comme analogue, offre une simplicité beaucoup plus grande d'organisation et ne présente rien qui puisse être comparé à un cotylédon. Les végétaux chez lesquels on remarque cette simplicité dans l'embryon sont appelés *Acotylédons* (ἀ privatif et κοτυληδών, sans cotylédons).

A l'absence des cotylédons et à leur présence au nombre d'un ou de deux se relient dans les plantes une multitude de particularités d'organisation qui font de ce caractère le plus important qu'on ait déduit jusqu'à ce jour de l'étude attentive de l'organisation végétale. Dès la fin du dix-septième siècle, le célèbre botaniste anglais Jean Ray déclarait que, après de longues réflexions, il n'avait pu trouver de différences plus importantes, et en 1789, le véritable fondateur de la méthode naturelle, A. L. de Jussieu, basait sur ce même caractère la division du règne végétal en trois grands embranchements, savoir : les végétaux *Acotylédons*, *Monocotylédons* et *Dicotylédons*, division qui, depuis cette époque, a été universellement admise. La suite de ces *Éléments* montrera que les grands types d'organisation des plantes sont précisément ceux que sépare cette distinction tirée des diverses manières d'être de l'embryon. Je me contenterai d'ajouter ici que tous les arbres et arbustes de nos pays, ainsi que la plupart des herbes spontanées dans nos campagnes ou cultivées dans nos jardins (Pomme de terre, Betterave, Reine-Marguerite, Courge, etc., etc.) sont des végétaux dicotylédons ; que nos Céréales, les Graminées de nos prairies, le Roseau, les Lis, les Tulipes, les Palmiers, etc., sont des Monocotylédons ; enfin que parmi les Acotylédons viennent se ranger tous les végétaux d'organisation plus simple, et dépourvus de fleurs, depuis les Fougères jusqu'aux Mousses, aux Champignons, aux Algues des eaux douces et salées, etc.

Le Haricot nous a montré un embryon recouvert immédiatement par un tégument séminal, c'est-à-dire une graine simple en organisation ; et nous avons vu de plus que les cotylédons de cet embryon avaient un volume et une épaisseur remarquables, de manière à constituer un véritable réservoir de nourriture destinée à fournir aux premiers besoins de la plante naissante. Dans d'autres graines, l'organisation est plus compliquée parce que la nourriture destinée à l'embryon, lorsqu'il commence à se développer, se trouve amassée, non pas dans une partie de celui-ci telle que le *corps cotylédonaire*, c'est-à-dire le ou les cotylédons, mais bien en dehors de lui, de manière à l'entourer le plus souvent. Cet amas de matière nutritive, dont nous apprendrons plus tard l'origine et la nature réelle, forme, à l'intérieur des graines qui la présentent, une masse plus ou moins volumineuse, qui peut même devenir assez considérable, dans beaucoup de plantes, pour constituer la plus grande partie du volume de la graine entière. C'est lui, pour en citer un exemple, qui dans les grains des

céréales fournit la farine pour laquelle ces plantes sont cultivées.
Grew a nommé cette matière *Albumen*, pour rappeler son analogie
physiologique avec le blanc de l'œuf ; plus tard, A. L. de Jussieu lui
donné le nom de *Périsperme* (de περί, autour, et σπέρμα, graine),
dont les botanistes de nos jours font presque habituellement usage,
et Richard l'a appelée *Endosperme* (de ἔνδον, dedans, à l'intérieur,
et σπέρμα, graine). Je la désignerai toujours sous la dénomination d'*Albumen*, qui est la plus ancienne et qui a, relativement
aux deux autres, l'avantage de ne pouvoir entraîner aucune confusion. On peut prendre une bonne idée de l'organisation des graines
pourvues d'un albumen en examinant la coupe longitudinale de
celles du Muflier des jardins (*Antirrhinum majus* L.) que représente la figure 54, ou de celle du Caille-lait blanc (*Galium Mol-*

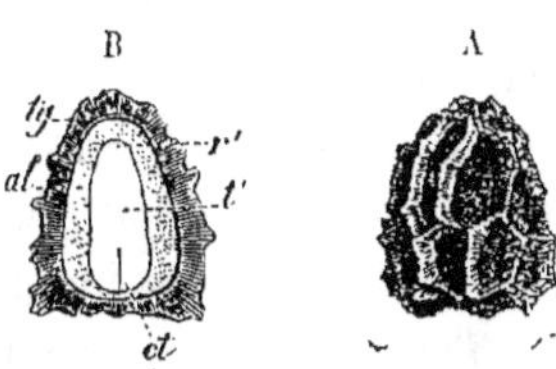

Fig. 54. — Graine du Muflier des jardins
(*Antirrhinum majus* L.) fortement grossie. — A, la graine entière ; B, la même
coupée longitudinalement. *tg*, tégument séminal ; *al*, albumen ; *t'*, tigelle ; *r'*, radicule, et *cl*, cotylédons
de l'embryon.

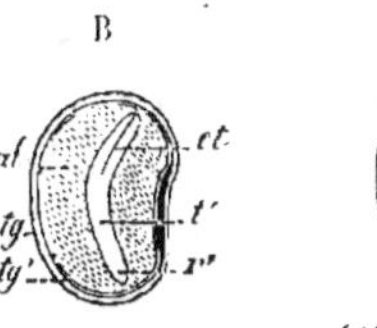

Fig. 55. — Graine entière et grossie
en A, coupée dans sa longueur en B,
du *Galium Mollugo* L. Mêmes lettres
que pour la fig. 54, et *tg'*, tégument
séminal interne.

lugo L.) que reproduit la figure 55. Sur l'une et l'autre de ces
figures on voit qu'entre le tégument séminal simple ou double *tg*,
tg' et l'embryon, qui est au centre, se trouve l'albumen *al*, qui,
dans le second de ces exemples, forme la plus grande partie du volume total de la graine.

Tout ce qui se trouve renfermé sous le tégument séminal est désigné collectivement sous le nom d'*Amande* (Nucleus ; Samenkern
en allem.) ; or, on voit, d'après ce qui précède, que l'amande de
diverses graines se réduit au seul embryon, comme pour le Haricot, tandis que celle de certaines autres réunit un embryon et
un albumen, comme dans le Muflier des jardins et le Caille-lait
blanc, ou même, ainsi qu'on le verra plus tard, qu'elle peut résulter de la réunion d'un embryon et de deux albumens d'ordres
différents. La présence de l'albumen caractérise les graines *albumi-*
nées (Semina albuminosa ; S. perispermica Juss. ; S. endospermica
Rich.) ; son absence distingue les graines *exalbuminées* (Semina
exalbuminosa), qu'on nomme aussi apérispermées.

Organes conservateurs et reproducteurs. — La description succincte qu'on vient de lire a fait voir que dans la plante en miniature appelée embryon sont déjà représentées les parties essentielles du végétal développé, savoir : une tige terminée inférieurement par l'ébauche plus ou moins accusée d'une racine et supportant à sa partie supérieure des feuilles, soit d'un ordre et d'un développement particulier dans le corps *cotylédonaire*, soit même ordinaires dans la gemmule. Comme ces diverses parties constituent essentiellement chaque végétal considéré en particulier et en assurent la conservation, puisque c'est en eux que s'opèrent ses phénomènes vitaux, on les qualifie collectivement *d'organes conservateurs*. L'embryon n'en possède pas d'autres ; mais la plante qui provient de lui devra plus tard en développer de nouveaux qui se présenteront avec une manière d'être différente, bien que au fond ils ne soient que des modifications des premiers. Ces nouveaux organes sont spécialement destinés à reproduire les plantes ; aussi les appelle-t-on collectivement *organes reproducteurs*. Ils se groupent pour former un ensemble plus ou moins complexe, qui n'est pas autre chose que la *fleur*, et celle-ci, à son tour, est le siége de phénomènes fort remarquables qui font naître d'elle le *fruit* dans lequel est contenue la *graine*, but et résultat final de toute végétation.

Axe et Appendices. — Ainsi la nature forme d'abord l'individu par le développement des organes conservateurs, et plus tard seulement elle lui donne les organes reproducteurs qui lui permettent de devenir la souche d'autres individus semblables à lui. Cet ordre d'apparition successive des organes est celui qu'il est naturel d'adopter pour leur étude ; c'est aussi celui que je suivrai dans la partie organographique de ces *Éléments*. Mais parmi les organes conservateurs quels sont ceux que le développement même de l'individu végétal désigne comme devant être examinés les premiers ? Si nous laissons de côté les plantes tout à fait inférieures chez lesquelles la simplicité d'organisation est extrême, nous reconnaîtrons sans peine que chacune d'elles, considérée tout entière, consiste en une portion fondamentale qui en est la charpente, et à laquelle se rattachent les autres organes. Cette partie fondamentale, qui forme comme l'axe de tout le système, comprend la tige et la racine : la tige qui s'est produite la première sous la forme de la tigelle de l'embryon, la racine qui existe plutôt virtuellement que matériellement dans l'embryon, mais dont la germination de la graine déterminera l'accroissement rapide. En.

raison de cette situation au centre même de tout l'organisme, la tige et la racine réunies sont désignées collectivement sous le nom d'*Axe* du végétal (*axophyte*, A. Rich.) ; dans l'embryon, quelques botanistes, à l'exemple de Nees, remplacent cette dénomination par celle de *Blastème*, qui me semble inutile, attendu qu'il y a plutôt des inconvénients que des avantages à désigner une seule et même formation sous des noms distincts à ses différents âges ou à divers degrés de développement.

Quant aux feuilles, malgré leur haute utilité physiologique, elles n'ont qu'une importance un peu secondaire comme éléments constitutifs de l'organisme végétal elles peuvent même manquer sans que leur absence mette la plante hors d'état de vivre. Elles ont d'ailleurs une existence purement temporaire et on les voit tomber, soit chaque année, soit, dans des cas beaucoup plus rares, après un petit nombre d'années. Pour ces motifs, on les réunit sous le nom collectif d'*Appendices* ou *Organes appendiculaires*.

Examinons maintenant l'un après l'autre les divers organes que je viens d'énumérer en commençant par ceux qui forment l'axe du végétal et, parmi ceux-ci, par la tige qui s'est formée la première dans l'embryon.

CHAPITRE PREMIER

DE LA TIGE

ARTICLE PREMIER. — FORMATION DE LA TIGE

Existence et absence. — La *Tige* (Caulis), support commun des organes que la nature a destinés à vivre hors de terre, existe chez toutes les plantes tant soit peu élevées dans la série végétale. Dans les Algues, les Champignons et les Lichens, c'est-à-dire dans les êtres qui occupent les degrés inférieurs de l'échelle, tantôt il n'existe que des expansions de formes variées qu'on peut regarder comme représentant à la fois les divers organes conservateurs, tantôt aussi la substance de la plante se resserre et s'allonge en une apparence de tige qui même peut se ramifier plus ou moins et qui parfois semble constituer à peu près entièrement certains d'entre eux, tandis qu'ailleurs elle se termine en expansions minces, aussi diverses de forme et de couleurs que de dimensions.

Déjà chez les Mousses, gracieuses miniatures végétales dont la fraîche verdure nous rappelle la belle saison au cœur de l'hiver, on voit la tige nettement dessinée et chargée de feuilles ; en continuant ensuite à s'élever dans la série, on retrouve toujours cette portion fondamentale de l'organisme végétal portant les feuilles, les fleurs et plus généralement tous les organes aériens.

Dimensions. — Dans les plantes, en nombre si considérable, qui ont une tige, cette partie varie beaucoup de dimensions. Pour elle les termes extrêmes en longueur sont : d'un côté, les plantes où elle est tellement raccourcie, qu'on a pensé pendant longtemps qu'elle y manquait et qu'on a qualifiées, pour ce motif, de plantes *acaules* (de ὰ privatif et καυλός, tige, c'est-à-dire sans tige), expression inexacte, mais qu'on emploie tous les jours, dans le langage descriptif, afin d'éviter une périphrase ; d'un autre côté, de très-grands arbres, tels que les *Eucalyptus* de l'Australie, surtout le Sequoia gigantesque de la Californie (*Sequoia gigantea* Endl., *Wellingtonia* des Anglais, *Washingtonia* des Américains du Nord) qui s'élève jusqu'à plus de 100 mètres, ou bien diverses lianes des contrées chaudes, notamment le Rotang ou Rotin en corde (*Calamus rudentum* Lour.) dont la tige flexible acquiert, assure-t-on, jusqu'à 300 mètres de longueur sans dépasser 4 ou 5 centimètres d'épaisseur. Quant au diamètre de cette même partie, il varie depuis celui d'un simple fil qu'on lui voit dans la Cuscute, si justement redoutée des agriculteurs, jusqu'à celui de 10 à 12 mètres qu'elle atteint dans les Baobabs (*Adansonia digitata* L.) de la Sénégambie, dans le *Sequoia gigantea* de la Californie, et dans le Cyprès chauve (*Taxodium distichum* Rich.) du Mexique.

Pour nous reconnaître au milieu des formes si diverses qui donnent aux plantes leur *port*, c'est-à-dire leur allure générale, et qui tiennent essentiellement à la manière d'être de leur tige, suivons celle-ci dans le cours de sa formation, en la considérant tout entière et à l'extérieur. Une fois fixés à ce sujet, nous pénètrerons dans son intérieur pour suivre la production successive des tissus qui la constituent et pour prendre ainsi une idée de sa structure anatomique ainsi que de son développement. Je m'occuperai surtout des Dicotylédons, parce qu'ils sont mieux connus et plus répandus dans nos pays, par conséquent plus directement intéressants pour nous que les Monocotylédons. Peu de lignes suffiront ensuite pour ces derniers.

Tige des Dicotylédons. — On a vu plus haut que la très-jeune plante qui constitue l'embryon, dans la graine, possède une petite tige qu'on distingue sous le nom de tigelle, et qui est limitée inférieurement par l'extrémité radiculaire, supérieurement par le point où s'attachent les cotylédons. Ce dernier point présente un arrangement particulier de tissus dont on retrouvera plus tard l'analogue dans la tige développée, à tous les niveaux où s'attacheront des feuilles ; cet arrangement de tissus a fait appeler *Nœud* (Nodus) le point de la tige qui porte les deux cotylédons, comme tous ceux qui, sur la plante formée, porteront des feuilles. On a également regardé comme un nœud l'extrémité inférieure par laquelle la tigelle s'unit à la radicule, bien qu'ici l'examen anatomique autorise peu cette qualification. Même ce plan d'union de la tige avec la racine, soit dans l'embryon, soit surtout dans la plante formée, a paru à divers botanistes avoir la plus haute importance pour la vie de la plante ; aussi le nomme-t-on souvent avec Lamark *nœud vital*, expression qu'on remplace plus habituellement par celle de *Collet* (Collum). La portion de tige comprise entre ces deux premiers nœuds ou plus généralement entre deux nœuds quelconques est un *Entre-nœud* (Internodium), que divers auteurs de nos jours appellent *Mérithalle* (de μερίς ou μέρος, partie, et θαλλός, tige, c'est-à-dire partie ou portion de tige), à l'exemple de Dupetit-Thouars.

Axe hypocotylé. — Ce que je viens de dire montre que la tigelle de l'embryon n'a qu'un entre-nœud formé ; lorsque la germination développe cet embryon, cet entre-nœud prend un accroissement plus ou moins notable, moindre quand les cotylédons de la jeune plante (nommée quelquefois *Plantule*) restent hypogés, plus considérable lorsqu'ils deviennent épigés. Le premier entre-nœud de la plante, se terminant au niveau des cotylédons, est important à considérer dans divers cas : le savant organographe allemand M. Thilo Irmisch le nomme *axe hypocotylé*, c'est-à-dire axe inférieur aux cotylédons. M. Clos, se basant sur l'extrême difficulté qu'on éprouve en général pour déterminer la place du collet et sur la différence des idées qui ont été émises à cet égard, quelques auteurs, comme Gærtner, Richard, etc., l'ayant placé au point d'attache des cotylédons, tandis que les autres le regardent comme le plan de jonction de la tige avec la racine, M. Clos, dis-je, a proposé de trancher la difficulté en appliquant la dénomination de collet à toute la portion d'axe dont il s'agit.

Point végétatif. — Avant même que la jeune plante ait amené à son développement complet l'entre-nœud hypocotylé de sa tige, la gemmule située au sommet de celui-ci entre elle-même en végétation. Croissant sans cesse par son extrémité même, qui en est le point essentiellement vivant et actif, et qui a été nommée pour cette raison *Point végétatif* (Punctum vegetationis C. Fr. Wolff), elle développe successivement une série d'entre-nœuds terminés chacun par une ou plusieurs feuilles, et parmi lesquels, il est à peine besoin de le dire, les plus jeunes sont toujours les plus voisins du sommet.

Ramifications. — Selon le nombre des entre-nœuds qui se forment ainsi l'un après l'autre, et aussi selon le plus ou moins de longueur auquel arrive chacun d'eux, la tige qui résulte de leur superposition dans le sens longitudinal devient plus ou moins allongée. Si elle reste dans cet état, elle n'offre aucune ramification, ce que l'on désigne en disant qu'elle est *simple ;* mais le plus souvent elle ne tarde pas à devenir elle-même le point de départ de ramifications diverses, qui peuvent même se subdiviser à leur tour et qui naissent de la manière suivante :

Chaque feuille, en se fixant à la tige, forme avec celle-ci un angle plus ou moins aigu que l'on a nommé son *Aisselle* (Axilla), en le comparant à celui que notre bras fait avec le corps en se rattachant à lui. Au fond de chaque aisselle se produit ou peut se produire l'un de ces petits germes de pousses nouvelles que tout le monde connaît sous le nom de *Bourgeons* ou sous celui plus impropre d'*yeux*. Or, chacun de ces bourgeons *axillaires* (ou situés dans une aisselle, *axilla*), pour se développer, suit une marche semblable à celle qu'a suivie la gemmule pour former la tige : il donne successivement naissance à une série d'entre-nœuds superposés.

Axes de divers degrés. — La tige proprement dite sur laquelle sont nées ainsi des ramifications étant l'*axe primaire* ou de premier degré relativement à tout cet ensemble, chacune des ramifications qui sont nées directement sur elle est un *axe secondaire* ou de deuxième degré. Il pourra naître de même sur ces dernières des ramifications subordonnées, c'est-à-dire des *axes tertiaires* ou de troisième ordre et ainsi de suite. Produits de la même manière que l'axe primaire, organisés absolument comme lui, tous les axes subordonnés ou ramifications ne sont que de simples dépendances et continuations de la tige. Aussi la langue descriptive de la science désigne-t-elle tout cet ensemble par la qualification de *Tige rameuse* (Caulis ramosus).

Dans le langage vulgaire, qui est, à la vérité, assez rarement

rigoureux, on ne s'attache pas à distinguer avec exactitude les différents degrés de ramifications, mais on nomme assez vaguement
branches (Rami) les plus grosses divisions et subdivisions de la
tige, *rameaux*, *ramules*, *ramilles*, les ramifications de plus en
plus petites ou d'ordre moins élevé; enfin, lorsque l'on considère
une ramification quelconque dans l'état encore jeune, c'est-à-dire
au moment où elle est provenue depuis peu de temps du développement d'un bourgeon, on l'appelle vulgairement une *pousse* ou
un *scion*.

C'est principalement au point de vue des arbres, et spécialement des arbres fruitiers, que l'application des mots par lesquels
sont désignées les diverses ramifications a un intérêt et une utilité
incontestables. Malheureusement il règne à cet égard beaucoup
d'arbitraire et même de confusion dans presque tous les traités
d'arboriculture; même, comme pour augmenter cette confusion,
les arboriculteurs ont contracté l'usage fâcheux de transporter à la
pousse ou au scion formé dans l'année le nom de Bourgeon, qui
n'appartient qu'à son rudiment tel qu'il se montrait pendant
l'hiver, abrité par des écailles protectrices. Pour faire cesser ce
désordre nuisible, il serait bon de mettre, ainsi que certains auteurs l'ont proposé, les expressions en rapport avec l'âge des ramifications et, laissant au mot de bourgeon sa véritable signification, d'appeler *scion* ou *ramule* la pousse de l'année, *rameau* le
scion qui accomplit, pendant la seconde année, sa deuxième végétation et qui a pris une consistance décidément ligneuse, enfin
de classer ce rameau, après la fin de la deuxième année, parmi
les *branches* dont on est dans l'usage de distinguer plusieurs ordres sur les arbres fruitiers.

Port des arbres et arbustes. — Il est facile de comprendre que
le port général des végétaux ou, pour employer l'expression de
Humboldt, leur physionomie [1], tient essentiellement à la direction de leur tige, à sa simplicité ou à sa division, surtout aux
proportions relatives ainsi qu'à l'arrangement de ses ramifications. Ce sont principalement les végétaux ligneux qui affectent
des ports nettement caractérisés et très-distincts, qu'il me serait
impossible d'énumérer en détail, mais dont il me semble convenable de dire ici quelques mots.

Parfois, quoique atteignant une hauteur considérable, la tige
reste sans branches et forme alors une colonne élancée que

surmonte un faisceau de grandes feuilles ; telle est spécialement celle des Palmiers, magnifiques Monocotylédons que Linné appelait, à cause de leur beauté grandiose, les princes du règne végétal, et qui donnent un caractère spécial au paysage, dans les régions chaudes. Cette tige ligneuse, dont nous étudierons bientôt la structure, est nommée par divers botanistes, à l'exemple de Mirbel, *Stipe* (Stipes), mot qui malheureusement a reçu encore des acceptions différentes [1]. Parmi les arbres dicotylédons on peut citer le Papayer (*Papaya vulgaris* DC.) comme ayant un port analogue, grâce à sa tige presque toujours simple et ne portant des feuilles qu'au sommet. Le défaut de ramification de ces tiges est dû à l'avortement des bourgeons à l'aisselle des feuilles ; presque toujours, au contraire, la tige ligneuse se ramifie plus ou moins, et alors on nomme *Tronc* (Truncus) sa portion inférieure et indivise, tandis qu'on donne le nom collectif de *cime* à l'ensemble de ses ramifications, c'est-à-dire à la tête entière de l'arbre. Il ne se forme un tronc distinct que par suite de la destruction progressive des branches inférieures ; dans les cas où cette dénudation ne s'opère que sur une faible étendue, si la tige restant droite et prédominante, les branches étalées diminuent graduellement de longueur du bas jusqu'au sommet de l'arbre, celui-ci prend cette forme pyramidale ou plutôt conique qui donne tant d'élégance aux Sapins. Ailleurs la tige reste également droite, encore plus prédominante, et les branches, ne prenant qu'un faible développement, se redressent presque contre elle ; il en résulte une forme générale étroite et élancée, *fastigiée*, comme on la nomme dans la langue botanique, dont le peuplier d'Italie (*Populus pyramidalis* Rozier) nous offre un bel exemple.

Une direction des branches inverse de celle que je viens d'indiquer est celle des arbres dits *pleureurs*, parmi lesquels on distingue deux manières d'être, les uns, comme le Saule pleureur (*Salix babylonica* L.), laissant retomber gracieusement vers le sol leurs longs rameaux grêles et leurs branches flexibles, les autres, comme le Frêne pleureur, le Sophora pleureur, ayant des branches beaucoup plus roides, dirigées en bas par une courbure brusque de leur portion inférieure. Le tronc peut devenir très-long comparativement à la hauteur de la cime, de manière à former des arbres dont le port général rappelle assez un parasol ; c'est ce qu'on voit notamment pour le Pin pignon (*Pinus pinea* L.),

---

[1] Linné nommait la tige des Palmiers *Fronde* (Frons) ; mais ce mot reçoit aujourd'hui une autre application. Il réservait le nom de stipe pour la base des frondes.

vulgairement nommé pour ce motif Pin parasol, l'un des arbres qui caractérisent le mieux les pays voisins de la Méditerranée. Cette prédominance du tronc sur la cime atteint son maximum chez certains arbres qui habitent les parties chaudes de l'Amérique du Sud (Bombacées), dans lesquels un tronc énorme en hauteur et en épaisseur, soutenu même fréquemment par des sortes de contre-forts dans sa partie inférieure (*Eriodendron*, etc.), ou renflé entre ses deux extrémités en forme de tonneau (*Chorisia ventricosa* Nees et Mart.), supporte une cime très-aplatie, réduite même parfois à un seul étage de branches. Enfin, dans la plupart des autres arbres, un tronc de hauteur moyenne supporte une cime de formes variées et parfois assez caractéristique pour que, par exemple, le savant botaniste-voyageur anglais R. Spruce, étudiant sous ce rapport les nombreuses espèces qui forment les vastes forêts de l'Amazone, ait pu rattacher leurs configurations générales à diverses familles naturelles [1].

Dans tous les végétaux ligneux de grande taille ou *arbres*, il se forme un tronc ; mais dans ceux de plus faibles proportions, on voit généralement la tige se ramifier presque dès sa sortie de terre et même disparaître en quelque sorte au milieu de ses nombreuses ramifications. A ces deux caractères on reconnaît un *Arbrisseau* ou *Arbuste* (Frutex, Arbustum), qu'on qualifie même parfois de *Buisson* (Dumus, Dumetum), lorsque la division de sa tige est portée à l'extrême. Toutefois on ne peut guère rattacher qu'aux arbustes les végétaux ligneux dans lesquels la tige reste toujours grêle, tout en atteignant une grande longueur et en se ramifiant peu ; ces tiges *sarmenteuses* appartiennent à ce qu'on nomme habituellement des *Lianes*, végétaux de familles diverses, dont la Vigne livrée à elle-même et la Viorne (*Clematis Vitalba* L.) de nos haies peuvent nous donner quelque idée, mais qui sont surtout abondants dans les forêts du nouveau monde, où, décrivant mille festons capricieux d'un arbre à l'autre, s'élevant comme des cordages du sol aux branches les plus hautes, souvent retombant de celles-ci vers le sol, elles contribuent puissamment à imprimer à cette nature riche et sauvage sa physionomie particulière, que le comte de Clarac a rendue avec bonheur dans sa belle vue d'une forêt vierge du Brésil.

Tiges volubles. — Pour s'élever sur les arbres les Lianes s'appuient sur eux de manières diverses ; mais le plus souvent elles

[1] R. Spruce, dans *Proceedings of the Linn. Soc.*, V. 1860, p. 3-14 ; extr. dans *Bull de la Soc. botanique de France*, t. VII, p. 279.

s'enroulent en spirale autour d'eux comme autour des objets de toute nature qui se trouvent à leur portée. Elles rentrent ainsi en général dans la catégorie des plantes à tige *voluble* [1] qui compte aussi un assez grand nombre de représentants parmi les *herbes*, c'est-à-dire parmi les végétaux dont la tige meurt chaque année, soit dans toute sa portion extérieure, soit même en entier avec le pied lui-même. Un fait très-remarquable, c'est que le sens dans lequel s'opère cet enroulement des tiges trop longues et trop grêles pour se soutenir sans appui, s'opère avec une constance invariable et dans un sens immuable. Pour indiquer ce sens, on suppose généralement que l'on a devant soi la plante enroulée autour de son support et que la spirale décrite par elle vient d'abord passer devant l'observateur. Si, en s'élevant ainsi, la tige va de la droite vers la gauche, comme dans le Houblon (*Humulus Lupulus* L.), (fig. 56), on dit qu'elle est *voluble sinistrorsum*, direction qu'on représente par le signe ℂ ; si, au contraire, comme dans l'Igname Batate (fig. 57), le Haricot, le Liseron des haies (*Calystegia sepium*

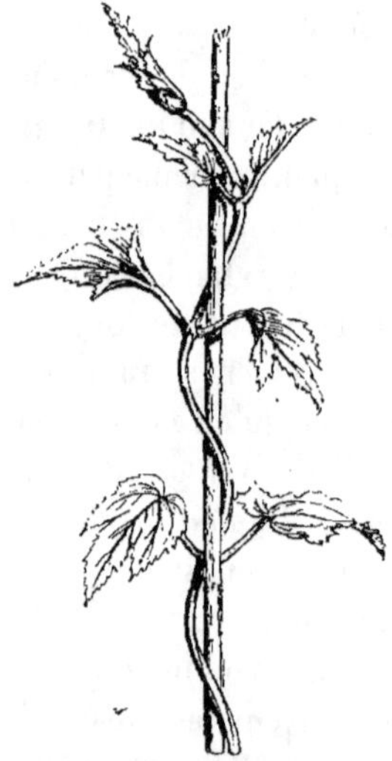

Fig. 56. — Fragment d'une tige de Houblon (*Humulus Lupulus* L.) s'enroulant autour d'une baguette de droite à gauche, c'est-à-dire *sinistrorsum*.

Fig. 57. — Fragment d'une tige voluble d'Igname de Chine ou Igname Batate (*Dioscorea Batatas* Dene), qui s'enroule autour d'une baguette de gauche à droite, c'est-à-dire *dextrorsum*.

[1] Je crois que c'est à tort que, dans tous les ouvrages de botanique, on traduit le mot latin *volubilis* par *volubile* au lieu de *voluble*. De *solubilis*, le français a fait *soluble* et non pas *solubile*; de *visibilis*, *visible*. Il a tiré de même *aimable* de *amabilis*, etc. Pourquoi donc les auteurs ne procèdent-ils pas de la même manière pour *volubilis*?

R. Br.), elle s'élève de la gauche vers la droite, on la dit *voluble dextrorsum*, et on en indique la direction par le signe ⊃. Il est fâcheux que divers auteurs aient cru devoir déterminer le sens de l'enroulement des tiges d'une manière qui donne un résultat inverse du précédent; se supposant placés au centre de la spirale, la face tournée vers le midi, et la tige étant supposée passer d'abord devant eux, ils ont vu le Houblon monter de gauche à droite ou *dextrorsum*, et le *Dioscorea* de droite à gauche. Il est résulté de là une confusion inextricable pour qui, lisant leurs ouvrages, ne sait pas de quelle manière ils ont procédé à la détermination du sens de la spire.

Tige des plantes grasses. — Bien que je n'aie nullement la prétention d'indiquer ici toutes les formes sous lesquelles s'offrent les tiges des plantes et par conséquent les plantes elles-mêmes, je ne puis cependant passer sous silence celles que l'on observe dans les plantes dites *grasses*, particulièrement dans la famille des Cactées. Chez celles-ci la tige acquiert une épaisseur considérable, et ses tissus principalement superficiels, prenant un grand développement, se gorgeant de sucs en même temps, contribuent beaucoup à son épaississement. On les voit même former à sa surface de fortes saillies longitudinales, quelquefois irrégulières, séparées par de profondes cannelures, ou bien des mamelons très-proéminents; la bizarrerie de forme qui en résulte augmente encore par ce fait que les feuilles très-réduites de ces plantes disparaissent de bonne heure ou manquent même entièrement, et que leur place est indiquée par des faisceaux d'épines parfois très-longues et très-fortes. Cette bizarrerie de formes, jointe à la grandeur remarquable ou à l'abondance des fleurs, fait rechercher ces singuliers végétaux dans les jardins où il en existe et où surtout il en existait, à la date de quelques années, de nombreuses collections.

Les formes diverses des Cactées peuvent être ramenées à trois principales : 1° celle de colonnes relevées de fortes cannelures longitudinales, très-rarement irrégulières et sinueuses, comme on le voit dans une curieuse monstruosité du *Cereus peruvianus*; dans ce premier cas, la tige s'élance tantôt en longue colonne qui peut même acquérir une grande hauteur et qui porte le plus souvent des ramifications dressées, semblables à elle (ex.: *Cereus*); tantôt aussi elle se raccourcit jusqu'à devenir à peine aussi haute qu'épaisse, comme on le voit pour les *Echinocactus*, dont une espèce est représentée par la figure 58; 2° une forme analogue à celle que montre cette figure ou un peu moins raccourcie, mais offrant cette différence essentielle que la surface de la tige, au lieu d'être relevée de côtes longitudinales ou d'angles, est toute chargée de gros mamelons obtus, terminés chacun par un faisceau de longs piquants : on l'observe chez les nombreuses espèces du genre *Mamillaria* ; 3° une forme singulière dans laquelle la tige, au lieu de former un corps continu, comme dans les deux cas précédents, se divise en expansions aplaties, plus ou moins régulièrement ovales, généralement resserrées à leur base, qui s'articulent les unes sur les autres, comme le montre la figure 59,

Fig. 58. — Plante entière, fleurie, d'une Cactée, l'*Echinocactus Ottonis* Lehm., dont la fleur est notablement plus longue que la tige n'est haute.

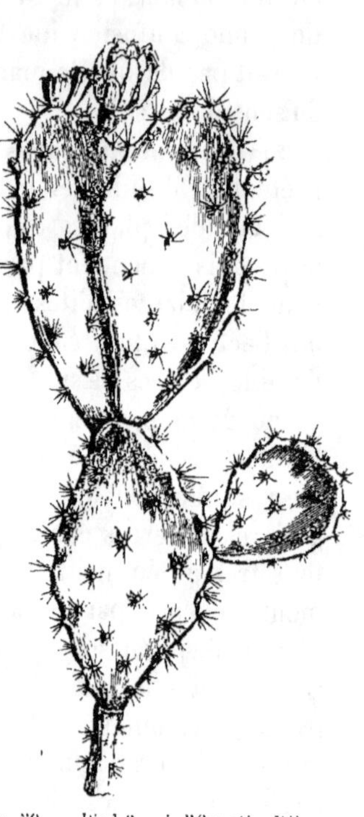

Fig. 59. — Pied fleuri d'*Opuntia Dillenii* Haw., dont la tige, à peu près cylindrique à sa base, s'épanouit, dans le reste de son étendue, en expansions ovales ou *raquettes* comme articulées l'une sur l'autre.

dans laquelle on voit quatre de ces *raquettes*, ainsi qu'on les nomme vulgairement. Les espèces du genre *Opuntia* Tourn. présentent des exemples nombreux de cette dernière forme. Il n'est pas inutile de rappeler que, parmi les Cactées de ce genre, certaines et, en particulier l'*Opuntia cochinillifera* Mill., l'*O. Tuna* Mill., etc., nourrissent la Cochenille, le précieux insecte qui fournit à la teinture et à la peinture un rouge-pourpre aussi beau que solide, tandis que d'autres, l'*Opuntia vulgaris* Mill., aujourd'hui naturalisé dans le sud de l'Europe et le nord de l'Afrique, l'*O. Ficus-indica* Haw., etc., donnent un fruit sucré-acidule, dont il se fait une grande consommation dans le nord de l'Afrique, en Amérique, la patrie de ces espèces, et qu'on nomme vulgairement Figue de Barbarie, Figue d'Inde. Cette dernière forme devient plus prononcée et, pourrait-on dire, plus foliacée encore, en raison de son aplatissement considérable, dans les *Epiphyllum*, surtout dans les *Phyllocactus*, dont le nom rappelle ce fait singulier que leur tige et ses ramifications forment des expansions assez minces pour que leur apparence les fasse prendre souvent pour des feuilles.

Cladodes. — Les rameaux foliacés que je viens de mentionner en dernier lieu sont une sorte d'intermédiaire entre la tige et la feuille, puisque ce sont des rameaux qui prennent plus ou moins nettement l'apparence de feuilles et qui en remplissent même le rôle physiologique. On a cru devoir les désigner par un mot particulier, et M. de Martius les a nommés *Cladodes* (Cladodium; de κλάδος, rameau), mot qui s'applique généralement à tout organe de nature axile qui prend une apparence foliacée [1].

Les cladodes donnent en général aux plantes qui en sont pourvues une apparence particulière, et souvent ils feraient croire à l'existence d'un nombre considérable de feuilles bien développées, tandis que, au contraire, ces organes sont réduits à l'état de simples écailles là où les rameaux deviennent foliacés. On reconnaît à divers caractères que ces productions imitant des feuilles sont de simples ramifications de la tige; le plus ordinairement on les voit porter de petites écailles, c'est-à-dire des feuilles réduites, ou même des fleurs qui sont situées, dans la plupart des cas, sur les deux bords, comme le montre la figure 59 et mieux encore la figure 60, qui représente

Fig. 60. — Rameau foliacé ou cladode de *Phyllanthus montanus* Sw. (*Xylophylla montana* Sw.), dont les bords, marqués de dents espacées, portent de petites écailles (feuilles réduites) et une fleur à presque toutes ces dents. On y voit aussi des nervures très-prononcées se dirigeant vers les bords.

[1] Voyez D. Clos, *Cladodes et axes ailés* dans les *Mémoires de l'Académie des sciences de Toulouse*, 1861.

un cladode pris chez le *Phyllanthus montanus* Sw. (*Xylophylla montana* Sw). Ailleurs même les feuilles et les fleurs s'attachent vers le milieu d'une face de ces expansions, comme on le remarque chez notre Petit Houx (*Ruscus aculeatus* L.), dont la figure 61 représente une branche fleurie. Dans cette dernière plante, la roideur de ces fausses feuilles, leur naissance à l'aisselle d'une vraie feuille, jointes à ce caractère qu'elles portent chacune de petites feuilles et une fleur, enfin la singulière torsion de leur base, suffisent pour enlever tout doute à l'observateur.

Plus rarement les cladodes ne portent rien qui puisse en indiquer au premier coup d'œil la véritable nature. C'est le cas de ces productions vertes, grêles et allongées, qu'on prend au premier coup d'œil pour les feuilles de l'Asperge (*Asparagus officinalis* L.) ; mais si l'on remarque la situation de chaque faisceau de ces filets verts (*cld*, fig. 62) à l'aisselle d'une très-petite feuille bien caractérisée (*f*, ibid.), on reconnaîtra par cela même que ce sont là de simples petits cladodes en faisceau que l'analogie semble autoriser à regarder comme étant chacun un support de fleur ou pédoncule qui est resté stérile. Ces exemples suffisent pour montrer combien l'observation attentive et le raisonnement peuvent rectifier d'erreurs basées sur la simple apparence des organes.

Fig. 61. — Rameau fleuri de Petit Houx (*Ruscus aculeatus* L.). — *cld*, cladodes qui sont tordus sur leur base *a* de manière à placer leur plan à peu près verticalement; *fl*, fleur portée sur la ligne médiane et à la face supérieure des cladodes.

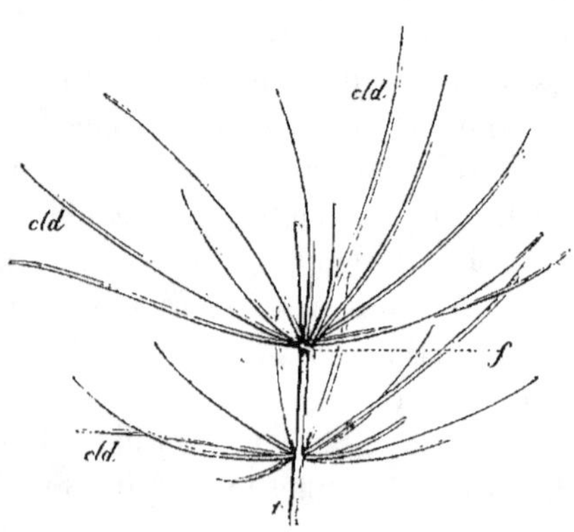

Fig. 62. — Portion de rameau *t* d'Asperge (*Aspergus officinalis* L.) montrant deux faisceaux de cladodes *cld*, placés chacun à l'aisselle d'une petite feuille *f*.

Tige des Monocotylédons. — La plupart des détails qui

précèdent, relativement à la marche d'après laquelle se forme la tige des Dicotylédons, s'appliquent à la tige des Monocotylédons considérée au même point de vue ; cependant quelques particularités qui se montrent à cet égard contribuent à donner à celle-ci, dans la généralité des cas, une manière d'être spéciale : 1° souvent les entre-nœuds qui se superposent pour la former restent fort courts, d'où il résulte que les feuilles, quoique isolées à l'extrémité de chacun d'eux, se trouvent rapprochées en grand nombre sur une faible longueur. C'est ce qu'on voit dans divers Palmiers, dans les *Pandanus* ou Vaquois, surtout dans les Liliacées de grande taille et plus que partout chez les curieux *Xanthorrhœa* de la Nouvelle-Hollande. Cependant il en est quelquefois autrement, et en particulier un assez grand nombre de Palmiers présentent des entre-nœuds allongés, qui deviennent même fort longs chez les *Calamus* ou Rotangs. 2° Les bourgeons axillaires avortent le plus souvent chez les Monocotylédons, et alors, par une conséquence naturelle, leur tige reste simple. Tel est surtout le cas des Palmiers, parmi lesquels, à part le Doum de la Thébaïde (*Hyphæne thebaica* Mart.), on n'observe guère de ramifications que dans des cas accidentels. Cependant il n'en est pas toujours ainsi pour les Monocotylédons, non-seulement herbacés, mais encore ligneux, comme on le voit notamment pour les Dragonniers (*Dracæna* et *Cordyline*). 3° Les feuilles des végétaux de cet embranchement prenant fréquemment leur attache tout autour de la tige, il en résulte que les nœuds où elles naissent deviennent alors très-marqués. On les voit même, dans les Bambous, les Roseaux, nos Céréales, en un mot, chez toutes les Graminées, offrir, comme nous le verrons plus loin, un entrelacement de tissus qui en fait, pour la tige, des points de consolidation. Ce caractère, joint à celui qui résulte de ce qu'une déchirure du tissu mou central s'opérant en elles, à fort peu d'exceptions près, pendant leur développement, les creuse d'une lacune interrompue seulement aux nœuds, a fait distinguer les tiges des Graminées comme une sorte particulière, le *Chaume* (Culmus).

ARTICLE II. — STRUCTURE DES TIGES.

§ I. — Tige des dicotylédons.

Production de ses diverses couches.

Leur première apparition. — Considérée, dans son extrême jeunesse, à l'état de tigelle dans l'embryon, la tige d'un Dicotylédon

(Chêne, Orme, etc.) s'offre avec une structure des plus simples : en effet, l'examen attentif sous le microscope, au moyen de
sections transversales et longitudinales, montre qu'elle est alors
entièrement composée d'un tissu cellulaire (voyez p. 12) dont les
cellules (voyez p. 11) ont leurs parois très-minces, sont peu allongées et plus ou moins nettement polyédriques, constituent, en un
mot, un vrai parenchyme (voyez p. 16 et 17, 1° et 2°). Sur une
coupe transversale, on reconnaît sans peine que cette masse de
parenchyme, recouverte extérieurement par un épiderme (voyez
p. 88) délicat, est divisée en une masse centrale et une couche périphérique par l'interposition d'une zone mince que forme un tissu
beaucoup plus délicat, à cellules fort étroites. La masse cellulaire
centrale, qui est alors volumineuse relativement au diamètre de
cette jeune tige, est la *Moelle* (Medulla), qui en occupera désormais toujours le centre, à moins de subir une destruction accidentelle ; la zone externe ou périphérique est l'*Écorce primaire*,
c'est-à-dire la première partie ou assise d'une formation qui bientôt
en aura plusieurs et dont l'ensemble sera nommé l'*Écorce* (cortex).
Enfin la couche intermédiaire aux deux précédentes, que forme
un tissu très-délicat, est et restera la portion essentiellement
active et productrice, celle dans laquelle naîtront les couches qui
apparaîtront successivement pendant toute l'existence du végétal,
de manière à donner à la tige un diamètre de plus en plus considérable. Pour rappeler ce rôle majeur, Mirbel a donné à cette
partie les noms de *Zone régénératrice*, ou simplement *génératrice*
(en allemand *Bildungsschicht* Meyen, etc.; *Verdickungsring*
Schacht, c'est-à-dire zone d'épaississement); Duhamel l'avait
nommée auparavant *Cambium*, mot emprunté à Grew, qui en faisait cependant un emploi un peu différent, puisqu'il l'appliquait
à un *suc* régénérateur très-concentré.

Lorsque l'embryon entre en plein accroissement à la germination, un fait d'importance majeure se passe dans sa tigelle. Dans
l'épaisseur de sa zone génératrice apparaissent, sur la coupe transversale, des points en nombre déterminé, 4, 5 ou 6, selon les
espèces, également espacés les uns par rapport aux autres, et qu'on
reconnaît sans peine comme étant constitués par un tissu différent du tissu environnant. L'examen des sections longitudinales
montre que chacun de ces points n'est que la coupe d'un petit
filet de formation complexe, qui s'étend dans le sens de la longueur
de la jeune tige, et que l'on nomme *Faisceau fibro-vasculaire*, en
raison de sa constitution anatomique.

Si nous examinons avec attention chacun de ces faisceaux avec le secours d'un microscope fortement grossissant et sur de bonnes préparations, nous reconnaîtrons, surtout en attendant qu'ils soient plus nettement accusés, et, par suite, que leurs éléments anatomiques soient mieux formés, nous reconnaîtrons, dis-je, que dans leur partie intérieure, c'est-à-dire touchant à la moelle, se trouvent des tra-

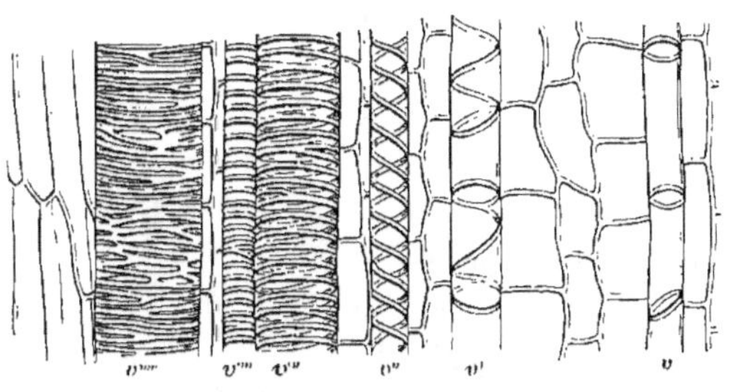

Fig. 63. — Coupe longitudinale de la portion de tige contiguë à la moelle chez la Balsamine (*Balsamina hortensis* Desp.). On y voit : 1° un vaisseau annelé *v*; 2° un vaisseau spiro-annelé *v*'; 3° trois trachées ou vaisseaux spiraux *v*", *v*''', *v*''''; 4° un gros vaisseau réticulé *v*''''', c'est-à-dire les diverses sortes de vaisseaux qu'offre habituellement l'étui médullaire et qui fournissent le caractère essentiel de cet étui.

chées et des vaisseaux annelés (voyez p. 44) qui persisteront toujours à cette place (*v*, *v*', *v*", *v*''', *v*'''', fig. 63), sans qu'on en voie jamais d'autres de la même nature dans le reste de la tige. Plus en dehors, le même faisceau nous montrera des vaisseaux (voyez p. 42) généralement d'un plus grand diamètre, quelquefois rayés, plus ordinairement ponctués (voyez p. 45), (*aa*, *bb*, fig. 64), et ces différents vaisseaux sont entremêlés de cellules allongées en fuseau (fig. 65) ou de prosenchyme (voyez p. 20), qui les relient en un ensemble continu et cohé

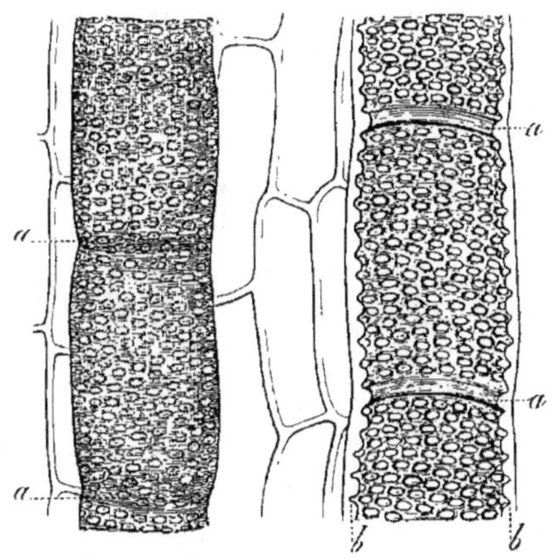

Fig. 64. — Portion de la coupe longitudinale d'une tige d'*Aristolochia Sipho* L'Hérit. montrant deux gros vaisseaux ponctués dont l'un entier (à gauche), l'autre ouvert longitudinalement (à droite). — *a a a*, vestiges de l'union des cellules constitutives de ces vaisseaux; *b b*, coupe longitudinale des parois.

rent. Cette dernière partie du faisceau n'est pas autre chose que le commencement de la matière dont sera formée, dès cet instant, une portion de plus en plus considérable du volume total de la tige, je veux dire la *matière ligneuse* ou le *bois*.

Cette portion intérieure du faisceau est circonscrite extérieurement par une bande étroite de cambium
continue à la zone génératrice générale,
dont elle n'est qu'une dépendance ; enfin la
partie externe de ce même faisceau est
composée de cellules plus ou moins allongées en fuseau, assez analogues à celles que
représente la figure 65. Seulement, dans
cette partie externe du faisceau, qui forme
le commencement de la zone fibreuse
de l'écorce entière, c'est-à-dire de ce qu'on
a nommé le *Liber*, ces cellules allongées ou
fibres corticales ne sont pas mélangées de
vaisseaux, comme nous venons de voir
qu'elles le sont dans la portion ligneuse,
ou bien elles ne le sont que de ces vaisseaux
particuliers, rameux, remplis d'un suc
opaque, généralement laiteux, auxquels on
a donné le nom de *laticifères* ou *vaisseaux*
du latex (voyez p. 49 et suiv., et fig. 26).

Les faisceaux dont je viens de décrire la
constitution anatomique sont plus ou moins

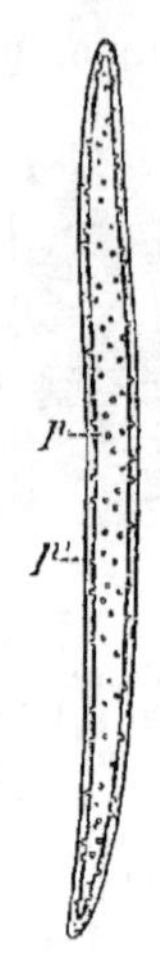

Fig. 65. — Une cellule fusiforme
ou de prosenchyme, ou une
fibre isolée, prise dans la tige
du *Bragantia tomentosa* Bl.
— *p p'*, ponctuations qu'offrent les parois de cette cellule.

écartés l'un de l'autre dans le cercle sur lequel ils sont rangés.
Les portions de la masse cellulaire primitive qui occupent ces
intervalles s'étendent entre eux, on le conçoit sans peine, de la
moelle jusqu'à l'écorce primaire, qui est toute cellulaire ou parenchymateuse, et qui, en raison de cette composition anatomique, est appelée *Enveloppe herbacée*, et qu'on nomme aussi
Enveloppe celluleuse, parce que, ses cellules renfermant de la
chlorophylle (voyez p. 77 et suiv.), c'est elle qui colore en vert
les tiges jeunes ou herbacées. Ces parties celluleuses ont donc, sur
une coupe transversale, une direction rayonnante, tandis que, considérées dans le sens de la longueur de la tige, elles forment des
plans verticaux dirigés aussi de la moelle à l'écorce ; en raison de
cette direction rayonnante, on les a nommées *Rayons médullaires*.

Relevé des zones constitutives de la tige. — Ainsi, quoique
fort jeune encore, la tige d'un végétal dicotylédon arrivée à l'état
que je viens de décrire, c'est-à-dire ayant un cercle de faisceaux
fibro-vasculaires, possède déjà nettement représentées toutes les
parties essentielles à sa constitution : à son centre se trouve une
moelle formée de parenchyme ; autour de celle-ci la portion la

plus interne des faisceaux, caractérisée par ses vaisseaux annelés et ses trachées, constitue l'*étui médullaire* que suit plus en dehors la portion ligneuse ou le *bois* parcouru dans l'intervalle des faisceaux par les *rayons médullaires*. Ces diverses parties constituent par leur réunion le *système central* ou *ligneux*, à la limite extérieure duquel se trouve la *zone génératrice* ou *cambium*. Tout ce qui existe en dehors de celle-ci forme le *système extérieur* ou *cortical*, qu'on nomme aussi dans son ensemble l'*Écorce*. Dans celui-ci, nous n'avons vu déjà indiquées que trois zones, savoir, de dedans en dehors : 1° le *liber*, ou écorce fibreuse qui est encore

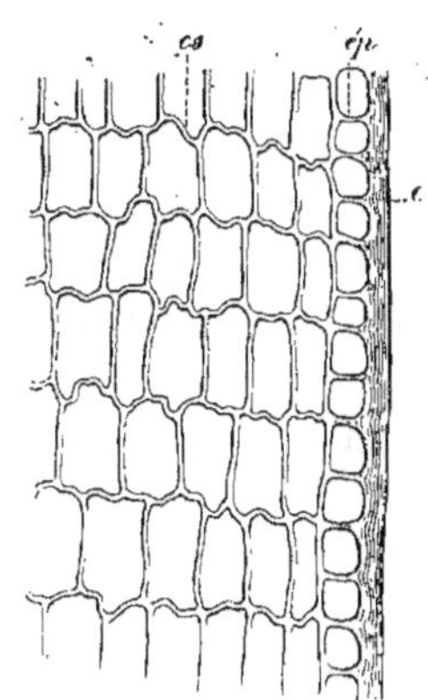

Fig. 66. — Coupe transversale de la couche subéreuse *cs*, sur la tige peu âgée de l'*Aristolochia Sipho* L'Hérit. — *ép*, l'épiderme renforcé, à sa surface externe, par la cuticule *c*.

incorporée visiblement aux faisceaux fibro-vasculaires dont elle constitue la portion externe ; 2° l'écorce primaire, toute cellulaire ou parenchymateuse, qu'on nomme pour ce motif *enveloppe cellulaire* ou *enveloppe herbacée* ; 3° tout à l'extérieur l'*épiderme*. Mais bientôt, dans un grand nombre de végétaux, apparaîtra entre l'épiderme et l'enveloppe cellulaire une couche de cellules à parois minces, intimement unies entre elles, à section rectangulaire, rangées en files rayonnantes (*cs*, fig. 66). Cette zone nouvelle complétera le nombre de celles que peut offrir l'écorce entière d'un Dicotylédon. Presque toujours elle restera mince ; mais, dans quelques cas, surtout dans le Chêne-liége (*Quercus Suber* L.), elle acquerra une épaisseur considérable et formera le liége. Pour ce dernier motif, elle recevra le nom de *Couche subéreuse*. Enfin des *rayons médullaires*, se prolongeant entre les portions libériennes des faisceaux, continuent directement ceux du système central.

Suite du développement pendant la première année. — Arrivée à l'état qu'on vient de voir, la jeune tige n'a guère plus à subir, pendant la suite de la première année, qu'une multiplication des éléments constitutifs de certaines d'entre les parties concentriques dont elle est déjà formée. Si elle appartient à une *herbe*, c'est-à-dire à une plante de faibles proportions, et qui, ne devant exister que jusqu'à l'hiver, soit en entier, soit dans ses parties extérieures, n'acquiert pas une grande consistance, elle ne produira pas d'autres faisceaux, ou bien elle en formera de nouveaux qui resteront le plus souvent indépendants, qu'on verra même, dans un assez grand nombre d'espèces, s'arranger de manières diverses ; dans tous ces cas, elle offrira une moelle volumineuse, de larges rayons médullaires, une épaisse enveloppe herbacée, c'est-à-dire qu'elle présentera un grand développement de toutes ses parties parenchymateuses.

Si, au contraire, cette tige appartient à un arbre ou à un arbuste, c'est-à-dire si elle doit durer plus d'une année et prendre la consistance ligneuse, on verra ses faisceaux se multiplier en cercle régulier, par apparition successive de nouveaux faisceaux en rapport avec les feuilles qui se produiront dans l'année, et ces nouveaux faisceaux se montreront dans l'épaisseur de la masse des grands rayons médullaires primitifs. La conséquence de ce genre de développement sera que les portions fibreuses et vasculaires paraîtront bientôt prédominantes relativement aux parties parenchymateuses, par conséquent que les rayons médullaires deviendront relativement étroits, que la moelle et l'enveloppe herbacée auront de moins en moins de volume comparativement aux portions ligneuse et libérienne des faisceaux ; enfin qu'arrivée au terme de sa première période végétative, cette même tige présentera une *zone* ou *couche ligneuse* bien constituée, enfermant une moelle d'un volume désormais invariable, et possédera plus extérieurement une zone de liber concentrique à la zone ligneuse, généralement continue comme celle-ci.

Quant à la partie de cette première couche ligneuse qui touche à la moelle et que nous avons vue renfermer seule des trachées et des vaisseaux annelés, souvent avec des vaisseaux réticulés, elle constitue maintenant un véritable *étui médullaire* (corona Hill), dont le contour nettement défini et anguleux indique par ses angles le nombre des faisceaux primitifs de la tige. Triangulaire dans le Laurier-rose (*Nerium*) et la Verveine citronnelle (*Lippia citriodora* Kth.), il est quadrangulaire dans le Buis, pentagonal dans le Chêne, le Châtaignier, nos arbres fruitiers, etc. Palisot de Beauvois s'est efforcé de montrer[1] que ces angles sont en rapport constant avec l'arrangement des feuilles sur la tige ; mais les connaissances plus complètes qu'on possède aujourd'hui, quant à cet arrangement, ne permettent pas d'admettre comme générale la loi que ce botaniste a voulu établir à cet égard.

[1] *Mém. de l'Ins* . pour 1811.

Développement pendant les années subséquentes. — Dans nos pays, les froids de l'hiver amènent pour la tige un arrêt de la végétation. Dès que la température se radoucit, le retour à l'activité s'annonce de bonne heure dans la zone génératrice qui, encore réduite à une très-faible épaisseur, multiplie dès cet instant, par formations nouvelles et par division, les cellules dont elle est formée. Bientôt, sous l'influence du printemps, ce jeune tissu générateur subit un développement particulier, et peu à peu on le voit prendre les caractères du bois dans sa partie interne, du liber dans sa portion externe. La conséquence de ces faits, c'est que la couche ligneuse de la première année finit par se trouver recouverte d'une nouvelle couche ligneuse produite pendant la seconde année, et que, d'un autre côté, sous la première couche de liber, il s'en est formé une seconde pendant la même période. En même temps, comme à la fin de sa première période végétative, la jeune tige était en général terminée par un bourgeon nommé pour ce motif *terminal*, le développement de ce bourgeon a eu pour effet la formation d'une pousse nouvelle qui l'a allongée d'autant. Il suit de là : 1° que la moelle, qui occupe toujours le centre, s'est allongée d'un nouveau cylindre dont la hauteur égale celle de la nouvelle pousse ; 2° que la nouvelle couche ligneuse, non-seulement recouvre entièrement la première, mais encore la dépasse de toute la longueur de la formation nouvelle ; 3° que la production libérienne de l'année a débordé aussi de cette même longueur celle de la première année, sous laquelle elle est placée dans sa portion inférieure ; 4° que les rayons médullaires déjà existants se sont prolongés à travers le bois et le liber de nouvelle formation, et qu'il s'est même formé, à travers ces produits de la deuxième année, de nouveaux rayons qui, par conséquent, ne s'étendent pas dans l'épaisseur des formations antérieures.

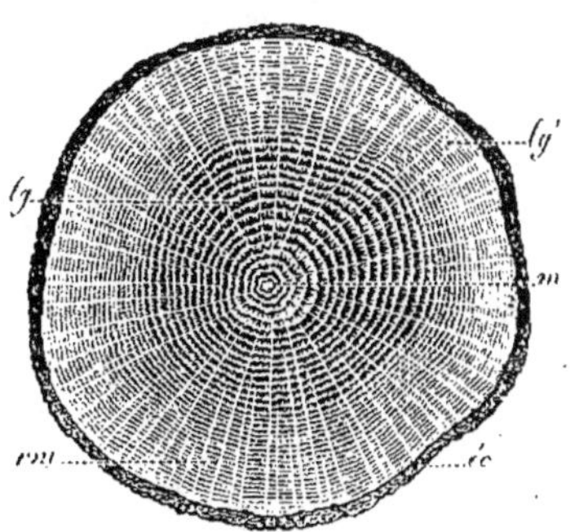

Fig. 67. — Coupe transversale notablement réduite d'un tronc de Chêne (*Quercus Robur* L.) âgé de trente-sept ans. — *m*, moelle dont le contour offre cinq angles ; *lg*, *lg'*, masse du bois formée de trente-sept couches ligneuses ou annuelles concentriques, à travers lesquelles se dessinent les lignes plus claires tracées par les rayons médullaires *rm* ; *éc*, l'écorce entière.

Chaque année, des faits pareils se reproduisent : de la zone

génératrice, émanent intérieurement une couche ligneuse qui enveloppe toutes les couches li-
gneuses antérieures, en les
dépassant de la hauteur de la
nouvelle pousse dont la tige
s'est allongée, extérieurement
une nouvelle couche libérienne
qui se place en dedans de celles
dont la formation est plus ancienne, en les refoulant vers
l'extérieur. Ainsi se produit la
masse de plus en plus volumineuse de la tige de nos arbres,
dont la figure 67 représente la
coupe transversale, de manière
à en montrer les couches superposées.

S'il restait quelque vague
dans l'esprit après la description précédente, sur la série de
ces développements, la figure
idéale 68 les dissiperait, j'ose
l'espérer. Cette figure représente, sur une coupe longitudinale, la disposition des couches
ligneuses et libériennes dans un
jeune arbre de cinq ans. Le niveau auquel la tige s'est arrêtée
à la fin de chaque année est
marqué par les lignes horizontales I, II, III, IV, V. On voit que
les parties que possédait l'arbre, à la fin de la première année, consistent en une couche

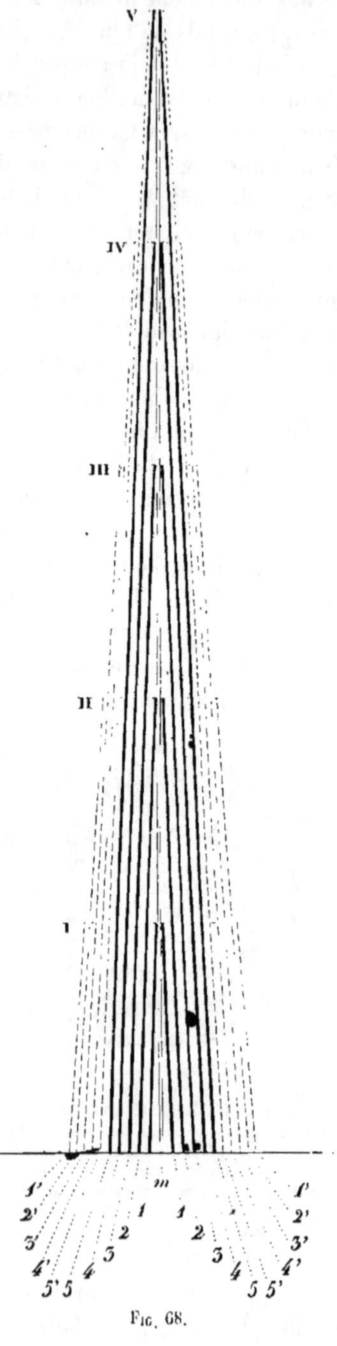

Fig. 68. — Figure idéale représentant l'arrangement, sur la section longitudinale
d'une tige d'arbre dicotylédon âgé de cinq
ans, des couches de bois et de liber. —
mm, moelle; 1, 2, 3, 4, 5, couches ligneuses correspondant chacune à une année; 1', 2', 3', 4'. 5', couches de liber produites pendant les mêmes années; I, II,
III, IV, V, niveaux auxquels la tige arrivait
à la fin de chacune de ces cinq années.

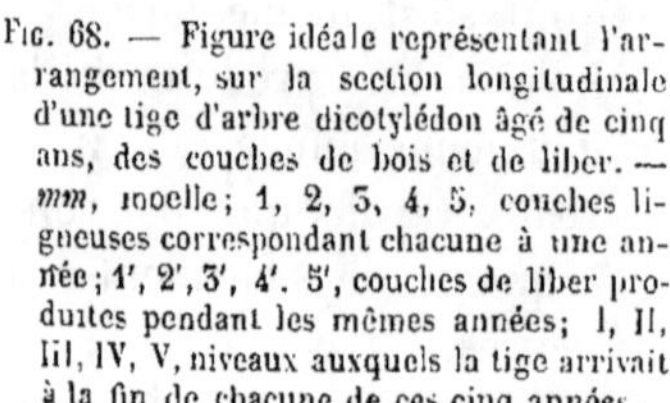

ligneuse 1 et une couche libérienne 1′; qu'à la fin de la deuxième année, le cylindre central de moelle s'étant élevé de I à II, il existait une deuxième couche ligneuse, 2, plus longue que la première de toute cette hauteur I-II et la recouvrant entièrement, tandis que d'un autre côté, sous la première couche libérienne 1′, il s'en était formé une deuxième, 2′, qui l'avait refoulée en dehors et la débordait de la longueur de la nouvelle pousse I-II. La vue de la figure me dispense de répéter cette même explication pour les années suivantes.

Examen de la tige formée.

Rapport des couches ligneuses et libériennes avec les années. — Je n'ai rien à modifier dans les énoncés qui précèdent, relativement aux couches ligneuses dont chacune forme une zone continue, produite pendant la végétation d'une année, d'où ces couches sont souvent nommées *couches annuelles* et indiquent par leur nombre celui des années pendant lesquelles ont vécu les arbres; mais quant au liber, il en est autrement. La production qui s'en fait chaque année a beaucoup moins d'épaisseur que celle de bois qui lui correspond; elle forme des couches minces, généralement au nombre de deux, quelquefois de trois ou même de quatre. Ces couches peuvent être isolées assez facilement les unes des autres, rarement sans préparation, d'ordinaire après une macération plus ou moins prolongée, et elles se montrent alors comme de simples feuillets minces qu'on a comparés à ceux d'un livre, d'où l'on a tiré le nom de *liber* (*liber*, livre, en latin). Chaque feuillet libérien isolé de cette manière s'offre comme une vraie dentelle végétale, les fibres qui le constituent s'unissant par places pour se séparer ensuite de manière à circonscrire des mailles étroites qu'occupent des rayons médullaires. On peut reconnaître aisément cette disposition sur plusieurs de nos arbres, mais principalement sur le Tilleul dont le liber est fréquemment employé comme lien et sert aussi à la confection de cordes grossières pour les puits, etc. Cette dentelle végétale acquiert beaucoup de finesse et d'élégance dans le liber du Lagetto ou Bois-dentelle, le Lace-bark des Anglais (*Lagetta lintearia* Lamk.), petit arbre des Antilles; le liber de cette espèce est employé à différents usages, et on en voit souvent, dans les collections de curiosités, des échantillons disposés en jabots, manchettes ou autres petits objets de toilette.

Couches ligneuses non annuelles. — Chez les *Cycas*, végétaux dicotylédons curieux par leur port de Palmiers, les couches

ligneuses ne sont pas annuelles, mais chacune d'elles exige plusieurs années pour se former. Il en résulte que ces couches concentriques sont peu nombreuses dans les pieds déjà forts et même
qu'on n'en voit que 5 ou 4 dans des troncs gros et vieux. C'est ce
dont on peut prendre une bonne
idée par l'examen de la figure 69,
qui représente la section transversale d'une de ces tiges réduite
environ au 1/6ᵉ de sa grosseur
naturelle. On voit que sa moelle
très-volumineuse *m*, habituellement gorgée de fécule, est entourée
de trois couches ligneuses *b* seulement, bien que l'arbre dût certainement compter déjà un assez
grand nombre d'années. Sur ce
bois repose une écorce épaisse *éc*;
enfin cette écorce elle-même porte

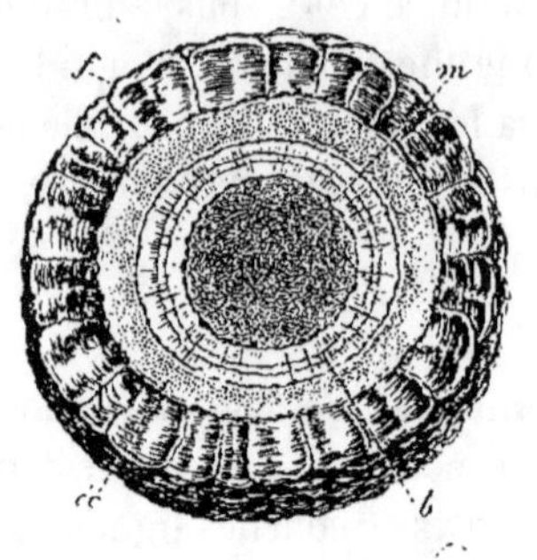

Fig. 69. — Coupe transversale du tronc d'un *Cycas* réduite à 1/6 environ de sa grosseur naturelle. — *m*, moelle; *b*, bois; *éc*, écorce; *f*, bases de nombreuses feuilles détruites.

sur toute sa surface externe une multitude d'écailles *f*, formées
par la base d'autant de feuilles qui sont tombées ou se sont détruites
sur tout le reste de leur étendue.

Par opposition avec les Cycadées, il est des végétaux annuels ou
bisannuels qui, pendant la courte durée de leur existence, produisent
plusieurs couches, qu'on ne peut appeler dès lors ni ligneuses ni annuelles. Telle est notamment la Betterave. Il paraît aussi que certains
arbres des régions intertropicales peuvent produire annuellement
plus d'une couche ligneuse, grâce à la continuité de leur végétation.

Démarcation des couches ligneuses. — Les couches ligneuses
se distinguent nettement, les unes des autres, dans les arbres des
contrées tempérées ou froides, en raison de la différence notable
de structure et par conséquent d'aspect que chacune d'elles présente vers ses limites intérieure et extérieure. Cette différence
elle-même est la conséquence naturelle de la diversité des conditions dans lesquelles chaque couche a été produite sur les divers
points de son épaisseur. Au printemps, lorsque l'arbre est dans
toute l'activité de sa végétation, qu'il développe ses nouvelles pousses et toutes ses feuilles, la séve traverse rapidement la tige dans laquelle elle ne donne lieu qu'à la formation d'une faible quantité de
matière ligneuse; il se produit alors des vaisseaux nombreux et
très-larges, entremêlés de peu de fibres, qui ont elles-mêmes un
grand diamètre. Plus tard, à mesure que les pousses nouvelles

approchent de leur développement complet, puis lorsqu'elles l'atteignent, la séve de moins en moins énergiquement appelée aux extrémités favorise de plus en plus la production de la matière ligneuse; la portion de bois correspondante à cette époque de l'année renferme des vaisseaux moins nombreux, de moins en moins larges, et, au contraire, une proportion de plus en plus grande de fibres. Enfin à l'automne, le développement extérieur a complétement cessé que le bois continue encore de se produire, et la portion de cette matière qui se forme alors se montre presque toujours dépourvue de vaisseaux, composée par conséquent en totalité de fibres plus étroites, à parois plus épaisses et plus consistantes que dans toutes les précédentes. Cette différence de texture se traduit par une différence corrélative de dureté et de coloration ; or, comme à l'arrivée de la prochaine période végétative, le nouveau bois de printemps, avec sa faible consistance et sa coloration propre, se superposera sans transition au bois de l'automne précédent qui en diffère beaucoup sous ces deux rapports, il en résultera une ligne de démarcation très-apparente entre la couche formée pendant l'année antérieure et celle qui se forme dans l'année actuelle. Ainsi se dessinent les cercles concentriques qui distinguent les couches annuelles de bois sur une coupe transversale, et qui, sur une coupe longitudinale, forment ou en entier ou en majeure partie les veines, comme on les nomme vulgairement, des bois mis en œuvre.

Dans les régions tropicales où l'hiver ne vient pas suspendre la végétation, c'est souvent la saison chaude et très-sèche ou bien une périodicité naturelle dans les phénomènes du développement indiquée par la formation des bourgeons et la chute annuelle des feuilles, qui amène un arrêt dans la production du bois, et par suite qui dessine une ligne plus ou moins nette de démarcation à la limite de chaque formation ligneuse annuelle. Mais souvent aussi, dans ces contrées, la végétation se poursuit pendant toute l'année, d'où il résulte que le bois produit dans ces conditions ne forme qu'une masse homogène et continue. Schacht cite comme exemples d'espèces ligneuses sans couches appréciables les arbres suivants : *Araucaria brasiliensis*, *Cinchona succirubra*, *Coffea arabica*, *Ardisia excelsa*, *Erica arborea*, etc.

Diversité des bois. — Le bois, chez les différentes espèces d'arbres, varie considérablement pour la couleur, la dureté, la densité, l'élasticité, la résistance aux agents atmosphériques. Cette diversité tient essentiellement aux proportions relatives des fibres et des vaisseaux, au plus ou moins d'épaisseur et de lignification des parois des fibres, enfin à l'épaisseur des couches ligneuses. Ces différences doivent être étudiées, en premier lieu dans une seule et même espèce d'arbre, à divers moments ou dans des conditions dissemblables, en second lieu dans des arbres d'espèces distinctes et séparées. Cette double étude a une assez grande importance pour devoir fixer l'attention; toutefois, avant de l'aborder, je crois nécessaire de dire quelques mots de la moelle.

Variations de la moelle. — La *moelle* (Medulla ; *médulle centrale* de plusieurs auteurs) est presque toujours une masse homogène de parenchyme dont les cellules sont peu allongées, à parois minces et ponctuées, plus larges au centre qu'à la périphérie ; parfois aussi elle est mélangée de laticifères ou de canaux de résine. Assez souvent, ses cellules, bien que ne restant pas longtemps vivantes, épaississent notablement leurs parois. Elles contiennent fréquemment de la fécule qui s'y produit pendant leur jeunesse.

La moelle n'est vivante et active que pendant les premires temps du développement des tiges ou des pousses ; la seconde année, les cellules qui la constituent sont déjà mortes, au moins dans le centre de la masse, tandis que celles qui se trouvent vers la périphérie conservent en général plus longtemps leur énergie vitale. De là M. Guillard distingue, dans un entre-nœud développé 1° la portion externe qui forme une couche continue en dedans du bois, même en travers des nœuds, à laquelle il donne le nom de *moelle annulaire* et qu'il regarde comme étant la portion essentiellement active de la masse médullaire, 2° à l'intérieur de cette couche externe, la *moelle centrale*, dans laquelle la vie est déjà éteinte à cette époque.

La moelle morte et dès lors vide de liquide subit assez souvent une désorganisation dont les résultats varient. Tantôt l'élargissement rapide du corps ligneux la tiraille assez pour la rompre, dans sa portion centrale et sur toute la longueur de chaque entre-nœud, de telle sorte que la tige en devient creuse ou *fistuleuse* ; le tube qu'elle forme dans ce cas n'étant interrompu qu'aux nœuds : c'est ce qu'on voit chez beaucoup d'Ombellifères : ailleurs le tiraillement que subit le parenchyme médullaire s'exerce dans le sens de l'élongation de la tige ; dans ce cas, il se déchire transversalement de manière qu'il n'en reste bientôt que des rondelles minces, séparées par des lacunes transversales (Noyer, Jasmin) ; même cette rupture en forme, d'après Schacht, des lames horizontales minces comme du papier dans la tige de l'Euphorbe des Canaries.

Plusieurs physiologistes ont admis que la moelle disparaît par les progrès de l'âge, soit, selon les uns, qu'elle cède peu à peu à une compression que la masse du bois exercerait sur elle avec une énergie graduellement croissante, soit, d'après d'autres, qu'elle se lignifie elle-même et s'incorpore ainsi en quelque sorte à la masse du bois. Grew, Duhamel, Sénebier, Mustel, etc., ont exprimé cette opinion, dont des observations plus attentives ont démontré l'inexactitude. Knight en Angleterre et Dupetit-Thouars en France ont prouvé presque en même temps que la moelle persiste sans altération au centre des troncs les plus âgés, lorsqu'ils restent sains, et les observations que ce dernier savant avait rapportées à ce sujet, dans un mémoire présenté par lui à l'Académie des sciences de Paris, ont été vérifiées et confirmées par les commissaires chargés de faire un rapport sur ce travail, Desfontaines, A. L. de Jussieu et Labillardière. Il faut seulement faire observer que, dans les troncs, une blessure produite par une cause quelconque amène souvent la destruction accidentelle de la masse médullaire, et que cette altération devient en général le point de départ de celle qui, s'étendant de proche en proche au bois lui-même, rend creux à différents degrés un grand nombre d'arbres.

Les anciens botanistes attribuaient à la moelle une influence importante et parfois étrange sur la végétation ou sur la formation de diverses parties des plantes. Magnol croyait qu'elle était chargée d'élaborer les sucs les plus parfaits pour la nutrition des fruits ; Césalpin et Linné après lui pensaient que c'était elle qui donnait naissance au pistil, c'est-à-dire à la partie de la fleur qui doit devenir le fruit et la graine ; d'autres admettaient que la suppression artificielle du parenchyme médullaire, lorsqu'on parvenait à l'effectuer sans tuer l'arbre, empêchait la formation du noyau dans ceux de nos fruits, tels que l'Abricot, la Pêche, qui en sont naturellement pourvus ; Borelli et Hales attribuaient à ce même tissu une action mécanique capable de produire l'ascension de la séve ; etc. Ces idées hypothétiques n'ont pas résisté à l'épreuve de l'observation attentive et de l'expérience.

Dans les végétaux où ses cellules se gorgent d'amidon et où en même temps elle est volumineuse, la moelle devient alimentaire ou fournit en plus ou moins grande quantité ce produit qui joue un rôle important dans l'alimentation de l'homme. Ainsi, dans la Pomme de terre, c'est la moelle considérablement amplifiée qui forme la majeure partie de la substance féculente des tubercules, et c'est elle aussi qui entre pour beaucoup dans la production des fécules qu'on extrait des tiges souterraines de diverses plantes (voyez p. 60 et 61). C'est là le principal usage pratique de cette partie de la tige ; mais, dans ces dernières années, les arts ont commencé à faire usage, en Europe, d'une matière que nous envoie la Chine et qu'on sait depuis peu consister simplement en lames de moelle. Cette matière est désignée sous le nom tout à fait impropre de *Papier de riz*. Elle nous arrive en lames rectangulaires, longues de 12 à 15 centimètres et un peu moins larges, d'une texture très-fine et d'une blancheur légèrement translucide ; on l'emploie soit pour la fabrication de fleurs artificielles, soit plus ordinairement pour y peindre à l'eau de petites images. Ce singulier papier n'est pas autre chose que la substance même de la moelle de l'*Aralia* (*Didymopanax*) *papyrifera* Hook. On a cru longtemps, mais à tort, qu'il provenait d'un *Æschynomene*, plante de la famille des Légumineuses que les Chinois appellent *Sola*, et c'est à sir William Hooker qu'on doit d'en avoir appris la véritable origine.

Variations du bois dans la même espèce d'arbre. — Il est un assez grand nombre d'arbres chez lesquels le bois conserve la même coloration et presque la même densité dans toute l'épaisseur du tronc ; ce sont ceux qu'on nomme en général *arbres à bois blanc* ou simplement *bois blancs*. Ces bois sont toujours de qualité inférieure, soit comme combustible, soit surtout comme bois d'œuvre ; cependant il faut établir, sous ce rapport, une division et distinguer les vrais Bois blancs, comme les Saules, les Peupliers[1], dans lesquels le bois est mou, peu durable et ne dégage que peu de chaleur en brûlant, et les Bois demi-durs, comme le Charme, le Hêtre, qui acquièrent plus de densité et qui constituent d'excellents combustibles, bien que leur coloration ne devienne jamais foncée. — Au contraire, dans les autres espèces arborescentes, les couches ligneuses les plus anciennes subissent l'une après l'autre, à partir du centre, une modification notable : leur couleur devient plus foncée, leur dureté et leur densité augmentent beaucoup à cause de l'épaississement considérable que prennent les parois de leurs fibres dans la substance desquelles s'accumule le *ligneux* ou *xylogène*. De là le tronc de ces arbres, qu'on appelle vulgairement *Bois durs*, et dont les Chênes, l'Orme, le Noyer, etc., nous offrent des exemples, présente à son centre une masse ligneuse de couleur foncée qu'on nomme

---

[1] Au centre des troncs fort vieux de ces arbres on voit généralement une petite quantité de bois plus fortement coloré.

Cœur du bois, Bois parfait, Duramen (*ly*, fig. 67, p. 138), et, plus extérieurement, une zone de couleur beaucoup plus claire, blanchâtre, qu'on appelle *Aubier*, (alburnum, de albus, blanc) ou *Bois imparfait* (*ly'*, fig. 67).

Changement de l'aubier en cœur du bois. — La différence de couleur qui distingue le cœur du bois et l'aubier est généralement bien marquée. Elle l'est à un haut degré dans le Mûrier à cœur brun et aubier jaune clair, dans le Noyer à cœur brun foncé et aubier blanchâtre, surtout dans le *Cytisus Laburnum* à cœur noirâtre et aubier très-pâle, au maximum dans l'Ébène, où le cœur est d'un noir parfait et l'aubier blanc ou blanchâtre (*Diospyros Ebenum* Retz., *D. melanoxylon* Roxb., *D. Ebenaster* Retz., etc.). Par une circonstance remarquable, tandis que la lignification et par conséquent la dureté gagnent progressivement du centre vers la circonférence, le changement de couleur qui distingue à l'œil le cœur et l'aubier s'opère brusquement et ne montre pas de rapport avec la limite des couches; il en résulte que souvent une ou plusieurs couches annuelles ont la couleur du bois parfait vers un côté du tronc, et celle de l'aubier vers un autre côté.

Quelques applications pratiques. — On a reconnu par des observations concluantes que la vigueur de la végétation accélère le passage de l'aubier à l'état de duramen, d'où il suit que, de deux arbres d'une même espèce et du même âge, dont l'un végète sur un sol maigre tandis que l'autre prospère sur un sol fertile, le premier aura beaucoup moins de bois parfait que le dernier. Si l'on ajoute à ce premier fait, qu'un arbre planté dans un bon sol produit des couches annuelles plus épaisses, on reconnaîtra les avantages qu'offre la plantation faite dans ces conditions favorables, puisque, dans le même nombre d'années, elle donnera lieu à une production abondante de bois et particulièrement de bois parfait, le seul qui ait une valeur réelle pour la mise en œuvre.

C'est là une donnée qui, dans la pratique de la sylviculture, a une importance réelle. Il faut y joindre la connaissance de la proportion selon laquelle, dans la marche naturelle de la végétation, la masse du bois parfait augmente comparativement au volume de l'aubier, d'où résulte l'augmentation de valeur proportionnelle des arbres jusqu'à un certain âge, passé lequel les formations annuelles ne sont plus assez considérables pour qu'il y ait avantage à les laisser plus longtemps sur pied. Duhamel a reconnu que, pour le Chêne, le plus précieux de nos arbres forestiers, dans un tronc épais de 0ᵐ,19, le volume de l'aubier égale celui du cœur ; que dans un tronc de 0^m,33, pour 1 d'aubier en volume on trouve 3 1/4 de cœur ; enfin qu'à 0^m,65 de diamètre, pour 1 d'aubier il existe 4 1/2 de cœur. La proportion du bois parfait à l'aubier augmente donc avec l'âge. En moyenne, un Chêne dont le tronc mesure 0^m,65 de diamètre compte près de 100 ans d'existence. On voit donc que dans l'exploitation des futaies, on ne doit pas abattre les arbres avant qu'ils aient atteint de 100 à 150 ans ; et même, d'après Varenne-Fenille, le maximum de production pour ces arbres s'étend jusqu'à l'époque où ils commencent à s'altérer dans le cœur, terme d'autant plus éloigné que la croissance a été plus rapide.

Comme donnée pratique intéressante relativement aux bois, j'ajouterai que Buffon a trouvé dans l'écorcement des arbres sur pied un moyen facile d'augmenter rapidement la proportion du bois de cœur ou, pour parler plus exactement, de donner promptement à l'aubier les qualités physiques par lesquelles se recommande le cœur ; mais il ne paraît pas que les expériences faites à ce sujet par notre célèbre naturaliste aient jamais été reproduites en grand par d'autres observateurs.

Je ferai remarquer encore que l'élasticité du bois est en raison inverse de l'épaisseur des couches annuelles qui se sont réunies pour le former ; il s'ensuit que, dans les circonstances où cette propriété physique acquiert un intérêt particulier, on doit choisir des arbres dont la croissance ait été lente et qui, par conséquent, présentent, sous un volume donné, le plus grand nombre possible de ces couches. Cette particularité s'explique parce que, dans ces conditions, les fibres ligneuses sont plus étroites, plus serrées, plus nombreuses sur une même étendue, enfin mieux lignifiées que dans les circonstances inverses. C'est là, comme l'ont montré MM. Bravais et Martins[1], la cause de la supériorité qui fait rechercher pour la mâture des navires les Pins venus en Scandinavie, notamment ceux de Geffle, dans lesquels les couches ligneuses dépassent rarement 0^m,001 d'épaisseur.

Variations dans la structure de la masse ligneuse chez des espèces différentes. — La structure que j'ai décrite pour le bois de la tige des Dicotylédons est celle qu'on observe généralement dans les arbres de ce vaste embranchement que les forestiers désignent collectivement sous la dénomination commune d'*Arbres feuillus*. Ce sont ceux qui existent en majorité dans nos pays,

---

[1] *Ann. des sc. nat.*, 1843, XIX.

chez lesquels les feuilles sont planes et minces, le plus souvent annuelles, qui enfin ne produisent pas de résine ; tels sont les Chênes, les Bouleaux, les Tilleuls, les Saules, les Peupliers, nos arbres fruitiers, etc. Mais il existe aussi une catégorie importante d'arbres dicotylédons qu'on nomme, par opposition aux précédents, *Arbres verts* ou *résineux* (en allemand aussi *Nadelhölzer*, ou arbres à feuilles en aiguille), dont les Pins, Sapins, Cèdres, Mélèzes, Cyprès, Ifs, etc., nous offrent des exemples bien connus, et qui constituent le beau groupe naturel des Conifères. Ceux-ci ont des feuilles presque toujours longues et étroites, semblables même à de longues aiguilles, ou bien très-petites et pressées sur les rameaux, et qui persistent en bon état pendant l'hiver ; ils renferment et peuvent fournir de la résine en abondance ; en outre, leur bois se distingue nettement de tous les autres par sa structure anatomique.

1° *Bois des Conifères.* — En effet, ce bois, à part les trachées et les vaisseaux annelés de l'étui médullaire, n'offre pas de vaisseaux dans son épaisseur ; il est donc formé exclusivement de fibres ou cellules allongées de prosenchyme, que caractérisent de grandes ponctuations aréolées (voyez p. 29), rangées presque toujours en une seule file longitudinale sur les deux faces correspondantes aux rayons médullaires[1]. Dans chaque couche annuelle, ces fibres ont des parois minces et un contour à peu près carré (sur la coupe tranversale) dans la portion la plus interne, qui s'est formée au printemps ; leurs parois sont au contraire de plus en plus épaisses, et leur contour devient rectangulaire, de plus en plus déprimé de dehors en dedans, à mesure qu'elles sont situées plus près de la limite externe de la couche, c'est-à-dire à mesure qu'elles ont été produites à une époque plus avancée de l'année. Il résulte de cette disposition que chaque couche ligneuse est beaucoup plus molle et moins durable dans sa portion intérieure que dans sa portion extérieure ; aussi voit-on journellement des planches de Pin ou Sapin, qui sont restées longtemps exposées à l'action des agents atmosphériques, présenter alternativement à leur surface des lignes saillantes et des sortes de sillons creux : les premières sont formées par la partie dure ou externe des couches ligneuses qui a résisté aux causes de destruction ; les dernières correspondent à la portion peu

______

[1] Je ferai cependant observer que, dans le contact même des rayons médullaires, les ponctuations aréolées font place généralement à de petites ponctuations ordinaires. (Voyez p. 26.)

consistante et peu durable, c'est-à-dire interne de ces mêmes couches, sur laquelle les agents désorganisateurs ont exercé énergiquement leur action. Ajoutons que les rayons médullaires de ces arbres sont fort étroits, presque toujours formés d'une seule file de cellules, vus sur la coupe tangentielle, et que leur masse ligneuse est creusée de canaux remplis de résine.

Ce dernier fait explique pourquoi, dans les landes de Gascogne où le Pin maritime est planté en grand pour fixer les sables, on obtient de cet arbre une grande quantité de résine en pratiquant l'opération du *gemmage*, c'est-à-dire en faisant dans le tronc même une entaille qui pénètre dans le bois et qui, ouvrant ainsi beaucoup de canaux ou réservoirs de résine, permet à ce liquide de couler au dehors ; lorsque ce liquide sort on le recueille soit dans une petite fosse creusée dans le sol, soit, et beaucoup plus avantageusement, aujourd'hui, dans une sorte de cuvette en poterie qu'on suspend au-dessous de l'incision.

2° *Bois des arbres feuillus.* — Le bois des arbres feuillus est sujet à subir, dans différentes espèces, des modifications de structure, les unes assez légères pour qu'il n'y eût qu'un médiocre intérêt à les exposer dans ces *Éléments*, les autres plus importantes et devant dès lors être indiquées succinctement.

a. *Parenchyme ligneux.* — La plus fréquente des modifications que peut subir le bois des Dicotylédons consiste dans le mélange aux fibres ligneuses d'un tissu cellulaire particulier qu'on a nommé *parenchyme ligneux*, et qui consiste en cellules courtes, provenant en général de la subdivision de certaines fibres par des cloisons transversales. Le parenchyme ligneux n'existe pas toujours ; il manque, par exemple, ou se trouve à peine indiqué dans le bois des Saules, des Peupliers, des Bouleaux, des Tilleuls, etc. Là où il existe, il varie pour son abondance et sa disposition ; ainsi il se montre par cellules isolées ou par petits groupes dans nos arbres fruitiers, dans le Hêtre, etc., par bandes étroites dans le Chêne, etc.

b. *Rayons médullaires.* — Occupant les mailles étroites et allongées en navette du réseau que forment les fibres du bois dans leur marche plus ou moins sinueuse, les rayons médullaires constituent de petits plans verticaux entièrement composés de parenchyme muriforme (voyez p. 17), tel, en général, que le montre, sur une coupe longitudinale et radiale, la figure 70. Mais c'est principalement sur la coupe longitudinale et tangentielle, c'est-à-dire perpendiculaire à la direction rayonnante, ainsi que sur la coupe horizontale, qu'ils présentent d'assez nombreuses variations.

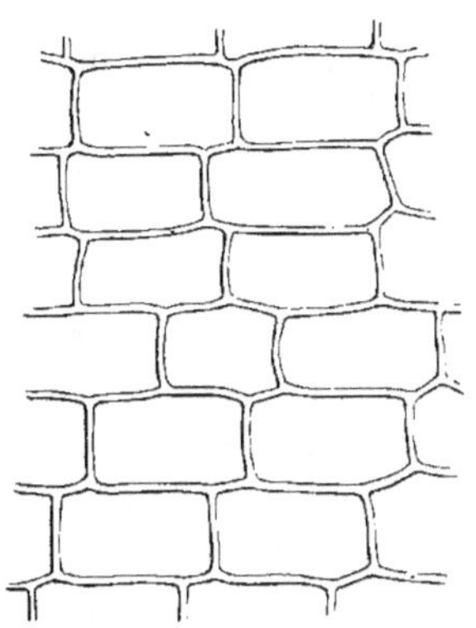

Fig. 70. — Parenchyme muriforme qui compose les rayons médullaires ; il est pris dans la tige de l'*Aristolochia Sipho* L'Hérit., et il est vu tel que le montre une coupe longitudinale et radiale.

Par les coupes tangentielles, on reconnaît : 1° que tantôt ils sont composés d'un seul plan vertical de cellules, comme nous l'avons vu pour les Conifères (l'*Ephedra* et le Gingko, ou *Salisburia adiantifolia* Sm., font exception dans ce grand groupe naturel), et que tantôt ils sont notablement plus épais ; 2° que le plus souvent ils sont peu prolongés dans le sens de la longueur de la tige, tandis que, chez la Vigne et la Viorne des haies (*Clematis Vitalba* L.), ils s'étendent sur toute la longueur d'un entre-nœud. D'un autre côté, les sections horizontales montrent :

1° que les rayons des plantes herbacées sont beaucoup plus épais que ceux des espèces à tige ligneuse ; 2° que, dans chacune de ces dernières, il existe à la fois de *grands rayons médullaires* s'étendant de la moelle à l'écorce, et de *petits rayons médullaires* qui commencent plus ou moins loin de la moelle, et qui, par conséquent, ont pris naissance dans des couches ligneuses postérieures à la plus ancienne ; 3° que la même tige ne renferme généralement que des rayons de la même épaisseur, comme on le voit dans les Bouleaux, le Charme, le Frêne, l'Orme, le Poirier, les Saules, etc., tandis que, dans un petit nombre de cas, par exemple dans le Hêtre, le Chêne, on voit des rayons étroits à côté d'autres qui sont notablement plus larges Les rayons médullaires manquent chez quelques Dicotylédons, notamment, d'après M. Brongniart, chez les Crassulacées, d'après A. de Jussieu, chez les *Pisonia*, d'après mes observations, chez la Clandestine (*Lathræa Clandestina* L.), les *Melampyrum*, etc.

c. Fibres et vaisseaux. — La quantité des fibres ligneuses, relativement à celle des vaisseaux dans la masse ligneuse, varie notablement d'une espèce à l'autre ; nous avons même vu qu'elle diffère vers l'intérieur et vers l'extérieur d'une même couche annuelle ; mais ce sont là de simples différences en plus ou en moins qu'il serait difficile d'indiquer sans entrer dans de longs détails que ne comporte pas un ouvrage tel que celui-ci. Toutefois il est à cet égard un terme extrême que je crois ne devoir point passer sous silence. Il existe, en effet, dans les pays chauds, quelques arbres dont le bois est d'une légèreté extraordinaire qui égale celle du liége. Ces bois doivent leur caractère à deux structures différentes : dans les uns, comme on le voit chez les Bombacées, dans l'*Ædemone mirabilis* Kotsch., du Nil Blanc, dans l'*Æschynomene paludosa*, etc., la matière ligneuse, s'il est permis de l'appeler ainsi, est composée d'une sorte de parenchyme à cellules courtes et fort peu lignifiées, auxquelles s'entremêlent de larges vaisseaux ponctués ; au milieu de ce tissu, qui rappelle si peu celui des bois ordinaires, se montrent à peine çà et là quelques fibres éparses. Dans les autres, comme chez les *Avicennia*, de fort grands vaisseaux ponctués, entremêlés de cellules courtes, à parois minces, composent un tissu ligneux qui, comme dans le premier cas, peut rivaliser avec le liége pour la légèreté, mais sans en avoir l'élasticité.

Variations dans la structure de l'écorce. — Nous avons vu que, dans son ensemble et sous l'épiderme qui la recouvre, l'écorce d'un Dicotylédon résulte de la réunion de trois zones concentriques : le liber, l'enveloppe cellulaire et la couche subéreuse. Link appelait ces trois zones, d'après leur situation, *Endophlœum* (de ἔνδον, dedans, et φλοιός, écorce), *Mesophlœum* (de μέσος, moyen, médian, et φλοιός), *Epiphlœum*[1] (de ἐπί, sur, et φλοιός). Les variations que ces trois zones peuvent subir dans différentes espèces sont moins prononcées que celles dont le système ligneux est susceptible. Toutefois elles ont encore assez d'intérêt pour que je ne puisse les passer sous silence.

Je crois devoir faire observer, quant à l'ensemble du système cortical, que son épaisseur ne devient jamais comparable à celle du bois, dans les végétaux ligneux, lors même qu'ils atteignent une grande vieillesse, et que le plus souvent elle reste proportionnellement faible. Comme exemples extrêmes sous ce rapport, on peut citer d'un côté la Vigne, qui, par suite d'une exfoliation annuelle, ne garde que sa dernière couche de liber, de l'autre certains arbres de la famille des Conifères, surtout le *Sequoia gigantea* et l'*Abies Douglasii*, dont l'écorce atteint ou dépasse même quelquefois $0^m,50$ d'épaisseur.

1° *Liber.* — Le fait le plus saillant relativement au liber, c'est

[1] En place de ce dernier mot, des botanistes ont employé celui d'*exophlœum* (de ἔξω, dehors, et φλοιός).

l'absence complète de ses fibres, chez certains Dicotylédons, tels que la plupart des Groseilliers, le *Viburnum Lantana*, les *Mesembryanthemum*, d'après M. Schleiden, le *Phytolacca dioica*, d'après M. Decaisne, etc. Par opposition à l'absence de la zone libérienne, plusieurs anatomistes admettent aujourd'hui que les fibres qui la caractérisent peuvent se trouver non-seulement dans l'écorce, mais encore dans le bois. Sous ce rapport, M. Chatin est allé aussi loin que possible, dans une note récente[1], en disant : 1° que chez quelques plantes, ces fibres manquent dans la région corticale et se montrent uniquement dans le système ligneux (ex. : *Petasites*); 2° que chez un assez grand nombre d'autres Dicotylédons on les observe à la fois dans l'écorce et dans le bois, tantôt bien localisées et se rattachant symétriquement au système ligneux (*Piper, Antidaphne*, Gui), tantôt dispersées sans ordre dans la masse du bois (*Medicago, Ulex*); 3° que parfois elles affectent une disposition en quelque sorte intermédiaire aux deux précédentes, en ce sens que certaines d'entre elles sont éparses dans le bois, tandis que les autres y sont placées symétriquement. Il importerait, dans l'état actuel des choses, d'assigner aux fibres libériennes des caractères assez précis pour rendre impossible toute confusion entre elles et les vrais éléments du bois, sous quelque aspect qu'ils se présentent.

Dans la grande majorité des cas, le liber est disposé en feuillets ou couches minces, comme je l'ai indiqué plus haut ; mais parfois aussi on voit les faisceaux de ses fibres s'étendre parallèlement les uns aux autres et rester séparés sur toute la longueur d'un entre-nœud, comme on le remarque dans la Vigne. Enfin ses fibres peuvent ne pas se grouper en faisceaux et rester isolées, par exemple dans le Cornouiller blanc.

a. Fibres libériennes. — Jusqu'à ces derniers temps, on avait regardé comme l'élément essentiel du liber ces fibres allongées en fuseau ou formant un vrai prosenchyme, dont les épaisses parois sont composées de cellulose fort peu encroûtée de ligneux, de sorte qu'elles possèdent à la fois une ténacité remarquable et beaucoup de flexibilité. Grâce à ces propriétés physiques, ces fibres acquièrent une utilité majeure comme matières textiles, dans le Lin (*Linum usitatissimum* L.), dans le Chanvre (*Cannabis sativa* L.), dans le Chû-ma ou Tchou-ma des Chinois, China-grass des Anglais et le Ramie ou Caloïe des îles de la Sonde, plantes de la famille

---

[1] *Comptes rendus*, LX, p. 611, 27 mars 1865.

des Urticées que divers botanistes, notamment M. Decaisne, classent comme deux espèces différentes, sous les noms de *Urtica* (*Bœhmeria*) *nivea* L. pour la première, de *Urtica* (*Bœhmeria*) *utilis* pour la seconde, tandis que Royle et M. Weddell n'y voient qu'une seule et unique espèce, le *Bœhmeria nivea*, Hook. et Arn.[1]. Isolées par le rouissage, c'est-à-dire par la macération dans l'eau, les fibres libériennes de ces plantes peuvent être détachées du corps ligneux qui, dans le Chanvre, forme la *chènevotte*, et elles deviennent ainsi les *filasses* dont l'emploi direct nous donne toutes nos toiles dites de fil, et qui plus tard, réduites en chiffons, constituent la matière première du meilleur papier. Chacune de ces cellules élémentaires peut devenir fort longue ; cependant M. H. Mohl affirme que la longueur qui leur est assignée par divers auteurs est considérablement exagérée ; qu'elle est, en moyenne, d'une ligne, souvent moindre, au plus et rarement de deux lignes (ou environ 5 millim.).

b. Tubes cribreux. — Il y a peu d'années, un nouvel élément constitutif du liber a été découvert par M. Th. Hartig : ce sont des cellules allongées et larges, à parois minces, caractérisées surtout par de grandes ponctuations sur chacune desquelles il n'existe qu'une membrane déliée, marquée d'un réseau fin qui la fait ressembler à un crible microscopique. De là ces cellules ont été nommées successivement par M. Th. Hartig *Tubes cribreux* (Siebrœhren), et par M. H. Mohl, *cellules treillisées* ou *grillagées* (cellulæ clathratæ, Gitterzellen en allem.) (voyez plus haut, p. 54). Ces sortes de cellules prennent une part essentielle à la formation du liber d'un grand nombre de végétaux ; ainsi elles forment des couches qui alternent avec des assises de fibres libériennes proprement dites, dans le Tilleul, le Noyer, la Vigne, etc. Dans le Sureau, elles composent des faisceaux qui alternent avec ceux du prosenchyme. Dans le Poirier, elles constituent la plus grande partie de chaque formation libérienne annuelle ; même dans le Bouleau blanc et le Hêtre il ne se produit des fibres libériennes, à parois épaisses, que pendant la première année, et les productions postérieures consistent en un mélange de tubes cribreux et de cellules parenchymateuses plus ou moins allongées, qui contiennent de la fécule[2].

[1] La matière textile qu'on retire du *Bœhmeria nivea* est supérieure au lin et au chanvre pour la durée, la ténacité, et elle les égale en beauté. Les fibres du Tchou-ma ou China-grass ont une teinte verdâtre et une certaine roideur, tandis que celles du Ramie sont blanches et comme nacrées.

[2] Pour plus de détails, voyez M. H. Mohl, dans *Botan. Zeitung*, 1855, pp. 873 et

La conséquence générale de ces faits c'est que, comme le dit M. H. Mohl, les cellules prosenchymateuses à parois épaisses, qui ont été regardées, jusqu'à ces derniers temps, comme l'élément essentiellement constitutif du liber, paraissent en être, au contraire, la portion la moins importante, puisqu'elles ne se produisent assez souvent que pendant la jeunesse du végétal, ou qu'elles manquent même entièrement chez diverses espèces.

c. Parenchyme. — Outre le parenchyme muriforme des rayons médullaires corticaux, le liber renferme souvent du parenchyme ordinaire en plus ou moins grande quantité. Ces cellules proviennent souvent de la division de certaines fibres libériennes par des cloisons minces transversales, comme nous avons vu plus haut que se forment généralement, de leur côté, les cellules du parenchyme ligneux. Pour exemples d'écorce comprenant une proportion notable de ces cellules parenchymateuses, je viens de citer le Bouleau blanc et le Hêtre.

2° *Enveloppe cellulaire.* — On a pu dire avec assez de raison que l'enveloppement cellulaire représente la moelle à l'extérieur de la tige ; pour ce motif, Dutrochet la nommait *médulle corticale.* Elle est composée d'un parenchyme lâche, dont les cellules ont en général leur maximum de grandeur vers le milieu de la zone et vont ensuite en diminuant vers l'intérieur comme vers l'extérieur de la tige. Cette région de l'écorce est généralement beaucoup plus développée dans la tige des herbes que dans celle des arbres et arbustes, et elle atteint son maximum d'épaisseur dans les plantes grasses.

Collenchyme. — Chez beaucoup de végétaux, soit herbacés, soit ligneux, l'enveloppe cellulaire, à sa limite extérieure, passe à une zone qui semble pouvoir être regardée comme en étant une dépendance, et que compose un tissu cellulaire particulier. Ce tissu a reçu le nom de *collenchyme* (Mésoderme A. Rich.). Il est formé de cellules étroites dont la petite cavité est arrondie et dont les parois sont fortement épaissies, surtout aux angles où il n'existe pas de méats intercellulaires (voyez p. 12). Un examen attentif sous le microscope, aidé de l'action des réactifs, montre que la substance qui compose ces épaisses parois appartient bien aux cellules elles-mêmes et non à la matière intercellulaire (voyez p. 22), comme on serait porté à le penser à la première vue. Le collenchyme se gonfle dans l'eau et y prend en général un aspect assez

889, ou l'analyse de ce mémoire dans *Bulletin de la Soc. botan. de France.* II. 1855 pp. 691-694.

analogue à celui de la cire. Il paraît être destiné particulièrement à modérer l'évaporation superficielle des liquides là où la tige n'a qu'un épiderme faiblement protecteur. Aussi manque-t-il, d'après Schacht, autour des tiges dont l'épiderme est couvert extérieurement d'une épaisse couche de cire, par exemple, dans les *Euphorbia canariensis*, *balsamifera* et *piscatoria*.

3° *Couche subéreuse.* — La couche subéreuse (*Stratum phlœum* de M. H. Mohl, le *Suber* de quelques auteurs) est généralement une production ou une dépendance de l'épiderme qu'elle est destinée à remplacer comme couche protectrice. Aussi n'existe-t-elle pas encore dans les tiges très-jeunes et n'y apparaît-elle qu'à une époque plus ou moins avancée, selon les espèces. L'existence en est générale, mais quelquefois la formation du tissu cellulaire spécial qui la constitue est localisée sur certains points.

Les caractères du tissu subéreux sont anatomiques, physiologiques et chimiques. J'ai déjà indiqué plus haut ses caractères anatomiques (voyez p. 136, fig. 66); son caractère physiologique le plus essentiel consiste en ce qu'il reste très-peu de temps vivant et que dès lors, bientôt après sa production, il ne renferme plus de suc cellulaire ni de nucléus (voyez p. 37 et 38), mais seulement des gaz. Quant à ses caractères chimiques, ils résultent surtout de ce que la cellulose qui formait les parois de ses cellules dans leur première jeunesse se modifie de bonne heure, en se subérisant. Dès lors la matière de ces mêmes parois n'est plus susceptible de bleuir sous l'action de l'iode et de l'acide sulfurique, même après une ébullition dans la potasse; elle résiste à l'action de l'acide sulfurique, qui la dissolvait lorsqu'elle était à l'état de cellulose; enfin, par l'ébullition dans l'acide azotique, elle donne l'acide subérique, tandis que le même acide et le chlorate de potasse la changent en une substance céreuse ou résineuse soluble dans l'alcool et dans l'éther.

D'après Mitscherlich, le liége du Chêne-liége est composé de 65.73 de carbone, 8.33 d'hydrogène, 24.54 d'oxygène, 1.50 d'azote, tandis que les cellules analogues qui se superposent en 7 ou 8 assises, quelquefois plus, pour former la peau des tubercules de Pomme de terre, ont la composition suivante : 62.3 de carbone, 7.15 d'hydrogène, 27.57 d'oxygène, 3.03 d'azote.

La formation première des cellules de la couche subéreuse est restée inconnue jusqu'à ces derniers temps. Schacht et M. Sanio ont eu le mérite de l'observer et de la faire connaître. Ils ont montré que le plus souvent, pour les former, les cellules de l'épiderme sont partagées chacune en deux par une cloison parallèle à la surface externe de la tige; que des deux cellules ainsi séparées, l'une se subdivise à son tour et ainsi de suite. Quelquefois aussi, d'après le dernier de ces savants, ce sont les cellules les plus externes de l'enveloppe cellulaire qui se partagent chacune en deux de la même manière que précédemment, après quoi la plus interne des deux qui ont été produites ainsi se subdivise de même à son tour, etc. (*Bambusa nigra*, *Viburnum Opulus*, *Alnus glutinosa*, etc.). Enfin, dans un petit nombre de cas, des parties encore plus profondes de l'écorce peuvent donner naissance à des cellules subéreuses.

a. Liége en général. — C'est surtout pour la production du liége, matière d'un usage journalier, que le développement de la couche subéreuse est intéressant à étudier; c'est aussi à ce point de vue que je crois devoir m'en occuper ici avec quelque détail.

La couche subéreuse gagne assez fortement en épaisseur pour former du liége, c'est-à-dire une matière remarquable à la fois pour sa légèreté et pour son élasticité, chez un assez petit nombre de végétaux de diverses familles, par exemple : sur la tige de plusieurs Aristoloches des contrées chaudes (fig. 71), sur la portion inférieure persistante et très-renflée de la tige d'un Monocotylédon, le *Testudinaria elephantipes* Burch., sur l'écorce d'une variété de l'Orme (*Ulmus campestris* L. var. *suberosa*), dont quelques auteurs ont fait à tort une espèce distincte et séparée (*U. suberosa* Ehrh.), mais principalement sur deux Chênes, le vrai Chêne-liége (*Quercus suber* L.), qui croît dans le sud-est de la France, en Italie, en Algérie, et le Chêne occidental (*Q. occidentalis* J. Gay), arbre propre à nos départements du sud-ouest et au Portugal, qu'on avait toujours confondu avec le vrai Chêne-liége, et qui en a été distingué récemment par J. Gay, surtout d'après cette circonstance que ses glands ne mûrissent qu'en deux ans, tandis qu'ils atteignent leur maturité en un an, chez ce dernier. Le liége ne peut être utilisé

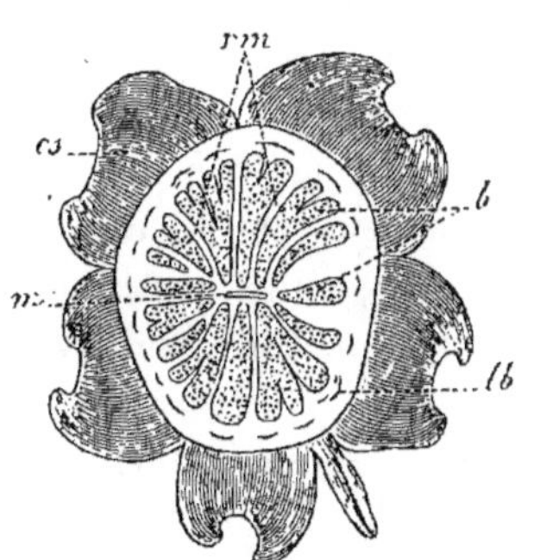

Fig. 71. — Coupe transversale d'une tige agée d'*Aristolochia cymbifera* Mart. — *cs*, couche subéreuse développée en liége épais, mais formant des sortes de saillies plus ou moins distinctes et non une zone continue. — *m*, moelle très-comprimée; *b*, bois; *lb*, liber; *rm*, rayons médullaires.

que dans l'état où le produisent les deux Chênes dont on vient de voir le nom; sur l'Orme subéreux, il se forme seulement pendant les sept ou huit premières années de l'existence des branches ou de la tige, et il reste trop mince, trop peu élastique, trop crevassé pour qu'on en tire le moindre parti.

b. Liége des Chênes-liéges et son extraction. — Dans les Chênes-liéges, à la fin de la première année, on ne trouve, sous l'épiderme encore parfaitement entier, qu'une couche subéreuse naissante, formée de trois à cinq assises de cellules incolores, à parois minces, vides de tout corps solide, et alignées en files dans le sens des rayons de la tige. Sous cette couche se montre l'enveloppe cellulaire dont les cellules sont remplies de chlorophylle, et dans laquelle sont entremêlés de petits groupes de cellules plus grosses que leurs voisines, incolores, sans granules et à parois minces. La seconde et la troisième année, l'enveloppe cellulaire gagne seule en épaisseur, et ses groupes de cellules sans chlorophylle et par suite incolores, encroûtant leurs parois, devenant plus compactes, tandis que le tissu intermédiaire sèche et brunit, elle prend une apparence marbrée. De trois à cinq ans, l'épiderme se déchire longitudinalement; la couche subéreuse augmente notablement d'épaisseur par formation de nouvelles cellules à son côté interne; en même temps ses cellules externes déjà mortes sont passées à l'état de liége dont elles ont tous les caractères, tandis que les internes, parfaitement vivantes et composées encore de cellulose, restent susceptibles de se multiplier. C'est en effet par sa portion la plus interne que la masse subéreuse va désormais s'accroître, en formant chaque année une nouvelle couche, tandis que la subérisation gagnera de l'extérieur à l'intérieur à mesure que la zone entière augmentera d'épaisseur.

Mais comment les couches annuelles de liége se distinguent-elles l'une de l'autre? La réponse à cette question bien simple en apparence a un intérêt général, puisqu'elle se rattache à un ensemble de faits que présentent les écorces des divers arbres comparées l'une à l'autre. En effet, les lignes de démarcation entre ces couches annuelles de liége sont formées chacune par une ou deux assises de cellules qui diffèrent de celles dont est composée la vraie matière subéreuse par leur aplatissement en table et par l'épaisseur de leurs parois. Ces cellules en table constituent ce que M. H. Mohl a nommé le *Périderme*[1], que nous allons bientôt retrouver

M. Hanstein (*Untersuch. über d. Bau u. d. Entwick, d. Baumrinde.* Berlin, 8°, 1853) étend ce nom de Périderme à la couche subéreuse entière.

beaucoup plus développé dans d'autres écorces; elles dessinent dans le liége des lignes plus foncées que le reste et dont chacune indique la terminaison de la production subéreuse d'une année.

La zone de liége des Chênes-liéges ne devient notablement épaisse que vers sept ou huit ans, et ce n'est qu'à l'âge de 10 à 15 ans qu'on l'enlève pour en faire la première *tire* ou récolte, par l'opération du *démasclage*, qui consiste à tracer sur le tronc des incisions longitudinales, réunies en haut et en bas par des incisions transversales, et à soulever ensuite graduellement avec une hachette spéciale les plaques de liége circonscrites par ces entailles. Ce premier liége, qui s'est développé naturellement, est nommé *liége mâle;* il est de fort mauvaise qualité, grossier et peu élastique. Son enlèvement met à nu l'enveloppe cellulaire qui, réunie au liber, forme ce que les ouvriers nomment le *lard* ou la *mère*, parce que sa conservation est indispensable pour le développement d'une nouvelle couche de la même matière.

Après ce premier enlèvement de la couche subéreuse, on fait, tous les sept ou huit ans, une nouvelle *tire*, et l'on obtient ainsi ce que les ouvriers nomment le *liége femelle*, qui se recommande par sa finesse et son élasticité d'autant plus grandes que l'arbre est en exploitation depuis un plus grand nombre d'années. C'est celui-ci qui sert à la fabrication des bouchons et des divers objets pour lesquels cette matière serait très-difficile à remplacer. Un Chêne-liége exploité convenablement peut vivre 150 ans et même davantage.

Plusieurs botanistes de notre époque, et particulièrement M. Casimir de Candolle [1], ont fait des observations attentives sur la reproduction du liége. Ils ont reconnu que la nouvelle couche de cette substance apparaît à des profondeurs diverses au-dessous de la surface du tronc démasclé, tantôt dans l'intérieur de l'enveloppe cellulaire, tantôt même dans l'épaisseur du liber, là où cesse le dessèchement superficiel qui est la conséquence nécessaire du démasclage. Ils ont montré aussi que la nouvelle zone subéreuse, dès qu'elle a pris naissance, gagne continuellement en épaisseur par production de nouvelles cellules à sa limite interne.

4° *Épiderme, Périderme et Lenticelles.* — a. Épiderme. — L'Épiderme varie peu sur les tiges, de telle sorte que je n'ai pas à revenir sur ce que j'en ai déjà dit (voyez p. 88 et suiv.). Sur les tiges des herbes, il persiste sans altération jusqu'à ce qu'elles

____

[1] De la *Production naturelle et artificielle du liége*, par M. Casimir de Candolle, dans les *Mémoires de la Soc. de Phys. et d'Hist. nat. de Genève*, XVI.

périssent elles-mêmes ; mais sur celles des végétaux ligneux, il n'existe que pendant un nombre d'années assez restreint, comme on vient de le voir pour le Chêne-liége. Distendu par l'effet du grossissement des parties sous-jacentes, il se déchire ; après quoi il ne tarde guère à disparaître, de telle sorte qu'on n'en trouve plus de vestiges sur des troncs déjà un peu forts. En quoi consiste donc la couche protectrice qu'on remarque à la surface de ceux-ci après qu'il a disparu ? Les belles observations de M. H. Mohl vont nous fournir une réponse précise à cette question. Elles nous montreront que ce rôle est essentiellement dévolu à la couche subéreuse, mais que, pour le remplir efficacement, celle-ci subit, chez divers arbres, des variations notables dans sa manière d'être et dans la proportion de ses éléments constitutifs, variations qui donnent à la superficie des écorces leur diversité d'aspect.

b. Périderme. — En exposant la structure de la couche subéreuse chez les Chênes-liéges, j'ai dit qu'elle était formée presque exclusivement de ces cellules à parois minces, vides de tout solide et de bonne heure aussi de tout liquide, qui constitue le liége proprement dit ; mais j'ai ajouté que la limite de chaque production annuelle de ce liége est formée par une ou deux assises de cellules à parois plus épaisses, aplaties en table, de couleur plus foncée, qui forment par leur réunion une couche plus ferme nommée par M. H. Mohl le *Périderme*. C'est là pour la couche subéreuse une première manière d'être, caractérisée par une prédominance marquée du liége sur le périderme, dont les Chênes-liéges offrent deux excellents exemples et qu'on retrouve aussi dans notre Érable champêtre (*Acer campestre* L.). Dans ce premier cas, c'est le liége qui forme à peu près seul l'enveloppe protectrice, après la destruction de son épiderme.

Il est rare qu'il en soit ainsi, et le plus souvent c'est le périderme qui fournit, soit principalement, soit même exclusivement à la tige son enveloppe protectrice. On remarque à cet égard trois nouvelles dispositions de la couche subéreuse. 1° Dans des cas rares (*Gymnocladus canadensis* Lamk.), cette zone est composée d'assises alternatives et peu inégales en épaisseur de liége et de périderme. 2° Plus souvent, comme dans les Bouleaux, le périderme est décidément prédominant ; il forme des feuillets très-fermes, bruns, superposés, susceptibles d'être détachés sans difficulté, entre lesquels il se produit seulement une faible quantité de tissu subéreux à parois minces, qui se déchire aisément et qui alors apparaît à la surface des lames péridermiques sous l'apparence d'une poussière blanche. La cohérence remarquable du périderme des Bouleaux sous une faible épaisseur, et son incorruptibilité en déterminent l'emploi usuel en différentes circonstances, notamment pour la confection de vases légers, de boîtes, de semelles, etc. ; c'est aussi grâce à ces mêmes propriétés que les Canadiens font avec le périderme du *Betula papyracea* Willd. des canots tellement légers que, sous des dimensions suffisantes pour qu'ils portent quatre personnes et leurs bagages, ils ne pèsent que 20 à 25 kilogrammes. 3° Enfin, une dernière structure de la couche subéreuse protectrice est celle qu'offre le Hêtre (*Fagus silvatica* L.) ; elle résulte de ce que le périderme y existe seul, sans mélange de parenchyme subéreux, ou seulement avec mélange sur quelques points d'un peu de parenchyme rougeâtre. L'enveloppe ainsi composée est peu épaisse, mais très-lisse à sa surface externe.

Exfoliation des tiges. — C'est encore à une formation de périderme qu'est due la singulière exfoliation qui détache et fait tomber successivement de grandes et nombreuses plaques d'écorce de la surface des Platanes. Sur ces arbres, il se produit, dans l'épaisseur même du liber, des lames péridermiques dont les bords viennent s'appuyer sur le périderme extérieur. Toutes les portions de l'écorce qui se trouvent en dehors de ces lames sont ainsi privées de communication directe avec les parties sousjacentes ; ne pouvant plus se nourrir, elles meurent, sèchent et tombent.

Il se passe quelque chose d'analogue dans l'écorce du Prunier, du Poirier, du Chêne, du Tilleul, etc. Il s'y développe en effet une série de lames péridermiques ; mais ces lames ne s'isolant que vers leurs bords et restant longtemps adhérentes au tronc par leur portion médiane, il en résulte seulement pour ces arbres une surface très-crevassée, très-rugueuse, c'est-à-dire une exfoliation imparfaite et non l'isolement ni la chute de lames d'écorce.

c. Lenticelles. — L'écorce des arbres présente généralement à sa surface des points légèrement proéminents, épars, qui se montrent à peu près arrondis sur les jeunes tiges ou rameaux, et qui plus tard, suivant les parties sous-jacentes dans leur grossissement, deviennent en général plus larges que hauts ou même prennent la forme de lignes transversales plus ou moins allongées. Le contour d'abord arrondi de ces points leur a fait donner le nom de *Lenticelles* (petites lentilles). Il est facile de voir que, pour apparaître au dehors, chacun d'eux a rompu l'épiderme, et par conséquent que la substance qui le forme est intérieure relativement à celui-ci.

On a émis successivement différentes opinions quant à la nature et à la destination des lenticelles. Guettard voyait en elles des organes de nature glanduleuse, et, pour ce motif, il les appelait Glandes lenticulaires ; mais cette idée est dépourvue de fondement, puisque ces petits corps ne sont le siége d'aucune sécrétion. A une époque peu éloignée [1], A. P. de Candolle avait cru voir que d'elles naissaient les racines qui se produisaient sur des branches plantées en boutures, d'où il concluait que c'étaient des points prédisposés pour la production de racines. Il a été peu difficile de reconnaître que cette idée n'était pas fondée, des racines ne sortant qu'exceptionnellement aux places occupées par les lenticelles.

Les expériences de M. H. Mohl [2] sont décisives à cet égard. En effet, ce savant botaniste a reconnu que, sur des boutures de Saule, des racines s'étant développées en grand nombre, deux ou trois d'entre elles seulement étaient sorties aux points occupés par des lenticelles, et cela, sans qu'on pût dire que celles-ci leur avaient donné naissance. D'un autre côté, il a montré que, tandis que les lenticelles sont situées dans la portion externe de l'écorce, les racines, développées dans ces circonstances, ont leur point d'origine situé beaucoup plus profondément.

En Allemagne, M. Unger avait d'abord pensé que ces petits corps n'étaient pas autre chose que des stomates oblitérés, opinion qu'il a lui-même bientôt abandonnée. Enfin, M. H. Mohl a montré que les lenticelles sont simplement des amas de cellules disposées en files perpendiculaires à l'écorce, dont les plus extérieures sont desséchées et forment une sorte de peau brune à l'amas tout entier qui, de son côté, est reçu à sa base dans un petit enfoncement de l'enveloppe cellulaire. Les lenticelles ont donc tous les caractères d'une production subéreuse localisée. Cette opinion du savant professeur de Tubingue n'a pas été contredite, à ma connaissance.

La considération des lenticelles sur l'écorce de nos arbres fruitiers fournit des caractères dont les arboriculteurs tirent un bon parti pour la distinction des variétés de ces arbres ; en effet, ces petits corps diffèrent souvent assez de nombre, de volume, etc., pour modifier plus ou moins l'aspect des rameaux, et,

[1] *Ann. des sc. nat.*, 1re sér., 1826, t. VII.
[2] *Flora*, 1832 ; *Verm. Schrift.*, p 229-232.

par suite, pour aider à reconnaître, dans certains cas, telle ou telle sorte de Poirier, par exemple.

Le relevé des assises qui se réunissent pour constituer la tige d'un Dicotylédon peut être résumé, sous forme de tableau synoptique, de la manière suivante :

La Tige des Dicotylédons comprend, de l'intérieur à l'extérieur :

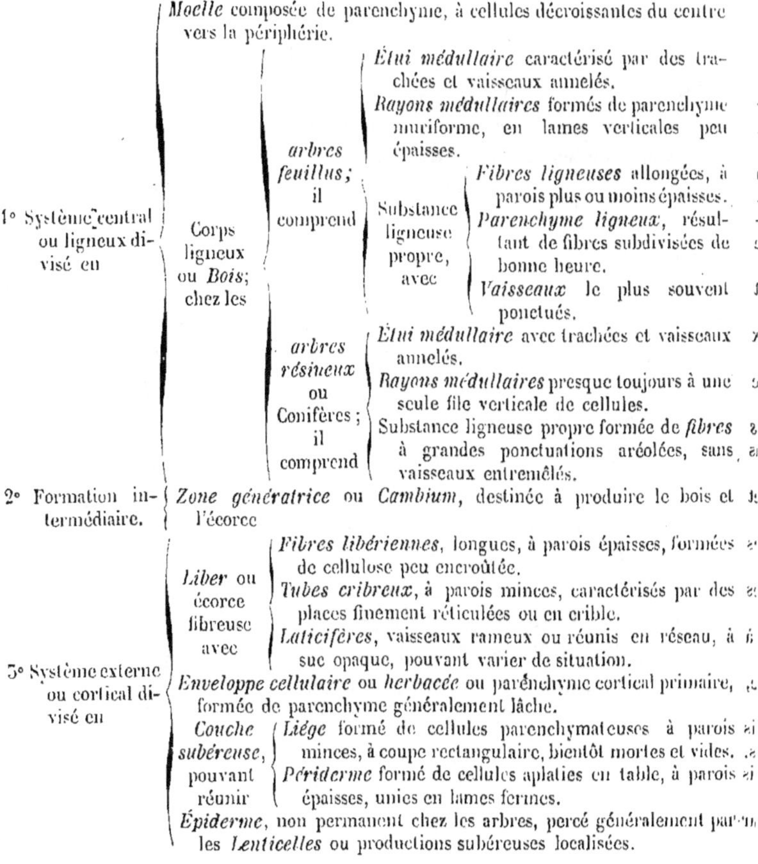

Moelle composée de parenchyme, à cellules décroissantes du centre vers la périphérie.

1° Système central ou ligneux divisé en — Corps ligneux ou *Bois* ; chez les :

— *arbres feuillus* ; il comprend :

— *Étui médullaire* caractérisé par des trachées et vaisseaux annelés.
— *Rayons médullaires* formés de parenchyme muriforme, en lames verticales peu épaisses.
— Substance ligneuse propre, avec : *Fibres ligneuses* allongées, à parois plus ou moins épaisses. *Parenchyme ligneux*, résultant de fibres subdivisées de bonne heure. *Vaisseaux* le plus souvent ponctués.

— *arbres résineux* ou Conifères ; il comprend :

— *Étui médullaire* avec trachées et vaisseaux annelés.
— *Rayons médullaires* presque toujours à une seule file verticale de cellules.
— Substance ligneuse propre formée de *fibres* à grandes ponctuations aréolées, sans vaisseaux entremêlés.

2° Formation intermédiaire. — *Zone génératrice* ou *Cambium*, destinée à produire le bois et l'écorce.

3° Système externe ou cortical divisé en :

— *Liber* ou écorce fibreuse avec : *Fibres libériennes*, longues, à parois épaisses, formées de cellulose peu encroûtée. *Tubes cribreux*, à parois minces, caractérisés par des places finement réticulées ou en crible. *Laticifères*, vaisseaux rameux ou réunis en réseau, à suc opaque, pouvant varier de situation.
— *Enveloppe cellulaire* ou *herbacée* ou parenchyme cortical primaire, formée de parenchyme généralement lâche.
— Couche subéreuse, pouvant réunir : *Liége* formé de cellules parenchymateuses à parois minces, à coupe rectangulaire, bientôt mortes et vides. *Périderme* formé de cellules aplaties en table, à parois épaisses, unies en lames fermes.
— *Épiderme*, non permanent chez les arbres, percé généralement par les *Lenticelles* ou productions subéreuses localisées.

§ 2. — Tiges anormales de certains Dycotylédons.

Le mode de développement que j'ai décrit pour la tige des Dicotylédons et la structure qui en est la conséquence forment le type normal existant dans la presque totalité de ce vaste embranchement ; il est toutefois un certain nombre de ces végétaux qui s'écartent de ce type et qui, dans la forme comme dans l'arrangement

de leur bois et de leur écorce, offrent des singularités dignes
de fixer l'attention. A part quelques Dicotylédons remarquables
par la présence, dans leur tige, de faisceaux fibro-vasculaires isolés, épars jusque dans la moelle (Pipéracées, Nyctaginées), ces
végétaux anormaux par leur organisation appartiennent en général
à la curieuse catégorie des *Lianes* (voyez p. 126) qu'on trouve presque uniquement dans les régions chaudes, et qui compte des représentants dans des familles fort diverses. Il n'y a pas un grand
nombre d'années qu'on a commencé d'en examiner la structure
avec le soin convenable, et les observateurs qui ont le plus contribué à nous éclairer à cet égard sont notre botaniste-voyageur
Gaudichaud, Ad. de Jussieu, MM. Decaisne, Crüger, etc.

Apparence extérieure des tiges des Lianes. — Dans un assez
grand nombre de cas, rien ne trahit à l'extérieur les anomalies de
structure que peuvent offrir intérieurement les tiges des Lianes :
la surface en est unie, et l'écorce lisse, sans enfoncements ni
saillies particulières, soit parce qu'elle recouvre une masse ligneuse
cylindrique, soit parce que des produc-
tions corticales, invisibles au dehors,
comblent des angles rentrants, creusés
dans sa masse ligneuse.

Cependant, même alors on y observe
parfois accidentellement des singularités
de plus d'un genre. Telle est celle qu'offre
un fragment de tige de *Gnetum* qui
existe dans la collection de la Faculté des
sciences et que représente, réduite environ à 1/6e, la figure 72. On voit que,
dans cet exemple, une branche s'est isolée de la tige au point *a* et s'est élevée
sur une assez grande longueur en l'embrassant par un tour et demi d'une spirale
serrée, après quoi elle est en quelque
sorte rentrée dans cette tige en s'y incor-
porant de nouveau au point *b*.

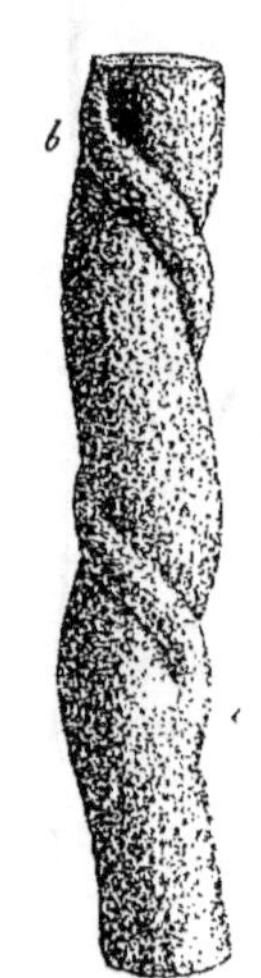

Fig. 72. — Morceau de la tige
d'un *Gnetum* dans lequel une
branche se détache au point
a, fait à peu près un tour et
demi en spirale autour de la
tige, pour venir enfin s'y
incorporer de nouveau au
point *b*.

Plus ordinairement l'apparence extérieure indique avec assez de fidélité les
irrégularités intérieures. Tantôt de fortes
saillies, des sortes de lames, en nombre variable selon les plantes,
se relèvent à la surface de la tige et y marchent soit longitudinalement, soit en spirale plus ou moins allongée, comme on le voit dans

le fragment, appartenant très-probablement à une Malpighiacée, que représente la figure 73. Tantôt les saillies forment des côtes arrondies qui par leur disposition et par leur contournement en spire serrée donnent à la tige entière l'aspect d'un câble formé de nombreux torons ; c'est ce qu'on voit très-bien sur la figure 74.

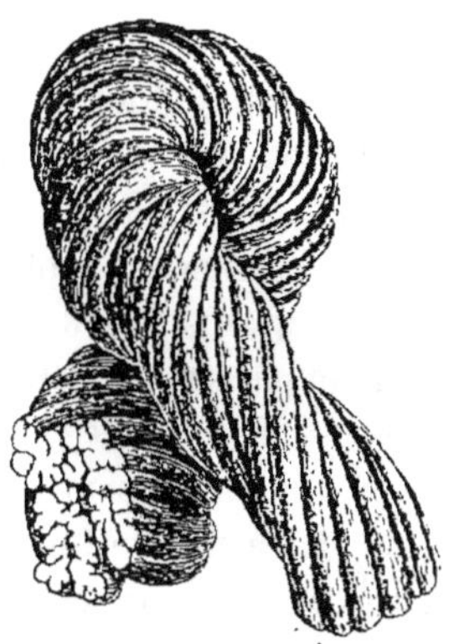

Fig. 73. — Morceau de tige réduit à 1/6 d'une Liane indéterminée, appartenant très-probablement à la famille des Malpighiacées, qui offre à sa surface plusieurs lames ou fortes côtes saillantes, contournées en spirale lâche et assez irrégulière.

Fig. 74. — Morceau réduit à peu près au 1/6 de la tige d'une Liane de la famille des Malpighiacées, qui ressemble à un câble fortement tordu et résultant de la réunion de nombreux torons. On voit même, sur la tranche que montre la figure, que ces sortes de cordons ligneux sont pour la plupart séparés de leurs voisins.

Structure intérieure de la tige des Lianes. — Les anomalies des tiges de Lianes tiennent non-seulement au mode de développement du bois, mais encore à celui de l'écorce. La réunion de ces diverses particularités produit des types pour la plupart bien distincts et qui correspondent assez exactement chacun à une famille particulière.

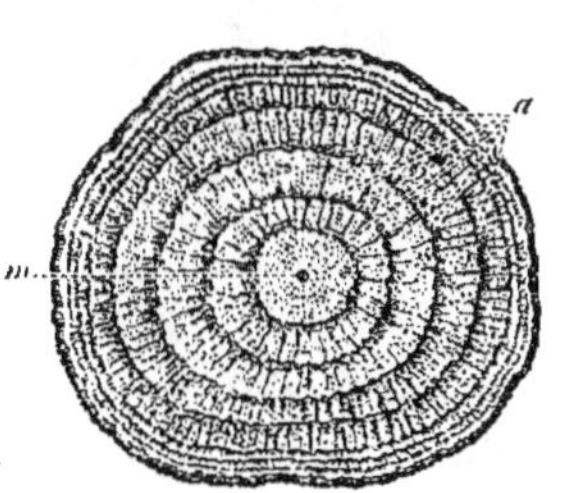

Fig. 75. — Coupe transversale de la tige d'un *Gnetum* sarmenteux. — *m*, moelle : *a a a a*, limites des couches ligneuses renfermant toujours un nombre égal de formations libériennes.

1° *Type des Gnetum.* — Dans le genre *Gnetum*, qui donne son nom à la famille des Gnétacées, dans le grand groupe des Conifères, les espèces de la section *Thoa* offrent, dans leur tige longue et grêle, c'est-à-dire sarmenteuse, qui en fait de vraies Lianes, une organisation dont le microscope seul peut révéler l'anomalie. Sur sa coupe transversale, cette tige offre, comme on le voit par la figure 75, une série de couches ligneuses régulières, concentriques autour de la moelle *m*, et parcourues par de nombreux rayons médullaires; mais l'observation sous le micoscope apprend que le liber, au lieu d'y former, comme dans la structure normale, une zone unique à l'extérieur de cette masse ligneuse tout entière, se trouve réparti à la limite de chaque couche de bois. C'est donc la répartion du liber autour de chacune des couches ligneuses qui constitue l'anomalie des *Gnetum*.

2° *Type des Ménispermacées*. — La tige des Lianes de la famille des Ménispermacées, notamment des *Cocculus* et *Cissampelos*, se relie, à certains égards, au type précédent, mais elle s'en écarte nettement par sa production ligneuse irrégulière, dont la figure 76 donne une bonne idée. Dans ces plantes, la tige forme d'abord autour de la moelle une ou plusieurs couches ligneuses régulières et concentriques, que M. Decaisne, à qui l'on doit les premières notions précises sur cette organisation [1], regarde comme n'étant pas annuelles. C'est seulement autour de ces couches intérieures ou même de la plus interne uniquement que se produit une zone de faisceaux libériens à fibres bien caractérisées et remarquables par l'épaisseur de leurs parois. Plus tard, les couches ligneuses ne font plus le tour de la tige; se limitant à l'un de ses côtés, elles lui donnent une

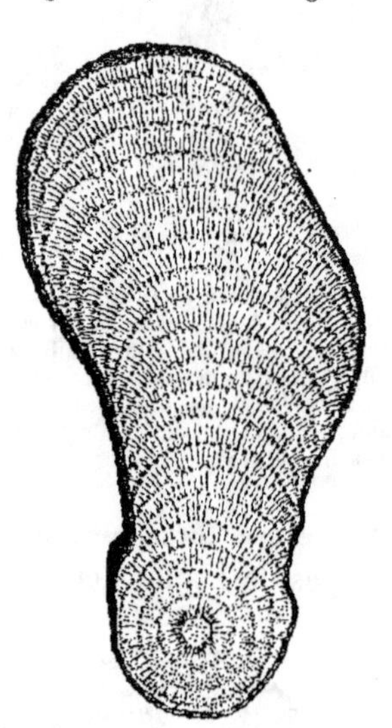

Fig. 76. — Coupe transversale de la tige d'une Liane de la famille des Ménispermacées.

forme comprimée et rendent la moelle tout à fait excentrique. Ces couches ligneuses, qui se sont produites après les premières années de la vie de la plante, sont séparées l'une de l'autre par un tissu cellulaire que M. Decaisne ne regardait pas comme libérien, mais dont les cellules ne sont, aux yeux de M. Radlkofer [2], que des fibres de liber à parois minces, dont chacune a été subdivisée par des cloisons transversales en plusieurs utricules

[1] Decaisne, Mémoire sur les Lardizabalées, dans *Archiv. du Mus.*, I, 1839.
[2] *Flora*. 1858, pp. 193-206 et *Ann. des sc. natur.*, X, 1858

superposées. La tige des Ménispermacées a donc pour caractères :
1° des fibres de liber allongées et à parois épaisses autour de la
zone ligneuse interne ; 2° entre les couches ligneuses postérieures
un parenchyme résultant de la subdivision de fibres libériennes
à parois minces ; 3° enfin des couches ligneuses dont un fort petit
nombre sont circulaires, tandis que la plupart sont unilatérales.

3° *Type des Bauhinia.* — Chez plusieurs lianes du genre *Bauhinia*, qui appartient à la grande famille des Légumineuses - Papillonacées, l'inégalité de développement du bois a lieu symétriquement
sur deux côtés opposés de la tige ; celle-ci en devient aplatie en ruban, comme on le voit, sur la figure 77, par sa section transversale *a*.
Pendant les premières années, les couches ligneuses sont, en fort
petit nombre, circulaires et concentriques ; mais ensuite elles ne se
produisent plus que sur deux places étroites et opposées de la circonférence. On peut donc concevoir chacune de ces tiges rubanées
comme offrant, à droite et à gauche d'un centre régulier et à moelle
centrale, deux grandes ailes ligneuses opposées. Pour compléter
cette irrégularité, le ru-

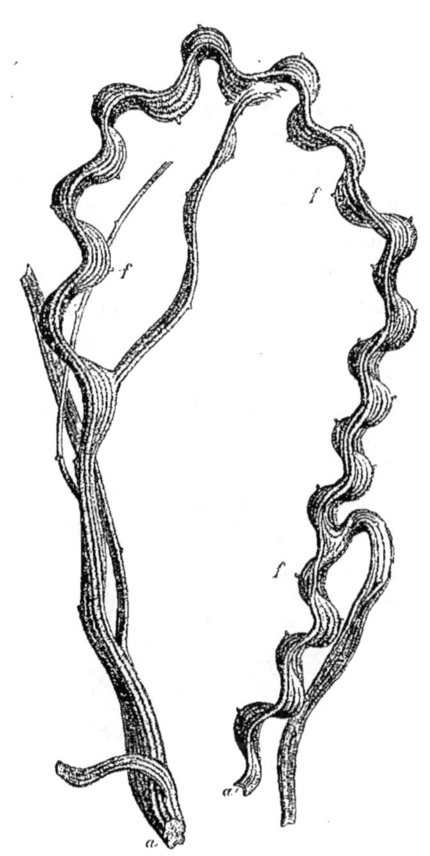

Fig. 77. — Longue portion d'une tige de *Bauhinia*, dont la
base est presque arrondie et cannelée, tandis que plus
haut elle devient rubanée, gaufrée alternativement à
droite et à gauche. — *a*, section de la portion rubanée ;
fff, points où s'attachaient des feuilles.

ban ligneux se bombe fortement à chaque naissance de feuilles, et
celles-ci s'y attachant alternativement sur le milieu des deux grandes faces, il en résulte une série de gaufrures arrondies, dirigées

comme l'étaient les feuilles. On peut se faire une idée de cette curieuse disposition en examinant la figure 77, où l'insertion des feuilles est indiquée par *fff*. Quant à l'écorce, elle ne présente pas d'anomalie, et elle recouvre régulièrement tout le pourtour de ce singulier ruban ligneux. Quoique le plus fréquent, cet arrangement du bois en ruban n'est pas le seul qui existe chez les *Bauhinia*, dont certains, d'après M. Schleiden [1], offrent une structure bien plus complexe et bien plus irrégulière.

4° Type des Bignoniacées. — Il existe beaucoup de Lianes dans la famille des Bignoniacées, notamment dans les genres *Bignonia*, *Tanæcium*, *Spathodea*, etc. La tige de ces plantes n'offre généralement à l'extérieur rien qui puisse dénoter une anomalie dans sa structure intérieure; cependant une coupe transversale y montre une particularité remarquable et caractéristique. Comme le montre la figure 78, autour de la moelle *m* se sont d'abord produites des couches ligneuses concentriques, dont la démarcation n'est pas toujours nettement accusée. Après un certain nombre d'années, la production annuelle de bois a cessé d'avoir lieu sur quatre points situés comme aux extrémités d'une croix passant par le centre. L'écorce se produisant sur ces points, ainsi que sur tout le reste de la circonférence, même en plus grande abondance, est venue combler les quatre vides qu'aurait laissés sans cela cet arrêt local de développement. Au bout de quelques années, il s'est formé ainsi quatre lames d'écorce *éc, éc*, qui s'enfoncent dans la masse ligneuse et que rien n'indique au dehors, par ce motif que la production corticale a compensé sur ces points, par son abondance, la cessation de la production ligneuse. Souvent, comme dans l'exemple que représente la figure 78, le bois cesse de se produire, à chacun des quatre points dont il s'agit, sur une largeur de

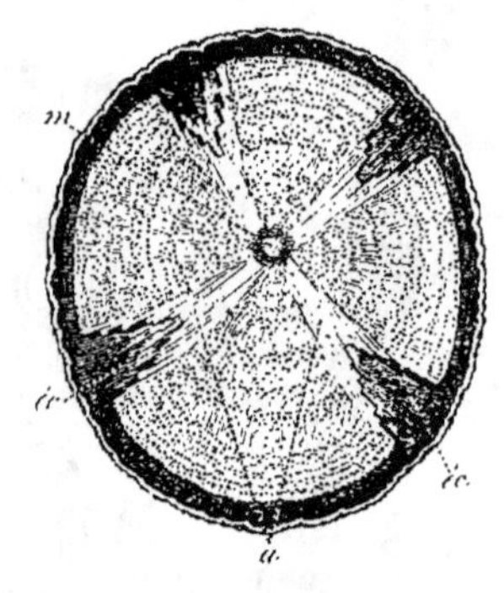

Fig. 78. — Coupe transversale de la tige d'une Liane de la famille des Bignoniacées. — *m*, moelle; *éc, éc*, lames d'écorce qui s'enfoncent dans la masse du bois; *a*, bandes de bois sensiblement modifié qui s'étendent entre la moelle et les lames corticales enfoncées en coins.

plus en plus grande, d'où les coins d'écorce correspondants deviennent de plus en plus larges et forment ainsi comme un escalier

<hr>

[1] *Gründz.*, 5e édit., II, p. 167, fig. 151.

à chacun de leurs côtés. On voit encore sur la même figure que le bois qui s'étend de ces coins corticaux à la moelle diffère sensiblement du reste de la masse ligneuse, surtout par ses grands rayons médullaires.

Après la formation de ces quatre coins d'écorce, il s'en produit souvent entre eux quatre autres, au bout de quelques années; plus tard encore d'autres peuvent apparaître au milieu des espaces qui séparent les huit précédents, de telle sorte qu'une tige de ces Lianes peut en offrir successivement, dans certaines espèces, quatre, huit, seize et même trente-deux.

Récemment M. Sanio a signalé une autre anomalie de développement chez ces plantes : il a montré que, dans la tige du *Tecoma radicans*, la masse ligneuse peut s'augmenter non-seulement comme toujours par l'extérieur, mais encore par l'intérieur, à sa limite qui entoure la moelle.

5° *Type des Aristolochiacées.* — La plupart des espèces qui forment le grand genre *Aristolochia* sont des Lianes dont la tige possède une organisation caractéristique, que la figure 79 a pour objet de faire connaître. A leur extérieur, la couche subéreuse *cs* prend un développement considérable, mais sans former une zone cohérente et continue, et en se disposant plutôt par saillies irrégulières presque distinctes. A leur intérieur le bois *b*, rangé autour d'une moelle *m*, non pas cylindrique, mais aplatie en lame peu épaisse, est divisé par de grands rayons médullaires *rm* en sortes

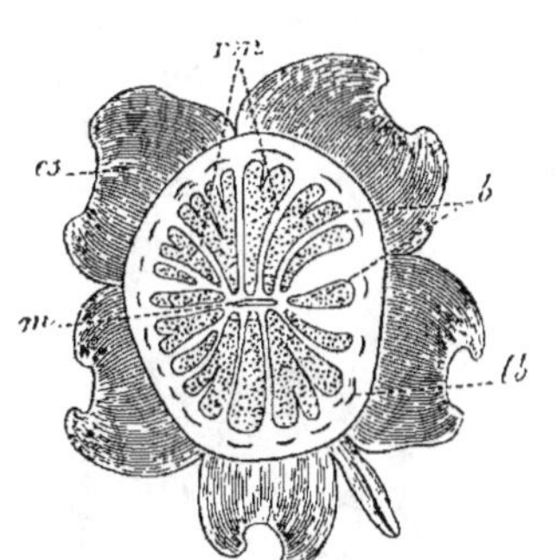

Fig. 79. — Coupe transversale d'une tige âgée d'*Aristolochia cymbifera* Mart. — *m*, moelle; *b*, bois ou faisceaux ligneux; *rm*, grands rayons médullaires qui séparent les faisceaux ligneux; *lb*, faisceaux de fibres libériennes; *cs*, liége ou couche subéreuse.

de coins ligneux, sans couches annuelles visibles, et plus ou moins subdivisés en éventail dans leur portion externe, qui est la plus large, par des rayons secondaires. Vis-à-vis de ces faisceaux ligneux ou de leurs divisions se trouvent de petits faisceaux de liber *lb*, dont chacun se montre, sur la coupe transversale, comme un petit arc étroit. — Ces faisceaux ligneux, formant éventail vers l'extérieur, fournissent le caractère principal de ce type.

6° *Type des Malpighiacées.* — Chez les Lianes de la famille des Malpighiacées, après une petite épaisseur de bois disposée régulièrement en cercle autour de la moelle, on voit la production s'arrêter sur certains points et se continuer uniquement dans les portions intermédiaires, de manière à donner ainsi naissance à de fortes saillies plus ou moins irrégulières qui même, pour la plupart, se subdivisent à leur tour vers l'extérieur. Il s'ensuit que le bois, dans son ensemble, a un contour irrégulier et se montre creusé, de l'extérieur jusque plus ou moins près du centre, d'entailles profondes, étroites, qui même peuvent aller jusqu'à en isoler des parties. L'écorce pénètre dans toutes ces entailles et elle se comporte de deux manières différentes, soit d'une espèce à l'autre, soit à différents âges dans une même tige. Tantôt, comme dans les *Heteropterys* (fig. 80), elle suit toutes les sinuosités de la surface de ce bois sans les dissimuler notablement à l'extérieur, de telle sorte que la tige entière présente de grandes saillies superficielles séparées par des enfoncements considérables ; tantôt, comme dans les genres *Banisteria*, *Stigmaphyllon*, etc., elle comble presque entièrement les entailles profondes et généralement étroites qui séparent les saillies ligneuses, de telle sorte que la coupe transversale peut seule montrer exactement l'organisation bizarre de ces tiges (fig. 81). Enfin dans un assez grand nombre de

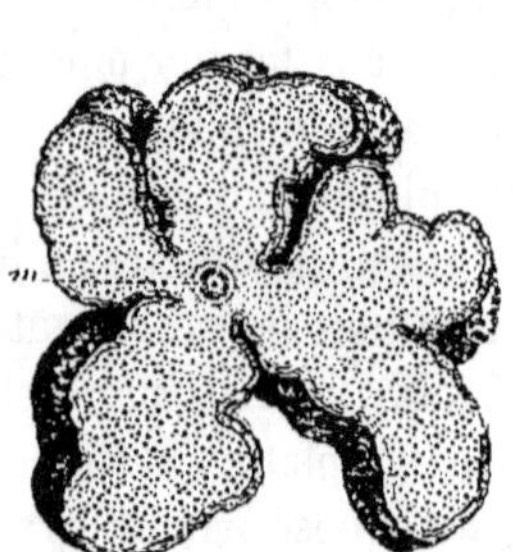

Fig. 80. Coupe transversale de la tige d'une Liane de la famille des Malpighiacées, et très-probablement du genre *Heteropterys*, dans laquelle l'écorce suit toutes les sinuosités du bois, sans les dissimuler. — *m*, moelle.

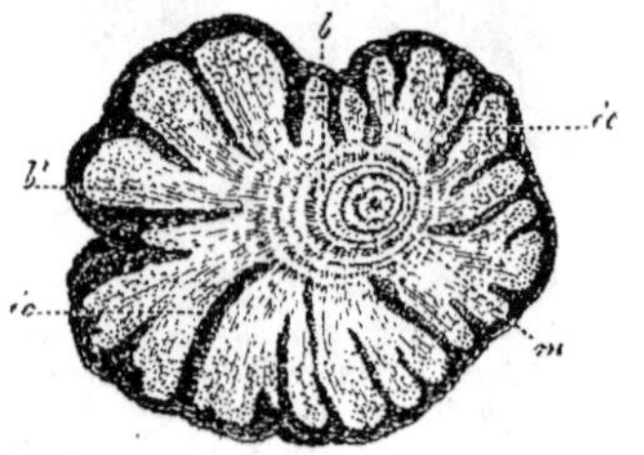

Fig. 81. Coupe transversale de la tige d'une Liane de la famille des Malpighiacées, et probablement du genre *Banisteria*. — *m*, moelle; *b*, portion centrale du bois disposée en couches concentriques autour de la moelle; *b'*, portions externes du bois formant de fortes saillies lobées à leur tour, qui n'offrent plus de couches; *éc*, écorce s'enfonçant profondément entre ces saillies.

cas, et surtout dans l'âge avancé de ces tiges, ces sortes de promontoires corticaux s'enfoncent si profondément dans le bois, qu'ils en partagent la masse en portions tout à fait isolées, qui se séparent même les unes des autres lorsque la dessiccation fait cesser l'adhérence qu'établissait entre elles cet intermédiaire. C'est ce dont on voit un bon exemple reproduit par la figure 74 (p. 164).

7° *Type des Sapindacées.* — Le dernier type d'organisation anormale sur lequel je me propose d'appeler l'attention du lecteur est celui qu'on observe chez les Lianes de la famille des Sapindacées (*Serjania, Paullinia,* etc.). Il est caractérisé parce que, autour d'un corps ligneux central *b*, figures 82 et 83, au milieu

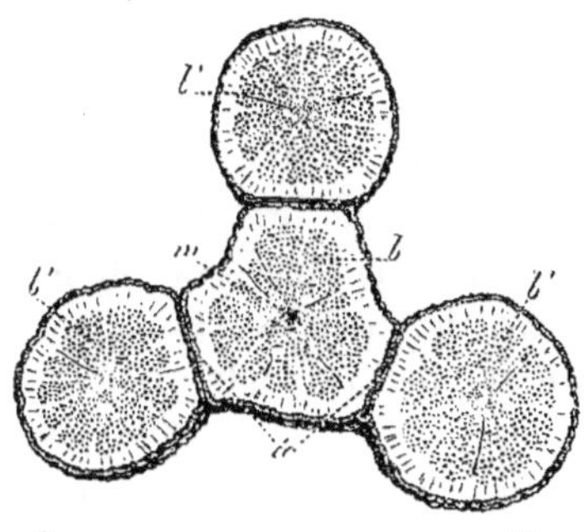

Fig. 82. Coupe transversale d'une Liane de la famille des Sapindacées, probablement du *Serjania cuspidata* (??). — On y voit : 1° un corps ligneux central *b*, avec la moelle centrale *m* et une enveloppe d'écorce *éc* ; 2° trois corps ligneux secondaires *b'*, sans moelle et revêtus également d'une écorce épaisse.

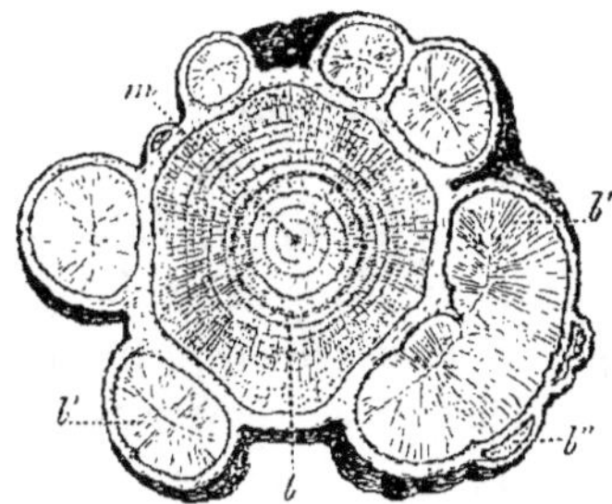

Fig. 83. Coupe transversale de la tige d'un Liane de la famille des Sapindacées, qui peut être le *Serjania Dombeyana* (??). — On voit qu'elle comprend : 1° un corps ligneux central ou primaire *b*, au centre duquel est la moelle *m* ; 2° un cercle de corps ligneux secondaires *b'*, fort inégaux ; 3° deux petits corps ligneux tertiaires *b''*, placés sur un cercle encore plus extérieur qu'ils commencent à représenter.

duquel se trouvent une moelle et un étui médullaire bien caractérisés, il existe des corps ligneux secondaires *b'*, fig. 82 et 83, ou même tertiaires *b''*, fig. 83, réunis au premier par l'intermédiaire de l'écorce qui s'étend également autour de tout cet ensemble.

Parmi les botanistes qui se sont occupés de la singulière organisation de ces tiges, les uns ont attribué à chacun des corps ligneux secondaires et tertiaires une moelle que certains ont même dit être accompagnée de trachées représentant plus ou moins exactement un étui médullaire ; d'autres ont contesté l'existence de ces deux formations. Dans son Mémoire récent sur l'accroissement et l'organisation de ces tiges [1], M. Nægeli affirme qu'il existe en effet dans les corps ligneux périphériques de ces tiges quelques trachées déroulables qui accompagnent une moelle ; mais celle-ci est à ses yeux uniquement secondaire (Epenmark Næg.), et il est facile de la méconnaître, parce que les cellules qui la composent ont souvent des parois épaisses et ressemblent aux fibres du bois sur la coupe transversale.

<hr>

[1] *Dickenwachsthum des Stengels... bei den Sapindaceen.* Munich, 1864; gr. in 8° de 72 pag. et 10 pl.

L'explication de cette singulière structure qui se présente d'abord comme la plus naturelle, c'est que les corps ligneux secondaires et tertiaires sont des branches qui se sont séparées du corps central, c'est-à-dire de la véritable tige, sans s'isoler cependant ni devenir libres ; telle est en effet celle qui a été généralement proposée et qui a été admise en dernier lieu par Schacht. Toutefois des difficultés de plusieurs sortes s'élevaient contre cette manière de voir, et elle devient aujourd'hui évidemment inadmissible en présence des observations qui ont été communiquées à la Société botanique de France, le 24 février 1865, par M. Ladislas Netto, botaniste brésilien, dont les recherches ont eu pour principal objet jusqu'à ce jour la structure anatomique et le développement des Lianes. Or, d'après cet habile observateur, dans le *Serjania cuspidata*, par exemple, la tige est triangulaire dans le jeune âge, les feuilles s'attachant sur ses trois faces ; plus tard elle offre un corps ligneux central pourvu d'une moelle et trois corps périphériques, qui ont apparu soit en même temps que le premier, soit même parfois un peu avant lui. La simultanéité d'apparition des corps ligneux périphériques et de celui qui forme comme la partie fondamentale de cette tige ne semble guère permettre de considérer les premiers comme produits par le dernier, de la même manière qu'une tige émet des branches. Cette simultanéité d'apparition se retrouve chez le *Serjania Dombeyana*, dont l'organisation est semblable à celle que montre la figure 83. Ici les corps ligneux secondaires b', qui sont rangés en assez grand nombre autour du corps central b, se montrent, dans la tige jeune, en même temps que celui-ci, et c'est seulement beaucoup plus tard qu'on voit apparaître de petits corps ligneux tertiaires b'', qui se placent sur un cercle encore plus extérieur.

M. Netto a découvert, chez certaines Sapindacées, un mode de formation des corps ligneux secondaires qui en rend également impossible l'assimilation avec des branches. Ici le corps ligneux central reste unique pendant la première année, et n'offre alors rien de particulier ; mais, pendant la seconde année, on voit apparaître, dans une couche cellulaire épaisse dont il est entouré, des sortes de petites îles que forme un tissu à petites cellules, et dont chacune deviendra plus tard un corps ligneux périphérique ou secondaire.

Enfin un mode fort étrange de formation a été reconnu par M. Netto pour les deux corps ligneux périphériques qui se trouvent placés presque aux deux extrémités d'un même diamètre, chez un *Serjania*. Dans cette plante, le corps ligneux central existait d'abord seul; il s'y est produit ensuite des sortes de grands rayons médullaires qui en ont comme entaillé le bois pour y former deux îlots ligneux, et ceux-ci, rejetés peu à peu vers l'extérieur, sont devenus les deux corps ligneux secondaires ou périphériques. Il est bien évident que, dans ce cas, il ne peut être question d'une comparaison avec la formation de deux branches.

Dans son Mémoire cité plus haut, M. Nægeli explique la formation des corps ligneux périphériques des Sapindacées, en admettant que le cambium de ces tiges ne s'y produit pas tout entier en même temps, et que, par suite, sa zone laisse en dehors d'elle des portions distinctes qui deviennent l'origine de ces corps ligneux extérieurs à la masse centrale. Cette interprétation peut s'appliquer à certaines des observations de M. Netto; mais elle ne semble guère propre à expliquer le troisième mode de développement qu'a fait connaître le savant botaniste brésilien.

Au total, la singulière structure des tiges de Sapindacées sarmenteuses résulte le plus souvent de l'existence, dans leur épaisseur, de plusieurs foyers de développement distincts et séparés, dans des cas plus rares d'un démembrement assez étrange qui s'opère dans la masse ligneuse primitivement unique et continue.

§ 3. — Structure de la tige des Monocotylédons.

Caractères extérieurs de cette tige. — Chez les végétaux dont la réunion constitue le grand embranchement des Monocotylédons, la tige se présente, comme chez les Dicotylédons, tantôt à l'état herbacé, tantôt à l'état ligneux. Dans l'un et l'autre cas, elle est fréquemment simple, et elle peut même en général faire reconnaître, par le port qu'elle donne aux plantes, qu'elles appartiennent à cette grande division du règne végétal. Ce sont surtout les arbres monocotylédons et particulièrement les Palmiers, l'un des principaux ornements des régions chaudes, qui lui doivent leur rare élégance et, dans ce dernier cas, leur légèreté sans égale; on la voit, en effet, dans ces beaux végétaux, s'élancer à une hauteur considérable, comme une svelte colonnette, pour se couronner à son sommet d'un faisceau de feuilles gigantesques et divisées presque toujours elles-mêmes de manière à contribuer puissamment à l'effet de l'ensemble. La figure 84 peut

donner une idée, par l'exemple du Dattier, de ce port caractéristique ; mais le Dattier lui-même est dépassé en légèreté par
plusieurs autres arbres de la même famille, tels notamment que
l'Aréquier (*Areca Catechu* L.), dont le stipe atteint 15 mètres de
hauteur, avec 0^m,15 au plus d'épaisseur, que le Jocara ou Jacoura
des Brésiliens (*Euterpe edulis* Mart.), qui atteint et dépasse même

Fig. 84. — Deux Dattiers (*Phœnix dactylifera* L.) destinés à donner une idée
du port des arbres monocotylédons à tige simple.

30 mètres de hauteur, avec un faible diamètre, tels surtout que
le Palmiste franc des Antilles (*Oreodoxa oleracea* Mart.), dont le
tronc s'élance à 40 et 45 mètres, ou le Palmier à cire des Andes
(*Iriartea andicola* Spreng. ; *Ceroxylon andicola* H. B.), qui
porte le sien jusqu'à 60 mètres de hauteur, tout en restant fort
grêle.

Parfois, cependant, la tige des Monocotylédons se ramifie, en
prenant graduellement un diamètre de plus en plus fort, qui
peut même quelquefois devenir considérable ; mais alors, si elle

acquiert d'assez fortes proportions pour rendre le végétal plus ou moins nettement arborescent, elle conserve dans sa ramification un caractère spécial qui ne permet jamais de méconnaître en lui, à la première vue, un Monocotylédon. Si, au contraire, elle reste herbacée, elle peut rappeler assez bien, par le nombre et la subdivision de ses branches, ce qu'on observe fréquemment parmi les végétaux dicotylédons. On voit un exemple de ces tiges d'herbes monocotylédones très-ramifiées dans l'Asperge de nos jardins, non pas telle qu'on la cueille au printemps pour nos tables, ne formant encore qu'une pousse simple et sortant à peine de terre, mais telle qu'elle se montre en été, quand elle a pris tout son développement.

Coupe transversale de la tige des Monocotylédons. — La structure de la tige, telle qu'on la voit sur une coupe transversale, établit une distinction encore bien plus nette que celle qui résulte de la manière d'être extérieure entre les végétaux dicotylédons et monocotylédons. En effet, dans ces derniers nous ne trouvons pas cette multiplicité de zones concentriques, dont nous avons acquis la connaissance par l'étude que nous avons faite des premiers. Une zone corticale peu épaisse et toute cellulaire, et à son intérieur un corps ligneux en général sans moelle centrale nettement définie, telles sont les deux parties qui constituent, en se réunissant, cette tige tout entière. Ce corps ligneux lui-même diffère, sous tous les rapports, de celui dont nous avons examiné la formation et la structure chez les Dicotylédons. Même arrivé à son plus haut développement, dans le tronc des Palmiers, c'est-à-dire des arbres monocotylédons le mieux caractérisés, il n'offre ni couches concentriques, ni rayons médullaires, ni étui médullaire, mais, comme on le voit sur la figure 85, il se montre composé de faisceaux épars que du tissu cellulaire interposé réunit en une masse ligneuse continue, et qui, plus espacés et moins durs vers le centre, plus rapprochés et plus consistants à la périphérie, donnent à cette dernière portion de la masse une dureté parfois très-grande, laissant, au contraire,

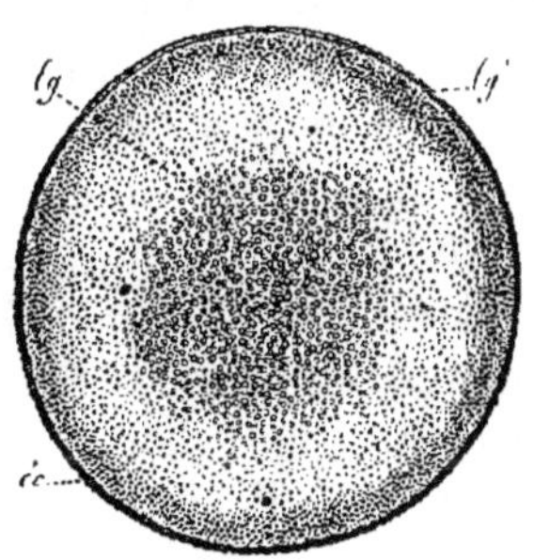

Fig. 85. Coupe transversale de la tige d'un Palmier indéterminé. — *cc*, zone corticale; *lg*, portion intérieure du bois à faisceaux peu serrés et faiblement consistants; *lg'*, portion périphérique du bois, à laquelle ses faisceaux serrés et fermes donnent une dureté considérable.

la première dans un tel état de mollesse, qu'en séchant elle se
déchire et se creuse même de grandes cavités.

   Usages principaux des tiges de Palmiers. — Cette constitution
particulière du bois des arbres monocotylédons, spécialement
des Palmiers, rend compte des divers usages qu'on en fait. La
longueur, l'égalité et la rectitude de leur tige en font de forts
poteaux et des pièces de charpente qu'il suffit de débiter dans les
dimensions voulues, pour les mettre en œuvre. Le bois extérieur
de cette tige a souvent une dureté extrême et une très-grande
élasticité, qui le font employer avantageusement à la confection
d'objets divers, pour lesquels ces qualités le rendent précieux ; ce
sont des cannes, des manches de parapluies, etc., qui ont beaucoup d'élégance, à cause de leur couleur brun foncé et des lignes
que tracent à leur surface les faisceaux fibro-vasculaires. On apporte en Europe, pour cet usage principalement, le bois des *Astro-
caryum Murumuru* et *Ayri* Mart., du Brésil et de la Guyane, du
Rondier (*Borassus flabelliformis* L.) des Indes, etc. Le peu de
consistance de la portion centrale de ces tiges, joint à la dureté
et à l'inaltérabilité de leur zone externe, les rend très-propres à la
préparation économique d'excellents tuyaux de conduite d'eau
qui, même enterrés, durent fort longtemps. L'un des Palmiers
les plus estimés pour cet usage est l'*Arenga saccharifera* Labill.,
des îles de la Sonde, de la Cochinchine, etc. Enfin, cette même
portion centrale, composée, dans certains palmiers, presque exclusivement de parenchyme, dont les cellules sont remplies d'amidon, est retirée de ces arbres, et fournit la fécule si connue
sous le nom de *Sagou*. Pour extraire cette matière, on divise la
tige des Sagoutiers (*Metroxylon*) et de l'*Arenga saccharifera*
Labill., en billes longues de 1 ou 2 mètres, qu'on fend ensuite.
La portion vraiment ligneuse ne formant qu'un cylindre extérieur épais de 5 ou 6 centimètres, la masse celluleuse et féculente occupe la plus grande partie du volume de ces billes ;
aussi un seul arbre donne-t-il au moins 75 à 80 kilog. de fécule. Pour extraire cette substance alimentaire, on broie le tissu
parenchymateux, après l'avoir retiré du cylindre ligneux ; on le
lave, et on obtient ainsi une pâte amylacée, qu'on n'a plus
qu'à dessécher et granuler. Pour les Sagoutiers, le moment où
l'on fait cette récolte est celui où, âgés de sept ou huit ans, ils
commencent à développer leur immense masse de fleurs. Plus
tard, la production des fleurs et du fruit aurait pour résultat de
faire disparaître l'amidon. Pour l'Areng à sucre, dont le sagou

est moins estimé et moins abondant, on attend que l'arbre ait une vingtaine d'années, et soit ainsi dans toute sa force.

Théories de Daubenton et de Desfontaines pour expliquer cette structure. — Le peu de consistance qui distingue l'intérieur du bois des Monocotylédons, la dureté notablement plus grande qu'offre, au contraire, sa portion périphérique, avaient fait penser à Daubenton[1], et plus tard à Desfontaines, à la suite d'études faites sur le Dattier, que les faisceaux de ces tiges étaient placés parallèlement les uns aux autres dans le sens longitudinal, et que devant, d'ailleurs, se rendre par leur extrémité supérieure dans les feuilles, ceux qui avoisinaient le centre s'étaient produits récemment pour aller aux feuilles jeunes, tandis que ceux de la périphérie, aboutissant aux feuilles plus anciennes en date et déjà tombées, avaient été formés à une époque plus reculée. Ceux-ci avaient donc été refoulés vers l'extérieur, à mesure que ceux-là s'étaient produits, et à ce refoulement, ainsi qu'à leur âge tenait essentiellement la consistance de la portion périphérique de la tige En d'autres termes, l'ordre de production du bois était regardé par Daubenton et Desfontaiues comme inverse de celui qu'on observe chez les Dicotylédons, puisque c'était vers le centre de leur tige qu'il fallait chercher leurs faisceaux les plus jeunes.

Cette théorie fut admise sans objections sérieuses dans la science, pendant le premier quart de ce siècle, surtout à partir du jour où Desfontaines publia le beau mémoire[2] dans lequel étaient consignés les résultats des observations qu'il avait faites sur le Dattier, en Algérie. Il manquait un mot pour achever de la vulgariser; A. P. De Candolle lui donna, dès 1819, cette sorte de consécration, en proposant de désigner les Monocotylédons sous le nom d'*Endogènes* (de ἔνδον, en dedans, et γίνομαι, naître, se former), qui signifie que leur tige s'accroît ou forme ses nouveaux tissus ligneux par son centre, tandis que celle des Dicotylédons, nommés par lui *Exogènes* (de ἔξω, en dehors, et γίνομαι), forme les siens à l'extérieur de sa masse ligneuse déjà existante.

Théorie de M. Hugo Mohl. — En 1824, M. H. Mohl a publié un travail d'une haute valeur sur la structure de la tige des Palmiers. C'est une introduction au grand et bel ouvrage de M. de Martius sur les végétaux de cette famille. Les données que ce savant éminent a introduites alors dans la science, à la suite de dissections patientes et d'études anatomiques approfondies, ont

[1] *Mém. Ac. des sc.*, 1790, pp. 66-75.
[2] *Mém. de l'Inst*, 1798, pp. 478-502.

modifié complétement les idées qu'on avait sur l'organisation intérieure comme sur le développement de la tige des Monocotylédons, et, malgré les objections élevées par quelques botanistes de grand mérite, surtout par Mirbel et Gaudichaud, elles n'ont rien perdu de leur solidité. Voici en quoi elles consistent.

Trajet des faisceaux dans la tige. — Les faisceaux fibro-vasculaires qui constituent la portion essentielle de la tige des Palmiers, et que du tissu cellulaire parenchymateux, interposé entre eux, réunit en une masse ligneuse continue, ne sont point placés parallèlement les uns à côté des autres, comme les fils d'un écheveau, mais chacun d'eux suit une marche sinueuse; par là s'explique l'aspect caractéristique qu'offre cette tige, tant sur sa coupe transversale que sur sa coupe longitudinale; seulement, on ne voit que d'une manière très-imparfaite, sur cette dernière coupe, l'état réel des choses, par ce motif que chaque faisceau marche non dans un plan vertical, mais bien selon une surface gauche, comme si la tige entière avait subi une torsion. Il résulte de là que ses deux extrémités ne se trouvent pas l'une au-dessus de l'autre, et que dès lors il faut, pour reconnaître la marche d'un faisceau, au lieu de se contenter de fendre la tige longitudinalement, en faire une dissection qui l'isole sur tout son trajet.

Cette dissection n'offre pas de difficultés sérieuses chez les espèces dont le centre est mou, médullaire, et se laisse désorganiser aisément par la macération dans l'eau (par ex. : *Kunthia montana*). Elle montre que, comme on le voit sur la coupe idéale représentée par la figure 85, chaque faisceau, à partir du point où il sort de la tige pour entrer dans une feuille, s'enfonce dans la profondeur de cette tige, en descendant obliquement et en décrivant en même temps une courbe à convexité supérieure. Il se porte ainsi plus ou moins près du centre; arrivé là, il descend verticalement sur une certaine longueur, après quoi il se rend peu à peu vers l'extérieur, en décrivant une nouvelle courbe à convexité supérieure, mais beaucoup moins prononcée que la première; cette seconde courbure le reporte très-près de la périphérie. A partir de ce point, il descend verticalement jusqu'à sa terminaison inférieure, qui a lieu d'autant plus près de la base de la tige que le faisceau lui-même est plus ancien.

Si l'on prend pour point de départ un faisceau quelconque 1, fig. 86, on voit qu'un second faisceau 2, qui se rend à une autre feuille plus élevée et par conséquent plus jeune, décrit un trajet semblable et, par suite, croise la direction du premier; qu'un troisième (3), un quatrième (4), un cinquième (5), viennent de même croiser de haut en bas la direction des précédents. Or, ce qui arrive d'un côté de la tige se produit de même sur tous les autres côtés, et dès lors les faisceaux 1', 2', 3', 4', 5', etc., se comportant comme ceux du côté opposé, il en résulte, au total, une disposition générale analogue à celle que montre la figure théorique 85.

Cette marche des faisceaux est la même pour tous les Palmiers, et elle n'offre que des différences peu importantes, dont voici les plus marquées.

1° Chez les espèces dont la tige est très-dure à l'extérieur et molle à l'intérieur, les faisceaux, à partir de la base de la feuille jusqu'au centre de la tige, et d'ici jusqu'au point où ils s'approchent de nouveau de la portion dure extérieure, ont peu de consistance; mais dès qu'ils arrivent dans cette portion extérieure, ils prennent beaucoup plus de fermeté, et par là s'explique l'extrême dureté de cette portion ligneuse. Lorsque, en continuant de descendre dans une

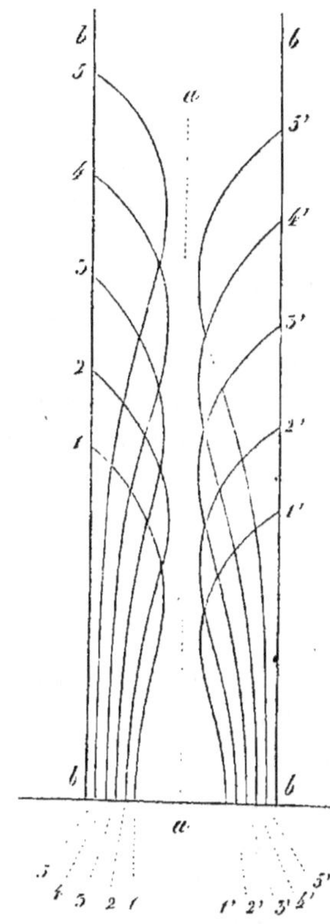

Fig. 86. — Figure schématique ou offrant la projection idéale du trajet des faisceaux fibro-vasculaires dans la tige d'un Monocotylédon. — *b b b b*, indiquent la grosseur de cette tige; *a a*, sa ligne médiane. Les faisceaux de gauche 1, 2, 3, 4, 5, et ceux de droite, 1', 2', 3', 4', 5', vont à des feuilles de plus en plus récentes, selon l'ordre même de ces chiffres.

direction un peu oblique de dedans en dehors, ils sont parvenus vers la périphérie de la portion ligneuse externe, ils deviennent grêles, tout en conservant leur fermeté; dès lors, sous la forme de fils déliés, ils descendent entre le bois et l'écorce cellulaire, sur une étendue plus ou moins considérable, ou bien ils se soudent aux autres filets ligneux, après un trajet de longueur variable. L'ensemble de ces prolongements inférieurs en fils ligneux très-déliés forme, entre le bois et l'écorce, une couche de nature fibreuse, qu'on a souvent prise pour une zone libérienne.

2° D'un autre côté, dans les tiges de certains Palmiers, où les faisceaux semblent, sur une coupe transversale, distribués presque partout également, à cela près qu'ils sont un peu plus serrés et souvent plus grêles vers la circonférence, chacun d'eux, dans son trajet qui l'amène de la feuille au centre et du centre jusque non loin de l'extérieur, se montre épais et ligneux ; mais il y est moins ferme que dans sa portion suivante, c'est-à-dire située plus bas. Même dans ce cas, il se réduit à l'état de filament délié à son extrémité inférieure ; il peut seulement le faire à deux degrés différents, dont l'un a pour effet de donner plus d'épaisseur à la zone fibreuse sous-corticale, comme par exemple chez le Cocotier.

D'après cet exposé, on voit que, sous la zone d'écorce cellulaire, il existe une couche plus ou moins mince, composée de filaments fibreux déliés, qui ne sont pas autre chose que les terminaisons inférieures des faisceaux. C'est à cette terminaison inférieure de ses faisceaux en fils déliés qui ne concourent que très-faiblement à la formation de son volume total, et qui d'ailleurs disparaissent successivement, que la tige des Palmiers doit de conserver le même diamètre dans toute sa hauteur.

Une conséquence fort importante découle de la connaissance de la marche des faisceaux fibro-vasculaires, telle qu'elle vient d'être décrite. Chacun d'eux, après sa double courbure, venant se placer plus extérieurement que ceux qui existaient auparavant, la dénomination d'*Endogènes*, qui signifie que la tige de ces végétaux s'accroît par l'intérieur, se trouve avoir une signification contraire à la réalité des faits. Il serait donc prudent d'abandonner les mots d'exogènes et endogènes, dont l'un consacre une idée inexacte et qui dès lors n'ont pas de raison d'être.

Type des Dragonniers. — J'ai dit plus haut que, en dehors de la famille des Palmiers, la plupart des Monocotylédons vivaces offrent une tige susceptible de grossir, et, d'un autre côté, fréquemment ramifiée. Même Dupetit-Thouars pensait que c'était seulement en se ramifiant que cette tige croissait en grosseur. M. H. Mohl nie qu'il existe un pareil rapport entre le grossissement de ces tiges et leur ramification, et il cite, à l'appui de son assertion, ce fait, qu'une tige de *Dracæna Draco* L., haute de 2 pieds, avait environ 1 pouce d'épaisseur, tandis que d'autres, déjà hautes de 20 à 30 pieds, mais encore non ramifiées, avaient 4 à 5 pouces de diamètre. On peut regarder comme le type principal de cette catégorie de Monocotylédons les Dragonniers, parmi lesquels le *Dracæna Draco* L. est représenté dans l'île de Ténériffe, l'une des Canaries, par quelques individus gigantesques, dont un surtout est très-connu sous le nom de Dragonnier de l'O-rotava[1]. Or, à quoi est dû le grossissement progressif de la tige chez ces Monocotylédons?

D'après M. H. Mohl, cette particularité tient uniquement à ce que, dans ces végétaux, les faisceaux fibro-vasculaires ne se réduisent point, dans leur portion inférieure, à l'état de filaments déliés, mais qu'ils y conservent toujours une épaisseur à peu près égale à celle qu'ils avaient plus haut. Or, comme ils se superposent nécessairement en nombre de plus en plus considérable à mesure que le végétal avance en âge, ils déterminent par leur superposition le grossissement graduel de la tige qui en prend même, par cette cause, une forme conique, comme celle des Dicotylédons.

Schacht donne une autre explication de ce fait. D'après lui[2], la tige des Monocotylédons renferme une zone génératrice, comme celle des Dicotylédons; mais, chez la généralité des Monocotylédons, dont la tige a un diamètre maximum qu'elle atteint de bonne heure et ne dépasse plus ensuite, cette zone génératrice se lignifie et perd par conséquent son activité productrice, à une

---

[1] Je crois devoir consigner ici, au sujet de ce célèbre Dragonnier, quelques renseignements empruntés à l'ouvrage récent de Schacht sur Madère et Ténériffe (*Madeira und Teneriffa*, 1859, p. 24 et suiv.).

Le *Dracæna Draco* L. n'existe plus guère aujourd'hui qu'à Ténériffe; à Madère, on l'a presque détruit; à Porto-Santo, où il abondait, on n'en trouve plus. A Ténériffe, on en conserve un assez grand nombre de pieds de grosseur moyenne; mais il en existe surtout deux extrêmement remarquables pour leur grosseur. Le plus célèbre se trouve à la villa de Orotava, sur la propriété du marquis de Sauzal. Malheureusement il est en si mauvais état, qu'on peut prévoir comme prochain le moment où il cessera d'exister. En 1799, Humboldt assignait au tronc de cet arbre 45 pieds de tour, la mesure ayant été prise à plusieurs pieds du sol; peu de temps après, Le Dru, l'ayant mesuré plus près de la terre, lui trouva 74 pieds de circonférence. D'après George Staunton, à 10 pieds de terre, il a 12 pieds de diamètre. Enfin une mesure prise au mois de mai 1843 par A. Diston lui donnait à sa base même 17 varas 1/2 (ou 14 mètres) de diamètre. La hauteur de l'arbre n'est pas en proportion de la grosseur de son tronc; elle est de 5^m,50 jusqu'à la branche la plus basse et de 14 mètres de ce point jusqu'au sommet; au total, environ 19^m,50. Ce tronc est entièrement creux et en si mauvais état qu'il a fallu le soutenir d'un côté au moyen d'une construction en maçonnerie. Un ouragan, qui eut lieu le 21 juillet 1819, lui enleva tout un côté de la cime; aujourd'hui tout le bois qui reste est mou et presque pourri. — Un second Dragonnier presque aussi colossal existe encore à Ténériffe, à Icod de los Vinos, dans le jardin de don Romualdo Barroso. Il est parfaitement intact et sain, et la masse de ses branches est tellement serrée, que de loin il produit l'effet d'un chou-fleur colossal. Son tronc est couvert d'une écorce grise très-lisse; il va en diminuant régulièrement à partir de sa base. Au niveau du sol il a au moins 12 mètres de tour, et il en garde encore 9^m,50 à 2^m,65 de hauteur. Il s'élève en tout à 22 mètres environ.

L'âge de ces deux arbres est énorme, la croissance du Dragonnier étant fort lente. Le premier était, à ce qu'il paraît, à peu près aussi gros qu'aujourd'hui à l'époque de la conquête des Canaries par les Espagnols, en 1402.

[2] *Lehrbuch der Anat. und Physiol.*, II, p. 40 et suiv.

faible distance au-dessous du bourgeon terminal; au contraire, chez les Dragonniers et chez les autres arbres organisés d'après le même type, la zone génératrice ne se lignifie jamais; elle produit donc pendant toute la vie de l'arbre, à son côté intérieur, de nouveau bois, vers l'extérieur, une très-faible quantité d'écorce.

Type des Graminées — La tige des Graminées ou le *Chaume*, comme on le nomme souvent, présente des faisceaux fibro-vasculaires épars et qui se montrent de plus en plus gros de la périphérie vers le centre. Cette circonstance rattache directement son organisation à celle des Monocotylédons en général, et la succession de structure de ces différents faisceaux reproduisant celle qu'on observe dans un même faisceau fibro-vasculaire de Palmier, par exemple, ainsi que nous le verrons bientôt, aux différents points de son trajet, vient compléter cette ressemblance. Cependant deux particularités importantes distinguent ce type : 1° Dans toutes les Graminées, à l'exception de la Canne à sucre, du Maïs et de quelques autres, le parenchyme vraiment médullaire, qui forme d'abord sans mélange la portion centrale de la tige, ne tarde pas à se rompre, parce qu'il ne suit pas l'amplification de la partie externe; il disparaît dès lors et laisse à sa place une grande cavité tubuleuse qui rend ces tiges creuses ou *fistuleuses*; 2° à chaque niveau où naît une feuille, il existe une cloison transversale ferme, un véritable plancher de consolidation, qui a pour base un lacis de ramifications émises latéralement par les faisceaux fibro-vasculaires longitudinaux; après avoir fourni ainsi à la formation de ce plancher, ces derniers n'en continuent pas moins leur route vers l'entre-nœud supérieur, sans passer d'un côté à l'autre de la tige, comme on l'a dit souvent par erreur.

La présence d'une grande cavité centrale, interrompue à chaque nœud par une cloison solide, motive l'un des emplois usuels des tiges de Bambous, gigantesques Graminées des régions intertropicales : chacun de leurs entre-nœuds, détaché avec les deux diaphragmes ligneux qui le terminent, forme un vase naturel, propre à conserver des substances diverses. On reçoit même en Europe différents produits de ces contrées, encore renfermés dans ces sortes de vases économiques, auxquels on ne peut reprocher la fragilité qu'ont la plupart des récipients artificiels.

Structure des faisceaux fibro-vasculaires. — Considéré dans son ensemble et dans son état le plus complet, chaque faisceau de Monocotylédon offre une section transversale plus ou moins arrondie. Il présente trois parties distinctes : 1° vers l'extérieur, une masse de cellules prosenchymateuses, à parois épaisses, que M. H. Mohl et la généralité des botanistes avec lui regardent comme libériennes, et comme formant dès lors le *liber* de ce faisceau ; 2° vers l'intérieur, une autre masse que le même anatomiste qualifie de *bois*, bien qu'elle n'ait pas une dureté ligneuse, et qu'il la regarde comme analogue à la portion interne des faisceaux de la tige jeune des Dicotylédons, c'est-à-dire à l'étui médullaire. Cette portion offre, en dedans, des trachées et des vaisseaux annelés d'un faible diamètre, plus en dehors, un ou plusieurs gros vaisseaux, ponctués ou rayés, tous entourés et entremêlés de cellules ligneuses, à membrane tantôt mince, tantôt, au contraire, épaisse ; 3° enfin, entre ces deux masses, se trouve un amas de cellules en tubes allongés, de diamètres divers, superposées en files longitudinales, et terminées chacune par deux bases horizontales. Ce tissu particulier reçoit de M. H. Mohl la dénomination de *Vaisseaux propres*. Divers autres botanistes y ont vu le Cambium propre à chaque faisceau.

Si l'on compare cette organisation à celle que nous avons reconnue chez les Dicotylédons, on est frappé de ce fait : qu'un faisceau de Monocotylédon présente la même structure qu'un faisceau de Dicotylédon considéré dans sa première jeunesse ; mais si l'on admet les assimilations que fait M. H. Mohl, on est conduit à dire avec lui que, chez les Monocotylédons, le faisceau ne forme, en fait de bois, que la portion analogue à l'étui médullaire, tandis que, chez les Dicotylédons, il développe ensuite une masse véritablement ligneuse, qui devient de plus en plus volumineuse. On voit encore que si c'est le bois qui constitue la portion à la fois la plus développée et la plus consistante des tiges vivaces de Dicotylédons, c'est le liber qui contribue surtout à donner leur dureté à celle des Monocotylédons.

Variations de structure d'un même faisceau à différents niveaux. — Lorsqu'on suit un faisceau fibro-vasculaire de Monocotylédon dans toute sa longueur, on reconnaît qu'il varie non-seulement d'épaisseur, mais en même temps quant au nombre et au volume relatif de ses trois portions constitutives : liber, vaisseaux propres et bois. Vers sa terminaison inférieure, là où il ne forme qu'un fil délié et très-ferme, il est composé exclusivement de fibres libériennes à parois épaisses et consistantes. Plus haut, il est sensiblement plus épais, et il consiste en une masse de liber, très-développée proportionnellement, qui en constitue toute la partie extérieure, conformée, sur sa coupe transversale, en un croissant épais, dans la concavité duquel se montrent quelques vaisseaux propres et, plus en dedans, un peu de bois renfermant seulement un ou deux vaisseaux assez gros. A partir de ce point, et à mesure qu'on le considère plus près de son extrémité supérieure, c'est-à-dire de la base de la feuille à laquelle il se rend, on voit sa masse libérienne diminuer, et, au contraire, la quantité de ses vaisseaux propres et le volume de son bois augmenter de plus en plus. Comme c'est le liber qui en est l'élément le plus dur, il résulte de cette modification de structure qu'un même faisceau se montre peu consistant dans toute sa portion supérieure, dans laquelle il va de la base de la feuille vers le centre de la tige ; qu'il conserve sa faible consistance lorsqu'il commence à se reporter de ce centre vers la périphérie ; mais que bientôt il augmente considérablement de dureté, grâce à l'accroissement qu'a pris sa masse libérienne, aussitôt qu'il est parvenu à la région vraiment ligneuse de la tige à laquelle il ajoute ainsi un nouvel élément de solidité.

Il n'est pas absolument nécessaire de se livrer à une dissection patiente, pour isoler un faisceau dans tout son trajet à travers la tige, en vue d'observer les modifications successives que subit sa structure anatomique ; on arrive au même résultat en examinant les différents faisceaux dont les sections se succèdent de la circonférence au centre, sur la coupe transversale de cette tige entière. On conçoit aisément, en effet, que cette coupe montre tous ceux qui ont été rencontrés par l'instrument tranchant, et dont chacun laisse reconnaître la structure qui lui appartient, au niveau où il a été tranché par la section générale. Sur cette section transversale de la tige entière, à la périphérie se trouvent de petits faisceaux uniquement libériens, de ceux, par conséquent, qui approchaient de leur terminaison inférieure ; un peu plus en dedans, on en voit de plus gros, où le liber est très-développé, mais où existent aussi quelques vaisseaux propres, et dont le bois est encore peu volumineux. Ceux qui se trouvent plus intérieurement ont un volume plus considérable, grâce à l'abondance de leur liber et à l'accroissement qu'a pris leur bois ; enfin, plus intérieurement encore, c'est-à-dire dans la portion molle de la tige, on reconnaît que les faisceaux sont un peu plus petits, plus arrondis et plus mous, parce que la section les a rencontrés dans la partie où leur liber avait déjà perdu beaucoup de son volume, tandis que le bois avait augmenté presque en raison inverse.

On voit que les deux modes d'observation, par la dissection

des faisceaux et par l'examen de la structure de ceux qu'une même section transversale de la tige a tranchés sur des points fort divers de leur trajet, peuvent se suppléer l'un l'autre, et fournissent les mêmes lumières, relativement à la structure des végétaux monocotylédons ; or, le premier offrant souvent des difficultés réelles d'exécution, ou étant même parfois impraticable pour divers motifs, l'emploi du second lève les difficultés majeures qui s'offriraient dans ce cas. C'est le seul, par exemple, auquel on ait besoin de recourir pour reconnaître que les Graminées offrent bien le même type de structure que les autres Monocotylédons.

§ 4. — Tige des Acotylédons.

L'embranchement des *Acotylédons*, c'est-à-dire des végétaux que la simplicité de leur organisation relègue aux degrés inférieurs de l'échelle végétale, renferme un nombre immense d'êtres, parmi lesquels on distingue des types divers, et dans lesquels, en même temps, la structure anatomique subit des dégradations progressives. Les plus parfaits d'entre eux sont ceux dans la constitution desquels entrent à la fois des cellules et des vaisseaux, et qu'on désigne, pour ce motif, par la qualification d'*Acotylédons vasculaires* ; de ce nombre sont : 1° les Fougères, qui l'emportent sur tous les autres par leur élégance, et qui acquièrent parfois d'assez fortes proportions pour élever jusqu'à une hauteur de 15 et 20 mètres leur tige en colonne, marquée à sa surface de nombreuses cicatrices ovales, et surmontée d'un faisceau de très-grandes feuilles finement découpées ; 2° les Lycopodiacées, aujourd'hui réduites à de faibles proportions, assez semblables, pour leur aspect général, à des Mousses un peu plus grandes que d'habitude, mais qui atteignaient de fortes dimensions pendant certaines périodes géologiques reculées ; 3° les Équisétacées ou Prêles, dont le nom vulgaire de *Queues-de-cheval* peint bien la conformation générale.

Quant aux Acotylédons inférieurs aux précédents, ils n'offrent pour éléments constitutifs que des cellules, d'où leur est venue la dénomination d'*Acotylédons cellulaires*. C'est parmi eux qu'on voit l'organisation végétale arriver à sa plus grande simplicité, puisqu'elle finit par se réduire, dans un assez grand nombre de cas, à une cellule isolée, susceptible de se reproduire, par exemple dans les Algues unicellulaires, dont j'ai eu déjà occasion de citer des exemples (voyez p. 11). Les Mousses sont les plus parfaits d'entre les végétaux que comprend la série des Acotylédons cellulaires ; ce sont aussi les seuls qui possèdent une véritable tige caractérisée. Au-dessous d'elles se rangent : les Lichens, ces sortes de croûtes végétales qu'on voit se former fréquemment sur l'écorce des arbres, sur les rochers, les tuiles des toits, etc. ; et, plus bas encore, les deux vastes catégories des Champignons et des Algues.

C'est dans la partie de ces *Éléments* relative aux familles végétales qu'on devra chercher les faits principaux de la structure des Acotylédons cellulaires ; mais ici je ne puis me dispenser de décrire rapidement la structure caractéristique de la tige que possèdent les Acotylédons vasculaires des trois groupes naturels nommés plus haut, je veux dire des Fougères, des Lycopodiacées et des Prêles.

1° *Tige des fougères.* — Sa structure est surtout intéressante à étudier chez les Fougères de fortes proportions, ou arborescentes. Or, presque jusqu'à ces dernières années, les botanistes les plus distingués pensaient qu'on devait voir dans la tige de ces plantes un simple faisceau de pétioles soudés (Mirbel, Link), ou une réunion de faisceaux fibro-vasculaires isolés, disposés vers la circonférence, autour d'un centre cellulaire, c'est-à-dire une disposition assez analogue à celle qu'offrent les Monocotylédons. Aussi A. P. de Candolle, qui professait cette opinion, rangeait-il les Fougères dans l'embranchement des Monocotylédons, en tête d'une section de cet embranchement caractérisée par l'absence des fleurs.

M. H. Mohl a eu le mérite de donner des notions plus exactes sur l'anatomie de la tige de ces Acotylédons, dans un travail important qui a paru en 1833, en tête de l'ouvrage de M. de Martius intitulé : *Icones plantarum cryptogamicarum Brasiliæ*. Ce sont surtout ses observations qui me fourniront la matière de l'exposé suivant.

La tige des Fougères arborescentes est couverte d'un épiderme lisse et lustré que cachent souvent à la vue de nombreuses écailles dirigées en haut. Sa surface est marquée de grandes cicatrices laissées par la chute des feuilles, à la surface desquelles on voit en saillie les restes des faisceaux fibro-vasculaires qui se rendaient à ces feuilles ; ces cicatrices ont un contour le plus souvent ovale, plus rarement rétréci en angle vers le haut ou presque en losange, dans tous les cas, leur grand axe est vertical ; elles sont parfois rapprochées au point de presque se toucher.

La couche la plus externe de la tige de ces Fougères est une écorce ordinairement fort dure, brune, épaisse de 0^m,003 à 0^m,005, dans laquelle on peut distinguer en général deux assises concentriques, qui se fondent l'une avec l'autre, et dont l'extérieure est composée de parenchyme polyédrique, tandis que l'intérieure ne comprend que des cellules allongées ou du prosenchyme. En dedans de l'écorce, et séparé d'elle par une zone mince de parenchyme, se montre, sur la coupe transversale, un cercle de gros faisceaux fibro-vasculaires inégaux entre eux et fort remarquables par leur configuration : en effet, chacun d'eux a, sur cette coupe, l'apparence d'une lame courbée en croissant simple ou double, dont les cornes se dirigent en dehors. Si l'on enlève, en s'aidant de la macération, l'écorce et le parenchyme sous-cortical, on voit que tous ces faisceaux se relient en un cylindre ligneux continu, qui est comme entaillé de nombreuses fentes longitudinales ou de fenêtres étroites, dont chacune correspond au bas d'une cicatrice foliaire. Les deux bords de ces fentes se rejettent un peu en dehors et donnent naissance aux petits faisceaux fibro-vasculaires qui se rendent aux feuilles en montant, sur une certaine longueur, entre le cylindre ligneux et l'écorce. Il résulte de là qu'extérieurement aux grands faisceaux en croissant, la section transversale de la tige en montre de beaucoup plus petits, qui sont arrondis et plongés dans le parenchyme extérieur, pourvus chacun d'une gaîne dure, simple prolongement de celle du cylindre ligneux. Chaque portion de ce dernier qui se trouve comprise entre deux fentes produit, sur la coupe transversale, l'effet d'un faisceau distinct et plus ou moins large, selon que la section l'a rencontré au-dessus ou au-dessous d'une fente ou, au contraire, entre deux fentes adjacentes et par conséquent rapprochées.

Une observation attentive des faisceaux en croissant fait reconnaître dans chacun d'eux trois formations ou couches distinctes : 1° une gaîne ou enveloppe complète, brune ou noirâtre, fort dure, formée de cellules prosenchymateuses, à parois épaisses et ponctuées; 2° une couche mince de parenchyme peu consistant et semblable à celui qu'on observe dans les autres parties de la tige; 3° à son centre un groupe nombreux de gros vaisseaux rayés scalariformes (voyez p. 45), que leur pression réciproque a rendus prismatiques, et auxquels s'entremêlent quelques cellules étroites de parenchyme. Toute la portion du faisceau située en dedans de la gaîne noirâtre est de couleur claire et a peu de consistance.

L'espace entouré par le cylindre ligneux forme tout l'intérieur et la plus grande partie du volume de la tige. Il est comblé par un parenchyme peu consistant, entièrement semblable à celui que nous avons vu, en premier lieu, former une zone mince sous l'écorce, en second lieu, entourer immédiatement chaque groupe de vaisseaux. Ce tissu cellulaire central semble n'être qu'une moelle fort développée. Lorsqu'une tige de Fougère en arbre vient à sécher, il se déchire et se crevasse par l'effet du retrait qu'il subit.

Cette structure anatomique des Fougères en arbre se retrouve, quant à ses caractères essentiels, dans les Fougères herbacées, comme sont celles de nos pays; seulement des modifications plus ou moins notables, en rapport avec la conformation de la tige, s'opèrent, chez celles-ci, dans le nombre et l'arrangement des faisceaux vasculaires qui, du reste, conservent la même organisation. Le plus souvent ces faisceaux sont disposés en cercle et forment ainsi une zone dans laquelle ils se réunissent les uns aux autres en réseau. Ce réseau est fort régulier dans les espèces à feuilles rapprochées, comme dans l'*Asplenium Filix femina* Bernh., vulgairement nommé Fougère femelle, et dans la Fougère mâle (*Polystichum Filix mas* Roth); il n'offre, au contraire, aucune régularité chez les espèces dont les feuilles sont écartées l'une de l'autre (*Polypodium aureum* Lin.). Plus rarement la tige des Fougères devenant longue et grêle, tous ses vaisseaux se réunissent à son centre en un seul faisceau (*Gleichenia, Hymenophyllum, Trichomanes*); enfin une sorte d'intermédiaire entre ces deux dispositions se montre chez un petit nombre de genres (*Aneimia, Platyzoma, Dipteris*) qui, comme l'a reconnu Rob. Brown, possèdent un cylindre fibro-vasculaire parfaitement fermé.

Je crois devoir rappeler que le cylindre fibro-vasculaire treillissé des Fougères arborescentes, que M. H. Mohl paraît regarder comme un tout unique, est considéré par d'autres botanistes et, ce semble, avec raison, comme étant plutôt formé de la réunion de plusieurs faisceaux anastomosés entre eux. M. Reichardt, en particulier, a présenté des faits nombreux à l'appui de cette manière de voir, et il a expliqué la forme de double croissant qu'affectent certains faisceaux, sur une coupe transversale, parce qu'ils résultent de la soudure bord à bord de deux faisceaux distincts.

Une organisation entièrement différente existe chez les Fougères dont la tige reste courte et épaisse, de manière à ne constituer qu'un corps ramassé qui porte les feuilles. L'*Angiopteris evecta* Hoffm., grande et fort belle plante, dont M. Mettenius a fait récemment [1] une étude attentive et qui avait été d'abord étudiée par M. Ad. Brongniart, peut être pris comme exemple de cette structure. Sa courte tige a la forme d'un cône renversé dans l'intérieur duquel on observe, plongées dans une masse générale de parenchyme, trois zones de faisceaux reliés entre eux en réseau, dans chacune d'elles. Ces trois zones ressemblent à trois entonnoirs emboîtés l'un et l'autre; en outre, des communications sont établies entre elles par des faisceaux plus petits. Ajoutons que ces faisceaux sont dépourvus des deux zones externes, parenchymateuse et fibreuse qui existent chez les autres Fougères.

Dans ces dernières années, M. P. Bert[2] a montré que, si l'on a toujours décrit les vaisseaux des Fougères comme étant tous scalariformes et plus rarement poreux, c'est qu'on avait négligé de les rechercher dans les parties très-jeunes, car dans celle-ci on trouve des trachées, des vaisseaux annelés et spiro-annelés, auxquels succèdent ou après la disparition desquels apparaissent les vaisseaux définitifs qu'on décrit habituellement comme existant seuls dans ces plantes.

Au total, la structure anatomique de la tige des Fougères fournit pour ces Acotylédons un ensemble de caractères nettement distinctifs, auxquels s'ajoutent ceux qui résultent de sa simplicité, de ses cicatrices, et, pour les grandes espèces, de la présence d'une masse considérable de racines qui, naissant jusqu'à une assez grande hauteur au-dessus du sol, en épaississent beaucoup la partie inférieure. Ajoutons cette circonstance remarquable, constatée par M. Ad. Brongniart, que cette tige conserve pendant longtemps la faculté de croître dans le sens de sa longueur, se distinguant ainsi de celle des autres végétaux, dans laquelle chaque point ne tarde pas à parvenir au niveau qu'il ne dépassera plus par la suite.

2° *Tige des Lycopodiacées.* — Si les végétaux de ce groupe naturel sont peu nombreux et de faibles proportions dans le monde actuel, il n'en était pas de même aux périodes géologiques reculées, pendant lesquelles un élément essentiel de la population végétale des terres déjà émergées consistait en espèces la plupart très-grandes, soit de cette famille même, soit de la famille des Lépidodendrées, qui en était fort voisine. C'est donc non-seulement au point de vue de la flore actuelle, mais encore et surtout peut-être à celui de la végétation fossile, qu'il importe de connaître les caractères

---

[1] Ueber d. Bau von *Angiopteris* (*Mém. de l'Acad. royale de Saxe.* VI, 1865, p. 501-570).
[2] *Bull. de la Soc. philomat.*, 1859. p. 267.

essentiels qu'offre la structure anatomique de la tige des Lycopo-diacées.

Or, ces caractères peuvent être résumés en peu de mots. Les vaisseaux, tous scalariformes, de ces plantes, sont réunis en un faisceau central, dans lequel ils se trouvent en masse continue ou bien rangés en lignes irrégulières et rayonnantes, reliées entre elles par des cellules allongées, à parois minces; les plus grands d'entre ces vaisseaux occupent le centre de la masse.

Cette portion centrale forme l'axe ligneux. Autour de ce faisceau vasculaire règne une large zone de parenchyme dans l'épaisseur de laquelle descendent des racines qui, émanées de l'axe ligneux, suivent pour s'en éloigner une direction peu oblique, et qui vien-nent ainsi se faire jour au dehors à une assez grande distance de leur origine[1].

Il est bon de faire observer que, dans le *Psilotum triquetrum*, le faisceau vasculaire n'est pas tout à fait central, puisqu'il entoure une masse cellulaire analogue à la moelle.

La tige des Lycopodiacées ne se distingue pas seulement par ses caractères anatomiques; elle présente encore, dans sa végé-tation, une particularité fort remarquable et caractéristique pour ces végétaux : c'est qu'elle se ramifie par bifurcation normale, son extrémité portant, non pas un bourgeon terminal solitaire, comme dans les autres plantes, mais bien deux bourgeons égaux entre eux ou peu inégaux.

3° *Tige des Équisétacées*. — Les Prêles ou Équisétacées sont des Acotylédons parfaitement distincts de tous les autres végétaux par leur port, par leur structure, comme par l'ensemble de leur organisation. Leur tige se divise en deux portions : l'une souter-raine, douée même de la faculté de se développer de haut en bas pour s'enfoncer profondément, souvent jusqu'à un mètre et davan-tage, dans le sol où elle s'étend ensuite; l'autre extérieure, verte, formée d'entre-nœuds superposés par des nœuds complets, d'où naissent des gaînes dans lesquelles les uns voient les seuls ana-logues des feuilles de ces plantes, tandis que d'autres les regar-dent comme des formations spéciales. Ces tiges sont les unes simples, les autres rameuses; dans ce dernier cas, des rameaux nombreux, organisés comme elles-mêmes, en naissent en cercle, aux nœuds et au-dessous de la base des gaînes; de là résulte cet aspect général singulier qui a fait donner aux Prêles le nom vul-gaire de Queues-de-cheval.

[1] Voyez Ad. Brongniart, dans *Archives du Muséum*, 1, pl. 32.

La tige des Équisétacées est relevée, à sa surface, de côtes saillantes, en nombre variable selon les espèces. C'est seulement dans les sillons qui séparent ces côtes que se trouvent des stomates (voyez p. 101 et suiv.), formés chacun de deux paires de cellules superposées dont les deux extérieures, plus larges que les deux autres et les recouvrant, présentent cette particularité à elles propre que leur face interne est marquée de stries rayonnantes.

L'épiderme de ces plantes est curieux parce que la cuticule (voyez p. 89) y est remplacée par un encroûtement transparent, rude à sa surface, qui n'est pas autre chose qu'une couche de silice dans laquelle quelques observateurs ont cru distinguer des cristaux, tandis que, dans son beau travail récent sur les *Equisetum* de France, M. Duval-Jouve[1] dit l'avoir vue toujours à l'état amorphe. La masse entière de la tige des Équisétacées résulte de la réunion de deux cylindres concentriques, dont l'externe est qualifié de cortical. Chacun de ces cylindres est creusé d'un cercle de lacunes qui forment chacune un tube longitudinal. Les lacunes du cylindre cortical sont habituellement plus grandes que celles du cylindre interne, et elles sont situées vis-à-vis des sillons superficiels, tandis que ces dernières correspondent aux côtes; aussi nomme-t-on les lacunes externes *valléculaires*, tandis qu'on appelle les internes *carénales*. En outre, comme celles-ci ne manquent jamais, M. Duval-Jouve les qualifie d'*essentielles*, pour les distinguer des autres qui font parfois défaut dans la tige souterraine. Ces vides ne sont pas les seuls dans ces végétaux qui de plus offrent une grande lacune ou cavité centrale, sauf quelquefois dans leur portion souterraine.

Le cylindre cortical a une structure assez complexe: Il renferme en effet: 1° extérieurement, le long des côtes et parfois aussi au fond des sillons, des faisceaux fibreux composés de cellules étroites et fort longues, terminées en pointe à leurs deux extrémités et pourvues de parois très-épaisses. Ces fibres corticales rappellent entièrement celles du liber des végétaux plus élevés en organisation: 2° des cellules remplies de chlorophylle entourent ces faisceaux fibreux sur les côtés et en dedans, et forment des sortes de cordons verts longitudinaux; 3° enfin un tissu cellulaire lâche et incolore compose le reste de ce cylindre. Les cellules dont est formé ce parenchyme vont en grandissant vers l'intérieur; ce sont elles qui circonscrivent les lacunes corticales.

---

[1] *Histoire naturelle des Équisetum de France*, in-4 de VIII et 296 pages, avec 10 planches. Paris, 1864.

Le cylindre interne présente deux tissus différents, dont l'un en constitue la masse générale, tandis que l'autre forme des faisceaux fibro-vasculaires. Le premier consiste en cellules larges et contenant des granules d'amidon ; quant au dernier, les faisceaux qu'il compose sont répartis sur un cercle unique, vers sa périphérie, et au côté intérieur de chacun d'eux se trouve l'une des lacunes *carénales*. Ces faisceaux correspondent donc aux côtes extérieures. Ils sont constitués en majeure partie par des fibres étroites, fort longues, très-résistantes, bien que leurs parois n'aient qu'une médiocre épaisseur. Ils comprennent, en outre, des vaisseaux inégaux en grandeur et pour la disposition, mais semblables entre eux en ce sens qu'ils rentrent tous dans la catégorie des trachées, des vaisseaux annelés, ou qu'ils sont spiro-annelés. Les uns, plus gros et peu réguliers, au nombre d'un ou deux, se trouvent au bord externe des lacunes ; les autres, plus nombreux et généralement plus étroits, sont rangés dans le faisceau en deux plans verticaux, placés symétriquement aux deux côtés et de dedans en dehors. Enfin on observe encore quelquefois, le long des parois des mêmes lacunes, quelques trachées parfaitement déroulables et tellement étroites que leur diamètre n'est guère que le quart de celui des autres vaisseaux.

L'organisation de la tige souterraine diffère de la structure que je viens de décrire dans la tige aérienne par l'absence des stomates à sa surface, et à son intérieur par celle des faisceaux fibreux corticaux, de la chlorophylle, même, sur quelques points, de la cavité centrale.

ARTICLE III. — MODIFICATIONS DES TIGES.

Considérée tout entière et dans l'ensemble du règne végétal, la tige montre une grande variété d'aspects par suite des modifications dont elle est susceptible sous divers rapports. Ainsi sa forme, sa consistance, sa direction, l'état de sa surface, etc., peuvent différer d'une espèce à l'autre, et toute description de plante doit nécessairement tenir compte de ces modifications, sous peine de ne donner qu'une idée fort incomplète du végétal dont elle est destinée à fournir le signalement précis.

Pour indiquer ces diverses manières d'être avec une rigueur scientifique et cependant sans périphrases, les botanistes ont été conduits à désigner chacune d'elles par un adjectif, soit emprunté à la langue vulgaire, dans les cas où cela était possible, soit créé spécialement pour cet objet, lorsque le langage ordinaire ne possédait aucun mot dont on pût faire une application utile.

En procédant ainsi non-seulement pour la tige, mais encore pour tous les organes, on a formé la partie la plus usuelle de la langue botanique, langue dont la connaissance, du reste facile à acquérir, est indispensable pour l'intelligence des ouvrages relatifs à la science des plantes. L'exposé et l'explication des mots qui composent cette langue trouvent naturellement leur place dans les ouvrages élémentaires; mais on peut les présenter de différentes manières entre lesquelles il importe de faire un choix. Longtemps et jusqu'au temps où l'organisation végétale a commencé d'être étudiée avec soin dans son ensemble et dans ses détails, les traités élémentaires de botanique étaient presque uniquement des dictionnaires méthodiques spéciaux à cette science; on doit même faire remonter à cette époque l'idée fort répandue mais nullement fondée que les connaissances qu'on peut acquérir avec le secours de ces sortes de dictionnaires constituent la science des plantes tout entière. Plus récemment, à mesure que les études sur les organes, sur leur structure, sur leurs fonctions, se sont multipliées, on a circonscrit de plus en plus la place qui avait été faite d'abord à la langue botanique dans les livres élémentaires, et on en est venu graduellement jusqu'à publier des ouvrages de ce genre dans lesquels les auteurs ont fait abstraction le plus possible des modifications que les organes peuvent subir dans leurs caractères extérieurs ainsi que des expressions consacrées pour les indiquer.

C'est là, ce me semble, une exagération en sens inverse de la première. Sans doute les traités élémentaires de botanique ont avant tout pour objet de faire connaître, du moins dans leurs grands traits, l'organisation et la vie des plantes; mais ils doivent aussi préparer à l'art de tracer des descriptions, ou tout au moins enseigner à tirer parti des ouvrages descriptifs. Ils doivent donc initier à la connaissance des termes sur l'emploi desquels repose toute description, tout signalement d'un être végétal; en d'autres termes, ils doivent présenter l'indication des principales manières d'être sous lesquelles se montrent les diverses parties des plantes et l'exposé des termes adoptés dans la science pour les désigner, au moins lorsque ces termes n'entrent pas entièrement dans le langage usuel.

Ceci posé, et en vue d'abréger le plus possible cet exposé, qui me semble nécessaire, je crois devoir le présenter, pour chaque organe, sous la forme d'un tableau synoptique dans lequel je ne ferai entrer que les expressions essentielles, et dans lequel aussi je m'attacherai à rendre l'explication des mots aussi succincte que possible. Par là je tâcherai de donner satisfaction aux nécessités de l'instruction botanique, sans entrer dans de trop longs développements.

Les différentes manières d'être qu'affecte la tige dans les plantes résultent essentiellement des modifications qu'elle peut subir touchant sa direction, sa ramification, sa consistance, sa forme, sa force et son élasticité, l'état de sa surface et sa vestiture, c'est-à-dire les productions superficielles, comme poils, écailles, etc., qu'elle porte à sa superficie, etc.

Direction......

Tige dressée (caulis erectus), s'élevant verticalement ; cas ordinaire.

Ascendante (ascendens), se redressant après être restée horizontale dans sa portion inférieure.

Nutante (nutans, cernuus), ayant le sommet penché.

Décombante (decumbens), d'abord droite et plus loin retombant sur la terre par faiblesse.

Couchée (procumbens, prostratus), trainant sur le sol.

Rampante, traçante (repens, reptans), quand, étant couchée, elle émet des racines d'espace à autre.

Grimpante (scandens), s'appuyant, pour s'élever, sur les corps voisins et s'y attachant par divers moyens.

Voluble (volubilis), s'enroulant autour des corps (voyez p. 126).

Ramification......

Simple (simplex), ne se divisant pas.

Rameuse (ramosus), divisée en branches plus ou moins nombreuses.

Décomposée (decompositus, deliquescens), ramifiée dès sa base, de sorte qu'on n'en voit guère que les divisions.

Dichotome et *trichotome* (dichotomus, trichotomus), lorsque, à chaque point où elle se divise, se forme une bifurcation dans le premier cas, une trifurcation dans le second.

Stolonifère (stolonifer), émettant, vers sa base, des rameaux feuillés, nommés *jets* ou *stolons* (stolones), qui s'enracinent (ex : *Ajuga reptans, Hieracium Pilosella* fig. 89).

Flagellifère (flagellifer), émettant, vers sa base, des rameaux grêles et sans feuilles nommés *coulants* (flagella), qui s'enracinent à leur extrémité et y donnent un nouveau pied, comme dans le Fraisier fig. 90.

N. B. Souvent les botanistes descripteurs confondent à tort les tiges flagellifères et stolonifères, sous ce dernier nom.

Consistance......

Herbacée (herbaceus), molle et peu consistante, généralement verte.

Ligneuse (lignosus), lignifiée et plus ou moins dure à l'intérieur.

Charnue et même *succulente* (carnosus, succulentus), formée en majeure partie de tissu cellulaire plus ou moins gorgé de sucs.

Médulleuse (medullosus), renfermant une moelle volumineuse.

Fistuleuse (fistulosus), creusée d'une cavité centrale qui fait un tube de chaque entre-nœud. Cette expression est opposée à celle de tige *pleine* (c. solidus).

Forme.

Cylindrique ou mieux *arrondie* (teres), à section transversale circulaire.

Comprimée (compressus), plus ou moins aplatie par les côtés.

Ancipitée (anceps), comprimée et formant deux angles opposés.

Anguleuse (angulosus), relevée d'angles dont on ne détermine pas le nombre.

Triangulaire, quadrangulaire, quinquangulaire, etc. (triangularis, quadrangularis, quinquangularis, etc.), à trois, quatre, cinq, etc., angles.

> N. B. Quelques-uns réservent ces expressions pour les tiges dont les angles sont aigus, et nomment *trigones, tétragones, pentagones*, etc., celles qui ont trois, quatre, cinq, etc., angles obtus.

Sillonnée (sulcatus), creusée de sillons longitudinaux.

Striée (striatus), creusée de lignes étroites et peu profondes que séparent de minces saillies peu proéminentes et longitudinales.

Noueuse (nodosus), ayant les nœuds visiblement épaissis.

Articulée (articulatus), ayant les nœuds cassants.

Globuleuse ou *méloniforme* (globosus, meloniformis), renflée en boule (fig. 58).

Force et élasticité.

Roide (rigidus, et strictus), et par opposition *flexible* (flexibilis).

Sarmenteuse (sarmentosus), ligneuse, longue et grêle.

Débile (debilis), *grêle* (gracilis), et par opposition *épaisse* (crassus).

Filiforme (filiformis), *sétacée* (setaceus), *capillaire* (capillaceus), comparable pour la ténuité à un fil, à une soie, à un cheveu.

En baguette (virgatus), ligneuse, droite, roide et assez grêle.

Surface et vestiture.

Feuillée (foliosus), et par opposition *aphylle* ou sans feuilles (aphyllus).

Ailée (alatus), relevée de sortes de lames foliacées longitudinales ou d'ailes.

Subéreuse (suberosus), couverte d'une couche de liége.

Crevassée (rimosus), ayant une écorce épaisse et crevassée.

Épineuse (spinosus), armée d'épines, c'est-à-dire de fortes pointes qui font suite au bois.

Aiguillonnée (aculeatus), armée d'aiguillons, c'est-à-dire de piquants qui ne tiennent qu'aux couches superficielles de l'écorce.

Inerme (inermis), sans piquants d'aucune sorte.

Unie, lisse (lævis), à surface unie.

> N. B. Les expressions par lesquelles on désigne la présence ou l'absence de poils, d'aspérités, etc., sur les tiges comme sur les autres organes, étant employées principalement pour les feuilles, c'est à la fin du chapitre relatif à celles-ci qu'on en trouvera le relevé et l'explication

CHAPITRE II

DE LA RACINE

ARTICLE PREMIER. — RACINE EN GÉNÉRAL.

Sa situation. — La Racine (radix) est, dans les plantes, la partie que la nature a spécialement chargée d'absorber les matières dont elles doivent se nourrir. Comme ces matières se trouvent généralement dans le sol, c'est dans le sol que s'enfonce la racine, dans l'immense majorité des cas ; cependant les plantes qui vivent aux dépens d'autres plantes, c'est-à-dire les parasites, comme le Gui (*Viscum album* L.) de nos Pommiers, etc., enfoncent leur racine dans le tissu même de celles-ci, pour y puiser leur nourriture ; d'un autre côté, un petit nombre de végétaux aquatiques ne plongent la leur que dans le liquide à la surface duquel ils flottent, comme les Lentilles d'eau ou *Lemna* de nos eaux douces et les *Pistia* des contrées chaudes ; enfin il existe une catégorie assez nombreuse de plantes, appartenant surtout aux familles des Orchidées, des Broméliacées, des Aroïdées, etc., qui s'attachent au tronc des arbres sans puiser en eux leur nourriture, et qu'on qualifie, pour ce motif, d'*épiphytes* ou *épidendres* ; ces fausses parasites se trouvant ainsi à une distance plus ou moins considérable de la terre, ont leurs racines souvent flottantes au milieu de l'air. On voit donc que, d'après les divers milieux qui les environnent, les racines sont le plus souvent *terrestres* ou *souterraines*, parfois *aériennes* et dans quelques cas *aquatiques*.

Crampons. — Comme tous les végétaux ne peuvent exister qu'à la faveur de la nourriture qu'ils prennent autour d'eux, tous doivent avoir les moyens de l'absorber. Mais ceux que la simplicité de leur organisation relègue aux degrés inférieurs de la série végétale peuvent exercer cette absorption par toute leur surface : ils n'avaient donc pas besoin pour cela d'un organe spécial : aussi sont-ils dépourvus de racines, et si l'on trouve chez beaucoup d'entre eux (Algues, Lichens) des prolongements qui en ont l'apparence, on ne peut voir dans ces fausses racines que des *crampons* (fulcra) destinés uniquement à les fixer. Dès que l'organisation végétale se perfectionne, l'absorption se localise en elle et dès lors on voit apparaître une racine qui est spécialement chargée de cette fonction.

On donne aussi ordinairement le nom de *crampons* aux racines qui se développent en grande quantité le long de la tige et des branches du Lierre (*Hedera Helix* L.), et qui constituent pour ce végétal un simple moyen de se fixer aux murs, aux rochers, aux écorces. Sa racine proprement dite, qui est enfoncée dans le sol, est spécialement chargée d'absorber les matériaux de sa nutrition. Ces racines inactives restent toujours courtes sur les tiges qui grimpent le long des corps et elles y naissent par groupes nombreux, comme on le voit sur la figure 87. Elles sont cependant susceptibles de passer à l'état d'activité et de prendre alors un développement beaucoup plus considérable, comme on le voit fréquemment aujourd'hui dans les jardins où l'on fait de charmantes bordures avec du Lierre appliqué sur le sol de manière à y implanter ses crampons, qui passent alors à l'état de racines ordinaires.

Fig. 87. — Fragment de tige de Lierre montrant les racines inactives ou crampons *r r*, par lesquels elle s'attachait. — *t*, la tige.

Suçoirs. — Il est quelques cas dans lesquels des plantes d'ordre supérieur paraissent dépourvues de racine en raison de la courte durée de celle qu'elles ont développée à la germination, et aussi à cause de la configuration remarquable que prennent chez elles les organes par lesquels est effectuée l'absorption de leur nourriture. Ces plantes sont des parasites dont la Cuscute va nous offrir un excellent et curieux exemple.

Cette plante, si justement redoutée des agriculteurs à cause des ravages qu'elle fait dans les cultures lorsqu'elle les a une fois envahies, germe sur ou dans la terre, comme les plantes ordinaires, et elle y enfonce alors sa racine, qui ne prend qu'un faible développement. Ensuite, aussitôt que sa tige grêle, filiforme même, qui ne porte pour toutes feuilles que de petites écailles, rencontre une plante vivante, elle l'enlace et développe, aux points où elle la touche, de petits corps dont la forme revient en général à celle d'une demi-sphère, de la moitié d'un œuf, ou, si l'on veut, d'une cloche à ventouses, plus ou moins rétrécie en col ou pied à sa base

et dont la face tronquée, qui est en contact avec la plante nourricière, se relève à son centre
en un cône qui pénètre à travers l'écorce, ou même jusqu'à la moelle de sa victime.
Ces petits corps (*a*, fig. 88),
sont des *Suçoirs* (Haustoria)
ainsi nommés parce qu'ils ont
pour rôle de sucer les sucs
des tiges auxquelles s'attache
le parasite. Divers botanistes
les regardent comme analogues à des racines qui se seraient développées sur les
tiges et rameaux de la Cuscute, de même que nous verrons bientôt qu'il peut souvent
se développer des racines sous
la forme ordinaire sur diverses parties aériennes des

Fig. 88. — *Cuscuta major* DC. fleuri, fixé à un fragment de tige vivante. En *a* on voit cinq suçoirs
rangés en file, qui ont été détachés de la plante
nourricière à laquelle ils adhéraient.

plantes. Seulement, dans le cas particulier des parasites, ces racines prennent une forme et une organisation en rapport avec leur
destination spéciale, et deviennent des suçoirs.

Dès l'instant où la Cuscute, le parasite dont il s'agit en ce moment, possède des suçoirs, sa racine souterraine, qui n'avait eu
pour elle qu'une faible utilité, languit d'abord, puis meurt. Dès
lors il n'existe plus de rapports entre elle et le sol, et elle puise
les éléments de sa nutrition uniquement dans les plantes, sur
lesquelles elle s'étend de proche en proche avec une déplorable
rapidité, comme l'ont bien montré les expériences d'Almerico
Benvenuti.

Proportions relatives de la racine et de la tige. — La racine
est le premier organe qui se montre hors de la graine à la germination et celui qui en général prend le plus grand développement,
pendant les premiers temps de l'existence des jeunes plantes.
Parfois même la disproportion entre elle et la tige devient d'abord
considérable, pour s'effacer plus tard ou même pour se prononcer
finalement en sens inverse. On voit, par exemple, dans les jeunes
Chênes, la racine atteindre d'abord quatre et cinq fois au moins la
longueur de la petite tige, tandis que celle-ci efface ensuite cette
différence et acquiert même plus tard une longueur qui dépasse

de plus en plus celle de la première. Ainsi les proportions relatives de ces deux portions de l'axe peuvent varier, dans une même espèce végétale, aux différents moments de son existence; mais elles arrivent finalement à un rapport qui reste définitif pour elles, et qui n'est pas le même d'une espèce à l'autre. De là certains végétaux sont remarquables pour le développement extraordinaire que prend leur racine, tandis que leur tige n'acquiert que des proportions relativement faibles; d'autres, au contraire, peuvent élever leur cime à une grande hauteur, leurs racines restant toujours faibles proportionnellement. La Luzerne (*Medicago sativa* L.) est l'exemple le plus connu qu'on puisse citer parmi les premiers: les arbres résineux (Pins, Sapins, etc.) rentrent dans la catégorie des derniers; aussi les voit-on fréquemment déracinés par les ouragans.

Influence du sol sur la longueur des racines. — L'état du sol, surtout sa perméabilité ou sa légèreté exercent une puissante influence sur le développement que peut prendre la racine. S'il est compacte, elle reste courte; elle s'allonge, au contraire, d'autant plus qu'il est plus perméable et plus meuble. C'est pour ce motif qu'on a vu la Betterave, le Froment et d'autres plantes de proportions aussi faibles, enfoncer quelquefois leur racine jusqu'à plus de 4 mètres. On cite même (Lardier) des racines de Vigne et de Câprier (*Capparis spinosa* L.) dont, en creusant un puits, on a trouvé les racines parvenues à 13 mètres (40 pieds) de profondeur. De même on sait que les plantes qui croissent sur des sables mouvants, comme dans les dunes du littoral, y enfoncent profondément leurs racines pour aller chercher l'humidité qui leur est nécessaire.

Influence de l'eau sur les racines. — De son côté l'eau remplaçant accidentellement le sol pour les racines exagère leur élongation et surtout leur ramification. Elle détermine ainsi la formation de ce qu'on nomme vulgairement la *queue-de-renard*; ce n'est pas autre chose qu'une portion de racine qui s'est chargée, pour ce motif, d'une énorme quantité de ramifications déliées. C'est particulièrement dans les conduites d'eau que se produit ce développement anormal que Duhamel avait réussi à provoquer expérimentalement, et qu'on a vu plusieurs fois, dans ces dernières années, obstruer entièrement des tuyaux de drainage.

Spécialisation des racines selon les milieux. — L'influence des milieux sur le développement des racines s'exerce également sur leur rôle physiologique, de telle sorte qu'on peut dire qu'elles s'accommodent à ceux qui les entourent et qu'elles ne peuvent en changer ensuite sans s'altérer. C'est ce que reconnaissent journellement les personnes qui plantent en terre des boutures dont elles ont obtenu l'enracinement dans l'eau ; c'est surtout ce qu'ont mis en évidence les expériences de M. J. Sachs [1]. Cet habile physiologiste a reconnu que les racines qui se sont produites dans la terre ne peuvent végéter ensuite dans l'eau et que réciproquement celles qui ont pris naissance dans l'eau ne peuvent remplir leurs fonctions dans la terre. Dans l'un et l'autre cas, le changement de milieu amène la mort des racines auxquelles il doit en succéder d'autres qui soient aptes à fonctionner dans la nouvelle situation où se trouve la plante. Il résulte de cette circonstance que toutes les expériences qui ont été faites avec des plantes retirées de terre et plongées ensuite dans l'eau, donnent prise à de sérieuses objections, à moins qu'on n'ait laissé à ces plantes le temps de développer de nouvelles racines adaptées à leur nouveau milieu, avant de commencer l'expérience. Il faut ajouter que l'arrachage d'une plante, fût-il même fait avec de grandes précautions, amène toujours des ruptures qui placent alors le végétal dans des conditions nouvelles.

ARTICLE II. — DÉVELOPPEMENT ET STRUCTURE DES RACINES.

§ 1. — Développement.

A la germination et plus tard chez les Dicotylédons. — Lorsqu'une graine de Dicotylédon est soumise aux influences qui seules peuvent déterminer sa germination (humidité, chaleur, oxygène de l'air), le premier effet visible qu'elle éprouve est un gonflement déterminé par une absorption d'humidité. Ce gonflement a pour résultat de rompre ou déchirer les enveloppes solides qui protégeaient l'embryon, c'est-à-dire le spermoderme et même le noyau du fruit, lorsqu'il en existe un qui renferme la graine. Dès cet instant l'embryon, réveillé de son engourdissement, commence à s'allonger, et c'est sa radicule qui, prenant le premier et le principal accroissement, passe par l'ouverture qui s'est faite devant lui et vient se montrer au dehors. Obéissant à une tendance irrésistible, elle se dirige vers le centre de la terre, soit immédiatement si la situation de la graine le permet, soit après s'être recourbée sur elle-même en crochet, si le hasard de

[1] *Bot. Zeit.*, 1860, p. 115.

l'ensemencement avait fait que le point par lequel elle sort ne fût pas situé en bas.

Une circonstance qu'il est important de noter c'est que l'extrémité inférieure ou radiculaire de l'embryon s'allonge immédiatement en radicule, de telle sorte que celle-ci se continue directement avec la tigelle qui la surmonte. Ce fait avait été considéré par L. C. Richard comme assez caractéristique des Dicotylédons pour qu'il en eût tiré la dénomination générale d'*Exorhizes* (de ἔξω, dehors, et ῥίζα, racine) par laquelle il proposait de les désigner.

La radicule devient le pivot. — Une fois sortie de la graine comme nous venons de le voir, la radicule des Dicotylédons s'accroît, en général, beaucoup en longueur en poursuivant sa marche descendante. Mais bientôt elle commence à émettre sur ses côtés des ramifications qui se multiplient dès ce moment de plus en plus, qui se subdivisent ordinairement à leur tour, et ainsi prend naissance graduellement cet arbre souterrain qu'on désigne dans son ensemble sous la dénomination générale de racine.

Parties de la racine d'un Dicotylédon. — Dans cet arbre souterrain, l'axe de tout le système, duquel émanent les ramifications et qui n'est que la radicule développée, constitue le *corps de la racine* ou le *pivot*, qu'on nomme aussi parfois la *souche*. Les ramifications latérales d'une racine encore jeune ou les petites divisions d'une racine plus développée, sont appelées *radicelles*, sans que ce mot ait une application bien rigoureuse, dans la plupart des cas ; enfin, le dernier terme des ramifications d'une racine consiste en un grand nombre de ramules déliés, simples filaments grêles auxquels on donne le nom de *fibrilles* et dont l'ensemble est appelé le *chevelu*.

Proportions relatives du pivot et de ses ramifications. — Chez un assez grand nombre de végétaux, le pivot reste toujours prédominant par rapport aux ramifications qui naissent de lui. Dans ce cas, la racine est *pivotante*. S'enfonçant profondément dans le sol, elle y fixe solidement la plante entière et va puiser loin de la couche superficielle la nourriture qu'elle transmet à celle-ci. Ailleurs, au contraire, les ramifications de la racine prennent un développement plus considérable relativement au pivot, qu'elles égalent dans certains cas et sur lequel elles l'emportent notablement dans d'autres. On nomme racines *fibreuses* celles qui n'offrent qu'un ensemble de ramifications égales ou même supérieures en longueur au pivot, ou enfin non accompagnées d'un pivot appréciable.

Niveau où les racines épuisent le sol. — On conçoit sans peine que si les racines pivotantes vont chercher la nourriture des plantes dans les couches profondes du sol, celles qui sont fibreuses se maintiennent dans les couches superficielles et y exercent leur absorption. Celles-ci sont donc celles qui profitent le mieux et le plus directement des opérations de la culture, des fumures, etc. D'un autre côté, ce sont aussi celles qui ressentent le plus promptement l'action de la sécheresse; enfin ce sont celles qui permettent le moins que d'autres plantes leur soient associées dans l'espace qu'elles occupent. Ces notions donnent la clef d'une foule d'observations journalières que fournit la culture.

Développement de la racine des Monocotylédons. — L'embryon des Monocotylédons se comporte tout autrement que celui des Dicotylédons, à la germination. Dans la grande majorité des cas, la première racine qui apparaît et dans laquelle les botanistes voient en général la vraie radicule, n'est pas le prolongement direct de l'extrémité radiculaire de l'embryon, mais elle sort de l'intérieur de cette extrémité, de telle sorte que, pour se faire jour au dehors, elle a dû percer la couche superficielle qui forme dès lors autour de sa base une sorte de petite gaîne ou de court étui nommé par Mirbel *Coléorhize* (de χολεός, étui, et ρίζα, racine), c'est-à-dire étui de la racine. L. C. Richard, qui avait reconnu cette particularité, d'importance majeure à ses yeux, en déduisait le nom d'*Endorhizes* (de ἔνδον, en dedans, et ρίζα, racine, c'est-à-dire racine provenant de l'intérieur), par lequel il désignait les Monocotylédons [1].

Une autre circonstance remarquable qu'offre la racine primordiale des Monocotylédons, c'est sa courte durée qui fait qu'elle ne devient pas un pivot permanent. Les cas où elle persiste le plus longtemps sont celui de l'*Aponogeton distachyum*, où M. J. E. Planchon l'a retrouvée à tout âge sous la forme d'un simple mamelon, et celui de quelques Palmiers, notamment du Dattier, chez lequel, au bout de quelques mois, son extrémité inférieure sèche, se désorganise, après quoi la destruction gagne rapidement vers sa base. Plus ordinairement elle disparaît encore plus vite et n'a qu'une très-courte existence ou ne se montre à peu près pas.

Les Monocotylédons ont-ils une vraie radicule? — Pour répondre à cette question, il importe d'établir d'abord une distinction fondamentale entre les racines d'origine différente que peut

---

[1] « Endorhizes : Extrémité radiculaire de l'embryon renfermant un tubercule radicellaire (quelquefois plusieurs) qui en sort par la germination, pour former par son prolongement la racine de la plante naissante. » *Analyse du fruit* (1808), p. 53.

avoir une plante. Nous avons vu que la vraie racine d'un jeune Dico-tylédon, c'est-à-dire sa radicule, n'est pas autre chose que l'extré-mité radiculaire de son embryon qui s'est allongée pour la former : aussi à la base de cette racine vraiment primordiale n'observe-t-on rien de particulier, rien d'analogue à une coléorhize. Mais plus tard, ce même Dicotylédon pourra développer, même sur ses parties qui vivent dans l'air, des racines d'un autre ordre. Qu'on détache, par exemple, un fragment de sa tige et qu'on le plante ; on verra des racines naître en général sur la portion enterrée de ce frag-ment, qui constitue ce que les cultivateurs nomment une *bouture*. Ces racines n'ont évidemment aucun rapport avec la racine primor-diale ou radicule ; aussi les nomme-t-on *racines adventives*, par-fois aussi *racines secondaires* (Nebenwurzel de divers auteurs al-lemands), pour indiquer que leur production est en quelque sorte accidentelle ou tout au moins secondaire, et qu'elles n'entrent pas essentiellement dans la constitution fondamentale du végétal.

Or, un caractère commun à toutes ces racines adventives c'est que, prenant naissance sur le corps ligneux ou au moins sur les faisceaux fibro-vasculaires, elles ne peuvent se faire jour au dehors qu'en refoulant devant elles et en perçant ensuite les couches su-perficielles, et que, par conséquent, elles ont à leur base une coléo-rhize.

Se basant sur ce caractère essentiel des racines adventives, divers botanistes, à l'exemple de M. Schleiden, admettent que, par cela seul qu'ils sont endorhizés, les Monocotylédons développent en général, à la germination, non pas une vraie radicule, mais bien une racine adventive ; ils font même remarquer avec raison que certaines Graminées, particulièrement les céréales, donnent alors le plus souvent trois racines également coléorhizées, dont la médiane prend des proportions un peu plus fortes que les deux autres, et que dès lors on serait conduit à dire que ces plantes ont trois radicules, ce qui ne semble guère admissible.

Il importe cependant de ne pas trop généraliser à cet égard. Il est, en effet, des Monocotylédons en assez grand nombre qui ger-ment avec une racine évidemment dépourvue de coléorhize. Cette radicule peut même persister en pivot rudimentaire, comme M. Plan-chon l'a montré pour l'*Aponogeton*, ou bien elle peut durer assez longtemps, comme chez quelques Palmiers, notamment chez le Dat-tier ; mais plus ordinairement elle n'a qu'une courte existence, et elle est bientôt remplacée par des racines adventives qui naissent, soit d'abord et transitoirement sur sa base, dans les cas où elle se développe quelque peu, soit ensuite principalement ou même uniquement sur la portion inférieure de la tige, où elles apparaissent de plus en plus haut; même chez certaines espèces, cette tige, se détruisant peu à peu à son extrémité inférieure, finit par se trouver soutenue par un piédestal de racines adventives, à une hauteur de un à trois mètres au-dessus du sol. C'est ce qui a lieu surtout pour un beau Palmier d'Amérique, l'*Iriartea exorhiza*, qui a tiré son nom de cette particularité et, comme nous le verrons bientôt, pour quelques autres arbres de la même famille.

En résumé, chez les Monocotylédons, tantôt la vraie radicule se développe à la germination, tantôt elle se montre à peine ou bien elle avorte plus ou moins complétement; dans tous les cas, elle n'a qu'une importance fort secondaire, et la nutrition de ces végétaux repose sur l'action de racines adventives qui se produisent soit dès l'origine, soit peu de temps après que la jeune plante a commencé son existence indépendante.

Enracinement des Palmiers. — Cet exposé succinct du premier enracinement des Monocotylédons doit être complété par l'indication des diverses manières dont ces végétaux se comportent pendant les premiers temps de leur existence et jusqu'à ce que la base de leur tige ait acquis le diamètre qu'elle ne dépassera plus, au moins pour ceux dont la végétation offre ce remarquable caractère. C'est particulièrement au sujet des Palmiers que cette étude a de l'intérêt, à cause du développement considérable que la plupart d'entre eux peuvent acquérir et des diverses dispositions qu'ils offrent à leur base. En effet, certains Palmiers ont leur tige enfoncée assez profondément en terre, tandis que plusieurs affleurent simplement par leur base la surface du sol, enfin que d'autres finissent par être placés tout à fait en l'air soutenus par leurs racines.

D'après les observations de M. Karsten, les Palmiers peuvent s'implanter plus ou moins profondément en terre de deux manières différentes : 1° A la germination, le cotylédon restant enfermé dans la graine, son pétiole s'allonge beaucoup et s'enfonce verticalement dans le sol. Or, comme sa base marque à peu près l'extrémité inférieure de la tige, il s'ensuit que celle-ci est enterrée de la même longueur et même un peu plus. Cet allongement du pétiole peut égaler et dépasser même 0^m,65 dans les *Copernicia, Hyphæne, Phytelephas;* il n'est, au contraire, que de quelques centimètres chez les *Maximiliana, Attalea, Arenga, Phœnix, Chamærops,* etc. Cette portion enterrée est le point de départ d'un grand nombre de fortes racines adventives, grâc auxquelles le Palmier peut supporter sans peine sa lourde couronne de feuilles gigantesques et braver même les ouragans les plus violents. 2° Un mode de végétation fort singulier existe chez d'autres Palmiers, parmi lesquels le genre *Sabal* peut être regardé comme type ; tels sont les *Klopstockia, Diplothemium, Trithrinax, Acrocomia, Elæis*. Chez ceux-ci, jusqu'à ce que la tigé ait acquis, à sa base, son diamètre définitif, elle développe en terre une forte pousse latérale, à courts entre-nœuds, qui s'enfonce de haut en bas dans la terre humide et meuble des forêts où croissent naturellement ces arbres. Cette production spéciale se charge de racines adventives à sa face inférieure ; de là la portion souterraine de la tige finit généralement par former une sorte de fer à cheval qu'on retrouve plus ou moins conservé dans les individus adultes.

Quant aux Palmiers qui semblent posés sur le sol, et qui habitent les côtes et rivages, leur situation superficielle tient à ce que le pétiole de leur cotylédon ne s'allonge pas à la germination. Leur radicule transitoire est remplacée, dès que paraissent les premières feuilles, par de fortes et nombreuses racines adventives qui naissent du bas de la tige et qui forment à celle-ci un revêtement presque impénétrable. Tels sont : les *Cocos, Sagus, Euterpe, OEnocarpus, Chamædorea, Bactris*, ainsi que les Palmiers grimpants, *Calamus* et *Desmoncus*.

Enfin, il existe des Palmiers, constituant une dernière catégorie, chez lesquels la tige donne naissance de plus en plus haut, et jusqu'à 3 ou 4 mètres au-dessus du sol, à de fortes racines adventives. Les entre-nœuds inférieurs de cette tige sont allongés ; ils se détruisent graduellement, d'où il résulte que la base de celle-ci, qui peut atteindre 50 et 60 mètres de hauteur, se trouve de plus en plus hors de terre, reposant sur son piédestal de racines adventives. Ce fait curieux se présente chez les *Iriartea, Deckeriu, Socratea*.

Élongation de la racine. — Nous avons vu que la tige forme les nouveaux tissus grâce auxquels elle s'allonge, à sa sommité même qui constitue son point végétatif ; nous avons vu aussi que chacun de ses entre-nœuds, à partir du moment où il a commencé de se former, conserve la faculté de s'allonger pendant l'espace de temps, assez limité du reste, qu'exige la consolidation de ses tissus. Les choses se passent tout différemment pour la racine, comme l'avaient déjà démontré les observations de Duhamel, et comme l'ont établi de la manière la plus précise les expériences d'Ohlert[1]. Voici comment a procédé ce dernier observateur afin de reconnaître ce qui a lieu pour cet organe.

Un tube de plomb, long de 1 pied et large de 1 pouce et demi, fut percé dans sa longueur d'une ouverture large de 3/4 de pouce et longue de 9 pouces 1/2, de telle sorte qu'il restât, à un bout, une portion longue de 2 pouces 1/2 non entaillée. Cette dernière portion fut remplie de terre qu'un treillis fin empêchait de tomber. C'était une sorte de petit vase placé à la partie supérieure de l'appareil et dans lequel on sema des graines. Au moyen de plusieurs tubes ainsi disposés, on put expérimenter sur des Lupins, des Haricots et des Pois. Ces graines semées, on entoura tout le tube avec du plomb laminé, afin d'en fermer momentanément et la fente et l'ouverture inférieure. Les graines ayant germé, la radicule des jeunes plantes traversa le treillis et descendit dans le tube vide. On n'avait qu'à soulever la feuille de plomb pour les observer à découvert. Lorsqu'une entre autres de ces radicules eut acquis une certaine longueur, on marqua, à partir de son extrémité inférieure, une série de points rouges espacés de 1/2 ligne, dont le 1er était le plus haut, dont le 20e était à la pointe même de la racine. Au bout de 24 heures, les points depuis 1 jusqu'à 18 avaient parfaitement gardé leur espacement, indiquant que l'élongation avait été nulle dans cette étendue ; le point 20 était resté à la pointe ; mais la distance entre 18 et 20 était devenue 6 fois plus grande qu'à l'origine et égalait alors un 1/2 pouce. Cette même longueur, entre les points rouges 18 et 20, fut divisée en 10 parties égales au moyen de points verts. Après 24 heures, ces nouveaux points n'offrirent aucun changement de 1 à 8, mais de 8 à 10 on reconnut que l'accroissement avait été de plusieurs lignes. Cet espace entre 8 et 10 fut divisé à son tour en 6 parties égales au moyen de points bleus qu'on retrouva sans changement, au bout de 24 heures, de 1 à 5, tandis que du point 5 au point inférieur vert ainsi qu'au point inférieur rouge s'était produite une élongation de plusieurs lignes.

En poursuivant ce genre d'expérimentation et en le répétant sur différentes espèces de plantes, Ohlert obtint toujours les mêmes résultats. Il démontra ainsi avec rigueur que, dans une racine, toute la longueur jusque près du bout ne peut s'allonger, une fois formée ; que, d'un autre côté, la pointe même reste

---

[1] E. Ohlert, Einige Bemerkungen über die Wurzelfasern ; *Linnæa*, 1837, pp. 609-631.

invariable, et que tout le développement porte sur un court espace qui se trouve à une demi-ligne environ de l'extrémité même.

Conséquences pratiques. — Ce fait remarquable que les racines ne s'allongent que par un point très-rapproché de leur extrémité, mais non par leur extrémité elle-même, explique pourquoi un pivot, comme une racine quelconque, ne s'allongent plus pour peu qu'ils aient été tronqués à leur pointe libre. Un insecte suffit souvent pour produire ce résultat. C'est ce qui ressort aussi des expériences dans lesquelles Duhamel, ayant tronqué le pivot d'un arbre et ayant mis en terre une brique ou un obstacle quelconque sous la troncature, reconnut que, même dans l'espace de plusieurs années, la racine n'avait pas exercé le moindre effort sur l'obstacle et avait conservé invariablement sa longueur.

Lorsque le pivot d'un arbre ou arbuste perd son extrémité, ne pouvant plus s'allonger, il concentre tout l'effort de sa végétation sur ses ramifications latérales qui en prennent un plus grand accroissement; on remarque en effet que ces ramifications sont d'autant moins nombreuses et d'autant moindres que le pivot est plus développé, et réciproquement. Ainsi s'explique et se justifie la pratique habituelle des pépiniéristes qui, lorsqu'ils opèrent la première transplantation du jeune plant venu de graines, c'est-à-dire lorsqu'ils font le *repiquage* de ce plant, ont le soin de rogner l'extrémité de son pivot, avant de le remettre en terre. Il en résulte qu'il se produit, dès cet instant, des racines latérales plus nombreuses, plus développées, et que les jeunes arbres auxquels on a procuré, par ce moyen, un bon *empâtement de racines* reprennent facilement à la transplantation. On remarque, au contraire, que ceux dont le pivot s'est enfoncé profondément en terre et s'est peu ramifié par cela même, offrent de grandes difficultés soit pour la déplantation, soit pour la reprise lorsqu'on essaie de les transplanter.

Arrangement des radicelles sur le pivot. — Les radicelles ne se développent point sur le pivot au hasard et sans ordre, comme on serait porté à le croire en examinant superficiellement la racine de la plupart des plantes, et comme l'ont professé les auteurs jusqu'à la date de quelques années. Déjà, au milieu du siècle dernier, Bonnet, dans le troisième et le cinquième de ses mémoires touchant les usages des feuilles, disait avoir reconnu sur des Haricots, après leur germination sur une éponge humide, que les radicelles sont rangées sur la maîtresse racine ou le pivot en quatre lignes exactement parallèles et à égales distances les unes

des autres, et il ajoutait qu'il avait retrouvé ce même arrangement, à quelques variétés près, dans les racines du Pois, de la
Fève et du Sarrasin (*Fagopyrum esculentum* Moench); mais ces
observations isolées n'étaient restées que comme des faits remarquables que personne n'avait été tenté de généraliser. Même dans
ces trente dernières années, la science ne s'était enrichie que
de quelques indications vagues énoncées incidemment par un
petit nombre de botanistes, et d'une note concise communiquée
par Payer à un congrès scientifique qui eut lieu à Rennes. Aussi,
M. D. Clos put-il considérer cette question comme ayant été à
peine effleurée, lorsqu'il en fit l'objet de deux mémoires successifs[1] dans lesquels il l'envisagea dans son ensemble, en appuyant
ses généralisations sur des observations multipliées et très-diverses. Voici en peu de mots ce que ce botaniste nous a appris
à cet égard.

L'arrangement régulier des radicelles sur le pivot s'observe
nettement pendant la première jeunesse des plantes; il devient de
moins en moins appréciable ou disparaît même tout à fait par les
progrès de l'âge. Dans toute racine, les radicelles naissent les unes
au-dessus des autres, de telle sorte que leurs points d'origine dessinent sur le pivot des lignes longitudinales; c'est ce que notre
auteur nomme la loi de superposition des radicelles, loi générale
et sans exception réelle, assure-t-il. Toutefois, dans un certain
nombre de cas, on voit ces lignes suivre une direction oblique
et non pas rigoureusement verticale. Le nombre des rangées
longitudinales de radicelles est fixe et déterminé, soit pour les
plantes d'une même famille, soit pour celles d'un même genre,
soit au moins pour les individus d'une même espèce. Les rangées
sont également espacées entre elles; elles s'offrent en nombres
différents dont le plus faible est deux et qu'on voit très-rarement
dépasser cinq. Les plus fréquents de ces nombres sont 2 et 4 : les
radicelles sont disposées sur deux lignes dans les familles des Papavéracées, des Crucifères, des Résédacées, des Géraniacées; sur
quatre lignes dans celles des Malvacées, des Euphorbiacées, des
Ombellifères, des Labiées, des Verbénacées, etc. Le nombre 3 est
notablement plus rare que les précédents; on l'observe sur beaucoup de Légumineuses, par exemple dans les genres *Vicia*, *Trifolium*, *Lathyrus*, *Coronilla*, *etc.* Quant au nombre 5, il est peu
fréquent; il se montre principalement dans le vaste groupe des

[1] D. Clos, Ébauche de la Rhizotaxie; thèse, in-4° de 72 pages; Paris, 1848. Deuxième
mémoire sur la Rhizotaxie; *Ann. des sciences nat.*, 1852, t. XVIII.

Composées, où, il est vrai, le nombre 2 n'est pas rare non plus, et encore dans la famille des Solanées.

Ce remarquable arrangement des radicelles, qui établit un ordre parfait là où on n'avait su voir pendant longtemps que désordre et irrégularité, se relie, comme l'a montré M. D. Clos, à la structure anatomique, c'est-à-dire au nombre des faisceaux fibro-vasculaires qui existent dans la racine. Cette relation était facile à prévoir; mais elle a été parfaitement établie par l'observation directe.

§ 2. — Structure de la racine.

La structure de la racine doit être examinée soit dans l'ensemble de cet organe, soit à son extrémité même. C'est surtout à ce dernier point qu'elle offre des particularités importantes et caractéristiques, d'autant plus intéressantes à connaître qu'elles expliquent l'accroissement tout local qui la distingue.

† *Structure de la racine à son extrémité.* — On a décrit la racine, presque jusqu'à ces dernières années, comme se développant par son extrémité même qui, pour ce motif, aurait présenté constamment, à ce point terminal, un tissu cellulaire en voie de développement, c'est-à-dire d'une délicatesse extraordinaire, telle même que A. P. de Candolle allait jusqu'à dire qu'il était demi-liquide. De ces idées sur la grande délicatesse de la sommité des racines on tirait des conséquences diverses, qu'on a été amené successivement soit à contredire, soit à modifier en raison des connaissances plus exactes qu'on possède aujourd'hui à ce sujet.

Pilorhize. — Des observations attentives ont appris que le tissu qui forme l'extrémité des racines, loin d'être d'une très-grande délicatesse par cela même qu'il serait constamment en voie de formation, se montre au contraire de fort bonne heure, parfois même avant qu'elle se soit fait jour au dehors, plus ferme et plus résistant que celui qui se trouve sous lui, à une faible profondeur. Le point réel où se produisent les nouveaux tissus, c'est-à-dire le point végétatif ou bien le cône végétatif de la racine, est situé sous cette couche terminale plus ferme qui lui forme une sorte de coiffe protectrice. Observée avec soin par M. Trécul [1], cette sorte de coiffe a reçu de ce botaniste le nom de *Piléorhize*, que je crois devoir écrire

---

[1] Recherches sur l'origine des racines (*Ann. des sc. nat.*, 1846, t. V et VI).

Pilorhize[1]. Elle a sa plus grande épaisseur à son centre, c'est-à-dire au-dessus du point végétatif auquel elle adhère ; de là elle va en s'amincissant à mesure qu'elle remonte le long de la racine et elle s'éteint, si l'on peut le dire, de cette manière à une faible distance du sommet de la racine.

Les recherches qui ont été faites jusqu'à ce jour semblent montrer qu'une pilorhize existe à l'extrémité de toutes les racines, mais que son développement peut varier d'une espèce à l'autre. Elle est bien formée et facile à voir surtout chez les végétaux aquatiques, parmi lesquels nos Lentilles d'eau ou *Lemna* sont des plus favorables pour ces observations. Elle s'offre chez celles-ci comme un petit doigt de gant près de deux fois plus long que large, qui protége efficacement la racine de ces plantes contre le choc des petits corps étrangers et contre la morsure des animaux de faibles proportions.

Parmi les végétaux terrestres, les Conifères ont une pilorhize très-développée et ferme, tandis que celle des Chênes, des Bouleaux et de la plupart de nos autres arbres est notablement plus mince et moins résistante.

D'après Schacht, qui s'est occupé spécialement de ce sujet dès 1855[2], l'axe de la pilorhize est occupé par quelques rangées longitudinales de cellules qui renferment quelquefois de l'amidon et qui surmontent le point végétatif de la racine. Quant au reste du tissu de cette coiffe, il consiste en couches cellulaires parallèles à sa surface externe et superposées de dedans en dehors.

Exfoliation de la pilorhize. — La pilorhize, on le conçoit sans peine, est un produit de l'extrémité végétative de la racine qu'elle enveloppe ; elle se reproduit ainsi par l'intérieur ; en même temps les cellules qui en forment la couche externe se désagrégent plus tôt ou plus tard et tombent en se comportant de manières diverses. En 1849, M. Goldman[3] avait publié cette observation intéressante, que du bout de la radicule de diverses plantes, après leur germination dans de la mousse humide et parfaitement nettoyée, se détachait un mucilage jaunâtre dans lequel le microscope

---

[1] M. Trécul a formé le mot *Piléorhize*, c'est-à-dire chapeau ou coiffe de la racine, en le déduisant des mots grecs πῖλος, chapeau, bonnet, et ρίζα, racine. Mais ainsi formé, un peu contrairement aux règles de la composition des mots, ce nom semblerait venir du latin *pileus*, chapeau, et du grec ρίζα, racine. Je crois donc utile de le modifier légèrement pour qu'il soit en rapport avec son étymologie. En allemand, on le traduit par *Wurzelhaube*, *Wurzelmütze*, qui a la même signification.

[2] *Flora*, 1853, n° 17.

[3] *Bot. Zeit.*, 1849, p. 885-891.

faisait reconnaître un tissu cellulaire très-délicat, composé de cellules le plus souvent cylindroïdes et faiblement unies entre elles.

Cette remarquable exfoliation du tissu superficiel, à l'extrémité des racines, fut décrite succinctement, vers la même époque, par Link[1], et plus récemment elle a été l'objet d'un travail spécial de MM. Garreau et Brauwers[2]. D'après ces derniers observateurs, elle a lieu de manières assez différentes, selon les conditions d'humidité, de température et selon les plantes. Dans le Blé, l'Orge, la Vesce, le Trèfle, la Rose trémière, etc., elle se fait par la désunion complète des cellules au milieu d'une couche visqueuse ; dans le Pavot, la Caméline, la Moutarde noire, le Colza, le Pourpier, la Mâche, etc., elle s'opère sous la forme de coiffes composées de cellules peu adhérentes et pénétrées de matière visqueuse ; dans la Phellandrie, il s'en détache des lambeaux formés de cellules d'épiderme fortement adhérentes au tissu sous-jacent ; enfin, dans la Glycérie, la portion qui s'exfolie se montre comme une coiffe composée de cellules très-adhérentes entre elles.

Conséquences de l'exfoliation. — Je me contenterai de faire observer ici en passant que les exfoliations successives que subit la pilorhize ont pour effet de mêler au sol des matières qui faisaient d'abord partie de la plante ; dès que ce fait a été connu, on a pensé qu'il devait exercer une influence notable tant sur le sol lui-même que sur les racines des plantes qui y végètent. Je reviendrai plus loin sur ce sujet lorsqu'il sera question de l'idée fréquemment émise que les racines ont la faculté d'excréter, c'est-à-dire de rejeter, après les avoir produites dans leurs tissus, des substances diverses par l'expulsion desquelles on a expliqué ce qu'on a nommé les sympathies et les antipathies des plantes.

Point végétatif de la racine. — J'ai déjà dit que le point végétatif de la racine, c'est-à-dire son extrémité même où se produisent ses tissus nouveaux, et par laquelle dès lors elle gagne graduellement en longueur, se trouve caché par la pilorhize et adhère au centre de celle-ci. Ce point est formé, comme toute partie naissante, de cellules courtes, très-petites, délicates et remplies d'un liquide mêlé de granules, c'est-à-dire d'un parenchyme naissant, semblable à celui qui compose le point végétatif de la tige. Seulement la différence capitale qui existe entre ces deux foyers de production consiste en ce que l'un est à découvert, à l'extrémité même de la tige, et donne naissance soit aux tissus nouveaux de

<hr>

[1] Trad. dans *Ann. des sc. nat.*, 1850, t. XIV.
[2] *Ann. des sc. nat.*, 1858, t. X, pp. 181-192, pl. 14.

l'axe, soit aux feuilles, tandis que le second est recouvert par la pilorhize et ne produit jamais rien qui, de près ou de loin, rappelle les feuilles. Les cellules naissantes qui forment celui-ci, se multiplient en se divisant et donnent ainsi naissance à des files longitudinales de cellules qui grandissent peu à peu, s'allongent, et dont certaines, parmi celles qui correspondent aux faisceaux fibro-vasculaires, ne tardent pas à revêtir les caractères de vaisseaux. C'est ainsi que l'observation permet de reconnaître le passage graduel de l'extrémité uniquement parenchymateuse de la racine à ses parties moins jeunes et pourvues de leur organisation définitive.

†† *Structure de la racine dans son ensemble.* — A. **Chez les Dicotylédons.** — La racine des Dicotylédons possède une structure semblable à celle de la tige, à quelques différences près ; ces différences sont même en général peu importantes. Ainsi elle comprend également un système central ou ligneux résultant de la superposition de couches annuelles, dans les espèces vivaces, et un système cortical ou externe, dans lequel on retrouve les diverses régions dont on a vu qu'est composée l'écorce de la tige. D'un autre côté, ces deux systèmes examinés dans la racine offrent, comparativement à leur manière d'être dans la tige, les particularités suivantes :

1° C'est au sujet de la *Moelle* qu'ont été émis relativement à la racine les énoncés les plus contradictoires. Presque tous les botanistes depuis Malpighi, Schmiedel, Medicus, etc., admettent qu'elle manque dans cette partie de la plante, et que son absence entraîne comme conséquence naturelle celle de l'étui médullaire, c'est-à-dire des trachées et des vaisseaux annelés qui caractérisent cet étui ; d'un autre côté, Bernhardi avait fait observer le premier que la racine de la Balsamine renferme une moelle bien caractérisée ; Link, en 1824, avait dit qu'il en est de même chez un petit nombre d'autres plantes ; enfin, M. Schleiden et Schacht ont affirmé plus récemment que la moelle de la tige se prolonge généralement dans la racine. Ce dernier dit formellement : La racine possède, comme la tige, à de rares exceptions près, une moelle centrale qui est seulement plus étroite d'ordinaire que celle de la tige, de telle sorte qu'on l'a souvent méconnue dans les petites radicelles, d'où est issue l'opinion erronée qu'elle manque dans la racine[1]. Cependant ce botaniste lui-même cite le

----

[1] Schacht, *Lerhbuch*, II, p. 175.

Cicuta virosa comme manquant bien réellement de moelle, et il serait facile d'indiquer d'autres plantes qui sont dans le même cas. D'un autre côté, les botanistes qui posent comme principe général l'absence de la moelle dans la racine, indiquent le Noyer, l'Érable Sycomore comme remarquables parce que la moelle de leur tige se prolonge profondément dans leur racine, indication dont l'exactitude est incontestable ; il semble donc, au total, qu'on ne peut établir de loi générale à cet égard.

M. Trécul a cru pouvoir poser en principe [1] que le centre des ramifications des racines et celui des racines adventives sont de même nature que la partie sur laquelle ces racines ou ces ramifications reposent. Dans le *Nuphar lutea*, dit-il, où les radicelles naissent d'un faisceau vasculaire de la racine, le centre de ces radicelles est vasculaire ; au contraire, chaque racine adventive du *Valeriana Phu*, qui couvre une des mailles du système fibro-vasculaire de la tige, a son centre médullaire parce qu'il repose immédiatement sur la moelle de la tige. Quand la racine est insérée à la surface latérale d'un faisceau fibro-vasculaire, son centre est fibreux ou vasculaire et non médullaire. Dans le Chêne, les cellules placées au centre des racines sont de la nature de celles des rayons médullaires qui semblent se réunir pour se prolonger à leur intérieur.

2° Le *Bois* de la racine se produit par couches annuelles comme celui de la tige, et ses couches ligneuses annuelles tirent également leur origine de la zone génératrice ; mais, en général, les éléments anatomiques dont il est formé sont plus larges, plus amples que leurs analogues dans la tige. Les fibres, les cellules de son parenchyme ligneux, ses vaisseaux ont, d'ordinaire, un diamètre de deux à quatre fois plus considérable, et cette supériorité de largeur se retrouve d'un autre côté dans les fibres du liber. Une conséquence remarquable de ce fait se montre chez les Conifères, dans lesquelles les fibres ligneuses de la racine présentent sur leurs parois de deux à quatre files longitudinales et latérales de grandes ponctuations aréolées, tandis que, comme nous l'avons déjà vu (voyez p. 148), celles du bois de la tige n'en portent habituellement qu'une seule file. — Comme par compensation avec la grandeur des éléments constitutifs du corps ligneux, les rayons médullaires sont beaucoup moins nombreux et moins

[1] *Bull. Soc. bot. de Fr.*, t. II, 1855, p. 106.

développés dans la racine que dans la tige, ce qui donne en général un caractère différent au bois de ces deux parties.

Ce qui ajoute à la différence qu'on remarque entre le bois de la tige et celui de la racine, c'est l'irrégularité et l'enchevêtrement des fibres de ce dernier. Cette particularité tient au grand nombre de ramifications de la racine qui en rendent le bois comme noueux; de là ce bois est rarement propre aux ouvrages de charpente et de menuiserie; mais on l'emploie avec avantage pour la tabletterie et même pour l'ébénisterie, à cause de l'entrelacement de ses veines.

3° L'*Écorce* reproduit, dans la racine, toute l'organisation qui la distingue dans la tige ; elle offre même, dans ses diverses couches, les mêmes éléments anatomiques disposés dans un ordre semblable. Les différences qu'elle offre consistent dans la largeur plus considérable de ses fibres libériennes, surtout dans l'épaisseur notablement plus grande qu'acquiert souvent son enveloppe cellulaire, particulièrement chez les végétaux herbacés, enfin dans le développement hâtif et ordinairement plus grand que sur la tige, par lequel se distingue sa couche subéreuse.

Ce dernier fait est la conséquence de la courte durée de l'épiderme, et il influe puissamment sur le rôle physiologique de la racine. En effet, partout où celle-ci est couverte d'une couche subéreuse, dont le tissu, comme on l'a déjà vu, est inerte, elle est incapable d'absorber les liquides extérieurs. Par là s'explique le peu d'étendue de la surface absorbante de cet organe, surface que nous aurons bientôt à déterminer

4° L'*Épiderme* qui recouvre la racine a une existence fort limitée. On ne le trouve en bon état et actif que sur les parties jeunes ; sur celles qui sont un peu plus avancées, le développement d'une couche subéreuse ou la mortification de l'écorce cellulaire externe ne tarde pas à terminer son rôle physiologique. Il est recouvert d'une cuticule mince et ne présente jamais de stomates. Dans sa jeunesse il est remarquable par la présence à sa surface de poils unicellulés, presque toujours simples, quelquefois mais rarement rameux (*Saxifraga sarmentosa*, *Anemone apennina*, *Brassica Rapa*), formés comme toujours par un accroissement local de ses cellules, et qui sont destinés à concourir puissamment à l'absorption des liquides dans l'intérieur du sol.

Ces *poils radicaux* ont été étudiés avec soin, dans ces dernières années, par M. Gasparrini, qui les nomme *suçoirs* (*Succiatori*), et

qui en a fait l'objet d'un travail important[1]. On les trouve vers
l'extrémité de la radicule, des radicelles et des fibrilles, à partir
du niveau où finit la pilorhize, de telle sorte que celle-ci n'en présente jamais, si ce n'est dans quelques cas tout à fait exceptionnels
qui ont été signalés par MM. Garreau et Brauwers. Le savant italien voit dans ces productions superficielles des racines jeunes
l'organe essentiel de l'absorption qui s'opère dans le sol, sans nier
toutefois que les cellules épidermiques ne puissent intervenir aussi
dans l'accomplissement de ce phénomène essentiel à la vie des
plantes, comme le prouve clairement ce fait que certaines espèces
en sont constamment dépourvues; de ce nombre sont : le Safran, l'*Orobanche Hederæ*, l'*Epidendrum elongatum* (Gaspar.),
l'*Abies pectinata*, le *Cicuta virosa*, le *Monotropa* (Schacht), et
d'autres aussi certainement.

Les poils radicaux, considérés en particulier, n'ont qu'une existence temporaire; ils disparaissent dès que le tissu superficiel de
la racine passe à l'état inerte, ce qui arrive de bonne heure, comme
nous l'avons vu. Mais à mesure qu'ils disparaissent sur les portions
vieillies, il s'en forme de nouveaux sur les parties très-jeunes, auxquelles donne naissance l'allongement graduel de l'organe. Examinés
relativement au végétal entier, ils peuvent manquer momentanément, par exemple pendant l'hiver, chez beaucoup de plantes. Ce
caractère d'organes temporaires et caducs a inspiré à M. Gasparrini l'idée que les poils, de même que les ramules radicaux, sont
pour l'axe descendant ou la racine ce que les feuilles sont pour
l'axe ascendant ou la tige. Je rappellerai que A. Richard avait déjà
exprimé une opinion analogue relativement aux dernières ramifications de la racine, c'est-à-dire aux fibrilles du chevelu, qu'il regardait comme de véritables organes appendiculaires, et, par conséquent, comme représentant sur la racine les feuilles que porte
habituellement la tige. Cette opinion, basée sur la croyance ancienne que les fibrilles se reproduisent annuellement dans le sol,
comme les feuilles dans l'air, n'est pas suffisamment justifiée par
l'observation. Elle se relie à cette autre idée que la structure des
fibrilles du chevelu diffère de celle des portions moins ténues de
la racine; mais Schacht a reconnu que les fibrilles les plus délicates ne diffèrent pas, pour la structure, des portions plus épaisses
de la racine; qu'elles se terminent de même par un cône végétatif
abrité sous une pilorhize; enfin que les unes et les autres peuvent,

____

[1] Gasparrini, *Ricerche sulla natura dei succiatori*; in-4° de 115 pag. et 8 pl.
Naples, 1856.

selon les circonstances, devenir avec le temps des racines du plus
fort diamètre. Ce qui a pu donner lieu à l'opinion répandue depuis
longtemps à cet égard, c'est que beaucoup de ces ramifications
déliées meurent de bonne heure, tandis qu'il s'en produit de nouvelles sur d'autres points.

B. **Structure de la racine chez les Monocotylédons.** — Il existe
une différence notable de structure entre les tiges et les racines
des Monocotylédons.

1° *Racines des Palmiers.* — Chez les Palmiers, on voit celles-ci
prendre un développement considérable et acquérir assez souvent
l'épaisseur d'une forte corde qui fixe très-solidement le végétal
au sol; les recherches attentives de M. H. Mohl, confirmées par
des travaux postérieurs, ont appris que les racines de ces végétaux
sont formées : 1° d'une grosse masse centrale ligneuse, non subdivisée en faisceaux distincts et séparés, et 2° d'une zone externe
corticale, épaisse, lâche et spongieuse. La zone corticale est enveloppée d'un épiderme ferme, dont les cellules sont courtes et se
relèvent à l'extérieur en manière de verrues ; elle-même est constituée en majeure partie par un parenchyme régulier, dont les
cellules ont les parois minces et laissent entre elles des méats intercellulaires, excepté à la limite, soit extérieure, soit intérieure
de la zone. Vers l'extérieur de cette écorce, on trouve, chez quelques espèces, des fibres de liber qui manquent chez d'autres. La
masse centrale ligneuse a une structure à elle propre. Dans son
milieu elle offre une portion entièrement celluleuse, à cellules
allongées cependant, dans laquelle on ne doit pas être surpris
qu'on ait vu l'analogue d'une moelle. Autour de ce centre parenchymateux s'étend la zone fibro-vasculaire ou ligneuse proprement
dite, qui forme un tout cohérent et continu, et dans l'épaisseur de
laquelle les vaisseaux s'offrent arrangés d'une manière spéciale.
En effet, ils sont placés par séries dirigées de dedans en dehors,
assez souvent divisées comme en deux bras divergents, de telle
sorte que, sur une coupe transversale, la section d'un groupe produit l'image d'un V ouvert vers le dehors. Dans ces séries, les vaisseaux les plus larges se trouvent en dedans et sont réticulés; les
petits sont placés plus en dehors, et ils rentrent dans la catégorie
des vaisseaux poreux et scalariformes. Les vaisseaux affectent donc
dans cette racine un ordre inverse de celui qu'on leur a reconnu
dans les faisceaux de la tige. Les petits vaisseaux se forment les
premiers. Tout autour des vaisseaux se montrent des cellules allongées, à bases horizontales, et au delà de celles-ci de véritables

fibres ligneuses. Enfin, dans l'intervalle entre deux de ces groupes ou séries de vaisseaux, se trouve un faisceau de cellules contenant un suc opaque et granuleux, que M. H. Mohl appelle vaisseaux propres, comme dans les faisceaux de la tige, et dans lesquelles divers botanistes voient du tissu générateur ou cambium.

Ainsi, épaisse zone corticale et zone ligneuse continue, entourant une masse de parenchyme, remarquable par ses vaisseaux sériés et décroissant de dedans en dehors, telles sont les particularités vraiment saillantes par lesquelles se distingue, à peu d'exceptions près, la racine des palmiers.

2° *Racines des autres Monocotylédons.* — Les racines des autres Monocotylédons participent plus ou moins à cette union, que nous venons de voir chez les Palmiers, de la masse fibro-vasculaire en une zone unique et plus ou moins continue. En outre, leur zone corticale se fait souvent remarquer, parce qu'elle offre, vers l'extérieur, une ou plusieurs assises de cellules à parois épaisses et dures, que M. Schleiden a comparée à une sorte de gaîne ou d'étui (Kernscheide Schl.), et qu'on voit fort prononcée surtout chez les *Smilax.*

3° *Racines aériennes des Monocotylédons.* — Les Orchidées et un certain nombre d'Aroïdées épiphytes, c'est-à-dire vivant attachées à l'écorce des arbres, à une plus ou moins grande distance du sol, développent des racines aériennes généralement en quantité considérable. Ces racines ont une apparence particulière à cause de leur couleur gris clair, quelquefois aussi presque blanche, souvent luisante, et de leur extrémité plus ou moins verte. Elles doivent leur teinte distinctive à la nature toute spéciale de leurs couches superficielles, au sujet desquelles ont été émises, dans ces derniers temps, des idées diverses. Link, en 1824, a le premier signalé l'existence, tout autour de ces racines, d'un singulier tissu spongieux, à cellules spiralées; Meyen, en 1830, dans sa *Phytotomie,* disait avoir reconnu que, sous ce tissu extérieur, se trouve une couche remarquable de tissu cellulaire qui lui semblait analogue à un épiderme; enfin, plus récemment, MM. Schleiden, Oudemans, Chatin, Leitgeb, etc., ont fait encore de la structure de ces racines l'objet d'observations suivies.

Voici comment M. Schleiden décrit l'organisation dont il s'agit, dans une Aroïdée, le *Pothos crassinervis* [1]. D'après lui, ces racines sont pourvues d'un épiderme caractérisé, qui porte des stomates

____

[1] *Grundz.;* 3° édit., t. I, p 284.

à deux cellules en croissant remplies d'une matière granuleuse ou brune. Cet épiderme n'est pas extérieur, mais il est recouvert d'un tissu particulier superficiel, composé de cellules un peu allongées de dedans en dehors, lâchement unies entre elles, et dont les parois offrent une fibre spirale disposée avec élégance. Ces cellules spiralées sont remplies d'air, ce qui explique la couleur blanchâtre et le lustre de la couche qu'elles composent. Quant à l'extrémité verte de ces racines, elle doit sa coloration à cette circonstance que les cellules de sa couche superficielle étant pleines de liquide, laissent voir par transparence le parenchyme cortical vert qui se trouve sous elles. C'est en perdant leur liquide intérieur, aussitôt remplacé par de l'air, que les cellules passent à leur état définitif et caractéristique.

Partant de cette idée que la couche de cellules fibreuses (voyez p. 28) spiralées, et plus souvent réticulées, recouvre ce qu'il regarde avec Meyen comme l'épiderme, M. Schleiden la nomme *voile des racines* (velamen radicum ; en allemand, Wurzelhülle) ; il fait observer que, chez certaines Aroïdées (*Pothos reflexa, acaulis, violacea,* etc.), les cellules qui la forment ne sont point pourvues d'une spire intérieure.

Les racines des Orchidées épiphytes présentent également les deux couches superficielles qui viennent d'être signalées ; c'est sur ces plantes qu'on a presque toujours étudié ces couches ; mais la plus intérieure des deux, c'est-à-dire celle que M. Schleiden regarde comme l'épiderme, et que M. Chatin, partageant cette manière de voir, appelle *Membrane épidermoïdale,* n'est pas regardée comme telle par M. Oudemans, qui la nomme *Endoderme.* Cette couche présente une constitution caractéristique ; mais, contrairement à la description qu'en donne M. Schleiden pour le *Pothos crassinervis,* description dont M. Oudemans a vérifié l'inexactitude, elle n'offre jamais de stomates ; seulement, entre les cellules allongées, rectangulaires, sériées, à parois souvent épaisses, au moins du côté extérieur, dont elle est formée en majeure partie, se trouvent interposées isolément d'autres cellules plus courtes, arrondies ou ovales, à parois minces, remarquables par le volume de leur nucléus central (voyez p. 58), que M. Schleiden, et, plus récemment, M. Fockens, assimilent à tort aux stomates. L'assise que forment ces deux sortes de cellules est toujours unique. Quant au voile ou *velamen,* qui enveloppe cette même assise, le nombre des couches de cellules fibreuses qui le composent varie, et, dans les cas où il est peu considérable, cette enveloppe peut encore porter extérieurement, d'après M. Leitgeb, quelques groupes d'autres cellules, de conformation différente, que ce botaniste distingue par la dénomination de *cellules recouvrantes*.

Dans l'état actuel de la science, il est difficile de préciser une analogie quelconque entre le voile avec l'endoderme et les couches qui se trouvent à l'extérieur des racines ordinaires ; aussi les opinions varient-elles beaucoup à cet égard. M. Schleiden, surtout M. Chatin, regardent le voile comme un produit de l'épiderme, qui serait, dans ce cas, toujours intérieur ; Schacht et M. Oudemans y voient la portion externe de l'écorce primaire, que la couche nommée endoderme par ce dernier séparerait de sa portion interne, et pour eux l'épiderme forme l'assise cellulaire externe du voile ; enfin M. Leitgeb considère ce même voile comme un tissu cellulaire particulier qui se développerait, à une époque plus ou moins tardive, en dedans d'un épiderme extérieur, et par l'effet d'une division de cellules de celui-ci. Pour décider quelle est la nature réelle de ce tissu singulier, il faudra nécessairement de nouvelles observations et surtout une étude très-attentive de sa première formation.

Les racines aériennes absorbent-elles la vapeur d'eau ? — Cette étrange organisation du tissu superficiel des racines, dans des plantes qui vivent sans le moindre rapport avec le sol, a fait penser à la généralité des physiologistes que cette enveloppe spéciale est destinée à un rôle également spécial ; ils lui ont attribué la faculté d'absorber dans l'atmosphère la vapeur d'eau qui serait, d'après eux, la base essentielle de la nutrition de ces épiphytes. M. Unger a même publié les résultats de deux expériences qui lui semblaient donner la preuve et la mesure d'une absorption d'eau en vapeur invisible par les racines aériennes[1]. Je regrette, pour ma part, de ne pouvoir partager cette opinion. Des expériences nombreuses et variées, dont j'ai fait connaître les résultats en 1856[2], me semblent établir ce fait que les plantes épiphytes, particulièrement les Orchidées, n'absorbent pas la vapeur contenue dans l'air, mais seulement l'eau liquide qui vient les mouiller, et qui provient, soit des pluies, soit des rosées extrêmement abondantes des contrées tropicales. J'ajouterai que, d'après les rapports de divers voyageurs, ces plantes, dans leur pays natal, développent une masse considérable de racines entre lesquelles s'accumulent

---

[1] *Sitzungsberichte*, XII.
[2] Duchartre, Expériences sur la végétation des plantes épiphytes ; *Journ. de la Soc. impér. et centr. d'Hort.*, t. II, 1856, pp. 67-79.

des poussières, surtout des débris organiques, d'où résulte pour elles une sorte de sol artificiel qui rend peu utile cette absorption de vapeur aqueuse dont on croit, en général, qu'elles tirent essentiellement leur nourriture.

C. Structure de la racine des Acotylédons vasculaires. — Les caractères anatomiques de la racine, chez les Acotylédons vasculaires, peuvent être résumés en peu de mots, à cause de leur netteté. Elle offre, en effet, un faisceau vasculaire central simple qu'entoure immédiatement une écorce celluleuse. Celle-ci, à son tour, est recouverte d'un épiderme à une ou deux assises de cellules qui portent extérieurement une grande quantité de poils radicaux. Ces poils eux-mêmes diffèrent de ceux des végétaux plus élevés dans la série par leur coloration jaune brunâtre et par l'épaisseur de leurs parois. Le centre du faisceau unique de cette racine ne présente rien d'analogue à une moelle, et les vaisseaux s'y montrent rangés de telle sorte que leur largeur aille en décroissant du centre vers l'extérieur. Pour les Fougères et les Équisétacées, le contraste est frappant avec la structure de la tige. Il en est autrement pour les Lycopodiacées, dont la tige n'a de même qu'un faisceau central ; mais, chez ces plantes, la racine se distingue encore parce que la zone cellulaire qui entoure son faisceau est formée de cellules beaucoup plus petites et plus serrées que dans la tige.

ARTICLE III. — RACINES ADVENTIVES ET OPÉRATIONS DE CULTURE
FONDÉES SUR LEUR PRODUCTION.

Nous avons déjà vu que dans cette catégorie de racines rentrent toutes celles qui ne proviennent pas du développement du pivot et de ses ramifications.

§ 1. — Racines adventives considérées en elles-mêmes.

Parties des plantes qui peuvent en produire. — Des racines adventives peuvent se développer, soit naturellement, soit par les soins de la culture, sur les diverses parties des plantes à peu près sans exception. Jetons d'abord un coup d'œil sur leur production naturelle et spontanée ; nous prendrons ensuite une idée des opérations de la culture qui reposent sur leur formation provoquée artificiellement.

Nous avons déjà vu que la partie inférieure de la tige des Palmiers et des Monocotylédons, en général, produit constamment de ces racines ; que c'est même uniquement par elles que se fixent et se nourrissent les végétaux de cet embranchement. Beaucoup de Dicotylédons vivaces, mais non ligneux, perdant leur racine primaire peu d'années après la germination, ne possèdent également, à partir de ce moment, que des racines adventives nées sur leur tige qui, chez elles, se dirige souvent horizontalement, soit à la surface du sol, soit dans son intérieur.

Dans ce premier cas, les racines adventives naissent sur les portions de la tige qui restent plongées dans la terre ou peu élevées au-dessus de sa surface; mais certains végétaux sont doués de la faculté d'en émettre à une distance considérable du sol, de manière à donner lieu à des faits de végétation très-curieux. En voici quelques exemples qui méritent d'être signalés.

Le Figuier du Bengale, plus connu sous le nom vulgaire de Figuier des Banyans (*Ficus benghalensis* L.; *Urostigma benghalense* Gaspar.), est un grand arbre de l'Inde dont les longues branches s'étalent horizontalement. De celles-ci naissent çà et là des racines adventives qui descendent droit vers le sol pour y enfoncer leur extrémité. Aussitôt qu'elles ont pris terre, elles s'accroissent, grossissent, et devenant ainsi chacune un foyer d'activité, elles ne tardent pas à prendre l'apparence d'un nouveau tronc, à partir duquel les branches s'étendent plus au loin. Ainsi de proche en proche se forme une sorte de forêt au feuillage touffu, qui ne comprend cependant qu'un seul arbre, et qu'on pourrait comparer à un édifice végétal avec de nombreuses arcades. Un autre fait remarquable s'offre encore pour cet arbre vénéré des Indous. Les oiseaux qui en mangent le fruit en déposent quelquefois la graine, non altérée par la digestion, sur d'autres arbres sur lesquels elle germe. Il arrive assez souvent que le Figuier est ainsi semé sur un beau Palmier, le *Borassus flagelliformis* L., ou Rondier. Il s'y développe et produit des racines adventives qui embrassent le tronc du Palmier, n'en laissant libre que la sommité, de telle sorte que celui-ci semble implanté sur le Figuier auquel, au contraire, il sert de support. Les arbres ainsi unis sont un objet de profonde vénération pour les Indous.

Des faits analogues à ce dernier se passent fréquemment, dans d'autres régions intertropicales, pour des végétaux divers. Au Brésil, divers Figuiers faux-parasites, qu'on nomme vulgairement dans le pays *Gamelleiras*, viennent très-souvent sur les arbres; ils développent beaucoup de racines adventives qui, dans leur marche vers la terre, se soudent entre elles çà et là et forment au tronc de l'arbre un véritable étui. Si l'arbre ainsi enveloppé est un Dicotylédon, il ne tarde pas à se trouver étroitement serré dans cette enveloppe résistante; il languit alors, périt même; après quoi son bois, détruit peu à peu par les agents atmosphériques, finit par disparaître et par laisser le faux-parasite végéter seul à la place qu'il a usurpée.

Les *Clusia* donnent lieu quelquefois à des faits analogues.

Les racines adventives brunes et luisantes, qui naissent de la même manière sur l'Imbé du Brésil (*Philodendron Imbe* Schott), deviennent tellement longues et sont d'ailleurs si résistantes, qu'on les emploie en guise de cordes, d'après M. Weddell; elles ont le mérite d'être presque imputrescibles, même dans l'eau.

Les racines elles-mêmes peuvent donner naissance à des racines adventives; c'est sur cette propriété qu'est basée la multiplication d'un assez grand nombre d'espèces de nos jardins, dont il suffit de planter un fragment de racine pour obtenir un nouveau pied; tels sont le *Paulownia*, l'*Aralia papyrifera*, le *Dais*, et beaucoup d'autres.

Les feuilles de plusieurs plantes ont la faculté de produire des racines adventives, et peuvent ainsi devenir un moyen de multiplication parfois très-commode. Depuis longtemps déjà, Bauer, plus connu sous le nom d'Agricola, dans son curieux ouvrage qui a été traduit sous le titre de *l'Agriculture parfaite*[1], rapportait avoir multiplié l'Oranger en en plantant des feuilles détachées; on savait également que les feuilles des plantes grasses prennent racine sans difficulté. Dans ces derniers temps, on a reconnu que cette propriété de s'enraciner est beaucoup plus prononcée encore dans les feuilles des *Gloxinia*, lorsqu'on en fend longitudinalement les nervures, et surtout chez celles de certains *Begonia*, notamment du *Begonia Rex* et de ceux qui s'en rapprochent ou qui en sont issus. Dans ces derniers végétaux, l'enracinement est si facile, qu'un jardinier allemand, en ayant haché une feuille en plusieurs centaines de petits morceaux, a pu obtenir de ceux-ci autant de pieds distincts et séparés.

Enfin il n'est pas jusqu'aux fruits et aux fleurs de certaines plantes grasses qui ne puissent prendre racine, comme M. Trécul l'avait observé au Texas pour les fruits d'une Cactée et comme M. Baillon l'a reconnu plus récemment par l'expérience pour ces mêmes plantes.

Retournement d'un arbre. — La faculté que possèdent la tige et ses ramifications de donner naissance à des racines adventives,

---

[1] *L'Agriculture parfaite*, par G. A. Agricola; trad. de l'allemand par B. L. M. In-8°. Amsterdam, 1720.

ainsi que celle qu'ont les racines de produire des bourgeons ordinaires, expliquent parfaitement une expérience bien connue qu'on doit à Duhamel. Cette expérience est appelée ordinairement le retournement d'un arbre ; elle a fait supposer à tort à plusieurs botanistes que les racines pouvaient devenir des branches, et réciproquement. Notre célèbre physiologiste ayant obtenu de bouture un Saule à longue tige, arbre dans lequel l'enracinement s'opère avec beaucoup de facilité, imagina d'en arquer la tige de telle sorte que la masse des branches pût être ramenée en terre. Ainsi enterrées, ces branches ne tardèrent pas à s'enraciner elles-mêmes, de telle sorte que le Saule se trouva dès lors implanté au sol par ses deux extrémités. Les choses étant en cet état, il déterra la véritable racine et redressa la tige, après quoi l'arbre se trouva complétement retourné, ses racines étant en l'air en guise de cime, tandis que ses branches étaient enfoncées en terre et déjà enracinées. Or, sur les racines placées ainsi à l'air libre apparurent bientôt des bourgeons, desquels sortirent des branches, et cette portion primitivement souterraine finit par former une véritable cime feuillée. Mais, comme l'a fort bien fait remarquer De Candolle, il n'y eut dans ce cas aucune transformation ; seulement les branches enterrées produisirent des racines adventives, comme elles le font toujours avec une extrême facilité dans le Saule et dans tous les arbres à bois blanc, et, d'un autre côté, des bourgeons adventifs apparurent sur les racines déterrées, comme ils le font fréquemment sur celles qui sont mises à nu par une cause quelconque, ou même sur celles qui restent enterrées chez les espèces drageonnantes, c'est-à-dire douées de la faculté de développer, souvent loin de leur tronc, des pousses d'origine souterraine qu'on nomme des *drageons*.

Cette faculté qu'ont les diverses parties de l'axe végétal de développer des racines adventives dans la terre et des bourgeons dans l'air est encore mise en évidence par une série d'autres expériences faites par Duhamel, dans lesquelles une longue branche de Saule, détachée, était disposée de telle manière que certaines de ses parties se trouvassent entourées de terre humide pendant que les autres restaient à l'air libre. Quelle que fût la situation des unes et des autres de ces parties, les premières s'enracinaient toujours, tandis que les dernières développaient des branches feuillées.

Origine et développement des racines adventives. — Les racines adventives prennent toujours leur origine à la surface de la

partie fibro-vasculaire de l'organe sur lequel elles doivent apparaître, par conséquent du corps ligneux, quand il s'agit de l'axe.
Elles se montrent d'abord sous l'apparence d'une petite masse uniquement cellulaire, recouverte et cachée par l'écorce. Cette masse,
prenant peu à peu du développement, repousse devant elle l'écorce,
qu'elle finit par percer et qui par suite forme autour de sa base
visible une sorte de courte gaîne nommée *Coléorhize*. En même
temps qu'elle s'allongeait ainsi pour traverser l'écorce et se faire
jour au dehors, elle s'organisait intérieurement; les vaisseaux, les
fibres s'y montraient, s'étendaient ensuite de sa base vers son
sommet, et elle ne tardait pas à acquérir ainsi sa structure caractéristique.

Où apparaissent d'abord les vaisseaux dans cette racine naissante? Les observateurs en général, notamment en France, Mirbel
et M. Decaisne, en Allemagne, MM. Unger et H. Mohl, disent que
les vaisseaux naissent d'abord dans la petite masse cellulaire qui
constitue la racine naissante et qu'ensuite ils se portent vers le
corps ligneux sur lequel est née la racine pour la relier à lui; au
contraire, dans son travail spécial sur l'*Origine des racines*[1], M. Trécul affirme que ce ne sont pas les vaisseaux développés dans les
racines naissantes qui vont se mettre en communication avec ceux
de la tige, mais que ce sont des vaisseaux partis de cette dernière
qui s'introduisent dans les racines.

Quant au lieu même où prend naissance chaque racine, ce dernier observateur conclut des observations dont son mémoire est
destiné à faire connaître les résultats, que c'est toujours un point
situé à la surface même du corps ligneux, mais pouvant varier
dans ses rapports avec les faisceaux et les rayons médullaires qui
forment celui-ci. Ainsi, dit-il, cette origine se trouve soit à l'extrémité d'un faisceau vasculaire ou de plusieurs faisceaux conver-
geant vers le même point, soit à la partie latérale d'un faisceau,
soit au contact de deux faisceaux voisins, soit enfin à la surface
d'une couche ligneuse continue, vis-à-vis ou non d'un ou plusieurs
rayons médullaires; en d'autres termes, ces racines peuvent naître
sur tous les points de la surface du corps ligneux, et non pas uniquement vis-à-vis d'un rayon médullaire, comme on le dit ordinairement.

Il est à peine besoin de faire observer que, par une conséquence
naturelle de la diversité des points où elles peuvent naître, les

---

[1] *Ann. des sc. nat.*, 1846, t. V et VI.

racines adventives se montrent disposées sans ordre sur la partie qui les porte, différant ainsi essentiellement des radicelles que nous avons vues arrangées en lignes longitudinales sur le pivot.

Conséquence culturale. — Le développement des racines adventives amène parfois sur les arbres fruitiers un fait qu'il est important de signaler. Ces arbres ont généralement reçu une greffe, c'est-à-dire, comme nous le verrons plus loin, un fragment d'une autre espèce ou variété qui s'est développé sur eux de manière à produire leur cime. Cette greffe a été posée souvent à peu près au niveau du sol, et à ce point il s'est formé un renflement plus ou moins prononcé, par conséquent un point prédisposé à l'enracinement. Or, il arrive assez fréquemment que, lorsqu'on plante de jeunes arbres ainsi greffés dans la pépinière, on les enfonce assez pour que le point qui a reçu la greffe se trouve enterré. Dans cette situation, ce point s'enracine sans difficulté, et, dès cet instant, les racines de l'arbre qui a reçu la greffe et qu'on appelle le sujet, supplantées en quelque sorte par les nouvelles venues, languissent ou même périssent. On dit alors que la greffe, qui peut subsister, dès cet instant, avec le secours de ses seules racines adventives, *s'est affranchie*. Cet affranchissement est avantageux dans quelques cas ; mais dans beaucoup d'autres il est nuisible, parce que la mort du sujet, et la désorganisation qui en est la suite, peuvent gagner l'arbre issu du développement de la greffe et en amener la mort. Il est donc prudent en général de ne pas enterrer le point où a été posée la greffe, lorsqu'on plante des arbres greffés.

§ 2. — Opérations de culture basées sur le développement des racines adventives.

Dans un livre tel que ces *Éléments*, il est évident qu'on ne doit pas s'étendre beaucoup sur les opérations de la culture ; mais il est indispensable, d'un autre côté, de dire quelques mots de celles qui reposent sur les données de la physiologie végétale, ne fût-ce que pour en expliquer la nature et les effets. C'est pour ce motif que je consacrerai quelques pages à deux opérations qui sont mises tous les jours en pratique, je veux dire aux deux modes de multiplication des végétaux qu'on a nommés le *Bouturage* et le *Marcottage*.

⋆ *Bouturage.*

Différentes natures de boutures. — Une *bouture* est une portion quelconque d'un végétal qu'on détache pour la planter dans des conditions telles qu'elle produise des racines adventives et, par suite, qu'elle donne naissance à une plante semblable à celle qui l'a fournie. On nomme *bouturage* l'opération qui consiste à détacher et planter une bouture.

Puisque nous avons vu que presque toutes les parties des plantes peuvent devenir le point de départ de racines adventives, il s'ensuit qu'on peut en bouturer des parties très-diverses. Le plus souvent ce sont des fragments de tiges, de branches ou de rameaux qui constituent les boutures; mais, pour un assez grand nombre d'espèces, le succès est plus assuré quand on emploie des fragments de racines, et pour quelques-unes, comme je l'ai dit plus haut, il est plus commode ou même plus sûr de se servir de feuilles pour ce mode de multiplication.

Facilité de la reprise. — La facilité avec laquelle s'opère la production de racines adventives, c'est-à-dire la *reprise* des boutures, diffère beaucoup d'une plante à l'autre. En général, elle s'opère promptement et sans dificulté dans les arbres à bois mou, tandis qu'elle est d'autant plus lente et d'autant plus difficile que le bois est plus dur; aussi voyons-nous tous les jours que, pour multiplier les Saules, les Peupliers, la Vigne, etc., on se contente d'enfoncer en terre par un bout un rameau de ces végétaux qui ne tarde pas à s'enraciner.

La consistance du bois augmentant avec l'âge, on s'explique pourquoi, dans certains végétaux, dont on obtient difficilement la reprise lorsqu'on en bouture des fragments entièrement lignifiés, le succès est aisément obtenu si l'on recourt, dans le même but, à des pousses très-jeunes et par conséquent fort tendres. Dans ces derniers temps, des horticulteurs habiles sont parvenus à multiplier avec une extrême facilité certains végétaux d'ornement, en les obligeant à produire un grand nombre de petites pousses tendres qui leur fournissent la matière d'autant de boutures. C'est ainsi qu'opère M. Lierval pour le *Pelargonium zonale*, surtout que M. Rivière multiplie sans difficulté, en s'aidant d'une haute température et de l'obscurité, les Monocotylédons, tels que *Dracæna*, *Pandanus*, etc., dont, avant lui, le bouturage ne donnait que lentement de médiocres résultats.

Points prédisposés à l'enracinement. — Les racines naissent avec facilité sur certains points des plantes, en particulier sur les renflements de toute sorte, tels que les nœuds, l'endroit où s'attache chaque feuille et que marque une petite console nommée coussinet, les bourrelets ou épaississements qu'on détermine au moyen de ligatures ou d'entailles, les bords des plaies ou déchirures, etc. Se basant sur cette connaissance, on assure fréquemment le succès du bouturage en déterminant d'avance, sur les parties qu'on se propose de détacher pour les bouturer, la formation de bourrelets, en y pratiquant des entailles, en les fendant, les tordant, etc. C'est ainsi, pour en citer un exemple, qu'on se trouve très-bien d'employer pour la plantation de la Vigne des sarments qu'on a eu le soin, au moment de les planter, de tordre pour en déchirer l'écorce, ou d'écorcer, sans entamer le bois, sur deux ou trois bandes longitudinales.

Soins qu'exige le bouturage. — C'est dans les ouvrages d'horticulture qu'on trouve indiqués les soins divers par lesquels on amène l'enracinement des boutures; je dois cependant dire un mot de quelques-uns pour les expliquer. 1° La partie de végétal qu'on détache à titre de bouture doit rester fraîche et vivante jusqu'à ce que la naissance de racines lui donne les moyens de puiser sa nourriture dans le sol. On lui conserve sa fraîcheur en entretenant suffisamment humide la terre dans laquelle on la plante. La section de la bouture s'imbibe alors de l'humidité du sol et supplée ainsi momentanément à l'absence de racines. D'un autre côté, dans beaucoup de cas, on maintient en bon état et frais le fragment bouturé, soit en supprimant les feuilles le plus possible, quand il s'agit de rameaux feuillés, c'est-à-dire en diminuant considérablement la surface de déperdition des sucs intérieurs, soit en couvrant la bouture d'une petite cloche de verre, c'est-à-dire en la tenant dans une atmosphère confinée dont l'humidité constante supprime en elle l'évaporation et par conséquent empêche qu'elle ne sèche. 2° La chaleur favorise le développement des racines adventives; aussi fait-on les boutures en serre ou sur couche et avec châssis, excepté pour les végétaux dont la reprise est très-facile, particulièrement pour ceux que l'on cultive en grand. 3° Une terre meuble facilite, en premier lieu, l'enracinement, et ensuite le développement des jeunes pieds obtenus de bouture. Aussi emploie-t-on avantageusement, pour la plantation des boutures délicates, la terre de bruyère, et pour les autres une terre mélangée de terreau ou tout au moins bien préparée et ameublie.

La bouture est une extension de l'individu. — Une observation de la plus haute importance, c'est qu'une bouture n'est pas autre chose qu'une portion d'un individu végétal qu'on met à même de végéter isolément, grâce aux racines adventives qu'on l'oblige à développer. Par conséquent, le nouveau pied qu'elle produit en prenant de l'accroissement, n'est qu'une extension pure et simple de l'individu sur lequel la bouture a été prise ; il conserve donc tous les caractères de cet individu, et toutes les propriétés qui le distinguaient. Il résulte de là que les boutures ne créent rien, ne produisent aucune variété nouvelle, mais qu'elles conservent exactement les variétés existantes et même des variations légères, dont l'apparition est due le plus souvent à des causes accidentelles ou inconnues. C'est en cela qu'elles ont un haut intérêt pour la culture, qui trouve en elles l'un des meilleurs moyens connus pour conserver les gains qu'elle a pu faire soit par ses procédés, soit seulement en profitant de hasards heureux.

Principaux modes de bouturage. — Peu de mots suffiront à ce sujet. Je me bornerai à dire que, d'après la portion de plante qu'on emploie à titre de bouture, on distingue : 1° les boutures de rameaux faites en général avec des rameaux d'un an coupés en morceaux de $0^m,15$ à $0^m,20$ de longueur, en moyenne, souvent plus courts, quelquefois aussi beaucoup plus longs, et devenant même, dans ce dernier cas, de véritables branches qu'on nomme vulgairement des *plançons* (ex. : Saules, Peupliers). Ces boutures sont coupées inférieurement sous un bourgeon, supérieurement au-dessus d'un bourgeon. En les plantant on en laisse d'ordinaire deux bourgeons hors de terre. Quelquefois on bouture des rameaux feuillés, particulièrement pour les arbres verts ou à feuilles persistantes. Il est bon de dire que, dans ce dernier cas, certaines Conifères doivent être bouturées au moyen d'une pousse verticale, les rameaux latéraux qu'on utilise à titre de boutures donnant des arbres qui ne s'élèvent pas droit et n'ont jamais un port convenable ou ne forment pas de tête (*Abies, Araucaria,* etc.). On nomme les boutures *crossettes*, dans la Vigne, lorsqu'à leur extrémité inférieure on laisse tenir un morceau de la branche qui les portait ; enfin j'ai déjà dit plus haut que, pour les végétaux ligneux dont la reprise est difficile, on fait des boutures avec *bourrelet* obtenu d'avance, ou *incisées*. 2° Il n'y a rien de particulier à dire sur les *boutures de racines*, ni 3° sur les *boutures de feuilles*.

** *Marcottage.*

En quoi il consiste. — Si le bouturage consiste à isoler une portion d'un végétal et à la planter pour en obtenir l'enracinement, le marcottage s'opère en laissant une branche ou un rameau sur le végétal qu'on veut multiplier, et en les plaçant dans la terre humide, sur une partie de leur longueur, de manière à amener là le développement de racines adventives. C'est seulement quand cet enracinement a eu lieu qu'on isole la marcotte, qui se trouve ainsi désormais en état de puiser elle-même sa nourriture dans le sol, et par conséquent de former un pied nouveau.

Différences et analogies avec le bouturage. — Comme on l'a vu, lorsqu'on fait une bouture, on doit la conserver fraîche et vivante jusqu'à ce qu'elle se soit garnie de racines capables de la nourrir ; au contraire, ces précautions sont inutiles pour une marcotte qui reçoit du pied-mère toute sa nourriture jusqu'au moment où, s'étant enracinée, elle peut puiser elle-même dans le sol d'abord une partie et ensuite, après son isolement, la totalité des éléments de sa nutrition. C'est là une différence capitale entre ces deux modes de multiplication. La conséquence en est que, pour des espèces dont le bouturage est très-difficile ou même impraticable, le marcottage rend des services réels. Un autre avantage de cette dernière opération résulte de ce que, étant ordinairement pratiquée au moyen de rameaux et de branches vigoureux et plus développés, elle peut donner en moins de temps des pieds plus forts ou en état de fructifier.

D'un autre côté, une analogie importante existe entre l'un et l'autre de ces moyens de multiplication artificielle, puisqu'ils ne font l'un et l'autre que continuer ou étendre un individu avec tous ses caractères, sans donner naissance à aucune variété ni variation.

Conditions pour le succès du marcottage. — On marcotte des rameaux vigoureux, âgés de deux ans au plus, rarement plus vieux. On couche ces rameaux dans une rigole creusée dans une terre préalablement bien ameublie et, quand cela est possible, mélangée de terreau. On laisse sortir de terre, en la redressant, l'extrémité de la marcotte, qu'on a soin de maintenir dans cette direction verticale. La portion enterrée a été préalablement privée de ses feuilles et des pousses qu'elle portait. Il ne reste plus ensuite qu'à maintenir la terre constamment humide. Lorsqu'on reconnaît que des racines adventives se sont produites, on isole la marcotte en la coupant entre sa portion enracinée et le pied-mère, non pas toujours d'un seul coup, mais souvent en la *sevrant*, c'est-à-dire en faisant d'abord une section peu profonde qu'on approfondit davantage au bout de quelques jours. On conçoit que ce sevrage a pour objet d'obliger le nouveau pied ainsi obtenu à se passer de plus en plus de la séve du pied-mère et à se suffire à lui-même.

Dans la pratique, il arrive souvent que la branche qu'on veut marcotter ne se trouve point placée assez bas, ou bien n'a pas assez de longueur ou de flexibilité pour être couchée en pleine terre. On en introduit alors une portion plus ou moins éloignée du sommet soit dans un cornet de plomb laminé, soit dans un petit pot de terre muni d'une entaille qui en suit tout un côté et qui se continue jusqu'à la moitié du fond. Ce cornet métallique ou ce petit pot à marcottes sont ensuite remplis de terre qu'on a soin de maintenir constamment humide et dans laquelle se développeront les racines. Quand l'enracinement a eu lieu, on coupe la marcotte au-dessous du pot ou du cornet, en la sevrant, comme on le fait d'ordinaire pour celles qui ont pu être couchées.

On peut marcotter toute l'année, excepté pendant les gelées ; mais l'époque la plus favorable est la fin de l'hiver, peu avant la reprise de la végétation.

Récemment on a conseillé, pour la Vigne et divers arbres fruitiers, d'employer pour le marcottage des rameaux de l'année encore non lignifiés. L'enracinement s'opérant alors sans retard, on a obtenu, dès le commencement de l'année suivante, un nouveau pied capable de végéter isolément.

Provignage, couchage. — Le marcottage a été pratiqué de tout temps pour la Vigne dont les marcottes sont vulgairement nommées *provins ;* de là le nom de *provignage* que certains auteurs emploient en place de celui de marcottage. D'un autre côté, comme les marcottes sont le plus souvent des rameaux couchés en terre, quelques personnes emploient le mot *couchage* au lieu de celui de marcottage ; mais celui-ci étant plus ancien et le seul général, il n'existe aucun motif pour l'abandonner.

Marcottage naturel. — C'est l'observation de ce qui a lieu fréquemment dans la nature pour certains végétaux qui a conduit à la découverte de l'opération dont il s'agit en ce moment. En effet, ce sont de véritables marcottes que les formations naturelles désignées sous les noms de *Drageon* ou *Surgeon* (Surculus), *Jet* ou *Stolon* (Stolo), *Coulant* (Flagellum).

Les drageons sont des pousses qui partent de la racine du pied-mère et qui, s'enracinant elle-mêmes tôt eu tard à leur base, peuvent finalement être isolées et former tout autant de nouveaux pieds. Chacun d'eux constitue dès lors une véritable marcotte naturelle non couchée.

Les jets ou stolons sont des rameaux feuillés qui partent de la partie inférieure d'une tige et qui, restant couchés sur le sol, s'y enracinent çà et là. On en voit un exemple sur la figure 89 qui re-

Fig. 89. — Un pied fleuri d'*Hieracium Pilosella* Lin., muni de stolons enracinés, réduit à un quart environ de sa grandeur naturelle.

présente un pied entier d'Épervière piloselle (*Hieracium Pilosella* L.) muni de stolons enracinés.

Les coulants, vulgairement nommés *Filets*, sont des rameaux qui naissent comme les précédents, mais qui restent nus ou portent au plus une petite feuille à de longs intervalles et qui, aux nœuds, produisent en dessous des racines, en dessus une pousse. Tout le monde connaît les coulants ou filets des Fraisiers (fig. 90) et le parti qu'on en tire journellement pour la multiplication de ces plantes, chacun d'eux isolé et planté devenant bientôt un pied nouveau.

Fig. 90. — Un pied non fleuri de Fraisier Quatre-saisons (*Fragaria Vesca* Lin., var. *semperflorens*), muni d'un coulant qui s'est enraciné et a donné une pousse à deux nœuds successifs.

Procédés pour le marcottage. — Je n'insisterai pas plus sur les procédés divers usités dans les jardins pour marcotter les plantes que je ne l'ai fait pour ceux qu'on emploie dans la pratique du bouturage. Je me contenterai de dire qu'on distingue les marcottes *simples* et les marcottes *compliquées*. Les premières sont celles que j'ai indiquées plus haut, dans lesquelles le rameau-marcotte ne subit aucune préparation ni entaille particulière. On les opère le plus souvent par le couchage, quelquefois aussi *en butte* ou *cépée*, lorsqu'en tronquant un arbre, un Cognassier, par exemple, on l'oblige à produire vers sa base de nombreuses pousses qu'on entoure ensuite d'une butte de terre pour les obliger à s'y enraciner.

Les marcottes compliquées subissent, sur la partie qui doit être enterrée, tantôt une torsion, tantôt une fente qu'on tient même béante en y introduisant un petit corps étranger, tantôt une incision circulaire ou une ligature devant amener la formation d'un bourrelet périphérique, tantôt enfin deux entailles successives dont l'une pénètre jusqu'à la moitié de l'épaisseur du rameau, tandis que l'autre, remontant verticalement, forme une sorte de languette pendante ou un *talon*. Ces diverses préparations ont pour objet, comme on l'a déjà vu à propos des boutures, de rendre plus prompt ou plus facile le développement des racines adventives.

ARTICLE IV. — PHYSIOLOGIE DES RACINES.

L'histoire physiologique de la racine a la plus haute importance pour la connaissance de la vie des plantes, puisque les phénomènes dont cet organe est le siége sont la base essentielle de tout accroissement. Considérée dans son ensemble, elle embrasse plusieurs questions toutes intéressantes, mais dont quelques-unes méritent plus que les autres de fixer l'attention. Ce sont celles-ci que je me propose d'examiner dans cet article, sans toutefois dépasser les limites que m'impose le cadre de ces *Éléments;* quant à celles qu'on peut regarder comme secondaires, j'en parlerai succinctement, ou même je les passerai sous silence, lorsque leur étude ne me paraîtra pas indispensable pour l'intelligence de la marche générale de la végétation.

La racine doit être considérée surtout comme organe : 1° de fixation ; 2° de respiration ; 3° d'absorption et d'excrétion. Examinons-la successivement à ces trois points de vue.

§ 1. — Racine considérée comme organe de fixation.

Utilité de la fixation. — La racine fixe la plante au sol, dans presque tous les cas ; c'est là un rôle qui, quoique se ondaire en

apparence, a néanmoins une utilité réelle. En effet, l'organisme
végétal est dépourvu de toute cavité intérieure dans laquelle puissent
s'amasser les matières qui doivent le nourrir ; il doit donc être sans
cesse à portée de puiser ces matières là où elles se trouvent, et surtout il doit maintenir en rapport continuel avec elles la partie par
laquelle elles peuvent être introduites dans son intérieur. Or, c'est
dans la terre que ces mêmes matières se trouvent presque toujours
et c'est par la racine seule qu'elles peuvent y être puisées; cet organe
devait donc être implanté à demeure dans la terre, et par conséquent y fixer les plantes. Aussi avons-nous vu que celles qui échappent à cette loi sont fort peu nombreuses et se réduisent à quelques
espèces aquatiques (*Lemna*, *Pistia*), pour lesquelles on a dit, avec
raison, que le vrai sol est précisément le liquide sur lequel elles
flottent, et dans lequel plongent toujours leurs racines. Quant à la
grande majorité des plantes aquatiques, elles ont leur racine dans
la terre, au-dessous de l'eau dans laquelle leur tige baigne soit en
entier, soit seulement en partie.

Rose de Jéricho. — A ce propos, je crois devoir mentionner
deux plantes qu'on a regardées quelquefois comme faisant exception à la loi générale que je viens de rappeler, et qui, dans tous
les cas, sont devenues l'objet d'opinions erronées, mais populaires.
La première est la fameuse Rose de Jéricho (*Anastatica hierochun-
tica* Lin.), qui ne mérite guère ce nom vulgaire, car elle ne ressemble pas même de loin à une rose. Cette petite plante herbacée,
annuelle, de la famille des Crucifères, croît naturellement dans les
déserts sablonneux, surtout de l'Égypte. Comme toute plante terrestre, elle vit fixée au sol; mais, à la fin de son existence, la
dessiccation contracte ses ramifications en boule, et, déracinée par
le vent, elle est entraînée souvent à de grandes distances. Si le
hasard la fait tomber dans une flaque d'eau, l'humidité étale ses
branches et fait même ouvrir ses fruits jusqu'alors fermés, de telle
sorte que ses graines tombent ainsi sur un sol humide où elles
peuvent germer. Il y a donc là un remarquable fait de dissémination, sans rapport avec les contes plus ou moins religieux qui ont
cours relativement à la prétendue Rose de Jéricho, ni avec l'idée
que l'*Anastatica* peut végéter sans être fixée au sol.

Manne du désert. — L'autre végétal est d'un ordre inférieur.
C'est un Lichen qui a été nommé *Lichen esculentus* Pall. (*Lecanora
esculenta* Eversm.; *Sphærothallia esculenta* Nees) et que l'on désigne vulgairement sous le nom de *Manne du désert*. Dans l'état où
on le voit habituellement, il forme de petits corps irrégulièrement

arrondis, gros souvent comme une noisette, que les grands vents
enlèvent et emportent au loin pour les laisser retomber ensuite. De
là leur est venue la qualification de manne, car ils sont féculents,
et par cela même comestibles, et souvent ils ont fourni un précieux
aliment, notamment pendant le siége de Hérat par le Schah de
Perse. Mais les observations faites par divers botanistes, et en dernier lieu par M. Haidinger et M. Reichardt, établissent que ce Lichen
a été d'abord fixé par son centre, où restent même assez souvent
adhérents de petits fragments de la roche à laquelle il tenait, et dès
lors, malgré les assertions contraires, il subit la loi générale.

Conséquences de la situation des racines. — Les racines étant
plongées dans le sol y échappent aux variations extrêmes de la
température extérieure, d'autant plus qu'elles s'enfoncent plus
profondément. Elles sont ainsi à l'abri des froids trop rigoureux
de l'hiver, ainsi que des chaleurs trop brûlantes de l'été; aussi
voyons-nous la plupart des plantes vivaces ne conserver vivante,
d'une année à l'autre, que leur portion souterraine, particulièrement leur racine et la base de leur tige. Pour ce même motif, sur
le haut des montagnes et dans les contrées froides, le fond de la
végétation est essentiellement composé d'herbes vivaces, dont les
parties souterraines sont soustraites aux gelées rigoureuses, protégées qu'elles sont par le sol et plus encore par la neige. D'un
autre côté, nous voyons très-souvent des arbustes et des arbres
perdre, par le froid de l'hiver, toute leur portion située hors de
terre et repousser ensuite au printemps, leur racine s'étant con-
servée en bon état, grâce à sa situation.

Température des liquides puisés dans le sol. — On conçoit
sans peine que les liquides puisés par les racines dans la terre aient
la température du point d'où la plante les retire; qu'ils soient par
conséquent plus frais que l'air en été, plus chauds que lui en hiver.
Arrivant dans la tige et les branches à peu près avec la température qu'ils avaient à leur point de départ, à cause de la faible con-
ductibilité de l'écorce pour la chaleur, ils doivent influer sur la
température de la plante qu'ils traversent; même des physiolo-
logistes ont attribué à cette cause une puissance d'effet qui certainement a été exagérée par eux, du moins pour la saison rigoureuse
pendant laquelle l'afflux des liquides du sol dans le végétal, étant
nul ou à peu près nul, ne peut produire un réchauffement appréciable.

§ 2. — Racine considérée comme organe de respiration.

Nécessité de l'accès de l'air jusqu'aux racines. — Les racines, quoique enfoncées en terre, doivent être soumises à l'influence de l'air, absolument comme les feuilles et les organes aériens en général. L'action de l'air sur cet organe souterrain constitue une véritable respiration; elle est reconnue par tous les physiologistes comme ayant pour les plantes une importance majeure. Les expériences de Th. de Saussure [1] prouvent que les plantes périssent au bout de quelques jours, si leur racine est entourée d'hydrogène, d'azote, surtout d'acide carbonique, tandis qu'elles restent vivantes pendant longtemps, lorsqu'elles ont cette même partie plongée dans de l'air atmosphérique. Ce savant a montré aussi : 1° que l'oxygène, absorbé par la racine, sert à former de l'acide carbonique dans l'intérieur du végétal et aux dépens de la substance de celui-ci; 2° que si l'on opère sur une racine isolée de la tige et placée dans un récipient, la quantité d'oxygène empruntée par elle à l'air n'excède pas le volume de cet organe, tandis que si l'expérience porte sur une racine tenant à sa tige, c'est-à-dire sur un végétal entier, l'absorption du gaz devient beaucoup plus considérable. — A ce propos, je rappellerai que M. Bouchardat [2] a cru pouvoir comparer les extrémités des racines aux branchies de certains animaux qui vivent, non dans l'eau, mais dans la terre humide, comparaison un peu hasardée peut-être.

Faits pratiques relatifs à la respiration des racines. — Des observations journalières mettent en évidence la nécessité de la respiration des racines. On voit fréquemment des arbres périr lorsqu'un accident quelconque, amenant une submersion prolongée par de l'eau stagnante de la terre où ils croissent, empêche l'arrivée de l'air jusqu'à leurs racines. Trop souvent aussi les remaniements du sol qui s'opèrent dans les villes ayant pour résultat de couvrir les racines des arbres d'une couche épaisse de terre, rendent difficile l'arrivée de l'air jusqu'à ces organes; on voit alors ces arbres languir, végéter tristement et même périr. — Cette considération doit entrer sérieusement en ligne de compte lorsqu'on fait des plantations. On doit éviter alors d'enterrer les racines autant qu'on le fait le plus souvent, à moins toutefois qu'on ne plante dans une terre très-légère. Les expériences de Lardier

---

[1] *Recherches chimiques*, chap. III, § VI et VII.
[2] *Recherches sur la végétation;* in-12. Paris, 1846, p. 155.

sont démonstratives à cet égard : ayant planté des arbres à différentes profondeurs, il vit leur végétation s'opérer avec d'autant moins de vigueur que leurs racines étaient plus profondément enterrées ; après quoi, ayant retiré l'excès de terre qui couvrait les racines des uns pour l'étendre à la base des autres, il amena les premiers à reprendre vigueur, tandis que les derniers commencèrent dès cet instant à languir. Cette expérience fut faite à plusieurs reprises alternativement, et elle donna toujours le même résultat.— L'influence éminemment favorable que l'ameublissement du sol par les labours exerce sur les plantes cultivées s'explique en grande partie parce que le sol ainsi ameubli est plus poreux, et par conséquent plus perméable à l'air.

§ 3. — La racine considérée comme organe d'absorption et d'excrétion.

Dans l'étude de la racine considérée comme organe absorbant se présentent diverses questions dont la solution importe au plus haut degré pour la connaissance de la marche générale de la végétation. Examinons successivement ces différentes questions.

PREMIÈRE QUESTION. — *Sous quel état les matières extérieures sont-elles absorbées?*

L'expérience a montré que des granules de poudres même très-fines, mises en suspension dans l'eau, ne peuvent passer à travers la surface absorbante des racines intactes. Th. de Saussure rapporte avoir nourri, pendant un mois, 30 pieds de *Polygonum Persicaria* et de Menthe poivrée avec de l'eau distillée à laquelle il avait ajouté un poids déterminé de silice très-divisée, et qui y restait en partie en suspension à l'aide d'une petite quantité de sucre dissous dans le liquide. Il a reconnu que, pendant ce temps, cette poudre n'avait pas pénétré dans le végétal en quantité appréciable. Pour que des substances solides s'introduisent dans des racines, il faut, dit-il, qu'elles soient tellement atténuées, tellement divisées, que leur diffusion dans le liquide ait tous les caractères d'une véritable dissolution.

Les racines ne peuvent donc absorber que des fluides, c'est-à-dire des liquides et des gaz ; mais pour qu'elles conservent ce caractère de filtres plus parfaits que tous ceux qu'il est au pouvoir de l'homme de confectionner, il faut qu'elles soient parfaitement intactes; sans cela leurs parties blessées peuvent introduire dans le végétal, par un simple phénomène d'imbibition et de capillarité, des matières solides très-divisées et suspendues dans un liquide, qui n'auraient pu y pénétrer autrement. La différence complète qui existe sous ce rapport d'après l'état des racines explique la divergence des résultats qui ont été obtenus par divers observateurs, ou quelquefois par le même, selon qu'ils employaient des plantes dont les racines se trouvaient dans l'un ou l'autre état. C'est ainsi, pour en citer un exemple, que Bonnet a fait absorber de l'eau colorée avec la teinture de garance, l'encre, etc., à diverses plantes chez lesquelles il ne dit pas s'être assuré que les racines fussent entières ; tandis que lorsqu'il a fait germer les graines de ces espèces sur des éponges imbibées du même liquide coloré, les jeunes plantes, qui avaient alors leur racine en parfait état, ne se sont pas colorées d'une manière sensible. Ne pouvant expliquer cette inégalité de résultat, Bonnet se demandait si ce ne serait pas l'éponge qui aurait dépouillé l'infusion de ses particules colorantes en agissant sur le liquide comme un filtre.

Absorption de liquides colorés. — Magnol, au commencement du siècle dernier (1709), imagina de faire pénétrer dans les plantes par absorption des liqueurs colorées, de même que, pour étudier les canaux de la circulation dans les animaux, on y pousse ou y injecte des matières colorées liquides, soit naturellement, soit par fusion, dont la coloration en dessine ensuite le trajet. Il adopta, pour ces absorptions, le nom d'*injections colorées*, qu'on emploie dans ce dernier cas, bien qu'il ne fût plus exact dans son application à la physiologie végétale. Beaucoup de botanistes, à son exemple, ont recouru à ces injections colorées, ainsi que nous le verrons plus tard ; seulement ils ont opéré de deux manières entièrement différentes : la plupart se sont contentés de couper une tige ou une branche et de la plonger par sa tranche dans le liquide qu'ils voulaient y faire pénétrer ; cette première manière d'agir donne prise à de sérieuses objections. Quant aux autres expérimentateurs, ils ont voulu faire absorber par les racines les liquides colorés. Évidemment eux seuls se sont rapprochés le plus possible de la marche naturelle des choses. Il est bon cependant de faire observer que, même parmi ces derniers, la plupart n'ont pas veillé avec assez de soin à ce que les plantes qu'ils mettaient en expérience eussent *toutes* leurs racines intactes. Or, je viens de dire que cette condition est essentielle.

Dans les rares expériences où l'on a offert une infusion colorée à des racines vraiment intactes ou développées dans l'eau, le principe colorant, malgré son extrême division, n'a pas été absorbé par ces organes. C'est ce qu'a vu arriver par exemple Bonnet, lorsqu'il a fait germer des graines sur une éponge imbibée d'un liquide coloré. C'est surtout ce que M. Trinchinetti[1] a constaté en opérant sur diverses plantes pourvues de racines dans un état parfait d'intégrité, avec les infusions de safran, de bois de Campêche et du Brésil, de Cochenille, et avec le suc des fruits du *Phytolacca decandra*. C'est ce qu'ont montré aussi des expériences encore plus récentes, en particulier celles de M. Cauvet. Cependant, dans un certain nombre de cas, la liqueur colorée paraît s'être introduite dans des plantes dont les racines semblaient réunir toutes les conditions désirables. Ainsi De Candolle[2] dit l'avoir vue pénétrer par des radicelles qui s'étaient développées dans l'eau colorée et qui étaient certainement intactes. Mais l'un des faits les plus remarquables à cet égard est celui qui, après avoir avoir été signalé en termes trop peu précis par Biot, a été vérifié plus récemment par M. Unger[3]; ce fait est celui de Jacinthes à fleurs blanches qui, ayant été arrosées abondamment avec de l'eau rougie au moyen du suc des fruits du *Phytolacca decandra*, ont absorbé le principe colorant. La teinte rouge due à cette absorption a pu être suivie le long des faisceaux fibro-vasculaires; elle a formé des lignes nettement tracées dans les divers organes de ces plantes et particulièrement sur les folioles blanches de leurs fleurs. Il est difficile de s'expliquer la contradiction qui existe entre ces diverses expériences, bien que, dans ce dernier cas, un oignon enraciné ne puisse être comparé, pour l'absence de solutions de continuité, à une jeune plante venue de graine.

Deuxième question. — *Par quelle partie des racines s'opère l'absorption des fluides?*

Observations et idées de Sénebier et de De Candolle. — Spongioles. — Une expérience déjà ancienne de Sénebier, postérieure cependant à celles du P. Sarrabat qui ont été publiées en 1733 sous le pseudonyme de Delabaisse, a servi de base aux idées qu'on trouve exposées presque partout à ce sujet. Ce physiologiste rapporte avoir disposé deux Carottes, encore jeunes et en voie de développement, de telle sorte que l'une ne plongeât dans l'eau que par sa pointe, tandis que l'autre baignait dans ce liquide en grande partie, sauf sa pointe, qui avait été relevée. La première, dit-il, absorba le liquide comme si elle en eût été complétement entourée,

---

[1] *Sulla facoltà assorbente delle radici;* in-4°; 1843.
[2] *Physiologie végétale*, p. 85.
[3] *Denkschr. d. K. Akad. d. Wissensc.*; 1850, pp. 75-82, plan. V.

tandis que la dernière n'en prit pas une quantité appréciable.

Carradori a répété cette expérience sur le Radis et sur quelques autres plantes ; il est arrivé au même résultat, sauf pour le Blé et le Lupin, relativement auxquels il a cru devoir admettre que l'absorption se fait aussi par la surface des racines.

Se basant sur ces expériences, De Candolle a nettement assigné à l'extrémité des racines déliées et à cette extrémité seule l'absorption des fluides ; « c'est, dit-il, par l'extrémité seule de chaque filet que se fait l'imbibition des sucs. » D'après lui, cette extrémité est toujours formée d'un tissu cellulaire jeune, si délicat même, pense-t-il, qu'il est comme demi-liquide, et qui par suite jouit au plus haut degré de la propriété hygroscopique du tissu végétal. Dès lors ces petites masses de tissu jeune, dont les cellules sont arrondies, agissent, selon son expression, comme de petites éponges très-hygroscopiques ; aussi les a-t-il désignées sous le nom de *Pores spongieux radicaux* ou de *Spongioles* (diminutif de *spongia*, éponge, c'est-à-dire petite éponge). Cette dénomination de spongioles pour désigner les extrémités des racines a été universellement adoptée ; elle est même employée journellement aujourd'hui, et cela sans doute parce qu'il est commode de pouvoir désigner par un seul mot la partie des racines qu'on en regarde comme la plus importante.

Erreurs anatomiques et physiologiques consacrées par le mot de spongioles. — Cependant, quelque commode qu'il puisse être, le mot de *Spongioles* ne consacre que des erreurs anatomiques et physiologiques. Au point de vue anatomique, nous avons vu plus haut (p. 208) que l'extrémité d'une racine n'en est pas la partie la plus jeune ; que son tissu, loin d'être d'une extrême délicatesse et très-mou, est au contraire assez ferme pour former un abri protecteur au point végétatif qui est plus intérieur, et pour constituer la pilorhize. Donc, à ce point de vue, l'assimilation avec une petite éponge est sans fondement. Nous allons voir que cette assimilation n'est pas plus exacte au point de vue physiologique, et que par conséquent la dénomination dont il s'agit, ne reposant sur rien, devrait être abandonnée.

Expériences d'Ohlert. — Ohlert, le savant allemand que j'ai déjà cité (p. 205) pour sa détermination du point précis par lequel s'allongent les racines, a fait de nombreuses expériences en vue de reconnaître le siège de l'absorption radicale. Je crois devoir résumer succinctement ses expériences.

1° De jeunes pieds de Pois, de Lupin jaune, de Souci, de Lin,

de Raifort, etc., dont les racines ne s'étaient pas encore ramifiées, ont été disposées de telle sorte que l'extrémité de leur racine
plongeât dans l'eau de trois lignes (environ 6^{mm}), le reste de leur
longueur demeurant à l'air. Au bout de quelques heures, toutes
ces plantes étaient flétries; ensuite elles n'ont pas tardé à sécher.

2° Craignant que l'air ordinaire, qui entourait les racines sur
presque toute leur longueur, ne les eût desséchées et par conséquent rendues incapables d'agir, il a fait une autre expérience
dans laquelle la racine plongeait dans l'eau par son extrémité,
le reste de sa longueur se trouvant dans une atmosphère humide.
La plante a eu le sort des premières. Comme cette atmosphère,
quoique humide, aurait pu permettre l'évaporation de l'humidité
de la racine, il a fait plusieurs autres expériences dans lesquelles
cet organe était enduit d'huile de lin sur toute sa portion émer-
gée. Les plantes ont séché presque aussi vite que dans les deux
premiers cas.

3° En recourbant des racines, il les a disposées de façon que
leur portion moyenne baignât dans l'eau, tandis que leur extrémité et leur portion supérieure plongeaient dans l'huile de lin
dont il avait recouvert ce liquide. Les jeunes plantes ainsi disposées ont parfaitement végété et poussé, sans que l'huile leur ait
nui en rien.

4° Il a disposé un grand nombre de jeunes plantes de sorte
que leur racine se trouvât dans l'eau tandis que leur extrémité,
la prétendue spongiole, se relevait en l'air. Toutes sont restées
très-fraîches, ont poussé avec vigueur et ont fini par remplir de
radicelles les vases qui servaient à ces expériences.

5° Enfin, sur nombre de jeunes plantes, Ohlert a coupé l'extrémité de la racine et a couvert la section d'un vernis de laque.
Les racines ainsi tronquées, c'est-à-dire privées de la prétendue
spongiole, ayant été plongées dans l'eau, la végétation a été aussi
forte que si rien n'en avait été supprimé.

Cet ingénieux physiologiste a tiré de ces nombreuses expériences une conclusion dont il ne semble guère possible de contester la légitimité, et qui du reste est conforme à ce qu'avait
énoncé antérieurement le physiologiste anglais Knight ; c'est que
les racines ne pompent point l'eau par leur extrémité (spongiole
DC.), mais par leur surface latérale et principalement par la portion qui est située non loin de leur extrémité inactive. Or, comme
c'est dans cette portion inférieure, qui commence là où finit la
pilorhize, que se montrent les poils radicaux, ainsi que nous l'avons

vu plus haut (p. 214), Ohlert se demande si l'absorption se fait par ces poils ou bien par la surface qui les porte. Déjà M. Unger admettait que ces poils jouaient, dans l'absorption, le rôle principal; plus récemment les observations de M. Gasparrini sur les poils radicaux ont montré que, là où ils existent, ce sont eux qui sont les organes principaux, ou même, d'après ce botaniste, les agents essentiels de l'absorption; aussi les qualifie-t-il de *Suçoirs* (succiatori). Toutefois l'épiderme jeune de la racine intervient certainement dans l'accomplissement de ce phénomène; c'est même lui seul qui peut l'effectuer lorsque les racines sont dépourvues de poils absorbants.

Quant aux parties plus âgées et par conséquent plus hautes de la racine, la mort hâtive de leurs couches superficielles et le développement fréquent d'une enveloppe subéreuse à leur surface expliquent très-bien qu'elles deviennent bientôt inactives.

Conséquences pratiques. — Ce fait que les racines absorbent par leur portion jeune et voisine de leur extrémité ne doit jamais être perdu de vue dans la culture. Si l'on se rappelle aussi qu'à mesure qu'un végétal se développe dans ses parties extérieures, sa racine prend un accroissement correspondant, on verra que, pour être profitables, les arrosements et les fumures destinés aux arbres doivent être répandus principalement sur un cercle d'autant plus étendu que ces arbres eux-mêmes sont plus grands; en effet, à mesure que les racines s'allongent, leur portion jeune et par conséquent absorbante s'éloigne de plus en plus de leur base; c'est donc là qu'on a intérêt à mouiller la terre ou à l'engraisser. Or, ne voit-on pas tous les jours des allées de grands arbres qu'on croit arroser en faisant couler au pied même des troncs un maigre filet d'eau? Ce que les cultivateurs négligent journellement d'observer, la nature en tient toujours compte, car on voit la cime feuillée des arbres diriger l'eau des pluies en plus grande abondance précisément sur le cercle où se trouvent les jeunes racines et où dès lors s'opère surtout l'absorption des sucs nourriciers.

Troisième question. — *Dans une solution l'eau est-elle pompée en mêmes proportions que les matières dissoutes?*

Les racines intactes qui plongent dans de l'eau tenant en solution une matière étrangère absorbent ce liquide en plus forte proportion que cette matière étrangère. C'est ce qu'ont parfaitement démontré les expériences de Th. de Saussure, que sont venues confirmer des observations plus récentes. Il s'ensuit que les dissolutions deviennent de plus en plus chargées à mesure que l'absorption opérée par des racines en diminue le volume. Le célèbre chimiste que je viens de nommer prépara neuf solutions différentes, formées chacune de 793 centimètres cubes ou 40 pouces cubes d'eau distillée et 637 milligrammes ou 12 grains d'une matière soluble. Sept des matières ainsi dissoutes étaient des sels ; les deux autres étaient le sucre et la gomme arabique. Une dixième solution contenait de l'extrait de terreau en quantité quatre fois moindre pour le même volume d'eau. Les plantes mises en expérience furent des pieds de *Polygonum Persicaria* Lin. ou Persicaire et une autre plante de marais qu'il nomme *Bidens cannabina*, pourvues de racines. Lorsque ces plantes plongées dans les dissolutions en eurent réduit le volume de moitié, si les substances dissoutes avaient été absorbées dans la même proportion que l'eau, la portion qui en restait aurait été la moitié de la quantité qu'on avait fait dissoudre, c'est-à-dire 50 parties, puisque cette quantité initiale était comptée comme 100 parties. Or, l'analyse du liquide restant montra que les racines n'en avaient pris qu'une proportion fort inférieure à la moitié et qu'indique le tableau suivant :

SUBSTANCES DISSOUTES DANS L'EAU.	QUANTITÉS ABSORBÉES	
	PAR LA PERSICAIRE.	PAR LE BIDENS.
Chlorure de potassium..	14,7	16
Chlorure de sodium..	13	15
Azotate de chaux.	4	8
Sulfate de soude.	14,4	10
Chlorhydrate d'ammoniaque.	12	17
Acétate de chaux..	8	8
Sulfate de cuivre [1].	47	48
Gomme..	9	8
Sucre.	29	32
Extrait de terreau.	5	6

On voit donc que les racines avaient pris beaucoup plus d'eau que des substances qu'elle tenait en solution.

QUATRIÈME QUESTION. — *Différentes substances sont-elles absorbées en mêmes proportions?*

La réponse à cette question résulte clairement du tableau qui précède. On y voit en effet que si la Persicaire a pris seulement 4 parties d'azotate de chaux, elle a absorbé le double de cette

---

[1] On ne doit tenir aucun compte du chiffre élevé qu'a donné ce sel, puisque Th. de Saussure a reconnu qu'il avait promptement altéré les racines.

quantité pour l'acétate de chaux, le triple pour le chlorhydrate d'ammoniaque, même plus de sept fois autant pour le sucre, et que l'inégalité a été presque aussi forte relativement au *Bidens*.

Quant aux explications diverses qu'on a proposées de cette grande inégalité d'absorption et à ce qu'il y a de vrai dans le fait lui-même, je les indiquerai à propos de la question suivante.

CINQUIÈME QUESTION. — *Dans une solution mixte, les racines prennent-elles en mêmes proportions les différentes substances dissoutes?*

Importance de cette question. — L'élucidation de cette question a une importance majeure, parce qu'elle se rattache directement à la manière dont les racines fonctionnent dans la nature. En effet, le liquide qu'elles doivent absorber dans le sol est de l'eau qui a dissous sur son passage des matières diverses selon la nature du terrain et selon les engrais ou les amendements qui ont pu être ajoutés à celui-ci. On doit donc se demander si, en présence de substances si diverses que l'eau lui apporte, chaque plante n'absorbe que celles qui lui conviennent, ou si elle prend celles qui lui conviennent en plus grande quantité que les autres, ou si enfin elle les pompe toutes indifféremment. En d'autres termes, il importe de savoir si les végétaux ont la faculté de choisir leurs aliments, ou s'ils les prennent tous indifféremment, sauf à ne tirer parti que de certains d'entre eux et à se débarrasser ensuite des autres par une voie quelconque. On sent que la connaissance de la nutrition végétale dépend essentiellement de la solution de la question dont il s'agit en ce moment.

Il ne faut donc pas s'étonner que plusieurs physiologistes et chimistes aient institué des expériences en vue de résoudre ce problème; mais il est à regretter que leurs travaux les aient conduits à des idées divergentes ou même contradictoires, entre lesquelles il est difficile d'arrêter une opinion.

Expériences de Th. de Saussure. — On doit à Th. de Saussure de belles expériences sur ce point important de la physiologie végétale. La marche qu'il a suivie est analogue à celle que j'ai indiquée lorsqu'il s'agissait de la troisième question; seulement la dissolution qu'il employait dans le cas actuel, pour chaque expérience, comprenait deux ou même trois sels différents, chacun en quantité égale à 637 milligrammes, dissous en même temps dans 793 centimètres cubes d'eau. Ces 637 milligrammes de chaque substance étant comptés comme 100 parties, voici en quelle proportion chacune fut absorbée. La quantité qui échappa à l'absorption, et qui par conséquent resta dans le liquide non pompé par les sujets des expériences, fut déterminée par l'analyse de ce liquide.

| SUBSTANCES | QUANTITÉS ABSORBÉES | |
DISSOUTES CHACUNE EN 100 PARTIES.	PAR LA PERSICAIRE.	PAR LE BIDENS.
1° Sulfate de soude effleuri..	11,7	7
Chlorure de sodium..	22	20
2° Sulfate de soude effleuri..	12	10
Chlorure de potassium.	17	17
3° Acétate de chaux..	8 1,4	5
Chlorure de potassium.	33	16
4° Azotate de chaux..	4 1/2	2
Chlorhydrate d'ammoniaque. . . .	16 1/2	15
Azotate de chaux..	17	9
5° Sulfate de cuivre..	34	56
Sulfate de soude.	6	13
6° Chlorure de sodium..	10	16
Acétate de chaux.	Quantité inappréc.	Quantité inappréc.
7° Gomme..	26	21
Sucre.	54	46

Certaines de ces expériences ont été répétées par Th. de Saussure sur la Menthe poivrée, le Pin d'Écosse et le Genévrier commun ; elles ont donné les mêmes résultats généraux tant qu'on a pris pour sujets des plantes dont les racines étaient entières. Par opposition, lorsqu'elles ont été faites avec des plantes dont les racines avaient été coupées, les choses se sont passées d'une tout autre manière : les différents sels ont été absorbés presque indifféremment, tous en grande quantité et à peu près en même proportion que l'eau dans laquelle ils avaient été dissous.

Influence supposée de la viscosité. — La conclusion que Th. de Saussure tire de ces expériences semble naturelle : c'est que les plantes pourvues de leurs racines absorbent, dans une même dissolution, certaines substances préférablement à d'autres ; mais il ajoute que toutes ces matières ne pénètrent point dans le végétal en raison de leur influence sur la végétation, et il se déclare porté à admettre que « la plante, en absorbant une substance préférablement à une autre dans le même liquide, ne produit presque point cet effet en vertu d'une sorte d'affinité, mais en raison du degré de fluidité ou de viscosité des différentes substances. » Il fait toutefois observer que les racines sont des filtres beaucoup plus parfaits que tous ceux que nous pouvons former ; car une dissolution de deux sels filtrant à travers plusieurs doubles de papier entraîne ces deux corps en égale proportion, contrairement à ce qui a lieu pour les racines.

Idée de la faculté d'élection. — L'opinion de Th. de Saussure sur le rôle important que joueraient les différents degrés de fluidité ou de viscosité des solutions, rôle qui réduirait à un phénomène physique l'inégalité considérable avec laquelle diverses substances sont absorbées par une même racine, a été adoptée par beaucoup de physiologistes, notamment par Mirbel et De Candolle. Cependant d'autres se sont refusés à admettre cette explication purement physique du fait sur lequel repose la vie des plantes, et ils ont pensé que les racines ont la faculté de choisir, parmi les substances qui s'offrent à elles, celles qui conviennent à la nutrition du végétal. Cette faculté d'élection, qui constituerait pour les racines quelque chose d'analogue à un instinct, est également dans les idées de beaucoup de cultivateurs. L'existence en a été admise par Pollini dès 1815, et plus récemment par Daubeny en 1835, surtout par M. Trinchinetti, dans son mémoire cité plus haut, par M. Boussingault, etc.

Cependant il semble difficile de penser que les racines aient la faculté de choisir les substances qui conviennent à chaque espèce végétale, surtout en présence de ce fait bien établi qu'elles absorbent même des poisons énergiques qui produisent sur l'organisme végétal des effets aussi prononcés que sur les animaux.

Si, le plus souvent, comme l'ont montré MM. Cauvet et O. Reveil, ces poisons désorganisent ou ramollissent l'extrémité des racines, de manière à changer complétement les conditions de l'expérience, il semble cependant n'en être pas toujours ainsi, ce qui laisse persister l'objection basée sur ce fait contre l'élection des substances par les racines.

Idée de l'inégale adhérence au sol. — Frappé de cette circonstance, M. Bouchardat a proposé une nouvelle explication de l'inégalité d'absorption qui a été constatée. Les racines qui plongent dans l'eau, dit cet observateur, absorbent indifféremment toutes les substances dissoutes dans ce liquide ; mais si, pour celles qui sont dans la terre, il y a inégalité dans les quantités qui sont absorbées, cela ne tient pas à ce que le végétal prend par succion des substances dissoutes de préférence à d'autres également dissoutes ; cet effet dépend de l'inégalité puissante avec laquelle certaines substances dissoutes sont fixées par la terre, qui agit comme corps poreux.

Objection contre les expériences de Th. de Saussure. — D'un autre côté, si les racines plongeant dans une solution mixte ont paru à Th. de Saussure absorber différentes substances en quantités très-inégales, cela tient, selon M. Bouchardat, à une particularité dont le savant Genevois ne s'est pas aperçu, parce qu'il n'a recherché dans le liquide résidu des expériences que les sels qu'il y avait mis, en proportion du reste fort minime. Or M. Bouchardat, après avoir répété les mêmes essais avec les mêmes substances et sur les mêmes plantes, assure avoir reconnu dans le liquide résidu des quantités notables d'un sel de chaux qui n'y existait pas avant la succion et qui aurait été fourni par les racines; car, dit-il, lorsqu'un végétal plonge dans une solution aqueuse, il n'y a pas une absorption pure et simple de la dissolution, mais il s'établit un double courant. De même que le sel de la dissolution passe dans la plante, de même les sels de la plante arrivent dans la dissolution. Il y a un courant fort et un courant faible, mais toujours un double courant. Des expériences faites de la même manière que celles de Th. de Saussure ont donné des résultats que leur auteur regarde comme venant nettement à l'appui de son assertion.

Conclusion. — Au total, un fait reste établi par toutes les recherches qui ont été exécutées jusqu'à ce jour : c'est que les racines enfoncées en terre, bien qu'elles soient organisées de manière à y puiser indifféremment toutes les substances qui s'offrent à elles à l'état de dissolution, introduisent cependant dans les plantes des quantités inégales des unes ou des autres, soit qu'elles aient la faculté de choisir les meilleures pour la végétation, soit que ces matières diverses soient retenues avec plus ou moins d'énergie par les différentes natures de sol.

6° Les racines sont-elles chargées de rejeter des matières devenues étrangères aux plantes?

Cette question, intéressante par elle-même, a pris une importance beaucoup plus grande encore lorsque De Candolle en a eu fait la base d'une théorie des assolements qui est devenue bientôt la théorie dominante; en effet, elle a été adoptée par beaucoup de physiologistes et d'agriculteurs. Disons d'abord quelques mots de cette théorie.

Théorie des assolements due à De Candolle. — On sait que, lorsqu'une plante est cultivée plusieurs fois de suite dans le même champ, les produits de la culture qu'on en fait deviennent de plus en plus faibles et ne tardent même pas à être presque nuls. Pour éviter ce fâcheux résultat, les agriculteurs recourent à la *rotation* des récoltes, c'est-à-dire que chacun de leurs champs reçoit chaque année une récolte différente, et que celles-ci ne reviennent sur la même terre qu'après un certain nombre d'années. Pour obtenir ces changements successifs de cultures, on divise l'ensemble du domaine en un certain nombre de portions égales aux diverses récoltes qu'on se propose d'obtenir, de telle sorte que la plante qui a végété sur l'une de ces portions passe, l'année suivante, à une autre, et ainsi de suite. Cette combinaison et cette succession de cultures constitue l'*assolement*.

La nécessité de changer les récoltes de place peut être expliquée de diverses manières ; mais De Candolle a pensé que les racines rejetaient sans cesse dans le sol des matières qui, devenues étrangères à la plante dans laquelle elles s'étaient produites, constituaient un véritable poison pour elle et ses semblables. Ainsi, d'après cette opinion, les racines du Froment, par exemple, imprégneraient le sol de matières qui nuiraient à la végétation du Froment, tandis qu'elles seraient inoffensives pour d'autres espèces de plantes.

Antipathies et sympathies des plantes. — D'un autre côté, les agriculteurs ont cru remarquer que certaines plantes nuisent à d'autres en végétant à côté d'elles. Ainsi dit-on, l'Ivraie (*Lolium temulentum* Lin.) nuit au Froment, le Chardon des champs (*Cirsium arvense* Lamk., *Serratula arvensis* L.) à l'Avoine, l'*Euphorbia Peplus* L. et la Scabieuse des champs (*Knautia arvensis* Coult.), au Lin, la Spargoute des champs (*Spergula arvensis* L.) au Sarrasin (*Fagopyrum esculentum* Moench), etc. On a même dressé de longues listes de plantes cultivées ou spontanées, qui, a-t-on dit, se nuisent réciproquement, quand elles sont voisines. En un mot, on a admis l'existence d'*antipathies* entre certaines plantes, et ces antipathies ont été expliquées par Plenck et Humboldt, à l'aide de cette idée, que des matières sont rejetées, c'est-à-dire excrétées par les racines, et peuvent exercer une action désavantageuse ou même funeste sur d'autres espèces. D'un autre côté, comme on a vu que certaines plantes semblent préparer avantageusement le sol pour d'autres, que, par exemple, les céréales viennent bien après des Légumineuses, on a pensé que celles-ci rejetaient dans le sol des substances qui pouvaient jouer le rôle d'engrais pour les autres. De là est née l'idée de *sympathies* végétales faisant contraste avec les antipathies dont on avait eu l'idée depuis longtemps. On sent qu'à ces deux points de vue il y a un haut intérêt à reconnaître si réellement les racines sont douées de la faculté d'excrétion qui leur a été attribuée par divers auteurs ; car si ces théories ne reposent que sur une supposition sans fondement, il faudra chercher pour les faits dont elles sont destinées à rendre compte d'autres explications, qui pour la plupart s'offrent tout aussi naturellement à l'esprit.

Historique de la question. — On fait souvent remonter à Duhamel les premières observations sur ce sujet. Ce célèbre physiologiste rapporte [1], en effet, que, ayant tenu des racines dans des tubes de verre pleins d'eau, il a vu s'amasser autour de ces racines une matière gélatineuse. Mais il ajoute : « cette gelée était-elle le produit d'une sécrétion de la séve qui se faisait par les racines? ou cette substance n'était-elle pas plutôt un sédiment formé par quantité de filaments qui pourrissaient dans l'eau ? » On voit donc qu'à ses yeux la formation de la matière gélatineuse par une excrétion des racines était la moins vraisemblable des deux origines probables qu'il indiquait.

C'est en réalité Brugmans, qui le premier, en 1785, introduisit dans la science l'idée que les racines forment des excrétions. Ayant donné pour sol à des pieds de Pensée du sable pur contenu dans des vases de verre, il crut voir que, pendant la nuit, il se produisait au bout des racines des gouttes d'un liquide qui mouillait le sable voisin, et il ajouta que des pieds de Froment en fort bon état périrent lorsqu'on eut planté de l'Ivraie à côté d'eux, leurs fibrilles s'étant rapidement flétries et étant mortes peu après. C'est sur ces deux observations qu'il se fonda pour admettre que les racines excrètent des matières comparables aux excréments des animaux, matières que Plenck n'hésita pas à nommer la matière fécale des plantes.

Bien que ce dernier botaniste et Humboldt lui-même eussent admis la réalité des excrétions radicellaires, et que cette idée se fût bientôt accréditée, la science ne s'était enrichie d'aucune expérience précise sur ce sujet, lorsque M. Macaire, de Genève, publia, en 1832 [2], l'exposé de celles qu'il avait faites à l'instigation de De Candolle, et par lesquelles il croyait avoir démontré l'existence de ces excrétions. C'est sur cette base que le célèbre botaniste genevois établit sa théorie des assolements que j'ai rappelée plus haut. On a si souvent parlé de ces expériences, qu'il me semble essentiel d'en donner ici une idée en quelques lignes.

Expériences de M. Macaire. — Ce chimiste prit des plantes déjà toutes venues, dont les racines retirées de terre et bien lavées furent tenues dans des vases remplis d'eau de pluie ; ces plantes furent changées d'un vase à l'autre le jour et la nuit. Il remarqua, dit-il,

---

[1] *Physiq. des arbres*, t. 1, p. 86-87.
[2] *Mém. de la Soc. de phys. et d'hist. nat. de Genève*, t. V, pp. 282-302.

que diverses substances finirent par se trouver dans cette eau, surtout dans celle où les plantes s'étaient trouvées la nuit ; seulement il ne détermina pas bien exactement la quantité de ces matières. Il crut même reconnaître que les racines se débarrassaient, au moyen de ces excrétions, des substances vénéneuses qu'elles avaient antérieurement absorbées; car ayant, par exemple, disposé une Mercuriale annuelle de telle sorte que, la moitié de ses racines plongeant dans un vase plein d'eau chargée d'acétate de plomb, l'autre moitié baignât dans l'eau pure d'un second vase, il rapporte avoir constaté la présence de ce sel, au bout de quelques jours, dans ce dernier liquide où il avait dû arriver, pensait-il, rejeté, après son absorption, par celles des racines qui n'avaient pas eu le contact direct de la dissolution saline. Enfin des plantes, après avoir vécu pendant quelques jours dans de l'eau à laquelle avaient été ajoutées de faibles doses de différents sels, ayant été bien lavées et transportées ensuite dans de l'eau pure, avaient rejeté dans ce liquide les matières dont elles s'étaient chargées dans le premier.

Idées de MM. Bouchardat et Chatin. — Dans ces dernières années, quelques auteurs ont encore fait des observations ou des expériences, en vue d'établir l'existence d'excrétions par les extrémités des racines ; ainsi j'ai rapporté un peu plus haut (page 244) que M. Bouchardat explique par là, comme entachés d'erreur, les résultats des expériences de Th. de Saussure, et j'ajouterai que M. Chatin, généralisant et étendant considérablement les énoncés de M. Macaire, quant à la faculté qu'auraient les plantes de rejeter par leurs racines les poisons qu'elles ont préalablement absorbés, a formulé une théorie complète de l'élimination des substances vénéneuses par cette voie [1], en affirmant qu'un poison, une fois qu'il a été introduit dans une plante, en dose assez faible pour ne pas la faire périr promptement, en est expulsé, dans un espace de temps variable selon l'espèce et l'âge du sujet, selon l'humidité du sol, la température, la lumière, la saison, mais toujours exclusivement par les racines, jamais par les organes aériens.

Objections contre la théorie des excrétions radicellaires. — La théorie des excrétions radicellaires, dont je viens de faire connaître et la nature et les bases, n'a pas tardé à soulever les objections les plus sérieuses: D'un côté, on a montré que les observations sur lesquelles on l'avait établie n'avaient pas la valeur qui leur avait été attribuée ou n'autorisaient pas les conclusions qu'on en avait

---

[1] *Compt. rend.*, t. XX, 1845, pp. 21-29, etc.

déduites [1] ; de l'autre, divers physiologistes ont publié les résultats
d'expériences faites avec toutes les précautions nécessaires, expériences qui prouvent que les racines sont dépourvues de la faculté
d'excrétion qu'on leur avait accordée.

L'observation de Brugmans n'a pas la précision nécessaire pour
autoriser une conclusion quelconque, puisque cet auteur n'a pas
même reconnu la nature des gouttelettes qu'il dit avoir vues à
l'extrémité des radicelles. D'ailleurs, M. Trinchinetti l'a répétée sur
diverses plantes, et jamais il n'a pu découvrir la moindre goutte-
lette à l'extrémité des racines, lorsque celles-ci provenaient de la
germination opérée dans le sable où on les observait, et que par
conséquent elles étaient intactes. Ce physiologiste n'a vu un indice
de liquide qu'après avoir coupé le bout de ces mêmes racines. Il
est donc à présumer que Brugmans n'avait pas observé des racines intactes ; mais en admettant même qu'il n'en fût pas ainsi, son
observation s'expliquerait d'une tout autre manière que par une
excrétion. — Quant aux expériences de M. Macaire, Meyen,
Tréviranus et plusieurs autres auteurs ont fait remarquer qu'elles
ont été faites de manière à n'avoir aucune valeur. En effet, comme
ils l'ont fait observer, M. Macaire ne dit nulle part que les extrémités radicellaires des plantes qui lui ont servi de sujets fussent
intactes, et cependant c'était là une condition tout à fait fondamentale. Si ces extrémités avaient été brisées, ce qui est inévitable pour des plantes arrachées, les matières contenues à l'intérieur
des racines, et particulièrement le latex, ont dû couler dans l'eau
dans laquelle on les plongeait. On s'explique ainsi sans difficulté
que, entre autres, le *Chondrilla muralis*, plante de la famille des
Composées-Chicoracées, ait donné à l'eau une saveur amère, un
peu vireuse et une odeur analogue à celle de l'opium. Quant à
l'expérience relative à la Mercuriale (voyez p. 248), elle a été répétée en 1839 par Braconnot, récemment par M. Cauvet [2], et l'un
et l'autre en ont obtenu des résultats opposés aux siens. En entourant la base commune des racines de plusieurs doubles de papier

---

[1] Pour en citer un exemple, **M.** Roché, dans une thèse fort intéressante (*De l'action
de quelques composés du règne minéral sur les végétaux;* in-4° de 70 pages; Paris,
1862), conclut « que l'excrétion des composés minéraux non assimilables par les p'antes
a lieu en partie, sinon en totalité, par les racines »; cependant toutes les expériences
sur lesquelles il base cette conclusion ont donné des résultats ou négatifs ou si peu
prononcés et si facilement explicables de toute autre manière, qu'on pourrait, à bien
plus juste titre, ce me semble, les invoquer contre la théorie des excrétions radicellaires.

[2] *Études sur le rôle des racines dans l'absorption et l'excrétion;* thèse; in-4°.
Strasbourg, 1861.

à filtrer, ils ont empêché que la capillarité ne portât la solution d'acétate de plomb dans laquelle plongeaient certains de ces organes dans le second vase rempli d'eau pure, qui contenait les autres. Cette expérience n'est donc pas plus significative que les premières.

Enfin, l'élimination par les radicelles des poisons préalablement absorbés, qui avait été indiquée d'abord par M. Macaire, et que M. Chatin a érigée ensuite en une théorie générale adoptée par MM. Filhol, Roché, Reveil, etc., n'est pas mieux établie que les excrétions de substances inoffensives. M. Cauvet, en particulier, a fait une nombreuse série d'expériences qui semblent prouver que, si les plantes empoisonnées se débarrassent du poison qu'elles ont pris, c'est seulement parce que celui-ci se porte dans les feuilles qui en meurent, et qui tombent successivement jusqu'à ce qu'il ait été enlevé ainsi par portions ; de cette manière, ce moment arrivé, si l'empoisonnement n'a pas été assez complet pour entraîner la mort de la plante, celle-ci recommence à végéter comme par le passé.

Faits contraires à la théorie de l'excrétion. — 1° Nature du mucilage des racines. — J'ai dit plus haut que la présence d'une sorte de mucilage ou de liquide visqueux à la pointe des racines, telle que l'avaient observée Duhamel et Brugmans, peut tenir à une cause toute différente de celle que ce dernier auteur lui supposait. Cette cause n'est pas autre que l'exfoliation superficielle dont cette pointe est le siége, et la désorganisation plus ou moins prompte des portions de tissus qui se trouvent isolées de cette manière. Ainsi, MM. Garreau et Brauwers disent que, chez beaucoup de plantes, comme le Blé, l'Orge, le Millet, les Vesces, le Pois, la Lentille, la Rose Trémière (*Althæa rosea* Cav.), le Sarrasin, etc., cette exfoliation des racines se fait par la désunion complète des cellules superficielles au milieu d'une couche visqueuse. Il ne peut donc en résulter autre chose, à l'œil nu, que l'apparence d'un mucilage. — Les observations de M. Goldman fournissent de nouveaux faits à l'appui de cette explication. Ayant fait germer des graines de Pin, de Chêne, de Châtaignier, de Pois, d'Orge, etc., sur de la mousse parfaitement nettoyée, ce botaniste a vu que la radicule des jeunes plantes qui en étaient provenues portait, particulièrement à sa pointe, une matière d'apparence mucilagineuse, mais dans laquelle le microscope faisait reconnaître des cellules très-délicates et faiblement cohérentes entre elles. Il tire même de ses nombreuses observations cette conclusion que, si des racines tenues quelque temps dans l'eau y laissent des matières articulières, la cause en est due simplement à leur exfoliation uperficielle et au contenu des cellules qu'elle isole. Toutefois ce avant pense que les poils radicaux peuvent bien être le siége l'une exsudation des liquides contenus à leur intérieur sans que es racines elles-mêmes excrètent en rien, et M. Gasparrini est enu plus tard appuyer cette idée par ses observations.

En effet, d'après ce dernier observateur, on voit ces poils, dans ertaines circonstances, s'ouvrir à leur sommet et verser au de- ors une portion de leur contenu, conservant ensuite un petit rou plus ou moins reconnaissable sous le microscope. Le liquide insi expulsé ressemble à un mucus demi-fluide, granuleux, dia- hane, qui se répand dans l'eau, ou qui se ramasse sur divers oints et surtout au bout des radicelles.

On ne peut guère, ce semble, attribuer à une autre cause qu'à ette expulsion d'un liquide par les poils radicaux, l'action que les racines de certaines plantes exercent sur les corps contre lesquels elles s'appliquent, action remarquable qu'a mise en pleine évi- dence l'expérience suivante. M. Julius Sachs a fait un vase avec cinq plaques de marbre blanc très-bien polies. Ce vase ayant été rempli de terre, on y a semé trois grains de Maïs. Au mois de septembre, les plaques de marbre ont été détachées, et contre chacune d'elles on a vu appliqué un lacis serré de racines ; or, après les avoir la- vées avec soin, on a reconnu qu'elles avaient perdu leur poli et se montraient plus ou moins corrodées, selon des lignes correspon- dantes aux racines qui s'étaient appliquées contre elles.

2° Expériences qui prouvent que les racines n'excrètent pas. — Les expériences de M. Macaire, et l'importance que De Candolle leur avait attribuée, ont déterminé plusieurs physiologistes à re- chercher expérimentalement si en effet les racines sont le siége d'excrétions destinées à débarrasser les plantes de matières devenues pour elles en quelque sorte excrémentitielles. Ceux d'en- tre eux à qui l'on doit les expériences les plus concluantes dans cette voie, sont : Braconnot [1], MM. Unger [2], Meyen [3], Walser [4], Trinchinetti (loc. cit.), et Cauvet (loc. cit.). L'espace me manque pour résumer même succinctement les nombreuses expériences qu'on doit à ces divers savants. Je me bornerai donc à renvoyer à leurs ouvrages, et je dirai seulement qu'en variant les sujets et

[1] Influence des plantes sur le sol (*Ann. de phys. et chim.*, 1839, t. LXXII).
[2] Ueber d. Einfluss. d. Bodens, trad. dans *Ann. des sc. nat.*, t. VIII, 1838.
[3] Neues System d. Pflanzen-Phys., t. II, p. 529.
[4] Untersuchungen über die Wurzel-Ausscheidung ; in-8° de 48 pages. Tubingue, 1838.

les méthodes, en choisissant d'ailleurs constamment des plantes munies de racines intactes, aucun d'eux n'a observé un seul fait, ni constaté un seul résultat d'expérience qni pût faire admettre la réalité d'une excrétion radicellaire. Aussi, tous sans exception ont-ils affirmé que ces excrétions n'ont pas lieu dans les plantes.

Incompatibilité des excrétions avec la culture et avec la végétation naturelle. — Au reste, en y réfléchissant, on reconnaît sans peine que l'idée des excrétions radicellaires, par laquelle on a voulu expliquer la culture, est contradictoire avec elle. En effet, si les racines de chaque plante rejetaient dans le sol des matières excrémentitielles, nuisibles aux plantes de la même espèce ou d'espèces voisines, comment concevrait-on la possibilité de réunir sur une même terre, et pressés l'un contre l'autre, les végétaux de nos champs et de nos jardins? Il ne pourrait évidemment exister ni un champ de Blé, de Seigle, etc., de Pommes de terre, de Betteraves, etc., ni un carré de Fraisiers, de Salades, etc., ni même une forêt d'une essence unique ou d'un petit nombre d'essences. On ne verrait pas non plus, dans la végétation spontanée, de vastes surfaces de pays couvertes d'une même Bruyère, des steppes peuplés d'un seul *Stipa*, etc., etc. On aurait encore peine à comprendre qu'un arbre isolé, par exemple, ne pérît pas bientôt dans un sol qu'il aurait imprégné de ses excréments, car on ne peut admettre que ses racines s'allongent sans cesse avec assez de rapidité pour dépasser immédiatement le point où elles viendraient de laisser leurs excrétions. Ainsi le raisonnement, les faits naturels et l'expérience sont également contraires à cette idée, qui, selon toute apparence, n'aurait jamais eu le moindre crédit, si De Candolle ne lui avait prêté l'appui de son grand nom.

ARTICLE V. — MODIFICATIONS DES RACINES.

Les racines peuvent offrir des manières d'être fort diverses, en raison des modifications qu'elles subissent sous plusieurs rapports, d'une plante à l'autre. Ces modifications portent principalement sur leur durée, leur situation, leur direction, leur division, leur consistance, leur forme et l'état de leur surface.

Durée.
{
Racine *annuelle* (radix annua), ayant son existence limitée dans l'espace d'une année.
— *bisannuelle* (biennis), vivant deux années.
— *vivace* (perennis), vivant plus de deux années.
N. B. — La durée de la racine détermine celle de la plante elle-même, sauf les cas où celle-ci remplace sa racine primaire par des racines adventives.
}

Situation.
- *souterraine* (subterranea), cas ordinaire.
- *aquatique* (aquatica), flottant dans l'eau.
- *aérienne* (aerea), située, au moins en majeure partie, hors de terre.

Direction.

relativement à la terre
- *perpendiculaire* (perpendicularis), descendant verticalement.
- *oblique* (obliqua); *horizontale* (horizontalis), mots qui s'expliquent par eux-mêmes.
- *descendante* (descendens), d'abord horizontale et plus loin se courbant pour descendre verticalement.

relativement à la racine considérée en elle-même
- *droite* (recta), marchant en ligne droite.
- *courbée* (curvata), décrivant une courbe.
- *flexueuse* ou en zigzag (flexuosa), décrivant des sinuosités.
- *contournée* (contorta).

Division.

à base unique (stirpata), ou à pivot prédominant
- *simple* (simplex), ne se ramifiant pas ou presque pas.
- *rameuse* (ramosa), plus ou moins ramifiée.

à base multiple (multiceps), c'est-à-dire à pivot égal aux ramifications ou nul
- *fibreuse* (fibrosa), réunion de racines de grosseur moyenne.
- *funiforme* (funiformis), réunion de racines semblables à des cordes, comme dans les Palmiers.
- *fasciculée* (fasciculata), réunion de plusieurs parties renflées chacune en forme de fuseau ou oblongues.
- *grumeuse* (grumosa), réunion de nombreuses parties courtes, entrelacées et charnues, peu volumineuses.

Forme.
- *pivotante* (palaris), ayant un pivot bien accusé.
- *conique* (conica), à pivot épaissi en cône renversé, plus ou moins élancé.
- *fusiforme* (fusiformis), plus épaisse dans sa portion moyenne.
- *napiforme* ou *en toupie* (napiformis), courte et renflée.
- *arrondie* (rotunda), renflée en masse plus ou moins ronde.
- *noueuse* (nodosa), présentant successivement plusieurs parties renflées ou nodosités que séparent des portions grêles.
- *épaissie* (incrassata), renflée soit à sa base, soit vers son milieu, soit vers son extrémité. Dans ce dernier cas, on la dit quelquefois *filipendulée*, comme ressemblant à la racine de la Filipendule (*Spiræa Filipendula* Lin.).
- *tubéreuse* (tuberosa), renflée soit en une, soit en plusieurs masses généralement ovoïdes ou irrégulières qu'on nomme des *tubercules* (tubera).

N. B. — La plupart de ces tubercules sont formés non par la racine, mais par la tige ou ses ramifications, comme nous le verrons dans le chapitre III.

Surface.
- *lisse* (lœvis), à surface unie.
- *ridée* ou *rugueuse* (rugosa), marquée de rides plus ou moins prononcées.
- *annulée* (annulata), marquée comme d'anneaux superficiels.
- *carénée* (carinata), relevée d'un angle longitudinal, sorte de carène. C'est le cas du *Polygala Senega*. On n'en connaît pas à deux ou plusieurs angles.

Consistance.
- *ligneuse* (lignosa), de consistance ligneuse.
- *molle* (tenera), *charnue* (carnosa).
- *creuse* (cava), et, par opposition, *pleine* (solida).

CHAPITRE III

DE L'AXE EN GÉNÉRAL

Les deux chapitres précédents ont été consacrés à l'étude de la tige et de la racine, c'est-à-dire des deux parties qui, réunies, forment l'axe du végétal (*Axophyte* A. Rich.), en d'autres termes la charpente à laquelle s'attachent tous les autres organes. Ces deux chapitres ne m'ont pas permis d'épuiser l'histoire de l'axe, et je dois maintenant le considérer tout entier pour exposer aussi succinctement qu'il me sera possible les données les plus essentielles : 1° sur sa végétation étudiée dans quelques cas particuliers ; 2° sur les principales théories qui ont été émises en vue d'en expliquer l'accroissement ; 3.° sur les remarquables phénomènes de direction qu'on observe en lui ; de là trois articles distincts et séparés.

ARTICLE I. — VÉGÉTATION DE L'AXE.

Pour compléter, autant qu'il me semble possible de le faire dans de simples *Éléments*, l'exposé des divers modes de formation de l'axe, à ce que j'en ai déjà dit relativement à la tige (voy. p. 121 et suiv.) et à la racine (voy. p. 199 et suiv.) j'ajouterai quelques détails sur les tiges soit rampantes, soit souterraines ; je parlerai ensuite de la durée des plantes qui est la conséquence nécessaire de celle de l'axe lui-même ; enfin, je m'occuperai des axes qui, par l'effet d'un mode particulier de développement localisé, se renflent en modifiant leur tissu et donnent ainsi lieu à la formation de ce qu'on nomme des *tubercules*.

§ 1. — Des tiges rampantes et des tiges souterraines.

Les plantes herbacées-vivaces, c'est-à-dire qui vivent plusieurs années sans que leur tige devienne jamais ligneuse, présentent dans leur végétation une marche spéciale qui mérite d'être décrite, soit que leur axe rampe à la surface du sol, soit qu'il laisse enfoncées dans sa profondeur toutes ou presque toutes ses parties persistantes.

A. *Végétation des plantes herbacées-vivaces à tige rampante.* — Cette végétation a été parfaitement décrite par Auguste Saint-Hilaire, dans sa *Morphologie végétale* (pp. 103-105), relativement à quatre plantes communes dans notre pays : la Lysimaque monnoyère (*Lysimachia nummularia* L.) de nos fossés et bois humides, le Gléchome Lierre terrestre (*Glechoma hederacea* L.), qui abonde le long des haies, la Véronique Thé d'Europe (*Veronica officinalis* L.) et la Véronique Petit-Chêne (*V. Chamædrys* L.), qui croissent l'une et l'autre dans les bois, les pâturages et le long des chemins. Pour toutes ces plantes, et pour toutes celles en assez grand nombre qui leur ressemblent, la germination de la graine donne naissance à une racine qui s'enfonce en terre et à une tige qui s'élève peu au-dessus du sol. Dès que cette dernière a pris tant soit peu de développement, trop faible pour se soutenir droite, elle se laisse aller et se couche sur le sol, soit en totalité, soit seulement dans une étendue plus ou moins considérable de sa portion inférieure. Sur la partie qui s'est ainsi couchée naissent bientôt, et généralement aux nœuds, des racines adventives qui peuvent puiser dans la terre un utile complément de nourriture et qui par cela même rendent la racine primaire d'autant moins essentielle qu'elles-mêmes deviennent plus nombreuses. Dès cet instant l'énergie végétative abandonne la partie postérieure de l'axe pour se concentrer dans sa portion antérieure. Aussi voit-on bientôt la racine primaire languir, puis s'oblitérer, tandis que la plante pousse avec vigueur à l'autre extrémité de sa tige. Le plus souvent, au bout de la troisième année après la germination, il n'existe plus de vestiges de la racine primaire, et le végétal n'est plus nourri dès lors que par les racines adventives qui ont pris naissance sur sa tige couchée. Dès cet instant, cette tige dépérit et meurt ensuite graduellement en arrière, tandis qu'elle pousse et s'allonge en avant ; sa portion jeune fleurit et fructifie ; elle reste dressée sur une certaine longueur pour se coucher ensuite lorsque son poids l'entraîne et pour s'enraciner, ou bien elle s'applique entièrement sur le sol, si telle est sa nature ; la partie vivante de cette tige ne persiste donc que pendant trois ou quatre années, et elle marche en quelque sorte en s'éloignant toujours de la place à laquelle la graine a germé.

Si la tige rampante émet des ramifications à l'aisselle de ses feuilles, et c'est en effet le cas ordinaire, chacune de ses branches se comporte comme elle-même. Elle se couche sur une longueur de plus en plus grande et s'enracine ; puis la base par où elle tenait à la tige s'oblitère pour la laisser libre et isolée. Elle forme dès à cet instant un individu distinct qui végète pour son propre compte au moyen de ses racines adventives, et qui se détruit en arrière pendant qu'il pousse en avant, etc. On voit donc que les plantes ainsi organisées se multiplient rapidement par l'isolement successif de leurs ramifications enracinées, véritables marcottes qui rendent moins essentielle que d'habitude pour la conservation de l'espèce la multiplication normale par graines. — Tel est le type fondamental qu'offre la végétation des plantes à tige rampante ; l'espace me manque pour faire connaître les modifications de détail que peut offrir ce type.

B. *Végétation des plantes herbacées-vivaces à tige souterraine ou à rhizome.* — Un grand nombre de plantes herbacées-vivaces se distinguent de celles dont je viens de parler par une apparence complétement différente, bien que la marche de leur végétation et la manière dont elles forment leur axe soient en réalité tout à fait les mêmes ; la différence d'aspect général qui les caractérise tient uniquement à ce que leur tige, au lieu de ramper sur la terre, s'étend dans son intérieur. Or, sous l'influence de cette situation, leur tige prend une apparence qui rappelle celle des racines, à ce point que la plupart de ces formations souterraines ont induit en erreur les botanistes anciens qui les ont prises pour des racines et les ont décrites comme telles. Mais les botanistes modernes en ont parfaitement constaté la véritable nature, soit à cause de leur genre de formation et de développement, soit en raison de leur structure anatomique, soit d'après un caractère décisif et très-facile à reconnaître, savoir la présence à leur surface d'organes foliacés. En effet, jamais une racine ne porte sur un point quelconque de son étendue rien qui de loin ou de près ressemble à une feuille ; c'est là une particularité caractéristique dont Schacht a cru trouver la cause dans cette circonstance que, comme on l'a vu plus haut (p. 210), le point végétatif duquel émanent tous les nouveaux tissus de cet organe n'est pas rigoureusement terminal ni à découvert ainsi que celui de la tige, mais se trouve abrité et comme coiffé par la pilorhize. Quoiqu'il en soit de cette explication qui aurait peut-être besoin d'être expliquée elle-même, le fait n'en est pas moins constant. Donc, toute formation souterraine qui porte ou qui a porté, à un moment quelconque, des expansions foliacées, feuilles normales ou feuilles-écailles, quelque réduites qu'elles puissent être, n'est pas une racine mais bien une tige, malgré sa situation et son aspect. Or c'est là le cas de toutes ces formations souterraines qui constituent la portion persistante chez la grande majorité des plantes herbacées-vivaces; ce sont donc là tout autant de tiges véritables, que cependant on a cru avantageux de distinguer par le nom spécial de *rhizomes* (rhizoma, de ῥίζα, racine; c'est-à-dire ressemblant à une racine) pour rappeler et leur situation en terre et leur apparence grossière de racines.

Direction des rhizomes. — La plupart des rhizomes s'étendent horizontalement en terre, poussant et s'allongeant d'une manière quelconque par une de leurs extrémités, se détruisant peu à peu par leur extrémité opposée, qui, pour ce motif, semble avoir été tronquée; mais il en est aussi qui, avec une configuration générale analogue, suivent une direction plus ou moins oblique, et d'autres enfin qui s'étendent selon une ligne verticale. Parmi ces derniers, quelques-uns jouissent de la singulière faculté de pousser de haut en bas jusqu'à parvenir à une profondeur considérable. J'ai eu occasion d'en citer un exemple (p. 189) chez les Équisétacées, et j'en ajouterai maintenant un second d'un grand intérêt qui nous est offert par l'Igname de Chine (*Dioscorea Batatas* Dcne), plante introduite dans nos jardins depuis peu d'années, dont la portion comestible et féculente, c'est-à-dire le tubercule, allongée en massue, longue parfois d'un mètre ou même davantage, n'est pas autre chose qu'un rhizome, d'après M. Decaisne.

Deux catégories de rhizomes. — Depuis que l'attention des botanistes s'est portée sur la végétation et la manière d'être des parties souterraines des herbes vivaces, des observations en grand nombre ont été réunies et publiées. Sous ce rapport, divers auteurs ont bien mérité de la science, mais elle doit surtout beaucoup à M. Thilo Irmisch, qui s'est fait de ces études une véritable spécialité, qui a montré un remarquable talent d'observation, et qui a consigné les résultats de ses nombreuses recherches, d'abord dans un volume in-8°[1], plus récemment dans un grand nombre de mémoires et de notes publiés isolément ou dans différents recueils allemands. On sent que je ne puis songer, dans ces *Éléments*, à présenter de ces travaux même un résumé succinct qui m'obligerait à entrer dans des détails circonstanciés; cependant je ne crois pas pouvoir négliger de rappeler la distinction méthodique indiquée par Aug. Saint-Hilaire entre les deux types généraux dans lesquels viennent se ranger, avec de simples modifications d'importance secondaire, les divers rhizomes considérés au

---

[1] *Zur Morphologie d. monok. Knollen-u. Zwiebelgewæchse;* in-8° de 286 pages et 10 pl. Berlin, 1850.

point de vue de leur végétation ; ces deux types sont ceux des rhizomes *indéterminés* et *déterminés*. Jetons un coup d'œil rapide sur chacun d'eux.

Rhizomes indéterminés. — Les *rhizomes indéterminés* comme, du reste, toutes les tiges ou portions de tige qu'on qualifie de même, finissent par un bourgeon terminal destiné à les prolonger directement. Leur extrémité est ainsi, on pourrait presque dire indéfiniment en voie de végétation, et par suite ils s'allongent par cette extrémité, tandis que la vie abandonne graduellement leur extrémité opposée, qui dépérit et se détruit ensuite peu à peu. Leur formation progressive est par conséquent semblable à celle que j'ai décrite pour la tige rampante que j'ai choisie également indéterminée ; je n'ai donc pas à répéter à leur sujet ce que j'ai dit de celle-ci. Comme elle encore, après avoir eu et perdu ensuite une racine primaire, un rhizome indéterminé émet des racines adventives qui ne tardent pas à être seules chargées de nourrir la plante. Enfin, quant aux fleurs que la plante produit, elles viennent sur des rameaux qui prennent naissance à l'aisselle des feuilles souvent réduites à la forme de simples écailles ou de gaînes que porte cette tige souterraine, et d'ordinaire ces rameaux florifères semblent former toute la tige aérienne de ces végétaux. Aug. Saint-Hilaire cite pour exemples de rhizomes indéterminés horizontaux le Jonc fleuri ou *Butomus umbellatus* L., des verticaux la Primevère officinale (*Primula officinalis* L.). J'en citerai un autre exemple malheureusement trop vulgaire dans le Chiendent (*Triticum repens* L.), dont les rhizomes indéterminés développent avec une facilité déplorable des rameaux qui se comportent de même qu'eux. Une

Fig. 91. — Un pied de Chiendent (*Triticum repens* L.) montrant son rhizome indéterminé horizontal, rameux, à nombreuses racines naissant immédiatement au-dessous de chaque nœud, et présentant plusieurs rameaux redressés, dont les deux antérieurs sont feuillés et jouent le rôle de tiges florifères.

de ces tiges rameuses souterraines est représentée par la figure 91.

Rhizomes déterminés. — Quant aux *rhizomes déterminés*, leur caractère essentiel consiste en ce qu'ils manquent de bourgeon terminal et que leur allongement est dû, chaque année, à un rameau issu d'un bourgeon latéral ou né à l'aisselle d'une feuille. Ce rameau lui-même fleurit, fructifie et meurt ensuite. Voici, du reste, en quelques lignes, la succession des faits qu'offre une plante ainsi organisée.

La germination donne naissance à un axe composé d'une racine primaire et d'une tige, s'il s'agit d'un Dicotylédon, d'une tige avec des racines adventives, si c'est un Monocotylédon. Arrivée à un degré suffisant de développement, cette tige fleurit et fructifie, après quoi toute sa portion extérieure périt. Mais pendant qu'elle se développpait, à l'aisselle d'une de ses écailles souterraines antérieures naissait un bourgeon qui ne tardait pas à s'allonger en un rameau souterrain et dirigé en général horizontalement. Ce rameau, né sur la tige primaire, est évidemment de deuxième génération ou de deuxième degré par rapport à celle-ci. Caché sous terre pendant son premier développement, il se relève, au printemps suivant, en faisant un coude, et il se montre au dehors sous l'apparence d'une tige florifère qui aura le sort de la vraie tige à laquelle avait donné naissance la germination de la graine. Pendant que ce rameau de deuxième génération achève son développement, fleurit et fructifie, un bourgeon né en terre, à sa base, commence à former un rameau souterrain et horizontal de troisième génération qui passera par les mêmes phases que le premier, et ainsi de suite d'année en année. On voit donc que ces développements successifs auront pour résultat de former une série de fausses tiges florifères, vrais rameaux nés les uns des autres, dont il ne persistera que les portions souterraines implantées l'une au bout de l'autre. Le rhizome unique composé de la réunion de ces portions souterraines n'est donc pas analogue au rhizome indéterminé que forme, dans toute son étendue, une seule et même tige primaire, s'allongeant sans cesse par son bourgeon terminal; car il résulte de la réunion bout à bout de plusieurs axes appartenant chacun à une génération différente; il est donc aussi complexe dans sa formation que le premier est simple, et il mérite par conséquent d'être soigneusement distingué de celui-ci. Ces axes, en apparence uniques et résultant cependant d'une série de rameaux nés les uns des autres et par conséquent de générations successives, se retrouvent dans d'autres parties de certaines plantes où nous les étudierons plus tard; ils constituent un type d'organisation qu'on désigne souvent aujourd'hui sous le nom de *Sympode* (Sympodium).

Fréquence des rhizomes déterminés. — Les rhizomes déterminés sont les plus fréquents dans le règne végétal; même M. Schleiden proposait de réserver pour eux seuls la dénomination de rhizomes, par ce motif qu'en appliquant cette dénomination comme on le fait habituellement, on ne sait plus, dit-il, où l'on doit s'arrêter, et l'on en vient à désigner ainsi toutes les formations souterraines des herbes vivaces. J'avoue que je ne vois pas, pour ma part, qu'il y ait à cela le moindre inconvénient, pourvu qu'on distingue parmi les nombreuses tiges souterraines ainsi qualifiées à quel type chacune d'elles appartient.

L'une des plantes les plus commodes pour reconnaître le mode de formation des rhizomes déterminés est celle qu'on nomme vulgairement Sceau de Salomon (*Polygonatum vulgare* Desf., *Convallaria Polygonatum* L.), qui croît communément dans nos bois et forêts. Son rhizome assez épais et presque charnu laisse d'autant mieux reconnaître les formations annuelles successives qui se sont placées bout à bout pour le former, qu'au point où finit chacune d'elles on voit un épaississement prononcé, et en dessus de celui-ci une cicatrice arrondie qui indique nettement le point où commençait la portion redressée de chaque production annuelle qui a porté des feuilles et des fleurs et qui s'est détruite en entier après la fructification. Ce sont ces cicatrices ou empreintes qui ont valu à cette espèce sa dénomination vulgaire de Sceau de Salomon. On remarque aussi sans peine, à son extrémité vivante, la nouvelle production qui doit devenir la tige florifère de l'année prochaine, et qui se montre plus ou moins saillante selon l'époque de l'année à laquelle on examine la plante.

§ 2. — Durée des plantes.

A quoi elle tient. — La durée de la vie de chaque plante est déterminée par celle de son axe, et plus particulièrement de sa racine primaire dans les espèces où elle persiste, de tout ou partie de sa tige dans celles qui, au bout d'un espace de temps quelconque, n'ont plus que des racines adventives pour se fixer et se nourrir. Quant aux feuilles et aux organes qui en dérivent, il est clair qu'elles n'ont pas de rapport nécessaire avec cette durée, puisque leur propre existence est presque toujours circonscrite dans un court espace de temps, sauf peut-être chez un étrange végétal, découvert il a peu de temps en Afrique, le *Welwitschia mirabilis*

Hook. fil., qui possède une courte et grosse tige ligneuse en cône renversé, et qui, bien que vivant fort longtemps, n'a 'jamais que deux énormes feuilles (très-probablement ses cotylédons) nées avec lui et paraissant mourir avec lui.

Division des plantes d'après leur durée. — Les végétaux variant beaucoup de durée d'une espèce à l'autre, on a dû les subdiviser en diverses catégories qu'il est même convenu de désigner par des signes empruntés à l'astronomie qui dispensent de l'emploi de périphrases dans les ouvrages descriptifs. On distingue en conséquence les plantes *annuelles*, *bisannuelles* et *vivaces*.

Les plantes *annuelles* (plantæ annuæ) sont celles qui naissent, fructifient et meurent dans le cours d'une année ou plus exactement d'une période végétative, ou plus rigoureusement encore qui ne voient pas deux printemps. On les désigne par le signe ⊙ qui indique le soleil dans les ouvrages d'astronomie, la révolution apparente de cet astre déterminant l'année, ou bien par le signe ①. Telles sont nos céréales, le Chanvre, le Lin, et un grand nombre de plantes soit spontanées dans nos campagnes, soit cultivées, comme les petites Véroniques printanières, la Drave ou Érophile du printemps, la Pâquerette ou petite Marguerite (*Bellis annua* L.), le Coquelicot, la Reine-Marguerite, etc., etc.

Les plantes *bisannuelles* (plantæ biennes) sont celles qui, ne fructifiant également qu'une fois, exigent pour cela deux années, ou plus exactement deux périodes végétatives. On les désigne par le signe de Mars ♂, planète dont la révolution autour du soleil dure deux années, ou bien par le signe ②. Ces plantes, pendant la première année, germent, développent une forte racine et un simple commencement de tige à très-courts entre-nœuds qui ne dépasse pas sensiblement la surface du sol et qui porte un grand nombre de feuilles généralement grandes, réunies en touffe ou en rosette. La seconde année, cette tige s'élance, fleurit et fructifie, après quoi la plante elle-même périt.

De ce nombre sont plusieurs de nos légumes, le Persil, la Carotte, la Betterave, etc., et parmi les plantes spontanées, les Chardons, les Molènes (*Verbascum*), etc.

Les plantes *vivaces* (plantæ perennes) fructifient plusieurs fois, et pour cela vivent plusieurs années de suite. Parmi elles, on distingue deux catégories : 1° celles dont la portion extérieure meurt dès qu'elle a fructifié, et qui, ne persistant en général que par leurs parties souterraines, c'est-à-dire par leur racine et la base de leur tige, ou même seulement par leur rhizome, développent une nouvelle tige extérieure (ou plus exactement une nouvelle branche florifère) pour chaque fructification. Le peu de durée de ces tiges florifères ne leur permettant pas d'acquérir une consistance ligneuse, on nomme pour ce motif ces plantes *herbacées-vivaces*; on désigne les végétaux de cette catégorie par le signe de Jupiter, ♃, planète qui accomplit sa révolution en douze années et demie. Comme exemples, je puis citer la plupart des Phlox et des Asters de nos jardins, les Mille-pertuis, la Guimauve, les Nénufars, etc., de nos campagnes ;

2° Tous les autres végétaux vivaces conservent pendant une suite d'années plus ou moins considérable et leur racine et leur tige, soit en entier, soit au moins en majeure partie. Il en résulte que cet axe, en raison de sa durée, acquiert de la consistance et forme même dans son intérieur un bois plus ou moins dur. C'est ce que rappelle la dénomination de végétaux *vivaces-ligneux* ou simplement *ligneux*, par laquelle on les distingue (de *lignum*, bois). En raison de la longueur de leur existence, on les indique par le signe de Saturne, ♄, planète dont la révolution autour du soleil ne s'accomplit qu'en vingt-neuf années et demie.

Subdivision des plantes ligneuses. — Les plantes ligneuses sont celles qui peuvent le plus varier de dimensions ; tandis que certaines s'élèvent seulement de 15 ou 20 centimètres au-dessus du sol, la plupart dépassent beaucoup ces proportions et même plusieurs atteignent cette surprenante hauteur qui en fait les plus imposantes expressions de la nature végétale. D'autres inégalités se joignent encore en eux à celle des dimensions, et toutes ensemble ont servi à les diviser en trois sortes entre lesquelles il serait difficile de tracer une limite bien nette, mais dont la distinction est néanmoins commode et d'un usage journalier. Ces trois sortes de végétaux ligneux sont les sous-arbrisseaux, les arbrisseaux et les arbres.

Un *sous-arbrisseau* (suffrutex) est un végétal dont la tige, ramifiée dès sa base, ne dépasse guère un mètre de hauteur et ne se lignifie pas vers l'extrémité de ses ramifications qui, par suite, sont détruites par les rigueurs de l'hiver ; en outre, la plupart des sous-arbrisseaux n'abritent pas l'ébauche de leurs pousses sous une enveloppe d'écailles, en d'autres termes, ils n'offrent pas ces bourgeons écailleux qu'on remarque sur presque tous les arbres et arbrisseaux. Un *arbrisseau* (frutex) a une tige presque toujours ramifiée dès le niveau du sol, qui se lignifie dans toute son étendue et qui s'élève depuis un mètre jusqu'à cinq au plus. Enfin un *arbre* (arbor) se distingue essentiellement, parce que la destruction de ses ramifications inférieures lui forme un tronc surmonté d'une cime, ou bien parce que, dans beaucoup de Monocotylédons, sa tige en colonne acquiert une grande hauteur tout en restant simple. Sa hauteur est rarement inférieure à cinq mètres, et elle peut atteindre le maximum auquel les végétaux puissent parvenir ; de là on distingue quelquefois de petits arbres, des arbres moyens et de grands arbres.

On a proposé des signes pour indiquer les sous-arbrisseaux, les arbrisseaux et les arbres ; mais l'usage en est si peu répandu que je crois inutile d'en charger la mémoire.

On peut citer, comme exemples de sous-arbrisseaux, la Sauge officinale, la Lavande, le Myrtille, etc.; d'arbrisseaux, le Troëne, le Lilas, le Seringat, etc.; d'arbres, nos Pommiers, Poiriers, les Peupliers, le Chêne, les Pins et Sapins jusqu'au *Sequoia gigantea* Endl., le plus colossal de tous.

Inconvénients de la classification précédente. — Toutes les divisions que nous essayons d'établir parmi les êtres naturels reconnaissent des exceptions ou sont d'une application difficile dans certains cas ; il en est ainsi de celle qui partage les végétaux en annuels, bisannuels et vivaces. Il existe des plantes qui ne fleurissent et ne fructifient qu'une seule fois, qui peuvent même acquérir des dimensions considérables, et qui, cependant, vivent un plus ou moins grand nombre d'années. Telle est cette grande plante à longues feuilles charnues, armées de fortes épines à leur sommet et sur leurs bords, qui s'est naturalisée dans le midi de l'Europe et dans le nord de l'Afrique, où l'on en fait des haies et clôtures impénétrables, qu'on nomme vulgairement et à tort Aloès, et dont le vrai nom est *Agave americana* L. Pendant une suite d'années qui, dans les pays chauds, est en moyenne de 10 à 15, et qui, dans nos jardins, s'étend jusqu'à 50, 60 ou même davantage, cette plante ne forme qu'une touffe de feuilles ; lorsque enfin elle a pris assez de force, elle développe avec une surprenante rapidité sa gigantesque tige florifère ou hampe qui n'atteint pas moins de 5 ou 6 mètres de hauteur. Sa floraison terminée et son fruit mûr, elle périt tout entière. De même les Bambous, gigantesques Roseaux des contrées intertropicales, ont besoin d'une suite d'années pour élever jusqu'à 20 et 25 mètres leur tige, épaisse à sa base de 10 à 15 centimètres. Arrivés à ce terme, ils fructifient et périssent ensuite, leurs tiges sèchent, le vent les brise, et d'une magnifique forêt ou d'une allée ombreuse il ne reste bientôt plus que des débris couvrant le sol.

Voilà des végétaux qui, ne fructifiant qu'une fois, devraient, à la rigueur, être classés comme annuels ou au plus bisannuels, et qui cependant ont une plus longue existence que beaucoup d'espèces vivaces. Dans quelle catégorie doit-on les ranger?

Une simple différence de climat peut faire passer certaines espèces d'une catégorie à l'autre. Ainsi la Belle-de-nuit (*Mirabilis Jalapa L.*), annuelle dans nos jardins, est vivace dans sa patrie, l'Amérique; il en est de même des Ricins et de plusieurs autres plantes. Au contraire, les soins des jardiniers peuvent faire vivre plusieurs années une plante annuelle de sa nature; c'est ce qui a lieu notamment pour le Réséda (*Reseda odorata L.*), lorsqu'on l'empêche de fleurir. D'un autre côté on voit quelques végétaux bisannuels fructifier dès leur première année, et devenir alors annuels; c'est ce qui arrive assez souvent, d'après M. Thilo Irmisch, pour le *Melilotus dentata*, pour l'*Echinospermum Lappula* Lehm.; même chez la Jusquiame noire, qui est bisanuelle normalement, les individus annuels ont été décrits par quelques botanistes comme une espèce distincte sous le nom de *Hyoscyamus agrestis*.

Division en plantes monocarpiennes et polycarpiennes. — Pour échapper à la difficulté de diviser les plantes d'après leur durée, De Candolle a proposé de les classer selon qu'elles fructifient une seule fois ou plusieurs années de suite. Dans le premier cas, elles reçoivent de lui la qualification de *monocarpiennes* ou *monocarpiques* (de μόνος, seul, et καρπός, fruit); dans le second, il les nomme *polycarpiennes* ou *polycarpiques* (de πολύς, plusieurs, et καρπός, fruit). Même ce botaniste avait cru d'abord devoir distinguer dans la dernière de ces deux sections les plantes herbacées vivaces sous le nom de *rhizocarpiennes*, comme si c'était de la racine que provînt leur fructification, et les plantes ligneuses sous celui de *caulocarpiennes*, comme produisant leurs fleurs et leurs fruits sur la tige; mais cette subdivision a dû être abandonnée, par ce motif que, comme nous l'avons vu, la partie souterraine de laquelle émanent les pousses florifères, dans les herbes vivaces, est leur tige et non leur racine, qui, généralement, n'a eu qu'une existence temporaire.

La division des plantes en monocarpiennes et polycarpiennes est d'un usage assez fréquent; néanmoins celle qui repose sur la durée est toujours la plus usitée, malgré ses inconvénients.

On peut résumer la classification des plantes d'après leur durée en tableau synoptique de la manière suivante :

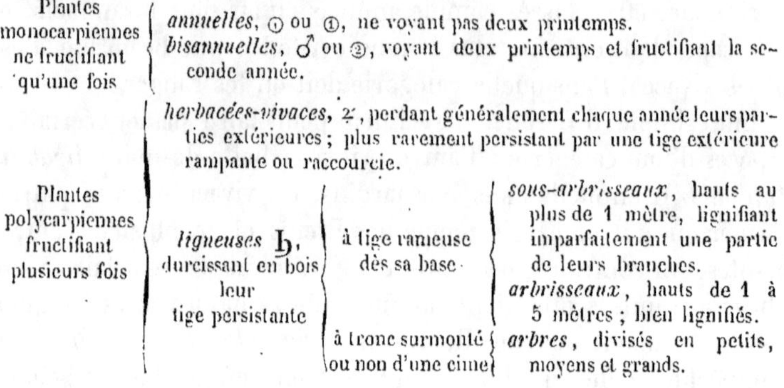

Plantes monocarpiennes ne fructifiant qu'une fois :
- *annuelles*, ☉ ou ①, ne voyant pas deux printemps.
- *bisannuelles*, ♂ ou ②, voyant deux printemps et fructifiant la seconde année.

Plantes polycarpiennes fructifiant plusieurs fois :
- *herbacées-vivaces*, ♃, perdant généralement chaque année leurs parties extérieures; plus rarement persistant par une tige extérieure rampante ou raccourcie.
- *ligneuses* ♄, durcissant en bois leur tige persistante :
  - à tige rameuse dès sa base :
    - *sous-arbrisseaux*, hauts au plus de 1 mètre, lignifiant imparfaitement une partie de leurs branches.
    - *arbrisseaux*, hauts de 1 à 5 mètres; bien lignifiés.
  - à tronc surmonté ou non d'une cime :
    - *arbres*, divisés en petits, moyens et grands.

§ 3. — Tubérisation de l'axe ou formation de tubercules.

Chez un assez grand nombre de plantes l'axe subit, sur des points divers et sur une étendue variable selon les espèces, une modification profonde dans sa manière d'être habituelle, par suite de laquelle il forme des renflements tantôt arrondis, tantôt ovoïdes ou oblongs qu'on nomme des *tubercules* (tubera). Ces tubercules ont beaucoup d'importance, soit pour le végétal lui-même auquel ils fournissent presque toujours un excellent moyen de multiplication, soit pour l'homme qui a su trouver dans certains d'entre eux (Pomme de terre, Batate, Ignames, etc.) de précieuses ressources alimentaires ; il est donc essentiel de présenter ici des notions précises sur leur histoire. Dans ce but, après avoir indiqué en quoi consiste la tubérisation, c'est-à-dire la transformation d'une partie quelconque de l'axe en tubercule, je jetterai un coup d'œil sur les principaux tubercules en distinguant ceux qui sont formés par la tige, ceux qui proviennent de la racine, enfin ceux dont la vraie nature est contestée ou qui réunissent, selon certains botanistes, une portion radicale à une portion évidemment caulinaire.

† *En quoi consiste la tubérisation de l'axe.*

Un tubercule est une portion axile plus renflée, notablement moins consistante que le reste de l'axe et constituant un réservoir de matières nutritives solides, surtout de fécule ou plus rarement d'inuline. Il doit ces caractères au développement considérable qu'ont pris en lui les parties parenchymateuses, à la diminution considérable qu'ont subie par compensation ses portions fibreuses et vasculaires. Si, par exemple, on examine avec un peu d'attention la coupe transversale d'un tubercule de Pomme de terre, on reconnaîtra que presque toute son étendue est occupée par un parenchyme lâche à grandes cellules remplies de grains de fécule (voy. p. 59, fig. 27), et que sa masse est divisée en deux portions concentriques par une ligne circulaire que son apparence distincte fait aisément remarquer. Cette ligne circulaire offre çà et là des points où le microscope montre quelques vaisseaux entourés de cellules délicates. C'est tout ce qui représente la zone ligneuse presque atrophiée. Tout le tissu circonscrit par ce cercle est la moelle qui a pris un développement exagéré; quant au parenchyme qui forme la zone extérieure à ce même cercle, il constitue l'enveloppe cellulaire qui s'est de son côté fortement épaissie. A l'extérieur de celle-ci se trouve une couche subéreuse comprenant quelques assises de cellules vides, qui n'est pas autre chose que la peau du tubercule. C'est donc, comme on le voit, dans la multiplication considérable des cellules qui forment les parenchymes médullaire et cortical, dans l'arrêt plus ou moins complet de développement des parties fibreuses et vasculaires, ainsi que dans la formation d'une grande quantité de fécule ou de matières analogues, que consiste la modification de l'axe qu'on peut appeler sa *tubérisation*.

Formations tubéroïdes. — On peut voir comme un passage à l'état qui caractérise les tubercules dans ces axes considérablement épaissis, dont le tissu cellulaire s'est développé dans des proportions remarquables, sans que ses cellules se soient remplies de fécule, et qui ont pris, au total, une consistance plus ou moins charnue. Je donnerais volontiers à ces formations particulières la qualification de *tubéroïdes* pour indiquer qu'elles ont, sous certains rapports, de la ressemblance avec les tubercules, sans qu'on puisse toutefois les confondre avec ceux-ci.

Quelques-unes d'entre elles sont formées exclusivement par une portion de tige située même parfois hors du sol, comme celle pour laquelle on cultive les Choux-Raves; il en est qui comprennent la tige entière renflée en un corps d'abord globuleux, plus tard épais, arrondi et déprimé à peu près comme ces pains qu'on nomme vulgairement des miches, portant en dessous plusieurs racines, produisant en dessus des feuilles et des fleurs; c'est le cas des *Cyclamen*, charmantes plantes de la famille des Primulacées qui sont souvent cultivées pour leurs fleurs. Ailleurs on en voit qui sont formées entièrement ou presque entièrement par le pivot de la racine, comme les carottes et les raves de nos cultures ; enfin il en existe à la formation desquelles la racine et la tige prennent part simultanément et même dans des proportions différentes selon les variétés.

Betterave. — La plus remarquable et la plus connue de ces dernières est la Betterave, variété précieuse de la Bette commune (*Beta vulgaris* L., var. *rapacea*). Dans cette masse volumineuse qu'on appelle ordinairement une Betterave, M. Decaisne a reconnu qu'il existe confondues, sans que rien les signale à l'extérieur, une portion inférieure constituée par le pivot et une supérieure qu'a formée la partie de la tige comprise entre la base de la racine et l'attache des cotylédons, c'est-à-dire l'axe hypocotylé (voy. p. 122). Généralement cette dernière portion est saillante hors de terre, tandis que la première y reste enfoncée ; la moelle qui occupe le centre de la première sous la forme d'un cône renversé, et qu'entoure un étui médullaire avec des trachées, manque dans la seconde où l'on n'observe plus que des vaisseaux réticulés ; enfin des matières azotées se trouvent surtout dans la première, où en même temps on remarque en grand nombre de petits cristaux rhomboïdaux, tandis que la seconde est caractérisée particulièrement par sa richesse en sucre.

Des conséquences pratiques d'un grand intérêt se rattachent à ces notions : 1° Pour l'extraction du sucre on a tout avantage à cultiver des Betteraves enterrées le plus possible, et cela pour deux motifs : d'abord parce que la portion la plus riche en sucre ou radicale y est à son maximum de développement, et, en second lieu, parce que la portion caulinaire y étant très-réduite, le jus extrait de la masse entière est fort peu mélangé de la matière cristallisée qui abonde dans celle-ci, et qui nuit notablement à la préparation du sucre. Aussi la variété qu'on cultive le plus communément comme Betterave saccharifère est-elle la Blanche de Silésie qui est à peine saillante au-dessus de la surface du sol. 2° Pour la nourriture du bétail, le sucre n'a pas d'intérêt, tandis que les matières azotées ont, au contraire, une importance majeure ; aussi les variétés cultivées ordinairement comme fourragères sont-elles choisies parmi celles qui sortent le plus de terre ; telles sont entre autres la Disette et surtout les Betteraves globes, qui sont presque entièrement extérieures.

Dans les formations tubéroïdes qui constituent les Radis et les Navets on trouve également une courte portion de nature caulinaire surmontant une masse beaucoup plus considérable qui est formée par le pivot. Les Radis offrent même une particularité singulière résultant de la présence, à leur partie supérieure, de deux sortes d'oreillettes descendantes dont on a expliqué l'origine de diverses manières et auxquelles Gaudichaud, qui pensait qu'elles provenaient de la couche externe de la tigelle déchirée par le grossissement des parties sous-jacentes, donnait le nom de *gaîne cotylédonaire*.

┼┼ Diverses sortes de tubercules.

Comme les formations tubéroïdes, les tubercules peuvent provenir de la tubérisation localisée d'une tige, être par conséquent de nature caulinaire (*Tuber caulogenum* T. Irmisch), ou de celle d'une racine, et être dès lors de nature radicale (*Tuber rhizogenum* T. Irmisch); enfin il en est dont l'origine réelle n'est pas encore à l'abri de toute discussion et dans la formation desquels entre évidemment une portion caulinaire et aussi, d'après divers observateurs, une portion analogue à une racine. Ces derniers seraient donc de nature mixte; dans tous les cas, il règne encore à leur sujet de l'incertitude, ce qui me détermine à les étudier à part[1].

A. *Tubercules caulinaires.* — **Pomme de terre.** Le plus remarquable des tubercules caulinaires est certainement celui du *Solanum tuberosum* L., ou la Pomme de terre. La vraie nature en a été longtemps méconnue par les botanistes qui le regardaient comme un produit ou une dépendance de la racine. Je ne parle pas de l'erreur qui a cours parmi beaucoup de personnes étrangères à la science, et qui consiste à le prendre pour un fruit souterrain; celle-ci est trop grossière pour qu'on doive s'y arrêter. — Dupetit-Thouars a été le premier qui ait indiqué la véritable origine de ce tubercule; Dunal confirma quelque temps après ce qu'en avait dit notre ingénieux botaniste; enfin Turpin, venant après ces deux habiles observateurs, n'eut pas besoin de démontrer la parfaite exactitude de leurs énoncés; mais, en publiant de bonnes figures bien expliquées, il contribua puissamment à vulgariser la seule notion saine qui eût été encore publiée à ce sujet[2].

[1] M. Clos a proposé, dans son mémoire sur le Collet (*Ann. des sc. nat.*, 1850, t. XIII), une division des tubercules en huit sortes qui me semble trop compliquée pour que je puisse l'adopter dans ces *Éléments*.

[2] Turpin; Mémoire sur l'organisation intérieure et extérieure des tubercules du *Solanum tuberosum*, etc.; *Mém. du Mus.*, t. XIX, 1850, pp. 1-56, pl. I-V.

Il est facile de reconnaître la nature des tubercules de la Pomme de terre par divers modes d'observation, mais surtout en suivant le développement d'un jeune pied venu de graine. Voici ce qu'on remarque dans ce cas. Comme tout embryon dicotylédoné, celui du *Solanum tuberosum* L. allonge d'abord son extrémité radiculaire en un pivot qui bientôt se ramifie ; mais cette racine entière ne présente ni alors ni plus tard rien qui ressemble à un tubercule. On peut la voir déjà bien développée et ramifiée, sur la figure 92, *r*, *r*, fort grêle dans toutes ses parties et sans le moindre

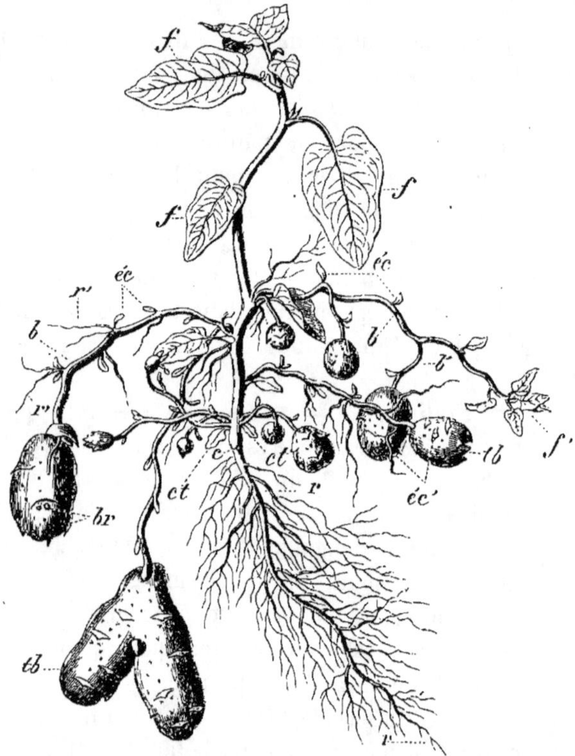

Fig. 92 (reproduite d'après Turpin et réduite de moitié). Jeune pied de *Solanum tuberosum* L. venu de graine : *r r*, racine pivotante; *c*, collet; *ct, ct*, les deux cotylédons épanouis en petites feuilles séminales; de leur aisselle il sort des rameaux renflés à leur extrémité en tubercules, *tb; éc*, petites feuilles ou écailles des rameaux souterrains; *éc'*, écailles des tubercules à l'aisselle desquelles se trouvent les bourgeons *br; b, b*, rameaux également souterrains et tubérifères qui sont sortis de l'aisselle des feuilles inférieures; *b'*, une ramification de l'une d'elles; *r'*, racines adventives nées sur ces mêmes branches; *f'*, extrémité d'une de ces branches qui, étant venue accidentellement à l'air, a formé un bouquet de feuilles en place de tubercule; *f; f, f,* feuilles ordinaires situées hors de terre, et dont les deux supérieures seulement commencent à compliquer leur forme.

indice de renflement. De son côté, la tigelle s'allonge, dégage du téguernent séminal les deux cotylédons qui restent hypogés *ct*, *ct* (voyez p. 116), et devient ensuite une tige dont les entre-nœuds inférieurs sont assez courts pour rester enterrés. Bientôt les bourgeons situés à l'aisselle, soit des cotylédons, soit des feuilles inférieures, se développent en rameaux (*b*, *b* et *b'*) qui s'étendent horizontalement dans le sol et qui portent chacun plusieurs feuilles

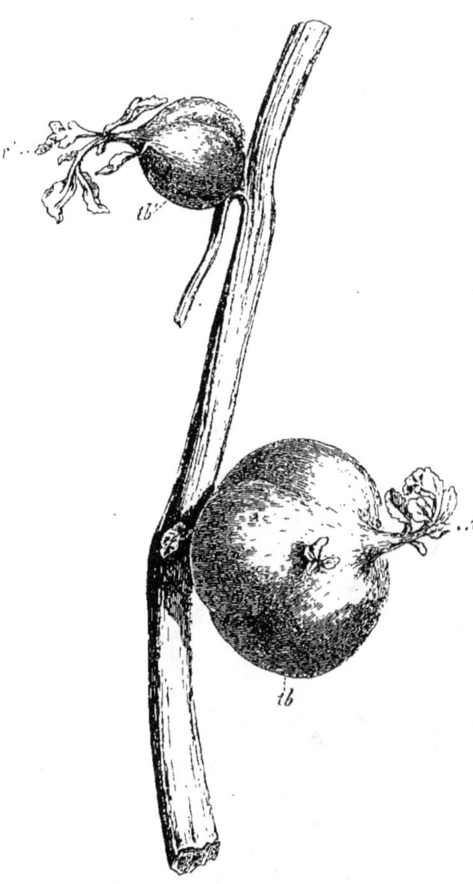

réduites à l'état de petites écailles (*éc*), à moins qu'un accident les amenant au jour et à l'air ne leur permette de prendre l'état de feuilles ordinaires, comme on voit que cela s'est produit sur un rameau souterrain en *f'* (figure 92). L'extrémité de ces rameaux et quelquefois les ramules nés à l'aisselle de leurs écailles ne tardent pas à subir la tubérisation sur la longueur de plusieurs entre-nœuds ; elle devient ainsi un tubercule (*tb*) à la surface duquel, comme pour en révéler la nature, se montrent de très-petites écailles (*éc'*), c'est-à-dire des feuilles fort réduites, et dont le sommet offre un bourgeon terminal. Enfin on voit par la même figure 92 que des racines adventives (*r' r'*) prennent naissance sur les rameaux souterrains, ainsi que sur la portion enterrée de la tige.

Fig. 93. — Portion d'une tige de Pomme de terre (*Solanum tuberosum* L.), sur laquelle deux bourgeons axillaires, en se développant, ont donné chacun un tubercule *tb*, *tb*, prolongé, à son sommet, en un petit rameau feuillé *r*, *r''*. Sous le tubercule supérieur *tb'*, on voit la base de la feuille à l'aisselle de laquelle il s'est formé.

Il est donc clair que chacun des tubercules ainsi produits est ou un rameau axillaire tout entier, ou plus ordinairement la portion terminale d'un rameau axillaire plus ou moins allongé. C'est sous l'influence du sol dans lequel il était enfoui que s'est opérée sa tubérisation ; mais cette remarquable modification peut aussi s'opérer hors du sol, comme on le voit assez fréquemment sur les tiges dans lesquelles un accident quelconque, tel qu'une incision profonde, une demi-fracture, etc., a déterminé un arrêt de séve. On en voit un exemple sur la figure 95, qui représente de grandeur naturelle une portion de tige avec deux rameaux axillaires renflés en tubercules *tb*, *tb'*. Dans ce cas, il semble impossible de concevoir le moindre doute, puisque ces tubercules portent

Fig. 94. — Tubercule de *Solanum tuberosum* L., qui était presque posé sur le sol, et qui se rétrécit dans le haut pour se prolonger en tige feuillée *t*. En *a a*, on voit les yeux ou enfoncements au fond desquels se trouvent les bourgeons ; en *a'*, bourgeons déjà développés en petites pousses feuillées.

sur certains points de véritables feuilles vertes et se prolongent à leur sommet en un petit rameau feuillé *r, r'*. Enfin cette nature de formation et de développement est aussi visible que possible sur la figure 94, qui représente un gros tubercule venu de manière à sortir en majeure partie de terre, et qui se prolonge au sommet en une forte tige feuillée.

Conséquences pratiques. — Les notions que je viens d'exposer nous expliqueront diverses circonstances de la culture de la Pomme de terre : 1° Chaque tubercule étant une portion de rameau tubérisée aura une forme variable selon le nombre, la longueur des entre-nœuds qu'il comprendra, et aussi selon que la tubérisation aura renflé plus ou moins son parenchyme, tant médullaire que cortical. De là résulte la différence de forme entre, d'un côté, les Vitelottes allongées, parce qu'elles réunissent de nombreux entre-nœuds courts et peu renflés, de l'autre, les Patraques, la Rohan, la Chardon, etc., qui sont ovoïdes très-renflées ou même arrondies, parce que leurs entre-nœuds se trouvent dans des conditions inverses. 2° Le rameau devenu tubercule a non-seulement un bourgeon terminal, mais encore autant de bourgeons axillaires qu'il portait d'abord d'écailles, c'est-à-dire de feuilles rudimentaires. La nature l'a même richement doué sous ce rapport, car à chaque place occupée primitivement par une écaille et que désigne un enfoncement plus ou moins profond, selon les variétés, appelé vulgairement *œil* pour ce motif, se trouvent généralement groupés deux ou trois bourgeons (*br*, fig. 92). Quand ces bourgeons se développeront en terre, ils donneront chacun une tige dont la portion inférieure enterrée émettra des racines adventives et, à l'aisselle de ses feuilles, des rameaux tubérifères. Un tubercule planté tout entier pourra ainsi produire une touffe volumineuse, et si, comme on le fait le plus souvent, on coupe des tubercules en morceaux portant chacun un ou plusieurs yeux, chaque morceau émettra un nouveau pied. 3° Pendant le premier développement des pousses auxquelles les bourgeons donnent naissance, la fécule dont était gorgé le tubercule-semence sert à la nutrition de la nouvelle plante ; aussi ce tubercule ne tarde-t-il pas à être épuisé et se montre-t-il bientôt ridé, flétri et vide. 4° La situation en terre est la condition essentielle de la tubérisation. Ainsi on voit sur la figure 92, que l'extrémité d'un rameau souterrain, étant accidentellement venue au jour, ne s'est pas renflée en tubercule et a formé un rameau feuillé ordinaire (*f'*, fig. 92). De là, pour faciliter la tubérisation, on a soin de *butter* les pieds de Pomme de terre, c'est-à-dire d'amonceler de la terre à leur pied, en vue d'augmenter le rendement en tubercules. Les effets de ce buttage, déjà très-marqués pour cette plante, le sont encore beaucoup plus pour l'*Oxalis crenata* Jacq., dont les tubercules sont malheureusement aqueux, peu féculents et ne fournissent dès lors qu'un médiocre aliment. Dans cette dernière espèce, en ajoutant de la terre au pied de la plante, à plusieurs reprises et jusqu'au mois de septembre, on a pu amener le produit au chiffre énorme de quinze cents et même dix-huit cents pour un. 5° Le développement des tubercules du *Solanum tuberosum* dans l'intérieur de la terre et par conséquent à l'obscurité explique l'absence de couleur verte qui les caractérise habituellement; mais cette couleur s'y produit lorsque, par une cause quelconque, ils restent exposés à la lumière; seulement il faut savoir que les tubercules verdis constitueraient un aliment dangereux parce que, en même temps que de la chlorophylle, il s'y est produit de la solanine, substance vénéneuse.

Topinambour. — Le Topinambour (*Helianthus tuberosus* L.), plante de la famille des Composées et congénère du Grand Soleil des jardins, produit des tubercules souterrains analogues par leur nature, leur formation et par presque tous leurs caractères à ceux de la Pomme de terre. Le rameau souterrain qui s'est tubérisé pour les former est en général plus court et plus épais que dans la Pomme de terre; mais la principale différence qui existe entre ces deux sortes de tubercules, c'est que, dans le Topinambour, les cellules renferment de l'inuline en place de la fécule qui remplit celles de la Pomme de terre.

Apios. — L'*Apios tuberosa* Mœnch (*Glycine Apios* L.) est une plante de la famille des Légumineuses, originaire des États-Unis, à laquelle on avait songé comme à l'une de celles qu'on aurait pu cultiver si par malheur la maladie de la Pomme de terre avait conservé toute l'intensité qui en a fait, pendant quelques années, un véritable malheur public. Cette espèce est vivace; à l'extérieur elle montre une tige voluble de gauche à droite, qui produit, à l'aisselle de ses feuilles, de longues branches grêles et volubles comme elle; à l'intérieur de la terre, elle développe de très-longues branches étalées horizontalement ou même s'enfonçant quelque peu à mesure qu'elles s'éloignent de leur point d'origine. Je les ai vues atteindre de 1 mèt. 50 cent. à 2 mèt. de longueur depuis le commencement de mai jusque vers le milieu d'octobre suivant. Ces longues branches souterraines portent un assez grand nombre de feuilles-écailles distantes et rangées sur deux lignes opposées, c'est-à-dire selon l'ordre distique. Leur sommet forme un bourgeon terminal recourbé en petit crochet à pointe dirigée en bas ; à l'aisselle de chacune de ces écailles se trouve un bourgeon, accompagné fréquemment d'un ou deux autres latéraux et secondaires. C'est ce bourgeon axillaire qui, déterminant la tubérisation de la partie supérieure de l'entre-nœud qu'il surmonte, amène en ce point la formation d'un tubercule ovoïde, un peu oblong, plus renflé vers la face qui lui correspond que du côté opposé. Sur une même branche on trouve dix à quinze tubercules séparés par les portions restées grêles, d'où résulte l'apparence d'un chapelet à gros grains espacés ; ceux qui se trouvent vers la base de la branche sont petits ; on voit les suivants de plus en plus gros jusque vers le tiers ou la moitié de la longueur totale de ces longs filets ; à partir de ce point ils vont en diminuant ; enfin la portion terminale n'offre pas de renflements sur une longueur de 25 à 30 cent. Dans une année, les tubercules les plus développés peuvent acquérir le volume d'un œuf de poule. La fécule y abonde puisque, d'après une analyse faite par M. Payen, cette substance en forme un peu plus de 35 pour 100, tandis qu'elle n'entre que pour 21 pour 100 dans une Pomme de terre Patraque jaune. Malheureusement, comme plante de grande culture, l'*Apios* offre plusieurs inconvénients sérieux.

On voit que les tubercules de cette plante diffèrent essentiellement de ceux de la Pomme de terre, quoiqu'ils résultent également d'une modification subie par des branches souterraines, puisque chacun d'eux ne correspond qu'à la portion supérieure d'un entre-nœud, et ne porte dès lors qu'un bourgeon terminal, tout au plus avec un ou deux bourgeons collatéraux ; aussi, à la plantation, donnent-ils chacun une seule tige aérienne. Les branches souterraines tubérifères naissent surtout de la portion basilaire de cette tige et en nombre moindre de bourgeons adventifs qui apparaissent sur l'extrémité antérieure du tubercule lui-même.

Rhizomes tubéreux. — C'est naturellement parmi les tubercules caulinaires qu'il faut ranger ceux que forment des rhizomes. Tels sont ceux de plusieurs Aroïdées, notamment de nos Gouets indigènes (*Arum maculatum* L. et *A. italicum* Mill.), de la Colocase ou Kuchoo des Indous (*Colocasia antiquorum* Schott), qui était cultivée en Égypte et dans l'Inde dès la plus haute antiquité, du Taro ou Tara des Océaniens (*Colocasia esculenta* Schott), etc. Tels sont encore ceux des *Nymphæa Lotus* L. et *cærulea* Sav.; qui constituent, en Égypte, un aliment recherché surtout autrefois. Enfin, je rappelerai que, d'après M. Decaisne, c'est un rhizome qui forme le long tubercule en massue verticale de l'Igname de Chine (*Dioscorea Batatas* Dcne), et par conséquent aussi celui des autres Ignames, plantes d'une utilité considérable dans les régions chaudes.

B. *Tubercules radicaux*. — Les tubercules formés par des racines ont généralement moins d'importance, au point de vue alimentaire, que ceux dont il vient d'être question, quoique l'un d'eux, la Batate, entre pour une part importante dans l'alimentation des habitants des pays chauds et tempérés chauds. Ils peuvent être formés par le pivot seul, ou par le pivot et ses ramifications, ou par des racines adventives.

1° Tubercules formés par le pivot. — On en voit un exemple remarquable dans une plante de l'Amérique du Nord, que les Indiens sauvages recueillent avec soin et qu'on avait même conseillé de cultiver, il y a quelques années, bien qu'elle ne pût offrir à peu près aucun avantage ; je veux parler du *Psoralea esculenta* Pursh, que M. Lamare-Picquot avait baptisé, de son propre nom, Picquotiane. Son pivot se renfle en forme de toupie, et il offre, sous une épaisse couche fibreuse, une masse parenchymateuse remplie de fécule ; mais chaque plante, n'ayant qu'un pivot, ne produit qu'un seul tubercule qui, dans l'espace de trois ou quatre années, ne dépasse pas le volume d'un œuf de poule.

Une organisation curieuse se montre chez quelques espèces de Capucines, savoir les *Tropæolum tricolorum, azureum, brachyceras*, etc., qui ont été étudiées avec soin par M. Jul. Muenter. Le pivot de ces plantes se renfle en plusieurs tubercules semblables à des nodosités et qui, étant séparés par des portions grêles, forment tous ensemble une sorte de chapelet. L'un de ces tubercules termine le pivot et lui seul portant un bourgeon peut servir à la multiplication.

Quelques autres plantes renflent également leurs racines en tubercules sériés, même le *Pelargonium triste* présente cette curieuse particularité non-seulement sur son pivot, mais encore sur les principales ramifications de celui-ci et même sur des racines adventives.

2° Tubercules formés par le pivot et ses ramifications. — Dans ce cas, les tubercules formés par les ramifications sont généralement si semblables à celui qui provient du pivot, qu'on peut se demander presque toujours si ce dernier existe. Je me bornerai à citer comme offrant cette organisation le Dahlia de nos jardins (*Dahlia variabilis* Desf.), dont les tubercules contiennent de l'inuline au lieu de fécule et ne portent pas de bourgeons à leur surface, en leur qualité de racines. Je dois dire que quelques auteurs ont envisagé autrement les formations souterraines du Dahlia. C'est également ici qu'on peut ranger ces faisceaux de petits tubercules qui constituent les *griffes* des Renoncules.

3° Tubercules formés par des racines adventives. — La plante la plus intéressante parmi celles qui rentrent dans cette catégorie est la Batate (*Batatas edulis* Choisy ; *Convolvulus Batatas* L.), dont les tubercules constituent un excellent aliment, et qui, pour ce motif, est cultivée en grand dans les pays assez chauds. La nature de ses tubercules se reconnaît sans peine lorsqu'on suit la marche de sa végétation. En effet on la multiplie en bouturant les pousses qui sont nées sur un tubercule-semence. Ces boutures produisent en se développant des racines adventives et ce sont celles-ci qui se renflent en tubercules d'un volume souvent considérable, gorgés de fécule à laquelle s'ajoute une proportion sensible de principe sucré.

Divers Monocotylédons renflent aussi leurs racines adventives, les seules qu'ils puissent posséder, en tubercules formant un faisceau. Telles sont par exemple les Asphodèles qu'on a proposé, dans ces derniers temps, d'utiliser pour la fabrication de l'alcool.

C. *Tubercules mixtes ou de nature imparfaitement déterminée.* — **Ophrydées.** — Dans cette catégorie se rangent particulièrement les tubercules des *Orchis* et *Ophrys* de nos pays, ainsi que des genres voisins, c'est-à-dire des plantes de la grande famille des Orchidées qui composent la tribu des Ophrydées. Ces végétaux ont frappé de tout temps l'attention, parce que leur portion souterraine comprend des racines semblables à celles de la généralité des Monocotylédons, fixées à la base de leur tige, et au-dessous de celles-ci deux corps le plus souvent ovoïdes, quelquefois épais dans le haut et divisés inférieurement en portions grêles et allongées qui font ressembler chacun d'eux à une main avec ses doigts, d'où leur est venue, dans ce cas, la qualification de *palmés* (de palma, main.) Ces deux corps sont les tubercules dont il s'agit en ce moment. Ils sont féculents, et ceux de l'*Orchis Morio* L. ainsi que de certaines espèces voisines, desséchés après avoir été trempés dans l'eau bouillante, constituent le salep de Perse.

Destination des tubercules des Ophrydées. — Lorsqu'on arrache, pendant l'été, une quelconque de nos Orchidées indigènes fleurie, on voit que, de ses deux tubercules, l'un est renflé, d'un tissu ferme, lisse à sa surface, tandis que l'autre est mou, très-ridé et comme épuisé. Cela tient à ce que ces corps servent à la propagation de ces plantes. Chaque année il s'en produit un qui, au printemps suivant, donnera une nouvelle tige ; c'est celui qui se montre frais et renflé ; quant à l'autre, il s'était formé l'année précédente et ayant fourni toute la matière nutritive qu'il renfermait à la tige actuellement vivante, il s'est épuisé et a pris ainsi l'état de flaccidité qui le fait aisément reconnaître.

Opinions sur la nature de ces tubercules. — Des opinions très-diverses ont été émises relativement à la nature des tubercules des Ophrydées. La plus ancienne, qui a été le plus généralement professée presque jusqu'à nos jours, consiste à voir dans chacun d'eux une racine tuméfiée. Mais, concevable à la rigueur pour ceux qui restent arrondis ou ovoïdes et, dans tous les cas, indivis, elle ne pouvait évidemment s'appliquer à ceux qui se divisent inférieurement en digitations pour devenir palmés. Aussi, se basant principalement sur l'état de ces derniers, divers botanistes ont-ils admis que plusieurs racines se réunissent et se soudent en une masse unique pour former chacun d'eux ; selon cette manière de voir, les racines élémentaires deviendraient entièrement confluentes dans les tubercules indivis, tandis qu'elles resteraient au contraires séparées par le bas pour former les digitations des tubercules palmés.

Mais ces deux manières de voir reposent l'une et l'autre sur une observation incomplète des corps dont il s'agit. En effet, en les examinant attentivement pendant la première année, c'est-à-dire peu de temps après leur formation, on n'a pas tardé à reconnaître que chacun d'eux porte, à sa partie supérieure, un bourgeon très-bien organisé, dont le développement doit donner, au printemps suivant, la nouvelle tige florifère. Ce bourgeon est même la partie qui apparaît la première, et qui par conséquent forme la base fondamentale de toute cette organisation. Or, il ne peut être regardé autrement que comme une production caulinaire, d'où l'on doit conclure qu'un tubercule d'Ophrydée est, au moins partiellement, de nature caulinaire. Voyons maintenant ce que peut être le reste de sa masse, qui en constitue la plus grande partie. C'est ici que les botanistes de nos jours sont loin de s'entendre.

Le savant organographe allemand, M. Thilo Irmisch s'est beaucoup occupé des tubercules des Orchidées indigènes, soit dans son ouvrage cité plus haut, soit dans un grand mémoire spécial[1]. Dans ce dernier travail, il résume son opinion à ce sujet en peu de mots : pour lui, dit-il, un tubercule d'Ophrydée est une racine adventive (ou peut-être, dans beaucoup de cas, un faisceau de racines adventives soudées entre elles dès l'origine) fortement épaissie, qui est née de très-bonne heure de l'axe d'un bourgeon. Cette manière de voir diffère, à quelques égards, de celle que professait Schacht. En effet, d'après ce dernier savant, un tubercule d'Ophrydée se forme d'un bourgeon axillaire, de telle sorte que sous celui-ci naît en même temps un bourgeon de racine. La formation entière présente donc, selon lui, deux bourgeons opposés et croissant en sens inverse, et les deux réunis composent ce corps arrondi, ou ovoïde, ou palmé, qui, par sa portion supérieure (bourgeon) correspond à une tige et par sa portion inférieure (la masse principale du tubercule) répond à une racine ; aussi ce botaniste voit-il dans cette formation complexe l'analogue, jusqu'à un certain point, de l'embryon d'un Dicotylédon.

En résumé, ces deux observateurs s'accordent pour voir dans les tubercules dont il s'agit un bourgeon surmontant un corps de nature radicale. Mais cette formation serait moins complexe aux yeux d'autres observateurs.

Ainsi M. Schleiden, qui nomme ces tubercules Tubéridies (en allemand Scheinknollen), ne voit dans chacun d'eux qu'un bourgeon né dans l'aisselle d'une feuille, et dont la base a pris un développement considérable en multipliant ses cellules dans une très-forte proportion. Le développement de cette masse s'est opéré uniquement vers le côté extérieur, la présence de la tige à laquelle elle tient lui ayant opposé un obstacle matériel du côté opposé ou intérieur. Ainsi envisagée, cette formation serait uniquement de nature caulinaire, et il n'y aurait en elle, comme le dit formellement ce savant auteur, rien d'analogue à une racine ni anatomiquement, ni physiologiquement.

Enfin, pour ne pas prolonger outre mesure un exposé que la diversité des idées énoncées pourrait rendre très-développé, je me contenterai de dire encore que M. J.-H. Fabre, dans une thèse botanique[2], a considéré les tubercules de nos Orchidées comme formés en entier par un rameau tubérisé et par

---

[1] Beitræge zur Biologie u. Morphologie d. Orchideen. In-4° de 82 pages et 6 pl. Leipzig, 1855.

[2] Recherches sur les tubercules de l'*Himantoglossum hircinum*. In-4° de 59 pages et 2 pl. Paris. 1855, et *Ann. des sc. natur.*, 1855. t. III.

conséquent comme étant tout entiers de nature caulinaire. En effet, dit-il, chacun de ces tubercules constitue, du moins chez l'espèce examinée par lui, l'Orchis à odeur de bouc (*Loroglossum hircinum* Rich.; *Satyrium hircinum* L.), seulement un renflement excentrique, soit d'un axe secondaire né d'un bourgeon axillaire, soit même, dans quelques cas, de l'extrémité de l'axe primitif; en d'autres termes, c'est la portion supérieure et renflée excentriquement du second entre-nœud d'un rameau dont le bourgeon terminal et unique reste stationnaire jusqu'à la parfaite maturité du tubercule.

On voit donc que si aujourd'hui les botanistes sont d'accord sur l'organisation des tubercules des Ophrydées, ils sont loin de s'entendre également sur la nature du renflement que surmonte leur bourgeon unique, puisque les uns y voient l'analogue d'une racine, tandis que les autres le regardent comme une dépendance ou une dérivation de la tige.

ARTICLE II. — ACCROISSEMENT DE L'AXE.

L'accroissement de cette partie fondamentale des végétaux nous est déjà connu, quant aux principaux faits qui s'enchaînent pour le produire ; en effet, j'ai cru devoir joindre à l'étude de la structure soit de la tige, soit de la racine, l'exposé de la marche d'après laquelle elles se forment et se développent. Mais, dans une science quelconque, si les faits précis sont la base de toute connaissance sérieuse, l'interprétation de ces faits, la manière dont on peut les coordonner entre eux dans l'espoir de remonter de l'effet à sa cause, ont encore un intérêt qu'il est impossible de méconnaître. Il en est ainsi en botanique pour l'interprétation et la coordination des données positives que l'observation et l'expérience ont pu fournir jusqu'à ce jour quant à la marche de l'accroissement du végétal entier ; les physiologistes se sont depuis longtemps attachés à relier ces données en corps de doctrine, et ils ont, dans ce but, proposé diverses théories qui occupent une place importante dans l'histoire de la science. Presque toutes ont fait leur temps ; aussi n'est-il pas indispensable de les exposer avec beaucoup de détails ; mais il importe cependant d'en donner une idée, ne fût-ce que pour permettre d'apprécier les efforts qui ont été faits pour arriver à la connaissance de la vérité, et pour mettre les lecteurs de ces *Éléments* à même de se reconnaître au milieu des nombreux écrits auxquels ont donné naissance de longues et vives discussions sur certaines de ces théories.

Classification des théories de l'accroissement. — Les diverses théories de l'accroissement des végétaux qui ont été proposées jusqu'à ce jour peuvent être rangées sous deux chefs principaux : 1° celles qui reposent sur cette idée que toute production nouvelle se fait sur place, par conséquent que tous les tissus qui constituent la charpente végétale ont pris naissance au niveau où on les observera toujours ; 2° celles dont les auteurs admettent que les tissus qui composent essentiellement l'axe sont la réunion de productions qui se développent successivement de haut en bas ; en d'autres termes : 1° théories de l'accroissement par formation sur place ; 2° théories de l'accroissement par formations progressives et descendantes. Jetons un coup d'œil sur les unes et les autres.

§ 1. — Théories de l'accroissement par formation sur place.

C'est presque uniquement des Dicotylédons que se sont occupés les auteurs des diverses théories que je dois signaler. Ce sont en effet les végétaux dont l'organisation est à la fois la plus complexe et la plus intéressante pour nous, puisque tous nos arbres et le plus grand nombre de nos autres végétaux appartiennent à cet embranchement du règne végétal. Il ne sera donc question dans ce paragraphe que des Dicotylédons. Or, chez eux, les deux parties qui forment essentiellement l'axe sont, au premier rang, le bois, à un rang subordonné mais cependant important encore, l'écorce fibreuse ou le liber. Ce sont aussi les deux parties dont on a cherché à expliquer l'origine. On pouvait supposer : 1° que le bois déjà existant produit la couche ligneuse de l'année et le liber correspondant ; 2° que le liber déjà existant donne naissance à la couche ligneuse de l'année et au liber nouveau ; 3° enfin que c'est du concours du liber et de l'aubier déjà existants qu'émanent annuellement les nouvelles couches libériennes et ligneuses. Toutes ces origines possibles ont été successivement attribuées aux couches du bois et de l'écorce.

1. L'aubier produit le liber et le bois. — On attribue toujours cette théorie au physiologiste anglais Hales ; mais les passages dans lesquels il a émis quelques idées à ce sujet sont si vagues, qu'on ne peut guère en rien conclure. Voici ce que j'ai trouvé de plus net à cet égard, dans sa célèbre *Statique des végétaux* ; on verra qu'il n'y est question que de la production du bois de l'année par la dernière couche ligneuse et que l'origine du liber n'y est pas mentionnée : « Il semble, dit Hales (l. c., p. 150 de la traduction par Buffon, in-4°) que l'accroissement des nouvelles couches ligneuses de l'année consiste dans l'extension de leurs fibres en long sous l'écorce. » Au reste, comme rien n'appuie cette théorie, prise dans son ensemble, il est inutile de s'en occuper davantage.

2. *Le liber produit les nouvelles couches corticales et ligneuses.* — On peut concevoir que le liber produise le nouveau bois en subissant lui-même une simple transformation, ou bien qu'il exsude une matière qui s'organise ensuite et peu à peu en bois. — Ces deux manières de voir ont été l'une et l'autre professées. La première était celle de Malpighi qui disait que les fibres du liber portent la nourriture tant que leur souplesse les rend propres à cet usage ; mais qu'après être devenues, par les progrès de la végétation, roides et fermes, elles s'attachent au bois précédemment formé, pour en augmenter la masse. Il suffit, pour rejeter cette théorie, de connaître la différence marquée d'organisation du liber et du bois. Il est bon de rappeler que Mirbel a été de cet avis jusqu'en 1816, puisqu'il dit, dans sa *Physiologie végétale* (t. 1, p. 106) : « le liber endurci, de verdâtre qu'il était, devient blanchâtre et prend le nom d'aubier. » En 1816, dans une note lue à la Société philomathique, il déclara renoncer à cette idée et s'être assuré que jamais le liber ne devient du bois, tout provenant de la couche génératrice.

La seconde opinion était celle de Grew qui faisait provenir toutes les formations annuelles d'un liquide (ros) exsudé intérieurement par le liber et nommé par lui *Cambium*.

Parmi les physiologistes modernes plusieurs l'ont professée, notamment Meyen qui s'exprime très-catégoriquement à cet égard, et qui même a fait des expériences dont les résultats lui ont semblé démonstratifs. « C'est l'écorce intérieure, dit-il [1], qui forme la nouvelle couche ligneuse par le moyen d'un suc générateur descendant qui provient des bourgeons. L'écorce peut être séparée du corps ligneux, même le corps ligneux peut mourir, et l'écorce forme de nouvelles couches ligneuses, qui enferment la tige morte. Par là nous tenons pour démontré que la vieille zone du corps ligneux n'a pas d'influence immédiate sur la formation de la nouvelle couche ligneuse. » Il est certain qu'on peut invoquer en faveur de cette opinion les expériences dans lesquelles Duhamel et d'autres observateurs ont vu des lambeaux d'écorce détachés du bois, mais tenant par un bord à l'arbre, produire à leur face interne

---

[1] Pflanz.-Phys., t. 1, p. 106.

du bois et de l'écorce ; mais elle est absolument incompatible avec celles dans lesquelles des portions de bois écorcées ont produit à leur surface de nouveau bois.

Idées de Duhamel. — Notre célèbre physiologiste Duhamel est toujours cité comme partisan de l'opinion de Malpighi, c'est-à-dire comme ayant admis que l'écorce se change en bois ; il est certain qu'il dit [1] que « les couches les plus intérieures du liber, ou si l'on veut la couche la plus intérieure de l'écorce, se convertit en bois, quoiqu'il y ait apparence que cette couche n'est pas de même nature que les autres couches corticales » ; mais ailleurs (l. c., p. 42) il dit : « j'avoue que je me sens très-disposé à adopter le sentiment de Grew » qu'il résume comme consistant à voir dans la nouvelle couche ligneuse « une émanation de l'écorce, qui n'en fait néanmoins point partie » (l. c., p. 41). On voit donc que ses idées n'étaient point parfaitement arrêtées à ce sujet ; mais quoi qu'il en soit à cet égard, la science lui doit une fort belle série d'expériences qui sont devenues le point de départ obligé de tous les travaux postérieurs.

5. Le liber et l'aubier concourent à la production des nouvelles couches libériennes et ligneuses. — Cette théorie est celle que Duhamel appelait le sentiment commun, et que Poiteau nommait le sentiment des jardiniers. Elle consiste à dire que la zone génératrice ou cambium, que nous savons exister entre le bois et le liber, et que nous avons vue prendre peu à peu les caractères du bois vers l'intérieur, du liber vers l'extérieur (voyez pages 155 et 158), exige pour sa production, dans l'état normal, le concours des deux parties entre lesquelles on l'observe. Toutefois chacune de ces deux parties isolée peut fournir à son développement, et de là vient que, dans ses expériences, Duhamel a vu soit des portions de la surface du corps ligneux, dépouillées d'écorce, donner naissance à de nouvelles formations ligneuses et corticales, soit des lambeaux d'écorce détachés du bois devenir la source de semblables productions.

Dans ces dernières années, M. Trécul a fait, sur cette importante question, de nombreuses expériences qu'il a rendues démonstratives en faisant marcher de front l'observation anatomique et l'expérimentation. Les résultats de ses recherches ont été consignés dans plusieurs mémoires qui ont été présentés successivement à l'Académie des sciences et publiés ensuite dans

[1] *Physique des arbres.* t. II, p. 46.

les *Annales des sciences naturelles* [1]. Non-seulement ces travaux ont fourni de nouvelles preuves de la coopération du bois et de l'écorce à la formation des nouvelles couches annuelles, mais encore ils ont démontré que chacune de ces deux parties fondamentales des tiges, isolée artificiellement, peut donner naissance à des productions ligneuses et corticales; enfin ils ont modifié les idées qui avaient été adoptées à la suite des expériences de Duhamel, de Meyen, etc.

Expériences de M. Trécul. — En effet, ces habiles expérimentateurs avaient dit que, si l'on dénude une portion du bois d'un tronc et qu'on dispose la portion ainsi mise à nu de manière à la préserver de la dessiccation et du contact des agents atmosphériques, on voit exsuder de la surface de ce bois des mamelons gélatineux, comme les nommait le premier, des gouttes gélatiniformes, comme les appelait le dernier. Ces productions, après s'être multipliées et étendues de proche en proche, ne tardaient pas à se solidifier et à s'organiser en tissus. Pour Duhamel c'était un liquide organisable; quant à Meyen, il reconnut que cette exsudation, dès les premiers moments où elle s'était montrée à l'extrémité des rayons médullaires, était composée d'un tissu cellulaire fort délicat, dont les cellules contenaient un mucilage gommeux; mais il admettait que ce tissu délicat avait été sécrété à l'origine à l'état de mucilage sans organisation et non sous la forme d'un tissu.

Les choses se passent tout autrement, d'après M. Trécul : jamais, dit-il, il ne sort de liquide d'entre les fibres de l'aubier ; à aucune époque les nouvelles productions ne sont liquides, mais, dès le principe, elles sont composées de cellules, et celles-ci, qui ont une apparence gélatineuse comme toutes les productions cellulaires encore très-jeunes, sont engendrées par celles de la couche génératrice qui sont restées à la surface de l'aubier après l'enlèvement de l'écorce. C'est grâce à la division de chacune d'elles par des cloisons transversales que ces cellules se multiplient (voyez page 34). Il y a mieux; car, dans ses expériences, M. Trécul a vu les éléments des tissus dénudés artificiellement donner naissance, par leur division successive, aux formations nouvelles, et même subir pour cela une transformation des plus remarquables :

---

[1] Accroissement des végétaux dicotylédonés ligneux; *Ann. des sc. nat.*, 1853, t. XIX, 36 pages et 6 pl. — Production du bois par l'écorce des arbres dicotylédonés; *ibid.*, même vol., 11 pages et 1 pl. — Formation des vaisseaux au-dessous des bourgeons; *ibid.*, 1854, t. I, 24 pages et 5 pl. etc.

par là les fibres ligneuses, le parenchyme des rayons médullaires, et jusqu'aux vaisseaux d'un petit diamètre se métamorphosent en tissu cellulaire proprement dit, dont les cellules se multiplient ensuite à leur tour. Cette production de tissus nouveaux s'opère tantôt à la surface des tissus qu'on a mis à nu, tantôt aussi elle a lieu dans la portion interne de la dernière couche ligneuse qui avait été produite pendant l'année même. Le tissu cellulaire fort délicat, auquel ces phénomènes donnent naissance, prend bientôt les caractères extérieurement de l'écorce, intérieurement du bois, de telle sorte que l'aubier de son côté, comme l'écorce du sien, peuvent engendrer ainsi de nouveau bois et de nouvelle écorce lorsqu'on les a séparés l'un de l'autre artificiellement, et que, lorsqu'ils restent en place, c'est de la couche génératrice située entre eux et les unissant qu'émanent ces mêmes productions. Ces expériences et ces observations semblent ne plus laisser la moindre place au doute relativement à la formation première des nouvelles couches, par conséquent à l'accroissement de l'axe des végétaux dicotylédons.

§ 2. — Théories de l'accroissement par formations descendantes.

Les théories que je crois pouvoir ranger sous ce chef ont cela de commun qu'elles voient l'origine et le point de départ des nouvelles formations ligneuses et corticales dans des parties périphériques du végétal, bourgeons ou feuilles, considérées alors comme autant d'individus végétaux, ayant chacun sa vie propre. On peut donc en distinguer deux catégories selon que, aux yeux de leurs auteurs, c'est le bourgeon tout entier ou seulement la feuille qui représente l'individu.

A. — *Théories basées sur l'individualité du bourgeon.*

Idée première de La Hire. — L'idée mère de toutes ces théories se trouve consignée dans une courte note de La Hire qui remonte à l'année 1708 [1]. « Je suis persuadé, dit ce savant, que chaque branche qui sort d'une autre... est une nouvelle plante semblable et de même espèce que celle où elle est, laquelle est produite par un œuf qui y est attaché.... Lorsque le germe de cet œuf est attaché à une tige, il n'y a que la branche qui pousse au dehors; car, pour la racine, elle se confond avec la branche en poussant entre son bois et son écorce. » En d'autres termes, on voit que, d'après La Hire, chaque branche d'un végétal est un

---

[1] *Mém. de l'Acad. des Sc. pour* 1708, pp. 251-255.

idividu particulier, semblable à celui sur lequel il a pris naissance.
e bourgeon qui s'est développé pour former cette branche est
nalogue à un œuf, c'est-à-dire à une graine ; la nouvelle plante
ui en provient enfonce sa racine entre le bois et l'écorce et élève
a tige en forme de branche. Ce sont toutes ces racines intérieures
ont la réunion constitue les couches annuelles.

Moeller, Darwin, Dupetit-Thouars. — D'après Sprengel et
.gardh, G. F. Moeller, avocat prussien, exprima une idée assez
nalogue à celle de La Hire, en 1751. En 1800, Darwin (Erasm.)
ans sa *Phytologia*, envisagea de la même manière et les bour-
cons et leur rôle supposé dans la formation des couches annuelles.
 Un bourgeon d'arbre, dit le célèbre naturaliste et poëte anglais,
omme une plante venue de graine, est formé de trois parties : la
lumule ou feuilles, la radicule ou fibres-racines, et la partie qui
oint les deux [1] (partie qu'il nomme *caudex gemmæ*, caudex du
)ourgeon). L'écorce n'est qu'un tissu des caudex des nombreux
)ourgeons, lesquels se dirigent en bas pour enfoncer leurs racines
lans la terre ; le bois solide cesse d'être vivant. Le caudex des
)ourgeons des arbres non-seulement descend, mais encore monte
l'un bourgeon à celui qui est au-dessus de lui. Le caudex des
)ourgeons des arbres consiste en un long cordon vasculaire s'éten-
lant du bourgeon sur la branche à la racine qui est en terre. »
 Enfin Dupetit-Thouars, sans avoir, paraît-il, connaissance des
)assages que je viens de rapporter, développa, en 1805 et 1806
1er et 2e Essai sur la végétation), une théorie complète de la for-
nation des couches annuelles par les émissions *radiculaires* des
bourgeons, théorie qui a séduit beaucoup de botanistes avant
ces dernières années, et à laquelle on donne habituellement son
nom. Il avait été conduit à ces idées en observant les Dragonniers, dans lesquels il avait cru voir que le grossissement du
tronc marchait parallèlement à la formation de nouvelles branches,
d'où établissant entre ces deux points de l'accroissement de ces
végétaux une relation d'effet à cause, il avait pensé que les bourgeons, en se développant, formaient à l'extérieur les branches, à
l'intérieur le nouveau bois. Or, nous avons vu que cette observation fondamentale était erronée (voyez page 179), puisqu'une tige
de Dragonnier grossit et s'élève très-notablement avant de commencer à développer ses bourgeons axillaires. « Chaque bourgeon,
dit cet ingénieux botaniste, concourt à revêtir l'ancien bois d'une

[1] *Phytologia*, p. 5.

nouvelle couche. A l'aisselle de chaque feuille correspond un point vital. Ce point vital est absolument analogue à la graine; comme elle, il paraît composé de deux parties qui tendent sans cesse, l'une à se mettre en contact avec l'air et la lumière, l'autre à s'enfoncer dans l'humidité et les ténèbres. Ses fibres y *filent*, pour ainsi dire, leur organisation. Les fibres corticales partent, comme les fibres ligneuses, du bourgeon. »

Parmi les nombreuses objections qui furent formulées contre cette théorie, il en était une qui se présentait immédiatement à l'esprit : c'était que les racines des bourgeons s'allongeant de haut en bas, entre le bois et l'écorce, on devait en observer sur ce point à tous les degrés possibles de développement et à tous les niveaux, ce qui cependant n'avait pas lieu. A cette objection importante Dupetit-Thouars ne put faire qu'une réponse évidemment peu sérieuse : « Ces fibres (radiculaires), dit-il, se produisent et s'accroissent par une force organisatrice qui, comme l'électricité et la lumière, semble ne point connaître de distance: chacune d'elles trouve dans l'humeur visqueuse interposée au bois et à l'écorce un aliment tout préparé et se l'assimile presque en même temps du sommet de l'arbre aux racines... »

B. — Théories basées sur l'individualité de la feuille.

Théorie de C.-A. Agardh. — La première théorie de ce genre qui ait été publiée, à ma connaissance, est celle du Suédois C.-A. Agardh qui l'a exposée dans deux brochures publiées en français, à Lund, surtout dans l'une des deux qui porte la date de 1829 [1]. D'après ce botaniste, un bourgeon se forme ou peut se former partout où un faisceau de trachées se bifurque ; la première de ces bifurcations s'opère dans l'embryon pour former les deux cotylédons, et à l'aisselle de ceux-ci naît un bourgeon qui est la gemmule. Ce bourgeon, à son tour, contient plusieurs embryons soudés ensemble, dont chacun est constitué par un faisceau de trachées bifurqué, et le rameau extérieur de chaque bifurcation se changeant en feuille, l'autre, ou l'intérieur, se trouve pressé contre un autre faisceau avec lequel il se soude pour concourir à la formation de l'étui médullaire. — D'un autre côté, de chaque point de bifurcation des mêmes faisceaux part un prolongement descendant que le botaniste suédois nomme *queue*. Ce sont toutes ces queues qui se réunissent pour constituer la nouvelle production ligneuse. « De

___

[1] Essai sur le développement intérieur des plantes. In-12 de 90 pages. Lund. 1829.

:ette manière, dit-il, chaque couche de bois qui se forme chaque
année résulte des queues de toutes les paires de feuilles qui se déve-
oppent au-dessus de la branche ou de la tige que l'on examine.
Les queues, ou ce qui revient au même, ces faisceaux de vaisseaux
et de tubes se prolongent toujours en bas. » On voit ainsi que « le
bourgeon ne se prolonge pas en une seule queue, mais en autant
le queues qu'il y a de paires de feuilles dans le bourgeon, le nombre de ces paires étant égal à celui des feuilles libres, parce que
dans chaque paire une feuille est restée dans la tige. »

Théorie de Gaudichaud. — La théorie de l'accroissement végé-
al que l'ingénieux et savant Gaudichaud a développée, et à l'appui
le laquelle il a publié ensuite un grand nombre de mémoires, se
rapproche encore plus de celle d'Agardh que de celle de La Hire
et Dupetit-Thouars. Pour lui, chaque feuille constitue un individu
listinct et séparé qu'il nomme un *Phyton*. Une plante entière est
donc une agrégation de nombreux phytons. Un phyton est essentiellement constitué par des vaisseaux qu'il distingue en vaisseaux
primitifs ascendants et formant le canal médullaire, vaisseaux tubuleux ou du bois, enfin vaisseaux fibreux ou de l'écorce ; ces deux
derniers sont descendants ou se développent de haut en bas. Les
vaisseaux de ces deux systèmes partent du même point et se développent en sens contraire. Ce sont les « vaisseaux tubuleux radiculaires » des feuilles qui forment les couches annuelles et qui se
superposent dans l'ordre des formations successives des feuilles desquelles ils proviennent. On voit que ces derniers correspondent
à ce qu'Agardh nommait *queue* de la feuille, et que, d'un autre
côté, ainsi que le botaniste suédois, Gaudichaud a cru devoir attribuer une origine distincte aux vaisseaux de l'étui médullaire.

Malgré l'intérêt qu'offre l'exposé des théories de l'accroissement végétal, je ne puis m'y arrêter davantage ; aussi passerai-
je sous silence les modifications, du reste légères, que Meyer,
en Allemagne, M. Lindley, en Angleterre, etc., ont fait subir à
celles dont il a été question dans ce paragraphe. Je me bornerai
à dire en terminant, au sujet des théories basées sur le développement progressif et descendant de productions radiculaires partant soit des bourgeons, soit seulement des feuilles, qu'elles me
semblent entièrement inconciliables avec les faits positifs qui ont
démontré la formation sur place des nouveaux tissus ligneux et
corticaux. Toutefois, bien qu'elles n'aient plus aujourd'hui qu'un
intérêt historique, on ne peut méconnaître le service immense que
leurs auteurs ont rendu en les proposant, car c'est surtout en vue

de les appuyer ou de les combattre que divers botanistes ont fait, dans ces dernières années, les observations et les expériences qui ont élucidé ce point fondamental de la physiologie végétale.

ARTICLE III. — DIRECTION DE L'AXE.

Direction inverse de la racine et de la tige. — C'est une particularité assez remarquable pour frapper les yeux les moins attentifs que la fixité avec laquelle la racine et la tige se dirigent en sens inverse : la racine vers le centre de la terre, la tige vers le zénith. Cette tendance est au maximum, d'un côté dans la radicule et dans le pivot qui n'est que cette radicule accrue, de l'autre dans la tigelle d'une plante qui vient de germer et dans la tige proprement dite qui en provient ; toutefois elle subit un certain nombre d'exceptions dans cette dernière qui, dans quelques cas, se couche sur le sol même avec roideur et non simplement par faiblesse, comme on le voit, par exemple, dans le Pourpier commun (*Portulaca oleracea L.*). La direction propre de la racine et de la tige est moins prononcée dans leurs ramifications, et on voit celles de la racine s'étaler plus ou moins horizontalement, celles de la tige, c'est-à-dire les branches, s'écarter de la verticale en général d'autant plus qu'elles se trouvent plus éloignées du sommet de la plante.

Expériences qui montrent la fixité de cette direction. — Des expériences multipliées ont montré combien est puissante la force inconnue qui imprime à la racine et à la tige leur direction naturelle. On peut en voir un grand nombre rapportées dans le chapitre 6 du livre IV de la *Physique des arbres* de Duhamel ; je me contenterai d'en citer une qui est démonstrative et qui a été maintes fois répétée à cause de son extrême simplicité. Duhamel sema un gland dans un tuyau rempli de terre. La germination ayant eu lieu, la radicule descendit verticalement, selon sa direction naturelle, tandis que la jeune tige s'éleva en sens inverse. Il retourna le tuyau et la petite plante se trouva dès lors renversée ; mais bientôt sa radicule fit un coude sur elle-même pour reprendre la direction de haut en bas et, de son côté, la tigelle en fit autant pour s'élever de bas en haut. Plusieurs retournements successifs du tuyau déterminèrent autant de coudes et autant de changements de direction, mettant ainsi en pleine évidence l'énergie insurmontable de la force qui oblige la racine à descendre et la tige à monter.

Une observation curieuse à faire dans ce cas, c'est que la radicule effectue toujours son coude vers le côté opposé à la lumière, et que l'inverse a lieu pour la tigelle ; en outre, celle-ci met plus de temps que celle-là pour reprendre, en se coudant, sa direction normale.

Déviations de la direction normale. — Si normalement la racine se dirige de haut en bas et la tige de bas en haut, il est des exceptions à cette loi, peu nombreuses pour la première, assez fréquentes pour la dernière. J'ai rappelé déjà ce fait que les ramifications de l'une et l'autre tendent beaucoup moins à suivre ces directions que l'axe même de tout le système, sur lequel elles ont pris naissance ; mais on peut ne voir là que des déviations imparfaites de la tendance générale, tandis qu'il en est d'autres qui ont toute la netteté possible.

1° Pour la racine, les plantes parasites, qui s'attachent à d'autres plantes en pénétrant plus ou moins profondément dans leurs tissus afin d'y puiser les matériaux de leur propre alimentation, offrent ce fait remarquable, qu'ils la dirigent indifféremment dans tous les sens, paraissant n'avoir pas d'autre tendance que de marcher vers l'intérieur de la tige nourricière et, plus généralement, de rechercher l'obscurité. Ainsi de quelque côté d'une branche de Pommier que le hasard colle une graine de Gui, la radicule qui en sort se dirige vers l'écorce de cette branche pour s'y enfoncer ; aussi lorsque Dutrochet appliqua des graines de ce parasite aux deux faces des vitres d'une chambre, il vit la radicule se diriger vers l'intérieur de cette chambre, nécessairement moins éclairé que le dehors ; il en résultait que celle des graines collées en dehors des vitres se dirigeait vers celles-ci comme pour les traverser, tandis que, pour celles qui adhéraient à la face interne du verre, la radicule s'étendait horizontalement vers le fond plus obscur de la chambre. — Un autre fait également curieux nous est offert par les Cycadées et par certains Palmiers du genre *Phœnix*. Sur les racines étalées des premiers naissent des rameaux qui s'élèvent verticalement de manière à sortir de terre, et les extrémités des petites racines chez les derniers se comportent de la même manière, de telle sorte que la terre des caisses dans lesquelles on les cultive, dans les serres, se montre hérissée de ces racines saillantes.

2° Quant à la tige, elle se couche sur le sol dans un assez grand nombre de plantes, souvent parce que sa faiblesse ne lui permet pas de se soutenir, cas dans lequel on peut ne voir qu'une apparence d'exception à la loi, mais parfois aussi tout en possédant assez de force et de roideur pour se maintenir droite si elle n'obéissait à une autre tendance. Les rhizomes, qui le plus souvent s'étendent horizontalement dans la terre, méritent d'être mentionnés ici, bien que la tendance à la verticalité se manifeste, comme de coutume, dans les rameaux florifères qui en partent et qui jouent le rôle de tiges aériennes; enfin, il faut encore et surtout citer comme offrant une déviation remarquable de la verticalité habituelle des tiges, les arbres dits *pleureurs* dont les branches retombent vers le sol, soit entraînées principalement par leur poids auquel leur longueur démesurée et leur faiblesse ne leur permettent pas de résister, comme dans le Saule pleureur (*Salix babylonica L.*), soit en obéissant à une tendance propre qui les dirige de haut en bas, malgré leur rigidité, comme dans le Frêne pleureur et le Sophora pleureur. J'ajouterai que quelquefois on voit des arbres devenir pleureurs accidentellement dans leur ensemble, ou bien seulement dans certaines de leurs branches. Les Ormes, les Marronniers d'Inde offrent assez souvent des exemples de cet accident, et même Duhamel rapporte avoir remarqué sur un Noyer une seule branche qui était devenue entièrement pendante sans cause appréciable.

Théories pour expliquer la direction de l'axe. — Un fait aussi remarquable que la fixité ordinaire de direction de la racine et de la tige ne pouvait manquer de faire naître des hypothèses et des théories explicatives; aussi les physiologistes ont-ils tenté depuis longtemps d'en rechercher la cause première. Leurs efforts, il faut bien en convenir, n'ont pas abouti à grand'chose, et il y a lieu d'être étonné que certaines des explications proposées par eux aient eu la vogue que leur a value l'autorité de leur nom.

Dodart, dès l'année 1700, avait cru expliquer la direction inverse des tiges et des racines, en disant que le soleil attire à lui les premières, et que la terre attire les dernières; c'étaient évidemment de simples mots qui n'étaient appuyés sur rien de positif. Peu après, Astruc dit que les branches et les tiges se redressent parce que la sève s'accumule vers leur côté inférieur qui, par suite, s'allonge plus que le supérieur et forme ainsi une convexité dont l'effet est de les recourber vers le haut, c'est-à-dire de les redresser. Cette explication a été proposée de nouveau par Knight (1806) et par De Candolle (1832). Mais Duhamel fait observer qu'une tige pendante ou dirigée à dessein verticalement en bas, se recourbe pour se redresser; or, dans ce cas, pourquoi un côté s'allongerait-il plus que l'autre? D'ailleurs ne voyons-nous pas un grand nombre de tiges couchées, de branches horizontales qui ne tendent nullement à se redresser, bien que la théorie d'Astruc dût trouver en elles une application facile ? — De la Hire, vers la même époque, supposait que les racines se portent vers le centre de la terre, entraînées par le poids du suc nourricier qui les remplit, et que la tige s'élève en obéissant à la légèreté que prendrait ce même suc réduit en vapeur par l'effet de son élaboration dans la plante, supposition entièrement gratuite, bien que Hales fût porté lui-même à en admettre une à peu près semblable.

Quelques-uns ont pensé que la racine s'enfonce dans la terre pour y rechercher l'humidité, notamment Darwin dit, dans sa *Phytologia* (p. 144) : « La plumule est stimulée par l'air, et elle s'allonge dans le sens (de bas en haut) selon lequel elle éprouve la plus vive excitation ; la radicule est stimulée par l'humidité, et dès lors elle s'allonge dans la direction (de haut en bas) selon laquelle elle est le plus vivement excitée. » Il est probable que, du moins pour la racine, cette cause n'est pas étrangère à l'accomplissement du phénomène dont il s'agit. En effet, Duhamel a reconnu que les racines des arbres plantés le long des pièces d'eau ou des canaux s'étendent parallèlement à ceux-ci. Le physiologiste anglais Knight, qui ne croyait pas à l'influence directrice de l'humidité, rapporte [1] une expérience dans laquelle l'effet observé ne peut être dû à une autre cause. Ayant semé des Fèves presque superficiellement dans des pots, il renversa ceux-ci après les avoir munis d'une petite grille qui empêchait la terre de tomber, tout en laissant le passage libre pour les radicules. On arrosait modérément par le trou des pots. A la germination, les radicules s'étendirent, non vers le bas, mais horizontalement le long de la surface de la terre et en contact avec elle. Peu de jours après, elles produisirent en dessus beaucoup de radicelles qui s'enfoncèrent de bas en haut dans cette terre et qui arrivèrent jusque vers le milieu du pot. La direction normale de la radicule et des radicelles avait donc été complétement altérée par l'influence de la terre humide. Le médecin écossais, Henri Johnson, qui cependant expérimentait pour réfuter les idées de Darwin, a vu, dans plusieurs circonstances [2], des graines de Moutarde semées vers la face inférieure, soit d'une masse de terre humide, maintenue en l'air par un treillis, soit d'une éponge mouillée, diriger leur radicule

---

[1] On the direction of the growth of roots, dans *A selection*, etc. Grand in-8°, 1841, pp. 157-164.

[2] *Edinb. new philos. Journ.*, octobre 1828 à mars 1829, pp. 312-317.

d'abord quelque peu de haut en bas, puis les recourber de bas en haut pour les porter vers le milieu humide qui se trouvait au-dessus d'elles. Enfin, moi-même opérant sur des Reines-Marguerites, un Hortensia, le *Veronica Lindleyana*, tous plantés dans des pots qui avaient été enfermés, pour un autre objet, dans un bocal fermé, de sorte que la terre fût sèche, tandis que l'atmosphère confinée qui l'environnait était très-humide, j'ai vu les racines sortir de la terre pour s'élever du bas en haut dans l'air humide [1]. D'après ces diverses observations, il me semble difficile de contester que l'influence de l'humidité ne doive entrer pour quelque chose dans le fait sans doute complexe de la direction des racines.

Expériences et théorie de Knight. — On doit à Knight des expériences fort curieuses dont l'idée peut bien lui avoir été inspirée par celle dans laquelle J. Hunter fit germer des graines au centre d'un baril tournant continuellement sur son axe. De Candolle a donné beaucoup de publicité à ces expériences, et, depuis lui, l'exposé en a été reproduit dans tous les traités de botanique. Je crois donc devoir les rapporter à mon tour dans ces *Éléments*.

Knight fit [2] une petite roue de 11 pouces (0^m275) de diamètre, au pourtour de laquelle il fit tenir plusieurs graines de Haricots, qu'il avait déjà fait tremper dans l'eau et qui dirigeaient, les unes d'un côté, les autres d'un autre, leur extrémité radiculaire. Cette roue fut disposée verticalement dans une caisse à travers laquelle passait un courant d'eau qui, par l'arrangement adopté, lui imprimait un mouvement continuel de rotation d'au moins cent cinquante tours par minute. Au bout de quelques jours, les graines germèrent, et, soumises ainsi constamment à des changements de position qui supprimaient pour elles l'action de la pesanteur en y substituant uniquement celle de la force centrifuge, elles dirigèrent toutes leur radicule vers l'extérieur et leur tigelle vers le centre de la roue qu'elle atteignit bientôt. Ensuite trois de ces jeunes plantes furent laissées seules sur la roue, dont la rotation ne fut pas arrêtée : leur tige en dépassa bientôt le centre, après quoi elle y retourna en se repliant sur elle-même. Dans une autre expérience, le savant Anglais plaça horizontalement une roue semblable, portant également des graines de Haricots et située au-dessus de la première. Au moyen d'engrenages il pouvait en varier la vitesse de rotation qu'il porta d'abord à deux cent cinquante tours par minute. Dans

---

[1] Influence de l'humidité sur la direction des racines; *Bulletin de la Soc. botan. de France*, III, 1856, pp. 583-591.

[2] On the direction of the radicle. etc., 1806. *A selection*, etc., pp. 124-129.

ce cas, dit-il, chaque graine, malgré la rapidité de son mouvement, restait toujours dans la même position relativement à l'attraction terrestre dont l'influence n'était anéantie qu'en partie ; aussi les jeunes plantes dirigèrent-elles leur radicule et leur tige selon une ligne oblique, dont l'inclinaison était seulement de 10 degrés sur l'horizontale. La rapidité du mouvement rotatoire ayant été ensuite diminuée peu à peu jusqu'à n'être plus que de quatre-vingt tours par minute, les radicules s'abaissèrent et les jeunes tiges se redressèrent jusqu'à suivre une ligne inclinée de 45 degrés. « Je crois, dit Knight, avoir ainsi prouvé que les radicules des graines qui germent sont déterminées à descendre et leurs tiges à monter, par quelque cause externe et non par une force inhérente à la vie végétale ; je ne vois guère de raisons pour douter que, dans ce cas, la gravitation ne soit le principal, sinon même le seul agent employé par la nature. »

Mais comment la même force de gravitation peut-elle diriger la racine en bas et la tige en haut? La radicule, dit Knight, ne croît en longueur que par l'addition à son sommet de nouvelle matière « qui descend des cotylédons à l'état liquide; la pesanteur agit suffisamment sur ce fluide, ainsi que sur les fibres et les vaisseaux encore mous et flexibles, pour les diriger en bas à la pointe de la racine, et puisqu'il a été prouvé (par ses expériences) que la radicule obéit à la force centrifuge, on ne peut guère admettre que la gravitation soit sans influence sur elle. Quant à la tige, elle s'allonge, continue-t-il, par une extension générale de toutes ses parties antérieurement organisées, et ses vaisseaux ainsi que ses fibres paraissent s'allonger en proportion de la séve qu'ils reçoivent. » Dès lors, il pense, comme Astruc, que si accidentellement une tige dévie de la verticale, la séve se ramasse vers son côté inférieur et y détermine de ce côté un plus grand allongement, qui a pour effet de la redresser.

J'ai déjà dit que cette dernière explication de la direction des branches comme des tiges semble inadmissible ; quant à celle du développement des racines de haut en bas, elle est en opposition formelle avec l'organisation de ces parties telle qu'elle est connue aujourd'hui. Que reste-t-il donc de ces expériences auxquelles De Candolle et d'autres physiologistes ont attribué une signification si décisive? Un fait curieux dont la parfaite exactitude a été vérifiée par Dutrochet et par Mirbel, mais nullement l'explication de la direction de l'axe dont la cause reste aussi mystérieuse qu'auparavant.

Théorie de Dutrochet. — Je ne dirai qu'un mot, en terminant sur la théorie par laquelle Dutrochet a essayé d'expliquer le même phénomène de direction. La moelle, selon cet ingénieux physiologiste, par cela seul que les cellules en deviennent plus petites du centre vers la circonférence, forme un tissu tendant à se courber ou incurvable vers l'extérieur ; au contraire, l'enveloppe cellulaire ayant les siennes décroissantes de dehors en dedans, forme un tissu incurvable vers l'intérieur. Il y aurait donc là deux ressorts concentriques agissant en sens inverse, et de l'action desquels résulteraient la direction de la tige vers le haut, parce que ces deux forces y seraient égales entre elles, et celle de la racine vers le bas, parce que le ressort extérieur y aurait la prédominance. Je ne crains pas d'avouer que, lors même que l'existence de ces deux ressorts serait un fait positif, ce qui n'est pas, je n'ai jamais compris le rapport qui pouvait exister entre leur action et la tendance à se diriger en haut ou en bas.

Je crois peu utile de rappeler que Poiteau et Kielmeyer ont voulu rendre compte de la différence de direction de la tige et de la racine par une polarité qui les entraînerait en sens inverse. Ils ont fait en cela ce que Duhamel reprochait déjà aux botanistes de son temps ; ils ont substitué un mot à une autre, peut-être même ont-ils remplacé un mot intelligible par un autre qui n'a pas d'autre mérite que de l'être beaucoup moins.

Conclusion. — Au total, il me semble qu'aucune des hypothèses proposées jusqu'à ce jour ne fait même entrevoir la cause de la tendance qui appartient aux deux parties de l'axe ; ce phénomène de direction peut donc être regardé comme l'un de ces mystères de la vie végétale qu'il nous est donné de constater et d'admirer, sans espoir peut-être d'en jamais reconnaître la cause.

CHAPITRE IV

DE LA FEUILLE

La *feuille* (folium) est un organe porté par la tige, presque toujours vert, le plus souvent étendu, au moins partiellement, en lame mince, qui a pour objet essentiel de mettre les plantes en rapport avec l'air atmosphérique. En raison de l'importance du rôle qu'elle remplit et aussi de la large part qui lui est faite dans la botanique descriptive, il est indispensable d'en faire une étude assez approfondie ; aussi le chapitre qui la concerne comprendra-t-il cinq articles dans lesquels je l'examinerai successivement : 1° en général et dans ses diverses manières d'être ; 2° sous le rapport de son organisation et de sa structure anatomique ; 3° au point de vue physiologique ; 4° relativement à sa situation sur la tige ; 5° quant aux modifications qu'elle peut subir résumées synoptiquement.

ARTICLE PREMIER. — DE LA FEUILLE EN GÉNÉRAL

Parties qui la forment. — Une feuille complète offre trois parties distinctes par leur aspect : sa portion moyenne consiste en un prolongement grêle, de longueur très-variable, sorte de petit rameau spécial qu'on nomme vulgairement sa queue, et qu'en botanique on désigne sous le nom de *pétiole* (petiolus) ; la forme élancée de cette partie tient à ce que, dans son étendue, les faisceaux fibro-vasculaires qui se sont détachés de la tige pour former la feuille restent très-rapprochés ou se confondent. Mais avant de se rapprocher ainsi, ces faisceaux étaient souvent séparés ou même écartés l'un de l'autre, comme sortant d'une portion plus ou moins considérable du pourtour de la tige, et par suite, dans cette portion basilaire, la feuille formait alors autour de cette tige un étui plus ou moins complet qu'on

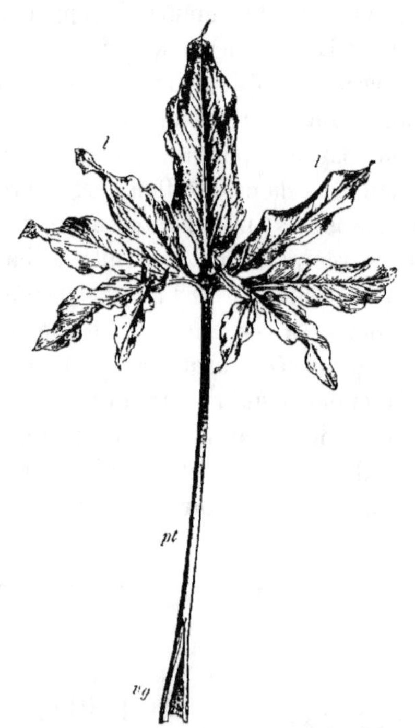

Fig. 95. — Feuille entière de l'*Arum Dracunculus* L. (*Dracunculus vulgaris* Schott) montrant son pétiole *pt*, sa gaine *vg* et son limbe *l* profondément découpé en 9 portions presque distinctes.

appelle pour ce motif la *gaîne* (vagina). Enfin, à l'extrémité du pétiole les mêmes faisceaux se séparent de nouveau, puis se divisent et subdivisent de manière à constituer la charpente d'une expansion le plus souvent mince, de dimensions et de configurations fort diverses, partie la plus essentielle de l'organe entier, qu'on prend fréquemment pour la feuille proprement dite, et que les botanistes nomment le *limbe* (limbus) ou la *lame* (lamina). La figure 95 montre ces trois parties : le pétiole *pt* long et grêle, la gaîne *vg* en forme de cône creux et ouvert en dessus, enfin le limbe *l*, qui présente, dans ce cas, une configuration remarquable et un contour profondément découpé.

Variations de ces parties. — Le limbe, le pétiole et la gaîne sont fort inégaux en importance : le premier est spécialement chargé de remplir les fonctions physiologiques assignées à la feuille, aussi existe-t-il presque toujours et lorsqu'il vient à manquer, nous verrons bientôt que, pour suppléer à son absence, le pétiole se transforme généralement en une expansion qui s'en rapproche par l'apparence et qui en remplit le rôle. Le pétiole n'a qu'un intérêt physiologique secondaire; aussi le voit-on, dans un grand nombre de cas, devenir beaucoup plus court que le limbe, comme dans la figure 96, ou même disparaître entièrement. Dans ce dernier

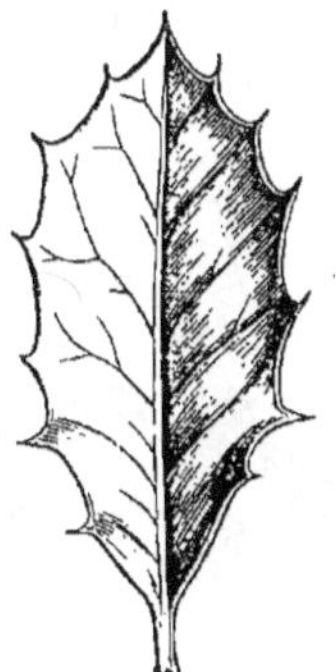

Fig. 96. — Feuille entière du Houx ordinaire (*Ilex Aquifolium* L.), à pétiole court.

Fig. 97. — Bout de tige de *Crassula perfossa* Lamk, portant plusieurs paires de feuilles connées.

cas, le limbe s'attache à la tige sans intermédiaire, ce qu'on exprime, dans le langage descriptif, en disant que la feuille est *sessile*. Une feuille sessile embrasse généralement la tige sur une plus ou moins grande portion de sa circonférence ; elle est alors *embrassante* ou *amplexicaule*. Il peut même arriver que, s'il s'en trouve une vis-à-vis d'elle, au même niveau, les deux qui sont ainsi *opposées* se soudent par leurs portions correspondantes, d'où résulte l'apparence d'une feuille unique, à deux moitiés symétriques, qui serait traversée par la tige. Une Crassule, fréquemment cultivée

comme plante curieuse pour ce motif, nous offre un exemple de
cette manière d'être des feuilles, ainsi que le montre la figure 97.
— Quant à la gaîne, on la voit, dans certains cas, prendre un
développement considérable, notamment chez beaucoup de
plantes de la famille des Ombellifères, et en particulier chez
les Angéliques, soit dans les espèces sauvages de ce genre, soit
dans celle qu'on cultive pour en confire la tige au sucre (*Angelica archangelica* L.) Même, dans ces dernières plantes, à
mesure que les feuilles sont situées plus près du sommet
de la tige, leur limbe se réduit de plus en plus et leur gaîne
grandit davantage, de manière à former une large enveloppe membraneuse autour des pousses et de la masse des fleurs encore
jeunes. Dans beaucoup de plantes, au contraire, la gaîne est
fort peu prononcée où manque même entièrement, comme on
le voit sur la figure 96. Cependant son absence est beaucoup moins
fréquente qu'il ne semblerait d'abord, si nous admettons, avec
plusieurs botanistes, que c'est la gaîne, modifiée dans sa manière
d'être ordinaire, qui constitue ces expansions foliacées, souvent
petites, qu'on observe à droite et à gauche de la base d'un grand
nombre de feuilles, et qu'on nomme des *Stipules* (stipulæ). On en
voit, sur la figure 98, un exemple saillant pris sur une Violette.

Ainsi, la gaîne peut manquer,
et alors la feuille consiste en un
limbe pétiolé ; la gaîne et le pétiole
peuvent aussi manquer l'un et l'autre, ne laissant que le limbe sessile ;
mais d'un autre côté le limbe lui-
même peut disparaître et laisser
seul le pétiole qui alors subit souvent une transformation particulière et qui s'élargit en une lame
verte qu'on pourrait prendre pour
un limbe et à laquelle on a donné

Fig. 98. — Une feuille *f.* de *Viola alpestris*,
acccompagnée de ses deux grandes stipules
profondément découpées, *st, st.*

la dénomination de *Phyllode* (Phyllodium, de φύλλον, feuille, c'est-
à-dire formation ayant l'apparence d'une feuille). Ce cas est assez
remarquable pour que je doive m'en occuper avec quelques
détails.

Phyllodes. — Rien n'est facile comme d'acquérir dans certaines
plantes la certitude que les phyllodes ne sont pas autre chose qu'un
pétiole modifié ; il suffit pour cela d'observer certaines des espèces nombreuses comprises dans le genre *Acacia*, de la famille des

Légumineuses, qui croissent à la Nouvelle-Hollande et qui contribuent puissamment à donner à la végétation de cette île immense sa physionomie particulière. En général, les espèces de ce grand genre qui viennent naturellement dans d'autres localités, ont des feuilles d'une grande légèreté, dont chacune forme un ensemble composé de la réunion d'un grand nombre de petites feuilles distinctes, c'est-à-dire de *folioles* ou *pinnules*, de manière à rentrer dans la catégorie de celles qu'on appelle, comme nous le verrons bientôt, des *feuilles composées* (fig. 99). Au contraire, les espèces de la Nouvelle-Hollande possèdent uniquement pour feuilles des sortes de lames vertes indivises, le plus souvent beaucoup plus longues que larges, qui ne ressemblent pas le moins du monde aux autres et qui en outre se font remarquer parce que leur plan est vertical. Or, en suivant le développement de ces arbres, on reconnaît que dans leur première jeunesse, ils avaient en général des feuilles semblables à celles des Acacies des autres pays et que peu à peu le nombre de leurs folioles a diminué, tandis que le pétiole se dilatait en raison inverse, jusqu'à ce qu'enfin celui-ci restât seul, à l'état de phyllode. Il y a même quelques espèces, particulièrement l'*Acacia heterophylla* Willd., où l'on voit en tout temps réunies des feuilles à presque tous les degrés depuis le plus composé jusqu'à celui de phyllode pur et simple. Ce sont ces

Fig. 99. — Feuille de l'*Acacia heterophylla* W. dans son état normal, c'est-à-dire offrant un grand nombre de petites folioles portées sur 12 pétioles secondaires qui s'attachent le long d'un pétiole commun *pt* grêle et nullement modifié.

états successifs, observés dans cette dernière espèce que représente

à série des figures 99 à 103. Ainsi on voit que l'état normal
e ces feuilles consiste à posséder un grand nombre de folioles
angées aux deux côtés opposés de pétioles secondaires qui, sur
a figure 99, sont au nombre de douze. Ces douze pétioles secon-
aires s'attachent sur deux lignes opposées le long d'un pétiole
ommun *pt* fort grêle et nullement modifié. Une modification
iotable dans cet état normal est déjà visible dans la feuille que
eprésente la figure 100. Les pétioles secondaires chargés de

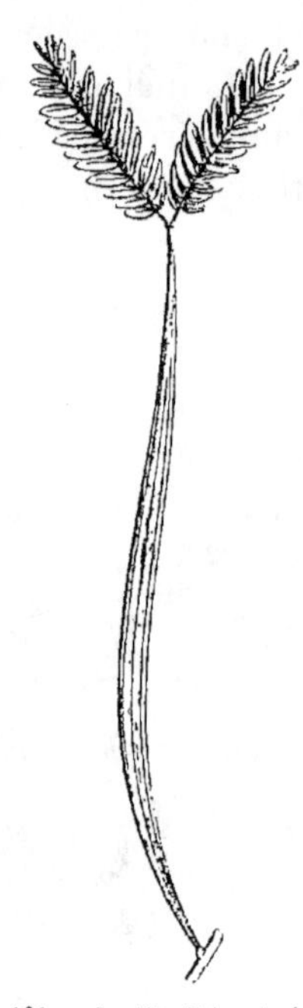

Fig. 100. — Feuille d'*Acacia heterophylla* W. qui
n'a conservé que 6 pétioles secondaires, mais
dont le pétiole commun *ph* s'est élargi visiblement en s'aplatissant.

Fig. 101. — Feuille d'*Acacia heterophylla* W., dans laquelle il ne
reste plus que 2 pétioles secondaires terminant un pétiole commun presque entièrement phyllodiné *ph*.

folioles ne s'y montrent plus qu'en trois paires, et par compensation, le pétiole commun *ph* s'est aplati déjà très visiblement en
phyllode, surtout dans sa portion située au-dessous de la dernière
paire de pétioles secondaires. — La modification est presque complète dans la feuille que représente la figure 101, puisqu'il n'y
existe plus que deux petits pétioles secondaires au sommet d'un
pétiole commun *ph* à peu près entièrement phyllodiné. Enfin la
figure 102 montre l'état de la feuille quand sa transformation

s'est complétement effectuée, c'est-à-dire quand elle n'offre plus une seule foliole et que son pétiole commun s'est aplati tout entier en lame foliacée. On peut voir, sur cette figure, que dans ce faux limbe, c'est-à-dire dans ce phyllode, les faisceaux fibro-vasculaires, toujours et forcément longitudinaux dans le pétiole, sont restés également longitudinaux dans le phyllode à la surface duquel ils se traduisent par trois lignes dirigées de la base au sommet, c'est-à-dire par trois *nervures* principales desquelles partent de faibles ramifications latérales.

Aspect des plantes à Phyllodes. — On sent que la substitution de simples phyllodes à des feuilles comprenant chacune un grand nombre de folioles doit altérer singulièrement l'aspect général des végétaux chez lesquels ce phénomène a lieu; la différence entre les deux cas devient des plus frappantes lorsque l'on compare un *Acacia* normal à un *Acacia* australien qui ne porte que des phyllodes. En place du feuillage aussi léger que ample et touffu du premier, le second offre des feuilles roides et dures, ou petites ou étroites, qui par cela même ne forment qu'une cime maigre et peu fournie. Comme pour ajouter encore à cet effet, ces phyllodes se tiennent, non comme les feuilles normales étalés horizontalement, mais bien dirigés selon un plan vertical, ainsi que le montre la figure 103, qui représente un rameau d'*Acacia heterophylla* ne portant que des phyllodes.

Par une particularité singulière que je crois devoir signaler à ce propos, cette direction verticale du plan des phyllodes se retrouve, à la Nouvelle-Hollande, dans les feuilles d'un autre genre d'arbres, les *Eucalyptus*, de la famille des Myrtacées, dont les espèces y abondent, bien que les feuilles de ceux-ci ne puissent être regardées comme provenant d'un pétiole transformé. On voit cette

Fig. 102. — Feuille d'*Acacia heterophylla* W. complétement passée à l'état de phyllode *ph*, et ne portant plus une seule foliole.

lirection anormale des feuilles sur le rameau d'*Eucalyptus* que

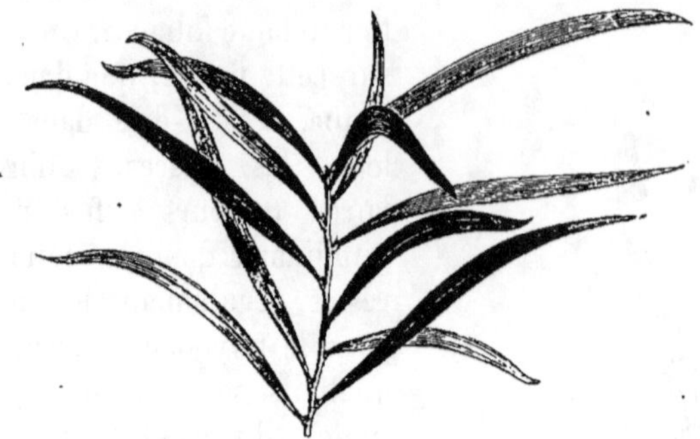

Fɪɢ. 103. — Rameau d'*Acacia heterophylla* W. ne portant que des phyllodes qu'on voit tous dirigés selon un plan vertical.

représente la figure 104. De ces deux circonstances réunies résulte un fait dont sont frappés tous ceux qui voient pour la première fois les forêts de la Nouvelle-Hollande, c'est qu'elles n'offrent pas le couvert touffu de celles des autres pays, et par suite qu'elles ne donnent qu'un ombrage léger et sans fraîcheur.

Phyllodination dans l'eau. — Il ne semble guère possible de deviner la cause qui détermine, dans les plantes ordinaires, l'avortement du limbe des feuilles et la transformation de leur pétiole en phyllode, c'est-à-dire ce que je crois pouvoir appeler la *phyllodination;* mais c'est un fait curieux que certaines plantes aquatiques offrent parfois ce même phénomène dû évidemment alors à l'influence de l'eau. L'une des plus remarquables sous

Fɪɢ. 104. — Rameau d'*Eucalyptus* montrant que les six feuilles qu'il porte sont dirigées non dans un plan horizontal, comme de coutume, mais dans un plan vertical.

ce rapport est notre Fléchière (*Sagittaria sagittifolia* L.) qui a tiré son nom de la forme de ses feuilles en fer de flèche. Celles d'entre ses feuilles qui dépassent la surface de l'eau au fond de laquelle la plante a ses racines enfoncées dans la vase, sont les seules dont le limbe se développe et prenne la forme d'un fer de flèche ; celles qui, à cause de la profondeur de l'eau, restent submergées, n'ont qu'un long pétiole, et celui-ci s'aplatit en un long ruban étroit ou un peu élargi vers son extrémité supérieure. La Fléchière ainsi phyllodinée a été signalée dans la Flore de Paris, de MM. Cosson et Germain, comme une variété particulière (β), sous le nom de *Sagittaria sagittifolia vallisnerifolia*, où Fléchière à feuilles de Vallisnérie, à cause d'une assez grande ressemblance que lui donnent ses phyllodes avec la Vallisnérie, autre plante aquatique, justement célèbre pour l'enchaînement de phénomènes qui accompagnent et amènent la fécondation de ses fleurs.

L'action de l'eau produit un effet en partie analogue chez le *Scirpus lacustris* L. de nos eaux douces, grande plante connue sous le nom vulgaire de *Jonc des tonneliers*, que lui a valu l'un de ses emplois habituels. Dans l'état ordinaire des choses, ses feuilles se réduisent à des gaînes rapprochées dans le bas de ses longues tiges, et dépourvues de limbe ou ne portant qu'une expansion foliacée, étroite et assez courte ; mais dans les eaux courantes et profondes, au sommet des mêmes gaînes se développe un long ruban foliacé, dans lequel il semble qu'on doit voir un simple phyllode, et qui vient flotter à la surface de l'eau.

Difficulté de distinguer parfois entre phyllode et limbe. — Les *Acacia* que j'ai pris plus haut pour exemples, certains *Oxalis* (*O. fruticosa* Raddi, *O. bupleurifolia* A. S. Hil.) et quelques autres plantes permettent de reconnaître sans hésitation dans leurs phyllodes de simples pétioles tranformés ; mais il n'est pas toujours aussi facile et parfois même il devient très-difficile de reconnaître si les feuilles de certaines espèces doivent être regardées comme de vrais limbes sessiles, ou comme de simples phyllodes. La question a été posée et résolue même dans ce dernier sens par De Candolle relativement à diverses plantes pour lesquelles on ne peut invoquer sous ce rapport que de simples analogies qu'il est possible d'apprécier de manières fort différentes. Ainsi, pour en citer un exemple, ce botaniste est porté à ne voir que des phyllodes dans les feuilles des Jacinthes, des Aloès et même de la plupart des Monocotylédons, opinion qui semble contestable, puisque, dans ce grand embranchement, des plantes de genres très-voisins, ou d'un même genre (Lis, Hémérocalles, etc.) auraient les unes de vraies feuilles pétiolées, les autres des phyllodes, sans qu'on sût trop où s'arrêter dans l'application de l'une ou l'autre de ces qualifications.

Pétioles normaux sans limbe. — Dans un petit nombre d'espèces,

e limbe avorte et le pétiole existe seul sous sa forme normale.
C'est ce qu'on voit surtout dans le *Strelitzia juncifolia* Hort.
pour lequel le doute n'est pas permis lorsque l'on compare ses
longs pétioles cylindriques, non surmontés d'un limbe, avec ceux
entièrement semblables qui, dans les espèces voisines, supportent
un limbe bien conformé.

Feuilles anormales. — Les feuilles de certaines plantes ont
une configuration anormale, parfois bizarre, par suite de laquelle
la détermination de leurs diverses parties devient, dans certains
cas, difficile. En voici quelques exemples remarquables.

1. Le *Dionæa muscipula* L. est une petite herbe des marais de la
Caroline, qui est très-connue sous le nom vulgaire de *Gobe-mouche*,
à cause d'un phénomène remarquable que présentent ses feuilles.
Comme le montre la figure 105, chacune de celles-ci offre : 1° une

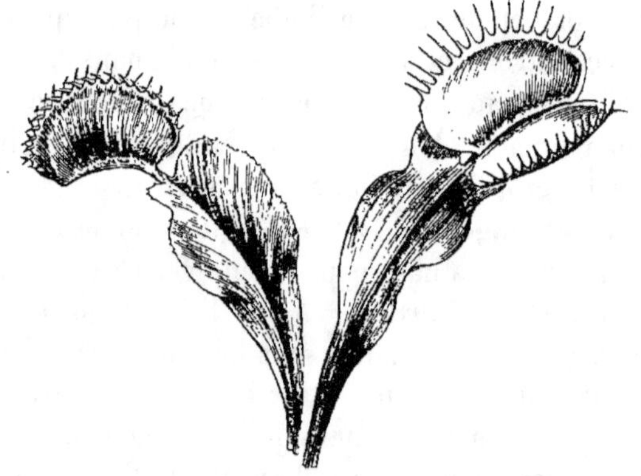

Fig. 105. — Deux feuilles de la Gobe-mouche, *Dionæa muscipula* L. Dans celle de
droite, le limbe est ouvert et étalé ; dans celle de gauche il a ses deux côtés
rapprochés par l'effet d'une irritation. Grandeur à peu près naturelle.

portion inférieure fort développée, qui n'est pas autre chose qu'un
pétiole dilaté sur ses côtés en deux larges ailes auxquelles il doit
la forme générale d'une spatule un peu échancrée en cœur à son
extrémité ; 2° une portion supérieure ou limbe arrondi avec une
grande échancrure à sa base comme à son sommet. Les bords de
ce limbe se prolongent en une rangée de longues dents étroites,
pointues et roides ; ses deux moitiés ont la singulière faculté de se
porter l'une vers l'autre grâce à un mouvement de charnière qui
s'exécute sur la ligne médiane par laquelle elles se joignent ; et ce
mouvement a lieu sous l'influence d'une irritation produite par
exemple par les pattes d'un insecte qui s'est posé sur la face

supérieure et sur le milieu de ce curieux organe. On sait que la feuille peut se fermer alors assez rapidement pour que, retenu par les dents des deux bords entre-croisées, l'insecte qui l'a irritée se trouve pris comme dans un piége. Sur la figure 105, la feuille de droite a son limbe ouvert, c'est-à-dire dans l'état normal; celle de gauche le montre reployé à la suite d'une irritation et entre-croisant ses dents marginales.— Je ne dois pas oublier de dire que certains botanistes ont considéré les deux parties de cette feuille tout autrement que je ne le fais ici. Ainsi Meyen voyait la feuille proprement dite dans la portion ailée inférieure, et le disque terminal contractile était, à ses yeux, une sorte d'appendice particulier. D'un autre côté, Dassen a émis l'idée assez étrange que les deux moitiés du disque terminal sont les rudiments de deux folioles distinctes.

Mais les plus curieuses d'entre les feuilles sont celles qui se développent, dans l'une de leurs parties ou dans leur totalité, en cavités plus ou moins étendues, qui peuvent même être munies d'un couvercle ou *opercule*. On observe divers degrés dans la formation de ces cavités.

2. *Pétioles vésiculeux.* — Le cas le plus simple est celui dans lequel le pétiole, tout en conservant les caractères qui le font reconnaître sans peine, se renfle en un corps ovoïde ou oblong, très-spongieux ou creux et plein d'air intérieurement. L'objet de cette tuméfaction est de donner à la plante qui la présente la faculté de surnager à la surface de l'eau ; aussi les plantes dont le pétiole devient ainsi une sorte de vessie natatoire flottent-elles sur ce liquide ; tels sont le *Pontederia crassipes* Mart., du Brésil, et le *P. azurea* Swartz, des parties équatoriales de l'Amérique du Sud, pour lesquels Kunth a établi le genre *Eichhornia*, espèces qu'on voit souvent nageant sur l'eau des *aquarium* ou bassins des serres chaudes ; telle est encore notre Châtaigne d'eau ou Macre (*Trapa natans* L.) dans laquelle on observe en même temps la transformation complète que l'influence de l'eau détermine sur les feuilles submergées. En effet, comme le montre la figure 106, la même tige y porte deux sortes de feuilles entièrement différentes par suite de la différence de leur situation : les supérieures, *f*, *f*, nagent à la surface du liquide grâce à la légèreté que leur donne la tuméfaction de leur pétiole, et elles conservent leur limbe normal, c'est-à-dire vert, continu et mince, comme la généralité des feuilles qui restent au contact de l'air ; les autres *f' f'*, placées plus bas sur la tige et par conséquent submergées, ont subi, sous l'influence du liquide qui les entoure, une singulière transformation qui a réduit

chacune d'elles à un grand nombre de filets déliés se rattachant, comme les barbes d'une plume, aux deux côtés opposés d'un filet médian. Ces filets sont le squelette fibreux de la feuille autour duquel n'a pu se développer le tissu cellulaire qui, sans cela, les aurait réunis de manière à former un limbe normal.

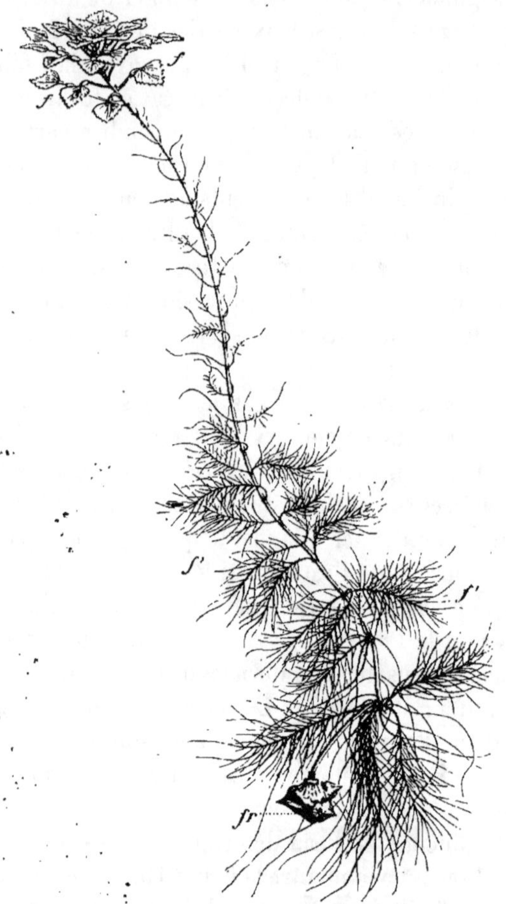

Fig. 106. — Un pied de Châtaigne d'eau (*Trapa natans* L.) portant un fruit *fr.*; réduit à un huitième au plus de la grandeur naturelle. *f*, feuilles nageantes à pétiole renflé, ', *f'*, feuilles submergées.

J'ajouterai à ce propos que cette transformation remarquable déterminée par la submersion s'opère également dans plusieurs autres plantes, notamment dans les Renoncules aquatiques qui lui doivent, comme le *Trapa*, de posséder deux sortes de feuilles.

De même que le pétiole, le limbe peut aussi se creuser, en se tuméfiant, soit d'une, soit de plusieurs cavités ; ainsi se forment les feuilles fistuleuses des Aulx (*Allium*), celles du *Lobelia Dortmanna* à 4 cavités, etc.

3. *Ascidies.* — La complication devient beaucoup plus grande lorsque la modification subie par la feuille ne se réduit pas à une simple tuméfaction produisant une ou plusieurs cavités intérieures, mais qu'elle résulte d'un développement particulier et anormal qui a formé avec une partie de cet organe ou avec cet organe tout entier une cavité profonde et pourvue d'un orifice propre, parfois bordé et même, dans quelques cas, muni d'un couvercle. Les sortes de vases qui en résultent ont reçu différents noms et on a même essayé d'en distinguer diverses catégories d'après la portion de feuille ou d'après l'organe qu'on croyait les avoir formés. C'est ainsi, par exemple, que Bischoff distingue les ampoules et les ascidies, et qu'il divise ces dernières en trois sortes. La véritable nature de ces singulières formations n'est pas encore assez connue, au moins dans certains cas, pour que de pareils essais de classification ne soient un peu prématurés. Je me contenterai donc d'appeler du seul nom d'*ascidies* (ascidium, de ἀσκός, outre) ces différents vases végétaux.

Je ne ferai que mentionner les curieuses ascidies, à ouverture dirigée en bas que présentent les plantes de la famille des Marcgraviacées, parce qu'elles représentent non pas des feuilles ordinaires, mais ces feuilles plus ou moins modifiées qui avoisinent les fleurs et que nous connaîtrons plus tard sous le nom de bractées. Je n'insisterai pas davantage sur les organes du même genre que possèdent quelques *Dischidia*, singulières plantes de la famille des Asclépiadées, qui grimpent sur les arbres en s'y enracinant et qui croissent dans l'Inde, notamment le *D. Rafflesiana;* ce sont, dans ce cas, de vraies feuilles modifiées, qui se montrent accompagnées d'autres feuilles restées à l'état normal, et qui présentent même cette particularité remarquable que, dans leur intérieur, il naît souvent des racines adventives ; mais je crois devoir appeler plus particulièrement l'attention sur certaines de ces formations qui sont ou mieux connues ou plus remarquables à quelques égards.

Les Utriculaires (*Utricularia*) sont des herbes submergées dans nos étangs, qui appartiennent à la petite famille des Lentibulariées et qui doivent leur nom aux singulières ascidies qu'elles produisent. Bischoff distingue ces organes des ascidies proprement dites et les nomme des *ampoules.* Or, voici en quoi consistent et où se trouvent ces curieuses formations qui ont été étudiées, dans ces derniers temps, par MM. Schleiden, Goeppert, Benjamin et Schacht. Les Utriculaires étant submergées, leurs feuilles subissent l'influence du milieu aquéux et, comme celles du *Trapa*, se réduisent chacune, ainsi que le montre la figure 107, à un certain nombre de filets grêles et rameux. Chacun des grands groupes de ces filets *t' t'*, que porte la tige sur cette figure paraît ne pas constituer une seule feuille, mais comprendre une branche simple ou rameuse, chargée de plusieurs feuilles. C'est, d'après Schacht, à l'aisselle de celles-ci que naissent les petites ascidies ou ampoules *tu*. Cette situation, semblable à celle qu'occupent normalement les bour-

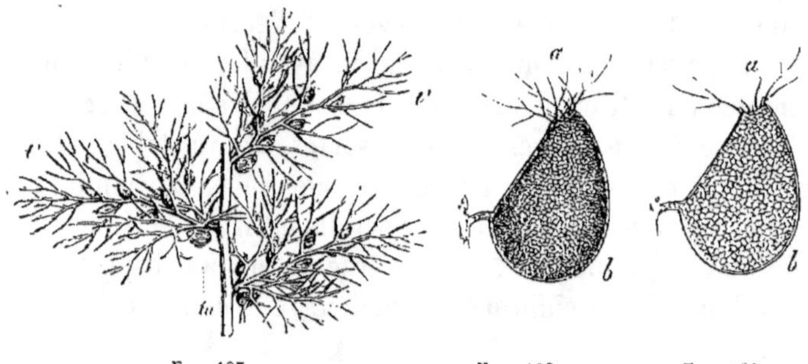

Fig. 107.   Fig. 108.   Fig. 109.

Fig. 107. — Fragment de tige de l'*Utricularia vulgaris* L. *t' t'*, rameaux subdivisés à leur tour, qui portent chacun plusieurs feuilles et des ascidies *tu*.

Fig. 108. — Une ascidie d'*Utricularia vulgaris* L. tout entière sur son petit support. *b*, son côté externe fortement ventru; *a*, filaments rameux qui garnissent le pourtour de son orifice.

Fig. 109. — Ascidie de la même plante coupée longitudinalement pour montrer le peu d'épaisseur de ses parois. Mêmes lettres que pour la fig. 108.

geons, a porté ce botaniste à les regarder comme une formation de nature axile, c'est-à-dire comme une sorte de ramule modifié d'une manière toute spéciale; au contraire, les autres botanistes y voient en général une portion de la feuille elle-même. Quoi qu'il en soit à cet égard, chacune de ces ascidies surmonte un petit pied grêle et plein; elle est ovoïde, un peu comprimée; ses deux faces sont très-inégales, l'inférieure ayant pris beaucoup plus de développement et, par suite, étant fortement ventrue, tandis que la supérieure est droite. C'est ce qu'on voit en *b* sur les deux figures 108 et 109 qui représentent une ascidie grossie plusieurs fois et tout entière sur la première figure, coupée longitudinalement sur la seconde. Ce petit vase se rétrécit à sa partie supérieure que termine un orifice étroit, bordé de filets rameux, dont la grande ressemblance avec les feuilles viendrait à l'appui de l'idée de Schacht, et sa face intérieure est toute garnie de petits poils qui lui donnent l'apparence que montre la figure 109. Ces poils sont fort singuliers, chacun d'eux consistant en 4 cellules disposées en une fourche à 2 paires de branches fort inégales de longueur. L'orifice de l'ascidie est garni d'une lame transversale et cellulaire qui le bouche à la manière d'une soupape susceptible de s'ouvrir de dehors en dedans, et qui se ferme quand elle est pressée de dedans en dehors, comme l'a reconnu M. L. Benjamin. D'après ce botaniste, les parois de cette urne sont formées de 2 à 4 assises de cellules entre lesquelles de grands méats établissent une communication entre sa surface et sa cavité, et aux extrémités desquelles se trouvent des cellules analogues à des stomates. De plus, M. Goeppert a reconnu dans les cellules qui forment l'intérieur des parois l'existence d'une matière bleue analogue à celle des fleurs. Ces corps de forme et d'organisation également remarquables ont un rôle physiologique qui en augmente encore l'intérêt; ils sont d'abord pleins d'un liquide un peu gélatineux qui les alourdit et alors ils retiennent la plante au fond de l'eau. Bientôt les poils à 4 branches qui en tapissent l'intérieur sécrètent un gaz qui s'y accumule à proportion que le liquide y diminue; par là la plante devient plus légère; n'étant point retenue par une racine, elle se dégage de la vase et monte lentement vers la surface de l'eau au-dessus de laquelle elle élève ses fleurs. Enfin la fleuraison étant terminée et les fruits ayant à peu près atteint leur maturité, l'air disparaît de l'intérieur des ascidies; la soupape y laisse entrer l'eau ambiante, et, cessant de jouer le rôle de vessie natatoire, elles laissent la plante alourdie redescendre au fond du liquide.

Les *Sarracenia* sont des herbes spontanées dans les endroits marécageux de l'Amérique septentrionale, que rend fort remarquables la conformation de leurs feuilles; en effet, comme on le voit par la figure 110, prise sur le *Sarracenia purpurea* L., celles-ci sont allongées, parfois même très-longues, grêles dans le bas, dilatées et creusées plus haut en un cornet *b* qu'on voit même pourvu en avant d'une lame très-saillante et longitudinale *a* lui formant une aile. L'orifice de ce cornet ou ascidie présente deux lèvres fort dissemblables, l'antérieure courte, la postérieure *c* beaucoup plus grande, rendue même plus distincte dans la plupart des cas par un rétrécissement prononcé de sa base qui lui donne alors entièrement l'aspect d'un couvercle ou opercule. On regarde généralement l'ascidie de ces plantes comme formée par le pétiole et leur lèvre postérieure ou opercule comme représentant le limbe. Ajoutons que l'intérieur de ce cornet est garni, dans sa moitié inférieure, de poils dirigés de haut en bas, et qu'il sécrète un liquide sucré qui s'amasse au fond de la cavité où il attire les insectes.

Le *Cephalotus follicularis* La-bill. est une curieuse petite plante de la Nouvelle-Hollande austro-occidentale, dont les feuilles forment sur la terre une touffe basse, d'un aspect singulier, parce qu'elle comprend deux natures de feuilles entièrement différentes de forme. La figure 111 représente une de ces touffes entières réduite un peu plus que de moitié, et la figure 112 montre de grandeur naturelle un exemple de ces deux sortes de feuilles. On voit par ces deux figures que, tandis que les feuilles normales de cette plante sont ovales ou arrondies et ne présentent rien de particulier, leurs ascidies sont conformées en go-lets ovoïdes, relevés chacun exté-rieurement de trois ailes chargées

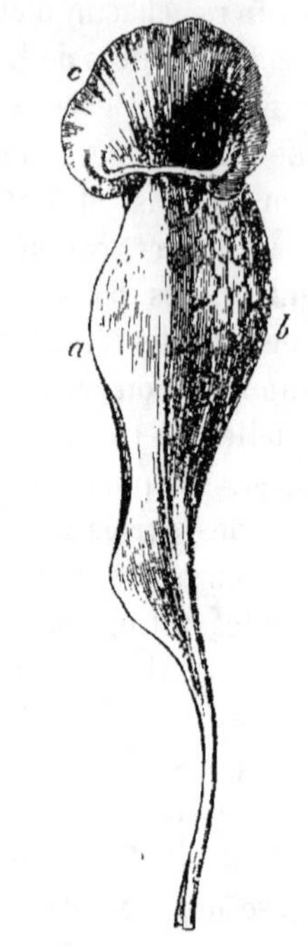

Fig. 110. — Feuille entière conformée en as-cidie du *Sarracenia purpurea* L. *b*, l'asci-die elle-même ; *a*, son aile longitudinale antérieure ; *c*, sa lèvre postérieure.

de longs poils et dont l'antérieure, qui est double, se dirige lon-

Fig. 111. — Une touffe entière de *Cephalotus follicularis* Labill. *ff*, feuilles normales et planes ; *u*, ascidies avec leur opercule *op*. Plus petit que nature.

gitudinalement, les deux latérales s'écartant d'elle obliquement. L'orifice, qui regarde en haut, offre une sorte de gros bourrelet périphérique arrondi, que renforcent des côtes transversales nombreuses. Cet organe est fixé à un pétiole grêle qui s'attache en arrière presque au niveau de son orifice; enfin son opercule, qui en continue la face postérieure, est arrondi, concave en dessous et un peu plus large que l'ouverture elle-même.

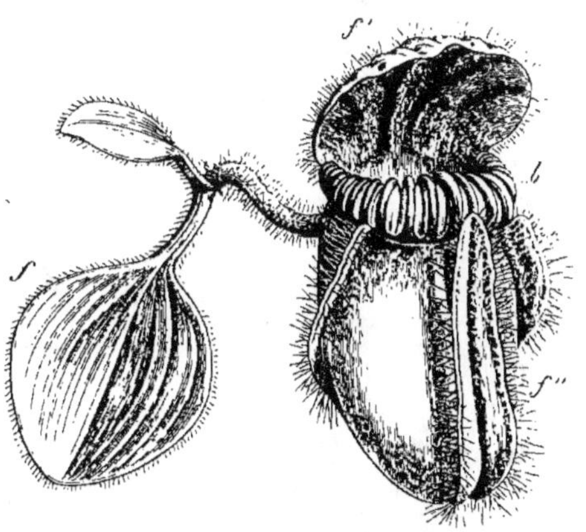

Fig. 112. — Une ascidie de *Cephalotus follicularis* Labill. isolée et représentée de grandeur naturelle avec deux feuilles normales ou planes, dont une *f*, adulte. *f"* le corps de l'ascidie; *b*, bourrelet qui en renforce l'orifice; *f'*, son opercule.

L'organisation qu'on pourrait regarder comme formant le degré supérieur de la série est celle qui caractérise les *Nepenthes*, plantes de Madagascar et des archipels asiatiques. Ici la détermination des parties de la feuille devient difficile à cause de leur multiplicité. En effet, elle offre successivement, comme on le voit par la figure 113, une courte portion basilaire grêle (*a*) s'élargissant peu à peu en une grande lame foliacée (*b*), remarquable par la forte côte médiane qui la parcourt; au sommet de cette expansion la côte semble se prolonger en un filet grêle (*c*); enfin, c'est à l'extrémité de celui-ci que se trouve l'ascidie elle-même (*de*) qui, dans certaines espèces, acquiert de fortes proportions, au point de pouvoir contenir un verre de liquide. Chez le *Nepenthes ampullaria* Jack, dont la figure 113 représente deux feuilles à deux degrés différents de développement, celle-ci est renflée et proportionnellement courte, resserrée à son orifice qui est oblique et dont le point le plus élevé sert d'attache à l'opercule. C'est aussi à ce point, qui forme une pointe saillante, que viennent aboutir les faisceaux fibro-vasculaires de tout l'organe. Cet opercule est d'abord étroitement appliqué sur l'ouverture, et

une fois qu'il s'est relevé, l'organe ayant alors complété son développement, il ne se rabat plus, contraire-
ment à ce qui en a été souvent dit et écrit.
La face par laquelle l'ascidie tient au filet,
dont elle paraît n'être qu'une dilatation particulière, est remar- quable par la présence
de deux grandes ailes que borde une série
de longs poils *d*. Enfin l'intérieur de cette
curieuse formation présente un tissu cellulaire glanduleux qui sécrète un liquide
éminemment aqueux. Les opinions diffèrent
beaucoup relative- ment à l'analogie des
diverses portions de la feuille des *Nepen-*
thes : les uns pensent que l'expansion *b* en
est le vrai limbe qui, comme dans quelques
autres feuilles, se pro- ongerait à son sommet en un de ces filets

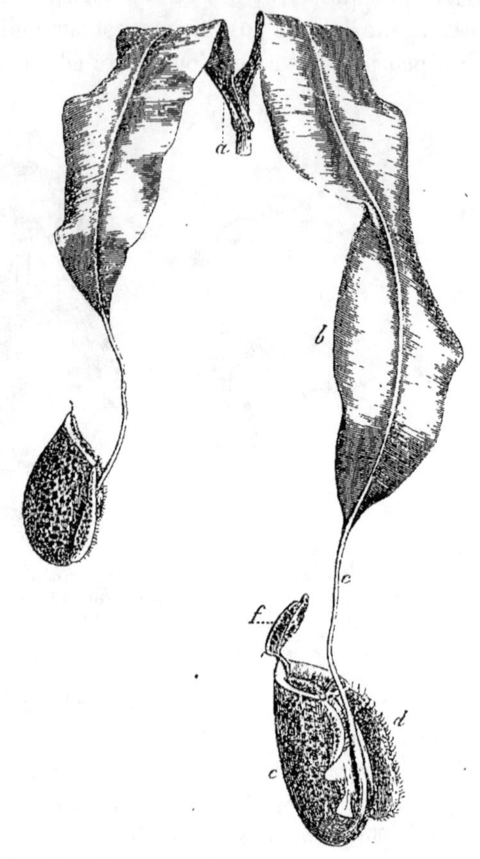

Fig. 113. — Fragment de tige du *Nepenthes ampullaria* Jack,
portant deux feuilles à des degrés différents de développement. *a*, portion basilaire grêle et courte; *b*, portion la
plus étendue, mince et foliacée, avec une forte côte médiane; *c*, prolongement de cette côte en filet grêle; *d* e
l'ascidie; *f*, son opercule.

qu'on nomme des *vrilles ;* seulement, dans ce cas particulier, la
vrille se développerait en ascidie. D'autres, au contraire, voient
l'analogue du limbe dans l'opercule, et regardent toutes les pro-
tions inférieures comme résultant d'une manière d'être particulière du pétiole et de la gaîne. Dans un beau mémoire publié, il y
a peu d'années, sur la formation de ces ascidies [1], M. Dalton Hooker
adopte la première de ces opinions en la modifiant en ce sens que

[1] *Transact. of the Linn. Soc.*, XXII, p. 415-424, pl. 69-74.

la vrille formée par un prolongement de la côte porterait une glande terminale, dont l'ascidie ne serait qu'un développement particulier.

Absence des feuilles. — Nous avons vu les feuilles se simplifier beaucoup et n'avoir, chez certaines plantes, qu'un limbe sessile, chez d'autres qu'un pétiole sous sa forme naturelle ou plus souvent modifié en phyllode. Ailleurs ces organes se réduisent à des dimensions très-faibles et ne constituent plus que des écailles parfois si petites qu'il faut une certaine attention pour les découvrir. Enfin il est des espèces chez lesquelles ils ne sont pas du tout représentés et qu'on peut dire réellement dépourvues de feuilles, c'est-à-dire *aphylles* (de α privatif, et φύλλον, feuille), comme on les appelle. Telles sont beaucoup de plantes grasses comprises dans la famille des Cactées, comme, par exemple, l'*Echinocactus* que représente la figure 114; seulement il est bon de faire ob-

Fig. 114. — Plante entière, fleurie, d'une Cactée, l'*Echinocactus Ottonis* Lehm., dépourvue de feuilles.

server que, même dans ce groupe naturel, il est des espèces qui ne sont aphylles qu'en apparence, puisque, pendant quelque temps, leurs parties jeunes ont porté de petites feuilles qui n'ont pas tardé à tomber. La figure 115 représente une de ces Cactées à feuilles *caduques*, espèce du genre *Opuntia*, dont les expansions en raquette ont présenté d'abord, à chaque faisceau d'épines, une sorte de poinçon vert et charnu qui constituait une feuille. Les

Opuntia ne semblent dépourvus de feuilles que lorsqu'ils les ont déjà perdues. Il existe enfin, dans cette même famille, des plantes (*Pereskia*) dont l'aspect est entièrement différent parce qu'elles sont pourvues de feuilles ordinaires et très-bien développées.

Extrême diversité des feuilles. — Si les feuilles offrent une certaine diversité dans le nombre et la nature des parties qu'elles comprennent, elles varient bien plus encore quant à leur configuration. Leurs nombreuses différences sous ce rapport se montrent surtout d'une espèce à l'autre; mais elles peuvent aussi s'offrir, chez une seule et même espèce, soit dans les diverses parties d'un individu, soit encore dans l'étendue d'une même branche ou rameau. Le fait le plus saillant et le plus régulier, à cet égard, est celui que révèle, sur beaucoup d'herbes, la comparaison de leurs feuilles inférieures avec celles qui sont placées plus haut. Les premières prenant naissance sur la portion de

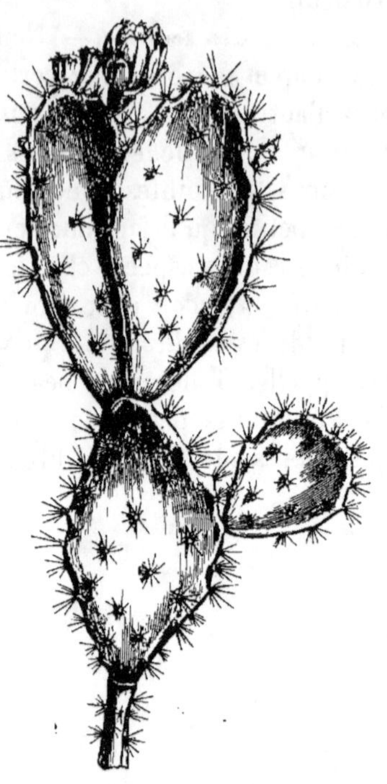

Fig. 115. — Pied fleuri d'*Opuntia Dillenii* Haw., dont la tige, à peu près cylindrique à sa base, s'épanouit, dans le reste de son étendue, en expansions ovales ou *raquettes* comme articulées l'une sur l'autre. Ces raquettes ont déjà perdu leurs petites feuilles.

la tige qui se trouve à peu près au niveau du sol ou même un peu au-dessous, ont été regardées par beaucoup de botanistes descripteurs comme naissant de la racine, idée que nous savons être erronée, puisque le caractère le plus saillant de cette dernière portion de l'axe est de ne pouvoir produire d'organes foliaires ; cette erreur a fait qualifier ces feuilles inférieures de *radicales*, expression dont on continue à faire usage à cause de sa commodité, tout en sachant qu'elle implique une notion fausse. Or, dans beaucoup de cas, ces feuilles dites radicales sont tout autrement configurées que celles qui sont venues après elles dans l'ordre du développement, comme on le voit nettement par la figure 116, qui représente une charmante petite Campanule à fleurs bleues, commune sur les murs et dans les pelouses sèches. On voit en effet qu'ici les feuilles inférieures *ff* ont un long pétiole et un limbe arrondi plus ou moins profondément échancré en cœur à sa base, tandis que les autres *f'*, situées plus haut sur la tige, ont un pétiole court avec un limbe étroit et allongé. Les feuilles arrondies, ayant déjà séché en général lorsque la plante fleurit, on ne s'expliquerait guère, en la voyant alors, pour-

Fig. 116. — Pied de *Campanula rotundifolia* L. montrant la différence complète de configuration qui existe entre ses feuilles inférieures dites radicales *ff* et les autres *f'*.

quoi Linné a nommé cette espèce *Campanula rotundifolia* L., Campanule à feuilles rondes. Cet exemple suffit pour faire comprendre avec quel soin, dans les herborisations, on doit rattacher à chaque échantillon de plante en fleurs ou en fruits les feuilles inférieures qui contribuent puissamment à caractériser nombre d'espèces.

Les végétaux ligneux ne donnent pas lieu à une distinction

analogue ; mais certains d'entre eux n'en sont pas moins curieux
pour cela, soit que les variations de
leurs feuilles correspondent à la marche du développement, soit qu'elles
paraissent en être indépendantes. Pour
exemple du premier cas, je citerai le
Lierre (*Hedera Helix* L.). Ses feuilles
ordinaires, portées sur les tiges et les
rameaux stériles, sont à peine aussi
longues que larges, échancrées à leur
base, et offrent dans leur contour trois
ou cinq saillies ou *lobes*, comme on le
voit sur la figure 117, tandis que celles
qui avoisinent les fleurs perdent l'é-
chancrure de leur base en prolongeant
celle-ci en coin, effacent leurs lobes et
s'allongent tellement que parfois leur
longueur devient double de leur lar-

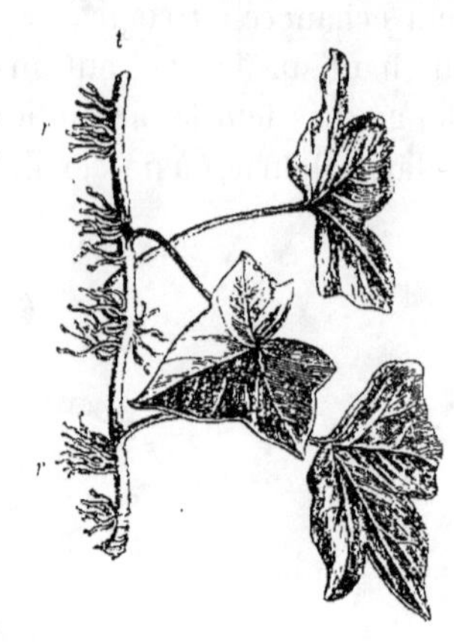

Fig. 117.— Fragment de tige du Lierre
montrant la configuration de ses
feuilles ordinaires.

geur. Dans ce cas, on le voit, c'est l'influence de la floraison qui
modifie le contour de ces organes.

C'est probablement le plus ou moins d'énergie végétative qui
produit un effet analogue chez la Symphorine à grappes (*Symphoricarpus racemosus* Michx.), charmant arbrisseau fréquemment cultivé pour le joli effet que produisent ses fruits ovoïdes raccourcis, qui
sont d'un beau blanc. La figure 118 en représente un fragment de
rameau feuillé. Ici les premières feuilles qui se produisent sur le
rameau sont indivises ; celles qui apparaissent quand la pousse a
sa plus grande force de végétation (*f*) offrent de chaque côté des
divisions qui peuvent même atteindre ou dépasser la moitié de la
distance entre le bord et la ligne médiane ; à partir de ce point,
ces divisions diminuent rapidement en nombre et en profondeur
f' ; enfin, plus haut, toutes les feuilles supérieures *f''* sont parfaitement indivises.

Un arbre bizarre sous le rapport de la polymorphie de ses feuilles
est le Mûrier à papier (*Broussonetia papyrifera* L.), dont le nom
rappelle sa principale utilité en Chine, et dont le liber préparé four-
nissait et fournit encore aux Polynésiens l'étoffe ordinaire de leurs
vêtements. Les variations de contour de ses feuilles sont comprises
ordinairement entre les deux extrêmes que représentent les deux
figures 119 et 120 ; quelquefois même leur contour peut être encore
plus compliqué que dans la dernière de ces figures et rappeler

presque entièrement la fleur de lis armoriale. Je n'ai pu découvrir aucune règle dans la distribution de ces diverses configurations. Le plus souvent j'ai vu les feuilles inférieures des rameaux de cet arbre indivises et, à partir de celles-ci, les divisions devenir plus nombreuses jusqu'au maximum qui était promptement atteint ; mais j'ai rencontré aussi des

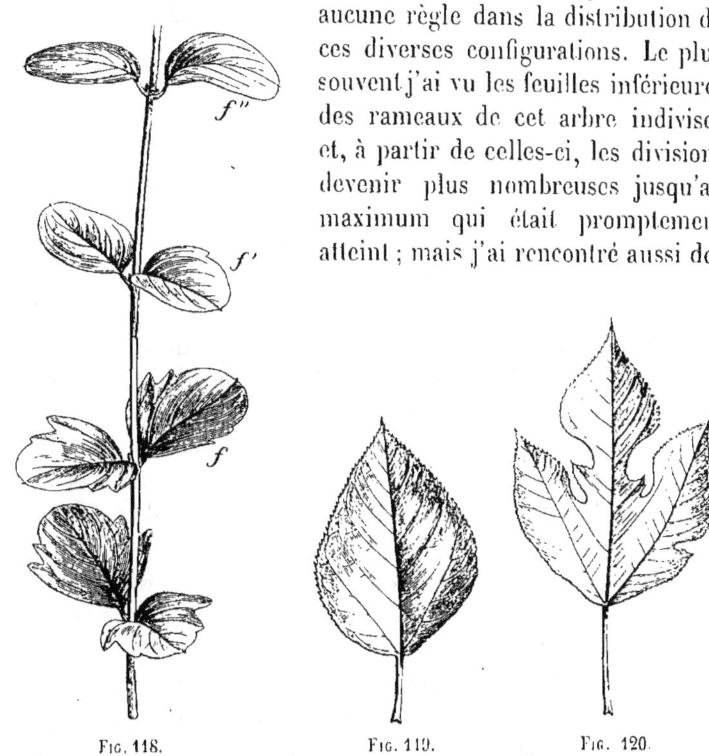

Fig. 118.   Fig. 119.   Fig. 120.

Fig. 118. — Fragment de rameau feuillé du *Symphoricarpus racemosus* Michx. montrant les variations de forme de ses feuilles divisées par les côtés en *f*, presque indivises en *f'*, parfaitement entières en *f''*.

Fig. 119. — Feuille parfaitement indivise du *Broussonetia papyrifera*.

Fig. 120. — Feuille déjà très-divisée du *Broussonetia papyrifera*.

rameaux dont les feuilles inférieures divisées étaient suivies d'autres moins lobées et finalement d'autres entières.

Phyllomorphose et préfeuille. — Les exemples que je viens de rapporter nous montrent diverses espèces végétales modifiant leurs feuilles dans le cours de leur existence ou pendant une même période végétative. La succession des différentes manières d'être sous lesquelles s'offrent ces organes avait occupé quelques botanistes, surtout MM. Schleiden et Al. Braun. M. J. Rossmann en a fait, dans ces derniers temps, l'objet d'observations suivies [1]. Cette même succession a reçu de lui la dénomination générale de *Phyllomorphose*, et il a reconnu qu'elle présente trois cas diffé-

[1] *Beitraege zur Kenntniss d. Phyllomorphose;* in-4° de 60 p. et 3 pl. 1857.

rents, puisque tantôt c'est le limbe seul qui altère sa forme ; que tantôt, au contraire, c'est le pétiole qui se modifie ; que tantôt enfin ces deux parties semblent suivre deux marches parallèles. On sent qu'il m'est impossible de m'étendre sur ce sujet. Il est cependant un cas particulier, dans les formes variées que peuvent revêtir les feuilles successives d'une même plante, auquel je dois consacrer quelques lignes à cause de l'importance qu'y attachent aujourd'hui les organographes. Ce cas est celui de la première feuille des rameaux chez beaucoup de Monocotylédons et chez un petit nombre de Dicotylédons (Fraisiers). Cette feuille basilaire se distingue essentiellement de celles qui la suivent, parce qu'elle est, au moins chez les Monocotylédons, petite, mince, membraneuse, pâle, et placée sur le rameau le plus souvent du côté intérieur. En outre, son rôle physiologique est de servir fréquemment d'abri protecteur aux parties plus jeunes qui se trouvent au-dessus d'elle. Ces caractères l'ont fait distinguer par les botanistes allemands sous le nom de *Vorblatt*, que J. Gay a traduit en français par *préfeuille*.

Feuilles simples et composées. — Au milieu des variations en nombre immense auxquelles les feuilles sont sujettes, dans l'ensemble du règne végétal, la distinction la plus importante qui ait été établie est celle qui les divise en *simples* et *composées*.

Une feuille est *simple* lorsqu'elle n'offre qu'un limbe unique, soit sessile, soit porté par un pétiole également unique. Elle est,

Fig. 121.— Feuille simple, tronquée à son sommet, du Tulipier (*Liriodendron tulipifera* L.).

Fig. 122. — Feuille composée du Marronnier d'Inde (*Æsculus Hippocastanum* L.).

au contraire, *composée* lorsqu'elle forme un ensemble complexe dans lequel deux ou plusieurs limbes distincts et séparés s'attachent à un pétiole commun qui, dans les cas compliqués, peut se subdiviser à son tour. Dans les feuilles composées, chaque limbe particulier, qui n'est qu'une partie de l'organe entier, reçoit, pour ce motif, le nom de *foliole* (foliolum), c'est-à-dire petite feuille. De même, si le pétiole commun se subdivise, ses subdivisions sont des pétioles secondaires et tertiaires; et l'on nomme souvent *pétiolules*, c'est-à-dire petits pétioles, ceux qui appartiennent à chaque foliole en particulier. La feuille du Tulipier (*Liriodendron tulipifera* L.), que représente la figure 121, n'ayant qu'un limbe sur un pétiole, est une feuille simple; celle du Marronnier d'Inde (*Æsculus Hippocastanum* L.), que reproduit la figure 122, présentant sept limbes distincts ou folioles à l'extrémité d'un seul pétiole commun est une feuille composée.

Parties du limbe. — Pour se reconnaître parmi les feuilles de toute forme et de tout aspect que possèdent les plantes et pour donner, en outre, le moyen de les décrire, on a dû rattacher leurs différences aux divers points dans lesquels elles résident. Pour cet objet, on distingue, dans le limbe d'une feuille simple ou d'une foliole de feuille composée : sa *base* par laquelle il s'attache; son *sommet* opposé à sa base; ses deux *côtés*, c'est-à-dire ses deux moitiés séparées par le gros faisceau médian qu'on nomme la *côte*; son *bord* qui en détermine le contour; enfin, ses deux *faces* dont une est habituellement supérieure et l'autre par conséquent inférieure. Je présenterai, à la fin de ce chapitre, le tableau synoptique des principales modifications que le limbe peut subir sous ces divers rapports.

Divers types de feuilles composées. — L'arrangement des folioles dans les feuilles composées a lieu de diverses manières qui constituent pour elles des types distincts, et nous verrons même plus loin que ces types ont leurs analogues, chez les feuilles simples, dans les divers modes d'après lesquels se subdivisent les faisceaux fibro-vasculaires qui forment les nervures.

1° *Feuilles composées pennées.* — Ce type est caractérisé par un pétiole commun qui, sur chacun de ses deux côtés opposés, porte une rangée de folioles disposées, par conséquent, sur lui comme les barbes d'une plume le sont sur la côte de celle-ci. La feuille du Faux-Acacia, mal à propos nommé vulgairement Acacia (*Robinia Pseudacacia* L.), que représente la figure 123, et dans laquelle on voit cinq folioles de chaque côté du pétiole, nous en offre un bon exemple. Dans celle-ci nous remarquons que le pétiole

ommun, après avoir porté dix folioles, en supporte à son ex-
rémité une qui par cela même est
mpaire, ne pouvant avoir de pen-
ant ; la présence de cette foliole
aractérise le sous-type des feuilles
ennées avec foliole impaire (fol. im-
ari-pinnata), auquel s'oppose celui
les feuilles *pennées sans foliole im-
aire* ou *brusquement pennées* (fol.
.brupte-pinnata), dont nous voyons un
xemple sur les figures 124 et 125
qui représentent deux feuilles de Fève
rdinaire (*Faba vulgaris* Moench), l'une
i quatre et l'autre seulement à deux
aires de folioles.

Fig. 125. — Feuille entière du Robinier Faux-Acacia (*Robinia Pseudacacia* L.), composée pennée
avec foliole impaire.

La complication devient parfois
)lus grande, le pétiole commun por-
tant, non plus les folioles, mais des pétioles secondaires pennés

Fig. 124. — Feuille brusquement pennée
de la Fève ordinaire (*Faba vulgaris* Moench)
à une seule paire de folioles.

Fig. 125. — Feuille brusquement pennée
de la Fève ordinaire (*Faba vulgaris* Moench)
à deux paires de folioles.

qui, à leur tour, donnent attache aux folioles disposées de
même. Les feuilles ainsi organisées sont au deuxième degré de
composition ; on les appelle *bipennées*. C'est une feuille de ce
genre que représente la figure 126. Enfin, les feuilles d'un petit

nombre de plantes sont encore plus composées, car leur pétiole

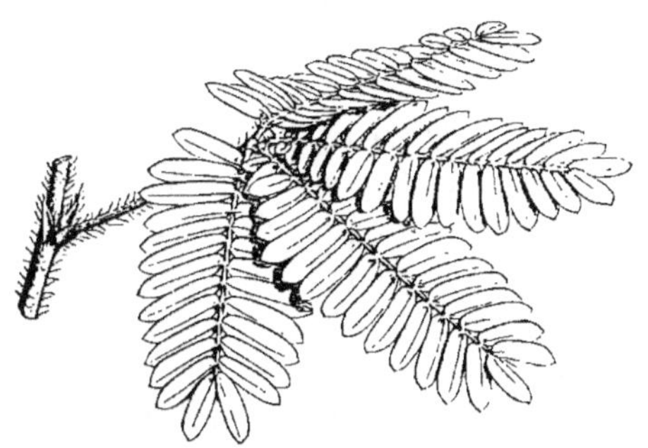

Fig. 126. — Feuille deux fois pennée ou bipennée de la Sensitive
(*Mimosa pudica* L.).

primaire se divise sur ses côtés en pétioles secondaires qui, à
leur tour, émettent des pétioles latéraux tertiaires, et c'est uniquement sur ceux-ci que sont portées les folioles pennées. Ces feuilles
sont trois fois pennées ou *tripennées*.

2° *Feuilles composées digitées.* — Dans ce type les folioles
rayonnent au sommet du pétiole commun ; en d'autres termes, les
faisceaux fibro-vasculaires qui en forment la charpente ne se détachent pas successivement par les côtés de ce pétiole, mais restent réunis jusqu'à son extrémité, où ils s'écartent comme les doigts
relativement à la paume de la main. Cette analogie de disposition
a fait nommer ce type *digité* (de digitus, doigt). Nous en avons
vu un exemple dans le Marronnier d'Inde (fig. 122).

De même que pour les feuilles pennées, il y a encore dans ce
type deux degrés de composition, selon que, du sommet du pétiole commun, il part des pétioles secondaires portant des folioles
digitées, ou qu'il existe en outre des pétioles tertiaires disposés
de même. Je ne crois pas nécessaire d'insister davantage à cet
égard.

On voit donc, au total, qu'on a pu distinguer trois degrés de
composition : 1° les feuilles composées au premier degré ; 2° les
feuilles composées au deuxième degré qu'on nomme aussi *décomposées* ; 3° les feuilles composées au troisième degré qu'on
appelle *surdécomposées*. Dans un petit nombre de plantes, on
pourrait distinguer encore un plus haut degré de complication ;
mais cette distinction n'est pas usitée.

Feuilles à trois folioles. — Dans chacun des deux types dont il
vient d'être question, le nombre des folioles varie beaucoup ; dans

l'un et l'autre il descend souvent à trois, et alors on peut éprouver quelque difficulté pour reconnaître si la feuille ainsi *trifoliolée* ou *ternée* est réellement digitée ou pennée. Pour sortir d'embarras, il suffit de regarder la foliole impaire : si elle est élevée d'un intervalle notable au-dessus de l'attache des deux folioles latérales, c'est que le pétiole commun, après avoir donné celles-ci, s'est prolongé quelque peu pour la produire ; par conséquent la feuille appartient alors au type penné ; elle appartient au type digité dans le cas contraire, c'est-à-dire lorsque la foliole impaire part du même point que les deux latérales. C'est donc une feuille digi-tée-trifoliolée que représente, d'après le Trèfle ordinaire (*Trifo-lium pratense* L.), la figure 127, tandis que le type penné est nettement accusé dans la feuille de l'*Hedysarum gyrans* L. que montre la figure 128. On voit en effet, dans celle-ci, que la grande

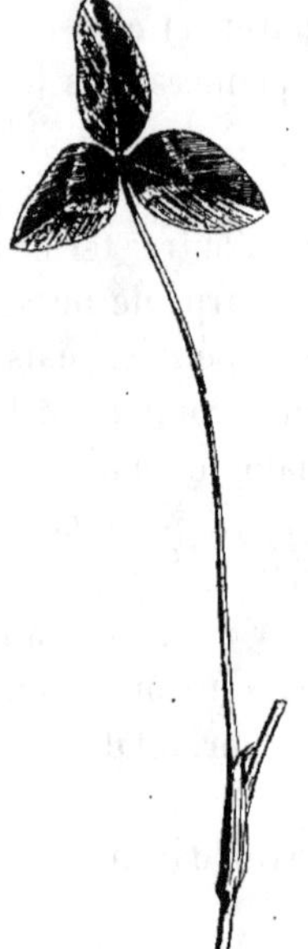

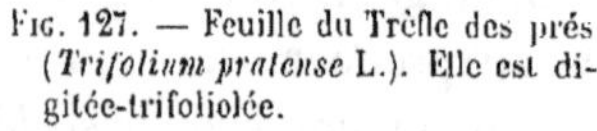

FIG. 127. — Feuille du Trèfle des prés (*Trifolium pratense* L.). Elle est di-gitée-trifoliolée.

FIG. 128. — Feuille de l'*Hedysarum gyrans* L. pennée-trifoliolée, à foliole impaire *f* in-comparablement plus grande que les laté-rales *f'*.

foliole impaire *f* s'attache au sommet du pétiole commun, au moins $0^m,005$ plus haut que les deux très-petites folioles laté-rales *f'*.

3° *Feuilles composées peltées.* — Le type que De Candolle et quelques botanistes, à son exemple, admettent sous ce nom parmi

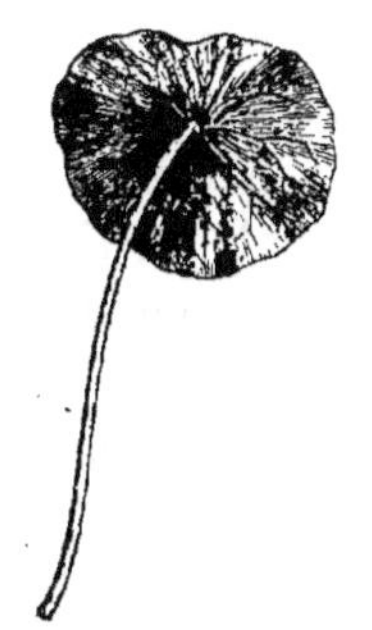

les feuilles composées, est fort peu répandu, tandis que son correspondant, quant à la distribution des nervures dans le limbe d'une feuille simple, est assez fréquent. Ce dernier connu, le premier sera bien compris par cela même. Or, la figure 129 nous montre, dans la Capucine (*Tropæolum majus* L'), un bon exemple de feuille simple peltée. On voit qu'ici, du sommet du pétiole partent, en s'étalant et en rayonnant tout autour, les faisceaux fibro-vasculaires qui forment les nervures ; il en résulte que l'u-

Fig. 129. — Feuille simple peltée de la Capucine (*Tropæolum majus* L.).

nion du pétiole et du limbe se fait par un point situé non au pourtour de celui-ci, c'est-à-dire à sa base, comme d'habitude, mais plus ou moins près du milieu de la face inférieure. De là ce limbe ressemble assez au bouclier ancien (*pelta*) avec sa pointe médiane ; de cette ressemblance a été tirée la dénomination de feuille *peltée*. Supposons maintenant que chacune des nervures rayonnantes de la feuille peltée simple soit remplacée par une foliole distincte et séparée ; nous aurons une feuille *composée peltée*, type dont il s'agit en ce moment, et pour lequel De Candolle cite comme exemple le *Sterculia fœtida*.

4° *Feuilles composées unifoliolées.* — La feuille des Orangers et Citronniers, que représente la figure 130, offre des caractères assez singuliers pour mériter une mention spéciale. Quoique appartenant à une famille dont toutes les autres espèces ont des feuilles composées, ces arbres possèdent des feuilles à un seul limbe porté sur un seul pétiole, et qui dès lors semblent être simples ; mais la présence d'une articulation au point *a*, par lequel le limbe unique *f* s'attache à l'extrémité d'un pétiole, *f'*, distingué par la présence de deux ailes

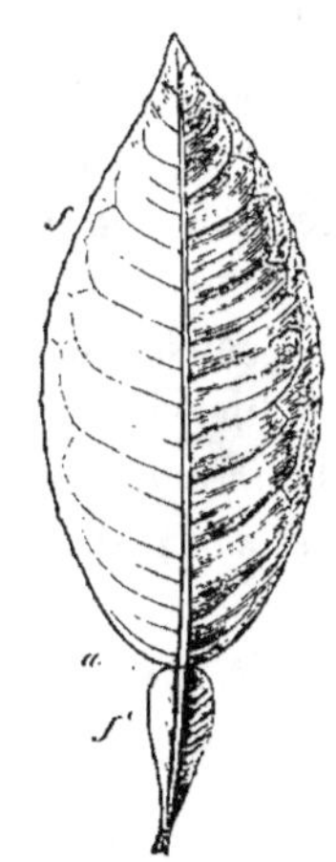

Fig. 130. — Feuille composée unifoliolée de l'Oranger (*Citrus Aurantium* L.). — *f*, limbe ; *f'* pétiole bordé de chaque côté ; *a*, point d'union des deux marqué par une articulation.

que forme, sur ses côtés, une expansion foliacée, a fait penser que c'était une feuille pennée, dont toutes les folioles latérales auraient avorté, tandis que la terminale impaire non-seulement aurait persisté, mais encore aurait pris, par compensation, un développement considérable. Aussi a-t-on nommé cette feuille *composée unifoliolée*, en associant ainsi deux mots qui semblent s'exclure réciproquement. Quelques Légumineuses offrent une manière d'être analogue à celle des *Citrus*.

Succession de feuilles composées et simples. — Plusieurs plantes du grand groupe naturel des Légumineuses présentent ce fait remarquable que successivement leurs feuilles sont composées et ensuite simples, ou réciproquement. Ainsi M. Lawson a montré que les Ajoncs (*Ulex*), fourrage épineux très-utile sur les terres maigres de la Bretagne, ont poussé d'abord sans épines, et ont donné alors de douze à vingt feuilles pourvues chacune de trois folioles ; mais après cela, quand leur jeune tige a eu environ $0^m,15$ de hauteur, elle a commencé de produire des épines, et en même temps ses feuilles se sont réduites à l'état de petites écailles simples. Par opposition, chez diverses Légumineuses de la Nouvelle-Hollande, la tige porte d'abord des feuilles simples, et c'est seulement quand la plante a pris tout son développement qu'apparaissent ses feuilles composées.

Nervation des feuilles simples. — Les fibres et vaisseaux qui sortent de la tige pour former une feuille se dissocient dans l'épaisseur de son limbe sous la forme de faisceaux disposés et ramifiés de manières diverses pour en constituer la charpente. Ces faisceaux constituent ce qu'on nomme, dans leur ensemble, les *nervures* (nervi), et l'arrangement de ces nervures dans le limbe forme la *nervation* des feuilles.

Degrés successifs des nervures. — Dans la plupart des feuilles des Monocotylédons, les nervures se séparent en divergeant faiblement dès la base du limbe, et elles se montrent, dès ce point, à fort peu près égales entre elles en grosseur ; elles se dirigent de là toutes vers le sommet en restant droites ou un peu arquées, également espacées entre elles à tous les niveaux, et en émettant sur leurs côtés de faibles ramifications. De là vient que ces feuilles, que De Candolle nommait en général *curvinerves*, ou à nervures courbes, se déchirent très-facilement en lanières régulières dans le sens de leur longueur. Toutes les Graminées, les Jacinthes, les Hémérocalles, etc., etc., en fournissent de bons exemples. Dans toutes les autres feuilles, qui appartiennent à un certain nombre de Monocotylédons (Ignames, Aroïdées, etc.), et surtout à la généralité des Dicotylédons, les nervures émettent des ramifications successives, de telle sorte qu'on peut en distinguer différents degrés. Comme, dans ce cas, les ramifications s'isolent en formant avec le faisceau qui leur donne naissance un angle prononcé, De Candolle désignait cette seconde et vaste catégorie sous la dénomination de feuilles *angulinerves* ou à nervures en angle.

Or, dans celles-ci, la principale masse des fibres et vaisseaux reste le plus souvent unie en un gros faisceau qui s'étend de la base au sommet, en séparant le limbe en deux côtés le plus souvent égaux, mais quelquefois inégaux en étendue, comme dans les *Begonia*. Ce grand faisceau médian est la *nervure médiane* ou la *côte*. La côte diminue d'épaisseur à mesure qu'elle approche davantage du sommet, parce qu'elle émet, l'un après l'autre et par ses côtés, plusieurs forts rameaux qui constituent les *nervures* proprement dites (nervi); celles-ci s'écartent d'elle, sous un angle plus ou moins ouvert, pour se porter vers les bords du limbe. Les nervures donnent de même sur leurs côtés des rameaux de troisième ordre qu'on appelle *veines* (venæ); enfin les ramifications les plus ténues qui entrent dans la composition du squelette de la feuille ont été nommées *veinules* (venulæ). Généralement les veinules se soudent par leur extrémité à l'extrémité de celles qui marchaient vers elles, en d'autres termes, elles s'*anastomosent*, et de là résulte ce réseau à très-petites mailles, ressemblant à une dentelle fine, qui forme le squelette des feuilles dont il s'agit, et qu'il est facile de mettre à nu en frappant à plat, avec une brosse, sur une feuille qui a été préalablement desséchée de manière à n'être pas trop friable.

Fig. 151. — Une feuille de Houx-Hérisson (*Ilex Aquifolium ferox* L.), dont la surface est hérissée de pointes analogues à celles que présentent ses bords.

Dans l'état normal ce réseau fibro-vasculaire est plan; mais, par une particularité singulière, il émet quelquefois de petites ramifications dirigées perpendiculairement à son plan, et qui rendent alors les feuilles hérissées de pointes à leur surface. On voit un exemple remarquable de cet état anormal ou monstrueux dans la variété du Houx commun, qui est connue vulgairement sous le nom de Houx-Hérisson (*Ilex Aquifolium ferox*), dont une feuille est représentée par la figure 151.

On sent que les feuilles qui ont pour base de leur constitution un réseau-fibro-vasculaire ne peuvent se déchirer régulièrement en lanières comme celles dont il a été d'abord question, et qu'il en résulte un moyen empirique fort simple pour distinguer les Dicotylédons de la grande majorité des Monocotylédons.

Divers types de nervations. — Les diverses dispositions des folioles dans les feuilles composées se reproduisent par l'arrangement des grandes nervures dans le limbe des feuilles simples et minces ; car, pour les feuilles épaisses et charnues, leurs nervures ne sont point visibles à l'extérieur, noyées qu'elles sont au milieu d'une masse considérable de parenchyme ; en outre, ces feuilles étant très-épaisses, c'est dans toute leur épaisseur, et non selon un seul plan que se distribuent leurs faisceaux fibro-vasculaires.

1° De même que, dans les feuilles pennées, un pétiole commun porte dans sa longueur et sur ses côtés deux séries de folioles, de même dans les feuilles que De Candolle a nommées *penninerves*, les nervures sont pennées, c'est-à-dire qu'elles partent des côtés d'une côte, sur laquelle elles sont arrangées comme les folioles sur le pétiole commun (fig. 128, 130, etc.).

2° Nous avons vu, dans les feuilles digitées, les folioles rayonnant au sommet du pétiole commun ; de même, dans les feuilles qu'on a nommées *palminerves* ou à nervures palmées, de la base du limbe partent 3, 5, 7, etc., fortes nervures de même grosseur ou à peu près, qui divergent en éventail. L'ensemble du limbe, avec ses nervures divergentes, a été comparé à une main (palma) avec ses doigts, d'où l'on a tiré l'épithète par laquelle on distingue cette nervation (fig. 117).

Fig. 152. — Feuille entière pédinerve et pédalée de l'*Arum Dracunculus* L. (*Dracunculus vulgaris* Schott.). *a*, son segment médian.

3° Je n'ai pas besoin de répéter ce que j'ai dit (p. 322) sur les feuilles peltées qui, au point de vue du rayonnement de leurs nervures, ont été appelées *peltinerves* (fig. 129).

4° Enfin, il est un type singulier qu'on n'a pas vu encore représenté parmi les feuilles composées, et qui constitue les feuilles *pédinerves*. La figure 132 en présente un exemple dans la feuille dite *pédalée* du *Dracunculus vulgaris*. On voit qu'ici les faisceaux parvenus à l'extrémité du pétiole se divisent en trois branches : l'une impaire et médiane, généralement faible, qui fournit la charpente du segment *a* ; les deux autres latérales et symétriques, plus fortes, qui s'étalent perpendiculairement à la première, qui n'émettent de nervures et par conséquent ne fournissent la charpente d'autres divisions du limbe, qu'à leur côté intérieur devenu antérieur par l'effet de la direction qu'ont prise ces deux ramifications. Le contour du limbe, par ses profondes sinuosités, traduit aux yeux cette singulière nervation.

Nervation appliquée à la détermination des plantes. — Dans ces dernières années, divers auteurs ont donné une attention particulière à la nervation, en vue de la classification et aussi pour en tirer un moyen de déterminer les espèces végétales fossiles d'après leurs feuilles. C'est d'abord sur les Fougères qu'ont été dirigées ces études spéciales, et MM. Brongniart, Presl, Gaudichaud, etc., sont arrivés sous ce rapport à des résultats importants. On les a étendues ensuite à la généralité des plantes, et il y a lieu de mentionner en particulier, à ce sujet, les grands travaux de MM. d'Ettingshausen et Pokorny. M. de Buch lui-même, le célèbre géologue, s'est occupé avec soin de cet examen, et ses observations l'ont conduit à proposer, en 1852, une classification des feuilles simples en quatre catégories, selon : 1° que leurs nervures, partant de la côte, vont droit au bord où elles se terminent (Randläufer, en allemand) ; 2° que leurs nervures secondaires se réunissent l'une à l'autre en arc (Bogenläufer) ; 3° que deux nervures, nées vers la base de la feuille, marchent en arc vers son sommet entre la côte et le bord (Spitzläufer) ; 4° enfin que ces deux nervures basilaires suivent le bord pour arriver au sommet (Saumläufer). Certains de ces types sont encore subdivisés ; mais on sent que ce n'est pas ici le lieu pour aborder ces détails.

Divisions du limbe des feuilles simples. — Les feuilles qui composent la catégorie des curvinerves de De Candolle, c'est-à-dire celles de la majorité des Monocotylédons, ont un contour régulier et indivis ; quant aux autres, qui forment la catégorie des angu-

linerves du même botaniste et qui appartiennent essentiellement
aux Dicotylédons, elles sont pour la plupart entaillées, à partir de
leur bord, jusqu'à des distances très-diverses, ce qui contribue
puissamment à donner à chacune d'elles sa configuration propre.
Il est donc important de connaître les distinctions que les botanistes ont basées sur cette particularité pour en tirer des moyens
de caractériser les différentes espèces de plantes.

A quoi peut tenir la formation de ces entailles ou divisions du
limbe des feuilles? Nous savons que celui-ci a pour base essentielle
et pour charpente un réseau fibro-vasculaire ; les mailles de ce réseau sont comblées par du tissu cellulaire qui forme le parenchyme
foliaire. Généralement on dit que les divisions dont il s'agit sont
dues à ce que le parenchyme n'est pas venu, sur ces points, combler l'intervalle des nervures, d'où est résulté un vide ; il me semble
que, sous ce rapport, le mode de ramification des nervures doit
jouer le rôle principal, puisque le parenchyme ne se trouve que
dans l'intervalle de celles-ci, et qu'il n'existe pas sans elles. Toutefois je n'insiste pas sur ce sujet, parce que ces apparences d'explications me semblent fort peu explicatives en réalité.

Quand le contour du limbe est régulier et continu, sans entailles
d'aucune sorte, la feuille est *entière*. Si de légères entailles y dé-
coupent de petites saillies, celles-ci sont des *dents* ou *dentelures*,
et la feuille est *dentée* ; les dents aiguës conservent ce nom, tandis
que des dents obtuses et plus ou moins arrondies sont appelées
des *crénelures*, d'où résulte la distinction des feuilles *dentées* et
crénelées. Les entailles pénètrent-elles jusqu'à moitié distance environ entre le bord et la côte, on les qualifie de *fentes* ou *fissures*,
et les saillies alors très-prononcées qu'elles dessinent prennent le
nom de *lobes*, qui s'applique généralement à toute portion de feuille
surtout émoussée saillante entre deux découpures profondes ou
sinus. Les feuilles ainsi divisées par des fentes sont dites *fendues*,
mot qu'on n'emploie guère seul, mais qui est représenté dans les
mots composés par la désinence *fide*. Ainsi, pour en citer un exemple, une feuille qui présente une série de fentes à peu près symétriques des deux côtés de la côte est *pinnatifide*, c'est-à-dire fendue
de sorte que l'arrangement de ses lobes rappelle celui des folioles
d'une feuille pennée. Si les entailles sont encore plus profondes et
pénètrent jusque non loin de la côte, les lobes deviennent des *partitions* (DC.); la feuille est alors *partagée* ou *partite*, désignation qui
entre dans la formation des mots composés ; ainsi une feuille divisée sur ses côtés comme une feuille pinnatifide, mais encore plus

profondément, est dite *pinnatipartite*. Enfin il est des limbes où les entailles pénètrent à peu près jusqu'à la côte, à ce point que souvent il serait difficile de reconnaître, sans le secours de l'analogie, s'ils sont composés ou seulement divisés très-profondément. A l'exemple de De Candolle, on dit ces feuilles *coupées* ou *disséquées ;* ce dernier mot entre dans la formation de dénominations composées ; ainsi l'on qualifie de feuille *pinnatiséquée*, celle qui est divisée sur le plan des feuilles pinnatifides et pinnatipartites, mais encore plus profondément.

Feuilles perforées. — Certaines feuilles se montrent naturellement traversées, dans leur limbe, par des perforations qui interrompent la continuité de leur tissu et qui tiennent à deux causes différentes : 1° dans celles de certaines plantes aquatiques de Madagascar, les *Ouvirandra*, dont deux espèces existent depuis peu de temps dans nos serres, la submersion déterminant la dénudation des nervures, a réduit l'organe entier à l'état d'une dentelle légère, à mailles régulières et rectangulaires ; 2° chez quelques Aroïdées (*Monstera Adansonii* Schott. ou *Dracontium pertusum* L.; *Scindapsus pertusus* Schott. ; *Pothos repens* H. P.), on remarque çà et là des trous ovales ou oblongs dont le grand axe est en général dirigé obliquement par rapport à la côte, et qui ont, en moyenne, de 2 à 4 centimètres de longueur. Longtemps on a pensé que ces perforations tenaient à ce que le parenchyme foliaire ne s'était pas développé sur ces points ; mais M. Trécul a reconnu que le limbe se forme d'abord parfaitement continu et imperforé ; qu'ensuite plus tôt ou plus tard apparaît, dans son épaisseur, une petite lacune autour de laquelle les cellules se décolorent, se multiplient même pour lui former des parois assez régulières. Puis les gaz s'accumulent dans ce vide qui boursoufle l'épiderme inférieur. Cet épiderme ne tarde pas à se déchirer ; après quoi l'altération gagne jusqu'à l'épiderme supérieur et dès lors la perforation est complète. Tant que la feuille croît, ce trou grandit aussi et il n'atteint ses dimensions définitives que lorsque cet organe est parvenu à l'état adulte. Il y a donc là, non pas défaut primitif de tissu, mais destruction tardive de ce tissu.

ARTICLE II. — STRUCTURE ANATOMIQUE DES FEUILLES.

Structure du pétiole. — Pour former une feuille il sort de la tige un ou beaucoup plus souvent trois faisceaux, quelquefois cinq ou même un plus grand nombre, selon que la base de cet organe

embrasse une portion plus ou moins étendue de la circonférence
de l'axe. Ces faisceaux se joignent bientôt, dans le pétiole, en une
seule masse qui, sur la section transversale de celui-ci, forme
l'ordinaire un arc, et qui parfois aussi, mais rarement, s'y montre
arrondie. Dans cette masse fibro-vasculaire on retrouve les différents éléments constitutifs de la tige : 1° une portion ligneuse, avec
ses fibres, ses vaisseaux, même ses rayons médullaires, et, à sa
limite supérieure, des trachées qui représentent l'étui médullaire ;
2° une portion corticale, libérienne et cellulaire, qui forme une gaîne
à la première, et qui est recouverte, à son tour, par l'épiderme.

Il est facile de comprendre la situation relative de ces éléments
constitutifs, en concevant qu'une portion des cylindres ligneux et
cortical s'est détachée de la tige et s'est en quelque sorte rabattue
pour aller former la charpente de la feuille. On sent que, par
l'effet de ce rabattement, les parties qui se trouvaient au centre
de la tige, comme la moelle et l'étui médullaire, doivent venir en
dessus, c'est-à-dire vers le côté supérieur du pétiole, tandis que
celles qui étaient placées vers l'extérieur, dans la tige, vont nécessairement se placer en dessous, et aussi en s'étendant davantage,
sur les côtés des premières.

La gaîne cellulaire qui entoure la portion fibro-vasculaire est
peu développée dans le pétiole, et de là vient que celui-ci forme
un prolongement grêle. D'un autre côté, le peu d'épaisseur de
cette enveloppe traduit à peu près à l'extérieur la configuration
de la masse fibro-vasculaire ; aussi le plus souvent le pétiole est-il
en dessus plan ou même plus ordinairement creusé d'une gouttière
ou canal, c'est-à-dire *canaliculé*; il est arrondi au contraire en
dessous. Cependant dans quelques végétaux il en est autrement ;
même le Tremble et d'autres Peupliers offrent un pétiole comprimé par les côtés, forme singulière qui explique l'agitation très-
facile de leurs feuilles par le moindre souffle de vent.

Structure ordinaire du limbe dans les plantes terrestres. —
Pour se faire une idée nette de la structure qu'offrent en général les feuilles minces, flottant dans l'air, il faut concevoir leur
limbe comme composé de deux lames d'épiderme, l'une à la face
supérieure, l'autre à la face inférieure, entre lesquelles s'étend le
tissu propre de l'organe. Ce tissu complexe, compris entre les deux
épidermes qui n'en sont que l'enveloppe protectrice, a été désigné par De Candolle, dans son ensemble, sous la dénomination
de *Mésophylle* (ou milieu de la feuille, de μέσος, placé au milieu,
et φύλλον, feuille). Ce que j'ai déjà dit, à propos des nervures,

montre que le mésophylle a pour base de sa composition la charpente fibro-vasculaire, c'est-à-dire les *nervures* de tous les degrés, et qu'il est complété par le *parenchyme*.

Les *nervures* n'étant que la continuation du pétiole en reproduisent l'organisation ; il n'y a donc rien de particulier à en dire ; seulement leur structure se simplifie, à proportion que leur ramification successive les rend plus ténues, et leurs derniers filets ou les veinules ne renferment généralement qu'une ou deux trachées à peine accompagnées de quelques cellules allongées.

Le *parenchyme* est la partie essentiellement active de la feuille ; c'est en lui que s'accomplissent les phénomènes de la vie de cet organe, que s'opèrent toutes les élaborations, que résident la chlorophylle et les diverses matières colorantes qui parfois se mêlent au vert ou même le remplacent. Quant aux nervures ou faisceaux fibro-vasculaires, outre qu'elles donnent au limbe sa configuration, elles sont la voie de la circulation et par conséquent elles ont aussi une importance considérable quoique d'un autre ordre.

Dans la grande majorité des cas, les cellules qui composent le parenchyme foliaire se présentent sous deux manières d'être entièrement différentes vers la face supérieure et vers la face inférieure de la feuille. Sous l'épiderme supérieur se trouvent deux ou trois couches de cellules plus ou moins oblongues (*pr*, fig. 133), dirigées perpendiculairement à cet épiderme, par conséquent aussi à la face supérieure, et serrées l'une contre l'autre de manière à ne laisser que peu de vides entre elles. A cause de cette disposition de ses cellules qui rappelle assez bien celle des pieux d'une palissade serrée, quelques auteurs allemands nomment ce tissu *parenchyme en palissade*. Vers la face inférieure de la feuille se trouve une masse celluleuse d'un tout autre caractère, dont les cellules sont fort irrégulières, prolongées en sortes de bras ou de rayons qui, se joignant aux bras analogues des cellules adjacentes, laissent entre eux des lacunes. Il en résulte un tissu

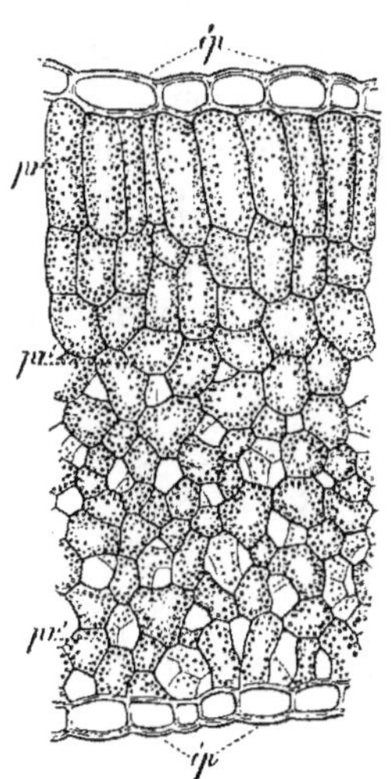

Fig. 133. — Coupe transversale de la feuille du *Pelargonium inquinans* Ait. menée dans l'intervalle entre deux nervures. — *ép*, *ép*, les deux épidermes ; *pr*, parenchyme supérieur ou en palissade ; *pr'*, parenchyme inférieur ou lacuneux.

pongieux, mélangé par conséquent d'une grande quantité d'air. Ce
arenchyme spongieux ou *lacuneux* (pr', fig 133), (parenchyme
averneux, Brong.) est habituellement d'un vert pâle, soit parce que
es cellules renferment moins de chlorophylle que celles du paren-
hyme supérieur, soit et principalement à cause des nombreuses
acunes dont il est creusé ; de là vient que cette différence de
cinte des deux parenchymes se traduisant à l'extérieur à travers
'épiderme incolore, la face inférieure des feuilles est presque tou-
ours plus pâle que la supérieure.

L'*épiderme* qui recouvre les deux faces du limbe est générale-
nent une couche unique de cellules aplaties en table et vides de
out corps solide, telle enfin que je l'ai fait connaître plus haut
voyez l'article premier du chap. IV, liv. I, p. 88 et suiv.). Sur cer-
aines feuilles, notamment celles qui sont fermes et coriaces, il
levient plus complexe et comprend deux ou même trois et très-
arement quatre couches de cellules superposées et intimement
nies. La forme des cellules épidermiques varie beaucoup d'une
euille à l'autre, et le plus souvent même sur la même feuille,
ux deux faces comparées entre elles, ainsi qu'aux différents points
l'une même face. Le cas le plus simple et le plus régulier est
elui des feuilles des Monocotylédons à nombreuses nervures longitudinales et parallèles. Sur ces feuilles les cellules de l'épiderme
nt la forme de rectangles plus ou moins allongés selon la longueur de l'organe et alignés en files dans le même sens. C'est ce
que montre la figure 134 qui représente l'épiderme de la Jacinthe.

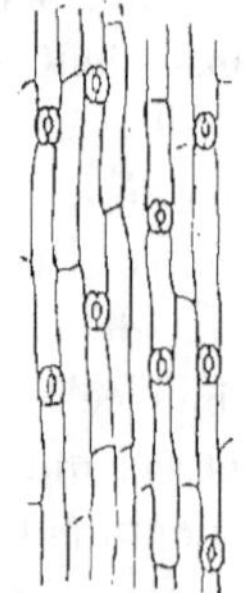

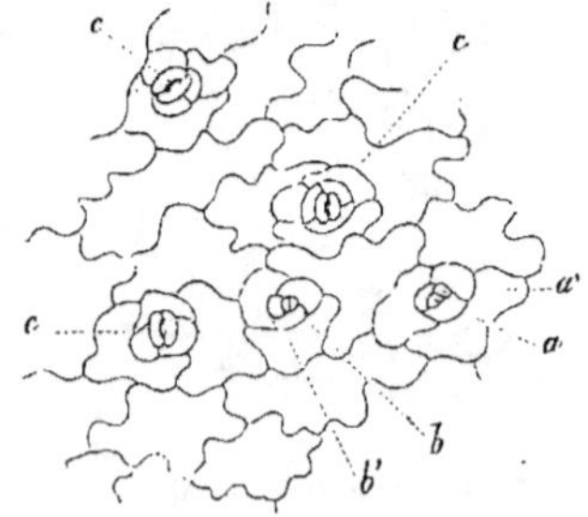

Fig. 134. — Lambeau d'épiderme pris sur la
feuille d'un Monocotylédon à nervures
parallèles, la Jacinthe d'Orient (*Hyacinthus
orientalis* L.), pour montrer ses cellules
rectangulaires allongées et en séries longitudinales.

Fig. 135. — Morceau d'épiderme de la feuille
du *Sedum Telephium* L. montrant ses cellules à contour sinueux et les stomates *c*.
Voyez, pour l'explication des autres lettres, figure 48 et page 103.

Le contour des cellules épidermiques devient, au contraire,

irrégulier et même très-sinueux dans la généralité des Dicotylédons, comme on le voit par la figure 135. Seulement il est essentiel de faire observer que, dans ce dernier cas, les cellules n'ont ce contour irrégulier et sinueux que dans les portions d'épiderme qui recouvrent du parenchyme, c'est-à-dire qui correspondent aux mailles du squelette fibro-vasculaire ; car celles qui correspondent aux nervures d'un ordre quelconque sont simplement allongées dans le sens de celles-ci, et une transition existe entre ces deux configurations différentes.

Un caractère important de l'épiderme foliaire consiste dans l'interposition de stomates entre certaines de ses cellules. Ces petits appareils, dont j'ai déjà étudié (voyez p. 101 et suiv.) l'organisation, le développement et la répartition générale, sont spécialement destinés à mettre le parenchyme foliaire en rapport avec l'air atmosphérique ; il résulte de cette destination qu'on les voit seulement compris dans les portions de l'épiderme qui correspondent à ce parenchyme, et qu'ils manquent à celles qui recouvrent les nervures ; il en résulte aussi que, sur les feuilles qui nagent à la surface de l'eau (ex. *Nymphæa*, *Nuphar*), l'épiderme supérieur en est seul pourvu comme étant seul en contact avec l'air. D'un autre côté, dans la majorité des feuilles, particulièrement chez les végétaux ligneux et vivaces, c'est l'épiderme inférieur qui porte les stomates, parce qu'il correspond au parenchyme lacuneux qui paraît être le plus actif pour les échanges de gaz de l'organisme avec l'atmosphère ; le supérieur en est entièrement ou presque entièrement dépourvu. Les plantes herbacées basses et à feuilles molles font exception à cette loi, leurs feuilles ayant souvent autant ou même quelquefois un peu plus de stomates à la face supérieure qu'à l'inférieure ; cependant le tableau que j'ai donné du nombre de ces petits appareils aux deux faces foliaires de 37 espèces de plantes (voyez p. 107) montre que beaucoup d'herbes rentrent, à cet égard, sous la loi générale.

L'épiderme inférieur se distingue encore parce qu'il porte toujours plus de poils que celui de la face supérieure, toutes les fois que les feuilles en possèdent ; on ne cite guère qu'une ou deux plantes (*Passerina hirsuta* L.) où le contraire ait lieu.

Déviations de la structure dominante. — Bien que, comme l'avait déjà montré M. Brongniart, dans son mémoire classique sur les feuilles [1], et comme d'autres observateurs l'ont encore

[1] Recherches sur la structure et sur les fonctions des feuilles. — *Ann. des sc. nat.*, 1re série, t. XXI, 1830.

établi plus récemment, la structure des feuilles présente dans ses détails d'assez nombreuses déviations de la structure que je viens de décrire et qu'on pourrait presque qualifier de normale, il m'est impossible, dans ces *Éléments*, de donner de ces déviations un exposé circonstancié. Je me bornerai donc à en citer un petit nombre d'exemples remarquables.

1° *Feuilles à parenchyme uniforme.* — Fréquemment chez les Monocotylédons et plus rarement chez les Dicotylédons, le parenchyme de la feuille se montre à peu près uniforme dans toute l'épaisseur de l'organe; en d'autres termes, on n'y distingue pas un parenchyme en palissade avec un parenchyme lacuneux. C'est ce qu'on voit, par exemple, sur la coupe transversale de la feuille de la Jacinthe (*Hyacinthus orientalis* L.) que représente la figure 156. Tout le mésophylle de cette feuille offre, en effet, soit autour des nervures, soit entre elles, un parenchyme à cellules arrondies, fort lâche et se disloquant même pour laisser des lacunes, dans l'intervalle qui sépare l'un de l'autre les faisceaux vasculaires.

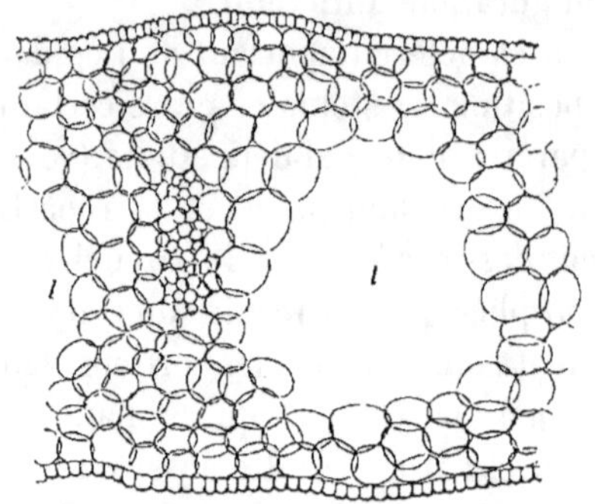

Fig. 156. — Portion de la coupe transversale d'une feuille de Jacinthe (*Hyacinthus orientalis* L.) montrant son parenchyme uniforme et, dans ce tissu, une lacune entière avec le commencement d'une seconde *ll*.

2° *Feuilles charnues.* — Les feuilles des plantes habituellement nommées *plantes grasses* se distinguent surtout par la grande quantité de parenchyme qu'elles renferment. Ce tissu est homogène, comme dans le cas précédent; mais les cellules qui le composent sont généralement grosses, assez serrées pour ne laisser entre elles que des méats peu considérables; en outre, elles ne renferment qu'une petite quantité de grains de chlorophylle.

3° *Feuilles à parenchyme vert isolé.* — Dans la généralité des feuilles, tout le parenchyme compris entre les deux épidermes renferme de la chlorophylle qui lui donne sa couleur verte; mais chez quelques plantes, on trouve au-dessous de chaque épiderme une épaisseur plus ou moins considérable de cellules incolores, et c'est seulement au centre de l'organe entier que se montre le parenchyme vert ou à chlorophylle qui est ainsi complétement isolé de l'épiderme. M. Trécul a vu cette organisation chez quelques *Begonia*[1] (*B. sanguinea*), et je l'ai observée aussi, avec une légère modification, chez le *Peperomia blanda* H. B. K.

4° *Feuilles des Orchidées.* — D'après les recherches de M. Trécul (*loco. cit.*), les plantes de la grande famille des Orchidées offrent, dans leurs feuilles, des structures diverses que ce botaniste rattache à trois types différents. Les unes ne se distinguent par rien de particulier des feuilles ordinaires ; certaines ne diffèrent de la structure habituelle que par le mélange de cellules spiralées à la masse du parenchyme qui est vert dans toute leur épaisseur ; d'autres enfin ont, comme dans le cas précédent, leur tissu vert en couche médiane séparée de l'un et l'autre épiderme par une épaisseur plus ou moins grande de parenchyme incolore ; mais le plus souvent le tissu incolore inférieur est en couche unique et à cellules spiralées, tandis que celui qui existe sous l'épiderme supérieur comprend sept ou huit assises de cellules dont quelques-unes seulement sont spiralées.

Structure des feuilles chez les plantes submergées. — Le séjour des plantes au milieu des eaux amène dans la structure de leurs feuilles des modifications importantes et surtout une grande simplification. Leurs nervures persistent, mais elles perdent leurs vaisseaux ; et quant au parenchyme, tantôt il disparaît, laissant les nervures soit libres et séparées avec une apparence de racines rameuses (voyez p. 305, fig. 106), soit réunies en réseau ou dentelle à mailles quadrilatères, comme dans la singulière et élégante feuille de l'*Ouvirandra fenestralis* Poir., de Madagascar ; tantôt il persiste et alors il revêt des caractères tout différents de ceux que nous lui connaissons dans les feuilles des végétaux terrestres. Toutefois il ne s'offre pas, chez toutes les espèces submergées, qui sont pourvues de fleurs ou *phanérogames*, avec l'uniformité qu'on lui attribue souvent. Bien que je ne puisse entrer à ce sujet dans de longs détails, j'en distinguerai deux types principaux et fort différents par tous leurs caractères.

1° *Feuilles submergées dans les eaux douces.* — Ce sont celles qu'on prend ordinairement pour exemple. Leur structure est des plus simples : elles manquent d'épiderme et par conséquent de stomates ; leur parenchyme se trouve donc à découvert ou, d'après M. Brongniart, il est seulement revêtu d'une mince couche cuticulaire ; aussi tout le monde est-il frappé de la rapidité avec laquelle se flétrissent et sèchent les plantes dont il s'agit quand

---

[1] *Bull. de la Soc. bot. de France*, t. II, 1855, p. 448.

ın les retire de l'eau. D'un autre côté, ces feuilles sont en géné-
·al fort minces et même, comme on le voit pour le *Potamogeton*
ʃui a fourni le sujet des figures 137 et 138, réduites quelquefois à

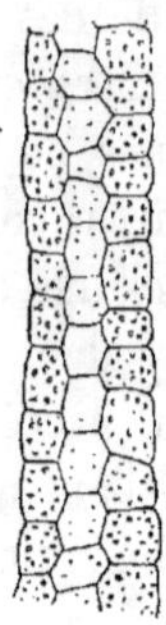

FıG. 137. — Coupe longitudinale
d'une feuille submergée du *Potamogeton natans* L.

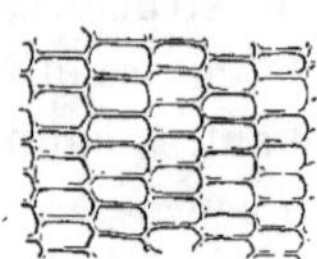

Fıg. 138. — Tissu d'une feuille submergée du *Potamogeton natans* L.
vu de face pour montrer la disposition de ses cellules en files longitudinales.

rois assises de cellules dont les parois sont minces et intimement
ınies entre elles, de manière à ne pas laisser de méats. Ces cel-
ules sont uniformes, courtes, et leur coupe est hexagonale, dans
es deux sens où on les voit ici. Elles ne renferment toutes que peu
le chlorophylle, et même celles que comprend la couche médiane
ıı sont presque dépourvues.

Ailleurs, avec une structure à fort peu près aussi simple, les
euilles des plantes submergées prennent plus d'épaisseur; alors
lles se creusent généralement de lacunes, sans communication
vec l'extérieur, qui ont pour effet immédiat de leur donner beau-
oup de légèreté.

2° *Feuilles submergées dans la mer.* — Les plantes phanéro-
·ames qui croissent au fond des mers forment la curieuse famille
es Zostéracées. Leurs feuilles, semblables, pour la plupart, à des
ubans étroits, sont parcourues dans leur longueur par des
ervures sans vaisseaux, égales et parallèles entre elles, qui
'anastomosent en arc à leur extrémité, et entre lesquelles il
xiste de nombreuses branches transversales de communication,
isposition que montre la figure 139, prise sur la feuille du *Cymo-
·ocea æquorea* Kœnig (*Phucagrostis major* Cavol.). Leur struc-
ure offre divers degrés de complication dont je figurerai trois
xemples, et elles ont, d'un autre côté, un caractère commun dans
ı présence à leur surface d'une couche de cellules entièrement
ıfférentes de celles du parenchyme sous-jacent, et qu'il semble

dès lors difficile de ne pas nommer épiderme. Contrairement à ce
qui a lieu pour les cellules épidermiques des plantes terrestres, qui
ne renferment jamais de chlorophylle, celles-ci en sont gorgées, de
telle sorte que la feuille leur doit ou entièrement ou presque
entièrement sa couleur verte. Dans le *Posidonia Caulini* Kœn.,
comme le montre la figure 140, tout le tissu compris entre les

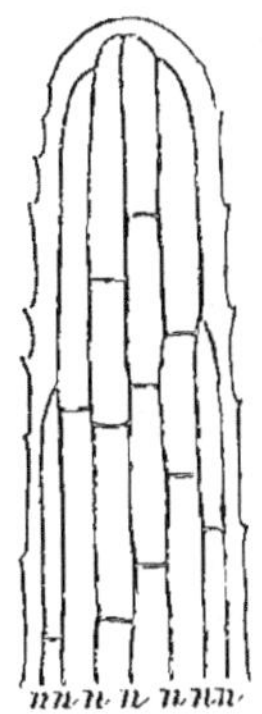

Fig. 139. — Extrémité grossie d'une feuille de
Cymodocea æquorea Kœnig, montrant les nombreuses branches d'union transversales qui existent entre ses nervures parallèles *n*, ainsi que la
terminaison de celles-ci par anastomoses en arc.

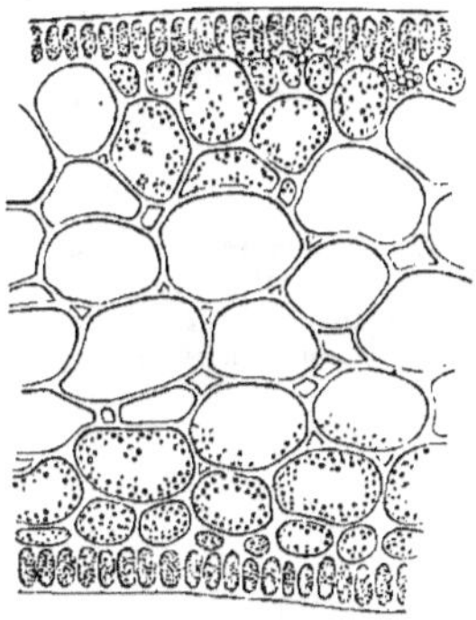

Fig. 140. — Coupe transversale d'une feuille
du *Posidonia Caulini* : *ép, ép*, épiderme
des deux faces, à cellules étroites et remplies de chlorophylle; *pr*, parenchyme à
grandes cellules.

deux épidermes, est un parenchyme lâche mais continu, à grandes
cellules dont les plus amples se trouvent au milieu de l'épaisseur
de l'organe. La feuille de la Zostère commune (*Zostera marina* L.)
dont la figure 141 représente une coupe transversale à partir d'un

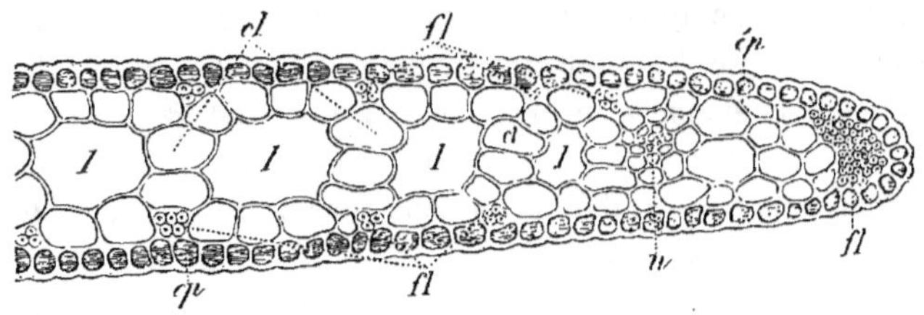

Fig. 141. — Coupe transversale d'une portion de la feuille de la Zostère (*Zostera marina* L.),
montrant la rangée de canaux aérifères *l, l, l, l*, dont elle est creusée, et que séparent des
cloisons *cl, cl*, formées d'une seule file de cellules. *n*, nervures; *ép*, épiderme; *fl*, faisceaux
de très-longues cellules libériennes.

bord, offre de plus que la précédente : 1° un grand nombre de
lacunes longitudinales ou canaux aérifères, *lll*, nettement circonscrites, que sépare l'une de l'autre une cloison fort mince, à un
seul plan de cellules *cl;* 2° immédiatement sous l'épiderme et

vis-à-vis des cloisons interlacunaires, de petits faisceaux de cellules très-longues et étroites, à parois fort épaisses, qu'on ne peut regarder que comme libériennes. — Enfin le *Cymodocea æquorea* Kœnig, dont on voit, sur la figure 142, une feuille cou-

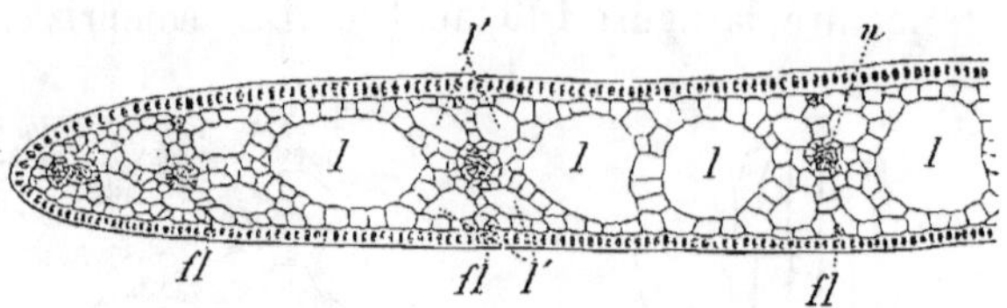

Fig. 142. — Coupe transversale d'une portion de la feuille du *Cymodocea æquorea* Kœnig, montrant qu'elle est creusée non-seulement d'une rangée médiane de grands canaux à air *l l l*, mais encore de deux autres rangées de canaux plus petits *l' l' l'*, qui sont placés par paires dessus et dessous nervures *n*; *fl*, faisceaux de cellules libériennes.

pée transversalement à partir d'un bord, a plus d'épaisseur que celle de la Zostère. On y remarque deux ordres de lacunes : les unes, *ll*, grandes, occupant le milieu de l'organe entier et situées entre les nervures *n*; les autres beaucoup plus petites, *l'l'*, creusées par paires, presque sous l'épiderme, dans les épaisses cloisons qui renferment les nervures. On y voit aussi de petits faisceaux libériens sous-épidermiques, *fl*, mais moins nombreux et placés uniquement vis-à-vis des nervures. Cette dernière feuille offre donc la structure la plus complexe des trois que j'ai signalées.

ARTICLE III. — PHYSIOLOGIE DES FEUILLES.

Les feuilles remplissent, au milieu de l'atmosphère, un rôle physiologique d'une importance majeure pour la plante : 1° elles sont l'agent principal d'un échange continuel de gaz entre elle et l'atmosphère, phénomène qui constitue la *respiration*; 2° elles versent dans le milieu ambiant, et sous forme presque toujours de vapeur, l'excès de l'eau qui avait été puisée dans le sol comme dissolvant des matières nutritives et qui s'est élevée jusqu'à elles à travers l'axe entier, en formant la base du liquide nourricier appelé *séve*, fait physiologique nécessaire à la végétation, qu'on a nommé *transpiration* et que certains botanistes ont appelé *évaporation*, parce qu'ils l'ont regardé comme purement physique; 3° elles sont le siége de divers phénomènes de mouvement dont le plus général a été poétiquement comparé au repos nocturne des animaux et a été désigné, pour ce motif, sous le nom de *sommeil des plantes*; 4° enfin, chez certaines espèces, les feuilles sont douées d'une irritabilité surprenante qui détermine en elles des mouvements bien faits pour étonner chez des êtres inanimés. D'un autre côté, les feuilles, comme tous les organes, passent, dans le cours de leur existence, par des phases successives : elles naissent, s'accroissent et meurent pour tomber finalement. On voit par là que leur étude physiologique doit être faite à divers points de vue successivement ; cet article sera donc divisé en plusieurs paragraphes. Seulement, comme la respiration et la transpiration n'appartiennent pas exclusivement aux feuilles, qu'elles font essentiellement partie d'un ensemble de phénomènes, dont le résultat total est la végétation, et qui me semble devoir être étudié dans sa généralité, j'en renverrai l'examen au chapitre qui aura trait à la végétation en général.

§ 1. — Vie de la feuille.

Comme tous les organes des plantes, la feuille naît, s'accroît pour parvenir à des dimensions qu'elle ne doit plus dépasser, reste plus ou moins longtemps sous la forme et dans les proportions qui caractérisent son état adulte, et dépérit enfin jusqu'à sa mort qui marque le moment de sa chute. Dans cet enchaînement de phénomènes qui s'accomplissent, en général, dans le cours d'une seule période végétative annuelle, trois points surtout sont importants à considérer : sa naissance, la marche de son accroissement et sa chute. Examinons-les successivement.

1. **Naissance des feuilles.** — Pour l'observer commodément, il faut isoler, afin de l'examiner sous le microscope, l'extrémité d'une tige ou de l'une de ses ramifications lors de son entrée en activité végétative, au printemps. On voit très-bien alors que cette extrémité forme un cône plus ou moins élancé, émoussé à son sommet qui est entièrement parenchymateux, très-délicat, et qui constitue le point végétatif. Sur les côtés de ce cône se montrent de petits mamelons formés aussi d'un tissu cellulaire d'une grande délicatesse, dont les supérieurs, situés à un niveau très-peu éloigné de la sommité, sont à peine proéminents et arrondis, tandis que les autres deviennent de plus en plus saillants et de plus en plus élargis dans le sens transversal à mesure qu'ils se trouvent plus éloignés du même sommet. Chacun de ces mamelons est une feuille extrêmement jeune ; or, on conçoit sans peine que, comme c'est le point végétatif qui les produit successivement, à proportion qu'il se développe lui-même, ceux qui sont situés le plus près de lui ont pris naissance en dernier lieu. C'est seulement lorsque les feuilles

orment déjà sur l'axe une saillie notable que leur tissu, d'abord
homogène, commence, vers leur ligne médiane, d'allonger ses cel-
ules et que bientôt y apparaissent, à partir de la base, des vaisseaux dont les premiers sont des trachées et des vaisseaux annelés.
En même temps elles se dégagent de plus en plus de l'axe, et leur
orme se dessine, puis se complète ; en un mot, elles passent par
es diverses phases de leur développement que je dois maintenant
examiner.

II. **Développement des feuilles.** — Ce sujet intéressant a été,
pour divers botanistes, dans ces dernières années, l'objet de recherches et d'observations attentives. Parmi les travaux les plus
importants et les plus instructifs que ces études aient valus à la
science, je citerai particulièrement ceux de MM. Steinheil [1], Mercklin [2], Trécul [3], Schacht [4], Wretschko [5], etc. Ces botanistes, particulièrement les trois derniers, nous ont appris que la marche générale
de l'accroissement s'opère, dans les feuilles, d'après deux marches
différentes dont l'une est beaucoup plus fréquente que l'autre ; le
plus souvent, en effet, le petit mamelon qui indique une feuille
naissante n'est pas autre chose que le sommet de l'organe qui commence dès cet instant à se développer ; mais ce sommet passe presque
aussitôt à l'état inerte, et toutes les productions de nouveaux tissus,
grâce auxquelles la feuille s'organise et s'accroît, ont lieu de
plus en plus loin de lui, à la base de cet organe. Il en résulte que
la feuille grandit en soulevant de plus en plus haut ses parties déjà
existantes, absolument comme si, existant dans l'intérieur même
de la tige, elle était poussée peu à peu au dehors ; ses points les
plus âgés sont donc le sommet et les parties adjacentes ; réciproquement la base en est la partie la plus récente. La formation en
a donc été, dans ce cas, *basilaire*, ou, pour employer l'expression
proposée par M. Trécul, *basipète* (basim petens, se dirigeant vers
la base), puisqu'elle a marché constamment du sommet vers la base.

Ailleurs, la marche de l'accroissement est inverse. Le foyer
l'activité, grâce auquel la feuille forme ses nouveaux tissus, occupe
a partie supérieure ; c'est donc à cette partie supérieure que se

[1] Observations sur le mode d'accroissement des feuilles (*Ann. des sc. nat.*, 1837,
VIII, pp. 257-304).

[2] Zur Entwickelungsgeschichte der Blattgestalten ; in-8 de 92 pages ; Iéna, 1846 ;
rad. abrég. dans *Ann. des sc. nat.*, 1846, VI, pp. 215-246, 2 pl.

[3] Mém. sur la formation des feuilles (*Ann. des sc. nat.*, 1853, XX, pp. 183-190,
35-300, avec 6 planches).

[4] Lehrbuch, t. II, 1859, p. 104 et suiv.

[5] Sitzungsberichte, 1864, p. 257-280, 2 pl. ;

trouvent les portions les plus jeunes de cet organe, et par conséquent aussi c'est à son extrémité opposée, c'est-à-dire à sa base, qu'il faut chercher les portions formées en premier lieu. Comme on le voit, le développement procède essentiellement dans ce cas de la base vers le sommet ; il est donc *basifuge* (basim fugiens, s'éloignant de la base), pour employer la nomenclature de M. Trécul.

Jusqu'à M. Mercklin inclusivement, les botanistes n'avaient observé et n'admettaient par conséquent que le premier de ces deux modes d'accroissement (basilaire ou basipète) ; seulement certains d'entre eux, notamment A. de Jussieu, avaient cru reconnaître dans certaines feuilles composées une exception à cette loi générale. C'est à M. Trécul que revient le mérite d'avoir prouvé que ce qui ne formait à leurs yeux que de rares exceptions, c'est-à-dire le développement basifuge, appartient à de nombreuses espèces végétales et constitue un type bien caractérisé.

Apparition successive des folioles et lobes. — Pour reconnaître qu'un limbe de feuille se forme d'après l'un ou l'autre des deux modes que je viens d'indiquer, les folioles des feuilles composées et les lobes ainsi que les dents des feuilles simples fournissent des points de repère excellents qui rendent l'observation concluante. Si, par exemple, on suit le développement d'une feuille pennée d'une Rosacée, soit d'un Rosier, soit d'une Sanguisorbe ou d'une Pimprenelle, on la voit de très-bonne heure former dans son ensemble un petit corps assez allongé, creusé en gouttière à sa face interne, et dont la base élargie embrasse le jeune axe qui le porte. Ce corps est le pétiole commun ; supérieurement il se termine par une saillie impaire, au-dessous de laquelle se produisent successivement, à ses deux bords, un certain nombre d'autres saillies ou de festons d'autant plus petits qu'ils sont situés plus bas. Chacun de ces festons est une foliole naissante qui peu à peu grandira, se dégagera et arrivera à sa forme définitive. Or le feston qui représentait la foliole impaire est apparu le premier et a toujours été le plus avancé ; les autres se sont montrés après lui, d'autant plus tard qu'ils en étaient plus éloignés, et les folioles qui sont provenues de chacun d'eux ont gardé le même ordre d'accroissement ; la formation première et le développement ont donc marché du haut vers le bas ; ils ont donc été basipètes.

Nous observerions ce même ordre dans les feuilles digitées, comme celle du Marronnier d'Inde et les analogues, tandis que nous verrions apparaître les folioles dans l'ordre inverse, c'est-à-dire les inférieures les premières et les autres successivement de bas en haut dans les feuilles pennées de beaucoup de Légumineuses, comme le *Galega*, le *Robinier Faux-Acacia*, etc., et aussi dans les *Mahonia*, les *Spiræa Lindleyana*, *sorbifolia*, etc. Ces derniers végétaux offrent donc des exemples de la formation basifuge pour les feuilles composées.

Quant aux feuilles simples, ce sont leurs lobes ou leurs dents qui apparaissent sous la forme de petits festons des deux côtés d'un corps étroit et allongé qui s'est produit le premier et qui constitue leur côte. Or ces festons se dessinent soit à partir du sommet de la jeune feuille pour aller vers sa base, dans les feuilles à nervures pennées qui appartiennent à la majorité de nos arbres, comme le Bouleau, l'Aune, les Saules, etc., soit à partir de la côte et du lobe médian, dans les feuilles à nervures palmées, comme pour les Érables, les *Geranium*, la Vigne, etc., ou bien, au contraire, à partir de la base pour s'élever vers le sommet, comme dans le Tilleul. Donc la formation est basipète pour les premiers et basifuge pour le dernier.

Développement ultérieur. — L'ordre de formation première des feuilles et de leurs diverses parties détermine celui qu'elles suivent dans le cours de leur développement ultérieur.

Ainsi, pour celles dont la formation a marché du sommet vers la base, les parties supérieures du limbe, quand elles sont simples, les folioles supérieures, si la feuille est composée, atteignent les premières leur état définitif, tandis que c'est l'inverse qui a lieu chez celles dont la formation a procédé du bas vers le haut. Cependant il est à cette règle générale quelques légères modifications d'une importance secondaire et que je ne puis exposer ici.

Époque de l'apparition des stipules, de la gaîne et du pétiole. — Dans son mémoire sur le développement des feuilles, M. Mercklin posait comme un principe général que le limbe des feuilles et le sommet de leur pétiole prennent naissance avant les stipules et la partie inférieure du pétiole. Ce principe a été reconnu inexact par les observateurs postérieurs. Ainsi M. Trécul dit, et Schacht confirme l'exactitude de ses énoncés, que, lorsque les feuilles sont pourvues de stipules, celles-ci naissent de très-bonne heure, avant même que de légers festons aient indiqué les différentes folioles ou les divers lobes.

Il existe même des feuilles qui, dans leur première jeunesse, possèdent des stipules fort développées proportionnellement au limbe, et dans lesquelles ces organes ne tardent pas à s'arrêter dans leur accroissement, d'où il résulte que plus tard ces feuilles ne montrent pas de stipules visibles ou n'en conservent que des vestiges peu appréciables. C'est ce que M. Krause a reconnu avoir lieu pour diverses Crucifères ; j'ai pu moi-même reconnaître la parfaite exactitude de ses observations ; enfin M. Norman a constaté le même fait dans 72 genres de cette famille. — Quant à la gaîne, c'est toujours elle, d'après M. Trécul, qui se montre la première ; enfin le pétiole se dessine, dans les feuilles simples, lorsque le limbe ayant déjà atteint quelque largeur, sa base se rétrécit pour le former, tandis que nous avons vu que, dans les feuilles composées, c'est du pétiole commun qu'émanent les folioles auxquelles par conséquent celui-ci est antérieur.

Une fois que le pétiole est nettement accusé, il s'allonge en général rapidement et surtout dans sa portion supérieure ; dès lors il est déjà stationnaire ou à peu près à sa base lorsque, dans le haut, il subit encore une élongation considérable ; aussi, lorsqu'on divise sa longueur en parties égales par des points uniformément espacés, voit-on les inférieurs ne s'écarter ensuite que faiblement, tandis que les supérieurs subissent peu à peu un espacement considérable.

Formations mixte et parallèle (Trécul). — Les deux types de formation que je viens de signaler comme généraux dans les feuilles peuvent se combiner entre eux, de sorte, par exemple, que les lobes d'un limbe se forment en commençant à partir du sommet ou d'après le type basipète, et que la nervure qui parcourt chacun d'eux produise ses ramifications successivement de la base au sommet, c'est-à-dire d'après le type basifuge. C'est ce que M. Trécul croit devoir regarder comme un type spécial qu'il nomme *formation mixte.* Enfin cet observateur a distingué encore une *formation parallèle* comme existant chez des feuilles dont toutes les nervures ou les folioles se forment parallèlement. La formation mixte ne résultant que de combinaisons diverses des deux types fondamentaux ne me semble pas constituer un type distinct, et quant à la formation parallèle, qui appartient essentiellement aux Monocotylédons, on peut n'y voir qu'une simple modification des deux premiers types qui, en dernière analyse, semblent seuls mériter d'être conservés.

III. **Mort et chute des feuilles.** — Dès qu'une feuille est arrivée à son développement complet, elle consolide et raffermit ses tissus ; son activité physiologique diminue, ensuite sa couleur s'altère et subit même, dans certains cas, un changement complet ; enfin en général elle se dessèche visiblement et dès lors elle ne tarde pas à tomber.

Couleur automnale des feuilles. — C'est, pour la plupart des végétaux et dans nos contrées, l'arrivée de l'automne qui marque le moment des changements notables qui annoncent et précèdent immédiatement la chute des feuilles. Alors la plupart d'entre elles jaunissent d'abord pour arriver bientôt à cette teinte bien connue qu'on appelle vulgairement *feuille morte.* Quelques-unes (Bouleaux, Peupliers) restent jaune-clair ; d'autres rougissent ou passent même à ce rouge très-vif qui rend alors si remarquable le *Cissus* à cinq feuilles que tout le monde connaît sous son nom vulgaire de Vigne-vierge. Dans la Vigne, la coloration automnale est en rapport avec la couleur du fruit, de telle sorte que les variétés à fruits rouges ou noirs, comme on les appelle ordinairement, rougissent à partir des bords, tandis que celles à fruit blanc deviennent jaunes ou ne rougissent que faiblement. Les tons chauds et variés que prend ainsi le feuillage des arbres avant sa chute donnent au paysage une merveilleuse beauté qui fait du commencement de l'automne l'époque chère aux artistes.

Durée des feuilles. — Les feuilles naissent en général au printemps et tombent à l'automne. On les désigne, dans ce cas, par l'épithète de *tombantes ;* mais il en est aussi qui restent fort peu de temps sur la plante et qu'on qualifie, pour ce motif, de *caduques,* tandis que d'autres, au contraire, y restent attachées plus long-temps, parfois même pendant trois et quatre années ou plus encore, ce qui justifie la qualification de *persistantes* par laquelle on les désigne. — Parmi ces dernières, il existe deux catégories distinctes ; en effet, on voit chez quelques arbres, tels que nos Chênes, les feuilles sécher et jaunir à l'automne, puis rester en place jusqu'au printemps suivant ou du moins ne tomber qu'en partie pendant l'hiver. On peut leur appliquer l'épithète de *marcescentes,* par laquelle on désigne les parties des plantes qui se flétrissent sans tomber, et réserver celle de *persistantes* pour les feuilles qui restent vertes et fraîches pendant un ou plusieurs hivers et qui caractérisent les arbres et arbustes *toujours verts* (arbores et frutices sempervirentes).

Influence du climat sur la chute des feuilles. — Dans les climats tempérés et froids, c'est l'automne et par conséquent l'arrivée des premiers froids qui amène la chute des feuilles, et là le nombre des espèces à feuilles persistantes est très-faible ; aussi les campagnes y prennent-elles, dès cet instant, l'aspect triste et nu qu'elles conserveront pendant tout l'hiver. A mesure que le climat devient plus doux, la proportion des végétaux toujours verts devient aussi plus considérable, et la chute des feuilles, pour ceux qui les perdent annuellement, diminue en régularité ou du moins tend à s'échelonner sur un espace de temps beaucoup plus étendu. Ainsi déjà dans nos départements méditerranéens et dans le midi de l'Europe, l'Olivier sur les terres cultivées, les Chênes verts dans les forêts et dans le reste du pays différentes espèces toujours vertes, amoindrissent notablement la nudité des campagnes pendant la mauvaise saison. Ainsi surtout, d'après les observations publiées récemment par M. Sagot, dans les îles Canaries, les feuilles de la Vigne et de nos arbres fruitiers ne tombent que lentement, presque l'une après l'autre, de telle sorte qu'à peine ont-elles fini de tomber lorsque apparaissent les nouvelles, et il arrive même assez souvent que ces végétaux ne sont jamais entièrement dénudés. Enfin, dans les contrées encore plus chaudes, la végétation n'éprouve pas d'interruption hivernale, et si parfois les forêts d'arbres à feuilles tombantes s'y dépouillent, à la manière des nôtres pendant l'hiver, comme dans les bois appelés *Catingas* au Brésil, c'est uniquement pendant la période sèche de l'année, et par conséquent au cœur de l'été.

Deux sortes de chutes des feuilles. — Les feuilles se séparent du végétal qui les portait de deux manières différentes : les unes se détachent nettement, comme s'il existait entre leur base et la petite console saillante ou *coussinet* (pulvinus) qui les supporte une véritable articulation ; aussi les dit-on *articulées* à leur base ; telles sont celles de tous nos arbres et arbustes à feuilles tombantes. Les autres se détruisent plutôt qu'elles ne tombent, et lorsque, mortes et plus ou moins désorganisées, elles se détachent, elles laissent adhérente à l'axe la portion inférieure de leur pétiole qui se détruit peu à peu sur place, dans un espace de temps plus ou moins long. Pour exprimer cette manière d'être, on dit qu'elles sont *continues* à leur base. Les Palmiers montrent avec toute la netteté possible comment les choses se passent dans ce dernier cas ; sur leur tige, à partir des feuilles encore fraîches et vivantes qui la couronnent, on voit d'abord en place un long fragment du pétiole de celles qui sont tombées depuis peu ; puis les restes des feuilles tombées depuis un espace de temps de plus en plus long se montrent à des niveaux inférieurs, et eux-mêmes sont devenus de plus en plus courts en raison du temps pendant lequel les agents atmosphériques ont exercé sur eux leur action destructive. Enfin toute la partie inférieure de la tige âgée est nue et lisse, parce que là tout vestige de feuilles a finalement disparu.

Mécanisme de la chute des feuilles. — C'est seulement pour les feuilles dites improprement articulées qu'il y a intérêt évident à rechercher ce qui amène la séparation et la chute. Depuis long-temps on a tâché de reconnaître ou tout au moins d'expliquer ce qui détermine ce fait remarquable ; mais on n'a pendant longtemps exprimé à cet égard que des idées hypothétiques, et c'est seulement dans ces dernières années que les observations attentives de Schacht, de M. Mettenius et surtout de M. Hugo v. Mohl ont donné sur ce sujet des notions précises et positives.

Duhamel pensait qu'entre la base de la feuille et la tige il exis-tait une couche de tissu herbacé que le froid désorganisait, et qu'en outre la tige, continuant de grossir tandis que la feuille res-tait stationnaire, il en résultait un tiraillement qui rompait les faisceaux fibro-vasculaires et faisait cesser ainsi l'union des deux organes. Mustel avait l'idée très-bizarre que les feuilles, étant gor-gées de sucs à l'automne, parce qu'elles ont cessé de perdre de l'eau par la transpiration, subissent de la part de la séve qui arrive en grande abondance dans la tige une forte pression qui les dé-tache. D'un autre côté, Murray pensait que le bourgeon qui se trouve à l'aisselle de chaque feuille augmentant de volume, presse contre la base de celle-ci, empêche par cela même la séve d'y arriver, et la fait ainsi d'abord mourir, puis tomber. Gérard Vrolik, en 1796, a dit que la feuille meurt parce que tout organe doit ar-river à ce terme extrême, et qu'alors elle tombe parce que, entre la base de cet organe mort et la tige qui est pleine de vie, une couche de tissu est résorbée de manière à détruire l'adhérence qui exis-tait entre les deux. L'observation ne confirme pas cette idée théorique.

Des auteurs plus modernes ont cherché dans les dispositions anatomiques la cause d'un fait qui était resté jusqu'alors inex-pliqué. Le premier dont les observations aient paru mériter quelque confiance est Link, qui avança qu'au point où doit se faire la rup-ture se trouve un plan de cellules dirigées autrement que les adja-centes et dont, ajouta De Candolle, le dessèchement détermine une solution de continuité. Schacht, généralisant trop des faits ob-servés chez quelques plantes, attribue la chute des feuilles à ce que, au moment où elle va avoir lieu, il se produit entre le cous-sinet et le pétiole une couche de tissu subéreux ou de périderme qui rend impossible l'arrivée de la séve dans ces organes, et par conséquent en amène la mort. M. Mettenius a reconnu que, chez les Fougères, et il a constaté que les mêmes faits se montrent chez les Dicotylédons, il se produit, entre le coussinet et la base du pétiole, une couche de parenchyme délicat qui, mourant peu après, amène une sorte de désarticulation entre les deux parties qu'elle unissait.

Cette observation a été reconnue parfaitement exacte par M. H. v. Mohl, qui a suivi avec soin toute la série de ces phénomènes. D'après les observations de ce savant, tandis que la feuille qui doit bientôt tomber se dessèche plus ou moins, le coussinet, dans l'épaisseur duquel doit se faire la rupture, reste frais, de sorte que la fente, qui détachera cette feuille et l'isolera, s'opérera au milieu même d'un tissu frais et vivant. En travers de ce renflement basilaire, on remarque alors une couche transversale de cellules, plus transparentes que leurs voisines, contenant de l'amidon qui manque dans les autres cellules du même renflement, offrant en outre à leur intérieur des matières albuminoïdes, mucilagineuses, ayant en un mot tous les caractères qui distinguent un tissu de formation récente. C'est cette couche cellulaire qui est l'agent essentiel de la séparation de la feuille d'avec la branche, parce que ses cellules ne tardent pas à se dissocier et en quelque sorte à se décoller les unes des autres; aussi M. H. v. Mohl la nomme-t-il *couche séparatrice*. Elle se produit fort peu de temps avant que la feuille doive tomber, et, commençant du côté de l'aisselle, elle s'étend peu à peu vers le côté opposé ou extérieur. La dissociation de ses cellules produit nécessairement une fente transversale en travers du coussinet; cette fente n'entame que les parties cellulaires, de telle sorte que les faisceaux vasculaires restent d'abord intacts; mais trop faibles pour soutenir la feuille, ils sont bientôt rompus mécaniquement. — Souvent, comme l'avait bien vu Schacht, une assise de périderme s'étend aussi sous la couche séparatrice, entre l'écorce de la tige et la feuille; seulement ce fait n'est pas général.

On voit donc que les feuilles tombent non pas précisément parce qu'elles sont mortes et inertes, mais parce qu'il se produit, pour cet effet, à leur base, une couche spéciale de cellules qui bientôt se séparent les unes des autres, particularité fort remarquable que le savant professeur de Tubingue a retrouvée à la base de toutes les parties de plantes qui se détachent par une sorte de désarticulation.

§ 2. — Mouvements des feuilles.

Les feuilles de diverses plantes ont la faculté d'exécuter des mouvements dont les uns sont une dépendance de la marche naturelle de la végétation, tandis que les autres sont déterminés par une action extérieure venant mettre en jeu une faculté qui leur est propre. Parmi les premiers, je rangerai le *sommeil* de ces organes et les mouvements de l'*Hedysarum gyrans* L. ; je classerai parmi les seconds le *retournement* ainsi que les remarquables phénomènes que présentent la Gobe-mouche et la Sensitive.

† *Sommeil des feuilles.*

En quoi il consiste. — Il est peu de personnes qui n'aient eu occasion de remarquer combien les feuilles de certaines plantes

Fig. 143. — Portion de tige feuillée de *Cassia floribunda* Cavan., dans son état de veille, pendant le jour.

Fig. 144. — Portion de tige feuillée de *Cassia floribunda* Cavan., vue dans son état de sommeil, pendant la nuit.

diffèrent de position dans le milieu de la journée comparativement au grand matin ou au soir, aux approches de la nuit. Le Robinier Faux-Acacia et les Casses de nos jardins sont des espèces qu'on a souvent occasion de voir et chez lesquelles cette différence est fort apparente. On peut du reste en prendre une bonne idée par la comparaison des deux figures 143 et 144 qui représentent un fragment de tige feuillée du *Cassia floribunda* Cavan., représentée telle qu'elle se montre, pendant le jour par la figure 143, et pendant la nuit par la figure 144. On voit que, dans le premier de ces états, les folioles sont étalées dans chaque feuille, sur un même plan horizontal, tandis que dans le second, elles sont rabattues et pendantes. C'est à cette position nocturne des feuilles résultant d'un mouvement qui se produit à l'approche de la nuit et dont l'effet est effacé par un mouvement inverse, le lendemain matin, que Linné a donné le nom de *Sommeil* des feuilles. Cette assimilation est plus poétique que fondée ; car le sommeil des animaux est caractérisé par la flaccidité des organes du mouvement, tandis que les feuilles sont maintenues dans leur état de sommeil par une roideur très-prononcée, et se meuvent même pour prendre leur position nocturne avec une force que M. Dassen a pu mesurer par l'expérience suivante. Les folioles de la Fève des jardins se relevant pendant la nuit, ce botaniste plaça aux deux tiers de la longueur de la côte de l'une d'elles un poids de 2 grains (10 centigr. 6), qui fut enlevé sans difficulté. Une foliole semblable n'enleva que lentement un poids de 4 grains (21 centigr. 2), placé de la même manière et ne put même se relever entièrement; d'où ce physiologiste conclut que la force moyenne qui élève les folioles de cette plante jusqu'à leur situation nocturne est égale à trois grains (15 cent. 9).

Découverte du sommeil des feuilles. — On fait remonter la découverte de ce phénomène à Valerius Cordus, qui l'observa en 1581, chez la Réglisse, ou même à Garcias de Horto qui le remarqua dès 1567, dans l'Inde, sur les feuilles du Tamarinier (*Tamarindus indica* L.); mais en réalité c'est Linné qui en a fait le premier la constatation précise, étendue à diverses espèces, et c'est à lui qu'on doit le premier mémoire spécial sur ce sujet intéressant. Cet immortel botaniste fut conduit accidentellement à ses observations sur les positions des feuilles pendant la nuit.

Il avait reçu de Sauvages, professeur à Montpellier, un pied de *Lotus ornithopodioïdes* L. qui vint à fleurir dans une serre du jardin d'Upsal. L'ayant examinée pendant le jour et ayant eu occasion de retourner de nuit dans la même serre, il fut péniblement surpris de ne plus en voir la fleur. Il crut qu'elle avait été enlevée par mégarde et il ne revint de son erreur que lorsqu'elle devint de nouveau visible le lendemain. Ce ne fut que le troisième soir qu'il reconnut que la disparition de cette fleur pendant la nuit tenait à ce que les feuilles voisines se serraient autour d'elle pour l'abriter et la cacher. Il chercha si le même fait se produisait chez d'autres plantes, et il réunit ainsi les observations dont il a consigné les résultats dans sa dissertation intitulée : *Somnus lantarum* (Sommeil des plantes). Il donna même, dans ce travail, une classification des diverses positions qu'il avait reconnues pour les feuilles d'un grand nombre de plantes.

Je me contenterai de présenter ici, d'après lui, et d'après De Candolle, sous la forme de tableau synoptique, l'énumération de ces positions.

Diverses positions des feuilles pendant la nuit.

Feuilles simples	*face à face* (folia conniventia), feuilles opposées, se relevant pour se toucher par la face supérieure; exemple : *Atriplex*. *enveloppantes* (f. includentia), feuilles alternes, se relevant et s'arquant pour envelopper la tige; ex. : *Sida*. *en entonnoir* (f. circumsepientia), différant des précédentes parce que leur portion supérieure s'écarte de la tige, en entonnoir; ex. : Mauve du Pérou. *protectrices* (f. munientia), se déjetant en bas; ex. : *Impatiens noli tangere*.
Feuilles composées trifoliolées	*en berceau* (f. involventia), folioles redressées et venant se toucher par le sommet seulement; ex. : Trèfle incarnat. *divergentes* (f. divergentia), folioles redressées et divergeant dans leur moitié supérieure; ex. : Mélilots. *pendantes* (f. dependentia), folioles rabattues de manière à se toucher par leur face inférieure; ex. : *Oxalis*.
Feuilles composées pennées	*dressées* (f. conduplicantia), folioles redressées au-dessus du pétiole commun, pour se toucher par les faces supérieures; ex. : *Colutea*. *rabattues* (f. invertentia), folioles rabattues pour se toucher par les faces inférieures; ex. : *Cassia* (fig. 144). *imbriquées* (f. imbricantia), folioles couchées le long du pétiole commun, vers son sommet; ex. : *Mimosa* (fig. 145). *rebroussées* (f. retrorsa), folioles couchées le long du pétiole et vers sa base; exemple unique : *Tephrosia caribæa*.

Ce tableau ne renferme, à la dernière près, que les positions observées et nommées déjà par Linné; or ce botaniste n'avait tenu compte que des mouvements exécutés par le limbe des feuilles simples et les folioles des feuilles composées. M. Dassen a reconnu que les pétioles, dans ces dernières, ont aussi leurs mouvements propres, et de là il a établi les distinctions suivantes :

1° La plupart des feuilles n'ont qu'un seul et unique mouvement : elles se relèvent, se rabattent, etc., comme l'indique le tableau ci-dessus. 2° D'autres exécutent deux mouvements distincts; leur pétiole commun tantôt s'élève, tandis que leurs folioles s'abaissent, comme dans les casses (fig. 144), tantôt s'abaissent, les feuilles s'abaissant aussi (ex. : *Amorpha fruticosa* L.), ou se portant en avant (ex. : *Gledistchia*). Ces diverses feuilles sont au premier degré de composition. 3° Les feuilles plus composées peuvent réunir trois mouvements différents; ainsi, dans la Sensitive, le pétiole commun s'abaisse, les pétioles secondaires se rapprochent et les folioles se relèvent en dessus de ces derniers en s'imbriquant, comme le montre la figure 145 qui représente une feuille entière de cette plante dans sa position nocturne.

Causes présumées du sommeil des feuilles. — On sent que les hypothèses n'ont pas dû manquer pour l'explication du remarquable phénomène qui nous occupe. 1° Bonnet supposait que l'une des faces de la feuille étant contractée par la sécheresse, tandis que l'autre éprouvait le même effet de la part de l'humidité, l'effet de ces contractions antagonistes était la différence de position de cet organe, pendant le jour, sous l'influence d'un air sec, pendant la nuit, sous celle d'un air humide. Il avait même exécuté une feuille artificielle qui était destinée à

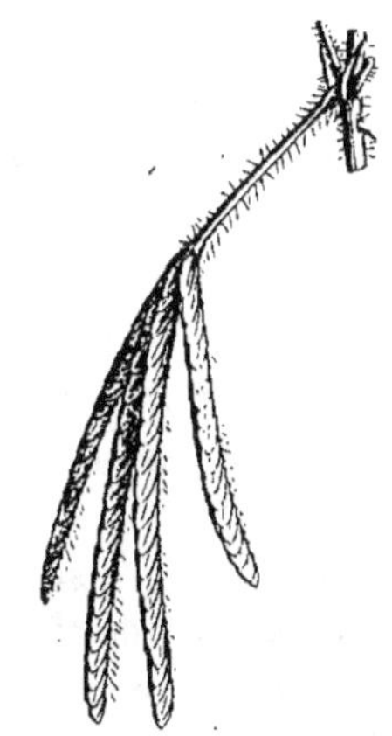

Fig. 145. — Une feuille entière de Sensitive (*Mimosa pudica* L.) représentée dans sa position de sommeil. Comparez cette figure à la figure 126, p. 320, qui représente la même feuille étalée, ou dans son état naturel, pendant le jour.

justifier son hypothèse. Mais il faudrait, en raison de la diversité des positions de sommeil, que la même face se contractât, chez certaines feuilles, par la sécheresse, et chez d'autres, appartenant quelquefois à la même famille, par l'humidité. D'ailleurs les feuilles d'une espèce de plante prennent la même position nocturne quel que soit l'état hygrométrique de l'air, à découvert comme en serre, dans une atmosphère saturée d'humidité et même sous l'eau, comme l'a montré M. Hoffmann.

2° Hill d'abord, et plus récemment De Candolle, ont pensé que la lumière pouvait être la cause essentielle du phénomène. Ce dernier botaniste a même exécuté des expériences d'un grand intérêt en vue de reconnaître l'action de l'influence lumineuse. Il a placé diverses plantes dans une chambre parfaitement obscure dans laquelle, au moyen de six fortes lampes, il produisait une clarté équivalente aux 5/6 de celle d'un jour sans soleil. Ces lampes étaient allumées pendant la nuit et éteintes pendant le jour, de manière à renverser artificiellement l'ordre naturel. Dans ces conditions, des Sensitives ont d'abord exécuté irrégulièrement leur contraction nocturne et leur expansion diurne; puis, au bout de quelques jours, elles s'étaient accommodées à ce nouvel état

le choses : elles prenaient leur position de sommeil pendant le
our, la chambre restant alors obscure, et épanouissaient leurs
euilles pendant la nuit, sous l'action de la lumière des lampes.
Malheureusement pour la justification de l'hypothèse, à côté des
Sensitives, les *Oxalis incarnata* et *stricta* se montrèrent insensibles
à l'influence de la lumière artificielle, et continuèrent à rabattre
eurs folioles pendant la nuit naturelle, malgré l'éclairage du lieu
qui les renfermait, et à les relever pendant le jour naturel, malgré
'obscurité où elles étaient plongées alors. L'éclairage continu raccourcit, pour les Sensitives, les périodes de veille et de sommeil,
tandis qu'une obscurité non interrompue les rendit fort irrégu-
ières. Au total, De Candolle tira de ces expériences la conclusion
que les végétaux ont une disposition naturelle à des mouvements
périodiques et que cette disposition est mise en activité par l'ac-
ion stimulante de la lumière.

J'ajouterai que, d'après les observations de M. Hoffmann, les
lifférents rayons dont l'union forme la lumière blanche ou ordinaire,
n'agissent pas avec la même intensité sur les feuilles sommeillantes;
c'est le rayon indigo qui les endort le plus tard et les éveille le
plus tôt; un effet contraire est produit par le rayon rouge qui occupe l'extrémité opposée, dans le spectre solaire.

3° Mustel avait vu dans la chaleur la cause du sommeil des
feuilles ; M. Hoffmann a repris cette hypothèse et a cherché à la
justifier par l'expérience [1]. Il a même formulé à cet égard une
conclusion catégorique dans les termes suivants : « La cause du
sommeil et de l'éveil des plantes est due à la chaleur, et la lumière
n'influe sur ces phénomènes qu'en tant qu'elle contient elle-
même des rayons calorifiques. » D'après ce savant, la continuité
de chaleur produit un état de contraction ; un abaissement subit
de température, survenant au moment de l'épanouissement parfait, occasionne le même phénomène, mais sans épuisement pour
la plante qui s'épanouit de nouveau lorsque survient une température convenable. D'un autre côté, une augmentation subite,
mais passagère de la chaleur produit un effet analogue. — Toutefois la conclusion formulée par le savant allemand est certainement trop absolue, puisque la même espèce de plante s'endort et
s'éveille à la même heure en serre et en plein air, même dans des
espaces inégalement échauffés.

4° Quelques botanistes ont proposé des explications purement

---

[1] Traduit dans les *Ann. des Sc. nat.*, 1850, t. XIV, pp. 540-530.

mécaniques des mouvements qui amènent les feuilles à leur position de sommeil. Ainsi M. Ratchinsky admet que, ce mouvement s'exécutant, non pas dans l'ensemble du limbe, mais seulement dans la base renflée des pétioles, il existe, pour le produire, dans ce renflement moteur, un tissu cellulaire à parois épaisses disposé sous la forme de deux ressorts opposés et inégaux en énergie, qui tendent à se courber en sens inverse, l'un de haut en bas, l'autre de bas en haut. L'un des deux, étant plus fortement incurvable sous l'action de la lumière, reçoit alors une force suffisante pour résister à son antagoniste qui est de sa nature plus énergique. Il y a donc alors équilibre et la feuille reste étalée; à l'obscurité, cet équilibre est rompu et le mouvement a lieu. — M. Jul. Sachs adopte une théorie analogue. — Cette explication, satisfaisante à plusieurs égards, ne fait pas cependant disparaître toutes les difficultés; ainsi, par exemple, elle ne rend pas très-bien compte de ce fait que, pendant l'été, beaucoup de plantes prennent déjà leur position nocturne à une heure de l'après-midi où la lumière est encore vive et la gardent jusqu'à une heure assez avancée de la matinée pour que le soleil se soit depuis longtemps élevé au-dessus de l'horizon.

Influence de l'âge et de la texture. — Plus les feuilles sont jeunes, plus le changement de situation pour le sommeil est marqué et prolongé chez elles; dans tous les cas, la situation nocturne est la reproduction de celle que les feuilles avaient dans leur première jeunesse. Enfin, à égalité d'âge, ces organes diffèrent d'autant plus de position la nuit, comparativement au jour, que leur texture est plus délicate; aussi ne voit-on rien qui indique un changement quelconque, sous ce rapport, dans celles qui sont coriaces ou charnues.

†† *Mouvements de l'Hedysarum gyrans L.*

L'*Hedysarum gyrans* L. (*Desmodium gyrans* DC.), vulgairement nommé Sainfoin oscillant ou gyratoire, est une plante herbacée, vivace, de la famille des Légumineuses, qui croît naturellement au Bengale, et qui présente des phénomènes de mouvement d'autant plus faits pour surprendre dans un être végétal qu'ils ont toute l'apparence de la spontanéité. Ses feuilles, dont une est représentée tout entière par la fig. 146, sont pennées-trifoliolées, et les trois folioles qui la forment sont entièrement dissemblables : la terminale impaire *f* est ovale-allongée et atteint jusqu'à 0^m,08-0^m,10 de longueur, tandis que les deux latérales *f'*, qui s'attachent l'une vis-à-vis de l'autre, à plusieurs millimètres au-dessous du sommet du pétiole com-mun, sont étroites, oblongues, et ne dépassent pas 0^m,02 de lon-gueur. Les unes et les autres se meuvent, mais le mouvement de la première diffère tout à fait de celui des deux dernières.

Historique. — La découverte de cette curieuse espèce est due à une dame anglaise, lady Mon-son, qui voyageait dans l'Inde pour en étudier l'histoire natu-relle, et qui la vit près de Dacca, au Bengale. Lady Monson en exa-mina les mouvements avec beau-coup d'attention, et ses manuscrits ayant été remis, après sa mort, par Banks à Broussonet, fournirent à ce dernier botaniste les principaux éléments de la description qu'il communiqua, en 1784, à l'Académie des sciences de Paris. Dès 1775, le Sainfoin oscillant était cultivé en Angleterre ; en 1779, Pohl en parla en Allemagne ; en 1781, Linné fils le décrivit, à la fleur près, qu'il n'avait pas eue sous les yeux ; en 1794, le célèbre médecin allemand Hufe-land en fit l'objet d'un travail complet, tandis que, à la même époque, Sylvestre, Hallé, et Cels l'observaient à Paris et faisaient connaître à la Société philomathique les résultats de leurs études. Depuis cette époque on n'a guère fait que reproduire les faits si-gnalés par les divers auteurs que je viens de citer.

Cet *Hedysarum* n'est pas le seul dont les feuilles soient suscep-tibles de mouvements, car on en observe également chez l'*He-dysarum Vespertilionis* Lin. fil. (*Laurea Vespertilionis* Desv.), espèce de la Cochinchine, lorsque ses deux très-petites folioles latérales n'avortent pas, et aussi chez l'*Hedysarum cuspidatum* W. (*Desmodium bracteosum* β DC.) ; seulement les folioles se meuvent avec beaucoup plus de lenteur dans ces deux dernières plantes. Il ne sera donc question ici que du Sainfoin oscillant.

Mouvements de la foliole impaire. — Les feuilles de cet étrange végétal exécutent deux sortes de mouvements entièrement diffé-rents, et qui sont dus évidemment à deux influences dissemblables.

Fig. 146. — Feuille de l'*Hedysarum gyrans* L. pennée-trifoliolée, à foliole impaire *f* in-comparablement plus grande que les laté-rales *f'*.

La grande foliole impaire *f*, fig. 146, est très-sensible à l'influence de la lumière et de l'obscurité ; ses mouvements sont dès lors analogues à ceux du sommeil et de la veille, et le pétiole commun y participant, la feuille entière change entièrement de position le jour et la nuit. Même cette foliole est douée d'une telle sensibilité relativement à l'influence lumineuse, qu'elle modifie sa direction à presque toutes les heures de la journée. A la lumière elle s'élève et finit, dans le milieu d'un beau jour avec soleil, par se trouver en ligne droite avec le pétiole ; elle s'abaisse, au contraire, dès que le ciel se couvre ou que la lumière diminue, et pendant la nuit elle pend au point d'appliquer sa face inférieure contre la tige. Cette tige elle-même semble ressentir l'influence de la lumière, puisqu'elle prend une obliquité visible pour se porter vers le soleil, dans le milieu de la journée. Enfin le pétiole commun se relève aussi au soleil. Hufeland a remarqué qu'au moment de son plus grand redressement, vers midi, cette grande foliole a une sorte de tremblotement très-appréciable ; mais il faut pour cela que la chaleur soit considérable.

Mouvement des deux folioles latérales. — Le phénomène le plus étonnant est celui qui réside dans les deux petites folioles (*f'*, fig. 146). Le mouvement qu'elles exécutent est non-seulement indépendant de celui de la foliole impaire, mais encore il est continu et uniforme le jour et la nuit, tant que la température reste également élevée ; aussi Hufeland l'appelle-t-il spontané (Will-kührliche), et De Candolle, autonomique. Il consiste en ce que l'une des deux petites folioles se relève avec lenteur en dirigeant son sommet visiblement vers la tige ou en dedans, et dès qu'elle est arrivée vers le terme de sa course ascendante, l'autre foliole, qui lui est opposée, s'abaisse en tournant sa face supérieure en dehors, et en éloignant notablement son sommet de la tige ; de là, selon l'expression de Sylvestre, Hallé et Cels, le sommet des folioles décrit une ellipse dont le plan est incliné sur l'axe de la feuille. Dès que cette seconde foliole est parvenue au point le plus bas, la première commence à s'abaisser à son tour, et ainsi de suite. La marche ascendante est beaucoup plus lente que la marche descendante, et elle s'opère souvent par secousses ou saccades tellement multipliées que, dans l'Inde, on a pu en compter jusqu'à soixante par minute. D'après les notes de lady Monson, reproduites par Broussonet, dans le pays natal de la plante, deux minutes suffisent pour faire exécuter aux folioles tout leur mouvement ; mais, dans nos serres, elles se meuvent d'ordinaire beaucoup plus lentement. Cependant Meyen dit que, dans nos serres et dans un air très-chaud, on voit quelquefois une foliole parcourir tout son trajet en une minute, après quoi elle reste plusieurs minutes avant de reprendre sa marche en sens inverse.

La cause des mouvements qu'exécutent ces folioles latérales, est entièrement inconnue, et le siége en est assez singulier, puisque Sylvestre, Hallé et Cels, ont reconnu qu'il s'opère par une simple flexion de leur pétiole propre. Les mêmes observateurs avaient constaté que la chaleur réunie à l'humidité agit puissamment sur la production et l'intensité du phénomène. Quant à la lumière, elle n'a évidemment aucune action, puisque les folioles oscillent également la nuit et le jour. Enfin Hufeland a constaté que l'électricité est entièrement inactive sur la plante, de même que les excitants de toute sorte.

Je terminerai ce que j'avais à dire sur le Sainfoin oscillant, en signalant cet autre fait remarquable que, même sur des portions détachées et sur des feuilles coupées, les oscillations des folioles latérales continuent d'avoir lieu, pandant assez longtemps, tant que le pétiole est intact.

Mouvements déterminés dans les feuilles par des actions mécaniques.

† *Retournement des feuilles.*

Dans l'état normal des choses, les feuilles qui possèdent deux faces bien distinctes dirigent l'une d'elles vers le ciel, et l'autre vers la terre. Nous avons vu que, dans la grande majorité des plantes, ces deux faces diffèrent anatomiquement l'une de l'autre, soit par l'organisation de leur épiderme, soit par la nature et la disposition du parenchyme sous-jacent. En outre, leur situation est parfaitement fixe, à ce point que lorsqu'on l'intervertit de force, en retournant une branche feuillée en sens inverse de sa direction naturelle, les feuilles se retournent d'elles-mêmes pour replacer chacune de leurs faces comme elle l'était dans son état naturel.

Expériences de Bonnet. — On doit à Bonnet, sur ce sujet, un grand nombre d'expériences qui sont rapportées dans le second de ses Mémoires relatifs aux usages des feuilles. Les résultats en sont résumés succinctement par lui dans les termes suivants : « J'ai incliné ou courbé des jets de plus de vingt espèces de plantes, soit herbacées, soit ligneuses, et je les ai tenues fixées dans cette situation. Les feuilles de tous les jets ayant été mises ainsi dans une position contraire à celle qui leur est naturelle, j'ai eu bientôt le plaisir de les voir se retourner et reprendre leur direction ordinaire. J'ai réitéré l'expérience sur le même jet jusqu'à quatorze fois consécutives, sans que cet admirable retournement ait cessé de s'y opérer. »

Siége du retournement. — Le mouvement qui reporte, avec une si remarquable persistance, la face supérieure en haut et l'inférieure en bas, s'opère uniquement par le pétiole : tantôt celui-ci se contourne en vis, tantôt il se replie ou se courbe en différents endroits; quelquefois aussi il se contourne et se replie à la fois. Ordinairement, dit Bonnet, le plus grand effort se fait dans son extrémité inférieure ; mais la supérieure n'en est pas toujours exempte.

Circonstances qui influent sur le retournement. — L'âge et la fermeté des tissus influent sur le retournement : les feuilles jeunes se retournent plus promptement que les adultes, et celles dont le tissu est endurci ne peuvent presque plus reprendre leur position naturelle, si elles en ont été écartées. De même ce phénomène s'accomplit plus vite dans les herbes que dans les végétaux ligneux. Pendant la nuit le retournement des feuilles a lieu comme le jour; cependant il est plus prompt lorsqu'un beau soleil stimule l'activité végétative de l'organe ; ainsi le naturaliste génevois a vu une feuille d'*Atriplex* se retourner entièrement en deux heures sous les rayons d'un soleil ardent; c'est le maximum de promptitude qu'il ait observé. Enfin la répétition de l'expérience sur une même feuille en ralentit beaucoup la réalisation ; de là des feuilles de Vigne qui, après la première et la seconde inversion, avaient mis un jour pour reprendre leur direction naturelle, en ont mis quatre après la quatrième inversion et huit après la sixième.

Au reste, ce retournement des feuilles s'opère naturellement chez les arbres pleureurs dans lesquels, sans cela, ces organes se trouveraient toujours placés en sens contraire de ce qu'exige leur organisation.

†† Mouvements de la Gobe-mouche et des Drosera.

Ce que j'ai déjà dit plus haut (p. 305 et fig. 105), lorsque j'ai fait connaître la configuration des feuilles de la Gobe-mouche (*Dionæa muscipula* L.), abrégera notablement les détails que je dois donner maintenant à son sujet.

Siége des mouvements. — Le *Dionæa muscipula* L. est une plante herbacée-vivace, qui croît naturellement dans les parties marécageuses de la Caroline du nord. En 1779, Ellis fit connaître l'étonnante irritabilité de ses feuilles en rosette, dans une lettre à Linné, et l'immortel botaniste suédois lui donna le nom qu'elle porte, en ajoutant qu'elle constitue l'une des merveilles de la nature « miraculum naturæ ». C'est la ligne médiane de son limbe bilobé qui est douée de l'irritabilité dont est dépourvu le reste de l'organe ; et cependant la structure anatomique de cette ligne médiane n'offre rien de particulier. C'est même plutôt dans la portion inerte du limbe qu'on trouve des détails de structure caractéristiques : ainsi les nervures s'y détachent du faisceau médian non pas obliquement comme d'ordinaire, mais à angle droit, et non-seulement les cellules de l'épiderme, mais encore celles du parenchyme se dirigent parallèlement aux nervures. En outre l'épiderme supérieur de ce même limbe porte, sur toute la face supérieure, un grand nombre de petites glandes qui, sous la loupe, le font paraître ponctué, et que le soleil colore en rouge, tandis que celui de la portion pétiolaire est chargé de petits poils pluricellulés et discoïdes, en forme d'étoiles à 6—8 rayons. D'après Meyen, les glandes dont je viens de parler ne versent pas au dehors le liquide qu'elles sécrètent.

Rapidité du mouvement. — L'irritabilité dont est douée la ligne médiane du limbe de cette feuille est telle que le plus léger chatouillement, comme celui que peuvent exercer les pattes d'une mouche, suffit pour déterminer les deux moitiés ou lobes de cet organe à se rapprocher brusquement l'une de l'autre par un mouvement de charnière qui s'exécute sur cette ligne. Or, comme il est rare que ces deux lobes soient étalés au point de faire même un angle droit l'un sur l'autre, comme en outre les longues dents roides qui en garnissent tout le bord sont notablement inclinées en dedans, ce mouvement s'exécutant avec rapidité peut très-bien ne pas laisser à l'insecte, malgré son agilité, le temps de s'échapper. Pris ainsi au piége, il y reste enfermé tant que son agitation entretient l'irritation de l'organe.

Les feuilles encore jeunes possèdent cette curieuse irritabilité au plus haut degré ; de plus, l'influence du jour et de la nuit détermine en elles une expansion et un rapprochement des deux lobes qui constituent pour elles l'état de veille et celui de sommeil. Au contraire, les feuilles vieilles sont insensibles au contact des corps extérieurs, et l'obscurité reste également sans action sur elles.

Hypothèse d'Ellis et Curtis. — Les mouvements exécutés par le *Dionæa* justifient certainement l'expression employée par Linné ; et cependant, comme s'il était nécessaire d'ajouter au merveilleux

du phénomène que présente cette plante, Ellis et plus récemment
Curtis n'ont pas craint d'avancer qu'elle se saisit des insectes
pour s'en nourrir ; même ce dernier botaniste a prétendu que ces
petits animaux, une fois pris par la feuille, sont enveloppés par elle
d'un liquide mucilagineux qui en facilite la décomposition et ensuite
l'absorption. Cette idée est évidemment trop en désaccord avec
tout ce que nous savons aujourd'hui sur les fonctions des feuilles
et sur la marche de la nutrition végétale pour mériter d'être dis-
cutée sérieusement. D'ailleurs il y a contradiction évidente entre
cette hypothèse et ce fait que, l'irritation cessant, la feuille se
rouvre d'elle-même. Quant à l'observation de Curtis, au sujet d'un
liquide mucilagineux trouvé par lui sur une feuille fermée, Meyen
l'explique aisément par cette circonstance qu'une succession de
jours couverts avait maintenu cette feuille longtemps fermée et y
avait déterminé l'accumulation de l'humidité transpirée.

Mouvements des Drosera. — Les Rossolis ou *Drosera*, petites
plantes qui croissent dans nos marais tourbeux (*D. rotundifolia* L,
et *longifolia* L.), ont été signalés, en 1782, par Roth comme présentant des faits analogues à ceux qui rendent si curieux le *Dionæa*,
mais beaucoup moins accusés. Les feuilles de ces plantes ont leur
face supérieure chargée de filaments surmontés chacun d'une
glande, sortes de gros poils glandulifères, dont la structure est
tellement complexe que, comme Meyen l'a dit et figuré, dès 1837,
ils offrent une trachée au centre d'un faisceau de cellules cylindroïdes. Ce sont à la fois le limbe de la feuille et ces poils qui,
d'après plusieurs physiologistes, peuvent être irrités par les
mouvements d'un insecte ; les poils en particulier s'inclinent alors
au point que le petit animal peut rester pris sous eux et par l'humeur visqueuse qu'ils sécrètent. Déjà Treviranus avait dit n'avoir
jamais pu déterminer ces mouvements, et plus récemment (en
1855), M. Trécul en a nié formellement la possibilité. Cependant postérieurement aux observations de ce dernier botaniste,
M. Nitschke[1] s'est occupé attentivement de cette question et a tiré
de ses études comme de ses expériences la conclusion : 1° que les
feuilles du *Drosera rotundifolia* L. possèdent une irritabilité lente,
mais clairement manifestée par leurs mouvements ; 2° que toutes
leurs parties, ainsi que leurs appendices glandulifères, peuvent
éprouver une irritation et la manifester ; 3° que ces appendices
ou poils, ainsi que la surface de la feuille, manifestent l'irritation

---

[1] Botan Zeit , 1860, n°⁸ 26, 27 et 28

subie par eux en se portant vers le corps irritant, ou plutôt vers le point de départ de l'irritation ; 4° que l'irritabilité de la feuille est en proportion de l'activité avec laquelle s'opère dans ses glandes la sécrétion du liquide qui en est le produit.

✝✝✝ *Mouvements de la Sensitive et des plantes sensibles.*

S'il en est une plante qui, tous les jours, excite la surprise de ceux qui l'observent et qui ait fixé l'attention des physiologistes, c'est sans contredit la Sensitive (*Mimosa pudica* L.). C'est une herbe annuelle, de la famille des Légumineuses, qui croît naturellement au Brésil, où elle couvre souvent de vastes surfaces de terrain. Là, sous l'influence d'une forte chaleur, ses feuilles, douées de la faculté de changer brusquement de situation par l'effet d'une secousse ou d'une irritation quelconque, montrent une sensibilité extrême. Comme l'ont vu M. de Martius, Meyen et nombre de voyageurs après et avant eux, le galop d'un cheval sur une route, quelquefois même les pas d'un homme marchant à côté suffisent pour mettre en jeu l'extrême irritabilité de cette plante dont toutes les feuilles se ferment alors et propagent même l'excitation de proche en proche par leur mouvement.

On a tellement écrit sur la Sensitive que je ne crois pas devoir entrer ici à son sujet dans autant de détails que je le ferais si elle était moins connue ; cependant je ne puis me dispenser de résumer les plus saillantes d'entre les particularités qui ont été reconnues en elle par une foule d'observateurs, depuis Duhamel, au milieu du siècle dernier, jusqu'à divers botanistes de notre époque qui en ont fait l'objet de leurs études.

En quoi consistent ces mouvements. — Et d'abord en quoi consistent les mouvements de la Sensitive? Il est facile de les définir en deux mots : ils reproduisent instantanément et sous l'influence d'une irritation quelconque, la position que les feuilles prennent d'elles-mêmes pendant leur sommeil ; dès lors, ainsi que je l'ai déjà dit (p. 350), la feuille irritée se déjette toute entière en bas par l'effet de l'abaissement de son pétiole commun ; ses quatre pétioles secondaires se rapprochent ; enfin ses folioles s'appliquent l'une contre l'autre par leur face supérieure en se relevant en dessus et vers le sommet du pétiole secondaire qui les porte. Elle perd ainsi l'aspect qu'elle avait dans son état normal ou d'expansion représenté par la figure 147 A, pour prendre celui que reproduit la figure 147 B, c'est-à-dire qu'elle semble alors toute

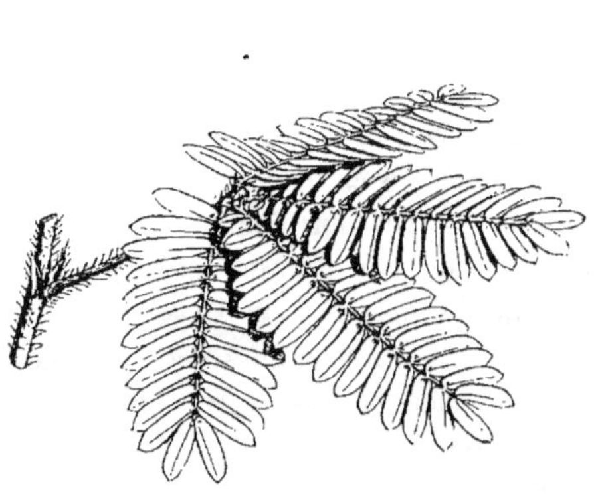

Fig. 147 A. — Feuille de la Sensitive (*Mimosa pudica* L.), dans son état naturel ou d'expansion.

Fig. 147 B. — La même feuille dans l'état de reploiement auquel la fait passer une irritation.

fanée. On conçoit que lorsqu'une secousse violente fait fermer ainsi toutes les feuilles d'une branche ou même d'un pied de ce singulier végétal, il semblerait, au premier coup d'œil, que cette branche, ce pied sont morts subitement, apparence bien capable de frapper ceux qui voient le fait pour la première fois. Mais cet état, amené par une secousse ou par l'action d'une substance caustique, n'est pas de longue durée ; bientôt la cause d'irritation ayant disparu, les folioles s'étalent de nouveau, les pétioles secondaires s'écartent pour reprendre leur espacement normal, le pétiole commun se relève, et la feuille entière reprend sa situation habituelle d'expansion ou de repos.

Siége et étendue des mouvements de la Sensitive. — Les divers mouvements des folioles et des pétioles s'opèrent tous dans un renflement situé à la base des uns et des autres, qui en forme comme la charnière ; ils se produisent avec énergie et roideur. Ils s'exécutent d'ailleurs sur une portion plus ou moins considérable de la feuille entière, selon que l'excitation a été plus ou moins violente. Une secousse très-légère appliquée à une foliole peut ne faire mouvoir que celle-ci, généralement avec celle qui est placée vis-à-vis d'elle. Une irritation un peu plus prononcée détermine le mouvement de plusieurs paires de folioles au-dessous et au-dessus de celle qui l'a subie ; plus forte encore, elle agit sur toutes les folioles que porte un pétiole secondaire ; elle gagne même les pétioles secondaires adjacents et jusqu'à la feuille entière. Enfin une action violente ne circonscrit pas son influence dans une seule feuille et s'étend aux feuilles voisines.

Propagation de l'irritation. — Cette irritation se propage de haut en bas ou de bas en haut; elle peut même s'étendre d'abord de haut en bas pour gagner ensuite à côté de bas en haut. Ce mode de propagation de proche en proche est mis en évidence de différentes manières et particulièrement par l'expérience suivante. Avec un petit scalpel bien tranchant on fend par le milieu et dans sa longueur le pétiole commun d'une feuille. Dès que l'instrument est appliqué au point d'où partent les deux premiers pétioles secondaires, les folioles portées sur chacun d'eux se relèvent successivement pour se fermer de la base vers le sommet de ces deux pétioles. L'instrument pénétrant ensuite au point d'où partent les deux autres pétioles secondaires, le même fait se reproduit. La division peut ainsi être menée jusqu'à la base du pétiole commun, en respectant le renflement moteur basilaire, et la feuille ne meurt pas pour cela. Bientôt même ses folioles s'abaissent et s'étalent pour reprendre leur situation normale, bien que les deux moitiés de l'organe entier se trouvent ainsi séparées. Les choses étant en cet état, si l'on exerce une action un peu énergique sur l'une des folioles supérieures de l'une de ces deux moitiés de feuille, on voit l'irritation se propager, à partir de cette foliole de haut en bas, puis s'étendre à l'autre moitié pour y manifester ses effets de bas en haut, après avoir passé par le renflement moteur qui forme le point d'union de l'une et l'autre.

La Sensitive semble s'habituer à l'irritation. — L'un des faits les plus remarquables qu'ait offerts l'observation expérimentale appliquée à la Sensitive est celui qu'a reconnu Desfontaines; il montre que cette plante merveilleuse s'habitue à une irritation, si toutefois le mot d'habitude peut être employé quand il s'agit d'un être appartenant au règne végétal. Ce botaniste plaça dans une voiture un pot contenant un pied vigoureux de Sensitive. Aussitôt que la voiture roula sur le pavé, les secousses que la plante éprouvait en firent immédiatement fermer toutes les feuilles; mais la marche de la voiture et par conséquent les secousses continuant, les feuilles finirent par s'y habituer; elles se relevèrent et étalèrent leurs folioles comme si elles étaient devenues insensibles à l'irritation. La voiture fut alors arrêtée pendant quelque temps, après quoi on la remit en marche. Redevenue sensible par ce repos, elle ferma de nouveau ses feuilles, pour les rouvrir après qu'elle se fût de nouveau habituée aux secousses.

Action des changements brusques de température. — La Sensitive ressent vivement l'action des grands changements de température s'opérant brusquement. Si elle se trouve soumise à une forte chaleur, dans un coffre de jardin fermé, et qu'on enlève les châssis qui ferment ce coffre avec les précautions nécessaires pour ne pas produire de secousse, la plante rabat ses feuilles aussitôt qu'elle ressent l'influence de l'air extérieur plus frais. Il en est de même dans le cas inverse, si l'on fait arriver subitement les rayons d'un soleil ardent sur un pied qui auparavant avait été tenu à l'ombre.

Action des brûlures et des substances caustiques. — Mais l'action de ce genre la plus violente qu'on puisse exercer sur cette plante est celle que produit une brûlure déterminée soit par la concentration des rayons solaires au moyen d'une lentille de verre ou d'un miroir concave, soit par une flamme. Lorsqu'on brûle de l'une ou l'autre manière les folioles supérieures d'une feuille, la forte irritation qui en résulte se propage dans toute la feuille et gagne même ensuite les feuilles voisines, dans un espace de temps proportionné à la vigueur du pied sur lequel on opère, à la température extérieure et à la saison. Dans les conditions les plus favorables, l'irritation a produit tous ses effets au bout de quatre ou cinq minutes; mais en général il faut pour cela plus de temps, et quelquefois même un quart d'heure entier se passe avant qu'elle se soit propagée jusqu'à ses limites extrêmes. Dans tous les cas, cette action dure plus longtemps que la plupart des autres, car il faut quatre, cinq et parfois jusqu'à huit heures avant que les feuilles reprennent leur état normal d'expansion. Elle est d'ailleurs assez profonde pour que les pieds les plus vigoureux ne puissent la supporter quatre ou cinq fois de suite sans en souffrir beaucoup et même en périr.

Les substances caustiques exercent une action analogue à celle des brûlures. Divers physiologistes ont fait à ce sujet des observations variées, et en particulier Runge a tiré de ses expériences dans cette voie le sujet d'un mémoire étendu. Cet observateur avait cru reconnaître, sous ce rapport, entre les acides et les alcalis une différence notable, puisque l'acide sulfurique aurait déterminé l'abaissement ordinaire du pétiole commun, tandis que la potasse en aurait, au contraire, amené l'élévation au-dessus même de sa direction normale; mais en répétant trois fois l'expérience, Meyen n'a pas vu cette différence d'effet se reproduire.

Influence des circonstances extérieures et de l'âge sur l'irritabilité de la Sensitive. — La chaleur surtout humide augmente à un haut degré la vigueur de la plante et par suite sa sensibilité à l'irritation; de là tous les phénomènes qui en résultent se montrent rapidement lorsque l'air est à 24° ou 25° c. ou à une température peu inférieure; au contraire, à quelques degrés plus bas son irritabilité diminue beaucoup et déjà elle se manifeste faiblement vers 18° c. D'un autre côté, c'est dans ses parties jeunes et vigoureuses que la Sensitive manifeste le plus de sensibilité, et cette remarquable faculté diminue beaucoup dans ses feuilles vieilles.

L'électricité agit aussi sur cette plante, pour mettre en jeu son irritabilité et déterminer l'abaissement de ses feuilles, lorsqu'on la décharge sur ces organes en étincelles qui n'aient pas assez de puissance pour en désorganiser les renflements moteurs, tandis qu'elle semble n'avoir aucune influence lorsqu'elle agit par courants continus.

Tissu conducteur de l'irritation. — Des expériences fort simples ont démontré que c'est uniquement par le corps ligneux ou les faisceaux fibro-vasculaires que l'irritation se propage dans la Sensitive. Ainsi Dutronchet a mis à nu, dans le pétiole commun d'une feuille, l'axe fibro-vasculaire, après quoi il a brûlé avec une lentille convexe les folioles extrêmes de cette feuille; il a vu l'irritation se transmettre promptement aux feuilles voisines auxquelles elle n'avait pu parvenir que par l'axe fibro-vasculaire dénudé; au contraire cette transmission n'a pas eu lieu lorsque, dans une autre feuille, il a coupé ce même axe fibro-vasculaire en respectant son enveloppe externe cellulaire. De même si l'on écorce entièrement une tige, sur une longueur de deux ou trois centimètres, en mettant à découvert son corps ligneux, une incision faite dans ce corps ligneux dénudé détermine la fermeture des feuilles supérieures absolument comme sur une tige intacte.

Structure anatomique des renflements moteurs. — On en doit à Meyen[1] une description à laquelle M. Brücke[2] n'a eu que peu de détails à ajouter. Toutefois la connaissance en a été complétée par les observations qui ont été faites sur les renflements

---

[1] Pflanz-Physiol., III, p. 552 et suiv.

[2] Ueber die Beweg. der *Mimosa pudica.* dans *Archiv. für Anat.*, etc., de Müller, 1848, pp. 434-455.

basilaires d'autres plantes dont les feuilles ne se meuvent que pour prendre leur position nocturne et où cependant on a reconnu que l'organisation est la même. Telles ont été les études de M. J. Sachs sur les Haricots (*Phaseolus*), et l'*Oxalis incarnata*[1].

La particularité qui frappe d'abord c'est que les faisceaux fibro-vasculaires qui, dans le pétiole, sont distincts et séparés, se réunissent dans toute la longueur du renflement moteur en un cordon central unique dans lequel les vaisseaux, disposés par lignes rayonnantes, occupent une zone périphérique, tandis que toute la masse interne est composée de cellules allongées semblables à celles qui, plus en dehors, sont entremêlées aux vaisseaux et qu'on ne peut regarder que comme des fibres ligneuses. Ce cordon central est entouré par une gaîne très-épaisse de tissu cellulaire parenchymateux, dans lequel on distingue deux régions ou zones fort différentes d'épaisseur ; celle qui entoure immédiatement le cordon central est mince et se distingue assez aisément parce que les cellules dont elle est composée et qui contiennent beaucoup d'amidon laissent entre elles des méats intercellulaires remplis d'air paraissant, dès lors, noirâtres sous le microscope ; Meyen avait reconnu que ce tissu est une modification locale du liber auquel il fait suite, et dont il reprend les caractères dans le pétiole au-dessus du renflement moteur.

La zone extérieure, qui forme la presque totalité de cette gaîne parenchymateuse, est remarquable parce que les cellules qui la composent s'unissent en général complétement ; cependant, d'après les dernières observations de M. Brücke, on y voit aussi de nombreux petits espaces vides, triangulaires, qu'il serait difficile de ne pas regarder comme des méats. Les cellules de cette dernière couche contiennent chacune un globule d'un liquide qui ne se mêle pas à l'eau, que Meyen regardait comme une goutte d'huile, et qui paraît, en effet, être de nature oléagineuse. Ces globules sont assez volumineux pour occuper la moitié ou même les deux tiers de la cavité cellulaire.

Il est bon de rappeler que, d'après la remarque de M. Brücke, ces gros globules avaient été pris par Dutrochet pour les cellules elles-mêmes dont cet ingénieux physiologiste n'avait pas vu la membrane ; ainsi s'explique son assertion, dont autrement on ne soupçonnerait pas l'origine, que les cellules de ce parenchyme ne se touchent pas, tandis qu'elles sont, au contraire, intimement

---

[1] *Botan. Zeit.*, 1857, col. 795-802, 809-815. pl. XII et XIII.

unies. Ces mêmes cellules renferment encore de la chlorophylle et des granules d'amidon, dans lesquels Dutrochet avait d'abord cru voir des granules nerveux, qu'il regardait comme le principe de l'irritabilité de la Sensitive.

Tout l'ensemble de tissus que je viens de décrire est recouvert d'un épiderme auquel manquent les stomates, tandis que ces petits appareils existent plus haut, sur le pétiole, à partir de l'extrémité supérieure du renflement moteur.

Siége et mécanisme des mouvements de la Sensitive. — C'est surtout dans le renflement moteur situé à la base du pétiole commun, c'est-à-dire de la feuille entière qu'on a cherché le siége et étudié le mécanisme des mouvements de la Sensitive.

Les renflements analogues qui existent à la base, soit des quatre pétioles secondaires, soit des folioles, ont une structure et des propriétés semblables ; mais leurs dimensions beaucoup plus faibles les rendent peu propres aux expériences et aux observations.

D'abord, quant au siége propre des mouvements, ou à l'élément anatomique qui agit dans ce cas, l'expérience a fait écarter l'axe ligneux ou fibro-vasculaire qu'on a reconnu n'être que passif. C'est cependant dans cet axe que Dutrochet avait cru voir le tissu moteur qu'il avait appelé tissu fibreux incurvable par oxygénation, parce que, d'après lui, ses fibres absorbant de l'oxygène au moment de l'irritation, d'une manière qu'il n'avait pu déterminer, acquéraient instantanément par cela même une tendance très-prononcée à se courber vers le dedans, en guise de ressort. C'est donc à l'épaisse zone parenchymateuse externe, qui forme la majeure partie du renflement moteur, que la feuille doit sa motilité. Des expériences ingénieuses, dont les premières remontent à Lindsay (en 1790), et dont les plus concluantes et les plus nombreuses sont dues à M. Brücke, ont prouvé que la portion de cette masse cellulaire qui forme le dessous du renflement a une tendance à agir comme un ressort qui porterait le pétiole en haut, tandis que sa portion supérieure ou placée en dessus du même renflement constitue un ressort agissant de haut en bas.

Voici une de ces expériences qui semble décisive. Avec un petit scalpel on pratique dans le renflement dont il s'agit, après l'enlèvement du pétiole qui le surmonte, quatre incisions longitudinales, deux horizontales en dessus et en dessous, deux verticales à droite et à gauche du cordon fibro-vasculaire. Celui-ci se trouve par là séparé de la presque totalité du parenchyme. La préparation entière étant mise dans l'eau pour conserver aux cellules leur gonflement normal ou turgescence, on voit aussitôt les quatre lanières cellulaires, détachées par les incisions, s'allonger au point d'être plus longues de 1/5 ou 1/4 que l'axe ligneux. Donc, lorsqu'elles adhéraient à celui-ci, elles étaient maintenues par cette adhérence même plus courtes qu'elle ne tendaient à l'être, et, par suite, elles tiraient sans cesse sur lui comme autant de ressorts.— D'un autre côté, si après avoir fait quatre incisions analogues, mais moins profondes, on divise la masse circonscrite par elles, au moyen d'une incision horizontale, en deux moitiés, l'une supérieure, l'autre inférieure, on voit chacune de ces moitiés se courber fortement en arc, à concavité inférieure pour celle de dessus, supérieure pour celle de dessous.—Les deux moitiés, supérieure et inférieure du renflement moteur, agissent donc comme deux ressorts antagonistes dont l'équilibre maintient la feuille dans sa position normale diurne, et c'est uniquement la rupture de cet équilibre qui détermine les mouvements de cet organe.

La rupture de l'équilibre peut résulter de deux causes : ou bien de ce que, pour abaisser la feuille, le ressort supérieur acquiert momentanément un accroissement d'énergie, ou bien de ce que, tandis qu'il conserve sa force de tension, son antagoniste perd momentanément la sienne. L'expérience a montré à M. Brücke que la première de ces deux hypothèses est inadmissible ; c'est donc à la seconde qu'il faut s'arrêter. Il résulte de là que lorsque, irritée d'une manière quelconque, une feuille de Sensitive se rabat, c'est que, par une conséquence de l'irritation, le ressort inférieur de son renflement basilaire perd momentanément son énergie ; que par conséquent la tendance du ressort supérieur n'est plus contre-balancée, et que, libre d'agir, elle déjette en bas le pétiole commun. Puis, lorsque ce relâchement momentané a cessé, la force du ressort inférieur se rétablissant, la feuille se relève et retourne à sa position normale.

Mais à quelle cause peut-on attribuer le relâchement momentané du ressort inférieur ? Jusqu'à ce jour, la réponse à cette question sort du domaine des faits pour entrer dans celui des hypothèses.

Dans son ouvrage tout récent intitulé : *Manuel de physiologie expérimentale* [1], M. J. Sachs dit que ce fait ne peut être dû qu'à

[1] *Handbuch der Experimental-Physiologie der Pflanzen* (in-8 de 514 pages; Leipzig, 1865), formant le quatrième volume du *Handbuch der physiologischen Botanik* que commencent à publier MM. Hofmeister, de Bary, Pringsheim et Sachs. Ce quatrième volume, publié le premier, a été reçu à Paris le 10 novembre 1865.

une perte momentanée de liquide subie par les cellules qui forment ce ressort; « mais, ajoute-t-il, lorsqu'on se demande où peut aller l'eau qui, sous l'influence de l'irritation, sort de ce tissu inférieur, et dont la sortie le relâche, on voit *a priori* que deux choses sont possibles : on peut admettre que l'eau perdue par le tissu cellulaire inférieur passe dans le tissu antagoniste ou supérieur, ou bien qu'elle sorte entièrement de l'organe et se porte dans les portions adjacentes de la tige. La première de ces hypothèses est fausse, tandis qu'il est fort vraisemblable que la seconde est exacte. » (*L. c.*, p. 481.)

Autres plantes plus ou moins sensibles. — Les feuilles d'un certain nombre d'autres plantes possèdent une irritabilité, ou, pour employer l'expression usuelle mais évidemment inapplicable à des végétaux, une sensibilité qui, chez quelques-unes, approche de celle de la Sensitive, tandis que, chez d'autres, elle est assez faible pour qu'il soit difficile de la constater. En tête des premières on doit citer quelques autres espèces de *Mimosa*, surtout le *M. sensitiva* L., et, après lui, les *M. viva* L., *casta* L., *speciosa* Jacq., *asperata* L., etc. D'autres Légumineuses possèdent aussi cette étonnante propriété, notamment le *Smithia sensitiva* Ait., de l'Inde, les *Æschynomene sensitiva* Sw., des Antilles et du Brésil, *indica* L. et *pumila* L., l'un et l'autre de l'Inde, le *Desmanthus stolonifer* DC., du Sénégal, et quelques autres. On arrive ainsi, dans le même groupe des Légumineuses, à des plantes dont les feuilles ne meuvent leurs folioles que sous des actions particulières; tels sont notre Faux-Acacia (*Robinia Pseudacacia* L.), les *Robinia viscosa* Vent. et *hispida* L., chez qui M. H. v. Mohl a reconnu, d'après les indications qu'il tenait du professeur Autenrieth, de Tubingue, que les folioles s'abaissent pour s'appliquer l'une contre l'autre, par leur face inférieure, lorsqu'on en secoue vivement et brusquement une branche.

En dehors du groupe naturel des Légumineuses, la plante la plus remarquable sous le même rapport est le *Biophytum sensitivum* DC. (*Oxalis sensitiva* L.), petite herbe annuelle de l'Inde, à feuilles brusquement pennées, qui, dans son pays natal, jouit d'une sensibilité presque égale à celle de la Sensitive. Dans nos serres, elle est beaucoup moins sensible; ainsi, par une chaleur de + 26° c., sur trois pieds fleuris et vigoureux, je n'ai pu amener les folioles à se rabattre au point de se toucher presque par leur face inférieure, qu'en les frappant avec le doigt de coups secs et vifs répétés plusieurs fois. Le pétiole commun conservait pendant ce temps sa direction première. Au bout d'un quart d'heure de repos, les folioles ne s'étaient encore relevées qu'à moitié, et il a fallu plus d'une demi-heure pour qu'elles reprissent leur horizontalité. Un chatouillement exercé sur le renflement moteur de chaque foliole ne produisait pas un effet plus rapide. Cette plante est donc, dans ces conditions, beaucoup moins irritable que la Sensitive.

ARTICLE IV. — SITUATION DES FEUILLES SUR LA TIGE.

En comparant entre elles diverses plantes, on ne tarde pas à remarquer que les feuilles sont réparties sur leur tige ou leurs branches de manières différentes. Certaines des dispositions qu'elles y affectent frappent les yeux au premier coup d'œil ; d'autres sont beaucoup moins apparentes ; aussi sont-elles restées longtemps inaperçues ; quelquefois enfin elle peuvent être masquées par des groupements particuliers qui leur donnent une apparence tout à fait anormale.

Feuilles des Pins. — Ce dernier cas se présente spécialement dans les Pins proprement dits, du groupe naturel des Conifères. Lorsqu'on examine superficiellement les branches de ces arbres, on n'y voit pas autre chose que des feuilles en forme d'aiguilles vertes, souvent très-longues, qualifiées par les botanistes d'*acéreuses* ou *aciculaires*, très-nombreuses, et disposées, comme le montre la figure 148, par petits groupes ou faisceaux. Chacun de

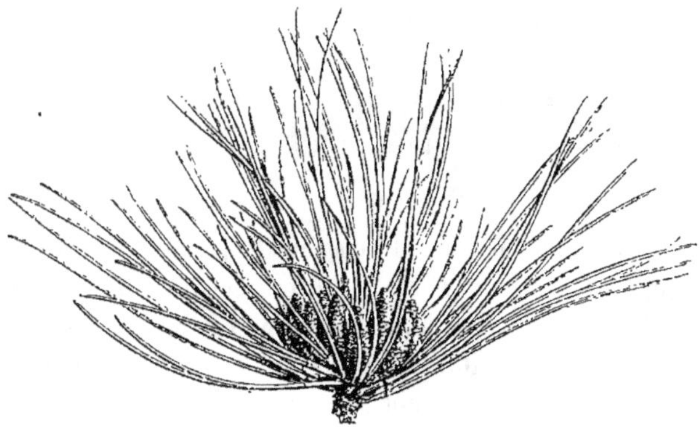

Fig. 148. — Extrémité d'une branche feuillée et fleurie du *Pinus Laricio* Poir.

ces faisceaux considéré en particulier se montre composé le plus souvent de deux feuilles (fig. 149), plus rarement de cinq (fig. 150), très-rarement de trois. Pour bien comprendre la nature et le curieux groupement de ces feuilles, il faut remonter au premier âge de ces arbres. On voit alors que, pendant leur première année, ils ne portent que des feuilles en aiguille solitaires et isolées; c'est seulement avec la seconde année que commence à se montrer, à l'aisselle de chacune des feuilles solitaires déjà existantes un de ces petits groupes ou faisceaux, dont la base est embrassée par un petit étui d'écailles membraneuses et scarieuses. A partir de ce moment il ne se produira plus de feuilles solitaires.

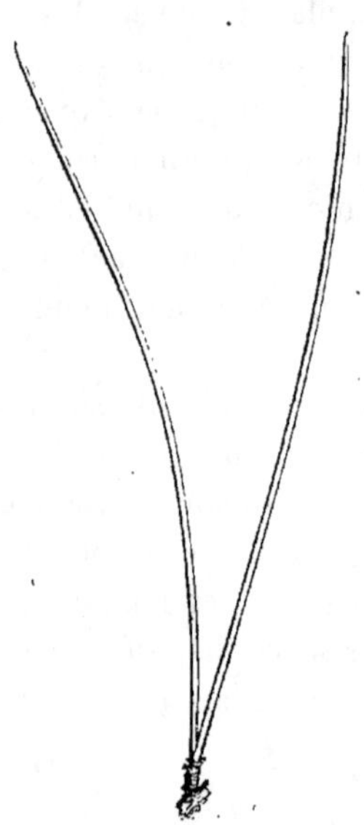

Fig. 149. — Groupe ou faisceau entier formé de deux longues feuilles en aiguilles du *Pinus brutia* Ten., avec sa gaîne basilaire et un fragment du rameau qui le porte.

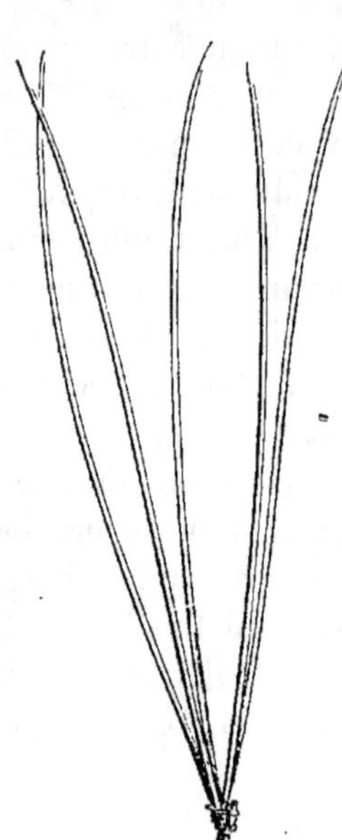

Fig. 150. — Groupe ou faisceau comprenant cinq feuilles en aiguilles du *Pinus Strobus* L. avec sa gaîne basilaire.

Cette naissance à l'aisselle d'une feuille prouve que chaque faisceau comprend les feuilles en nombre déterminé d'un ramule qui est resté fort court, et ce sont les premières feuilles de ce ramule restées à l'état rudimentaire qui forment l'étui basilaire du groupe entier. Il est des Conifères chez lesquelles les feuilles se montrent simultanément et pendant toute la vie de l'arbre, sous les deux manières d'être qui ont été successives pour les Pins; c'est ainsi que le Mélèze (*Pinus Larix* L.; *Larix europæa* DC.) offre des feuilles solitaires et assez écartées sur ses ramules terminaux, tandis qu'il les porte d'ordinaire rapprochées en un gros groupe serré sur chacun de ses courts ramules latéraux.

Feuilles opposées et verticillées. — A part le cas dont il vient d'être question, la disposition des feuilles sur les plantes est presque toujours nettement indiquée. Or, elle présente d'abord deux modes généraux bien distincts qui ont fixé depuis longtemps l'attention : 1° Dans l'un, les feuilles se trouvent réunies à chaque nœud au nombre de deux ou plus de deux, qui sont dès lors rangées comme en cercle autour de ce point unique. Par exemple, la figure 151 représente un rameau sur lequel les feuilles sont placées par paires, c'est-à-dire une vis-à-vis d'une autre, ou, comme on le dit en botanique, *opposées*. D'un autre côté, le Laurier-rose (*Nerium Oleander* L.) nous offre une modification de cet arrangement dans laquelle les feuilles sont placées trois par trois au même niveau (fig. 152), et même le *Galium Mollugo* L. ou Caille-lait blanc (fig. 153) nous les montre en cercles par six. Chacun de ces cercles de feuilles étant nommé *verticille*, les

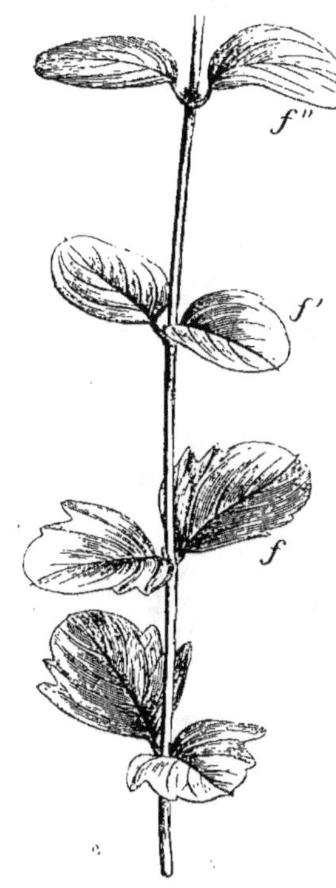

Fig. 151. — Fragment de rameau du *Symphoricarpus racemosus* Michx. à feuilles opposées.

feuilles du Laurier-rose et du Caille-lait sont dites *verticillées*.

Fig. 152. — Fragment de rameau du Laurier-rose (*Nerium Oleander* L.) portant deux verticilles successifs de trois feuilles chacun : *fff* pour le premier, *f′ f′ f′* pour le second.

Fig. 153. — Extrémité de tige du *Galium Mollugo* L.. à feuilles verticillées par six.

En réalité, il n'existe qu'une simple différence de nombre entre les feuilles opposées ou en verticilles de deux et les feuilles verticillées proprement dites qui réunissent de trois à un nombre parfois considérable de feuilles par verticille ; néamoins ces deux mots, consacrés par l'usage, sont employés avec avantage comme dispensant de périphrases.

Feuilles alternes. — 2° Dans l'autre cas, à chaque nœud se trouve une seule feuille, de telle sorte que ces organes sont échelonnés isolément sur la longueur de la tige. On les désigne alors par l'épithète d'*alternes*. On voit, sur la figure 154, un

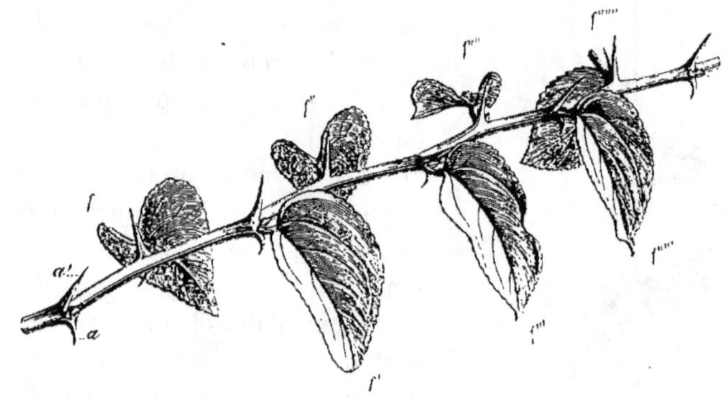

Fig. 154. — Fragment de rameau du *Paliurus aculeatus* L., à feuilles alternes-distiques. *a a'*, ses piquants stipulaires, ou situés par 2 à la base de chaque feuille, dont l'un *a* est crochu et dont l'autre *a'* est droit.

exemple de cette manière d'être, la plus fréquente de toutès dans le règne végétal. Au premier abord, les feuilles alternes semblent souvent être jetées au hasard et sans ordre sur la plante ; aussi les botanistes descripteurs les ont-ils alors désignées par la qualification d'*éparses* ; mais, même dans ces cas, le désordre n'est qu'apparent et un examen attentif a permis de reconnaître que leur répartition sur la tige est assujetti à des lois dont la découverte est l'une des plus belles conquêtes de la science moderne. Ce sont ces lois que je dois maintenant signaler et faire comprendre, en réduisant toutefois cet exposé à ce qu'il y a de plus essentiel et de plus élémentaire en cette matière.

Cycle et son expression. — A ce mot vague de feuilles alternes il importerait de substituer celui de feuilles *spiralées*, si le premier n'était consacré par un long usage ; en effet, dans tous les cas où on leur applique cette dénomination, elles sont situées de telle sorte que si l'on traçait une ligne qui passât par le point d'attache de toutes celles que porte une tige, cette ligne serait une spirale. Seulement si, commençant à tracer la spirale au point d'attache d'une feuille, on la termine à celui d'une autre feuille qui, dans la longueur de la tige, se trouve placée verticalement au-dessus de la première, cette ligne, dans son trajet de l'une à l'autre, tournera une ou plusieurs fois autour de la tige et rencontrera un nombre de feuilles qui variera beaucoup d'une plante à l'autre. Ce même trajet constituera ce qu'on a nommé un *cycle* (de κύκλος, cercle), dans l'expression duquel devront entrer les deux données que je viens d'indiquer, c'est-à-dire combien de fois il tourne autour de la tige et combien de feuilles il rencontre. Deux exemples vont rendre ceci plus intelligible.

Feuilles distiques et tristiques. — Sur le rameau de *Paliurus* représenté par la figure 154, traçons la spirale dont il s'agit. Son point de départ étant, par exemple, l'attache de la feuille la plus basse *f*, qui est postérieure sur la figure, elle passera d'abord par la première feuille située plus haut, *f'*, laquelle est ici antérieure et, continuant son trajet, elle aboutira à une troisième *f''* située verticalement au-dessus de la première et, comme elle, postérieure sur la figure. Il est clair qu'en marquant ce tracé on n'aura fait qu'une fois le tour de la tige, et qu'on n'aura rencontré que les deux feuilles *f* et *f'*, puisque la troisième *f''* serait le point de départ d'une nouvelle spirale semblable à la première, c'est-à-dire d'un deuxième cycle. Or, pour traduire ces deux données en chiffres faciles à retenir et nettement explicatifs, on en fera le fraction $\frac{1}{2}$, dans laquelle le numérateur 1 indiquera que la spirale n'a tourné qu'une fois autour de la tige, tandis que le dénominateur 2 signifiera que, dans ce trajet, elle a rencontré deux feuilles. Ce sera donc là l'expression complète et rigoureuse du cycle foliaire pour le *Paliurus*. — Les feuilles ainsi réparties sur la tige sont dites *distiques* (de δίστιχος, à deux rangs), par ce qu'en effet on voit qu'elles ne forment que deux rangées longitudinales, dont l'une est ici antérieure (*f'*, *f'''*, *f'''''*), tandis que l'autre est postérieure (*f*, *f''*, *f''''*, *f''''''*). L'Orme (*Ulmus campestris* L.), divers Monocotylédons, tels que Graminées, *Amaryllis*, Orchidées tropicales, Aloës en éventail (*Aloe plicatilis* H.), etc., offrent de bons exemples de feuilles distiques.

Cette première disposition rend facile à comprendre celle des feuilles *tristiques*, dont les Laiches ou *Carex* présentent de nombreux exemples. Dans celles-ci en effet, la spirale qui commence à une feuille finit un tour entier à la quatrième placée verticalement au-dessus de la première ; or, puisque dans ce tour elle rencontre ainsi trois feuilles, l'expression de ce cycle est $\frac{1}{3}$.

Feuilles en quinconce, etc. — Dans les deux arrangements de feuilles dont il vient d'être question, il a suffi de tourner une seule fois en spirale autour de la tige pour arriver, d'une feuille quelconque choisie comme point de départ, à une autre qui se trouvât exactement au-dessus d'elle ou, en d'autres termes, qui lui fût *superposée;* dans les dispositions ou cycles d'ordre plus élevé, la distance entre ces deux feuilles est assez grande pour que la spirale qui règne de l'une à l'autre, en passant par l'attache de toutes les feuilles, fasse deux ou plusieurs fois le tour de la tige. La moins complexe et la plus fréquente de ces dispositions avait été bien observée, vers le milieu du siècle dernier, par Bonnet qui l'avait nommée *quinconce*, et même un siècle auparavant, dit Dupetit-Thouars, par Thomas Brown. Le Pêcher, l'Amandier, la Ronce (*Rubus fruticosus* L.), etc., en offrent des exemples. Dans ce cas, c'est la sixième feuille qui est superposée à la première, et par conséquent la spirale qui va de l'une à l'autre rencontre cinq feuilles ; dans ce trajet elle tourne autour de la tige, non plus une seule fois, comme dans les deux arrangements précédents, mais bien deux fois. Il résulte donc de là que l'expression du cycle quinconcial est $\frac{2}{5}$ qui indique les deux révolutions de la spire nécessaires pour qu'elle rencontre cinq feuilles.

La disposition immédiatement supérieure, qu'on observe encore fréquemment, nous montrerait la neuvième feuille superposée à celle que nous prendrions pour point de départ, c'est-à-dire un cycle comprenant 8 feuilles, et en outre nous verrions que, pour passer par l'attache de ces huit feuilles, la spire devrait tourner trois fois autour de la tige. L'expression de ce cycle est donc $\frac{3}{8}$. Après celui-ci nous trouverions des cycles de plus en plus complexes, de moins en moins fréquents dans la nature, qui ont pour expressions $\frac{5}{13}$, $\frac{8}{21}$, $\frac{13}{34}$, etc., dont l'interprétation ne peut offrir la moindre difficulté après les explications que j'ai données pour les premiers exemples.

Relation des cycles dans la série. — La série des cycles dont je viens de parler est

$$\frac{1}{2},\ \frac{1}{3},\ \frac{2}{5},\ \frac{3}{8},\ \frac{5}{13},\ \frac{8}{21},\ \frac{13}{34},\ \text{etc.}$$

Or, pour peu qu'on observe la suite de ces expressions numériques, on reconnaîtra entre elles cette relation fort simple que, les deux premières étant une fois connues, chacune des suivantes résulte de l'addition terme à terme des deux qui la précèdent dans la série. Ainsi $\frac{2}{5}$ s'obtient en additionnant de la sorte, numérateur avec numérateur, dénominateur avec dénominateur, $\frac{1}{2}$ et $\frac{1}{3}$; $\frac{3}{8}$ s'obtient en additionnant de même $\frac{1}{3}$ et $\frac{2}{5}$; et ainsi de suite pour tous les autres cycles.

Divergence. — Une autre connaissance intéressante résulte de cette première notion fondamentale ; c'est celle de l'écartement qui existe entre deux feuilles consécutives d'un cycle quelconque, en d'autres termes, de ce qu'on appelle la *divergence* ou l'*angle de divergence* de ces feuilles. Pour comprendre sans peine ce qu'on désigne sous ce nom, supposons que chaque entre-nœud terminé par sa feuille soit analogue à l'un des tubes d'une lunette d'approche, et supposons aussi que nous fassions rentrer tous ces tubes comme on le fait pour fermer la lunette. Il en résultera que les feuilles du cycle, au lieu d'être échelonnées à des distances assez considérables, le long d'une tige allongée, auront pris leur place à la circonférence d'un cercle. Chacune d'elles sera séparée de la suivante par une portion de cette circonférence à laquelle correspond nécessairement un angle ayant son sommet au centre du cercle. C'est cet écartement sur la circonférence qui constitue la divergence et l'angle qui le mesure est l'angle de divergence. Ainsi dans le *Paliurus* (fig. 154), la feuille f' est éloignée de f d'une demi-circonférence, comme f'' est éloignée de f' d'une demi-circonférence. $\frac{1}{2}$ exprime donc la divergence ou l'angle de divergence des feuilles distiques, comme $\frac{1}{3}$ exprime la divergence ou l'angle de divergence des feuilles tristiques, etc. D'où l'on voit que l'expression numérique du cycle est en même temps celle de la divergence, dans ces deux cas.

Il est facile de voir, qu'il en est toujours de même. Par exemple, dans le quinconce ($\frac{2}{5}$), si les cinq feuilles étaient réparties sur une seule circonférence, chacune d'elles serait séparée de sa voisine par $\frac{1}{5}$ de cette circonférence ; mais puisque la spire de ce cycle fait deux fois et non pas une seule fois le tour de la tige, ces cinq feuilles se trouvent réparties sur ces deux tours ou sur deux circonférences ; leur espacement est donc deux fois plus grand sur deux circonférences qu'il ne le serait sur une seule, et par conséquent il est de $\frac{2}{5}$ de circonférence. De même, dans le cycle suivant $\frac{3}{8}$, la divergence est $\frac{3}{8}$ de circonférence, et en général, l'expression numérique d'un cycle est, en fraction de la circonférence, celle de la divergence qui existe entre les feuilles de ce cycle.

Autres séries de cycles. — La série de cycles dont il a été question jusqu'ici est de beaucoup la plus répandue, et par conséquent la plus importante à connaître; néanmoins il est bon de savoir qu'elle n'est pas la seule qui puisse exister et qui existe en effet. Il en est encore deux autres dont les termes sont enchaînés entre eux d'après la même loi, de telle sorte que leurs deux premiers termes une fois connus, on en déduit, par simple addition des deux antérieurs, tous les cycles qu'elles renferment. Ces deux séries sont les suivantes :

$$\frac{1}{5}, \ \frac{1}{4}, \ \frac{2}{7}, \ \frac{3}{11}, \ \frac{5}{18}, \ \frac{8}{29}, \ \text{etc.}$$

$$\frac{1}{4}, \ \frac{1}{5}, \ \frac{2}{9}, \ \frac{3}{14}, \ \frac{5}{23}, \ \frac{13}{47}, \ \text{etc.}$$

Mais les expressions des cycles qu'elles comprennent ont des applications assez peu fréquentes pour qu'il soit inutile d'entrer à leur égard dans d'autres détails.

Spire génératrice et spires secondaires. — Dans les exemples simples que j'ai développés, chaque cycle comprenant un petit nombre de feuilles et ces feuilles étant largement étagées sur la tige, la spire qui les reliait toutes était facile à reconnaître et visiblement unique. Toute spire qui, comme celle-là, passe par l'attache de toutes les feuilles est appelée *spire génératrice*. Dans tous les cas, il existe une spire génératrice; mais lorsque les feuilles du cycle sont nombreuses et qu'elles se pressent sur une faible longueur de tige, cette spire fondamentale n'est plus apparente, tandis qu'au contraire, au premier coup d'œil, on en remarque plusieurs autres dont un certain nombre marchent parallèlement entre elles, les unes de droite à gauche, les autres de gauche à droite, et dont le caractère essentiel est que chacune d'elles ne comprend qu'une portion des feuilles du cycle. Ce sont ces spires partielles qu'on nomme *spires secondaires*. On en voit un exemple saillant dans les écailles ligneuses dérivant, comme nous le verrons plus tard, d'une modification d'organes foliaires, dont la réunion constitue l'ensemble complexe qu'on appelle vulgairement le fruit et, en botanique, le *cône* ou *strobile* des Pins (*Pinus*). Ainsi, dans celui que représente la figure 155, la moitié inférieure, qui est restée entière, montre clairement à sa surface les écailles *sq*, avec leur extrémité convexe et quadrilatère *sq'*, rangées de manière à former plusieurs ordres de spires secondaires dont les unes se dirigent de droite à gauche, et les autres de gauche à droite. Chaque ordre de spires en comprend plusieurs qui marchent parallèlement entre elles. Dans chacun de ces ordres, une spire considérée en particulier ne comprend qu'un certain nombre d'écailles; mais, on le conçoit sans peine, toutes les spires secondaires d'un même ordre, c'est-à-dire qui sont parallèles entre elles, embrassent, réunies, la totalité de ces écailles. En outre, et par une conséquence évidente, ces spires sont d'autant plus nombreuses dans un même ordre, et chacune d'elles comprend dès lors d'autant moins d'écailles qu'elles sont plus dressées, c'est-à-dire plus près de suivre une direction longitudinale ; et réciproquement elles sont d'autant moins nombreuses et elles comprennent chacune un nombre d'écailles d'autant plus grand que leur direction est plus fortement inclinée sur l'axe du cône. Enfin la spire génératrice elle-même, qui comprend toutes ces écailles sans exceptions, est plus fortement inclinée sur cet axe que toutes les spires secondaires.

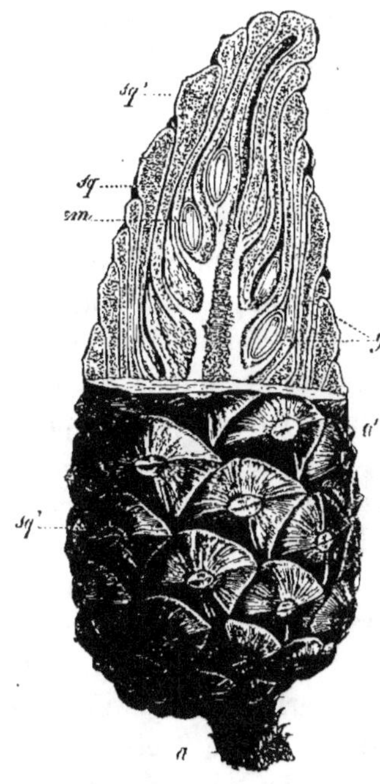

Fig. 155. — Cône de Pin dans lequel on a fendu longitudinalement la moitié supérieure pour montrer son axe central avec la disposition des écailles ligneuses *sq, sq'*, qu'il porte et qui abritent les graines *g* ; *em*, embryon mis à nu par la coupe.

Détermination de la spire génératrice à l'aide des spires secondaires. — Un problème intéressant consiste à déterminer la spire génératrice non apparente au moyen des spires secondaires très-visiblement accusées, soit sur un cône de Pin, soit sur un ensemble de feuilles étroites et très-rapprochées. On le résout sans peine en inscrivant sur chaque écaille ou chaque feuille le numéro qui lui appartiendra dans l'ordre de la spire inconnue, numéro que les spires secondaires fournissent le moyen de déterminer. Si, par exemple, dans la figure 155, il existe huit spires secondaires très-apparentes tournant de gauche à droite, et cinq allant de droite à gauche, cette seule connaissance permettra de numéroter toutes les écailles. Sachant que les huit spirales parallèles entre elles qui vont de gauche à droite comprennent toutes les écailles, je sais aussi que chacune ne comprend que 1/8 de la totalité, et par conséquent que sur la spire *aa'*, par exemple, si l'écaille inférieure est numérotée 1, celle qui la suit devra porter le n° 9, et les suivantes, successivement, 17, 25, 33, etc., toujours de huit en huit. Je numéroterai donc ainsi toutes les écailles de cette spire. D'un autre côté, si cinq spires marchent parallèlement entre elles dans le sens opposé ou de droite à gauche, leur ensemble embrasserait toutes les écailles; une seule n'en embrassera donc que 1/5, et les écailles qui la forment porteront des chiffres croissant de 5 en 5. Par conséquent pour déterminer le numéro à inscrire sur les écailles de ces spires, je partirai des chiffres que j'ai déjà posés. Pour l'une de ces spires, le point de départ sera le n° 1 déjà inscrit, et ses écailles recevront la série des nombres 6, 11, 16, 21, etc. Pour la seconde de ces spires, le point de départ sera le chiffre 9 déjà écrit, et les écailles en seront marquées des nombres 14, 19, 24, 29, etc., en dessus de ce point de départ, tandis que j'écrirai 9 moins 5, c'est-à-dire 4 en dessous. Pour la troisième de ces spires, le point de départ sera le chiffre 17 écrit primitivement, et les écailles qui la forment seront numérotées 22, 27, 32, 37, etc., en dessus, 12, 7 et 2 en dessous. En numérotant d'après le même principe les écailles que comprennent les deux dernières spires dirigées ainsi de droite à gauche, j'aurai inscrit un numéro sur chacune des écailles du cône. Je n'aurai plus dès lors qu'à lire la série naturelle des nombres : 1, 2, 3, 4, 5, etc., pour connaître la marche de la spire génératrice que je saurai ainsi appartenir au cycle $\frac{5}{13}$. Je verrai en effet que l'écaille 14 est superposée à l'écaille 1, ce qui montre que le cycle comprend 13 écailles; or, dans la série fondamentale au dénominateur 13 correspond le numérateur 5; l'expression du cycle qui a servi d'exemple sera donc $\frac{5}{13}$.

Homodromie et hétérodromie. — Lorsque sur une tige naît une branche, les feuilles de celle-ci forment une spire à elles propre qui a pour point de départ la feuille-mère de l'aisselle de laquelle sort cette ramification; mais le sens de cette spirale peut être le même que sur la tige ou bien inverse. Si, par exemple, la spire de la tige marche de gauche à droite et que celle de la branche aille également de gauche à droite, on dit qu'il y a *homodromie* (de ὁμός, semblable, et δρόμος, course); mais il y a *hétérodromie* (de ἕτερος, autre, différent, et δρόμος, course) si, par exemple, la spire de la tige allant de gauche à droite , celle de la branche marche de droite à gauche, c'est-à-dire en sens contraire. Nous verrons plus tard cette notion utilement appliquée.

Relations des feuilles opposées et verticillées. — La loi générale qui préside à leur arrangement, c'est que les paires successives de feuilles et les verticilles qui se suivent alternent entre eux ; c'est-à-dire que, de deux paires adjacentes, la seconde croise la direction de la première, et que de deux verticilles placés l'un au-dessus de l'autre, le supérieur a ses feuilles superposées aux intervalles qui séparent celles du premier. Ainsi sur la figure 151 (p. 370), on voit très-bien que la direction des deux feuilles en *f* croise celle de la paire placée au-dessous, comme de celle qui est au-dessus et que désigne *f'*. De même on reconnaît sans peine sur le Laurier-rose (fig. 152, p. 370) que le verticille supérieur a ses trois feuilles *f' f' f'*, placées au-dessus des intervalles qui séparent les trois du verticille inférieur *f, f, f*. On exprime cette manière d'être pour les feuilles opposées, en disant qu'elles sont *opposées en croix* ou *décussées* (f. decussata). Leur disposition est généralement très-facile à reconnaître ; quelquefois cependant leur rapprochement considérable et leur petitesse peuvent la rendre assez obscure, comme dans les Cyprès (fig. 156), sans toutefois la masquer entièrement, tandis que nous avons vu que cela peut arriver, dans les cas analogues, pour les feuilles alternes.

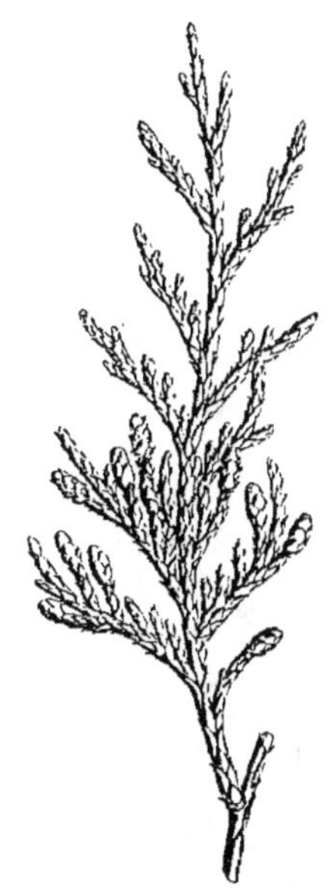

Fig. 156. — Rameau de *Cupressus funebris* Endl. , à très-petites feuilles opposées en croix et fort rapprochées.

Dispositions anormales. — Dans des cas fort peu nombreux, on voit les feuilles réparties sur la plante de manière à échapper entièrement aux lois que je viens d'exposer succinctement. Ces anomalies peu fréquentes tiennent le plus souvent à des déplacements de certains de ces organes. La figure 157 en montre un curieux exemple pris sur le *Solanum guineense*. On voit que la tige de cette plante porte des feuilles rapprochées par deux, l'une à côté de l'autre au même niveau, ou, comme on le dit, *géminées*.

On admet assez généralement que l'une des deux feuilles *f*, *f'*, qui serait ici *f'*, a été dérangée de sa place naturelle et n'appartient pas au même axe que l'autre. Toutefois cette disposition anormale, qu'ont étudiée surtout MM. Naudin, Wydler, Clos, Cauvet, etc., a

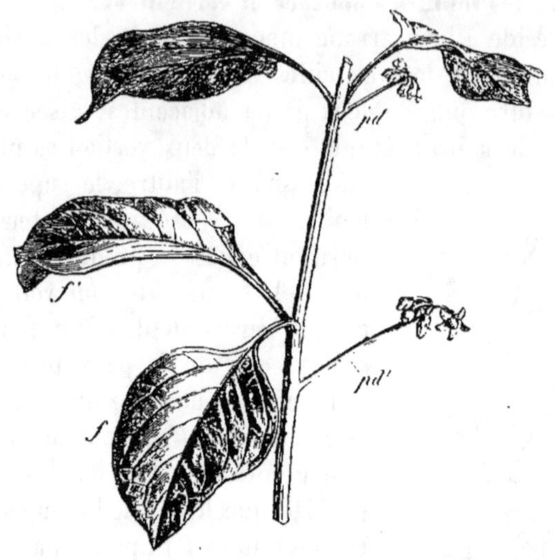

Fig. 157. — Fragment de tige fleurie du *Solanum guineense* Lamk., montrant ses feuilles géminées ou placées l'une à côté de l'autre (*f f'*) et les supports de ses fleurs, *pd pd'*, affectant aussi une manière d'être exceptionnelle.

donné lieu aussi à des interprétations différentes. Nous verrons plus loin qu'un déplacement évident des groupes de fleurs a eu lieu également dans ces plantes.

Historique. — Les notions très-élémentaires que j'ai tâché de résumer le plus succinctement possible au sujet de la répartition des feuilles sur les plantes appartiennent à une partie de la science qui, basée sur l'observation, emprunte fréquemment le secours des mathématiques pour établir entre les faits un lien rationnel, ou pour en déduire des lois générales. Cette partie de la botanique a reçu les noms de *Phyllotaxie* (de φύλλον, feuille, et τάξις, ordre, arrangement), ou de *Botanométrie* (de βοτάνη, herbe, et μέτρον, mesure), celui-ci peu employé aujourd'hui. Née de quelques observations de Bonnet sur le quinconce et sur un petit nombre d'autres dispositions, elle a présenté ce fait peut-être unique dans les sciences, qu'elle est arrivée à son apogée presque tout d'un coup, et grâce à quatre savants dont les travaux, exécutés à la même époque, ont été publiés presque en même temps. En effet, en Allemagne, le docteur Charles-Frédéric Schimper communiqua le premier résultat de ses observations et de ses réflexions sur l'arrangement des feuilles à la réunion des naturalistes allemands qui eut lieu à Heidelberg en 1829, et il développa cette communication en la complétant par la publication, faite en 1835, d'un mémoire qui renferme l'exposé détaillé de ses doctrines phyllotaxiques, sous un titre bien peu explicite[1]. L'attention de M. Alexandre Braun fut dirigée sur le même sujet par la communication d'Heidelberg, et, dès 1830, il présentait à l'Académie des curieux de la nature un travail considérable dans lequel, prenant pour objet de ses études les écailles qui forment les cônes des Sapins et des Pins, il en déduisait une théorie phyllotaxique qui a fait loi depuis cette époque[2].

En France, sans avoir encore connaissance des travaux des deux savants que je viens de nommer, les deux frères L. et A. Bravais s'occupaient attentivement, à la même époque, de l'étude de l'arrangement symétrique des feuilles, et, comme ils nous l'apprennent au commencement de leur premier mémoire, ils venaient de mettre la dernière main à un écrit sur ce sujet lorsqu'ils apprirent ce qu'avaient déjà dit et publié en Allemagne MM. Schimper et Braun. Ainsi, bien qu'ils eussent été devancés à plusieurs égards par suite de cette remarquable simultanéité d'études, ils n'en ont pas moins conservé une originalité réelle, et même l'une de leurs idées fondamentales vient d'être tout récemment remise en lumière et appuyée sur une démonstration concluante par M. Alph. De Candolle. Néanmoins on ne peut nier que la date de la publication de leurs mémoires ne soit notablement postérieure à celle des travaux des deux savants allemands[3].

Au total, c'est dans l'espace de moins de dix années qu'ont été exécutés et publiés les travaux considérables qui, prenant la phyllotaxie à peu près à son début, l'ont portée à un tel degré d'avancement que, depuis cette époque, elle n'a plus eu à faire de progrès considérables et n'a plus donné lieu qu'à des écrits d'une importance subordonnée.

[1] Beschreibung des *Symphytum Zeyheri*, dans *Geiger's Magazin*, XXVIII; in-8° de 119 pages et 6 pl.

[2] Vergleichende Untersuchung der Ordnung der Schuppen, etc., dans *Acta Acad. Cæsar. Leop. Carol. Naturæ curiosorum*, XV, 1831; in-4°; 207 pages et 33 pl.

[3] L. et A. Bravais, Essai sur la disposition des feuilles curvisériées; *Ann. des sc. nat.*, 1837, VII, pp. 42-110, pl. 2 et 3 (mém. daté du 7 février 1835). — Essai sur la disposition générale des feuilles curvisériées; *Ann. des sc. nat.*, 1839, XII, pp. 5-41, 65-77.

ARTICLE V. — MODIFICATIONS DES FEUILLES.

La diversité presque infinie qu'offrent les feuilles dans leurs manières d'être résulte pour elles de modifications extrêmement nombreuses, qui même s'unissent, se combinent, et par là ouvrent devant le botaniste descripteur un champ presque illimité. Énumérer toutes ces modifications serait une œuvre au moins fort difficile, dans tous les cas fort longue et médiocrement utile. Il en est beaucoup en effet qui ne se montrent que rarement, et si certaines d'entre celles-ci ont été désignées dans quelques ouvrages par des adjectifs spéciaux, ces mots reviennent rarement dans les descriptions de plantes. Pour ce motif, je crois devoir restreindre ici le tableau des modifications que peuvent subir ces organes et n'y comprendre que celles qui s'offrent assez souvent pour qu'il soit essentiel de connaître les expressions qui les désignent dans la langue technique. A cet égard, la passion pour les dénominations spéciales a été portée fort loin par divers botanistes de notre siècle; je ne les suivrai pas dans cette voie. Du reste, ce tableau se complète par diverses dénominations que j'ai déjà indiquées et expliquées dans ce chapitre et qu'il me semble prudent de ne pas y reproduire.

Les modifications des feuilles portent principalement sur leur situation, leur attache, leur configuration, leur direction, l'état de leur surface, leur coloration, leur nervation, leur durée, leurs divisions, leur composition, leur substance.

Situation.. . . . . .
> *séminale* (folium seminale), voyez p. 115.
> *radicale* (radicale), voyez p. 315.
> *caulinaire, raméale* (caulinum, rameum), portées, à quelque hauteur au-dessus du sol, par la tige, par les branches.
> *florale* (florale); on nomme ainsi celles de l'aisselle desquelles naît une fleur, et qui cependant ont la figure, la couleur et la texture des feuilles ordinaires; car, si elles en diffèrent sous ces rapports, ce sont des *Bractées.*

Attache. . . . . . .
> *sessile* (sessile) ou sans pétiole, voyez p. 296.
> *embrassante* ou *amplexicaule* (amplexicaule), voyez p. 296, et *demi-embrassante* (semi-amplexicaule), ou embrassant la moitié de la tige.
> *perfoliée* (perfoliatum), quand le limbe semble traversé par la tige.
> *connées* (folia connata), lorsque, étant opposées, elles sont soudées l'une à l'autre par la base; voyez p. 296, fig. 97
> *décurrente* (decurrens), la substance du limbe se prolongeant plus ou moins en aile, au-dessous de son attache, le long de la tige.
> *pétiolée* (petiolatum), munie d'un pétiole.
> *engaînante* (vaginans), ayant une gaîne qui embrasse la tige.

Configuration (se rapportant aux feuilles minces)

contour général :

- *orbiculaire* (orbiculare), formant un cercle.
- *arrondie* (subrotundum [1]), approchant de la forme circulaire.
- *ovale* (ovatum), ayant le profil d'un œuf, le 'gros bout en bas.
- *obovale* (obovatum [2]), en ovale renversé.
- *elliptique* (ellipticum), en forme d'ellipse ou sans extrémité plus large.
- *oblongue* (oblongum), 3 ou 4 fois plus longue que large, à extrémité arrondie.
- *lancéolée* (lanceolatum), en fer de lance, c'est-à-dire étroite et pointue.
- *spatulée* (spathulatum), en forme de spatule, c'est-à-dire s'élargissant vers le sommet.
- *linéaire* (lineare), en ruban large d'environ une ligne.
- *subulée* (subulatum), en alène de cordonnier, c'est-à-dire très-étroite et pointue, généralement ferme.
- *capillaire* (capillare), fine comme un cheveu.

sommet :

- *aiguë* (acutum), rétrécie insensiblement en pointe.
- *acuminée* (acuminatum), rétrécie plus ou moins brusquement, au-dessous du sommet, en une sorte de prolongement étroit.
- *mucronée* (mucronatum), surmontée d'une petite pointe (mucro).
- *cuspidée* (cuspidatum), surmontée d'une pointe roide et piquante (cuspis).
- *obtuse* (obtusum), à sommet émoussé et plus ou moins arrondi.
- *tronquée* (truncatum), coupée transversalement à l'extrémité.
- *rétuse* (retusum), entamée au sommet d'un sinus peu profond et très-ouvert.
- *émarginée* (emarginatum), entaillée au sommet d'une échancrure ou angle rentrant.

base :

- *cunéiforme*, en coin (cuneiforme, cuneatum), formant à sa base un angle plus ou moins aigu ou un coin.
- *tronquée, arrondie*, etc. (basi truncatum, rotundatum, etc.).
- *cordiforme* (cordiforme, cordatum), échancrée à la base et ayant, dans son ensemble, la figure d'un cœur de carte.
- *réniforme* (reniforme), échancrée aussi et formant deux grands lobes basilaires obtus; contour plus large que long.
- *sagittée* (sagittatum), en fer de flèche, c'est-à-dire prolongée à sa base en deux lobes aigus qui descendent parallèlement.
- *hastée* (hastatum), en fer de hallebarde, c'est-à-dire prolongée à sa base en deux lobes aigus qui divergent.

---

[1] En latin, *sub*, ajouté au commencement d'un mot, signifie *presque* : folium *subrotundum*, feuille presque ronde.

[2] En latin, *ob*, ajouté à un mot, exprime le renversement: folium *obovatum*, feuille en ovale renversé ou le gros bout en haut.

Direction..	*dressée* (erectum), redressée de manière à s'approcher de la tige, ou même *appliquée*, *apprimée* (appressum), et alors venant s'appliquer contre elle. *ouverte* ou *étalée* (patens, patulum), et *très-étalée* (patentissimum), faisant avec la tige un angle d'environ 45° dans le premier cas, droit dans le second. *réfléchie* (reflexum), recourbée pour porter son sommet en bas, et même *pendante* (pendulum, dependens). *infléchie* ou *incurvée* (inflexum, incurvum), se courbant en dedans. *unilatérales* (folia secunda, unilateralia), se rejetant toutes vers un seul côté.
État de la surface.. .	*plane* (planum), cas ordinaire. *crépue*, *crispée* (crispum), plissée irrégulièrement, comme du crêpe. *bullée* (bullatum), relevée en dessus de saillies creuses en dessous, ou de bulles. *rugueuse*, *ridée* (rugosum), à veines enfoncées et formant ainsi comme des rides. *ondulée* (undulatum), quand le bord s'élève et s'abaisse alternativement. *lisse* (læve), unie et sans productions superficielles d'aucune sorte. *scabre* (scabrum, asperum), rude au toucher. *verruqueuse* (verrucosum), chargée de proéminences dures ou verrues. *glabre* (glabrum), dépourvue de poils. *pubescente*, *duvetée* (pubescens), portant des poils courts et mous, ou un duvet (pubes). *veloutée*, *velue* (velutinum, villosum), mots qui s'expliquent par eux-mêmes. *poilue* (pilosum), à poils longs et épars. *tomenteuse*, *cotonneuse* (tomentosum), à poils blancs, longs et mous, couchés, semblables à du coton. *laineuse* (lanatum), à poils longs, assez fermes, souvent roussâtres, donnant l'aspect d'une étoffe de laine. *hérissée* et même *hispide* (hirsutum, hirtum, hispidum), à poils roides, droits, produisant l'effet d'une brosse. *ciliée* (ciliatum), ayant à son bord même une rangée de poils nommés *cils*, parce qu'ils rappellent les cils au bord des paupières.
Coloration.	*colorée* (coloratum), de toute autre couleur que la verte. *panachée* (variegatum), mélangée de blanc ou jaune sur fond vert. *maculée*, *tachetée* (maculatum), parsemée de taches ou macules rouges, noirâtres, etc. *discolore* (discolor), ayant les deux faces colorées différemment. *zonée* (zonatum), marquée d'une ou plusieurs zones concentriques et colorées. *glauque* (glaucum), d'un vert blanchâtre.
Durée..	Voyez, à cet égard, p. 342.
Nervation.	Voyez, sous ce rapport, p. 325.

Divisions.

> Voyez d'abord p. 326.
>
> *dentée* (dentatum), à dents non inclinées.
>
> *dentée en scie* (serratum), à dents aiguës, dirigées vers le sommet de la feuille.
>
> *crénelée* (crenatum), à dents arrondies ou *crénelures* (crenæ).
>
> *doublement dentée, doublement crénelée* (duplicato-dentatum, duplicato-serratum, duplicato-crenatum), à dents ou crénelures subdivisées elles-mêmes.
>
> *rongée* (erosum), à bord irrégulièrement découpé, comme rongé par un animal.
>
> *sinuée* (sinuatum), offrant sur ses côtés une suite de lobes arrondis que séparent des sinus plus ou moins arrondis.
>
> *incisée* (incisum), divisée par des fentes assez irrégulières ou *incisions* en lobes généralement étroits, aigus et inégaux.
>
> *laciniée* (laciniatum), divisée de la même manière, mais plus profondément.
>
> *N. B.* Il y a souvent du vague dans l'emploi de ces deux mots.
>
> *bilobée, trilobée, quinquelobée*, etc. (bilobum, bilobatum, etc.), à 2, 3, 5, etc., lobes.
>
> *bifide, trifide, quadrifide*, etc., *multifide* (bifidum, trifidum, etc.), à 2, 3, 4, etc., fentes.
>
> *pinnatifide* (pinnatifidum), voyez p. 327.
>
> *pectinée* (pectinatum), pinnatifide à lobes étroits, serrés, comparables aux dents d'un peigne (pecten).
>
> *lyrée* (lyratum), pinnatifide avec un grand lobe terminal impair, et les latéraux décroissant du sommet vers la base du limbe.
>
> *roncinée* (runcinatum), en rondache, pinnatifide à lobes aigus, dirigés plus ou moins vers la base du limbe.
>
> *bipartie, tripartie*, etc., *multipartie*, ou *bipartite, tripartite*, etc. (bipartitum, tripartitum, etc.), partagées (voyez p. 527) en 2, 3, etc., partitions.
>
> *biséquée, triséquée*, etc., *multiséquée* (bisectum, trisectum, etc.), à 2, 3, etc., portions très-profondément séparées ou *segments*.

Composition.

> Voyez, pour les feuilles *composées*, leurs types et degrés, p. 317 et suiv.; en outre :
>
> *trifoliolée, quadrifoliolée, quinquefoliolée*, etc. (bifoliolatum, etc.), à 3, 4, 5, etc., folioles.
>
> *conjuguée* (conjugatum), pennée à folioles opposées.
>
> *unijuguée, bijuguée, trijuguée*, etc., *multijuguée* (unijugatum, bijugatum, etc.), comprenant 1, 2, 3, etc., paires de folioles.
>
> *interrupte-pennée* (interrupte-pinnatum), pennée à folioles grandes et petites entremêlées.
>
> *bigéminée* (bigeminatum), à 2 pétioles secondaires, portant chacun 2 folioles.
>
> *tergéminée* (tergeminatum), bigéminée et ayant de plus 2 folioles sur le pétiole commun, à la base des 2 pétioles secondaires.
>
> *biternée* (biternatum), à 3 pétioles secondaires, chacun portant 3 folioles.
>
> *triternée* (triternatum), à 3 pétioles secondaires, qui en portent chacun 3 tertiaires trifoliolés.

Substance. . . . . .
> *herbacée*, *membranacée* (herbaceum, membranaceum), mince et souple comme dans la grande majorité des plantes.
> *scarieuse* (scariosum), mince, sèche, demi-transparente; c'est surtout le cas des feuilles réduites à l'état de petites écailles.
> *coriace* (coriaceum), dure et ferme presque comme du cuir (corium).
> *charnue* et même *succulente* (carnosum, succosum, succulentum), formée en majeure partie d'un parenchyme rempli de sucs.
>
> *N. B.* Les feuilles charnues et succulentes prennent souvent la forme de solides géométriques ou d'objets usuels et sont dès lors décrites au moyen de mots empruntés à la géométrie ou au langage vulgaire.

N. B. Dans la description des plantes, on réunit souvent deux qualificatifs pour désigner soit un état intermédiaire aux deux qu'ils expriment, soit la combinaison des deux; ainsi on dit fréquemment feuille *ovale-lancéolée*, *linéaire-lancéolée*, etc.

CHAPITRE V

ORGANES ACCESSOIRES ET DÉRIVÉS

Sous ce titre vague je rangerai, à l'exemple de divers botanistes, quelques organes dont l'existence n'est pas générale, dont l'un est une dépendance de la feuille, dont les autres doivent en général leur origine à une déformation de portions de l'axe ou des feuilles. Ces parties des plantes sont les *stipules*, les *vrilles* et les *piquants*, qui me fourniront le sujet d'autant d'articles distincts.

ARTICLE PREMIER. — DES STIPULES.

On nomme *Stipules* (stipulæ) des productions en général de contexture foliacée, qui se trouvent à la base des feuilles et le plus souvent symétriquement à droite et à gauche de l'attache de ces organes. Ce sont en réalité des dépendances de la feuille; l'opinion la plus répandue consiste à les regarder comme formées par la gaîne qui, pour les constituer, se serait plus ou moins isolée de la feuille elle-même.

Dimensions. — Dans la plupart des cas, les stipules sont petites relativement à la feuille qu'elles accompagnent; on les voit même quelquefois se réduire à de si faibles dimensions qu'elles constituent chacune un simple petit filet ou une petite bosse à droite et à gauche du pétiole. Leurs proportions moyennes sont celles que montrent les figures 124 et 125, p. 319, 127 et 128, p. 321. Au contraire dans des cas assez peu nombreux, on les voit devenir notablement plus grandes, comme dans les Violettes (fig. 98, p. 297), surtout dans le Pois (*Pisum sativum* L.); enfin chez une petite Légumineuse annuelle, à fleurs jaunes, qui croît communément au milieu des moissons et dans les buissons, le *Lathyrus Aphaca* L., à la base et aux deux côtés d'un filet contourné supérieurement en spirale, représentant un pétiole commun sans folioles, se montrent deux grandes stipules qui suppléent à l'absence des feuilles.

Configuration. — Les deux stipules qui se trouvent placées à droite et à gauche d'une feuille sont généralement symétriques l'une à l'autre; mais celui de leurs deux côtés qui regarde cette feuille reste d'ordinaire beaucoup plus petit que l'autre ou même à peu près rectiligne, sans doute parce qu'il a été gêné dans son développement. Il résulte de là que chaque stipule considérée isolément semble n'être que la moitié d'une feuille en cœur, sagittée, etc.; par conséquent qu'elle est fort irrégulière, sa partie la plus ample étant extérieure par rapport à la feuille.

Consistance et durée. — Souvent les stipules ont la même consistance que le limbe de la feuille qu'elles accompagnent; et alors, leur durée est à peu près la même ou un peu plus longue que celle de la feuille; d'un autre côté et dans des cas fréquents, on les voit passer à l'état de simples membranes minces, plus ou moins sèches et translucides; alors elles ont ordinairement une courte durée, et elles peuvent même se détacher assez longtemps avant que la feuille soit parvenue à son entier développement. Le Chêne, le Charme, le Bouleau et nos autres arbres forestiers en général sont pourvus de ces stipules *fugaces* ou *caduques*. Dans un petit nombre de végétaux, ces mêmes organes acquièrent une consistance ligneuse et deviennent des piquants, comme on le voit notamment chez le Robinier faux-Acacia (fig. 125, p. 319) et dans le *Paliurus* (fig. 154, p. 371), dont la feuille est pourvue ainsi, à sa base, de deux piquants stipulaires.

Situations diverses. — Il n'a été question jusqu'à ce moment que des stipules placées à droite et à gauche de la base de la feuille, ou *latérales*, et même de celles d'entre elles qui restent libres et indépendantes; mais des adhérences diverses peuvent modifier notablement cette manière d'être; on est conduit ainsi de proche en proche jusqu'à des organes stipulaires dont la nature réelle est moins évidente et au sujet desquels, pour ce motif, les botanistes ont émis des idées diverses.

1° Chez quelques plantes, on voit les stipules latérales ne s'isoler de la feuille qu'en partie, vers leur extrémité, et dès lors le pétiole de celle-ci présenter de chaque côté, dans sa partie inférieure, une sorte de bordure ou d'aile assez large formée par les stipules. C'est ce qui a lieu chez les Rosiers, et aussi chez les Trèfles (fig. 127, p. 521). Dans le langage descriptif on désigne ces stipules-adhérentes aux deux côtés du pétiole par la qualification inexacte de stipules *pétiolaires*, qui semble indiquer qu'elles émanent de ce pétiole, et qu'on oppose à la dénomination de stipules *caulinaires* donnée à toutes celles qui restent libres ou non adhérentes au pétiole (fig. 98, p. 297; fig. 124 et 125, p. 319; fig. 128, p. 521, etc.).

2° Il arrive quelquefois que les deux stipules latérales d'une feuille alterne se portent en dehors ou du côté de la tige opposé à cette feuille et y contractent adhérence ou se soudent l'une avec l'autre par leur bord externe. De là résulte cette particularité curieuse qu'il semble exister une seule stipule dirigée vers le côté opposé à celui qu'occupe la feuille, mais le plus souvent terminée par deux lobes ou deux dents qui révèlent la nature réellement binaire de cet organe unique en apparence (ex. : divers *Astragalus*, notamment *A. unifultus* L'Hérit., *A. Hypoglottis* L., etc.). Il y a même plusieurs Astragales qui, comme pour lever tout doute à cet égard, présentent à la fois des stipules ainsi soudées et d'autres entièrement libres et distinctes (ex. : *A. microphyllus* L., *A. reptans* W., etc.).

3° Les feuilles opposées sont, pour la plupart, dépourvues de stipules ; toutefois on voit de nombreuses exceptions à cette règle dans la vaste famille des Rubiacées et dans deux ou trois autres. Or, lorsque deux feuilles opposées ont chacune deux stipules latérales, celles-ci se trouvent nécessairement rapprochées dans l'intervalle qui sépare la base des deux pétioles. Souvent elles restent distinctes et séparées, quoique placées côte à côte ; mais souvent aussi elles se confondent l'une avec l'autre par leur bord adjacent, de manière à produire l'effet d'une seule stipule intermédiaire aux deux feuilles, et tantôt bifide ou bidentée, tantôt entière, selon que leur union s'est opérée seulement sur une portion de leur longueur ou sur toute leur longueur. Enfin, il arrive aussi dans ces stipules intermédiaires des Rubiacées que souvent leur bord supérieur et transversal n'offre pas le moindre indice d'une réunion de parties distinctes et séparées, et qu'il est fort difficile alors de rattacher ces formations à leur type fondamental.

4° Les plantes de cette même famille des Rubiacées qui habitent nos pays, comme les Gaillets ou Caille-laits (*Galium*), les Garances (*Rubia*), les Aspérules (*Asperula*), etc., possèdent des feuilles verticillées en nombres divers, selon les espèces, que De Candolle a regardées comme un mélange de feuilles et de stipules semblables entre elles. En effet, dans ces plantes (fig. 153, p. 370), les branches ne prennent naissance, pour chaque verticille, qu'à l'aisselle de deux feuilles qui sont toujours opposées et qui, pour ce motif, étaient regardées par le célèbre botaniste de Genève comme étant les vraies feuilles, tandis que les autres productions foliacées du même verticille lui semblaient devoir être regardées comme des stipules. Toutefois, cette interprétation rencontre des difficultés assez graves.

5° Nous venons de voir que les stipules peuvent être adhérentes l'une avec l'autre et devenir ainsi continues par leur bord externe (2° et 3°); nous n'éprouverons donc aucune difficulté pour admettre qu'il puisse en être de même pour elles, chez certaines plantes, le long du bord interne ou adjacent à la feuille. Dans ce cas, dont la figure 158 montre un excellent exemple fourni par le *Melianthus major* L., il semble n'exister qu'une stipule unique *st* axillaire, ou, comme on l'appelle quelquefois, *intra-axillaire*, c'est-à-dire occupant l'aisselle de la feuille, ou, en d'autres termes, placée entre la feuille et la tige; mais il est facile de constater que le milieu de cette stipule unique est une bande membraneuse, large de 6 à 8 millimètres, limitée à droite et à gauche par

Fig. 158. — Feuille entière du *Melianthus major* L., avec sa stipule axillaire *st*; *t*, fragment de la tige sur laquelle s'attache la feuille. (Environ 1/6 de la grand. natur.)

deux fortes nervures longitudinales et symétriques qui se sont détachées de la série des faisceaux fibro-vasculaires sortis de la tige pour former la feuille; cette bande médiane est évidemment la place où deux stipules latérales, indiquées par les nervures symétriques, sont venues se confondre en une seule. S'il restait du doute à cet égard, il serait facile de le lever par ce fait que, à côté du *Melianthus major*, à stipule unique axillaire, les *Melianthus minor* L. et *comosus* Vahl, présentent deux stipules distinctes.

6° Généralisant cette interprétation des faits, De Candolle penchait à regarder toutes les stipules axillaires comme résultant également de l'union de deux stipules latérales, tandis que Aug. Saint-Hilaire leur attribuait une nature toute différente. Même le célèbre botaniste de Genève n'était pas éloigné d'attribuer la même origine à un genre de stipules fort singulier et caractéristique pour les plantes de la famille des Polygonées, telles que les Renouées, l'Oseille, etc. Dans ces plantes, chaque feuille est accompagnée d'une stipule en forme de gaîne qui, naissant du nœud, s'élève autour de la tige en l'embrassant sur une longueur plus ou moins grande, selon les espèces. Cette stipule est désignée sous le nom de *cornet*, ou plus ordinairement par le mot latin *ocrea*. Ce cornet est tantôt appliqué contre la tige jusqu'à son orifice qui alors est fréquemment oblique, comme on le voit en *st* sur la figure 159, et tantôt, après avoir emboîté la tige sur une certaine longueur, il se termine

Fig. 159. — Une feuille du *Polygonum lapathifolium* L., avec sa stipule en cornet ou *ocrea st*, long tube à bord très-oblique ou bifide extérieurement. (1/5 de grand. natur.)

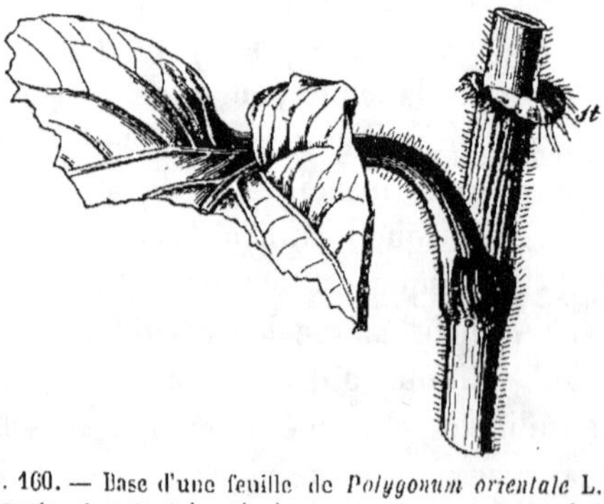

par un bord à peu près transversal et rabattu ; c'est ce que montre, en *st*, la figure 160, qui représente la base d'une feuille et la stipule en place du *Polygonum orientale* L., plante d'ornement très-répandue dans les jardins et presque naturalisée dans quelques endroits

Fig. 160. — Base d'une feuille de *Polygonum orientale* L., montrant surtout la stipule en cornet ou *ocrea st*, dont le bord tronqué est étalé et rabattu, longuement cilié.

de notre Midi. Si l'idée de De Candolle était admise, et l'enchaînement des faits qu'on vient de voir semble la rendre admissible, il faudrait concevoir le cornet des Polygonées comme formé de deux stipules latérales devenues confluentes à la fois par leur bord externe et par leur bord interne.

7° Les stipules axillaires adhèrent souvent au pétiole au-devant duquel elles sont placées sur une longueur plus ou moins grandes, selon les espèces ; cette particularité amène à se rendre compte de l'organisation que présente la feuille des Graminées, telles que nos céréales et les herbes qui forment la base du foin de nos prairies. Dans ces végétaux monocotylédons, chaque feuille naît de la périphérie entière d'un nœud de la tige ; elle s'élève d'abord sous la forme d'une longue gaîne qui embrasse cette tige sous la forme d'un tube fendu longitudinalement à son côté extérieur, c'est-à-dire opposé à sa ligne médiane. Cette gaîne est généralement regardée comme le pétiole de la feuille. C'est du sommet de ce long tube que part un limbe plan, en forme de ruban étroit et terminé en pointe ; enfin, à la réunion de ces deux parties se montre une petite membrane saillante qui semble continuer la couche la plus interne de la gaîne, et qui varie beaucoup, d'une espèce à l'autre, pour la longueur et la configuration. Cette membrane mince et plus ou moins translucide, est la *ligule* (ligula). On a cherché à en déterminer la nature et l'origine de diverses manières ; mais l'opinion qui semble la plus plausible consiste à y voir une stipule axillaire, qui adhérerait à la face interne du pétiole engaînant et la dépasserait de toute sa portion libre. Cette interprétation s'appuie sur diverses considérations ; même l'exactitude en semble démontrée par la nature elle-même chez des Monocotylédons bien différents des Graminées, les *Potamogeton*, plantes aquatiques, dont les unes ont simplement des stipules axillaires libres, tandis que d'autres, à feuilles engaînantes, offrent cette même stipule adhérente à la face interne de la gaîne foliaire et libre au delà, ainsi que l'a montré M. Cosson.

Stipelles. — Je n'ai parlé encore que des stipules situées à la base d'une feuille entière ; mais en outre, dans certaines feuilles composées, on en voit encore à la base de chaque foliole. Ces stipules, en quelque sorte subordonnées à la stipule générale, sont appelées *Stipelles* (stipellæ, c'est-à-dire petites stipules).

Existence et absence. — Toutes les plantes n'ont pas de stipules, même celles qui en manquent sont plus nombreuses que celles qui en sont pourvues. Ainsi la grande majorité des Monocotylédons, les Dicotylédons à feuilles opposées, sauf trois ou quatre familles, les Dicotylédons à feuilles alternes dont la gaîne est apparente, etc., n'offrent rien d'analogue. Même chez certains Dicotylédons qui, examinés à l'état adulte, sont décrits comme sans stipules, particulièrement chez les Crucifères, M. Krause, et surtout M. Norman, de Christiania, ont prouvé que cet organe est très-apparent dans la première jeunesse, mais que son développement s'arrête de bonne heure, le laissant rudimentaire ou avec l'apparence de simples glandes.

En général, toutes les plantes d'une même famille ont également des stipules ou bien toutes en sont privées. Dès lors, la présence ou l'absence de cet organe aide puissamment à reconnaître certains groupes naturels. En outre, les variations de forme et de grandeur auxquelles il est sujet facilitent très-souvent la distinction d'espèces voisines ; aussi ses diverses manières d'être sont-elles toujours indiquées dans les descriptions.

Rôle des stipules. — Ce rôle est fort obscur toutes les fois que ces organes sont réduits à l'état de très-petits appendices ; mais il devient plus facile à reconnaître là où ils prennent un plus grand développement. Ainsi, dans beaucoup de cas, ce sont de vraies feuilles supplémentaires qui participent aux fonctions des feuilles elles-mêmes et qui concourent à la nutrition du végétal. Mais leur principale utilité est de protéger les parties encore fort jeunes et par suite délicates, auxquelles on les voit former assez fréquemment une sorte d'enveloppe. Les végétaux chez lesquels ce rôle est rempli de la manière la plus efficace et la plus apparente sont plusieurs Figuiers, notamment le *Ficus elastica* Roxb., les Magnoliers, etc. Ici chaque feuille est accompagnée d'une grande stipule axillaire et embrassante, enroulée en un cornet sous lequel est abritée la feuille plus jeune. Lorsque l'accroissement de celle-ci ne lui permet plus de rester sous cet abri, son allongement soulève le cône stipulaire qui en général se détache à sa base et tombe ensuite. Nous verrons aussi bientôt que les stipules forment assez souvent l'enveloppe écailleuse de certains bourgeons.

ARTICLE II. — DES VRILLES.

On nomme *Vrilles* ou *Mains* (cirrhi) des productions grêles et allongées, des sortes de filets qui ont la singulière faculté de s'enrouler en spirale autour des corps, et qui fournissent à diverses tiges, trop grêles et trop allongées pour se soutenir elles-mêmes, le moyen de trouver dans les objets voisins de bons soutiens de leur faiblesse.

Nature réelle des Vrilles. — Les Vrilles résultent toujours d'une modification subie par des organes soit axiles, soit appendiculaires, et presque toujours d'un développement imparfait de ces organes ; ce sont donc simplement des formations dérivées, et qui n'entrent pas dans le plan général de la constitution des plantes. Aussi leur existence et leur absence ne sont-elles pas en rapport avec les groupes naturels du règne végétal, mais seulement avec l'organisation propre aux espèces, et particulièrement avec la force ou la faiblesse de leur tige. De là nous voyons, à côté des Gesses et Vesces, etc., qui, ne pouvant se soutenir seules, ont des vrilles pour s'accrocher, la Fève, entièrement dépourvue de ce secours que la force de sa tige lui rend inutile.

Vrilles foliaires. — Dans certaines feuilles qui ont conservé leur état normal, le pétiole a déjà la propriété de s'entortiller autour des corps pour soutenir la tige, comme on le voit notamment dans notre Fumeterre grimpante (*Fumaria capreolata* L.), chez diverses Clématites (*Clematis glandulosa, montana, calycina*, etc.), et chez certain *Solanum* (*S. jasminoides*, etc.) ; mais cette faculté se prononce bien davantage dans les cas où le pétiole commun d'une feuille pennée, surtout les filets qui résultent de l'atrophie, soit uniquement de sa foliole impaire, soit en même temps de ses folioles supérieures, constituent des vrilles bien caractérisées. Cette remarquable transformation est parfaitement évidente sur le *Lathyrus latifolius* L., vulgairement nommé *Pois vivace* dans nos jardins, dont la figure 161 représente une feuille

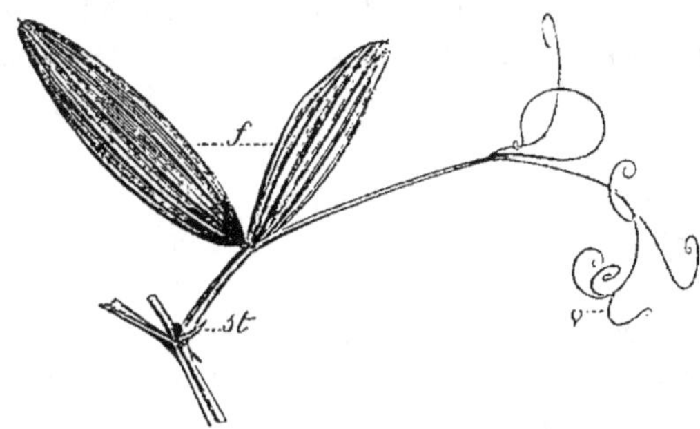

Fig. 161. — Feuille entière du *Lathyrus latifolius* L. *st*, stipules ; *f*, les deux folioles restées normales ; *v*, vrille rameuse. (1/4 de grand. natur.)

entière et en place. Il est facile d'y reconnaître une feuille pennée dans laquelle les deux folioles inférieures *f* ont seules persisté.

Quant aux autres folioles, au nombre de 6, disposées en 3 paires et surmontées d'une terminale impaire, on les voit transformées en un égal nombre de filets qui ont déjà commencé de se contourner en volute et dont la réunion constitue ce qu'on désigne sous la dénomination vague de *vrille rameuse*. Un grand nombre d'autres Légumineuses ont de même leurs feuilles terminées en vrille par l'effet d'une dégénération semblable de leurs folioles supérieures en nombre variable selon les plantes.

Un cas moins facilement explicable est celui dans lequel des vrilles se montrent dans la feuille, placées plus bas que le limbe foliacé. Les *Smilax*, végétaux monocotylédons qui donnent leur nom à la famille des Smilacées, et dont une espèce est commune dans les haies et buissons de nos départements méditerranéens, offrent l'exemple de cette disposition. Chacune de leurs feuilles présente, immédiatement au-dessus d'une portion basilaire engaînante, deux vrilles simples, opposées, au delà de la naissance desquelles se prolonge notablement le pétiole normal, terminé par un limbe foliacé et nullement altéré. D'où peuvent provenir ces deux vrilles foliaires? Quelques-uns ont cru que ce pouvaient être deux glandes pétiolaires qui auraient pris un développement exagéré et anormal ; avec plus de raison, ce semble, la plupart des botanistes y voient l'analogue de celles dont j'ai d'abord parlé, c'est-à-dire le produit de la dégénération soit de deux folioles (A. S. H.), soit plus vraisemblablement de deux segments basilaires de la feuille (DC.), tandis que M. H. v. Mohl pense que ce sont deux stipules transformées, supposition qui paraît peu conciliable avec l'absence habituelle de stipules latérales chez les Monocotylédons.

Je rappellerai ce que j'ai dit plus haut (p. 386) : que, dans le *Lathyrus Aphaca* L., toutes les folioles avortent, ne laissant pour représenter la feuille qu'une vrille entre deux grandes stipules.

Enfin je citerai comme une dernière sorte de vrille foliaire, celle qui, dans les *Methonica* (ou *Gloriosa*), fort belles plantes de la famille des Liliacées, surtout dans le *Flagellaria indica* L., résultent du prolongement et de l'union des nervures au delà du limbe. Je ferai observer que De Candolle qualifiait spécialement de *vrilles foliaires* ces dernières, tandis qu'il nommait *vrilles pétiolaires* toutes celles dont j'ai d'abord parlé, parce qu'il les faisait provenir d'une modification du pétiole. Mais cette question d'origine me semble difficile à résoudre, et je crois même que, dans la majorité des cas, si ce n'est dans tous, les folioles ou les segments du limbe ont dû contribuer plus que le pétiole à la formation des vrilles dont il s'agit.

Vrilles axiles. — On peut réunir sous cette dénomination commune toutes celles qui proviennent d'une dégénération d'une partie quelconque de l'axe.

L'une des plus remarquables dans cette catégorie est celle de la Vigne au sujet de laquelle on a beaucoup écrit en vue d'en déterminer la nature, sans qu'aujourd'hui encore les botanistes soient unanimes à ce sujet. Comme on le voit sans peine en examinant la figure 162, cette vrille qui se ramifie plus ou moins selon les

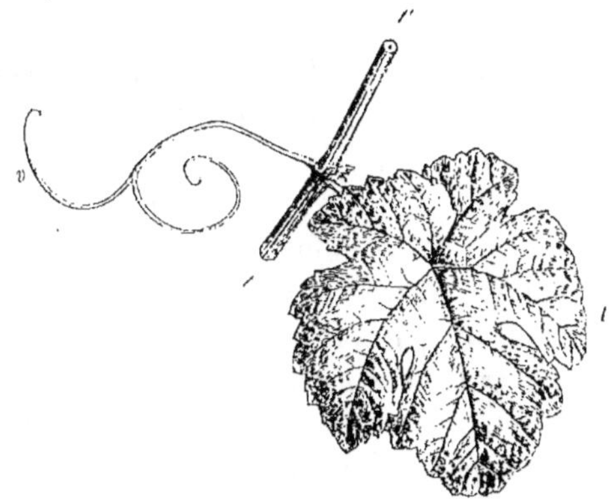

Fig. 162. — Portion de sarment *t t'* de Vigne (*Vitis vinifera* L.) portant une feuille *f* et une vrille *v* opposée à cette feuille. (1/3 de grand. natur.)

circonstances de la végétation, mais qui le plus souvent est simplement bifurquée, présente cette particularité remarquable d'être *oppositifoliée*, c'est-à-dire de sortir de la tige en un point diamétralement opposé à l'attache d'une feuille ; en outre, sur chaque sarment ou rameau de Vigne, les feuilles inférieures ne sont accompagnées de rien de pareil et ce n'est ordinairement qu'à partir de la 5ᵉ ou 6ᵉ (si les grappes manquent) qu'on voit apparaître ce puissant moyen de s'accrocher dont la nature a muni les longs jets de cet utile arbrisseau. A partir de là, il y a successivement deux feuilles avec vrille, puis une feuille sans vrille, deux autres avec vrille, une sans vrille, et ainsi de suite. D'un autre côté, sur les rameaux ou sarments fertiles, la place des deux ou plus rarement des trois premières vrilles est occupée par les grappes : enfin on rencontre fréquemment des vrilles qui portent quelques fleurs et plus tard quelques grains de raisin, et même il n'est pas rare de voir les ramifications inférieures de certaines grappes s'allonger en vrilles, ou l'axe même d'une grappe, qui cependant porte des fleurs fertiles et qui plus tard formera un raisin, s'entortiller en manière de vrille autour des corps qu'il rencontre.

Ces particularités remarquables ouvraient un vaste champ aux hypothèses destinées à expliquer la situation et la nature de ces mains de la Vigne.

L'idée la plus répandue à ce sujet est celle qui a été émise par Aug. Saint-Hilaire, puis surtout par M. Roeper, qui a été ensuite adoptée par De Candolle, par A. de Jussieu, et, avec une légère modification par M. Alex. Braun. Voici en quoi elle consiste. Par suite de l'identité de situation oppositifoliée des vrilles et des grappes, par suite aussi de la présence fréquente de quelques fleurs et grains au bout des vrilles, ainsi que du changement de certaines grappes en vrilles, il est évident que ces deux formations sont de la même nature, c'est-à-dire que chaque vrille est une grappe métamorphosée avec avortement des fleurs. Or, une grappe n'est pas autre chose qu'une portion de tige dont les ramifications portent des fleurs en place de feuilles ; donc chaque vrille est également une portion de tige transformée. Un sarment de Vigne se développe d'abord normalement en formant quatre ou cinq entre-nœuds superposés en ligne droite et terminés chacun par une feuille, après quoi il se modifie pour constituer une grappe, soit bien développée, soit dégénérée en vrille ; mais à la base de cette portion modifiée se trouve une feuille, comme au sommet de tout entre-nœud feuillé, et, comme d'ordinaire, à l'aisselle de cette feuille, est un bourgeon. De très-bonne heure ce bourgeon axillaire se développe en un rameau qui, recevant de la séve en abondance, prend un grand accroissement. Puisque la grappe ou la vrille, dont l'accroissement est plus faible, est la continuation normale de l'axe de premier degré ou primaire, le rameau qui a pris naissance à la base de l'une ou de l'autre, dans l'aisselle de la feuille, est de deuxième degré ou secondaire ; par suite de sa forte végétation il rejette de côté cet axe primaire plus faible et, usurpant la situation qu'avait d'abord celui-ci, il continue la ligne droite que suivaient déjà les entre-nœuds inférieurs du sarment. Par exemple, dans la portion de Vigne représentée par la figure 162, l'axe primaire t aurait eu sa continuation naturelle et normalement directe dans la vrille v ; mais le rameau usurpateur t' né d'un bourgeon qui occupait, à l'origine, l'aisselle de la feuille f, a rejeté cette vrille de côté, de manière à la rendre oppositifoliée, et s'est placé lui-même en ligne droite à la suite de t. Ce qui a eu lieu dans ce cas se reproduira pour tous les nœuds où se trouve une vrille, et par conséquent les vrilles seront toutes oppositifo-liées, tandis que, d'un autre côté, le sarment en apparence unique et continu, dans l'étendue duquel se sont effectuées toutes ces usurpations, ne sera en réalité que la réunion d'un grand nombre d'axes de degrés divers et nés les uns des autres.

De puissantes objections ont été élevées contre cette théorie, surtout par M. Prillieux[1]. D'après cet habile observateur, les feuilles de la Vigne étant distiques et par conséquent tous leurs points d'attache se trouvant rangés alternativement à droite et à gauche de l'axe, de telle sorte qu'un même plan longitudinal pût les comprendre toutes, lorsqu'un bourgeon naît dans une aisselle, il a ses jeunes feuilles disposées sur l'axe secondaire qui les porte selon un plan qui croise celui des feuilles de l'axe primaire ; il résulte de là que, lorsque ce bourgeon se développe, il donne un rameau secondaire dont les feuilles se dirigent dans un sens qui croise à angle droit la direction suivie par les feuilles de l'axe primaire. Donc, si l'axe prétendu secondaire et usurpateur, t' (fig. 162), provenait d'un bourgeon axillaire et était par conséquent de deuxième degré ou secondaire, ses feuilles seraient dirigées en croix relativement à celles de l'axe primaire t ; ce qui n'a pas lieu ; t' n'est donc pas un axe secondaire relativement à t, mais il en est la continuation pure et simple. M. Prillieux est d'avis qu'au nœud où l'on observe une vrille (ou bien une grappe), l'axe primaire s'est bifurqué ou a subi une *partition*. L'un des bras de la fourche, moins bien nourri, est déjeté de côté jusqu'à être oppositifolié et devient une grappe ou le plus souvent une simple vrille, tandis que l'autre plus vigoureux reste à l'état de rameau feuillé et prend en droite ligne la direction même de la portion plus âgée de l'axe. Cette nouvelle théorie rend compte de la disposition réelle des feuilles sur chaque sarment ; mais elle soulève elle-même quelques difficultés ; ainsi elle me semble ne rendre qu'imparfaitement compte de ce fait, qu'à deux nœufs successifs, c'est d'abord la portion gauche et puis la portion droite de la partition qui dégénère en vrille, après quoi vient un nœud sans partition, au-dessus duquel la partition recommence, et ainsi de suite. Tout n'est donc pas expliqué dans la curieuse végétation de la Vigne et des *Cissus*, ses analogues immédiats, bien que d'autres interprétations des faits qu'on y observe aient été encore proposées, notamment par M. Lestiboudois

[1] *Bull. Soc. bot. de Fr.*, III. 1856, pp. 645-655.

qui a vu[1] dans chacune de cès vrilles le produit d'un bourgeon spécial naissant constamment vis-à-vis d'une feuille, et par conséquent dans une situation anormale.

Je ne citerai encore comme vrilles axiles que celles des Grenadilles (*Passiflora*) qui sont évidemment des rameaux florifères altérés, puisque chacun d'eux naît, comme tout rameau, à l'aisselle d'une feuille et qu'en outre on les voit parfois porter des fleurs, tout en restant partiellement à l'état de vrilles.

Vrilles de nature indéterminée. — Je rangerai sous ce titre la vrille des Melons, Courges et autres plantes de la famille des Cucurbitacées, au sujet de laquelle on a presque épuisé le champ des hypothèses, sans en déterminer bien nettement la nature. La situation en est fort singulière, car, comme le montre la figure 163,

Fig. 163. — Portion d'une tige fleurie de Melon (*Cucumis Melo* L.), montrant la situation de la vrille à côté de la feuille qu'elle accompagne. (1/2 de grand. natur.)

elle est placée d'un côté de la base de la feuille sans qu'il en existe une symétrique de l'autre côté. C'est seulement dans un très-petit nombre de cas accidentels qu'on a vu la feuille accompagnée de deux vrilles, et l'on n'a cité encore, à ma connaissance, que deux exemples isolés d'une de ces vrilles sortant de l'aisselle d'une feuille (Tassi, Cauvet). Dans ces *Éléments* je ne puis rapporter les opinions aussi nombreuses que divergentes qui ont été émises relativement à la nature réelle des vrilles des Cucurbitacées; les volumes II, III, IV et XI du *Bulletin de la Société botanique de France* renferment à ce sujet de nombreux écrits dus à MM. Fabre, Clos, Naudin, Guillard, Tassi, Lestiboudois, Cauvet, et auxquels je renverrai le lecteur qui voudrait approfondir ce point très-controversé de l'organographie végétale. Je me bornerai à dire : que

[1] *Bull. Soc. bot. de Fr.*, IV, 1857, pp. 809-816.

quelques-uns ont vu dans ces filets des sortes de racines aériennes, comme Seringe qui ensuite abandonna cette idée pour supposer que chaque vrille pouvait provenir de la dégénération de l'une des deux feuilles géminées qui auraient existé à chaque nœud, opinion peu différente de celle que professe M. Clos ; que plusieurs y ont vu un organe de nature stipulaire (Aug. St-Hilaire, Stocks), ou ce qui est à peu près la même chose, le produit de la déviation de l'un des faisceaux destinés à la feuille (Payer); que M. Cauvet en fait une feuille privée de parenchyme et réduite à ses nervures ; que M. Fabre veut y retrouver la continuation de la tige même presque atrophiée et déjetée latéralement ; que M. Naudin la regarde comme un rameau né un nœud plus bas, soudé à la tige jusqu'au point où elle devient libre, rameau dont le bourgeon terminal avorterait d'ordinaire mais pourrait aussi se développer, et qui ne porterait en général qu'une feuille transformée en vrille, etc., etc.

Enroulement des vrilles. — L'enroulement des vrilles présente des circonstances curieuses qui ont été étudiées par M. Macaire[1], et surtout récemment par M. Darwin[2]. Cette faculté se développe essentiellement dans ces organes au contact des corps étrangers. Expérimentant sur la Bryone dioïque, plante commune dans nos haies et buissons, qu'il appelle par erreur *Tamus communis*, M. Macaire a vu que, si l'on en touche une vrille avec un corps quelconque, sur un point situé à moins de $0^m,027$ de son extrémité, elle se contracte de dehors en dedans, et forme d'abord un crochet, puis une boucle autour de ce corps qu'elle embrasse, s'il n'est pas très-gros. Ce nœud, d'abord lâche, se resserre peu à peu, après quoi les tours se multiplient successivement. Le contact d'un corps étranger est tellement essentiel qu'on voit dans certaines plantes les vrilles qui ne l'éprouvent pas rester droites, puis sécher ; toutefois, chez quelques espèces (notamment *Eccremocarpus*, *Cardiospermum*), elles s'enroulent même sans toucher aucun objet.

M. Macaire a vu qu'une vrille de Bryone enduite d'une couche épaisse de gomme ne s'enroule pas moins autour des corps ; ce physicien et M. Darwin ont constaté que l'immersion dans l'eau, dans l'alcool dilué, dans le sirop de sucre, ainsi que dans l'ammoniaque très-étendue ne diminuent pas en elle cette tendance, qui, au contraire, disparaît immédiatement sous l'action de l'acide

<hr>

[1] Note sur les vrilles du *Tamus communis; Bibl. univers. de Genève*, 1847, pp. 167-173.

[2] On the movements and habits of climbing plants; *Journ. of the Linn. Soc.*, sec^t, Botany, IX, 1865; 118 pages.

cyanhydrique ; tandis que, d'un autre côté, l'acide azotique et l'acide sulfurique la développent très-promptement.

Les vrilles font autour des corps un nombre de tours variable, mais qui le plus souvent ne dépasse pas une dizaine ; celles qui en font beaucoup plus présentent ce fait curieux, facile à observer chez la Bryone (fig. 164), qu'elles s'enroulent successivement dans des sens différents ; on a même observé jusqu'à sept et huit de ces changements de sens dans un même filet. M. Darwin a reconnu que ce fait ne se montre que sur les vrilles qui se sont attachées par leur extrémité, et il explique ces changements de direction parce que, s'enroulant à partir de cette extrémité fixée,

Fig. 164. — Fragment de tige de la Bryone (*Bryonia dioica* L.), montrant une vrille dans laquelle le sens de l'enroulement a changé deux fois successivement. (1/5 de gr. nat.)

la vrille doit nécessairement se tordre de plus en plus sur elle-même à tel point qu'elle finirait par se rompre si elle continuait ainsi ; mais elle se détord par l'effet du changement de direction de sa spire.

Vrilles adhésives. — La Vigne-Vierge (*Cissus quinquefolia* Pursh ; *Ampelopsis hederacea* Michx.), plante de l'Amérique septentrionale, offre une particularité très-curieuse qui explique pourquoi elle peut s'élever souvent jusqu'à une grande hauteur, sans être soutenue, et couvrir de grandes surfaces de murs d'un rideau continu de verdure. Au contact des pierres ou des briques, d'un enduit de mortier uni, ou même de pièces de bois rabotées et peintes, ces vrilles se disposent de manière à appliquer contre ces corps toutes leurs ramifications ; puis, au bout d'environ deux jours, leurs extrémités deviennent le siége d'un développement spécial : elles s'élargissent, s'aplatissent, et forment ainsi des sortes de disques que M. Ch. Des Moulins, dans une note intéressante sur ce sujet, compare ingénieusement aux pelotes dont sont munies les pattes des Rainettes. Ces pelotes sont, d'après M. H. v. Mohl, des masses de grandes cellules remplies de liquide ; leur surface mamelonnée se moule sur les corps contre lesquels elle s'applique, de manière à pénétrer dans leurs moindres enfoncements et à s'y attacher par conséquent. En outre, elles sécrètent en petite quantité une matière destinée à les rendre encore plus adhésives, et que M. Darwin croit être résineuse d'après l'action que l'éther et les huiles essentielles exercent sur elle. Il résulte de là que ces vrilles, qui ne tardent pas à consolider beaucoup leurs tissus, adhèrent très-fortement aux corps et entraînent même des particules de mortier, lorsqu'on les arrache de force d'un mur crépi. M. Darwin a vu un seul petit rameau d'une de ces vrilles âgée de dix années au moins, supporter sans se détacher un poids d'un kilogramme; d'où il conclut que la vrille entière, qui avait cinq de ces ramifications aurait supporté cinq kilogrammes. On peut juger par là du poids énorme que pourrait soutenir un pied de Vigne-Vierge muni de ses nombreuses vrilles adhésives.

M. Ch. Des Moulins a constaté que, dans des conditions analogues, certains pieds de ce *Cissus* ne forment pas de pelotes adhésives au bout de leurs vrilles, tandis que d'autres en produisent en abondance; et cependant l'examen le plus attentif ne lui a fait découvrir aucune différence appréciable entre les unes et les autres.

M. Darwin a reconnu que des pelotes adhésives se produisent aussi au bout des vrilles du *Bignonia capreolata* au contact d'un faisceau de filasse, de mousse, de laine ou de petites baguettes. Les extrémités en crochet de ces vrilles s'introduisent entre ces divers filaments et s'y renflent ensuite en masses cellulaires qui mesurent un peu plus d'un millimètre de diamètre.

La formation des vrilles dans son ensemble et celle des pelotes adhésives en particulier sont certainement au nombre des exemples les plus surprenants qu'on puisse citer de l'adaptation des organes au rôle spécial que semble exiger d'eux la constitution générale des plantes.

ARTICLE III. — DES PIQUANTS.

De Candolle réunit sous cette dénomination commune deux sortes différentes d'armes dont sont pourvues diverses plantes, et qu'on désigne en particulier sous les noms d'*Épines* (spinæ) et d'*Aiguillons* (aculei).

Épines. — Les *Épines* sont des piquants généralement forts qui résultent de la dégénération d'un organe, et qui par conséquent ayant une structure essentiellement fibro-vasculaire, font suite aux formations ligneuses de la plante qui les possède.

1° *Épines axiles*. — Souvent c'est une branche qui n'a pris qu'un développement imparfait, sans doute par insuffisance de nourriture, et qui s'est transformée en un poinçon tantôt simple, tantôt rameux. Telles sont les épines du Prunellier (*Prunus spinosa* L.), du Févier à trois pointes (*Gleditschia Triacanthos* L., fig. 165), qui rendent ces espèces fort propres à faire des haies défensives. On peut se convaincre que telle est bien la nature de ces épines en les voyant sortir, comme toutes les branches, de l'aisselle d'une feuille, en observant que la culture en diminue sensiblement le nombre, enfin, en remarquant qu'elles portent souvent des feuilles bien conformées, comme celle que représente la figure 165 dessinée d'après le *Gleditschia Triacanthos* L., et qu'elles passent même parfois, dans les jardins, à l'état de vraies branches feuillées. — Ailleurs ce sont des rameaux à fleurs appelés en botanique *Pédoncules* qui, après la fructification, s'endurcissent et, devenant piquants, se changent en véritables épines ; c'est ce qui a lieu pour l'*Alyssum spinosum* L., les *Mesembryanthemum spinosum* L. et *mucroniferum* Haw.

Fig. 165. — Épine rameuse de *Gleditschia Triacanthos* L., portant deux feuilles parfaites. (1/2 de gr. nat.)

2° *Épines foliaires*. — Des épines résultent quelquefois d'une dégénération de feuilles dans lesquelles les nervures ont seules persisté et se sont fortement endurcies ; telle est l'origine de celles de l'Épine-vinette ordinaire (*Berberis vulgaris* L.). Comme le montre la figure 166, à l'aisselle de chacun de ces piquants, comme à celle des feuilles normales, se trouve un bourgeon qui se développe en un très-court ramule feuillé ; en outre, on voit parfois certaines de ces épines conserver en partie l'état foliacé, deux circonstances qui en démontrent la vraie nature. —Dans les Astragales qui forment la section *Tragacantha* de ce grand genre, par exemple dans les *Astragalus Tragacantha* L., de notre littoral méditerranéen et *aristatus* L'Hérit., des Pyrénées et des Alpes,

Fig. 166. — Fragment de branche de l'Épine-vinette commune (*Berberis vulgaris* L.), montrant une épine foliaire trifurquée, avec le faisceau de feuilles qui s'est développé à son aisselle. (1/1 ou gr. nat.)

le pétiole commun des feuilles pennées se termine en pointe; il s'endurcit peu à peu, surtout après la chute des folioles, et persiste en formant une longue épine. — Enfin on voit souvent chez les Monocotylédons les nervures se prolonger au delà du sommet de la feuille en une forte épine terminale, et assez fréquemment aussi, les bords de ces feuilles présentent de grandes dents fortement piquantes. On voit de forts beaux exemples de ces épines foliaires terminales et latérales chez l'*Agave americana* L. qui, pour ce motif, sert en Algérie à faire des haies vraiment impénétrables.

Des épines peuvent encore provenir de la transformation des stipules; elles sont alors placées à droite et à gauche de la base de la feuille. C'est ce qui a lieu chez le Faux-Acacia (*Robinia Pseudacacia* L., fig. 123, p. 519), et chez le *Paliurus* (fig. 154, p. 571), où l'on remarque cette particularité que l'une des deux épines stipulaires est droite, tandis que l'autre est recourbée.

Aiguillons. — Les aiguillons sont des piquants souvent moins développés que les épines, et dont le caractère principal consiste dans leur situation superficielle ainsi que dans leur structure plus simple. En effet, ils sont une production soit de l'épiderme comme les poils, auxquels on les voit souvent passer insensiblement, soit des couches parenchymateuses de l'écorce; en outre, ils sont formés en entier de cellules dont les parois sont plus ou moins endurcies et lignifiées. On voit donc que les deux sortes de piquants, quoique se ressemblant assez, à l'extérieur, pour que la distinction n'en soit pas toujours sans difficulté, comme De Candolle l'a fait remarquer depuis longtemps, sont cependant bien différentes organiquement, puisque les aiguillons sont des productions cellulaires superficielles, tandis que les épines sont simplement des organes dégénérés ou endurcis.

En raison de leur origine, les aiguillons peuvent se détacher de l'organe qui les porte en laissant, à la place qu'ils occupaient, une cicatrice nette et unie quand leur origine est toute superficielle (Rosiers), plus ou moins concave, lorsqu'ils tiennent à un tissu un peu plus intérieur.

Les aiguillons sont le plus souvent épars à la surface des plantes ; mais quelquefois aussi, quoique rarement, ils affectent une situation déterminée, à la base des feuilles : ils s'y montrent alors sur un plan parallèle à celui de ces organes mêmes, ce qui fait reconnaître en eux une production du coussinet. Des aiguillons de ce genre existent chez le Groseillier à Maquereau (*Ribes Grossularia* L.). Comme le montre la figure 167, ils y sont presque toujours formés de trois poinçons réunis par leur base et à peu près égaux ; quelquefois cependant ils sont indivis. L'étude anatomique apprend que ces piquants sont entièrement composés de cellules allongées, fort étroites et à parois assez épaisses, dans la portion externe de leur tissu, plus larges et à parois plus minces à mesure qu'on avance vers le centre.

Fig. 167. — Une feuille de *Ribes Grossularia* L., avec l'aiguillon à trois branches qui l'accompagne. (Environ 1/1.)

Dans leur épaisseur rien n'indique des couches distinctes. — Les très-jeunes pieds de cet arbrisseau ne présentent pas d'aiguillons à la base de leurs deux feuilles séminales, ni de la feuille qui les suit, pas plus que sur les deux entre-nœuds qu'elles terminent. C'est ordinairement à partir de son troisième entre-nœud que leur jeune tige commence à être hérissée de nombreux aiguillons simples, grêles, longs de $0^m,005$ à $0^m,008$, dont plusieurs se groupent vers la base de chaque feuille ou à cette base même. Ceux du coussinet ne se distinguent en rien des autres, et on les voit même assez souvent disposés en demi-verticille irrégulier. C'est seulement plus tard que ces piquants disparaissent de la surface des entre-nœuds et commencent à se montrer exclusivement à la base de chaque feuille, avec la disposition qu'ils ont sur la figure 167.

Les aiguillons varient de forme, les uns étant droits, les autres crochus ; de longueur et de grosseur, certains ne formant que des sortes de poils très-roides, tandis que d'autres acquièrent jusqu'à 3 et 4 centim. de longueur avec une épaisseur proportionnée, comme dans certains *Zanthoxylum*, le *Bombax Ceiba* L., etc.; mais, au total, leur étude n'offre pas assez d'intérêt pour que je croie devoir m'en occuper davantage.

CHAPITRE VI

DES BOURGEONS

Après avoir étudié avec soin les deux parties constitutives des plantes, c'est-à-dire l'axe et la feuille, dans leur manière d'être essentielle et fondamentale, il faut examiner les formations qui résultent de modifications plus ou moins profondes subies soit par l'une ou l'autre séparément, soit par l'une et l'autre à la fois. Dans cette dernière catégorie entrent avant tout les formations connues sous le nom de *Bourgeons*.

Un *Bourgeon* est une formation complexe dans laquelle une extrémité d'axe, essentiellement vivante et destinée à se développer en une pousse nouvelle, est abritée, pendant le temps du repos de la végétation, sous une enveloppe de feuilles ou de portions de feuilles presque toujours modifiées dans leur consistance et leurs dimensions normales. Comme ces formations servent à conserver pendant l'hiver de nos contrées froides le germe délicat des pousses que le printemps doit faire éclore, Linné leur donnait la dénomination générale d'*Hibernacles* (hibernacula, c'est-à-dire abris pour l'hiver). Il en distinguait deux sortes : les bourgeons et les bulbes. J'adopterai ici ce classement, malgré les critiques dont il a pu être l'objet relativement aux bulbes, et je m'occuperai, dans deux articles distincts, des *Bourgeons* et des *Bulbes*, après quoi, je terminerai ce chapitre par un article consacré à une histoire succincte et essentiellement physiologique de l'importante opération de la *Greffe*, histoire qui me semble trouver ici sa place la plus naturelle.

ARTICLE PREMIER. — BOURGEONS PROPREMENT DITS

Les *Bourgeons* proprement dits (gemmæ) se présentent, chez les végétaux ligneux auxquels ils appartiennent essentiellement, sous la forme de petits corps ovoïdes ou coniques, qui ne montrent à l'extérieur que des écailles plus ou moins nombreuses, appliquées l'une sur l'autre à la façon des tuiles d'un toit, c'est-à-dire imbriquées. La figure 168 représente ceux du Marronnier d'Inde (*Æsculus Hippocastanum* L.) qui atteignent de très-fortes dimensions.

Noms qu'on leur donne. — Diverses personnes et surtout les jardiniers font un emploi regrettable du mot de bourgeons. Au lieu de le donner à la formation qui renferme, pendant l'hiver, le germe d'une pousse,

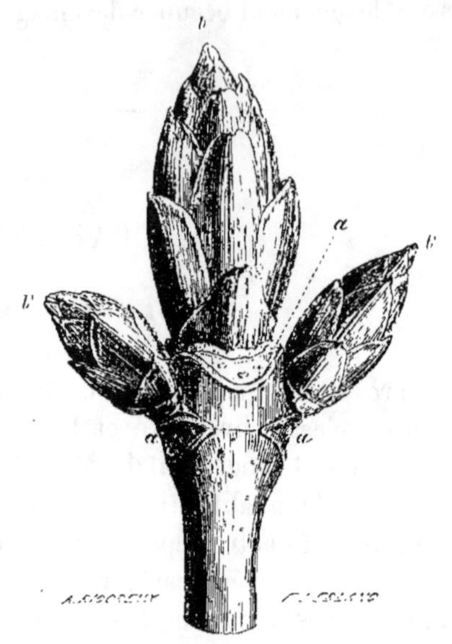

Fig. 168. — Extrémité d'une branche de Marronnier d'Inde (*Æsculus Hippocastanum* L.), portant un gros bourgeon terminal *b* et deux bourgeons latéraux plus petits *b' b'*. *a a a*, cicatrices des feuilles tombées (1/1).

ils l'appliquent à cette pousse elle-même développée sous l'influence du printemps. Obligés alors de désigner les vrais bourgeons, ils les appellent tantôt des *boutons*, tantôt des *yeux*, tantôt même des *gemmes* [1].

Organisation des bourgeons. — Pour la reconnaître, il faut faire une coupe longitudinale qui divise un bourgeon en deux moitiés. On voit alors que l'enveloppe qui résulte de la superposition des écailles entoure une cavité, dans laquelle est abrité le

---

[1] *N. B.* Il existe aujourd'hui, chez les personnes qui écrivent sur l'horticulture, une tendance assez singulière à remplacer des noms parfaitement français par d'autres qu'ils composent en donnant à des mots latins une désinence à peu près française. Ainsi on lit, dans certains ouvrages, *gemmes* pour bourgeons (de gemma), *scape* pour hampe (de scapus), *racème* pour grappe (de racemus), etc. On se rappelle involontairement, à la lecture de ce latin mal francisé, l'expression de « faste pédantesque » appliquée par Boileau aux vers de Ronsard, dont

La muse, en français, parlait grec et latin.

rudiment de pousse sous la forme d'un cône plus ou moins haut, émoussé à son extrémité qui forme le point végétatif, et relevé à sa surface de petites saillies dont chacune est une feuille naissante. Quoique réduite encore à de très-faibles dimensions, cette ébauche de pousse présente déjà, dans la plupart des cas, tous les entre-nœuds et toutes les feuilles que montrera la pousse développée; nous verrons cependant qu'il peut y avoir une exception à cet égard. — Mirbel désignait sous le nom de *Pérule* (perula) l'ensemble des écailles des bourgeons. La pérule forme en général une enveloppe parfaitement close et dès lors capable de mettre l'ébauche de pousse à l'abri de l'eau et de l'air extérieur; mais, surtout dans les arbres propres aux pays tempérés ou froids, son occlusion est souvent complétée par une sécrétion résineuse (Conifères) ou gommo-résineuse (Peupliers fournissant la propolis aux abeilles), ou par de longs poils qui forment une sorte de fourrure autour du germe, ou même par les deux à la fois, comme dans le Marronnier d'Inde.

Division des bourgeons. — Les bourgeons présentent une assez grande variété quant à leur situation sur les plantes, quant à l'état et la nature de leurs écailles, enfin quant aux pousses diverses qui peuvent en tirer leur origine.

1° *Situation*.—La vue seule de la figure 168 suffit pour montrer que, sur chaque tige et chaque branche, les bourgeons peuvent se montrer placés de deux manières fort différentes. On y voit, au sommet de la branche du Marronnier d'Inde et la surmontant, un gros bourgeon impair *b*, que la place qu'il occupe fait justement qualifier de *terminal*, et plus bas que lui, par conséquent sur les côtés de cette même branche, deux autres bourgeons *b' b'* plus petits que le premier et opposés entre eux. Ceux-ci et leurs analogues sont dits *latéraux*, en raison de leur situation sur les côtés de la tige et de ses ramifications; on les nomme également *axillaires* pour un autre motif que je vais indiquer.

Un bourgeon terminal n'est pas autre chose que l'extrémité même d'une tige ou d'une branche qui, lorsque la végétation est arrivée à son déclin, n'a pu amener à un complet développement ses organes foliaires et les a laissés à l'état de simples écailles; en outre, le point végétatif abrité sous l'enveloppe ainsi produite a donné naissance au rudiment de pousse qui doit se développer après l'hiver. Ce bourgeon terminal étant ainsi la continuation directe de la tige ou de la branche est de même génération ou de même degré qu'elles. Au contraire, les bourgeons latéraux, *b' b'*

par exemple, sont une production de cette même tige ou branche
sur laquelle ils se sont formés chacun à l'aisselle d'une feuille. Sous
l'un et l'autre se montre en *a* la cicatrice qu'a laissée en tombant
la feuille à l'aisselle de laquelle il s'est formé pendant le cours
même de la végétation annuelle. Né de la tige ou de la branche
il est donc par rapport à elle de deuxième génération ou de
deuxième degré. A cette première différence il faut joindre celle
que j'ai déjà indiquée touchant l'époque à laquelle se forment les
bourgeons de ces deux catégories. J'ajouterai que les bourgeons
axillaires naissent de très-bonne heure; mais que, dans les circonstances ordinaires, ils ne s'ouvrent qu'au printemps qui suit celui
où ils ont pris naissance.

Il est cependant deux circonstances dans lesquelles ces mêmes
bourgeons devancent l'époque normale pour leur développement
en pousse feuillée : 1° lorsque, sur des végétaux vigoureux, surtout
cultivés, ils donnent leur scion l'année même où ils sont nés; dans
ce cas, la pousse ou scion qui en provient, reçoit des horticulteurs les noms de *Bourgeon anticipé*, *Faux-Bourgeon*, *Prompt
bourgeon*. Le développement prématuré des scions anticipés est
souvent fâcheux pour la direction et la taille des arbres fruitiers,
parce qu'ils n'ont pas le temps de mûrir ou, comme on le dit d'ordinaire, d'*aoûter* leur bois avant l'hiver. 2° Lorsqu'un arbre étant
effeuillé, ses bourgeons axillaires s'ouvrent peu de temps après,
comme on l'observe notamment sur les Mûriers dont on a cueilli
la feuille pour en nourrir les vers à soie.

Certains arbres et arbustes ont habituellement un bourgeon
terminal au bout de leur tige et de toutes leurs ramifications qui
s'allongent alors directement chaque année; tel est le Marronnier
d'Inde que représente la figure 168; chez d'autres il ne se forme
pas de bourgeon terminal, d'où il résulte que parfois c'est un bourgeon latéral qui en prend plus ou moins complétement la place,
ou bien que chaque branche présente deux bourgeons opposés à
côté de son extrémité tronquée; c'est ce qu'on voit chez le Lilas,
comme le montre la figure 169. Enfin les Palmiers et beaucoup
d'autres Monocotylédons n'ont qu'un bourgeon terminal sans bourgeons latéraux susceptibles de se développer.

En règle générale, chaque feuille a un bourgeon à son aisselle;
aussi divers botanistes la nomment-ils, relativement à celui-ci,
feuille-mère, *feuille aissellière* ou *axillante*. Il résulte de là que
l'arrangement des branches sur la tige et des rameaux sur les
branches reproduit celui des feuilles, c'est-à-dire que les branches

sont opposées sur les végétaux à feuilles opposées, alternes sur ceux à feuilles alternes, etc. Toutefois, dans certains cas, des avortements de bourgeons s'opérant accidentellement ou même quelquefois avec une surprenante régularité font, par exemple, que les ramifications sont alternes chez certains *Cuphea* dont les feuilles sont opposées ou verticillées. Nous avons vu aussi que la plupart des Monocotylédons ont une tige simple par défaut de développement de bourgeons axillaires.

Fig. 169. — Extrémité d'une branche de Lilas (*Syringa vulgaris* L.) sans bourgeon terminal, et presque au sommet de laquelle se trouvent deux bourgeons latéraux. Cette branche n'aura donc pas de prolongement direct (1/1):

Assez souvent chaque aisselle de feuille réunit deux ou plusieurs bourgeons rangés sur l'axe en série longitudinale et parmi lesquels le plus avancé est tantôt l'inférieur, tantôt le supérieur, tantôt et plus rarement un intermédiaire. L'*Aristolochia sipho* L'Hér., les *Lonicera Xylosteum* L., *nigra* L., etc., le Noyer, etc. fournissent des exemples bien connus de ce fait, qu'on a regardé longtemps comme rare et exceptionnel. Mais, dans ces dernières années, M. Guillard a signalé plusieurs familles (Scrofulariacées, Acanthacées, Solanées, Rubiacées, etc.) dans lesquelles il est fréquent ou même habituel [1], et peu de temps après MM. Bourgeois et Damaskinos, en étudiant toutes les espèces cultivées dans les plates-bandes du Jardin des Plantes de Paris, sont arrivés à reconnaître qu'il est aussi fréquent de trouver plus d'un bourgeon que d'en voir un seul [2].

Les bourgeons terminaux et axillaires pourraient être qualifiés de réguliers ; mais il existe aussi assez souvent des bourgeons irréguliers de situation, qui peuvent apparaître sur tous les points de l'axe, même quelquefois sur des feuilles, et qu'on nomme, pour ce motif, bourgeons *adventifs*.

2° *État et nature des écailles.* — Les bourgeons sont en général pourvus d'une enveloppe écailleuse ou pérule ; ils sont dès lors *écailleux* ou, comme le disait Mirbel, *pérulés*. Tels sont ceux des végétaux ligneux qui habitent les régions froides et tempérées, ainsi qu'un grand nombre de ceux qui croissent dans les régions chaudes, où la saison sèche amène souvent, comme notre hiver,

----

[1] *Bull. Soc. bot. de Fr.*, IV, 1857, p. 937 et suiv.
[2] *Bull. Soc. bot. de Fr.*, V, 1858, pp. 598-610.

mais par une cause inverse, un repos annuel dans la végétation. Au contraire, les végétaux ligneux des pays chauds dont la végétation est continue n'ont point, par cela même, d'écailles protectrices et montrent à découvert leurs très-jeunes feuilles. Il en est de même de quelques arbustes de notre flore, comme la Bourdaine (*Rhamnus Frangula* L.), le *Viburnum Lantana* L. Ces bourgeons sans pérule sont désignés par l'épithète de *nus*.

Quant aux bourgeons écailleux, leur pérule peut avoir des origines diverses. Dans certains cas, les écailles qui la composent ne sont pas autre chose que des feuilles restées dans un état fort imparfait, comme dans le Lilas, le Myrtille (*Vaccinium Myrtillus* L.), etc.; on dit ces bourgeons *foliacés*. Ailleurs c'est seulement la base de pétioles qui s'est modifiée en écailles, ce qu'on désigne par la dénomination de bourgeons *pétiolacés*; assez souvent ces écailles sont formées par des stipules modifiées ou non dans leur manière d'être naturelle, comme dans plusieurs de nos arbres forestiers, Hêtre, etc., ce qu'indique la qualification de bourgeons *stipulacés*; enfin dans les Rosiers, les stipules adhérant aux deux côtés de la base du pétiole, on trouve dans les écailles ces deux parties unies; cette nature d'écailles fait appeler les bourgeons qui la présentent *fulcracés*[1] (de fulcrum.)

5° Nature des pousses. — Les bourgeons, en s'ouvrant et se développant au printemps, ne donnent quelquefois que des scions chargés de feuilles, sans fleurs; on les nomme alors *Bourgeons à bois* ou *à feuilles*; d'autres fois, la pousse qui en sort peut bien porter des feuilles en petit nombre, mais elle est surtout et essentiellement pourvue de fleurs; les bourgeons qui sont dans ce cas sont appelés *Bourgeons à fleurs* ou *à fruits*. Enfin, dans quelques végétaux, il sort de chaque bourgeon une branche qui porte à la fois des feuilles et des fleurs, circonstance que rappelle l'expression de *Bourgeons mixtes*; c'est ainsi que chaque pousse de Vigne produit d'abord quatre à six feuilles au delà desquelles viennent deux ou même trois grappes suivies de nombreuses feuilles.

Il importe beaucoup pour la taille des arbres fruitiers de savoir distinguer les bourgeons à bois de ceux à fleurs; or, la forme des uns et des autres permet de les reconnaître sans peine, comme le montreront quelques exemples. Les bourgeons à bois sont étroits et pointus, tandis que ceux à fleurs sont gros, renflés, ovoïdes et plus ou moins obtus. La différence est très-saillante sur le Poirier,

---

[1] Linné désignait sous le nom commun de *fulcra* les stipules, les bractées, les piquants, les vrilles, même les poils et les glandes.

comme le montre la figure 170. On voit que, dans cet arbre, les bourgeons à fleurs *b*, placés principalement sur de petites branches courtes, épaisses et peu consistantes, qu'on nomme vulgairement *Lambourdes*, sont beaucoup plus gros, plus renflés et moins pointus que ceux à bois *b' b'*. Cette différence n'est guère moins tranchée chez le Pommier, comme on le voit par la figure 171, sur

Fig. 170. — Petite branche de Poirier portant un bourgeon à fleurs *b*, et plusieurs bourgeons à bois *b'* à divers degrés de développement (1/1).

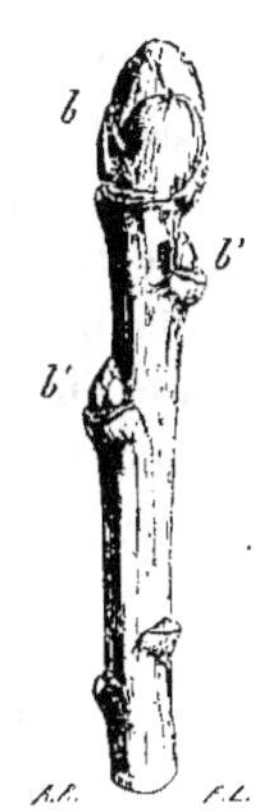

Fig. 171. — Petite branche de Pommier portant, à son extrémité, un bourgeon à fleurs *b*, et, sur ses côtés, plusieurs bourgeons à bois *b'* (1/1).

laquelle le bourgeon *b* qui surmonte la petite branche est à fleurs, tandis que les autres *b'* sont à bois. Enfin la figure 172 fournie par le Cerisier, montre que, dans cet arbre, la différence entre les deux sortes de bourgeons est également marquée, et qu'en outre les bourgeons à bois *b'* s'entremêlent avec ceux à fleurs *bbb*, de diverses manières, dans la longueur des branches.

Dans leur première origine, les bourgeons à fleurs et ceux à bois ne diffèrent pas entre eux à l'extérieur ni à l'intérieur ; mais leur différence ne tarde pas à se dessiner soit naturellement, soit avec l'aide de l'art du jardinier qui, dans ce but, règle et dirige la végétation des branches.

Un principe fondamental que la pratique a fait connaître à cet égard, c'est qu'un bourgeon situé vers la base d'un scion qui se développe avec vigueur ne s'organise pas de manière à donner des fleurs, ou, comme on le dit, ne se met pas à fleur, la sève se portant presque en entier vers le sommet du scion pour en déterminer l'allongement. On remédie à cet inconvénient en supprimant l'énergique appel de sève que fait cette sommité par la suppression de celle-ci opérée, soit de bonne heure en la rognant avec les ongles, opération connue sous le nom de *pincement*, soit plus tard en cassant le rameau à quelque distance au-dessus de sa base, pratique nommée *cassement*, soit enfin par une *taille en vert*, c'est-à-dire faite pendant le cours de la végétation. Ces diverses opérations sont essentielles pour la conduite des arbres fruitiers.

— D'un autre côté, la formation des bourgeons à fleurs est souvent empêchée par une nutrition trop abondante, à ce point que, même après que leurs caractères distinctifs étaient déjà devenus saisissables à l'extérieur, on les voit assez souvent, par suite d'un grand afflux de séve, se *développer à bois*, selon l'expression vulgaire, c'est-à-dire ne pas former de fleurs et développer au contraire leur point végétatif de manière à constituer un bourgeon à feuilles. C'est à maintenir sous ce rapport l'équilibre nécessaire que consiste avant tout l'art de diriger les arbres fruitiers, c'est-à-dire l'arboriculture fruitière.

Rapports entre le germe et la pousse. — Il existe entre la constitution du bourgeon et la pousse qui en sortira des relations remarqua-

Fig. 172. — Branche de Cerisier portant entremêlés de nombreux bourgeons, les uns à fleurs *b b b*, les autres à bois *b' b' b'* (1/1).

bles qui ont été très-bien déterminées par Ohlert[1]. D'après cet observateur, les bourgeons offrent, pour chaque espèce végétale, un nombre déterminé d'écailles, et la pousse porte un nombre constant de jeunes feuilles au moment de son entrée en végétation au printemps, bien que le rameau développé soit loin de présenter toujours le même nombre de ces organes développés. Cependant les variations sous ce dernier rapport s'arrètent, pour chaque espèce, à un maximum déterminé : ainsi un rameau d'Aubépine peut avoir

---

[1] Ohlert ; Einige Bemerkungen über die Knospen, etc. ; *Linnæa*, 1837, pp. 632-640.

jusqu'à vingt-deux entre-nœuds, tandis que, pour le Frêne, ce nombre n'est généralement que de trois. Or, le rapport entre le nombre des feuilles ébauchées, par conséquent aussi d'entre-nœuds que présente le germe de la pousse, dans le bourgeon, et celui des entre-nœuds et des feuilles développées qu'offrira le rameau peut être de trois sortes : 1° les feuilles ébauchées dans le bourgeon sont plus nombreuses que celles qui arrivent à l'état parfait sur le rameau ; alors celles de ces ébauches qui occupaient l'extrémité de la pousse en miniature sèchent et tombent ensuite, d'où il résulte, en premier lieu, que le rameau est tronqué au sommet, et, en second lieu, qu'il ne se produit pas de bourgeon terminal ; c'est ce qui se passe pour le Lilas (fig. 169, p. 408), le Charme, etc. 2° Le bourgeon peut renfermer moins de feuilles ébauchées que n'en portera le rameau ; dans ce cas, les choses peuvent se passer de deux manières différentes : tantôt le bourgeon, en se développant, forme, à son extrémité, plus de petites feuilles qu'il n'en arrivera à l'état parfait ; il en est alors comme dans le cas précédent : les petites feuilles qui ne peuvent grandir sèchent, tombent avec l'extrémité de rameau qui les porte, et il ne se produit pas de bourgeon terminal ; c'est ce qui a lieu dans l'Orme, le Bouleau blanc, le Noisettier, le Tilleul, les Saules, etc.; tantôt aussi la production de nouvelles feuilles marche parallèlement à la croissance du rameau, de sorte que, sur le déclin de la végétation, les jeunes feuilles nées en dernier lieu ne prennent qu'un développement imparfait, restent dès lors à l'état d'écailles, sous l'abri desquelles se forme une nouvelle ébauche de rameau pour l'année suivante ; en d'autres termes, il se produit alors un bourgeon terminal. Cela se passe chez le Frêne, les Érables, les Chèvres-feuilles, le Poirier, les Cerisiers, les Rosiers, le Robinier faux-Acacia, les Chênes, Sapins, etc. 3° Enfin, lorsque les ébauches de feuilles dans le bourgeon égalent en nombre les feuilles que portera le rameau, les choses se passent comme dans le dernier exemple, c'est-à-dire que les feuilles supérieures dégénèrent en écailles et qu'il se forme par cela même un bourgeon terminal ; c'est ce qui a lieu pour le Marronnier d'Inde, les Cytises, etc.

Vernation ou **Préfoliaison.** — Au moment où un bourgeon va s'ouvrir, il est curieux d'examiner comment les feuilles s'y montrent arrangées, pressées qu'elles sont dans la petite cavité de la pérule. Cet arrangement a été désigné sous les noms de *Vernation* (de *ver*, printemps, parce qu'on l'observe surtout au premier printemps) ou *Préfoliaison* (comme précédant la foliaison). Pour abréger le plus possible l'indication des différentes sortes de vernation que les observateurs ont reconnues, je me bornerai à la présenter ici en tableau synoptique.

1° Vernation considérée dans chaque feuille isolément :

Feuilles pliées	en deux	transversalement.	*Réclinées.*
		longitudinalement..	*Condupliquées.*
	plusieurs fois.	*Plissées.*
Feuilles roulées	une moitié latérale autour de l'autre.	*Convolutées.*
	les deux moitiés roulées également { en dehors.	*Révolutées.*
	{ en dedans.	*Involutées.*
	sur leur côte en manière de crosse d'évêque. .	*Circinées.*

2° Vernation considérée quant à la disposition relative des feuilles :

Feuilles étalées	se touchant seulement par leurs bords juxtaposés.	*Valvaires.*
	se touchant de même, mais reployant plus ou moins leurs bords en dedans.	*Indupliquées.*
	se recouvrant plus ou moins l'une l'autre par les côtés.	*Imbriquées.*
Feuilles pliées en deux	Une feuille embrassant celle qui est placée vis-à-vis d'elle (comme à cheval sur elle). . . .	*Équitantes.*
	Une feuille embrassant seulement la moitié de l'autre.	*Demi-équitantes.*

Distinction des espèces d'après leurs bourgeons. — Les bourgeons des végétaux ligneux offrent une assez grande diversité de forme, de grosseur, de situation, etc., pour permettre de reconnaître à peu près les genres et même les espèces d'arbres pendant l'hiver, c'est-à-dire en l'absence de presque tout autre caractère. On sent combien cette distinction a d'importance pour les forestiers ; on doit donc savoir gré à M. Moritz Willkomm d'avoir donné le moyen de faire cette détermination des arbres feuillus d'après leurs bourgeons dans un ouvrage spécial [1] dont les lecteurs français trouveront un résumé détaillé à l'article *Bourgeon*, de l'*Encyclopédie de l'Agriculteur.*

Bourgeons aquatiques. — Quelques plantes aquatiques trouvent dans une sorte particulière de bourgeons un moyen de multiplication d'autant plus important pour elles qu'elles ne donnent que fort rarement des graines fertiles. Ces bourgeons ont été observés surtout chez l'*Aldrovandia vesiculosa*, par MM. Caspary et J. Gay. Ils sont constitués par les extrémités des rameaux, réunissant

---

[1] Deutschlands Laubhoelzer im Winter, par M. Moritz Willkomm ; in-4° de 56 pages, avec un grand tableau synoptique et 103 figures sur bois. Dresde, 1859.

un grand nombre de petites feuilles très-serrées, qui ont la forme de corps ovoïdes presque globuleux, longs au plus de cinq millimètres, et larges de sept. Pendant l'hiver, ces corps tombent au fond de l'eau, entraînés probablement par l'amidon dont ils sont remplis. Au printemps suivant, ils remontent à la surface et ne tardent pas à se développer en une nouvelle plante. — Il en est autrement dans la Sagittaire qui produit des sortes de coulants rameux dont l'extrémité renflée et gorgée d'amidon, comprenant deux entre-nœuds, se détache à la fin de l'automne et, au printemps suivant, donne une nouvelle plante.

Bulbilles. — On nomme ainsi des bourgeons remarquables par leur consistance charnue, et qui, pour ce motif, rappellent en petit, sur les parties aériennes des plantes, les bulbes ou oignons habituellement cachés en terre. De cette ressemblance avec les bulbes est venu leur nom de *Bulbilles*, ou petites bulbes. Le plus souvent on distingue dans chaque bulbille un petit nombre d'écailles épaisses et charnues qui se réunissent pour la former; c'est ce qu'on voit aisément dans celles qui viennent à l'aisselle des feuilles chez le Lis bulbifère et plus abondamment encore chez le Lis tigré, vraies petites bulbes qui ne tardent pas à tomber d'elles-mêmes et dont chacune, s'enracinant, donne un nouveau pied. Ailleurs chacun de ces corps axillaires se présente comme une masse continue, arrondie ou ovoïde, quelquefois assez irrégulière, qui, mise en terre, produit une nouvelle plante. On en voit de ce genre sur le *Dioscorea Batatas* Dcne, et sur diverses autres Ignames, surtout sur le *Dioscorea bulbifera* L., chez lequel on les voit acquérir beaucoup plus de grosseur que partout ailleurs. — Sur diverses espèces d'*Allium*, des bulbilles se produisent en grand nombre à la place des fleurs, qu'elles remplacent en quelque sorte pour la multiplication de ces plantes.

ARTICLE II. — DES BULBES

Une *Bulbe* [1] ou *Oignon* (bulbus) est une formation complexe qui a commencé par n'être qu'un bourgeon, mais qui, prenant ensuite plus de développement, peut plus exactement être comparée à une plante entière, comme le disent plusieurs botanistes. D'un

---

[1] Tous les dictionnaires, à commencer par celui de l'Académie, Mirbel et De Candolle, font le mot Bulbe féminin. Au contraire, A. de Jussieu et A. Richard ont cru devoir le prendre comme masculin. Ne voyant aucun motif pour ce changement, je suis le Dictionnaire de l'Académie, l'autorité suprême en matière de langue française.

autre côté, ces mêmes formations passent aux tubercules par une transition si bien ménagée que certaines d'entre elles sont appelées tubercules par divers auteurs. Il est donc difficile de les classer rigoureusement dans la série des organes et parties des plantes, et la place qui me semble la plus convenable pour elles est celle que je leur conserve ici après Linné, De Candolle, Mirbel, etc.

Organisation des bulbes. — Pour reconnaître l'organisation d'une bulbe, examinons celle de l'Oignon ordinaire (*Allium Cepa* L.), d'abord entière, ensuite coupée longitudinalement par son milieu au moment où elle a donné une plante fleurie. Un pied entier de cette plante en fleurs est représenté par la figure 173. On voit que de sa bulbe *bl* part inférieurement une masse considérable de racines et sort supérieurement une tige florifère curieuse, dans cette espèce, par son renflement moyen, et recouverte, dans son premier quart environ, par les gaînes des feuilles. Une coupe longitudinale du même pied, comme celle que représente la figure 174, complète ces premières notions. On y reconnaît sans peine : 1° que la bulbe *bl* n'est pas une masse pleine et continue, mais qu'elle est composée de couches superposées, entièrement distinctes et séparées, épaisses et charnues surtout dans la portion moyenne de l'Oignon et qui vont en s'amincissant de là vers le haut et vers le bas de celui-ci; 2° que du centre de ces couches qui, s'enveloppant l'une l'autre comme autant de *tuniques*, en ont reçu le nom, s'élève la tige florifère *t* qui est pleine dans sa partie inférieure et qui, peu au-dessus de la bulbe, se creuse d'une cavité centrale d'abord fort étroite et ensuite très-large dans la portion renflée *a;* 3° que ces tuniques se prolongent au delà de la bulbe et viennent aboutir aux feuilles, parmi lesquelles les inférieures n'ont pas ou presque pas de limbe, comme *f'*, tandis que les supérieures *f* offrent un limbe bien développé et remarquable, dans cette plante, en ce qu'il forme un cylindre creux, légèrement aplati en dessus. Il est facile de reconnaître à cette particularité que ces tuniques de la bulbe ne sont rien autre chose que la portion inférieure de la gaîne des feuilles, ou cette gaîne entière pour celles qui, étant tout à fait extérieures, se prolongent à peine au-dessus de l'oignon et manquent de limbe; 4° que racines, tige florifère et tuniques naissent également d'une portion basilaire qui les relie toutes en un ensemble unique. Cette portion fondamentale qui porte, en dessous les racines, en dessus la tige florifère, sur ses côtés les tuniques, et qui se montre ponctuée sur la figure 174, ne peut être évidemment que la tige proprement dite réduite ici à une très-faible longueur, mais qui, chez d'autres espèces du même genre *Allium* (*A. senescens*, surtout

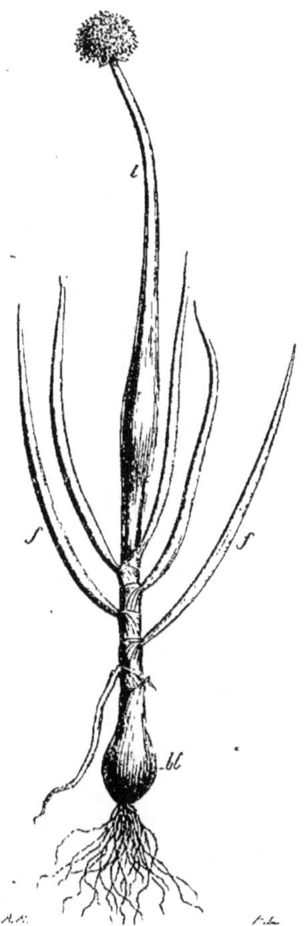

FIG. 173. -- Une plante entière fleurie d'Oignon ordinaire (*Allium Cepa* L.). *bl*, la bulbe de la base de laquelle part le faisceau de racines *r*; *t*, la tige renflée vers son milieu et fistuleuse, terminée par la tête de fleurs; *f*, les feuilles également fistuleuses supérieurement et cylindriques. (1/10 de gr. nat.)

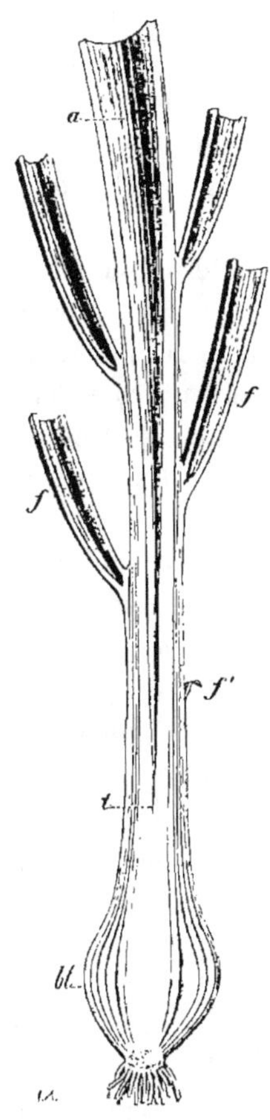

FIG. 174. — Coupe longitudinale de la moitié inférieure du pied d'Oignon représenté sur la fig. 170. *bl*, bulbe montrant ses couches ou tuniques; *r*, base des racines; *t*, tige florifère dont la portion ventrue commence en *a*; *f'*, feuille inférieure à peu près réduite à sa gaine; *ff*, les autres feuilles coupées pour montrer leur cavité intérieure. (1/3 de gr. nat.)

A. tataricum) s'allonge sensiblement plus. Cette tige très-raccourcie est appelée *Plateau* de la bulbe, mot assez impropre puisque la tige qu'il désigne est en général convexe ou conique en dessus.

Développement d'une bulbe. — En hiver, avant que les bulbes

montrent à l'extérieur le limbe de leurs feuilles et leur tige florifère, sous l'abri des tuniques et au sommet du plateau se trouvent
plusieurs cônes de plus en plus courts, protégeant et coiffant, si
l'on peut s'exprimer ainsi, le point végétatif; le tout constitue l'é-
bauche de la pousse à venir et forme dès lors un véritable bourgeon.
Il est facile de concevoir que, lorsque ce bourgeon se développera,
il donnera successivement plusieurs tuniques, dont les premières
seront sans limbe, dont les secondes se prolongeront en limbe et
seront dès lors bien caractérisées comme feuilles, qui toutes ensemble refouleront de plus en plus vers l'extérieur celles qui existaient
avant elles. Les plus vieilles tuniques, qui forment l'enveloppe
externe de la bulbe entière, épuisées et vidées par la végétation,
s'amincissent considérablement, sèchent et forment cette peau
brunâtre, rougeâtre ou jaunâtre qui recouvre les bulbes et qui se
déchire, se désorganise et disparaît, à mesure que de nouvelles
gaînes repoussées vers l'extérieur viennent s'y dessécher à leur
tour. Enfin la sommité même de la tige, entrant aussi en voie d'accroissement rapide, s'élance en tige florifère qui complète la plante.

Bulbes déterminées et indéterminées. — Si l'on se reporte à
ce qui a été dit plus haut (p. 258) de la végétation des rhizomes
déterminés et indéterminés, on reconnaîtra sans peine que la tige
ou plateau de l'Oignon commun, que j'ai pris pour exemple, végète à la manière des premiers, puisque c'est son extrémité végétative elle-même qui s'allonge en support des fleurs. Le bourgeon
auquel est due la fleuraison cessant d'exister par le fait même de
son développement, il en résulte que la bulbe d'Oignon qui a
fleuri une fois ne refleurira plus et périra. Il en est de même de
toutes les autres bulbes déterminées comme elle, c'est-à-dire
fleurissant par le bourgeon terminal de leur plateau, comme, par
exemple, de celle des Tulipes. D'un autre côté, il est des bulbes
dont le bourgeon terminal ne donnant que des feuilles et jamais de
fleurs, persiste et peut même durer un nombre indéterminé d'années. Ces bulbes fleurissent par le développement de bourgeons
latéraux, c'est-à-dire nés à l'aisselle d'une tunique, au-dessous
du sommet de l'axe. Or, comme, chaque année, le bourgeon
terminal toujours vivant peut produire de nouvelles feuilles et
continuer l'axe, que, d'un autre côté, de nouveaux bourgeons latéraux se produisent et donnent de nouvelles branches florifères, il
s'en suit que la même bulbe fleurit plusieurs années de suite. C'est
ce qu'on voit, par exemple, dans la Jacinthe, les *Amaryllis* et
beaucoup d'autres plantes à oignon.

Hampe. — Une conséquence qui découle naturellement de ce qu'on vient de voir, c'est que les axes qui portent l'ensemble des fleurs ne sont pas de même ordre dans les bulbes déterminées et indéterminées. Dans les premières, c'est l'axe primaire ou la tige proprement dite qui se prolonge pour la fleuraison ; dans les dernières, c'est un axe de deuxième génération ou de deuxième degré, puisqu'il est né de la tige proprement dite ; en d'autres termes, c'est une branche axillaire. Malgré cette différence notable, les anciens botanistes, qui ne distinguaient pas les deux modes de végétation dont il vient d'être parlé, donnaient le nom de *Hampe* (scapus) à tout axe florifère de plante bulbeuse, pourvu qu'il fût dépourvu de feuilles [1]. Malheureusement entre les axes florifères parfaitement nus auxquels on donnait ce nom et leurs analogues feuillés, il existe tous les passages possibles, de telle sorte que, malgré les modifications qui ont pu être introduites dans la définition de la hampe par Link, Nees, Roeper, etc., l'application de ce mot se fait toujours d'une manière vague et d'autant moins rigoureuse qu'on l'étend même assez à tort à des Dicotylédons.

Caïeux. — Les plantes bulbeuses sont pourvues d'un mode de multiplication qui, dans la culture de celles d'entre elles qui ornent les jardins, offre beaucoup plus d'avantages que les semis. En effet, de leur axe naissent fréquemment des bourgeons axillaires qui prennent immédiatement l'apparence et toute la manière d'être de petites bulbes. Ce sont ces bourgeons-bulbes qu'on nomme des *Caïeux.* Nés de l'axe et par conséquent au centre de l'oignon, à l'aisselle des tuniques de celui-ci, ils sont peu à peu reportés vers l'extérieur, tout en grossissant, parce qu'ils suivent la marche générale qui rend ces enveloppes concentriques d'autant plus externes qu'il s'en est produit un plus grand nombre de nouvelles au centre de la bulbe. Ils finissent ainsi par se trouver tout à fait à découvert, et, se détachant alors de la bulbe-mère, ils commencent à vivre de leur vie propre.

Dans les jardins on a soin, en général, à la fin de chaque période végétative annuelle, quelquefois plus rarement, de détacher les caïeux pour les planter ensuite à part et en obtenir tout autant de nouveaux pieds dont la fleuraison a lieu beaucoup plus tôt que celle des pieds venus de graines. Un autre avantage considérable offert par les caïeux, c'est que, comme les boutures, ils conservent rigoureusement les caractères de la plante qui les a

---

[1] Scapus, truncus universalis, elevans fructificationem, nec folia. Lin., *Phil. bot.*

produits, tandis que les graines donnent le plus souvent, pour les espèces à nombreuses variétés, des formes différentes de celles des plantes-mères.

Différentes sortes de bulbes. — Je n'ai parlé jusqu'à ce moment que des bulbes formées par des feuilles engaînantes à leur base. Ce sont les plus répandues ; on les désigne sous le nom de *Bulbes à tuniques* ou *Bulbes tuniquées*. J'en ai cité des exemples. Mais d'autres bulbes peuvent résulter de la superposition de bases de feuilles assez étroites pour n'embrasser qu'une faible portion de la circonférence et former alors des sortes d'écailles charnues et imbriquées. Les bulbes ainsi organisées sont dites *écailleuses* ou *à écailles*. Telles sont celles des Lis (*Lilium*), dont on voit un exemple sur la figure 175. Enfin il existe encore des bulbes appelées *solides*, qui passent par degrés aux tubercules, et dans lesquelles on ne trouve qu'une masse pleine et solide, continue dans toute sa masse, recouverte d'un très-petit nombre de tuniques minces et sèches, et résultant elle-même soit de la confluence des bases de feuilles avec un axe médiocrement volumineux, soit d'un axe très-renflé joint à un petit nombre de bases de feuilles. Les Safrans (*Crocus*), les Glaïeuls (*Gladiolus*), offrent des exemples faciles à observer de ces sortes de bulbes. — Les caïeux des bulbes solides se présentent le plus souvent dans une situation qui semble fort anormale et qui est cependant la seule possible : ils se montrent en effet au-dessus de la bulbe-mère à laquelle ils doivent succéder l'année suivante, comme on le voit chez les Safrans et les Glaïeuls. On peut même distinguer, dans la plupart de ces derniers, deux ordres de caïeux : 1° celui qu'on nommerait mieux

Fig. 175. — Bulbe écailleuse du Lis blanc (*Lilium candidum* L.), avec la touffe de feuilles qu'elle a produite. — *bl*, la bulbe elle-même ; *éc*, écailles qui la forment ; *pl*, son plateau non apparent dans la figure ; *f*, feuilles à limbe bien développé. (1/5 de gr. nat.)

la bulbe de remplacement, qui se forme à la base même de la tige de l'année et qui se superpose à la bulbe d'où est sortie, au printemps, cette même tige ; 2° sous cette bulbe nouvelle et partant de sa base, un nombre souvent considérable de petits caïeux ovoïdes, plus ou moins longtemps stipités, qui n'ont que quelques millimètres d'épaisseur en tous sens. La différence majeure qui existe entre la bulbe de remplacement et ces petits caïeux, c'est que la première est destinée à fleurir l'année suivante, tandis que les derniers exigent une culture prolongée pendant deux ou trois années avant d'être assez forts pour fleurir.

Usages des bulbes. — Les bulbes sont des amas de matière nutritive destinés par la nature aux plantes elles-mêmes, mais que l'homme utilise aussi pour son propre compte. En Europe, on n'emploie comme aliments ou comme condiments que celles de divers *Allium* : l'Oignon ordinaire (*Allium Cepa* L.) qui entre, pour une part importante, dans l'alimentation de divers peuples, surtout autour de la Méditerranée; l'Ail cultivé (*A. sativum* L.), l'Échalotte (*A. ascalonicum* L.), la Ciboule (*A. fistulosum* L.), la Civette ou Ciboulette (*A. Schœnoprasum* L.), le Poireau (*A. Porrum* L.), la Rocambole (*A. Ophioscorodon* Don.), etc. Les bulbes de diverses autres espèces, appartenant surtout au genre Lis sont récoltées avec soin ou sont même obtenues par la culture pour servir d'aliment dans différents pays; parmi ces espèces sont : au Japon, le Lis tigré (*Lilium tigrinum* Gawl.) et le Lis de Thunberg (*L. Thunbergianum* Roem. et Schult.), que M. Siebold regarde comme méritant d'entrer au même point de vue dans la culture européenne; dans le Kamtschatka, le *L. camtschatcense* L. Je citerai enfin le *Camassia esculenta* Lindl. et le *Scilla esculenta* Ker., dont les Indiens de l'Amérique septentrionale recherchent les oignons à titre de provision d'hiver.

ARTICLE III. — DE LA GREFFE

La *Greffe* ou *Ente* (insertio, inosculatio) est une opération de la plus haute importance pour la culture, qui consiste à transporter sur un végétal une portion d'un autre végétal de telle façon qu'elle fasse corps avec lui et que dès lors, nourrie par la séve qu'elle en reçoit, elle s'y développe comme si elle était restée à sa place naturelle. Dans le langage des cultivateurs, le végétal sur lequel on implante une portion d'un autre s'appelle *sujet;* cette portion même qu'on détache pour l'implanter dans un sujet est appelée *greffe* ou *greffon*. Les pieds d'un végétal qui sont venus de graine et qui n'ont pas été greffés sont des *sauvageons;* enfin si, par un procédé quelconque de multiplication autre que le semis, on multiplie des plantes antérieurement greffées, les individus ainsi obtenus sont appelés *francs de pieds*.

L'étude détaillée de la greffe ne trouve sa place naturelle que dans les traités de la culture; cependant je ne puis me dispenser d'en présenter ici une histoire abrégée, en l'envisageant surtout au point de vue physiologique.

Historique. — L'art de greffer date de la plus haute antiquité. Les Phéniciens le connaissaient; d'eux il passa aux Carthaginois et aux Grecs qui le transmirent aux Romains. Ceux-ci en firent un fréquent usage, mais leurs idées à ce sujet étaient mêlées de nombreuses erreurs et de croyances absurdes. Au moyen âge, époque de longue défaillance pour l'esprit humain, la pratique de cet art fut presque perdue ou du moins délaissée, et c'est à la Quintinie, le célèbre jardinier de Louis XIV, que revient le mérite de l'avoir remis en honneur. Il y eut même, après ce retour à une opération trop longtemps négligée, une vive réaction qui porta beaucoup de cultivateurs à lui demander même ce qu'ils n'étaient pas en droit d'en attendre. Enfin plus récemment on est arrivé à des idées saines sur ce sujet, et on a su reconnaître ce qu'on peut exiger de la greffe et ce qu'on ne peut espérer d'en obtenir.

Résultats et avantages de la greffe. — Puisqu'une greffe est une portion d'un végétal transportée et comme plantée sur un autre qui lui sert en quelque sorte de sol, elle doit conserver la manière d'être qu'elle aurait eue si elle était restée à sa place naturelle; en d'autres termes, la greffe doit conserver tous les caractères de l'espèce ou de la variété qui l'a fournie. C'est en effet ce qui a lieu : cette opération ne crée rien, mais elle multiplie les plantes avec leurs particularités même accidentelles. Ainsi une greffe détachée d'un Poirier d'une sorte particulière, d'un Rosier présentant certains caractères distinctifs, implantée sur un Poirier différent, sur un autre Rosier, donnera en se développant une branche ou une cime entière qui ne reproduira que des poires semblables à celles du Poirier qui l'a fournie, que des roses identiques avec celles du Rosier sur lequel elle a été prise. Il y a même mieux : si, comme on le fait souvent, sur 10, 20, 30 branches du même Poirier on pose 10, 20, 30 greffes empruntées chacune à une variété différente, il se développera 10, 20, 30 pousses dont chacune reproduira la variété à laquelle elle appartient, de telle sorte que l'arbre entier portera en même temps des Poires de 10, 20, 50 sortes différentes et conservant chacune invariablement les caractères qui la distinguent. C'est ainsi que des arboriculteurs ont pu réunir sur un petit nombre de Poiriers ou de Pommiers une collection nombreuse de variétés de poires ou de pommes.

Cette conservation par la greffe des particularités distinctives s'étend si loin que lorsque, accidentellement et d'ordinaire sans cause connue ni même appréciable, une branche ou un simple rameau présente une modification particulière, en prenant une greffe dans la partie modifiée et la posant sur un végétal analogue mais resté normal, on propage cette modification qu'on peut dès lors multiplier indéfiniment. C'est ainsi que tous les jours nos jardins s'enrichissent de fleurs doubles ou de nuances particulières, de fruits recommandables pour leur volume, leur saveur, leur précocité ou leur tardiveté, de variations panachées, etc. Soit que le hasard, mot par lequel nous désignons toute cause inconnue, les ait fait naître, soit qu'ils aient été trouvés sur des pieds obtenus de semis, ces accidents précieux seraient perdus avec la plante ou la portion de plante qui les présente, si la greffe ne permettait de les conserver et de les propager. C'est donc par cette opération que l'on conserve et multiplie tous nos fruits si variés, tous les Rosiers, les Camellias et beaucoup d'autres plantes à fleurs doubles, tous les végétaux à feuilles panachées, accidentellement laciniées, etc., etc. Même la plupart des horticulteurs admettent que la greffe grossit et améliore les fruits, et quelques auteurs, Olivier de Serres, Duhamel, Rozier, etc., sont allés jusqu'à dire qu'au moyen de plusieurs greffes successives, ou par ce qu'on a nommé le procédé de la *greffe sur greffe* ou de la *contre-greffe*, on peut améliorer les fruits presque indéfiniment, idée que l'expérience n'a pas justifiée.

Conditions physiologiques et anatomiques pour la réussite de la greffe. — La greffe ne peut unir l'un à l'autre que des végétaux analogues entre eux sous le plus grand nombre de rapports possibles. Ainsi, sous le rapport de l'organisation générale, les espèces d'un même genre peuvent être en général greffées l'une sur l'autre; il en est assez souvent de même des genres d'une même famille. Comme exemples, je citerai, pour le premier cas, les différentes espèces de Rosiers, et pour le second, le Poirier, qu'on greffe tous les jours sur le Cognassier, de même que l'Abricotier, le Pêcher, les Pruniers, l'Amandier, qu'on greffe entre eux, ou même sur d'autres arbres à noyau, moins analogues à eux, mais de la même famille. Quant aux variétés d'une même espèce, c'est surtout pour elles que le succès de cette opération est constamment assuré, et c'est aussi pour elles qu'on l'emploie le plus habituellement. Il est toutefois des particularités singulières que l'expérience a fait connaître et dont on ne peut donner l'explication. Ainsi la ressemblance entre le Poirier et le Pommier est tellement grande, que Linné réunissait l'un et l'autre dans un même genre sous les noms de *Pirus communis* L., pour le premier, de *Pirus Malus*, L. pour le dernier, et que divers botanistes l'imitent encore en cela; cependant la greffe du Poirier sur le Pommier reprend avec beaucoup de peine, végète mal, sans fructifier, pendant une ou deux années, et périt ensuite; au contraire, elle réussit assez bien sur le Néflier (*Mespilus germanica* L.), et même sur l'Aubépine (*Cratægus oxyacantha* L.), qui en sont beaucoup moins voisins, mais qui appartiennent également à la famille des Pomacées. On peut voir par là combien étaient fausses les idées des anciens, reproduites par quelques modernes, relativement à des greffes entièrement hétérogènes, comme celles du Rosier sur le Houx (*Ilex Aquifolium* L.), pour obtenir des roses vertes, de la Vigne sur le Noyer (*Juglans regia* L.), pour avoir des raisins à grains énormes, ayant la saveur du brou de noix.

L'analogie de végétation est encore essentielle; il faut donc qu'il n'existe pas de différence trop prononcée entre les végétaux qu'on veut unir, quant à l'époque à laquelle chacun d'eux entre en séve au printemps, quant aux proportions auxquelles ils peuvent parvenir, quant à la persistance ou à la chute annuelle des feuilles chez l'un et l'autre, etc.

Dans l'opération même de la greffe, il est essentiel de pratiquer les entailles et les sections de telle manière que la greffe et le sujet aient le contact le plus large possible entre leurs tissus les plus vivants, par suite les plus aptes à végéter et à contracter des adhérences. Or, ceux qui possèdent au plus haut degré ces facultés sont le cambium ou zone génératrice au premier rang, et le parenchyme après lui. Dès lors tout ce qui a été dit par presque tous les auteurs, quant à la nécessité de l'union entre les deux libers, et par Link quant à celle de l'Aubier, ne peut être admis que parce que cette coïncidence doit entraîner celle du cambium ou des parties parenchymateuses.

Effets anatomiques de la greffe. — Après la reprise, la greffe se développe en conservant sans la moindre altération les caractères anatomiques, absolument comme les caractères physiques du végétal qui l'a fournie. Il en est de même du sujet, de telle sorte qu'on voit, au bout de plusieurs années, sur une coupe longitudinale de l'arbre greffé, les bois de l'un et de l'autre se superposer au niveau de la greffe par une ligne de démarcation d'autant plus nettement tracée que leur texture ou leur couleur sont plus dissemblables. Ainsi, après la greffe d'un Pêcher, qui a le bois blanc, sur un Prunier, dont le bois est rougeâtre, on voit du bois rougeâtre jusqu'à une ligne horizontale située au niveau où la greffe a été posée ; à partir de là, en montant, on ne trouve plus que du bois blanc de Pêcher. Souvent aussi la difficulté plus ou moins grande avec laquelle la séve du sujet passe dans la greffe produit, au niveau de l'union des deux, un renflement périphérique très-prononcé ou un bourrelet.

Différentes sortes de greffes. — C'est dans les ouvrages sur la culture qu'on doit chercher les détails pratiques de l'opération même de la greffe ; mais dans ces *Éléments*, je crois devoir indiquer les différents modes généraux d'après lesquels se fait cette opération. C'est encore l'un des côtés par lesquels elle se rattache à la physiologie végétale.

Il existe trois moyens, l'un naturel, le semis, les deux autres artificiels, le bouturage et le marcottage, pour multiplier les végétaux ; on connaît aussi, pour la greffe, trois manières d'opérer qu'on peut comparer à ces trois modes de multiplication, en ne perdant pas de vue que le sol, dans lequel se font ces derniers, est remplacé par le sujet dans l'opération dont je m'occupe maintenant. Ces trois manières générales de pratiquer cette opération donnent : 1° les *greffes en approche* comparables aux marcottes ; 2° les *greffes par rameaux*, analogues aux boutures ; 3° les *greffes par bourgeons*, assimilables aux semis de graines. Jetons un coup d'œil rapide sur ces trois ordres de greffes.

1° Les *greffes en approche* ou *par approche* consistent en une branche ou même une tête d'arbre qui, tenant encore au pied dont elle fait partie, est appliquée contre un autre individu également vivant auquel on veut l'amener à s'unir. Pour déterminer cette union, on pratique sur les deux parties juxtaposées des incisions ou des entailles correspondantes dont la forme fait distinguer plusieurs sortes de greffes par approche. On maintient ensuite, au moyen de ligatures, le contact des parties incisées, c'est-à-dire qu'on donne aux tissus jeunes et vivants qui ont été mis à nu dans le sujet et dans la greffe, le temps de se greffer l'un avec l'autre ; après quoi l'on agit de diverses manières, selon le but qu'on se propose. La greffe restant nourrie par le pied dont elle fait partie jusqu'après la reprise, on voit qu'il y a là une analogie manifeste avec une marcotte qui reste également nourrie par le pied-mère jusqu'à ce qu'elle ait pu s'enraciner.

Les greffes par approche ont probablement été exécutées avant toutes les autres, l'homme n'ayant eu pour cela qu'à reproduire ce qui se passe fréquemment dans les forêts.

2° Les *greffes par scions* ou *rameaux* consistent à transporter sur un sujet un scion encore herbacé, ou, beaucoup plus ordinairement, un rameau déjà lignifié qu'on a détaché du végétal à reproduire. Ce rameau se trouve, comme on le voit, isolé du pied-mère et doit rester vivant jusqu'à la reprise, absolument comme une bouture doit se conserver vivante, après qu'elle a été plantée, jusqu'à ce qu'ayant développé des racines, elle puisse retirer du sol les éléments de sa nutrition. De là résulte une analogie marquée entre les opérations de la greffe par rameaux et du bouturage.

Les horticulteurs distinguent plusieurs catégories de greffes par rameaux dont la principale et la plus usitée est celle des *greffes en fente*. Celles-ci consistent à introduire la partie inférieure de la greffe, après l'avoir taillée en biseau, dans une fente pratiquée à travers toute l'épaisseur de l'écorce du sujet, ou bien encore dans une fente obtenue sur ce sujet en écartant de force l'écorce du bois. On comprend sans peine que cette disposition a pour objet de mettre en contact le cambium de l'un et de l'autre. Lorsque tout autour de la section transversale d'un tronc d'arbre déjà fort on pose un cercle de ces greffes, l'opération prend le nom de *greffe en couronne*. Les greffes *herbacées*, dont plusieurs auteurs font une catégorie particulière, ne sont que des greffes en fente dans lesquelles un scion encore herbacé est inséré dans la portion également non lignifiée d'une tige ou d'une branche. Ces greffes ont été étudiées et conseillées surtout par Tschudy.

3° Les *greffes par bourgeons* se pratiquent en transportant sur le sujet un simple bourgeon avec le morceau d'écorce qui le porte. On distingue deux manières générales de les opérer : *en flûte* ou *en sifflet* et *en écusson*.

Pour une greffe en flûte, au moment où le sujet est en séve et où par conséquent son écorce peut aisément se détacher, on en dénude le bois sur une certaine longueur, en procédant comme le font les enfants qui, au printemps, confectionnent un sifflet avec un rameau de Saule ; après quoi on remplace le cylindre d'écorce qu'on a enlevé par un cylindre égal de l'écorce de la greffe portant au moins un bourgeon. Quant aux greffes en écusson, elles consistent à enlever avec un couteau spécial appeler *greffoir*, un bourgeon tenant à un petit fragment d'écorce dont la forme rappelle celle d'un écusson armorial. Ayant ensuite pratiqué sur le sujet deux incisions qui se réunissent en T, on introduit cet écusson sous l'écorce ainsi entaillée, de telle sorte que le bourgeon se trouve à peu près au point de rencontre des deux lignes du T, et avec une ligature en laine peu tordue on maintient le tout en place.

La greffe en écusson est plus fréquemment pratiquée que toutes les autres. On en distingue deux sortes principales selon l'époque à laquelle on l'opère : *à œil poussant*, lorsqu'on la fait au printemps, de telle sorte que la reprise ou le développement du bourgeon soit à peu près immédiat ; *à œil dormant*, lorsqu'on ne pose l'écusson qu'à la fin de juillet ou en août, de telle sorte qu'il dorme en quelque sorte pendant l'automne et l'hiver et ne se développe qu'au printemps suivant.

Un bourgeon étant, à certains égards, comparable à une graine, et le sujet jouant presque rigoureusement le rôle de sol nourricier, les greffes par bourgeons peuvent être regardées avec assez de raison comme analogues à un semis.

CHAPITRE VII

FLEURAISON[1] ET INFLORESCENCE

Dans l'état où nous l'avons examinée jusqu'à ce moment, la plante a développé successivement tous les organes qui assurent son existence individuelle ; elle s'est ainsi pourvue de tous ses or-

---

[1] *N. B.* Le Dictionnaire de l'Académie admet les deux mots *fleuraison* et *floraison* avec une application légèrement différente : « *Fleuraison* se dit de la formation des fleurs et du temps ou de la saison dans laquelle les plantes fleurissent. — *Floraison* ; état des arbres, des arbustes en fleurs. » — D'un autre côté, De Candolle dit : « On emploie indifféremment ces deux termes... Il me semble plus conforme à l'analogie d'admettre le terme de *fleuraison* plutôt que celui de *floraison*, lorsqu'il s'agit de l'acte de l'épanouissement des fleurs. » (DC., Phys. vég.; p. 466.)

ganes purement végétatifs ou *conservateurs ;* mais rien encore en elle ne peut lui procurer une descendance ; rien par conséquent n'assure la perpétuité de l'espèce à laquelle elle appartient. Si elle eût été réduite à l'organisation que jusqu'à présent je me suis attaché à faire connaître, elle n'eût fait que passer sur la terre, et depuis très-longtemps sans doute la population végétale du globe tout entière aurait disparu sans retour. Mais toujours inépuisable dans ses moyens, la puissance créatrice a su, par de simples modifications apportées à la manière d'être des organes uniquement végétatifs, former d'autres organes qui, bien qu'étant de pures dérivations de ceux-ci, en diffèrent généralement beaucoup par l'apparence, toujours et essentiellement par les fonctions. Ce sont ces nouveaux organes, dont j'ai maintenant à présenter l'histoire, qui sont chargés de la reproduction des plantes, c'est-à-dire grâce auxquels chaque individu végétal devient la souche d'autres individus nés de lui. Ils sont donc, en raison du rôle qu'ils jouent, justement nommés *Organes reproducteurs.* En se groupant dans un ordre déterminé et d'après des lois que nous aurons à connaître, ils constituent un ensemble très-complexe, dont la beauté égale ordinairement l'utilité, et qui n'est pas autre chose que la *Fleur* (flos). La production des fleurs n'a lieu qu'après que la plante a déjà formé les organes végétatifs qui constituent sa charpente et assurent sa vie propre ; c'est la *fleuraison* (florescentia), qui arrive lorsque l'individu a atteint un degré suffisant de force et de développement.

Ayant maintenant à présenter en détail l'histoire de la fleur, des parties qu'elle réunit, des phénomènes dont elle est le siége, je crois devoir donner d'abord une énumération rapide de ces parties et une indication très-succincte du rôle que remplissent les plus importantes d'entre elles. Cet aperçu préliminaire me permettra, dans les développements qui suivront, de n'employer aucun terme dont la signification ne soit déjà connue.

ARTICLE PREMIER. — FLEUR EN GÉNÉRAL ET SES PARTIES

Verticilles floraux. — Une *fleur* complète réunit quatre ordres d'organes différents de forme, de situation et par cela même faciles à distinguer les uns des autres. Les organes de chacune de ces quatre sortes sont habituellement assez nombreux pour que chacune d'elles donne lieu à la formation d'un verticille analogue à ceux qui résultent de l'attache de plusieurs feuilles autour d'un même point de la tige (voyez p. 370, fig. 152, 153); d'où l'on voit qu'une fleur est la réunion de quatre *verticilles floraux* s'embrassant l'un l'autre de dehors en dedans.

1° *Sépales* et *Calyce*. — Le premier de ces verticilles que l'on rencontre, lorsqu'on examine une fleur en allant de l'extérieur vers l'intérieur, a reçu le nom de *Calyce* (calyx, de κάλυξ). Il est formé de folioles généralement vertes dont chacune est un *Sépale* (sepalum). Dans les termes composés ce mot de sépales est souvent remplacé par celui de *Phylles* (de φύλλον, feuille). A cause de sa situation tout à l'extérieur de la fleur, le calyce forme souvent l'enveloppe protectrice du *Bouton* (alabastrum) de cette fleur. Ainsi le bouton du Coquelicot (*Papaver Rhœas* L.) que représente la figure 176, ne montre à l'extérieur que son calyce formé de deux sépales *s, s*. Dans cette plante les sépales sont distincts et séparés; mais chez d'autres ils se réunissent plus ou moins complétement en un seul corps, en se soudant par leurs bords sur une longueur plus ou moins considérable: le

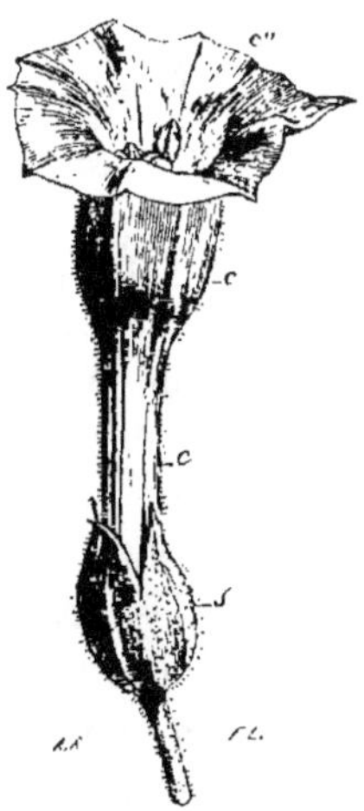

FIG. 176. — Bouton de fleur encore fermé du Co-quelicot (*Papaver Rhœas* L.). — *ss*, les deux sé-pales qui forment son calyce (1/1).

FIG. 177. — Fleur entière épanouie de *Nicotiana Tabacum* L. — *s*, ca-lyce; *c c' c''*, corolle (presque 1/1).

calyce devenu ainsi *monosépale* ou *monophylle* (μόνος, un seul) ressemble bien mieux alors à une coupe, ressemblance qui sans doute lui a valu son nom. Ainsi la fleur du Tabac (*Nicotiana Tabacum* L.) nous montre un calyce monosépale *s* (fig. 177).

2° *Pétales* et *Corolle*. — Dans le Coquelicot, le calyce ne reste pas longtemps en place; il tombe aussitôt que le bouton s'ouvre et on voit alors à découvert quatre grandes folioles d'un rouge vif, d'un tissu très-délicat, d'abord rapprochées en coupe, comme les montre la figure 178, ensuite très-étalées, comme elles le sont dans la fleur épanouie représentée sur la figure 179, en *cc*. Ces quatre folioles constituent le deuxième verticille floral ou la *Co-*

Fig. 178. — Fleur entr'ouverte de *Papaver Rhœas* L., ayant déjà perdu son calyce et ne montrant plus à l'extérieur que sa corolle.

Fig. 179. — Fleur entièrement épanouie de *Papaver Rhœas* L. — *c c*, corolle ; *e*, étamines ; *p*, pistil.

rolle (corolla), et chacune d'elles se nomme un *Pétale* (petalum, de πέταλον, feuille colorée). J'en citerai un autre exemple encore plus connu dans la fleur du Rosier des champs (*Rosa arvensis* Huds.) dont la corolle offre cinq pétales (*ccccc*, fig. 180) distincts et séparés, comme ceux du Coquelicot.—De même que les sépales, les pétales se soudent fréquemment de manière à former une corolle d'une seule pièce ou *monopétale* (μόνος, un seul), dont la fleur du

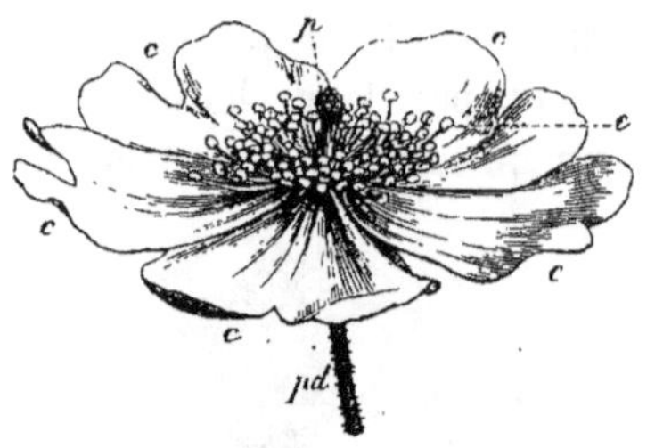

Fig. 180. — Fleur épanouie de la Rose des champs (*Rosa arvensis* Huds.). — *ccccc*, les cinq pétales de la corolle ; *e*, les étamines très-nombreuses ; *p*, le pistil ; *pd*, le support de la fleur ou le pédoncule.

Tabac nous offre un bel exemple en *c*, *c'*, *c''*, figure 177.

Le calyce et la corolle, quoique beaucoup plus développés en général que les organes floraux plus intérieurs, ont une bien moindre importance physiologique que ceux-ci qui constituent, si l'on peut ainsi parler, l'essence même de la fleur. Ils ne sont destinés qu'à protéger et envelopper ces derniers ; aussi donne-t-on à leur ensemble les noms d'*Enveloppes florales*, *Périanthe* (perianthium, de περί, autour et ἄνθος, fleur) ou même *Périgone* (perigonium, de περί, autour, et γόνος, reproduction). Ce qui prouve combien leur rôle est secondaire, c'est qu'on voit souvent manquer soit la corolle seule, ce qui rend la fleur *apétale* (à privatif), ou *monopérianthée* (μόνος, un seul, c'est-à-dire à périanthe unique), ou pour De Candolle *monochlamydée* (μόνος, un seul et χλαμύς, vêtement, enveloppe), soit la corolle et le calyce à la fois. Dans ce dernier cas, la fleur est *nue* ou *apérianthée* (à privatif, c'est-à-dire sans périanthe). Quoique les plantes sans périanthe n'aient pas de fleurs aux yeux des personnes qui réservent fort à tort ce nom pour les seules corolles dont l'ampleur et les brillantes couleurs frappent tous les yeux, elles n'en possèdent pas moins les organes floraux les plus essentiels, grâce à l'existence desquels leur fleur est parfaitement caractérisée et en état de remplir le seul rôle que la nature lui ait confié, celui de la reproduction.

Le troisième et le quatrième verticille de la fleur sont formés des organes que leur rôle physiologique d'importance majeure a fait désigner sous la dénomination commune d'*Organes reproducteurs* ou *Organes sexuels*.

3° *Étamines* et *Androcée.* — Ceux d'entre ces organes reproducteurs qui constituent le troisième verticille floral ont une forme nettement caractéristique. Dans la fleur du Tabac ouverte artificiellement, que représente la figure 181, ils se montrent comme cinq longs filets qui semblent se détacher de la corolle, peu au-dessus de sa base, et qui se terminent chacun supérieurement par une sorte de petite tête à deux moitiés symétriques. Chacun de ces cinq organes tout entier est une *Étamine* (stamen) ; sa portion longue et grêle est le *Filet* ou *Filament* (filamentum), portion sans importance physiologique, et la petite tête qui la termine est l'*Anthère* (anthera), sorte de boîte généralement creusée de deux cavités ou *Loges* (loculi, thecæ) distinctes. Dans l'anthère se développe la formation la plus essentielle à l'accomplissement de la fécondation. c'est-à-dire le *Pollen*

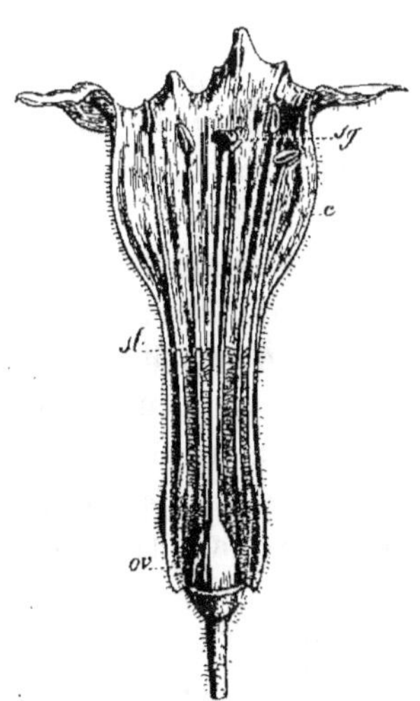

Fig. 181. — Fleur du Tabac (*Nicotiana Tabacum* L.) dans laquelle on a ouvert la corolle *c* dans toute sa longueur pour montrer les organes reproducteurs qu'elle entourait. — *ov*, ovaire ; *st*, style ; *sg*, stigmate.

(pollen), que la fleur adulte laisse voir sortant sous la forme d'une poussière à grains fins et le plus souvent jaune. C'est le pollen dont l'action doit déterminer le développement du fruit et de la graine, et qui, en raison de cette part qu'il prend à la reproduction des plantes, fait justement qualifier d'organe mâle l'étamine dont il n'est en réalité qu'une partie.

La figure 182 peut donner une bonne idée de l'état de l'anthère lorsqu'elle renferme encore le pollen, en A, et lorsqu'elle l'a laissé sortir, en B. On voit que, dans le Lis superbe qui a été pris ici pour exemple, cette portion de l'étamine diffère, dans ces deux états, non-seulement d'aspect et de manière d'être, mais encore de direction.

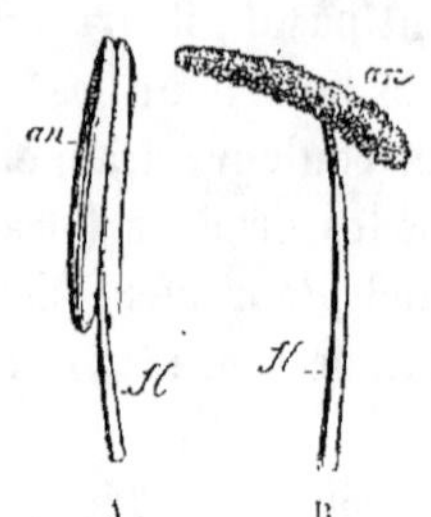

Fig. 182. — Partie supérieure de l'étamine du Lis superbe (*Lilium superbum* L.). — A. L'anthère, *an*, encore fermée et par conséquent n'ayant pas laissé sortir le pollen ; elle continue alors la direction du filet *fl*. — B. *an*, la même anthère ouverte, toute couverte de pollen, et alors presque horizontale sur le filet *fl*.

Par analogie avec les noms collectifs sous lesquels sont désignés les deux premiers verticilles floraux, on a nommé *Androcée* (andrœcium, de ἀνήρ, ἀνδρός, homme ou mâle, et οἶκος, demeure, famille, c'est-à-dire réunion des mâles) le verticille des étamines. Dans le Tabac nous avons vu que l'androcée ne réunit que cinq étamines ; mais on peut remarquer que ces organes sont incomparablement plus nombreux soit dans le Coquelicot (*e*, fig. 179), soit dans la Rose (*e*, fig. 180).

4° *Carpelles* et *Gynécée* (*Pistil*). — Enfin le 4° verticille floral, placé tout au centre de la fleur, et par conséquent entouré par les trois sortes d'organes floraux que je viens de faire connaître, offre tantôt une, tantôt plusieurs portions constitutives qu'on nomme *Carpelles* (carpellum ; diminutif dérivé de καρπός, fruit). Ce verticille tout entier est désigné sous le nom collectif de *Gynécée* (gynœcium, de γυνή, femme, femelle, et οἶκος, demeure, famille, c'est-à-dire réunion des femelles) par analogie avec les dénominations qui désignent chacun des trois verticilles plus extérieurs ; mais beaucoup plus ordinairement on nomme *Pistil* (pistillum) soit le gynécée entier quand il est réduit à un corps unique, cas le plus fréquent, soit les corps distincts et séparés, formés chacun d'un seul carpelle qui, dans certains cas, se groupent pour le former. C'est ce mot de pistil que j'emploierai moi-même le plus ordinairement.

Dans son état le plus habituel, le pistil présente une apparence analogue à celle qu'on lui voit dans le Tabac et que montre la fig. 181, *ov*, *st*, *sg*. Extérieurement il offre une portion inférieure, renflée, qu'on nomme *Ovaire* (ovarium) (*ov*, fig. 181), parce qu'il renferme dans sa ou ses cavités de petits corps nommés

Ovules, sortes d'œufs végétaux (*ovum*, œuf, d'où ovule, petit œuf), puisque chacun d'eux doit devenir plus tard une graine, c'est-à-dire le commencement d'un nouvel être. Cet ovaire supporte un filet allongé (*sl*, ibid), qu'on nomme le *Style* (stylus, de στύλος, colonne, stylet), à l'extrémité supérieure duquel se montre un renflement à surface comme veloutée, qui a reçu le nom de *Stigmate* (stigma, de στίγμα, marque quelconque, macule).

Le pistil doit donner le fruit et la graine par le développement que prendront son ovaire et ses ovules, après que le pollen, étant tombé sur le stigmate, aura exercé son influence vivifiante sur ces derniers, grâce à une série merveilleuse de phénomènes que nous apprendrons bientôt à connaître; c'est donc de lui que doivent provenir les nouveaux individus qui perpétueront les espèces végétales; il joue par conséquent le rôle des femelles des animaux, aussi le qualifie-t-on avec toute raison d'organe *reproducteur femelle*, d'organe *sexuel femelle*.

Fleurs hermaphrodites et unisexuées. — La plupart des plantes réunissent, dans chacune de leurs fleurs, étamines et pistil; elles sont donc *hermaphrodites*. Il en est toutefois un assez grand nombre chez lesquelles chaque fleur offre seulement étamines ou pistil séparément.

Les fleurs ainsi organisées, c'est-à-dire n'offrant que l'organe de l'un des deux sexes, sont, par cela même, *unisexuées*, et, comme on le conçoit aisément d'avance, celles qui renferment des étamines sont *mâles*, tandis que celles où il n'existe qu'un ou plusieurs pistils sont *femelles*. Dans les ouvrages de botanique, pour désigner ces trois sortes de fleurs, on emploie les signes suivants: Pour les fleurs femelles, le signe astronomique de la planète Vénus, ♀; pour les fleurs mâles, le signe astronomique de la planète Mars, ♂, qu'il est d'usage de modifier en le redressant, ♂ (ce qui le rend semblable au signe par lequel les astronomes désignent la terre); enfin, pour les fleurs hermaphrodites, on réunit les deux signes précédents de la manière suivante ☿.

Sur les plantes, les fleurs mâles et femelles peuvent se répartir de deux manières différentes, et en outre elles peuvent exister concurremment avec des fleurs hermaphrodites, ce qui donne trois catégories différentes:

1° le cas le plus simple est celui des plantes qu'on nomme *monoïques* (de μόνος, un seul, et οἶκος, maison, habitation), parce que chacun de leurs pieds porte à la fois des fleurs mâles ou à étamines, et des fleurs femelles, c'est-à-dire à pistil seulement. Tel est le Maïs (*Zea Mais* L.) dont la même tige porte au sommet les fleurs mâles réunies dans ce qu'on appelle vulgairement *la crète*, et vers le bas les fleurs femelles.

2° Dans d'autres plantes, dites de là *dioïques* (de δύο, deux, et οἶχος, habitation), certains pieds n'ont que des fleurs mâles, et les autres que des fleurs femelles. Le Chanvre (*Cannabis sativa* L.) rentre dans cette catégorie.

3° Enfin, la combinaison la plus compliquée est celle dans laquelle, pour une même espèce, il existe des fleurs mâles, des fleurs femelles et des fleurs hermaphrodites soit sur chaque pied, soit sur deux pieds différents, soit même sur trois pieds distincts. Les plantes de cette catégorie sont appelées *polygames* (de πολύς, plusieurs, et γαμέω, je me marie; c'est-à-dire à diverses sortes d'union).

Résumé. — Je crois utile de résumer sous la forme de tableau synoptique les détails contenus dans cet article.

Les Fleurs peuvent être

Complètes (ou à quatre verticilles) distingués en	Organes sexuels ou reproducteurs considérés	en eux-mêmes	Enveloppes florales (ou Périanthe ou Périgone)	*Calyce*, 1er verticille floral formé des. . . . . *Sepales.*
				Corolle, 2e vert. flor. formé des. . . *Pétales.*
			Androcée, 3e vert. flor. formé	*Androcée*, 3e vert. flor. formé des. . . . . *Étamines*, organe mâle, qui comprend : Filet, Anthère, Pollen.
				Gynécée (pistil), 4e vert. flor. formé des. . . . . *Carpelles*, organe femelle, qui comprend : Ovaire, Ovules, Style, Stigmate.
		quant à leurs fonctions		La présence des deux rend la fleur. . . . . *Hermaphrodite.*
Incomplètes	dans le périanthe manquant		de corolle. . . . . Fleurs *apétales*, (ou monopérianthées, ou monochlamydées).	
			de calyce et de corolle. . Fleurs *nues.*	
	dans les organes sexuels. (Fleurs *unisexuées*) on peut les considérer	quant à l'organe sexuel restant	à étamines seulement. . . . Fleurs *mâles.*	
			à pistils seulement. . . . Fleurs *femelles.*	
		quant à leur répartition	fleurs mâles et femelles sur chaque pied. Fleurs *monoïques.*	
			fleurs mâles et femelles sur des pieds distincts. . . . Fleurs *dioïques.*	
			fl. unisexuées avec fleurs hermaphrodites. . . . Fleurs *polygames*	

ARTICLE II. — FLEURAISON.

La fleuraison d'une plante est le moment où elle produit sa fleur, c'est-à-dire où elle prélude à la formation de sa graine, but final de toute végétation. Les influences qui déterminent la fleuraison ou qui la favorisent sont nombreuses et variées. Elles peuvent se ranger sous trois catégories.

Influences intérieures. — Ce sont celles qui tiennent à la plante elle-même, à sa végétation, à son état. — C'est, avant tout, l'*âge*. En effet, toute espèce de plante ne fleurit que lorsqu'elle est parvenue à un degré de développement qui est déterminé pour elle et qui est généralement en rapport avec la durée de son existence. Les plantes annuelles, dont la vie est fort courte, fleurissent souvent quelques semaines après leur germination; les bisannuelles attendent la seconde année; les végétaux ligneux, et surtout parmi eux les arbres, ont besoin de plusieurs années pour montrer leurs fleurs. C'est le long espace de temps nécessaire à nos arbres fruitiers venus de graines pour fleurir qui met à une si rude épreuve la persévérance des arboriculteurs dans les essais qu'ils font en vue d'enrichir les jardins de nouvelles sortes de fruits. Cependant il existe quelquefois une *prédisposition* naturelle qui avance d'une manière surprenante la fleuraison de certaines espèces. Ainsi l'on a vu des Rosiers du Bengale fleurir si jeunes que leur petite tige, terminée par une miniature de fleur, portait encore dans le bas les deux feuilles séminales.

Deux états opposés des plantes peuvent influer puissamment sur leur fleuraison : la *fatigue* et l'*affaiblissement* l'accélèrent souvent ou la déterminent, comme si la nature se hâtait d'autant plus d'assurer la reproduction de l'espèce que l'existence de l'individu court plus de dangers. Ainsi, dans les jardins botaniques, on voit souvent des végétaux originaires de contrées lointaines fleurir aussitôt après qu'ils arrivent d'un voyage qui les a beaucoup fatigués. Au contraire, un *excès de vigueur* nuit à la production des fleurs, et les arboriculteurs sont obligés, dans une foule de cas, sur nos arbres fruitiers, de ralentir ou de contrarier la végétation par des pincements, la taille en vert, l'arcure, des incisions, quelquefois même la pression, afin de les amener à fleurir plus abondamment qu'ils ne l'auraient fait sans cela.

Influences extérieures. — La plus puissante de toutes est la *chaleur*. Pour fleurir, chaque espèce végétale a, sous ce rapport, des exigences qu'on peut apprécier assez exactement, soit par la température moyenne avant l'arrivée de laquelle elle ne fleurit pas, soit par la somme de degrés du thermomètre qu'elle doit recevoir pour cela. Quant à la température moyenne nécessaire pour la fleuraison, de Gasparin a donné un tableau auquel j'emprunterai quelques exemples relatifs à des espèces très-connues.

Noisetier, Cyprès, fleurissant à	3,0 C.	Robinier Faux-Acacia, fleurissant à	14,0 C.
Ajonc, Buis, Peuplier blanc	4,0	Seigle	14,2
Pêcher	5,4	Avoine	16.0
Amandier, Abricotier	6,0	Orge, Froment	16.5
Orme	7,5	Châtaignier	17,5
Poirier, Pommier, Cerisier, Colza	8,0	Vigne	18,4
Lilas	9,5	Maïs, Chanvre, Olivier	19,0
Fève	11,5		

Relativement à la somme de degrés de chaleur qui est nécessaire pour la fleuraison de chaque espèce végétale, il est difficile de donner des chiffres précis à cause de la diversité des méthodes qui ont été suivies pour la déterminer, et de la différence des points de départ qui ont été choisis par les auteurs : Adanson, MM. Boussingault, Quételet, Babinet ont conseillé chacun, sous ce rapport, une marche différente, et l'option est difficile en face de si imposantes autorités.

Dans le même pays et dans le cours de l'année, les fleuraisons des différentes espèces de plantes s'échelonnent en proportion de la chaleur que chacune d'elles exige; de même chaque espèce en particulier, végétant en différents pays, fleurit nécessairement de plus en plus tard à mesure qu'elle arrive dans des contrées plus froides, et réciproquement. D'après Schübler, chaque degré de latitude amène une différence d'environ quatre jours dans le moment de la fleuraison. Ces différences, qui en déterminent nécessairement de corrélatives dans le développement des fruits, deviennent surtout frappantes pour les voyageurs; ainsi Aug. Saint-Hilaire rapporte que, lorsqu'il partit pour le Brésil où ses explorations ont été très-profitables à la botanique, le 1er avril 1816, les Pêchers, à Brest, n'avaient encore ni feuilles ni fleurs. Le 8 avril, ceux de Lisbonne avaient entièrement fleuri; le 25 du même mois, à Madère, il vit les pêches nouées et le Froment en épis; enfin quatre jours plus tard, à Ténériffe, on faisait la moisson et les pêches avaient presque atteint leur parfaite maturité.

La *sécheresse* exerce une influence déterminante sur la fleuraison, tandis que l'humidité favorise, au contraire, la production des feuilles, comme le prouve la richesse des herbages de la Normandie et surtout de la Grande-Bretagne. Tirant de cette connaissance une indication utile, les jardiniers arrosent peu les plantes faiblement florifères de leur nature et qu'ils veulent obliger à fleurir.

Influences artificielles. — J'ai déjà dit que, dans la pratique de la culture des arbres fruitiers, on recourt fréquemment à des moyens artificiels, pincements, incisions, etc., pour en rendre la fleuraison plus abondante. J'ajouterai que la greffe, de son côté, fournit un moyen souvent précieux d'avancer l'apparition des fleurs de ces arbres : un jeune arbre venu de graine qui, selon la marche naturelle de la végétation, ne fleurirait qu'au bout de plusieurs années, montrera bien plus tôt sa fleur si l'on en greffe un rameau sur un autre arbre déjà formé. C'est un moyen fréquemment employé par ceux qui se livrent à des semis de ces arbres en vue d'obtenir des variétés nouvelles.

D'autres procédés de culture, par lesquels on avance ou retarde la fleuraison, ne sont que des applications des notions acquises relativement à l'influence de la chaleur. Ainsi en soumettant des végétaux, dans des serres ou dans des coffres munis de châssis, à une température beaucoup plus élevée que celle qui règne à l'extérieur, on avance presque à volonté le moment où ils donneront leurs fleurs et même où ils mûriront leurs fruits. L'art de ces *cultures forcées*, comme on les nomme, a fait de grands progrès dans ces dernières années. Au contraire, dans les contrées chaudes et même quelquefois dans nos pays, on a intérêt à retarder la fleuraison de certaines plantes, et, dans ce but, on les tient dans un lieu aussi frais que possible, c'est-à-dire dans l'inverse d'une serre ou dans un *frigidarium*.

Durée de la fleuraison. — L'espace de temps pendant lequel les plantes sont fleuries varie d'une espèce à l'autre; souvent il se réduit à quelques jours. C'est le cas pour nos arbres fruitiers et en général pour les végétaux dont les fleurs étaient déjà ébauchées dans les bourgeons lorsque l'abaissement de la température, en automne, est venu en arrêter le développement. La fleuraison se prolonge, au contraire, pendant longtemps dans les espèces dont les fleurs se produisent successivement à mesure que s'allongent la tige et ses ramifications. L'exemple le plus remarquable à citer, sous ce dernier rapport, est celui de l'Oranger, du Citronnier et de leurs analogues qui, dans les régions chaudes, sont fleuris presque sans interruption. Parfois même la continuité de végétation qui caractérise ces climats modifie la marche de la fleuraison de certaines espèces : ainsi la Vigne qui, dans les pays tempérés, fleurit et mûrit son fruit une seule fois par année, fleurit et par conséquent fructifie successivement dans les pays tropicaux ou, par suite, il n'y a plus là de vendange unique, mais bien une série de cueillettes.

Époque de la fleuraison pour chaque année. — A part ces cas de fleuraison prolongée et particulièrement dans les pays tempérés ou froids, les plantes montrent en général leurs fleurs à des époques déterminées de l'année, les unes au printemps, d'autres en été, quelques-unes en automne. Les fleuraisons sont donc printanières, estivales ou automnales ; seulement il est bon de rappeler que l'art, utilisant des modifications accidentelles ou développant certaines tendances, est parvenu à enrichir les jardins de plantes à deux fleuraisons annuelles distinctes ou, comme on le dit ordinairement, de plantes *remontantes;* tels sont presque tous les Rosiers qu'on cultive aujourd'hui.

En dressant la liste des plantes selon l'époque à laquelle a lieu la fleuraison de chacune d'elles, on a formé ce qu'on a nommé poétiquement le *Calendrier de Flore.* On conçoit sans peine, d'après l'influence de la température locale, c'est-à-dire de la latitude et de l'altitude sur la fleuraison, que ce calendrier n'a un semblant d'exactitude que dans le lieu pour lequel il a été dressé.

Épanouissement. — Si la fleuraison marque, pour la plante entière, une époque importante, l'épanouissement ou l'ouverture du périanthe fixe également une phase qu'il importe de considérer dans la vie de chaque fleur. Relativement à l'heure à laquelle il s'opère et aux circonstances qui l'accompagnent, il a donné lieu à des observations intéressantes.

1° Un certain nombre de plantes ouvrent leurs fleurs à une heure assez fixe pour qu'on ait pu baser sur ces données la formation d'une *Horloge de Flore.* Ce fait est même tellement saillant dans certains cas qu'il frappe tous les yeux ; c'est ce que prouve le nom vulgaire de *Dame de onze heures* donné à l'*Ornithogalum umbellatum* L., qui ouvre sa fleur vers onze heures du matin.

2° Certaines plantes épanouissent leurs fleurs et les referment, plusieurs fois de suite, à la même heure du jour ou de la nuit. Linné les a qualifiées d'*équinoxiales.* Il existe des plantes équinoxiales diurnes et des équinoxiales nocturnes. De Candolle a reconnu que cette périodicité d'épanouissement se maintient sous l'eau comme dans l'atmosphère, à l'air libre comme dans une serre chauffée ; ce qui montre qu'elle est indépendante de l'humidité et de la chaleur ; mais il a aussi démontré par ses expériences qu'elle est sous l'influence directe de la lumière, puisqu'en éclairant pendant la nuit, avec des lampes, des pieds de Belle-de-Nuit (*Mirabilis Jalapa* L.), qu'il laissait à l'obscurité dans le jour, il est parvenu à en faire ouvrir les fleurs pendant le jour au lieu de la nuit.

3° L'état hygrométrique de l'air influe sur l'épanouissement de quelques fleurs qu'on a nommées, pour ce motif, *météoriques*. Le *Calendula pluvialis* L. doit son nom à ce que ses fleurs se ferment quand la pluie menace ; les Chicorées et leurs analogues n'ouvrent pas les leurs, dans la matinée, si la pluie est proche.

4° L'épanouissement des fleurs est souvent accompagné de phénomènes particuliers, surtout du dégagement d'*odeurs* très-diverses, et dans quelques cas d'une production de *chaleur*. — Quant à l'odeur des fleurs, elle est généralement permanente, mais parfois aussi elle est momentanée et limitée à une portion de la journée et alors ordinairement périodique. Ainsi certaines fleurs dégagent leur odeur le soir, au coucher du soleil et, chose remarquable, leur couleur est fausse, plus ou moins fauve, ce qui les a fait appeler *tristes* ; telles sont celles de l'*Hesperis tristis* L., du *Pelargonium triste* L. et de quelques autres. Il existe aussi des faits curieux parmi les Orchidées exotiques, au sujet desquelles M. A. Rivière, jardinier-chef au palais du Luxembourg, a fait les observations suivantes. L'*Epidendrum cuspidatum* Lindl., exhale une odeur suave de minuit à cinq heures du matin et reste ensuite inodore jusqu'à la nuit suivante ; au contraire, l'*E. cochleatum* Lindl. var. *fragrans*, donne son parfum de Jacinthe entre six heures du matin et six heures du soir. Le parfum du *Cattleya bulbosa* Lindl. ne se fait sentir que de six heures du matin à onze heures de la même matinée ; tandis que l'*Angrecum distichum* Lindl. devient odorant à onze heures du matin et cesse de l'être à six heures du soir. L'odeur de la fleur du *Rodriguezia crispa* commence à se faire sentir à six heures du matin et disparaît à onze heures de la nuit, pour reprendre sept heures plus tard. — Un autre fait très-curieux observé par M. A. Rivière est celui d'une Aroïdée indéterminée de la Cochinchine, appartenant au genre *Conophallus* Blume, dont les fleurs femelles exhalent une odeur infecte jusqu'au moment où les fleurs mâles, situées plus haut, sur le même support commun, ouvrent leurs étamines pour répandre leur pollen. L'odeur disparaît alors.

Une production de *chaleur* très-appréciable au thermomètre a lieu pendant la fleuraison de diverses plantes, surtout de la famille des Aroïdées. Ce phénomène remarquable a été observé d'abord en 1777 par Lamarck sur l'*Arum italicum* Mill., puis avec plus de soin, sur l'*A. maculatum* L., par Sénebier qui a constaté jusqu'à près de 9° C. d'excès sur l'air ambiant. A Madagascar, Hubert, en plaçant un thermomètre entre plusieurs *Arum cordifolium* fleuris, l'a vu s'élever à 25° au-dessus de la température de l'air, au lever du soleil. Ce fait a été ensuite étudié attentivement par MM. de Vriese, Brongniart, Gœppert, etc. M. J. E. Planchon a vu la fleur du *Victoria regia* Lindl. élever le thermomètre de 6° C. au-dessus de la température de l'air, etc. Il a été reconnu que cette chaleur résulte d'une absorption considérable d'oxygène que Th. de Saussure a vue s'élever, en vingt-quatre heures, jusqu'à trente fois le volume des fleurs, c'est-à-dire d'une respiration énergique s'opérant dans les organes reproducteurs.

ARTICLE III. — ORIGINE DES ORGANES FLORAUX OU MÉTAMORPHOSE.

Pour former les fleurs et leurs organes, la nature, ai-je dit plus haut, n'a pas eu besoin de recourir à des formations nouvelles : de simples modifications amenées quelquefois par transitions insensibles, plus souvent produites sans nuances intermédiaires lui ont suffi pour métamorphoser les organes végétatifs et spécialement les feuilles en organes reproducteurs. Cette assertion qui a pu sembler hasardée doit être maintenant justifiée.

Passage des feuilles : 1° aux sépales; 2° aux pétales. — Entre une feuille normale, avec sa couleur verte, sa texture en général assez ferme, soutenue par des nervures bien dessinées, et un pétale de Rose, de Pivoine, etc., avec ses vives couleurs, son tissu délicat, on ne voit d'abord qu'une complète dissemblance : cependant il existe des plantes chez lesquelles la transition s'opère de l'une à l'autre par des modifications graduelles qui établissent une chaîne continue entre ces deux extrêmes. J'en prendrai pour exemple la Pivoine à fleurs blanches (*Pæonia albiflora* Pall.), en m'appuyant sur une nombreuse série de figures fidèles.

Les feuilles de cette plante sont divisées en trois segments subdivisés à leur tour, de manière à paraître, au total, composées au second ou même au troisième degré; quant à ses fleurs, elles offrent une corolle à grands pétales, d'abord rosés, puis blancs, profondément échancrés. Ces deux états extrêmes, si dissemblables, sont reliés l'un à l'autre par la série suivante d'intermédiaires.

Les feuilles inférieures prennent seules la grandeur et la multiplicité de divisions qui caractérisent l'état normal de cet organe. Plus haut sur la tige, elles sont plus petites, moins riches en segments, telles enfin que celle qui est représentée par la figure 183. Plus près de la fleur, elles sont petites et n'offrent que trois segments indivis, comme sur la figure 184. Plus haut encore,

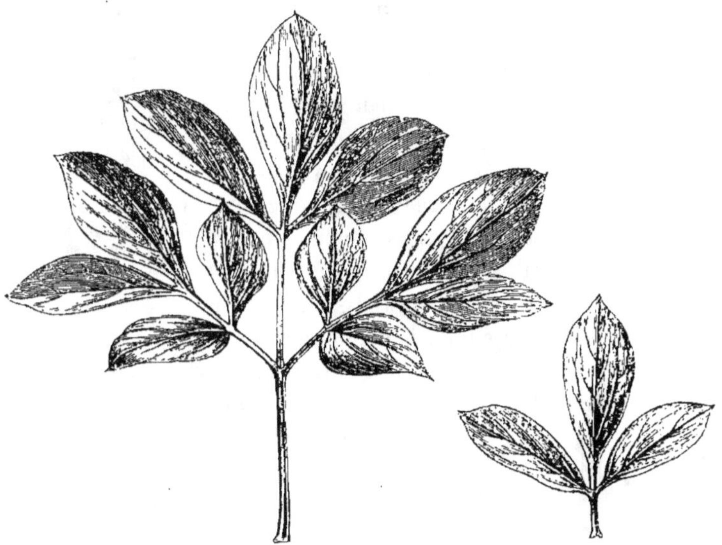

Fig. 183. — Feuille placée un peu haut sur la tige du *Pæonia albiflora* Pall.; elle est beaucoup plus petite et possède moins de segments que les inférieures (fig. 183 à 188, presque 1/1).

Fig. 184. — Feuille voisine de la fleur chez le *Pæonia albiflora* Pall.; trois segments simples; base non dilatée.

et touchant presque à ce qu'on regarde comme le calyce, on les voit, comme sur la figure 185, réduites à un limbe indivis, nettement nervé; mais déjà on peut reconnaître alors que leur portion basilaire ou vaginale tend à s'amplifier. Cette tendance s'est réalisée visiblement dans la petite feuille A, figure 186, très-voisine de celles qu'on regarde habituellement comme formant la première rangée de sépales. On voit en effet que le limbe de cette feuille est encore bien caractérisé, parcouru par des nervures fortement accusées, mais en même temps que sa portion vaginale, sans nervures visibles à l'extérieur, est déjà très-prononcée. Elle le devient encore plus dans la petite feuille B

(fig 186), dans laquelle le limbe ne forme plus qu'une languette
étroite. Le décroissement de ce dernier
continuant d'avoir lieu en raison inverse
de l'accroissement de la partie vaginale,
on voit les sépales passer successivement
par les formes A et B (figure 187), qui,
l'une et l'autre, n'ont conservé comme
dernier vestige du limbe qu'un filet terminal de plus en plus petit, au sommet
d'une expansion due tout entière à la
portion vaginale de la feuille, et dont la
dernière s'est même creusée à son bord
supérieur d'une profonde échancrure en
même temps qu'elle prenait de plus fortes
proportions et que sa texture devenait
déjà sensiblement pétaloïde. Que manque-
t-il à ce dernier sépale pour former un
vrai pétale pareil à celui que représente
la figure 188 ? Un simple agrandissement

Fig. 185. — *Pæonia albiflora* Pall.
Feuille très-voisine de la fleur;
elle est indivise; sa base un
peu dilatée.

qui aura pour conséquence de donner au tissu encore plus de
délicatesse, et en même temps la
disparition du très-petit filet qui
constituait le dernier vestige du
limbe de la feuille.

Il est donc démontré, par la série
de formes qui viennent d'être décrites et figurées, que les feuilles
de la Pivoine à fleur blanche, et il

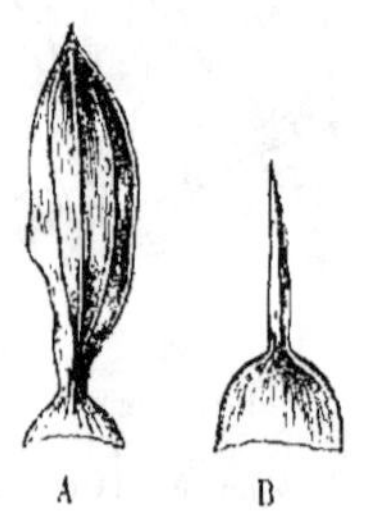

A   B

Fig. 186. — *Pæonia albiflora* Pall. — A, état
intermédiaire entre la feuille que représente la figure 185 et celle, B, où le limbe
ne forme plus qu'une étroite languette
terminale.

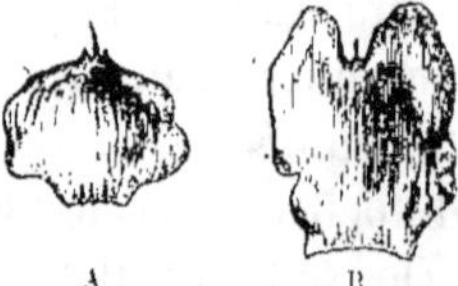

A   B

Fig. 187. — *Pæonia albiflora* Pall. —
Deux sépales, dont l'un A est presque
tronqué supérieurement, tandis que
l'autre B, plus intérieur, est profondément échancré; limbe réduit à un très-
petit filet.

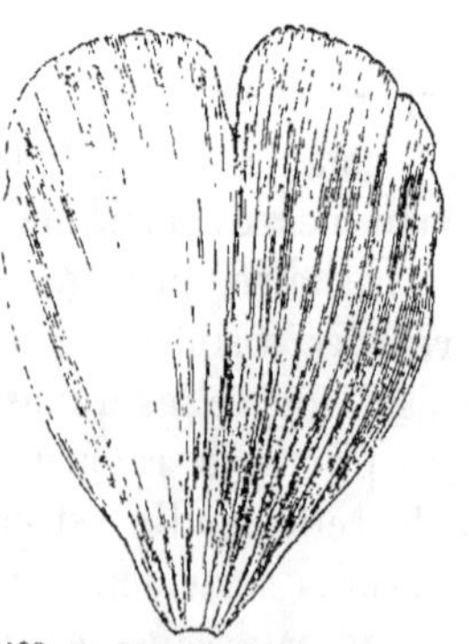

Fig. 188. — *Pæonia albiflora* Pall.; un de
ses pétales normaux.

en est de même chez les autres Pivoines, se modifient graduellement pour former les sépales et les pétales de cette plante, et même que c'est leur portion vaginale, rudimentaire ou nulle dans les feuilles ordinaires, qui grandit à mesure que le limbe diminue jusqu'à disparaître, pour former les folioles des deux enveloppes florales.

Cependant si les Pivoines révèlent la nature du calyce et de la corolle par les modifications graduelles des feuilles, peut-être laissent-elles encore un léger hiatus entre leurs sépales et leurs pétales, ceux-ci se montrant tout à coup plus grands, plus colorés et plus délicats que ceux-là ; mais dans le *Magnolia grandiflora* L., dont la fleur est

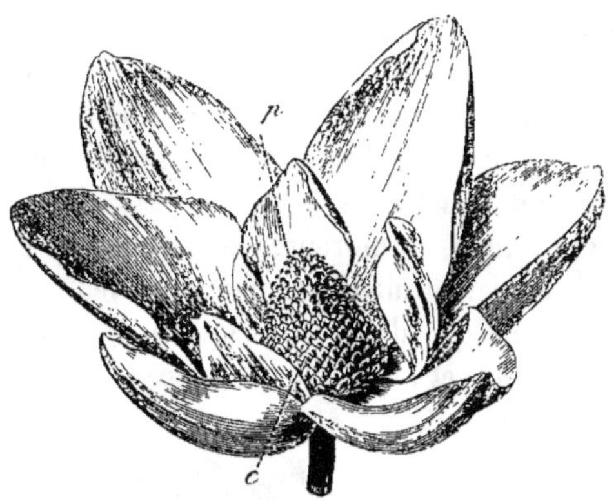

Fig. 189. — Fleur entière du *Magnolia grandiflora* L., représentée à un tiers environ de sa grandeur naturelle.—*c*, masse des étamines ; *p*, masse des pistils.

représentée sur la figure 189, le calyce comprend trois folioles externes qui diffèrent si peu des intérieures, regardées comme les pétales, qu'on le décrit habituellement comme *corolliforme*, c'est-à-dire comme semblable à une corolle.

La difficulté de distinction entre les deux enveloppes florales devient aussi grande que possible dans le *Camellia japonica* L., particulièrement dans ses variétés à fleurs doubles qui occupent un rang des plus distingués dans les jardins. Ici les sépales et pétales forment, de l'extérieur à l'intérieur de la fleur, une spire continue dans laquelle on ne peut dire où cesse le calyce ni où commence la corolle. Par exemple, dans le bouton

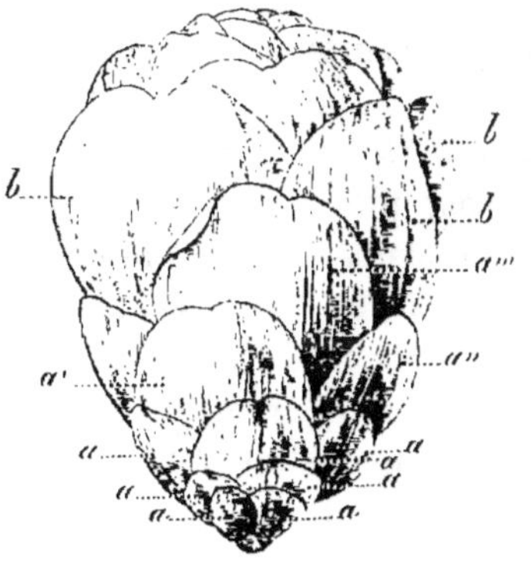

Fig. 190. — Bouton entr'ouvert de *Camellia japonica* L., var. *Chandleri elegans*, montrant le passage parfaitement graduel des sépales aux pétales. (Voyez dans le texte la signification des lettres.)

entr'ouvert que montre la figure 190, et qui appartient à une variété à fleur rouge vif uniforme, les folioles extérieures *aaa* vont en grandissant peu à peu de l'extérieur vers l'intérieur tout en restant vertes, et gardant la texture ainsi que la consistance de folioles calycinales. *a'* déjà notablement plus grand, pâlit sur ses côtés et prend même à son bord une très-légère teinte rougeâtre ; *a''* est presque entièrement rosé avec le milieu verdâtre ; *a'''* est beaucoup plus pétale que sépale par son tissu, sa grandeur et sa coloration en rouge vif qui ne manque que sur sa portion médiane restée blanchâtre ; enfin ce dernier vestige de la nature calycinale a tout à fait disparu sur toutes les folioles plus intérieures *bbb*, vrais pétales parfaitement caractérisés.

Dans certaines fleurs des folioles nombreuses sont disposées en spirale comme dans le Camellia, et modifient peu à peu leur manière d'être, parfois même plus que dans celui-ci, sans que pour cela les botanistes aient vu dans cet ensemble un calyce et une corolle distincts que viendraient relier des intermédiaires. Ainsi on n'admet qu'un calyce sans corolle dans la fleur du *Chimonanthus fragrans* Lindl., que représente la figure 191, et cependant ses folioles moyennes *sss*, grandes et jaunâtres, diffèrent notablement soit des intérieures *s's'*, plus courtes et brunâtres, auxquelles on applique la qualification de *corolliformes*, soit de celles

Fig. 191. — Fleur du *Chimonanthus fragrans* Lindl. — *sss*, sépales jaunâtres; *s's'*, sépales intérieurs brunâtres; *c* étamines fertiles.

beaucoup plus petites et vertes qui sont situées tout en dehors de la fleur, et que, dans les descriptions, on qualifie de *bractéiformes*.

Au total, les exemples que je viens de citer démontrent que ce sont uniquement des feuilles modifiées dans leur manière d'être habituelle qui deviennent des sépales et des pétales, en d'autres termes qui constituent le calyce et la corolle,

Formation des étamines et des carpelles. — 1° *Étamines*. Rien ne semble différer plus complétement d'une feuille qu'une étamine ; cependant la complète analogie d'origine de l'une et de l'autre peut être mise en évidence sans difficulté. La belle fleur du Nénuphar blanc (*Nymphæa alba* L.), la reine des eaux de nos contrées, fournit de précieux éléments pour cette démonstration. Comme on le voit sur la figure 192, cette fleur présente, en dedans d'un calyce de quatre grands sépales, verts à l'extérieur, blancs à l'intérieur, une corolle d'environ dix-huit pétales, et de nombreuses éta-mines sur plusieurs rangs, autour d'un pistil dont je n'ai pas à m'occuper en ce moment. Les pétales vont en diminuant de grandeur de l'extérieur vers l'intérieur de la fleur. On peut suivre à la fois leur décroissement et la légère altération que subit leur contour sur la série de ceux que repré-sente, en A, B, C, D, la figure 193. Arrivés à peu près à l'état que représente D (fig. 193), ces pétales com-mencent à montrer à leur sommet et adhérant à leur face interne un petit corps

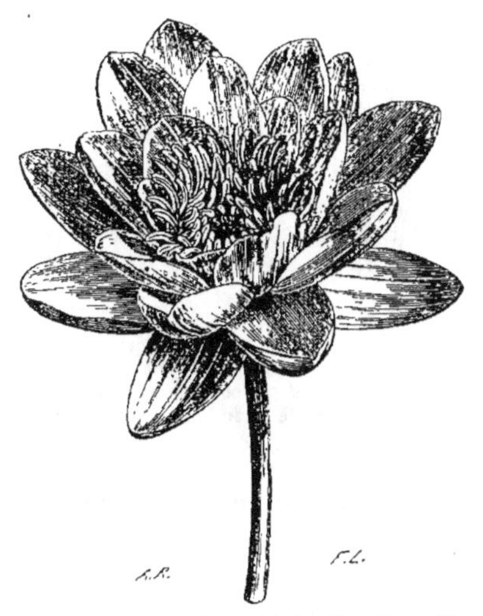

Fig. 192. — Fleur entière du Nénuphar blanc (*Nym-phæa alba* L.), représentée à 1/2 grandeur.

formé, en général, de deux moitiés adjacentes et symétriques,

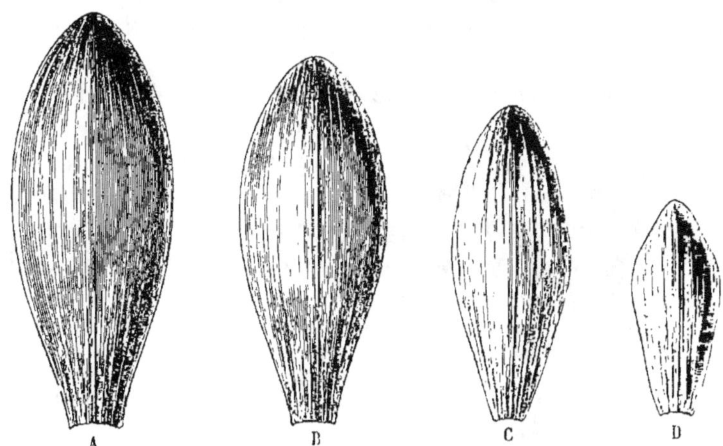

Fig. 193. — *Nymphæa alba* L. : quatre pétales, A, B, C, D, diminuant de grandeur et modi-fiant légèrement leur contour, selon qu'ils appartiennent à un rang plus interne, dans le sens des lettres (1/1).

plus rarement impair ou non symétrique, dans lequel il est facile de reconnaître une petite anthère. Dans cet état, représenté en E (fig. 194), on a sous les yeux ce qu'on pourrait appeler un pétale-étamine, c'est-à-dire une formation principalement pétaloïde et

commençant seulement à devenir staminale; mais en avançant un
peu plus vers le centre de la
fleur, on voit la portion pétaloïde perdre du terrain à mesure que l'anthère en gagne, et
après que se sont produites
ainsi successivement des étamines tenant de moins en
moins de la nature des pétales,
telles que F et G (fig. 194), la
partie interne de la fleur offre
finalement ses étamines normales H, dont le filet n'a plus

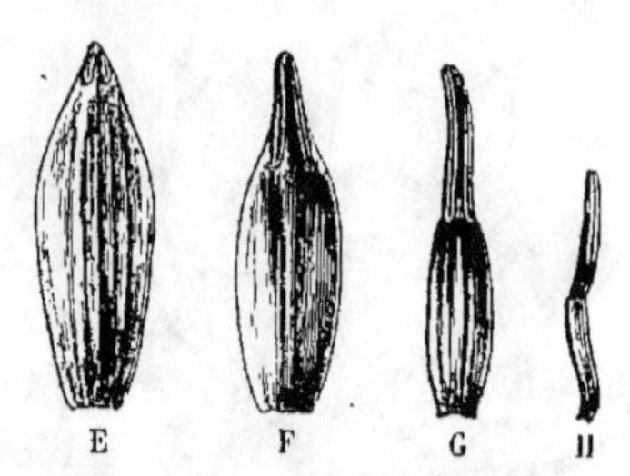

Fig. 194. — *Nymphæa alba* L., série des formes par lesquelles passent les pétales E, F, G, dès l'instant où ils portent une anthère, pour arriver à l'état de l'étamine normale H (1/1).

rien qui rappelle un pétale, et n'excède même guère en longueur et
largeur l'anthère qui le surmonte. — Il existe donc, dans la fleur
du Nénuphar blanc une série continue de formations intermédiaires
entre les pétales parfaits et les étamines le mieux caractérisées,
série qui fait disparaître tout ce que semblerait avoir de hasardé,
de prime abord, cette proposition qu'une étamine, malgré sa
conformation toute spéciale, n'est pas autre chose qu'une feuille
de la fleur plus profondément modifiée que ne le sont les sépales
et les pétales qui la précèdent dans l'ordre de formation des organes floraux.

L'extrême analogie qui existe entre les pétales et les étamines

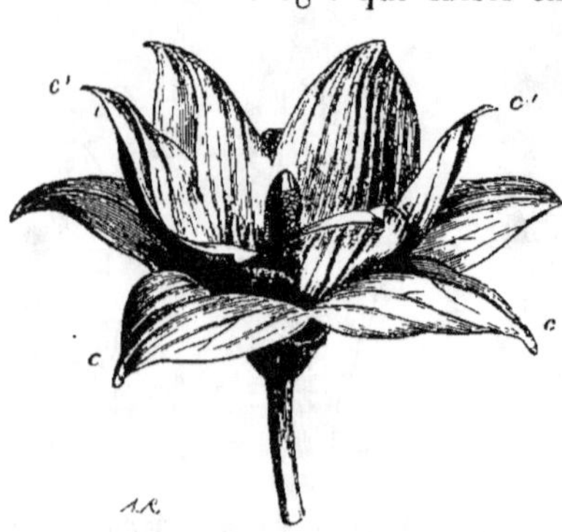

Fig. 195. — Fleur double du *Platycodon grandiflorum* Alph. DC, à deux corolles monopétales emboîtées l'une dans l'autre (presque 1/1).

n'attend en quelque sorte
qu'une occasion pour se révéler avec la plus grande
netteté. Qu'est-ce, en effet,
qu'une de ces fleurs, si
nombreuses dans les jardins
dont elles sont le principal
ornement, qu'on appelle
doubles? Ce sont des fleurs
dans lesquelles, par l'effet
de la culture en général,
mais quelquefois aussi à
l'état spontané, il s'est produit, soit deux ou plusieurs

corolles monopétales emboîtées l'une dans l'autre, comme dans
la Campanule (*Platycodon grandiflorum* Alph. DC; *Campanula
grandiflora* Jacq.) que représente la figure 195, soit un nombre

plus ou moins considérable de pétales supplémentaires libres et distincts, comme dans la fleur double de Saponaire reproduite par la figure 196. Or ces corolles ou pétales supplémentaires ne sont que des organes reproducteurs, le plus souvent des étamines qui, descendant d'un degré dans la série des formations florales, ont perdu leur état normal pour devenir des pétales, ou se pétaliser. De là les fleurs qui, en devenant doubles, prennent le plus grand nombre de pétales supplémentaires sont en général celles qui, dans leur état naturel, possèdent le plus d'étamines, comme les Roses, les Renoncules, etc. Toutefois, on voit aussi des fleurs très-doubles sur des plantes peu riches en étamines, comme la Jacinthe (à six étamines), certaines Campanules (à cinq étamines) ; mais, dans ce dernier cas, le doublement se complique d'une augmentation anormale dans le nombre de ces organes.

Fig. 196. — Fleur double de *Saponaria officinalis* L.. — *s*, calyce; *c c c*, pétales normaux; *c' c'*, pétales supplémentaires; *sl*, les deux styles (1/1).

La pétalisation des étamines peut se faire à divers degrés, dans les fleurs doubles ; s'il n'est que partiel, de telle sorte qu'il reste des étamines à l'état normal, la fleur est *semi-double*, comme celles qui ont fourni les figures 195, 196. Si, au contraire, toutes les étamines sont passées à l'état de pétales, la fleur est entièrement double ou *pleine*. Les Roses et les Camellias de nos jardins sont des fleurs pleines pour la plupart.

J'ajouterai qu'il existe, dans certains Monocotylédons, des fleurs dont toutes les étamines, sauf une, sont naturellement transformées en pièces pétaloïdes; les choses vont même si loin chez les Balisiers (*Canna*), que la seule étamine qu'ils conservent (fig. 197) a simplement une moitié d'anthère *e* portée sur l'un des bords d'un filet pétaloïde *fl*, aussi vivement coloré que les autres parties de la fleur, et que le style lui-même, *p*, forme, de son côté, une lame également colorée.

Fig. 197. — L'étamine et le style du *Canna pedunculata* Lodd. — *e*, l'anthère ; *fl*, son filet pétaloïde ; *p*, style aplati en lame pétaloïde.

2° *Pistil.* — Avec sa conformation toute spéciale, cet organe femelle des fleurs paraît aussi éloigné que possible de l'apparence et de la configuration d'une feuille; dès lors il peut sembler étrange de lui attribuer, comme aux autres organes floraux, une origine foliaire. Cependant il existe un certain nombre de plantes chez lesquelles il a une texture et une apparence foliacées (*Sterculia platanifolia* L., *Colutea*, *Lunaria*, etc. D'un autre côté, si les fleurs doubles deviennent telles généralement par la pétalisation des étamines, il en est aussi dans lesquelles le pistil a subi la même transformation. Nous venons même de voir que chez les *Canna*, il est naturellement pétaloïde (*p*, fig. 197). Enfin certaines monstruosités rendent à cet organe la nature de feuille ordinaire, comme on peut le voir à tous les degrés sur le Cerisier à fleurs doubles. La figure 198 représente deux pistils de cet arbre qui avaient subi plus ou moins le retour à l'état foliacé. Dans l'un, représenté tout entier en A, on

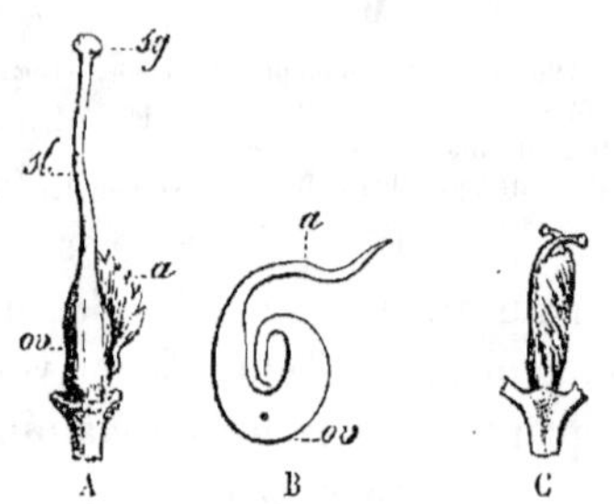

Fig. 198. — Deux états différents du pistil observés sur le Cerisier à fleurs doubles. — A, premier état; *ov*, ovaire; *a*, l'un de ses bords devenus foliacés; *st*, style; *sg*, stigmate; B, coupe transversale de l'ovaire de A; C, deux petites feuilles qui ont remplacé un pistil.

voit que la forme générale du pistil n'avait presque pas été altérée; mais que son ovaire s'était ouvert dans sa longueur et que ses deux bords dissociés s'étaient épanouis en lames vertes et foliacées dont l'une *a* formait comme une aile dentelée. La coupe transversale B montre la direction de cette aile *a*. Dans l'autre de ces pistils, représenté en C, non-seulement l'ovaire était devenu une petite feuille verte et dentelée, que surmontait un rudiment de style et de stigmate, mais il y avait deux de ces feuilles au lieu d'une.

J'ajouterai que dans les monstruosités assez fréquentes, appelées *Chloranthies*, dans lesquelles les fleurs sont remplacées par un faisceau de feuilles vertes, le pistil n'échappe pas plus que les autres organes floraux à la transformation foliacée.

Au total, il me semble établi par tous ces faits, auxquels prêtent encore un puissant appui les observations anatomiques et organogéniques, que les organes réunis dans la fleur ne sont pas autre chose que des modifications successives de la feuille, modifications légères dans les sépales, plus marquées dans les pétales,

profondes dans les étamines, plus profondes encore dans les carpelles ou éléments du pistil. Ces divers états sous lesquels peut se
montrer un même organe, la feuille, selon qu'elle doit être spécialement affectée à la végétation des plantes, ou qu'elle doit
prendre part, dans une limite quelconque, à la reproduction, ont
été nommés *métamorphoses*, mot qui, dans ce cas, indique une
simple altération de la manière d'être fondamentale plutôt qu'un
changement profond, selon le sens qu'il a d'ordinaire. Cette manière d'envisager les organes floraux a exercé la plus heureuse influence sur l'organographie en montrant qu'un étroit lien rattache
les uns aux autres des organes regardés jusqu'alors comme entièrement différents, en donnant par cela même une interprétation
naturelle d'une multitude de faits auparavant inexplicables, en
fournissant enfin un nouvel exemple de la merveilleuse simplicité
des moyens par lesquels la puissance créatrice amène les résultats
les plus variés et les plus essentiels.

Historique. — Les premiers essais de comparaison des organes
et de recherche de leurs analogies sont dus à Joachim Jung, en
latin Jungius, dont le petit écrit intitulé : *Isagoge phytoscopica*,
contenant le résumé de ses leçons, parut à Hambourg, en 1678;
mais cet ouvrage, certainement en avant de son époque, n'influa
guère sur les idées des botanistes et passa même à peu près ina-
perçu. Au milieu du siècle dernier, Linné fit quelques pas dans
cette voie[1], mais, il faut bien le dire, sans améliorer l'état de la question; il en arrêta même les progrès en essayant d'introduire dans
la science la théorie bizarre de l'anticipation (prolepsis), d'après
laquelle une fleur résulterait de la réunion de productions originairement destinées, dans le bourgeon, à se développer pendant
plusieurs années successives et pour lesquelles une sortie anticipée
ferait, de celles qui étaient destinées à la deuxième année les bractées, de celles de la troisième année le calyce, de celles de la
quatrième année la corolle, de celles de la cinquième année les
étamines, de celles de la sixième année le pistil. Ces idées étaient
tout aussi peu fondées que celles qu'il y joignait en attribuant la
formation des bractées et du calyce à l'écorce, des pétales au liber, des étamines au bois et du pistil à la moelle.

Gasp. Fréd. Wolff exposa presque en même temps[2] des principes beaucoup plus sains, lorsqu'il enseigna que tous les organes
portés par l'axe des végétaux sont de la même nature, quelle que

[1] Prolepsis plantarum, dissertation de 1765, dans ses *Amœnit. academ.*, VI.
[2] Theoria generationis, 1re édition, 1759; 2e édition (allemande), 1764.

soit leur forme; mais il y mêla quelques erreurs, notamment quant
à l'origine des étamines. Enfin le poëte allemand Gœthe publia,
en 1790, ses idées sur la métamorphose[1] qui furent d'abord ac-
cueillies très-froidement, mais qui plus tard obtinrent, au contraire, l'assentiment des botanistes à tel point que, depuis au
moins quarante années, elles sont professées partout, abstraction
faite de quelques points qui n'étaient qu'un simple reflet de
la doctrine philosophique de Schelling. Aussi attribue-t-on toujours et exclusivement à Gœthe la théorie de la métamorphose.
Ce grand poëte-naturaliste distinguait : 1° une métamorphose *régulière* ou *ascendante*, qui fait passer un organe à un état plus
élevé dans la série; c'est celle qui nous a montré les feuilles passant successivement à l'état des différents organes floraux ; 2° une
métamorphose *irrégulière* ou *descendante* par laquelle un organe
descend d'un ou plusieurs degrés dans la série, comme lorsque
une étamine dégénère en pétale; 3° une métamorphose *accidentelle*
et par cela même fort peu importante à considérer, qui ne donne
lieu qu'à des déformations accidentelles, amenées par une piqûre d'insecte ou par toute action soit fortuite, soit étrangère.
Il disait aussi, mais cette idée n'est pas justifiée, que, dans la
série des formes que revêtent les organes foliaires, ceux-ci subissent alternativement une contraction et une expansion : ainsi
la feuille subirait une contraction pour former les cotylédons,
une expansion pour constituer une feuille ordinaire, une contraction nouvelle pour devenir sépale, une seconde expansion pour
prendre l'état de pétales, encore une contraction pour être un
étamine et une dernière expansion pour former le pistil.

ARTICLE IV. — BRACTÉES.

Nous venons de voir que les organes floraux, malgré leurs apparences fort diverses, ne sont pas autre chose que des feuilles
modifiées de plus en plus profondément. La métamorphose qui
fait d'une feuille un organe de la fleur s'opère, dans beaucoup
de cas, brusquement et sans intermédiaire; c'est ainsi, par
exemple, que dans le Mouron des champs (*Anagallis arvensis L.*)
que représente la figure 199, on voit naître de l'aisselle de chaque
feuille un petit rameau florifère ou *Pédoncule* terminé par une
fleur, sans qu'il existe le moindre intermédiaire entre le calyce

[1] Versuch die Metamorphosen der Pflanzen zu erklæren. Gotha, 1790; in-8° de
86 pages, traduit plusieurs fois en français.

de cette fleur et la feuille dans l'aisselle de laquelle elle est née, et celle-ci conserve la forme, la texture, la couleur, en un mot, tous les caractères des autres feuilles normales de la plante. Mais il n'en est pas toujours ainsi : souvent en effet, la feuille à l'aisselle de laquelle naît une fleur semble ressentir déjà l'influence modificatrice à laquelle est due celle-ci, et assez souvent aussi des feuilles à l'aisselle desquelles il ne naît pas de fleur, mais qui se trouvent placées dans le voisinage plus ou moins immédiat soit d'une fleur, soit d'un groupe de fleurs, prennent par cela seul une configuration, ou une texture, ou une coloration qui les distinguent nettement des feuilles normales de la même plante. L'action modificatrice qui, agissant avec toute son énergie, donnera aux parties de la fleur leurs caractères si tranchés, s'est essayée, si l'on peut s'exprimer ainsi, sur ces feuilles qui ne sont pas encore des organes floraux, mais qui ne sont plus de vrais organes foliacés.

Fig. 199. — Extrémité fleurie d'une tige de Mouron des champs (*Anagallis arvensis* L.) (grandeur naturelle ou 1/1).

Le langage de la science devait exprimer ces différents états : on a réservé la qualification de *Feuilles florales* pour celles qui restent semblables aux feuilles normales de la plante, bien qu'à leur aisselle soit née une fleur, et l'on a nommé *Bractée* (bractea) toute feuille placée dans le voisinage d'une fleur ou d'un groupe de fleurs et qu'une différence de configuration, de texture ou de coloration distingue des feuilles ordinaires.

C'est à des feuilles de ce genre très-vivement colorées et placées même quelquefois à côté de fleurs petites ou insignifiantes, que certaines plantes d'ornement doivent toute ou presque toute leur beauté (*Bougainvillea*, *Poinsettia*, diverses Broméliacées, etc.).

Bractées proprement dites. — Dans un grand nombre de cas, les bractées ne reçoivent pas d'autre désignation particulière. C'est ainsi qu'on dit la bractée du Tilleul pour désigner, dans cet arbre, la feuille oblongue, d'un vert très-pâle et jaunâtre, d'un tissu sec (*b*, fig. 200), du milieu de laquelle semble partir le pédoncule *pd* qui néanmoins est né comme toujours du rameau même, à l'aisselle de la bractée, mais qui, dans toute sa moitié inférieure *pd'*, s'est soudé à la côte de celle-ci. Dans quelques espèces, la tige, au-dessus de sa portion florifère, porte plusieurs bractées parfois vivement colorées et rapprochées en une *Touffe* (coma) terminale. C'est ce qu'on voit dans le *Salvia Horminum* L., dans le *Lavandula Stæchas* L., ainsi que dans l'Ananas (*Ananassa sativa* Lindl.).

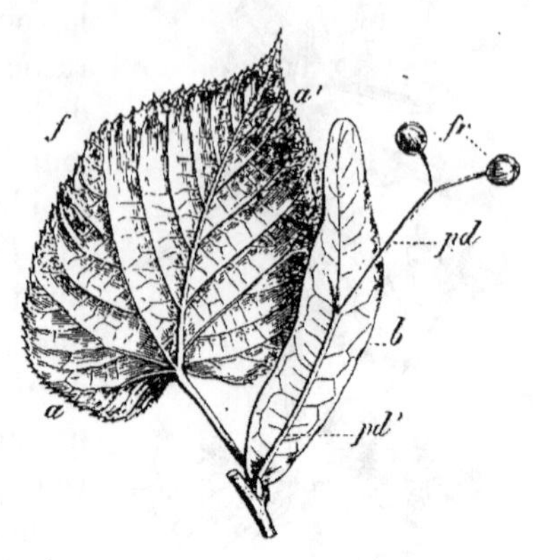

Fig. 200. — Feuille normale *f* et bractée *b* du Tilleul (*Tilia platyphylla* Scop.). — *pd*, pédoncule portant deux fruits *fr*, et confondu avec la côte de la bractée dans toute sa portion inférieure *pd'*; *a, a'*, les deux côtés fort inégaux de la feuille (1/5).

Bractéoles. — Lorsqu'il existe deux ordres différents de bractées, celles de premier ordre (ou primaires) conservent ce nom, tandis que celles de second ordre (ou secondaires) sont distinguées par le diminutif *Bractéoles*. Ainsi, supposons, ce qui n'est pas, que dans le Tilleul représenté sur la figure 200, outre la bractée primaire *b*, il y eût une petite bractée secondaire à la base des ramifications du pédoncule, celle-ci serait une bractéole.

Calycules. — Les choses sont loin de se passer toujours aussi simplement qu'on vient de le voir. Quelquefois à la base même du calyce d'une fleur se trouvent réunies des bractées, soit en même nombre que les sépales et alternant régulièrement avec eux, soit en nombre différent. Le premier cas se voit sur la figure 201 qui montre une fleur entière de *Fragaria indica* Andr. Là, en dehors des sépales *s s s* et alternant avec eux, existent cinq grandes bractées *i i i i i*, presque trifides, qui semblent former un second calyce et dont

Fig. 201. — Fleur entière de *Fragaria indica* Andr. — *s s s*, calyce; *i i i i i*, bractées formant un calycule (1/1).

l'ensemble est, pour ce motif, appelé *Calycule*. Notre Fraisier commun, ainsi que les genres voisins *Geum*, *Potentilla*, possèdent un calycule analogue, mais beaucoup plus petit, dont la nature et l'origine ont été envisagées de manières diverses.

D'un autre côté, les Mauves et la plupart des autres genres de la famille des Malvacées, à laquelle ces plantes ont donné leur nom, ont également un calycule, mais dont les bractées ou folioles sont rarement en nombre égal à celui des pièces ou des divisions du calyce, et tantôt restent libres, tantôt se soudent entre elles, de manière à prendre toute l'apparence d'un calyce extérieur mono-sépale. Les calycules qui rentrent dans cette première catégorie peuvent être qualifiés de *réguliers* ou *calyciformes*, puisqu'ils forment un verticille régulier et qu'ils ressemblent assez à un second calyce pour que, dans plusieurs plantes, on les ait souvent appelés de ce nom.

La seconde catégorie, qu'on pourrait distinguer par la qualification de calycules *imbriqués*, existe chez les Œillets ou *Dianthus*, notamment dans l'Œillet de poëte (*Dianthus barbatus* L.). Ici la fleur (fig. 202) montre, à la base de son calyce en tube, six bractées élargies inférieurement et plus haut linéaires, disposées en trois paires qui se croisent. Ces six bractées forment le calycule imbriqué de cette fleur. Il se produit assez fréquemment dans les jardins une singulière monstruosité d'Œillets, dans laquelle les bractées du calycule deviennent fort nombreuses et forment une longue succession de paires croisées, tandis qu'en même temps la fleur se développe très-mal ou s'atrophie.

Fig. 202. — Fleur entière de *Dianthus barbatus* L., avec son calycule de six bractées (1/1).

Involucre. — Nous savons que, selon la marche normale des choses, de l'aisselle de chaque bractée peut sortir une fleur ou un ramule florifère; donc, si une tige se termine par de nombreux pédoncules ou par des fleurs très-rapprochées qui paraissent partir du même niveau, les bractées seront également serrées autour de ce même point, et pourront former comme une enveloppe autour du groupe floral entier ou bien à sa base. Le cercle de bractées ou l'enveloppe bractéale qui en résultera est ce qu'on nomme un *Involucre* (involucrum, enveloppe).

Deux catégories particulières d'involucres méritent plus que les autres de fixer l'attention. 1° Il existe une très-nombreuse série de plantes formant l'immense famille des Composées, la plus vaste du règne végétal, dans laquelle ce qu'on prend ordinairement pour une seule fleur est un groupe complexe, formé de la réunion d'un nombre généralement très-considérable de petites fleurettes, tantôt toutes de la même forme, tantôt de deux formes différentes et occupant même dans ce groupe entier deux situations distinctes. Ces fleurs ainsi serrées sur un support commun plus ou moins élargi, étaient désignées par les anciens botanistes sous le nom de *Fleurs composées*. Pour reconnaître de quelle manière est constitué cet ensemble de fleurs groupées au point de ressembler à une fleur unique, il suffit de regarder la figure 203 qui en représente une coupée longitudinalement et par le milieu

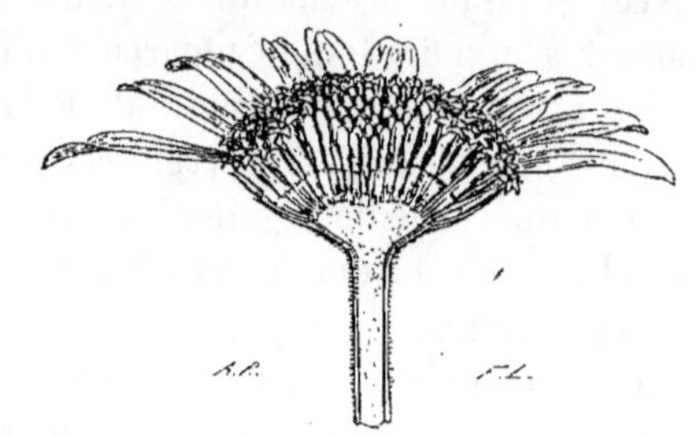

Fig. 203. — *Anthemis rigescens* W. Un de ses groupes de fleurs ou sa fleur composée coupée longitudinalement pour montrer les nombreuses petites fleurs qu'elle réunit (1/1).

de son épaisseur. On voit encore que de nombreuses bractées se rapprochent et se serrent pour embrasser cet ensemble floral et lui former un *Involucre* qui, dans ce cas spécial, recevait de L. C. Richard le nom de *Périphoranthe*, de Cassini celui de *Péricline*, et bien antérieurement de Linné celui de *Calyce commun*. Cet involucre des Composées offre les pièces dont il est formé disposées de manières diverses qui fournissent de bons caractères pour la division de ces plantes. Le plus souvent, ces bractées ou *Écailles*, comme on les appelle généralement, étant en grand nombre et d'autant plus longues qu'elles sont plus internes, se superposent en s'imbriquant, ainsi qu'on le voit dans le Chardon qui a fourni la figure 204. On le dit alors *imbriqué*. Ailleurs, comme dans l'*Helminthia echioïdes* Gærtn., que représente la figure 205, l'involucre forme une enveloppe intérieure autour et à la base de laquelle se trouve une rangée de bractées situées plus en

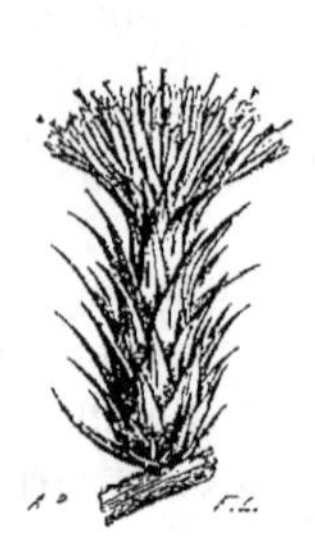

Fig. 204. — Fleur composée ou capitule du *Carduus pycnocephalus* DC. entier, à involucre imbriqué (1/1).

dehors, *i*, qui rappellent, surtout quand elles sont plus courtes qu'ici, la disposition d'un calycule autour de la base d'un calyce; dans ce dernier cas, l'involucre est dit *calyculé*. Enfin, dans certaines de ces plantes, l'involucre comprend une seule rangée d'écailles qui peuvent même se souder par leurs bords en contact, de manière à ressembler tout à fait à un calyce monosépale ou gamosépale.

2° La famille des Ombellifères, qui comprend le Persil, le Cerfeuil, la Carotte, le Fenouil, etc., doit son nom à ce que, dans les plantes qui la composent, les fleurs sont disposées d'après un arrangement particulier, que nous étudierons bientôt, et qu'on appelle une Ombelle. Comme le montre la figure 206, on y voit, partant du sommet de la tige, plusieurs rameaux qui rayonnent à

Fig. 205. — Fleur composée ou capitule entier de l'*Helminthia echioïdes* Gærtn. — *i*, rangée externe de bractées (5) de l'involucre (1/1).

partir de ce point et qu'on nomme pour ce motif ses *rayons*.

Tantôt chaque rayon se termine par une seule fleur, et tantôt il se ramifie à son extrémité en plusieurs rayons subordonnés qui sont disposés à leur tour en une petite ombelle ou *Ombellule*. Chacune de ces ramifications devant naître à l'aisselle d'une bractée, il doit y avoir un cercle de celles-ci à

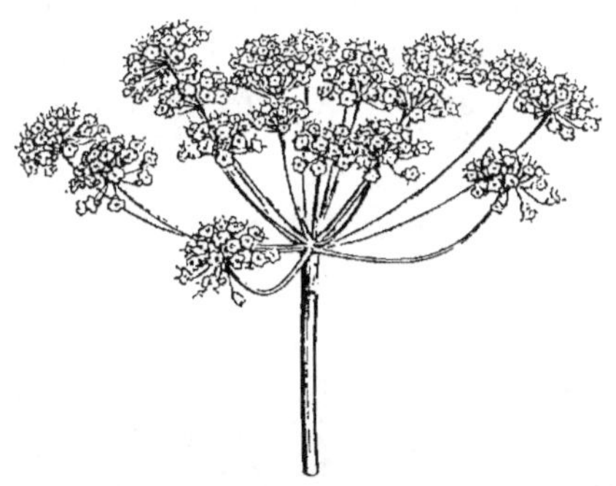

Fig. 206. — Ombelle entière du Fenouil (*Fœniculum officinale* All.), sans involucre ni involucelle (1/2).

la base même de l'ombelle entière ou ombelle générale, et un second à celle de chaque ombellule ; c'est en effet ce qui a lieu le plus souvent et ce que montre la figure 207 qui représente l'ombelle de la Carotte (*Daucus Carota* L.). Dans ce cas, le cercle des bractées qui existent à la base de l'ombelle entière est un *Involucre*, qu'on nomme aussi en français *Collerette*, et celui qu'on observe à l'extrémité de chaque rayon, c'est-à-dire à la base de chaque ombellule est un *Involucelle* (ou petit involucre). Cependant chez diverses Ombellifères, l'involucre se réduit à une, deux ou trois folioles ou bractées, disparaît même entièrement, les involucelles restant très-bien formés (*Angelica, Scandix, Chœrophyllum*, etc.);

chez un petit nombre, comme le Panais (*Pastinaca sativa* L.),
l'un et l'autre avortent
parfois et parfois aussi
conservent une ou
deux folioles ; enfin
dans plusieurs autres,
comme le Fenouil
(figure 206), l'Anis
(*Pimpinella Anisum*
L., etc.), ils avortent
entièrement l'un et
l'autre laissant l'om-
belle *nue*.

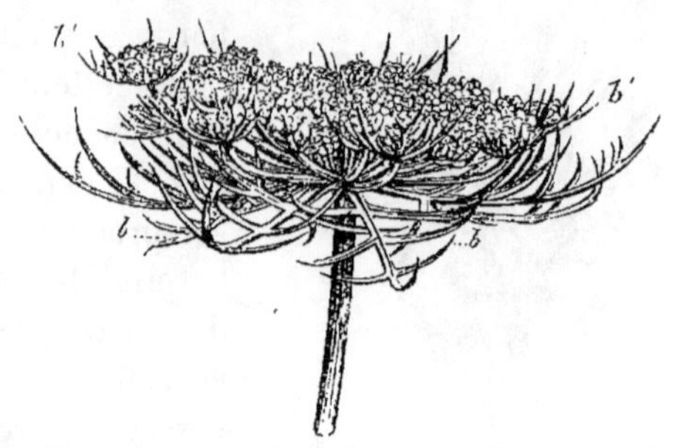

Fig. 207. — Ombelle entière de la Carotte (*Daucus Carota* L.).
— *b*, son involucre ; *b'*, ses involucelles (1/2).

Les involucres dont il vient d'être question appartiennent tous
à un ensemble complexe de fleurs et sont dès lors *pluriflores ;*
mais dans quelques plantes on en voit qui embrassent uniquement un petit nombre de fleurs ou même une seule et unique
fleur. La Nigelle de Damas, vulgairement nommée, à cause de la
légèreté de ses bractées à divisions fines, Cheveux de Vénus,
Patte d'Araignée (*Nigella damascena* L.), nous montre, sur la

Fig. 208. — Fleur et involucre, *b b*, de la Nigelle de Damas
(*Nigella damascena* L.). — *s*, calyce ; *e*, étamines ; *p*, pistil
(presque 1/1).

figure 208, un de
ces involucres *uni-
flores*. Certains de
ceux-ci ressemblent
assez à un calyce,
par leur rapproche-
ment de la fleur et
leur apparence, pour
avoir été regardés
comme tels par
quelques botanistes,
comme dans l'Hépa-
tique (*Anemone He-
patica* L.), et pour
être, dans tous les
cas, décrits comme

un involucre calyciforme. Cependant ils peuvent se nuancer insensiblement avec ceux à plusieurs fleurs dans un seul et même
genre (Anémones) ou dans une même famille (Nyctaginacées.)

Cupule. — On a nommé *Cupule* (cupula, ou petite coupe), à
cause de sa forme, une sorte d'involucre formé de petites bractées

ou écailles qui, confluentes de bonne heure sur une grande portion de leur longueur, finissent par former toutes ensemble, dans les Chênes, une coupe dure et ligneuse dans laquelle le gland se trouve enchâssé par le bas, sur une longueur variable, selon les espèces. La cupule est propre aux fleurs femelles. Si dans les Chênes de nos bois (*Quercus Robur* L.), on ne voit que faiblement indiquées, comme le montre la figure 209, à l'extérieur de la cupule, les petites écailles ou bractées qui se sont unies pour la former, il en est autrement dans le Chêne dit pour ce motif chevelu (Q. *Cerris* L.), et surtout dans le Chêne Vélani (*Quercus Ægilops* L.) du Levant, dont la grande cupule, toute hérissée des extrémités de ses bractées constitutives, comme on le voit par la figure 210,

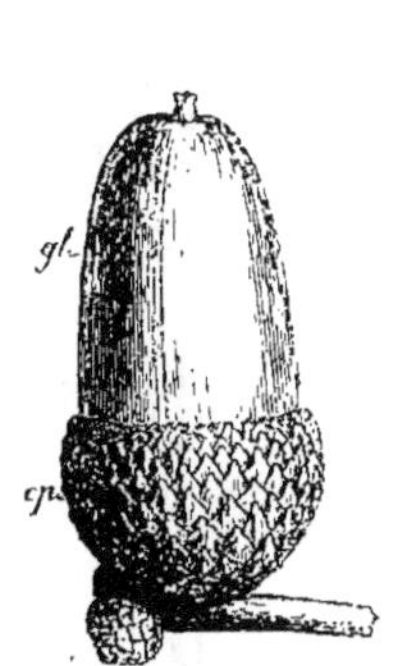

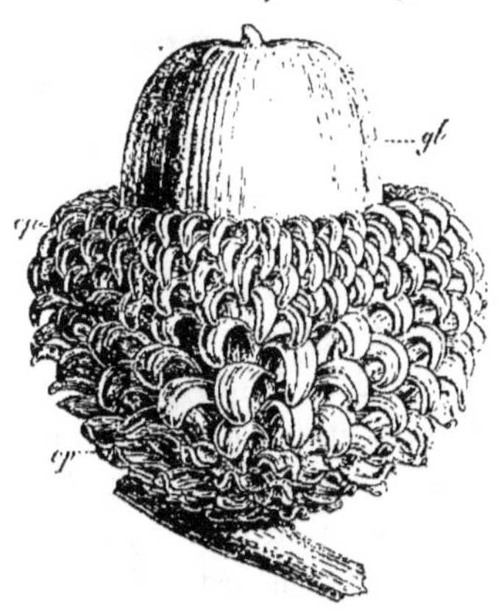

Fig. 209. — Gland, *gl*, du *Quercus Robur* L. (Var. *pedunculata*), avec sa cupule *cp* (1/1).

Fig. 210. — Gland, *gl*, du Chêne Vélani (*Quercus Ægilops* L.), profondément enchâssé par sa base dans sa grande cupule à bractées foliacées, *cp* (1/1).

est employée, sous le nom de Vélanède, pour la teinture en noir, à cause de sa richesse en tannin.

Spathe. — Les diverses natures de bractées dont il vient d'être question appartiennent essentiellement aux Dicotylédons, tandis que celles qu'il me reste à faire connaître sont le partage exclusif des Monocotylédons. — Souvent les fleurs de ces végétaux sont enfermées, pendant leur jeunesse, dans une bractée spéciale, parfois très-grande, qui s'ouvre ensuite de diverses manières pour les laisser paraître au jour; plus rarement cette enveloppe protectrice est formée de deux bractées placées l'une vis-à-vis de l'autre Cette enveloppe, soit à une seule pièce improprement appelée *Valve*, comme les pièces que séparent beaucoup de fruits pour s'ouvrir, et dès lors nommée *univalve*, ou mieux *monophylle*, soit à deux pièces, c'est-à-dire *bivalve* ou *diphylle*, est une *Spathe* (spatha). On en voit un exemple remarquable en *b* (figure 211), dans le *Dracunculus vulgaris* Schott, où elle constitue un trèsgrand cornet fermé dans le bas et ouvert dans le haut, au centre duquel s'élève la masse des fleurs surmontée d'un long prolongement *sp*. Les autres plantes de la famille des Aroïdées dans laquelle rentrent le *Dracunculus* et nos Gouets (*Arum*), les Palmiers, etc., offrent de nombreux exemples de spathes. Même dans les Palmiers, outre la spathe générale qui est commune à toute une masse de fleurs, on voit des spathes subordonnées ou des *Spathelles* aux subdivisions de cet ensemble floral ou de l'*Inflorescence*.

Glume et Glumelle. — Ce sont des bractées propres aux familles des Graminées et des Cypéracées, et qui jouent, vis-à-vis de leurs fleurs, un rôle analogue à celui du périanthe des autres plantes. Comme nous le verrons bientôt, les fleurs des Graminées sont attachées, en ordre distique, sur un petit axe commun, en petits groupes nommés *Épillets*, qui se réduisent, dans plusieurs genres, à une seule fleur, et qui se distribuent sur la tige de manières diverses. On voit ces épillets bien distincts dans

Fig. 211. — Spathe entière *b* du *Dracunculus vulgaris* Schott, vaste cornet d'où l'on voit sortir le prolongement du support commun des fleurs, *sp* (environ 1/8).

l'Ivraie vivace ou Ray-Grass (*Lolium perenne* L.), sur la figure 212. Or, le bas de chacun d'eux est embrassé par deux petites folioles vertes *gg*, opposées l'une à l'autre, mais attachées l'une un peu plus haut que l'autre. Ces deux bractées, de premier ordre relativement à l'épillet entier, forment à celui-ci une sorte d'enveloppe commune appelée la *Glume* (gluma Juss.), que Linné nommait *calyce*, parce qu'il comparait à tort l'épillet entier à la fleur des autres plantes. La glume a malheureusement reçu encore des noms différents : Ach. Richard la nommait *Lépicène*, et Palisot de Beauvois *Bâle* en français, en latin *Tegmen;* même Panzer lui donnait le nom de *Peristachyum*, et Petermann celui de *Perianthelium*, qui n'ont été employés l'un et l'autre que par leurs auteurs. La glume est généralement formée de deux *Folioles* (ou *Valves*), qu'on a souvent le tort de désigner chacune en particulier par le même mot de *Glumes*, de manière à exposer à une confusion fâcheuse entre l'ensemble et ses parties. Chez les *Lolium*, comme on le voit sur la figure 212, à part l'épillet terminal, tous les autres n'ont qu'une foliole à leur glume.

Dans chaque épillet, abstraction faite de la glume, on voit, sur la figure 212, qu'il existe encore plusieurs petites feuilles qui ne diffèrent guère des premières en apparence. Ainsi, dans l'épillet terminal (fig. 212), outre les deux folioles de la glume *gg*, on en compte sept autres. Chacune de celles-ci indique une fleur distincte et séparée ; or, chaque fleur abrite ses organes reproducteurs sous une enveloppe propre de deux folioles, qui sont de deuxième génération ou de second ordre relativement à la glume, puisqu'elles sont portées sur l'axe propre de la fleur né de l'axe commun de l'épillet ; cette enveloppe, propre à chaque fleur, est désignée, pour ce motif, sous le nom de *Glumelle* (glumella Link, Mirb., Desv.), ou *Bâle, Balle*. Linné l'appelait *Corolle*; R. Brown, qui la regardait comme la véritable enveloppe florale, la nommait *Périanthe*. De Candolle et quelques autres botanistes emploient pour elle la dénomination de *Périgone*; enfin Palisot de Beauvois lui appliquait celle de *Stragule*. J'ai cru devoir rappeler ici toutes ces dénominations afin que le lecteur puisse se reconnaître au milieu des différences considérables qu'offrent, sous ce rapport, les descriptions des Graminées, d'un auteur à l'autre. — Une inégalité complète existe entre les deux folioles ou *Paillettes* (paleæ) de la glumelle, qu'on trouve également ment désignées sous les noms de *Valvules, Spathelles*, etc. Celle qui regarde en dehors et qui est la seule qu'on voie à l'extérieur,

Fig. 212. — Extrémité fleurie de la tige de l'Ivraie Ray-Grass (*Lolium perenne* L.). — *g g g*, glumes.

par conséquent aussi sur la figure 212, est ployée en nacelle, ordinairement verte et ferme ; elle a une nervure médiane et des nervures latérales symétriques, ce qui lui donne un nombre impair de nervures ; de là on la distingue sous le nom de *Paillette imparinerviée*. Quant à celle qui se trouve en face d'elle, et par conséquent appliquée contre l'axe de l'épillet, c'est-à-dire interne, elle s'attache à un niveau un peu plus haut, ce qui, contrairement à l'opinion de Robert Brown, que M. Schleiden a voulu appuyer sur l'observation organogénique, montre que la glumelle ne forme pas une enveloppe florale comparable à celles qu'on observe dans les fleurs des Phanérogames en général, et que les deux folioles qu'elle comprend sont seulement deux bractées de second ordre relativement à celles qui forment la glume.

La paillette interne est mince, sèche, translucide dans toute sa portion moyenne ; mais à quelque distance de chacun de ses deux bords, elle est généralement ployée en une carène que parcourt une nervure. Elle a donc ainsi deux nervures symétriques, d'où lui est venu le nom de *paillette parinerviée*.

Enfin cette singulière structure florale des Graminées se complique par la présence d'un cercle intérieur comprenant rarement trois, beaucoup plus souvent deux petites écailles situées alors au-devant de la paillette externe. Le verticille de ces *Paléoles*, comme on les nomme ordinairement, ou *Squamules*, sur lesquelles j'aurai à revenir plus tard, est désigné sous la dénomination de *Glumellule* (glumellula Desv.), ou par Palisot de Beauvois sous celle de *Lodicule* (lodicula). Plusieurs botanistes sont portés à y voir le véritable périanthe des Graminées.

ARTICLE V. — INFLORESCENCE.

Pour peu qu'on examine comparativement diverses plantes fleuries, par exemple un Lilas, un Poirier, un pied de Persil, un Dahlia, une Pervenche, etc., on voit que les fleurs y sont réparties et disposées de manières diverses ; si, en outre, on observe dans quel ordre s'opèrent le développement et l'épanouissement successif des fleurs sur chacune d'elles, on reconnaît de l'une à l'autre, sous ce second rapport, des différences qui se relient généralement aux premières. C'est, pour chaque plante, cet arrangement spécial de ses fleurs se reliant à l'ordre selon lequel elles se produisent, qui constitue son *Inflorescence* (inflorescentia [1]).

Pour acquérir des notions saines sur ce sujet, il faut en baser l'étude sur ces deux ordres de considérations : 1° Arrangement des fleurs sur la plante, ou plus exactement des axes qui les portent; 2° ordre de leur évolution ; c'est aussi à ce double point de vue qu'il en sera question dans ce qui va suivre.

Action de la fleur sur l'axe. — Les organes floraux étant des feuilles modifiées, une fleur est par conséquent analogue à un groupe serré de feuilles ou à un bourgeon; mais c'est un bourgeon qui arrête toujours l'élongation de l'axe qu'il termine, sauf les cas de monstruosités appelées *prolifications*, ou fleurs *prolifères*.

Tout axe s'arrête donc par cela seul qu'une fleur en occupe la sommité, que cet axe soit la tige elle-même ou l'une de ses ramifications. Si c'est la tige elle-même et qu'elle ne se ramifie pas, la plante a la plus simple des inflorescences, à savoir : une fleur terminale unique. Si c'est un axe secondaire, c'est-à-dire un rameau qui n'ait qu'un seul entre-nœud et qui sorte de l'aisselle d'une feuille non modifiée, c'est-à-dire d'une feuille florale semblable à toutes les feuilles ordinaires, l'inflorescence est encore fort simple puisqu'elle se réduit à des fleurs solitaires et axillaires; cependant ce second cas diffère du premier en ce que, dans les plantes qui le présentent, l'allongement graduel de la tige peut successivement donner naissance à beaucoup de fleurs (voyez la figure 199, p. 450), et en ce que ces fleurs sont toutes de deuxième génération, puisqu'elles terminent des axes secondaires.

Dans ce dernier cas, chacun des axes terminés par une fleur reçoit le nom de *Pédoncule* (pedunculus) qui, bien qu'employé souvent d'une manière assez vague, s'applique essentiellement aux axes subordonnés et florifères. En outre, chaque fleur avec son pédoncule étant indépendante de sa voisine, constitue seule une inflorescence, qu'on peut distinguer par la dénomination d'*Inflorescence solitaire*; car je ne pense pas qu'on doive, à l'exemple de quelques botanistes, étendre l'application du mot inflorescence à toute la portion d'une plante qui porte ou qui peut porter des fleurs.

[1] L'inflorescence, dit Linné, est la manière dont les fleurs sont rattachées à la plante par leur pédoncule. « Inflorescentia est modus, quo flores pedunculo plantæ annectuntur, quem modum florendi dixere antecessores. » *Phil. bot.*, ch. VI. XI.

Inflorescences feuillées. — Mais il est assez rare que les choses se passent avec cette simplicité. Le premier pas vers un état plus complexe consiste en ce que, sur la portion supérieure de la tige et dans toute l'étendue où se produisent des fleurs, les entre-nœuds se raccourcissent notablement; les feuilles, sans se modifier assez pour mériter d'être regardées comme des bractées, diminuent plus ou moins de grandeur, ainsi qu'on le voit sur la figure 213, dont le sujet est le *Lopezia racemosa* Cav. Là ce ne sont plus des fleurs largement espacées, comme dans l'*Anagallis* (figure 199, p. 450), ce n'est pourtant pas encore un groupement aussi caractérisé que ceux dont nous allons avoir à nous occuper; c'est un état intermédiaire qu'on indique ordinairement en l'appelant une *Inflorescence feuillée*. Ainsi, dans le *Lopezia*, la disposition générale des fleurs étant analogue à celle que nous allons connaître sous le nom de grappe, on dit que la plante dont il s'agit possède, pour inflorescence, une grappe feuillée. Cependant, comme le champ est évidemment

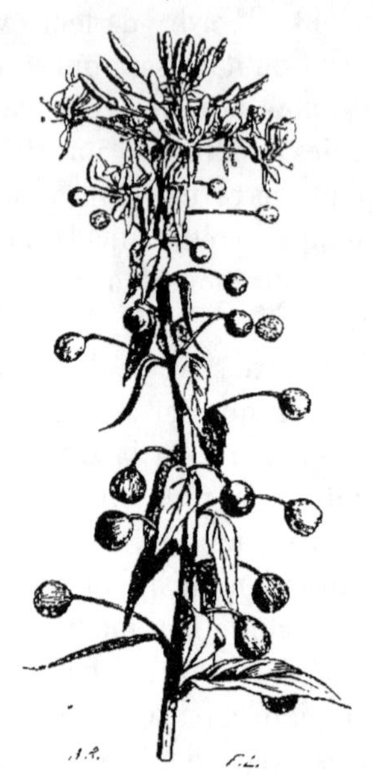

Fig. 213. — Grappe feuillée du *Lopezia racemosa* Cav. (environ 1/2).

ouvert aux appréciations personnelles, il ne faut pas s'étonner que plusieurs botanistes aient vu dans les petites feuilles florales de ce même *Lopezia* de vraies bractées et par conséquent dans l'extrémité fleurie de sa tige une véritable grappe. C'est même de là qu'a été tiré son nom : *Lopezia racemosa*, ou Lopézie à fleurs en grappe.

Inflorescences complexes ou en groupes. — Il ne reste plus à faire qu'un pas peu important pour arriver aux groupements de fleurs qui constituent les inflorescences complexes, les seules en réalité dont l'étude offre un intérêt majeur : il faut que les feuilles dont l'aisselle est le point d'origine des pédoncules revêtent tous les caractères de bractées, et que, d'un autre côté, toute la portion de la tige ou des branches qui portent des fleurs prennent une manière d'être, une apparence qui en fasse un ensemble nettement circonscrit et facile à distinguer du reste de la plante.

Cette apparence spéciale, grâce à laquelle une inflorescence de Lilas, de Cytise, de Groseillier, de Poirier, ou tout autre, se détache avec toute la netteté possible sur l'ensemble du végétal qui la porte, résulte de diverses particularités qu'on y observe :

1° Comme je viens de le dire, les feuilles qui s'y trouvent, à la naissance des pédoncules, deviennent des bractées, diminuent beaucoup de proportions, ou même avortent tout à fait, de telle sorte qu'on peut voir là ce fait remarquable de rameaux qui ne naissent pas d'une aisselle de feuille; par exemple dans la généralité des inflorescences des Crucifères.

2° L'axe principal qui, dans la plupart des cas, s'étend sur toute la longueur du groupe floral, et qu'on nomme ordinairement le *Rachis* ou la *Rafle* de l'inflorescence, porte des pédoncules souvent disposés tout autrement que ne le sont les rameaux sur la tige, dans le reste de la plante; car ceux-ci sont parfois alternes, tandis que ceux-là sont opposés (Ampélidées, Euphorbiacées, Fumariacées, Renonculacées, etc.), ou réciproquement (plusieurs Composées, des Verveines, des Onagrariées, etc.).

3° Les pédoncules ou rameaux latéraux nés du rachis peuvent se subdiviser plusieurs fois de suite, même sur des tiges ou des branches peu ou pas ramifiées en dehors des limites de l'inflorescence. Dans ce cas la dernière ramification de chaque pédoncule, c'est-à-dire celle que termine une fleur reçoit le nom de *Pédicelle* (pedicellus).

Division générale des inflorescences. — 1° Une inflorescence quelconque n'étant pas autre chose que la portion de l'axe qui produit des fleurs et dans laquelle cette production amène des modifications plus ou moins profondes de l'état normal, il semble que la marche de son développement devrait être semblable à celle qu'on observe dans la végétation régulière des tiges : il en est ainsi, en effet, toutes les fois que l'extrémité du rachis reste à l'état de point végétatif, par conséquent apte à donner un grand nombre de productions latérales successives, c'est-à-dire toutes les fois qu'elle ne s'organise pas en fleur. Alors, comme on le voit sur la figure 213 (p. 461), à mesure que cet axe florifère s'allonge, il donne de nouvelles fleurs à son extrémité, et il continue ainsi jusqu'à ce qu'il soit épuisé. Il en résulte qu'on voit successivement, du bas vers le haut, des fleurs de plus en plus jeunes, et que, comme dans le *Lopezia* représenté sur la figure 213, le bas de l'inflorescence peut offrir déjà des fruits presque mûrs lorsque, à son sommet, se trouvent de très-jeunes boutons; et que tous les états intermédiaires s'échelonnent entre ces deux extrêmes. Ce développement indéterminé ou indéfini caractérise la catégorie la plus naturelle d'inflorescences, celles qu'on a nommées, pour ce motif, *Inflorescences indéterminées* ou *indéfinies*, que M. Guillard propose d'appeler *progressives*.

2° Les choses se passent tout autrement dans un grand nombre d'autres plantes, telles que le *Cerastium* dont l'inflorescence entière est représentée sur la figure 214. Ici l'axe primaire *t*, por-

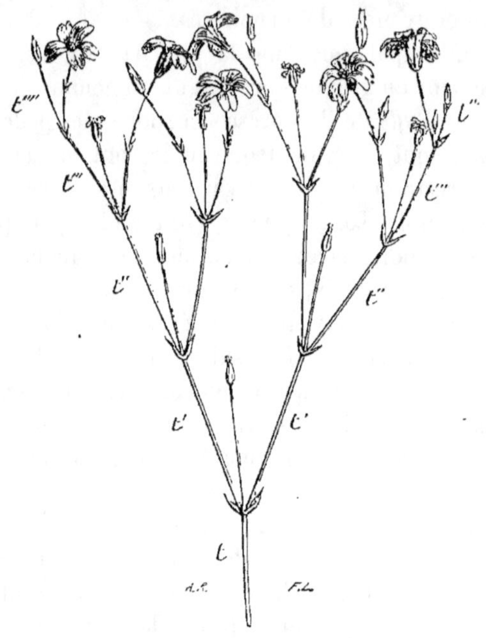

Fig. 214. — Inflorescence déterminée ou définie du *Cerastium collinum* Led. — *t*, axe primaire ; *t'*, deux axes secondaires ; *t''*, quatre axes tertiaires ; *t'''*, huit axes quaternaires ; *t''''*, axes quinaires.

tant à son extrémité une fleur, est terminé par cela même ; toute l'inflorescence se bornerait donc à cette fleur terminale ; mais à un entre-nœud plus bas que celle-ci, ce même axe porte deux petites bractées opposées ; de l'aisselle de chacune d'elles naît un axe secondaire, et ces deux axes nouveaux, se comportant à leur tour absolument comme celui duquel ils émanent, se terminent par une fleur, puis, au-dessous d'elle, ils émettent chacun deux axes tertiaires ou de troisième génération *t''*. Ces quatre axes tertiaires donnent autant de fleurs et huit axes quaternaires, et ainsi de suite. On voit donc que, dans ce cas, entièrement inverse du précédent, l'inflorescence entière est la réunion d'axes tous déterminés ou définis, nés les uns des autres et appartenant par conséquent à tout autant de générations ou d'ordres successifs. La production des fleurs ayant nécessairement lieu dans le même ordre que celle des axes qu'elles terminent, on comprend sans peine, et l'on voit sur la figure 214 que celle qui termine l'axe primaire t est déjà passée depuis longtemps au moment où celles que portent les axes quinaires t'''' viennent seulement de s'épanouir.

Les inflorescences ainsi composées d'axes déterminés ou définis sont appelées *Inflorescences déterminées* ou *définies*. Comme on vient de voir que le développement y va en s'éloignant sans cesse de l'axe primaire, c'est-à-dire en rétrogradant, si l'on peut ainsi dire, à partir de cet axe, M. Guillard propose de les nommer *Inflorescences régressives*.

Les inflorescences de cette seconde catégorie étaient regardées comme assez peu répandues dans le règne végétal ; mais à mesure que les observations s'étendent, on reconnaît qu'elles appartiennent à un plus grand nombre de plantes.

5° Quoique bien distincts l'un de l'autre, les deux modes d'inflorescence que je viens de décrire, se réunissent fréquemment, se combinent de diverses manières pour former ce que De Candolle nommait des *Inflorescences mixtes*. J'en rapporterai divers exemples, après avoir étudié les principales modifications dont sont susceptibles les deux types fondamentaux.

§ 1er. — Inflorescences indéterminées ou indéfinies.

Grappe. — La *grappe* (racemus) est la forme fondamentale et comme le point de départ des inflorescences indéterminées. Aussi M. Guillard, dans sa série de mémoires sur les inflorescences[1], propose-t-il de transporter à la catégorie entière le nom de *Botryes*, qu'il forme en donnant une désinence française au mot grec (βότρυς) qui signifie *grappe*.

Nous avons déjà vu, par l'exemple du *Lopezia racemosa* Cav. (fig. 213, p. 461), que le caractère de cette sorte d'inflorescence consiste dans un axe primaire ou rachis indéterminé émettant dans toute sa longueur des axes secondaires ou des pédoncules terminés chacun par une fleur. J'en citerai un autre exemple bien connu dans le Groseillier (*Ribes rubrum* L.) dont les fruits,

Bull. de la Soc. bot. de Fr., IV, 1857, pp. 20-39, 116-124, 374-381, 452-464, 932-939.

représentés par la figure 215, reproduisent exactement la disposition des fleurs auxquelles ils ont succédé.

Grappe composée. — Les pédoncules ou axes secondaires d'une grappe peuvent se ramifier chacun une ou plusieurs fois ; il en résulte alors une grappe *composée*, qu'on nomme ainsi pour l'opposer à la forme simple que caractérisent ses pédoncules indivis. En général, dans ce cas, les pédoncules les plus longs étant ceux du bas de l'inflorescence, celle-ci, dans son ensemble, a une forme conique ; mais quelquefois aussi c'est vers sa portion moyenne que les pédoncules, en se ramifiant, acquièrent le plus de longueur, et alors une certaine ressemblance de forme avec le thyrse des Bacchantes, a fait créer, pour cette modification sans importance de la grappe composée, la dénomination de *Thyrse*, qu'il y aurait avantage, d'après la remarque de Bischoff, à laisser tomber en désuétude ; en effet elle n'a rien de précis, ni quant à

Fig. 215. — Grappe de fruits du Groseillier ordinaire (*Ribes rubrum* L.) (1/1).

la forme générale de l'ensemble auquel on l'applique, puisqu'on l'a donnée non-seulement à l'inflorescence thyrsoïde en effet du Lilas, mais encore, entre autres, à celle du Marronnier d'Inde, qui est parfaitement conique, ni quant à la nature réelle des inflorescences, puisqu'on l'a employée souvent pour désigner des groupes vraiment indéfinis, et que, d'un autre côté, De Candolle a transporté ce nom aux inflorescences dans lesquelles un rachis indéterminé porte des groupes floraux déterminés.

Épi. — Si l'axe primaire ou rachis indéterminé porte des fleurs, non plus pédonculées, mais naissant de lui sans intermédiaire, c'est-à-dire sessiles ou fort à peu près, l'inflorescence ainsi caractérisée est un *Épi* (spica), dont la figure 216 représente un exemple fourni par le Plantain lancéolé (*Plantago lanceolata* L.), plante extrêmement commune dans les prairies et dans tous les endroits herbeux de notre pays. — Comme, dans la nature, il existe généralement des transitions entre les formes différentes, la limite entre les grappes et les épis devient quelquefois fort difficile à tracer. En effet, il y a des inflorescences dans lesquelles les pédoncules sont si courts qu'on pourrait dire avec tout autant de raison que ce sont des grappes à pédoncules très-raccourcis ou que ce sont des épis à fleurs très-brièvement pédonculées.

Les caractères essentiels de l'épi se retrouvent dans certaines inflorescences qui n'en sont évidemment que de simples modifications, mais qui cependant sont assez caractérisées pour qu'on leur ait donné depuis longtemps un nom particulier. Ce sont : le Chaton, le Spadice et l'Épillet.

1° Un *Chaton* (amentum) est un épi que son apparence a fait comparer à une queue de chat, d'où lui est venu son nom français (fig. 217) ; il est composé de fleurs sessiles, unisexuées et dans lesquelles on ne trouve que de simples écailles à la place du périanthe, comme on le voit sur la figure 218 qui représente une fleur de Noisetier isolée et grossie. En outre, les chatons sont articulés à leur base, au moins les mâles, de manière à tomber tout entiers après la floraison. Il n'est personne qui n'ait vu, après la floraison des Peupliers, des Saules, du Châtaignier, etc., la terre jonchée de ceux de ces arbres. Cette sorte d'inflorescence caractérise essentiellement nos arbres forestiers, tant ceux que Jussieu réunissait sous la dénomination commune d'Amentacés (dérivée du mot latin *amentum*), que les Co-

Fig. 216. — Épi du Plantain lancéolé (*Plantago lanceolata* L.) (1/1).

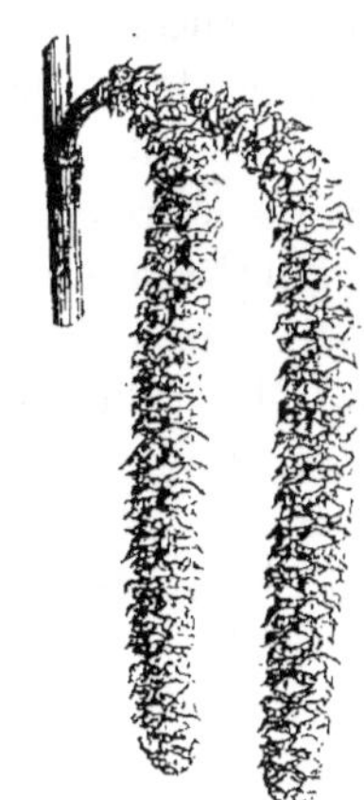

Fig. 217. — Deux chatons mâles du Noisetier d'Amérique (*Corylus americana* Walt. (1/1).

Fig. 218. — Une fleur mâle isolée et grossie du *Corylus americana* Walt. — *e*, masse de ses étamines, abritée par une grande écaille externe, *a*, et par deux écailles plus petites, internes, *a'* (environ 10 1 ou grossi dix fois).

nifères, comme les Pins, Sapins, Genévriers, etc. : seulement dans ces derniers les Chatons sont plus raccourcis, comme on peut le voir pour les Pins sur la figure 148 (p. 368), ou même ils deviennent tout à fait arrondis, comme le montre la figure 219, prise sur le *Cephalotaxus pedunculata* Sieb. et Zucc.

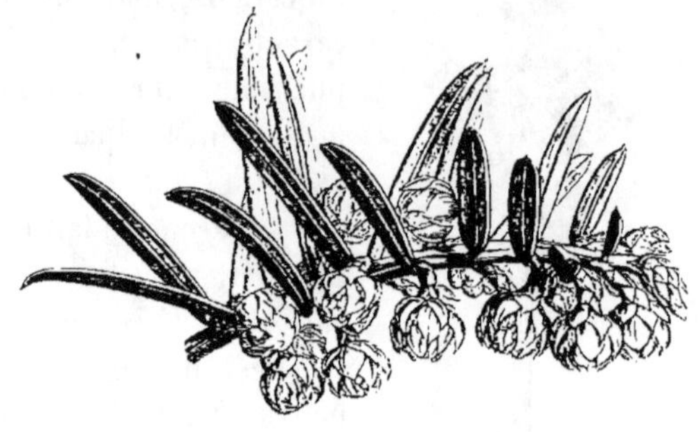

Fig. 219. — Rameau chargé de chatons mâles globuleux du *Cephalotaxus pedunculata* S. et Z. (1/1).

2° Un *Spadice* (spadix) est une inflorescence dans laquelle un axe central porte des fleurs généralement unisexuées, tantôt nues, tantôt pourvues d'un périanthe et non-seulement sessiles, mais encore plus ou moins enfoncées dans sa substance. Le plus souvent, les fleurs femelles sont groupées au bas, les fleurs mâles se trouvent un peu plus haut, ou bien il n'y a pas d'intervalle entre les deux, comme dans le *Dracunculus vulgaris* Schott, dont le spadice est représenté en entier par la figure 220 ; celui-ci nous montre, en *a*, la masse des fleurs femelles, ou, si l'on veut, l'épi femelle, en *b*, la masse des fleurs mâles ou l'épi

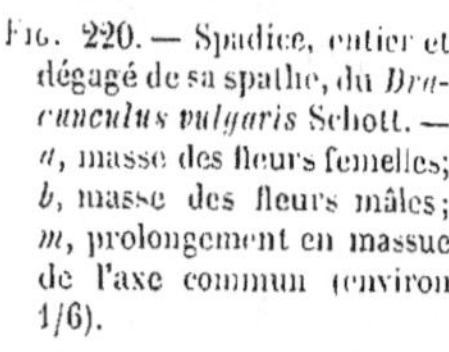

Fig. 220. — Spadice, entier et dégagé de sa spathe, du *Dracunculus vulgaris* Schott. — *a*, masse des fleurs femelles; *b*, masse des fleurs mâles; *m*, prolongement en massue de l'axe commun (environ 1/6).

mâle. Parfois cependant chaque spadice est unisexué (Palmiers) et même quelques plantes à spadices sont dioïques (Dattier). Un caractère frappant des spadices est d'être embrassé, au moins dans sa jeunesse, par une spathe dont on peut voir la disposition sur la figure 211, p. 457. Chez les Aroïdées, l'axe commun de cette inflorescence se prolonge le plus souvent, même parfois très-longuement, comme dans le cas du *Dracunculus* (fig. 220), en une

massue ou un cylindre dont la substance charnue paraît être due
à des fleurs restées rudimentaires et informes, qui tantôt semblent distinctes et dessinent à sa surface des aréoles (*Alocasia*),
tantôt, comme ici, deviennent confluentes.

Le spadice des Palmiers est rameux, souvent à un très-haut
degré, et il acquiert parfois des proportions gigantesques, comprenant alors un nombre immense de fleurs. On l'appelle vulgairement *régime*, mais il est bon·de faire observer qu'on applique aussi ce nom à des inflorescences toutes différentes, par
exemple, à celle des Bananiers (*Musa*).

3° *Épillet et épi composé des Graminées.* — J'ai déjà dit, en

Fig. 221. — Inflorescence du *Bromus sterilis* L. (¹⁄₁).

parlant des bractées qui forment la glume et la glumelle des Graminées (p. 457), que les fleurs de ces plantes sont disposées

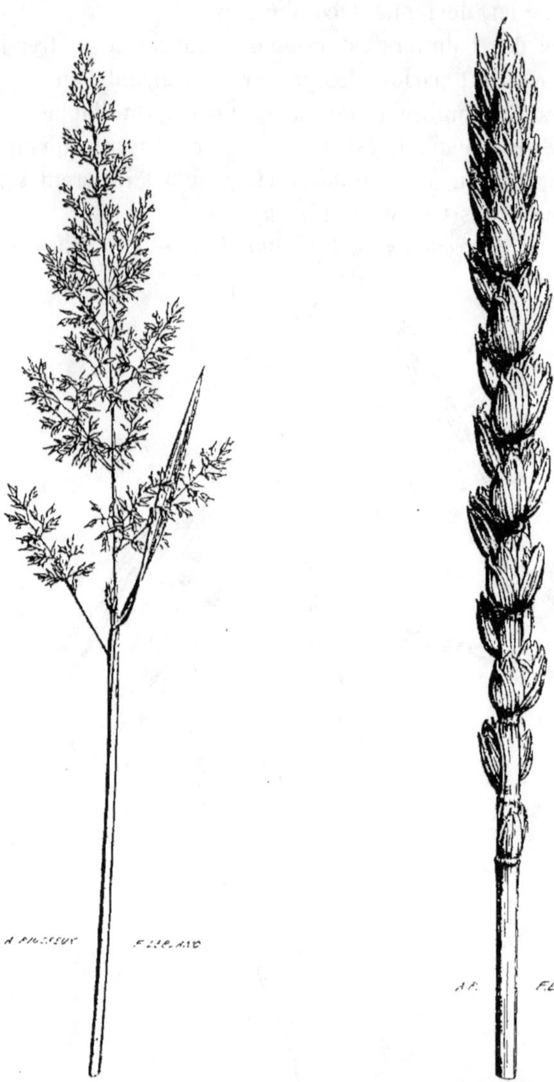

Fig. 222. — Inflorescence de l'*Agrostis alba* L. (1/1).

Fig. 223. — Épi composé du Froment cultivé (*Triticum sativum* Lamk.) (1/1).

par petites inflorescences qui en comprennent tantôt une seule, tantôt deux, tantôt plusieurs. Ces petites inflorescences, lorsqu'elles réunissent plusieurs fleurs attachées à un axe commun, forment autant de petits épis, ce qui justifie le nom d'*Epillet* (spicula, locusta) qu'on leur donne dans tous les cas. A leur tour, les épillets se groupent de manières diverses : le plus souvent en grappe, soit simple comme dans le *Bromis sterilis* L., dont l'inflorescence entière est représentée sur la figure 221, soit composée, comme dans l'*Agrostis alba* L. (fig. 222), et dans ces deux cas, on désigne cet ensemble, dans les ouvrages descriptifs, sous le nom de *Panicule*, qui ne répond, comme nous allons le voir, à aucune sorte d'inflorescence bien caractérisée; plus rarement, comme dans les céréales et dans les genres voisins, en un mot dans la tribu des Hordéacées, ils s'arrangent, le long d'une rafle, en manière d'épi, de manière à constituer un véritable *épi composé*. C'est ce qu'on peut voir nettement sur le *Lolium* que représente la figure 212 (p. 458), et aussi sur le Froment cultivé (*Triticum sativum* Lamk.) dont la figure 225 reproduit l'inflorescence entière. Celle-ci est appelée vulgairement épi; mais il faut y reconnaître en réalité un épi composé, c'est-à-dire la réunion de nombreux épillets attachés, en ordre distique, chacun sur une dent d'un rachis sinueux qui forme une série de dents dirigées alternativement à droite et à gauche.

Panicule. — C'est seulement parce que ce mot revient très-fréquemment dans les ouvrages de botanique descriptive que je l'inscris ici; car Payer a fait observer avec raison qu'il ne s'applique pas à un mode caractérisé d'inflorescence. Dans le style descriptif on l'emploie pour désigner le plus souvent des grappes composées à divers degrés, comme on le fait surtout pour les Graminées (fig. 221 et 222); mais parfois aussi on l'applique à des inflorescences entièrement différentes. Au total, dans les descriptions, on appelle panicules à peu près toutes les inflorescences dans lesquelles un rachis porte des pédoncules nombreux, plus ou moins inégaux et ramifiés. Il serait donc convenable de renoncer à l'emploi d'un mot qui ne sert qu'à désigner une apparence sans rien apprendre sur la nature même des inflorescences.

Corymbe. — Si dans une grappe les pédoncules supérieurs restent courts tandis que les inférieurs s'allongent notablement, et qu'au total toutes les fleurs se trouvent ainsi reportées au même niveau, l'inflorescence qui en résulte constitue un *Corymbe* (corymbus). Le Poirier (*Pirus communis* L.), qui a fourni le sujet de la figure 224, en offre un exemple. Comme la grappe, dont le corymbe est une simple dérivation due au raccourcissement du rachis, le corymbe devient *composé* quand ses pédoncules se ra-

Fig. 224. — Corymbe du Poirier cultivé (*Pirus communis* L.) (environ 1/2).

mifient. On peut prendre une idée du corymbe composé par la figure 225 qui représente l'extrémité fleurie de la tige de l'*Achillea nobilis* L.; seulement il faudrait se garder de prendre l'ensemble des ramifications que montre la figure pour de simples pédoncules rameux ; ce sont en effet de vrais rameaux terminés non par une seule fleur, mais par de vraies inflorescences dont nous allons connaître le nom, et dont j'ai déjà indiqué plus haut la composition, lorsque j'ai parlé des fleurs composées (*voy.* p. 453). En outre, ces rameaux s'étant

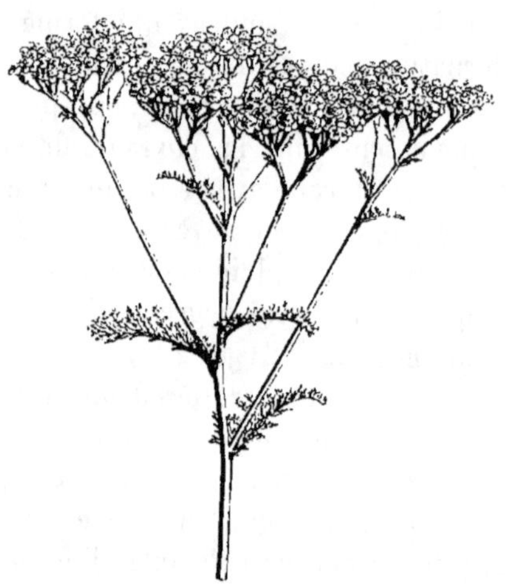

Fig. 225. — Portion supérieure et fleurie de la tige de l'*Achillea nobilis* L., dont la disposition est analogue à un corymbe composé (environ 1/4 de gr. nat.).

développés et ayant fleuri d'autant plus tard qu'ils partent de plus bas sur la tige, il est clair que leur ensemble se relie au type déterminé ou régressif, pour parler comme M. Guillard. Aussi De Candolle a-t-il cru pouvoir affecter cette dénomination de corymbe, fort ancienne dans la science, à une catégorie d'inflorescences mixtes, comme nous le verrons bientôt. Toutefois c'est sur cette disposition générale en manière de corymbe composé que Jussieu s'est basé pour appeler *Corymbifères* l'une des trois familles qu'il admettait dans la vaste série des Composées, et dont fait partie l'*Achillea nobilis*, avec ses analogues.

Un corymbe est si bien une grappe raccourcie que, dans beaucoup de Crucifères, notamment dans les *Iberis* fréquemment cultivés pour l'ornement des jardins et connus sous les noms vulgaires de *Thlaspi* et *Téraspic*, l'inflorescence est d'abord un corymbe et s'allonge ensuite en grappe, ce qu'on exprime en l'appelant *grappe corymbiforme*.

Ombelle. — Nous venons de voir, dans le corymbe, le rachis ou axe primaire de l'inflorescence se raccourcir notablement et les fleurs arriver à peu près ou tout à fait au même niveau; supposons que ce raccourcissement aille jusqu'à la suppression du rachis, il en résultera l'inflorescence nommée *Ombelle* (*umbella*, parasol) dans laquelle il n'existe que des pédoncules secondaires appelés souvent *rayons*, qui partent d'un même point et qui élèvent toutes les fleurs jusqu'à une surface plane ou régulièrement convexe, comme le montre la figure 226.

L'ombelle peut se réduire beaucoup par la diminution du nombre de ses rayons, et arriver même par là au maximum de simplicité possible. Ainsi, parmi nos arbres fruitiers dits à noyau, les Cerisiers n'ont souvent que cinq ou six fleurs, ou même moins à

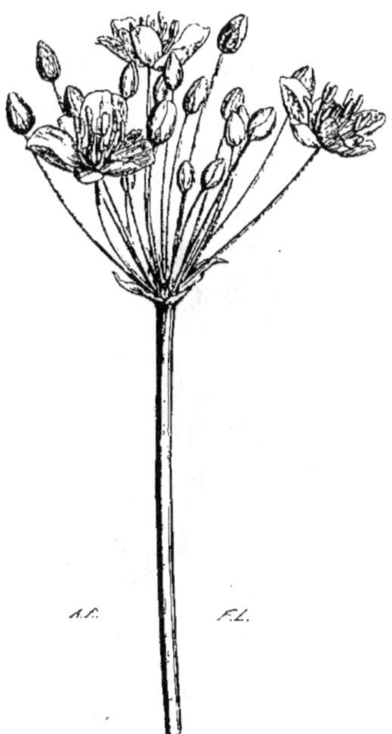

Fig. 226. — Ombelle simple du Butome Jonc fleuri (*Butomus umbellatus* L.) (environ 1/2).

leur ombelle, comme le montre la figure 227. Chaque ombelle, ainsi qu'il est facile de le reconnaître sur la figure, sort seule de l'un des bourgeons à fleurs dont il a été question plus haut (voyez *b b b*, fig. 172, p. 411). Dans le Prunier (*Prunus domestica* L.), l'ombelle est encore plus réduite, puisque, comme on le voit par la figure 228, elle n'a généralement que deux

Fıg. 227. — Ombelle simple et pauciflore du Cerisier à fruit acide (*Cerasus Caproniana* DC.) (presque 1/1).

fleurs. Enfin dans le Pêcher (*Amygdalus persica* L.; *Persica vulgaris* Mill.), dont les fleurs sortent isolément de chaque bourgeon, ainsi que le montre la figure 229, je serais assez porté à croire qu'il s'est opéré une réduction extrême qui n'a respecté qu'une seule fleur par ombelle.

Fıg. 228. —Portion d'une branche fleurie de Prunier (*Prunus domestica* L.) (à p. p. 1/1).

Fıg. 229. — Portion d'une branche fleurie de Pêcher à fleurs semi-doubles (1/1).

Ombelle composée. — De même que les inflorescences précédentes, l'ombelle peut devenir *composée*, ses pédoncules ou rayons se ramifiant alors à leur extrémité en axes tertiaires ou pédicelles rayonnants, de manière à porter ainsi chacun une petite ombelle qu'on appelle *Ombellule* (umbellula) pour la distinguer de *l'Ombelle générale.* C'est sous cet état composé que se présente l'inflorescence dans la grande majorité des plantes qui forment la famille des Ombellifères (Panais, Carotte, Persil, Cerfeuil, Anis, etc.). Les figures 206 et 207 (p. 454 et 455) la montrent ainsi constituée.

Capitule. — L'ombelle simple nous a offert un exemple d'inflorescence sans rachis et possédant des pédoncules bien développés. Supposons maintenant que ces pédoncules eux-mêmes deviennent très-courts ou disparaissent entièrement, il en résultera un groupe de fleurs portées sans intermédiaire sur l'extrémité même de la tige ou d'une branche. Cette inflorescence a reçu le nom de *Capitule* (capitulum, ou petite tête). La famille des Ombellifères elle-même peut nous fournir des exemples de capitules résultant de la disparition des pédoncules ou rayons de l'ombelle, et qu'on désigne souvent sous la qualification d'*ombelles sessiles* pour rappeler leur analogie avec l'inflorescence des autres plantes de la même famille. Ainsi les espèces du genre Panicaut (*Eryngium*) ont une ombelle contractée en capitule serré, tantôt oblong, tantôt globuleux, comme l'est celui de notre Panicaut champêtre (*E. campestre* L.), vulgairement nommé Chardon-Roland, qui est représenté sur la figure 250, avec son

Fig. 250. — Capitule de l'*Eryngium campestre* L., entier, avec son grand involucre (1,1).

ample involucre de bractées à grandes dents épineuses. La coupe longitudinale de cette inflorescence (fig. 231) montre que toutes

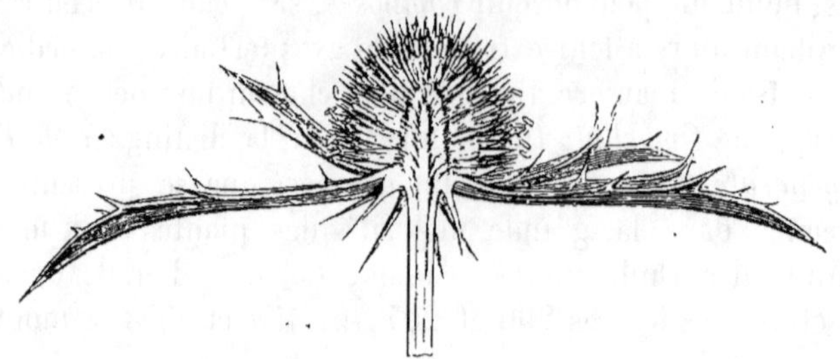

Fig. 231. — Capitule de l'*Eryngium campestre* L., coupé longitudinalement (1/1).

les fleurs en sont sessiles sur un support commun central, oblong, qui n'est évidemment qu'un rachis très-réduit. Ce support commun, qui acquiert un intérêt particulier dans les capitules, est appelé *Réceptacle* (Receptaculum).

S'il semble permis de penser que les capitules des *Eryngium* sont des ombelles contractées, il est aussi à présumer que d'autres ont une origine différente. Tel est, par exemple, celui de la Scabieuse fréquemment cultivée dans les jardins, que ses fleurs colorées en pourpre foncé ont fait nommer Fleur - de - veuve (*Scabiosa atropurpurea* L.); il est représenté par la figure 232. Tel est aussi et surtout celui auquel on donne souvent le nom impropre de *fleur composée*, que constituent de nombreuses fleurettes serrées sur un réceptacle généralement large et embrassé par un involucre (*voyez* p. 452).

Fig. 232. — Capitule de la Scabieuse fleur-de-veuve (*Scabiosa atropurpurea* L.) (1/1).

Ce dernier genre de capitules est propre à l'immense famille des Composées. Les particularités qu'offrent son réceptacle, son involucre, l'arrangement de ses fleurs ont semblé à quelques botanistes être des caractères suffisants pour autoriser à le considérer comme une espèce particulière d'inflorescence pour laquelle L. C. Richard employait le mot de *Céphalanthe* (c'est-à-dire tête de fleurs) et Mirbel celui de *Calathide*; mais les motifs de cette distinction n'ont en réalité qu'une faible valeur.

L'aspect du capitule des Composées varie notablement pour diverses causes, mais surtout selon qu'il ne comprend que des fleurs de la même forme ou qu'il en réunit deux formes différentes. On peut prendre une idée de la différence d'aspect qui en résulte en comparant entre eux, d'un côté le capitule de Chardon que montre la figure 204 (p. 453), ou celui de Cupidone bleue (*Catananche cærulea* L.), qui est reproduit par la figure 233; de l'autre celui de l' *Anthemis rigescens* Willd., qui a

Fig. 233. — Capitule entier de *Catananche cærulea* L. (1/1).

Fig. 234. — Capitule entier radié ou rayonné d'*Anthemis rigescens* W. (1/1).

fourni le sujet de la figure 234. J'aurai à décrire bientôt les diverses configurations de la corolle de ces différentes fleurs, et je me borne maintenant à faire observer que le capitule de l'*Anthemis* diffère nettement des deux autres parce qu'il est borné par un cercle de fleurs beaucoup plus longues que celles qui en forment la masse centrale, d'où résulte pour lui comme une couronne de rayons qui le font appeler *rayonné* ou *radié*.

Dans les capitules des Composées, le réceptacle, support commun des fleurs, offre une diversité d'états et de dimensions qui fournit de bons caractères pour la classification de ces plantes. Il se montre tantôt convexe ou même relevé en cône, tantôt plan ou concave. Il s'élargit en proportion du nombre des petites fleurs qu'il doit porter, et il arrive ainsi jusqu'à mesurer 10 et 15 centimètres de largeur dans le Grand Soleil des jardins (*Helianthus annuus* L.). Sa surface porte souvent des sortes de paillettes entières ou déchirées, qui ne sont pas autre chose que de petites bractées dont chacune a une fleurette à son aisselle, et le langage descriptif le dit alors *paléacé;* ailleurs il est entièrement *nu,* mais il présente de petits enfoncements ou fossettes qui reçoivent chacune la base d'une fleur et qui le rendent *fovéolé;* ailleurs aussi le pourtour de ces fossettes se relève et s'allonge en filaments nombreux, sortes de poils interposés aux fleurs et qu'on a nommés *Fimbrilles;* dans ce cas, on le qualifie de *fimbrillifère.*

Le réceptacle de l'*Helianthus* et d'autres Composées, étendu en une large surface toute chargée d'un grand nombre de petites fleurs, est comme le premier degré d'une série de formations analogues, étrangères à cette famille et dont le terme extrême est constitué par l'inflorescence des Figuiers.

Le premier degré de cette série est fourni par les *Dorstenia,* de la famille des Morées. Ici, comme le montre la figure 235, il existe un large réceptacle charnu, légèrement relevé sur ses bords, et dont la surface supérieure est creusée de fossettes où s'enchâssent par leur base de petites fleurs, les unes mâles, les autres femelles entremêlées. Un réceptacle analogue, mais beaucoup plus concave, ressemblant à une petite poire creuse et largement ouverte par le haut, en outre tapissé de fleurs sur toute sa surface interne, se montre dans les *Ambora* Juss. (*Mithridatea* Commers.), arbres de Madagascar et de l'Ile-de-France,

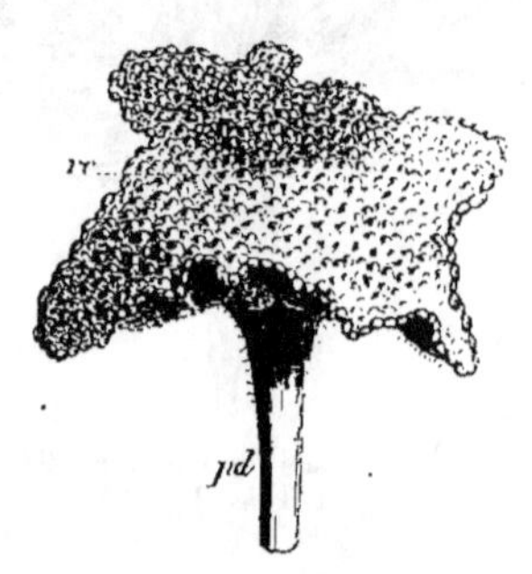

Fig. 235. — Inflorescence du *Dorstenia Contrayerva* L. — *pd*, son support ou pédoncule; *re*, réceptacle en coupe largement évasée, à bords ondulés (1/1).

qui appartiennent à la famille des Monimiacées. Enfin le réceptacle se creusant encore plus et rapprochant ses bords au point de ne laisser qu'une fort petite ouverture terminale, devient cette

Fig. 236. - - Une figue jeune entière (environ 1/1).

formation singulière qui caractérise les nombreuses espèces du genre Figuier (*Ficus*) et qui, dans le Figuier commun (*F. Carica* L.), constitue la *figue.* Toutes les personnes étrangères à la botanique croient à l'absence de fleurs dans le Figuier; mais qu'on ouvre une figue jeune, au plus de la grosseur de celle que représente en entier la figure 236, et on reconnaîtra sans peine que, comme le montre la figure 237, les parois charnues mais alors assez fermes de ce corps, circonscrivent une cavité intérieure qui communique avec l'extérieur par une ouverture terminale *a*, vulgairement appelée l'*œil* de la figue, et que garnissent de nombreuses petites écailles ou bractéoles. Tout le pourtour de cette cavité est tapissé d'un nombre immense de petits corps étroits et allongés, constituant autant de fleurs presque toutes femelles, avec quelques mâles situés sous la voûte. Nous verrons plus tard ce que devient cet ensemble. Il n'est pas difficile de reconnaître dans les parois mêmes de la figue un réceptacle analogue à celui des *Ambora* et des *Dorstenia*, seulement plus fermé que celui des premiers, surtout que celui des derniers. Or, c'est à peine si le réceptacle et l'inflorescence des

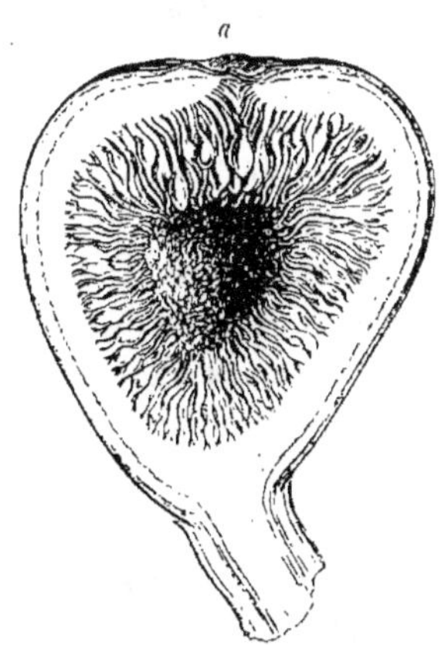

Fig. 257. — La même figue coupée longitudinalement pour montrer les fleurs qui en tapissent l'intérieur, ainsi que l'ouverture terminale ou œil *a*, garnie de nombreuses bractéoles (environ 2/1).

Dorstenia diffèrent de ceux d'un *Helianthus* et de la généralité des Composées; on est donc conduit ainsi de proche en proche à voir dans une figue, malgré sa configuration toute spéciale, un simple capitule très-concave et presque fermé. Aussi les botanistes ont-ils généralement regardé comme peu utile de se servir des mots *Cœnanthium* et *Hypanthodium* qui avaient été proposés le premier par Nees d'Esenbeck, le second par Link, pour désigner l'organisation des *Dorstenia*, *Ambora* et *Ficus*.

§ 2. — Inflorescences déterminées.

J'ai déjà dit plus haut (p. 465) ce que sont les inflorescences déterminées ou définies: j'ai même basé l'indication de leur caractère essentiel et de leur formation sur un exemple que nous a montré l'une d'elles (fig. 214, p. 465), se produisant avec une parfaite régularité.

Les arrangements de fleurs qui rentrent dans cette catégorie sont fréquents, beaucoup plus fréquents même qu'on ne l'avait pensé d'abord; en outre, comme nous le verrons bientôt, ils peuvent se combiner de diverses manières avec ceux que nous avons appris à connaître comme ayant pour base des axes indéterminés ou indéfinis.

Noms des inflorescences déterminées. — Lorsqu'on a voulu réunir tous ces modes d'inflorescences sous une dénomination commune substantive, on leur a donné le nom de *Cyme* (cyma) que Linné employait dans un sens très-peu précis[1]. D'un autre côté, comme l'axe primaire (*t*, fig. 214) que termine la fleur formée et ouverte la première est placée au centre de l'inflorescence entière, et que les axes qui en naissent ensuite successivement (ainsi que les fleurs dont ils sont le support), sont, organiquement parlant, de plus en plus éloignés de ce centre puisqu'ils naissent les uns des autres, on a voulu exprimer cet état de choses en disant que ces inflorescences sont *centrifuges;* mais les seuls détails qu'on a déjà vus relativement au *Cerastium collinum* (p. 463) montrent que cette expression serait inexacte si on voulait l'entendre avec la rigueur mathématique et non dans un sens purement organique. Par opposition, si l'on suppose que toutes les fleurs d'une inflorescence indéterminée soient placées au même niveau et sur un plan circulaire, comme cela se réalise généralement dans les corymbes, les ombelles et les capitules, on verra la formation des fleurs commencer à la circonférence et marcher ensuite de proche en proche vers le centre; de là les inflorescences indéterminées sont souvent appelées aussi *centripètes.*

Les cymes de cette sorte deviennent quelquefois assez difficiles à reconnaître par l'effet de la multiplicité et surtout du rapprochement par places de leurs bifurcations. C'est ce qui a lieu notamment dans le Sureau commun (*Sambucus nigra* L.), dont une inflorescence est représentée par la figure 258. Ici on voit que du

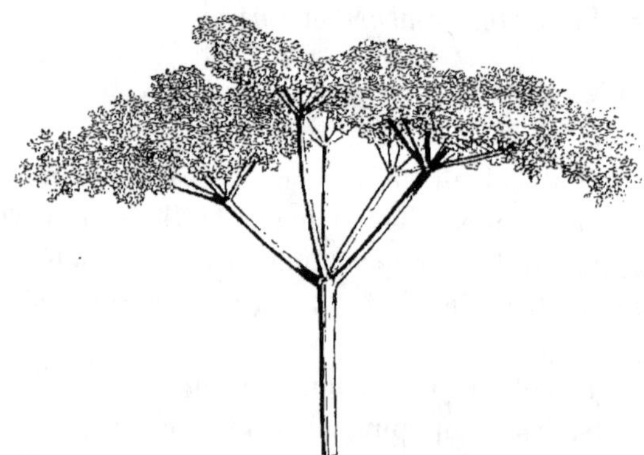

Fig. 258. — Cyme entière du Sureau commun (*Sambucus nigra* L.) (1/4).

[1] *Cyma, uti umbella, omnes pedunculos primarios ex eodem centro educit, partiales vero vagos spargit.* (La cyme, comme l'ombelle, émet tous ses pédoncules primaires du même point central, et présente ensuite des pédoncules partiels épars.) Lin.. *Phil. bot.*, IV, n° 118.

sommet de la branche partent cinq pédoncules peu inégaux, qu'on prendrait au premier coup d'œil pour également primaires. Mais avec plus d'attention on reconnaît, sur cette même figure : 1° que l'un d'eux est au centre et continue la ligne même de la branche; celui-là est donc la continuation de l'axe primaire; 2° que les deux latéraux ou placés à droite et à gauche, dans la figure, naissent un peu plus bas que les deux autres qui les croisent à angle droit ou qui sont l'un antérieur, l'autre postérieur dans la figure. Parfois le pédoncule central avorte. Quant à la subdivision de chacun de ces pédoncules, elle s'opère à des hauteurs sensiblement différentes, par dichotomies d'axes déterminés, et par conséquent d'après le plan général des cymes régulières rendu seulement moins apparent par le rapprochement.

Cymes bipares. — Le *Cerastium collinum* m'a fourni (fig. 214, p. 463) un bon exemple d'inflorescence déterminée ou de cyme se produisant régulièrement par une suite d'axes terminés qui émettent chacun, à un entre-nœud plus bas que leur fleur terminale, deux axes subordonnés et symétriques entre eux. Il y a donc là une série de bifurcations avec une fleur dans chacune. Ces inflorescences offrent donc une vraie *dichotomie*. Comparant sans doute cette fleur située entre deux ramifications symétriques à la situation du corps d'un oiseau entre ses deux ailes déployées, certains botanistes ont appelé cette disposition inflorescence *alaire* (de *ala*, aile). Les frères L. et A. Bravais ont donné plus logiquement à cette nature d'inflorescence le nom de cyme *bipare* que j'emploierai ici. Si, au lieu de bifurcations ou dichotomies successives, il se formait des trichotomies ou trifurcations, la cyme serait *tripare*, etc. Mais ce cas étant rare et d'ailleurs soumis aux mêmes lois, il serait peu utile de s'en occuper ici.

Cymes unipares. — Dans les cymes bipares, chaque bifurcation résulte de ce que deux bractées opposées, situées plus bas que la fleur terminale ont donné naissance chacune à un axe subordonné ou pédoncule; mais déjà il arrive assez fréquemment que, dans une inflorescence de ce genre, après quelques bifurcations régulières, l'avortement constant de l'un des deux axes fait disparaître la dichotomie; c'est là un premier pas vers les cymes dans lesquelles on ne voit jamais de bifurcation et où, par conséquent, les fleurs sont portées sur un axe unique. Les cymes de ce genre ont été appelées par L et A. Bravais *unipares*. Il en est deux sortes dont je dois tâcher de faire comprendre la conformation.

1° *Cyme scorpioïde.* — Cette inflorescence est ainsi nommée parce que l'espèce de grappe unilatérale qu'elle constitue et dans laquelle la formation des fleurs marche de la base vers le sommet, se contourne en volute ou comme la queue d'un scorpion, ainsi qu'on le voit sur la figure 239.

Ses caractères essentiels consistent : 1° en ce que son rachis n'est pas un axe unique, mais le résultat de la superposition d'un grand nombre de petits axes nés les uns des autres, par conséquent subordonnés les uns aux autres, et dont l'ensemble forme dès lors un sympode[1]; 2° que ces fleurs sont placées sur ce rachis du côté opposé à celui qu'occupent tout autant de bractées qui, à

Fig. 239. — Cyme scorpioïde du *Symphytum asperrimum* Sims. (2/3).

la vérité, peuvent manquer, comme on le voit par la cyme scorpioïde que représente la figure 239; 3° que ces mêmes fleurs sont rangées en deux files longitudinales parallèles, sur le même côté de cet axe commun. Essayons d'expliquer la cause de ces trois particularités d'organisation.

Si l'on se reporte à ce que j'ai dit, page 395 (et suiv.) relativement à la manière dont divers botanistes ont voulu expliquer la situation oppositifoliée de la vrille dans la Vigne, en l'appliquant à la figure 162 (p. 394), on n'aura pas la moindre peine à comprendre la formation du sympode ou rachis de la cyme scorpioïde, puisqu'elle est la même de part et d'autre ; il faudra seulement remplacer la vrille par une fleur et la feuille par une bractée. On verra donc ainsi que chaque fleur, avec sa bractée, termine un axe spécial, et que, dans l'aisselle de cette bractée, naît un nouvel axe subordonné qui prend la place du précédent et le rejette de côté, à partir du niveau où il naît lui-même ou en *usurpe* la place et la direction, pour employer le langage de Turpin. Toutefois comme l'axe usurpateur ne prend pas rigoureusement la direction de celui dont il est né, et qu'il forme un fort petit angle avec la portion de rachis qu'il continue, la succession de ces petits angles a précisément pour effet de donner au sympode entier ce contournement en volute que rappelle le mot de cyme scorpioïde. Telle

<hr>

[1] L. et A. Bravais nommaient ce rachis complexe *Pseudothalle* (c'est-à-dire fausse tige).

est l'origine de la situation oppositifoliée des fleurs et de la disposition scorpioïde ou en crosse de l'inflorescence entière.

D'autre part, si ces fleurs sont rangées d'un même côté du rachis sur deux lignes parallèles, ce fait résulte simplement de ce que chacun des axes successifs qui s'unissent en cyme scorpioïde commence, relativement à celui sur lequel il naît, une nouvelle spire phyllotaxique et que cette spire est hétérodrome (voyez p. 377). De là supposons que les feuilles de la tige ou de la branche forment une spire dirigée de droite à gauche et en ordre quinconcial (2/5) ; dès lors, l'axe numéro 1 qui naît de cette tige et qui forme le commencement du sympode aura sa spire propre dirigée en sens inverse ou de gauche à droite ; d'où il résulte que la bractée qu'il porte se trouvera du côté droit relativement à la feuille-mère, avec une divergence (voyez p. 374) de 2/5 de circonférence. L'axe numéro 2 qui naîtra de l'aisselle de cette première bractée, étant également soumis à l'hétérodromie, portera sa propre bractée à gauche et à 2/5 de divergence par rapport à cette bractée-mère ; l'axe numéro 3 aura sa bractée à droite avec la même divergence ; l'axe numéro 4 aura la sienne à gauche, toujours avec la même divergence, et ainsi de suite. On voit donc que les bractées successives se trouvant alternativement sur le même côté du rachis, à gauche et à droite, seront situées, en apparence, sur deux lignes parallèles dont l'une comprendra toutes celles de gauche et l'autre toutes celles de droite. Or, comme les fleurs qui sont opposées à ces bractées traduisent cette disposition sur le côté opposé du rachis, elles paraissent aussi rangées sur deux lignes longitudinales et parallèles, écartées de 2/5 de circonférence pour les plantes dont les feuilles sont soumises à l'ordre quinconcial.

2° *Cyme hélicoïde.* — Cette sorte de cyme unipare, beaucoup plus rare que la précédente, appartient aux Monocotylédons (*Alstrœmeria, Hemerocallis, Phormium, Ornithogalum*, etc.). Elle ressemble à la précédente parce que son rachis est également un sympode et que ses fleurs sont aussi opposées chacune à une bractée ; mais elle en diffère essentiellement parce que ces fleurs et ces bractées, au lieu d'être situées respectivement les unes et les autres d'un même côté du rachis, tournent autour de celui-ci en spirale ou hélice, particularité qui lui a valu son nom. Cette différence capitale tient à ce que, dans ce cas, il y a homodromie (voyez p. 377), tandis qu'il y avait hétérodromie dans le cas précédent. Dès lors, si la spirale des feuilles, sur la tige, est dirigée de

droite à gauche et en ordre quinconcial (2/5), l'axe numéro 1 qui
naît de cette tige, et qui forme le commencement du sympode,
aura sa spire propre dirigée dans le même sens ; il résulte de là
que sa bractée sera placée à gauche, par rapport à la feuille-mère,
avec une divergence de 2/5 ; de même l'axe numéro 2, en vertu
de son homodromie, aura sa bractée à gauche et à 2/5 de divergence de la première bractée dans l'aisselle de laquelle il prend
naissance, et ainsi de suite. Donc les bractées des axes successifs
combinés en un rachis unique tourneront en spire ou hélice autour
de celui-ci, et par conséquent les fleurs qui leur sont opposées
auront de même une disposition en spirale ou bien héliçoïde, ce qui
justifiera la dénomination de cyme héliçoïde donnée à cette sorte
d'inflorescence déterminée.

3° *Cymes contractées.* — De Candolle désigne sous cette dénomination commune toutes les cymes dans lesquelles les pédoncules
sont fort courts, soit les latéraux particulièrement, cas dans lequel les fleurs se trouvent serrées en paquet, ce qui faisait nommer cette inflorescence, par M. Roeper, *Fascicule* (fasciculus), mot
qu'il est prudent d'abandonner parce qu'il a été employé de tout
autre manière, notamment par A. de Jussieu ; soit tous également,
de telle sorte que la cyme entière ressemble à un capitule qui
seulement se distinguerait par son évolution centrifuge. C'est à
cette dernière sorte de cyme contractée que M. Roeper donnait le
nom de *Glomérule* (glomerulus), dont on ne fait que rarement
usage.

§ 3. — Inflorescences mixtes.

Si les types des inflorescences indéterminées et déterminées se
montrent souvent isolés dans la nature, plus souvent encore on les
voit se combiner entre eux de manières diverses et à différents degrés, de sorte qu'il en résulte ce que De Candolle nommait des
inflorescences mixtes. Ce célèbre botaniste croyait pouvoir ranger
toutes les combinaisons possibles de ce genre sous deux chefs seulement : 1° celles dans lesquelles un rachis indéterminé porte
sur ses côtés des inflorescences déterminées ; il leur appliquait la
dénomination générale de *Thyrses,* l'un de ces noms qui ne peuvent qu'amener des confusions par suite des applications différentes qu'on en a faites ; 2° celles dans lesquelles, au contraire, un
axe déterminé porte des inflorescences indéterminées ; c'est à cette
combinaison des deux types fondamentaux qu'il transportait le

484 BOTANIQUE PHYSIOLOGIQUE.

nom de *corymbe* dont nous avons vu plus haut (p. 470) un emploi différent.

C'est surtout à l'étude des inflorescences mixtes que s'est attaché M. Guillard, qui a montré *(loco cit.*, voy. p. 464) que les combinaisons de ce genre sont très-variées dans la nature. D'après les observations de ce botaniste, les deux types fondamentaux peuvent non-seulement se combiner l'un avec l'autre, mais encore se répéter l'un l'autre, de sorte, par exemple, que plusieurs petites grappes peuvent se grouper en un ensemble qui offre lui-même le type d'une grappe, ou bien que de petites cymes peuvent se disposer en une cyme générale. On comprend que ces répétitions d'un même type ne peuvent être qualifiées de mixtes, en raison de leur homogénéité.

Dans un ouvrage élémentaire comme celui-ci, le cadre est trop restreint pour qu'il soit possible d'y faire entrer même un résumé du classement proposé par M. Guillard, et cela me serait d'autant moins permis que ce savant a cru devoir assigner à chaque combinaison d'inflorescences un nom composé spécial. Or, appelant *Botryes* les inflorescences indéterminées, et *Cymes* les inflorescences déterminées, il nomme, pour en citer un seul exemple, les groupes binaires *Dibotryes*, quand ce sont des types indéterminés réunis en un ensemble également indéterminé; *Cymo-botryes*, quand ce sont des types déterminés combinés en un ensemble indéterminé; *Botry-cymes*, dans le cas inverse; enfin *Dicymes* lorsque des cymes se combinent en une plus vaste cyme générale. Or, comme les groupes peuvent, d'après M. Guillard, s'élever jusqu'au 8ᵉ et même au 9ᵉ degré, on comprend que les noms, basés sur le même principe, par lesquels on est conduit à les désigner, deviennent assez complexes pour qu'une périphrase pût les remplacer avec avantage. Je ne m'étendrai pas davantage sur un sujet qui m'obligerait à dépasser beaucoup les limites qui me sont imposées.

§ 4. — Adhérences des pédoncules et des bractées.

† *Adhérences des pédoncules.*

Dans l'immense majorité des cas, les pédoncules sont libres et distincts à partir du point où ils prennent réellement naissance; mais parfois aussi ils restent d'abord, sur une certaine longueur, adhérents avec un autre organe, de manière à ne se montrer indépendants et, par conséquent, à ne sembler naître qu'en des points tout à fait anormaux. Je ne puis me dispenser de donner à ce sujet quelques indications succinctes qui permettent de retrouver le plan fondamental de l'organisation végétale dans des cas où il pourrait facilement être méconnu.

Adhérences axiles des pédoncules. — L'un des exemples les plus remarquables qu'on puisse citer à cet égard est celui de divers *Solanum*, comme le *S. guineense* Lamk., dont la fig. 240

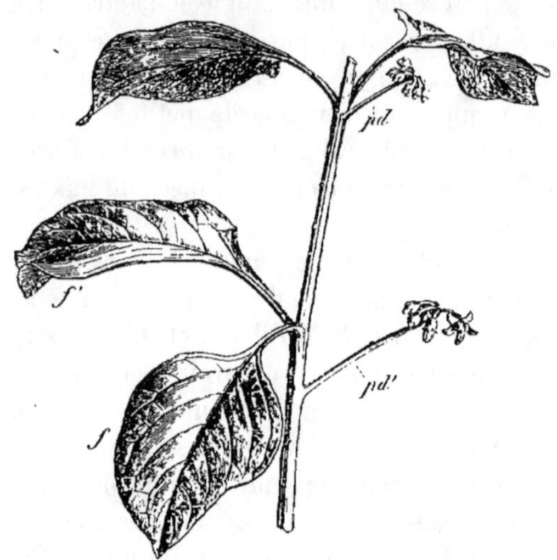

Fig. 240. — Fragment de tige fleurie du *Solanum guineense* Lamk., montrant ses feuilles géminées ou placées l'une à côté de l'autre (*ff'*) et les supports de ses fleurs, *pd*, *pd'*, affectant aussi une manière d'être exceptionnelle (environ 1/3).

montre un fragment de tige fleurie. On voit sur cette figure que le pédoncule *pd*, qui a pris naissance à l'aisselle de la feuille *f* ne devient libre que presque tout un entre-nœud plus haut. On suit même sans peine la saillie longitudinale qu'il forme sur la tige jusqu'au point où il s'en sépare dans une direction à peu près perpendiculaire. Il en a été de même pour le pédoncule *pd'*, qui s'est isolé plus bas au-dessous du nœud où on voit les deux feuilles géminées *ff'*. L'adhérence que ces deux pédoncules ont contractée avec la tige dans toute leur portion inférieure est ici évidente, et cet exemple peut conduire à l'explication des cas analogues dans lesquels une circonstance du même genre a déplacé des pédoncules.

L'inflorescence ainsi transportée en dehors de l'aisselle des feuilles est appelée inflorescence *extra-axillaire*.

Adhérences foliaires des pédoncules. — Le cas le moins anormal et le plus simple en même temps, est celui où un pédoncule

se soude avec la côte médiane de la feuille à l'aisselle de laquelle
il est né. C'est celui qu'on observe dans un singulier arbrisseau
du Japon que Thunberg avait d'abord décrit et figuré sous le nom
impropre d'*Osyris japonica*, et qui est devenu plus tard l'*Helwin-
gia rusciflora* W. Dans ce singulier végétal, que M. Decaisne a décrit et figuré avec soin [1], les fleurs sont dioïques : les mâles groupées par 5 ou 6, les femelles généralement solitaires; les unes et
les autres semblent attachées à peu près sans intermédiaire à la
côte d'une feuille de laquelle elles s'élèvent un peu au delà du
tiers de la longueur du limbe et à sa face supérieure. Mais jusqu'au point où elles semblent s'attacher, la côte est épaisse et
proéminente en dessus; au delà elle devient grêle et ne forme
plus la moindre saillie. Il est donc clair que son surcroît d'épaisseur provenait de ce que le pédoncule s'était soudé avec elle. Un
autre exemple de soudure du pédoncule d'une inflorescence avec
la côte a été signalé dans le *Dulongia acuminata* H. B. K.

Ces soudures donnent ce qu'on nomme ordinairement des inflorescences *épiphylles*.

Une adhérence plus curieuse encore et plus complexe a été observée par M. Planchon sur une Diosmacée américaine du genre
Erythrochiton qu'il a nommée, à cause de son organisation, *Hypo-
phyllanthus*, c'est-à-dire ayant les fleurs à la face inférieure des
feuilles. C'est en effet à cette face et de la côte que ces fleurs
semblent naître. Un examen attentif a fait reconnaître à ce botaniste la soudure du pédoncule avec la côte; seulement pour que
la soudure ait pu se faire avec le dessous de la feuille, il faut que
ce pédoncule, venant de plus bas, ait commencé par adhérer
à la branche même dans une direction plus ou moins déviée à partir
de la feuille dans l'aisselle de laquelle il est né : telle est du moins
l'idée à laquelle M. Planchon a été conduit. On peut appeler cette
singulière disposition inflorescence *hypophylle*.

Ce qui a lieu pour des feuilles ordinaires peut aussi se produire
pour des bractées, comme nous en avons vu, dans le Tilleul, un
exemple auquel je me contente de renvoyer (voy. fig. 200, p. 451).

†† *Adhérences des bractées.*

Si le pédoncule peut se rabattre vers la bractée à l'aisselle de
laquelle il a pris naissance pour se souder avec elle, de son côté la
bractée peut se relever pour se souder, sur une portion plus ou

[1] *Ann. des Sc. nat.*, VI, 1856, pp. 65-76, pl. 7.

moins considérable de sa longueur, avec le pédoncule qui est sorti de son aisselle. Il en résulte, dans ce cas, que les bractées semblent naître, non pas à la base même de ces pédoncules où se trouve cependant leur origine réelle, mais plus ou moins haut au-dessus de ce point, c'est-à-dire au niveau où elles deviennent libres. On voit des exemples variés de ces déplacements de bractées par soudure, dans les inflorescences déterminées de plusieurs *Sedum*.

CHAPITRE VIII

ENVELOPPES FLORALES OU PÉRIANTHE

ARTICLE PREMIER. — CALYCE

Le calyce étant la plus extérieure des deux enveloppes florales, est aussi celle des deux qui offre les vestiges les plus apparents de son origine foliaire, tant sous le rapport de sa couleur ordinairement verte que sous celui de la fermeté de son tissu et de sa structure anatomique. La ligne de démarcation entre lui et les bractées n'est pas toujours bien tranchée, et il y a même des plantes qui, dans une même famille, offrent tous les degrés possibles entre des involucres parfaitement caractérisés et pluriflores, des involucres uniflores placés à une faible distance de la fleur, et enfin des calyces auxquels il semble difficile de refuser ce nom. C'est, par exemple, ce qu'on voit dans la famille des Renonculacées, dans laquelle le genre Anémone offre un involucre de trois bractées, tantôt commun à une ombelle de fleurs (*Anemone narcissiflora* L.), tantôt propre à une seule fleur (*A. narcissiflora* L., var. *monantha* DC. ; *A coronaria* L. ; *A. hortensis* L. ; *A nemorosa* L., etc.), mais toujours assez écarté de la fleur pour ne pouvoir donner lieu à la moindre incertitude, tandis que, dans le genre *Hepatica* Dill. (*H. triloba* Chaix), on voit un involucre analogue se rapprocher assez de la fleur pour être dit habituellement calyciforme, et qu'enfin dans la Ficaire (*Ficaria ranunculoides* Moench), trois petites feuilles semblables à celles des Hépatiques sont tellement serrées contre la fleur que tous les botanistes y voient, sans hésiter, un véritable calyce.

Un pareil enchaînement de faits fait naître des difficultés qu'on

ne peut guère que trancher; aussi regarde-t-on comme appartenant au calyce toutes les feuilles immédiatement adjacentes aux
organes floraux, tandis qu'on regarde comme des bractées celles
qui s'en montrent séparées par un intervalle appréciable.

Divers degrés d'union des sépales. — Nous avons déjà vu
(p. 428) que les petites feuilles qui sont les éléments constitutifs
du premier verticille floral ou du calyce, et qu'on nomme tantôt
simplement *Folioles* (dans le sens de petites feuilles) *calycinales*,
tantôt *Phylles*, tantôt *Sépales*, restent, dans certaines fleurs, distinctes et séparées de manière à constituer alors un calyce *polysépale*
ou *polyphylle*, tandis que, dans d'autres, elles se soudent entre elles
par leurs bords pour former un calyce *monosépale* ou *monophylle*.
Pour exprimer cette origine par soudure, dans les calyces qui forment un tout continu, De Candolle a proposé de remplacer ces
deux derniers mots par ceux de *gamosépale* ou *gamophylle* (γάμος,
mariage, union), dont on se sert fréquemment aujourd'hui.

Cette union ou soudure des sépales par leurs bords adjacents
peut se faire à des degrés très-divers qu'on exprime en botanique
au moyen de mots empruntés au vieux langage descriptif et basés sur cette idée manifestement fausse qu'un calyce gamosépale
est une pièce originairement unique, entaillée plus ou moins profondément. Toutefois, il n'est nullement utile de changer ces
mots, prévenu qu'on est qu'ils expriment la simple apparence des
faits et non leur nature réelle. Au reste, ils nous sont déjà bien
connus, puisque ce sont aussi ceux par lesquels on exprime les
différents degrés de division que peut subir le limbe des feuilles
(voyez p. 326-328).

1° Quand l'union des sépales entre eux n'a lieu qu'à leur base,
c'est-à-dire sur une très-faible longueur, il en résulte des calyces

Fig. 241. — Fleur de l'*Erica stricta* Don. — *s*, calyce; *c*, corolle (2/1).

partagés ou *partis* (mot qu'on écrit souvent
partits ou *partites*, tel que celui de la Bruyère
grêle (*Erica stricta* Don) que montre, en *s*,
la figure 241. Si l'on compte, dans ce cas,
le nombre des partitions, on trouve qu'il
existe des calyces *bipartis*, *tripartis*, *quadri-
partis* (fig. 241), *quinquépartis*, etc., c'est-
à-dire à 2, 3, 4, 5, etc. de ces divisions. La
limite entre les calyces partagés et polysé-
pales n'est pas toujours nettement tracée, et l'analogie est assez
souvent invoquée pour les cas où il est difficile de se prononcer.

2° Si la soudure des sépales entre eux s'est opérée jusque vers le milieu de leur longueur, le calyce qu'ils forment est *fendu*, et, selon le nombre de ses divisions, on le décrit comme *bifide*, *trifide*, *quadrifide*, *quinquéfide*, etc. Le *Fuchsia splendens* Zucc. dont la figure 242 nous montre une fleur entière, possède un calyce *s* fendu en quatre lobes, c'est-à-dire quadrifide.

3° Il arrive assez fréquemment que les sépales ne restent séparés les unes des autres qu'à leur extrémité; le calyce entier forme alors un godet ou un tube continu relevé seulement de dents à son bord. On voit des exemples de ces calyces *dentés*, en *s*, sur les deux figures 243 et 244. Selon que ces dents sont au nombre de 2, 3, 4, 5, etc., le calyce est *bidenté*, *tridenté*, *quadridenté*, *quinquédenté*, etc. Généralement le nombre des dents calycinales est égal à celui des sépales que réunit le calyce; parfois cependant il est double de ce dernier. On voit un

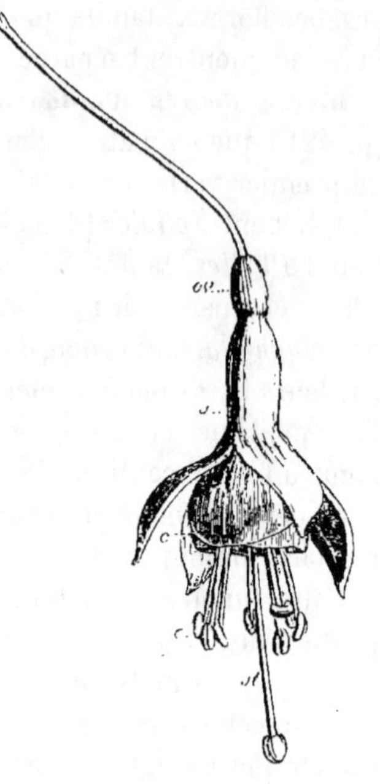

Fig. 242. — Fleur du *Fuchsia splendens* Zucc. — *s*, calyce quadrifide; *c*, corolle; *e*, étamine; *ov, st*, pistil (1/1).

exemple de ce dernier cas sur la figure 245, qui représente une

Fig. 243. — Fleur de l'*Amorpha fruticosa* L. — *s*, calyce obconique terminé par cinq dents un peu inégales; *c*, corolle réduite à un pétale unique (5/1).

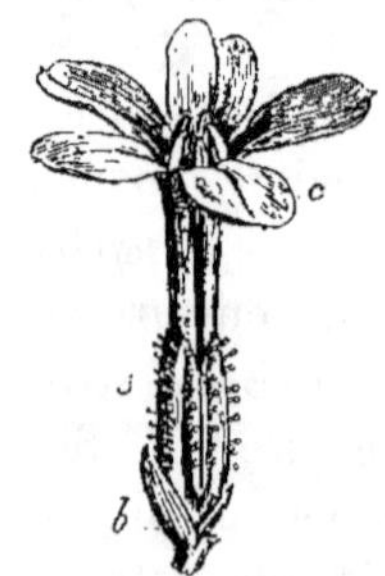

Fig. 244. — Fleur du *Plumbago europæa* L. — *s*, calyce tubulé, quinquédenté; *c*, corolle; *b*, bractées (près de 2/1).

Fig. 245. — Fleur du *Cuphea purpurata*. — *s*, calyce tubuleux à douze dents; *c*, corolle réduite, dans cette espèce, à deux pétales (1/1).

fleur de *Cuphea purpurata* Dene. Dans cette plante, le calyce tubulé, *s*, se termine par douze dents dont six un peu plus longues, droites, rejetées sensiblement vers l'intérieur, alternent avec six autres qui se rabattent vers le dehors. Ce sont les premières qui correspondent aux six sépales unis dans ce calyce, tandis que les dernières semblent être un plissement de la membrane calycinale et deviennent fort petites ou manquent même dans quelques espèces de *Cuphea*.

4° Enfin l'union des sépales peut être complète, de telle sorte que le bord du godet calycinal ainsi formé soit parfaitement indivis, c'est-à-dire *entier*. — Dans quelques plantes, les choses peuvent aller si loin, sous ce rapport, que le calyce en vienne à former aux organes plus intérieurs une enveloppe parfaitement close. L'épanouissement de la fleur ne peut alors se faire que grâce à une rupture de cette enveloppe. Je citerai deux exemples remarquables de cette singulière organisation.

Calyce de l'Eschscholtzia. — On trouve communément aujourd'hui dans les jardins une charmante plante annuelle de la famille des Papavéracées, l'Eschscholtzie orangée (*Eschscholtzia californica* Cham., var. *crocea*), qui se couvre, pendant tout l'été, d'une quantité considérable de grandes fleurs du plus beau jaune orangé. En suivant attentivement le développement d'un bouton de cette plante, à partir de son apparition, on voit qu'il a originairement un calyce de deux sépales opposés, largement séparés l'un de l'autre à leur sommet. Mais bientôt, en s'allongeant, ces deux sépales viennent se toucher par leur extrémité : ils y contractent adhérence l'un avec l'autre, et, comme ils sont entièrement soudés entre eux au-dessous de ce point ; le calyce qu'ils composent, en s'allongeant et grandissant, finit par former l'enveloppe conique qui donne au bouton entier sa configuration (*s*, fig. 246 A). Dès que ce cône calycinal est parvenu à son développement complet, la corolle, qui se trouve enroulée et serrée dans son intérieur, continuant de s'allonger et de grandir en tout sens, presse sur lui, le détache au niveau *a* où il est le plus mince et le fend même plus ou moins, de telle sorte qu'il ne tarde pas à tomber, laissant à

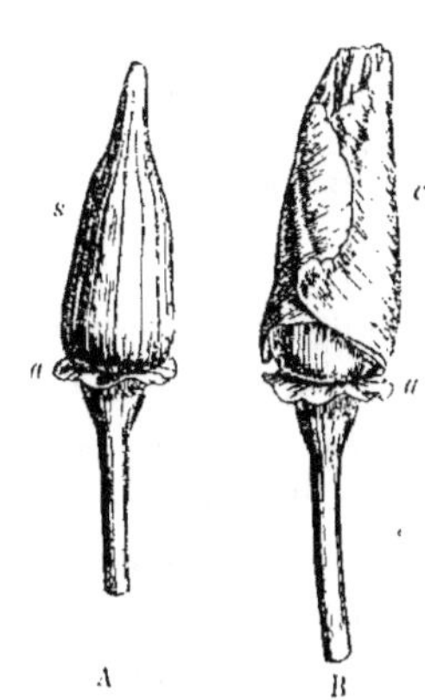

Fig. 246. — Bouton de fleur de l'*Eschscholtzia californica* Cham. var. *crocea*, en A, près de s'ouvrir, mais enveloppé du calyce *s*; *a*, niveau où le cône calycinal se rompra pour permettre l'épanouissement. — B, fleur non épanouie dont le calyce vient de tomber et laisse voir la corolle *c* enroulée et plissée (1/1).

découvert la corolle *c* (fig. 246 B) encore enroulée, qui développera bientôt ses quatre grandes pétales.

Calyce des Eucalyptus. — L'un des genres les plus remarquables et les plus riches, dans la flore de la Nouvelle-Hollande, est celui des *Eucalyptus*, dont plusieurs espèces sont des arbres de proportions colossales. Or, ce nom même d'*Eucalyptus* (formé de εὖ, bien et καλύπτω, je cache, c'est-à-dire cachant bien les organes reproducteurs) rappelle l'organisation singulière de sa fleur : le bouton près de s'ouvrir a la forme que montre la figure 247 A;

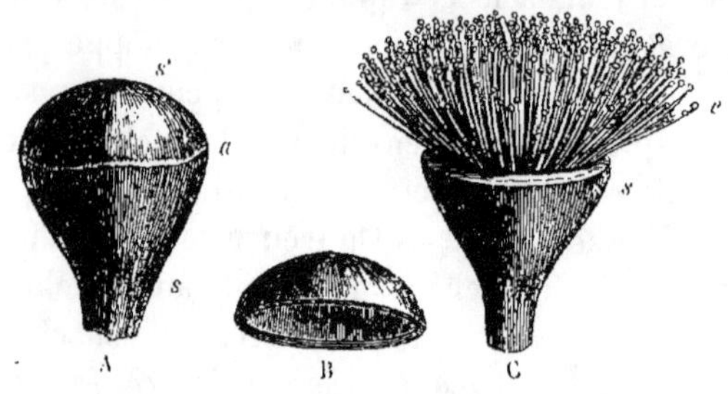

Fig. 247. — *Eucalyptus macrocarpa* Hook. — A, bouton près de s'ouvrir : *a*, cercle où le calyce se rompra en une portion persistante *s* et un couvercle ou opercule *s'* qui tombera. — C, le même épanoui : *e*, masse des étamines que la chute du couvercle calycinal B a mises en évidence (1/1).

et l'on y distingue très-bien, au niveau *a*, sous la coupole en hémisphère qui le ferme hermétiquement, une ligne circulaire. C'est là que se fera, lors de l'épanouissement, une rupture transversale qui détachera l'hémisphère calycinal à l'intérieur duquel adhèrent presque toujours les pétales; la chute de ce couvercle ou *Opercule* (B, fig. 247) permettra l'épanouissement des étamines, *e*, en nombre considérable qui, jusqu'à ce moment, étaient restées abritées sous cette voûte, et dans la cavité du cône *s*. — Une organisation analogue se reproduit à divers degrés dans d'autres genres de la famille des Myrtacées à laquelle appartiennent les *Eucalyptus*. Ainsi les *Calyptranthes*, de l'Amérique tropicale, ont un calyce tout semblable à celui dont il vient d'être question, mais dont l'opercule reste quelque temps attaché à côté de la fleur ouverte, avant de tomber; en outre, leurs pétales, quand ils existent, sont libres et indépendants; les *Syzygium* qui croissent dans les parties tropicales de l'Asie et de l'Afrique, présentent une particularité analogue pour leur corolle qui a ses quatre ou cinq pétales soudés en un opercule dont la chute permet l'épanouissement des étamines; enfin il en est à peu près de même pour le *Clou de Girofle*, simple bouton de fleur du Giroflier (*Caryophyllus aromaticus* L.), dont les quatre pétales arrondis, concaves, sont disposés en deux paires croisées et superposées dans leur partie supérieure où ils adhèrent entre eux. J'aurai à revenir sur les pétales qui contractent adhérence entre eux par leur extrémité.

Parties du calyce. — Dans un calyce monosépale, la portion inférieure dans l'étendue de laquelle les sépales sont soudés entre eux, est le *Tube* (tubus), ainsi nommé parce qu'il est réellement tubuleux ; d'un autre côté, la partie supérieure, où une portion plus ou moins étendue des éléments calycinaux est restée libre, constitue le *Limbe* (limbus) ; enfin le haut du tube, qui en général s'élargit sensiblement pour passer au limbe, est distingué sous le nom de *Gorge* (faux). Par exemple, dans la fleur du *Fuchsia splendens* (fig. 242, p. 489), le tube et le limbe sont presque de même longueur, tandis que dans le *Plumbago europæa* (fig. 244, p. 489), le tube forme à lui seul presque tout le calyce et que, au contraire, le tube est extrêmement raccourci et n'existe presque pas dans l'*Erica stricta* (fig. 241, p. 488).

Soudure du calyce avec les organes plus intérieurs. — Nous venons de voir les sépales se souder entre eux à divers degrés pour former des calyces monosépales ou gamosépales ; mais ce ne sont pas là les seules adhérences que puisse contracter ce verticille de la fleur : il peut s'unir aussi à des verticilles floraux plus intérieurs. L'étude de ces adhérences a une haute importance ; seulement comme elle ne pourrait être faite ici que fort imparfaitement, je crois devoir la présenter en même temps que l'histoire des organes avec lesquels le calyce peut contracter une union intime.

Régularité et irrégularité du calyce. — Beaucoup de calyces ont toutes leurs parties ou leurs divisions semblables entre elles et symétriquement disposées autour du centre de ce verticille ; ils ont donc une régularité parfaite qui leur fait donner l'épithète de *réguliers* (c. regulares). Ainsi les quatre segments du calyce de la Bruyère (fig. 241, p. 488), les quatre lobes de celui du *Fuchsia* (fig. 242, p. 489), les cinq dents de celui de la dentelaire d'Europe (fig. 244, p. 489), etc., étant égaux et régulièrement placés autour du centre de figure, rendent ces divers calyces réguliers. Dans le *Cuphea* (fig. 245, p. 489), il en est autrement, puisque, sur douze dents, il en est six égales entre elles, mais plus grandes que les autres, qui, de leur côté, ne diffèrent pas non plus entre elles. Néanmoins comme ces dents de deux longueurs différentes alternent régulièrement de telle sorte qu'on voit chaque dent longue entre deux courtes et réciproquement, et qu'elles sont en nombre pair, il en résulte que l'ensemble du limbe devient, par cela même, régulier.

Le calyce est, au contraire, *irrégulier* (c. irregularis) toutes les fois que ses sépales ou ses divisions diffèrent entre eux de grandeur, ou de configuration ou de situation. Examinons, par exemple, la fleur du Polygala commun (*Polygala vulgaris* L.) dont la figure 248 montre distinctement les diverses parties; nous serons frappés de la dissemblance des deux grands sépales latéraux (*s' s'*), qui se colorent presque comme des pétales et qu'on nomme les *Ailes*, pour les désigner sans périphrase, avec les trois autres qui sont incomparablement plus petits (*s s*), verts, situés l'un en arrière ou en haut, et les deux autres rapprochés en avant de la fleur ou en bas dans la figure. Nous reconnaîtrons là sans hésitation un calyce irrégulier.

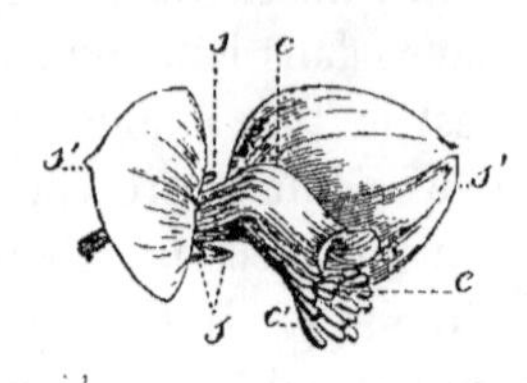

Fig. 248. — Fleur du *Polygala vulgaris* L. — *s s*, les trois petits sépales dont un seul est en haut ou en arrière et les deux autres en bas ou en avant; *s' s'*, les deux grands sépales latéraux; *c c c'*, corolle (3/1).

Nous verrons un autre exemple d'irrégularité très-prononcée dans la fleur de l'Aconit Napel (*Aconitum Napellus* L.) que représente tout entière la figure 249 A. Ici, en effet, le calyce, qui est pétaloïde et d'une couleur bleue égale en beauté à celle des corolles les plus élégantes, se compose de cinq sépales dont le supérieur est fortement creusé en capuchon et le plus grand de tous, tandis que les deux latéraux sont à peu près arrondis, symétriques entre eux, et que les deux inférieurs sont étroits et allongés.

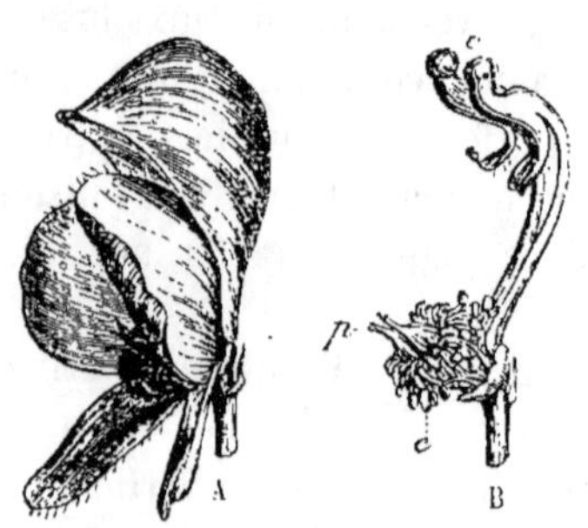

Fig. 249. — Fleur de l'*Aconitum Napellus* L. entière en A, dépouillée de son calyce en B. — *c*, organes représentant la corolle; *c*, étamines; *p*, pistils (1/1).

A ces exemples d'irrégularité très-marquée que j'ai choisis parmi les calyces polysépales, il est bon d'en joindre d'autres où ce caractère soit beaucoup moins accusé. Je prendrai ceux-ci parmi les calyces monosépales ou gamosépales.

1° La fleur du Trèfle renversé (*Trifolium resupinatum* L.), que la figure 250 représente vue de profil, nous montrera un calyce *s* de la catégorie de ceux qu'on nomme *bilabiés* (ou à deux lèvres, de *labium*, lèvre), parce que leurs dents ou lobes se rapprochent en deux groupes, l'un supérieur, l'autre inférieur, que leur situation et leur séparation ont fait comparer aux deux lèvres de la bouche. Ici la lèvre supérieure n'a que deux dents grêles et assez longues, tandis que l'inférieure en a trois plus larges et plus courtes. Les deux en-

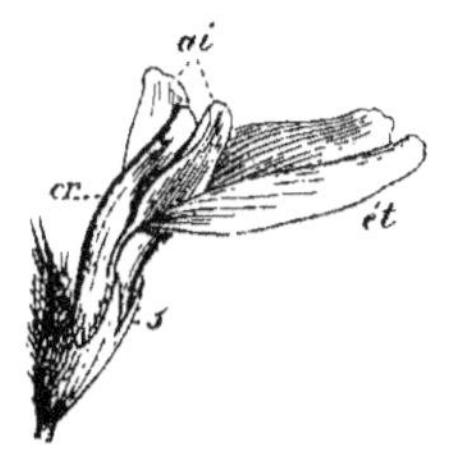

Fig. 250. — Fleur entière du *Trifolium resupinatum* L. — *s*, calyce bilabié; *ét*, *ai*, *cr*, corolle (environ 5/1).

tailles latérales ou fissures qui séparent ces deux lèvres, descendent beaucoup plus profondément que celles qui divisent les dents dans chaque lèvre. D'autres plantes (Labiées) ont un calyce également bilabié, dans lequel la lèvre supérieure a trois dents, tandis que l'inférieure n'en offre que deux. Parfois aussi deux lèvres très-profondément séparées n'ont que des dents fort courtes, comme dans les Ajoncs (*Ulex*); ou enfin l'une des lèvres formant des dents, l'autre reste indivise; ou même aucune des deux lèvres n'est dentée (*Scutellaria*).

Fig. 251. — Fleur du *Cuphea lanceolata* Ait. — *s*, calyce irrégulier; *ccc*, corolle (1/1).

2° Le calyce *s* du *Cuphea lanceolata* Ait. offre à son limbe une légère irrégularité que montre la figure 251, et qui résulte de ce que ses dents diminuent de grandeur de la supérieure aux inférieures.

Calyces éperonnés. — Parmi les calyces irréguliers il en est de fort remarquables, parce que leur irrégularité se montre surtout vers leur base et peut y donner lieu à la formation de proéminences, qui restent à l'état de simples *Bosses* lorsqu'elles sont peu saillantes, et qu'on appelle *Éperons*, lorsqu'elles sont longues et en général pointues. On voit deux exemples de calyces monosépales *bossus* d'un côté de leur base dans les deux *Cuphea* dont il a été récemment question, soit dans le *C. lanceolata* (fig. 251), soit surtout dans le *C. purpurata* (fig. 245. p. 480). Des calyces polysépales peuvent aussi avoir un ou plusieurs sépales bossus; c'est ce qu'on voit notamment pour les deux sépales latéraux, dans la généralité des Crucifères.

Quant à l'*Éperon* (calcar) calycinal, il se présente avec des caractères assez divers pour qu'il importe d'en signaler des cas particuliers. 1° Dans la Dauphinelle Pied d'Alouette (*Delphinium Consolida* L.), dont une fleur est représentée par la figure 252, le calyce, *s s*, est la plus développée des deux enveloppes florales et a toute l'apparence d'une corolle élégante. Son sépale supérieur se creuse fortement vers sa base et son excavation s'allonge en un long éperon, *épr*, situé au côté supérieur de la fleur. 2° Dans la Grande Capucine (*Tropæolum majus* L.), dont la fleur a fourni la figure 253, l'éperon, *épr*, semble au premier coup d'œil identique

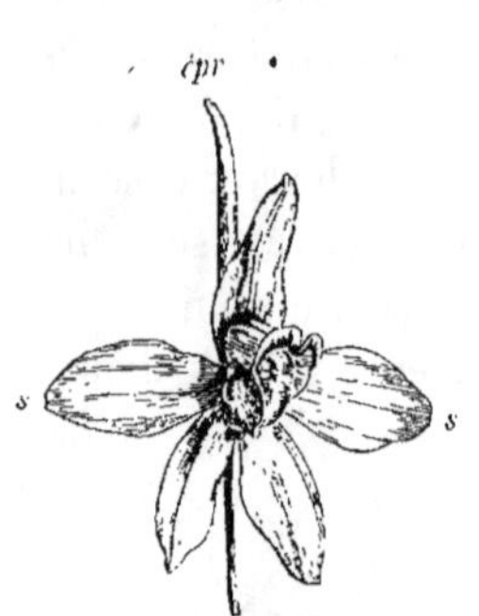

Fig. 252. — Fleur du *Delphinium Consolida* L. — *s s*, calyce pétaloïde ; *épr*, son éperon (1/1).

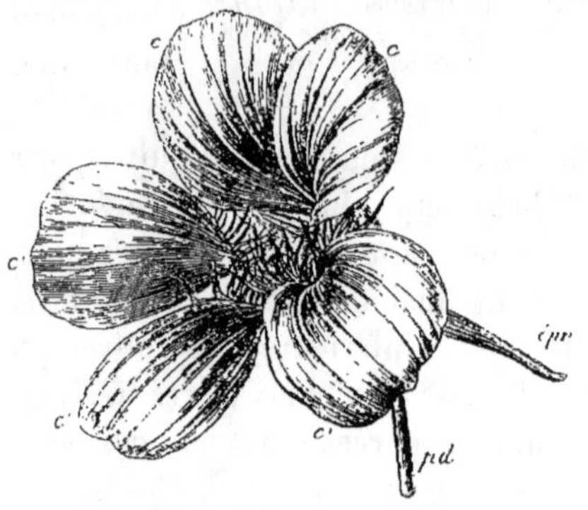

Fig. 253. — Fleur du *Tropæolum majus* L. — *pd*, pédoncule ; *épr*, éperon du calyce ; *cc c' c' c'*, corolle (presque 1/1).

avec le précédent ; mais, en regardant avec plus d'attention, on reconnaît que trois des cinq lobes calycinaux sont continus avec lui, comme le montre la figure 254 qui représente une coupe de cette fleur passant par son milieu. Ici on voit sans peine, surmontant cet éperon, *épr*, un lobe calycinal entier et la moitié d'un autre *s*, et il est à peine besoin de dire que la seconde moitié de la fleur qu'on a enlevée en a emporté tout autant. L'éperon de la Capucine est donc le prolongement de trois sépales et non d'un seul, comme l'était celui du

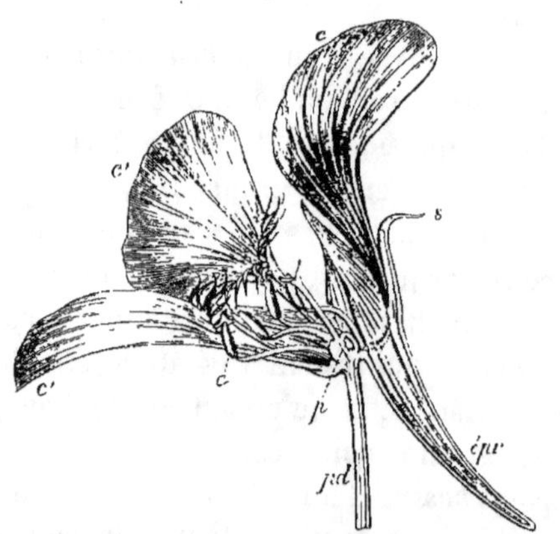

Fig. 254. — Intérieur de la fleur du *Tropæolum majus* L. montré par une coupe longitudinale médiane : *pd*, pédoncule ; *épr*, éperon ; *s*, moitié du lobe supérieur du calyce que la coupe a tranché ; *c c' c'*, corolle ; *c*, étamines ; *p*, pistil (1/1).

Pied d'Alouette. 5° L'un des faits les plus curieux qu'on observe
sous ce rapport est offert par les fleurs des *Pelargonium* dont on
voit un exemple sur la figure 255. Les fleurs de ces plantes exa-

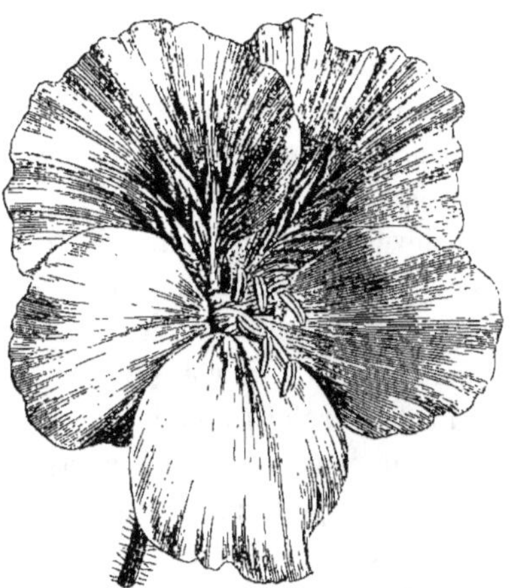

Fig. 255. — Fleur du *Pelargonium grandiflorum* W. entière et vue de face (1/1).

Fig. 256. — Fleur du *Pelargonium grandiflorum*
W. coupée longitudinalement pour en montrer l'intérieur.—*pd*, pédoncule ; *épr*, éperon
adhérent ; *s*, calyce ; *cc*, corolle (1/1).

minées tout entières n'offrent pas d'éperon libre ; mais on remarque
le long de la partie supérieure de leur pédoncule une saillie qui se
termine brusquement dans le bas. Une coupe longitudinale de la
fleur et du pédoncule, comme celle que représente la figure 256,
apprend que cette saillie est la paroi externe d'un tube, *épr*, continu au calyce *s*, en d'autres termes qu'il y a là un éperon calycinal qui, au lieu de rester libre et distinct, comme de coutume,
a contracté une adhérence intime avec le pédoncule.

Calyces appendiculés. — J'ajouterai que certains calyces, au
lieu de se relever en bosses ou éperons, dilatent leur membrane
même en lames vertes ou
Appendices, qui les font
qualifier de *calyces ap-
pendiculés* ; tantôt ces appendices résultent d'une
dilatation des bords des
lobes calycinaux au fond
des sinus auxquels ils
répondent, comme dans
la Campanule des jardins
(*Campanula Medium* L.),

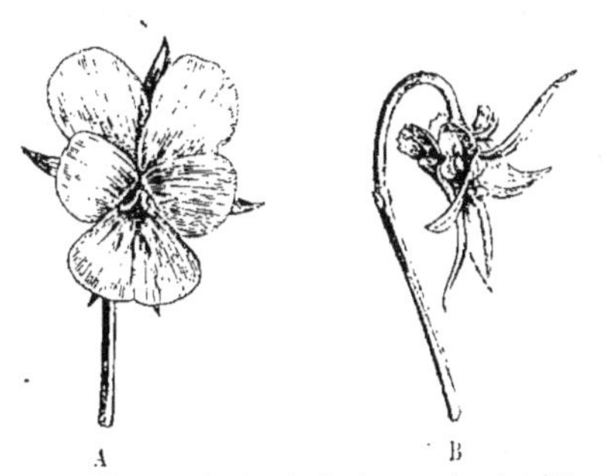

Fig. 257. — Fleur du *Viola tricolor* L. var. *alpestris* DC., entière et de face en A, sans sa corolle et de profil en B (1/1).

tantôt au contraire ils sont une production de chacun de ces lobes ou sépales dont ils forment alors un prolongement direct, ainsi qu'on le voit sur les Violettes, notamment sur la Pensée des Alpes (*Viola tricolor* L. var. *alpestris* DC.) dont on voit une fleur sur la figure 257, entière et de face en A, dépouillée de sa corolle et représentée de profil, de manière à montrer ses appendices calycinaux, en B.

Formes du calyce. — On conçoit sans peine que le calyce, selon qu'il est polysépale ou monosépale, régulier ou irrégulier, que ses parties sont plus ou moins développées les unes par rapport aux autres, etc., doit affecter des formes très-diverses mais comme les expressions par lesquelles on indique ces diverses manières d'être sont également usitées pour la corolle, on les verra exposées et expliquées dans l'article relatif à celle-ci.

Coloration du calyce. — Dans l'immense majorité des cas, le calyce est vert, de telle sorte que, comme pour les feuilles, cette coloration étant pour lui fondamentale, on le dit *coloré* chaque fois qu'il s'en écarte. Parmi les calyces colorés, il en est qui contribuent beaucoup à la beauté des fleurs, comme ceux des *Fuchsia*, qui normalement rouges, sont devenus blancs dans certaines variétés des jardins, de la Sauge éclatante (*Salvia splendens* Ker), du Grenadier (*Punica Granatum* L.), etc. Parfois même les calyces colorés ont une texture qui, par sa délicatesse, rappelle les pétales; ils sont donc *pétaloïdes*.

Durée du calyce. — Le calyce est en général celle des deux enveloppes florales qui a la plus longue durée, puisque dans la plupart des fleurs, la corolle se fane un peu avant lui, et que, dans beaucoup d'espèces, il lui survit longtemps. Parfois cependant son existence est très-courte et il tombe au moment où la fleur va s'épanouir. Nous avons déjà vu un exemple de ces calyces *caducs* ou *fugaces* dans le Coquelicot (fig. 176, p. 428); j'en indiquerai un second dans le *Glaucium flavum* L., dont le bouton près de s'ouvrir, représenté sur la figure 258, ne montre que ses deux sépales *s*, qui devront bientôt tomber laissant la corolle entièrement à découvert. Le cas le plus fréquent est celui des calyces *tombants*, que d'autres appellent *passagers* ou même *décidus* en transportant sans motif dans notre langue le mot latin

Fig. 258. — Bouton près de s'ouvrir du *Glaucium flavum* L. —*s*, son calyce caduc (1/1).

deciduus. Ce sont là les calyces ordinaires qui se flétrissent et tombent peu après la corolle. Enfin il est un assez grand nombre de plantes dont le calyce survit à la fleur et persiste jusqu'à la maturité du fruit dans des conditions diverses. Parmi ces calyces *persistants*, certains sont simplement *marcescents*, c'est-à-dire restent en place après la fleuraison, mais tout flétris et desséchés, tandis que d'autres non-seulement restent vivants, mais encore prennent un accroissement plus ou moins notable pendant que le fruit se développe; ceux-ci sont, comme on le dit, *accrescents*. Les Rosiers nous en offrent des exemples bien connus. Si l'on examine, par exemple, la fleur du Rosier blanc de nos jardins (*Rosa alba* L.), on verra que son calyce offre un tube ovoïde qui n'a pas plus d'un centimètre de hauteur et que surmontent cinq lobes allongés. Plus tard ce tube grandit en tout sens, épaissit ses parois qui se

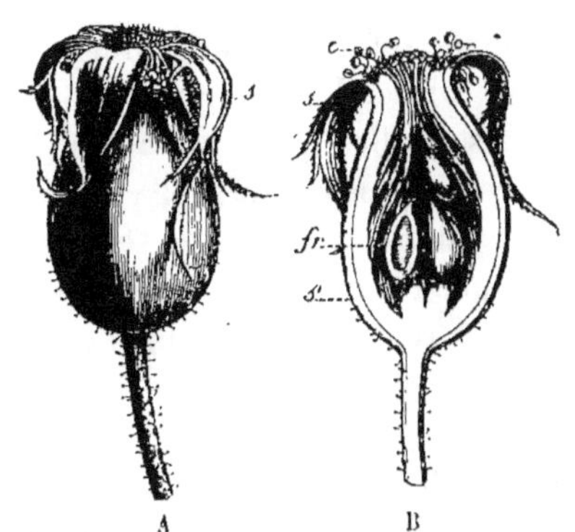

Fig. 259. — Calyce accru autour des fruits du *Rosa alba* L. — A, vu tout entier : *s*, limbe; *s'*, tube de ce calyce. — B, coupé par son milieu et longitudinalement : *s'*, tube calycinal accru ; *s*, limbe ; *fr*, fruits ; *e*, étamines sèches (1/1).

colorent en rouge orangé, et finalement il en résulte le gros corps ovoïde que représente de grandeur naturelle la figure 259 A. Ce corps *s'* est pris ordinairement pour le fruit des Rosiers; mais si on le fend longitudinalement, on voit (fig. 259 B) qu'il ne forme qu'une simple enveloppe ouverte dans le haut et dans laquelle sont contenus les véritables fruits, *fr*, sous la forme de petits corps ovoïdes et durs. Cette enveloppe des fruits des Rosiers, ou le *Cynorrhodon*, comme on le nomme en pharmacie, n'est dès lors pas autre chose que le tube accru du calyce.

L'accroissement est bien plus considérable encore dans le Coqueret (*Physalis Alkekengi* L.), plante

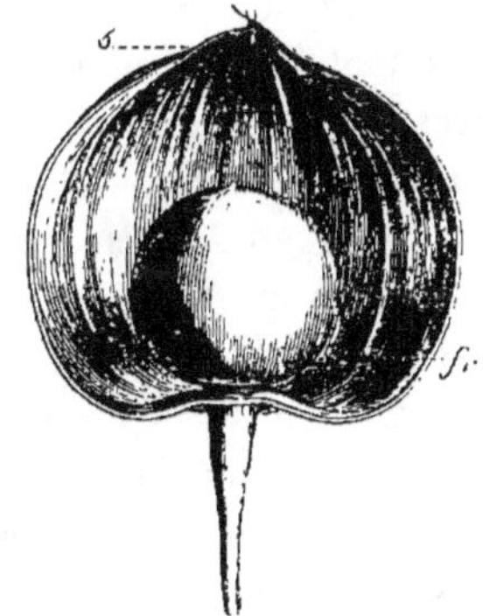

Fig. 260. — *Physalis Alkekengi* L. : son calyce accrescent, *s*, devenu, autour du fruit *fr*, une large enveloppe membraneuse ou *induvie* qui a été coupée longitudinalement dans la figure (1/1).

de la famille des Solanées, dont la fleur n'offre cependant rien
de particulier quant aux proportions de son calyce. Le tube de
celui-ci, après la fleuraison, grandit peu à peu à tel point qu'il
finit par former une grande poche membraneuse et orangée, dans
laquelle, comme le montre la figure 260, le fruit, *fr*, bien qu'ayant
le volume d'une cerise moyenne, se trouve logé fort à l'aise.
Ce développement en une sorte de chemise ou *induvie* autour du
fruit fait donner par quelques botanistes l'épithète d'*induvial* à ce
calyce.

Anatomie du calyce. — Deux mots suffiront pour donner une
idée de la structure anatomique du calyce. En effet, il constitue
une dérivation tellement directe des feuilles qu'il conserve à peu
près entièrement la structure de ces organes. Ainsi on y voit un
épiderme extérieur et un épiderme intérieur, munis de stomates,
et un mésophylle qui consiste, comme d'habitude, en parenchyme
parcouru par des nervures. Mais ce parenchyme est généralement
uniforme (voyez p. 333), et quant aux nervures, elles se réduisent souvent à une médiane pour chaque sépale, de laquelle
partent des ramifications latérales. Quelquefois aussi on y voit
encore deux nervures marginales, et alors chacune de celles-ci
se confondant d'ordinaire avec celle du sépale adjacent, il en résulte un nombre égal à celui des nervures médianes; seulement
ces nervures inter-sépalaires, comme on pourrait les appeler,
viennent aboutir aux sinus, et peuvent même y donner lieu à
la formation d'autant de dents. C'est ainsi que nous avons vu,
dans le *Cuphea purpurata* (fig. 245, p. 489), un calyce à douze
dents dont six correspondent aux six nervures médianes et les six
autres aux six nervures inter-sépalaires.

Rôle du calyce. — Le calyce est essentiellement protecteur
pour les organes floraux plus intérieurs et plus délicats que lui.
Nous en avons vu des exemples qui paraissent démonstratifs;
mais son utilité sous ce rapport devient au moins douteuse dans
les cas où il reste réduit à de très-faibles dimensions, comme
par exemple, dans la Vigne.

Existence et absence du calyce. — Lorsqu'une fleur possède
deux enveloppes florales, l'extérieure est toujours un calyce; il
ne peut donc y avoir le moindre doute à cet égard; mais si elle
n'a qu'une seule enveloppe, de quelle nature est celle-ci? La
question est résolue, pour la généralité des cas, en admettant que
ce périanthe simple est un calyce bien que parfois il prenne une
délicatesse et une coloration qui l'assimilent à une corolle. Ainsi

dans la famille des Renonculacées, divers genres figurent parmi nos plantes d'ornement les plus estimées à cause de la beauté de leurs fleurs, quoique celles-ci ne possèdent qu'un calyce et soient dès lors réellement apétales. J'ai déjà cité les Anémones; j'y joindrai les Clématites où l'on voit, par la figure 261, qu'il existe quatre sépales de faibles dimensions et blancs dans le *Clematis erecta* All. qui a été pris ici pour exemple, mais devenant très-grands et colorés du plus beau bleu-lilas, ou d'autres teintes dans le *Cl. patens* Dene, du Japon et surtout dans le *Cl. lanuginosa* Lindl., de la Chine, magnifiques espèces d'introduction récente, dont la fleur a jusqu'à 0^m15 et 0^m18 de diamètre.

Fig. 261. — Fleur du *Clematis erecta* All. (1/1).

Un très-grand nombre de plantes dicotylédones n'ont de même qu'un calyce; elles forment, en majeure partie, la vaste division des *Apétales*, distinguée par Jussieu comme l'une des trois qu'il admettait dans cet embranchement du règne végétal. On sent que, chez elles, les manières d'être du périanthe simple doivent varier beaucoup. Ne pouvant en donner ici de nombreux exemples, j'en citerai l'un des plus singuliers dans une Aristoloche, c'est-à-dire dans l'une d'entre ces plantes dont la fleur offre les caractères les plus étranges. On peut voir que, dans l'Aristoloche Siphon (*Aristolochia Sipho* L'Hérit.), arbrisseau grimpant de l'Amérique du Nord, dont on garnit communément les berceaux et les tonnelles dans nos jardins, le périanthe (fig. 262), forme un long et gros tube arqué en siphon, renflé à sa base, rétréci à son orifice autour duquel s'étale un limbe presque circulaire et faiblement trilobé.

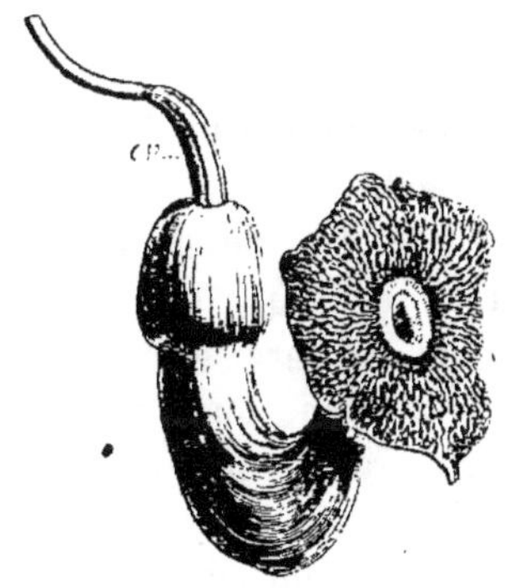

Fig. 262. — Fleur entière de l'*Aristolochia Sipho* L'Hérit. — *or*, ovaire infère (1/1).

Certaines Dicotylédones apétales pourraient bien être, au premier coup d'œil, et ont en effet été souvent regardées comme possédant un calyce en dehors de leur enveloppe colorée et pétaloïde. Comme exemple, je citerai la Belle-de-Nuit (*Mirabilis Jalapa* L.) dont une fleur est dessinée entière sur la

figure 263. On voit que le tube de son périanthe simple et pétaloïde *s*, est embrassé dans le bas par une enveloppe foliacée
verte *b*, qui semble être un calyce quinquéfide entourant la base
d'une corolle ; mais en examinant plus attentivement cette fleur,
sur une coupe longitudinale, comme celle que reproduit la figure 264, on reconnaît que le fond *s'* de son périanthe est renflé en

Fig. 263. — Fleur de la Belle-de-nuit (*Mirabilis Jalapa* L.). — *s*, son calyce pétaloïde ; *b*, involucre uniflore (1/1).

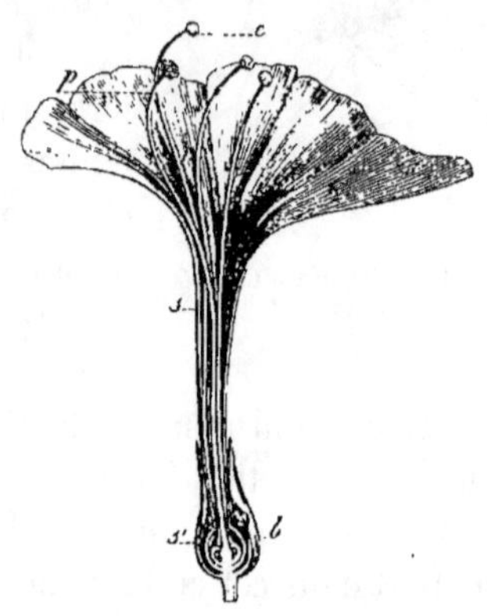

Fig. 264. — Fleur de la Belle-de-nuit (*Mirabilis
Jalapa* L.) ouverte par une coupe longitudinale menée par son milieu. — *b*, involucre ; *s*, calyce pétaloïde ; *s'*, portion basilaire du calyce renflée et à parois épaissies ;
e, étamines ; *p*, pistil.

une sorte de vésicule à parois fermes qui persiste après la fleuraison, tandis que tout le reste se flétrit et disparaît ; même, pendant
que le fruit se développe, cette portion basilaire de l'enveloppe
florale se comporte comme un calyce accrescent : elle grandit,
épaissit ses parois, durcit, et finalement elle forme au fruit mûr
une enveloppe complète qui semble en faire partie. Cette première circonstance montre que cette enveloppe délicate et vivement colorée n'est pas une corolle. D'un autre côté, l'enveloppe
verte *b* qui appartient en propre à une seule fleur, chez la Belle-
de-Nuit et dans le genre *Mirabilis* en général, tout en restant la
même, embrasse trois fleurs dans le *Mirabilis triflora* Benth., qui
est devenu, pour ce motif surtout, le type d'un genre séparé
(*Quamoclidion* Choisy) ; elle accompagne d'une à six fleurs dans
les *Oxybaphus* ; enfin, sans sortir de la même famille des Nyctaginacées, on la voit, dans les *Abronia* Juss., située à la base d'un
groupe de fleurs nombreuses. Ce n'est donc pas un calyce, puisque
celui-ci ne peut appartenir qu'à une fleur, mais bien un involucre

comprenant quelquefois trois, plus souvent cinq bractées verticillées, qui, au lieu de rester distinctes et séparées, se soudent en général en une coupe calyciforme.

Si le plus souvent le périanthe simple est un calyce, la vaste famille des Composées nous offre de très-nombreux exemples de fleurs qui semblent n'avoir qu'une corolle sans calyce, celui-ci ayant subi d'ordinaire une désagrégation et une transformation qui en font une ceinture de poils ou une *Aigrette* (pappus.) Je me contente en ce moment d'énoncer ce fait sur lequel je reviendrai plus tard avec quelque détail.

ARTICLE II. — COROLLE.

La *Corolle* est l'enveloppe florale interne, dans les fleurs pourvues d'un périanthe double; les feuilles qui la forment ou les *Pétales* sont notablement plus éloignées de l'état normal que les sépales : elles sont en général beaucoup plus grandes que ceux-ci, plus minces et plus délicates de texture, colorées enfin de teintes vives qui en font la partie la plus brillante des fleurs. Aussi est-ce principalement en raison de la beauté de leur corolle que sont cultivées, dans les jardins, la plupart des plantes d'ornement, et beaucoup de personnes fort peu instruites du rôle des divers organes floraux voient en elle la fleur même, dans laquelle cependant elle n'a qu'une importance fort secondaire; il résulte de cette erreur trop répandue qu'on regarde souvent à tort comme privées de fleurs les plantes dont la corolle est peu développée, faiblement colorée ou manque même.

Divers degrés d'union des pétales. — Ce que j'ai dit relativement à l'union des sépales entre eux s'applique à celle que peuvent aussi contracter les pétales en se soudant l'un à l'autre par leurs bords. De là on distingue des corolles *polypétales*, que M. Brongniart nomme *dialypétales*, et des corolles *monopétales* ou *gamopétales*. — Dans ces dernières, la fusion des pétales en un tout continu peut se faire aux degrés différents auxquels nous l'avons vue s'opérer entre les folioles calycinales : 1° à leur base seulement, ce qui donne les corolles *partagées* ou *partites*, comme celle du Mouron des champs (*Anagallis arvensis* L.), figure 265; 2° jusque vers le milieu de leur longueur, d'où résultent les corolles *fendues* ou lobées, comme celle de la Raiponce (*Campanula Rapunculus* L.), figure 266; 3° jusque près de leur sommet, de telle sorte que la corolle soit simplement *dentée*, comme l'est celle de la

Fig. 265. — Fleur de l'*Anagallis arvensis* L., à corolle quinquépartite *c*; *s*, calyce (1/1).

Fig. 266. — Fleur de la Campanule Raiponce (*Campanula Rapunculus* L.) à corolle quinquéfide *c*; *s*, calyce (1/1).

Consoude hérissonnée (*Symphytum asperrimum* Sims), figure 267 ; 4° dans toute la longueur des pétales, à ce point que la corolle entière forme aux organes reproducteurs un sorte de voûte protectrice, ainsi que nous l'avons déjà vu pour les *Syzygium* (p. 491); 5° par le sommet seulement, toute la portion inférieure restant libre; c'est ce que j'ai eu déjà occasion d'indiquer (p. 492) comme s'opérant dans le Giroflier, et ce qui a lieu surtout pour la Vigne (*Vitis vinifera* L.), où cette circonstance est importante à considérer. En effet, dans cette

Fig. 267. — Fleur du *Symphytum asperrimum* Sims, à corolle, *c*, quinquédentée; *s*, calyce (1/1).

espèce, les cinq pétales, après avoir été d'abord entièrement distincts et séparés à l'état jeune, contractent adhérence entre eux par leur sommet, et le calyce, *s*, figure 268 A et B, étant réduit à n'être qu'un fort court rebord basilaire, à cinq légers festons, c'est la corolle, *c*, qui forme l'enveloppe assez ferme et verdâtre du bouton, figure 268 A. Or, cette enveloppe est continue et cohérente à sa voûte; elle ne permettrait donc pas aux étamines de sortir, si, par l'effet de l'allongement rapide que prennent les filets, celles-ci ne la soulevaient en l'obligeant à se détacher par sa base. La voûte corolline, détachée de force, reste pendant quelque temps soulevée, comme on le voit en B, figure 265, et forme au-dessus des organes reproducteurs une sorte de dais sous lequel les anthères, desséchées par le contact de l'air, ouvrent rapidement leurs deux fissures longitudinales et laissent dès lors sortir le pollen qui tombe sur le stigmate. Bientôt cette corolle est enlevée mécaniquement sous la forme d'une étoile à cinq rayons, d'abord concave, figure 268 C, et ensuite à peu près plane; dès cet instant la fleur se montre telle que la représente D, figure 268; 6° enfin, dans les *Phyteuma*, de la famille des Campanulacées, les cinq pièces de la corolle sont soudées entre elles à la base et pendant longtemps aussi au sommet, tout en restant séparées dans leur portion intermédiaire; mais elles finissent par se séparer au sommet, excepté dans le *P. comosum* L., dans lequel cette curieuse particularité reste permanente.

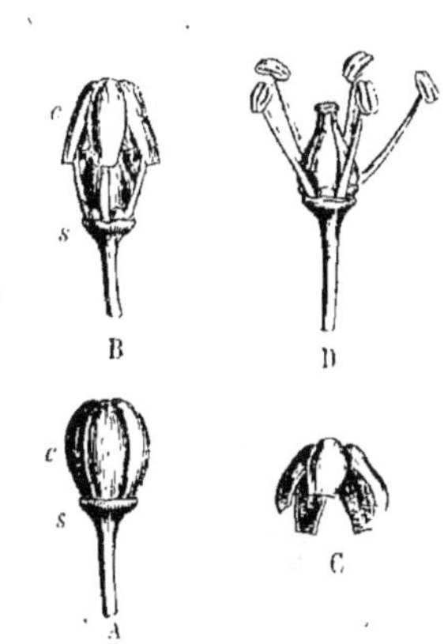

Fig. 268. — Bouton et fleur de la Vigne (*Vitis vinifera* L.). — A, bouton encore fermé; *s*, calyce; *c*, corolle. — B, fleur coiffée de sa corolle *c*, soulevée; *s*. calyce. — C, corolle venant de tomber. — D, fleur entièrement épanouie ou dont la corolle est tombée (environ (2/1).

La présence, dans la fleur d'une corolle monopétale ou polypétale fournit un signe distinctif d'une haute valeur; les plantes dicotylédones monopétales forment une grande division nettement distincte de celle qui comprend les dicotylédones polypétales; cependant il existe quelques exemples de familles polypétales qui renferment quelques plantes monopétales et réciproquement. C'est ainsi que parmi les Trèfles (*Trifolium*) polypétales se trouvent quelques espèces monopétales, que parmi les Rutacées polypétales, les *Correa* sont les uns polypétales, les autres monopétales (*C. speciosa* Andr.); que réciproquement les familles essentiellement monopétales des Primulacées, des Cucurbitacées renferment, la première le *Pelletiera*, la seconde le *Momordica senegalensis*, à pétales séparés, etc.

Parties de la corolle. — Lorsque les pétales restent distincts et séparés, chacun d'eux se divise en deux portions : l'une inférieure, par laquelle il s'attache, l'*Onglet* (unguis), qui représente le pétiole de la feuille, l'autre supérieure élargie, la *Lame* (lamina), qui est analogue au limbe de la feuille ordinaire. L'onglet est fort long, dans certaines fleurs à long calyce tubuleux; même celui de l'Œillet de poète (*a*, fig. 269) est près de deux fois plus long que la lame *b*; il reste, au contraire, fort court et presque nul dans d'autres fleurs, notamment dans les Pavots, les Roses, etc., (voyez fig. 178, 180).

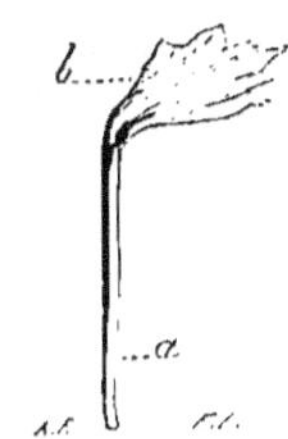

Fig. 269. — Un pétale isolé de *Dianthus barbatus* L. — *a*, onglet; *b*, lame (1 1).

Quand les pétales s'unissent en une corolle monopétale, on distingue dans celle-ci (comme dans les
calyces monosépales) une portion inférieure tubuleuse par laquelle elle s'attache, ou le *Tube* (tubus), une portion
supérieure plus large et en général plus
ou moins étalée, ou le *Limbe* (limbus),
enfin la partie où le tube s'évase pour
passer au limbe et qu'on nomme la *Gorge*
(faux). Dans la fleur du Tabac représentée sur la figure 270, ces trois portions de la corolle c, c', c'', sont très-
faciles à distinguer. Il est à peine besoin
de dire que les proportions relatives du
tube et du limbe sont aussi sujettes à
différer, d'une espèce à l'autre, que celles
de l'onglet relativement à la lame des
pétales distincts.

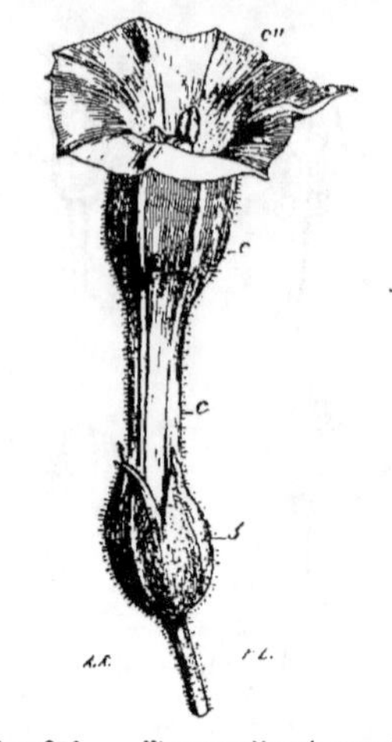

Fig. 270. — Fleur entière épanouie
de *Nicotiana Tabacum* L. — *s*,
calyce ; *c*. tube ; *c'*, gorge ; *c''*.
limbe (1/1).

Quant à la gorge, bien que, dans
beaucoup de plantes, elle n'offre rien de particulier et même que
la distinction en soit souvent plutôt théo-
rique que pratique, il est beaucoup de cas
dans lesquels elle offre des productions
particulières, comme des houppes de poils,
des écailles qui ferment plus ou moins
complétement l'entrée du tube, des proéminences formées soit par des productions
particulières nommées *Écailles* (squamæ,
fornices), soit par des sortes de gaufrures

Fig. 271. — Fleur de l'*Anchusa
italica* Retz (1/1).

de la corolle, etc. C'est ainsi, par
exemple, que dans la Buglosse d'Italie
(*Anchusa italica* Retz), on voit sur la
figure 271, l'ouverture du tube ob-
struée par cinq écailles qui se déchirent à leur bord en nombreuses lanières grêles et ressemblant à des
poils. Les autres plantes de la famille
des Borraginées, à laquelle appartient
celle-ci, offrent pour la plupart des
productions du même genre. — On
voit aussi, sous chaque sinus de la

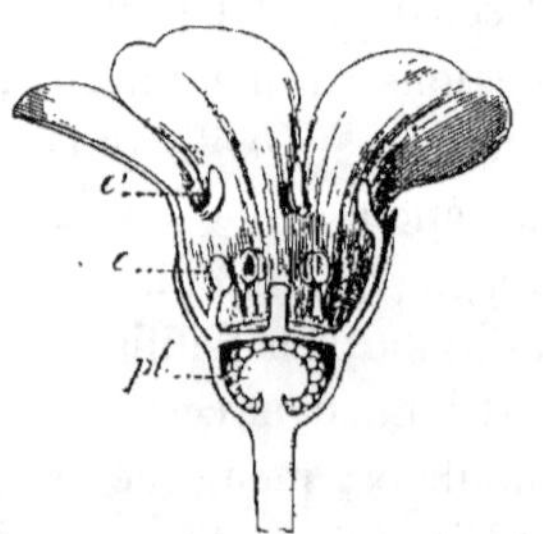

Fig. 272. — Coupe longitudinale de la
fleur du *Samolus Valerandi* L. — *pl*,
masse des petits corps destinés à devenir les graines; *e*, étamines ; *é*,
écailles corollines (3/1).

corolle, dans le *Samolus Valerandi* L., figure 272, une écaille *e′*, que plusieurs botanistes ont regardée comme une étamine imparfaitement développée.

Soudure de la corolle avec les autres organes floraux. — Je ne m'occuperai ici que des rapports de la corolle avec l'androcée. Or, ces rapports sont tels que, en règle générale, quand la corolle est monopétale elle est *staminifère*, c'est-à-dire qu'elle porte les étamines, ou, en termes plus précis et plus exacts, que celles-ci ont confondu leur substance avec la sienne dans toute leur portion inférieure jusqu'au niveau où elles s'isolent et où, par conséquent, elles semblent prendre naissance. C'est ainsi que les cinq étamines du Tabac ont leur filet confondu, jusqu'au niveau *a*, fig. 273, avec le tube de la corolle à la face intérieure duquel on les voit se prolonger inférieurement en autant de saillies longitudinales. — Toutefois cette règle n'est pas sans exceptions, non plus que celle d'après laquelle les corolles polypétales sont indépendantes de l'androcée. Ainsi, dans la famille des Plumbaginées, les Dentelaires (*Plumbago*) ont la corolle monopétale et les étamines séparées

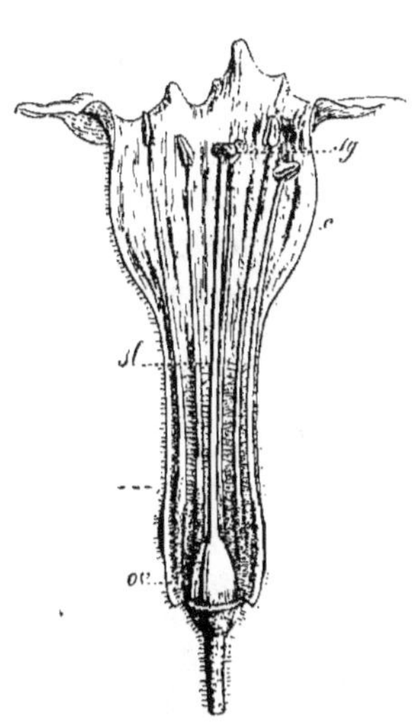

Fig. 273. — Fleur du Tabac (*Nicotiana Tabacum* L.) dans laquelle on a ouvert la corolle *c* dans toute sa longueur pour montrer les organes reproducteurs qu'elle entourait. — *ov*, ovaire ; *sl*, style ; *sg*, stigmate ; *a*, niveau où les cinq filets deviennent libres (1/1).

d'elle, tandis que les *Armeria* et *Statice*, qui ont cinq pétales distincts, ont leurs cinq étamines soudées par la base de leur filet au bout de l'onglet de ces pétales, de telle sorte qu'on les enlève en arrachant ceux-ci, comme on le voit sur la figure 274 B. Dans la fleur des Bruyères (*Erica*) et de divers autres genres de la famille des Ericacées,

Fig. 274. — *Armeria maritima* Boiss. — A, sa fleur entière (3/1). — B, un pétale isolé avec l'étamine qu'il a emportée (3/1).

on voit également les étamines indépendantes de la corolle monopétale.

Régularité et irrégularité de la corolle. — Nous avons vu en quoi consistent la régularité et l'irrégularité du calyce; on distingue aussi, pour les mêmes motifs, des corolles *régulières* et des corolles *irrégulières*, et les unes et les autres peuvent être soit polypétales, soit monopétales.

L'irrégularité du verticille corollin résulte tantôt de l'inégalité des pièces qu'il comprend, tantôt de leur situation non symétrique qui est la conséquence de l'absence de certaines d'entre elles; elle se montre ici sur le limbe, et là dans les portions inférieures qu'on voit parfois se renfler en bosse ou se prolonger en éperon. Quelques exemples feront mieux comprendre ces différentes causes d'irrégularité.

1° L'inégalité des pétales est très-marquée dans la fleur de la Fumeterre officinale (*Fumaria officinalis* L.), que la figure 275

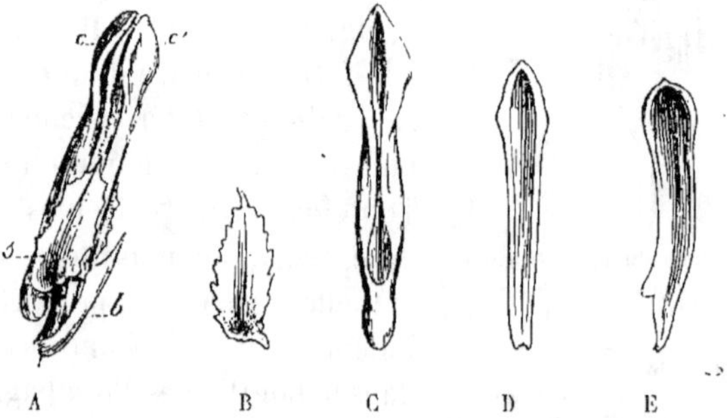

Fig. 275. — *Fumaria officinalis* L. — A, fleur entière sur son pédoncule et accompagnée de sa bractée *b* ; *s*, calyce ; *c c'*, corolle. — B, un sépale isolé. — C, D, E, pétales isolés pour montrer la configuration de chacun d'eux (6/1).

représente entière et dans ses détails. On voit, en A, que, portée sur un court pédoncule qui sort de l'aisselle d'une petite bractée *b*, cette fleur offre un calyce de deux sépales *s*, symétriques entre eux et latéraux, mais assez irréguliers (B); quant à sa corolle, elle comprend : un pétale supérieur *c*, isolé et vu de face en C, qui se prolonge à sa base en une poche profonde; un pétale inférieur *c'*, qu'on voit isolé en E, et qui se rétrécit brusquement en onglet à sa base; enfin deux pétales latéraux symétriques entre eux, presque entièrement cachés par les deux premiers et dont l'un est vu par sa face interne en D. Une irrégularité analogue, mais encore plus prononcée existe dans le *Corydalis ochroleuca* Koch, plante de la même famille que la précédente, dont la fleur est représentée par la figure 276. — Dans la Capucine (fig. 253 et 254, p. 495), on voit entre les deux pétales supérieurs, *c c*, et les trois inférieurs, *c′ c′ c′*, un autre exemple de dissemblance.

2° L'avortement de certains pétales entraînant comme conséquence la disposition non symétrique de ceux qui restent est indiqué nettement par la comparaison de la figure 251 (p. 494) avec la figure 245 (p. 489). On voit que dans le *Cuphea lanceolata* Ait., sujet de la première, il existe six pétales dont les

Fig. 276. — Fleur entière du *Corydalis ochroleuca* Koch. — *s*, calyce; *c*, pétale supérieur éperonné; *c′*, pétale inférieur; *c″*, les deux pétales latéraux (2/1).

quatre inférieurs sont notablement plus petits que les deux supérieurs; ceux-ci existent seuls, à leur place normale, dans le *Cuphea purpurata* Dene, dont la seconde figure montre la fleur entière. —

De même, tandis que le Marronnier d'Inde (*Æsculus Hippocastanum* L.), a cinq pétales à sa fleur, le Marronnier rouge (*Pavia rubra* Lamk; *Æsculus Pavia* L.), qui en est tellement voisin que beaucoup de botanistes, à l'exemple de Linné, le rangent dans une simple section du même genre, n'a

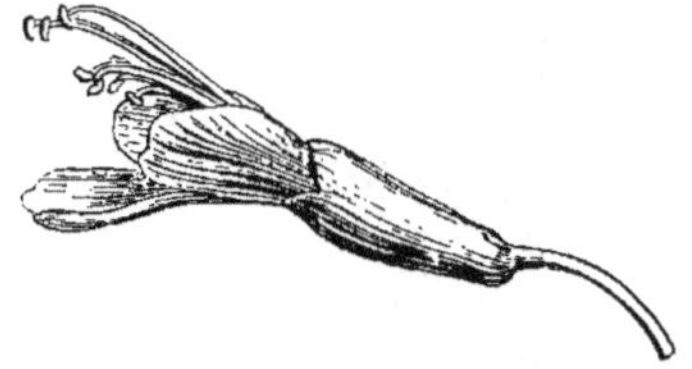

Fig. 277. — Fleur entière du *Pavia rubra* (1/1).

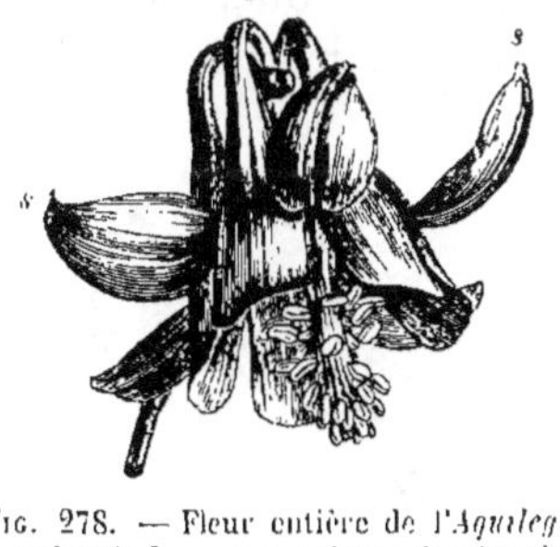

généralement à sa fleur que les trois pétales inférieurs, comme on le voit sur la figure 277. — Enfin un exemple extrême nous est offert par l'*Amorpha* (fig. 245, p. 489), dont la fleur n'a conservé qu'un seul pétale sur les cinq que possède habituellement la corolle dans la famille des Légumineuses-Papillonacées à laquelle appartient cet arbuste.

3° L'irrégularité du limbe ayant la principale part à celle de la corolle entière, je m'en occuperai en énumérant les principales formes de cette enveloppe florale.

Fig. 278. — Fleur entière de l'*Aquilegia vulgaris* L. — *s, s*, calyce; *épr*, les cinq éperons de ses cinq pétales (1/1).

4° Certains pétales se creusent dans leur portion inférieure, en bosse, en poche ou en éperon. Nous venons de voir le pétale

supérieur des *Fumaria* (fig. 275) et *Corydalis* (fig. 276), former
ainsi une poche pro-
fonde ou un éperon
court et obtus. La
même chose a lieu
pour l'un des pétales
des Violettes. —
Quant aux éperons,
chaque pétale en
forme un long et
recourbé, dans la
fleur de l'Ancolie
commune (*Aquilegia vulgaris* L.), que représente entière la

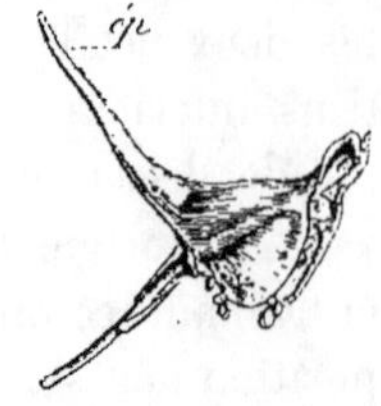

Fig. 279. — L'éperon corollin
du *Delphinium Consolida* L.
avec les deux pétales dont il
est le prolongement (1/1).

Fig. 280. — Fleur du *Symphoricarpus racemosus* Michx. à
corolle ventrue d'un côté
(environ 2/1).

figure 278, et dans les *Delphinium*,
deux pétales de configuration singulière
se réunissent pour produire ensemble un
seul éperon (*ép*, fig. 279) qui s'enfonce
dans celui du calyce (*épr*, fig. 252,
p. 495).

De leur côté, les corolles monopétales
peuvent aussi renfler leur tube à sa base
en bosse ou le dilater en éperon. On
voit par la figure 280 que la corolle du
Symphoricarpus racemosus Michx. devient nettement inéquilatérale par l'effet
du renflement de l'un de ses côtés, et
par la figure 281 que le Grand Muflier,
vulgairement nommé . Gueule-de-Lion

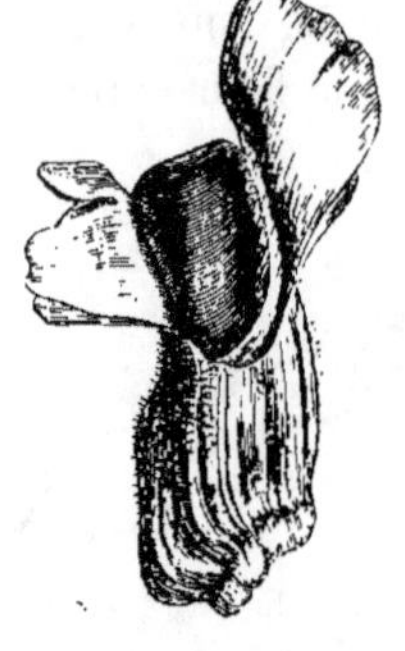

Fig. 281. — Corolle de l'*Antirrhinum
majus* L. isolée pour montrer le
renflement qu'offre la base de son
tube, à son côté inférieur (1/1).

dans les jardins (*Antirrhinum majus* L.) renfle le bas de son tube,
au côté inférieur de sa fleur, en une
bosse très-prononcée. Supposons
que cette bosse se creuse et s'allonge
beaucoup, elle deviendra un véritable éperon. C'est en effet un long
éperon pointu qu'offre au même
point la corolle des Linaires, telles
que la Linaire commune (*Linaria
vulgaris* Moench), dont la fleur est
reproduite par la figure 282. C'est
même sur l'existence de cet éperon

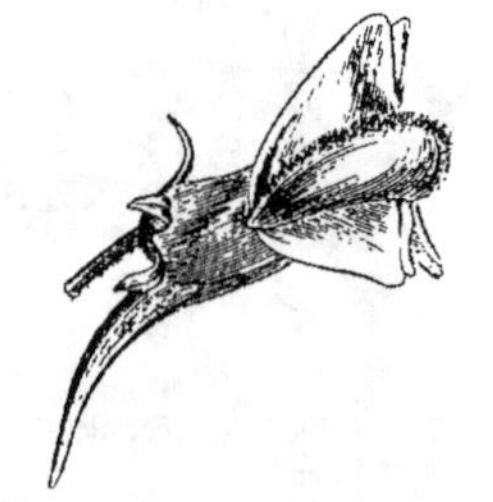

Fig. 282. — Fleur du *Linaria vulgaris*
Moench (un peu grossie).

que s'est basé Jussieu pour détacher les *Linaria* des *Antirrhinum*

avec lesquels Linné les confondait parce que sans doute l'éperon des uns et la bosse des autres n'étaient avec raison à ses yeux que deux degrés d'une même nature de renflement.

L'éperon des Linaires est unique; mais assez fréquemment la corolle de ces plantes modifie sa forme d'une manière fort singulière et prend cinq éperons semblables, en se régularisant dans son ensemble. Cette transformation donne à ces fleurs un aspect tout différent; aussi, lorsque Linné en eut connaissance, en 1742, peu de temps après qu'un étudiant suédois nommé Zioeberg en eut fait la découverte dans une petite île de la Baltique, non loin d'Upsal, tout en reconnaissant dans la plante même la Linaire commune, il ne sut expliquer le curieux changement que la fleur avait subi et créa le mot de *Peloria* (de πέλωρ, monstre, prodige) pour désigner ce nouvel état qu'il soupçonnait être dû à une fécondation étrangère. On pense généralement aujourd'hui que c'est là un simple retour à ce qu'on peut regarder comme le type régulier de cette fleur, et le mot de *Pélorie* est devenu en général synonyme de régularisation accidentelle d'une corolle.

Appendices de la corolle. — La corolle porte quelquefois des productions appendiculaires dont on a interprété la nature de manières diverses. Tel est surtout l'*appendice* ou la *Lamelle* (lamella) *c*, figure 283 B, qui semble continuer l'onglet de chaque pétale dans le *Silene pendula* L., comme chez les autres espèces du même genre. Dans la fleur entière, ces lamelles réunies forment une *couronne* (corona), à l'orifice du tube, comme le montre la figure 283 A. Une pareille couronne de lamelles dentelées et comme frangées ajoute beaucoup à l'élégance de la fleur du Laurier-rose (*Nerium Oleander* L.). — Parmi les Monocotylédons, la fleur des Narcisses offre une couronne d'une seule pièce qui forme au centre du limbe tantôt une coupe élégante (*Narcissus poeticus* L. etc.), tantôt une sorte d'entonnoir très-développé (*N. Bulbocodium* L.). — On a beaucoup écrit sur la nature de cette couronne des Narcisses, sans qu'on soit encore d'accord à son sujet.

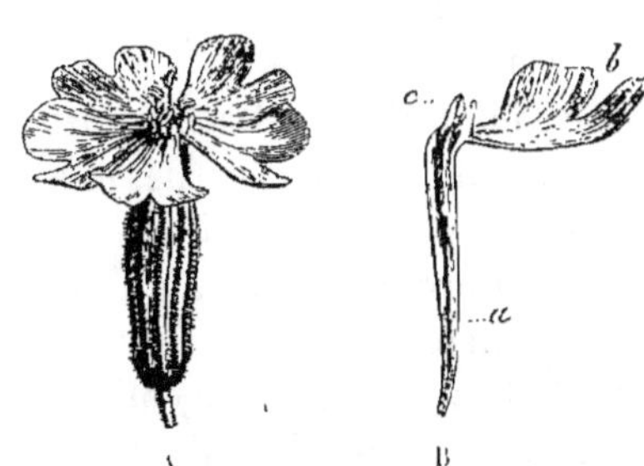

Fig. 283. — *Silene pendula* L. — A, fleur entière. — B, un pétale isolé pour montrer plus nettement sa lamelle *c*, située au sommet de l'onglet *a* et à la base de la lame *b* (1/1).

— Il faut ranger également parmi les appendices de la corolle, les écailles dont il a été déjà question (p. 505).

Formes de la corolle. — La corolle offre des configurations variées dont il est essentiel d'avoir connaissance parce qu'elles fournissent de bons caractères pour la distinction et la description des plantes, et qu'elles ont été la base sur laquelle le célèbre Tournefort avait établi sa division méthodique du règne végétal. Pour mettre de l'ordre dans l'énumération que je dois en faire, je signalerai successivement celles que peuvent présenter les corolles polypétales, soit régulières, soit irrégulières, et celles qu'on observe dans les corolles monopétales, tant régulières qu'irrégulières.

1° *Corolles polypétales régulières.* — La corolle est *cruciforme* (cruciformis) lorsqu'elle est composée de quatre pétales qui sont alors nécessairement placés en croix grecque, et qui ont, avec une lame étalée, un onglet allongé allant s'attacher au fond d'un calyce à quatre sépales rapprochés en tube. Cette forme, qu'on voit sur la figure 284, a valu à la famille des Crucifères, le nom sous lequel elle est désignée. — Si la corolle a cinq

Fig. 284. — Fleur du *Lunaria biennis* Moench, à corolle cruciforme (1/1).

pétales dont l'onglet soit très-long pour aller s'attacher au fond d'un calyce tubuleux, monosépale, elle est appelée *caryophyllée* (caryophyllata), du nom de l'Œillet ordinaire (*Dianthus Caryophyllus* L.), qui en offre le type. L'Œillet de poëte, dont on voit la fleur entière sur la figure 285 et un pétale isolé sur la figure 269 (p. 504), ainsi que le *Silene pendula* L. (fig. 283) et diverses autres plantes de la famille des Caryophyllées, en présentent encore de bons exemples. — La corolle *rosacée* (rosacea) doit son nom à la fleur des Rosiers qui en est le type. Elle

Fig. 285 — Fleur entière de *Dianthus barbatus* L., à corolle caryophyllée (1/1).

comprend des pétales en général au nombre de cinq, parfois de quatre, étalés en rose et composés chacun d'une lame grande et large, qu'attache un onglet fort court. On en voit de nombreux exemples dans le grand groupe naturel des Rosacées, comme dans le Fraisier, figure 286, et dans nos arbres fruitiers soit à noyau, tels que le Cerisier, figure 287, soit à pepins comme le Poirier, figure 288. La fleur de ce dernier nous montre même le cas d'un onglet assez allongé, quoique appartenant aux pétales d'une corolle

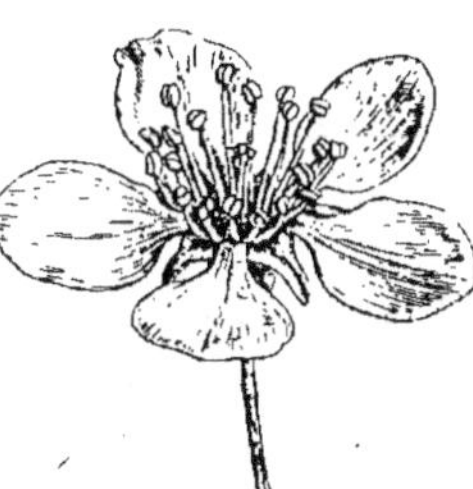

Fig. 286. — Fleur du Fraisier quatre saisons (*Fragaria Vesca* L., var. *semperflorens*) (1/1).

Fig. 287. — Fleur du Cerisier (*Cerasus Caproniana* DC.) (1/1).

Fig. 288. — Fleur du Poirier (*Pirus communis* L.), à corolle rosacée, mais à pétales assez longuement onguiculés (1/1).

rosacée. La fleur du *Glaucium flavum* Crantz, figure 289, offre une corolle de quatre pétales larges, à ongle très-court, qu'on ne peut rattacher qu'à la forme rosacée ; il en est de même de celle du Co-

Fig. 289. — Fleur du *Glaucium flavum* Cr., à corolle rosacée tétrapétale. — *e*, les étamines; *p*, le pistil (1/1).

quelicot (fig. 178, 179, p. 429). Au total, les corolles rosacées sont les plus fréquentes de toutes parmi les fleurs polypétales.

Dans les corolles polypétales on compte souvent le nombre des pétales, et l'on se sert alors des adjectifs *unipétale* (qu'il ne faut pas confondre avec monopétale), *dipétale*, *tripétale*, *tétrapétale*, *pentapétale*, etc., selon que la fleur en offre 1, 2, 3, 4, 5, etc.

2° *Corolles polypétales irrégulières.* — La plus remarquable et la plus répandue est celle qu'on a nommée corolle *papillonacée* (papilionacea). On la voit entière et dans sa situation naturelle sur la figure 290 A, dont le sujet est la Gesse à larges feuilles, le Pois vivace des jardiniers (*Lathyrus latifolius* L.). La Fève, les Haricots, le Pois, les Cytises, les Robiniers et la plupart des plantes du grand groupe naturel des Légumineuses en offrent de très-nombreux exemples. Son nom lui vient de ce qu'on l'a comparée, avec plus ou moins de raison, à un papillon. Examinée en détail, elle se montre formée de cinq pétales dissemblables : l'un supérieur, impair, en général plus grand que les autres (figure 290 B), qu'on nomme l'*Étendard* (vexillum); deux autres

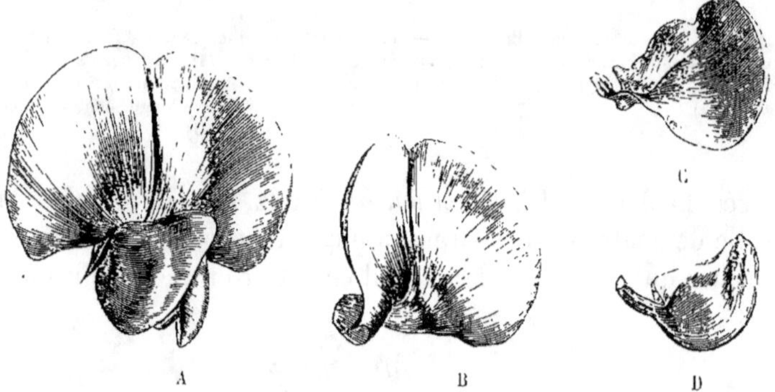

Fig. 290. — Corolle papilionacée du *Lathyrus latifolius* L. — A, entière et dans sa position naturelle. — B, l'étendard isolé. — C, l'une des deux ailes. — D, la carène (1/1).

latéraux, symétriques entre eux (C, fig. 290), appelés *Ailes* (alæ); enfin deux inférieurs, également symétriques entre eux, qui se soudent souvent l'un à l'autre en partie ou même tout à fait par leur bord inférieur, comme en D, fig. 290, et qui alors forment comme la coque d'un navire à quille, ce qui a valu à leur ensemble le nom de *Carène* (carina). Dans les Haricots (*Phaseolus*), la carène est curieuse parce qu'elle se tortille en limaçon, ainsi qu'on le voit par la figure 291, *c'*. C'est dans la concavité de la carène que sont cachés les organes repro-

Fig. 291. — Fleur du Haricot commun (*Phaseolus vulgaris* L. — *c'*, sa carène tortillée en spirale (2/1).

ducteurs. — Il est remarquable que, dans le *Trifolium resupinatum* L. (fig. 292), la fleur affecte une position inverse de celle qui lui est habituelle et porte son étendard en bas, sa carène en haut. Ce fait, joint à d'autres considérations, notamment à cette circonstance que, dans l'*Amorpha* (fig. 243, p. 489) la carène et les ailes ont disparu, laissant la corolle unipétale, a fait penser à Moquin-Tandon que l'étendard est le seul pétale régulier et normal de la corolle papillonacée, qui, si elle se régularisait comme nous savons que le fait parfois celle des *Linaria*, aurait cinq pétales semblables à cet étendard.

Fig. 292. — Fleur entière du *Trifolium resupinatum* L. — *s*, calyce bilabié; *ét, ai, cr*, corolle (environ 5/1).

Aucune des autres formes de la corolle polypétale irrégulière n'a reçu de dénomination spéciale; on les réunit toutes sous la qualification vague de corolles *anomales* (anomalæ). On conçoit donc que cette épithète soit donnée à des configurations assez diverses pour que je ne puisse songer à les décrire. Toutefois j'en signalerai et figurerai trois fort dissemblables, qui pourront donner une idée de la diversité des autres. Ainsi le Réséda odorant, fort estimé pour la suavité de son odeur, nous offrira (fig. 293), une corolle remarquable par ses deux pétales supérieurs, *c c*, plus grands, plus con-

Fig. 293. — Fleur du *Reseda odorata* L. — *s s*, calyce; *c c*, les deux pétales supérieurs; *c*, étamines; *d*, disque (5/1).

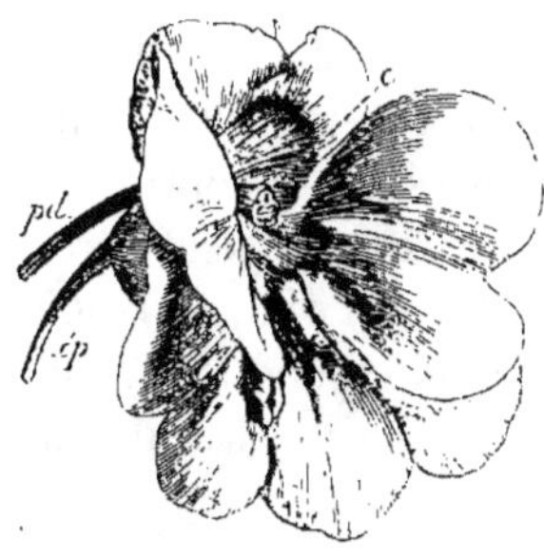

Fig. 294. — Fleur du *Balsamina hortensis* Desp. — *pd*, pédoncule; *ép*, éperon; *c*, étamines (1/1).

caves que les autres et munis d'une longue frange dorsale; dans la Balsamine des jardins (*Balsamina hortensis* Desp.; *Impatiens Balsamina* L.), nous verrons (fig. 294), avec un calyce coloré, dont les plus grandes pièces sont regardées par quelques botanistes comme appartenant à la corolle, trois pétales dissemblables dont l'un impair est beaucoup plus grand que les autres et dont les deux latéraux résultent chacun de la soudure de deux pièces très-inégales; enfin le *Lopezia racemosa* Cav. nous montrera, en dedans d'un calyce à quatre sépales (*s s s s*, fig. 295),

qui n'ont rien d'anormal, une corolle de quatre pétales dont deux,
c c, sont grands, à lame ovale,
tandis que les deux autres, *c' c'*,
sont petits, étroits, coudés au tiers
de leur longueur avec un renflement à leur coude; il y a même
dans cette fleur un cinquième pétale, *e'*, remarquable par son onglet élastique et sa lame ployée et
échancrée, qui n'est certainement
qu'une étamine transformée et
pétalisée. — On peut, en outre,
voir d'autres exemples de corolles
polypétales irrégulières dans le
Polygala vulgaris L. (figure 248,
p. 495), remarquable par l'un de

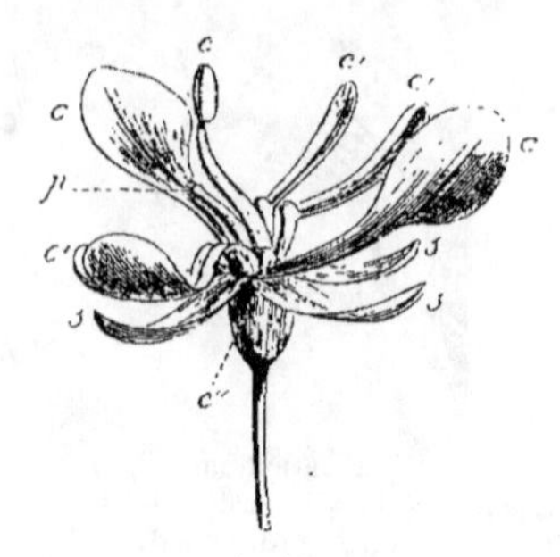

Fig. 295. — Fleur du *Lopezia racemosa* Cav.
— *s s s*, calyce; *c c*, deux grands pétales
spatulés; *c' c'*, deux petits pétales linéaires et coudés; *c*, étamine pétalisée; *c*, étamine pétalisée; *c*, étamine normale; *c''*,
l'un des deux corps glanduleux latéraux;
p, pistil (4/1).

ses pétales ployé en carène et pourvu d'une crête ou frange; dans
la Pensée des Alpes (figure 257, p. 496) et dans le *Pelargonium
grandiflorum* W. (figure 255, p. 496).

3° *Corolles monopétales régulières.* — Les formes en sont assez
nombreuses et s'expriment par des mots dont les uns, empruntés à la langue usuelle, n'ont besoin que d'être indiqués, dont
les autres sont propres à la science et exigent une explication.
Ainsi la corolle peut être *globuleuse* (globosa); *ovoïde* (ovata)
(fig. 241, p. 488); *urcéolée* ou en grelot (urceolata), expression
vague qui répond aux deux formes précédentes; *tubuleuse* (tubu-
losa), en forme de tube (fig. 267, p. 505); *campanulée* ou *cam-
paniforme* (campanulata), en forme de
cloche ou s'évasant peu à peu dès sa base
(fig. 266, p. 505); *infundibuliforme* ou
en entonnoir (infundibuliformis), à tube
droit et limbe oblique (fig. 270, p. 505);
hypocratériforme ou en patère (hypo-
crateriformis), à tube droit, assez long
et à limbe brusquement étalé, plan;
rotacée ou en roue (rotata), à tube très-
court et limbe brusquement étalé, plan,
ou *étoilée* (stellata), lorsque, avec la

Fig. 296. — Fleur de Bourrache officinale (*Borrago officinalis* L.),
à corolle étoilée, portant à la
gorge cinq écailles *éc*; *e*, étamines (1/1).

même forme générale, elle a les lobes du limbe aigus (fig. 296),
modification de la forme rotacée sans importance réelle.

4° *Corolles monopétales irrégulières.* — Un petit nombre d'entre elles ont reçu des dénominations spéciales. Ainsi les corolles *labiées* (labiatæ), et plus spécialement *bilabiées* (bilabiatæ) analogues aux calyces labiés, ont leur limbe divisé, par deux fentes latérales plus profondes que les autres, en deux portions dirigées l'une en haut, l'autre en bas et qualifiées de *lèvres* (labia). A son tour chaque lèvre est subdivisée plus ou moins profondément, en général la supérieure en deux dents ou lobes, l'inférieure en trois ; dans la Lobélie cardinale (*Lobelia cardinalis* L.), dont la figure 297 représente la fleur, la lèvre supérieure est partagée en deux lobes linéaires, tandis que l'inférieure n'est fendue en trois que jusque près du milieu de sa longueur ; d'un autre côté, dans la grande famille des Labiées, la lèvre supérieure n'est ordinairement que bidentée ou même

Fig. 297. — Fleur du *Lobelia cardinalis* L., à corolle, *c*, bilabiée ; *s*, calyce ; *c*, étamines ; *sg*, stigmate (1,1).

parfois entière, et lorsque, en outre, elle est concave et arquée, on l'appelle *Casque* (galea). — Parfois une fissure supérieure impaire, plus profonde que les autres, oblige le limbe entier à se déjeter en bas ; la corolle est alors *unilabiée* (unilabiata), comme dans les Germandrées (*Teucrium*) et les Bugles (*Ajuga*).

On peut rattacher aux corolles labiées des modifications secondaires, qu'il est cependant essentiel de connaître. Ainsi, lorsqu'une corolle bilabiée a ses deux lèvres parfaitement distinctes et la gorge ouverte, une ressemblance éloignée avec une bouche ouverte et grimaçante l'a fait qualifier de *ringente* (ringens, de ringor, rechigner) ; telle est, dans la famille des Labiées, celle des Sauges, des *Dracocephalum*, etc. Je dois faire observer que certains auteurs, notamment De Candolle, font à tort cette épithète synonyme de la suivante. Si la corolle bilabiée offre la base de sa lèvre inférieure, ou son *Palais*, relevée en voûte au point de fermer l'orifice du tube, comme dans le

Fig. 298. — Fleur de l'*Antirrhinum majus* L. à corolle personnée (1,1).

Grand Muflier (*Antirrhinum majus* L.) (fig. 298) et dans les Linaires (fig. 282, p. 509), on a trouvé que, vue de face, elle rappelait un masque antique de théâtre, et, pour ce motif, on l'a dite *personnée*, ou en masque (*personata*).

Une légère modification de la forme unilabiée est celle de la corolle *ligulée* ou en languette dont la Cupidone bleue (*Catananche cærulea* L.), figure 299, la Chicorée, le Salsifis et beaucoup d'autres Composées nous offrent des exemples. On voit que cette corolle revient à un tube qui aurait été fendu plus ou moins profondément d'un seul côté, et qui aurait été ensuite étalé de manière à former une languette dentée à son extrémité.

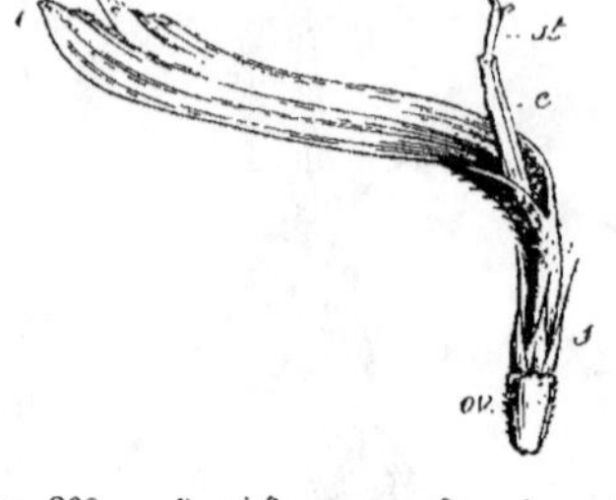

Fig. 299. — Demi-fleuron ou fleur à corolle ligulée du *Catananche cærulea* L. — *ov*, ovaire; *s*, calyce qui, dans ce cas, n'est pas décomposé en aigrette de poils; *c*, corolle ligulée; *e*, étamines; *st*, extrémité du pistil (2/1).

A ce propos, je dirai que, dans l'immense famille des Composées, il existe trois formes de corolles qui se combinent de diverses manières pour former les capitules : 1° des fleurs régulières telles que A, figure 300, dont la corolle est tubuleuse, terminée par cinq dents ordinairement égales, quelquefois inégales (*Centaurea*); on les appelle *Fleurons* (flosculi); 2° des fleurs irrégulières, dont la corolle est ligulée, telles que B, fig. 300 et fig. 299; on les nomme *Demi-fleurons* (semi-flosculi); 3° des fleurs à corolle bilabiée, assez analogues à celle de la Lobélie (fig. 299), dans lesquelles les deux lobes de la lèvre supérieure sont le plus souvent linéaires et parfois se tortillent en volute ou en spirale, tandis que la lèvre inférieure est simplement tridentée; plus rarement elles ont un lobe en haut et quatre en bas. — Dans certaines Composées les capitules ne comprennent que des fleurons, d'où on les dit *flosculeuses*, *fleuronnées* ou *tubuliflores*; tels sont les Chardons (fig. 204, p. 455); ceux de certaines autres

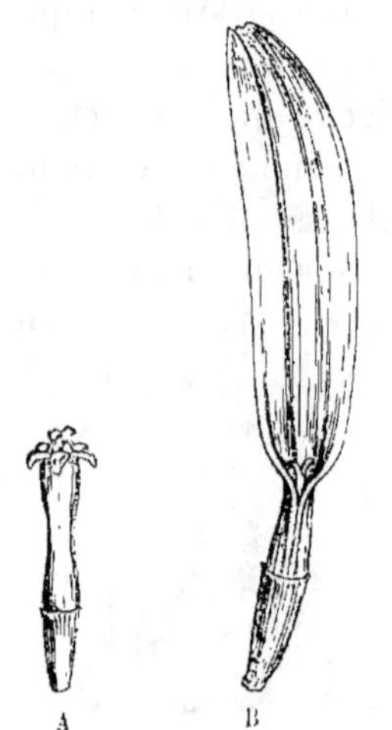

Fig. 300. — *Anthemis rigescens* W. — A, fleuron ou fleur à corolle tubuleuse, quinquédentée. — B, demi-fleuron ou fleur à corolle ligulée (4/1).

sont composés uniquement de demi-fleurons, ce qui leur a valu la dénomination de *semi-flosculeuses* ou *demi-fleuronnées* ou *liguliflores*; de ce nombre sont l'*Helminthia echioides* Gærtn. (fig. 205, p. 454), les Chicorées, les Scorzonères, les Épervières (*Hieracium*), etc. Pour les autres, chaque capitule réunit deux sortes de corolles : le plus souvent, comme dans l'*Anthemis rigescens* (figure 234, p. 476, et 203, p. 453), toute la portion centrale de cette inflorescence ou son *disque* (discus), comme on la nomme, est une réunion de fleurons A (fig. 300), tandis que le pourtour est garni d'un cercle de demi-fleurons B (fig. 300 et 299) qui dirigent en dehors leur languette et forment ainsi comme les rayons autour d'un astre; cette portion périphérique est appelée, pour ce motif, le *Rayon* (radius) du capitule et celui-ci est dit *rayonné* (radiatum). Enfin certaines Composées qui forment les deux tribus des Mutisiacées et Nassauviacées circonscrites, à l'exception de fort peu d'espèces, dans l'Amérique méridionale au delà de l'Équateur, en particulier dans la grande chaîne des Cordillères, offrent des fleurons bilabiés disposés de manières diverses, tantôt composant tout un capitule, et y conservant partout la même apparence, tantôt entourés d'un rayon de demi-fleurons ligulés ou bien de fleurons bilabiés plus grands que les autres. Les corolles bilabiées de ces plantes les font appeler *Labiatiflores*.

Fic. 301. — Fleur du *Digitalis purpurea* L. à corolle gantelée (1/1).

On nomme quelquefois *gantelée* ou en doigt de gant (digitaliformis) la corolle des Digitales dont la figure 301 présente un exemple pris sur la Digitale pourprée (*Digitalis purpurea* L.) — Enfin toutes les autres corolles monopétales irrégulières ne sont pas désignées autrement que par cette dernière qualification. Je me bornerai à en citer des exemples; comme celle de la Scabieuse Fleur-de-Veuve (fig. 302), qui est presque bilabiée; celle des Molènes ou *Verbascum* (fig. 303), dans laquelle les lobes diminuent faiblement d'ampleur de l'inférieur aux deux supérieurs; celle des Véroniques (*Veronica*), qui a quatre lobes, l'inférieur

Fic. 302. — Fleur de *Scabiosa atropurpurea* L. à corolle monopétale irrégulière, ayant au limbe cinq lobes fort inégaux (2/1).

grand, le supérieur étroit, les deux autres intermédiaires en grandeur comme en situation.

Configuration des pétales. — Dans les corolles polypétales régulières les pétales sont nécessairement semblables entre eux, et le plus souvent aussi chacun d'eux est équilatéral ou a ses deux moitiés symétriques; cependant la régularité de la corolle existe encore dans certains cas, tous les pétales étant semblables entre eux, bien que chacun d'eux ait une moitié plus développée que l'autre. C'est ce qui a lieu notamment chez la plupart des Malvacées; nous en verrons la cause.

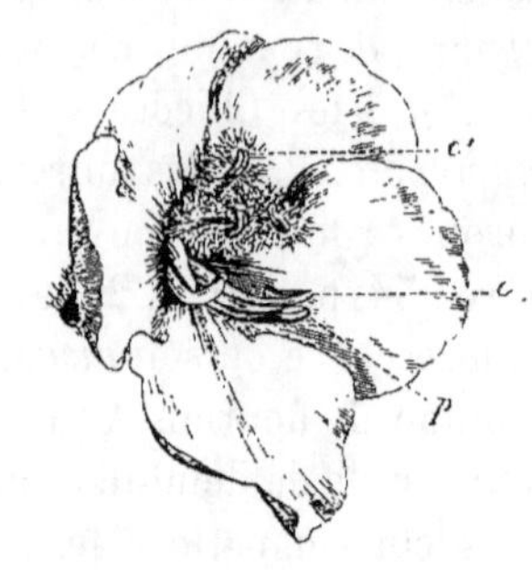

Fig. 303. — Fleur de la Molène Bouillon-blanc (*Verbascum Thapsus* L.), à corolle faiblement irrégulière.— *e*, deux étamines inférieures plus longues que les trois supérieures *e'*, qui sont chargées de poils; *p*, pistil (1/1).

Il existe en outre, soit des organisations, soit des formes de pétales par l'effet desquelles ceux-ci, sans altérer la régularité de la fleur, s'écartent assez de la manière d'être la plus habituelle pour qu'il doive en être donné quelques exemples. Chez les Ombellifères, la ligne médiane de chaque pétale, épaissie, forme intérieurement une forte saillie, extérieurement un sillon; en outre, elle se prolonge souvent en pointe et, dans tous les cas, elle oblige le pétale à se recourber en dedans; de là résulte l'apparence particulière de ces corolles dont on voit, sur la figure 304, un exemple pris sur le Fenouil. — Dans la famille des Renonculacées, on observe différents exemples de pétales petits et de configurations anormales, accompagnant un calyce très-développé et plus ou moins

Fig. 304. — Fleur du Fenouil commun (*Fœniculum officinale* All.) à pétales incurvés (5/1).

pétaloïde. Ainsi, dans les Hellébores, par exemple dans l'*H. odorus* W. et K., figure 305, à l'intérieur d'un calyce de cinq grands sépales, *s s*, se cache un cercle de huit à dix petits corps, *a a*, qui sont regardés comme tout autant de pétales, dont B, figure 305, montre la singulière conformation en pyramide à quatre faces, creuse et pédiculée. Les choses sont presque de même pour l'Éranthide d'hiver (*Eranthis hiemalis* Salisb.; *Helleborus hiemalis* L.), dont le calyce *s s*, figure 306, présente six à huit sépales d'un joli jaune, et dont la fleur est accompagnée d'un involucre *i*, à deux bractées multifides;

seulement chacun des cinq à huit petits corps, *a*, figure 506 A et B, présente à son bord deux lèvres, la supérieure courte, l'inférieure beaucoup plus longue et toutes les deux échancrées. — Enfin dans la Nigelle des champs (*Nigella arvensis* L., fig. 507), les cinq à dix petits corps que leur situation fait regarder comme des pétales ont une conformation encore plus singulière, ainsi qu'on le voit par la figure B (fig. 507). — La singularité de ces formations arrive au plus haut degré chez les

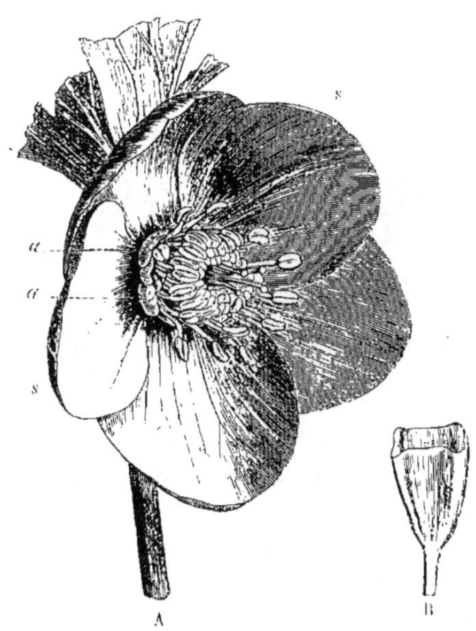

Fig. 505. — *Helleborus odorus* W. et K. — A, fleur dessinée en place; *s s*, calyce; *a a*, pétales (?) anormaux (1/1). — B, un de ces pétales (?) isolé (5/1).

Aconits. On peut prendre, par la vue de la figure 249 B (p. 495), une idée de la singulière conformation qu'offrent les deux corps, *c*, regardés généralement comme les deux pétales de ces plantes, mais dans lesquels il serait plus logique de voir, comme dans les trois cas précédents, des étamines transformées ou déformées, c'est-à-dire ce qu'on nomme des *Staminodes*.

Je terminerai par un mot sur les deux pétales supérieurs du

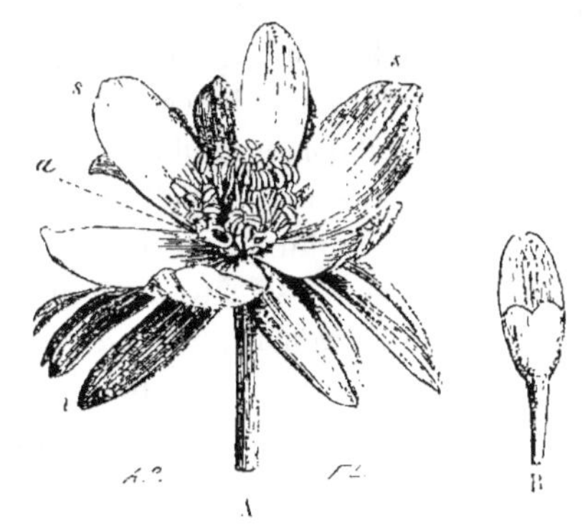

Fig. 506. — *Eranthis hyemalis* Salisb. — A, fleur entière avec son involucre *i*; *s s*, calyce; *a*, pétales (?) (1/1). — B, un pétale (?) isolé (5/1).

Reseda odorata L. (*voy.* fig. 293, p. 514). Comme le montre la figure 308, chacun d'eux est concave et de sa face dorsale s'élève une crête formée de plusieurs filaments un peu renflés en massue.

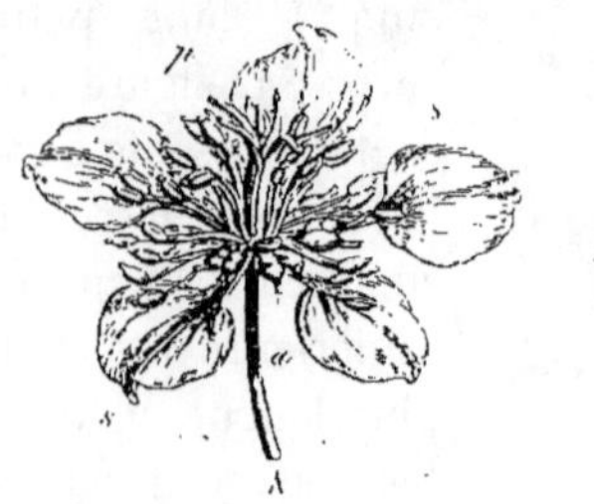

Fig. 307. — *Nigella arvensis* L. — A, fleur entière ; *s s*, calyce ; *a*, pétales ; *p*, pistil (1/1).— B, un pétale (?) isolé (4/1).

Fig. 308. — L'un des deux pétales supérieurs de la fleur du *Reseda odorata* L., vu par sa face interne (6/1).

Coloration de la corolle. — Le vert, qu'on peut regarder comme la couleur normale du calyce, ne se montre qu'exceptionnellement dans la corolle. D'un autre côté, le noir proprement dit n'y existe pas, et ce qu'on y a désigné sous ce nom n'est pas autre chose qu'un rouge pourpre, ou un bleu, ou un brun très-intenses. A part ces deux exceptions, à peu près toutes les couleurs et nuances peuvent se montrer dans cette partie de la fleur et avec une pureté, un éclat admirables. Même certaines fleurs présentent ce fait remarquable qu'elles offrent successivement des colorations différentes : ce sont les fleurs *changeantes*. Tel est l'*Hibiscus mutabilis* L. dont la corolle est blanche le matin, rose pâle à midi et rose vif le soir. Quelques fleurs blanches rougissent quant elles vont se faner ; c'est ce qui a lieu, par exemple, pour les demi-fleurons blancs qui forment le rayon des capitules du petit *Chrysanthemum alpinum* L.

Durée de la corolle. — Cette partie des fleurs n'a le plus souvent qu'une courte durée ; parfois même quelques heures à peine séparent son épanouissement de sa chute. Les Cistes, les Lins, des *Cereus*, etc., sont remarquables sous ce rapport. En général, le moment où la fécondation du pistil s'effectue marque celui où la corolle se flétrit ; c'est l'un des motifs pour lesquels les fleurs doubles, dans lesquelles la transformation des organes reproducteurs en pétales a déterminé la stérilité, durent plus longtemps que les simples. C'est aussi probablement pour le même motif que les fleurs des Orchidées exotiques, qui restent stériles dans nos serres, si elles ne sont fécondées artificiellement, ont une durée en général assez longue, très-longue même pour certaines d'entre elles. — Dans quelques plantes, la corolle se flétrit et sèche sans tomber, ce qu'on exprime en disant qu'elle est *marcescente*.

Anatomie de la corolle. — Cette enveloppe florale ne présente que peu de particularités importantes au point de vue de sa structure anatomique ; on y retrouve à peu près celle du calyce avec une nouvelle simplification. On y observe, en effet, entre un épiderme supérieur et un épiderme inférieur, un mésophylle généralement mince ou même très-mince, surtout au tube dans lequel des nervures déliées parcourent un parenchyme uniforme dont les cellules sont généralement grandes, lâches, et ont les parois minces. Ces nervures se réduisent presque toujours à des trachées peu nombreuses, et finalement isolées, qu'accompagne, seulement dans les troncs principaux, une mince gaîne de cellules médiocrement allongées et peu consistantes. Quant aux deux épidermes, les observations de M. Ad. Weiss et de quelques autres botanistes ont appris que, contrairement à ce qui était admis jusqu'à ces derniers temps, ils portent presque toujours des stomates en général assez peu nombreux, mais parfois abondants. D'un autre côté, les cellules qui les composent sont quelquefois relevées vers l'extérieur en saillies plus ou moins prononcées qui produisent l'effet du velouté si remarquable dans certaines fleurs (*voy*. fig. 51, 52, p. 76). Enfin l'odeur, dont la corolle est le siége essentiel dans la fleur, est due à des huiles essentielles, qui assez souvent s'amassent par places, dans de petits réservoirs visibles même parfois à l'œil nu, comme dans les pétales des Orangers et Citronniers.

La distribution des nervures dans la corolle, de même et mieux encore que celle du calyce, reproduit les différentes sortes de nervations que nous avons observées dans les feuilles (*voy*. p. 525 et suivantes) ; je ne pense donc pas devoir m'en occuper en détail. Toutefois il en existe un cas particulier que je ne puis passer sous silence. Tandis que, dans la plupart des corolles, une nervure médiane existe dans chaque pétale, qu'il soit libre ou soudé à ses voisins, dans les Composées il n'existe rien de pareil, ou bien quand cette nervure médiane existe, elle a une origine fort singulière. En effet, dans la corolle monopétale quinquédentée de ces plantes, on voit seulement cinq nervures qui correspondent aux sinus. Chacune d'elles, arrivée au bas de l'un de ces intervalles entre les dents ou les lobes, se divise en deux branches qui se dirigent le long des bords de ceux-ci pour en atteindre le sommet.

Là tantôt elles se terminent, et tantôt elles se joignent en un tronc unique, qui descend dès lors le long de la ligne du milieu, imitant une nervure médiane, mais dirigée de haut en bas, et non pas de bas en haut, comme de coutume. C'est pour rappeler cette disposition caractéristique, dans laquelle les nervures suivent le contour des pétales, au lieu d'en indiquer le milieu, que Cassini donnait aux Composées la qualification de *Névramphipétales*, c'est-à-dire ayant les nervures autour des pétales.

Rôle de la corolle. — Ce verticille floral est le moins important de tous. Comme organe protecteur des parties plus internes, il n'agit que bien faiblement par suite de la délicatesse de son tissu, excepté dans les cas fort rares où il supplée à l'insuffisance du calyce, comme dans la Vigne. D'un autre côté, on ne lui connaît pas d'utilité spéciale, si ce n'est peut-être dans les fleurs où, par certains points de son tissu, elle sécrète un liquide sucré qui attire les insectes, auxiliaire puissant et quelquefois indispensable pour le transport du pollen sur le stigmate.

ARTICLE III. -- PÉRIANTHE DES MONOCOTYLÉDONS.

Son état. — Lorsque la fleur des Monocotylédons est munie d'un périanthe, cette enveloppe s'y montre avec des caractères particuliers qui l'ont fait considérer par les botanistes de manières diverses. A peu d'exceptions près, il offre six folioles, soit libres, soit plus ou moins soudées entre elles, entre lesquelles il n'existe pas, dans la plupart des cas, de dissemblance prononcée ni pour la substance, ni pour la coloration. C'est ainsi qu'il se montre, par exemple, dans la Tulipe des jardins (*Tulipa Gesneriana* L.), dont

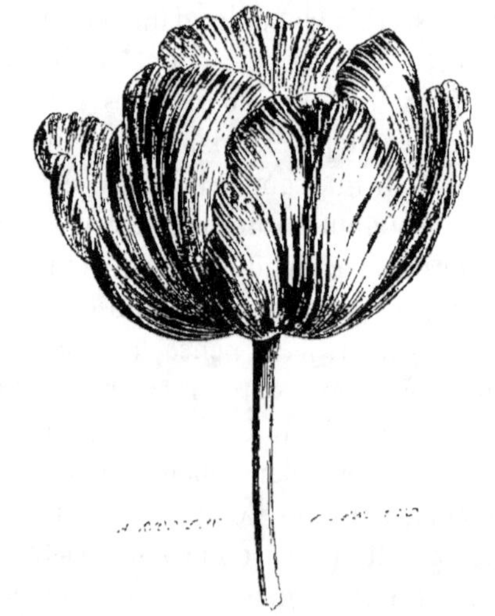

Fig. 509. — Fleur d'une variété cultivée de la Tulipe des jardins (*Tulipa Gesneriana* L.) (2/3).

la figure 509 représente une fleur, et alors il semble ne former qu'une enveloppe unique en raison de la similitude qu'ont entre elles ses parties constitutives. Mais il n'en est pas toujours de même chez d'autres Monocotylédons, tels, par exemple, que la Commélyne de Virginie (*Commelyna virginica* L.), dont on voit une fleur entière sur la figure 510 ; ici, en effet, on distingue avec une parfaite netteté un rang externe comprenant trois petites folioles *s*, de texture et de couleur entièrement foliacées, et un rang interne formé de trois folioles plus grandes, beaucoup plus délicates et vivement colorées.

Fig. 510. — Fleur du *Commelyna virginica* L. — *s*, ses trois folioles extérieures vertes et petites ; *c*, ses trois folioles intérieures pétaloïdes et grandes (2 1).

Dans ce dernier cas, qui est celui de toutes les autres plantes de la famille des Commélynacées et de celle des Alismacées, il n'est guère possible de contester qu'il n'existe un calyce de trois sépales et une corolle de trois pétales ; mais, dans le premier, dans lequel rentrent toutes les Liliacées, Iridées, Amaryllidées, etc., diverses considérations semblent autoriser la même interprétation.

En effet, on voit sans peine, par l'exemple de la Tulipe, que les six folioles du périanthe sont rangées également en deux verticilles distincts et alternes entre eux : trois sont extérieures et forment d'abord l'enveloppe du bouton ; en outre, elles diffèrent presque toujours des trois autres, qui composent le verticille intérieur, sous quelque autre rapport que leur situation, comme par leurs dimensions, leur configuration, leur texture assez souvent un peu plus ferme, ou leur coloration plus pâle, etc.

Je crois donc, au total, que tout appuie l'opinion des botanistes de nos jours, qui admettent, en général, que la fleur des Monocotylédons possède, dans son type ordinaire, un calyce de trois sépales et une corolle de trois pétales, l'un et l'autre tantôt polyphylles, tantôt monophylles, tantôt même soudés l'un à l'autre en une enveloppe unique dont néanmoins alors les dents ou les lobes sont les uns externes, les autres internes.

Historique. — Avant que cette manière de voir devint dominante, les botanistes avaient émis des opinions fort diverses relativement au périanthe des Monocotylédons. Se basant sur les rapports que cette enveloppe peut avoir avec l'ovaire, Tournefort la nommait calyce dans les Iris et les Narcisses, tandis qu'il l'appelait corolle dans la Tulipe et la Jacinthe. Linné prenant pour motif de sa détermination tout arbitraire la coloration et l'aspect pétaloïde, admettait l'existence d'un calyce et d'une corolle dans le cas de la Commélyne (fig. 510), des *Alisma, Sagittaria, Hydrocharis*, une corolle seulement dans celui de la Tulipe (fig. 509), des Lis, Amaryllis, Iris, etc., enfin un calyce uniquement, lorsque, comme dans les Joncs, les six folioles sont vertes et semblables. Jussieu, après avoir caractérisé la corolle en général par sa grande affinité avec les étamines et sa situation le plus souvent alterne avec elles, par son peu de durée et son indépendance de l'ovaire, se trouvait conduit à nommer calyce toute enveloppe florale qui offrait des caractères différents, et par suite le périanthe des Monocotylédons. Aug. Saint-Hilaire se rangeait presque entièrement à l'opinion de Linné, en essayant de l'appuyer sur des arguments qui me semblent peu décisifs. Enfin, aujourd'hui encore, d'autres auteurs, aimant mieux tourner la difficulté que de la lever, désignent l'enveloppe florale dont il s'agit sous un nom qui ne préjuge rien sur sa nature, celui de *Périgone*, et ils en nomment les pièces *Tépales*, mot qui amène assez souvent des confusions par sa grande ressemblance avec celui de pétales.

Labelle. — Chez certains Monocotylédons, spécialement chez les Orchidées, celui des trois pétales qui, dans l'état normal, se trouve au côté supérieur, mais que rend inférieur un renversement de direction presque habituel dans la fleur de ces plantes, revêt des formes spéciales et prend en général un développement plus considérable que les deux autres. On le distingue en le nommant *Labelle* ou *Tablier* (Labellum). Cependant, même chez quelques Orchidées (*Paxtonia, Isochilus*), le labelle ne diffère en rien des deux autres pétales. — Chez les Zingibéracées et les Marantacées ou Cannacées, il existe aussi un labelle, mais qui paraît résulter d'étamines transformées et réunies, et auquel, pour ce motif, M. Lestiboudois donne le nom de *Synème* (Synema).

<hr>

CHAPITRE IX

ORGANES REPRODUCTEURS

ARTICLE PREMIER. — ANDROCÉE ET ÉTAMINES.

Nous avons vu (p. 450) que l'organe qui forme le troisième verticille floral est l'*Étamine* (stamen), et que ce verticille lui-même, considéré dans son ensemble, a reçu le nom d'*Androcée* (androcium, androceum Roep.) Nous devons maintenant étudier ce verticille et les organes qu'il réunit.

§ 1. — Étamine en général.

Ses parties. — Une étamine complète se divise, avons-nous vu (p. 430), en deux portions nettement distinctes, le *Filet* ou *Filament* et l'*Anthère*. Celle-ci, à son tour, produit à son intérieur une troisième partie, le *Pollen*, qui en sort, lorsque la fleur est bien formée, à l'état d'une poussière généralement jaune. — Le pollen est l'agent essentiel de la fécondation, et comme c'est dans l'anthère qu'il se forme, celle-ci est, par suite, la partie la plus importante de l'étamine. Quant au filet, il est pour cet organe mâle ce qu'est le pétiole pour la feuille, c'est-à-dire un simple support sans fonctions tant soit peu importantes; aussi devient-il assez souvent fort court ou même manque-t-il tout à fait, laissant alors l'anthère *sessile*. Dans certaines fleurs, au contraire, il acquiert une longueur considérable, par cela seul que le pistil s'allonge beaucoup ou que le périanthe devient longuement tubuleux.

Dans la feuille transformée en étamine, le pétiole a donné le filet et le limbe a formé l'anthère.

Organisation des parties de l'étamine. — L'organisation du filet est fort simple, puisqu'il forme un corps solide et plein, mais il en est autrement de l'anthère. Examinée de face, par exemple sur les deux figures 511 et 512 qui en représentent deux fort différentes de contour, elle se montre divisée par un profond sillon médian ou primaire en deux moitiés symétriques, dont chacune, à son tour, est parcourue par un sillon longitudinal moins profond et secondaire. A l'état de développement complet, sur ces deux exemples qui reproduisent la manière d'être la plus habituelle dans cet organe, chacune des deux moitiés est creusée d'une cavité unique ou *Loge* (loculus), et

Fig. 511. — Étamine jeune de *Dianella*. — *fl*, filet; *a*, son épaississement terminal; *an*, l'anthère (15/1).

Fig. 512. — Étamine du Persil (*Petroselinum sativum* Hoffm.). — *fl*, filet; *an*, anthère (15/1).

une cloison pleine appelée *Connectif* (connectivum, de *connectere*, joindre, attacher), placée au fond du sillon médian, sépare ces deux cavités l'une de l'autre, d'où il résulte que l'anthère est à deux loges ou *biloculaire* (a. bilocularis). Quant aux sillons latéraux, ils indiquent les deux lignes où les deux loges s'ouvriront sur toute leur longueur pour donner issue au pollen. On peut prendre une idée de cette organisation par la figure 313 qui représente la coupe transversale d'une anthère déjà ouverte du *Lilium superbum* L. Ici la masse solide où se trouvent les deux moitiés du faisceau vasculaire *fv*, est le connectif, à droite et à gauche duquel se trouvent les deux loges dont les parois se sont fendues en *a* et se sont même ensuite recourbées en dedans. J'ajouterai que, dans un état beaucoup moins avancé,

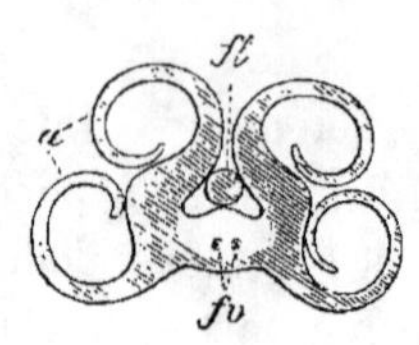

Fig. 313. — Coupe transversale d'une anthère du *Lilium superbum* L. qui a déjà ouvert ses deux loges, mais sans laisser encore sortir son pollen. — *a*, ligne latérale où la loge s'est ouverte; *fv*, faisceau vasculaire qui parcourt le connectif dans sa longueur; *fl.* coupe transversale du filet dont le haut est logé ici au fond du sillon médian (6/1).

chacune des deux loges était divisée en deux *Logettes* (locelli), grâce à une cloison secondaire qui aboutissait à la ligne marquée par le sillon latéral où s'est opérée la fente sur la figure 313.

Quoique de beaucoup la plus ordinaire, cette organisation n'est pas celle de toutes les anthères ; il en est qui s'en écartent notablement, soit quant au nombre des loges, soit quant à la manière dont elles s'ouvrent pour laisser sortir le pollen, c'est-à-dire à leur *déhiscence* ou *anthèse*, soit aussi quant à l'épaisseur de leur connectif.

1° Il existe un assez grand nombre d'anthères à une seule loge ou *uniloculaires* (Épacridées, Polygalées, Malvacées, etc.), et par conséquent sans connectif; au contraire, d'autres sont *quadriloculaires*, ou à quatre loges, qui sont alors généralement superposées par deux de chaque côté du connectif. C'est ce qui a lieu chez diverses Laurinées, notamment chez le Cannellier (*Cinnamomum zeylanicum* Breyn.), ainsi

Fig. 314. — Étamine du Cannellier (*Cinnamomum Zeylanicum* Breyn.) quadriloculaire, accompagnée à sa base de deux étamines imparfaites *e' e'*; *a a'*, valvules par lesquelles s'ouvrent les loges (15/1).

que le montre la figure 314. Enfin M. J. Müller a signalé récemment l'existence d'anthères triloculaires dans le genre *Pachystemon* Wight, de la famille des Euphorbiacées.

2° La plupart des loges s'ouvrent par une fente qui s'étend dans toute leur longueur; mais, pour certaines, la fente ne se forme que sur une faible étendue à partir du sommet, ce qui éta-

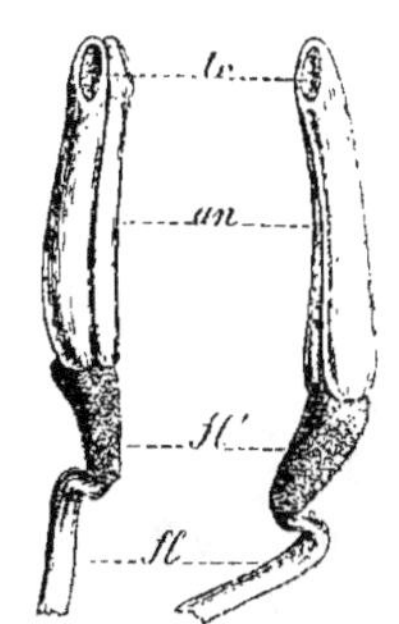

Fig. 515. — Étamine adulte du *Dianella cærulea* Sims, vue dans deux positions. — *tr*, les deux pores terminaux de son anthère *an*; *fl*, filet aplati et formant crochet sous son épaississement supérieur velu *fl'*.

blit la transition avec celles où elle devient un *pore* terminal, comme on le voit en *tr* sur la figure 515. La Pomme de terre (*Solanum tuberosum* L.) et toutes les autres espèces du genre *Solanum*, le plus nombreux qui existe, présentent d'excellents exemples de cette déhiscence *apicilaire* ou s'opérant par le sommet. Dans certains cas, on ne voit qu'un seul pore au sommet d'une anthère à deux loges, et même cette ouverture unique s'ouvre quelquefois au fond d'un appendice tubulé que le pollen doit parcourir pour arriver au dehors (Mélastomacées). — Un autre genre fort singulier de déhiscence est celui dans lequel tout un côté de la paroi de la loge se détache et se soulève comme une soupape ou une *valvule*, en restant fixée par un point de son contour comme par une charnière. L'Épine-vinette commune (*Berberis vulgaris* L.), et presque toutes les autres espèces de la famille des Berbéridées, présentent, à cet égard, l'organisation que montre la figure 516, tandis que la figure 514 nous montre une anthère où chacune des quatre loges a sa valvule.

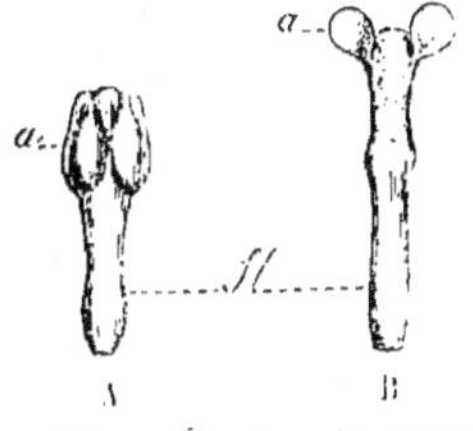

Fig. 516. — Étamine du *Berberis vulgaris* L. — A, étamine entière montrant en *a* les deux valvules par lesquelles s'ouvriront les deux loges. — B, étamine avec l'anthère ouverte et les deux valvules, *a*, soulevées; *fl*, filet (4/1).

3° Quant au connectif, toutes les fois que les deux moitiés d'une anthère biloculaire (ou ses *lobes*, comme on les appelle assez souvent) sont accolées l'une à l'autre, il forme une simple cloison mince entre les loges; parfois même il peut être plus court que celles-ci, qui se prolongent en cul-de-sac au-dessous ou au-dessus de lui; l'anthère peut devenir ainsi bifide à son sommet et à sa base; dès lors, lorsque la dessiccation agit sur elle après la sortie du pollen, elle semble se fendre aux deux bouts et prend la forme d'un X. C'est ce qu'on voit surtout chez les Graminées, dont les anthères, avant et après l'écartement des deux extrémités de leurs loges, présentent l'aspect que montre, en A et en B, la figure 517. — Chez quelques plantes, le connectif prend, dans le sens horizontal, un développement assez considérable pour séparer largement les deux loges l'une de l'autre ; lui-même a, dans ce cas, relativement au filet qu'il surmonte, l'apparence d'un

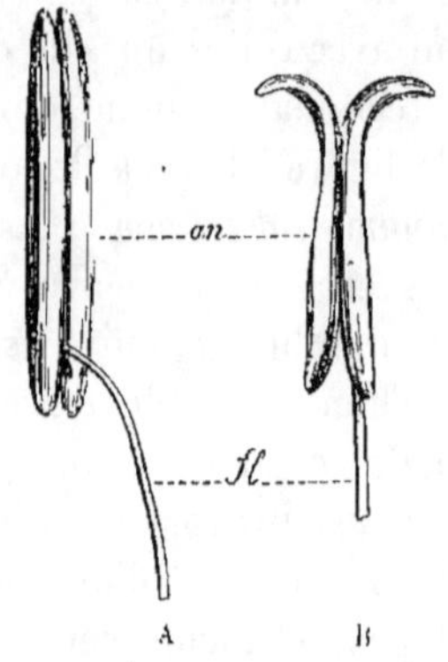

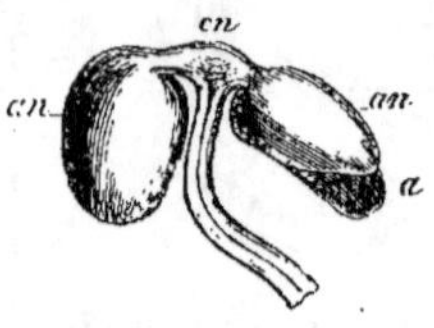

Fig. 517. — Étamine du *Lolium perenne* L. — A, avant la sortie du pollen, ses deux loges appliquées l'une contre l'autre. — B, après la sortie du pollen, les deux loges écartées aux deux bouts où ne s'étend pas le connectif (15/1).

Fig. 518. — Étamine du *Mercurialis annua* L. — *an*, *an*, les deux loges de l'anthère, dont l'une est ouverte en A, portées par un long connectif transversal *cn*. On a dessiné, vu par transparence, le faisceau vasculaire qui parcourt le filet (24/1).

fléau de balance posé sur la colonne qui le porte, et les loges semblent suspendues à ses deux extrémités comme les deux plateaux aux deux bouts du fléau. On voit un exemple de cette disposition dans l'étamine de la Mercuriale annuelle que représente la figure 318. Ce développement du connectif arrive à son maximum dans les Sauges (*Salvia*), où il se complique de la déformation de l'une des deux loges et de l'atrophie de deux étamines sur quatre. Ainsi, dans la Sauge éclatante (*Salvia splendens* Ker.), si l'on ouvre le tube de la corolle et qu'on l'étale, comme on l'a fait pour obtenir la figure 319, on y remarque deux grandes étamines dans lesquelles le connectif *cn* s'est développé en un corps grêle et allongé, posé par son milieu et transversalement sur le sommet du filet *fl*. L'extrémité supérieure de ce connectif porte la seule loge qui contienne du pollen, *an*, tandis que son extrémité inférieure n'offre qu'un faible épaississement coloré, unique reste de la seconde loge déformée et stérile. Enfin on y remarque encore

Fig. 519. — Tube de la corolle du *Salvia splendens* Ker. fendu et étalé pour montrer les quatre étamines dont deux *c'* sont rudimentaires ; dans les deux autres, *fl* est le filet ; *cn*, le connectif ; *an*, la seule loge pollinifère (à peu près 1/1).

deux forts petits corps en crochet grêle, *e'*, seuls vestiges des deux autres étamines qui se sont arrêtées dès les premiers temps de leur formation et qui sont ainsi restées rudimentaires.

Forme des étamines. — La forme générale des étamines résulte nécessairement de celle de leur filet et principalement de leur anthère.

Le filet est le plus souvent grêle et cylindrique, comme dans la figure 518 : il devient même parfois *capillaire* ou grêle comme un cheveu (fig. 317). Ailleurs il s'aplatit, au moins partiellement,

en ruban (fig. 315), ou même il se creuse un peu en gouttière (fig. 320). Quelquefois il s'étend en lame ou devient, dans quelques cas, pétaloïde (*voy.* fig. 197, p. 446). Quant à la manière dont il se façonne et se dispose à sa partie supérieure pour supporter l'anthère, tantôt il conserve son diamètre ou s'élargit plus ou moins (fig. 518), et peut même devenir *claviforme*, c'est-à-dire s'épaissir en massue (*Thalictrum, Nerium Oleander* L., fig. 523), et tantôt il

Fig. 520. — Étamine du *Lopezia racemosa* Cav., à anthère ovoïde et filet en gouttière, subulé au sommet (6/1).

s'amincit en poinçon ou alène, ce qu'on exprime en disant qu'il est *subulé* (fig. 320). Dans ce dernier cas, on le voit parfois enfoncer sa pointe dans un enfoncement creusé à la base de l'anthère, ou bien la cacher sur une assez grande longueur dans le sillon médian, entre les loges proéminentes (Lis, fig. 313, p. 527).

Sa forme se complique quelquefois soit par des renflements successifs qui le rendent *noueux* (nodosum) ou en chapelet, comme celui des étamines stériles du *Sparmannia*, soit par une petite pointe latérale ou dent saillante qui le rend *denté* (dentatum) et qui se montre tantôt vers son milieu (*Crambe*), tantôt vers sa base (Romarin), tantôt vers son extrémité, de manière à le faire paraître fourchu (*Brunella*). Il peut même former à sa base une expansion terminée par trois pointes dont la médiane porte l'anthère, tandis que l'une des deux latérales, dans l'Ail commun (*Allium sativum* L.), s'allonge en un filament grêle, contourné comme une petite vrille. On le dit alors *tricuspidé* (tricuspidatum). Enfin, on

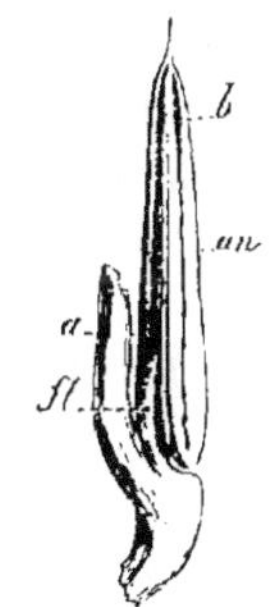

Fig. 521. — Étamine entière du *Borrago officinalis* L. vue de profil. — *fl*, filet plus court et plus grêle que son appendice *a*; *an*, anthère (3/1).

le voit porter un long appendice dorsal dressé, ou une corne (*a*, fig. 321), qui le fait qualifier de *corniculé* ou à bec (corniculatum v. rostratum) dans la Bourrache (*Borrago officinalis* L.).

La forme générale de l'anthère varie notablement; elle est le plus souvent *ovoïde* ou *ellipsoïde* (fig. 320) ou *oblongue* (fig. 317, A), et devient même parfois *linéaire*, tandis qu'ailleurs elle se raccourcit beaucoup, au point d'être *globuleuse* ou même plus large que longue, et de paraître alors formée de deux moitiés globuleuses qui se seraient plus ou moins fondues ensemble (fig. 312, p. 526, et autres Ombellifères); on exprime ce dernier état en l'appelant *didyme* (didyma). Dans quelques plantes, elle devient *cordiforme*, *sagittée*, etc. Mais ce qui contribue le plus essentiellement à lui donner des formes insolites c'est la présence d'appendices dus à des prolongements du connectif. En effet, dans la plupart de ces derniers cas, celui-ci dépasse le haut des loges, et forme au sommet de l'anthère une pointe ou une expansion membraneuse plus ou moins étendue. Les étamines des Composées offrent de très-nombreux exemples de ces expansions terminales; on en voit un aussi sur celles de la Pensée des Alpes (*Viola tricolor* L., var. *alpestris* DC.), dont la figure 322 représente les organes reproducteurs. Ici même il existe, en outre, deux sortes de prolongements en forme de longue queue, *a*, qui partent du bas du connectif des deux anthères situées au côté supérieur de la fleur.

Parfois ce sont les loges qui se prolongent elles-mêmes en *pointes* ou *cornes*, au nombre tantôt d'une pour chacune, d'où les anthères *bicornes* de beaucoup de Bruyères, des Arbousiers (*Arbutus*), etc.; tantôt, et beaucoup plus rarement, de deux pour chaque loge, ce qui donne les anthères *quadricornes* du *Gaultheria*.

Une anthère extrêmement singulière est celle du Laurier-rose (*Nerium Oleander* L.) qu'on voit représentée

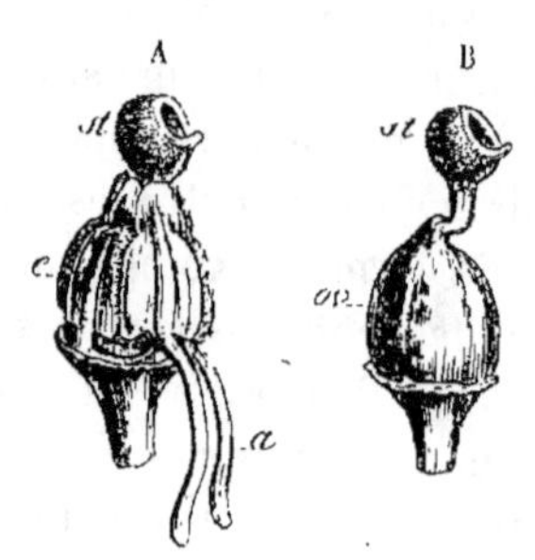

Fig. 322. — Organes reproducteurs du *Viola tricolor* L. *alpestris* DC. — A, leur ensemble : *e*, les cinq étamines à filet très-court, et l'anthère munie d'un appendice terminal; les deux supérieures offrent un long appendice basilaire *a* du connectif; *st*, extrémité du pistil. — B, pistil mis à découvert : *ov*, ovaire; *st*, stigmate (5/1).

de profil sur la figure 323. Elle est portée sur un filet renflé vers le haut en massue, et le long duquel descendent ses deux loges, *an*, libres, en forme de cornes; enfin, son connectif se prolonge supérieurement en un filet hérissé de poils, environ deux fois plus long qu'elle, et qui s'épaissit peu à peu jusqu'à son extrémité obtuse.

Attache et orientation de l'anthère. — Beaucoup d'anthères tiennent par leur base au sommet du filet, et sont dès lors *basifixes* (fig. 315, 320); mais il en est aussi un assez grand nombre qui se fixent à l'extrémité du filet par un point plus ou moins voisin du milieu de leur longueur, et qu'on désigne, pour ce motif, par l'épithète de *médifixes*. Celles-ci changent ordinairement de direction lorsque la fleur s'épanouit : elles étaient dressées dans le bouton ; mais le périanthe, quand il s'est ouvert, ne les retenant plus, elles oscillent en général sur leur support, au bout duquel elles se dirigent alors obliquement ou horizontalement, comme le montre, pour le Lis superbe, la figure 182, A, B (p. 451). Quelquefois même elles se renversent entièrement, leur point d'attache se trouvant assez bas pour que le poids de leur portion supérieure les entraîne. Les anthères qui changent ainsi de direction, par suite de leur mobilité sur le filet, sont dites *oscillantes* ou *vacillantes* (versatiles, vacillantes). Enfin, il y a quelques anthères qui tiennent au bout du filet, si près de leur sommet, qu'elles pendent de celui-ci ; Richard les nommait *apicifixes*. Telles sont celles des Pyroles et du *Westringia*.

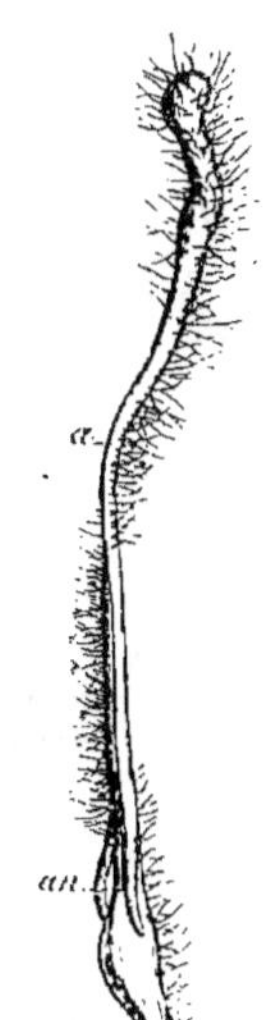

Fig. 525. — Étamine du *Nerium Oleander* L. — *fl*, filet renflé en massue ; *an*, loges de l'anthère longuement prolongées en cornes vers le bas; *a*, long prolongement terminal du connectif (5/1).

L'anthère, chez certaines plantes, a ses deux loges *latérales*, c'est-à-dire placées exactement à droite et à gauche d'un connectif aussi épais en avant qu'en arrière ; mais le plus ordinairement ce corps est plus mince du côté du centre de la fleur que vers l'extérieur ; sa section transversale devient ainsi plus ou moins nettement triangulaire. Il en résulte que les loges qui occupent ses deux côtés sont rapprochées l'une de l'autre vers son bord mince, au point même de le cacher. Le côté de l'anthère où les deux loges sont rapprochées entre elles est sa *face* ; son *dos* est celui où l'écartement de ces mêmes loges laisse voir le connectif à découvert. Ainsi, sur la coupe transversale de l'anthère du Lis que montre la figure 313 (p. 527), les lettres *fv* se trouvent le long du dos, les lettres *fl* devant la face. De même, les figures 311, 312, 320, montrent la face de l'anthère. — Ordinairement les anthères tournent leur face vers le centre de la fleur où est le pistil ; elles sont alors *introrses* (a. introrsæ, anticæ), comme dans la fleur de la Garance dont la figure 324 montre la coupe ; mais ailleurs (Iridées, diverses Renonculacées, presque toutes les Buttnériacées, les Calycanthées, etc.) elles tournent, au contraire, leur dos vers le pistil, et sont, dans ce cas, *extrorses* (a. extrorsæ, posticæ). Telles

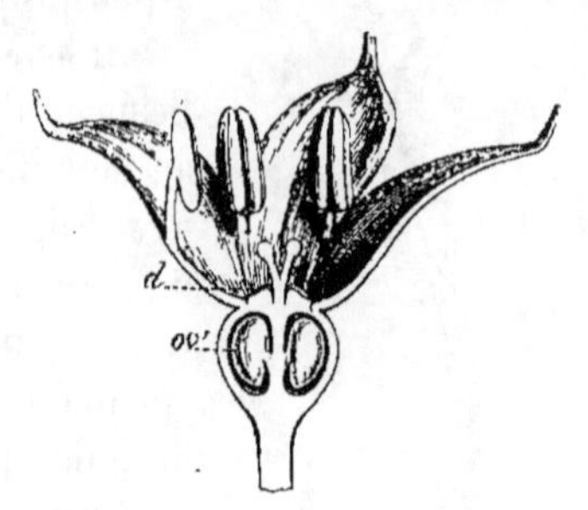

Fig. 324. — Fleur de la Garance tinctoriale (*Rubia tinctorum* L.) coupée longitudinalement et montrant ses anthères introrses. — *ov'*, ovules ; *d*, disque (8/1).

sont celles que montrent les figures 325 et 326. Pour reconnaître

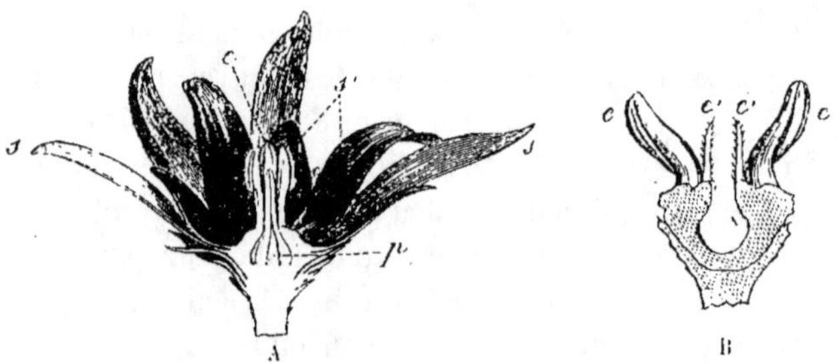

Fig. 325. — Fleur du *Chimonanthus fragrans* Lindl. coupée longitudinalement. — A, coupe entière ; *s*, grands sépales jaunâtres ; *s'*, sépales brunâtres plus petits ; *e*, étamines fertiles extrorses ; *p*, pistils (un peu grossis). — B, portion de cette coupe, les pistils et le calyce enlevés ; *e*, étamines fertiles ; *e'*, étamines très-imparfaitement formées (5/1).

sûrement l'orientation des anthères, quand elles sont oscillantes, il faut les examiner dans le bouton, à cause du renversement qu'elles subissent d'ordinaire au moment de l'épanouissement. Plusieurs Laurinées réunissent, dans la même fleur, des étamines orientées de ces deux manières : celles qui forment le rang extérieur sont introrses, tandis que celles du rang intérieur sont extrorses.

Rapports des étamines entre elles. — Ces rapports peuvent être de deux sortes principales : 1° de longueur relative ; 2° d'indépendance ou de soudure réciproque.

1° *Rapports de longueur.* — Les étamines d'une fleur sont souvent égales ou presque égales en longueur ; parfois aussi, il existe entre elles, sous ce rapport, une inégalité qui résulte essentiellement de celle des filets. Les cas de cette inégalité sont assez divers ; cependant deux d'entre eux seulement ont semblé à Linné avoir une telle importance qu'il en a tiré le caractère essentiel pour deux classes de son système de classification des plantes, et que, dès lors, ils ont reçu une dénomination dérivée de celle de ces deux classes linnéennes. Dans le premier de ces deux cas, sur quatre étamines que possède la fleur, il y en a deux plus longues que les deux autres, d'où a été tirée l'épithète de *didynames* (δύο, deux, et δύναμις, puissance, grandeur) ; dans le second, les étamines sont *tétradynames* (τέτρα, quatre), parce que sur six, il en est quatre plus longues que les deux autres. Presque toutes les plantes appartenant aux familles des Labiées, Scrofulariacées, etc., ont des étamines didynames ; celles de la famille des Crucifères doivent l'un de leurs caractères les plus essentiels à leurs étamines tétradynames. — Parmi les autres cas d'inégalité, qui n'ont pas reçu de dénomination spéciale, je citerai les suivants :

On voit souvent dans les fleurs qui, avec cinq pétales, possèdent dix étamines (*Dianthus*, *Silene*, etc.), cinq de ces organes placés au-devant des pétales, ou, comme on le dit, *opposés* aux pétales ou encore *oppositipétales*, différer notablement en longueur des cinq autres qui sont *alternes* à ces mêmes pétales ou *alternipétales*, c'est-à-dire correspondant aux cinq intervalles entre ceux-ci. — Dans la fleur des Casses, comme le montre la figure 326, il y a deux étamines beaucoup plus grandes que les autres. — Dans celles des Molènes (*Verbascum*), sur cinq étamines (voy. fig. 305, p. 519), les deux étamines inférieures sont beaucoup plus longues que les trois supérieures dont les filets sont en outre chargés de longs poils colorés.

Fig. 326. — Fleur du *Cassia floribunda* Cav. montrant deux étamines *e* beaucoup plus grandes que les autres *e'* ; *e''*, trois étamines stériles ; *c*, corolle ; *p*, pistil (1/1).

2° *Rapports d'adhérence.* — Dans la plupart des plantes, les étamines sont entièrement distinctes et séparées les unes des autres ; mais, dans certaines, elles se soudent entre elles, ainsi que nous avons vu que le font fréquemment les pièces des deux premiers verticilles floraux. Comme elles ont pour parties constitutives un

filet et une anthère, leur adhérence réciproque s'établit tantôt
entre leurs filets, tantôt entre leurs anthères, tantôt enfin, et beaucoup plus rarement, entre ces deux parties à la fois.

A. Les étamines soudées entre elles par les filets sont qualifiées d'*adelphes* (ἀδελφός, frère, c'est-
à-dire unies comme des frères) ; de là on
les dit *monadelphes* quand tous les filets
sont unis ainsi en un seul corps, sur une
longueur plus ou moins grande, comme
dans le *Lysimachia vulgaris* L., dont la
figure 327 représente la fleur, comme
surtout dans les Malvacées, etc. Elles sont
diadelphes, lorsque la soudure s'opère
de manière qu'elles forment deux faisceaux ou *Phalanges*, comme dans la
Fumeterre commune (*Fumaria officinalis* L.), où la figure 328 montre qu'il

Fig. 327. — Fleur du *Lysimachia vulgaris* L., à étamines mona-delphes à leur base (2/1).

existe six étamines sou-
dées en deux phalanges semblables.
Il est rare, toutefois, que les phalanges soient ainsi égales ; le plus
souvent même elles sont fort inégales ; ainsi, dans la grande famille
des Légumineuses, la fleur a le plus
souvent dix étamines, parfois monadelphes, plus ordinairement diadelphes, dont alors neuf forment une
seule phalange profondément ployée
en gouttière, tandis que la dixième,
située en dessus, constitue seule l'autre phalange. On voit cette disposition
sur la figure 329. — Lorsque les filets
s'unissent en formant plus de deux
phalanges, soit trois comme chez la
généralité des Millepertuis (*Hypericum*), soit cinq (*Melaleuca*), soit davantage, on comprend tous ces divers

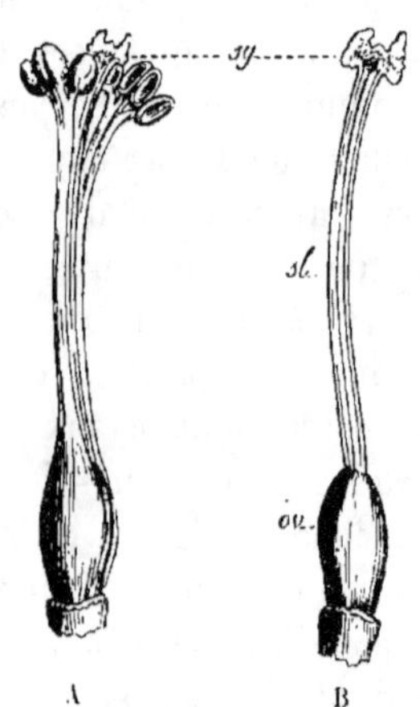

Fig. 328. — Organes reproducteurs du *Fumaria officinalis* L. — A, tous en-semble ; on voit les deux phalanges d'étamines recouvrant le pistil. — B, ce pistil isolé : *ov*, ovaire ; *sl*, style ; *sy*, stigmate (12/1).

états sous la désignation commune d'étamines *polyadelphes*.

Quelques botanistes nomment spécialement *Androphore* (Andro-
phorum, c'est-à-dire support des organes mâles) le corps qui résulte de la soudure de deux ou plusieurs filets. Je ferai observer
qu'Endlicher substitue à ce mot celui de *Synème* (synema) dont

Richard et M. Lestiboudois (voy. p. 525) ont fait, chacun de son côté, une application différente.

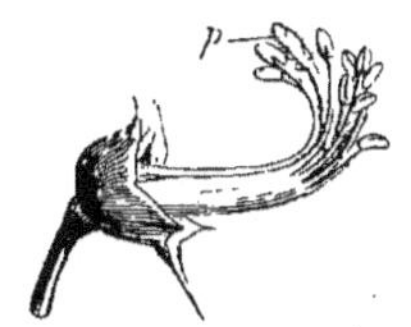

Fig. 329. — Calyce et organes re-producteurs du *Lathyrus latifo-lius* L.; dix étamines diadelphes; *p*, extrémité du pistil (1/1).

B. Les étamines peuvent s'unir par les anthères, leurs filets restant libres. On les dit alors *syngénèses* ou *synan-thérées* (σύν, avec, indiquant l'union et γένεσις, naissance, génération, c'est-à-dire nées, formées ensemble), mots qu'on emploie aussi pour désigner les plantes dont la fleur présente cette par-ticularité (Composées). Déjà les cinq anthères des Violettes (*voy.* fig. 322, p. 531) ont entre elles une certaine adhérence; cette adhérence devient un peu plus prononcée entre celles de la Balsamine (fig. 330) et surtout entre celles de toutes les plantes de la vaste famille des Composées pour laquelle cette particularité est un caractère essentiel. Dans celles-ci, les cinq anthères, généralement oblongues ou même linéaires, forment par leur union un tube (*voy.* fig. 300 A, p. 517) que doivent traverser les stigmates pendant que l'allongement graduel du style les sou-lève de plus en plus ; or, les anthères qui forment ce tube s'ouvrant en dedans, il s'ensuit que le stigmate balaye en quelque sorte le pollen, et s'en charge.

Fig. 330. — Organes reproduc-teurs du *Balsamina hortensis* Desp.; cinq anthères adhé-rentes entre elles (5/1).

Je ferai observer que l'adhérence des anthères, n'est jamais très-forte et, dans tous les cas, ne constitue pas une confluence complète, comparable à celle qu'ont subie les filets dans les étamines adelphes. Les an-thères ont été, pendant les premiers temps de leur développe-ment, libres et distinctes ; venant plus tard à se toucher, elles se sont collées, mais sans confondre leurs tissus, de telle sorte qu'on peut toujours les décoller artificiellement sans les déchirer.

C. Dans un fort petit nombre de plantes les étamines contrac-tent adhérence entre elles à la fois par leurs filets et leurs anthè-res. On peut voir, dans le *Lobelia cardinalis* dont une fleur entière est représentée sur la figure 297 (p. 517), un exemple de ces étamines (5) complétement unies.

Cette dernière manière d'être des étamines explique les parti-cularités d'organisation qu'offrent certaines plantes. Ainsi, 1° les fleurs des Saules ayant généralement deux étamines, dont l'anthère est biloculaire, une de leurs espèces, nommée, pour ce motif, Saule à une étamine (*Salix monandra* Ard.) n'offre qu'un filet surmonté d'une anthère à quatre loges dont on s'explique très-bien l'existence par la fusion complète des deux étamines normales en un seul tout continu. — 2° Les botanistes modernes ont pour la plupart expliqué d'une manière analogue la singulière configuration des étamines dans la généralité des Cucurbitacées (Courges, Melons, Bryones, etc.). Chez la Bryone dioïque (*Bryonia dioica* L.) par exemple, avec un calyce et une corolle, qui ont chacun cinq divisions, il n'existe que trois étamines remarquables par leur anthère sinueuse et contournée, dont deux ont la forme de celle qu'on voit en A, fig. 331, tandis que la troisième est représentée en B. On a pensé que chacune des grandes étamines provenait de la soudure de deux semblables à B ; d'où il résulterait que la fleur de ces plantes posséderait en réalité cinq étamines uniloculaires, unies de manière à ne former que trois pièces. Mais M. B. Clarke, en 1858, et plus récemment M. Naudin qui, depuis

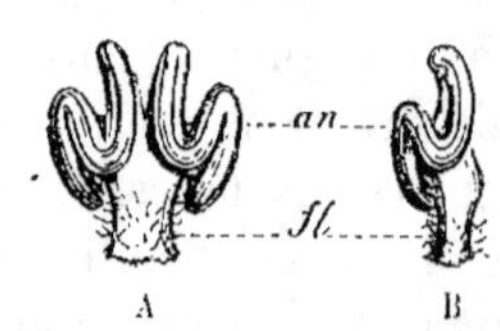

Fig. 331. — Étamines du *Bryonia dioica* L. — A, l'une des deux grosses. — B, la petite ; *fl*, filet ; *an*, anthère (4/1).

plusieurs années, fait des Cucurbitacées l'objet d'études approfondies, ont exprimé au contraire l'opinion que ces plantes n'ont en réalité que trois étamines dont deux sont complètes et pourvues chacune d'une anthère biloculaire, tandis que la troisième n'est qu'une demi-étamine à une seule loge.

Rapports des étamines avec les autres organes floraux. —

Fig. 332. — Étamines longuement saillantes de la Sensitive (*Mimosa pudica* L.) (6/1).

Les rapports des étamines avec la corolle et le calyce d'un côté, avec le pistil de l'autre, reposent sur la comparaison de leur longueur, de leur situation, surtout sur la considération du point où elles deviennent distinctes et où par conséquent elles s'attachent ou mieux semblent s'attacher, *s'insérer*, c'est-à-dire de leur *insertion*. Leur étude à ce dernier point de vue a une importance majeure à cause de la haute valeur des caractères qu'on en déduit.

1° *Rapports de longueur.* — On les établit relativement au périanthe : les étamines sont *saillantes* (exserta, d'où l'on fait souvent à tort en français le mot *exsertes*), lorsqu'elles le dépassent notablement comme dans la fig. 532; elles sont *incluses* (inclusa) dans le cas contraire où on ne peut les voir sans ouvrir la fleur (fig. 241, p. 488).

2° *Rapports de situation*. — Nous avons déjà vu (p. 554) ce qu'on entend par étamines *oppositipétales* et *alternipétales*; ce sont là les deux rapports essentiels de situation entre ces organes et la corolle avec les parties de laquelle on les compare. Il est à peine besoin de dire que, si le périanthe est simple et se réduit au calyce, c'est aux parties de celui-ci qu'on peut rapporter la situation des étamines qui en deviennent *oppositisépales* ou *alternisépales*, selon qu'elles sont placées devant les sépales ou qu'elles répondent à leurs intervalles.

3° *Rapports d'attache* ou *insertion*. — Le point d'attache ou d'insertion des étamines se détermine relativement à l'ovaire. De plus leur insertion est tantôt *médiate* et tantôt *immédiate*. Dans le premier cas, c'est la corolle qui porte les étamines, ce qui a lieu, nous l'avons déjà vu (p. 506), lorsqu'elle est monopétale; or, nous savons que cet état résulte de ce que le filet est soudé à la corolle jusqu'au niveau d'où semble naître l'étamine, c'est-à-dire où elle se détache et devient libre. Aussi est-ce alors l'insertion de la corolle qui détermine et par laquelle on exprime celle de l'étamine. Dans le second cas, ces organes sont indépendants de la corolle et par conséquent leur insertion apparente est bien dans ce cas leur insertion réelle.

Jussieu, qui le premier a fait un usage méthodique de cet ordre de considérations, a distingué trois sortes d'insertions qu'il a nommées *hypogyne*, *périgyne* et *épigyne* (de ὑπό, sous, περί, autour, ἐπί, sur, au-dessus, et γυνή, femme pour femelle). — 1° L'insertion *hypogyne* consiste en ce que les étamines s'insèrent au fond même de la fleur, c'est-à-dire sur l'extrémité du pédoncule qui porte tous les organes floraux et qu'on nomme le *Réceptacle propre* ou le *Torus*; par conséquent le niveau de leur attache se trouve alors plus bas que

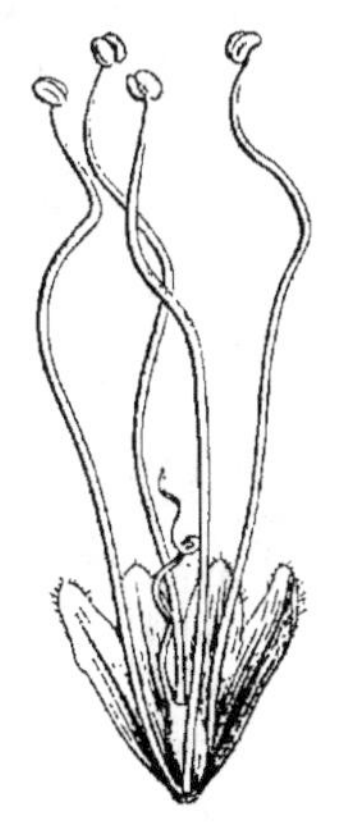

Fig. 535. — Fleur de la Sensitive (*Mimosa pudica* L.) dont la corolle a été ouverte et étalée pour montrer les quatre étamines hypogynes (8/1).

l'ovaire, comme on le voit sur la figure 535 ce qu'exprime le mot hypogyne. — 2° Dans l'insertion *périgyne*, c'est sur le calyce qu'a lieu l'insertion des étamines qui décrit par cela même un cercle autour du pistil, comme l'indique cette épithète. Ainsi dans la fleur du Cerisier, dont la figure 334 reproduit la coupe longitudinale, on voit que le tube du calyce forme un godet évasé graduellement, à l'orifice duquel s'attachent les étamines, toutes au même niveau, sur un cercle où s'implantent un peu plus extérieurement les pétales, tandis qu'au fond de ce

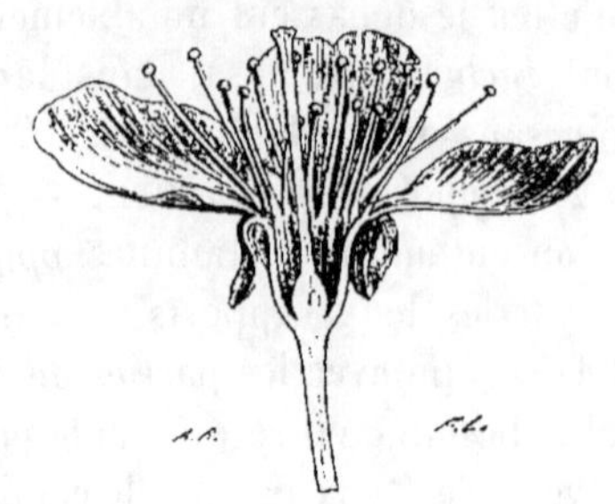

Fig. 334. — Coupe longitudinale de la fleur du *Cerasus Caproniana* DC., à nombreuses étamines périgynes (3/2).

même godet se trouve l'ovaire. L'insertion des étamines et des pétales est donc là nettement périgyne. Il en est presque de même dans la fleur du Poirier, dont on voit la coupe longitudinale sur la figure 335 ; seulement ici on peut reconnaître que le fond du godet calycinal est fortement épaissi au-dessus de l'ovaire qu'il cache entièrement et qui d'ailleurs n'est pas libre et distinct comme dans le Cerisier.

3° L'insertion *épigyne* est celle dans laquelle les étamines semblent naître du haut d'un ovaire qui alors, se trouvant placé plus bas que tous les autres organes floraux, est, pour ce motif, qualifié d'*infère* (ov. inferum). Nous verrons bientôt ce qu'on doit penser de cette organisation dont je ne considère maintenant que l'apparence. La figure 336 montre, sur une coupe lon-

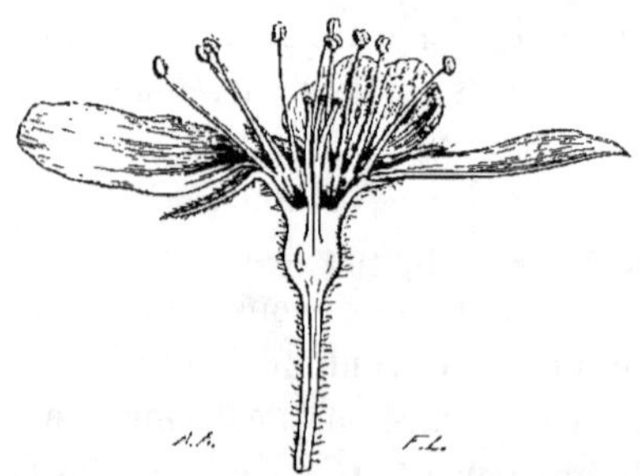

Fig. 335. — Coupe longitudinale de la fleur du *Pirus communis* L., à nombreuses étamines périgynes (3/2).

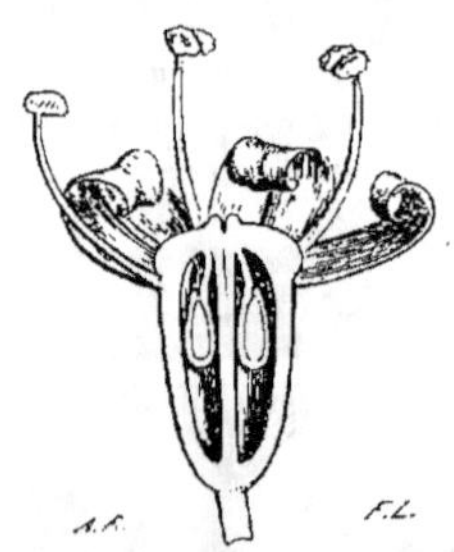

Fig. 336. — Coupe longitudinale de la fleur du Fenouil (*Fœniculum officinale* All.) à étamines épigynes (7/1).

gitudinale, l'insertion épigyne immédiate dans le Fenouil ; tandis que les figures 557 et 558 présentent des exemples de l'insertion épigyne médiate.

Fig. 557. — Fleur du *Rubia tinctorum* L. à cinq étamines épigynes. — *ov*, son ovaire infère (5/1).

L'ovaire infère forme sous la fleur de la Garance que représente la figure 557, un renflement dont la coupe longitudinale (fig. 324, p. 532) fait reconnaître la nature. Ce renflement est beaucoup moins prononcé dans le *Fuchsia splendens* Zucc., dans lequel, comme le montre la coupe longitudinale représentée sur la figure 558, les étamines s'attachent, ainsi que les pétales, à l'orifice d'un long tube calycinal.

J'ai déjà eu occasion de montrer que la nature établit souvent des transitions bien ménagées entre des organisations même fort dissemblables ; il en est ainsi pour les diverses sortes d'insertions. Entre les étamines insérées au bas du calyce et celles qui naissent du torus d'où part ce calyce lui-même, on sent qu'il peut y avoir des nuances qui effacent parfois la limite entre la périgynie et l'hypogynie. C'est en effet ce qui a lieu ; les grands groupes naturels des Légumineuses et des Caryophyllées, par exemple, quoique ayant en général les étamines périgynes, les ont aussi parfois hypogynes. Mais c'est surtout entre la périgynie et l'épigynie que les transitions sont nombreuses. Ainsi le Poirier (fig. 335) a l'ovaire tout aussi infère que le *Fuchsia* (fig. 558) ; cependant comme il appartient à un grand groupe naturel dans lequel l'insertion est essentielle-

Fig. 558. — Coupe longitudinale de la fleur du *Fuchsia splendens* Zucc. — *ov*, l'ovaire infère ; *s*, calyce à long tube à l'orifice duquel s'insèrent les pétales *p* et les étamines, les uns et les autres épigynes (1/1).

ment périgyne et où d'ailleurs on observe des passages entre la périgynie et l'épigynie, Jussieu et tous les botanistes après lui ne le rangent pas moins parmi les Dicotylédons à étamines périgynes. — Pour lever cette difficulté, M. Brongniart réunit sous le nom d'étamines périgynes les deux insertions périgyne et épigyne de Jussieu, de telle sorte qu'il n'y a pour lui que deux catégories, l'hypogynie et la périgynie.

Je ne dois pas négliger de dire que l'insertion de la corolle suit les mêmes lois et reçoit les mêmes dénominations que celle des étamines.

Nombre des étamines. — Le nombre des étamines que comprend chaque fleur varie beaucoup selon les différentes espèces de plantes, mais il reste généralement constant dans toutes les fleurs d'une même espèce végétale. Il y a toutefois une distinction importante à établir sous ce rapport : il n'est guère fixe que lorsqu'il est faible, et il perd sa constance à mesure qu'il s'élève.

Linné, qui en a tiré le principal caractère pour la formation des classes de son système de classification des végétaux, a reconnu que les fleurs qui possèdent depuis une étamine jusqu'à une douzaine de ces organes en offrent toujours, à peu d'exceptions près, la même quantité ; mais que celles qui en renferment plus d'une douzaine varient assez fréquemment sous ce rapport et qu'enfin au-dessus de ce dernier nombre, on n'a plus intérêt à compter ces organes. Se basant sur ce fait, on distingue les étamines *définies* (st. definita) ou en nombre défini, c'est-à-dire ne dépassant pas une douzaine, et les étamines *indéfinies* (st. indefinita) ou en nombre indéfini, c'est-à-dire supérieur à une douzaine et pouvant arriver à une centaine ou même au delà. Les fleurs pourvues d'étamines indéfinies sont appelées *polyandres* (de πολύς, plusieurs, beaucoup et ἀνήρ, ἀνδρός, homme ou mâle, c'est-à-dire à beaucoup d'organes mâles). D'un autre côté on nomme : *monandres* (μόνος, un seul), celles à une seule étamine ; *diandres* (δύο, deux), celles à deux ; *triandres* (τρεῖς, τρία, trois), celles à trois ; *tétrandres* (τέτρα, quatre), celles à quatre ; *pentandres* (πέντε, cinq), celles à cinq ; *hexandres* (ἕξ, six), celles à six ; *heptandres* (ἑπτά, sept), celles à sept ; *octandres* (ὀκτώ, huit), celles à huit ; *ennéandres* (ἐννέα, neuf), celles à neuf ; *décandres* (δέκα, dix), celles à dix ; enfin *dodécandres* (δώδεκα, douze), celles à douze ou plutôt une douzaine environ. Ces adjectifs sont dérivés des noms donnés par Linné à tout autant de classes de son système.

§ 2. — Pollen.

Le *Pollen*, ou poussière fécondante, tel qu'il se présente à sa sortie de l'anthère, forme une poudre composée de grains tellement fins que l'œil, sans le secours d'instruments grossissants, n'y remarque pas autre chose que leur coloration. Mais il en est tout autrement lorsqu'on l'observe sous un fort microscope, avec les soins et les précautions convenables; on reconnaît alors que chacun de ces grains si ténus possède non-seulement une organisation remarquable, mais encore des dimensions, une forme déterminées, et que cette forme, ces dimensions diffèrent considérablement dans la série des végétaux phanérogames. Examinons cette importante formation à ce triple point de vue.

Organisation du pollen. — Un grain de pollen n'est pas autre chose qu'une cellule qui, après les premiers temps de sa formation, s'est isolée, a pris une vie propre et une configuration spéciale. Aussi reconnaît-on sans peine qu'il forme une vésicule remplie d'un liquide entremêlé de granules auquel on donne le nom de *Fovilla* (Martyn). Cette vésicule ou cellule a sa paroi propre, composée de cellulose, comme le démontre la manière dont elle se comporte avec les réactifs, mince, élastique et extensible. Mais cette membrane essentielle et fondamentale du grain reste rarement seule; presque toujours, vers les derniers temps du développement du pollen, elle produit, à sa surface externe, une nouvelle membrane qui finalement devient ferme et résistante, épaisse et inextensible, qui même présente fréquemment, à l'extérieur, des pointes plus ou moins prononcées, ou des saillies réticulées dont l'existence l'avait fait regarder par M. Hugo v. Mohl comme constituée par un véritable tissu cellulaire, idée qu'on a reconnue ensuite n'être pas fondée.

La figure 339 montre un de ces grains de pollen dans lesquels la membrane externe a une apparence réticulée, et la figure 340

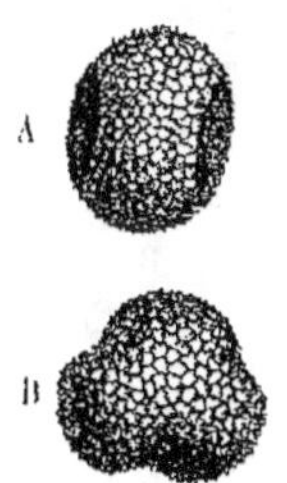
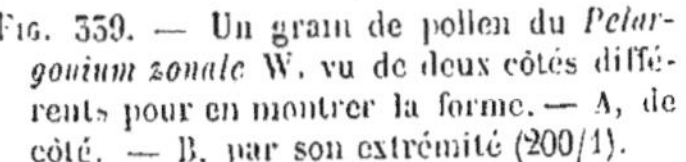

Fig. 359. — Un grain de pollen du *Pelargonium zonale* W. vu de deux côtés différents pour en montrer la forme. — A, de côté. — B, par son extrémité (200/1).

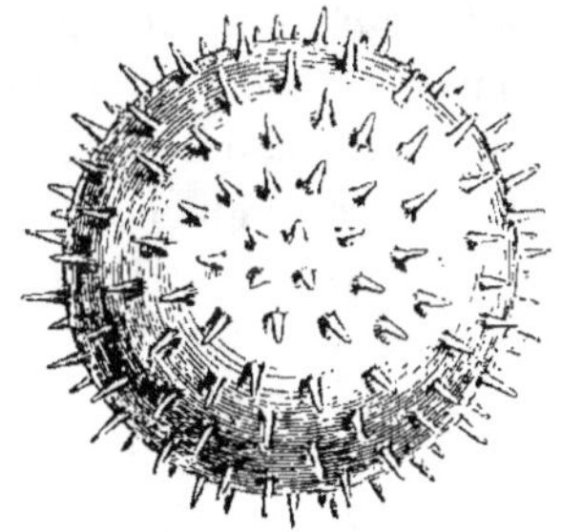

Fig. 340. — Grain de pollen du *Lavatera trimestris* L. hérissé de pointes (200/1).

en représente un autre qui est remarquable par les pointes dont sa surface est hérissée.

Ainsi, dans l'immense majorité des plantes, chaque grain de

pollen offre deux enveloppes concentriques, de nature et de propriétés fort différentes, sous lesquelles est renfermée la fovilla, qui doit être l'agent essentiel de la fécondation. Il importait de nommer ces deux enveloppes; dans son grand et beau mémoire sur le pollen, Fritzsche[1] a donné à l'externe le nom d'*Exine*, à l'interne, celui d'*Intine*.

En 1838, dans la sixième édition de ses *Éléments* de botanique, A. Richard, qui ne connaissait pas le mémoire alors récent de Fritzsche, proposa de nommer la membrane externe *Exhyménine*, et l'interne *Endhyménine*; mais, outre que ces mots ont le défaut d'être fort longs, l'antériorité appartient à ceux qu'avait créé le savant allemand.

L'intine étant la membrane propre de la cellule pollinique, ne peut jamais manquer; quant à l'exine, les plantes chez lesquelles on ne l'observe pas, sont en fort petit nombre et généralement aquatiques (*Zostera, Zannichellia, Naias, Ruppia*). Par opposition, on a signalé l'existence de trois membranes superposées dans quelques pollens, notamment chez les *OEnothera* et *Clarkia*, par exemple dans le *Cl. elegans* Dougl., dont le pollen est représenté sous deux états différents par la figure 341. Mais Meyen avait déjà vu, et Schacht a démontré plus tard que, comme on peut le reconnaître sur la figure 341 B, cette apparence à tient ici ce que l'exine est divisée en deux couches *a* et *a'*, bien distinctes sur tout le pourtour du grain, mais se confondant à chacune des trois fortes éminences qui caractérisent ce pollen. Quant à l'intine, elle est si mince qu'on ne la voit que lorsqu'elle vient faire saillie au delà de ces mêmes éminences du grain,

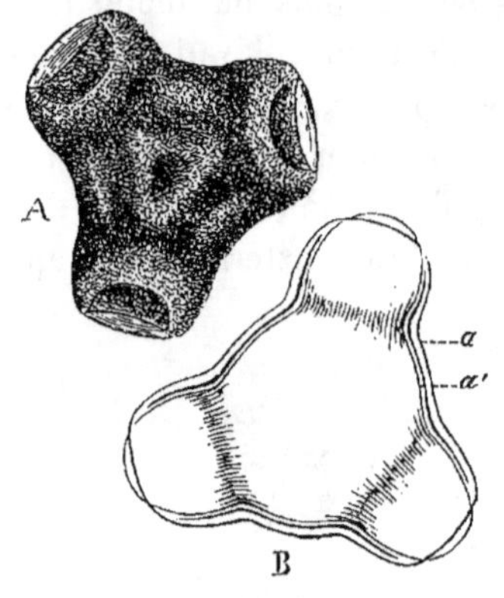

Fig. 341. — Pollen du *Clarkia elegans* Dougl. — A, vu à sec. — B, vu dans l'eau; *a, a'*, les deux couches de l'exine (200/1).

grâce à un gonflement que détermine avec rapidité une absorption d'humidité. On a cité aussi le pollen de l'If (*Taxus baccata* L.) et des Genévriers (*Juniperus*) comme offrant trois enveloppes superposées. Fritzsche était même porté à admettre quelques pollens

---

[1] *Ueber den Pollen*; par Julius Fritzsche, dans *Mém. de l'Acad. impér. des sciences de Saint-Pétersbourg*, 1837; in-4 de 122 pag. et 13 pl. color.

à quatre membranes ; mais cette idée n'a été confirmée par aucune observation précise.

Nature de l'exine. — L'étude du développement du pollen démontre que l'intine est la membrane essentielle de la cellule pollinique, et que l'exine émane d'elle ; mais on a exprimé différentes idées touchant la nature réelle et la production de celle-ci. Plusieurs botanistes ont pensé qu'elle était analogue à la cuticule : telle a été notamment l'opinion exprimée par M. H. v. Mohl, dans ses derniers écrits : mais, dans son récent ouvrage, Schacht dit s'être assuré, par l'étude de l'organogénie du pollen du Gui et de l'*Althæa rosea*, qu'on ne doit y voir que les couches d'épaississement extérieures de la cellule pollinique. Cette membrane est le plus souvent unique ; cependant, dans quelques plantes (*Clarkia*, fig. 341 B, *Mirabilis*, *Convolvulus*), elle se subdivise en deux. Elle est mince et délicate dans les Passiflores et les *Canna*, où, de son côté, l'intine, habituellement fort ténue, acquiert, au contraire, une épaisseur notable.

Productions externes de l'exine. — La surface des grains de pollen est assez souvent hérissée de pointes plus ou moins saillantes, qui deviennent parfois très-prononcées, ainsi qu'on l'a déjà vu sur la figure 340. Ailleurs, au contraire, elle se montre parfaitement lisse ; comme on le voit pour celui du *Clarkia elegans*, sur la figure 341. Comme, en général, à la présence de ces pointes ou épines se rattache celle d'une matière oléagineuse qui rend le pollen glutineux, Guillemin, à qui la science doit le premier travail spécial sur ce sujet [1], divisait les pollens en : 1° épineux et visqueux ; 2° lisses et non visqueux ; mais on a reconnu qu'il existe des pollens à la fois lisses et très-visqueux (*Strelitzia*, *Vinca rosea*, etc.), fait qui sape par sa base cet essai de classement.

La matière visqueuse qui se trouve en plus ou moins grande quantité sur les pollens hérissés, en rend l'observation difficile sous le microscope, si l'on n'a la précaution de l'enlever au moyen de l'éther.

Dans diverses plantes, l'exine offre des productions en saillie qui ressemblent, non à des épines, mais plutôt à des granulations ou à des tubercules. Schacht a fait connaître des faits curieux relativement à l'organisation de ces saillies, à la suite de ses belles observations faites sur des tranches extrêmement minces de grains de

[1] Recherches microscopiques sur le pollen ; *Mém. de la Soc. d'Hist. natur.* de Paris, II, 1825.

pollen [1]. Malheureusement je ne puis reproduire ici des détails si délicats et si minutieux.

Pores et plis. — Pour peu qu'on examine sous le microscope certains pollens, soit à sec, soit plus commodément dans le naphte, par exemple celui de la Fumeterre, que représente la figure 342, ou celui du *Leschenaultia formosa* R. Br., dont la figure 343 montre un grain *composé*, c'est-à-dire formé par la réunion de quatre, on y remarque des espaces plus clairs (*po*, fig. 343), arrondis ou un peu elliptiques, dont le contour est marqué par une ligne nettement tracée. Pour s'éclairer sur la nature de ces espaces, il suffit de sou

Fig. 342. — Grain de pollen du *Fumaria officinalis* L., montrant quatre de ses grands pores (200/1).

mettre ces grains à l'action de l'humidité. Alors on observe, au bout d'un court espace de temps, que chacun d'eux, quand ils sont peu nombreux, ou certains d'entre eux, dans le cas contraire, deviennent proéminents, et, si l'action de l'humidité se continue, au moins une de ces proéminences s'allonge en une production longue et grêle, qui ressemble assez, par rapport au grain de pollen, à une racine naissant d'une graine. Cette proéminence et cette production longue et grêle, que nous apprendrons bientôt

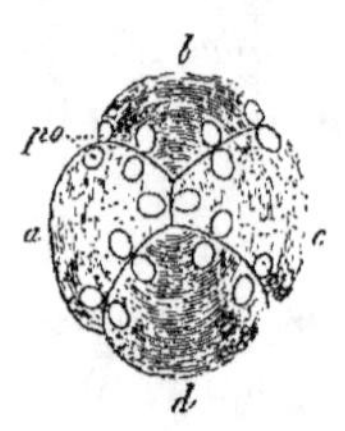

Fig. 343. — Grain composé du pollen du *Leschenaultia formosa* R. Br. — *a, b, c, d*, les quatre grains simples qu'il réunit; *po*, pores (200/1).

à connaître sous les noms de *Tube pollinique* ou *Boyau pollinique*, ne sont pas autre chose que l'intine, qui, poussée par l'augmentation de volume de la fovilla, à la suite d'une absorption de l'humidité extérieure, s'est fait jour là où elle a rencontré peu de résistance. Ces espaces sont donc des places peu résistantes, ou plutôt même des perforations de l'enveloppe externe du grain. Aussi les a-t-on appelés *Pores*. Quelquefois ces espaces acquièrent des dimensions considérables et deviennent des portions nettement circonscrites de l'exine, susceptibles de se détacher nettement sur leur pourtour, et que le gonflement de l'intine

---

[1] Il semble impossible, au premier aperçu, d'obtenir des coupes transversales de corpuscules aussi menus que le sont des grains de pollen ; on y parvient cependant sans grande difficulté en mêlant le pollen à de la gomme arabique qu'on dépose par couches au bout d'un bâton de moelle de sureau et qu'on laisse sécher au point qu'elle ne durcisse pas trop. On enlève ensuite avec un bon rasoir des lames très-minces de ce mélange ; ces lames mises dans l'eau laissent les fragments et tranches de pollen à nu dès que la gomme a été dissoute par le liquide.

soulève comme un couvercle, dans les Courges (*Cucurbita*); ce sont alors des *Opercules*. On voit de ces opercules tellement grands, sur le pollen des Passiflores, que, au nombre de trois ou quatre, selon les espèces, ils occupent la plus grande partie de la surface du grain.

D'un autre côté, si les pollens de la Fumeterre (fig. 342), du *Lavatera trimestris* (fig. 340), etc., nous ont montré leur surface partout également convexe et sans enfoncements ni anfractuosités, celui du *Pelargonium zonale* W. (fig. 339, p. 542) nous a offert trois enfoncements longitudinaux équidistants; de là le grain entier a une configuration telle que, vu par l'une de ses deux extrémités (fig. 339 B), il semble formé de trois corps cylindriques unis intimement entre eux. Un très-grand nombre de pollens de Dicotylédons ont de même trois de ces petites vallées longitudinales qu'on a nommées des *Plis*, tandis que ceux de la plupart des Monocotylédons n'en offrent qu'une seule, semblables en cela à celui du *Lilium tigrinum* Gawl., que représente, dans deux positions différentes, la figure 344. Les plis n'existent sur les grains de pollen que lorsque, sortis de l'anthère, ils ont perdu une portion de leur liquide intérieur en séchant à l'air; aussi s'effacent-ils lorsque ces grains, mis en contact avec un liquide aqueux, absorbent de l'humidité et reprennent ainsi leur tuméfaction primitive. On ne voit pas non plus de plis, même à l'état sec, sur les grains dont l'exine a beaucoup d'épaisseur et de fermeté.

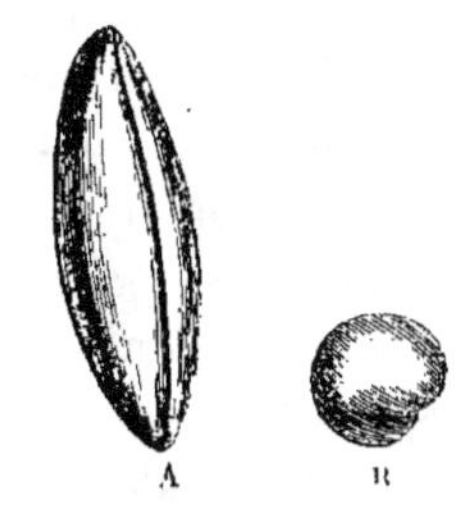

Fig. 544. — Pollen du *Lilium tigrinum* Gawl., à un pli. — A, vu de face. — B, vu par une extrémité (200/1).

Le nombre des plis varie, d'une espèce à l'autre, comme celui des pores. Souvent ceux-ci se trouvent dans les plis et à l'équateur du grain, c'est-à-dire à égale distance des deux extrémités; mais on en voit aussi quelquefois hors des plis, sur des pollens plissés, et, en outre, nous avons déjà vu, chez la Fumeterre (fig. 342) et le *Leschenaultia* (fig. 343), des exemples de pollens pourvus de pores sans plis. Ces diverses combinaisons fournissent l'un des principaux moyens de grouper méthodiquement les pollens.

Une question intéressante consiste à savoir si l'exine manque au fond des plis et aux pores, ou si elle y est simplement amincie. Au fond des plis elle existe, mais amincie, et elle présente cette particularité remarquable d'être entièrement lisse, même lorsqu'elle a une apparence réticulée sur tout le reste du grain. Quant aux pores, M. H. v. Mohl pensait (jusqu'en 1851) que ce sont de simples amincissements de la même membrane; mais Schacht a démontré, par ses coupes transversales, que ce sont de vraies interruptions de l'exine, c'est-à-dire des canalicules creusés dans cette couche et bouchés seulement, vers le milieu de leur profondeur, par un diaphragme extrêmement mince.

Grains simples et composés. — Les figures précédentes montrent que la plupart des pollens, arrivés à leur développement complet, ont leurs grains entièrement isolés les uns des autres, c'est-à-dire *simples*; mais, d'un autre côté, nous avons vu que, chez le *Leschenaultia* (fig. 343), chaque grain est formé de la réunion de quatre (*a*, *b*, *c*, *d*) intimement unis en un ensemble unique. Ces grains complexes, résultant de l'union de plusieurs grains élémentaires, sont dits *composés*. Nous verrons bientôt comment s'explique leur formation. Chez plusieurs plantes de la famille des Éricacées, de celle des Épacridées, et chez les Orchidées de nos pays, on trouve des grains de pollen composés à quatre parties constitutives. Des grains plus composés encore existent dans les Légumineuses-Mimosées : chaque grain des *Inga* comprend huit grains élémentaires placés sur un seul plan, dont deux, situés au centre, sont comme encadrés dans un cercle de six autres, tandis que, chez plusieurs *Acacia* (*A. vera*, *Julibrissin*, *Lebbek*, etc.), sur seize grains élémentaires, huit sont au centre, disposés par quatre en deux assises superposées, et les huit autres entourent cette sorte de noyau, rangés en une seule file. Enfin, dans la famille des Asclépiadées, et dans celle des Orchidées, tous les grains de pollen contenus dans une logette ou même dans une loge d'anthère, restent fortement cohérents entre eux, ou, plus rarement, reliés en un ensemble unique par des sortes de fils élastiques; ils forment ainsi des masses volumineuses, pourvues même, chez les Asclépiadées, d'une enveloppe générale, et qu'on nomme *Masses polliniques* ou *Pollinies* (Pollinia). Ces masses polliniques sont, pour une étamine, au nombre de deux, de quatre, quelquefois même de huit, et, le plus souvent, elles sont munies d'un prolongement ou pédicule qui sert à les fixer, et qu'on nomme la *Caudicule* (Caudicula).

Le plus étrange des pollens composés est celui qui appartient spécialement aux Conifères-Abiétinées (Pins, Sapins, etc.). Chacun de ses grains est formé de trois portions, dont deux sont latérales, symétriques entre elles, ovoïdes, opaques, jaunes, réticulées à leur surface, tandis qu'une intermédiaire, un peu arquée, transparente et incolore, forme une sorte de pont entre les deux précédentes. Ce singulier pollen est anormal au plus haut degré, parce que, chez lui, ce n'est pas l'intine, gonflée par l'humidité, qui s'allonge en tube pollinique pour la fécondation; une formation secondaire se produit dans la portion moyenne du grain et comprend deux cellules inégales en grandeur, dont la plus grande se développe en tube pollinique, chez certains de ces arbres (*Taxus, Cupressus*), tandis que chez d'autres (*Pinus, Abies, Podocarpus, Ephedra*), la plus petite de ces deux cellules commence par se subdiviser en plusieurs autres parmi lesquelles c'est la terminale qui s'allonge finalement en tube pollinique. Ces faits singuliers, isolés dans le règne végétal, ont été vus d'abord en partie par M. Géleznoff, en 1849, et la connaissance en a été complétée par Schacht.

Dimensions des grains de pollen. — Quoique toujours fort petits, les grains de pollen varient considérablement de dimensions, d'une espèce végétale à l'autre, comme on peut aisément le reconnaître par les figures que j'en ai données et qui sont toutes dessinées sous le même grossissement. On voit par là que le pollen du *Fumaria* (fig. 542) ayant $0^{mm},04$ en diamètre, celui du *Lavatera* (fig. 540) a cinq fois ce diamètre, ou $0^{mm},20$. Ce dernier est des plus gros que l'on connaisse. Ceux de la Belle-de-nuit, de la Courge, du *Cobæa*, ont à peu près ces mêmes dimensions, et d'un autre côté il est beaucoup de pollens plus petits que celui de la Fumeterre, ou qu'on peut même dire extrêmement petits, comme celui du *Ficus elastica*, qui, d'après Schacht, ne dépasse pas 5/400 de millimètre, c'est-à-dire $0^{mm},0075$ dans son plus grand diamètre.

Coloration du pollen. — Le pollen est généralement jaune; néanmoins sa couleur peut varier, quelquefois dans un même genre. L'un des exemples les plus remarquables qu'on puisse citer à cet égard est celui des Lis. Le Lis blanc (*Lilium candidum* L.), le *L. longiflorum* et d'autres espèces à fleur blanche l'ont jaune; il passe au jaune safran dans le *Lilium croceum* Chaix, au roux dans les *L. bulbiferum* L., *Brownii* Br., au rouge dans les *L. chalcedonicum* L., *concolor* Salisb., au brun rouge dans le *L. fulgens* Morr., etc.; aussi, dans ce genre de plantes, la couleur de cette poussière peut-elle aider à distinguer certaines espèces. On trouve le pollen blanchâtre dans l'*Actæa spicata* L., et il est bleuâtre dans certains Épilobes.

C'est la couleur jaune du pollen qui a fait croire fréquemment à des pluies de soufre, lorsque cette matière, extrêmement abondante dans les Pins et Sapins, était emportée en masse par les vents, au moment de la floraison de ces arbres, et retombait ensuite, ou lorsque la pluie l'entraînait pour la laisser sur la terre.

Formes du pollen. — Les grains de cette poussière affectent des formes extrêmement diverses dans la série des végétaux phanérogames; c'est là un des sujets d'observation microscopique les plus intéressants et en même temps les plus simples qu'on puisse choisir. Mais c'est uniquement dans les travaux spéciaux qu'on peut trouver les détails circonstanciés et les nombreuses figures qui sont nécessaires pour donner une connaissance suffisante de cette matière. Je renverrai donc le lecteur aux trois principaux mémoires où elle ait été traitée avec les développements convenables par MM. Purkinje[1], Fritzsche (déjà cité), et H. v. Mohl[2], et je me bornerai à indiquer succinctement les plus remarquables d'entre ces formes.

Un assez grand nombre de pollens ont leurs grains globuleux ou ellipsoïdes; d'autres, surtout chez les Monocotylédons, les allongent de telle sorte qu'ils ressemblent à des grains de blé (*voyez* fig. 344, p. 546), grâce à leur pli unique. Nous avons déjà vu que beaucoup d'entre ceux des Dicotylédons sont ellipsoïdes, obtus aux deux extrémités et creusés dans leur longueur de trois profonds sillons dont la présence les fait ressembler assez bien au solide qui résulterait de trois cylindres unis par un côté (*voyez* fig. 339, p. 542). Certains deviennent triangulaires en s'aplatissant (*voyez* fig. 341, p. 543). Quelques-uns (*Polygala*) ressemblent à un petit tonneau. Celui du *Morina persica* L. est très-singulier parce que, étant ellipsoïde presque cylindrique, il porte, à son équateur, trois fortes proéminences conformées en goulot de bouteille, dont chacune est terminée par un pore. Une forme très-élégante et fort curieuse est celle des *Thunbergia* et du *Mimulus moschatus* Dougl. où, étant globuleux, il présente à sa surface l'apparence de circonvolutions, comme si un ruban demi-cylindrique et tantôt simple, tantôt à deux branches parallèles, réunies par les deux bouts, s'était entortillé autour d'une sphère centrale. L'action de l'acide sulfurique détruisant la membrane

---

[1] De cellulis antherarum fibrosis nec non de granorum pollinarium formis; par J. Ev. Purkinje; in-4 de 58 pages et 18 planch. lithogr. très-médiocres quant au pollen. Breslau, 1830.

[2] Ueber den Bau und die Formen der Pollenkörner; in-4 de 139 pag. et 6 planch. Berne, 1834. (Ce mémoire a été résumé et traduit partiellement dans les *Ann. des sciences nat.*, 1835, III. pp. 148-180, 220-236, 304-346, planch. IX-XI.)

interne du grain, permet d'isoler et de dérouler ce ruban. Des pollens qui s'éloignent de tous les précédents sont ceux dont les grains affectent la forme de solides géométriques à plusieurs faces : celui des *Busella* est un cube dont chaque face porte un grand pore dans son milieu ; mais le plus élégant est celui des Chicoracées, dont on voit un exemple sur la figure 345. Il affecte la forme d'un polyèdre à faces nombreuses, circonscrites par des bandes saillantes. Enfin je citerai comme le plus anormal de tous les pollens connus celui de la Zostère (*Zostera marina* L.) qui ne forme pas des grains mais bien des tubes déliés, au moins cent fois plus longs que larges, et placés l'un à côté de l'autre parallèlement, en faisceau, dans la loge unique de l'anthère.

Fig. 345. — Grain de pollen du *Cichorium Intybus* L. vu de deux côtés différents (200/1).

Pour compléter cet exposé, je présenterai sous la forme synoptique le relevé du nombre des pores et des plis que chaque grain peut présenter. C'est dans le grand travail de M. H. v. Mohl que je puiserai les éléments de ce tableau :

Pollen sans pores ni plis.		Beaucoup d'Aroïdées, *Musa*, *Strelitzia Reginæ*, *Canna*; *Laurus*, beaucoup d'Euphorbiacées, *Phlox*, *Ranunculus*, *Tribulus*, etc.
Pollen à plis sans pores.	1 pli.....	Beaucoup de Monocotylédons : de plus *Salisburia*, *Magnolia*, *Nymphæa*.
	2 plis.....	Rare : Dioscoréacées, *Tigridia*, *Cypripedium*, *Calycanthus*, etc.
	3 plis.....	Beaucoup de Dicotylédons : Chêne, *Cereus*, Gui, etc.
	4 plis.....	Rare : *Sideritis scordioides*, *Houstonia coccinea*.
	6 plis.....	Diverses Labiées et Passiflorées.
	Plis plus nombreux.	Beaucoup de Rubiacées : *Penæa*, *Sesamum*.
Pollen à pores sans plis.	1 pore.....	Graminées, Cypéracées : *Anona*, *Cecropia*.
	2 pores.....	Rare : *Colchicum*, *Broussonetia*.
	3 pores.....	Onagrariées, Protéacées, Urticées, Dipsacées.
	4 pores.....	Balsamine : *Phyteuma*, *Trigonia*.
	Pores plus nombreux — situés à l'équateur du grain :	Aune, Bouleau, Orme, *Collomia*.
	Pores plus nombreux — Épars......	Nyctaginées, Convolvulacées, Caryophyllées, Cucurbitacées, Malvacées, *Cobæa*.
Pollen avec des pores et des plis.	3 plis et 3 pores.	Beaucoup de Dicotylédons, notamment Composées.
	Plusieurs plis et autant de pores.	La plupart des Borraginées et des Polygalées.
	6-9 plis et seulement 3 pores.	6 plis et 3 pores : Lythrariées, Mélastomacées, Combrétacées.
		9 plis et 3 pores : *Ammannia sanguinea*.

Action de l'humidité sur le pollen. — L'humidité exerce sur le pollen une action des plus remarquables et qui seule rend possible l'accomplissement de la fécondation, par conséquent la production de la graine et du fruit. Cette action est due au phénomène physique de l'endosmose qui lui-même reconnaît pour causes déterminantes la composition de la fovilla et la nature des enveloppes des grains.

Ce contenu du pollen a une composition complexe. Le liquide aqueux qui en forme la base essentielle renferme généralement du sucre, d'où l'acide sulfurique le fait passer d'ordinaire au rose-rouge, et il est mêlé de beaucoup de matières azotées, protoplasmiques, dont une portion est sous la forme de granules; il contient même des gouttelettes d'huile; de là sa densité notablement supérieure à celle de l'eau. En outre, dans sa masse flottent de nombreux granules, les uns fort petits, les autres assez gros pour avoir de bonne heure attiré l'attention. Ceux-ci ont semblé autrefois à M. Brongniart susceptibles de mouvements, ce qui avait conduit quelques physiologistes à leur attribuer, par analogie, un rôle important; mais d'abord Fritzsche a démontré que ces divers granules bleuissent, parfois aussi jaunissent sous l'action de l'iode, ce qui prouve qu'ils consistent en amidon, probablement aussi quelquefois en inuline; d'un autre côté, R. Brown a fait voir depuis longtemps que les mouvements qu'on a pu observer dans ce cas se retrouvent toutes les fois que des granules, même de nature inorganique, sont suspendus dans un liquide; ce mouvement est donc simplement moléculaire, et il a été nommé *mouvement brownien* du nom de ce célèbre observateur. J'ajouterai que, en sa qualité de cellule, tout grain de pollen renferme ou a renfermé un nucléus.

Lorsqu'un grain de pollen se trouve en contact avec de l'eau, la densité de son contenu donne une énergie prononcée à l'absorption, par endosmose à travers ses enveloppes, de ce liquide extérieur qui est moins dense. Le grain se gonfle donc promptement; il efface ses plis s'il en présentait, et le contact se prolongeant, il ne tarde pas à être distendu au point d'éclater en général et de lancer alors son contenu sous la forme d'une traînée huileuse bien visible à la surface de l'eau. Par là s'explique une partie des fâcheux effets que produisent de grandes pluies tombant au moment de la floraison; outre que cette eau entraîne le pollen et l'emporte loin des fleurs, elle en fait éclater les grains qui auraient pu échapper à son action mécanique, et par cela même elle rend la fécondation impossible. Ces effets des pluies qui lavent les fleurs constituent ce que les cultivateurs nomment la *coulure*, effet assez complexe du reste, dont on peut aussi voir quelquefois la cause dans l'action de grands vents qui emportent la poussière fécondante.

Lorsque les grains de pollen sont en contact, non pas avec de l'eau, mais avec un liquide plus dense, comme du sirop de sucre, ou une solution épaisse de gomme, ils en éprouvent un effet différent. L'endosmose s'opérant alors lentement et avec peu d'énergie, le gonflement du grain est modéré et peu rapide. L'accroissement graduel de volume qu'éprouve ainsi la fovilla détermine l'intine à presser de tous côtés contre la face interne de l'exine. Or, comme celle-ci présente en général des trous ou des places peu résistantes, pores ou plis, la première se fait jour peu à peu à travers ces places et vient faire saillie au dehors sous la forme d'un prolongement tubuleux, très-grêle, fermé à son extrémité, qui est le *tube pollinique* ou *boyau pollinique*. C'est là précisément l'effet qui se produit lorsque le pollen, sorti des anthères, vient tomber sur le stigmate. Celui-ci, au moment où le pistil est apte à être fécondé, se montre enduit d'une humeur visqueuse qui détermine la formation et la sortie, sur chaque grain, d'un ou plusieurs tubes polliniques, et nous verrons bientôt comment ces tubes s'insinuent en s'allongeant graduellement, jusque dans l'ovaire où ils doivent opérer la fécondation.

§ 3. — Structure et développement de l'anthère et du pollen.

Les particularités les plus remarquables de la structure anatomique de l'étamine, se présentent dans l'anthère, et l'exposé ne peut en être bien compris qu'en l'accompagnant de celui du développement de cette partie; même, comme la structure de l'anthère subit une série continue de modifications, depuis sa première jeunesse jusqu'à son état parfait, on ne peut la faire connaître une fois pour toutes, mais on est forcé de la suivre pas à pas, à mesure qu'elle se modifie. Je me bornerai donc à dire en ce moment, quant au filet, qu'il rappelle, sous ce rapport, le pétiole qu'il représente et qu'il consiste simplement en une colonne cellulaire, parcourue dans sa longueur par un faisceau fibro-vasculaire, rarement subdivisé en deux moitiés adjacentes, et recouverte d'un épiderme qui présente ordinairement des stomates. L'épiderme de l'anthère elle-même offre assez fréquemment aussi des stomates.

Développement extérieur. — A sa naissance, une étamine ne forme qu'un simple mamelon entièrement composé d'un parenchyme homogène et à parois délicates, dont les cellules offrent un contenu incolore et faiblement granuleux. Ce mamelon s'allonge graduellement en se comprimant bientôt quelque peu d'avant en arrière, et il prend ainsi deux faces plus ou moins prononcées dans le milieu desquelles ne tarde pas à se tracer un sillon longitudinal. La formation de ce sillon médian tient à ce que le tissu de la jeune étamine s'accroît beaucoup plus sur les parties latérales, qui doivent être les loges, que sur le plan médian qui constituera le connectif. Lorsque l'organe entier s'est allongé et a grossi sensiblement, il ne tarde pas à rétrécir sa base, et par là il dessine inférieurement son filet, supérieurement son anthère. Dès cet instant, le filet n'a plus à subir qu'un simple allongement, puisque sa structure est déjà, à fort peu près, ce qu'elle restera, et tout l'intérêt se concentre sur l'anthère qu'il importe de suivre pas à pas dans son évolution.

Le sillon longitudinal médian qui s'est déjà tracé divise l'anthère en deux moitiés symétriques qui seront les deux loges ou lobes, selon les deux manières de les désigner ; mais bientôt, sur chacune de celles-ci, se dessine à son tour un sillon longitudinal moins prononcé, et dès lors l'anthère offre une conformation analogue à celle que nous avons vue en elle lorsque nous l'avons examinée entièrement formée. Nous savons que le sillon médian indique la séparation des deux loges, et que les deux sillons latéraux indiquent chacun celle des deux logettes, d'abord distinctes, qui se confondront plus tard en une loge unique. Dès cet instant, la forme de l'anthère ne subira plus que des modifications de détail, tandis que c'est précisément alors que commence toute la série des développements et des changements de structure qui vont s'opérer à son intérieur. Portons donc toute notre attention sur celui-ci.

Pour l'histoire du développement de cette partie, je m'appuierai sur les nombreux travaux qui ont été publiés au sujet de l'organogénie de l'anthère et du pollen, et dont les principaux sont dus à MM. Mirbel, Purkinje, Decaisne, Meyen, H. v. Mohl, Unger, Nægeli, Hofmeister, Wimmel, Chatin, etc.

Formation des utricules polliniques et du pollen. — Au moment où l'anthère commence à présenter extérieurement les quatre renflements longitudinaux qui correspondent à ses quatre logettes, son parenchyme intérieur perd son homogénéité. Comme les changements qui s'y opèrent sont absolument les mêmes pour chaque logette, je n'en considérerai qu'une seule, afin de simplifier mon exposé. Or, si l'on fait alors une coupe transversale de cette logette, ou, plus exactement, de la masse pleine et continue qui en deviendra une plus tard, et qu'on l'examine attentivement sous le microscope, on reconnaît que la cellule qui en occupe le centre a déjà pris plus d'accroissement que les autres et s'est arrondie dans son contour, ce qui la fait facilement remarquer au milieu de ses voisines dont la coupe est restée hexagonale. En même temps elle a perdu de son adhérence intime avec le tissu qui l'environne. On conçoit sans peine que ce qui, sur une coupe transversale, n'est qu'une cellule isolée, indique une file entière de cellules analogues dans le sens de la longueur de la logette. C'est cette file de cellules qui est comme le premier germe duquel proviendra le pollen, après une série de divisions et de développements successifs.

Or, ces développements successifs se rattachent à deux périodes différentes.

Première période : formation des utricules polliniques. — Pendant la première période, la cellule que nous venons de voir se distinguer des autres, prendre une vie nouvelle et s'individualiser, se divise d'abord en deux autres, qui, à leur tour, peuvent se subdiviser de la même manière un nombre de fois plus ou moins considérable, selon les espèces de plantes. Dans cette file qui occupe le centre de chaque logette, cette division commence par le bas pour s'avancer peu à peu vers le haut, de telle sorte qu'à un certain moment, comme l'a décrit et figuré M. Wimmel[1], on la voit déjà complète dans les cellules inférieures, tandis qu'elle n'est pas même ébauchée dans les supérieures, et que les intermédiaires offrent tous les degrés possibles entre ces deux extrèmes. Ce dédoublement, ou cette division d'une cellule en deux, se fait parce que le nucléus unique se divise en deux, dont chacun se trouve bientôt le centre d'une cellule nouvelle. Ces deux jeunes cellules unissent d'abord exactement leurs faces en regard ; mais elles ne tardent pas à s'arrondir et à devenir semblables à celle de laquelle elles proviennent. D'après l'observateur que je viens de citer, dans les *OEnothera biennis* et *rhizocarpa*, cette division est terminée lorsqu'il se trouve, pour chaque logette, deux files adjacentes de ces cellules centrales, tandis qu'on en compte finale-

<hr>

[1] Zur Entwickelungsgeschichte des Pollens ; *Botan. Zeit..* 1850, 225-235, 241-248, 265-270, 289-294, 313-320, pl. v.

ment quatre chez diverses plantes, et jusqu'à vingt dans l'*Allium spirale*.

Les cellules centrales, dont nous venons de voir la production, se distinguent aisément du tissu qui en entoure la masse entière par leur grandeur, par l'épaisseur de leurs parois, par la liaison assez faible qui existe entre elles. Elles constituent la première des deux générations cellulaires qu'on observe pour la formation des grains de pollen; en un mot, elles ne sont pas autre chose que les cellules-mères du pollen, ou ce que Mirbel a nommé *Utricules polliniques*.

Seconde période : formation des grains de pollen. — La seconde période commence au moment où les utricules polliniques existent toutes, et elle se termine à la formation complète des grains de pollen, qui vont apparaître dans leur intérieur, en même temps qu'elles-mêmes épaissiront encore leurs parois.

La manière dont s'opère la division de chaque utricule pollinique en quatre cellules secondaires, qui sont tout autant de grains de pollen, a été décrite de deux manières entièrement différentes : 1° Mirbel[1] a cru voir que de la face interne de chaque utricule pollinique naissaient quatre lames qui, peu à peu, s'accroissaient en s'avançant vers le centre, et, ne tardant pas à s'y rencontrer, constituaient ainsi quatre cloisons dont la présence divisait en quatre la cavité auparavant unique. Plus récemment, M. Unger et M. H. v. Mohl[2], ont appuyé cette idée, en admettant que ce mode de division n'est qu'un cas particulier de celui que présentent généralement les cellules qui se multiplient, grâce au plissement de leur utricule primordiale (*voyez* p. 34 et p. 37). 2° Au contraire, MM. Decaisne[3], Nægeli[4], Hofmeister[5], Wimmel (*loco cit.*), ont vu, dans la formation des grains de pollen, à l'intérieur des utricules polliniques, un exemple de formation cellulaire libre (*voy.* p. 56). S'il m'est permis de me citer, je dirai que moi-même j'ai cru reconnaître, par l'observation, l'exactitude de cette dernière manière de voir. D'après ces observateurs, le nucléus de l'utricule pollinique se divise en deux; entre les

---

[1] Recherches anatomiques et physiologiques sur le *Marchantia polymorpha; Mém. de l'Acad. des Sciences*, XIII, 1836 (lu en 1831 et 1832), in-4, 100 p. et 10 planch.

[2] Die vegetabilische Zelle, p. 59.

[3] Mém. sur le développement du pollen, de l'ovule et sur la structure des tiges du Gui; *Mém. de l'Acad. royale de Bruxelles*, XIII. 1840.

[4] Zur Entwickelungsgeschichte des Pollens. Zurich, 1842; in-12 de 36 p. et 3 planch.

[5] Ueber die Entwickelung des Pollens; *Botan. Zeit.*, 1848, pp. 425-434, 649-658, 670-674, pl. IV et VI.

deux nucléus secondaires ainsi formés, se forme, selon M. Hofmeister, une agglomération de granules protoplasmiques en manière de lame dirigée en travers de l'utricule, et bientôt, au milieu de cette agglomération granuleuse, apparaît subitement (plötz-
lich) une ligne déliée, plus claire, qui est le premier indice de
la cloison formée par la juxtaposition des deux cellules ainsi produites. Ensuite chacune de celles-ci se partage à son tour en deux
autres cellules, et les quatre cellules polliniques, c'est-à-dire les
quatre grains de pollen, se trouvent par là formés dans l'intérieur
d'une même utricule pollinique.

La membrane extrêmement délicate qui forme alors l'enveloppe unique de chaque grain de pollen, est son enveloppe propre
et fondamentale, l'intine. Bientôt, à l'extérieur de celle-ci, se
produit l'extine par excrétion, selon les uns, par dépôt de couches d'épaississement, selon les autres, et en particulier d'après
Schacht. Serrés l'un contre l'autre dans la cavité de l'utricule
mère, les grains de pollen sont d'abord anguleux intérieurement ;
mais peu à peu ils grossissent en s'arrondissant, et, par cela
même, ils distendent l'utricule, de laquelle ils ne tardent guère
à sortir, en la déchirant ; dès lors
celle-ci est résorbée, sans laisser
de traces, dans le plus grand
nombre des cas.

Les figures 346 et 347 sont
destinées à faciliter l'intelligence
des détails qui précèdent, et de
quelques-uns de ceux qui vont
suivre. La première représente
l'ensemble des tissus (vus sur
une coupe transversale) qui correspondent à une logette dans
l'anthère d'un bouton de Courge
ordinaire ou *Cucurbita Pepo* L.,
long au plus de 0^m,01. On voit
que tout le centre en est occupé
par la masse des utricules polliniques, *a a*, dont le nombre est
ici de sept sur la section. Dans
chacune, les quatre grains de

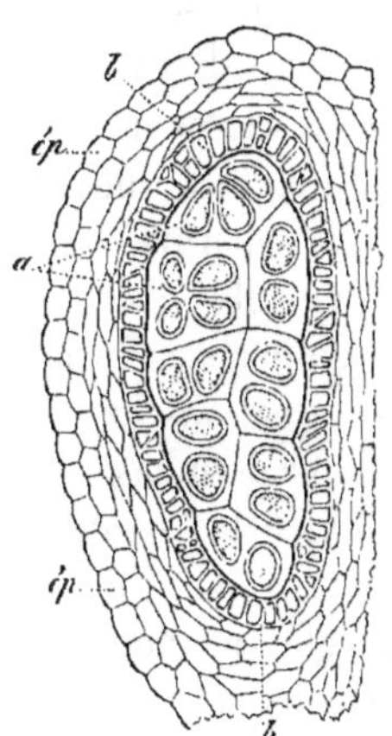

Fig. 346. — Coupe transversale (d'après Mirbel) d'une logette de *Cucurbita*. — *ép*, épiderme ou exothèque ; *b b*, couche interne ou
endothèque ; entre les deux est la couche
moyenne ou mésothèque ; *a a*, utricules polliniques dans lesquelles on voit tantôt deux,
tantôt trois, tantôt quatre grains de pollen,
selon le point où la coupe les a rencontrées
(probablement 250/1 environ).

pollen sont déjà distincts, et on les aperçoit là où le rasoir a enlevé une portion des parois de l'utricule, de manière à les mettre

à nu. La figure 347 montre, d'après la Clandestine (*Lathræa Clan-destina* L.), deux utricules pol-liniques isolées et retirées de l'anthère, dans un état plus avancé. En A, l'utricule a laissé sortir l'un des grains qu'on voit à côté d'elle, réduit encore à une seule membrane, l'intine; en B, une autre utricule s'est entièrement vidée et montre comment étaient placés ses qua-tre grains. Enfin en B' on voit le contour d'un grain entièrement formé et pourvu de ses deux enveloppes.

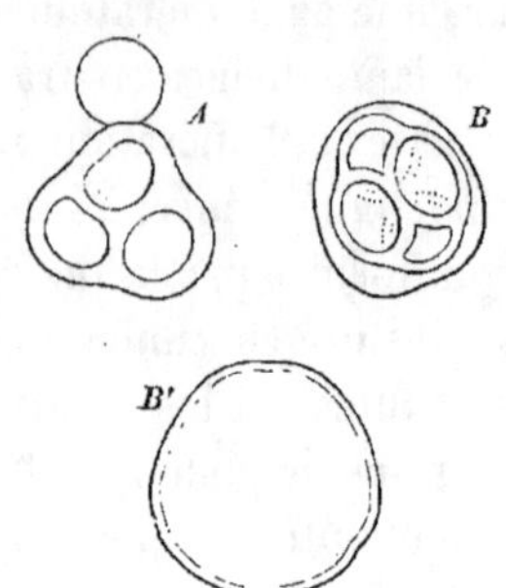

Fig. 347. — Utricules polliniques du *Lathræa Clandestina* L. — A, utricule de laquelle vient de sortir un grain de pollen. — B, utricule venant de se vider. — B', grain adulte (350/1).

M. Nægeli a introduit dans la science une idée qui a été com-battue par d'autres observateurs, notamment par M. Wimmel. Selon lui, deux générations successives de cellules précèdent la formation du grain de pollen : 1° les cellules-mères, c'est-à-dire les utricules polliniques; 2° dans chacune de celles-ci des cellules-filles ou cellules-mères spéciales, dans chacune desquelles seule-ment naîtrait le pollen. L'existence de ces dernières ne paraît pas devoir être admise, à moins qu'on ne qualifie de cellules-filles ou cellules de deuxième génération les deux qui apparaissent d'abord dans les cellules-mères et qui donnent ensuite chacune deux grains de pollen. Au reste, je ne puis m'empêcher de faire ob-server que l'extrême difficulté de ces observations explique les différences qui existent entre les descriptions données à ce sujet.

Formation des pollens composés. — Entre les quatre grains de pollen d'une même utricule pollinique, il existe une couche mince d'une matière gélatineuse qui les relie intimement l'un à l'autre, et qui remplit également l'intervalle restant entre les portions arrondies de leur contour. En général, cette matière est résorbée et disparaît en même temps que les épaisses parois des utricules mères; dès lors les grains de pollen restent entièrement libres et indépendants les uns des autres. Si, au contraire, la couche gélatineuse interstitielle persiste, en tout ou en partie, tandis que les parois des utricules-mères disparaissent, il en ré-sulte des grains adhérents entre eux quatre par quatre, c'est-à-dire des grains composés quaternaires, tels que ceux du *Leschen-aultia* (fig. 343, p. 545); enfin, si la matière de la couche interstitielle, et une portion de celle des parois des utricules polliniques, persistent, en maintenant l'adhérence réciproque des grains d'une même utricule ou même de ceux de quelques utricules voisines, ou enfin de toutes les utricules contenues dans l'une des cavités de l'anthère, la conséquence en est qu'il se produit, soit des grains composés de 8 ou de 16, soit enfin ces masses polliniques dont il a été question plus haut.

Développement des parois de l'anthère. — Nous venons de voir que toute anthère est d'abord composée d'une parenchyme homogène, dans ses portions destinées à devenir les logettes; nous avons vu aussi que cette uniformité de tissu disparaît dès l'instant où les cellules centrales de cette masse commencent, sur les quatre points de l'anthère où l'on trouvera plus tard les logettes, à prendre un développement spécial qui les grandit, et qui en multiplie le nombre jusqu'à une limite déterminée, pour en faire des utricules polliniques. Entre cette masse centrale pollinifère et la couche externe (*ép*, fig. 346), qui constitue l'épiderme de l'anthère, se trouvent généralement trois ou quatre assises concentriques de cellules, d'abord semblables entre elles et à coupe hexagonale, mais entre lesquelles ne tarde pas à se prononcer une différence notable. En effet, les cellules de la couche (*bb*, fig. 346) qui entoure immédiatement la masse pollinifère, se font bientôt remarquer par leurs parois peu consistantes et d'apparence presque gélatineuse, par leur contenu finement granuleux et coloré, qui prend une teinte brune sous l'action de l'iode, enfin par leur configuration telle que, sur leur coupe transversale, elles sont tantôt allongées de dedans en dehors, comme en *bb*, fig. 346, tantôt, au contraire, plus développées dans le sens transversal et parallèle au contour de l'anthère. Cette couche cellulaire interne a une existence purement transitoire; lorsque les utricules polliniques sont près d'atteindre leur développement complet, les cellules commencent à en être résorbées; et lorsque s'opère la division de l'intérieur de chacune de ces utricules en quatre grains de pollen, elle se montre en général plus ou moins désorganisée. De là M. Wimmel pense que la substance en est utilisée pour la nutrition des utricules polliniques, et dernièrement, M. Chatin[1] a exprimé l'idée que leur destination est liée au développement du pollen et à l'organisation spéciale de la couche plus externe. Cette assise interne a été reconnue par M. Brongniart

---

[1] *Comp. rend.*, LXII, 15 janvier 1866, pp. 126-130.

dans le *Cobæa scandens*, en 1826 ; elle a été décrite et figurée en 1832, d'après la Courge, par Mirbel, à qui j'ai emprunté la figure 346 ; Meyen, en 1839, M. Schleiden, dans ses *Grundzüge* (3ᵉ édit., II, 1849, p. 295 et suiv.), M. Wimmel (*loco cit.*), en 1850, l'ont signalée et figurée comme un élément essentiel des parois de l'anthère ; enfin, en 1866, M. Chatin en a fait l'objet d'un travail spécial (*loco cit.*).

Leurs trois couches. — On voit donc que l'anthère, dans un état assez éloigné de son développement complet, offre dans ses parois une structure complexe, de telle sorte qu'on peut y distinguer, avec M. Schleiden (*loco cit.*) : 1° la couche épidermique; 2° la couche transitoire, qui forme la paroi immédiate des logettes; 3° les assises intermédiaires aux deux précédentes.

Ces assises intermédiaires, c'est-à-dire situées entre l'épiderme et la couche interne, sont essentiellement caractérisées, dans la grande majorité des cas, parce que toutes, ou une portion d'entre elles, prennent peu à peu, sur des lignes spirales ou bien reliées en réseau, ces épaississements qui en font des *cellules fibreuses* (*voy.* p. 28). La disparition de la couche interne, d'apparence plus ou moins gélatineuse, étant complète dans l'anthère adulte, sauf un petit nombre de cas, et même une portion de la zone des cellules destinées à devenir fibreuses ayant souvent été résorbée à la même époque, il en résulte qu'une coupe transversale des parois de cette anthère montre alors d'ordinaire la structure que représente la figure 348 : elle comprend une couche épidermique *ép*, doublée d'une, deux ou trois assises de cellules fibreuses *cf*; même, comme on le voit sur la même figure, la zone de ces dernières peut varier d'épaisseur sur les divers points du pourtour de la même logette.

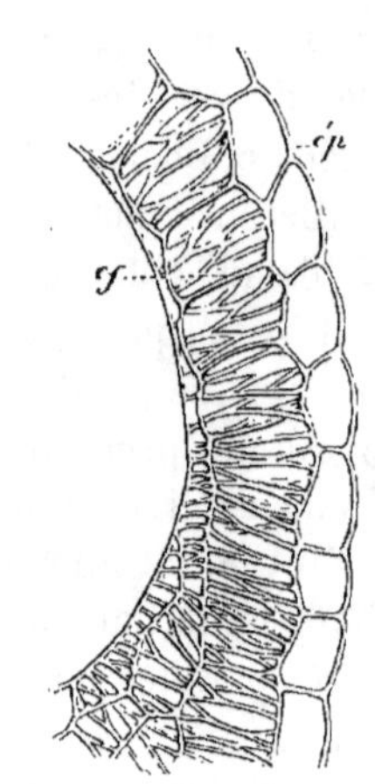

Fig. 348. — Coupe transversale des parois de l'anthère du *Lilium superbum* L. — *ép*, couche épidermique; *cf*, couche de cellules fibreuses (100/1).

Purkinje, dont j'ai déjà cité le mémoire sur les cellules fibreuses, n'ayant examiné les anthères qu'à l'état à peu près parfait, y admettait seulement deux couches qu'il nommait l'externe *Exothecium*, l'interne *Endothecium*. Mais M. Schleiden a fait observer avec raison que ces deux noms ne concordent pas avec l'existence réelle de trois zones distinctes. Si l'on veut mettre la nomenclature en rapport avec les faits, il faut employer trois noms et appeler la couche épidermique de l'anthère *Exothèque* (exothecium, de ἔξω, en dehors, et θήκη, boîte ou loge); sa couche interne et transitoire, *Endothèque* (endothecium, de ἔνδον, en dedans), et la zone intermédiaire, finalement fibreuse, *Mésothèque* (mesothecium, de μέσος, moyen, au milieu), expressions dont fait usage M. Chatin dans son mémoire récent.

Diversité du nombre des couches. — Si l'anthère adulte n'offre le plus souvent qu'un exothèque et un mésothèque, parfois aussi elle peut conserver son endothèque, fait qui se lie, d'après M. Chatin, à ce fait que alors les cellules du mésothèque ne deviennent pas fibreuses. C'est le cas des anthères qui s'ouvrent par le sommet. Au contraire, il y a, d'après le même botaniste, des anthères dont l'exothèque est plus ou moins complétement détruit au moment de la déhiscence (*Lathræa Squamaria, Cytinus, Phytelephas*, Conifères).

Localisation des cellules fibreuses. — M. Schleiden, Schacht, et quelques autres botanistes, avaient cité de nombreux exemples d'anthères dans les parois desquelles les cellules fibreuses n'existent qu'à certaines places; récemment M. Chatin a présenté[1] un relevé plus complet de ces faits. Parfois ces cellules s'étendent en bande des deux côtés de chaque ligne de déhiscence (*Lathræa, Orobanche, Melampyrum*), ou, au contraire, elles ne se montrent que le long de l'attache des parois au connectif (*Chlora, Halesia, Chironia*), ou encore elles n'existent que sur l'une des deux valves que sépare la ligne de déhiscence (*Witheringia*). Dans les anthères qui s'ouvrent par deux ou quatre valvules, tantôt ces cellules sont limitées à l'épaisseur de ces valvules (Laurinées), et tantôt on les observe encore sur le reste des parois (Berbéridées); enfin elles font entièrement défaut dans les anthères qui s'ouvrent par des pores terminaux, comme les Éricacées, Pyrolacées, Mélastomacées, etc. (excepté dans les *Solanum*, qui en ont autour de leur pore).

Rôle dés cellules fibreuses. — Pour que la déhiscence de l'anthère ait lieu, il se produit une série de faits qui concourent à la production de ce résultat final : 1° chaque moitié d'anthère biloculaire offre, intérieurement et entre ses deux logettes, une cloison formée le plus souvent d'une saillie cellulaire du

---

[1] *Compt. rend.*, LXII 22 janvier 1866, pp. 172-176.

connectif qui atteint la paroi antérieure, au fond du sillon latéral ; ailleurs résultant d'un reploiement de la paroi même vers l'intérieur ; ailleurs enfin composée par moitié de l'une et l'autre de ces deux manières. Cette cloison se détache de la paroi antérieure, quelque temps avant la déhiscence, et elle se rétracte ensuite de plus en plus, de manière à laisser communiquer librement entre elles les deux logettes qui se trouvent ainsi confondues en une seule loge. L'anthère n'offre donc plus dès cet instant que deux loges. Ensuite, sur la ligne où s'est opéré le décollement de la cloison, au fond de chacun des deux sillons latéraux, il se fait une fissure qui divise la paroi de chaque loge en deux moitiés ou valves, et dès lors la cavité de l'anthère se trouve largement ouverte. Cependant il arrive fréquemment, si ce n'est même toujours, quoiqu'on en ait dit, que les deux lèvres de cette fissure longitudinale restent appliquées l'une contre l'autre, tant que la corolle ou le calyce forme une enveloppe close qui empêche l'accès de l'air extérieur ; le pollen reste donc enfermé dans les loges. Aussitôt que l'enveloppe de la fleur commence à s'ouvrir, l'air atmosphérique desséchant le tissu des parois de l'anthère, en particulier de l'exothèque, rétracte celui-ci, tandis que les cellules fibreuses conservent au mésothèque ses dimensions ; il en résulte l'effet de deux lames adhérentes entre elles, et dont une se contracte (comme dans le thermomètre de Breguet) ; la conséquence on est que les parois se renversent en dehors et laissent ainsi à découvert le pollen, que la moindre action mécanique ou son poids même emportent dès cet instant. La preuve que telle doit être la cause de l'enroulement des valves vers l'extérieur, du moins dans la majorité des cas, c'est qu'il suffit de mouiller une anthère ainsi ouverte pour que ses parois reprennent leur première situation.

Au total, quoique presque tous les physiologistes attribuent aux cellules fibreuses un rôle actif dans l'ouverture des loges, et qu'ils essayent d'expliquer par l'hygroscopicité de leurs spiricules l'enroulement vers l'extérieur que subissent les valves de l'anthère, je crois qu'elles n'ont, au contraire, qu'un rôle passif, et je ne comprendrais pas que la dessiccation sous l'action de l'air pût déterminer dans le mésothèque un allongement qui, seul dans cette hypothèse, pourrait rendre compte des faits.

Quelques autres détails de la structure de l'anthère. — Je me bornerai à peu de mots sur ce sujet : 1° le faisceau fibro-vascuaire du filet se continue le plus souvent dans le connectif qu'il parcourt alors longitudinalement ; 2° les cellules de ce connectif, ainsi que celles qui forment la cloison entre les logettes, sont d'ordinaire allongées de dedans en dehors, sur leur coupe transversale ; 3° dans certaines anthères (Lis), à peu près toutes les cellules de l'anthère, non-seulement dans les parois, mais encore dans le connectif, deviennent fibreuses ; 4° le connectif forme, chez les Dicotylédons gamopétales, dans chaque logette, une saillie longitudinale qui s'avance plus ou moins dans la cavité de celle-ci. M. Chatin[1] a regardé ces processus parenchymateux comme un organe ayant « pour fonction de concourir à la nutrition du pollen, » et il leur a donné le nom de *Placentoïdes*. Je suis fort porté à croire que ces saillies n'ont pas à remplir un rôle de cette importance.

ARTICLE II. — GYNÉCÉE OU PISTIL.

Le gynécée est le verticille le plus intérieur de la fleur dont il occupe toujours le centre ; par suite de cette situation, les pièces qui le constituent, si elles viennent à se souder entre elles, cas fréquent, forment, non plus un godet ni un tube ouverts dans le haut, comme les trois verticilles plus extérieurs, mais bien un corps central fermé qu'entourent tous les autres organes floraux. Même lorsque ces pièces ne se réunissent pas entre elles, chacune d'elles se contourne également en un corps fermé, présentant une configuration extérieure analogue à celle du corps complexe qui s'était produit dans le premier cas.

Noms des pièces du gynécée. — Dans l'un et l'autre cas, chaque corps distinct et séparé qui entre dans la formation du verticille central de la fleur, ou qui le compose à lui seul tout entier, a été appelé depuis longtemps en botanique un *Pistil* (pistillum, de *pistillum* ou *pistillus*, pilon de mortier, à cause de sa forme). Ainsi, dans la fleur de la Renouée Blé sarrasin (*Fagopyrum esculentum* Moench ; *Polygonum Fagopyrum* L.), que montre la figure 549 ; le

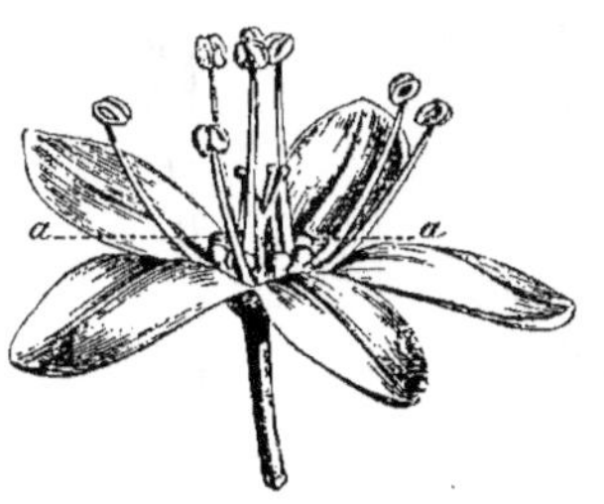

Fig. 549. — Fleur entière du *Fagopyrum esculentum* Moench, dont le gynécée ne comprend qu'un pistil à trois cornes. — *a a*, Corps glanduleux (6/1).

gynécée est formé d'un seul pistil à trois prolongements en cornes, ou trois *styles* renflés en *stigmate* au sommet, tandis

<hr>

[1] *Compt. rend.*, LXII (29 janvier 1866), pp. 215-218.

que dans celle de la Spirée de Fortune (*Spiræa Fortunei* Planc.)
il comprend cinq pistils verticillés qu'on voit en place sur la
figure 350 A, mais dont B montre mieux la disposition verti-

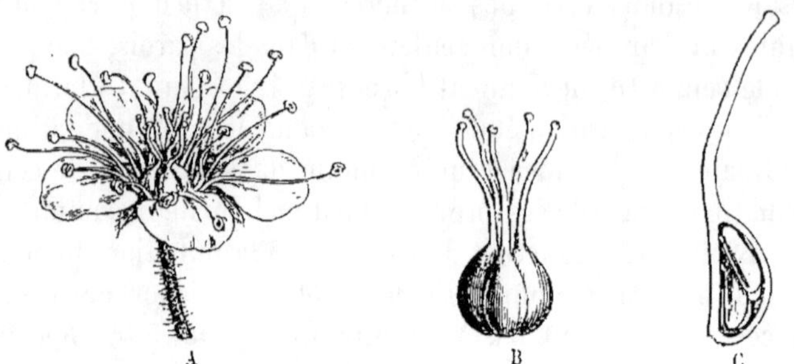

Fig.. 350. — *Spiræa Fortunei* Planc. — A, Fleur entière (5/1); B, gynécée isolé (8/1);
C, l'un des cinq pistils ouvert, montrant et son profil et son intérieur (12/1).

cillée ainsi que la forme, tandis que C en fait voir le profil et l'intérieur. La complication peut même devenir
très-grande, à ce point que, dans le *Myosurus
minimus* L., l'espèce d'épi que représente la
figure 351 n'est que le gynécée dont les
très-nombreux pistils sont déjà passés à l'état
de fruits presque entièrement développés.

Chacun des petits pistils, soit du *Spiræa*,
soit du *Myosurus*, n'offre, à l'intérieur de son
ovaire, qu'une seule cavité ou *Loge* (loculus);
il n'a qu'un style avec un stigmate; il constitue ainsi un élément complet, mais distinct
et séparé, du gynécée, et il est pour celui-ci
ce que sont une étamine pour l'androcée, un
pétale pour la corolle, un sépale pour le
calyce. Cet élément constitutif du gynécée a
été nommé un *Carpelle*, comme nous l'avons
déjà vu (p. 431). Chaque carpelle est formé
par une feuille modifiée dans sa manière
d'être, qu'on nomme *Feuille carpellaire*,
quelquefois aussi *Carpophylle*, mot qui a la
même signification. On a proposé différentes
hypothèses pour expliquer comment une
feuille carpellaire peut se disposer et se con-
former en pistil avec ovaire, style et stig-
mate, et quelles sont les portions de cette feuille qui ont donné

Fig. 351. — *Myosurus minimus* L. — Gynécée à très-
nombreux pistils rangés en
spirale sur un long support
commun (3/2).

naissance aux trois parties du pistil. Selon Endlicher et Unger, l'ovaire serait dû tantôt au limbe de la feuille carpellaire, et tantôt à sa gaîne; A. de Jussieu penche vers cette opinion. Pour Bravais, ce serait le support et le pétiole, admis par lui comme distincts, qui formeraient le premier l'ovaire, le second le style, tandis que le limbe serait réduit à constituer des appendices stigmatiques peu communs; aux yeux de M. Schleiden, l'ovaire proviendrait de la gaîne de la feuille, le style de son pétiole, et le stigmate de son limbe. Enfin Aug. Saint-Hilaire et d'autres botanistes ont professé une opinion peu différente de celle d'Endlicher et qui me semble être plus admissible que les autres : elle consiste à n'attribuer la formation de l'ovaire qu'au limbe de la feuille ployé sur sa côte et dont les deux bords se seraient soudés l'un à l'autre en se recourbant pour rentrer plus ou moins dans la cavité ainsi formée. Quant au style, il résulterait, soit d'un prolongement de la côte de la feuille, soit plus exactement d'un prolongement du limbe enroulé en tube, au sommet duquel un épanouissement du tissu cellulaire formerait le stigmate. Cette hypothèse est rendue très-vraisemblable par l'examen de divers pistils à ovaire très-renflé et comme foliacé, ainsi que par la connaissance de ce qui a lieu lorsque le pistil du Cerisier à fleurs doubles passe à l'état de petite feuille; la figure 198 A (p. 447) montre, dans ce dernier cas, un ovaire qui devient le limbe d'une feuille, son style et son stigmate n'ayant pas encore subi d'altérations dans leur état normal.

§ 1er. — Pistil considéré dans son ensemble.

Division des Pistils en simples et composés. — Tout pistil composé d'un seul carpelle ou bien d'une seule feuille carpellaire est qualifiée de *simple* ou *unicarpellé* tandis qu'on dit *composés* ou *pluricarpellés* ou *syncarpés* (de σύν, avec, ensemble, désignant l'union et καρπός, fruit) ceux qui résultent de l'union de deux ou plusieurs carpelles en un seul tout.

Pistils simples. — Dans un pistil simple, le reploiement du limbe de la feuille en une sorte de cornet, a pour effet de circonscrire une cavité, et la soudure qui s'opère entre les deux bords mis ainsi en contact ferme entièrement cette cavité. La ligne selon laquelle se fait cette soudure s'appelle, comme toute ligne analogue, une *Suture* (*sutura*, de *sutus*, cousu). D'un autre côté, c'est le long des bords de cette feuille que se montrent les ovules, dont j'aurai bientôt à examiner la nature ; ces mêmes bords se replient, après s'être unis dans la suture, pour se reporter plus ou moins avant dans la cavité ovarienne ainsi formée, et leur saillie interne devient le support commun des ovules, c'est-à-dire ce qu'on a nommé le *Placenta* (trophosperme Rich.). Si ces ovules sont nombreux et serrés sur le placenta, celui-ci doit en porter deux rangées longi-tudinales adjacentes; si, au contraire, ils sont peu nom-breux et espacés, ils s'ar-rangent en une file unique, de telle sorte qu'il ne s'en offre qu'un seul sur une coupe transversale menée à un point quelconque de l'o-vaire ; c'est ce qu'on voit

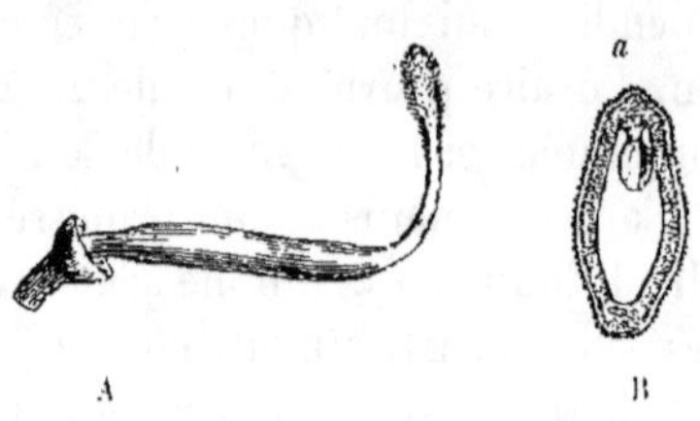

Fig. 352. — *Lathyrus latifolius* L. — A, Pistil entier à peine grossi ; B, coupe transversale de son ovaire ; *a*, suture (8/1).

par exemple sur la figure 352 B qui représente une coupe trans-versale de l'ovaire du *Lathyrus latifolius* L., avec la suture, *a*, en situation semblable à celle qu'elle occupe dans la fleur, et avec un ovule attaché au placenta qui est ici peu proéminent.

Deux conséquences découlent naturellement de ce mode de for-mation de l'ovaire : la première est que, à l'extérieur, un pistil simple doit avoir une convexité différente à son côté sutural ou placentaire, qu'on nomme aussi *ventral*, et à son côté opposé, ou correspondant à la nervure médiane de la feuille carpellaire, qu'on appelle, par opposition au premier, côté *dorsal*. On voit en effet sur la figure 352 A que le bord ventral (qui est ici en des-sus) est plus convexe que le dorsal. Le contraire peut aussi avoir lieu, notamment quand il existe un verticille de pistils simples, comme on le remarque, pour le *Spiræa Fortunei* Planc., sur la

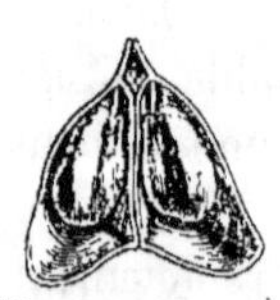

Fig. 353. — *Astragalus gale-giformis* L. — Coupe trans-versale d'un ovaire passé à l'état de fruit avancé (5/1).

figure 350 C. — La seconde conséquence est que la cavité des ovaires dont il s'agit doit être unique, puisque, pour la former, il n'existe qu'un seul cornet foliaire. Toutefois il arrive quelquefois et tout à fait exception-nellement, ou bien que du bord dorsal s'élève une lame qui s'avance plus ou moins dans l'ovaire, parfois même au point d'en parta-ger la cavité unique en deux adjacentes, ou bien, dans d'autres cas, que les bords de la feuille carpellaire se replient pour s'avancer, à partir du bord ventral, dans la cavité ovarienne, jusqu'à atteindre le bord dorsal et à diviser aussi cette cavité en deux. C'est ce qui paraît avoir lieu dans les Astragales. La figure 353 montre la coupe transversale de l'ovaire, déjà passé presque à l'état de fruit, d'une espèce de ce grand genre.

Fig. 354. — *Astragalus gly-cyphyllos* L.—Coupe transversale de l'ovaire passé à l'état de fruit presque mûr (2/1).

Toutefois il me semblerait plus exact d'admettre, pour ces plantes, que la cloison provient plutôt d'une inflexion des parois ovariennes, qui se serait opérée dans le plan de leur ligne médiane dorsale, comme semble le mettre en parfaite évidence l'examen de l'ovaire et du fruit de certaines espèces, entre autres de notre *Astragalus Glycyphyllos* L. qui a fourni le sujet de la figure 354.

Pistils composés. — La réunion des carpelles en pistil composé est essentielle à examiner tant à l'extérieur qu'à l'intérieur.

1° *Leur formation considérée à l'extérieur.* — Lorsque deux ou plusieurs carpelles se soudent les uns aux autres pour former un pistil composé, ils reproduisent des faits analogues à ceux que nous avons déjà vus relativement aux trois premiers verticilles floraux et ils contractent adhérence entre eux sur une longueur plus ou moins grande, selon les plantes. En effet, la soudure, commençant à la base de l'ovaire, peut s'élever plus ou moins haut ou même jusqu'au sommet de cet organe, sans s'étendre aux styles qui restent alors séparés. Ainsi parmi les

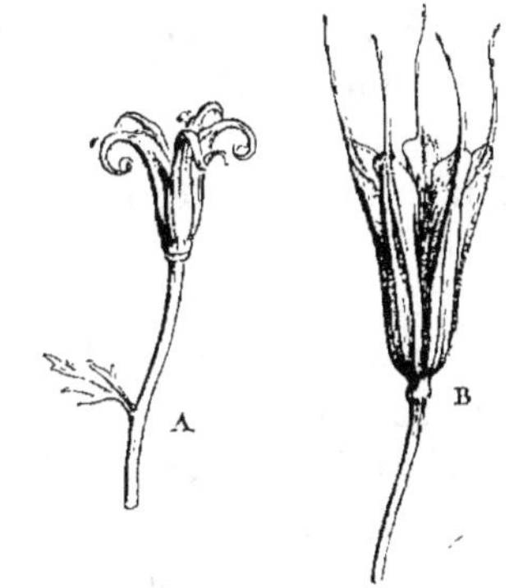

Fig. 355. — *Nigella arvensis* L. — A, Pistil entier ; B, fruit mûr et s'ouvrant (1/1).

trois espèces de Nigelles, dont le pistil ou le fruit est représenté sur les figures 355, 356 et 357, l'adhérence atteint à peu près le milieu de la hauteur de l'ovaire dans la première ; elle en dépasse les trois quarts dans la seconde ; elle est complète dans la troisième. Ces mêmes figures montrent encore que, dans le sens horizontal, la soudure peut s'opérer à divers degrés. Il s'en suit qu'à l'extérieur l'ovaire offre autant de saillies qu'il réunit de carpelles, ce qui le fait souvent qualifier de *lobé*, dans les cas où la soudure ne s'est pas étendue dans toute la largeur de ceux-ci (fig. 355 et 356), tandis qu'il est uniformément arrondi et sans saillies dans le cas contraire (fig. 357). Lorsque les carpelles ont entièrement uni

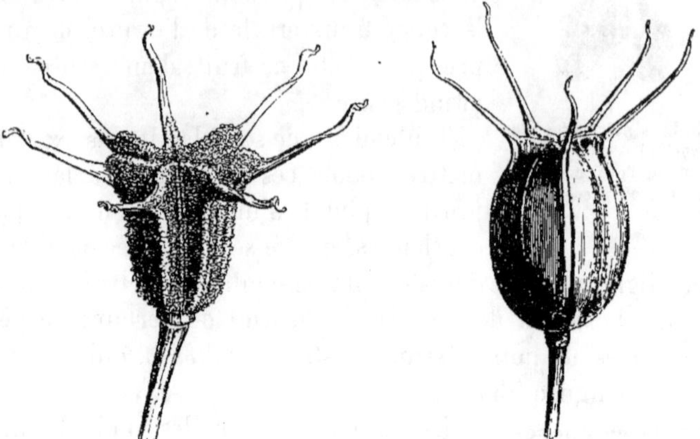

Fig. 356. — *Nigella hispanica* L. — Fruit presque adulte (1/1).

Fig. 357. — *Nigella damascena* L. — Fruit avancé dans son développement (1/1)

leur ovaire en laissant leurs styles libres et distincts, le pistil composé présente en général une configuration analogue à celle qu'on voit chez l'*Armeria maritima* Boiss. qui a fourni la figure 358.

Pour le style il en est comme pour l'ovaire : ceux qui appartiennent aux différents carpelles peuvent de même se confondre en une seule colonne, soit uniquement dans le bas, soit jusque vers leur milieu, soit plus haut encore. Le style résultant de cette fusion plus ou

Fig. 358. — Pistil entier de l'*Armeria maritima* Boiss., à ovaire unique et à cinq styles distincts (5/1).

moins complète de deux ou plusieurs autres est dit *biparti, triparti,* etc., dans le premier cas, *bifide, trifide,* etc., dans le second, expressions dont nous connaissons déjà la signification et l'emploi basé sur la simple apparence extérieure. — Enfin, il peut y avoir union complète des styles tandis que les stigmates élémentaires restent plus ou moins distincts; on exprime cet état en décrivant le pistil comme pourvu d'un stigmate *lobé*. On en voit un exemple dans la Tulipe, figure 359, dont le style fort court supporte un stigmate trilobé qui indique la réunion de trois carpelles dans le pistil de cette plante. Enfin la confluence des carpelles est telle, dans quelques plantes, que le stigmate lui-même ne conserve aucun vestige de division; c'est ce qu'on observe dans le pistil du *Lysimachia vulgaris* L. dans lequel cinq carpelles se sont complétement réunis, comme le montre la figure 360.

2° *Formation des pistils composés examinée à l'intérieur.* — Il devient maintenant facile de comprendre l'organisation que montre un pistil composé, lorsqu'on en examine l'intérieur, soit sur une coupe

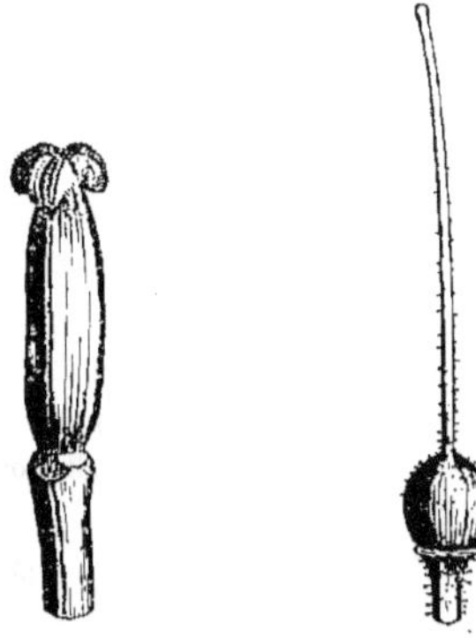

Fig. 359. — Pistil du *Tulipa Gesneriana* L., à stigmate trilobé (1/1).

Fig. 360. — Pistil indivis dans toutes ses parties du *Lysimachia vulgaris* L (5/1).

longitudinale, soit principalement sur une coupe transversale, qui est fort instructive à cet égard. Supposons en effet, pour prendre le cas le plus simple, que deux pistils simples ou carpelles, ne contenant chacun que deux ovules, se soient unis complétement, comme dans la Vigne, qui a fourni le sujet de la figure 361, A et B. Chaque carpelle élémentaire formant une loge et renfermant deux ovules, le pistil composé qu'ils constituent par leur union aura nécessairement deux loges, ou sera *biloculaire*, et renfermera quatre ovules, et les deux portions des parois ovariennes de ces carpelles qui se sont unies pour constituer le pistil bicarpellé seront devenues la *cloison* (septum, dissepimentum) qui règne entre ces deux loges. C'est au milieu des deux faces

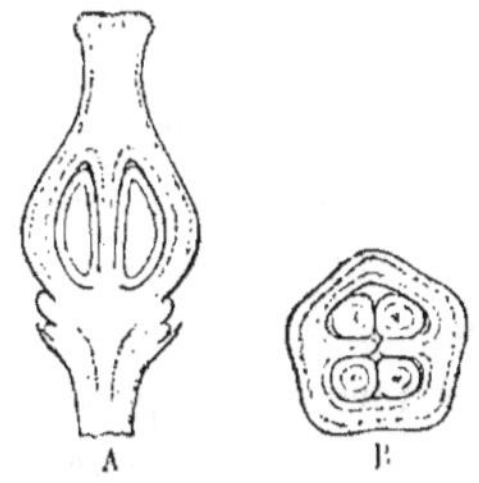

Fig. 561. — Pistil de la Vigne (*Vitis vinifera* L). — A, Coupé longitudinalement; B, coupé transversalement (5/1).

de cette cloison que se trouveront les deux placentas, fort peu saillants et à peine visibles dans la Vigne qui n'a que deux ovules dans chaque loge, mais développés en une lame saillante qui s'étale ensuite à droite et à gauche, dans d'autres ovaires également biloculaires mais à nombreux ovules, comme celui du Grand Muflier (*Antirrhinum majus* L.), dont la figure 562 montre une coupe transversale. Même dans un assez grand nombre d'ovaires biloculaires, les deux placentas prennent un développement considérable et forment deux corps très-épais, qui remplissent presque les deux loges et dont la surface est couverte d'ovules, ainsi, qu'on le voit pour celui du Tabac (*Nicotiana Tabacum* L.), dont la figure 363 représente une coupe transversale.

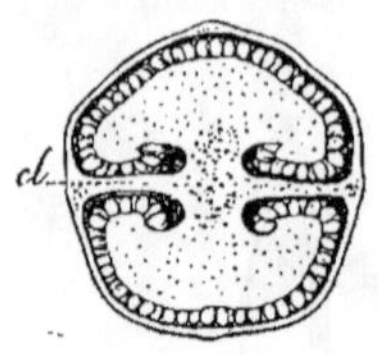

Fig. 362. — *Antirrhinum majus* L. — Coupe transversale d'un ovaire passé à l'état de fruit presque mûr (3/1).

Fig. 363. — *Nicotiana Tabacum* L. — Coupe transversale d'un ovaire passé à l'état de fruit presque mûr ; *cl*, la cloison du milieu de laquelle s'élèvent les deux placentas très-épais (ponctués sur cette figure (4/1).

Les choses se passent de même si le nombre des carpelles est de trois ou davantage : formant un verticille, ils sont par cela même disposés en cercle autour d'un axe central, nommé la *Columelle* (columella), qui résulte de la soudure de leurs parois au point de rencontre de celles-ci ; autour de cette columelle rayonnent les loges et les cloisons, ainsi qu'on le remarque sur la figure 364, qui représente la coupe transversale de l'ovaire à cinq loges ou quinqueloculaire du Poirier. On voit que les ovules, par deux dans chaque loge, sont fixés à l'angle interne de celles-ci, point ou se trouvent les cinq placentas.

Fig. 364. — Coupe transversale de l'ovaire du Poirier (*Pirus communis* L), à cinq loges (6/1).

Vraies cloisons. — Si chacun des carpelles qui se sont réunis pour former un pistil composé s'est ployé en cornet au point de former une cavité ovarienne close, on sent que l'ovaire ainsi formé sera creusé d'autant de loges distinctes qu'il est entré de carpelles dans sa formation. Les parois qui se sont unies formeront, par conséquent, autant de cloisons qu'il y aura de loges, sauf le cas des ovaires biloculaires où il ne peut existe qu'une seule cloison puisqu'il n'y a que deux loges. Ces cloisons, résultant nécessairement de la constitution même des pistils composés, sont distinguées, pour cette raison, sous le nom de *Vraies cloisons* (dissepimenta vera). Or, si l'on se rappelle que, dans un carpelle isolé ou pistil simple, le style se trouve dans le prolongement de la côte médiane, ou, en d'autres termes, de la ligne dorsale, c'est-à-dire encore entre les deux côtés infléchis de ce carpelle, on verra par cela même que, dans un pistil composé, les styles et les stigmates seront superposés aux loges, c'est-à-dire alterneront avec les cloisons. C'est là le caractère essentiel qui fait reconnaître, dans un ovaire, les cloisons formées par les parois mêmes des carpelles, ou les vraies cloisons.

Fausses cloisons. — Il existe, en effet, dans quelques pistils, des cloisons bien différentes de celles-ci, soit par leur situation au-dessous des styles ou des stigmates, soit parce qu'elles ne dérivent pas de la formation même des parois ovariennes. On les désigne par la dénomination de *Fausses-cloisons* (dissepimenta spuria). Citons-en quelques exemples.

Le *Datura Stramonium* L., espèce commune dans nos pays, est nommé vulgairement *Pomme épineuse*, à cause de son fruit épineux, que représente, à l'état de maturité, la figure 565. Le pistil qui a donné ce fruit, et par conséquent ce fruit lui-même, sont

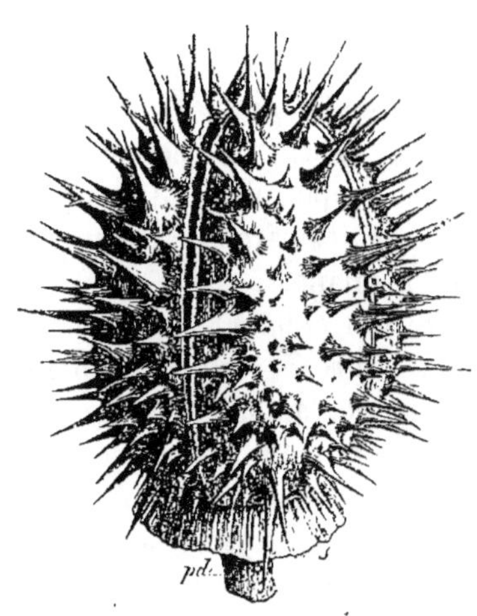

Fig. 565. — Fruit mûr de la Pomme épineuse (*Datura Stramonium* L.). — *pd*, Portion supérieure du pédoncule ; *s*, portion inférieure et persistante du calyce dont toute la partie supérieure est tombée par une rupture nette ou une sorte de désarticulation (1/1).

formés de deux carpelles comme celui du Tabac (fig. 563), qui rentre, comme le *Datura*, dans la famille des Solanacées. Cependant si l'on fait une section transversale de l'ovaire de ce pistil (ou du fruit qui lui succède), on y voit l'organisation que reproduit la figure 566, et qui consiste en ce qu'il offre quatre loges et non pas deux comme le Tabac.

Cette différence tient à ce que deux fausses-cloisons sont venues se joindre à la cloison vraie (*cl*) formée par l'union des parois contiguës des deux carpelles. Du milieu de celle-ci s'élèvent les

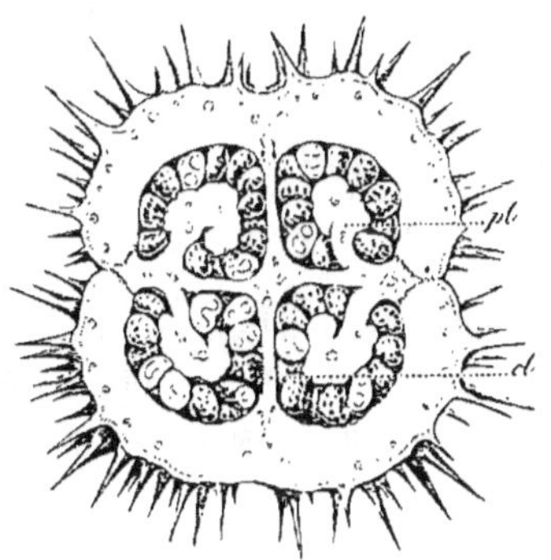

Fig. 566. — *Datura Stramonium* L. — Coupe transversale de l'ovaire passé à l'état de fruit à peu près mûr. — *pl*. les placentas ; *cl*, vraie cloison (1/1).

deux lames qui se divisent ensuite en se portant à droite et à gauche pour se terminer en placentas; cette lame n'atteint pas la paroi externe de l'ovaire, et dès lors elle laisserait indivise chacune des deux loges; mais une épaisse production, partant de la ligne médiane de chaque carpelle, vient rejoindre cette lame placentifère et complète avec elle la subdivision de chaque loge carpellaire en deux, par une fausse-cloison perpendiculaire à la vraie et formée, comme on le voit, de deux moitiés dissemblables.

Nous avons déjà vu, dans les Astragales (fig. 353 et 354, p. 565 et 566), dont cependant le pistil est simple, une autre sorte de fausse-cloison due à une forte inflexion des parois ovariennes qui s'est opérée dans le plan de la côte médiane.

Les différentes espèces du genre Lin (*Linum*), avec un pistil composé de cinq carpelles, ont un ovaire à cinq loges divisées chacune en deux, tantôt incomplétement, tantôt aussi complétement par cinq fausses-cloisons qui, partant de la nervure médiane de chaque feuille carpellaire, s'avancent plus ou moins vers le centre et peuvent même l'atteindre. Dans ce dernier cas, cet ovaire a dix loges séparées par cinq cloisons vraies et cinq fausses-cloisons.

Enfin si l'on coupe transversalement l'ovaire du pistil pluri-carpellé du Coquelicot (*Papaver Rhœas* L.), qu'on voit tout entier sur la figure 367 A, on observe que du milieu de chacune des feuilles carpellaires qui, pour le former, se sont réunies par leurs bords étalés, part une lame épaissie dans son milieu qui s'avance jusque près du centre de la loge unique en s'amincissant. Ces lames sont chargées d'ovules à leurs deux faces et constituent ainsi autant de placentas. On voit sur la figure que, au point où naît chacune d'elles, se trouve un gros faisceau vasculaire qui marque la ligne médiane des carpelles.

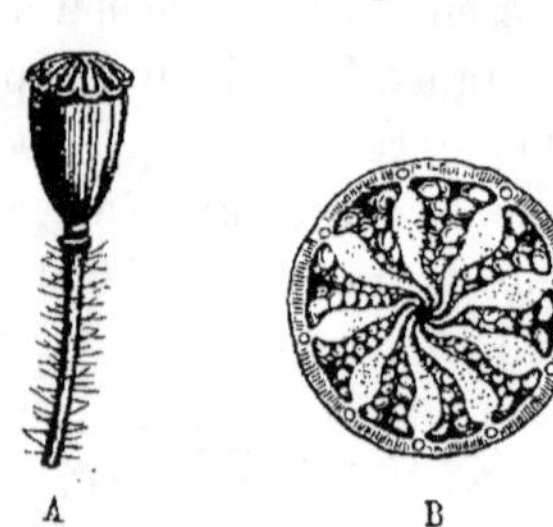

A B

Fig. 367. — *Papaver Rhœas* L. — A, pistil entier (1/1). — B, coupe transversale de l'ovaire de ce pistil (5/1).

Ovaire supère et infère. — Les pistils dont je viens de parler ont leur ovaire placé dans la fleur même, au-dessus du niveau où s'attache le périanthe et libre de toute adhérence avec les autres verticilles floraux. Tout ovaire qui se trouve dans ces conditions est qualifié de *supère* ou *libre* (ov. superum v. liberum). Mais, comme je l'ai déjà dit en passant (p. 539), il n'en est pas toujours ainsi : chez d'autres plantes, telles que le Melon (*Cucumis Melo* L.), au fond de la coupe formée par le calyce et la corolle, on n'aperçoit du pistil que le style avec son ou ses stigmates, comme on peut le remarquer sur la coupe longitudinale que représente la figure 568 B. C'est à un niveau plus bas, au-dessous de l'ensemble d'organes qui semble composer toute la fleur,

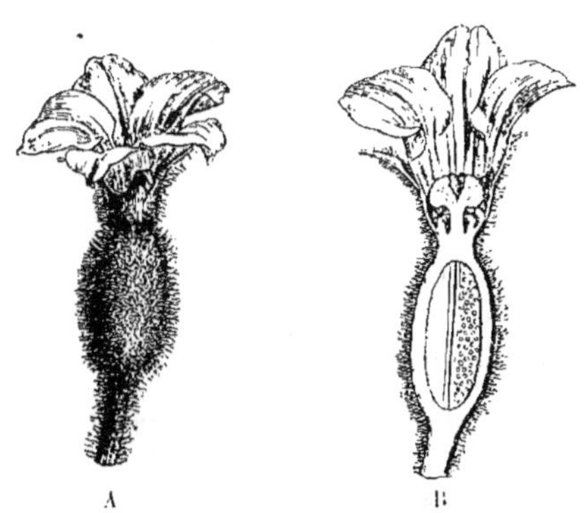

Fig. 568. — *Cucumis Melo* L. — A, sa fleur entière. — B, la même coupée longitudinalement (1/1).

qu'on doit chercher l'ovaire; c'est lui, en effet, qui forme, sur la figure 568 A, un gros renflement ovoïde et velu, à l'extrémité du pédoncule; il est facile de le reconnaître par la coupe longitudinale B qui en montre les loges. — Cette même coupe fait encore reconnaître la situation réelle de l'ovaire dans certains cas où elle est masquée à l'extérieur. Ainsi, dans les Scabieuses, l'ovaire est caché par une enveloppe qui ressemble à un calyce libre; mais si l'on coupe longitudinalement la fleur de l'une de ces plantes, par exemple du *Scabiosa atropurpurea* L., comme on l'a fait pour obtenir la figure 369, on verra sans peine que le vrai calyce *s* semble partir du sommet de l'ovaire, ainsi que la co-

Fig. 369. Coupe longitudinale de la fleur du *Scabiosa atropurpurea* L., montrant le calyce supère *s*, la corolle épigyne *c*, en même temps que l'involucre *i* qui embrasse l'ovaire infère (2/1).

rolle, et que l'enveloppe *i*, qui embrasse tout le bas de la fleur en est indépendante et ne constitue dès lors qu'un simple involucre uniflore. Tout ovaire, situé au-dessous des organes qui semblent former la fleur entière est, pour ce motif, qualifié d'*in-fère* ou *adhérent* (ov. inferum v. adhærens). La première de ces qualifications vient d'être expliquée; la seconde appelle à son tour, une explication.

Théories sur les ovaires infères. — Deux manières de voir ont été exposées relativement à la nature réelle des ovaires infères. La plupart des botanistes y ont vu et y voient encore des ovaires composés, tout aussi bien que ceux qui restent libres, de feuilles carpellaires; seulement ils pensent que, dans les fleurs où on les observe, le calyce forme, à sa partie inférieure, un tube indivis qui se soude avec les parois ovariennes et fait corps avec elles; de là vient l'expression d'ovaire adhérent employée, par abréviation, au lieu de ovaire adhérent au calyce. Pour le même motif, on lit tous les jours dans les ouvrages descriptifs : calyce ayant son tube adné à l'ovaire (calycis tubus ovario adnatus). — Au contraire, M. Schleiden et, à son exemple, divers botanistes modernes pensent qu'un ovaire infère est formé par la partie supérieure du pédoncule lui-même qui s'est creusée en loges ovariennes. Selon eux, par conséquent, l'ovaire infère est de nature axile et le pistil n'est que complété supérieurement par les feuilles carpellaires. Il est certain que bien des faits viennent appuyer cette dernière théorie; cependant peut-être est-il prudent de ne pas trop se hâter de la proclamer exacte, seule et dans tous les cas. Ainsi l'on connaît quelques plantes dans lesquelles l'extrémité du pédoncule se creuse en un godet qui porte à son bord libre le périanthe et l'androcée, et qui en outre embrasse étroitement l'ovaire sur une portion notable de sa longueur, mais sans adhérer avec lui. L'*Eschscholtzia californica* Cham. nous en montre un exemple que reproduit, sur une coupe longitudinale, la figure 570. — De même le genre *Raspailia*, formé par

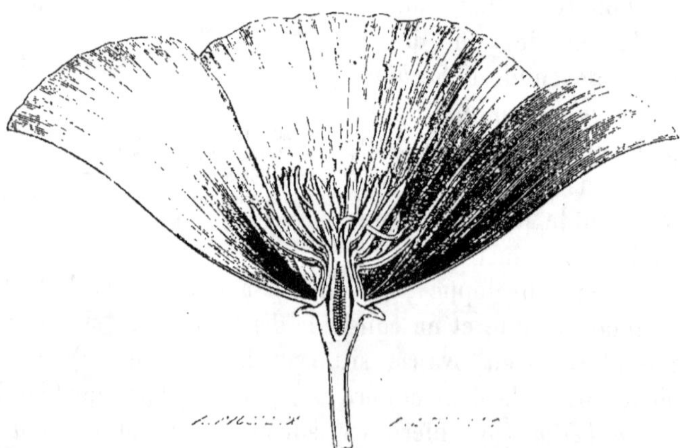

Fig. 370. — *Eschscholtzia californica* Cham. var. *crocea*. — Coupe longitudinale de la fleur épanouie et par conséquent ayant perdu son calyce caduc (à peine grossie).

M. Brongniart pour le *Brunia microphylla* Thunb., sous-arbrisseau du Cap de Bonne-Espérance, est fort remarquable parce que, appartenant à la famille des Bruniacées dont tous les genres ont leur ovaire infère sur la totalité ou au moins sur la moitié de sa hauteur, il conserve le sien libre et distinct au milieu d'un godet calycinal qui l'entoure sans se souder avec lui, et qu'il a cependant la corolle et les étamines périgynes. — Admettra-t-on, dans ces deux cas, surtout dans le dernier, que l'axe forme deux organes concentriques et distincts, l'ovaire et le godet qui l'embrasse? L'explication paraîtrait forcée.

Un autre argument contraire à cette théorie de la formation des ovaires infères par l'axe est fourni par le genre *Bikkia* Reinw., de la grande famille des Rubiacées. Ici, comme dans toutes les autres plantes de ce groupe naturel, l'ovaire est complétement infère; cependant, de la surface du fruit arrivé à sa maturité, se détachent quatre folioles qui avaient adhéré jusqu'alors à sa surface, et dans lesquelles il semble naturel de voir la portion inférieure du calyce.

Théorie des placentas axiles. — M. Schleiden a également fait intervenir l'axe dans la production de la partie des parois ovariennes sur laquelle naissent et se développent les ovules, c'est-à-dire du placenta. Ses idées, à ce sujet, ont été adoptées et développées, en France, par Aug. Saint-Hilaire et Payer, et ce dernier botaniste, en particulier, dans ses *Éléments de botanique*[1], a donné un grand nombre de figures arrangées d'après ses idées sur ce sujet. — Le savant allemand est parti de ces deux principes, d'abord que l'ovule est un bourgeon, et ensuite qu'un bourgeon ne peut naître d'une feuille, mais seulement de l'axe; d'où il a conclu que la portion de l'ovaire d'où naissent les ovules est nécessairement un axe. J'aurai à revenir bientôt sur le premier de ces principes; quant au second, il est loin d'avoir une rigueur absolue, comme le prouvent l'exemple du *Bryophyllum*, qui doit son nom à la production habituelle de bourgeons sur ses feuilles, ceux des feuilles de *Malaxis*, des *Cardamine pratensis* L. et *latifolia* L., de Cresson de fontaine (*Nasturtium officinale* R. Br.), de *Drosera*, etc., qu'on a vues fréquemment être le siége d'un semblable développement; enfin, la très-facile multiplication des *Gloxinia* et *Begonia* par leurs feuilles qui développent en peu de temps des bourgeons et des racines. Ajoutons que

[1] In-12, Paris, 1857

M. Brongniart, sur le *Delphinium elatum* et le Navet, M. Godron sur le *Galega officinalis*, les *Trifolium repens, pratense*, etc., d'autres observateurs sur des plantes variées, ont vu des pistils repasser à l'état de feuilles sur le bord desquelles il existait tous les intermédiaires possibles entre des ovules normaux et de simples lobes foliaires. Ainsi s'écroule la base essentielle de cette théorie, c'est-à-dire la prétendue impossibilité pour les feuilles en général de produire des bourgeons, ou, dans le cas dont il s'agit maintenant, pour les feuilles carpellaires de donner naissance à des ovules. Je ne pense donc pas qu'il faille voir, avec Payer, des prolongements de l'axe dans toutes les portions des parois ovariennes qui jouent le rôle de placenta, ni avec M. Schleiden et Aug. Saint-Hilaire des démembrements ou des ramifications de ce même axe dans les faisceaux fibro-vasculaires, appelés *Cordons placentaires*, qui, dans l'épaisseur des parois de l'ovaire, longent chaque placenta et envoient des vaisseaux aux ovules. — Toutefois, nous allons reconnaître que, dans certains cas, c'est évidemment l'axe qui produit et porte les ovules ; mais nous verrons aussi qu'il s'offre alors dans des conditions qui ne permettent pas de le méconnaître.

Placentation et ses modes. — La situation et l'arrangement des placentas dans l'ovaire constitue la *Placentation* (placentatio), dont on distingue trois modes généraux et quelques sortes plus rares ou plus ou moins exceptionnelles.

1° *Placentation axile.* — Lorsque des carpelles reployés en cornet, et formant ainsi chacun un ovaire clos, s'unissent en un pistil composé, les détails que j'ai donnés plus haut (p. 568) ont déjà montré que les placentas se trouvent autour de l'axe géométrique de cet ovaire pluriloculaire ; on a tiré de là le nom de *Placentation axile*, par lequel on désigne cette disposition. Le Poirier (fig. 364, p. 569) nous en a offert un exemple bien caractérisé. On sent que, dans ce cas, l'ovaire ne peut jamais être uniloculaire.

Fig. 371. — *Campanula Rapunculus* L. — Fleur coupée longitudinalement, surtout pour montrer un de ses placentas axiles et pendants (2/1).

Une modification curieuse de la placentation axile, est celle que montre la figure 371, sur laquelle, du haut de l'axe de l'ovaire de la Raiponce, on voit pendre un placenta chargé d'ovules.

2° *Placentation pariétale.* — Si les carpelles unis en pistil composé ne sont pas ployés de manière à former chacun un ovaire clos, mais restent, au contraire, ouverts et étalés, en se soudant les uns aux autres par leurs bords adjacents, ils composent un ovaire nécessairement uniloculaire, dans lequel les placentas dépendent de la paroi elle-même ; de là est venu le nom de *Placentation pariétale* (de *paries*, paroi) qu'on donne à cette disposition. Ainsi, par exemple, la figure 372 montre, par une coupe transversale, que

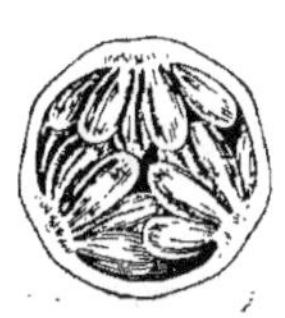

Fig. 372. — *Viola tricolor* L. var. *alpestris.* — Coupe transversale de l'ovaire à trois placentas pariétaux (8/1).

l'ovaire de la Pensée des Alpes (*Viola tricolor* L. var. *alpestris*) offre trois placentaux pariétaux chargés d'ovules. Ce pistil est donc composé de trois carpelles étalés, et chacun de ses trois placentas pariétaux comprend les deux bords adjacents et soudés l'un à l'autre de deux carpelles différents. — Dans le *Glaucium flavum* Cr. (*Chelidonium Glaucium* L.), il existe deux gros placentas pariétaux qui, ainsi que le montre la figure 373, ressemblent à deux corps implantés comme des coins entre les deux feuilles carpellaires, dont ils

Fig. 373. — *Glaucium flavum* Cr. — Coupe transversale de son ovaire à deux gros placentas pariétaux (6/1).

semblent même se distinguer par leur teinte verdâtre, mais dont néanmoins ils ne peuvent être qu'une dépendance.

3° *Placentation centrale libre.* — Dans les deux cas précédents, les placentas répondaient aux bords des feuilles carpellaires ; mais ce support commun des ovules est un simple prolongement de l'axe dans le cas dont il va être question maintenant. En effet, si l'on ouvre, par une coupe longitudinale, l'ovaire de la Lysimaque commune (*Lysimachia vulgaris* L.), dont le pistil entier est reproduit par la figure 360 (p. 568), on verra que, comme le montre la figure 374 A, du fond de sa cavité s'élève un corps d'abord grêle, qui plus haut se renfle en une masse épaisse (*pl*), en forme de cœur sur sa section verticale, et dont le contour est arrondi dans le sens horizontal, ainsi que le montre B. Cette masse centrale, chargée d'ovules sur toute sa portion renflée, et qui n'est par conséquent que le placenta, n'a pas la moindre

connexion avec les parois ovariennes, d'où lui est venu le nom de
Placenta central li-
bre. A son sommet,
on la voit se rétrécir
en une pointe qui
peut même s'enfon-
cer quelque peu dans
le tube formé par le
style, mais sans ja-
mais être, ni avoir
été continue avec
celui-ci, comme j'ai
pu le démontrer par
l'histoire organo-

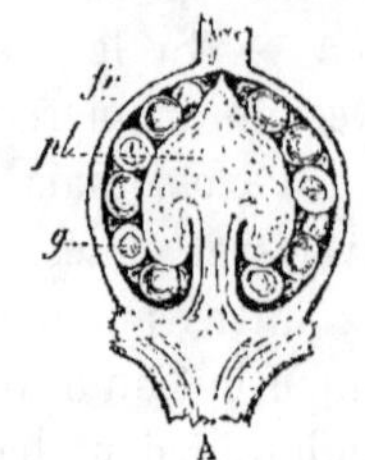
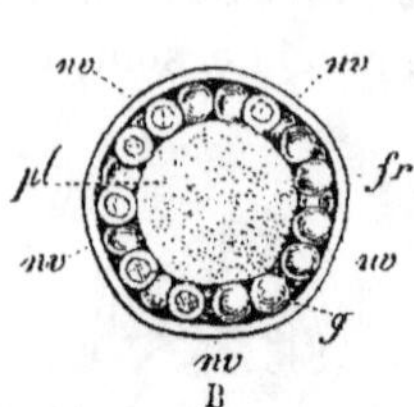

Fig. 374. — *Lysimachia vulgaris* L. — A, coupe longitudinale
de l'ovaire montrant, dans la cavité circonscrite par les parois
ovariennes *fr*, le placenta central libre, *pl*, chargé d'ovules, *g*.
— B, coupe transversale du même ovaire; les lettres ont la
même signification qu'en A; *nv* indique la limite des carpelles (5/1).

génique de cet ovaire[1], contrairement à une assertion précise
d'Aug. Saint-Hilaire. La situation de ce placenta, sa structure, ce
fait qu'on l'a vu produire à son extrémité une nouvelle petite fleur
complète, enfermée avec lui dans l'ovaire, ainsi que je l'ai décrit
et figuré chez le *Cortusa Matthioli* L. (*loc. cit.*, p. 290, fig. 31-37),
ne permettent pas de douter que ce ne soit un prolongement du
pédoncule, c'est-à-dire de l'axe; M. Baillon l'a même vu, chez une
Lysimaque[2], s'allonger, à travers le sommet béant de l'ovaire, en
un vrai rameau feuillé, qui a pu être bouturé, et des observations plus ou moins analogues ont été faites sur d'autres plantes
de la famille des Primulacées à laquelle
appartiennent le *Cortusa*, les Lysimaques,
ainsi que les Primevères, etc. Il n'y a
donc pas lieu de recourir aux hypothèses
torturées de quelques botanistes qui,
même dans ce cas, ont voulu ne faire intervenir que des feuilles carpellaires.

Fig. 375. — *Lysimachia vulgaris*
L. — Fruit mûr *fr*, embrassé
par le calyce persistant *s*, et
s'ouvrant au sommet en cinq
parties (2/1).

Quant au reste de l'ovaire de la Lysimaque commune et des autres Primulacées, il est constitué par l'union intime
de cinq feuilles carpellaires, comme on
peut le reconnaître par les faisceaux vas-
culaires qui parcourent les parois de l'ovaire, et aussi en voyant
que le fruit qui provient du développement de celui-ci s'ouvre

[1] Duchartre, Observations sur l'organogénie de la fleur, etc., chez les plantes à
placenta central libre: *Ann. des sciences nat.*, 1844, II, p. 279-297, pl. VII et VIII.
[2] *Adansonia*, III, p. 510-512, pl. IV.

au sommet en se divisant en cinq pièces, comme le montre la figure 375.

Le placenta central libre se simplifie beaucoup lorsqu'il ne porte qu'un seul ovule ; c'est ainsi, par exemple, que dans les *Armeria* et dans les autres Plombaginées en général, il prend la forme d'un long filet grêle qui s'élève du bas de l'ovaire, et qui supporte à son extrémité un gros ovule pendant, ainsi qu'on le voit par la figure 376.

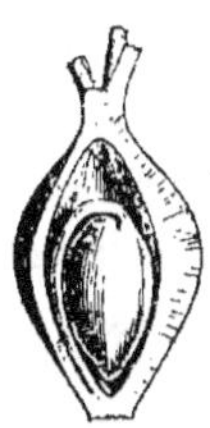

Fig. 576. — Coupe longitudinale de l'ovaire de l'*Armeria maritima* Boiss. (12/1).

Je ne dois pas négliger de rappeler qu'on a souvent attribué un placenta central libre aux plantes de la famille des Caryophyllées (*Dianthus*, *Silene*, etc.), parce que leur ovaire adulte offre une colonne centrale, indépendante des parois, et qui porte les ovules (*voy.* fig. 585, p. 582). Mais si l'on suit le développement de cet ovaire[1], on reconnaît qu'il était d'abord subdivisé en deux, trois ou cinq loges, selon les genres, avec des placentas axiles, et que d'assez bonne heure la destruction des cloisons a laissé au centre de la cavité ovarienne, devenue ainsi unique, la masse placentaire isolée, que l'examen du seul état définitif peut faire prendre à tort pour un placenta central libre.

4° *Placentations anormales.* — Je crois qu'on peut réunir sous cette dénomination générale toutes les situations et dispositions de placentas qui s'écartent des trois types que je viens de décrire. Je citerai les plus remarquables.

a. Les *Tamarix* offrent une organisation singulière qui semble tenir le milieu entre les deux placentations pariétale et centrale libre. En effet, leur ovaire à trois carpelles est, comme on le voit pour le *Tamarix africana* Poir. par la figure 577, surmonté de trois styles (*sl*) que terminent de gros stigmates (*sg*) obtus ; il n'a cependant qu'une loge au fond de laquelle se trouvent plusieurs ovules dressés (*ov'*),

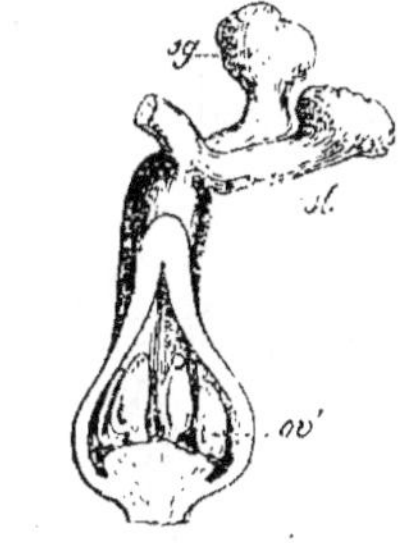

Fig. 577. — *Tamarix africana* Poir. — Son pistil à trois styles, *sl*, dont un a été coupé à moitié ; *sg*, stigmates. L'ovaire a été ouvert par une section longitudinale pour montrer ses ovules *ov'* (20/1).

portés sur un épaississement basilaire ; on serait porté à regarder

---

[1] Duchartre, Observations sur l'organogénie florale des Caryophyllées; *Revue botan.*, II, 1846-47, pp. 213-225.

celui-ci comme un placenta central libre court et large; mais en regardant de très-près, on s'aperçoit que cette masse placentaire se subdivise en trois placentas, dont chacun répond à la ligne médiane de l'un des trois carpelles, et, d'un autre côté, dans le genre *Myricaria*, qui est si voisin des *Tamarix* qu'il a été longtemps confondu avec eux, ces trois placentas remontent assez haut le long de la ligne médiane des carpelles. Donc il y a là, en réalité, une placentation pariétale, mais obscure et anormale par la situation des placentas au milieu, non aux bords des carpelles.

b. Dans les Nymphéacées, et particulièrement dans le Nénuphar blanc (*Nymphæa alba* L.), dont l'ovaire est représenté, par la fig. 378, coupé transversalement, c'est sur les cloisons qui séparent des loges fort nombreuses que sont attachés les ovules. — Chez les Butomacées en général, les carpelles, au nombre de six dans le *Butomus umbellatus* L., ordinairement plus nombreux dans les *Hydrocleis* et surtout dans le genre *Limnocharis*, ne sont pas

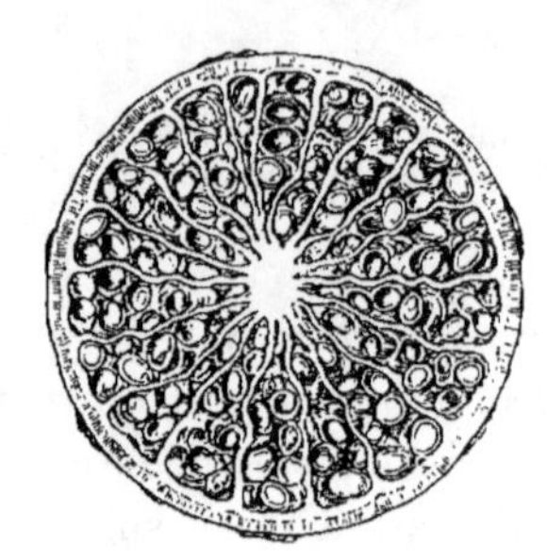

Fig. 378. — *Nymphæa alba* L. — Coupe transversale de l'ovaire déjà assez avancé (2/1).

unis en un ovaire composé pluriloculaire; mais c'est sur leurs parois latérales que s'attachent les ovules, cas dès lors analogue à celui des Nymphéacées.

c. La structure de l'ovaire des Cucurbitacées et la disposition de leurs placentas ont été interprétées de diverses manières, et ont été le sujet de nombreux travaux. Voici les deux opinions qui ont surtout cours à cet égard. Selon la plupart des botanistes, et en particulier d'après Aug. Saint-Hilaire, dans un ovaire de Melon, tel que celui dont la figure 379 montre la section transversale, chaque carpelle, après avoir, comme pour toute placentation axile, réuni ses deux côtés dans l'axe du fruit, prolongerait la lame formée par leur union,

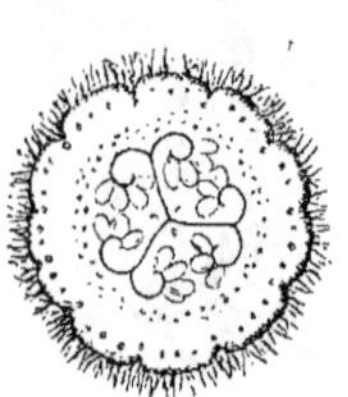

Fig. 379. — *Cucumis Melo* L. — Coupe transversale de son ovaire (5/2).

du centre vers la circonférence; mais, près d'atteindre cette circonférence, chacune de ces lames se dédoublerait en deux qui, se dirigeant l'une à droite l'autre à gauche, porteraient les ovules à celle de leurs deux faces qui regarde l'extérieur. Ainsi

s'expliquerait la direction des ovules de dedans en dehors. Sur
la figure 579, on voit représentées par leur section ces trois
lames bifurquées pour porter les ovules. D'un autre côté, d'après
Lindley, ces mêmes plantes ont trois gros placentas pariétaux, de
forme telle que, sur la coupe transversale de l'ovaire, chacun d'eux
ressemble à un champignon portant les ovules sous son gros chapeau. Ces trois corps se souderaient de bonne heure vers le centre de
l'ovaire, de manière à masquer l'état primitif des choses. La placentation des Cucurbitacées est donc pariétale pour ce botaniste.
Je dois dire que quelques observations faites sur le pistil extrêmement jeune de la Courge (*Cucurbita Pepo* L.) ont confirmé,
pour moi, l'exactitude de ses énoncés.

Sommets de l'ovaire; pistils gynobasiques. — On distingue
dans tout ovaire un sommet géométrique et un sommet organique. Le premier est simplement son point supérieur, c'est-à-
dire l'extrémité de l'axe idéal qu'on peut concevoir le traversant comme tout solide;
il est donc fort peu important à consi-
dérer; le second est le point de ses parois
duquel part le style. Or si, dans la grande
majorité des cas, le style est terminal, de
telle sorte que les sommets géométrique
et organique se confondent, il est aussi
plus ou moins latéral dans certaines
plantes. Dans le Fraisier, par exemple,
comme le montre la figure 580, le style
part d'un point peu éloigné de celui par

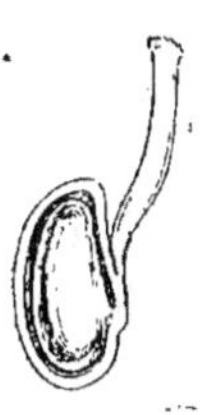

FIG. 580. — Fraisier quatre saisons (*Fragaria Vesca* L. var.
semperflorens). — Un pistil dont
l'ovaire a été ouvert pour montrer son ovule (12/1).

lequel s'attache l'ovaire; il est donc latéral, presque basilaire, et
on le voit tout à fait basilaire dans la plupart des genres de la
famille des Chrysobalanées.

Supposons que plusieurs pistils simples, conformés comme
celui du Fraisier, soient disposés en verticille sur un support
commun élargi, et qu'ils unissent leurs styles en un seul, il en
résultera un cercle de petits ovaires autour d'un style qui sem-
blera naître du milieu d'eux. Le support commun de cet ensemble
ayant été appelé un *Gynobase* (gynobasis), on qualifie ce singulier pistil de *gynobasique*. Les deux familles des Labiées et
des Borraginées doivent l'un de leurs principaux caractères à
leur pistil gynobasique. Chez elles on compte toujours quatre
petits corps ovariens, d'entre lesquels s'élève le style, comme on
le voit par l'exemple de l'Héliotrope (*Heliotropium peruvianum*

L.), dont la figure 581 A représente le pistil entier. Il est toute-
fois essentiel de faire observer que, dans ces plantes, il n'existe pas en réalité quatre, mais seulement deux car-pelles biovulés, comme l'apprend l'étude orga-nogénique. C'est le développement parti-culier de ces deux carpelles qui, renflant considérablement la portion de l'ovaire oc-

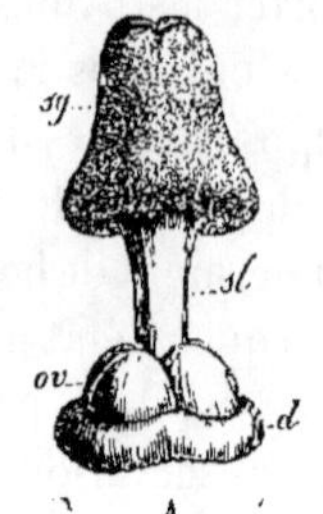
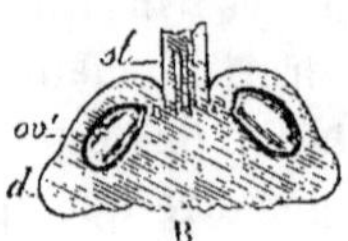

Fig. 581. — *Heliotropium peruvianum* L. — A, pistil entier
ov, ovaire ; *st*, style ; *sg*, stigmate très-volumineux ; *d*,
disque. — B, coupe verticale de l'ovaire et de la base du
style ; mêmes lettres ; *ov'*, ovules.

cupée par chacun des quatre ovules, produit l'apparence de quatre
petits ovaires verticillés autour d'un seul style. Dans les familles
des Ochnacées et des Simabouracées, il existe un pistil également
gynobasique, mais dans lequel les carpelles sont au nombre, le
plus souvent de cinq, parfois de quatre, quelquefois de dix.

Dans les pistils gynobasiques, la dépression centrale de laquelle
sort le style peut être plus ou moins profonde, ou, en d'autres termes, le gynobase ou support commun des ovaires peut être plus ou moins aplati. Pour prendre une idée des différences qui exis-tent à cet égard, il suffit de comparer l'organisation de l'Héliotrope, mise en

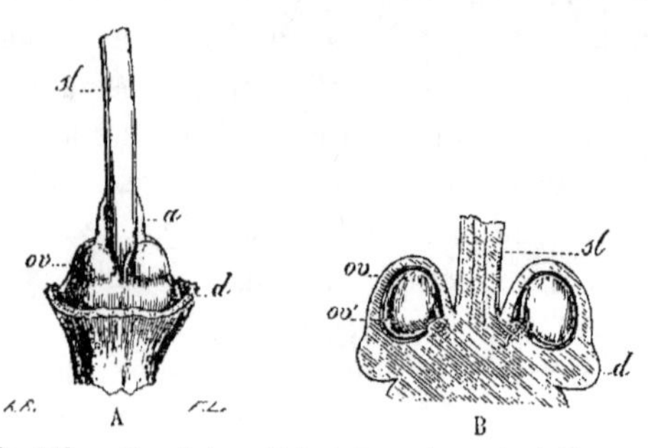

Fig. 582. — *Symphytum officinale* L. — A, portion inférieure de
son pistil ; *ov*, ovaire ; *st*, style qui dans le bas forme deux
angles très-proéminents opposés, *a* ; *d*, disque (6/1). — B, coupe
longitudinale montrant deux loges ouvertes et le niveau d'où
part le style ; mêmes lettres ; *ov'*, ovules (11/1).

évidence par la figure 581 B, avec celle de la généralité des Borraginées et des Labiées, qui ressemblent sous ce rapport à ce que
montre la figure 582 A et B, d'après le *Symphytum officinale* L.

Gynophore. — Si une fleur est la réunion d'organes foliaires
portés comme toujours sur l'axe, on observe, dans l'immense
majorité des cas, que celui-ci reste extrêmement raccourci, de
telle sorte que les différents verticilles floraux sont superposés

sans intervalle appréciable; il n'en existe pas moins un entre-nœud, quelque court qu'il soit habituellement, entre deux verticilles floraux successifs. Certains de ces entre-nœuds s'allongent dans quelques plantes, et alors on voit un intervalle appréciable, quelquefois même considérable, entre les deux verticilles floraux que sépare l'entre-nœud, développé alors plus que de coutume. C'est ainsi que la fleur de la Saponaire officinale, dont la figure 585 représente une coupe longitudinale, nous montre la corolle visiblement éloignée

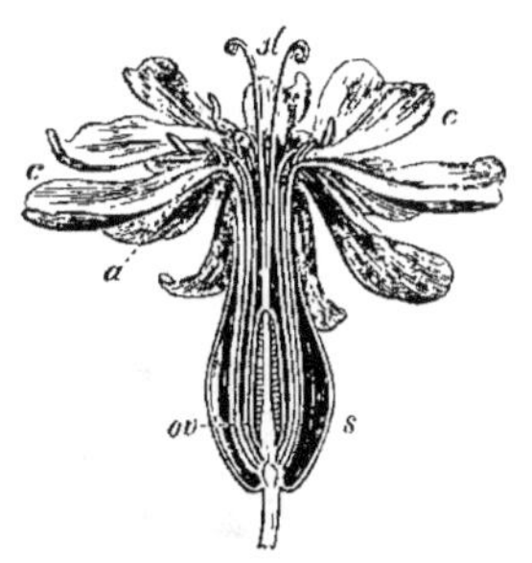

Fig. 585. — *Saponaria officinalis* L., à fleur semi-double. — *s*, calyce; *cc*, pétales munis d'appendices ou lamelles *a*; *st*, styles; *ov*, ovaire (1/1).

à sa base du calyce *s*. Ailleurs le calyce et la corolle sont rapprochés, tandis que les étamines et le pistil sont élevés sur un entre-nœud parfois très-long. Diverses Passiflores peuvent donner une idée de cette manière d'être; toutefois, dans celle dont la figure 384 représente la fleur entière, si les étamines *ce* semblent insérées fort au-dessus de la corolle, sur le long support du pistil, cette apparence tient à ce qu'elles sont

Fig. 584. — *Passiflora Loudoniana* Hort., fleur entière. — *dd*, nombreux filaments corollins; *e*, étamines; *p*, pistil (environ 1/2).

monadelphes et qu'elles forment ainsi un tube allongé autour de ce support.

Le plus souvent, c'est le pistil qui se trouve à l'extrémité d'un support spécial, c'est-à-dire d'un entre-nœud fort développé entre lui et les étamines. Cet entre-nœud, qui élève le pistil au-dessus des autres parties de la fleur, a été nommé *Gynophore* (Gynophorum, de γυνή, femme ou femelle, et φέρω, je porte). Le gynophore est

bien développé dans la Passiflore de Loudon (fig. 384), mais il
acquiert surtout une grande longueur dans les plantes de la
famille des Capparidées, comme le Caprier ordinaire (*Capparis
spinosa* L.), dont la figure 385 représente la fleur.

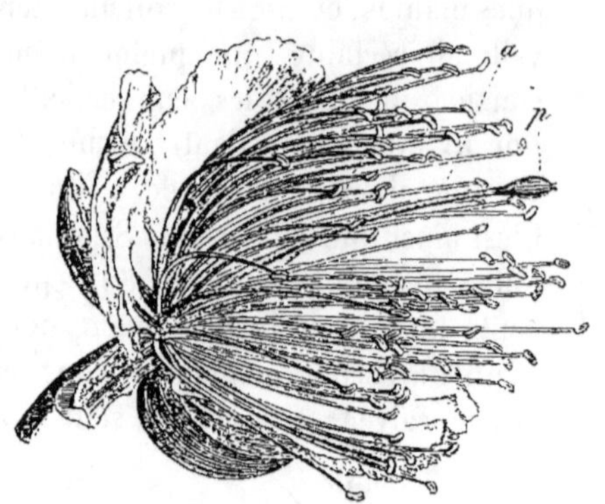

Fig. 385. — *Capparis spinosa* L. — Fleur entière ;
p, son pistil porté à l'extrémité d'un long gynophore *a* (1/1).

Fig. 586. — *Magnolia grandiflora*
L. — Masse de ses pistils *p*,
supportés par un gros et long
gynophore *a* (1/1).

Dans les Passiflores et les Capparidées, le gynophore ne supporte qu'un pistil ; mais ailleurs il en porte un grand nombre,
comme on le voit pour le *Magnolia grandiflora* L., par la figure
586. Richard distinguait les gynophores chargés de plusieurs
pistils sous le nom de *Polyphores*, tandis qu'il nommait *Théca-
phores* ceux qui n'en portent qu'un seul ; mais Aug. Saint-Hilaire
a eu parfaitement raison, ce me semble, de rejeter cette distinction comme inutile. Les Ronces et les
Fraisiers fournissent des exemples vulgaires de gynophores chargés de nombreux pistils.

Fig. 587. — *Astragalus galegi-
formis* L. — Son fruit remarquable par le long rétrécissement qui lui forme une sorte
de pied grêle (un peu grossi).

Mirbel avait cru devoir distinguer sous
le nom spécial de *Podogyne* une sorte de
support formé par un long rétrécissement
de la base de l'ovaire. L'*Astragalus galegi-
formis* L., dont la figure 587 représente le fruit, montre ce rétrécissement basilaire qu'on retrouve dans un assez grand nombre
d'autres Légumineuses. On a fait observer avec raison que cette
distinction n'est pas légitime, puisqu'il s'agit là d'une simple
dépendance de l'ovaire et non d'une partie qui en soit distincte.

Structure anatomique du pistil. — Elle peut être considérée successivement dans l'ovaire, le style et le stigmate. 1° Les parois de l'ovaire n'offrent rien qui les éloigne, sous le rapport de leur anatomie, des feuilles à parenchyme uniforme. Elles ont un épiderme extérieur et un épiderme intérieur, le premier pourvu généralement de stomates, le second plus délicat et sur lequel cependant il existe aussi des stomates, chez quelques plantes (*voy.* p. 105). Toute la portion intermédiaire aux deux épidermes est analogue au mésophylle ; elle consiste en un parenchyme dont les cellules renferment de la chlorophylle, au moins les extérieures, et qui forme une couche plus ou moins épaisse, selon les plantes ; au milieu de ce parenchyme s'étendent longitudinalement des faisceaux fibro-vasculaires venant du pédoncule, qui émettent des rameaux spéciaux pour les placentas et les ovules. Ces faisceaux peuvent se ramifier dans l'épaisseur des parois ovariennes ; ils se prolongent dans le style et finissent sous le stigmate, dans lequel ils ne pénètrent pas. 2° Le style constitue un tube ou canal dont l'existence est utile pour l'accomplissement de la fécondation. Il est revêtu extérieurement d'un épiderme, et nous venons de voir que son tissu est parcouru par un ou plusieurs faisceaux fibro-vasculaires longitudinaux. La cavité de ce tube est rétrécie parce que ses parois sont revêtues, lorsque la fleur est adulte, d'un tissu délicat, à cellules allongées, très-lâchement unies ou même à peu près désagrégées, qu'on nomme *tissu conducteur*, à cause du rôle qu'il remplit relativement au tube pollinique, agent nécessaire de la fécondation. Cet état tubuleux du style est regardé par M. Schleiden comme un caractère tellement essentiel que, d'après ce botaniste, tout organe surmontant un ovaire et cependant plein devrait être regardé comme un stigmate ; tels sont notamment les deux filaments qui surmontent l'ovaire des Graminées. 3° Le stigmate est uniquement celluleux et dépourvu d'épiderme, mais, d'après M. Brongniart, quelquefois revêtu d'une cuticule. En général, ses cellules superficielles sont proéminentes et forment ainsi des papilles de configurations diverses, selon les plantes, et qui en rendent la surface mamelonnée ou même veloutée. Cette disposition a pour effet d'arrêter facilement les grains de pollen que retient ensuite, pour agir sur eux comme nous l'avons déjà vu (p. 552), une humeur visqueuse sécrétée au moment où le pistil se trouve en état d'être fécondé.

§ 2. — Quelques détails sur le style et le stigmate considérés en particulier.

Aux faits qui ont été énoncés dans le paragraphe précédent, relativement au style et au stigmate, parmi les détails relatifs au pistil considéré dans son ensemble, il convient d'ajouter quelques particularités concernant spécialement ces deux parties de l'organe femelle.

Nombre des styles et stigmates. — Ce que j'ai dit plus haut relativement à la formation des pistils simples et composés (p. 554 et suiv.) a montré qu'il devrait exister en général autant de styles, ou, dans les cas de soudure, autant de branches stylaires ou au moins de stigmates qu'il y a de carpelles entrant dans la formation du gynécée ; cependant on voit, chez quelques plantes, plus de stigmates ou de styles qu'il n'existe de carpelles : c'est ainsi que les Graminées, avec un seul carpelle, ont deux styles ou plutôt deux stigmates ; que les Composées également unicarpellées ont un style divisé supérieurement en deux branches stigmatifères ; que les Euphorbiacées, avec des carpelles au nombre en général de trois, plus rarement de deux, ou de plusieurs, offrent souvent deux stigmates par carpelle ; enfin que, parmi les Figuiers (*Ficus*), qui sont unicarpellés, les uns ont le style bifide tandis que celui de quelques autres est indivis.

Fleurs gynandres. — Certaines plantes offrent cette particularité curieuse que leur androcée et leur gynécée adhèrent l'un avec l'autre, c'est-à-dire que l'anthère ou les anthères sont portées sur le style. Linné ayant formé avec ces plantes, dans son système, une classe particulière sous le nom de gynandrie, de ce mot on a tiré l'adjectif de *gynandres* par lequel on désigne ces plantes. La figure 388, fournie par l'*Aristolochia Sipho* L'Hérit., montre cette disposition d'après une coupe longitudinale. L'ovaire, *ov*, étant infère, on ne voit au fond du périanthe simple (dont on a reproduit la base) que la masse commune formée par six anthères, *e*, adhérentes au style et dépassées par les stigmates *st*. Cette masse commune est appelée *Colonne* (columna) ou *Gynostème* (gynostemium, de γυνή, pour organe femelle et στῆμα, étamine). C'est surtout dans

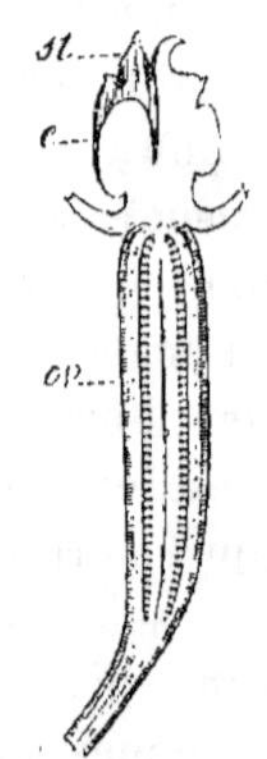

Fig. 388. — *Aristolochia Sipho* L'Hérit. — Coupe longitudinale de l'ovaire infère *ov*, et de la colonne ; *e*, anthères adhérentes au style ; *st*, stigmates (5/2).

la grande famille des Orchidées qu'on en voit de nombreux exemples.

Poils collecteurs. — Le style porte quelquefois, soit sur sa portion en colonne unique, soit sur ses branches stigmatifères, des poils particuliers rapprochés en houppes ou en brosses, qui se chargent de pollen. C'est parce qu'ils ramassent ainsi la poussière fécondante qu'on les a nommés *Poils collecteurs* (pili collectores). Dans les plantes de l'immense famille des Composées leurs dispositions diverses fournissent de bons caractères de division. Les plus curieux sont

Fig. 589. — *Platycodon autumnale* Dene. — Coupe longitudinale d'une fleur semi-double; style chargé supérieurement de poils collecteurs. — *c, c'*, deux corolles concentriques (1/1).

ceux des Campanules dont la figure 589 montre (examinée à la loupe) la situation. Ils offrent un phénomène curieux qu'on peut très-bien suivre sur la Campanule des jardins (*Campanula medium* L.): d'abord saillants à la surface de l'épiderme comme les poils ordinaires, ils rentrent ensuite dans la cellule qui leur sert de base en se rebroussant sur eux-mêmes ou s'invaginant,

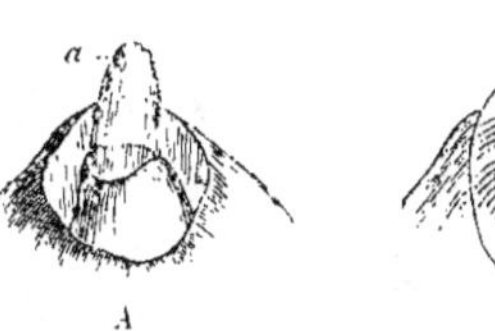
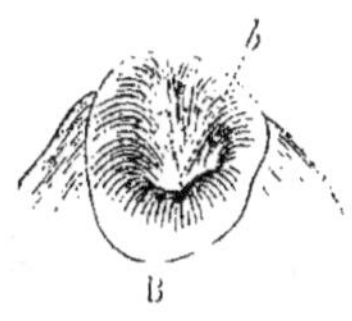

Fig. 590. — *Campanula Medium* L. — Un de ses poils collecteurs en rebroussement. — A, à moitié rentré; *a*, son extrémité encore visible. — B, entièrement rentré; *b*, cavité résultant de son invagination (160/1).

comme le fait un doigt de gant qu'on veut retourner. La figure 590 A en montre un déjà rentré plus qu'à moitié, et laissant voir encore son extrémité, *a*, qui s'enfermera la dernière. Ils finissent par s'effacer ainsi tout à fait en laissant un enfoncement en forme de cratère microscopique, visible à la place sur laquelle ils s'élevaient, ainsi qu'on peut le reconnaître en B, figure 590. Dans ce mouvement de rentrée, ils entraînent fréquemment des grains de pollen, et même M. Hartig avait pensé que ceux-ci pouvaient émettre alors leur tube qui, s'insinuant à travers le tissu du style, allait dans l'ovaire opérer la fécondation des ovules; mais tout contredit cette hypothèse.

Existence et absence du style. — Le style existe dans la généralité des pistils, et il peut même devenir très-long, quand la fleur s'allonge beaucoup elle-même, au point d'avoir une longueur de 0^m,15 ou même davantage, comme dans la Belle-de-nuit à longue fleur (*Mirabilis longiflora* L., dans divers *Cereus*, *Datura*, *Brugmansia*, etc.) Cependant comme il n'est pas nécessaire à la fécondation, on le voit devenir parfois très-court et disparaître même, laissant alors le stigmate sessile, ainsi qu'on le voit sur la figure 391 qui montre un gros stigmate bilobé, surmontant, sans intermédiaire, un ovaire étroit et allongé, chez le *Glaucium flavum* Cr.'

Fig. 391. — *Glaucium flavum* Cr. — Son pistil entier, à ovaire étroit et allongé, et à gros stigmate sessile (2/1).

Forme du stigmate. — Le stigmate forme le plus souvent, à l'extrémité du style, un renflement celluleux, à surface papilleuse ou veloutée, qui devient même souvent assez gros pour y constituer une sorte de tête, ce qui le fait alors appeler *capité* ou en tête (capitatum). Les figures de fleurs et de pistils qui précèdent en montrent plusieurs exemples. Au contraire, chez d'autres plantes, il ne consiste que dans l'extrémité amincie du style, comme on le voit, par exemple, pour celui que représente la figure 592.

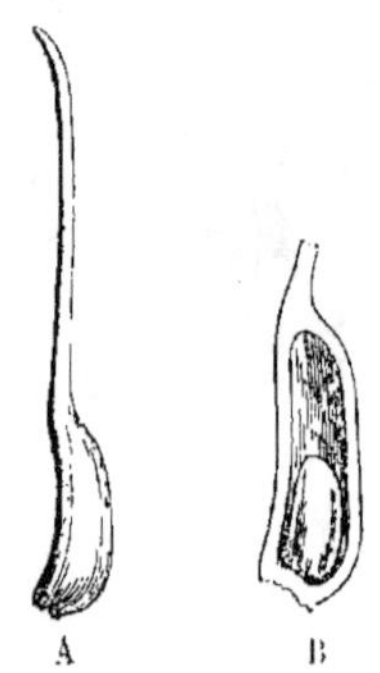

Fig. 592. — *Chimonanthus fragrans* Lindl. — A, un de ses pistils simples tout entier (4/1). — B, l'ovaire du même ouvert et montrant l'ovule en place (6/1).

Papilles stigmatiques. — Les cellules en saillie à la surface du stigmate ont des configurations très-diverses : elles sont tantôt coniques, tantôt cylindriques, ici en forme de bouteilles, là en champignon, etc. Leur longueur varie aussi beaucoup : fort courtes chez un assez grand nombre de plantes, elles deviennent assez développées, chez d'autres, pour former de véritables villosités. L'un des exemples les plus remarquables qu'on puisse signaler, sous ce dernier rapport, est celui du *Clarkia elegans* Dougl., auquel sont consacrées les figures 593, 594. Dans la fleur encore fermée, le stigmate de cette plante s'offre à l'état que montre la figure 593 A et ressemble à un renflement surmonté de quatre mamelons. Mais si on le coupe alors longitudinalement, on reconnaît (B, fig. 593) que son inté-

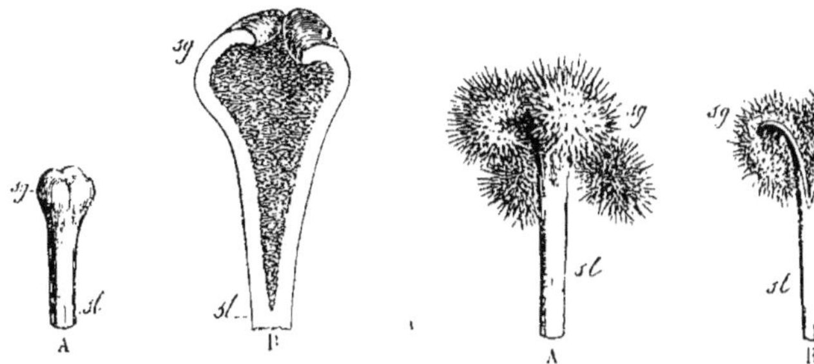

Fig. 593. — *Clarkia elegans* Dougl. — A, *sl*, extrémité supérieure du style et stigmate, *sg*, non adultes (5/1). — B, coupe longitudinale des mêmes; mêmes lettres (20/1).

Fig. 594. — *Clarkia elegans* Dougl. — A, extrémité du style, *sl*, et stigmate, *sg*, adultes. — B, coupe longitudinale des mêmes; mêmes lettres (5/1).

rieur et la partie supérieure du style sont creux et forment comme un entonnoir à parois très-velues. Dans la fleur épanouie, les quatre mamelons, qui semblaient précédemment former un stigmate lisse, se sont ouverts, étalés et se font reconnaître comme autant de lobes ovales, chargés, sur toute leur surface auparavant interne, d'une grande quantité de poils, tels en un mot qu'on les voit en A, figure 594. Quant à l'entonnoir stigmatique, il se perd peu à peu dans le tube stylaire, ainsi que le montre la coupe B, même figure.

Stigmates indusiés. — L'organisation la plus curieuse et la plus compliquée est celle que présentent les plantes de la famille des Goodéniacées, dont la figure 595 offre un exemple pris sur le *Leschenaultia formosa* R. Br. L'extrémité du style s'épanouit, comme on le voit,

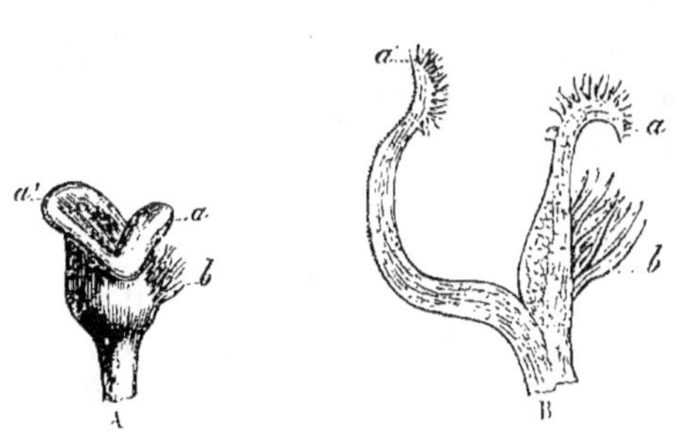

Fig. 595. — *Leschenaultia formosa* R. Br. — A, extrémité du style renflée en un godet ou un indusie à deux lèvres *a*, *a'*; *b*, houppe de poils collecteurs (10/1). — B, coupe longitudinale de cet indusie; mêmes lettres (20/1).

en une sorte de godet que Rob. Brown a nommé *Indusie* (indusium), dont le bord forme deux lèvres *a*, *a'*, et dans la profondeur duquel se trouve le vrai stigmate reconnaissable, sur la coupe longitudinale B, à la

différence de son tissu, comme occupant les deux tiers inférieurs de
la lèvre *a*. Dans d'autres plantes de la même famille, ce godet a le
bord continu, égal et non bilabié. Cette disposition remarquable
favorise la fécondation ; en effet, les cinq anthères de ces plantes
sont cohérentes en une voûte sous laquelle s'ouvre l'indusie, et
leur déhiscence s'opérant à leur face interne, le pollen tombe
directement dans le godet stylaire qui quelquefois s'en remplit ;
c'est donc là une des précautions par lesquelles la nature assure
l'accomplissement du phénomène sur lequel repose la perpétuité
des espèces végétales.

§ 5. — Ovule.

On nomme *Ovule* (ovulum, diminutif de ovum, œuf) le ou les
petits corps contenus dans la cavité ovarienne, où ils sont attachés
au placenta, dans la profondeur desquels doit s'opérer la fécondation et qui, à la suite de cet acte, deviendront chacun une graine.

Organisation et développement des ovules. — Les ovules ont
une organisation assez complexe dont
on ne peut se faire une idée complète
qu'en en suivant un pendant son
développement, depuis sa première
apparition jusqu'au moment où il se
trouve en état d'être fécondé.

1° *Apparition des parties de l'o-
vule.* — Un ovule apparaît, à la surface du placenta, comme un simple
mamelon proéminent, généralement
hémisphérique, plein et entièrement
formé d'un parenchyme délicat. Il
est alors attaché par une large base.

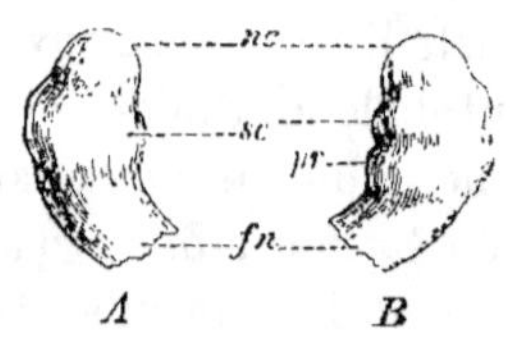

Fig. 396. — *Eschscholtzia californica*
Cham. — Deux ovules très-jeunes et à
deux degrés successifs de développement. — A offre, au-dessous de son
extrémité, *nc*, un renflement périphérique *sc*. — B montre deux renflements périphériques successifs, *sc, pr;*
fn, portion par laquelle l'ovule s'attache (140/1).

Bientôt il gagne rapidement en hauteur et peu en largeur, et devient
ainsi de plus en plus saillant. En même temps il s'épaissit notablement entre son sommet et sa base, en *sc*, et ne tarde pas à se montrer
sous l'aspect que montre la figure 396 A, d'après l'*Eschscholtzia*.
Fort peu de temps après, il forme de la même manière un second
épaississement périphérique *pr*, semblable au premier *sc*, et situé
au-dessous de celui-ci ; ce qui lui donne, dans le cas qui est pris
ici pour exemple, l'apparence qu'on lui voit sur la figure B, 396.
Quoique extrêmement jeune encore, il possède déjà, mais simplement indiquées, toutes ses parties essentielles, auxquelles il est
dès lors convenable de donner leur nom. Sa portion supérieure,

arrondie à son extrémité, qui est apparue la première et dont la base s'est renflée successivement en deux bourrelets périphériques, étant comme le noyau de tout ce système, a été nommée le *Nucléus* ou *Nucelle* (*nc*, fig. 596) ; les deux bourrelets circulaires, *sc*, *pr*, sont la première ébauche de deux enveloppes concentriques, qui seront d'abord ouvertes en gobelet par le haut, et qui prendront peu à peu leur manière d'être caractéristique. Mirbel, dont les beaux travaux sur l'ovule ont, avec ceux de Rob. Brown, contribué plus que tous les autres à faire connaître cette partie fondamentale de la fleur, avait désigné ces enveloppes ou ces *téguments*, comme on les appelle, par des noms tirés de leur rang dans l'ensemble considéré de dehors en dedans. De là le bourrelet inférieur *pr*, qui deviendra le tégument externe, est la *Primine* (testa Rob. Br., Brong.; integumentum secundum, externum Schleid.), et le supérieur qui deviendra le tégument interne est la *secondine* (membrana interna Rob. Br.: tegmen Brong.: integumentum primum, internum Schleid.) Appliquant sa nomenclature au nucelle, Mirbel le nommait la *Tercine;* mais cette expression n'est pas employée aujourd'hui. Quant à la portion inférieure *fn* de l'ovule, comme c'est elle qui l'attache au placenta, on l'appelle le *Funicule* (funiculus, petit cordon), quelquefois aussi le *Cordon ombilical* (podosperme Rich.). Le funicule formera plus tard un petit cordon plus ou moins long selon les plantes, au bout duquel seront fixés et souvent suspendus d'abord l'ovule, ensuite la graine. Il est parcouru à son centre par un faisceau fibro-vasculaire qui s'arrête à la base de l'ovule proprement dit.

2° *Développement des téguments.* — Le développement des deux bourrelets en téguments ovulaires est très-facile à comprendre lorsqu'on le suit dans un cas simple, comme celui que montre la figure 597. Chacun d'eux gagne en hauteur plus que dans tout autre sens, et par là il ne tarde pas à former un petit godet ou gobelet largement ouvert par le haut. Pendant quelque temps le godet intérieur ou la secondine dépasse fortement

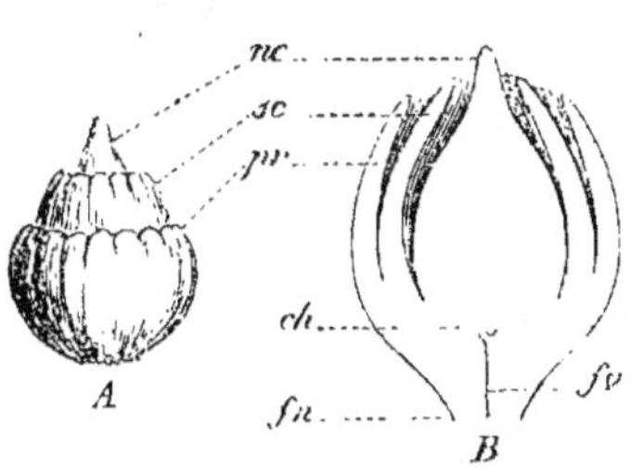

Fig. 597. — *Polygonum orientale* L. — Ovule dans deux états successifs de développement. — A, ovule entier assez jeune. — B, ovule plus avancé, coupé longitudinalement : *pr*, primine ; *sc*, secondine ; *nc*, nucelle ; *fn*, funicule ; *fr*, son faisceau vasculaire qui finit à la chalaze *ch* (80/1).

l'extérieur ou la primine, et il est, à son tour, débordé par le sommet du nucelle, de telle sorte que l'ovule entier se présente alors comme en A (fig. 397); plus tard, le nucelle s'allongeant moins rapidement que la secondine et celle-ci moins que la primine, il s'ensuit que d'abord les trois arrivent presque au même niveau, comme en B (fig. 397) et que finalement la primine dépasse la secondine qui, de son côté, déborde le nucelle. Nous verrons des exemples de cet état dernier.

Pendant que ces développements avaient lieu, le corps de l'ovule gagnait, par cela même, fortement en épaisseur, et sa base, restant en arrière d'accroissement, prenait l'aspect d'un rétrécissement de longueur variable, selon les plantes, qui n'était pas autre chose que le funicule *fn*. Le faisceau vasculaire *fv*, qui suit l'axe de celui-ci, ne pénétrant pas dans le nucelle, se termine assez brusquement à la base de ce corps central par une sorte d'épanouissement, *ch*, qui a été nommé la *Chalaze* (chalaza).

Cependant, chez quelques plantes (Ricin, Cycadées, Conifères, etc.), des observations récentes ont montré que les vaisseaux s'étendent bien au delà de la chalaze et se répandent tout autour du nucelle jusque vers le milieu de sa hauteur (A. Gris, Favre).

Types du développement des ovules. — 1° *Ovules orthotropes.* — Dans l'ovule du *Polygonum orientale* L., on voit que le sommet du nucelle et l'ouverture des téguments sont diamétralement opposés au funicule; ces rapports de position persistant toujours, l'ovule adulte se trouvera disposé dans la loge de l'ovaire comme le montre la figure 398, prise sur le *Fagopyrum esculentum* Moench (*Polygonum Fagopyrum* L.). Les ovules ainsi caractérisés, dans leur état adulte, ont été qualifiés d'*orthotropes* (ὀρθός, droit, et τρόπος, forme) par Mirbel; d'autres auteurs les appellent ovules *droits*. Cette nature d'ovules n'est pas très-répandue

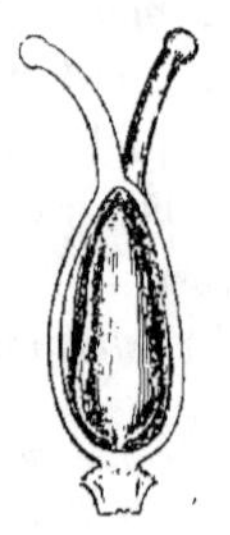

Fig. 398. — *Fagopyrum esculentum* Moench. — Coupe longitudinale de son pistil adulte pour montrer en place son ovule unique et orthotrope (20/1).

dans le règne végétal; on en voit des exemples dans les Polygonées, les Urticées, les Cistinées, les Juglandées, etc.

2° *Ovules anatropes.* — Dans un fort grand nombre de plantes, le développement de l'ovule se fait de manière à renverser entièrement la direction du nucelle. Ainsi dans l'*Eschscholtzia*, la figure 396 montre qu'il dirige d'abord son sommet *ne*, du côté opposé au funicule *fu*; mais déjà, dans cet état à peu près naissant, on reconnaît que l'ensemble de l'ovule tend à s'infléchir, l'un de ses côtés étant sensiblement plus développé que l'autre.

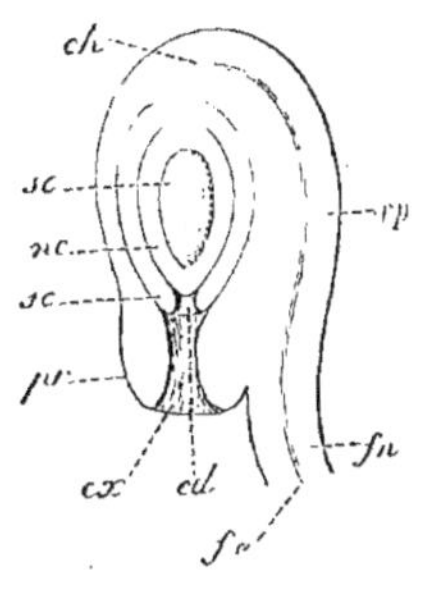

FIG. 599. — Coupe longitudinale de l'ovule adulte de l'*Eschscholtzia californica* Cham. — *pr*, primine; *sc*, secondine; *ex*, exostome; *ed*, endostome; *nc*, nucelle; *sc*, sac embryonaire; *fn*, funicule; *fv*, faisceau vasculaire; *rp*, raphé; *ch*, chalaze (80/1).

Cette inégalité d'accroissement devenant de plus en plus prononcée, le résultat final en est que, comme on le voit sur la coupe longitudinale du même ovule, lorsqu'il est parvenu à l'état adulte, ou telle que la représente la figure 599, l'ouverture des téguments (*ex*, *ed*) est située en bas, tout à côté du funicule (*fn*), tandis que la chalaze, *ch*, est transportée tout en haut, par conséquent en un point diamétralement opposé à celui qu'elle occupait à l'origine. Nécessairement le faisceau vasculaire a dû s'allonger d'une quantité égale à ce déplacement de la chalaze, et, les tissus du funicule le suivant dans cet allongement, il s'est formé tout le long d'un côté de l'ovule et dans le prolongement du funicule, une saillie longitudinale, *rp*, qu'on nomme le *Raphé*. On peut exprimer la formation du raphé en disant que le funicule s'est allongé à mesure que le retournement de l'ovule s'opérait, et que son prolongement ainsi produit s'est soudé à l'ovule. — Les ovules qui subissent un renversement tel que je viens de le décrire sont dits *anatropes* (Mirb.) (ἀνά, en haut), ou *réfléchis* (Brong.). Ce sont les plus fréquents dans les plantes phanérogames.

On remarque sur la figure 599, que la primine, *pr*, a fini par dépasser beaucoup la secondine, *sc*, qui, à son tour, s'élève au delà du nucelle, *nc*. Il était bon de désigner par des mots l'ouverture de l'un et de l'autre de ces téguments; on a nommé celle de la primine *Exostome* (ἔξω, en dehors, et στόμα, bouche, ou bouche extérieure), celle de la secondine *Endostome* (ἔνδον, en dedans, ou bouche intérieure). Plus vaguement l'ouverture, quelle qu'elle soit, que montre l'ovule, est désignée sous la dénomination de *Micropyle* (μικρός, petit, et πύλη, porte, ouverture, c'est-à-dire petite ouverture). Dans le cas présent, on voit que le pourtour de l'exostome est remarquable par l'épaississement qu'il a subi.

3° *Ovules campylotropes*. — Les choses se passent, pour certains ovules, d'une manière intermédiaire aux deux précédentes; les

quatre figures A, B, C, D, réunies sous le numéro 400 montrent
ce qui a lieu pour eux, chez le Violier des murailles (*Cheiranthus
Cheiri* L.). Ici l'ovule se recourbe, comme on le voit, de plus en
plus fortement en crochet, l'un de ses côtés prenant beaucoup plus
d'accroissement que l'autre : il s'ensuit que son micropyle vient
s'appliquer contre le funicule, sans toutefois qu'il se produise un
raphé, par ce motif que la chalaze ne s'éloigne à peu près point de
sa situation première. Ainsi en A, on voit l'ovule très-jeune, dont

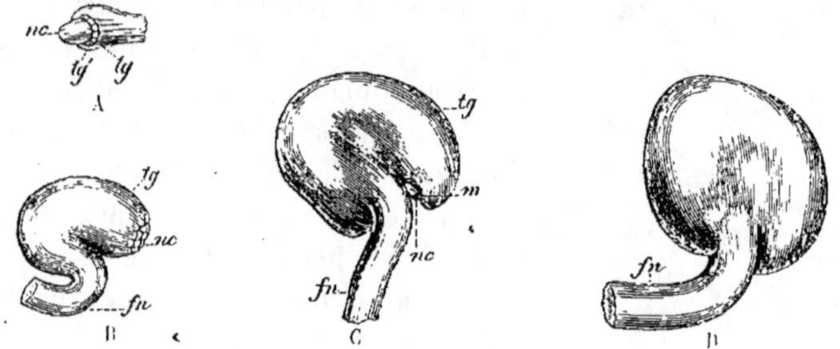

Fig. 400. — Développement de l'ovule campylotrope du *Cheiranthus Cheiri* L. — Quatre états
successifs depuis l'extrême jeunesse, A, jusqu'au développement complet D. — *fn*, funicule ;
tg, tégument externe ou primine ; *tg'*, tégument interne ou secondine ; *m*, micropyle ; *nc*,
nucelle (80/1).

le nucelle *nc* dépasse beaucoup le bord de chacun des deux téguments *tg, tg'*. En B, il est plus avancé, déjà visiblement recourbé, mais laissant encore bien à découvert, et loin du funicule
son micropyle, par l'ouverture duquel ressort un peu l'extrémité
du nucelle *nc* ; en C, le crochet est très-bien formé, et le micropyle *m*, où apparaît encore le sommet du nucelle *n*, s'applique
presque contre le funicule ; enfin en D, l'ovule est adulte, complète-
ment recourbé en crochet fermé, et son micropyle est tellement appliqué contre le funicule qu'on ne le voit plus à l'extérieur. La chalaze étant restée à sa place primitive, l'arcure qui s'est opérée sur
toute la longueur de l'ovule, entre elle et le micropyle, a nécessairement porté en même temps sur la primine, la secondine et
le nucelle qui forment tous également le crochet. Mirbel a nommé
ces ovules *campulitropes*, mot mal formé en raison de son étymologie, qu'on doit écrire *campylotropes* (καμπύλος, courbé),
avec la généralité des botanistes actuels ; M. Brongniart les dit
recourbés. — Les exemples en sont nombreux, moins toutefois
que pour les anatropes ; on les observe chez les Crucifères, les
Caryophyllées, les Solanacées, les Chénopodées, etc.

4° *Types secondaires et intermédiaires*. — Les trois types

orthotrope, anatrope, campylotrope comprennent l'immense majorité des ovules ; néanmoins comme il existe entre eux des modifications intermédiaires, certains auteurs ont proposé de distinguer encore quelques types ; mais leurs idées à cet égard n'ont pas plus été adoptées par la généralité des botanistes que les noms par lesquels ils proposaient de les désigner. Ainsi Mirbel nommait *amphitropes* des ovules campylotropes dans lesquels, la chalaze s'étant éloignée plus ou moins de sa situation première, il s'est produit un commencement de raphé ; M. Schleiden les dit *hémitropes*. On en voit des exemples chez les Légumineuses. Ce dernier botaniste distinguait encore, sous le nom de *camptotropes* des ovules très-allongés et brusquement recourbés en fer à cheval dans le milieu de leur longueur, comme chez les *Potamogeton*, et il en séparait, en les appelant *lycotropes*, ceux qui, avec une configuration analogue, gardent non adhérentes l'une à l'autre les deux branches du fer à cheval ; on en voit de tels chez quelques Malpighiacées.

Nombre des téguments ovulaires. — Dans tout ce qui précède j'ai supposé que l'ovule avait deux téguments ; c'est en effet le cas le plus habituel ; cependant chez un grand nombre de plantes, notamment chez les Dicotylédons monopétales, on ne lui voit qu'un seul tégument, et même, dans quelques-uns, le nucelle n'est abrité par aucun tégument et l'ovule est *nu*. On observe des ovules anatropes, à tégument simple, chez les Composées, et on en trouve de nus, de la même catégorie, d'après M. Schleiden, chez les Rubiacées et l'*Hippuris* ou la Pesse d'eau. On rencontre aussi, parmi les Solanacées et les Polémoniacées, des exemples d'ovules campylotropes à tégument simple ; mais on n'en connaît pas de nus qui aient cette forme. Enfin les Pipéracées et l'If présentent des ovules orthotropes à un tégument ; même M. Schleiden voit des ovules de cette forme et nus dans le Gui.

Variations quant aux téguments et à la forme des ovules. — En général, la forme des ovules et le nombre de leurs téguments restent constants dans un même groupe naturel de plantes ; cependant cette règle est sujette à des exceptions. Ainsi M. Schleiden a signalé [1] les Renonculacées comme pourvues d'ovules à deux téguments dans les genres *Clematis*, *Adonis*, *Aquilegia*, *Aconitum*, *Pæonia* et dans plusieurs espèces de *Delphinium* (*D. fissum*, *elatum*, *Consolida*, *Ajacis*), etc., et à un seul tégument dans les genres

[1] Beitraege, p. 75-78.

Thalictrum, *Anemone*, *Hepatica*, *Ranunculus*, ainsi que dans les *Delphinium tricorne* et *chilense*. D'un autre côté, la famille des Aroïdées réunit des ovules anatropes chez les *Calla*, orthotropes dans le genre *Sauromatum* et même de forme intermédiaire dans d'autres genres.

Direction des ovules. — La direction des ovules dans la loge ovarienne qui les renferme fournit des caractères utiles pour la distinction des plantes et de leurs groupes ; on l'apprécie surtout facilement dans les ovaires uniovulés où elle est d'une fixité remarquable. Or, là l'ovule peut affecter quatre directions principales ; il est : 1° *dressé* (ovulum erectum) lorsque, fixé au plancher de l'ovaire, il se dresse vers le haut de la loge (*voy.* fig. 398, p. 591) ; 2° *renversé* (inversum) s'il pend du plafond de la cavité ovarienne, comme dans l'*Hippuris vulgaris* L., les *Myriophyllum* et autres Haloragées ; 3° *ascendant* (ascendens) lorsque, étant attaché sur le côté de l'ovaire, il se dresse vers son sommet, et 4° *suspendu* ou *pendant* (pendulum, appensum), lorsque, étant attaché de même latéralement mais vers le haut de l'ovaire, il se dirige en bas. Les deux derniers cas sont beaucoup plus fréquents que les deux premiers. Il peut être encore *horizontal* ou à peu près. Si une même loge renferme deux ovules, ceux-ci sont tantôt *collatéraux*, c'est-à-dire placés à la même hauteur et côte à côte, tantôt *superposés*, ou attachés l'un plus haut que l'autre. Dans ces deux cas, ils ont souvent la même direction ; mais parfois aussi la direction des deux est inverse. Enfin, quand la même loge ovarienne renferme plusieurs ovules, leur situation et leur direction offrent encore moins de constance, par ce motif qu'ils s'arrangent en raison de l'espace où ils sont obligés de se développer. Dans ce cas néanmoins, comme dans le précédent, leur direction est indiquée par les mêmes mots que lorsqu'ils sont solitaires.

Nature morphologique de l'ovule. — On a interprété de diverses manières la nature réelle des ovules en général. L'opinion qui est le plus généralement adoptée consiste à voir dans chacun d'eux un bourgeon métamorphosé, dans lequel la portion axile serait formée du nucelle, tandis que les téguments en constitueraient la partie foliaire ou appendiculaire ; cependant M. C. Cramer a développé récemment à ce sujet une autre manière de voir. Se basant sur l'observation d'un grand nombre d'ovules déformés par monstruosité et aussi sur celle du développement à l'état normal, il a dit que l'ovule des Composées, des Primulacées, etc., n'est qu'une feuille métamorphosée, et que celui des

Ombellifères, des Renonculacées, des Légumineuses, etc., ne représente qu'un lobe de feuille métamorphosé de la même manière. D'après ce savant, l'ovule normal apparaîtrait d'abord comme un mamelon foliaire ou une ébauche soit de feuille, soit de lobe de feuille, duquel proviendraient secondairement le nucelle et ensuite les téguments. Cette théorie semble avoir besoin d'être appuyée sur d'autres faits plus démonstratifs.

Sac embryonaire. — J'ai dit plus haut que le nucelle se montre d'abord comme une petite masse pleine, formée d'un parenchyme homogène et délicat. Il garde cette nature uniquement celluleuse, qui est aussi celle des téguments, sauf dans quelques cas rares, à une époque avancée de la formation de l'ovule; mais un fait important se passe en lui, quelque temps avant que l'ovule soit arrivé à son développement complet.

Une cellule située vers le centre de sa masse commence alors à prendre un accroissement plus rapide que les autres; elle ne tarde pas à devenir très-grande, en même temps que son contenu liquide, abondamment mélangé de matières protoplasmiques, augmente de volume en proportion de l'extension des parois. Elle se montre enfin dans l'ovule adulte, située comme celle que désignent les lettres *se* sur la figure 399, p. 592. A mesure qu'elle grandit, le tissu du nucelle qui l'entoure refoulé, comprimé par elle, s'amincit, se résorbe même partiellement et finit par se trouver notablement réduit au moment où a lieu la fécondation. Cette cavité centrale du nucelle et de l'ovule entier est appelée à un rôle majeur : c'est en effet dans son intérieur que doit s'opérer l'acte intime de la fécondation, que doit naître, par conséquent, le rudiment du nouvel individu, c'est-à-dire l'embryon. Pour ce motif, on la nomme, avec M. Brongniart, le *Sac embryonaire* (quintine Mirb.). La forme de ce sac et ses dimensions, relativement à l'ovule entier, varient beaucoup d'une plante à l'autre; parfois même il devient irrégulier et sinueux dans son contour; mais il existe constamment, partout il a la même origine, enfin il est toujours unique, sauf, d'après M. Schleiden, chez le Gui qui en réunit deux ou trois. La connaissance que nous venons d'en acquérir nous conduit naturellement à l'histoire du phénomène merveilleux qui s'opère en lui, je veux dire de la fécondation.

ARTICLE III. — FÉCONDATION ET EMBRYOGÉNIE.

§ 1er. — Fécondation.

Historique. — L'histoire des idées qui ont eu cours et des observations qui ont été faites touchant la fécondation dans les plantes, comprend trois périodes, dont la succession marque les progrès accomplis peu à peu dans la connaissance de ce grand phénomène. La première période commence à l'antiquité grecque et finit aux dernières années du dix-septième siècle, c'est-à-dire à la publication, par Rud-Jac. Camerarius, de sa fameuse lettre à Valentini sur les sexes des plantes; la 2e période s'étend jusqu'à la découverte, faite par M. Amici et M. Brongniart, à la date d'environ quarante ans, de la formation du tube pollinique; la 3e période comprend ces quarante dernières années, pendant lesquelles des recherches multipliées et très-attentives, dues à des observateurs du plus grand mérite, ont permis de suivre presque tous les détails du phénomène de la fécondation, et pendant lesquelles aussi la discussion de théories divergentes a conduit finalement tous les botanistes à une seule et unique opinion. Je tracerai à grands traits l'histoire dont je viens d'indiquer la division.

Première période. — Les Grecs, et après eux les Romains, avaient quelques idées relativement à l'existence de deux sexes dans certaines plantes; c'étaient celles à fleurs unisexuées, et particulièrement les dioïques qui les avaient frappés, par suite des pratiques auxquelles l'expérience avait conduit les cultivateurs. Hérodote rapporte en effet que les Babyloniens distinguaient parmi les Dattiers des pieds mâles et des pieds femelles et que, comme le font encore les Arabes de nos jours, ils prenaient le pollen des premiers pour le répandre sur le spadice des derniers. Théophraste dit que certains d'entre ces arbres donnent des fleurs, tandis que les autres montrent d'abord leur fruit; mais que ceux-ci ne gardent pas leur fruit et ne l'amènent pas à sa maturité, si l'on n'a secoué sur lui les fleurs des premiers avec leur poussière. — Les poëtes latins et Pline nous apprennent, de leur côté, que les Romains avaient reçu des Grecs ces notions assez précises pour le Dattier, le Pistachier et un petit nombre d'autres espèces dioïques, même pour quelques plantes monoïques; quant aux plantes hermaphrodites, la seule notion qu'ils semblent avoir eue est que la production des fruits est une conséquence de la floraison[1]. Au total, leurs idées étaient vagues, incertaines et de plus fort incomplètes, puisqu'ils n'avaient aucune connaissance des organes floraux à l'action desquels étaient dus les faits qui les avaient frappés.

Il est à peu près inutile de dire que le moyen âge n'ajouta aucune connaissance à celles que les anciens avaient eues. Il faut donc franchir cette longue suite de siècles, même la Renaissance, et arriver à la seconde moitié du dix-huitième siècle pour voir les notions sur les sexes des plantes se dégager peu à peu des incertitudes et des erreurs qui les avaient obscurcies jusqu'alors. C'est en effet à cette époque que Bobart prouva par ses expériences sur le *Lychnis dioica* L. que le pistil ne devient pas un fruit sans l'action du pollen, et que Grew, en 1685, admit l'existence de deux sexes dans les plantes, ainsi que la nécessité, pour la formation d'une graine, de l'action du pollen sur le pistil contenant l'ovule dont il avait découvert le micropyle. Mais il restait encore du vague relativement aux parties de la fleur qui représentaient les deux sexes et sur leur action respective ; il n'existait d'ailleurs à cet égard que des énoncés épars, lorsque R. J. Camerarius, professeur à Tubingue, publia, en 1694, sa lettre à Valentini, dans laquelle il s'exprima sur cet important sujet en termes plus catégoriques qu'aucun de ses prédécesseurs et de ses contemporains.

Seconde période. — Camerarius déclara en effet que les anthères (staminum apices) sont la partie fondamentale de la fleur et la constituent en l'absence de la corolle qui n'a qu'une importance secondaire. Il distingua exactement les fleurs mâles et les fleurs femelles de plusieurs plantes monoïques et dioïques ; il montra que les étamines et les styles sont tantôt réunis dans la même fleur, tantôt séparés sur des rameaux différents d'un même pied,

---

[1]
Quotque in flore novo pomis se fertilis arbor
Induerat, totidem autumno matura tenebat.
(Virg., Georg.

Si bene floruerint segetes erit area dives ;
Si bene floruerit Vinea Bacchus erit ;
Si bene floruerint Oleæ nitidissimus annus, etc.
(Ovid., Fast.

Vivunt in venerem frondes, arborque vicissim
Felix arbor amat : nutant ad mutua Palmæ
Fœdera ; populeo suspirat Populus ictu
Et Platani Platanis, Alnoque assibilat Alnus.
(Claud.)

tantôt portés sur des pieds distincts ; il affirma que, sans ces organes, aucune plante ne peut grainer, ou qu'en l'absence des anthères il n'y a pas de fruit produit. Pour rendre ces notions plus
saisissantes, il compara ces deux organes reproducteurs à ceux
des animaux, et après en avoir ainsi indiqué le rôle, il montra
que, quant à la corolle, elle est purement protectrice. On voit
donc que ses idées étaient nettes et précises ; cependant il lui
restait quelques difficultés résultant, d'un côté, de ce qu'il trouvait dans les Lycopodes et les Prêles, une poussière abondante,
qu'il prenait pour du pollen, et rien qui indiquât un organe femelle ; de l'autre de ce qu'il avait vu, dans ses expériences, le
Maïs produire parfois quelques grains pourvus d'un embryon,
bien qu'il en eût supprimé les fleurs mâles.

Un autre écrit, du plus haut intérêt pour l'histoire des connaissances successivement acquises au sujet du rôle des organes reproducteurs, est le *Discours sur la structure des fleurs, leurs différences et l'usage de leurs parties*, qui fut prononcé, le 10 juillet
1717, par Sébastien Vaillant, à l'ouverture de son cours au Jardin
des Plantes de Paris (in-4°; Leyde, 1718). Tous les organes floraux y sont décrits et nommés; leur rôle y est indiqué en termes
si précis qu'il semble ne plus rester à éclaircir que la manière
propre et intime d'après laquelle les grains de pollen, arrivés sur
le stigmate, font sentir leur influence aux ovules renfermés dans
l'ovaire. En effet, la nécessité du pollen étant alors déjà mise en
parfaite évidence, on en était venu naturellement à se demander
en quoi consistait cette action qu'on avait reconnue indispensable,
et Samuel Morland [1] avait émis l'idée que les grains de cette
poussière passaient, à travers le tube du style, jusque dans l'ovaire,
et pénétraient dans les ovules. Vaillant repoussa cette hypothèse
et y en substitua une autre contre laquelle ne pouvaient s'élever
les objections, tirées des dimensions relatives des parties et de
l'observation directe, qui avaient été formulées contre la théorie
du savant anglais. « Les styles, disait-il, (nommés par lui trompes)
transmettent aux petits œufs, non pas les grains de poussière
même, mais seulement la vapeur ou l'esprit volatil qui, se dégageant des grains de poussière, va féconder les œufs [2]. »

[1] Philosoph. Transact., pour 1705.
[2] Linné, dans la préface de la dissertation intitulée : *Sponsalia plantarum*, qui parut
comme thèse soutenue, sous sa présidence, par J. G. Wahlbom, rend une justice éclatante à Séb. Vaillant dans les termes suivants : « Sebastianus Vaillantius primus sexus
plantarum probe dignovit, et hoc mysterium naturæ, omnibus antea paradoxon et
absurdum, multis observationibus extra dubitationis aleam posuit. »

Tel était l'état avancé des connaissances, au commencement du dix-huitième siècle, touchant les organes de la fleur et leur rôle; cependant même alors le célèbre Tournefort professait à ce sujet des idées étranges et fort en arrière de son époque. « Les fleurs, disait-il [1], sont comme les intestins, dans lesquels l'aliment, après avoir suivi un long circuit, devient plus apte à la première formation de l'œuf et à son grossissement... Les parties des graines ont besoin d'un aliment convenable qu'elles ne supporteraient pas s'il n'était dépouillé auparavant, dans la fleur, de ses parties étrangères. Celles-ci sont déposées par les étamines, à la manière des vaisseaux excréteurs, dans les anthères (apices), comme dans des cloaques. » Ces idées singulières furent adoptées par Pontedera et quelques autres botanistes; et la réalité du phénomène de la fécondation, même la sexualité des plantes, combattues par Siegesbeck (1737), par Heister (1748), ont été encore niées à une date récente par Schelver (1812) et par Henschel (1820) qui ont essayé d'établir que le pollen, en arrivant sur le stigmate, se borne à le mortifier et à déterminer par là une accumulation de séve dans l'ovaire, par suite son développement en fruit.

En 1735, Linné, dans ses *Fundamenta botanica* (édition d'Amsterdam), réunit un grand nombre de faits démonstratifs au sujet de la sexualité des plantes (*voy.* sa *Philos. botan.*, § 132 à 150, chap. v, Sexus), et en basant sur les organes reproducteurs son système de classification du règne végétal qui eut une vogue immense, il attira l'attention de tous les botanistes sur ces organes, à ce point que l'on a cru pouvoir lui attribuer la découverte de la fécondation, bien que lui-même n'ait jamais prétendu à cet honneur.

Pendant tout le reste du dix-huitième siècle et les premières années du dix-neuvième, des faits furent ajoutés à ceux qu'on possédait déjà; mais, au total, si la réalité de la fécondation était admise à peu près sans contestation, la marche même de ce phénomène restait encore inconnue. A l'hypothèse de Morland et à celle de Vaillant avait succédé celle qui avait pour base l'explosion des grains du pollen sur l'eau et l'expulsion de la fovilla observées par Bern. de Jussieu (1739) et surtout par Needham (1745). Elle consistait à admettre que les grains de la poussière fécondante s'ouvraient sur le stigmate et lançaient ainsi leur fovilla qui, absorbée par cette organe, parcourait ensuite tout le pistil pour arriver aux

---

[1] Instit. rei herbariæ, I, 1700; p. 68 de la 3e édit., par Ant. de Jussieu.

ovules et les féconder; mais c'était encore là une théorie sans fondement, et il faut arriver à l'époque à laquelle j'ai placé le commencement de la troisième période pour voir s'accomplir, sous ce rapport, un progrès d'une importance majeure.

Troisième période. — En 1822, J. B. Amici, célèbre opticien et habile observateur de Modène, fit une observation qui est devenue le premier pas vers la détermination de la marche réelle de la fécondation[1]. Il vit sur le stigmate velu du Pourpier (*Portulaca oleracea* L.) un grain de pollen émettre une sorte de tube très-fin, transparent, qui s'étendit tout le long d'un poil stigmatique et s'y attacha dans sa longueur. Dans ce tube, qui n'était pas autre chose que le *tube pollinique* ou *boyau pollinique* (voy. p. 552), il remarqua des granules très-petits, dont les uns venaient du grain, tandis que d'autres y rentraient, en d'autres termes, il constata une circulation de ces granules; même un mouvement analogue fut observé par lui dans les cellules du stigmate. Au bout de trois heures ces granules disparurent sans qu'Amici pût reconnaître où ils étaient allés. Cette observation était évidemment incomplète et elle aurait pu ne pas faire avancer la sienne, sous ce rapport, beaucoup plus que celles de certains botanistes qui, avant le savant italien, avaient vu et même figuré le tube pollinique sans en deviner ni l'origine ni, à plus forte raison, le rôle, comme Gleichen, dès 1781 (sur l'*Asclepias syriaca*), Richard en 1811, F. Bauer dans certaines de ses belles analyses d'Orchidées; etc. Heureusement ce fait isolé fut un trait de lumière pour M. Brongniart qui en fit le point de départ d'une suite de recherches attentives et qui, dans un mémoire fondamental, présenté à l'Académie des sciences le 26 décembre 1826[2], put dire : « dans tous les pollens que j'ai examinés avec soin, après qu'ils avaient séjourné un temps plus ou moins considérable sur le stigmate, j'ai trouvé un appendice tubuleux d'une longueur variable, formé par une membrane extrêmement mince et transparente, qui sortait évidemment de l'intérieur du grain de pollen par une ouverture accidentelle, ou par un trou particulier pratiqué dans la membrane externe. Cet appendice contenait un assez grand nombre de granules polliniques, et était évidemment une expansion de la membrane interne du grain de pollen. » C'est donc

---

[1] Osservazioni microsc. sopra varie piante; *Atti della Soc ital. d. scienze in Modena*, XIX, 1823, p. 25; trad. dans *Ann. des sciences natur.*, II, 1824, p. 64 et suiv.

[2] Mémoire sur la génération et le développement de l'embryon dans les végétaux phanérog.; *Ann. des sciences natur.*, XII, 1827 ; 143 pag. et 9 planch.

M. Brongniart qui a reconnu, le premier, l'importance majeure du tube pollinique et qui l'a vu pénétrer profondément dans le tissu du stigmate. « Si on fait, dit-il, une coupe longitudinale mince d'un stigmate couvert de pollen, au moment de la fécondation, c'est-à-dire lors de l'épanouissement de la corolle, et qu'on l'examine avec une très-forte loupe, on verra que chacun des grains de pollen, qui couvrent en entier la surface du stigmate, envoie dans son intérieur un long appendice tubuleux qui pénètre entre les utricules et dans leur direction, jusqu'à une assez grande profondeur. » Malheureusement ce savant botaniste ne put suivre le tube pollinique jusque bien avant dans la profondeur des tissus du pistil, et il admit que, s'ouvrant à son sommet, dans l'intérieur de ces tissus, il y versait la fovilla qui se dirigeait de là, par les intervalles des cellules du tissu conducteur, jusqu'à l'ovaire et aux ovules dont elle allait opérer la fécondation.

C'est seulement quelques années plus tard qu'on a suivi le tube pollinique dans toute l'étendue du style, dans la cavité ovarienne et jusqu'à l'intérieur de l'ovule ; par là, grâce aux beaux travaux d'Amici, de M. Schleiden, auxquels sont bientôt venus se joindre ceux de MM. Fritzsche, Mohl, Hofmeister, Tulasne, Deecke, Schacht, Henfrey, Radlkofer, etc., ont été complétées les connaissances actuelles sur la marche du phénomène de la fécondation que je dois maintenant exposer.

Marche de la fécondation. — On peut distinguer, dans l'ensemble de ce phénomène : 1° la pénétration du tube pollinique dans le stigmate et son trajet jusque dans l'ovule; 2° ce qui se passe dans le sac embryonaire jusqu'à la naissance de l'embyron.

1° *Trajet du tube pollinique jusque dans l'ovule.* — Au moment où le pistil est en état de subir la fécondation, son stigmate exsude une humeur visqueuse qui en recouvre plus ou moins complétement la surface et qui parfois, notamment dans plusieurs Lis, se produit en assez grande abondance pour former une grosse goutte. Sorti des loges de l'anthère, et arrivé sur ce stigmate, le pollen y subit une double action : il y est retenu par les papilles et villosités, ainsi que par la viscosité superficielle, après quoi l'endosmose détermine en lui un gonflement graduel et lent qui a pour conséquence la formation des tubes polliniques (*voy.* p. 551). Comme le montre la figure 401, ces tubes *tp*, descendent entre les grosses cellules saillantes qui forment les papilles stigmatiques, ou même ils pénètrent dans la cavité de celles-ci, après en avoir percé la membrane (Tulasne), et arrivent bientôt au tissu fondamental du stigmate *t*. Lorsque le canal stylaire vient s'ouvrir au centre du stigmate, comme nous l'avons vu dans le *Clarkia elegans* Dougl. (fig. 393, 394, p. 588), les tubes polliniques y pénètrent sans difficulté; mais si la cavité tubulée du style est fermée supérieurement, ils y parviennent à travers le tissu cellulaire du stigmate dont ils suivent généralement les méats.

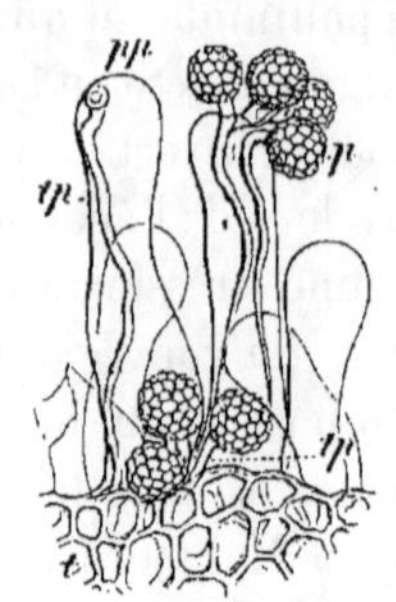

Fig. 401. — Coupe longitudinale d'un fragment de stigmate du *Matthiola annua* Sweet, montrant quelques grains de pollen, *p*, qui ont émis leur tube ou boyau *tp*; plusieurs de ces tubes sont entrés dans la cavité des papilles stigmatiques *pp*; *t*, tissu propre du stigmate (d'après M. Tulasne) (165/1).

Dans le canal stylaire, les tubes polliniques passent entre les cellules du tissu conducteur qui les conduisent en quelque sorte jusqu'à leur but, c'est-à-dire jusqu'aux ovules. Ils trouvent sur la route les éléments de leur nutrition, grâce à la sécrétion opérée par les cellules conductrices, et ils s'allongent graduellement à leur extrémité close, vers laquelle se porte toujours la fovilla, au point que souvent ils parcourent ainsi de proche en proche un trajet égal à plusieurs centaines et même plusieurs milliers de fois le diamètre du grain de pollen d'où est sorti chacun d'eux. Quelquefois même ils se ramifient dans ce trajet.

Le temps nécessaire au tube pollinique pour arriver du stigmate à l'ovule dépend nécessairement de la longueur du style ou, en d'autres termes, du trajet qu'il doit parcourir; mais il est surtout déterminé par l'organisation propre à chaque plante et par les circonstances extérieures. Une forte chaleur accompagnée d'humidité l'abrége beaucoup en activant l'allongement graduel de ce tube. Voici quelques données à cet égard. M. P. Martin Duncan évalue à un pouce anglais (0^{m}025) la quantité dont celui-ci peut s'allonger dans l'espace de quatre heures et demie, chez le *Tigridia conchiflora*; mais ce botaniste ajoute que ce temps peut être réduit de moitié dans des circonstances très-favorables. D'après M. Hofmeister, le temps nécessaire pour l'arrivée du tube pollinique dans l'ovule est très-court pour les Graminées; il est d'environ douze heures chez la Zostère, de vingt-quatre heures chez le *Naias major*, de quarante-huit heures au moins chez l'*Orchis Morio*, plus long encore pour la généralité des Liliacées, Amaryllidées, Iridées et Aroïdées. Schacht dit qu'il faut près de trois jours pour que les tubes dont il s'agit atteignent les ovules, chez le *Gladiolus segetum* L., dont le style a 0^m05 environ de longueur. Même, chez certains végétaux, leur portion inférieure reste fraîche pendant longtemps après que la supérieure s'est flétrie et a séché avec le stigmate et le haut du style ; dans ce cas, la fécondation ne s'opère que longtemps après que le pollen est tombé sur le stigmate et en a subi l'influence. C'est ainsi que, dans le Noisetier, le Hêtre, l'Aune, le pollen tombe sur le stigmate de bonne heure au printemps, quand les ovules ne sont pas encore bien formés et que ensuite ceux-ci deviennent adultes au bout de plusieurs semaines.

2° *Fécondation dans le sac embryonnaire.* — Nous avons déjà vu comment s'est formé le sac embryonnaire dans l'ovule en voie de développement (*voy.* 592 et fig. 399) ; il importe au plus haut point de reconnaître l'état dans lequel il se trouve au moment où la fécondation va s'opérer ; or, pour cela, la figure 402 me permettra de donner des détails précis.

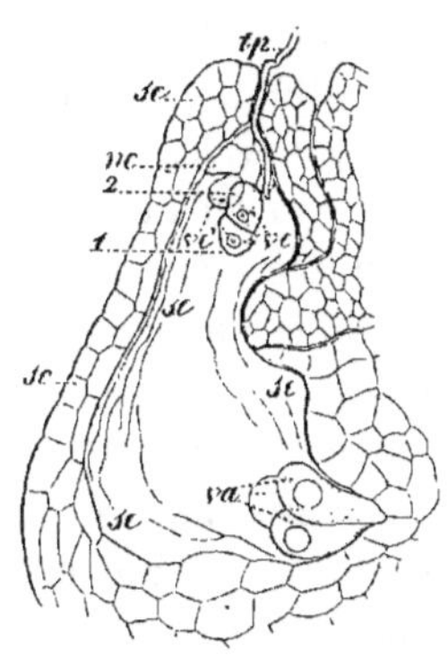

Fig. 402. — Coupe longitudinale d'un ovule de l'*Allium odorans*, au moment où la fécondation vient de s'y opérer. La primine a été supprimée. — *se*, secondine ; *ne*, restes du nucelle ; *se*, sac embryonnaire ; *tp*, extrémité du tube pollinique qui a opéré la fécondation ; *ve*, vésicule embryonnaire fécondée et déjà subdivisée en deux cellules, 1, 2 ; *ve'*, vésicule embryonnaire non fécondée ; *va*, vésicules antipodes (d'après M. Hofmeister) (78/1).

Comme on le voit, ce sac a pris un accroissement considérable ; dans l'*Allium odorans*, dont cette figure reproduit la manière d'être, à mesure qu'il grandissait, le tissu du nucelle diminuait, à ce point que, lorsque la fécondation s'opère, on n'en voit plus que quelques cellules, *ne*, situées sous le canal micropylaire, qui représentent son extrémité désignée par les noms de *Mamelon nucellaire, Mamelon d'imprégnation* (Kernwarze en allem.).

Plus ordinairement le tissu du nucelle diminue progressivement, au moins dans sa portion supérieure ; mais il en reste la couche cellulaire qui primitivement en formait la surface externe. Le sac embryonnaire s'applique donc, en majeure partie, chez l'*Allium*, contre la paroi interne de la secondine *se*. On peut en suivre le contour par les lettres *se*, placées sur différents points. Le contenu de cette cavité consiste en un liquide protoplasmique et par conséquent organisable, au milieu duquel on voit des formations de deux sortes, fort remarquables, l'une surtout ; ce sont : 1° dans le bas, des vésicules à parois extrêmement délicates, dont le rôle est inconnu et qui n'existent que temporairement, *va*. Ici on en trouve trois, pourvues chacune d'un nucléus et groupées; ailleurs on en observe une, deux ou, au contraire, un plus grand nombre. Elles se produisent de bonne heure, par formation cellulaire libre, et elles disparaissent plus ou moins longtemps après la fécondation. Ne voulant rien préjuger sur leur nature, et pour rappeler seulement leur situation, on les a nommées *Vésicules antipodes* (Gegenfüsslerzellen en allem.) — 2° Dans l'extrémité supérieure du sac embryonnaire, par conséquent sous sa voûte qui regarde le canal micropylaire, se montrent de petites formations *ve*, dans la plupart des cas au nombre de deux, placées côte à côte, qui, en raison de leur destination, ont été nommés *Vésicules embryonnaires* (Keimblæschen ou Keimkœrperchen en allem.). C'est de l'une d'elles en effet que doit provenir l'embryon. Elles ont apparu postérieurement aux vésicules antipodes, et jusqu'à la fécondation elles se montrent chacune comme un simple amas de protoplasma non recouvert d'une membrane de cellulose appréciable. La formation de cette membrane est le premier effet que détermine la fécondation dans celle qui l'a subie; seulement les observations récentes de Schacht tendent à établir que, du moins dans certains cas, la moitié supérieure de chacune d'elles est munie d'une sorte de coiffe très-singulière, striée longitudinalement de manière à paraître formée de fils extrêmement déliés, qui seraient placés côte à côte. Schacht pensait que cette coiffe, qu'il nommait *Appareil filamenteux* (Fadenapparat en allem.) contribuait à l'accomplissement de la fécondation.

Le moment où apparaissent dans le sac les vésicules embryonnaires est important à déterminer. Amici, qui les a découvertes, MM. H. v. Mohl, Hofmeister et la généralité des botanistes qui se sont livrés à ces observations délicates les ont vues avant la fécondation; au contraire, M. L. R. Tulasne[1] exprime des doutes sérieux quant à leur existence avant l'arrivée du tube pollinique, et il pense, comme Meyen et M. K. Müller, que leur naissance est le premier résultat de l'influence de ce tube sur le sac embryonnaire; toutefois aujourd'hui les faits acquis à la science ne semblent guère permettre de conserver des doutes sur la préexistence de ces formations.

Arrivé dans la cavité de l'ovaire, le tube pollinique s'introduit

---

[1] Études d'embryogénie végétale; *Ann. des sciences nat.*, 1849, XII, pp. 21-137, pl. III-VII; et Nouvelles Études d'embryogénie végétale; *Ann. des sciences nat.*, 1855, IV, p. 65-122, pl. VII-XVIII.

en vertu d'une faculté de direction aussi surprenante que mysté-rieuse, dans le micropyle d'un ovule, et il en suit le canal. Parvenu au fond de celui-ci, au contact du nucelle, il en perce le tissu très-lâche, dans les cas où il en existe encore une couche continue, et il vient s'appliquer contre la membrane du sac embryonnaire (*tp*, fig. 402). Là quelquefois il forme une petite bifurcation ou un épatement, et, d'un autre côté, ses parois s'épaississent souvent au point d'en réduire beaucoup la cavité intérieure et de le faire ressembler presque à une fine baguette de verre.

Théorie de MM. Horkel et Schleiden. — Il est important de faire observer que, comme le montre nettement la figure 402, l'extrémité du tube pollinique s'applique assez fréquemment à l'extérieur du sac en un point qui n'est pas vis-à-vis de celui où les vésicules embryonnaires sont attachées et en général fortement fixées. Cette seule circonstance suffit pour renverser de fond en comble une théorie célèbre qui, formulée par MM. Horkel et Schleiden, a été soutenue avec autant de talent que de conviction par ce dernier savant, puis par MM. Geleznoff, Deecke, surtout Schacht, jusqu'à l'année 1856 où celui-ci, qui en était resté le dernier et le plus ardent défenseur, fut conduit par ses recherches sur le *Gladiolus segetum* L., à reconnaître hautement et loyalement l'erreur qu'il avait défendue jusqu'alors[1]. Cette théorie consistait à admettre que le tube pollinique, arrivé en contact avec la membrane du sac, tantôt la perçait pour pénétrer plus ou moins profon-dément dans sa cavité, tantôt et plus ordinairement la refou-lait en quelque sorte devant lui pour s'en envelopper, comme un doigt se logerait dans un gant rebroussé sur lui-même. C'était ensuite l'extrémité de ce tube elle-même qui se développait graduellement en embryon; d'où il résultait que la détermination des sexes devait être renversée puisque l'étamine aurait fourni le véritable germe et que le pistil n'aurait été que le lieu où ce germe aurait subi l'influence qui aurait permis au tube polli-nique de s'accroître en embryon.

Action mystérieuse du tube pollinique. — Quelle est l'action exercée par l'extrémité du tube pollinique appliqué contre l'exté-rieur du sac sur les vésicules embryonnaires qui sont logées à l'intérieur de celui-ci? Nul ne saurait le dire dans l'état actuel de la science. C'est là un de ces mystères de la vie en face desquels la raison humaine est forcée de se reconnaître impuissante. Y a-t-il

---

[1] Der Vorgang der Befruchtung bei *Gladiolus segetum*; *Monatsbericht*. séance du 26 mai 1856, 14 pag. et 2 planches.

mélange, par suite d'un endosmose, de la fovilla et du contenu de la vésicule fécondée? L'observation ne peut rien apprendre à cet égard... Toujours est-il qu'après ce contact, la vésicule qui a subi l'influence pollinique, c'est-à-dire qui a été fécondée, entre dans une série de développements successifs qui finissent par en faire un embryon, en d'autres termes, une nouvelle plante. D'abord elle se couvre sur toute sa surface d'une membrane très-mince de cellulose qui en fait une véritable cellule, après quoi une cloison transversale la divise en deux cellules superposées (*ve*, fig. 402), dont l'inférieure (1, même fig.) est la première ébauche de l'embryon, tandis que la supérieure (2, même fig.) sert de support à la première et deviendra par sa division successive une sorte de filament supportant l'embryon et nommé, pour ce motif, le *Filament suspenseur* ou simplement le *Suspenseur*. Quant à la vésicule embryonnaire non fécondée, elle ne prend pas d'accroissement, ne complète pas son organisation, et ne tarde même pas à disparaître.

Ainsi, comme on le voit, la fécondation végétale consiste dans l'émission, par le pollen, sur le stigmate, des tubes polliniques qui, après avoir suivi toute la longueur du style, arrivent dans la cavité ovarienne, pénètrent chacun dans un ovule, et vont, par une action dont la nature est inconnue, déterminer, à travers la membrane du sac embryonnaire, le développement d'une vésicule en embryon. Dans quelques cas exceptionnels (*Citrus*, Gui), deux ou trois vésicules peuvent être également fécondées, et alors l'ovule devient une graine polyembryonnée ou à plusieurs embryons.

Circonstances qui favorisent la fécondation. — Pour assurer l'accomplissement de ce grand acte, particulièrement pour favoriser l'arrivée du pollen sur le stigmate, la nature a déployé un luxe de précautions bien fait pour exciter notre étonnement. Je n'entrerai pas, faute d'espace, dans le détail de ces précautions, de ces dispositions spéciales dont l'exposé forme l'un des chapitres les plus attachants des traités de physiologie végétale; mais je ne puis me dispenser de donner l'indication concise de quelques faits qui permettront de comprendre pourquoi la fécondation réussit presque toujours dans la nature.

1° *Dans les fleurs hermaphrodites.* — Dans les plantes hermaphrodites, le transport du pollen sur le stigmate ne rencontre généralement aucun obstacle, à cause du voisinage de ces deux organes; d'ailleurs les difficultés qui pourraient résulter de la différence de longueur entre les étamines et le pistil sont levées, dans la grande majorité des cas, par la direction des fleurs qui sont dressées si les premières sont plus longues que le dernier, penchées ou pendantes dans le cas contraire. De ces deux situations différentes, dont certains botanistes modernes ont cru, sans motifs suffisants, devoir contester l'efficacité et même la réalité, il résulte que le pollen, en tombant par son propre poids, rencontre sur sa route le stigmate. Cependant un fait remarquable, révélé par les observations récentes de MM. Darwin, Lecoq, Hildebrand, etc., c'est que, chez plusieurs plantes (*Primula, Linum*, etc.), il existe deux natures de fleurs distinguées parce que le style est court dans les unes, long dans les autres; ces fleurs doivent se féconder réciproquement, c'est-à-dire que le pollen des unes doit agir sur le pistil des autres pour qu'il y ait production d'un fruit. En outre, comme l'avait reconnu C. K. Sprengel, il arrive parfois que l'organe mâle et l'organe femelle de la même fleur n'arrivent pas simultanément à l'état adulte, de telle sorte que, dans ces cas de *Dichogamie* (C. K. Sprengel), il doit y avoir encore transport du pollen d'une fleur sur le stigmate d'une autre.

2° *Dans les fleurs unisexuées.* — Chez les plantes monoïques, on remarque le plus souvent, mais pas toujours, que les fleurs mâles sont situées plus haut que les femelles (Maïs, *Carex*, etc.), disposition dont l'effet est analogue au précédent. Quant aux fleurs dioïques, où l'éloignement des deux sexes rend beaucoup plus difficile l'action d'un sexe sur l'autre, l'abondance du pollen et son transport fréquent par les vents ou par les insectes, qui sont toujours de puissants auxiliaires des fleurs, font ordinairement disparaître les conséquences vraisemblables de la séparation. — On cite à cet égard des faits très-curieux, comme celui d'un Pistachier femelle, qui, dans Paris, a produit du fruit lorsqu'un pied mâle, situé dans un autre quartier, est venu à fleurir; surtout celui d'un Dattier femelle, cultivé à Otrante, qui, ayant fleuri à différentes reprises sans résultat, donna du fruit pour la première fois, l'année même où un pied mâle, qui se trouvait à Brindes, à 30 milles de distance, fut devenu assez haut pour élever ses fleurs au-dessus des arbres voisins. Une plante justement célèbre parmi celles de la catégorie des dioïques, est la Vallisnérie spirale (*Vallisneria spiralis* L.), qui croît dans le canal du Languedoc en si grande abondance que de nombreux ouvriers sont annuellement occupés à la faucher sous l'eau pour faire disparaître l'embarras qu'elle cause à la navigation. Ses fleurs mâles sont très-petites et réunies en un petit spadice brièvement pédonculé, qu'embrasse une spathe à deux valves; au contraire, les fleurs femelles, de dimensions beaucoup plus fortes, terminent chacune un pédoncule qui peut s'allonger assez pour leur permettre de venir flotter à la surface de l'eau. Au moment convenable pour la fécondation, la spathe de l'inflorescence mâle s'ouvre et s'étale; les petites fleurs du spadice se détachent de leur pédicule et leur légèreté les élève à la surface de l'eau où elles rencontrent les femelles qui nagent en obéissant aux ondulations du liquide; la fécondation s'opère ainsi à l'air libre, après quoi le pédoncule de la fleur fécondée se roulant en spirale à tours serrés entraîne celle-ci au fond de l'eau où va mûrir le fruit.

3° Dans les plantes submergées. — Cette fécondation dans l'air d'une plante dont la fleur et le fruit se développent sous l'eau, a lieu aussi chez différentes autres espèces aquatiques. L'*Aldrovanda vesiculosa* L., des environs d'Arles, de Bordeaux, d'Italie, et aussi, fait remarquable! de Silésie et de Lithuanie, élève ses fleurs au-dessus de la surface de l'eau peu au-dessous de laquelle flotte sa tige horizontale et alors toujours sans racines; d'autres plantes forment une petite atmosphère à leurs organes reproducteurs grâce à la présence d'une bulle d'air que retient leur périanthe fermé (*Ranunculus aquatilis, Alisma natans*). Chez la Zostère, qui vit profondément submergée, la fécondation s'opère dans l'air dont est remplie la gaîne à bords contigus qui renferme ses fleurs. Ailleurs la plante, devenant plus légère au moment de la fleuraison, peut sans peine élever ses fleurs au-dessus de l'eau (*Utricularia*), ou bien ses pétioles se renflant en espèces de vessies natatoires lui permettent de nager tout entière (*Trapa*); enfin le cas le plus simple est celui où le pédoncule acquiert une longueur proportionnée à la profondeur du liquide sous lequel la tige reste fixée au sol, et par là porte la fleur jusque dans le sein de l'atmosphère (*Nymphæa*).

4° Mouvements des organes reproducteurs. — Différents mouvements exécutés par les organes reproducteurs facilitent l'arrivée du pollen sur le stigmate : les étamines de la Pariétaire, se dégageant avec ressort du calyce qui les retenait, subissent un violent ébranlement et lancent tout à coup leur poussière; celles des *Geranium*, des *Kalmia* se courbent sur le stigmate pour laisser tomber sur lui leur pollen; celles des *Ruta*, des Œillets se dressent l'une après l'autre pour se rapprocher du pistil et le féconder; d'un autre côté, ce dernier organe se porte fréquemment vers les anthères, et même les styles des Nigelles se recourbent pour rapprocher les stigmates des étamines qui sont situées beaucoup plus bas qu'eux.

Au total, on voit que les moyens par lesquels la fécondation a été assurée sont extrêmement variés et révèlent la sollicitude admirable avec laquelle la nature veille à la reproduction des êtres.

Parthénogénèse. — Il est impossible de terminer le chapitre relatif à la fécondation sans y consigner quelques données historiques sur la plus grave objection qui ait été élevée contre l'absolue nécessité de ce phénomène pour la reproduction des végétaux phanérogames. — M. Th. E. von Siebold ayant reconnu que les Abeilles et quelques Papillons peuvent se reproduire sans fécondation préalable, a donné le nom de *Parthénogénèse* (parthenogenesis, de παρθένος, vierge, et γένεσις, génération) à ce phénomène étrange. Ce mot a été aussitôt appliqué à la production de graines sans fécondation que divers botanistes ont affirmé pouvoir s'opérer chez certaines plantes.

Au siècle dernier, l'abbé Spallanzani avait cru pouvoir conclure de ses expériences sur le Chanvre, l'Épinard, la Pastèque, etc., qu'il y avait possibilité de formation de graines embryonées sans que le pollen eût agi sur le pistil. Depuis ce célèbre physiologiste, divers observateurs, entre lesquels je citerai de Marti, Volta, Girou de Buzareingues, Ramisch, Bernhardi, Tenore, et, dans ces derniers temps, MM. Gasparrini, Lecoq, Klotzsch, Thuret, Naudin, ont cru devoir conclure de leurs observations ou expériences à la possibilité de la parthénogénèse chez quelques plantes unisexuées. Mais déjà Spallanzani lui-même avait vu que, quoique habituellement dioïque, l'Épinard présente parfois des fleurs mâles à côté de ses fleurs femelles ; après lui, on a fait maintes fois la même observation sur les espèces dioïques et monoïques, spontanées ou fréquemment cultivées dans nos pays, auxquelles on avait cru pouvoir attribuer la faculté de produire des graines sans l'intervention du pollen, de telle sorte que, pour toutes ces plantes, des doutes très-sérieux et légitimes, paraît-il, s'élèvent contre les assertions des partisans de la parthénogénèse.

Une plante semblait être, sous ce rapport, à l'abri de toute objection : en 1829, Allan Cunningham avait envoyé en Angleterre trois pieds d'un petit arbrisseau dont la feuille ressemble à celle du Houx, et qu'il avait découvert dans la Nouvelle-Hollande, dans des forêts situées le long de la rivière Brisbane, non loin de Moreton-bay, où il croît abondamment. Cultivé dans le jardin de

Kew, cet arbrisseau, peu de temps après son arrivée, donna des fleurs femelles qui le firent reconnaître comme une Euphorbiacée; J. Smith, après l'avoir d'abord rangé parmi les *Sapium*, créa bientôt pour lui un genre spécial et le nomma *Cœlebogyne ilicifolia*. Ce nom générique rappelait cette circonstance remarquable au plus haut degré que la plante produisait des graines parfaites, quoique les trois seuls pieds qui en existassent en Europe fussent femelles et ne portassent ni étamines ni organe quelconque produisant anormalement du pollen. Smith et Robert Brown lui-même s'assurèrent de ce fait, et cependant les graines qui prirent naissance dans les serres de Kew germèrent et donnèrent de nouveaux pieds qui furent envoyés à différents jardins botaniques, et qui, à leur tour, reproduisirent les mêmes faits.

Il était donc admis que le *Cœlebogyne* offrait un exemple incontestable de parthénogénèse. Même, afin de lever toute possibilité d'incertitude à cet égard, M. Alex. Braun, à Berlin, observa la fleuraison de cet arbuste avec une attention scrupuleuse, et par une série d'observations faites avec l'exactitude rigoureuse qu'il apporte à tous ses travaux, il ne put que confirmer les idées qui régnaient à ce sujet. Cependant, après avoir montré que les expériences faites en vue d'établir la possibilité de la parthénogénèse n'autorisaient pas la conclusion qu'on en avait déduite, M. Regel avait déjà émis quelques doutes relativement à l'absence constante d'étamines dans le *Cœlebogyne*, bien qu'il n'eût pas pu l'observer. M. Schenk, n'ayant pas eu non plus occasion d'examiner cette curieuse Euphorbiacée, avait été conduit par ses études à dire que si la parthénogénèse était possible chez les Phanérogames, ce n'était que dans cette dernière espèce. — En 1857, le *Cœlebogyne* ayant fleuri au Jardin des plantes de Paris, M. Baillon en examina la fleur et annonça à la Société botanique de France (séance du 26 juin 1857) y avoir observé, au pied du pistil, un organe qu'il prenait pour une étamine jeune et qu'il décrivait comme formé d'un pédicelle grêle, étroit, s'élargissant ensuite pour supporter deux corps arrondis dont l'ensemble aurait constitué une anthère cordiforme. Cette assertion fut contredite formellement par M. Decaisne, qui affirma que M. Baillon avait pris pour une étamine ce qui n'était qu'une bractéole glandulifère. Enfin, en 1860, parut un mémoire dans lequel M. Karsten affirmait que, « d'après les observations faites par lui pendant deux années, au jardin botanique de Berlin, le cinquième des fleurs du *Cœlebogyne* est hermaphrodite...; qu'il existe, sur cette plante, des fleurs hermaphrodites pendant tout le cours de l'été, depuis le commencement de mai jusqu'à la fin du mois d'août... Enfin qu'ainsi tombe le dernier point d'appui, bien faible du reste, de la parthénogénèse des plantes [1]. »

Ainsi la possibilité de la production d'une graine complète et susceptible de germer, sans fécondation préalable, n'est plus appuyée, dans l'état actuel de la science, sur un seul fait qui n'ait donné prise aux plus sérieuses objections.

§ 2. — Hybrides et hybridation.

Il y a *Hybridation* ou *fécondation croisée* lorsque le pistil d'une plante est fécondé par le pollen d'une autre sorte de plante. Si cette fécondation, accomplie en dehors des conditions normales, donne lieu à la production d'une graine embryonée, le végétal qui provient de la germination de cette graine est un *Hybride*, ou, comme on le dit quelquefois par analogie, un mulet végétal.

Hybrides et métis. — Comme il existe parmi les plantes des espèces, c'est-à-dire des types nettement tranchés, se reproduisant avec leurs caractères distinctifs par le moyen des graines, et des variétés de ces espèces, c'est-à-dire des types moins tranchés que les premiers desquels ils tirent leur origine, l'hybridation peut s'opérer entre deux espèces distinctes ou entre deux variétés d'une même espèce. Vilmorin a proposé, et je crois qu'il y aurait grand intérêt à adopter sa proposition, de réserver le mot *Hybrides* pour désigner les plantes issues de la fécondation croisée de deux espèces l'une par l'autre, et d'appeler *Métis* celles qui viennent du croisement de deux simples variétés d'une même espèce. Ce serait un excellent moyen pour éviter plusieurs des confusions regrettables auxquelles donne lieu journellement, surtout parmi les horticulteurs, l'emploi irréfléchi du mot hybrides. L'abus est devenu tel, en effet, sous ce rapport, qu'aujourd'hui à peu près toute variété ayant pris naissance soit accidentellement, soit par l'effet de la culture, est qualifiée d'hybride par beaucoup de jardiniers, bien qu'elle n'ait pas été produite par une fécondation croisée à un degré quelconque. C'est là un abus grave qui ajoute beaucoup à notre ignorance sur l'origine du plus grand nombre de plantes cultivées.

Caractères des hybrides. — Les hybrides réunissent des ca-

<hr>

[1] Karsten, de la Vie sexuelle des plantes ; *Ann. des sciences nat.*, 1860, XIII, p. 254-287.

ractères de la plante qui a fourni le pollen, c'est-à-dire du père,
à d'autres qui distinguent celle sur laquelle est venue la graine,
c'est-à-dire de la mère. Parfois ils sont comme intermédiaires
entre les deux, mais plus habituellement leurs traits de ressemblance ne sont pas fondus et se trouvent en quelque sorte placés
l'un à côté de l'autre. Rien de fixe ni de régulier ne se montre
à cet égard, circonstance qui rend compte des différentes manières dont on a présenté leurs rapports avec chacun des deux parents. Ainsi Linné disait qu'un hybride ressemble au porte-graines
ou à la mère par les organes de la reproduction et au père par
ceux de la végétation; au contraire, Herbert, parlant des *Amaryllis* hybrides et De Candolle des hybrides en général, disent que
ce sont les parties végétatives qui rappellent la mère et celles
auxquelles sont dévolues les fonctions reproductrices qui accusent
le type du père; d'un autre côté, M. Lecoq pose comme règle
qu'un hybride tient plus des caractères de la mère que du père;
il y a donc beaucoup de divergence à cet égard.

Non-permanence des hybrides. — La question la plus importante entre toutes celles que soulève l'histoire des hybrides a reçu
sa pleine et entière solution dans ces derniers temps, par suite
des nombreuses expériences de M. Naudin. On sait depuis longtemps que divers hybrides d'espèces sont stériles, ou ne produisent pas de bonnes graines, et ne peuvent dès lors se reproduire par la voie du semis; mais on a constaté aussi que
d'autres peuvent donner des graines parfaitement constituées;
or, si de ces graines naissaient des plantes entièrement semblables à celle sur laquelle la semence s'est développée, et si ce
fait se reproduisait de génération en génération, il s'ensuivrait
que la fécondation croisée donnerait naissance à des formes nouvelles et permanentes, qui auraient, par cela même, le droit de
prendre rang parmi les espèces. C'est en effet ce qu'ont pensé et
professé quelques botanistes; mais M. Naudin a établi, par des expériences concluantes, que la descendance d'un hybride, loin de
rester constante, se compose d'individus qui se rapprochent de
plus en plus, les uns de la mère, les autres du père et qui, au
bout d'un petit nombre de générations, se fondent ainsi dans l'un
des types qu'avait unis, à l'origine, la fécondation croisée ou dans
les deux. Par là s'écroulent les théories des hybrides permanents.

Disjonction. — Un fait très-remarquable offert fréquemment
par des hybrides consiste dans la dissociation, ou, pour employer
l'expression de M. Naudin, dans la *disjonction* qui s'opère en eux des

caractères de leurs parents. C'est ainsi que l'hybride connu sous le nom de *Cytisus Adami*, qui provient des *Cytisus Laburnum* L. et *purpureus* Scop., présente d'ordinaire, non-seulement sur le même pied, mais encore sur le même rameau, des feuilles semblables à celles de l'une ou de l'autre de ces espèces, et que ses fleurs sont tantôt lie de vin, c'est-à-dire teintes d'un mélange du jaune et du rouge-pourpre de celles des deux parents, tantôt les unes jaunes, les autres rouges, tantôt enfin mélangées à divers degrés, et, jusque sur un même pétale, de jaune et de rouge séparés.

Conservation artificielle des hybrides. — Dans les jardins d'agrément on a intérêt à obtenir le plus possible de formes nouvelles, de fleurs à coloris nouveaux. La fécondation croisée, soit comme hybridation proprement dite, soit et surtout comme simple métissage, est l'un des moyens auxquels on recourt le plus fréquemment pour atteindre ce but. Mais l'art qui est parvenu à déterminer la production de ces plantes, doit intervenir aussi toutes les fois qu'on désire les propager. Le semis de leurs graines, quand elles en donnent, aboutirait bientôt, comme nous venons de le voir, à leur retour aux types originaires; tandis que les moyens de multiplication artificielle, bouturage, marcottage, greffe, division des pieds, sont affranchis de cet inconvénient et permettent de conserver puis de propager ces formes intermédiaires et fugaces qui figurent aujourd'hui en très-grand nombre dans les jardins et dans toutes les collections de plantes d'agrément.

Conditions pour le succès de l'hybridation. — 1° Pour que deux plantes se fécondent l'une l'autre, il faut qu'il existe entre elles une analogie marquée de caractères; c'est le motif pour lequel il est beaucoup plus facile d'obtenir des métis ou hybrides entre des variétés, que des hybrides proprement dits, formés par l'union de deux types spécifiques. A ce dernier égard, on a constaté parfois des bizarreries qui ne s'expliquent par aucun caractère extérieur des plantes et qui ne peuvent tenir qu'à des détails de leur organisation intime. Ainsi, parmi les Nicotianes, on a fécondé sans difficulté l'un par l'autre, au Jardin des plantes de Paris, les *Nicotiana glauca* et *Tabacum*, entre lesquels les différences sont nombreuses quant au port et aux proportions, aux feuilles, à la forme des fleurs, etc., tandis que d'autres qui se ressemblent beaucoup plus s'hybrident très-difficilement ou même pas. Quant aux plantes appartenant à des genres différents, il est fort rare qu'elles se fécondent réciproquement, et même une partie des exemples de ces fécondations qui ont été cités s'expliquent parce que beaucoup de genres admis aujourd'hui sont bien plutôt des sections de genres naturels que des groupes génériques vraiment naturels.

2° Pour qu'une plante subisse l'action d'un pollen étranger, il faut que son pistil n'ait pas déjà reçu le sien propre ; en effet la fécondation naturelle ou, comme on le dit souvent, légitime, s'opère assez promptement et assez facilement pour rendre toute fécondation croisée impossible. Par là s'explique la rareté des hybrides chez les plantes spontanées pour lesquelles les dispositions naturelles, l'intervention du vent, des insectes, etc., facilitent à un haut degré l'arrivée de la poussière fécondante sur le stigmate auquel elle est destinée naturellement. C'est aussi sur cette notion qu'a été basée la pratique de l'hybridation artificielle : en effet, toutes les fois qu'on veut féconder un pistil par le pollen d'une espèce ou variété différente, on a soin, si la fleur est hermaphrodite, d'en opérer de bonne heure la castration, c'est-à-dire d'en supprimer les anthères avant qu'elles aient laissé sortir du pollen ; ensuite après avoir appliqué sur le stigmate le pollen étranger, soit avec un pinceau fin, soit avec les barbes d'une plume, soit plus simplement et au moins aussi sûrement en le frottant avec l'anthère ouverte, on enferme cette fleur, pour l'isoler, dans une enveloppe formée de gaze dite argentine ou bien sous une cloche qui repose sur une petite planche percée d'un trou suffisant seulement pour laisser passer le pédoncule ou l'extrémité de tige qui la porte. On empêche ainsi que le pollen du même type ne soit transporté sur le stigmate par le vent ou par les insectes.

3° On conçoit que la simultanéité de fleuraison est nécessaire pour l'hybridation des plantes spontanées ; mais pour celles de nos cultures on lève cette difficulté en conservant le pollen jusqu'au moment où arrive à l'état adulte le pistil qu'on se propose de féconder. Le meilleur moyen pour cela consiste à le renfermer dans une sorte de boîte formée avec deux verres à montre qu'on réunit l'un à l'autre au moyen d'un peu de gomme ou de colle. Ainsi conservé, il peut servir même au bout de plusieurs mois.

Qualités des hybrides. — Les hybrides se distinguent des plantes d'où ils sortent par des qualités qui expliquent l'empressement et le soin avec lesquels on s'attache à en obtenir. D'après C. F. Gærtner, beaucoup d'entre eux ont une tendance marquée à développer plus fortement leur tige et leurs feuilles; en général, leur fleuraison est plus hâtive et leurs fleurs sont plus grandes ou plus belles; on a aussi reconnu à plusieurs d'entre eux une plus grande rusticité, à ce point qu'on en cite certains qui ont supporté des gelées à plusieurs degrés, tandis que leurs parents ne peuvent, dans nos pays, résister à l'hiver. Ces mérites joints à celui que leur donne leur diversité, en augmente beaucoup l'intérêt et l'utilité.

Nomenclature des hybrides. — Schiede a proposé, et tous les botanistes ont adopté sa proposition, de désigner chaque hybride par un adjectif formé de la réunion de deux dont le premier rappelle le père. Ainsi l'hybride du *Nicotiana rustica* fécondé par le pollen du *N. paniculata*, s'appelle *Nicotiana paniculato-rustica*; de même le *Dianthus cæsio-arenarius* est un hybride qui a eu pour père le *Dianthus cæsius* et pour mère le *D. arenarius*. Malheureusement, si les botanistes conservent ainsi le souvenir de la filiation des hybrides qu'ils observent, les horticulteurs, qui cependant opèrent chaque jour des fécondations croisées, ne les imitent presque jamais et concourent ainsi de plus en plus à jeter une confusion inextricable sur l'histoire des plantes cultivées dans les jardins.

§ 5. — Embryogénie et développement de l'ovule en graine.

Nous avons vu la fécondation s'opérer et (p. 602 et suiv.) la vésicule embryonnaire qui l'a subie prendre une vie nouvelle, se revêtir d'une membrane continue de cellulose qui en fait une cellule, se subdiviser même bientôt en deux moitiés superposées, c'est-à-dire en deux cellules distinctes, dont l'une sert de support à l'autre : nous savons déjà que la cellule inférieure deviendra l'embryon et que la supérieure est la première indication du suspenseur. Suivons maintenant le développement de l'une et l'autre de ces formations nouvelles en portant d'abord notre attention sur les plantes dicotylédones.

Développement de l'embryon dicotylédoné. — La cellule embryon et la cellule suspenseur (*ve*, 1 et 2, fig. 402, p. 604) prenant, dès qu'elles se sont distinguées l'une de l'autre, une vie propre et indépendante, ne tardent pas à se diviser d'après une marche propre à chacune d'elles. Comme on le voit par la figure 403 A, qui reproduit une préparation fournie par le Pastel (*Isatis tinctoria* L.), la cellule suspenseur s'est bientôt subdivisée,

par des cloisons transversales, en trois cellules superposées qui en
ont fait un long filament pendant dans
la cavité du sac embryonnaire *se* ; la plus
longue de ces cellules est la supérieure,
qui adhère par une surface arrondie *v* à
la membrane du sac. De son côté, la
cellule embryon, *e*, s'est renflée en globule, et une cloison longitudinale l'a
divisée en deux cellules symétriques et
adjacentes; mais déjà chacune de celles-ci
montre à son intérieur deux gros nucléus
qui indiquent qu'elle va être subdivisée,
par une cloison transversale, en deux
cellules superposées; l'embryon va donc
être formé très-prochainement de quatre
cellules placées comme en croix. M. Hofmeister distingue sous le nom de *Préem-
bryon* (en allem. *Vorkeim*) le corps formé
par le suspenseur subdivisé en un
nombre de cellules très-variable selon
les plantes, tantôt étroites, tantôt aussi
renflées à divers degrés, et par la cellule
terminale encore indivise qui deviendra
l'embryon.

Par la suite, le suspenseur n'aura
plus, même dans les plantes où il prend
beaucoup d'accroissement, comme les
Crucifères qui sont prises ici pour
exemple, qu'à s'allonger quelque peu ;

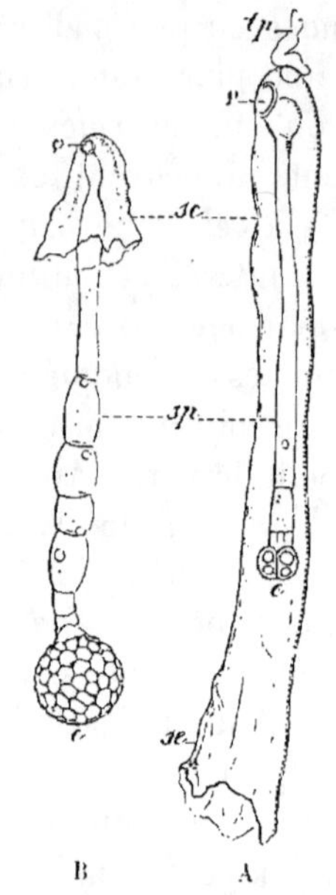

Fig. 405. — Développement de
l'embryon. — A, premier état
observé chez le Pastel (*Isatis
tinctoria* L.) : *e*, embryon ; *sp*,
suspenseur ; *v*, point où celui-ci
s'attache à la paroi du sac embryonnaire *se* ; *tp*, extrémité du
tube pollinique qui a opéré la fécondation. — B, état plus avancé,
représenté d'après le *Matthiola
tricuspidata* R. Br.; mêmes lettres
(d'après M. Tulasne) (A, 130/1 ;
B, 180/1).

dans aucun cas, il ne sera le siége d'une grande activité et il ne
tardera pas à passer à un état inerte pour sécher finalement et
disparaître en totalité ou au moins en majeure partie, avant
que l'embryon ait atteint son état parfait. On le voit très-développé sur la figure 405 B, où il comprend une file de huit cellules inégales. Ailleurs même il en réunit un nombre encore plus
grand. Quant à l'embryon, une succession de divisions et subdivisions s'opérant dans ses cellules ne tarde pas à en faire le globule celluleux que représente la figure 405 B, en *e*. Ce globule devient bientôt en général un peu ovoïde ; après quoi, son
côté opposé au point d'attache s'émousse, puis se relève de deux
mamelons symétriques : ceux-ci grandissent rapidement et se font

reconnaître pour les deux cotylédons, et l'embryon entier se montre dès lors comme sur la figure 404. Dans cet état, il ne lui manque plus que de former, entre les deux cotylédons, c'est-à-dire au sommet de la tigelle, la gemmule (*voy.* p. 116) qui le plus souvent reste à l'état de bourgeon fort imparfaitement organisé, ou même d'un simple mamelon, mais qui, ailleurs, s'organise assez pour former plusieurs petites feuilles bien caractérisées.

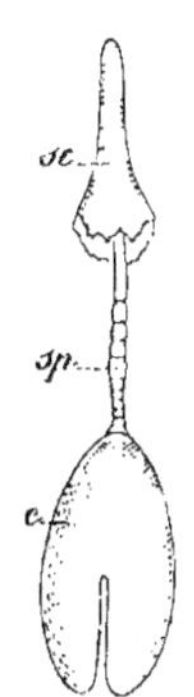

Fig. 404. — *Iberis umbellata* L. — Préparation qui montre l'embryon *e*, avec ses deux cotylédons bien formés, porté par un suspenseur *sp*, à onze cellules en file. On n'a conservé que le haut, *se*, du sac embryonnaire qui renfermait le tout (d'après M. Tulasne) (50/1).

Développement de l'embryon monocotylédoné. — Lorsque l'embryon doit être monocotylédoné, il passe par les premiers états qui viennent d'être décrits, jusqu'à ce qu'il soit devenu un corps cellulaire, soit globuleux soit plus ou moins ovoïde; mais alors, à son extrémité libre ou opposée au suspenseur, il ne développe d'abord qu'un seul mamelon impair, c'est-à-dire un seul cotylédon. Celui-ci n'étant pas gêné par le contact d'un deuxième cotylédon, s'étend par sa base autour de l'extrémité presque entière de la tigelle. Peu après on voit apparaître, à cette même extrémité, un second mamelon situé un peu de côté et qui constitue la gemmule naissante, de telle sorte que l'embryon tout entier se montre alors conformé comme celui que représente, d'après le *Zannichellia palustris* L., la figure 405 A. On voit qu'à

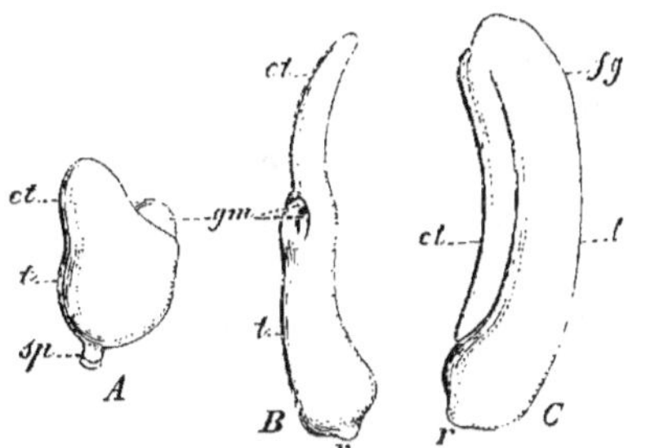

Fig. 405. — Développement de l'embryon du *Zannichellia palustris* L. — A, très-jeune, montrant le cotylédon, *ct*, encore court et large, qui embrasse la gemmule *gm*; *t*, tigelle; *sp*, portion du suspenseur. — B, état plus avancé; mêmes lettres; *r*, extrémité radiculaire. — C, état adulte; mêmes lettres (A, 90/1; B, 20/1; C, 20/1).

ce moment la tigelle, *t*, se termine par le mamelon gemmulaire hémisphérique, *gm*, qu'embrasse la base du cotylédon *ct*. A partir de cet état, le cotylédon s'allonge rapidement, en même temps que la tigelle, et sa base s'élevant aussi sur tout le pourtour de l'extrémité de cette dernière, il en résulte bientôt qu'il forme, comme le montre la figure 405 B, un corps cylindrique, oblong, *ct*, creusé à sa base d'une cavité dont l'ouverture latérale laisse voir la gemmule, *gm*, enfoncée comme sous un capuchon. Chez beaucoup de Monocotylédons, l'embryon reste dans un état analogue à celui-là, à cela près que l'ouverture de la cavité où se trouve la gemmule rapproche ses bords et dégénère ainsi en une fente étroite, souvent même fort difficile à reconnaître, qu'A. de Jussieu a nommée *Fente gemmulaire*. Le resserrement de l'ouverture gemmulaire a lieu de même chez le *Zannichellia*; mais de plus le cotylédon, qui déjà tendait à s'arquer en arrière dans l'état figuré en B, s'allonge beaucoup, se coude brusquement un peu au-dessus de la fente gemmulaire, située au niveau *fg*, en C, et vient s'appliquer en arrière contre la tigelle après avoir formé, sous son extrémité, deux autres replis que la figure 405 C ne laisse pas voir.

Embryogénie des Conifères. — Chez les Conifères, les choses se passent d'une manière beaucoup plus compliquée : Les embryons, multiples dans les premiers temps, y naissent non pas immédiatement dans la cavité unique du sac embryonnaire, mais dans des cellules particulières que renferme le haut de celui-ci, et que Rob. Brown a nommées *Corpuscules*. Chaque corpuscule, à son tour, produit à son intérieur une rosette de cellules généralement au nombre de quatre, avec lesquelles le tube pollinique vient se mettre en contact. Ensuite chaque cellule de cette rosette donne naissance à une sorte de filament de quatre autres cellules placées bout à bout, très-inégales en longueur, dont la supérieure n'a qu'une existence temporaire et dont l'inférieure ou terminale devient l'embryon, grâce à ses divisions et subdivisions successives. — Il reste encore aujourd'hui diverses difficultés à lever pour mettre en pleine évidence tous les détails de ces formations successives et pour en donner une explication satisfaisante. — Des différents embryons qui se sont formés dans un même ovule, un seul ne tarde pas à prendre le dessus et arrive seul à son développement complet; mais on peut toujours retrouver les vestiges des autres.

Développement des parties autres que l'embryon. — 1° *Dans le sac embryonnaire.* — En général, lorsque la fécondation a eu lieu, l'intérieur du sac embryonnaire devient le siége d'un développement considérable de tissu cellulaire. Ce tissu se produit, par formation libre, au pourtour de la cavité et s'étend ensuite de proche en proche vers le centre, au point de constituer déjà une masse qui enveloppe entièrement l'embryon avant même que celui-ci soit arrivé à son état parfait. Ce tissu cellulaire, dans lequel se produisent abondamment de la fécule ou de l'inuline chez certaines plantes, de l'aleurone, des matières oléagineuses chez d'autres, compose la masse nommée *Albumen* d'abord par Grew et plus récemment par Gærtner (Périsperme Juss., Endosperme Rich.). Souvent les parois de ses cellules restent minces, tandis qu'ailleurs elles deviennent extrêmement épaisses et charnues ou même prennent une assez grande consistance pour former une matière cornée et presque osseuse.

Il est cependant un grand nombre de plantes dont la graine mûre ne renferme pas d'albumen, et cela par deux causes différentes : chez quelques-unes, cela tient à ce que le tissu albumineux ne s'est pas formé ; tandis que, chez la plupart, il n'a eu qu'une existence temporaire, et a été résorbé en fournissant très-probablement à l'embryon une partie des matières nécessaires à son accroissement. Un cas intermédiaire entre les deux est celui des végétaux où le tissu albumineux n'arrive jamais à occuper toute la cavité du sac embryonnaire et où une partie de celui-ci, généralement centrale, reste occupée par un liquide. Les Aroïdées en offrent divers exemples et, parmi les Palmiers, telle est l'origine du liquide connu, dans le fruit du Cocotier, sous le nom de *lait de coco*.

2° *Dans le nucelle et les téguments ovulaires.* — Chez un certain nombre de plantes, outre le sac embryonnaire, le nucelle lui-même, après la fécondation, est le siége d'un développement cellulaire et d'un dépôt de matières amylacées ou oléagineuses, etc. ; en un mot, il devient un véritable albumen extérieur au premier. Il y a donc alors, dans la graine, un albumen externe ou nucellaire et un albumen interne ou embryonnaire, c'est-à-dire ce que certains botanistes ont proposé d'appeler un albumen et un vitellus, et d'autres un périsperme et un endosperme, réunissant, dans ce dernier cas, deux expressions qui malheureusement ont été usitées tour à tour dans des acceptions assez diverses pour que l'emploi qu'on en fait puisse amener parfois des confusions fâcheuses. On trouve ces graines à double albumen chez les Zingibéracées parmi les Monocotylédons, chez les Nymphéacées et les Pipéracées parmi les Dicotylédons.

Dans la plupart des ovules, le tissu du nucelle fort réduit, comme je l'ai déjà dit, au moment de la fécondation, se réunit ensuite au tégument unique ou au plus interne des deux téguments ovulaires pour former le spermoderme ou tégument de la graine ;

de leur côté, les téguments ovulaires, tantôt restent distincts et séparés, tantôt aussi se confondent dans le spermoderme, double dans le premier cas, simple dans le second. Enfin dans quelques plantes, la complication peut devenir encore plus grande, les restes du nucelle persistant à l'état de membrane mince, distincte et séparée ; même la couche superficielle ou épidermique de la primine peut s'isoler de son côté, et la secondine se subdivise parfois elle-même en deux lames. C'est par exemple, ce qui a lieu, d'après M. Gris, dans le Ricin. Les modifications diverses que peuvent subir les enveloppes ovulaires, pendant le passage de l'état d'ovule à celui de graine, sont un sujet d'études digne de toute l'attention des botanistes et qui cependant n'a pas été encore suffisamment approfondi.

CHAPITRE X

PARTIES SECONDAIRES DE LA FLEUR

Outre les quatre verticilles dont je viens de présenter l'histoire, certaines fleurs présentent des formations diverses, d'ordinaire peu développées et d'importance secondaire, mais dont il est cependant essentiel d'avoir une idée et que je ne puis dès lors passer sous silence, bien que je me propose d'insister peu sur leur examen. Ces parties secondaires de la fleur sont le disque et les nectaires

Disque. — Les parties propres à certaines fleurs qu'on désigne sous la dénomination générale de *Disque* (discus) ont été envisagées de manières diverses et même contradictoires. En proposant ce mot, en 1763, Adanson définissait le disque « une espèce de réceptacle des diverses parties de la fleur. » Il le considérait donc comme une dépendance de l'axe, et plus récemment De Candolle, M. Schleiden, Payer, Schacht, etc., l'ont envisagé de la même manière. Au contraire, Dunal pensait que les parties florales désignées sous le nom général de disque et auxquelles il transportait la dénomination de Torus, devaient être considérées comme faisant partie des verticilles floraux, ou comme des verticilles distincts, mais d'une nature analogue, et par conséquent comme appendiculaires ; de son côté, Aug. Saint-Hilaire, aussi explicite que possible à cet égard a dit que « tous les organes appendiculaires, libres ou soudés, qui se trouvent entre les étamines et l'ovaire, forment le disque. » Enfin une modification de cette dernière manière de voir est celle qu'a exprimée un peu vaguement Rob. Brown lorsqu'il a vu dans ces mêmes corps des étamines rudimentaires, et un peu plus tard Turpin a essayé de consacrer cette idée par un mot en proposant de substituer à la dénomination de disque celle de *Phycostème* (signifiant étamines déguisées) qui n'est pas entrée dans le langage usuel de la science.

Nectaires. — D'un autre côté, Linné, dans sa *Philosophia botanica*, désignait sous le nom de *Nectaire* (nectarium) non-seulement les productions plus ou moins développées qui constituent le disque, mais encore les appendices de la corolle, quelquefois aussi des pétales de configurations bizarres, ou des étamines déformées. Le caractère saillant de la plupart de ces corps était, à ses yeux, de sécréter le suc sucré qu'on trouve au fond de beaucoup de fleurs, ou le *Nectar*. Cette notion, quoique déjà un peu plus restreinte qu'il ne l'avait présentée auparavant, était certainement trop vague et s'appliquait à des parties diverses de nature. Après le célèbre botaniste suédois, on s'est attaché à mettre plus de précision dans l'emploi du mot de nectaire. Kurr, qui a écrit un mémoire important sur ce sujet, ne regarde comme devant recevoir ce nom que les organes floraux de nature glanduleuse qui sécrètent du nectar, tandis que M. Caspary, à qui l'on doit aussi un travail spécial sur les nectaires, étend l'application de ce nom à tous les organes glanduleux qui, non-seulement dans la fleur, mais encore sur les pétioles, la tige, les stipules, etc., produisent un suc sucré. Enfin, pour terminer ce résumé historique, je rappellerai que Payer, loin de voir des organes différents dans le disque et les nectaires, fait de ceux-ci les parties du premier, de telle sorte qu'il dit un disque à plusieurs nectaires distincts, comme on dit une corolle à plusieurs pétales.

On voit qu'il y a divergence complète dans les idées que professent les botanistes au sujet des disques et des nectaires, les uns faisant ces deux mots synonymes, les autres leur donnant des acceptions différentes. Sans aller aussi loin que Schleiden et Schacht qui rejettent le dernier de ces deux mots comme ne s'appliquant pas à un organe déterminé, puisque, disent-ils, à peu près toutes les parties des plantes peuvent, dans certaines circonstances, produire des liquides sucrés, on peut appeler nectaires les portions des organes floraux essentiels qui constituent des glandes nectarifères, comme la fossette que présentent les parties du périanthe des Fritillaires, le sillon médian des Lis, l'appareil sé- créteur qui existe dans l'épaisseur des cloisons de l'ovaire des Liliacées et des Amaryllidées, etc. Le nom de disque reste alors pour toutes les formations florales indépendantes des quatre verti- cilles fondamentaux, et qui se trouvent généralement situées entre la corolle et le gynécée, le plus souvent même autour de celui-ci.

Exemples de disques. — Ainsi compris, avec la généralité des botanistes actuels, les disques présentent une trop grande diver- sité pour que je puisse songer à autre chose qu'à en rapporter des exemples qui donnent une idée des aspects variés sous lesquels ils se montrent. Ainsi dans le *Tamarix Africana* Poir., comme le fait voir la figure 406, il existe, autour de l'ovaire, une coupe peu profonde, dont le bord forme cinq fes- tons ; de chacun de ses sinus sort un filet *fl*. C'est là un disque hypogyne complet et continu. Les disques hypogynes prennent plus ou moins de développement en hau- teur, selon les plantes, et l'on en voit même un, chez la Pivoine dite en arbre (*Pæonia Moutan* Sims), qui s'élève jusqu'au haut de l'ovaire en lui formant une enve- loppe complète. Ils peuvent aussi être con- tinus tout autour du pistil, comme les deux dont je viens de parler, ou, au contraire, composer un verticille de corps distincts

Fig. 406. — *Tamarix Africana* Poir. Pistil avec le disque *d* qui en entoure la base ; *fl*, fi- lets des étamines dont on n'a conservé qu'une portion ; *st*, style ; *sg*, stigmates (12/1).

et séparés. C'est ainsi qu'autour de la base de l'ovaire du *Cobæa scandens* L. se trouve un cercle de cinq gros corps charnus dont l'ensemble constitue également un disque hypogyne complet. Ailleurs le disque hypogyne reste incomplet et forme simple- ment des sortes d'écailles ordinairement épaisses, en général placées contre l'ovaire. On voit un passage à cet état dans la fleur du Réséda (fig. 293, p. 514), ou le disque *d*, après avoir formé un petit godet très-court autour de la base de l'ovaire, se prolonge en grande écaille, entière ou lobée, placée au côté supé- rieur de la fleur ; enfin dans la Clandestine (*Lathræa Clande- stina* L.), on ne trouve qu'une sorte d'écaille épaisse, un peu con- cave, festonnée à son bord libre, qui prolonge visiblement le torus devant le côté inférieur de l'ovaire. — Je citerai comme dernier

exemple de disque hypogyne celui qui porte les pistils gynoba-
siques, et qui, après avoir formé sous leur ovaire un couche plus ou moins épaisse, s'étend souvent en un prolongement unilatéral plus ou moins prononcé. On en voit deux exemples sur les figures 381 et 382 (p. 581).

Fig. 407. — *Galium Mollugo* L. — Sa fleur entière, montrant à son centre un disque épigyne annulaire (4/1).

Les plantes à ovaire infère offrent en général sur le sommet de cet organe des productions plus ou moins apparentes, en forme tantôt d'anneau entourant la base du style, tantôt de couche charnue parfois épaisse, qui ne sont pas autre chose que des disques épigynes. On voit des exemples nombreux de ces disques épigynes annulaires dans la grande famille des Rubiacées; la figure 407, prise sur le *Galium Mollugo* L., en montre la disposition. — Chez les Ombellifères, le disque épigyne forme sur le sommet de l'ovaire un fort épaississement presque hémisphérique qui semble englober la base du style et qu'on nomme souvent *Stylopode* (stylopodium, de στύλος, style, et πούς-ποδός, pied, c'est-à-dire pied du style), le rattachant à tort à celui-ci.

Staminodes. — Il ne faut pas confondre avec les disques des corps divers de dimensions et de forme qu'on observe dans certaines fleurs, et qui, n'étant pas autre chose que des étamines imparfaitement formées ou transformées, ont été nommés *Staminodes* (staminodia) en raison de cette origine. J'en ai déjà présenté quelques exemples, notamment dans le Cannellier (fig. 314, p. 527) où, à la base de l'étamine fertile, on voit deux staminodes (*e'e'*, même figure), dans lesquels il est facile de reconnaître deux étamines imparfaites et conséquemment stériles. — Une autre fleur dans laquelle la transformation de l'étamine a été beaucoup plus complète est celle du *Lopezia racemosa* Cav. (fig. 295, p. 515), dans laquelle, sur deux étamines

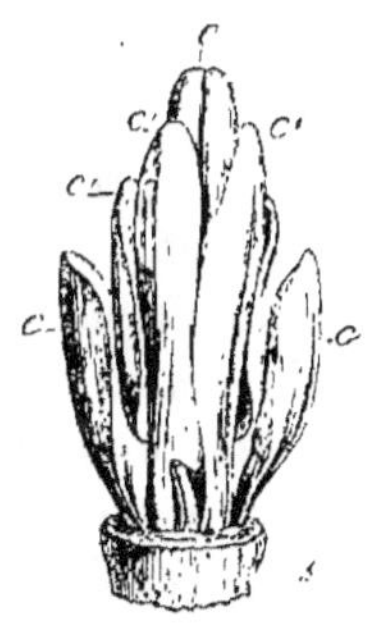

Fig. 408. — Bouton de *Lopezia racemosa* Cav., dépouillé du calyce, pour montrer le staminode *c* embrassant à la fois l'étamine fertile *e* et deux pétales *c' c'*, recouvert, d'un autre côté, par les deux autres pétales *c c* (6/1).

opposées, entre lesquelles est placé le style (p), l'une est restée normale et fertile (e), tandis que l'autre a dégénéré en une sorte de cuilleron pétaloïde, échancré (e'), terminant un onglet élastique. Il est facile de reconnaître, pour ce staminode, le filet de l'étamine dans l'onglet et son anthère dans le cuilleron, dont l'échancrure indique même la séparation des deux loges trans-formées. Il est remarquable que, dans l'état jeune, ce faux pétale vienne, comme le montre la figure 408, s'interposer par ses côtés entre les deux paires de vrais pétales, recouvert par les uns, $c\,c$, et recouvrant à son tour les autres, $c'\,c'$. — Chez divers Monocotylédons (Cannacées, Zingibéracées), la fleur devient fort singulière, parce que toutes ses étamines, une seule exceptée, se transforment en staminodes de configurations et dimensions diverses, dont même certains se soudent entre eux pour devenir de faux pétales qui rendent cette organisation florale très-difficile à ramener au type normal.

CHAPITRE XI

PLAN DE LA FLEUR

Sous ce titre, que je prends avec intention assez vague, je réunirai deux ordres de considérations, qui se rattachent l'un à l'autre, et au sujet desquels il y aurait lieu de présenter des dé-veloppements étendus dans un ouvrage moins succinct que de simples *Éléments*. Jusqu'à présent, en effet, je n'ai envisagé les organes floraux qu'isolément et sans me préoccuper de leur situa-tion relative; cependant la connaissance de celle-ci jette beaucoup de jour sur l'organisation florale et elle nous apprend que la con-stitution de cet ensemble complexe est assujettie à des lois pré-cises, qui établissent une admirable harmonie là où souvent le premier coup d'œil pourrait faire croire au désordre et à l'irré-gularité. Cette situation relative doit être étudiée d'abord dans chaque verticille floral en particulier, ensuite dans la réunion de tous les verticilles. Sous le premier rapport, on la reconnaît beaucoup plus sûrement dans le bouton encore fermé que dans la fleur épanouie, où souvent son état réel s'efface par suite de l'espacement des organes; pour ce motif, on l'a désignée sous les noms de *Préfloraison* (præfloratio Rich.) ou d'*Estivation* (æstivatio Linn.) tirés, le premier, de ce qu'il indique la disposition des parties avant l'épanouissement, le second, de ce que les fleurs se montrent généralement en été. On reconnaît sans peine que ces deux mots sont analogues à ceux de Préfoliaison et Vernation (*voy*. p. 412), par lesquels on a désigné l'arrangement des feuilles dans le bourgeon avant son ouverture au printemps. — Quant à l'arrangement relatif des verticilles, il n'est pas autre chose que la *Symétrie florale*, qui résulte des rapports de position des organes, non-seulement présents dans la fleur, mais encore absents pour une cause quelconque et pour lesquels ses lois permettent de déterminer la place qu'ils auraient dû occuper. J'aurai à m'occuper succinctement de l'une et de l'autre; mais cette étude ne peut être faite utilement qu'après que j'aurai donné préalablement la notion de ce qu'on a nommé des *Diagrammes*.

Diagrammes. — On nomme *Diagramme* (διάγραμμα, figure ou plan géométrique) le plan géométrique ou la projection horizontale d'une fleur, c'est-à dire l'indication figurative de toutes ses parties représentées, non quant à leur configuration réelle, mais bien quant à leur nombre et à leur situation relative. Les verticilles floraux y sont tous indiqués, depuis le calyce, qui, étant extérieur dans la fleur, est dessiné à la limite de la figure, jusqu'au gynécée qui occupe le centre de celle-ci, de même qu'il est placé, dans l'organisation naturelle, au milieu de tous les autres verticilles. Ainsi, dans le diagramme de la fleur du *Sedum rubens* L., qui forme la figure 409, le cercle $s1$, $s2$, $s3$, $s4$, $s5$ représente le calyce; le cercle $c1$, $c2$, $c3$, $c4$, $c5$, la corolle; les cinq étamines e composent le troisième cercle ou l'androcée, et on voit que les festons tracés au contour de chacune d'elles indique la direction introrse de leurs anthères; enfin, au centre de la figure, se montre la coupe transversale de l'ovaire, par l'examen de laquelle on reconnaît que le gynécée se compose de carpelles renfermant chacun deux rangées d'ovules à leur angle interne. Ce diagramme est, en outre, orienté, c'est-à-dire

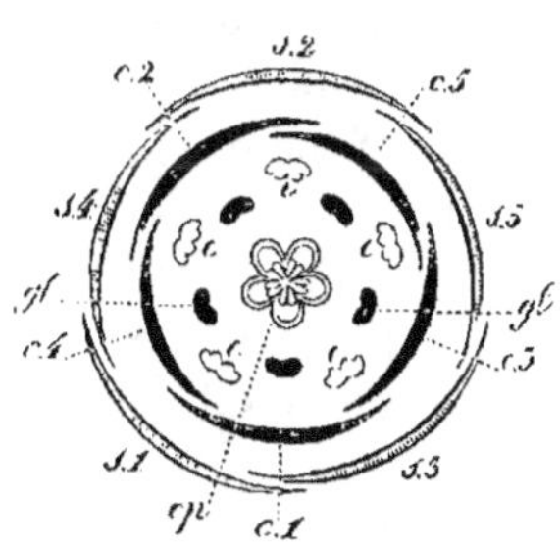

FIG. 409. — Diagramme de la fleur du *Sedum rubens* L. — *s*, calyce; *c*, corolle, l'un et l'autre en préfloraison quinconciale; *e*, androcée; *gl*, disque; *gp*, gynécée.

que son sépale supérieur *s* 2 est celui qui touchait à l'axe et qui
était ainsi réellement supérieur dans la nature. Il existe même sur
cette figure un verticille de cinq marques noires *gl*, qui représentent un disque de cinq corps glanduleux, situé entre l'androcée
et le gynécée. Nous verrons encore bientôt que ce ne sont pas là
les seules données résumées par un diagramme; d'où on peut
sentir déjà de quelle utilité majeure sont ces sortes de plans géométriques pour la connaissance des fleurs.

ARTICLE PREMIER. — PRÉFLORAISON.

La *Préfloraison* ou *Estivation* est, comme je viens de le dire, la
disposition des organes floraux considérés dans un même verticille,
avant l'épanouissement de la fleur. Elle peut être étudiée dans tous
les verticilles; mais elle n'offre en réalité des caractères tranchés,
et par conséquent un intérêt réel que dans ceux dont les pièces
sont notablement étendues en largeur, par conséquent dans le
calyce et la corolle. Quant à l'androcée et au gynécée, il n'y a rien
à en dire, si ce n'est que, pour le premier, on voit les étamines
qu'il comprend affecter parfois un arrangement spécial dans le
bouton, comme chez les Myrtacées, où elles se recourbent fortement pour porter l'anthère au fond de la fleur, et chez les Mélastomacées, où non-seulement elles se réfléchissent également, dans
beaucoup de cas, mais où encore elles viennent parfois se loger
dans des sortes de petits puits formés par des lames qui relient
l'ovaire au calyce.

Ses principales sortes. — Chacune des deux enveloppes florales
étant la réunion d'un certain nombre d'organes foliacés portés par
un axe, il s'ensuit que leurs pièces doivent reproduire les modes
généraux de disposition des feuilles sur la tige, c'est-à-dire le
verticille et la spirale. Cette différence de disposition en entraîne de correspondantes dans l'arrangement relatif des parties
d'un même verticille; seulement, s'il est facile de dire, dans la
plupart des cas, quand la préfloraison résulte de la situation ver-
ticillée ou quand elle est la conséquence de la situation spiralée,
il y en a aussi dans lesquels il est difficile de se prononcer à cet
égard, et peut-être est-il plus simple alors de constater les faits
sans chercher à les interpréter par des hypothèses plus ou moins
plausibles.

1° Préfloraison *valvaire*. — Si les folioles (sépales ou pétales) viennent se toucher uniquement par leurs bords, c'est-à-dire comme le font les pièces ou valves d'un fruit, d'une gousse, par exemple, la préfloraison est *valvaire* (Praeflo-ratio valvaris). On en voit un exemple en *s* sur la figure 410, prise sur une Mauve, et les calyces de toutes les autres Malvacées sont dans le même cas. Les pièces d'une enveloppe florale en préflo-raison valvaire sont nécessaire-ment verticillées. — Ce premier mode subit deux modifications qui

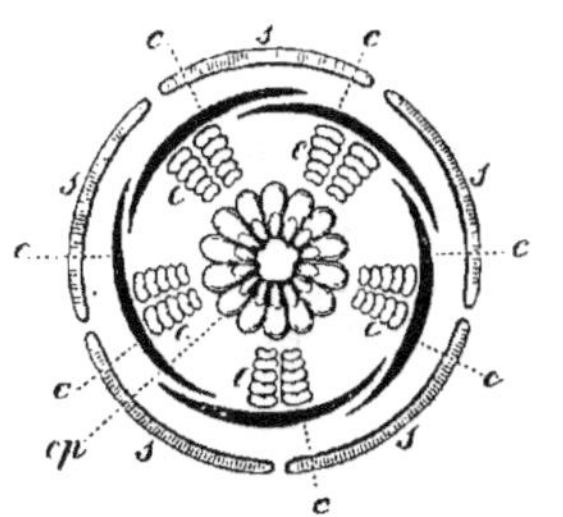

Fig. 410. — Diagramme de la fleur d'une Mauve (*Malva*). — *s*, calyce en préfloraison valvaire; *c*, corolle, en préfloraison tordue; *e*, androcée; *cp*, gynécée.

constituent les préfloraisons *induplicative* et *réduplicative* (Pr. in-duplicativa; Pr. reduplicativa). Dans la première (C, fig. 411), les folioles se touchent l'une l'autre, non par leur bord même, mais par une portion reployée en dedans; elles se trouvent donc en contact par une certaine étendue de leur face externe; dans la seconde (B, fig. 411), elles replient leurs bords en dehors et se touchent ainsi par une portion de leur face interne. On voit des exemples très-marqués de la préfloraison induplicative dans le *Clematis Viticella* L., où les portions repliées en dedans sont plus minces et moins colorées que le reste du périanthe. Quant à la préfloraison réduplicative, De Candolle en cite pour exem-ples diverses Ombellifères.

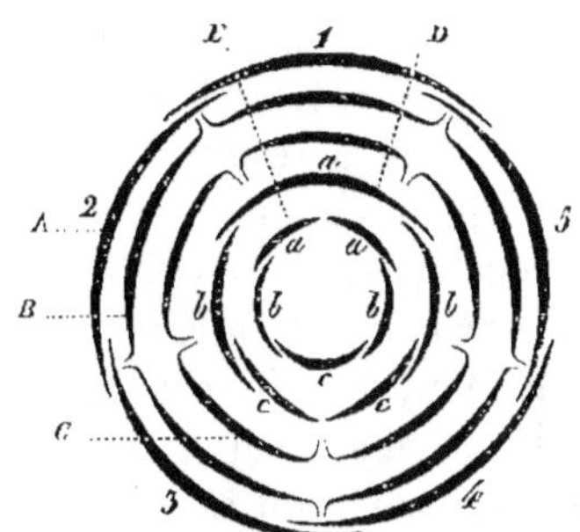

Fig. 411. — Réunion de cinq préfloraisons diffé-rentes : A, imbriquée; B, réduplicative; C, in-duplicative; D, vexillaire; E, cochléaire.

2° Préfloraison *tordue* ou *contournée*. — Elle nous est présentée, sur le diagramme qui forme la figure 410, par la corolle *ccc*. Elle consiste en ce que chaque foliole a un bord extérieur, et l'autre intérieur; en d'autres termes, en ce que l'un des bords s'applique en dehors, et l'autre en dedans des deux folioles adjacentes, ou encore que l'un des bords est recouvrant et l'autre recouvert. Ici également, l'enveloppe florale a ses parties verticillées. On voit des exemples de cette estivation dans le *Nerium* et les Apocynées en gé-néral, dans les *Phlox*, les Lins, etc. — La préfloraison *enveloppante* ou *convolutive*, que distinguait De Candolle, est une légère modification dans laquelle les folioles, ayant une grande largeur, arrivent jusqu'au centre de la fleur, y semblent tordues autour de l'axe idéal de celle-ci et s'enveloppent entièrement l'une l'autre, comme dans le *Matthiola annua* Sweet ou la Quarantaine.

3° Préfloraison *imbriquée* ou *imbricative*. — Ce mot est employé dans deux sens assez différents en apparence et cependant analogues : lorsque les folioles ne forment qu'un tour de spire, l'une d'elles (1 en A, fig. 411) est extérieure ou bien a ses deux bords recouvrants, une autre (5) est intérieure ou a ses deux bords recouverts, et les intermédiaires (2, 3, 4) sont recouvertes par un bord, recouvrantes par l'autre. Mais si les folioles spiralées sont nombreuses et deviennent d'autant plus grandes qu'elles sont plus intérieures, elles s'imbriquent comme les tuiles sur un toit; on voit cette disposition très-nettement sur le bouton du Camellia (fig. 190, p. 442).

4° La préfloraison *quinconciale*, représentée, d'après le *Crassula rubens*, sur la figure 409, tant pour le calyce que pour la corolle, est la réduction, par raccourcissement extrême de l'axe, du cycle 2/5 (*voy.* p. 373). Les folioles de l'enveloppe florale font deux tours de spire, d'où il résulte que deux d'entre elles sont extérieures ($s\,1$, $s\,2$ pour le calice; $c\,1$, $c\,2$ pour la corolle), deux autres sont intérieures ($s\,4$, $s\,5$; $c\,4$, $c\,5$), et la cinquième ($s\,3$; $c\,3$) est extérieure par un bord, intérieure par l'autre. Le calyce des Roses, des Œillets, etc., fournit des exemples de cette disposition qui se traduit même aux yeux, dans les premières de ces plantes, par la présence, seulement aux bords recouvrants, de petits prolongements foliacés vulgairement nommés barbes[1].

5° Dans la préfloraison *chiffonnée*, les folioles étant très-larges et obligées de se loger dans un espace étroit, se plissent et se chiffonnent irrégulièrement. On voit encore des traces évidentes de ce chiffonnement sur les pétales de la fleur entr'ouverte du Coquelicot (fig. 178, p. 429).

Les modes précédents de préfloraison appartiennent aux périanthes réguliers; seulement quoique réguliers, ceux-ci sont formés parfois de folioles dont les deux côtés sont inégaux pour ce motif que les bords recouverts ne prennent pas en général, à

---

[1] C'est ce qu'exprime le distique suivant :

Quinque sumus fratres : unus barbatus et alter;
Imberbis alii ; sum semiberbis ego.

cause de la gêne éprouvée par eux, un développement égal à celui des bords ou côtés recouvrants, que rien ne vient contrarier dans leur croissance. Quant aux deux modes suivants, ils ne se trouvent, au contraire, que dans les périanthes dont l'irrégularité est prononcée.

6° La préfloraison *vexillaire* se voit en D (fig. 411). Elle appartient essentiellement aux corolles papillonacées dont l'étendard *a* (vexillum) recouvre les deux ailes *b b*, qui, à leur tour, recouvrent les deux pièces de la carène *cc*.

7° Enfin, la préfloraison *cochléaire* ou en cuiller consiste en ce qu'une foliole grande et fortement creusée en cuiller (cochlear) (ex. : *Aconitum*), ou bien, comme en E (fig. 410), deux folioles soudées en une lèvre supérieure concave recouvrent les autres pièces de l'enveloppe florale.

Les caractères tirés de la préfloraison ont une utilité reconnue, surtout depuis R. Brown, pour la distinction des familles de plantes.

ARTICLE II. — SYMÉTRIE.

La symétrie de la fleur est la disposition relative des verticilles dont elle est formée. Elle forme pour le botaniste un sujet d'études attrayant, instructif, mais dans lequel il est trop souvent conduit à faire intervenir des hypothèses hasardées en vue d'expliquer les organisations ou énigmatiques ou anormales. Je me bornerai ici à peu de détails sur cet objet qui, pour être traité à fond, exigerait des développements hors de proportion avec le cadre de cet ouvrage.

Loi fondamentale. — La loi fondamentale qui régit la symétrie de la fleur est que les pièces de deux verticilles consécutifs alternent entre elles, c'est-à-dire que les pétales correspondent à l'intervalle entre les sépales ou alternent avec ceux-ci ; que les étamines alternent avec la corolle et les carpelles avec les étamines. Cette symétrie parfaite est rarement réalisée tout entière dans la nature ; cependant on l'observe dans la fleur du *Sedum rubens* L. (*Crassula rubens* L., Syst.), dont la figure 409 (p. 626) est le diagramme. On y voit en effet cinq pétales alternant avec les cinq sépales ; cinq étamines alternes aux pétales, et enfin cinq carpelles alternes aux étamines.

La symétrie peut exister avec des verticilles composés d'un plus ou moins grand nombre de pièces, pourvu que tous ceux de la fleur soient semblables sous ce rapport. Ainsi dans le *Circæa lutetiana* L., de nos bois humides, chaque verticille n'a que deux parties et ils alternent tous régulièrement entre eux ; dans certaines Iridées (*Sisyrinchium*), les quatre verticilles alternes ont chacun trois parties; ils en ont quatre dans l'*Isnardia* comme dans quelques autres Onagrariées ; enfin nous venons de voir qu'ils en possèdent 5 dans le *Sedum rubens* L. Pour indiquer ces différences de nombre dans les verticilles floraux, on les qualifie de *dimères* (δίς, deux fois pour deux, et μερίς, partie ; c'est-à-dire à deux parties), quand ils sont formés de deux pièces, de *trimères* pour trois parties, *tétramères* pour quatre, *pentamères* pour cinq, etc. On applique ces mêmes qualifications à la fleur elle-même, et on dit que celle du *Circæa* est *dimère*, ou à symétrie binaire, que celle du *Sisyrinchium* est *trimère* ou à symétrie ternaire, etc.

Déguisements et altérations de la symétrie. — Dans un grand nombre de plantes, et on pourrait même dire dans la plupart d'entre elles, la symétrie florale est déguisée, masquée, ou même altérée par diverses causes qu'il est nécessaire d'indiquer.

1° Multiplication. — On nomme ainsi la répétition, s'opérant une ou plusieurs fois, d'un verticille floral, par suite de laquelle le nombre des parties qui le constitueraient normalement se trouve multiplié. Quand ce sont les pétales qui se multiplient, ils forment deux ou plusieurs verticilles concentriques et alternes entre eux ; dans le même cas, les étamines composent souvent de même deux ou plusieurs verticilles alternes ; mais si elles deviennent fort nombreuses, elles substituent l'arrangement en spirale à celui par verticilles. Ainsi on peut voir sur le gynophore du *Magnolia grandiflora* L. (fig. 386, p. 583) des points spiralés, en *a*, dont chacun indique où se trouvait une étamine, et on reconnaît ainsi que celles-ci étaient également spiralées. Ce dernier cas est constant pour le gynécée, lorsque ses carpelles se multiplient ; c'est ce que montrent et la même figure 386 pour le *Magnolia* et surtout la figure 351 (p. 564) pour le *Myosurus*. Quant aux pétales multipliés, pour montrer en quoi ils déguisent la symétrie, je rappellerai que les *Papaver*, avec un calyce de deux sépales, ont une corolle de quatre pétales, comme on le voit sur les figures 176 et 179 (p. 423 et 424) ; il n'y aurait donc pas alternance ni par conséquent symétrie dans cette fleur. Mais on reconnaît sans peine que, sur ces quatre pétales, deux sont plus extérieurs que les deux autres qui sont dirigés en croix par rapport à eux ; il y a donc réellement là deux verticilles de pétales alternant entre eux, et par conséquent symétric. De même, les *Epimedium*, de la famille des Berbéridées, ont quatre étamines opposées à quatre pétales, et ceux-ci se trouvent, à leur tour, devant quatre sépales : aucun de ces trois verticilles ne semble ainsi alterner avec ses voisins. Mais, ce qu'on a vu chez les Pavots se reproduit trois fois ici : le calyce a deux verticilles binaires alternes entre eux, et il en est absolument de même pour la corolle comme pour l'androcée ; d'où l'on reconnaît que la symétric binaire existe réellement, mais dissimulée par la multiplication.

2° *Dédoublement.* — Si la multiplication répète les verticilles, le *dédoublement* (diremptio) répète chaque organe en particulier, à la vérité d'après d'autres lois. On reconnaît qu'il a eu lieu quand, à la place d'un seul et unique organe, il en existe deux ou plusieurs qui, dans le plan symétrique de la fleur, ne comptent en réalité que pour un. On a distingué des dédoublements *collatéraux* et des dédoublements *parallèles*. Les premiers ont lieu lorsqu'un organe est remplacé par deux ou plusieurs situés dans un même plan et alors semblables entre eux ; les derniers se produisent lorsque deux ou plusieurs organes, en remplaçant un seul, se placent l'un devant l'autre, sur deux ou plusieurs plans parallèles. Dans ce dernier cas, on admet généralement que les parties de l'organe dédoublé peuvent n'être pas semblables entre elles ; que, par exemple, un pétale peut donner, par dédoublement, une étamine placée devant lui. La théorie des dédoublements due à Dunal et Moquin-Tandon, développée et appliquée avec succès par Aug. Saint-Hilaire et d'autres botanistes modernes, a jeté du jour sur beaucoup d'organisations florales obscures ; mais les conséquences et les applications en ont été exagérées dans bien des cas.

3° *Soudure.* — Les soudures peuvent rendre la symétric difficile à reconnaître lorsqu'elles s'opèrent inégalement entre les différentes pièces d'un verticille. Ainsi j'ai cité (p. 494) le calyce des *Ulex* comme paraissant formé de deux portions presque entièrement libres, ce qui ne serait guère en harmonie avec l'existence, dans ces plantes, d'une corolle de cinq pétales ; mais l'une de ces deux parties étant terminée par deux dents et l'autre par trois, on reconnaît par cela même que ce calyce est pentamère comme la corolle ; seulement les cinq folioles qu'il unit se sont soudées presque jusqu'au sommet, d'un côté par deux, de l'autre par trois.

4° *Arrêt ou défaut de développement.* — C'est le défaut de développement d'un organe, c'est-à-dire son absence, ou l'arrêt

qu'il éprouve parfois dans son accroissement de manière à rester
méconnaissable, qui contribue le plus souvent à altérer la symétrie florale. Pour en citer un exemple, lorsque, dans la fleur
de la plupart des Labiées, après un calyce et une corolle pentamères l'un et l'autre, on ne trouve qu'un androcée de quatre
étamines, on comprend sans peine qu'il manque une cinquième
étamine placée sous le sépale supérieur, là où se trouve un espace
vide ; aussi n'est-on pas surpris de la voir apparaître pour rétablir
la symétrie dans des monstruosités de ces plantes. Dans les genres
de cette famille où il n'existe que deux étamines, la symétrie est
encore plus fortement altérée ; mais en général, comme nous
l'avons vu pour les Sauges (fig. 519, p. 529), il reste des traces
facilement reconnaissables des deux étamines qui ont subi, non
pas comme celle dont il vient d'être question, un défaut de développement, mais un arrêt qui l'a empêchée de compléter sa
croissance.

Effets de ces diverses causes. — Sous les diverses influences
qui viennent d'être indiquées, la symétrie d'un grand nombre de
fleurs est ou déguisée ou altérée de manières diverses, et c'est un
exercice instructif que de chercher à la retrouver dans ces circonstances. Je me bornerai, sur ce sujet, à deux exemples pour
lesquels je puis invoquer des figures déjà données.

Les plantes de la famille des Primulacées ont la fleur pentamère
dans tous ses verticilles ; mais leurs cinq étamines sont opposées
aux pétales élémentaires de la corolle au lieu d'alterner avec eux ;
la symétrie n'existe donc pas pour leur androcée. Or, si l'on examine la coupe longitudinale de la fleur de l'une d'elles, le *Samolus Valerandi* L. (fig. 272, p. 505), on y verra cinq écailles, *e'*,
placées précisément là où devraient se trouver les cinq étamines
normales. La plupart des botanistes ont pensé que ces étamines
avaient subi un arrêt de développement chez le *Samolus* et dans
quelques *Lysimachia*, une suppression complète chez la généralité
des autres plantes de la même famille, et que, d'un autre côté, les
cinq étamines oppositipétales provenaient d'un dédoublement
parallèle de la corolle.

Dans la Mauve, dont la figure 410 (p. 628) montre le diagramme, on voit de même que les étamines, *e*, sont oppositipétales, ce qui conduit à une explication analogue à la précédente ; mais en outre, on y trouve devant chaque pétale deux
rangées parallèles d'étamines dirigées vers le centre de la fleur.
Pour expliquer cette organisation, on a dit que chacune des cinq

étamines avait subi un dédoublement collatéral et un dédoublement parallèle. Sans doute on peut objecter que ce sont là des hypothèses ; mais, comme elles rendent compte des faits, elles semblent par cela même suffisamment justifiées.

CHAPITRE XII

FRUIT ET GRAINE

La fécondation s'est accomplie et l'embryon s'est développé. Autour de cet être nouveau, dernier produit et but final de la végétation, les diverses parties de l'ovule ont subi un accroissement, des modifications qui en ont fait une graine. Mais l'ovule étant toujours, excepté chez les Gymnospermes, enfermé dans une cavité ovarienne, les parois qui circonscrivent cette cavité participent à ce surcroît d'activité ; elles s'amplifient, souvent aussi elles gagnent considérablement en épaisseur, et l'ensemble qui résulte de ces deux développements simultanés n'est pas autre chose que le Fruit.

Le nom de *Fruit* (fructus) s'applique donc à tout ce qui résulte du développement de l'ovaire avec son contenu, c'est-à-dire d'un côté aux parois ovariennes accrues, ou au *Péricarpe* (pericarpium ; *voy.* p. 115), de l'autre à l'ovule fécondé, ayant subi un accroissement ultérieur et renfermant un embryon adulte, c'est-à-dire à la *Graine* ou *Semence* (semen). Cependant on se sert fréquemment de ce même mot de fruit pour désigner seulement les parties qui renferment la graine ou les graines, par conséquent le péricarpe, et c'est en le prenant avec ce sens restreint que je l'emploie dans le titre de ce chapitre pour indiquer la division naturelle de celui-ci en deux articles.

Parties accessoires du fruit. — Avant d'aborder l'étude du péricarpe en lui-même, il est utile de signaler les parties accessoires qui l'accompagnent quelquefois et qui peuvent avoir différentes origines.

1° *Parties de la fleur persistantes.* — Dans la généralité des cas, lorsque la fécondation s'est opérée, la vie se concentrant dans l'ovaire abandonne non-seulement les organes plus extérieurs que

le pistil, mais encore, dans celui-ci, le style et le stigmate. Ces
diverses parties de la fleur sèchent promptement et ne tardent
pas à tomber, ou tout au plus certaines d'entre elles restent en
place flétries et déformées. Cependant le style persiste quelquefois
jusqu'à la maturité du fruit, sans cesser d'être frais et vivant, ou
même en prenant un développement prononcé et spécial ; telle
est l'origine des appendices terminaux de configurations diverses
et des queues qui surmontent certains fruits. Ainsi le *Geum* présente une masse globuleuse de petits fruits hérissée de pointes
plus ou moins accrochantes que représente la figure 412 A, d'a-

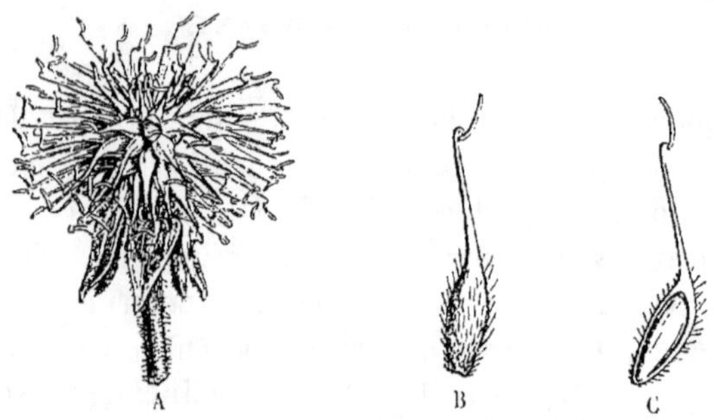

Fig. 412. — *Geum urbanum* L. — A, tête de fruits entière (2/1). — B, l'un de ces
petits fruits isolé. — C, le même ouvert longitudinalement pour montrer sa
graine en place (4/1).

près la Benoite (*Geum urbanum* L.). En isolant l'un quelconque
de ces fruits, ainsi qu'on l'a fait sur la figure 412 B, et mieux encore en l'ouvrant longitudinalement, comme sur la figure 412 C,
on reconnaît sans peine que chacun d'eux provient d'un pistil
simple dont l'ovaire à un seul ovule est devenu un péricarpe
mince, renfermant une seule graine, et dont le style persistant a
pris de la roideur et se termine par un crochet pointu. Dans
la fleur ce crochet, portant à son extrémité des papilles stigmatiques, formait environ la moitié de la longueur totale du style
et se distinguait par sa couleur verdâtre de la portion incolore et translucide qui lui servait de support. La portion inférieure a pris, après la fleuraison, plus de développement que la
supérieure, et il en est résulté l'appendice qui surmonte le fruit
dont il s'agit en ce moment. — De même chacun des petits
fruits des Clématites et des Anémones porte une queue ou un long
prolongement velu, dû à un développement spécial du style persistant ; toutes ces queues soyeuses donnent aux groupes de ces
petits fruits un aspect particulier dont on peut prendre une idée

par l'examen de la figure 413, et qui rend fort élégantes, à l'état de fructification, celles d'entre les espèces de ce genre dont la fleuraison est abondante.

Dans les Fraisiers, ce ne sont pas les petits pistils simples (*voy.* figure 380, p. 580), mais bien leur support commun ou le gynophore dont est formé le corps succulent et parfumé qu'on regarde vulgaire-

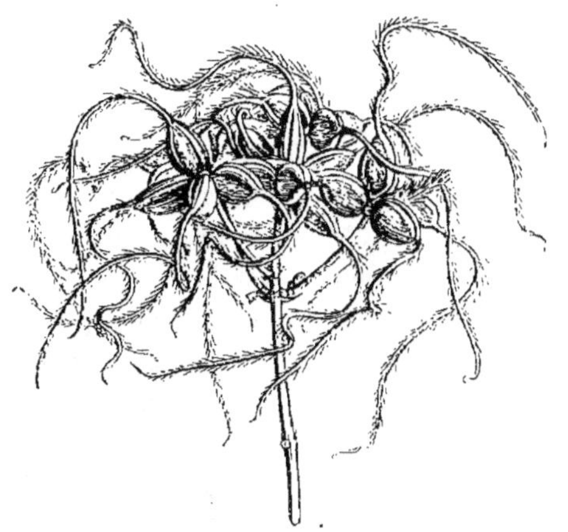

Fig. 413. — *Clematis erecta* L. — Groupe de fruits avec leurs queues terminales (1/1).

ment comme le fruit de ces plantes. Les véritables fruits sont simplement les petits grains secs et durs qu'on voit à moitié enfoncés dans des fossettes creusées à la surface de la Fraise, comme le montre la figure 414. Aussi les cultivateurs savent-ils fort bien qu'ils doivent recueillir et semer ces petits grains pour obtenir de nouveaux pieds de ces plantes.

Des trois verticilles floraux qui entourent le pistil, le calyce est celui qui persiste le plus fréquemment ; tantôt il reste frais, mais sans prendre un accroissement bien notable, comme on le voit, par exemple dans la Fraise (fig. 414), dont il embrasse la

Fig. 414 — Fraise des quatre saisons montrant les petits fruits nichés dans ses fossettes superficielles (1/1).

base, et aussi dans le *Geum urbanum* L. sous les fruits duquel se trouvent ses cinq sépales rabattus (fig. 412 A) ; tantôt aussi il grandit beaucoup ou se montre accrescent jusqu'à former l'induvie du *Physalis* (*voy.* fig. 260, p. 498). Enfin il peut ne persister que partiellement, comme dans les *Datura*, où toute sa portion supérieure se détache laissant en place l'inférieure qui forme, sous le fruit, une sorte de manchette rabattue (*s*, fig. 365, p. 570).

Tant qu'on a admis que les ovaires infères étaient simplement adhérents (*voy.* p. 571 et suiv.), c'est-à-dire qu'ils étaient

constitués par un ovaire ordinaire enfermé dans le tube du calyce
et soudé avec lui, on était conduit logiquement à attribuer toute la
portion externe du fruit que produisent ces ovaires à ce tube calycinal plus ou moins accru après la fleuraison. Ainsi, dans une
Poire ou une Pomme, la plus grande partie de la chair était regardée comme due à l'accroissement du tube du calyce. Aujour-
d'hui ces mêmes ovaires étant considérés généralement comme
formés par l'extrémité du pédoncule, c'est à ce pédoncule même
et non au calyce que doit par conséquent appartenir la chair de
ces mêmes fruits. Nous allons voir au reste que même des pédoncules qui avaient conservé leur état normal et qui n'étaient entrés
pour rien dans la formation de l'ovaire, peuvent prendre, après
la fleuraison, le volume, la
substance et la saveur d'excellents fruits.

Selon ces idées aujourd'hui
régnantes touchant la nature
des ovaires infères, le calyce
est réduit à la portion foliacée
qui en dépasse le sommet ; or,
cette même partie persiste
au sommet des Poires, des
Pommes et des fruits analogues, mais en ne prenant
qu'un faible développement,
et elle y constitue cette sorte
de petite couronne qu'on ap-

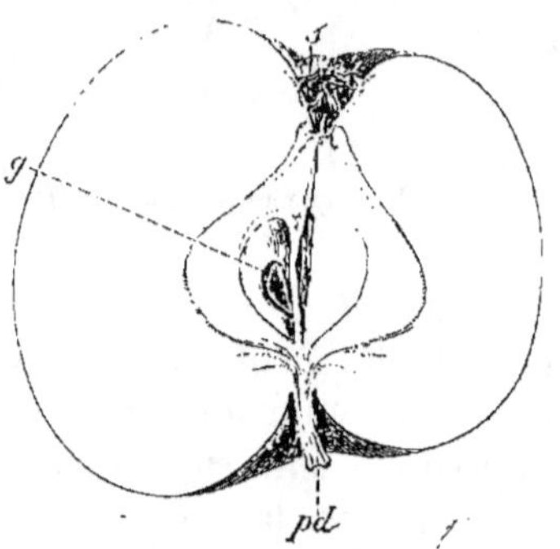

Fig. 415. — Coupe longitudinale d'une
pomme montrant son calyce persistant
et plus ou moins desséché ou *œil s* ; son
pédoncule *pd*, et l'une de ses graines
ou pepins en place. *g* (1/2).

pelle vulgairement l'*OEil* et qui le plus souvent repose dans un

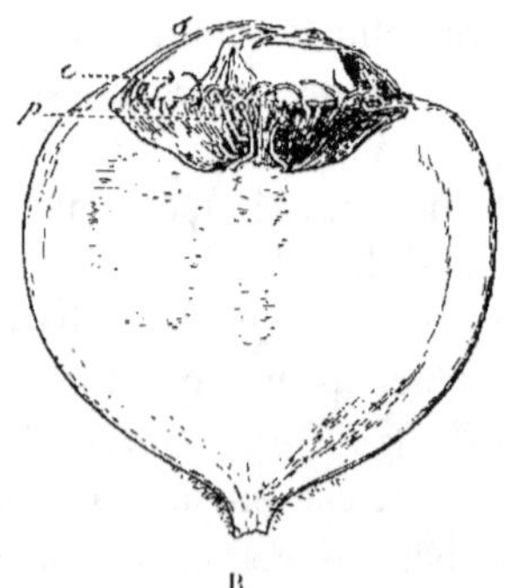

Fig. 416. — Nèfle, fruit du *Mespilus germanica* L., en A entière, en B coupée longitudinalement. — *s s*, calyce persistant ou œil très-large ; *e*, restes des étamines et *p*
des styles (1/1).

enfoncement terminal plus ou moins prononcé, comme on le voit en *s*, sur la figure 415. Cet œil est presque toujours étroit et resserré à peu près comme l'était le calyce dans la fleur : mais dans le Néflier (*Mespilus germanica* L.), le cercle qu'il circonscrit s'élargit beaucoup après la fleuraison et il en résulte, au sommet du fruit de cet arbre ou de la *Nèfle*, la large couronne qui la surmonte et dont les deux figures 416 A et B montrent la nature ainsi que la disposition.

Dans les Mûriers (*Morus*), le calyce des fleurs femelles, parfaitement distinct et caractérisé, épaissit beaucoup sa substance, devient même pulpeux, et forme ainsi au véritable fruit, resté fort peu volumineux, une enveloppe épaisse qui se soude même au péricarpe conformé en membrane mince ou faiblement charnue. Ainsi se produit l'agglomération ovoïde représentée par la figure 417, qu'on appelle une Mûre, dont la couleur est blanche ou rosée dans le Mûrier blanc (*Morus alba* L.), pourpre-noir dans le Mûrier noir (*M. nigra* L.) et qu'on sert quelquefois sur les tables à titre de fruit comestible. Il faut bien se garder de confondre la Mûre dont je viens d'indiquer la nature et qui est le produit d'une inflorescence entière, avec le fruit de la Ronce commune (*Rubus fruticosus* L.) qu'on appelle souvent du même nom.

Fig. 417. — Mûre ou réunion des fruits et des calyces accrus du *Morus Nigra* L. (1/1).

Celui-ci, dont je rapproche avec intention la figure de celle de la vraie mûre, succède à une seule fleur et résulte, comme on le voit sur la figure 418, d'un groupe de carpelles simples, dont le péricarpe est devenu succulent et dont chacun porte encore au sommet les restes de son style. Le calyce *s*, rabattu sous lui, est resté complétement étranger à sa formation. La Framboise ou fruit du Framboisier (*Rubus idæus* L.) est absolument dans le même cas.

Fig. 418. — Mûre de Ronce, ou fruit du *Rubus fruticosus* L. — *s*, son calyce persistant (1/1).

Les *Blitum*, de la famille des Chénopodées, présentent, comme les Mûriers, un calyce accrescent et charnu-pulpeux, qui pourrait fort bien induire en erreur relativement à leur fruit dont, en réalité, le péricarpe reste sec et membraneux. Dans les Rosiers, c'est le tube calycinal, épaissi et rempli de sucs, qui constitue le corps connu sous le nom de *Cynorrhodon* (*voy.* fig. 259, p. 498) dans lequel sont contenus les vrais fruits. — D'un autre côté, dans les Belles-de-Nuit (*Mirabilis*), la base du calyce persiste autour du fruit en une enveloppe sèche et dure qu'on prendrait facilement pour le péricarpe, si on n'en avait suivi la formation ou si l'on n'avait constaté l'existence dans la fleur elle-même (*voy.* fig. 264, p. 501) d'un épaississement basilaire qui la représente dès cette époque.

2° *Parties extérieures à la fleur.* — Le réceptacle est susceptible de prendre quelquefois assez de développement et de modifier assez sa substance, après la fleuraison, pour prendre l'apparence et même servir de fruit comestible. C'est ce qui a lieu chez les Figuiers et en particulier dans celui qui est cultivé comme espèce fruitière (*Ficus Carica* L.). J'ai déjà exposé (*voy.* p. 477) l'organisation de l'inflorescence et de ce qu'on nomme habituellement le fruit de cet arbre. A sa maturité une Figue forme un ensemble complexe ; en effet, il est facile de reconnaître, lorsqu'on en examine une coupe longitudinale, semblable à celle

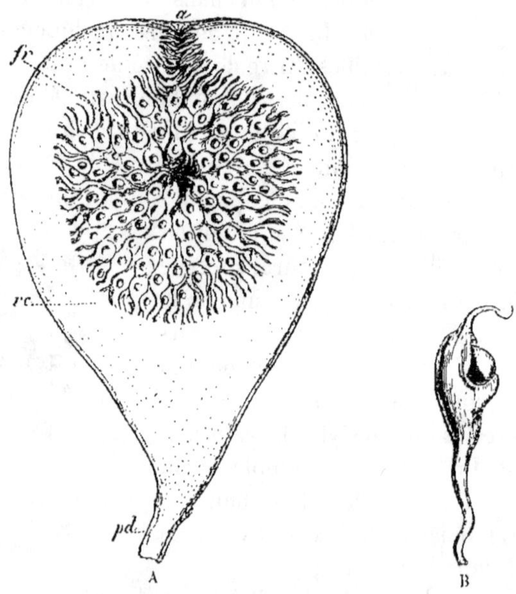

Fig. 419. — A, coupe longitudinale d'une Figue ou réceptacle fructifère mûr du *Ficus carica* L. — *pd*, pédoncule ; *rc*, réceptacle devenu charnu, pulpeux ; *a*, son œil ; *fr*, fruits (1/1). — B, un fruit porté sur son gynophore en massue et devenu aussi pulpeux (4/1).

que représente la figure 419 A, que la substance extérieure et pulpeuse, *rc*, qui en est la partie essentiellement comestible, n'est que le réceptacle accru, formé par une dilatation de l'extrémité du pédoncule *pd*, et percé à sa sommité de la petite ouverture, *a*, qu'on appelle vulgairement l'*œil de la figue*. L'intérieur de ce réceptacle renferme un grand nombre de petits corps en forme de grains secs, *fr*, qui sont autant de vrais fruits et que supporte un gynophore grêle inférieurement, épais et pulpeux dans sa partie supérieure où il se continue avec le calyce également modifié. La figure 419 B représente un de ces fruits porté latéralement sur son support. Ces fruits du Figuier sont les grains qu'on trouve sous la dent en mangeant une figue.

Le pédoncule de quelques arbres de la famille des Anacardiacées grossit, sous le fruit, en un corps charnu et plein de suc, qui, dans l'*Anacardium occidentale* L., arbre originaire de l'Amérique intertropicale et aujourd'hui cultivé dans presque toutes les contrées chaudes du globe, a le volume et la forme d'une belle poire, avec une saveur vineuse et acidule. Ce même corps, dans le *Semecarpus Anacardium* L., arbre de l'Asie, a une saveur acerbe dont on le débarrasse en le préparant de manière à le rendre comestible. Enfin, une production regardée par les Japonais comme l'un des meilleurs fruits de leur pays n'est pas autre chose que le pédoncule de l'*Hovenia dulcis* Thunb., qui prend la forme, la consistance et la saveur d'une poire de Beurré.

Je mentionnerai encore la modification curieuse que subissent les pédicelles dans le Fustet (*Rhus Cotinus* L.), en raison de la-

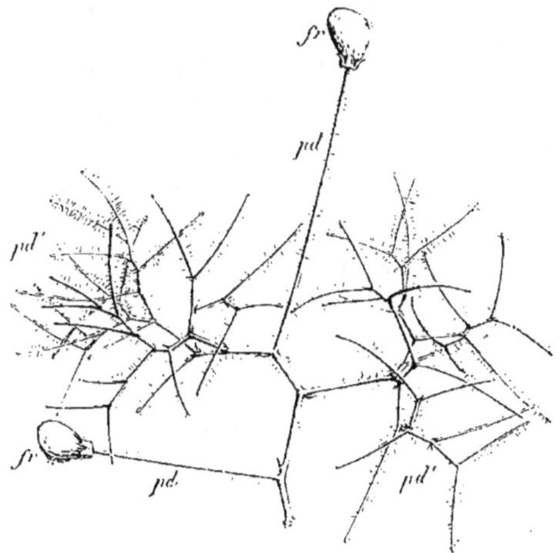

Fig. 420. — Portion d'une inflorescence fructifère de *Rhus Cotinus* L. —*pd*, pédicelles fertiles ; *fr*, fruits ; *pd'*, pédicelles stériles, rameux et plumeux (1/1).

quelle on le cultive dans les jardins, où il est connu sous le nom vulgaire d'Arbre à perruque. Ses inflorescences réunissent des pédicelles terminés par des fleurs fertiles et d'autres en plus grand nombre qui restent stériles ; or, comme le montre la figure 420, tandis que les pédicelles *pd*, à l'extrémité desquels se développent les fruits, *fr*, restent simples et deviennent faiblement velus, les autres, *pd'*, se ramifient beaucoup et se chargent peu à peu de longs poils soyeux qui donnent à l'ensemble de l'inflorescence l'aspect d'un élégant panache.

Enfin il n'est pas jusqu'aux bractées qui ne puissent devenir épaisses, charnues et se gorger de sucs, comme dans l'Ananas (*Bromelia Ananas* L. ; *Ananassa sativa* Lindl.), dont la production qu'on mange comme fruit est fort complexe de sa nature ; elle est en effet la réunion d'un grand nombre de fruits proprement dits ou de péricarpes, dans lesquels les graines ont avorté, avec les bractées qui se trouvaient interposées aux fleurs au nombre d'une médiane et deux latérales pour chacune de celles-ci, et qui sont ensuite devenues succulentes.

Ces détails préliminaires, qu'il aurait été facile d'étendre davantage, étaient nécessaires pour prémunir le lecteur contre les erreurs graves que l'on commet tous les jours en prenant pour des fruits des productions d'une tout autre nature.

ARTICLE PREMIER. — PÉRICARPE.

§ 1. — Son organisation, sa déhiscence, etc.

Puisque le péricarpe n'est que l'ovaire accru et considéré abstraction faite des graines, il doit reproduire l'organisation que présentait cette partie du pistil, à moins que, postérieurement à la fécondation, il ne s'y soit opéré soit des développements spéciaux, soit des suppressions plus ou moins complètes de parties. Dès lors les détails dans lesquels je suis entré relativement à la formation du pistil par un ou plusieurs carpelles, au nombre des loges de l'ovaire, à l'existence d'un axe central ou columelle dans les ovaires pluriloculaires, aux cloisons vraies et fausses, aux divers modes de placentation, etc., me dispensent de donner maintenant, au sujet du fruit, des développements qui ne pourraient être que la reproduction des premiers. Je n'aurai donc guère à indiquer ici que les particularités propres au fruit et qui se sont produites postérieurement à la fécondation.

Formation tardive de cloisons. — Quelques ovaires à une seule loge deviennent des fruits à deux ou même à plusieurs loges. Ainsi nous avons vu (fig. 375, p. 576), l'ovaire du *Glaucium flavum* Cr. nous offrir deux placentas pariétaux distincts et séparés comme d'habitude, par conséquent aussi une seule loge. En même temps que cet ovaire prend le grand développement en longueur qui en fait le fruit long et étroit représenté sur la figure 421 A, il se produit entre ses deux placentas un gros corps spongieux qui les rattache l'un à l'autre, comme on le voit sur la figure 421 B, et qui subdivise dès lors en deux la cavité du fruit jusqu'alors unique. De même dans le genre *Persoonia*, de la famille des Protéacées, certaines espèces, dont l'ovaire uniloculaire renferme deux ovules, ont ensuite deux graines entre lesquelles il s'est produit une cloison qui a rendu le fruit biloculaire. — Dans les genres de la famille des Légumineuses-Papillonacées qui forment la tribu des Hédysarées, l'ovaire, en passant à l'état de fruit, se resserre et s'étrangle dans l'espace vide qui existe entre ses graines rangées sur une seule file; il se produit à chacun de ces étranglements une continuité de tissu plutôt qu'une cloison dans le sens habituel de ce mot, et il résulte de là qu'à un ovaire creusé d'une cavité unique et continue succède un fruit à plusieurs cavités placées l'une après l'autre et contenant chacune une seule graine. Le fruit du *Coronilla Emerus* L., que représente la figure 422, montre trois de ces étranglements qui en subdivisent la cavité en quatre chambres séparées. Un fait du même genre se passe dans les Raiforts (*Raphanus*), de la famille des Crucifères. Chacune

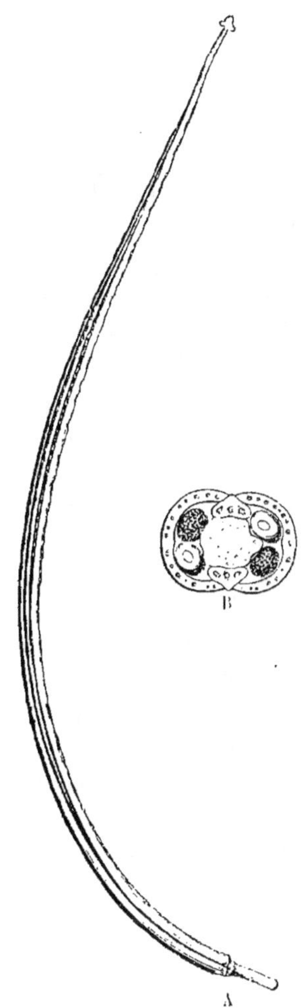

Fig. 421. — *Glaucium flavum* Cr. — A, fruit entier (1/1). — B, coupe transversale du même (5/1).

des cinq loges de l'ovaire du *Tribulus terrestris* L., finit aussi par être subdivisée en trois ou quatre logettes contenant une graine.

Fig. 422. — Fruit, *fr*, du *Coronilla Emerus* L. — *s*, calyce persistant (1/1).

Enfin un exemple très-remarquable de ces formations tardives de cloisons est celui de la Casse des pharmacies (*Cassia Fistula* L.) (et de plusieurs autres espèces du grand genre *Cassia*), dont la grosse et longue gousse cylindrique et ligneuse subdivise sa loge d'abord unique en un grand nombre de petites chambres superposées, par suite du développement de cloisons transversales. — Il est à peine besoin de dire que toutes ces cloisons formées tardivement, n'entrant pas dans le plan essentiel de la constitution du fruit, c'est-à-dire n'étant pas formées par les côtés rentrants des carpelles, sont des fausses cloisons, même d'ordre secondaire.

Oblitération tardive de loges. — Une autre cause pour laquelle l'organisation du fruit ne reproduit pas toujours fidèlement celle de l'ovaire, c'est que, dans diverses plantes, pendant que ce dernier organe se développe après la fécondation, certaines de ses parties restent en arrière ou s'arrêtent tout à fait dans leur accroissement, à ce point qu'on n'en trouve plus finalement que de faibles vestiges, si même elles ne disparaissent sans laisser de traces. Ainsi, dans les *Cuphea*, l'ovaire adulte présente deux loges entre lesquelles il existe une inégalité prononcée, et dont la plus petite ne renferme souvent que des ovules imparfaits. Après la fleuraison, la grande loge gagnant rapidement du terrain, l'autre se resserre, au contraire, de plus en plus et finit par disparaître à peu près dans certaines espèces, tandis que, chez d'autres, c'est la cloison elle-même qui se désagrége en quelque sorte, se déchire et se détruit enfin, amenant ainsi la fusion des deux cavités en une seule. — Un exemple remarquable de ces oblitérations tardives nous est fourni par les Chênes (*Quercus*) dont l'ovaire infère est creusé de trois ou quatre loges contenant chacune deux ovules, tandis que leur fruit, c'est-à-dire le gland, n'offre qu'une graine remplissant l'unique loge qui se soit développée en même temps que l'un des ovules. Il y a donc, pendant la formation du fruit de ces arbres, oblitération de deux loges sur trois, ou de trois loges sur quatre, et même de l'un des deux ovules de la seule loge qui ait persisté. M. Alph. De Candolle a montré récemment qu'un examen attentif fait toujours découvrir dans le gland les vestiges des loges et des ovules qui n'ont pas pris de développement. — Les Palmiers présentent des faits analogues. Leur gynécée a trois carpelles biovulés, tantôt presque entièrement distincts, plus souvent réunis en un pistil plus ou moins lobé et triloculaire. Plus tard un ou deux carpelles ne prennent pas d'accroissement et s'oblitèrent en ne laissant que de faibles traces. Par exemple, chaque fleur femelle du Dattier ne donne habituellement qu'une Datte parce qu'un seul de ses carpelles se développe en fruit; mais Turpin a figuré trois Dattes égales qui étaient provenues d'une même fleur, parce que, dans ce cas, aucun des trois carpelles ne s'était oblitéré. Ainsi encore le noyau du Cocotier ou le coco (et aussi celui de divers autres Palmiers) offre, vers son extrémité supérieure, un trou et deux fossettes disposés comme aux trois angles d'un triangle. Le premier répond au carpelle qui s'est développé, tandis que les deux dernières sont les restes des deux loges oblitérées. Le gigantesque coco des Séchelles ou des Maldives, fruit du *Lodoicea Sechellarum*, dont l'origine est restée longtemps inconnue et au sujet duquel on a présenté, sous ce rapport, les suppositions les plus singulières, puisqu'on a été jusqu'à le regarder comme le fruit d'un arbre sous-marin, le coco des Séchelles, dis-je, est le plus souvent bilobé comme ayant développé deux de ses trois carpelles; mais on le voit aussi quelquefois trilobé parce que, dans ce cas, il les a conservés tous les trois. Enfin je citerai encore un dernier exemple que j'emprunterai à la Garance (*Rubia tinctorum* L.). Cette plante a un pistil de deux carpelles qui sont fort reconnaissables dans son fruit plus ou moins bilobé; mais assez souvent l'un de ces carpelles avorte presque entièrement, de manière à ne laisser qu'un léger indice de son existence antérieure, comme on le voit en *a*, sur la figure 425 A, ou même il disparaît tout à fait, de telle sorte que celui qui reste seul semble alors former

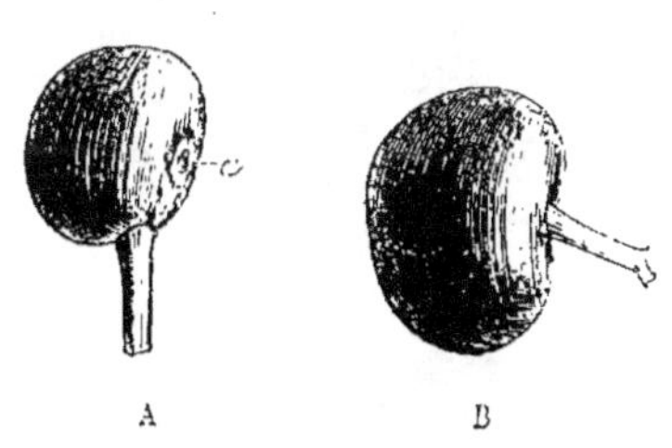

A   B

Fig. 425. — *Rubia tinctorum* L. — A, fruit qui n'a conservé qu'un carpelle avec de simples vestiges *a* du second. — B, autre fruit qui n'a conservé qu'un carpelle sans traces du second (2/1).

un fruit complet et symétrique, ainsi qu'on l'observe sur la figure 425 B.

Au total, on voit que si l'organisation de l'ovaire indique celle que devrait avoir le fruit, ce dernier est loin de révéler toujours la manière d'être qui caractérisait l'ovaire.

Couches du péricarpe. — Dans les parois de l'ovaire il existait un mésophylle compris entre deux épidermes, c'est-à-dire trois assises concentriques de tissu. On distingue de même dans le péricarpe trois couches concentriques qui parfois diffèrent beaucoup l'une de l'autre pour l'épaisseur, pour la fermeté, pour la substance ; ces trois couches ont reçu les noms d'*Épicarpe* (epicarpium), *Mésocarpe* (*Sarcocarpe* Rich.) et *Endocarpe*. L'épicarpe correspond à l'épiderme que portait la face externe de l'ovaire ; il est toujours mince, parfois même réduit à une seule assise de cellules ; mais souvent il comprend aussi, sous la véritable membrane épidermique, un petit nombre de couches de cellules subéreuses ou autres qui renforcent intérieurement celle-ci. Il constitue la peau de nos fruits. L'Endocarpe est, comme l'indique son nom, la couche la plus interne du péricarpe. A l'origine, il était formé par l'épiderme intérieur de l'ovaire ; mais souvent à celui-ci vient s'adjoindre successivement une portion plus ou moins considérable du tissu adjacent qui s'incorpore en quelque sorte avec lui. L'ensemble de ce tissu se distingue bientôt de tout le reste du péricarpe par ses caractères ; il peut même, dans beaucoup de cas, acquérir une grande dureté et former ainsi un noyau. Enfin le mésocarpe est la portion du fruit parcourue par les faisceaux fibro-vasculaires et qu'on voit généralement acquérir la plus grande épaisseur. Dans les fruits charnus ou pulpeux, c'est essentiellement lui qui constitue la chair ou la pulpe. Faisons maintenant à quelques fruits connus l'application de ces notions.

1° Dans la Pêche dont la figure 424 représente une coupe longitudinale, l'épicarpe, *épc*, est la peau duvetée qu'on enlève géné-

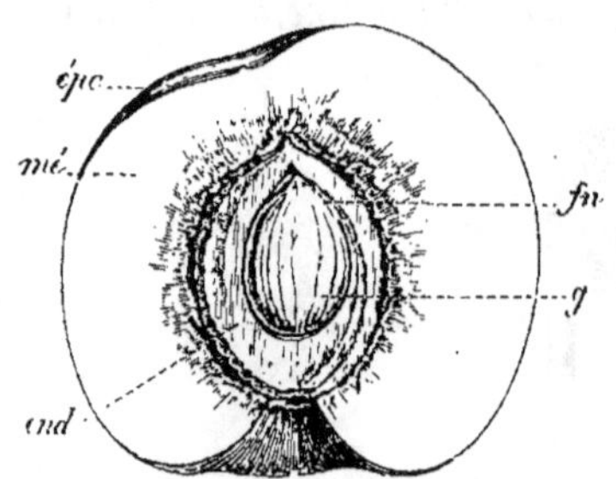

Fig. 424. — Coupe longitudinale d'une Pêche ou du fruit de l'*Amygdalus persica* L. (*Persica vulgaris* Mill.). — *épc*, épicarpe ; *mé*, mésocarpe ; *end*, endocarpe ; *g*, graine ; *fu*, funicule (1/2).

ralement pour manger la chair succulente qui forme le mésocarpe, *mé* ; l'endocarpe, *end*, constitue le noyau, dans la cavité duquel est contenue la graine *g*, attachée près de son extrémité supérieure par le funicule *fn*. La distinction de ces trois couches est tout aussi facile dans la Prune, la Cerise, l'Abricot, dans lesquels leurs proportions relatives sont à fort peu près les mêmes. — Une différence appréciable se montre dans le fruit de l'Amandier (*Amygdalus communis* L.), qui est représenté entier sur la figure 425 A et coupé longitudinalement sur la figure 425 B ; ici en effet, sous un épicarpe duveté *a*, se trouve un mésocarpe peu épais, ferme et presque coriace, et tout le reste de l'épaisseur totale est constitué par un épais noyau *b*, qui se montre lacuneux et presque spongieux dans sa portion moyenne ; le mésocarpe se

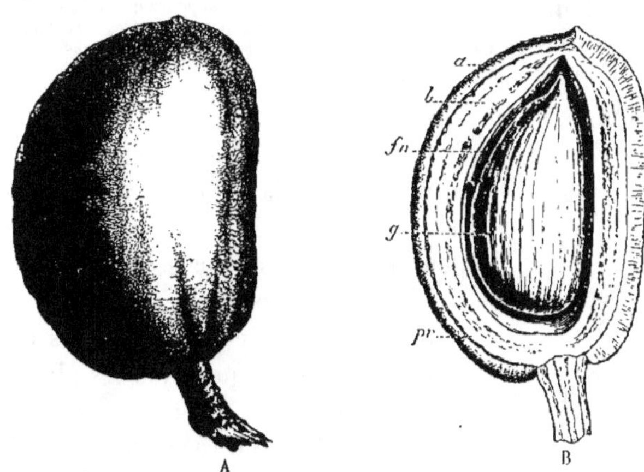

Fig. 425. — Fruit de l'Amandier (*Amygdalus communis* L.). — A, tout entier. — B, coupé longitudinalement ; *a*, épicarpe ; *b*, noyau ; *g*, graine ; *fn*, funicule (1/1).

détache même du noyau à la maturité. La différence qu'offrent la Pêche et l'Amande, quant à la substance de leur mésocarpe, est néanmoins si peu essentielle que, dans la variété de l'Amandier qu'on nomme vulgairement Amande-Pêche (*Amygdalus communis* L. var. *persicoïdes*), le noyau est recouvert d'une chair pulpeuse, qui devient même bonne à manger.

2° La Pêche, l'Amande, la Prune, etc., ne sont creusées que d'une seule loge, ou bien sont uniloculaires ; aussi les trois couches de leur péricarpe s'enveloppent-elles régulièrement l'une l'autre ; il en est de même pour tous les fruits uniloculaires ; mais dans les fruits à deux ou plusieurs loges, c'est l'endocarpe qui forme la paroi propre de ces cavités, dont l'ensemble est ensuite embrassé par le mésocarpe et l'épicarpe. Les Pommes et les Poires nous montrent cette disposition dont il est facile de prendre une idée sur la figure 426, qui représente la coupe transversale d'une Pomme. Dans ce fruit il existe cinq loges revêtues d'un endocarpe mince qui a la consistance d'un fort parchemin. Tout autour de cet ensemble s'étend en couche très-épaisse le mésocarpe que recouvre, à son tour, une peau mince et lisse ou l'épicarpe. Mais, même dans ce cas, l'endocarpe peut acquérir beaucoup plus d'épaisseur et de consistance, et devenir ainsi un noyau autour de chaque loge.

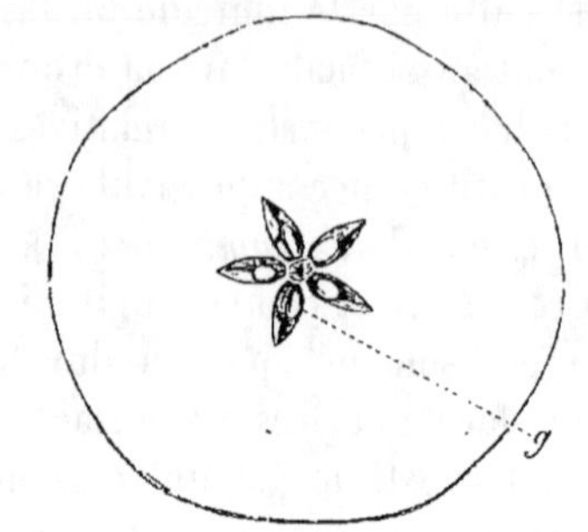

Fig. 426. — Coupe transversale d'une Pomme dont on voit les cinq loges contenant chacune deux graines ou pepins *g* (1/2).

C'est ce qui a lieu dans la Nèfle, fruit du *Mespilus germanica* L. (voy. fig. 446, p. 637), dont la figure 427 représente un noyau qui a été coupé longitudinalement pour en montrer l'épaisseur et la cavité occupée par une seule graine.

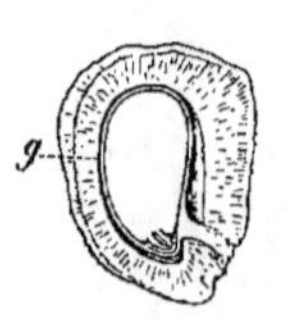

Fig. 427. — Coupe longitudinale d'un noyau de Nèfle (*Mespilus germanica* L.). — *g*, graine (1/1).

5° L'endocarpe est souvent plus mince et moins consistant que dans les plantes dont il vient d'être question ; ainsi il forme à la gousse des Pois un revêtement intérieur en membrane mince, mais encore assez ferme pour que la culture ait cherché et réussi à lui enlever cette consistance dans les variétés qu'on nomme, pour ce motif, Pois sans parchemin. Enfin il constitue la peau fine qui fait de chaque loge, dans le fruit des Orangers et des Citronniers, une partie susceptible d'être détachée tout entière de ses voisines, c'est-à-dire ce qu'on nomme vulgairement une tranche d'Orange. Seulement, par une particularité remarquable qui distingue ces fruits, après la fleuraison, ces loges se remplissent d'une masse de cellules fusiformes, gorgées de suc, qui ont pris naissance sur leur paroi externe, sous la forme de sortes de poils et qui ont ensuite grandi peu à peu, en se multipliant et en se dirigeant de dehors en dedans. Ce sont ces cellules à membrane très-délicate et pleines de jus qui forment la pulpe des Oranges et des Citrons.

Changements dans les fruits avec la maturation. —Pendant leur maturation les fruits modifient leur texture, en général, d'autant plus qu'ils doivent acquérir une plus grande épaisseur, et en même temps, les substances contenues dans leurs cellules subissent des changements considérables.

1° *Modifications des tissus.* — Dans les parties du péricarpe qui doivent devenir charnues, les cellules se multiplient, s'agrandissent tout en conservant des parois minces et si le fruit doit devenir pulpeux, elles forment une série de couches d'épaississement gélatineuses qui constituent en majeure partie la pulpe. En même temps les faisceaux fibro-vasculaires participent à ces modifications et deviennent de simples filaments très-déliés, sans consistance, presque perdus au milieu de la masse ainsi de plus en plus amollie. Toutefois, même dans l'épaisseur de la masse charnue des péricarpes modifiés de cette sorte par la maturation, certaines cellules offrent parfois des phénomènes inverses et épaississent fortement leurs parois en les durcissant à un degré remarquable : c'est de cette manière que se forment les grains très-durs qui se trouvent dans la chair de beaucoup de Poires. — Un épaississement analogue des parois cellulaires, donnant au tissu qui le subit une consistance beaucoup plus grande, s'opère régulièrement dans certains endocarpes et en fait des noyaux dont la dureté égale presque, dans quelques cas, celle de la pierre.

2° *Changements dans les substances.* — Une série de modifications chimiques s'opère, pendant la maturation, dans la composition des cellules et surtout de leur contenu. L'effet général qui en résulte d'ordinaire, c'est que la proportion du sucre y devient de plus en plus grande, tandis que les acides, la fécule, le tannin y diminuent corrélativement. Comme exemples, je citerai : la Banane ou le fruit des Bananiers (*Musa*) qui, après avoir contenu assez d'amidon pour qu'on puisse l'en extraire avec avantage, n'est plus que sucrée à sa maturité, et, d'un autre côté, les Raisins dans lesquels M. Fehling a reconnu que, le 29 août, le jus marquant 46° à l'aréomètre, donnait à l'analyse 5,4 de sucre et 3,1 d'acides, tandis que dès le 11 septembre, marquant 59°, il renfermait 10,3 de sucre pour 1,6 d'acides et qu'à la maturité parfaite, le 7 octobre, il marquait 66°, et contenait 12,6 de sucre avec 1,20 seulement d'acides.

Dans nos fruits de table, particulièrement dans les Poires et les Pommes, M. Fremy a reconnu, par ses analyses, les changements suivants : ces fruits, avant leur maturité, renferment de la pectose que l'action des acides citrique et malique change en pectine, pendant la maturation. Quand le fruit dépasse la maturité et devient blet, la pectine y passe complétement à l'état d'acide métapectique. En outre, les fruits non mûrs contiennent, en même temps que le pectose, un ferment, la pectase, susceptible d'agir sur la pectine. C'est sous l'action de ce ferment que cette dernière substance devient de l'acide pectasinique et plus tard de l'acide pectinique. Ces acides, à leur tour, réagissent sur l'amidon pour le faire passer à l'état de sucre, et plus tard les acides plus énergiques joignent leur action à celle des premiers pour produire le même effet.

Déhiscence des péricarpes. — 1° *Déhiscence valvaire.* — Pour donner lieu au développement d'une plante semblable à celle sur laquelle elle-même s'est formée, il faut que la graine sorte du fruit et tombe sur le sol où elle doit germer. Il faut donc qu'elle se dégage du péricarpe dans lequel elle est enfermée. Pour cela la plupart des fruits s'ouvrent à leur maturité et sont dès lors *déhiscents*. Leur ouverture ou *déhiscence* s'opère par leur division en pièces distinctes et séparées qu'on nomme des *Valves* (valvæ), et celles-ci se détachent l'une de l'autre aux lignes que nous connaissons déjà comme les *Sutures* (*voy.* p. 564). Les sutures correspondent normalement aux bords des carpelles qui se sont unis pour fermer la cavité ovarienne ; ce sont alors les *vraies sutures* ; mais souvent aussi la nervure médiane de chaque carpelle se coupe longitudinalement en deux, à la maturité, formant ainsi une *fausse suture ;* cette division de la ligne médiane ou dorsale peut (*Magnolia grandiflora* L.) s'opérer seule dans quelques cas. Même parfois des lignes de déhiscence de ces deux ordres se montrent dans un même fruit ; les valves se séparent alors en nombre double de celui des carpelles, tandis que le plus souvent elles sont en même nombre que ceux-ci. C'est ce qu'on voit dans les gousses du Pois, du Haricot et de la généralité des Légumineuses qui, bien que formées d'un seul carpelle, s'ouvrent en deux valves. En raison de la situation des deux sutures, l'une le long de la ligne intérieure ou ventrale, l'autre de la ligne extérieure ou dorsale du carpelle, on appelle souvent la première *suture ventrale* et la seconde *suture dorsale.*

2° *Fruits indéhiscents.* — Par opposition, il existe un grand nombre de fruits *indéhiscents*, c'est-à-dire qui ne s'ouvrent pas à la maturité, et qui ne se divisent pas en valves ; pour ce dernier motif on les qualifie encore d'*évalves* ou sans valves. Dans ceux-ci, la graine est mise en liberté par l'effet de la désorganisation du péricarpe, ou parce qu'elle-même augmentant de volume, lorsqu'elle absorbe l'humidité qui est arrivée jusqu'à elle à travers les parois péricarpiennes, rompt la continuité de celles-ci et se trouve dès lors soumise directement aux influences nécessaires pour la germination.

3° *Déhiscence par pores.* — Il existe un cas qu'on peut dire intermédiaire entre les deux précédents : c'est celui des fruits qui livrent passage aux graines soit par une perforation naturelle, inhérente à leur organisation, soit par des trous qui se percent dans le péricarpe et qui constituent pour lui une déhiscence spéciale. Le Réséda (*Reseda odorata* L.) nous offre, dans son fruit, représenté sur la figure 428, un exemple bien connu de la première de ces particularités;

Fig. 428. — *Reseda odorata* L. : son fruit qui présente naturellement une ouverture au sommet (1/1).

le trou qu'on voit au sommet de son péricarpe, y existe longtemps avant la maturité; celui du Grand Muflier (*Antirrhinum majus* L.) nous présente la seconde; son fruit que montre, au moment de sa déhiscence, la figure 429, se perce, vers son extrémité, de deux ou trois trous ou grands pores, dont l'un, comme on peut le reconnaître sur cette figure, se forme sur les parois du carpelle supérieur, tandis que l'autre ou les deux autres s'ouvrent dans le carpelle inférieur. D'autres fruits s'ouvrent aussi par des pores qui sont plutôt de simples déchirures dues à des actions mécaniques (Campanulacées). — On confond parfois à tort avec cette déhiscence par des pores celle qui s'opère au sommet de certains fruits et que bordent des pointes ou

Fig. 429. — *Antirrhinum majus* L. : son fruit percé à la maturité, peu au-dessous du sommet, de trois grands trous ou pores (2/1).

des dents en nombre variable selon les plantes ; mais dans ce cas la déhiscence par le sommet, appelée pour cette raison *apicilaire*, est due simplement à une division fort incomplète en valves ; il en résulte des dents en nombre tantôt égal à celui des carpelles (*Lychnis, Viscaria*), tantôt et plus souvent double de celui-ci (*Cerastium, Holosteum,* etc.). Parfois même ces déhiscences par dents et par valves sont réunies, comme dans les *Arenaria* qui s'ouvrent d'abord par des dents deux fois plus nombreuses que les carpelles, et dont le péricarpe se divise finalement jusqu'à sa base en valves dont le nombre est égal à celui des carpelles et qui par conséquent sont bidentées à leur sommet.

4° *Déhiscence transversale*. — La déhiscence la plus singulière est celle qui résulte de la formation d'une rupture en travers du péricarpe et par conséquent sans rapport avec la constitution du fruit par des feuilles carpellaires ; je me contente d'en donner en ce moment un exemple à l'aide de la figure 430, prise sur le Mou-

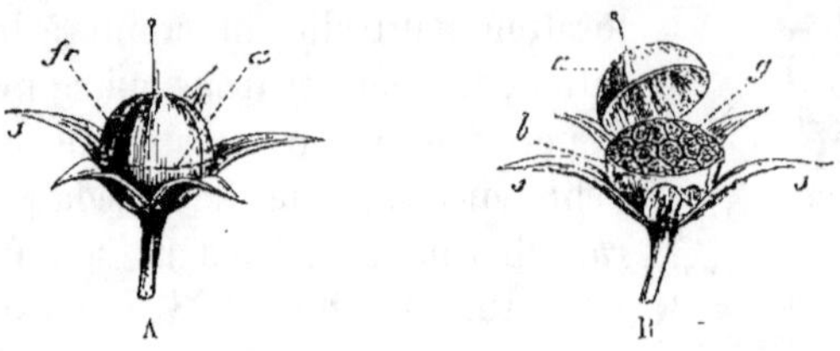

Fig. 430. — *Anagallis arvensis* L. — A, son fruit entier, *fr*, avant sa déhiscence et embrassé par le calyce persistant *s* ; *a*, ligne transversale où se fera la rupture du péricarpe. — B, le même fruit ouvert ou divisé en deux hémisphères *a* et *b*, dont le premier, en se détachant, laisse voir les graines *g* (2/1).

ron des champs (*Anagallis arvensis* L.). Nous verrons bientôt quel nom ce caractère a fait donner à la sorte de fruits qui le présente.

Trois sortes de déhiscence valvaire. — C'est aux fruits provenant de pistils composés que s'appliquent les détails qui vont suivre.

1° *Déhiscence septicide*. — Un fruit de ce genre résulte, nous le savons, de l'union de deux ou plusieurs carpelles qui forment autant de loges, ou bien qui circonscrivent tous ensemble une loge unique. Dans le premier cas, la déhiscence la plus naturelle est celle qui a pour effet de dissocier les carpelles élémentaires ; or, comme ceux-ci constituent autant de cornets clos qui, en se soudant chacun latéralement à ses voisins, ont constitué les cloisons, on conçoit que leur séparation par la déhiscence a pour effet de séparer les deux lames que réunissait chaque cloison ; elle fend donc chacune de ces cloisons en deux lames, et de là est venue la qualification de *Déhiscence septicide* (septa scindens, c'est-à-dire fendant les cloisons) qui a été donnée à ce mode d'ouverture des fruits. Une fois isolés de cette manière, les carpelles s'ouvrent longitudinalement soit par la disjonction de leurs deux bords qui s'étaient soudés pour fermer la cavité ovarienne, soit en laissant ces bords mêmes, avec les placentas qui s'y rattachent, unis en une colonne ou columelle centrale de laquelle ils se séparent. Dans tous les cas, chaque valve du fruit ouvert appartient à un carpelle unique. On voit des exemples de déhiscence septicide dans les Colchiques, les Bulbocodes et presque toutes les autres Mélanthacées parmi les Monocotylédons, et parmi les Dicotylédons chez le Tabac, dont la figure 431 représente le fruit au moment où il s'ouvre, chez les *Verbascum, Calceolaria, Scrofularia,* etc., de la famille des Scrofulariacées, dans les Mille-pertuis (*Hypericum*), dans la tribu des Rhododendrées de la famille des Éricacées, etc.

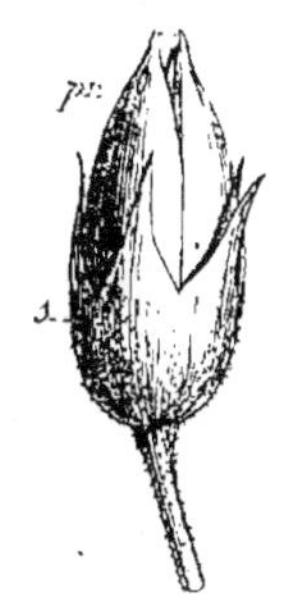

Fig. 431. — Fruit du *Nicotiana Tabacum* L. s'ouvrant au sommet par déhiscence septicide. — *pr*, péricarpe; *s*, calyce persistant (1/1).

2° *Déhiscence loculicide.* — Le mode de déhiscence le plus fréquent est celui qu'on a nommé *loculicide* (loculos scindens, ou fendant les loges) dans lequel l'ouverture se fait dans le sens de la nervure médiane des carpelles, et qui, par conséquent, produit une grande fente longitudinale au milieu de la paroi externe de chaque loge. La figure 432 la montre s'étant déjà opérée dans le fruit de la Tulipe des jardins (*Tulipa Gesneriana* L.) dans lequel les trois cloisons correspondent au milieu des trois faces. On conçoit sans peine : 1° que cette déhiscence, ouvrant largement les loges, met à découvert les graines *g*, dont la sortie se fait sans la moindre difficulté ; 2° que si les valves ainsi formées sont en nombre égal à celui des carpelles, chacune d'elles comprend la moitié de deux carpelles différents ; 3° que les cloisons correspondent au milieu de chaque valve. La plupart des Monocotylédons, Joncacées, Liliacées, Amaryllidées, etc., et beaucoup de Dicotylédons : les Polémoniacées, diverses Scrofulariacées, les Éricacées proprement dites, etc., ouvrent leur fruit de cette manière.

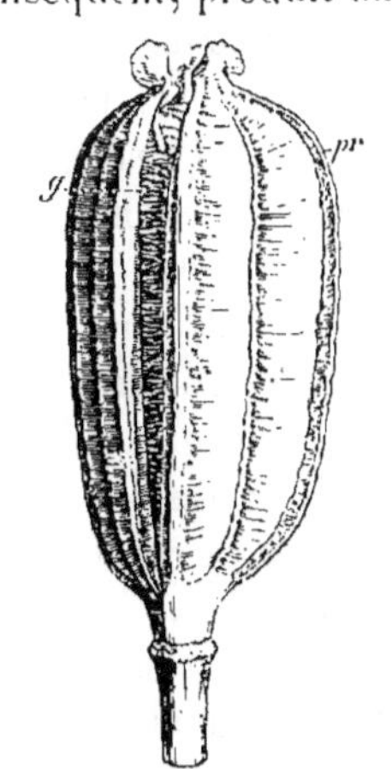

Fig. 432. — *Tulipa Gesneriana* L.: son fruit, *pr*, ouvert par déhiscence loculicide et laissant voir ses graines *g* (1/1).

3° *Déhiscence septifrage.* — On a nommé ainsi le mode d'ouverture de certains fruits dans lesquels la paroi externe des loges se sépare de leurs parois latérales qui forment les cloisons, celles-ci restant unies, au moins momentanément, entre elles ; il y a donc rupture des cloisons à leur jonction avec la périphérie du fruit, d'où a été tirée la dénomination de *déhiscence septifrage* (septa frangens ou brisant les cloisons). Ces lignes de séparation divisent la portion périphérique du péricarpe en valves dont chacune comprend la partie d'un carpelle qui s'étendait d'une cloison à l'autre. Ce genre de déhiscence a lieu dans les fruits des Cédrélacées, comme l'Acajou (*Swietenia Mahagoni* L.), dans les *Hydrolea*, etc.; mais, au total, elle est moins fréquente que les deux premières. A. Saint-Hilaire n'y voyait qu'une simple modification de la déhiscence loculicide, opinion peu admissible.

Déhiscence des fruits uniloculaires. — Les fruits pluricarpellés et néanmoins uniloculaires divisent leurs parois en valves de deux manières analogues aux deux déhiscences septicide et loculicide, mais qu'on ne peut évidemment assimiler entièrement à celles-ci. Tantôt ils isolent les carpelles de manière à former tout autant de valves dont chacune est constituée par une feuille carpellaire entière; tantôt ils coupent chaque carpelle sur sa ligne médiane, et séparent alors des valves formées chacune de deux moitiés de carpelles adjacents. Dans le premier cas, dont on voit aisément l'analogie avec la déhiscence septicide, si les placentas étaient pariétaux, ils sont partagés de telle sorte que les bords des valves portent chacun des graines; dans le second cas, dont il est aisé de reconnaître l'analogie

Fig. 455. — Fruit du *Viola tricolor* L., var. *alpestris*; en A, encore fermé; en B, représenté après sa déhiscence (1/1).

avec la déhiscence loculicide, le milieu de chaque valve est occupé par un placenta et porte par conséquent les graines. On voit un bon exemple de ce dernier cas et par conséquent de valves placentifères sur leur milieu dans le fruit des Violettes que la figure 455 représente encore fermé en A, et ouvert en B.

Déhiscence avec élasticité. — Certains péricarpes s'ouvrent brusquement et avec une force de ressort assez grande pour leur permettre de projeter les graines à une certaine distance. Les valves qu'ils isolent ainsi se recourbent aussitôt ou s'enroulent sur elles-mêmes. L'exemple le plus vulgaire de cette curieuse particularité est offert par la Balsamine des jardins dont le fruit est représenté sur la figure 454, en A avec sa forme naturelle et encore fermé, en B dans l'état où le met subitement sa déhiscence. — Le fruit de la Clandestine s'ouvre également avec élasticité ; celui d'une Cucurbitacée très-commune le long des routes et des fossés, dans nos départements méridionaux, l'*Ecbalium Elaterium* Rich. (*Momordica Elaterium* L.), se détache de son pédoncule et contractant subitement ses parois, il

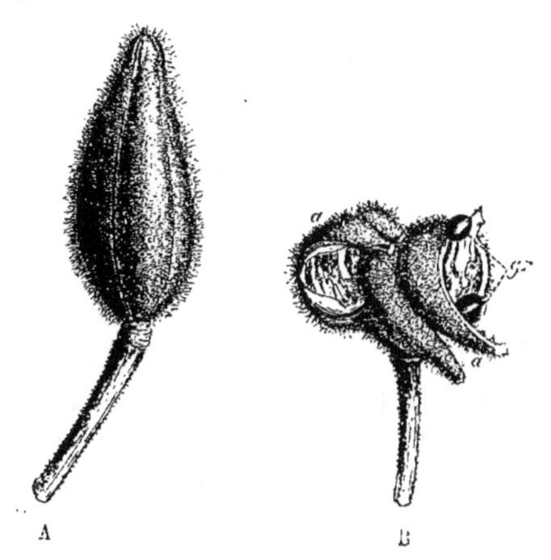

Fig. 454. — *Balsamina hortensis* Desp. — A, son fruit encore clos. — B, le même après sa déhiscence ; *a a*, valves recourbées sur elles-mêmes ; *gr*, deux graines qui n'ont pas été lancées (1/1).

lance avec force par l'ouverture qui s'y est formée de cette manière un liquide qui entraîne les graines. Mais l'un des exemples les plus remarquables qu'on puisse indiquer à cet égard est celui d'une Euphorbiacée, le Sablier ou *Hura crepitans* L. Le fruit de cet arbre, indigène de l'Amérique chaude, est arrondi, fortement déprimé et composé de douze à dix-huit carpelles soudés entre eux seulement dans la moitié interne de leur largeur, et dont les parois deviennent ligneuses. Ces *coques* (cocci), comme on les nomme souvent de même que la généralité des carpelles incomplétement unis entre eux par leurs côtés, s'isolent à la maturité et s'ouvrent en deux valves avec une telle force qu'il en résulte une véritable explosion. Pour empêcher cette énergique déhiscence, on est obligé, dans les collections, d'entourer ce fruit d'une ficelle fortement serrée ou même d'un fil de fer.

§ 2. — Classification des fruits.

Multiplication successive des sortes de fruits. — La variété remarquable que présentent les fruits sous le rapport de leur composition par un carpelle ou par plusieurs, de leur déhiscence à la maturité, de leur substance sèche, charnue ou pulpeuse, etc., a frappé les botanistes qui de bonne heure en ont reconnu diverses sortes. Dès la fin du seizième siècle, l'italien Césalpin en distinguait déjà quelques-uns auxquels il donnait des noms qui sont encore employés aujourd'hui. L'immortel Linné, un peu avant le milieu du siècle dernier, éclaira des lumières de son esprit éminemment méthodique cette partie de la science, et caractérisa huit espèces de fruits, dont une toutefois, qui a valu aux Conifères le nom sous lequel on les désigne, n'est qu'une inflorescence entière fructifiée, bien que les organographes de nos jours la comprennent souvent eux-mêmes dans leurs classifications des péricarpes. — Vers la fin du siècle dernier, le célèbre Joseph Gærtner publia un ouvrage considérable intitulé : *De fructibus et seminibus plantarum*, dans lequel il consigna la description avec la figure du fruit et de la graine de tous les genres de plantes connus de son temps, et par lequel il rendit en outre le service de faire apprécier la valeur des caractères que fournissent ces parties. Complété par le fils de ce savant célèbre, ce vaste travail est resté la base de la portion de l'organographie qui traite du fruit, c'est-à-dire de la *carpologie*. Dans l'introduction de ce grand ouvrage, Gærtner caractérise sept espèces de fruits, parmi lesquelles deux sont subdivisées chacune en quatre, ce qui, en réalité, donne un total de treize.

Multiplicité des classifications de fruits. — Mais c'est surtout depuis le commencement de ce siècle que les classifications des fruits ont été multipliées, et que le nombre de leurs espèces a été considérablement augmenté en même temps. Les botanistes à qui nous devons les travaux les plus importants dans cette direction sont : en France, Mirbel, Desvaux, De Candolle, M. Lestiboudois; en Belgique, M. Dumortier; en Angleterre, Lindley. Les sortes de fruits admises par eux comme distinctes et suffisamment caractérisées, se sont élevées jusqu'au nombre de trente-six pour Lindley et pour M. Dumortier, de quarante-trois pour Desvaux. Cependant il faudrait se garder de croire, d'un côté, que l'on ait ainsi classé et distingué méthodiquement toutes les formes sous lesquelles peut se présenter cette partie essentielle des végétaux, de l'autre que toutes les distinctions qui ont été établies soient également justifiables et basées sur des principes parfaitement concordants. C'est que, comme le disait Richard, « rien de plus difficile que d'établir avec précision les diverses espèces de fruits, » et que, comme le faisait observer M. Dumortier, « on voit les fruits les plus dissemblables en apparence se rapprocher par des nuances insensibles, tandis que, d'un autre côté, on en découvre chaque jour de nouvelles espèces qu'il est très-difficile de classer parmi les anciennes. » Aussi la science appelle-t-elle encore de nouveaux travaux sur cet important sujet.

On sent que, dans ces *Éléments*, il m'est impossible de présenter l'exposé des différentes classifications qui ont été proposées, et même d'indiquer toutes les sortes de fruits que les botanistes auxquels on les doit ont admises et y ont rangées. Je crois devoir me borner à mentionner, parmi ces dernières, celles qu'on rencontre le plus ordinairement, qui sont le mieux caractérisées, et dont la connaissance est indispensable ou tout au moins utile pour la botanique descriptive. Quant au cadre dans lequel je rangerai ces sortes de fruits, ce sera la classification de Lindley réduite à ses deux sections essentielles.

Subdivision des fruits en deux séries. — Or, ces sections correspondent aux deux catégories de pistils que j'ai distinguées plus haut (*voy.* p. 564 et suiv.) et sont, par conséquent, en rapport avec l'organisation même des fruits : 1° Aux pistils simples ou unicarpellés succèdent les fruits également simples ou unicarpellés ou, comme les nomme Lindley, *apocarpés*; 2° aux pistils composés ou pluricarpellés succèdent les fruits composés ou pluricarpellés, ou selon l'expression de Lindley, *syncarpés*. Je ferai seulement observer que les mots de fruits simples et composés n'ont pas toujours été employés de la même manière ni avec la même signification par tous les botanistes; c'est ainsi, pour en citer un exemple, que M. Dumortier [1] nomme simple tout fruit qui provient d'une fleur à un seul pistil et qui reste entier à la maturité, sans se diviser longitudinalement en plusieurs péricarpes partiels, et cela qu'il soit formé d'un seul carpelle ou de plusieurs.

1. Fruits apocarpés.

Ces fruits sont les uns indéhiscents, les autres normalement déhiscents. Les premiers ne renferment qu'une ou au plus deux graines, et sont dits, par suite, *monospermes* ou *dispermes* (σπέρμα, graine); les derniers renferment plusieurs graines, c'est-à-dire sont *polyspermes*, sauf des cas tout à fait exceptionnels. Enfin les fruits apocarpés indéhiscents restent, pour la plupart, secs, tandis que certains d'entre eux épaississent leur mésocarpe

---

[1] Essai carpographique contenant une nouvelle classification des fruits, par M. Dumortier. *Mém. de l'Acad. roy. des Sc. de Bruxelles*, t. VII et IX, 156 pages et 5 planches

au point de devenir charnus. On est conduit ainsi à établir dans leur série trois subdivisions.

A. Fruits apocarpés, indéhiscents, secs, monospermes ou dispermes. — J'en indiquerai trois sortes :

1. Le *Caryopse* (caryopsis Rich.), fruit des Graminées, se caractérise parce que, provenant d'un ovaire qui renfermait un ovule bien distinct et séparé de ses parois, il a son péricarpe soudé avec le tégument de la graine. La continuité de tissu entre les deux est telle que, lorsqu'on soumet ce fruit à l'action de la meule, cette enveloppe commune se brise et se détache en fragments qui constituent le son mélangé à la farine des céréales. Toutefois le genre *Sporobolus* a été formé par R. Brown surtout d'après cette circonstance exceptionnelle que, dans les Graminées qui le forment, le péricarpe n'adhère pas à la graine et s'ouvre même.

2. Un *Achaine* (achæna Neck.; achenium Auct.; de ἀ privatif et de χαίνειν, s'ouvrir, c'est-à-dire ne s'ouvrant pas) ne diffère d'un caryopse que par son péricarpe indépendant du spermoderme ; tel est celui du Sarrasin (*Fagopyrum esculentum* Moench) que représente la figure 455. Un grand nombre de petits fruits appartenant à des plantes fort diverses reçoivent cette dénomination, notamment ceux de l'immense famille des Composées; ceux-ci, dans la grande majorité des cas, présentent cette particularité remarquable d'être surmontés d'une aigrette (*voy.* p. 502) due au calyce qui parfois conserve à peu près l'apparence et la texture ordinaires (aigrette

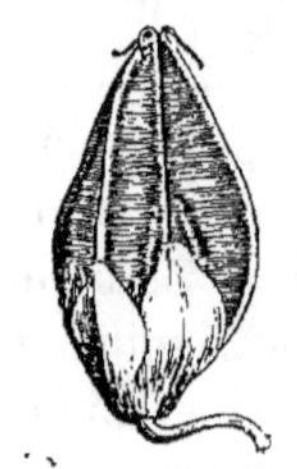

Fig. 435. — Achaine du *Fagopyrum esculentum* Moench, avec les trois styles et le calyce persistants (5/1).

écailleuse, voy. en s, fig. 299, p. 517), mais qui beaucoup plus souvent se désagrége et se décompose en poils, soit simples (aigr. *pileuse* ou *capillaire*), soit quelquefois rameux irrégulièrement (aigr. *rameuse*), soit enfin portant dans toute leur longueur des subdivisions latérales et fines qui font ressembler chacun d'eux à une plume (aigr. *plumeuse*). En outre, cette aigrette repose, chez une partie des Composées, immédiatement sur le sommet du fruit (aigr. *sessile*), tandis que, chez d'autres, sa base s'allonge peu à peu en un filet plus ou moins long, situé entre elle et le sommet du fruit et qui lui sert de pédicule (aigr. *stipitée*). — Il est bon de rappeler que Richard écrivait mal à propos *akène*, et qu'on trouve dans beaucoup d'ouvrages cette orthographe vicieuse, qui est contraire à l'étymologie du mot.

Gærtner distinguait sous le nom d'*Utricule* une sorte de fruit qui diffère de l'achaine seulement parce que le funicule de la graine se montre distinct dans sa cavité. Les botanistes se sont toujours fort peu entendus quant à l'application de ce nom et dans le style descriptif on n'en fait à peu près pas usage.

3. Gærtner a nommé *Samare* (samara) un fruit facile à distinguer à son péricarpe étendu en une grande membrane mince ou *aile*, qui tantôt se prolonge longuement d'un seul côté, comme dans le Frêne, et qui tantôt en fait tout le tour, comme dans l'Orme.

B. Fruits apocarpés, indéhiscents, charnus, monospermes ou dispermes.

4. Sous le nom de *Drupe* (drupa) on comprend tous les fruits de cette catégorie qui ont à la fois le mésocarpe charnu ou succulent et l'endocarpe lignifié, en d'autres termes, tous ceux qu'on nomme vulgairement fruits à noyau. Outre le fruit du Cerisier ou la Cerise, que la figure 456 représente, en A tout entière, en B coupée longitudinalement de manière à montrer son noyau en place, on peut en citer encore pour exemples la Prune, l'Abricot, la Pêche, etc.

Fig. 456. — *Cerasus Caproniana* DC.; son fruit ou la Cerise: A, entière; B, coupée longitudinalement de manière à montrer le noyau en place (1/1).

Quelques botanistes ont distingué comme une sorte particulière de fruit la *Noix*, fruit des Noyers (*Juglans*), et aussi de l'Amandier (*Amygdalus communis* L., fig. 425, p. 646), dans laquelle le mésocarpe, appelé vulgairement le *Brou*, est ferme, presque coriace et non charnu, quoique épais; mais cette différence de consistance ne suffit certainement pas pour autoriser une pareille distinction.

C. Fruits apocarpés, déhiscents, polyspermes.

5. Le *Follicule* (folliculus L.) est un fruit à parois généralement minces, qui s'ouvre par sa suture ventrale et qui forme ainsi une

seule valve dont les deux bords portent chacun une série de graines. Le plus souvent ces follicules succèdent, au nombre de deux,
trois ou plusieurs, à une même fleur. Ainsi la figure 437 A en

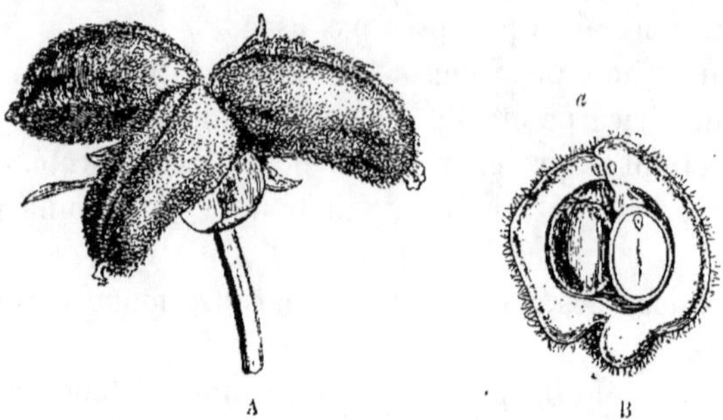

Fig. 437. — *Pæonia officinalis* L. : A, les trois follicules qu'a produits une fleur (1/2).
— B, un de ces fruits coupé transversalement pour montrer la suture *a* par laquelle il s'ouvrira et les graines en place (1/1).

représente trois qui ont été produits par une même fleur de Pivoine
officinale (*Pæonia officinalis* L.). La figure 437 B montre, sur
une coupe transversale de l'un de ces trois fruits, représenté
avant sa déhiscence, la suture *a* le long de laquelle s'attachent les
graines et par laquelle se fera la déhiscence. D'autres Renonculacées appartenant à la tribu des Pæoniées et surtout à celle des
Helléborées, toutes les Asclépiadées et Apocynées, etc., fournissent de nombreux exemples de follicules.

C'est sur le plan du follicule qu'est organisé le fruit des Protéacées, dont les parois deviennent souvent ligneuses, même
très-épaisses (*Hakea*, *Xylomelum*), qui ne renferme qu'une ou
deux graines, parfois séparées par une fausse cloison de formation tardive et qui s'ouvre complétement par sa suture ventrale,
incomplétement par sa suture dorsale. Desvaux nommait ce follicule coriace ou ligneux et mono-disperme un *Hémigyre* (hemi-
gyrus).

6. Le *Légume* ou la *Gousse* (legumen) est essentiellement caractérisé parce que son carpelle unique s'ouvre à la fois par la
suture ventrale et par la suture dorsale, formant ainsi deux valves
dont chacune ne porte des graines que le long de l'un de ses deux
bords. Le Haricot, que représente la figure 438, en est un exemple bien caractérisé. Mais cette sorte de fruit, qui a valu à la grande
famille des Légumineuses le nom qu'elle porte, subit assez fréquemment des modifications qui en altèrent la manière d'être normale,
tant à l'extérieur qu'à l'intérieur. A l'extérieur, elle se creuse

parfois, entre les points occupés par les graines, d'échancrures ou de sinuosités profondes, soit des deux côtés, comme dans le *Biserrula Pelecinus* L., où elle prend la configuration que montre la figure 439, soit d'un seul côté, comme dans les *Hippocrepis* où elle prend ainsi la forme singulière que représente la fig. 440. Dans

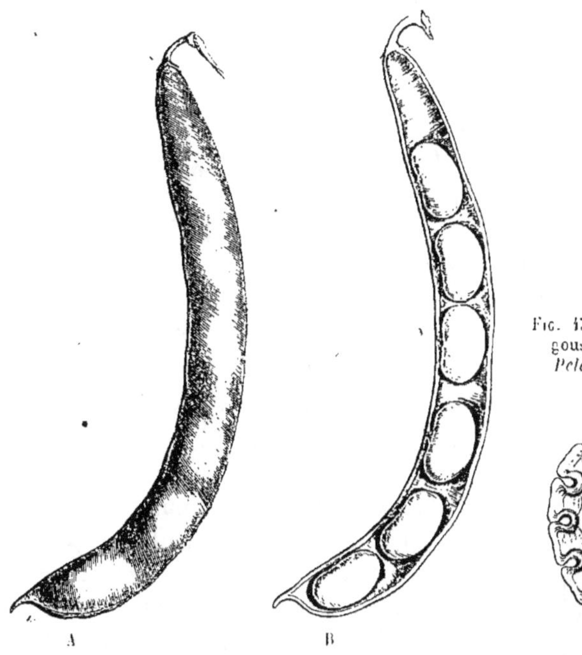

Fig. 438. — A, une gousse entière de Haricot Flageolet (*Phaseolus vulgaris* L.). — B, la même gousse ouverte pour montrer en place les six graines qu'elle renferme (2/3).

Fig. 439. — Légume ou gousse du *Bisserrula Pelecinus* L. (1/1).

Fig. 440. — Légume ou gousse de l'*Hippocrepis multisiliquosa* L. (1/1).

les *Medicago* ou Luzernes, le légume se contourne en spirale à plusieurs tours, de manière à ressembler à une vis à pas serrés; ailleurs il se raccourcit en se renflant et s'arrondissant; en même temps, dans ce cas, ses sutures se consolident au point de ne pouvoir se fendre à la maturité, et le nombre des graines y diminue jusqu'à l'unité; il en résulte, au total, le singulier fruit ovoïde, indéhiscent et monosperme, qu'on ne peut plus que par analogie appeler légume dans les *Euchresta*, dans le *Dipterix odorata* W., dont la graine odorante est connue sous le nom de *Fève de Tonca*, etc. — A l'intérieur, sa loge normalement unique peut être divisée longitudinalement en deux, comme dans les Astragales, par exemple dans l'*Astragalus Glycyphyllos* L., dont la figure 441

montre le fruit en A entier, en B coupé transversalement, dans le
Biserrula et quelques autres.
Nous avons vu aussi qu'il peut
s'y produire tardivement des
étranglements ou même des
cloisons transversales qui
subdivisent sa cavité en plusieurs placées l'une au-dessus
de l'autre (*voy.* p. 642). —
Ces nombreuses variations
dans l'organisation du légume montrent combien il
serait difficile d'établir une
classification des fruits dans

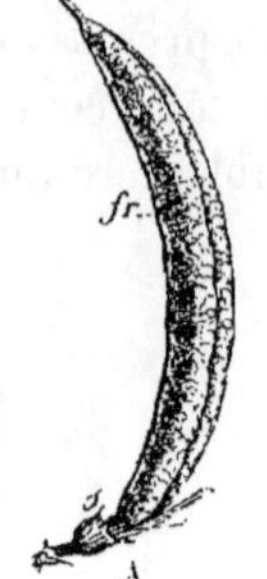
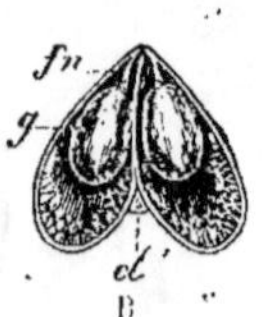

Fig. 441. — Légume de l'*Astragalus Glycyphyllos* L.;
en A, entier : *fr*, le légume; *s*, le calyce persistant (1/1); — en B, coupé transversalement :
cl, cloison qui le divise en deux loges; *g*, graines; *fu*, funicule (2/1).

laquelle trouvassent place toutes leurs manières d'être.

II. *Fruits syncarpés.*

Les fruits syncarpés se divisent, comme
les précédents, en *déhiscents* et *indéhiscents*.

a. Fruits syncarpés, déhiscents.

7. *Silique* et *Silicule* (siliqua et silicula).
Cette sorte de fruit appartient à la famille
des Crucifères, à laquelle il fournit l'un de
ses principaux caractères distinctifs. Elle
offre deux loges séparées par une cloison dont
les bords tiennent aux placentas et de laquelle
se détachent, pour la déhiscence, deux valves
qui s'écartent de bas en haut. La figure 442
représente un de ces fruits, en A entier et
encore fermé, en B s'ouvrant à sa maturité.
Lorsque le fruit dont il s'agit est beaucoup
plus long que large, comme celui dont on
a la figure sous les yeux, il garde le nom de
Silique, tandis qu'on l'appelle une Silicule
quand sa longueur surpasse tout au plus
quatre fois sa largeur; mais on sent bien que
si, dans la majorité des cas, on n'éprouve
aucun embarras pour appliquer l'une ou
l'autre de ces dénominations, il peut y
avoir des états intermédiaires dans lesquels
on ait à peu près autant de raisons pour employer l'une que

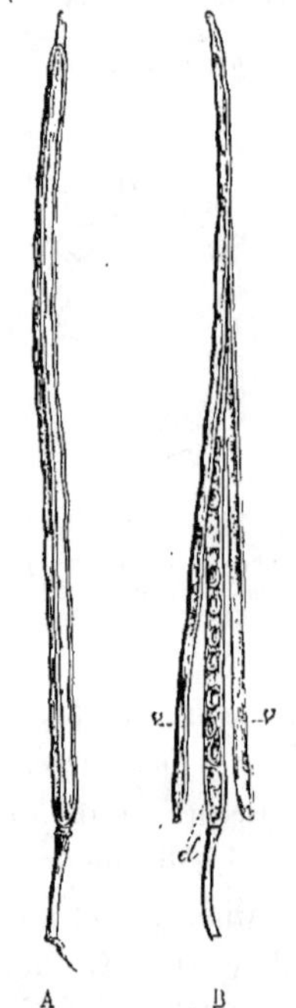

Fig. 442. — Silique du *Moricandia arvensis* DC (*Brassica arvensis* L.). — A, entière et encore fermée. — B,
mûre et en déhiscence; *v v*,
ses deux valves; *cl*, sa
cloison à laquelle tiennent
encore les graines (1/1).

l'autre; c'est là un inconvénient que l'on éprouve pour la mise en pratique de toutes les classifications, quel que soit le caractère sur lequel elles reposent.

La silique des Crucifères présente diverses particularités dont l'explication a beaucoup occupé les botanistes, sans qu'on soit encore arrivé à une opinion uniforme à leur égard. L'examen et la discussion de ce qui a été écrit à ce sujet m'entraînerait beaucoup trop loin; je me bornerai donc à quelques lignes, relativement à la cloison et aux placentas.

La cloison paraît être indépendante des parois carpellaires; elle consiste, en effet, en un plan cellulaire souvent dédoublé en deux lames vers ses deux bords longitudinaux et comme tendu sur un cadre que forment les deux placentas, de telle sorte que chacun de ceux-ci porte une rangée de graines à droite et à gauche, c'est-à-dire dans l'une et l'autre loge.

Cette sorte de cadre placentaire est beaucoup plus apparent dans des plantes très-voisines, sous ce rapport, des Crucifères, savoir les *Chelidonium* dans lesquels, comme le montre la figure 445, le fruit, qu'on se contente d'appeler une capsule en forme de silique (*capsula siliquæformis*), a la même forme, s'ouvre également (B) en deux valves de bas en haut, mais se distingue en ce que son cadre placentaire, ou *replum*, *rp*, ne porte pas de cloison. Toutefois la structure anatomique de la cloison des siliques n'est pas toujours aussi simple que je l'ai dit plus haut; on y voit assez souvent des nervures formées de cellules allongées ou fibres rarement accompagnées de trachées, et même M. Eug. Fournier y a trouvé, dans l'*Hugueninia* (*Sisymbrium tanacetifolium* L.) un vaisseau poreux. — Un autre fait exceptionnel consiste en ce que, dans le fruit des Crucifères, les placentas, quoique en réalité pariétaux, sont opposés aux stigmates au lieu

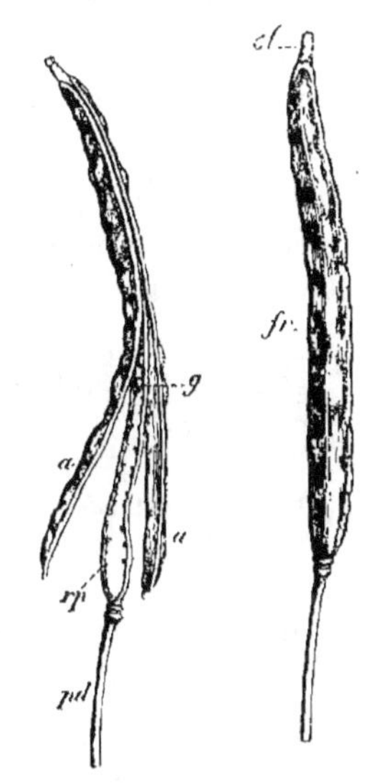

Fig. 445. — *Chelidonium majus* L. — A, fruit entier, *fr*, encore fermé; *sl*, style persistant en bec, à son extrémité supérieure. — B, le même en déhiscence; *pd*, pédoncule; *a a*, les deux valves qui se détachent laissant le replum *rp*; celui-ci porte encore dans le haut des graines *g* (1⁄1).

d'alterner avec eux. — Ces détails d'organisation s'écartent tellement de ce qu'offrent tous les autres pistils et par conséquent les fruits qui en proviennent, qu'ils ont donné lieu aux hypothèses explicatives les plus diverses et on peut même dire les plus hardies.

8. Mirbel a nommé *Pyxide* (pyxis; capsula circumscissa L.) un fruit sec, nettement caractérisé parce que sa déhiscence transversale le divise en deux hémisphères dont le supérieur s'enlève comme le couvercle d'une boîte à savonnette; j'en ai donné un exemple fourni par l'*Anagallis arvensis* L. (voy. fig. 430, p. 651). Les Jusquiames (*Hyoscyamus*) et les autres genres de la tribu des Hyoscyamées, dans la famille des Solanacées, possèdent un fruit semblable.

9. On désigne sous le nom assez vague de *Capsule* (capsula) les fruits secs, syncarpés, déhiscents et généralement polyspermes qui existent chez un grand nombre de plantes diverses. L'emploi de cette dénomination ne se fait peut-être pas toujours avec une parfaite rigueur: néanmoins les inconvénients qui peuvent en résulter sont certainement moins grands que ceux qu'amènerait la multiplicité des distinctions: d'ailleurs en ajoutant certains adjectifs au mot capsule on indique avec une précision suffisante les modifications sous lesquelles ce fruit peut se présenter. — La Tulipe (*Tulipa Gesneriana* L.) nous a offert (voy. fig. 432, p. 652) un exemple de capsule parfaitement caractérisée. En comparant avec cette capsule celle que représente la figure 444, d'après le *Corydalis ochroleuca* Koch, on reconnaîtra que cette sorte de fruit peut varier beaucoup de forme, puisque cette dernière, que

Fig. 444. — Capsule oblongue, uniloculaire, bivalve et polysperme du *Corydalis ochroleuca* Koch. (5/1).

certains botanistes descripteurs nomment capsule siliqueuse (*capsula siliquosa* Endl.), pour indiquer qu'elle est notablement allongée, forme une transition à la capsule-silique que nous avons vue chez le *Chelidonium majus* L. (fig. 443). — Pour montrer, au reste, combien les fruits diffèrent quelquefois l'un de l'autre, même dans des plantes très-voisines, à côté de cette capsule allongée du *Corydalis* qui s'ouvre à sa maturité en deux valves, et qui renferme un grand nombre de graines dans sa loge, je placerai, en en faisant le sujet de la figure 445, le fruit de la Fumeterre officinale (*Fumaria officinalis* L.) qui est petit, à peu près globuleux, finalement sec et qui renferme une seule graine. Or les *Corydalis* étaient, à l'origine, confondus parmi les *Fumaria*. Même, M. Durieu de Maisonneuve a découvert en Algérie une sorte de Fumeterre, dont il a formé le genre *Ceratocapnos*, qui présente cette particularité extrêmement singulière que, du même petit épi de fleurs, proviennent deux natures de fruits dissemblables, dont l'une rappelle les *Corydalis* par sa forme oblongue et ses parois minces, relevées de faibles côtes lisses, tandis que l'autre, placée plus bas, est analogue à ce qu'on voit chez les *Fumaria* par sa brièveté, par sa graine unique et par ses parois épaisses, dures, qui offrent de fortes côtes ondulées.

Fig. 445. — Fruit du *Fumaria officinalis* L. (6/1).

b. Fruits syncarpés, indéhiscents.

10. Le *Gland* (glans) semble, au premier abord, être rangé fort à tort parmi les fruits syncarpés; en effet, il ne renferme qu'une seule graine qui le remplit entièrement; mais l'ovaire duquel provient ce fruit, dans les Chênes qui en offrent le type, était composé de trois, plus rarement de quatre carpelles, et offrait intérieurement tout autant de placentas portant chacun deux ovules et qui, bien que réellement pariétaux, d'après Schacht, étaient assez saillants pour arriver au centre et former ainsi trois loges. C'est donc, comme nous l'avons vu (*voy.* page 645), par suite d'un avortement constant que le gland ne développe qu'un carpelle et une graine. Ce fruit est encore facilement reconnaissable à ce que sa base est enchâssée dans une cupule, comme on le voit sur la figure 446.

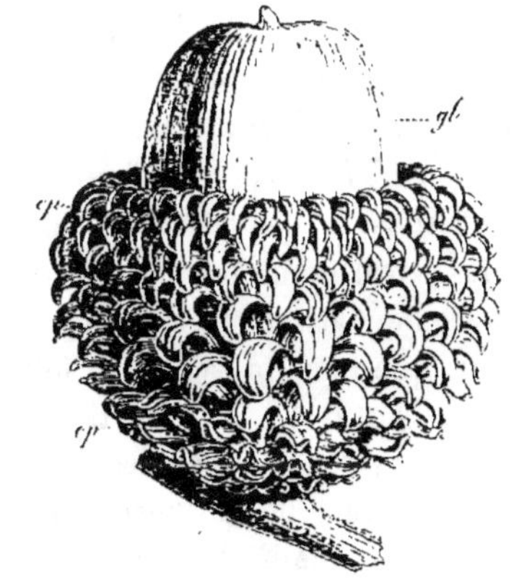

Fig. 446. — Gland, *gl*, du Chêne Vélani (*Quercus Ægilops* L.), profondément enchâssé par sa base dans sa grande cupule à bractées foliacées, *cp* (1/1).

11. L'*Orange* ou *Hespéridie* (hesperidium Desv.), fruit des Orangers, des Citronniers et généralement des espèces du genre *Citrus*, est caractérisé parce que, sous un mésocarpe plus ou moins charnu, et parfois très-épais, vulgairement nommé peau, son endocarpe membraneux forme plusieurs loges séparables sans déchirement et remplies d'une pulpe dont nous avons appris (p. 647) le curieux mode de formation.

12. De Candolle a désigné sous le nom de *Balauste* (balausta) le fruit du Grenadier, qui provient d'un ovaire infère, que couronne le calyce persistant et sensiblement accrescent, dont le mésocarpe est coriace, et qui offre cette particularité fort singulière d'avoir deux étages dissemblables de loges séparées par les lames d'un endocarpe fort mince, où se trouvent de nombreuses graines à tégument épais et succulent.

13. Le *Pépon* ou la *Péponide* (pepo L.; peponida Rich.) est le fruit des Cucurbitacées, comme les Courges, le Melon, le Concombre, etc. Il provient d'un ovaire infère, quelquefois demi-infère seulement; dans ce dernier cas, qui est celui du Giraumon turban, on y distingue fort bien la portion infère fortement renflée et relevée de nombreuses côtes longitudinales arrondies, de la portion supérieure et libre, plus étroite et sur laquelle trois ou quatre grosses proéminences arrondies indiquent les carpelles qui sont entrés dans sa formation. Le caractère essentiel du pépon est de diminuer de dureté de la circonférence au centre où se produit même un grand vide, dans les espèces et variétés cultivées. En outre, bien qu'il provienne d'un ovaire à plusieurs loges (généralement trois), les graines y sont éloignées de l'axe.

14. Sous le nom de *Pomme* (pomum), on désigne le fruit de nos arbres fruitiers à pepins, qu'il provienne d'un Pommier, d'un Poirier ou d'un Cognassier. Comme le montrent les figures 415 et 426 (p. 637 et 647), ce fruit charnu est surmonté du calyce (œil), et il est creusé de loges le plus souvent au nombre de cinq, dont les parois sont formées par un endocarpe cartilagineux, ou plus rarement osseux, c'est-à-dire durci en noyau. Dans ce dernier cas, que nous présente la Nèfle (*voy.* fig. 416 A, B, p. 637 et fig. 427, p. 647), on le distingue fréquemment sous le nom de *Pomme à osselets* (pyrénaire Desv.). — On distingue vulgairement la Pomme de la Poire à cause de la forme arrondie de l'une, plus ou moins allongée et ventrue de l'autre; mais l'organisation de l'un et de l'autre de ces fruits étant absolument la même, leur forme n'est pour eux qu'un caractère de la plus faible valeur; d'ailleurs ce caractère même disparaît, puisqu'il existe des poires arrondies (Crassane, Naquette, Sylvange, poire du Quessoy et généralement celles qu'on nomme Bergamotes), et des pommes tout aussi allongées que les poires ordinaires, même parfois ventrues comme celles-ci (Pigeonnet, Princesse d'Orange, etc.). Quant au Coing, il ne se distingue que par ce qu'il a l'épicarpe duveté et plusieurs graines dans chaque loge.

15. On réunit sous la dénomination de *Baie* (bacca) un grand nombre de fruits charnus ou pulpeux, généralement polyspermes, dont l'endocarpe ne se distingue en rien du reste du péricarpe. Tel est le fruit du Groseiller rouge (*Ribes rubrum* L.), que la figure 447 représente entier et en grappe en A, coupé longitudinalement en B, et qui provient d'un ovaire infère, ainsi qu'on le reconnaît au calyce desséché dont il est surmonté : tel est aussi le fruit de la Vigne (*Vitis vinifera* L.) qui résulte du développe

Fig. 447. — A, grappe de fruits du Groseiller ordinaire (*Ribes rubrum* L.) (1/1). — B, une de ces baies coupée longitudinalement (2/1).

ment d'un ovaire supère. Ces deux exemples suffisent pour faire comprendre qu'il règne assez de vague dans l'emploi usuel de la dénomination de baie, et on en verra une nouvelle preuve par ce fait qu'on désigne ainsi le fruit du Nymphéa (*Nymphæa alba* L.), que représente la figure 448, et dans lequel on admet que le péricarpe, membraneux extérieurement, pulpeux intérieurement, est revêtu d'une couche étrangère, formée par une production du torus ou réceptacle propre, qui devient

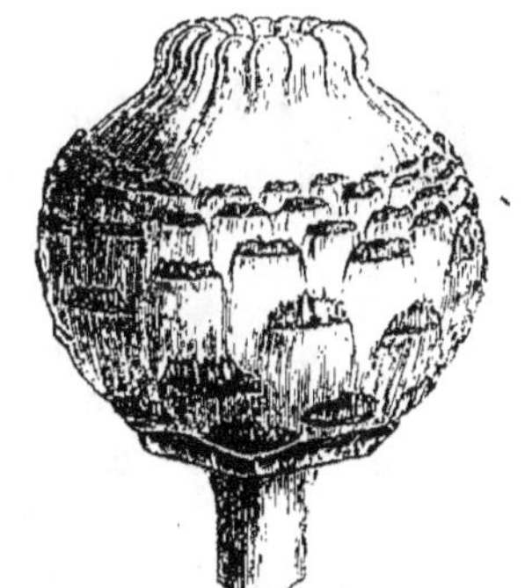

Fig. 448. — Fruit du *Nymphæa alba* L. (1/1).

charnue, et qui porte à sa surface, ainsi qu'on le voit sur la figure 448, de nombreuses cicatrices dues à la base des pièces du périanthe tombées après la fleuraison.

Fruits agrégés et fruits anthocarpés. — 1° *Fruits agrégés.*

Dans sa classification des fruits, Lindley admettait, outre les deux classes dont il vient d'être question en détail (apocarpés et syncarpés), celles des fruits *agrégés* et des fruits *anthocarpés*. Je ne pense pas qu'il y ait des motifs suffisants pour conserver ces deux divisions. En effet, les fruits agrégés sont simplement des fruits simples ou apocarpés qui succèdent, au nombre de deux ou plusieurs, à une même fleur. Ils proviennent donc de carpelles qui, au lieu de se réunir en un pistil unique, sont restés isolés et ont formé tout autant de pistils simples et séparés. Mais, outre que la liberté et l'indépendance des carpelles n'amènent pas après elles, comme conséquence forcée, une différence réelle d'organisation, il existe une foule de transitions de l'une à l'autre, et même des carpelles séparés à l'état de fruit ont été souvent unis d'abord en un seul et même pistil, ou bien, dans un même genre naturel de plantes, on trouve fréquemment des exemples de carpelles entièrement distincts chez certaines espèces, plus ou moins soudés entre eux chez d'autres. Ainsi le pistil du *Galium Mollugo* L. formait un tout unique, dans lequel il y avait un ovaire biloculaire. Devenu fruit, ce pistil isole ses deux carpelles l'un de l'autre, comme le montre la figure 449, et on décrit le fruit de cette plante comme formé de deux

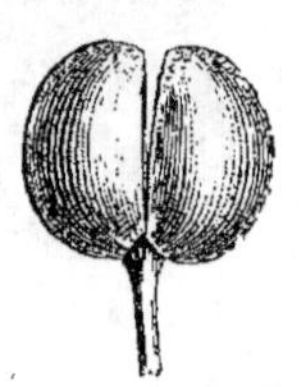

Fig. 449. — Fruit du *Galium Mollugo* L. (6/1).

coques indéhiscentes et monospermes, qui reviennent en réalité à deux achaines. — D'un autre côté, si nous n'avions sous les yeux que le fruit du *Spiræa Fortunei* Plan., que représente la figure 450, nous le décririons comme composé de cinq follicules indépendants qui s'ouvrent, à la maturité, par leur suture ventrale, et dont la figure 350 C (p. 563) montre l'organisation intérieure; mais dans ce même genre il existe un certain nombre d'espèces chez lesquelles les cinq carpelles sont plus ou

Fig. 450. — Fruit à peu près mûr du *Spiræa Fortunei* Planc. (5/1).

moins longuement unis entre eux dans leur portion inférieure; nous reconnaissons donc par cela même qu'il n'y a réellement qu'une légère différence entre ces deux manières d'être. — Il me semble, au total, qu'il n'y a pas lieu d'établir une classe spéciale pour les fruits agrégés, auxquels du reste les botanistes ne donnent pas en général d'autres noms que ceux qui désignent les fruits simples dont ils sont la réunion. — Je rappellerai que

De Candolle qualifiait ces fruits de *multiples* et que A. Saint-Hilaire les désignait de même, appelant par opposition fruits simples ceux qui forment un tout unique, quel que soit le nombre des carpelles qui se sont unis pour les former.

2° *Fruits anthocarpés.* — Quant aux fruits anthocarpés de Lindley, ils forment des ensembles auxquels il est impossible d'appliquer le nom de fruits sans s'écarter complétement du principe fondamental qui fait appliquer ce nom uniquement aux formations issues du pistil ou des pistils d'une même fleur. Ce sont en effet des inflorescences entières, comprenant à la fois plusieurs fruits et des parties adjacentes, tantôt enveloppes florales accrues, tantôt réceptacle, tantôt bractées. La qualification d'anthocarpés ne leur est donc pas rigoureusement applicable, puisqu'elle indique seulement que le fruit y est joint à des parties de la fleur (ἄνθος, fleur et καρπός, fruit). Pour abréger, on désigne certains de ces groupes complexes par des dénominations spéciales.

a. On nomme *Cône* ou *Strobile* (strobilus) l'inflorescence fructifère des Pins, Sapins et autres Conifères en général qui, dans le langage vulgaire, est appelée *Pomme de Pin*, et que représente la figure 155 (p. 376). Depuis Rob. Brown, presque tous les botanistes admettent que, dans les fleurs femelles de ces végétaux, le pistil, formé d'une seule feuille carpellaire, n'est pas façonné en ovaire fermé et surmonté d'un style avec un stigmate ; mais que sa feuille carpellaire est, au contraire, tout ouverte, étalée, et laisse ainsi les ovules à nu. Ces ovules non renfermés dans un ovaire doivent nécessairement devenir des graines non contenues dans un péricarpe, et par conséquent nues ; de là les Conifères et les Cycadées, qui sont organisées de même, forment, parmi les Phanérogames, la catégorie des *Gymnospermes* ou plantes à graines nues (de γυμνός, nu et σπέρμα, graine), tandis que tous les autres végétaux, qui possèdent un péricarpe autour de leurs graines, sont appelés, par opposition, *angiospermes* ou à graines enveloppées (de ἀγγεῖον, vase, et σπέρμα, graine). Les feuilles carpellaires étalées des Gymnospermes, à chacune desquelles vient se réunir plus ou moins complétement une bractée, forment les sortes d'écailles qui portent les ovules ; ces écailles, dans les Pins, comme dans celui qui a fourni la figure 155 (p. 376), grandissent, solidifient et épaississent leurs tissus, après la fécondation, et deviennent ainsi les grandes productions ligneuses (*sq, sq'*, même figure) entre lesquelles sont abritées et cachées les graines (*g*, ibid.). C'est cet ensemble qui constitue le cône ou strobile, *b.* Quand ce cône n'a qu'un petit nombre d'écailles fort élargies et épaissies à leur extrémité, de manière à prendre la forme d'une tête de clou, et qu'il est, dans son ensemble, globuleux ou un peu ovoïde, on le nomme parfois un *Galbule* (galbulus Gærtn.) Tel est celui des Cyprès, et en particulier celui du Cyprès commun que représente la figure 451.

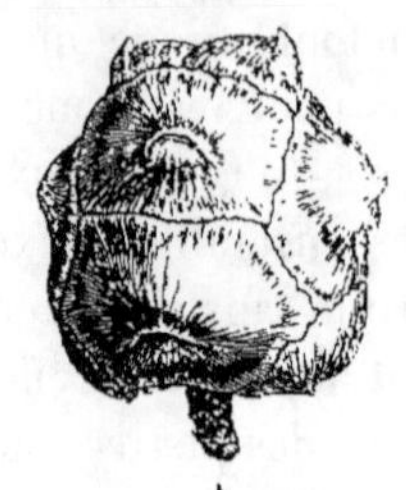

Fig. 451. — Fructification du Cyprès commun (*Cupressus sempervirens* L. — A, entière. — B, une des écailles qu'elle réunit et sous lesquelles les graines sont abritées (1/1).

c. La *Figue* ou le *Sycone* (Mirb.) est l'inflorescence fructifère des Figuiers, dont nous avons examiné l'organisation (*voy.* fig. 236 et 237, p. 477 et 478; fig. 419 A, B, p. 659).

d. Enfin sous le nom de *Syncarpe* (syncarpa Rich., syncarpium plur. auct.) on réunit diverses inflorescences fructifères dans lesquelles des fruits tantôt secs, tantôt charnus, sont réunis en un ensemble souvent volumineux, par l'intermédiaire de parties diverses, soit du calyce accru, soit de bractées devenues elles-mêmes charnues. On sent que ce mot peut être employé d'une manière assez vague, comme il ne se relie pas à une organisation nettement caractérisée; aussi l'applique-t-on également : 1° à l'inflorescence fructifère du Mûrier, dont nous avons examiné la nature (*voy.* fig. 417, p. 638) et dont nous avons vu que la plus grande partie est formée par les calyces devenus épais et succulents; 2° à celle de l'Ananas (*Bromelia Ananas* L.; *Ananassa sativa* Lindl.), dont la portion comestible comprend, outre de nombreux ovaires infères, des bractées dans lesquelles le tissu s'est épaissi, s'est gorgé de sucs après la floraison, et qui étaient, pour chaque fleur, au nombre de trois, une médiane et deux latérales; 3° à celle qui rend si utiles, dans les contrées intertropicales, l'Arbre à pain (*Artocarpus incisa* L.), le Jacquier (*Artocarpus integrifolia* L.), et qui réunit des parties tout aussi diverses, etc.

Ne comprenant que des inflorescences fructifères, c'est-à-dire des ensembles complexes, et non pas simplement le produit d'ovaires accrus, la classe des fruits anthocarpés ne me semble pas devoir prendre rang dans une classification des péricarpes ou des fruits proprement dits.

Je résumerai de la manière suivante, en tableau synoptique,

l'énumération des sortes de fruits dont j'ai présenté les caractères.

Fruits apocarpés ou unicarpellés	indéhiscents et 1-2 spermes	secs. . . .	Caryopse. Achaine. Samare.
		charnu. . .	Drupe.
	déhiscents, polyspermes.		Follicule. Légume.
Fruits syncarpés ou pluricarpellés	déhiscents.		Silique et Silicule. Pyxide. Capsule.
	indéhiscents.		Gland. Hespéridie. Balauste. Pépon. Pomme. Baie.

ARTICLE II. — GRAINE.

En agissant sur l'une des vésicules embryonnaires, la fécondation (*voy.* p. 602 et suiv.) lui a donné la faculté de se développer en embryon, et nous avons vu (p. 617 et suiv.) ce nouvel être s'accroître rapidement, en individualisant ses parties, de manière à posséder bientôt les organes sur l'action desquels repose l'existence de tout végétal tant soit peu élevé en organisation. Autour de cet embryon et pendant qu'il marchait vers son état définitif, le sac embryonnaire ainsi que les parties plus extérieures de l'ovule dans lequel il avait pris naissance subissaient, de leur côté, des développements spéciaux ou des modifications dont l'effet total et définitif a été de faire de cet ovule une graine (*voy.* p. 619 et suiv.). Il a donc été facile, par cette histoire organogénique, de comprendre et l'origine et la nature des différentes parties que j'ai énumérées, dès le commencement de ce deuxième livre (p. 115-118), comme constituant une *Graine* ou *Semence* (semen). Il me reste, pour compléter l'étude de ce corps reproducteur des Végétaux phanérogames, à l'examiner plus attentivement dans son état parfait, tant en lui-même, que dans ses parties accessoires, à étudier les relations de ses portions constitutives, soit entre elles, soit avec le fruit entier, enfin à en présenter l'histoire physiologique. Pour cela je diviserai cet article en deux paragraphes qui traiteront, le premier de l'organisation et de la structure de la graine, le second de sa physiologie.

§ 1. — Organisation et structure de la graine.

Certaines graines présentent extérieurement des formations particulières qui en modifient plus ou moins profondément l'aspect et l'apparence, mais qui n'ont jamais qu'une importance secondaire, et dont je crois devoir donner une indication succincte avant d'étudier les parties propres et constitutives de ce corps reproducteur.

A. **Parties extérieures et secondaires de la graine.**

Arille et *Arillode*. — La plus importante à connaître, parce qu'elle joue le rôle d'un tégument séminal accessoire, a reçu le nom d'*Arille* (arillus). C'est une couche généralement charnue, souvent colorée de teintes vives, qui prend naissance après la fécondation, en émanant du funicule dont elle est une production, et qui s'étend graduellement en s'appliquant sur le spermoderme sans contracter adhérence avec lui. Jusqu'à une date assez récente, les botanistes attribuaient la même nature et la même origine à tous les arilles; mais dans un mémoire important, M. J.-E. Planchon [1] a montré que l'on avait confondu jusqu'à lui, sous le même nom, deux formations semblables, il est vrai, de situation et d'apparence, mais entièrement différentes d'origine et pour l'une desquelles il a conservé le nom d'Arille, tandis qu'il a nommé l'autre *Faux-Arille* ou *Arillode* (arillodium). L'arille vrai naît du funicule, et c'est par conséquent à lui seul que s'applique cet important caractère d'origine ; quant au Faux-Arille ou Arillode, il naît des bords de l'exostome. Si nous supposons deux ovules orthotropes se développant en graine et produisant l'un un arille, l'autre un arillode, cette enveloppe superficielle s'accroîtra, dans le premier, du funicule vers le micropyle, c'est-à-dire de bas en haut, dans le second du micropyle vers le funicule, c'est-à-dire de haut en bas, par conséquent en sens inverse du premier. Toutefois, dans le cas des ovules anatropes où nous savons que le micropyle vient se placer finalement à côté du funicule, il faut une dissection attentive pour distinguer les vrais arilles des faux, à cause du grand rapprochement qui existe entre les points d'origine de l'un et de l'autre. Par une conséquence nécessaire de leur mode de formation et de leur point d'origine, les vrais

---

[1] Mémoire sur les développements et les caractères des vrais et des faux arilles, par M. J. E. Planchon; in-4° de 53 pag. et 3 planch. lith. Montpellier. 1844.

arilles cachent le micropyle, pour peu qu'ils grandissent, dans les graines venant d'ovules anatropes et campylotropes ; ils peuvent même finir par le recouvrir, dans les cas d'ovules orthotropes, s'ils deviennent assez grands pour embrasser entièrement la graine ; au contraire, les arillodes, quelque accroissement qu'ils prennent, naissant des bords de l'exostome, laissent toujours à découvert l'orifice micropylaire. Il en résulte un bon moyen pour distinguer les uns des autres lorsqu'on ne peut pas suivre le développement de la graine.

Citons quelques exemples de ces deux formations. Dans les Passiflores, l'arille forme un sac charnu, lâche, largement ouvert à son sommet. Dans les plantes de la famille des Dilléniacées il se montre avec des proportions fort diverses, tantôt en simple cupule n'embrassant que la base de la graine (*Pachynema, Hemistemma*), tantôt s'élevant un peu plus haut (*Hibbertia*), tantôt enfin enveloppant presque entièrement ou même entièrement la se-

mence (*Tetracera*). Il forme aussi, sur les graines des *Nymphæa*, une enveloppe finalement complète qui leur donne l'apparence reproduite par la figure 452. Enfin on trouve encore des arilles plus ou moins étendus sur la graine du *Bixa* ou Rocouyer, du *Cytinus Hypocistis* L., de divers genres de Sapindacées, etc. — Quant aux faux-arilles ou Arillodes, on en trouve des exemples dans le genre Fusain (*Evonymus*) dans lequel on les voit couvrant toute la semence de l'*Evonymus latifolius* et beaucoup moins étendus sur celle d'autres espèces. Ce sont eux aussi qui forment sur la muscade ou graine du Muscadier (*Myristica fragrans* L.) l'enveloppe irrégulière et déchirée, charnue, colorée en orangé rouge, très-parfumée, qu'on nomme vulgairement le *macis*. Enfin les *Polygala* et diverses autres plantes en offrent également sur leurs graines.

Caroncules. — Une excroissance analogue par sa nature aux faux-arilles reçoit fréquemment des botanistes le nom spécial de *Caroncule*. Il est facile, après Mirbel, d'en suivre la formation sur la graine des Euphorbes où on la voit provenir de l'épaississement des bords de l'exostome en un fort bourrelet au centre duquel persiste l'ouverture micropylaire. Chez ces plantes, cette caroncule coïncide avec l'existence d'une formation très-singulière et d'un rôle fort obscur, qui pend de l'angle interne de chaque loge,

Fig. 452. — Graine entière du *Nymphæa alba* L. revêtue de son sac arillaire (5/1).

qui a la forme d'une sorte de capuchon épais avec une pointe centrale et qui, à un moment donné, vient s'appliquer sur l'exostome.

Strophioles. — Gærtner a nommé *Strophioles* (strophiolæ) des excroissances cellulaires qui se produisent sur le tégument de quelques graines, et qui, indépendantes du funicule ainsi que de l'exostome, sont situées principalement le long du raphé. J'en donnerai comme exemple celle que montre, en *a*, la graine *g* du *Chelidonium majus* L. représentée sur la figure 453. Ces strophioles sont quelquefois aussi appelées *Crêtes* (cristæ).

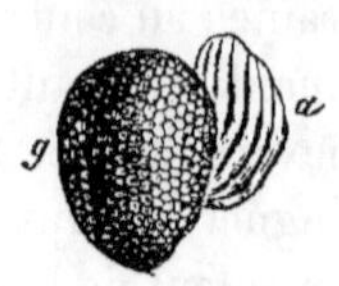

Fig. 453. — *Chelidonium majus* L. : *g*, sa graine; *a*, strophiole située sur le raphé (10/1).

Poils et aigrettes. — Parmi les productions accessoires qui naissent du tégument de certaines graines, les poils méritent une mention spéciale, soit qu'ils se trouvent répartis également ou à peu près sur toute sa surface, soit qu'ils se montrent limités à l'une ou à l'autre des extrémités de la graine en forme de pinceau ou d'*Aigrette*. Il est à peine besoin de dire que, dans le dernier de ces cas, l'aigrette n'est nullement analogue à celle des Composées (*voy.* p. 502 et 657), puisque celle-ci est portée non par une graine, mais par un fruit entier et n'a par conséquent aucune relation avec la graine elle-même.

Les plus intéressants de ces poils séminaux répandus sur toute la surface des semences sont ceux des Cotonniers (*Gossypium*), de la famille des Malvacées, qui constituent la matière textile d'importance majeure connue sous le nom de *coton*. Chacun des brins de cette matière est une seule cellule cylindrique, dont la longueur peut arriver à 4 ou 5 centimètres, et qui par la dessiccation s'aplatit en se tordant sur elle-même en spirale lâche.

Il est curieux que la paroi interne du péricarpe des Bombacées jouisse en général de la faculté de développer ses cellules superficielles en longs poils cotonneux ou laineux qui forment une matière assez analogue d'aspect au coton, mais qu'on ne peut malheureusement utiliser de la même manière. Dans les genres *Eriodendron, Bombax, Salmalia*, c'est la columelle qui est chargée de cette remarquable production, tandis qu'elle garnit l'intérieur des valves elles-mêmes dans l'*Ochroma Lagopus* Sw.

Quant aux aigrettes, elles peuvent prendre naissance aux deux extrémités opposées de la graine : à sa base, près du hile, chez les Asclépiadées, à son sommet, dans la région chalazienne chez les Épilobes ; même chez plusieurs Broméliacées, la graine entière avec son funicule ayant la forme d'un filet grêle et allongé, renflé vers le milieu de sa longueur, la couche superficielle de ce filet se désagrége en sortes de poils qui, réunis, forment comme un pinceau ou une aigrette.

B. **Parties propres ou constitutives de la graine.**

La description succincte de la graine que j'ai donnée au commencement de ce livre (p. 113 et suiv.) a montré que cette importante formation, considérée dans son ensemble, comprend le *Spermoderme* à l'extérieur et, sous lui, l'*Amande* qui en est la portion fondamentale. Examinons l'un et l'autre successivement.

I. LE SPERMODERME, — c'est-à-dire, comme son nom l'indique, l'enveloppe de la graine, est le plus souvent formé de deux téguments superposés, dont l'externe, généralement plus ferme, donne à ce corps reproducteur des plantes sa forme ainsi que son apparence, et reçoit le nom de *Test* ou *Testa* (lorique Mirb., tégument séminal externe), tandis que l'interne, souvent mince, a été appelé *Tegmen* par Mirbel (endoplèvre D. C., tunica interior Gærtn. Quelques graines ont un spermoderme épais et gorgé de sucs qui les fait désigner quèlquefois comme des graines en baie (semina baccata) et dans lequel De Candolle a distingué sous le nom de *Sarcoderme* une épaisse couche moyenne trés-développée, qui est, d'après lui, pour la semence, ce que le mésocarpe est pour le fruit. Enfin, dans un certain nombre de graines examinées à l'état adulte, on pourrait croire qu'il existe encore un plus grand nombre de téguments séminaux, chacun d'eux s'étant séparé en deux couches distinctes, comme nous l'avons vu, par exemple, pour le Ricin (p. 621). Nous avons reconnu (p. 620) dans la manière dont se comportent les téguments ovulaires et le nucelle la cause de la diversité remarquable qu'on observe dans la composition du spermoderme. Rappelons que tantôt les téguments de l'ovule subissent des développements spéciaux et que tantôt aussi certains d'entre eux peuvent être résorbés après la fécondation. Il résulte de ces deux causes réunies qu'on ne peut que rarement conclure de l'organisation de la graine adulte à celle qu'offrait l'ovule. — D'un autre côté, comme certains ovules sont réduits à un nucelle nu, les graines qui en proviennent n'ont qu'un tégument simple qu'a formé le tissu de ce nucelle; d'où l'on voit que des téguments séminaux désignés par le même nom, dans différentes graines, peuvent avoir des origines dissemblables; que, par exemple, l'extérieur, qu'on appelle toujours le test, peut venir de la primine entière ou du nucelle ou même quelquefois de la seule lame externe du tissu de la primine.

Le *Test* est celui des téguments séminaux qu'il est le plus intéressant de considérer. Sur la plupart des graines, il montre, encore assez facilement reconnaissable, le *Micropyle* sous l'apparence d'un petit enfoncement superficiel ou d'un petit trou. C'est ce qu'on voit, par exemple, sans difficulté, en *m*, sur la semence du *Corydalis ochroleuca* Koch, que représente la figure 454. En outre, il offre toujours la cicatrice qu'a laissée le funicule en se détachant pour rendre la graine libre à sa maturité: cette cicatrice est le *Hile* ou *Ombilic* (hilus, umbilicus).

Fig. 454. — Graine du *Corydalis ochroleuca* Koch.; *m*, micropyle (10/1).

Souvent peu étendu, comme sur la semence du *Galium Mollugo*, sur laquelle il est représenté en *h* par la figure 55 A (p. 118), ou sur celle du Coquelicot (*Papaver Rhæas* L.) où il est indiqué, en *h*, sur la figure 455, il devient parfois très-grand, comme lorsqu'il constitue une large et longue bande sur le bout renflé de la Fève, et qu'il dessine une aire ovale ou presque arrondie sur toute la base du Marron d'Inde, fruit de l'*Æsculus Hippocastanum* L.

Fig. 455. — Graine du *Papaver Rhæas* L.; *h*, son hile (20/1).

Considéré en lui-même, le test est surtout remarquable par l'état de sa surface qui, souvent lisse et même lustrée, se montre ailleurs fortement granulée, ainsi que sur la figure 456, ou bien relevée de lignes saillantes, tantôt sinueuses et ondulées, comme chez le Tabac (*Nicotiana Tabacum* L., fig. 457), tantôt

A   B

Fig. 456. — Graine de l'*Anagallis arvensis* L., à test relevé de grosses granulations; elle est en forme de cône tronqué (20/1).

Fig. 457. — Graine du *Nicotiana Tabacum* L. — A, entière; *fn*, portion du funicule. — B, coupée longitudinalement: *fn*, extrémité du funicule; *tg*, test épais et dur; *al*, albumen; *em*, embryon (20/1).

circonscrivant des aréoles polygonales, semblables d'aspect au contour des cellules d'un parenchyme régulier, comme sur le

Coquelicot (fig. 455 A), ou même alignées régulièrement, comme chez le *Glaucium flavum* Cr. dont la graine est représentée sur la figure 458.

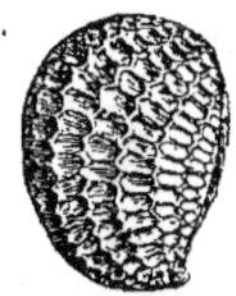

Fig. 458. — Graine du *Glaucium flavum* (10/1).

Sous le rapport de sa structure anatomique, le test offre beaucoup de diversité dans le nombre et la nature des plans cellulaires qui contribuent essentiellement à le former. Je ne puis donc présenter ici les détails nombreux et circonstanciés qu'exigerait cette étude.

II. L'amande — (nucleus) est l'ensemble des parties que recouvre le spermoderme; elle comprend donc tout ce qui reste quand on a enlevé celui-ci. Elle est formée essentiellement par l'embryon, végétal en miniature, qui est né de la vésicule embryonnaire fécondée, et qui, réduit à un état d'engourdissement et de torpeur, si l'on peut s'exprimer ainsi, n'attend pour se développer en une nouvelle plante semblable à celle sur laquelle il a pris naissance que d'être soumis à des influences (humidité, chaleur, air) capables de le ranimer et d'amener pour lui une nouvelle vie. Nous n'avons trouvé que l'embryon dans l'amande du Haricot, qui s'est montrée à nous dans l'état de plus grande simplicité qu'on puisse observer (*voy.* p. 114, fig. 52 B). L'étude du développement de l'ovule en graine nous a appris que, dans ce cas, le tissu albumineux ne s'est pas formé, ou plus fréquemment que l'albumen transitoire qui s'était produit dans le sac embryonnaire après la fécondation, a été absorbé par l'embryon pendant son accroissement (*voy.* p. 620). — D'un autre côté, dans beaucoup de graines, par exemple dans celle du Tabac (fig. 456 B.), l'amande comprend, outre l'embryon *em*, un albumen *al* qui varie beaucoup de volume, selon les plantes. Nous savons que, dans ce second cas, le tissu albumineux s'est produit dans le sac embryonnaire en quantité assez considérable pour que l'embryon n'ait pu le consommer tout entier en se développant. On s'explique ainsi pourquoi dans certaines graines il n'existe qu'une faible couche albumineuse, tandis que dans d'autres, c'est au contraire l'embryon qui entre pour une faible portion dans le volume total de l'amande.

Albumen. — *Ses variations.* — Les nombreuses inégalités qu'on observe sous ce rapport existent non-seulement entre des familles voisines, mais encore d'un genre à l'autre dans une même famille, quelquefois même chez diverses espèces d'un même genre. Ainsi, dans la famille des Aroïdées, à peu près tous les genres sont pourvus d'un albumen volumineux, tandis que cette matière manque dans les genres *Scindapsus* et *Pothos*; au contraire, dans le grand groupe naturel des Légumineuses auquel on assigne le manque d'albumen comme un caractère qui cependant, d'après MM. Schleiden et Vogel[1], subirait beaucoup plus d'exceptions qu'on ne le dit habituellement, les Mimosées en général et divers genres soit de Césalpiniées, soit même de Papillonacées, offrent dans leur graine une quantité plus ou moins grande de tissu albumineux. Pour les Mimosées, l'albumen existe, selon ces deux botanistes, chez la plupart des *Acacia*, chez les *Mimosa*, les *Prosopis*, *Desmanthus*, tandis qu'il manque dans les *Inga* et *Entada;* parmi les Césalpiniées, on le trouve dans les *Cæsalpinia*, *Hæmatoxylon*, *Poinciana*, *Cassia*, *Gleditschia*, etc., et non dans la généralité des autres; enfin dans le nombre des Papillonacées, à côté des *Phaseolus*, *Pisum*, *Vicia*, *Orobus*, etc., qui en sont entièrement dépourvus, les genres *Melilotus*, *Trifolium*, *Lotus*, *Trigonella*, *Astragalus*, *Robinia*, et plusieurs autres en possèdent une masse plus ou moins volumineuse. L'irrégularité va même plus loin encore sous ce rapport; puisque, si les espèces d'*Acacia* ont pour la plupart des graines albuminées, les *Acacia stricta*, *graveolens*, *melanoxylon*, *longifolia*, *Lophantha*, etc., font exception à cette règle, et que les genres *Æschynomene*, *Lathyrus*, *Ononis*, *Lupinus* présentent des inégalités du même ordre. Toutefois, à part ces cas qu'on est autorisé à regarder comme exceptionnels, la présence, surtout en quantité notable, de l'albumen dans les graines ou son absence constituent un caractère assez solide pour être employé avantageusement dans la distinction des groupes naturels.

Enfin l'amande des graines arrive à sa plus grande complexité dans les cas où il existe, autour de l'embryon, deux albumens concentriques. Nous avons déjà vu (p. 620) que cette complication a lieu lorsqu'il se forme du tissu albumineux à la fois dans le sac embryonnaire et dans l'épaisseur du nucelle. MM. Schleiden et Vogel désignent sous le nom d'*Endosperme*, l'albumen qui s'est produit dans le sac embryonnaire, et ils réservent la dénomination de *Périsperme* à celui qui a pris naissance dans le nucelle. Il me semble plus sûr d'éviter l'emploi de ces deux mots et d'ajouter simplement au mot albumen la qualification

---

[1] Ueber das Albumen, insbesondere der Leguminosen, par MM. J. M. Schleiden et J. R. Th. Vogel, dans *Mém. de l'Acad. des Cur. de la nat.*, XIX, 2ᵉ part., pp. 51-95, planch. 40-45.

d'*embryonnaire* ou celle de *nucellaire*, selon l'origine de cette formation.

Toutefois, d'après MM. Schleiden et Vogel, il existerait encore dans les Balisiers (*Canna*) une autre sorte d'albumen qui prendrait naissance non plus dans le sac embryonnaire, comme dans la grande majorité des cas, ni dans le nucelle, mais bien dans l'épaisseur du tissu de la région chalazique très-développée. Il existerait donc, dans ce cas particulier, un albumen *chalazien*.

Nature et tissu de l'albumen. — Pour compléter l'histoire de l'albumen, il est essentiel de donner quelques détails sur la nature de sa substance et sur le tissu qui le compose.

Ce que j'ai dit (*voy.* p. 619) au sujet de la formation de cette partie non essentiellement constitutive des graines a suffi pour montrer qu'elle consiste toujours en tissu cellulaire parenchymateux ; mais les parois de ce parenchyme tantôt restent minces et consistantes, tantôt et plus rarement prennent une épaisseur plus grande, qui peut même devenir quelquefois considérable, et leur fermeté, leur dureté augmentent dans la même proportion. D'un autre côté, les matières solides ou liquides contenues dans les cellules de ce tissu peuvent varier beaucoup d'une plante à l'autre. Ces particularités font distinguer différentes sortes d'albumen.

1° *Albumen féculent ou farineux.* — Lorsque l'amidon ou la fécule abonde dans les cellules de l'albumen, les parois de celles-ci restent minces et peu consistantes ; l'amidon, matière de la farine, devient alors assez prédominant pour que cette portion de la graine semble n'être qu'un amas de farine ; aussi lui donne-t-on dans ce cas la qualification de *farineux* ou *féculent*. Ce sont des albumens de cette nature très-développés dans les grains des céréales et dans lesquels l'amidon est accompagné d'une substance azotée, éminemment nutritive, le gluten, qui nous fournissent nos farines alimentaires.

2° *Albumens charnus et cornés.* — Dans d'autres graines, les cellules de l'albumen affermissent peu leurs parois, bien que parfois elles les épaississent notablement ; il résulte de là que la substance qu'elles composent est molle et comme charnue, ce qui lui a valu la dénomination sous laquelle on la désigne. Ailleurs enfin, en épaississant fortement leurs parois et les creusant de ponctuations profondes, ces cellules les durcissent beaucoup et arrivent à former ainsi un tissu dont la consistance et la dureté peuvent égaler, quelquefois même surpasser celles de la corne. Pour

donner une idée de l'extrême fermeté qu'elles peuvent alors acquérir, je rappellerai l'albumen qui forme presque en totalité le noyau
du Dattier, et celui du *Phytelephas macrocarpa* qu'on emploie fréquemment aujourd'hui, comme *ivoire végétal*, pour la confection
de divers petits objets. Les albumens ainsi durcis sont dits *cornés*.
Les albumens charnus et cornés passent l'un à l'autre par des
nuances insensibles, de telle sorte qu'on ne peut les regarder que
comme deux degrés extrêmes d'une même manière d'être. Ce
rapprochement est d'autant plus fondé que les uns et les autres
se ressemblent encore par l'absence en général totale ou à peu
près de l'amidon dans leurs cellules qui, au contraire, renferment
alors des matières oléagineuses. Aussi retire-t-on quelques huiles
grasses, notamment celle de Coco, de graines qui renferment
un albumen de cette nature. — Les botanistes opposent l'une à
l'autre ces deux catégories d'albumens; 1° farineux, 2° charnus
ou cornés, pour en tirer des caractères en vue de la distinction de
certains grands groupes de végétaux.

Périphérie de l'albumen. — Le tissu de l'albumen se moule sur
la cavité dans laquelle il se produit graduellement; de là quand
le contour de celle-ci est uni et lisse, lui-même est uni à sa périphérie; au contraire, si les parois de cette cavité forment des
saillies et des enfoncements, il présente lui-même des sinuosités
correspondantes qui peuvent pénétrer profondément dans sa
masse. Les albumens qui, dans la graine, se montrent ainsi entaillés de sortes de fissures plus ou moins profondes, sont appelés
albumens *ruminés*. Tel est celui des Anonacées.

Embryon. — La configuration générale de cette plante en
miniature varie beaucoup selon les proportions relatives des parties qui la constituent et que j'ai déjà énumérées (*voy.* p. 114 et
suiv.), ainsi que selon leur direction.

1° *Dans les Monocotylédons*, il forme généralement un corps
ovoïde ou oblong, plus ou moins obtus à ses deux extrémités, et
dans lequel on ne distingue pas au premier coup d'œil ce qui
appartient au cotylédon de ce qui constitue la tigelle, assez ordinairement et mal à propos appelée radicule; cependant un examen
attentif y fait reconnaître presque toujours une ouverture le plus
souvent resserrée en fente étroite dont l'histoire organogénique
nous a révélé l'origine (*voy.* p. 618-619), et qui indique le niveau
où se trouve la gemmule embrassée par la gaîne cotylédonaire
dont les deux bords rapprochés limitent cette fente. C'est donc
au même niveau que vient finir la tigelle et que commence le

cotylédon. Toutefois, dans quelques plantes de cet embranchement, la conformation de l'embryon est beaucoup moins simple; en effet, on le voit, dans quelques plantes aquatiques (Zostéracées), développer latéralement sa tigelle en une longue et épaisse production latérale, et chez les Graminées, il est pourvu d'une grande expansion latérale qu'on nomme *Écusson* ou *Scutelle* (scutellum) à cause de sa forme, et dans laquelle Richard, A. de Jussieu, etc., voient une production de la tigelle, tandis que beaucoup d'autres botanistes, surtout allemands, la regardent comme n'étant pas autre chose que le cotylédon.

2° *Chez les Dicotylédons*, l'embryon varie beaucoup plus de configuration. Sa forme la plus ordinaire est celle que la figure 54 A, p. 118, montre sur une coupe longitudinale de la graine de l'*Antirrhinum majus* L. C'est alors un corps oblong, rétréci visiblement à son extrémité radiculaire, plus épais vers l'extrémité opposée qu'occupent les deux cotylédons égaux entre eux et convexes en dehors, plans en dedans où ils s'appliquent l'un contre l'autre, de manière à cacher entièrement la gemmule entre eux et à leur base. Ailleurs, sans s'éloigner bien sensiblement de cette configuration générale, il a tantôt les cotylédons fort développés avec la tigelle réduite proportionnellement, tantôt, au contraire, sa tigelle est longue et ses cotylédons sont courts. Le terme extrême sous ce dernier rapport, et il en résulte des embryons d'une forme toute particulière, est celui où la tigelle acquiert des proportions énormes relativement aux cotylédons restés fort petits; Richard qualifiait ces embryons de *macropodes* (à gros pied, de μακρός, long, par extension gros et πούς ποδός, pied). D'un autre côté, les cotylédons peuvent former deux masses épaisses et plus

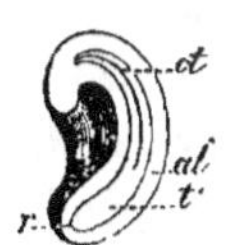

ou moins charnues (Haricot, etc.), ou, au contraire, s'amincir et devenir plus ou moins foliacés.

Une autre puissante cause de variations dans la forme générale des embryons résulte de la direction relative de ses parties constitutives. Celui de l'*Antirrhinum* est rectiligne et beaucoup d'autres sont dans le même cas; mais celui de la Garance, dont on voit la coupe longitudinale sur la

Fig. 459. — Coupe longitudinale de la graine du *Rubia tinctorum* L. : *al*, albumen; *ct*, cotylédons ; *t'*, tigelle ; *r*, radicule ou extrémité radiculaire (5/1).

figure 459, est nettement arqué ; chez d'autres, l'arcure est beaucoup plus prononcée encore ; on en voit même qui décrivent un cercle à peu près complet ; enfin celui des Cuscutes est contourné en spirale comme un Limaçon. Dans un assez grand nombre de cas, ce n'est pas une arcure régulière et uniforme que décrit l'embryon entier; mais, vers le point où ses cotylédons se fixent à la tigelle, on remarque une flexion brusque dont l'effet est souvent de diriger la tigelle ou, comme on le dit souvent, la radicule parallèlement aux cotylédons, et de l'appliquer contre eux. En se réfractant ainsi, elle vient se placer tantôt à côté du bord des deux cotylédons appliqués l'un contre l'autre, c'est-à-dire le long de la fente étroite qui règne entre eux, comme on le voit, par exemple sur la figure 52 B (p. 114), tantôt au contraire, elle s'applique le long de la ligne médiane de l'un d'eux, soit qu'ils restent plans, soit qu'ils se ploient en gouttière. La coupe transversale montre alors la dis-position que reproduit la figure 460. Dans le premier de ces deux cas, on dit que les cotylédons sont *accombants*; dans le dernier, on les désigne comme *incombants*. Pour la subdivision de la famille des Crucifères, ces deux manières d'être ont fourni un caractère important.

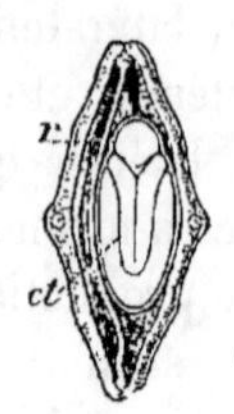

Fig. 460. — Coupe transversale de la silique du *Moricandia arvensis* DC. passant par une graine. Dans l'embryon de celle-ci on voit la radicule *r* dirigée le long de la ligne médiane de l'un des deux cotylédons *ct*, qui sont ployés en gouttière. La coupe de la silique en montre les deux loges et la cloison qui les sépare (10/1).

Enfin l'arrangement des cotylédons, l'un par rapport à l'autre, et les diverses manières dont ils se ploient ou se roulent, reproduisant ainsi la plupart des modes de préfoliaison des feuilles ordinaires, ajoutent encore à la diversité des états sous lesquels se trouve l'embryon dans la graine.

Nombre des cotylédons; leur adhérence réciproque, etc. — Dans l'immense majorité des végétaux qui composent le vaste embranchement des Dicotylédons, l'embryon est pourvu de deux cotylédons bien distincts et même égaux entre eux. Cependant, chez quelques plantes, ces corps se montrent inégaux; même l'inégalité devient tellement forte dans la Châtaigne d'eau (*Trapa natans* L., *voy.* fig. 106, p. 305) et dans les *Hiræa*, de la famille des Malpighiacées, qu'il faut une recherche attentive pour découvrir celui des deux qui est resté extrêmement réduit. Dans la première de ces plantes, c'est le grand cotylédon charnu qui constitue la partie comestible de la graine. — En s'exagérant, la réduction de l'un des cotylédons le fait disparaître, dans les *Cyclamen*, de la famille des Primulacées; ceux-ci germent en développant une

seule feuille séminale entièrement semblable pour la configuration et la texture aux feuilles ordinaires qui apparaîtront
plus tard. Enfin il est quelques végétaux phanérogames dont
l'embryon ne possède que sa portion axile et n'offre rien d'analogue au corps cotylédonaire; tels sont, les Cuscutes, les *Monotropa*, les *Rafflesia* et l'*Hydnora*, les Orchidées. Toutefois on a
plusieurs fois décrit comme dépourvues de cotylédons des graines
qui avaient été mal observées, comme celle de la Clandestine
parmi les Orobanchées, ou bien dans lesquelles deux petits cotylédons se sont soudés et confondus en une seule masse. Cette
dernière circonstance existe parmi les Cactées, dans les genres
Echinocactus, *Echinopsis* et *Phyllocactus*, à côté desquels les
Opuntia, *Cereus*, etc., offrent ces mêmes parties de l'embryon
séparées et plus ou moins développées.

Dans plusieurs plantes, les deux cotylédons, bien que très-développés, se soudent plus ou moins complétement l'un à l'autre
par leur face en contact; mais dans ce cas, dont le Marronnier
d'Inde (*Æsculus Hippocastanum* L.) fournit un exemple vulgaire,
il est toujours plus ou moins facile de retrouver les traces de la
soudure, ou même de découvrir des places sur lesquelles elle ne
s'est pas effectuée.

Par opposition, les embryons de quelques autres plantes ont
été décrits comme ayant plus de deux cotylédons, ou ainsi qu'on
l'a dit fréquemment, comme étant *polycotylédonés*. C'est surtout
parmi les Conifères et principalement parmi les Abiétinées qu'on
observe cette particularité à laquelle divers botanistes ont attaché
assez d'importance pour en tirer un argument contre la division
des Phanérogames en Monocotylédons et Dicotylédons. En dehors du groupe des Conifères on a cité le curieux genre *Schizope-
talon*, de la famille des Crucifères, comme ayant 4 cotylédons
linéaires; mais, dans un travail spécial[1], je me suis attaché à établir que l'embryon de cette plante n'a que deux cotylédons profondément bipartis, et que, dans les Conifères dites polycotylées,
on doit voir aussi, comme l'avait pensé A. L. de Jussieu, deux
cotylédons partagés de même en lobes linéaires dont le nombre
peut varier de 2 à 6 ou 7 pour chacun. Par là s'expliquerait cette
circonstance étrange que l'existence d'un ou deux cotylédons à
l'embryon étant le caractère le moins variable que les végétaux
puissent offrir, et, comme nous l'avons vu dans le cours de

---

[1] Mémoire sur les embryons qui ont été décrits comme polycotylés; *Ann. d. sc.
nat.*, 1848, X, p. 207-237, pl. 7-10

cet ouvrage, se reliant à tous les détails de l'organisation, la présence d'un nombre plus élevé de ces premières feuilles sur l'embryon n'offrirait aucune fixité et n'influerait en rien sur la structure ni sur les caractères des plantes dans lesquelles on l'observerait.

Situation de l'embryon relativement à l'albumen. — Dans la plupart des graines, l'embryon est plongé dans la masse même de l'albumen, tout près de l'extrémité de celui-ci qui est voisine du micropyle ; mais parfois aussi on le trouve extérieur à ce tissu qui est destiné spécialement à le nourrir pendant les premiers temps de son développement en plante, soit qu'il s'applique contre une certaine étendue de la surface externe de cette masse, comme dans les Graminées, soit qu'il se courbe autour d'elle pour l'embrasser plus ou moins complétement, ainsi qu'on le voit, par exemple, chez les Nyctaginées et notamment dans les Belles-de-Nuit (*Mirabilis*). Richard a qualifié d'*intraire* (intrarius) tout embryon plus ou moins enfoncé dans la substance albumineuse et d'*extraire* (extrarius) celui qui se trouve placé extérieurement par rapport à celle-ci. Quelques familles très-voisines par la plupart de leurs caractères diffèrent l'une de l'autre par celui-ci ; ainsi les Graminées ont l'embryon extraire, tandis qu'il est intraire chez les Cypéracées.

Il n'existe ni connexion organique ni même adhérence entre l'embryon et l'albumen, excepté chez les Conifères dans lesquelles la radicule semble continue avec le tissu albumineux. Richard attachait une haute importance à ce fait sur lequel il se basait pour faire de ces végétaux une grande division de l'embranchement des Dicotylédons, à laquelle il donnait la dénomination de *Synorrhizes* (σύν, avec, pour marquer l'union, et ρίζα, racine ; c'est-à-dire à radicule soudée avec l'albumen). Toutefois il n'y a pas, même dans ce cas, continuité de tissu entre la radicule et l'albumen, et l'adhérence qui existe entre les deux est produite par les restes des suspenseurs de plusieurs embryons qui étaient nés dans le même ovule et dont un seul a complété son accroissement (*voy.* p. 619).

Direction de l'embryon. — La direction de l'embryon contenu dans la graine se détermine par rapport soit au péricarpe qui renferme cette graine, soit à la graine elle-même. Dans l'un et l'autre cas, c'est la radicule que l'on considère pour exprimer la direction dont il s'agit. Relativement au fruit, l'embryon a la radicule *infère* quand elle se dirige vers le point d'attache du péricarpe, c'est-à-dire vers sa base ou en bas, *supère* quand elle regarde du côté opposé, c'est-à-dire vers le sommet ou en haut, *centripète* ou *centrifuge*, selon qu'elle se dirige vers le centre ou vers l'extérieur du fruit.

Quant à la direction de l'embryon relativement à la graine, elle est déterminée normalement par la situation du micropyle. Nous avons vu, en effet, que l'embryon est d'abord soutenu par le suspenseur qui lui-même se fixe sous la voûte du sac embryonnaire à laquelle le tube pollinique arrive par le canal micropylaire ; or, le point fixé au suspenseur étant la radicule, il s'en suit que celle-ci reste également dirigée vers le micropyle, sauf un petit nombre de cas dans lesquels il s'opère un déplacement de l'embryon plus ou moins tard pendant son développement. D'un autre côté, la base de toute graine est son hile, et la base de tout embryon est, on le conçoit sans peine, sa radicule. Ceci posé : 1° Dans un ovule droit ou orthotrope le hile et le micropyle sont diamétralement opposés ; par conséquent dans la graine qui en provient la base de l'embryon ou la radicule regarde du côté opposé à la base de la graine ou au hile ; Richard a exprimé ce rapport d'opposition en disant que, dans ce cas, l'embryon est *antitrope* (ἀντί, à l'opposé, contre, et τροπή, action de se tourner ; c'est-à-dire tourné en sens contraire), mot qu'on peut remplacer par celui d'*inverse* ; 2° Dans un ovule anatrope ou réfléchi le micropyle vient se placer tout à côté du hile ; il en résulte que la radicule de l'embryon, en regardant le micropyle, regarde par cela même le hile, c'est-à-dire que la base de l'embryon et celle de la graine se correspondent ; Richard a indiqué ce rapport d'analogie en disant que l'embryon est alors *homotrope* (ὁμός, semblable) ; on peut substituer à cette désignation celle d'embryon *dressé* ; 3° Si l'ovule est campylotrope ou recourbé, l'embryon, en s'accroissant, suit la courbure de l'enveloppe qui le renferme et se recourbe par conséquent lui-même, rapprochant sa base ou sa radicule de son sommet marqué par l'extrémité du corps cotylédonaire ; il est alors *courbe*, ce que Richard a désigné par l'épithète d'*amphitrope* (ἀμφί, autour) ; 4° Enfin, je viens de dire que dans quelques cas, l'embryon subit dans l'ovule passant à l'état de graine un déplacement qui éloigne sa radicule du micropyle, et qui peut même être tel qu'il finisse par se trouver dirigé parallèlement au plan du hile ; cette situation, dans laquelle les rapports normaux de la radicule et du micropyle ont entièrement disparu, rend l'embryon *hétérotrope* (ἕτερος, autre, différent). On en voit de bons exemples dans les Primulacées, notamment chez l'*Anagallis arvensis* L.; dans cette plante, la graine ayant la forme d'un cône tronqué dont la troncature est occupée par le hile et le micropyle (*voy.* fig. 456, p. 675), son embryon est parallèle à cette même troncature ainsi qu'à la base du cône.

§ 2. — Physiologie de la graine.

Dans l'histoire physiologique de la graine on peut distinguer deux périodes : 1° celle qui l'amène à l'état de développement complet; 2° celle pendant laquelle elle germe, c'est-à-dire développe son embryon en une jeune plante destinée à vivre par elle-même et à produire à son tour de nouvelles graines : en d'autres termes, la *Maturation* et la *Germination*. Examinons-la successivement pendant ces deux périodes.

★ *Maturation.*

Grossissement de la graine. — Le grossissement d'une graine n'est pas uniforme et continu jusqu'à ce qu'elle soit parvenue à son développement complet; au contraire, elle commence par arriver à des dimensions maximum, après quoi elle achève de former et solidifier ses tissus non-seulement sans continuer de grossir, mais encore en diminuant sensiblement de volume. On peut donc diviser son accroissement, jusqu'à sa complète maturité, en deux périodes successives : 1° celle de grossissement; 2° celle de maturation proprement dite. Sous ce rapport, elle ressemble au péricarpe qui commence par acquérir toute sa grosseur, et dans lequel se passent ensuite les modifications de substances qui en amènent la maturation. L'analogie entre les deux existe même à un autre point de vue : le péricarpe, une fois qu'il a parcouru sur la plante sa période de grossissement, peut mûrir après en avoir été séparé, comme nous le voyons tous les jours pour nos fruits comestibles cueillis avant leur maturité, principalement pour ceux qu'on nomme fruits d'hiver; de même les graines complétement développées peuvent en général atteindre leur maturité si on les isole du pied-mère en les laissant dans le péricarpe, quelquefois même extraites de celui-ci et enfermées dans le sol humide.

La croissance ne s'opère pas également ni parallèlement dans toutes les parties d'une même graine; elle est d'abord plus grande dans ses téguments et en général dans celles de ses parties qu'on peut regarder comme d'une importance secondaire ; l'embryon et l'albumen, après être restés en arrière pendant ce temps, deviennent ensuite, au contraire, les principaux foyers d'activité dans cet ensemble. Il y a même inégalité entre les différents points, soit des téguments, soit de l'embryon, quant à la rapidité avec laquelle ils se développent ; pour l'un et l'autre la base et les portions qui l'avoisinent sont en avance notable sur le sommet.

Changements déterminés par la maturation. — Ils portent d'abord sur la couleur. Toutes les graines commencent par être vertes, et cette couleur s'observe même dans l'embryon jeune ; mais, à mesure que les tissus qui enveloppent celui-ci se consolident et deviennent par cela même plus opaques, le soustrayant ainsi à l'influence de la lumière, il pâlit, et finalement il devient blanc, blanchâtre ou plus rarement jaunâtre. Toutefois quelques embryons se font remarquer, même dans le fruit mûr, par leur coloration verte très-prononcée ; tels sont ceux du Gui, du Pistachier, de quelques Crucifères, etc. — Quant au spermoderme qui donne aux graines leurs aspects variés, il prend par la maturation des teintes fort diverses, souvent même intenses ou vives ; c'est ce qu'on voit, par exemple, dans les nombreuses variétés de Haricots cultivés parmi lesquelles il existe une grande diversité de couleurs, depuis le blanc jusqu'au noir-violet et des panachures souvent fort élégantes. — Pendant leur période d'accroissement, les graines ont un luisant particulier, comme gras, qui tient à l'abondance de l'eau dans leur substance ; ce luisant spécial disparaît plus tard, à mesure que la proportion d'eau y diminue relativement aux matières solides qui vont s'y accumulant graduellement jusqu'à la maturité complète. Enfin si plusieurs graines adultes ont leur test brillant et lustré, elles ne le doivent qu'à l'état des cellules qui en constituent la couche épidermique.

La perte de volume des graines pendant leur maturation est due essentiellement à la diminution progressive de l'eau qui s'y trouvait jusqu'alors, et elle s'explique par la cessation de l'afflux de sève pendant cette période. Elle est telle, dans beaucoup de cas, que la graine mûre a une grosseur à peu près égale à celle qu'elle avait eue déjà étant assez jeune. L'arrivée de plus en plus difficile de la sève tient au desséchement progressif du funicule qui livre de moins en moins passage au liquide nourricier. D'après les analyses qu'on doit à M. Moride, la proportion d'eau qui existe dans les graines mûres et sèches est, en moyenne, d'environ 4 pour 100 ; elle s'élève, au maximum, à 8 pour 100 dans les graines du

Ricin cultivé dans nos jardins, même à 8,50 pour 100 dans celles du *Barbarea præcox* spontané; elle descend, d'un autre côté, chez beaucoup de plantes, à 3,2 pour 100, et jusqu'à 0,90 dans le Cresson alénois (*Lepidium sativum* L.), même à 0,50 dans le Velar (*Erysimum officinale* L.).

Caractères des graines mûres. — Les caractères assignés comme essentiels aux graines mûres sont leur densité et leur faculté de germer.

1° *Densité des graines mûres.* — Chez la plupart des plantes, particulièrement chez celles qui sont l'objet de la grande culture, la densité des graines parvenue à son maximum, c'est-à-dire mesurée au moment de la maturité complète, est supérieure à celle de l'eau. De la connaissance de ce fait est résultée la pratique traditionnelle de l'essai par l'eau, fait en vue d'apprécier la bonté d'une semence. Mises dans ce liquide, les graines mûres et pourvues d'un embryon en bon état, par conséquent susceptibles de germer, vont au fond, tandis que les autres surnagent. Cette circonstance s'explique : 1° parce que nous avons vu les téguments séminaux prendre l'avance sur l'embryon dans leur accroissement, d'où il résulte un vide à leur intérieur, si celui-ci ne se développe qu'imparfaitement; 2° parce qu'une graine non embryonnée ou renfermant un embryon imparfait, ne développe complétement aucune de ses parties, et par conséquent n'amène pas son tissu à sa solidification normale. Les anciens avaient déjà constaté le rapport qui existe entre la maturité normale des graines et leur densité; aussi Pline dit-il que, dans un tas de grains, les meilleures semences occupent les parties inférieures.

Toutefois les graines mûres sont loin de tomber toutes au fond de l'eau; les observations de Schübler et Renz nous ont appris que la densité de celles de quelques plantes est très-faible et ne dépasse pas 0,210, tandis que, au contraire, elle peut s'élever, chez d'autres, jusqu'à 1,450. Les premières nagent donc facilement sur l'eau, quoique étant en parfait état et complétement mûres. D'un autre côté, certaines graines farineuses par leur albumen ou par leurs corps cotylédonnaire sont déjà plus denses que l'eau à une époque notablement antérieure à leur maturité; telles sont celles des Légumineuses, des Polygonées, des Amarantacées, des Graminées, etc. L'essai par l'eau peut donc n'être pas rigoureusement concluant, bien que son extrême simplicité puisse le faire conseiller, et il est prudent d'y substituer un semis d'épreuve toutes les fois que cela est possible.

2° *Faculté germinative.* — Toute graine pourvue d'un embryon bien conformé est susceptible de germer quand elle est parvenue à sa maturité. La faculté germinative est donc un caractère de la maturité. Mais ce caractère est-il toujours et invariablement sûr, ou, en d'autres termes, est-il toujours indispensable qu'une graine ait atteint sa parfaite maturité pour germer? Cette question importante a occupé divers physiologistes; les uns, notamment Tréviranus, y ont répondu affirmativement; les autres ont été conduits par leurs expériences à y faire une réponse négative.

Déjà Duhamel avait vu des graines de Frêne, encore toutes vertes, germer, et même en moins de temps que ne le font habituellement celles qui sont complétement mûres; après lui, Sénebier avait observé la germination de Pois encore verts et sucrés; mais, pour l'un et l'autre de ces botanistes, c'étaient là des faits isolés et exceptionnels. Plus récemment Seiffert a vu germer, un peu moins vite, il est vrai, que de coutume, des graines de Haricots, de Fèves, de Lentilles, de Pois, de Cytise, qui n'étaient parvenues encore qu'à la moitié environ de leur grosseur, et il a fait observer que le Sophora du Japon (*Styphnolobium*), qui ne mûrit jamais son fruit sous le climat de Breslau, peut y être multiplié par le semis de ses graines incomplétement développées. De son côté, M. Goeppert a fait germer des grains de Seigle récoltés le 20 juin 1846, et dont les pareils ne mûrirent que le 6 juillet suivant, aussi bien que ceux qui avaient été mis en terre étant bien mûrs, mais avec un retard de deux jours et demi. Moi-même, s'il m'est permis de me citer, j'ai fait en 1852, à Versailles, une suite d'expériences sur deux variétés de Froment d'hiver, sur le Seigle de mars et sur deux variétés d'Orge[1]. A partir du 10 juillet, j'ai semé chaque jour cent grains de chacune de ces céréales dans des conditions favorables et identiques. En examinant l'embryon de grains pris dans les épis qui avaient fourni les éléments de ces semis successifs, j'ai reconnu qu'il était encore fort imparfait pour les premiers semés. La maturité est arrivée dans les premiers jours du mois d'août pour les plantes semblables à celles qui avaient fourni les grains mis en terre. La germination a eu lieu dans la proportion de la moitié environ pour les deux Froments, d'un peu plus que le tiers pour le Seigle, d'un cinquième pour les Orges. Ainsi, dans ces expériences, pour cinq variétés appartenant à nos trois principales espèces de Graminées de la grande

---

[1] Expériences sur la germination des céréales; *Journ. d'Agric. pratiq.*, n° du 5 mars 1853, 3e série, VI, pp. 177-180.

culture, des graines cueillies un peu plus de vingt jours avant leur maturité se sont montrées partiellement en état de germer.

D'après M. de Martius, les Brésiliens n'emploient jamais, pour multiplier le *Willughbeia speciosa*, que des graines qui n'ont pas encore atteint leur maturité; ils pensent que le fruit est meilleur sur les arbres ainsi obtenus.

On doit à M. Cohn, de Breslau, un travail important sur la question dont je m'occupe[1]. En faisant porter ses expériences sur des graines à des degrés fort divers de développement et appartenant à des plantes variées, ce savant botaniste a été conduit à poser les principes suivants : 1° la faculté germinative ne coïncide pas d'ordinaire avec la maturité, mais elle la précède; 2° dans beaucoup de plantes appartenant à des familles très-diverses, la graine peut germer lorsque son développement est encore peu avancé; il paraît cependant nécessaire, pour que cela ait lieu, que l'embryon remplisse en majeure partie la cavité des téguments, et que l'albumen, ou bien ait été absorbé, ou ait pris quelque consistance; 3° en général, les plantes venues de semences non mûres ne sont pas plus faibles que les autres; 4° la germination paraît se faire dans le moins de temps possible à un degré moyen de formation des graines; plus jeunes ou plus avancées elles sont plus lentes à germer.

Il semble donc démontré qu'il y a pour les graines une maturité germinative, pour parler comme de Gasparin, antérieure à la maturité d'organes; d'où il résulte que la faculté de germer ne peut être regardée comme un caractère distinctif des graines mûres, c'est-à-dire complétement formées. Au total, la détermination de la maturité complète de ces corps reproducteurs des plantes n'a pas toute l'importance qu'on est dans l'usage de lui attribuer, à moins que ce ne soit au point de vue de leur conservation.

* * Germination.

Période germinative. — La germination des graines est la période pendant laquelle leur embryon, sortant de l'état d'engourdissement et de torpeur auquel la maturation l'avait amené, se fait jour à travers ses enveloppes et s'accroît en une jeune plante. Puisque ce nom désigne, non un phénomène se passant pendant un seul moment, ou du moins durant un temps très-court, mais

---

[1] Ferd. Cohn, Symbola ad seminis physiologiam; Dissert. inaug., in-8; Berlin, 1847; et Beitræge zur Physiologie des Samens; *Flora*. 1849; ñ°ˢ 31 et 32.

bien une période entière, intermédiaire entre la vie embryonnaire et la vie végétative de la plante, il importerait d'en fixer le commencement et la fin. En théorie, le commencement en est marqué par l'instant où l'embryon donne le premier signe de réveil et augmente de dimensions; mais, dans la pratique, ce réveil est très-difficile à reconnaître, et de là vient que, parmi ceux qui ont cherché dans les premiers moments de la germination le point initial de leurs observations ou expériences, plusieurs sont partis de l'instant où la radicule se montre au dehors par l'ouverture du spermoderme déchiré (M. Alph. De Candolle), tandis que d'autres ont cru pouvoir aller, pour trouver un signe de germination, jusqu'à l'épanouissement des cotylédons, qui appartient déjà à la période végétative. D'un autre côté, la fin de la germination ne peut guère être constatée par l'observation directe, bien qu'on puisse en concevoir le terme théorique. Elle arrive, en effet, lorsque l'embryon, devenant une jeune plante, a consommé pour son propre usage la provision de matières nutritives qu'il trouvait dans la graine, soit autour de lui, sous la forme d'albumen, soit en lui-même, et alors emmagasinée dans le corps cotylédonnaire. À ce moment, si la jeune plante ne peut emprunter aux milieux ambiants les éléments de sa nutrition, elle périt; mais dans les circonstances ordinaires, elle commence même un peu avant cet instant à puiser autour d'elle son aliment et à en opérer dans l'épaisseur de ses tissus une assimilation qui le modifie et le lui incorpore; elle est donc ainsi entrée dans sa période végétative même avant que sa période germinative soit entièrement terminée, et dès lors il est impossible de marquer un intervalle entre les deux. Cette considération explique pourquoi les physiologistes ont été aussi peu unanimes pour fixer la fin de la période germinative qu'ils l'avaient été pour en déterminer le commencement. Toutefois, en s'écartant des conditions ordinaires, on peut mettre en évidence la fin de la période germinative, pourvu qu'on empêche la jeune plante d'entrer dans sa période purement végétative. C'est ce qui a lieu pour les graines qu'on fait germer dans l'eau distillée ou bien dans un lieu obscur. Les plantules qui en proviennent ne peuvent commencer à végéter par elles-mêmes, et dès lors elles périssent après avoir épuisé les matières nutritives qu'elles trouvaient dans la graine elle-même; en d'autres termes, elles ne dépassent pas la fin de la période germinative.

Germination au point de vue morphologique. — Pour faire l'histoire complète de la germination, il faut l'envisager successivement

au point de vue de la marche du développement de l'embryon
en jeune plante, et à celui des phénomènes qui accompagnent ce
développement; en d'autres termes, il faut l'étudier sous les deux
rapports morphologique et physiologique. L'histoire morphologique se compose de la description détaillée du plus grand nombre possible de germinations; elle exige, par conséquent, de
longs développements et de nombreuses figures. Je ne puis
donc m'en occuper ici plus que je ne l'ai déjà fait en divers
endroits de ces *Éléments*, en vue de tracer ce qu'il y a de plus
général à cet égard dans la formation des Dicotylédons et des Monocotylédons. Je me bornerai dès lors à renvoyer à quelques-uns
des passages où il en a été déjà question, notamment aux pages
115 et 116, 199, 201, 203, et je ne m'occuperai ici que de l'histoire physiologique de cette première portion de la vie des plantes.

Conditions pour la germination. — Pour qu'une graine germe,
il faut que, renfermant un embryon en bon état, elle soit soumise aux influences capables d'activer la vitalité temporairement
endormie de cet embryon, et d'en déterminer la croissance en
une plante nouvelle. Il faut, en outre, que cette miniature du
nouvel être végétal n'ait pas perdu, par un repos trop prolongé,
l'aptitude à se développer en plante; en d'autres termes, il faut
qu'elle n'ait pas perdu la faculté germinative. Examinons ces
différentes conditions.

Influences déterminantes. — Pour germer, une bonne graine
doit être soumise simultanément à trois influences, sans lesquelles
elle ne donnera jamais une nouvelle plante; ce sont : l'humidité,
la chaleur et l'oxygène de l'air.

1° *Humidité*. — Aucune germination ne peut avoir lieu sans
humidité. Nous avons vu, en effet, que la maturation des graines
avait pour principal résultat de diminuer fortement les sucs
aqueux qu'elles contenaient, et d'y augmenter, au contraire, la
proportion des matières solides. Or, l'eau étant la base de toute
nutrition végétale, et agissant d'ailleurs comme véhicule de toutes
les matières qui peuvent servir d'aliment aux plantes, la graine,
que la maturité a rendue très-sèche, doit recevoir une quantité de ce
liquide suffisante pour remplir ces deux rôles. L'eau joue, en outre,
un rôle mécanique également essentiel, et qui consiste en ce que,
gonflant l'embryon et l'albumen plus que le spermoderme, elle détermine la rupture de celui-ci; par là se trouve ouvert un libre
passage à la radicule, et l'embryon tout entier ressent dès lors directement les influences extérieures. Si la graine est emprisonnée

dans un noyau, son gonflement détermine la rupture de cette enveloppe péricarpienne déjà ramollie elle-même, au moins sur certains points, par un séjour prolongé dans la terre humide.

L'arrivée de l'eau jusqu'à l'embryon est tantôt facile, tantôt, au contraire, difficile, en raison du plus ou moins d'épaisseur et de consistance du spermoderme, de l'absence ou de la présence d'un noyau autour de la graine. On conçoit sans peine que lorsque, par suite de la présence d'un noyau autour de la graine, ou de l'existence d'un tégument séminal épais et dur, la pénétration de ce liquide est difficile, il faille beaucoup de temps aux graines pour germer ; ainsi s'explique l'utilité de l'instrument imaginé par Gasquet pour casser le noyau des Olives sans endommager la graine et celle de la pratique des jardiniers qui entaillent ou qui usent sur quelque point, en le frottant contre une pierre, le test impénétrable de certaines graines.

Divers physiologistes, Boehmer, Poncelet, De Candolle, ont cherché à déterminer expérimentalement la voie par laquelle l'eau s'introduit dans les graines ; mais leurs recherches ne levaient point toutes les difficultés. Celles de Tittmann[1] ont été faites avec plus de précision. Elles ont prouvé que l'introduction de ce liquide s'opère par toute la surface du spermoderme, quand il n'a qu'une médiocre consistance, et qu'elle a lieu seulement par le micropyle dans les cas où le test est épais et dur.

Toutes les graines n'exigent pas pour germer la même quantité d'eau. De Candolle a fait à cet égard des expériences qui lui ont appris : 1° qu'en général la proportion de ce liquide qu'elles exigent est d'autant plus considérable qu'elles sont plus grosses ; 2° que toutes celles sur lesquelles il expérimentait en prenaient un poids supérieur au leur propre. Néanmoins un excès de ce liquide empêche la germination, parce que, après avoir dissous les matières solubles de la semence et avoir délayé celles qui sont insolubles, de manière à faciliter leur réaction réciproque, si elle surabonde, elle s'écoule en entraînant une forte proportion des unes et des autres, et en prive ainsi l'embryon auquel elles étaient nécessaires.

2° *Chaleur*. — La chaleur est un stimulant indispensable pour la germination ; mais son effet utile est circonscrit entre certaines limites au delà desquelles elle devient inutile, ou même nuisible. La limite inférieure de température, au-dessous de laquelle la

---

[1] Tittmann, Die Keimung der Pflanzen ; Dresde. 1821, in-4

germination ne peut avoir lieu, avait été fixée expérimentalement
à + 7 degrés centigrades, par Edwards et Colin, pour le Blé
d'hiver, l'Orge et le Seigle. M. Goeppert ayant vu quelques plantes
germer à + 5 degrés centigrades, l'avait reculée jusqu'à cette
température; enfin les expériences récentes de M. Alph. De Candolle ont prouvé que ce terme est encore trop élevé, et même
qu'il peut y avoir des germinations à 0 degré[1]. En expérimentant
sur les graines de dix espèces de plantes, dont neuf étaient des
Dicotylédones de familles diverses, et la dixième une Monocoty-
lédone, ce savant botaniste a vu germer à 0 degré le *Sinapis alba*,
qui, dans deux semis, l'a fait une fois après 11 jours, une autre
fois après 17 jours. Dans une autre expérience il a vu des germinations avoir lieu entre + 1°,4 et + 1°,9 pour le *Lepidium sativum* et le Lin. Ce sont là les termes les plus bas qui, à ma connaissance, aient été observés jusqu'à ce jour.

La limite inférieure de température nécessaire pour la germination peut être déterminée d'une manière absolue, comme on
vient de le voir; mais il y aurait également intérêt, et peut-être
à un plus haut degré encore, à la reconnaître pour chaque espèce
végétale en particulier; car chaque plante exige une certaine chaleur pour développer son embryon en plante, de même que pour
accomplir presque tous les autres phénomènes de sa végétation.
Le mémoire de M. Alph. De Candolle fournit des données précises
à cet égard. Ainsi le *Sinapis alba* a germé à 0 degré, et peut-être
pourrait-il le faire plus bas encore avec une eau maintenue
liquide, malgré son refroidissement; le *Lepidium* et le Lin ont
germé sous une moyenne de + 1°,8 et non au-dessous; le *Col-
lomia coccinea*, qui n'avait pas levé à + 5 degrés, l'a fait à
+ 5°,3; le *Nigella sativa*, l'*Iberis amara* et le *Trifolium repens*,
n'ont pas germé à + 5°,3, mais bien à + 5°,7; le Maïs ne l'a
fait qu'à + 9 degrés; le *Sesamum orientale* à + 13 degrés, et
enfin le Melon cantaloup seulement à + 17 degrés.

Pour chaque espèce végétale, il y a une température favorable
à la germination de sa graine, et c'est à mesure qu'on s'éloigne
de ce terme moyen que le phénomène devient de plus en plus
difficile, ce qu'indique la lenteur de plus en plus grande avec
laquelle il s'accomplit, jusqu'à ce qu'enfin on arrive aux limites
à partir desquelles il ne peut plus avoir lieu. En général, c'est
de 10 à 20 degrés que la germination s'opère avec la plus grande

[1] Alph. De Candolle, *De la Germination sous des degrés divers de température constante*; *Bibl. univers. et Revue suisse*, novembre 1865, in-8 de 40 pages.

facilité et le plus de rapidité : mais différents végétaux propres aux régions chaudes ressentent avantageusement ou même exigent l'influence d'une chaleur sensiblement plus forte. Pour donner une idée du ralentissement qu'amènent l'augmentation, et surtout la diminution de la chaleur, j'emprunterai au travail de M. Alph. De Candolle les trois exemples suivants : 1° pour germer, le *Sinapis alba* a mis 17 jours à 0 degré ; 16 jours à + 1°,9 ; 9 jours à 3 degrés ; 4 jours à 5°,7 ; 5 jours et 1/2 à 9 degrés ; 1 jour 3/4 à 12-13 degrés ; 3 jours 1/2 à 17 degrés ; à 28 degrés, un tiers seulement de ses graines ont germé au bout de 3 jours ; les autres n'ont pas donné signe de vie ; enfin aucune de ses graines n'a germé par une température de 40 et 41 degrés centigrades ; 2° la germination du *Lepidium sativum* a eu lieu, à + 1°,9 en 30 jours, à 3 degrés en 16 jours, à 5°,7 en 5 jours, à 9 degrés en 5 jours, à 12 et 13 degrés en 1 jour 3/4, à 17 degrés en 1 jour 1/2 ; à 28 degrés la plupart des graines semées n'ont pas germé, et celles en petit nombre qui l'ont fait ont exigé environ 40 heures : enfin aucun développement n'a eu lieu à 40 et 41 degrés ; 3° le *Sesamum orientale* n'a commencé de germer qu'à 12 et 13 degrés, et alors il lui a fallu 9 jours ; à 17 degrés il lui a fallu 5 jours ; à 20 et 21 degrés il lui a suffi de 50 à 56 heures ; il a germé en 21 et 22 heures 1/2, de 24 à 25 degrés ; à 28 degrés il levait abondamment vers la 25ᵉ heure ; enfin, cette plante, propre à des pays chauds, a eu plusieurs germinations en 10 heures 1/2 sous une température de 40 et 41 degrés.

Les graines mûres et sèches peuvent supporter des températures très-basses sans perdre la faculté de germer ensuite aussitôt que surviennent des circonstances favorables. La justification expérimentale de cet énoncé a été donnée pour le Blé, l'Orge, le Seigle, la Fève, par Edwards et Colin, qui ont soumis des graines de ces espèces, pendant quinze minutes, à un froid capable de congeler le mercure. Ces graines ont, après cette épreuve, germé comme de coutume.

Le degré de chaleur qui non-seulement ne permet plus aux graines de germer, mais qui encore détruit en elles sans retour la faculté germinative, a été déterminé pour les graines de quelques plantes par différents physiologistes ; mais les résultats obtenus dans cette recherche par Edwards et Colin sont les plus complets[1]. Ces habiles observateurs ont reconnu que l'action de la chaleur sur

---

[1] Edwards et Colin, De l'Influence de la température sur la germination ; *Ann. des sciences nat.*, 1834, 1, 257-270.

l'embryon varie beaucoup, selon qu'elle s'exerce avec le concours de l'humidité ou sous l'influence de la sécheresse. D'après
eux, les graines perdent en général la faculté de germer par une
immersion prolongée pendant quinze minutes dans de l'eau
chauffée à 50 degrés centigrades; cette limite s'élève pour elles
à 62 degrés lorsqu'elles restent, pendant le même espace de
temps, plongées seulement dans de la vapeur d'eau ou dans un
air saturé d'humidité; enfin elle atteint 75 degrés, si elles sont
maintenues au milieu d'un air sec. Ce dernier terme peut s'élever encore si l'on complète le plus possible la dessiccation préalable des graines, et Doyère a constaté[1] qu'on peut chauffer
jusqu'à 100 degrés le Blé qui a été séché dans le vide de la
machine pneumatique, sans qu'un seul de ses grains perde la
faculté de germer. Toutefois il y a, sous ce rapport, des différences plus ou moins prononcées d'une espèce à l'autre, de
telle sorte que les nombres précédents doivent être pris comme
moyens plutôt que comme absolus.

Une propriété remarquable et précieuse en maintes circonstances se rattache au rôle de l'humidité dans la germination;
elle a été mise en lumière par de belles expériences de Th. De
Saussure. Elle consiste en ce que la germination de diverses espèces
de plantes peut être interrompue par la dessiccation et recommencer ensuite avec le retour de l'eau. Elle existe chez la plupart de
nos espèces alimentaires en grand, comme le Froment, le Seigle,
l'Orge, le Maïs, la Lentille, le *Lepidium sativum* ou Cresson alénois, le Chanvre, le Chou, la Moutarde, la Laitue, la Renouée Blé
sarrasin; elle paraît, au contraire, manquer chez la Fève, le Haricot, le Pourpier, la Raiponce, le Pavot. Les premières conservent
leur force végétative lorsque, ayant déjà commencé de germer,
elles sont soumises au desséchement le plus avancé qu'on puisse
obtenir à l'air libre, à l'ombre ou sous une température de 55 degrés centigrades. Il en est même (Froment, Seigle, Vesce, Chou)
qui, après avoir été séchées, peuvent être exposées à la température de 70 degrés centigrades, la plus élevée que les rayons du
soleil puissent communiquer au sol, dans nos climats, sans perdre
pour cela la faculté de reprendre vie au retour de l'humidité. En
recommençant à végéter après avoir subi une dessiccation, les
graines germées perdent leur radicule; aussi leur végétation
nouvelle est-elle moins vigoureuse qu'elle ne l'aurait été sans

[1] Doyère, Recherches sur l'Alucite, etc.; *Annales de l'Institut agronom.*, I, 1852,
pp. 269-379, 5 pl.

l'interruption qu'a subie leur développement. En général, toutes choses égales d'ailleurs, il leur faut d'autant plus de temps pour reprendre, avec le retour de l'humidité, que leur germination était plus avancée avant le desséchement. Cette propriété est précieuse, dans la nature, pour les graines qui ont germé à la surface du sol sans pénétrer dans sa profondeur, et que l'ardeur du soleil ou la sécheresse ont arrêtées dans leur développement; un temps humide les rappelle à la vie, et amène ainsi la conservation de nombreux individus, qui, autrement, auraient péri sans retour.

3° *Oxygène.* — Des expériences fort simples prouvent que le contact de l'air, et, dans celui-ci, de l'oxygène, est indispensable pour que les graines germent. Il suffit, en effet, de les placer dans des vases remplis d'hydrogène, d'azote ou d'acide carbonique, en les y soumettant à une température et un degré d'humidité convenables, pour voir que leur embryon reste alors endormi et ne s'accroît pas ou presque pas. Le même résultat se produit si on les plonge dans de l'eau privée d'air par la distillation ou par une ébullition prolongée; même en général, elles ne germent pas submergées dans l'eau ordinaire, sauf, d'après Th. De Saussure, les Pois, les Lentilles et les semences d'espèces aquatiques, bien que celle-ci soit aérée, la quantité d'oxygène qu'elles y trouvent ne suffisant, d'ordinaire, que pour déterminer en elles un commencement de germination; mais si, comme l'a fait ingénieusement M. Émery, on renouvelle constamment l'eau qui apporte de nouvel air dissous, ou si, à l'exemple de ce physiologiste, on s'arrange de manière à produire dans ce liquide un dégagement constant d'oxygène, non-seulement la germination s'opère très-bien, mais encore les petites plantes qu'elle donne peuvent continuer longtemps à végéter dans ces conditions exceptionnelles.

Quel est le rôle de l'oxygène dans cette première période du développement des végétaux? Dès 1777, Scheele avait reconnu que des Pois germant dans ce gaz en faisaient disparaître une certaine quantité et versaient de l'acide carbonique dans cette atmosphère spéciale. Rollo observa des faits analogues pour l'Orge; il pensa que l'oxygène absorbé était en majeure partie fixé dans la graine, et servait, pour le reste, à former avec le carbone de celle-ci l'acide carbonique dont il avait aussi constaté la production. Sénebier et Huber, d'un côté, Ellis, d'un autre, dirigèrent à leur tour leurs études vers ce point important de la physiologie végétale ; enfin Th. De Saussure[1], par ses expériences et ses analyses, a jeté beaucoup de jour sur cette question. Ce célèbre chimiste a établi : 1° que les graines qu'on fait germer dans l'oxygène pur en font disparaître un volume toujours plus grand que celui de l'acide carbonique qu'elles émettent en germant, ce qui vient à l'appui de l'idée de Rollo qu'une portion de ce gaz est fixée par elles ; 2° qu'en germant dans l'air atmosphérique, elles offrent des variations notables dans la proportion entre l'oxygène absorbé et l'acide carbonique émis, non-seulement d'une espèce de plante à l'autre, mais encore, pour une seule et même graine, aux différentes phases de la germination. Comme exemples de graines qui ont remplacé l'oxygène absorbé par une quantité égale d'acide carbonique, on peut citer : le Seigle et le Froment ; pour celui-ci, dans un cas, 21 grains ont absorbé $2^{cc}42$ d'oxygène et produit $2^{cc}47$ d'acide carbonique, et une autre fois, un plus grand nombre de grains ont substitué $12^{cc}2$ d'acide carbonique à 12^{cc} d'oxygène. On peut, au contraire, indiquer le Haricot comme ayant exhalé plus d'acide carbonique qu'il n'avait absorbé d'oxygène, puisque trois graines de cette espèce ont substitué $9^{cc}53$ d'acide carbonique à $8^{cc}98$ d'oxygène pris par elles. Enfin parmi les espèces dont les semences absorbent plus d'oxygène qu'elles ne dégagent d'acide carbonique, on peut citer la Fève dont quatre graines n'ont produit que $11^{cc}27$ du dernier, après avoir pris $11^{cc}91$ du premier.

En second lieu, aux différentes phases d'une même germination, l'absorption et l'exhalation vont en croissant graduellement. C'est ainsi que 4 graines de Lupin blanc, après avoir, pendant les premières vingt-quatre heures, absorbé $5^{cc}4$ d'oxygène et rejeté $4^{cc}25$ d'acide carbonique, ont pris, pendant la deuxième période de vingt-quatre heures, $6^{cc}57$ d'oxygène et exhalé $5^{cc}88$ d'acide carbonique ; elles ont finalement absorbé $10^{cc}68$ d'oxygène pour produire $8^{cc}54$ d'acide carbonique pendant la troisième journée de vingt-quatre heures. On voit, d'après ces chiffres, que le rapport entre l'absorption et l'exhalation a changé en même temps, puisque d'abord la graine prenait, pour germer, plus d'oxygène qu'elle ne donnait de gaz acide, tandis que c'est l'inverse qui a eu lieu dès le second jour.

Ajoutons qu'on se tromperait si, connaissant la nécessité de

---

[1] Th. De Saussure, *Recherches chimiques sur la végétation*, Paris, 1804, chap 1. — Altération de l'air par la germination et par la fermentation ; *Ann. des sciences nat.*, 1824, II, p. 270-284.

l'oxygène pour la germination, on en concluait que ce phénomène doit s'opérer beaucoup mieux et beaucoup plus vite dans ce gaz pur que dans l'air atmosphérique où il n'existe que dans la proportion d'un cinquième environ. L'expérience a montré que l'accélération produite par ce gaz pur est très-faible.

La quantité absolue d'oxygène que prennent les graines pour germer varie d'une espèce à l'autre : celles du Haricot, de la Fève, de la Laitue, en absorbent environ 0,01 de leur poids, tandis que le Froment, l'Orge, le Pourpier en exigent dix fois moins.

Th. De Saussure a également constaté que les graines qui germent sous l'influence de l'air prennent une petite quantité d'azote ; mais la proportion en est si faible qu'elle n'a pas dépassé, dans trois expériences, $0^{cc}4$, $0^{cc}81$, $0^{cc}5$ pour une absorption de 12^{cc}, $15^{cc}13$ et $6^{cc}54$ d'oxygène.

La nécessité de l'intervention de l'oxygène de l'air dans la germination suffit pour expliquer pourquoi des graines profondément enfouies dans le sol ne germent pas, et aussi pourquoi les graines lèvent beaucoup mieux dans les sols meubles, c'est-à-dire très-poreux, que dans ceux que leur état compacte rend peu perméables à l'air. Elle nous fait aussi comprendre pourquoi des arrosements trop abondants, faits après le semis, en déterminant la formation d'une croûte à la surface des terres principalement argileuses, deviennent souvent nuisibles, et pourquoi il est mieux de mouiller d'abord le sol sur lequel on répand les semences et de ne couvrir ensuite celles-ci que d'une couche meuble et très-perméable de terre légère, de terreau ou même de sable. D'un autre côté, dans la pratique, un second motif vient se joindre à celui-ci pour rendre plus sûr l'ensemencement d'autant moins profond que les graines sont plus-petites : c'est que la plantule en s'élevant doit pouvoir se faire jour à travers la couche de terre qui la recouvre ; or, il est à peine besoin de dire que les petites graines donnent, en germant, des plantules assez faibles pour ne pouvoir surmonter une résistance tant soit peu énergique.

Influences secondaires. — Outre les trois actions essentielles dont il vient d'être question, sans lesquelles il n'y a pas de germination, il en est d'autres d'une importance beaucoup moindre, et qui, bien qu'utiles en général ou dans des circonstances particulières, peuvent fort bien être supprimées sans que le phénomène cesse pour cela d'avoir lieu. Ce sont celles qu'exercent le sol, l'obscurité et les substances accélératrices. 1° Le sol n'est certainement pas indifférent pour la facilité plus ou moins grande avec laquelle une graine germe; mais son influence tient essentiellement à ses propriétés physiques, telles que son ameublissement, sa perméabilité, la force plus ou moins grande avec laquelle il retient l'humidité, etc. Ce n'est point par lui-même qu'il agit, car tous les jours on fait germer sans difficulté des graines sur l'eau, sur des éponges ou des linges humides, etc. 2° L'obscurité a été regardée par Sénebier et par beaucoup de botanistes après lui comme essentielle pour la germination, et les jardiniers sont aussi généralement convaincus de son utilité; cependant il y a tout au moins beaucoup d'exagération dans les idées qui règnent à cet égard. En effet, Th. De Saussure ayant fait germer en même temps des graines semblables sous deux récipients égaux, l'un opaque et l'autre transparent, dans lesquels la température était la même, n'a remarqué aucune différence dans la germination des unes et des autres. Après lui, Meyen a fait germer de même comparativement les graines de dix espèces différentes et n'a pu reconnaître la moindre inégalité d'un côté ni de l'autre. — 3° C'est à Humboldt qu'on doit la découverte de ce fait intéressant que le chlore hâte la germination des graines, et peut faire germer celles dont la faculté germinative a été assez affaiblie par le temps pour qu'on n'en pût rien espérer en les semant à la manière ordinaire. On a plusieurs fois utilisé cette propriété, dans des jardins botaniques, surtout en Allemagne, pour tirer parti de graines déjà vieilles. Mais cette substance ne doit être employée qu'en faible quantité. Voici l'une des manières de procéder qui donnent les meilleurs résultats. On fait tremper les graines pendant douze heures dans de l'eau ordinaire; on les met ensuite au soleil, pendant six heures, dans de l'eau additionnée de deux gouttes de solution aqueuse de chlore pour soixante grammes de liquide. On égoutte les graines sur un linge : on les mélange d'un peu de terre, après quoi on les sème et on emploie pour les arroser l'eau qui a passé à travers le linge. — Plus récemment M. Goeppert a attribué la même propriété accélératrice à l'iode et au brome. On a encore avancé que divers acides agissent de même; mais cette dernière assertion a été contredite par des observations précises. Ainsi M. Hutstein a prolongé pendant plus d'un an de nombreuses séries d'expériences sur des graines de plantes diverses, qu'il faisait tremper d'abord, les unes dans de l'eau pure, les autres dans de l'eau additionnée de 1/400 à 1/200 soit des acides sulfurique, chlorhydrique, phosphorique, oxalique, soit de sels ammoniacaux. Les résultats montraient d'abord une accélération appréciable pour les graines imbibées d'eau acidulée ou contenant des sels; mais il a suffi de prolonger l'immersion préalable des graines dans l'eau pendant plus long-temps pour rétablir l'égalité; d'où l'observateur a conclu avec raison que l'eau acidulée ou saline a pour unique effet de pénétrer les graines plus rapidement que l'eau pure. En outre, M. Hutstein a reconnu que ces mêmes substances ne rétablissent pas la faculté germinative dans les graines qui l'ont une fois perdue.

Phénomènes chimiques de la germination. — La composition chimique des graines varie beaucoup, d'une espèce végétale à l'autre, mais elle offre certains traits communs qui permettent de se rendre compte, jusqu'à un certain point, de la marche générale de la germination. Abstraction faite des sels qui consistent essentiellement en phosphates et de certaines substances particulières qui tantôt se retrouvent dans d'autres parties de la plante et qui tantôt ne se rencontrent que dans les graines, celles-ci offrent, comme base de leur composition, des matières ternaires ou non azotées et des matières quaternaires ou azotées. Les matières non azotées sont, avant tout, la cellulose qui constitue les parois cellulaires, et, dans la cavité des cellules, l'amidon ainsi que les matières grasses. Ces deux dernières semblent en quelque sorte s'exclure l'une l'autre, de telle sorte que les graines les plus farineuses sont les plus pauvres en matières grasses et réciproquement. Quant aux substances azotées, elles sont à l'état de gluten, de légumine, d'albumine, etc.

Pendant la germination, celles d'entre les matières contenues dans la graine qui sont solubles sont dissoutes par l'eau et peuvent servir immédiatement à la nutrition de l'embryon. Celles qui sont insolubles, et ce sont les plus nombreuses comme les plus abondantes, subissent des modifications dont l'effet est d'en faire provenir l'aliment essentiel de l'embryon. Les substances albuminoïdes, avec le concours de l'oxygène, jouent le rôle de modificateurs relativement aux matières hydrocarbonnées, grasses, etc.; l'amidon, de son côté, passe à l'état de dextrine sous l'influence de la diastase et devient ainsi apte à nourrir le végétal naissant. Mais, au total, les modifications et transformations de substances qui s'opèrent dans l'albumen et dans le corps cotylédonnaire sont encore fort imparfaitement connues et appellent de sérieuses études. Le résultat dernier en est, d'un côté, la nutrition de l'embryon, de l'autre un dégagement d'acide carbonique qui s'opère aux dépens d'une portion du carbone de la graine.

Ce dégagement amène pour celle-ci une diminution de poids que diverses observations ont mise en évidence. Ainsi Thomson avait constaté que 100 de grains d'Orge, qui renfermaient 88 de matières solides, perdaient 4 parties par le seul fait de leur germination. Mais ce sont surtout les analyses de M. Boussingault qui ont fourni des données précises à ce sujet. Ce savant chimiste a opéré sur le Trèfle et le Froment. Il a reconnu [1] qu'une certaine quantité de graines de la première de ces plantes pesant, supposée sèche, $2^{gr},405$, lorsqu'on l'avait mise à germer, n'a plus pesé que $2^{gr},241$ après la germination ; elle avait donc perdu $0^{gr},164$, et l'analyse élémentaire a montré que la perte en carbone entrait dans ce chiffre pour $0^{gr},068$, tandis que la diminution s'élevait à $0^{gr},099$ pour l'oxygène. Relativement au Froment, l'expérience a permis au même observateur de constater que des graines sèches faisant un poids de $2^{gr},459$ avant la germination ne pesaient plus que $2^{gr},365$ après ce phénomène et avaient perdu dès lors $0^{gr},074$ dans lesquels le carbone entrait pour $0^{gr},021$ et l'oxygène pour $0^{gr},47$. — Même lorsqu'il a laissé la germination du Froment se continuer à l'obscurité pendant 51 jours, et que par conséquent il a empêché les jeunes plantes d'entrer dans la période végétative, en les privant de lumière, il a vu la perte s'élever à $0^{gr},952$ pour $1^{gr},665$ de graines sèches, c'est-à-dire à 57 pour 100. Dans ce cas, la diminution du carbone a été de $0^{gr},465$; celle de l'oxygène s'est élevée à $0^{gr},436$ et il y a eu disparition de $0^{gr},052$ d'hydrogène ; d'où la perte totale se traduisait par du carbone et de l'eau, tandis que dans les deux premiers exemples, elle était exprimée par de l'oxyde de carbone. Enfin les faits ont été plus complexes encore pour des Pois dont une quantité pesant $2^{gr},257$ s'est réduite à $1^{gr},075$ par la germination et par le séjour des jeunes plantes à l'obscurité pendant 55 jours. Dans ce dernier cas, la déperdition a été de 52 pour 100 ; elle a consisté en $0^{gr},567$ de carbone, $0^{gr},500$ d'oxygène, $0^{gr},072$ d'hydrogène et $0^{gr},022$ d'azote, ce qui peut être exprimé par du carbone, de l'eau et de l'ammoniaque.

Au total, les phénomènes chimiques de la germination sont plus complexes que ne le pensait Th. De Saussure, qui les réduisait à une combinaison d'oxygène avec le carbone et à une perte d'eau. Ils se compliquent même par des formations de substances, telles qu'un acide qui paraît être l'acide acétique et dont on manifeste

[1] Économie rurale, I, ch. II, § 1.

la production en faisant germer des graines sur du papier de tournesol qu'il rougit.

Temps nécessaire pour la germination. — Les graines de diverses plantes exigent pour germer des espaces de temps fort différents, en supposant même parfaitement égales la chaleur et l'humidité dont elles subissent l'influence. L'un des termes extrêmes, sous ce rapport, nous est offert par la graine des Mangliers (*Rhizophora*) qui germe dans le fruit même et qui tombe toute germée dans la vase maritime où la jeune plante continue son développement sans interruption. Quant au terme extrême opposé, il est fourni par les Rosiers, l'Aubépine, divers arbres fruitiers à noyau, etc., qui exigent deux années ou même parfois davantage pour germer. Il est bon de faire observer que, parmi ces graines lentes à germer on remarque de grandes inégalités même entre celles qui ont été prises sur le même pied et jusque dans le même fruit. Ainsi, parmi les graines venues dans une même capsule de Lis, certaines lèvent au printemps qui suit le semis, d'autres ne le font qu'une année plus tard, et assez souvent quelques-unes sont encore plus lentes à produire une nouvelle plante. M. Carrière cite un exemple fort remarquable de ce fait. Il avait semé, dans des conditions identiques, au printemps de 1854, des noyaux d'un Pêcher de Chine qu'il a nommé *Pêcher Montigny*. Deux levèrent en 1855, deux autres en février et août 1856, trois en 1857, deux en 1858, le dernier en 1859.

Entre les deux extrêmes s'échelonnent un grand nombre de plantes, dont les unes, comme le Cresson alénois, les Laitues, etc., germent en moins d'un jour dans les circonstances favorables, tandis que d'autres (Pois, Haricots, Céréales) n'ont besoin que de peu de jours, enfin que d'autres exigent un nombre variable de semaines. On doit un grand nombre de données sur ce sujet à M. Alph. De Candolle qui a observé à Genève la germination de 865 espèces et à M. Ramon de la Sagra qui, dans le jardin botanique de la Havane, a expérimenté sur de nombreux végétaux des régions intertropicales, par des températures élevées. Les inégalités qu'on remarque sous ce rapport tiennent non-seulement à l'espèce, à la température et aux autres circonstances extérieures, mais encore à l'état de fraîcheur ou de vieillesse des graines. En général, celles qui sont mises en terre aussitôt après avoir été récoltées ou peu de temps après, germent beaucoup plus promptement que celles dont le semis a été tardif.

Durée de la faculté germinative. — Les graines conservent plus ou moins longtemps, selon les espèces auxquelles elles appartiennent, la faculté de germer. Quelques-unes, comme celles du Caféier et d'autres Rubiacées, de l'Angélique et de plusieurs autres Ombellifères, ne germent que si on les sème aussitôt après les avoir récoltées. Pour ces graines et pour beaucoup d'autres qui perdent en peu de temps la faculté germinative, si l'on ne peut semer immédiatement en place, on fait disparaître cette difficulté en les *stratifiant*, c'est-à-dire en les disposant, dans des pots ou des caisses, par couches minces qu'on fait alterner avec des assises peu épaisses de terre très-légère ou de sable entretenus légèrement humides et conservés dans un lieu frais. Les semences ainsi disposées subissent lentement un commencement de germination et peuvent ensuite être mises définitivement en terre après un espace de temps qui, si elles fussent restées à l'air libre, aurait suffi pour leur faire perdre la faculté germinative. Cette même opération est, d'un autre côté, tout aussi avantageuse s'il s'agit de graines qui exigent beaucoup de temps pour leur germination ; elles les dispose à rester moins longtemps en terre avant de lever.

Par opposition avec cette première catégorie de graines, il en est qui conservent pendant quelques années, parfois même pendant longtemps, la propriété de germer, soit quand elles sont conservées simplement à l'air libre, soit et principalement lorsque des circonstances fortuites en ont amené l'enfouissement à une grande profondeur, de manière à les soustraire à l'influence de l'air.

1° *A l'air libre*. — Dans le cas de conservation à l'air libre, on a cité des exemples de graines qui ont germé fort longtemps après avoir été récoltées. Les plus remarquables de ces exemples sont fournis par la Sensitive, dont on a vu lever des graines conservées pendant soixante ans, par des Haricots, dont on a obtenu la germination après qu'ils étaient restés plus de cent ans en herbier (Gérardin), par des grains de Seigle qui ont germé après cent quarante années de conservation (Home). Tout remarquables qu'ils sont, ces faits le seraient encore bien moins que ceux qui ont été souvent rapportés relativement à ce qu'on appelle les *Blés de momies*, c'est-à-dire à des grains de Froment qui, enfermés par les anciens Égyptiens dans les caisses de leurs momies, auraient pu germer lorsqu'on les en aurait retirés de nos jours, par conséquent au bout d'une longue série de siècles. Mais rien n'est moins authentiquement constaté que l'origine réelle de ces prétendus Blés de momies, puisqu'on sait que les habitants actuels de l'Égypte se livrent, à cet égard, à des fraudes de divers genres : on a fait remarquer avec raison que les graines d'origine antique trouvées réellement autour des momies étaient toutes profondément imprégnées des matières bitumineuses qu'on employait pour la préparation des corps et se sont toujours montrées dès lors noircies et comme carbonisées dans toute leur épaisseur.

M. Alph. De Candolle a fait des expériences intéressantes relativement à la conservation de la faculté germinative [1]. Le 14 mai 1856, il a semé, dans le Jardin Botanique de Genève, en pots et en terre de bruyère, des graines de 368 espèces qui avaient été récoltées en 1831 et qui étaient dès lors conservées depuis quinze ans. Pour chacune de ces espèces, il a mis en terre 20 graines choisies de manière à paraître également en bon état. Sur ce nombre de 368 espèces, 17 seulement ont eu des germinations. Pour une seule (*Dolichos unguiculatus*), 15 graines sur 20 ont levé ; pour une Lavatère il y a eu 6 germinations, et pour les 15 autres le nombre n'a été que de 3, 2 ou 1. Bien qu'il soit difficile de tirer de ces faits des conséquences définitives, il a semblé au savant genevois que les deux familles des Malvacées et des Légumineuses l'emportaient sur toutes les autres, quant à la durée de la faculté germinative de leurs graines, tandis que les Composées, les Crucifères et les Graminées occupaient le rang inférieur sous le même rapport. Je ferai néanmoins observer que d'autres observations tendraient à relever beaucoup certaines Crucifères et plusieurs Graminées, quant à la durée pendant laquelle leurs graines restent capables de germer ; telles ont été notamment celle de Home sur le Seigle, que je viens de rapporter, et celle de Lefébure qui a vu des semences de Rave germer sans la moindre difficulté après dix-sept années de conservation. — M. Alph. De Candolle n'a vu aucun rapport entre la présence ou l'absence de l'albumen et la durée de la faculté germinative ; il ne lui a pas semblé non plus que les grosses graines l'emportassent sur les autres quant à la conservation de cette faculté. La structure de la graine et du péricarpe lui a paru encore dépourvue d'importance ; enfin il a reconnu que la durée de la faculté de germer semble être le plus souvent en raison inverse de la propriété de germer vite, bien qu'il soit porté à croire que cette sorte de loi subit de nombreuses exceptions.

[1] Sur la durée relative de la faculté de germer, etc., par M. Alph. De Candolle; *Ann. des sciences nat.*, 1846, XI, pp. 373-382.

Enfouies profondément en terre et soustraites ainsi à l'action de l'oxygène de l'air, les graines peuvent en général rester endormies et aptes à germer pendant une longue suite d'années. On possède un grand nombre d'observations qui ne laissent pas de doute à cet égard et qui expliquent bien des faits inexplicables sans cela. Chaque jour on voit les terres remuées profondément, le sol des étangs desséchés momentanément, etc., se couvrir de plantes qu'on n'y trouvait pas auparavant. Ainsi, à Londres, à Versailles et ailleurs, on a vu la démolition de maisons faire apparaître en grande quantité des plantes rares dans ces localités, dont les graines avaient été englobées dans le mortier avec le sable qui avait servi à le préparer. Ainsi encore des graines trouvées dans de vieux tombeaux qui remontaient à une partie reculée du moyen âge, parfois jusqu'à l'époque gallo-romaine et même à la période celtique, ont levé en grand nombre et ont produit, dans un cas, 50 pieds de Mercuriale annuelle, dans un second des *Heliotropium europæum*, *Centaurea Cyanus*, *Medicago Lupulina*, dans un troisième du Romarin et de la Camomille, dans un quatrième 175 Framboisiers, etc. A ces faits, dont on trouvera les détails dans des notes publiées par MM. Desmoulins, Girardin, Naudin, etc., j'en ajouterai un dont la constatation est authentique et qui a été communiqué au mois de mai 1866 à la Société botanique de France : à Paris, sous les fondations d'une très-vieille maison démolie récemment dans la Cité, c'est-à-dire dans l'île de la Seine où la ville fut fondée, M. le docteur Boisduval a pris une certaine quantité d'une terre noirâtre au milieu de laquelle un examen attentif lui avait fait reconnaître des graines. Celles-ci, semées avec soin et sous cloche, lui ont donné des pieds de *Juncus bufonius* L., plante des lieux humides et des terres inondées pendant l'hiver, c'est-à-dire croissant ordinairement dans des conditions analogues à celles qu'offrait le sol sur lequel fut bâtie Lutèce.

CHAPITRE XIII

PHÉNOMÈNES GÉNÉRAUX DE LA VÉGÉTATION

Nous avons étudié successivement les divers organes qui se réunissent pour former une plante, ainsi que les phénomènes dont chacun d'eux, considéré isolément, peut être le siége, et qui constituent sa vie propre. Mais, outre ces actions isolées et plus ou moins complétement indépendantes les unes des autres, dont j'ai eu à m'occuper, il se produit des actions collectives, des phénomènes à l'accomplissement desquels concourt tout l'organisme, et qui ont pour résultat général la nutrition du végétal ainsi que son accroissement. Ces grands faits physiologiques seront réunis ici sous la désignation commune de Phénomènes généraux de la végétation. Il me reste à les examiner, dans ce chapitre, pour terminer la série des études qui rentrent dans le champ de la Botanique physiologique. On sent que ce chapitre comprend une grande partie de la physiologie végétale, et qu'il pourrait dès lors recevoir beaucoup de développement dans un ouvrage consacré spécialement à cette branche de la science; mais, dans ces *Éléments*, qui doivent embrasser presque tout l'ensemble de la Botanique sans dépasser l'étendue d'un volume, je me bornerai à présenter un résumé de ce qu'il y a de mieux établi aujourd'hui au sujet de ces faits importants de la vie végétale. Je me contenterai donc de tracer le cadre de cette étude aussi intéressante qu'instructive, sans chercher à le remplir également dans toutes ses parties.

Or, pour toucher aux points réellement essentiels du sujet, je crois devoir me placer successivement à quatre points de vue différents, et diviser par conséquent ce chapitre en autant d'articles. Dans le premier de ces articles, je rechercherai les diverses matières qui peuvent servir d'*aliment* aux végétaux; dans le second, je m'occuperai du liquide qui est l'origine de tout accroissement dans les plantes, c'est-à-dire de la *Séve* considérée en elle-même et dans ses mouvements à l'intérieur de l'organisme; le troisième traitera des phénomènes qui ont pour effet de modifier la séve et d'influer ainsi puissamment sur la nutrition; ces phénomènes sont la *Transpiration* et la *Respiration;* enfin le quatrième devrait porter sur la manière dont le végétal s'approprie les matières alimentaires qu'il a d'abord puisées autour de lui pour en tirer le principe de son accroissement, par conséquent sur l'*Assimilation*, sujet d'importance majeure, mais qu'on n'a pas même effleuré jusqu'à ce jour, tant il est difficile de suivre les faits qui s'accomplissent dans le mystérieux laboratoire de l'organisation et dont nous ne voyons guère que le résultat général, je veux dire la formation de nouvelles parties et l'accroissement.

ARTICLE PREMIER. — ALIMENTS DES PLANTES.

§ 1. — Aliments considérés en eux-mêmes.

Que doit-on regarder comme aliments? — Pour qu'une matière quelconque puisse être regardée comme aliment du végétal, il ne suffit pas qu'elle soit absorbée par lui et particulièrement par ses racines. Nous avons vu en effet (*voy.* p. 244) que celles-ci peuvent puiser dans le milieu où elles s'étendent des substances non-seulement utiles, mais encore indifférentes et même nuisibles ou décidément vénéneuses. Il est clair que des substances indifférentes ou nuisibles ne sont pas nutritives; et, quant à celles qui sont utiles, il faut, pour qu'on puisse voir en elles des aliments, que la plante en ait essentiellement besoin, afin de parcourir le cercle de sa végétation.

D'un autre côté, je rappellerai que, comme je l'ai déjà montré (*voy.* p. 255), les seules substances qui puissent entrer dans l'organisme végétal sont des gaz et des liquides, ceux-ci pouvant, il est vrai, tenir en solution des solides divers. Les aliments des plantes sont donc toujours liquides ou gazeux ou solubles.

Corps simples indispensables. — Six corps simples non métalliques jouent le rôle d'éléments fondamentaux de l'organisation végétale; ce sont : en premier lieu, le carbone, l'hydrogène et l'oxygène, qui composent tous les tissus végétaux et auxquels se joint l'azote dans toutes les parties en voie de développement et dans les substances le plus essentiellement actives et génératrices, comme les sucs éminemment nourriciers, le protoplasma avec ses dépendances. En second lieu, le soufre et le phosphore, quoique n'existant jamais qu'en faibles proportions, n'en doivent pas moins être regardés comme indispensables à l'organisme végétal, puisqu'on les voit toujours entrer dans la composition des matières albuminoïdes ou protéiques, soit l'un et l'autre à la fois, soit l'un des deux seulement, selon la nature de ces mêmes matières, et puisqu'on voit le soufre prendre part à la formation de diverses substances végétales, comme les huiles d'Ail, de Moutarde, etc. — Quant aux métaux, ceux que tout oblige à regarder comme nécessaires aux plantes, toujours, bien entendu, à l'état de combinaisons, sont le potassium, le calcium, le magnésium et le fer, dont les composés ont une telle importance pour la végétation qu'elle ne tarde pas à languir aussitôt qu'ils viennent à lui manquer.

Corps simples d'importance secondaire. — D'autres corps simples, métalliques ou non, se montrent en combinaisons plus ou moins fréquentes dans le règne végétal, comme l'iode, le chlore, le brome, le bore, le sodium, l'aluminium, le cuivre, le zinc, le cobalt, etc.; mais comme ils n'existent que dans certaines espèces ou dans les plantes qui habitent quelques localités déterminées, rien ne prouve qu'ils soient absolument indispensables à la végétation, ni par conséquent qu'on doive les classer parmi les aliments essentiels des végétaux.

§ 2. — Sources auxquelles les plantes peuvent puiser leurs aliments.

Carbone. — L'acide carbonique est incontestablement la source à laquelle les plantes vertes et non parasites puisent le carbone qui leur est nécessaire. Ce gaz est en rapport avec tous leurs organes, d'une part dans l'atmosphère où il existe constamment quoique en petite quantité, d'autre part dans le sol où, d'un côté, il se trouve de l'air mélangé d'une forte proportion de ce gaz, comme l'ont prouvé MM. Boussingault et Léwy, et où, d'un autre côté, l'eau en tient généralement en dissolution. Ajoutons que si la combustion, la respiration des animaux, la fermentation et certains phénomènes naturels en rendent sans cesse à l'atmosphère à mesure que les plantes peuvent en absorber, la décomposition des matières organiques et différentes réactions de substances l'une sur l'autre en fournissent aussi sans relâche à la couche superficielle de terre dans laquelle s'étendent les racines. Dans la généralité des cas, la proportion d'acide carbonique, et par conséquent de carbone empruntée au sol par les racines, paraît être plus considérable que celle que les organes verts peuvent puiser dans l'atmosphère; mais l'inverse peut aussi avoir lieu dans quelques cas, tels que celui des Lichens qui vivent attachés à des rochers nus, aux tuiles ou aux ardoises des toits, même à du fer et du verre.

Hydrogène. — Les plantes peuvent tirer, et tout prouve, en effet, qu'elles tirent leur hydrogène de deux sources différentes : l'eau et l'ammoniaque. L'eau, composée d'hydrogène et d'oxygène, se trouve partout où peut exister une végétation quelconque; on conçoit donc sans peine que la décomposition de ce liquide puisse fournir à l'organisme végétal la plus grande partie de l'hydrogène qui lui est nécessaire. Mais, d'un autre côté, les rapports intimes qui existent entre la formation des matières albuminoïdes et les sels ammoniacaux, semble prouver que, du moins dans ce cas, la décomposition de l'ammoniaque fournit un supplément d'hydrogène.

Oxygène. — La décomposition de l'acide carbonique et celle de l'eau rendent parfaitement compte, soit de la production d'oxygène dans les organes des plantes, soit même du dégagement de ce gaz opéré par elles dans les circonstances que nous aurons bientôt à indiquer. Il est donc inutile de s'y arrêter davantage.

Azote. — L'origine de l'azote des plantes a beaucoup occupé les physiologistes, et a donné lieu à des énoncés divergents. Ce fait que l'air atmosphérique est formé de 4/5 d'azote et de 1/5 d'oxygène, et que dès lors notre atmosphère est un immense réservoir du premier de ces deux gaz, a fait naître l'idée que les plantes pourraient bien y puiser directement, et sans intermédiaire, toute la quantité dont elles ont besoin. Il résulterait, en effet, de quelques observations de Th. de Saussure, qu'elles peuvent prendre ainsi une faible quantité d'azote atmosphérique dans certaines circonstances; mais de belles et nombreuses expériences, dues surtout à M. Boussingault, et, après lui, à MM. Lawes, Gilbert et Pugh, ont prouvé que l'azote atmosphérique n'entre pas comme aliment dans l'organisme végétal, et que la véritable source de cette matière consiste pour elles dans les combinaisons ammoniacales et dans les azotates. Par là s'explique, en majeure partie, la puissante influence qu'exercent les engrais animaux et les matières azotées en général sur le développement des plantes.

Soufre et phosphore. — Leur origine doit certainement être cherchée dans les sulfates et phosphates que peut contenir la terre. Au reste, la proportion de l'un et de l'autre de ces métalloïdes est toujours très-faible, et, par conséquent, il suffit qu'ils entrent pour une petite fraction dans la masse totale des matières que la plante emprunte au sol. Il a été reconnu que l'eau, chargée d'acide carbonique, dissout le phosphate de chaux insoluble sans cela.

Substances solides en général. — Il est presque inutile de dire que la terre est la source à laquelle les végétaux terrestres puisent les diverses matières solides qui entrent pour une part plus ou moins importante dans leur composition, et qu'on retrouve par suite dans leurs cendres. Parmi ces matières, celles sans lesquelles la végétation languit, et les substances organiques ne se produisent que faiblement ou même pas du tout, sont la potasse, la chaux et la magnésie; la soude paraît être également essentielle aux espèces qui croissent sur le littoral des mers; mais on n'a pu encore reconnaître avec toute certitude si dans le sel marin ou chlorure de sodium, sous l'influence duquel prospère cette catégorie de végétaux, c'est la soude ou le chlore ou les deux à la fois dont la végétation ressent avantageusement les effets. On a, il est vrai, affirmé récemment que la soude est indispensable pour le Maïs et pour le Blé Sarrazin (*Fagopyrum*); mais cet énoncé n'a pas été appuyé sur une démonstration complète. — Le fer a un rapport étroit avec la coloration des plantes en vert; c'est ce que prouvent, d'une part, ce fait, que l'absence de tout composé ferrugineux dans le sol détermine la pâleur des organes, et d'autre part, l'action avantageuse, démontrée par les expériences d'Eusèbe Gris, que ces mêmes composés exercent sur les plantes atteintes de chlorose ou pâleur en les ramenant au vert, même localement, si l'application en a été locale. — La silice mérite une mention spéciale à cause de l'incertitude dans laquelle on est au sujet de son rôle. Bien qu'elle existe en forte proportion dans certaines plantes, notamment dans les Graminées, les Rotangs ou *Calamus*, les Équisétacées, et qu'elle soit même fort répandue dans le règne végétal, il ne semble pas, d'après la réflexion de M. Jul. Sachs, qu'on doive la regarder comme un aliment essentiel, tel, par exemple, que la potasse. En effet, elle existe à peine dans les organes jeunes, et elle s'y accumule à mesure qu'ils vieillissent, de telle sorte que son abondance est en raison inverse de l'activité vitale, ce qui ne concorde guère avec l'action des substances nutritives en général. L'opinion de l'habile physiologiste que je viens de citer est que cette substance est déposée, soit à l'état d'isolement, soit sous la forme de silicates, dans l'épaisseur des parois cellulaires, absolument comme les molécules de cellulose elle-même, et que la plante l'emploie comme une matière plastique qu'elle trouve toute prête. On sait, au reste, que la silice peut non-seulement être incorporée aux parois des cellules, mais encore se déposer en amas relativement volumineux ou en concrétions qui constituent les *tabaschir* des Bambous (*voy.* p. 87).

Nature organique ou inorganique de l'aliment végétal. — Les matières qui servent à la nutrition des plantes sont-elles à l'état de substances organiques ou inorganiques? Cette question a beaucoup occupé les physiologistes depuis que M. Liebig, reprenant une idée émise antérieurement pour la généraliser en système complet et absolu, a soutenu que les végétaux ne se nourrissent que de matières inorganiques, et a proposé pour l'agriculture l'emploi exclusif des engrais minéraux. Je n'ai pas à résumer ici la longue et souvent vive discussion qui a eu lieu à ce sujet; mais je dois dire que divers physiologistes et agronomes ont prouvé que le système du célèbre chimiste allemand est trop exclusif. Au total, sans méconnaître l'utilité des substances inorganiques pour la végétation, et tout en constatant que le rôle essentiel et fondamental des végétaux dans la nature est de changer les matières minérales en substances organiques, on ne peut nier que les matières organiques n'apportent, de leur côté, un contingent d'une haute valeur pour la nutrition de ces êtres. Au reste, l'expérience agricole est venue appuyer de ses données, à ce sujet, les résultats fournis par les recherches du laboratoire, en montrant que les substances minérales ne peuvent constituer un engrais complet, et que les fumiers, les végétaux enfouis, etc., justifient parfaitement la confiance vingt fois séculaire des cultivateurs. D'un autre côté, les substances organiques ne peuvent amener les plantes à leur développement complet, ni surtout à la formation de leur graine, en l'absence de certaines matières inorganiques; d'où l'on voit que c'est de la réunion de ces deux natures de substances, et non des unes ou des autres exclusivement, qu'on peut attendre des effets de tout point avantageux pour la végétation et la fructification des plantes soit spontanées, soit et surtout cultivées.

ARTICLE II. — SÈVE.

Le liquide nourricier considéré en général et dès son entrée dans l'organisme a reçu le nom de *Sève*. Il faut le considérer d'abord en lui-même, quant à sa nature et sa composition, ensuite relativement à la marche qu'il suit dans l'intérieur du végétal.

§ 1er. — Nature et composition de la sève.

Variations de densité. — La sève des végétaux n'est pas autre chose que l'eau absorbée par les racines dans la terre où ce liquide avait pris une faible proportion de substances solubles diverses; aussi est-elle toujours éminemment aqueuse. Dès l'instant où elle entre dans l'organisme, elle y trouve des matières organiques, résultat d'élaborations antérieures, dont elle prend une quantité plus ou moins considérable à mesure qu'elle s'élève; elle-même, pendant sa marche à travers les tissus, subit des modifications spéciales pour chaque sorte de plante; de là vient que nonseulement sa composition varie d'une espèce à l'autre, mais encore que, dans une même espèce et en différents points d'un même individu, elle n'a pas la même densité et n'offre point, par conséquent, une parfaite identité; c'est ce que prouvent les observations de Knight[1]. Au premier printemps, aussitôt que la séve commença de monter dans le Sycomore et le Bouleau, ce physiologiste anglais fit, dans le tronc de ces arbres, des incisions par lesquelles le liquide séreux ne tarda pas à couler abondamment. Celui qu'il obtint ainsi de différents pieds de Sycomores avait une densité de 1,004 recueilli à peu près au niveau du sol, et de 1,008 pris à 6 pieds anglais (1^m,890) de hauteur; même, ayant pratiqué une incision sur un autre de ces arbres à 12 pieds de hauteur (5^m,780), il en eut un liquide dont la densité s'élevait à 1,012. La séve du Bouleau fut reconnue par lui un peu moins dense; mais elle offrit une augmentation analogue de densité en raison de la hauteur à laquelle elle sortait. Présumant que cet accroissement graduel de densité tenait à ce que ce liquide se chargeait peu à peu d'une quantité de plus en plus considérable de matières préalablement déposées dans les tissus, Knight pensa que, si l'écoulement se continuait pendant quelque temps, la provision de ces dépôts s'épuiserait en quelque sorte, du moins momentanément, que, par suite, la séve resterait plus aqueuse et ne subirait pas la même augmentation de densité. L'expérience confirma sa prévision : le liquide, qui coulait d'une entaille faite depuis plusieurs jours, près du sol, ne pesa que 1,002, tandis que celui qui sortait d'une incision toute récente, faite au même niveau, avait toujours pour densité 1,004. Plus tard, Biot a vérifié l'exactitude de ces observations et a constaté que la diminution de densité, dont il vient d'être question, tenait au décroissement de la proportion de sucre.

Composition de la séve. — C'est principalement sur la composition de la séve chez différentes espèces de plantes, qu'ont porté les observations. Elles ont appris que l'eau en forme la presque totalité, et que les matières dissoutes dans ces liquides sont en proportions toujours faibles, souvent même très-faibles. Ainsi M. Boussingault décrit celle du Bambou Guaduas, de l'Amérique intertropicale, comme un liquide limpide et frais, qu'on ne saurait distinguer de l'eau la plus pure, dans lequel les réactifs ne décèlent que des traces de sulfate et de chlorure, et dont il faut évaporer une assez grande quantité pour y reconnaître une très-petite

[1] A selection, etc.; p. 111

proportion de matière animale et de silice. D'après ce savant chimiste, la séve du Bananier (*Musa paradisiaca* L.) a une saveur astringente très-prononcée et rougit la teinture de tournesol. A sa sortie de la plante, elle est limpide et incolore comme de l'eau ; mais, exposée à l'air, elle se trouble en laissant déposer des flocons d'un rose sale qui se produisent sous l'influence de l'oxygène atmosphérique. L'analyse y a fait reconnaître de l'acide gallique, de l'acide acétique, du chlorure de sodium, des sels de chaux et de potasse, de la silice. — D'autres séves de Monocotylédons sont certainement plus riches en matières organiques, et particulièrement en sucre, comme le prouve l'exemple de nombreux Palmiers (*Borassus, Caryota, Cocos, Phœnix*, etc.) dont le liquide séveux, coulant tantôt par des incisions, tantôt et plus souvent des spadices meurtris ou tronqués à dessein, donne du sucre par simple évaporation, et, soumis à la fermentation, devient le vin de Palme, dont la distillation extrait ensuite une eau-de-vie appelée *Arrack*.

La séve des Dicotylédons est tout aussi aqueuse que celle dont il vient d'être question. D'après M. E. Brücke, celle de la Vigne, au moment de sa plus grande abondance, ne pèse que 1,001 : d'après Vauquelin, celle de l'Orme n'a que 1,003 de densité, et celles d'autres espèces, qu'on a soumises à la même détermination, ne s'élèvent guère au-dessus de ces nombres, sauf peut-être celle du Hêtre, que le texte du mémoire de Vauquelin indique comme atteignant 1,016, nombre qu'une faute typographique a réduit à 0,016. Cette faible proportion de substances dissoutes dans l'eau, qui forme la base de la séve, a conduit Vauquelin à faire le calcul suivant : « Si la pesanteur spécifique de la séve d'Orme exprimait la quantité de matière végétale qu'elle contient, il s'ensuivrait qu'il passerait dans les vaisseaux de l'Orme 1626 myriagrammes d'eau pour la formation de 4,877 myriagrammes de bois, et qu'un arbre qui pèserait 45,755 myriagrammes aurait pompé dans la terre et exhalé ensuite dans l'atmosphère 16260 myriagrammes d'eau ; enfin qu'un Orme, qui aurait augmenté de 2,459 myriagrammes dans les six ou sept mois que dure la végétation, aurait absorbé 815 myriagrammes d'eau, ce qui est énorme. »

Quant à la nature des matières qui entrent dans les plantes à la faveur de leur dissolution dans cette masse considérable d'eau, elle varie d'une espèce à l'autre, et dès lors on ne pourra formuler quelque chose de général, à cet égard, que lorque la science aura été enrichie d'un nombre d'analyses beaucoup plus grand que celui qu'elle possède aujourd'hui. Voici néanmoins quelques exemples qui permettent de se faire une idée approximative à cet égard.

Langlois a trouvé dans la séve de la Vigne, recueillie le 30 mars, de l'acide carbonique libre, des sels consistant en phosphate et tartrate de chaux, en azotate et sulfate de potasse, en lactates alcalins, en chlorhydrate d'ammoniaque, enfin en albumine. Celles de ces substances dont l'existence paraît y être la plus constante sont le tartrate de chaux, l'acide carbonique libre, l'albumine végétale, enfin les sels de potasse pour lesquels la nature de l'acide est sujette à varier. Il n'y a pas observé le bitartrate de potasse signalé antérieurement par Reginbeau.

Dans la séve du Noyer, Biot avait trouvé du sucre et pas d'acide carbonique libre, contrairement à ce qu'avait dit Vauquelin. De son côté, Langlois a constaté la présence, dans ce liquide, de l'acide carbonique libre et non du sucre; il y a vu de plus de l'albumine végétale, une matière gommeuse, une substance grasse, des lactates de chaux, d'ammoniaque et de potasse, du malate de chaux, du chlorhydrate d'ammoniaque, de l'azotate de potasse, du sulfate et du phosphate de chaux.

Vauquelin a donné l'analyse des séves de l'Orme, du Hêtre, du Charme; Brücke, Biot et quelques autres observateurs ont aussi publié les résultats de recherches analogues; ce dernier savant s'est particulièrement occupé de la proportion et de la nature du sucre qui s'y trouve. Sous le premier rapport, il a dit que, dans la tige du Sycomore, il existe partout une égale quantité de cette matière pour un poids donné de bois, mais qu'elle est mêlée à une plus forte proportion d'eau dans le tronc que dans le faîte; sous le second rapport, il a vu que le sucre contenu dans la séve du printemps, non élaborée, diffère de celui que renferme le liquide nourricier après avoir subi une modification importante dans les feuilles; mais dans le Bouleau et dans le Sycomore, ces deux natures de principe sucré se présentent, d'après lui, dans un ordre inverse.

Extraction de la séve. — Le procédé qui paraît le plus commode pour recueillir la séve est celui qu'a employé Biot. Il consiste à percer avec une tarière des troncs d'arbre déjà forts jusqu'à $0^m,08$ ou $0^m,10$ de profondeur, en répartissant ces trous à des hauteurs diverses, suivant une même ligne verticale, généralement du côté du midi. La tarière doit être dirigée un peu obliquement

vers le haut, de telle sorte que le canal qu'elle perce aille un
peu en descendant de dedans en dehors. On place dans chaque
trou un bout de roseau bien sec, qui le remplisse exactement, qui
pénètre un peu au delà de l'écorce, et dont l'extrémité qui doit
recevoir le liquide soit amincie en biseau intérieurement. Chacun
de ces petits tuyaux est introduit dans une fiole de verre où la séve
va s'amasser, et dans le goulot de laquelle on le lute avec un
mélange de cire et d'huile. On recueille ainsi une quantité de
liquide suffisante pour l'analyse.

§ 2. — Marche des sucs nourriciers.

Distinction de deux sortes de liquides nourriciers. — Nous
venons de voir que les végétaux puisent dans le sol, au moyen de
leurs racines, une grande quantité d'eau qui a dissous des matières diverses en proportions si peu considérables, que sa densité
en est très-faiblement augmentée. Ce liquide éminemment aqueux
doit fournir en majeure partie à l'organisme les matériaux de son
accroissement et la substance de ses organes nouveaux ; mais, dans
l'état où il se trouve aussitôt après son absorption, ou même après
avoir pris dans l'épaisseur des tissus une partie des matières qu'il
y a rencontrées, il ne peut servir immédiatement à une nutrition
complète ; c'est ce que prouve, outre l'expérience et l'observation,
la nature des substances qu'y fait reconnaître l'analyse chimique,
et dont on a pu prendre une idée par les exemples que j'ai cités.
D'un autre côté, l'absorption de l'eau du sol par les racines s'opérant tant que les plantes sont en végétation, il s'ensuit naturellement
que le liquide qui avait été déjà introduit dans les tissus, est sans
cesse poussé par le nouveau venu ; il en résulte que, obéissant à
cette impulsion et à la tension des parois cellulaires qui en est la
conséquence, il change de place, et qu'il marche des racines vers
l'extrémité de la tige ou des branches, c'est-à-dire de bas en haut,
dans la généralité des cas. En raison de ces différentes circonstances, ce liquide, source de l'alimentation végétale, mais qui,
dans son état actuel, ne peut être considéré comme directement
alimentaire, est désigné d'ordinaire sous les dénominations de
Séve brute, *Séve non élaborée*, *Séve ascendante*. On l'appelle aussi
quelquefois *Séve du printemps*, non qu'il existe seulement à cette
époque de l'année, mais parce que c'est alors qu'il est facile d'en
constater l'existence, en raison de son abondance relative qui
est due à l'absorption considérable opérée par les racines et à ce

qu'il n'y a pour lui, à ce moment, que de faibles causes de déperdition. C'est encore à ce même liquide, non ou faiblement modifié, que s'applique toujours la dénomination de *Séve* lorsqu'on l'emploie seule et qu'on n'y ajoute aucune qualification particulière.

Dans les climats soumis à une suspension annuelle de la végétation, le retour de l'activité végétative s'indique par un faible accroissement que subit l'ébauche de pousses renfermée dans chaque bourgeon. Cet accroissement s'opère à l'aide des matières nutritives préalablement accumulées dans la plante et que le liquide séveux peut apporter aux points où elles sont nécessaires; tout faible qu'il est, il suffit pour ouvrir l'enveloppe écailleuse des bourgeons partout où existe cet abri protecteur, et pour mettre ainsi les jeunes feuilles en rapport direct avec la lumière et l'air atmosphérique. Dès cet instant, ces feuilles entrent en action. Par le phénomène de la *Transpiration*, elles versent en vapeur dans l'atmosphère la plus grande partie de l'eau qui formait essentiellement la séve; par celui de la *Respiration*, elles empruntent à l'air des matières indispensables à la vie végétale; en un mot, organe essentiellement actif et élaborateur, le résultat de leur activité et des élaborations opérées dans leurs tissus consiste en liquides éminemment nourriciers, qui doivent de là se rendre vers tous les points où se produisent des parties nouvelles. Considérant ces sucs nourriciers, résultat de l'élaboration de la séve brute, comme un liquide unique destiné à fournir aux végétaux la matière de toutes leurs productions nouvelles, de même que dans les animaux tous les organes trouvent dans le sang les éléments de leur accroissement ou du renouvellement de leurs tissus, les physiologistes leur ont donné les noms de *Séve élaborée*, *Séve nourricière*. D'un autre côté, comme ces liquides nourriciers doivent se rendre vers tous les points où se font des développements quelconques, même aux racines, et que leur point de départ est aux feuilles, leur direction générale est, en somme, descendante, et on les a nommés pour cela *Séve descendante*, par opposition à la dénomination de séve ascendante par laquelle on désigne le fluide éminemment aqueux d'où ils tirent leur origine. Toutefois, comme il n'est pas prouvé qu'il existe dans les plantes un seul et unique liquide nourricier fournissant à l'organisme les éléments de toutes les matières fort diverses qui prennent naissance dans ses cellules, que même des motifs sérieux portent à admettre pour eux plus de diversité qu'on ne le fait ordinairement, je me contenterai de les désigner

par les dénominations plus vagues de *liquides* ou *sucs élaborés* ou
nourriciers. Je n'emploierai pas non plus le mot de séve descendante pour le même motif, et aussi parce que, si la direction habituelle de ces liquides est descendante, elle peut aussi changer,
et que tout ce qu'on peut en dire de général, c'est qu'elle les porte
vers les points où s'opèrent des développements.

Circulation. — Comme la séve marche généralement des racines
aux feuilles ou dans le sens ascendant, et que les sucs élaborés
vont en sens contraire, on a donné depuis longtemps à l'ensemble
de cette marche le nom de *Circulation* emprunté à la physiologie
animale. Il est évident que ce mot implique une idée inexacte, et
que l'analogie sur laquelle en repose l'emploi est incomplète;
néanmoins, l'usage en étant commode et consacré par une longue
tradition, il y a plus d'avantages que d'inconvénients à le conserver. Je n'hésite donc pas à suivre, sous ce rapport, l'exemple de
tous nos physiologistes.

Quant aux mouvements des sucs dans chaque cellule en particulier, ou à la circulation intra-cellulaire, on a cru devoir la désigner par le mot spécial de *Rotation*, qui n'a guère de raison
d'être.

Objections contre la circulation. — Se basant sur des théories
spéciales de la végétation, dont aucune n'est d'accord avec ce
qu'on sait relativement à la structure comme au développement
des plantes, et ne peut plus être soutenue dans l'état actuel
de la science, quelques botanistes ont nié qu'il existât une circulation végétale, c'est-à-dire qu'avec un liquide allant des racines aux feuilles, il y en eût d'autres se portant des feuilles
aux racines. Du Petit-Thouars, Turpin, M. Schleiden, etc., ont soutenu cette manière de voir. Tout récemment encore M. Hérincq
s'est efforcé, dans une série d'articles du journal *l'Horticulteur
français*, d'expliquer le développement des végétaux par l'action et la
marche de la seule séve brute; mais contester l'existence de sucs
élaborés ou nourriciers et vouloir faire servir le liquide aqueux
puisé dans le sol à la nutrition immédiate, c'est annihiler le rôle
des feuilles, dont des observations aussi nombreuses que variées
prouvent la haute importance pour la végétation, c'est en particulier nier l'utilité majeure de la respiration, sans laquelle on sait
qu'aucune plante ne peut exister. Comme le dit très-bien M. Julius
Sachs[1], nier qu'il y ait constamment dans la plante un transport

____

[1] *Handbuch*, p. 575.

de sucs nourriciers, c'est simplement prétendre que toute matière
est venue de rien, à l'endroit où nous la trouvons. La nécessité de ce
transport à travers les tissus est une conséquence évidente de ce fait
que les combinaisons organiques hydrato-carbonées (entre autres
la cellulose, l'amidon), ne peuvent avoir pris naissance partout où
nous les trouvons, puisque ce sont l'acide carbonique et l'eau qui
en fournissent les éléments, en déterminant en même temps un
dégagement d'oxygène. Or, la décomposition de l'acide carbonique
nécessaire pour cela ne peut avoir lieu que dans les cellules à
chlorophylle et sous l'influence de la lumière ; donc toutes les cellules sans chlorophylle ou soustraites à l'influence de la lumière ne
peuvent former les matières hydrato-carbonées qui entrent dans
leur organisation ; elles les reçoivent donc des organes verts et
éclairés, ce qui revient à dire que ces matières se transportent ou
circulent des organes verts ou des feuilles jusqu'à eux. — On verra
de plus, dans la suite de cet article, des preuves directes du transport de sucs élaborés et plastiques, c'est-à-dire de la circulation
dans le sens que les physiologistes ont toujours attaché à ce mot.

L'exposé qui précède montre qu'il existe deux natures de
liquides servant à la nutrition végétale, et en même temps deux
périodes corrélatives dans la circulation. Examinons successivement et ces liquides et leur marche dans l'intérieur de la plante.

⋆ Sève brute ou ascendante.

Absorption et ses causes. — L'absorption de l'eau par les racines est un résultat de l'important phénomène physique de la
Diffusion, c'est-à-dire de l'attraction qu'exercent l'un sur l'autre
deux fluides qui n'ont pas identiquement la même nature. Lorsque
ces deux fluides sont séparés par une membrane, à travers laquelle
ils doivent passer pour se porter l'un vers l'autre, la diffusion
qu'ils subissent constitue le cas particulier qui a été très-bien
observé, et on peut même dire découvert par Dutrochet[1], puisque
Nollet, au siècle dernier, n'avait pas fait autre chose que constater
le fait brut sans le comprendre et sans en reconnaître ni les lois,
ni les conséquences, ni la portée. Le passage à travers une membrane a été nommé par notre ingénieux physiologiste *Endosmose*, lorsqu'il a pour effet d'introduire un liquide dans une cavité
circonscrite par cette membrane, et *Exosmose* lorsqu'il fait sortir

---

[1] De l'Endosmose, dans *Mém. pour serv. à l'hist. des végét.*, etc., I, pp. 1-99.

le liquide de cette même cavité. Réunissant ces deux circonstances d'un phénomène réellement unique, sous une dénomination commune, Dutrochet n'employa, plus tard, que le seul mot d'endosmose, auquel il ajoutait les épithètes de *implétive* et *déplétive*, selon qu'il y avait entrée ou sortie de liquide. Récemment, M. Schumacher[1] a substitué aux expressions créées par Dutrochet celle de *Diffusion membraneuse* (Membrandiffusion), tandis que d'autres les ont remplacées par les mots de *Osmose* et de *Diosmose*; mais je crois qu'il n'y a pas d'inconvénient à employer le mot *Endosmose* dans un sens général, comme on le fait pour ceux qu'on a voulu y substituer sans nécessité bien prononcée, et dès lors c'est ce mot seul dont je ferai usage.

Par l'effet de l'endosmose, l'eau du sol entre dans les cellules jeunes et essentiellement absorbantes de la racine, soit qu'elles forment les poils radicaux appelés suçoirs par M. Gasparrini, soit qu'elles fassent partie de la couche épidermique. La condition essentielle, pour cela, c'est que la membrane de ces cellules puisse être mouillée, ou, en d'autres termes, que l'eau puisse adhérer avec elle; or, cette condition existe toujours pour les organes souterrains, à la différence des organes placés au milieu de l'atmosphère, à la surface desquels la présence d'une cuticule trèsépaisse, ou d'une couche de matière cireuse, ou même d'une lame d'air fortement adhérente empêche, dans les circonstances normales, que l'eau ne touche immédiatement la membrane épidermique propre et ne soit dès lors absorbée, si ce n'est parfois en quantité trop faible pour intervenir utilement dans la végétation.

D'un autre côté, l'observation apprend que toutes les cellules jeunes, outre que leur membrane est mince et par conséquent perméable, susceptible d'ailleurs d'une facile et abondante imbibition, sont remplies d'un liquide dense et riche en matières azotées. Ces cellules sont donc particulièrement disposées à l'introduction dans leur intérieur de l'eau ou des liquides qui en diffèrent fort peu pour la nature et la densité. Ces diverses circonstances se trouvent réalisées pour les parties absorbantes des racines, et par là s'explique sans peine l'introduction de l'eau dans leur intérieur, c'est-à-dire l'absorption.

Toutefois, l'imbibition et l'endosmose n'expliquent pas complétement l'absorption; quelque action inhérente à la vie même

---

[1] Die Diffusion in ihren Beziehungen zur Pflanze; in-8 de 288 pages. Leipzig et Heidelberg, 1861.

du végétal contribue certainement à déterminer le résultat final. Comme le dit très-bien M. Jul. Sachs (*l. c.*, p. 157), « ce simple fait, que les phénomènes de diffusion dont une cellule est le siége sont altérés subitement et d'une manière frappante dès qu'une cause quelconque tue cette cellule sans l'endommager, montre assez que les forces moléculaires propres à la vie reposent sur un état intérieur et inconnu des organes cellulaires que nous ne parviendrons jamais à imiter artificiellement. »

Force d'absorption des racines. — La force avec laquelle les racines absorbent l'eau doit être suffisante, d'un côté, pour vaincre l'adhérence de l'eau aux particules du sol, de l'autre pour que ce liquide, en arrivant dans les tissus de la plante, repousse devant lui celui qui s'y trouvait déjà, et devienne ainsi l'une des causes de la marche ascendante de la séve.

Un examen attentif du sol montre qu'il renferme de l'eau dont une partie est maintenue par la capillarité dans les vides étroits que laissent entre elles les particules de terre et adhère en même temps à la surface de ces particules, dont une autre partie, existant moins habituellement, est en excès et plus ou moins amassée dans les vides plus larges, enfin dont une dernière portion est retenue fortement par hygroscopicité. Les deux premières portions de ce liquide sont celles sur lesquelles s'exerce particulièrement l'action des racines; quant à la troisième, il est à peu près certain que les plantes ne peuvent l'enlever à la terre. La preuve en est que les sols les plus hygroscopiques sont aussi ceux où l'action des racines cesse le plus tôt de s'exercer. Ainsi M. Schumacher a vu des Pois commencer à se faner, c'est-à-dire à ne pouvoir plus prendre de l'eau, lorsque ce liquide était réduit par l'absorption à 3 1/2 p. 100 dans un sol riche en humus, à 2 1/2 p. 100 dans une terre argileuse, à 1 1/2 p. 100 dans du sable. De même, M. Jul. Sachs a constaté : 1° que, dans un sol riche en humus, un pied de Tabac commençait à se faner quand il restait encore 12,3 p. 100 d'humidité : 2° que deux autres pieds semblables se fanaient, l'un lorsque le sol argileux où il croissait avait encore 8 p. 100 d'eau ; l'autre quand il n'en restait que 1,5 p. 100 dans le sable où s'étendaient ses racines. Dans l'un et l'autre cas, les quantités d'humidité qui sont restées définitivement dans le sol, sans que les racines pussent les lui enlever, sont précisément en rapport exact avec l'hygroscopicité de ces divers sols.

Quant à la force avec laquelle l'endosmose introduit l'eau dans les cellules, elle est considérable, comme l'ont prouvé, soit des expériences directes, soit les observations faites par Dutrochet et par plusieurs autres savants après lui, avec l'endosmomètre, appareil imaginé précisément en vue de fournir la mesure de la force endosmique. Par exemple, Dutrochet a reconnu qu'entre de l'eau et du sirop de sucre, à 1,5 de densité, la force endosmique est telle qu'elle peut soulever une colonne de mercure de 127 pouces (3^m,430), qui représente quatre fois et demie la pression atmosphérique.

Marche de la séve dans la plante. — L'eau absorbée dans la terre par les racines, aussitôt après son entrée dans l'organisme végétal et constituant dès lors la séve brute, arrive dans le corps ligneux et y suit une marche nécessairement dirigée des racines vers les extrémités en voie de développement, c'est-à-dire vers les branches et rameaux feuillés, ou, en termes plus précis, vers les feuilles. Dans les Monocotylédons, où la masse ligneuse de l'axe consiste en faisceaux fibro-vasculaires distincts, et dans les Dicotylédons herbacés, qui souvent conservent leurs faisceaux plus ou moins séparés, ce sont ces mêmes faisceaux, dans leur portion analogue au bois, qui lui servent de canal ; dans les Dicotylédons ligneux, qui possèdent toujours une masse ligneuse ou un bois continu, c'est ce bois qui lui livre passage. Seulement nous savons que certain d'entre ceux-ci (bois durs), ne tardent pas à durcir leur bois le plus ancien en cœur ou duramen, tandis que les autres (bois blancs) présentent toujours une homogénéité remarquable de coloration et presque de consistance dans toute l'épaisseur de leur masse ligneuse. Le tissu du bois de cœur n'étant plus perméable, c'est l'aubier seul des premiers, et à peu près toute la masse du bois pour les derniers que parcourt la séve. Des observations fort simples et souvent répétées, que je ne puis reproduire ici, faute d'espace, ont mis ces faits à l'abri de toute contestation.

Tissus conducteurs de la séve. — Les botanistes ont apprécié de manières diverses le rôle que jouent les éléments anatomiques du bois relativement à la séve :

1° *Vaisseaux.* — Les vaisseaux constituant des tubes continus sur une grande longueur, il était naturel d'y voir les canaux que devait suivre la séve. C'est en effet l'idée qu'ont professée tous les physiologistes anciens. Mais, depuis le commencement de ce siècle, une opinion entièrement opposée a été introduite dans la science : quelques observateurs ont cru voir que ces tubes ne contiennent que de l'air, et dès lors ils ont nié qu'ils servissent jamais de conduits au liquide ascendant. Il est résulté de là que cet élément anatomique des plantes reçoit aujourd'hui de différents botanistes les deux dénominations contradictoires de vaisseaux *aériens* et de vaisseaux *lymphatiques* ou *séveux*.

Comme dans beaucoup de circonstances, c'est en combinant ces deux opinions opposées qu'on arrive à la vérité. Si l'on examine à la loupe la section transversale d'une tige vivante aussitôt après l'avoir coupée au printemps, on voit aisément la séve en sortir par les orifices des vaisseaux ; il est donc incontestable que ces tubes servent alors au transport de ce liquide. Aux autres époques de l'année, on peut constater de même la présence d'un liquide dans ces tubes ; mais, comme l'a reconnu M. Hofmeister [1], il y est toujours entremêlé de bulles d'air, et celles-ci deviennent de plus en plus nombreuses et plus volumineuses, à partir du moment où la végétation perd de son énergie jusqu'à l'hiver, où elles sont à leur maximum et où même ce gaz peut rester seul. On observe sans peine ce mélange de bulles d'air à la séve en examinant sous le microscope des lames longitudinales de bois plongées dans l'huile. — Une autre preuve du rôle des vaisseaux a été donnée récemment par M. A. Gris, qui, en faisant agir sur des tranches minces de tiges le réactif de Fehling, a reconnu dans ces tubes la réaction qui signale la présence du sucre. A coup sûr cette réaction n'aurait pas lieu si les vaisseaux ne contenaient jamais que de l'air. — Tout récemment enfin M. Herbert Spencer a donné, à la suite d'expériences faites au moyen de deux solutions colorées (Magenta et Logwood) absorbées par les racines, de nouveaux arguments en faveur du transport de la séve par les vaisseaux [2].

2° *Fibres ligneuses*. — A la suite de ses expériences qui lui avaient fait reconnaître que la séve passe par les vaisseaux, M. Rominger [3] est arrivé à cette conclusion exagérée que ce liquide ne suit pas d'autres conduits. Or, en premier lieu, par où monterait-il dans les Conifères, dont le bois n'est composé que de fibres ligneuses sans vaisseaux ? En second lieu, des observations précises obligent à admettre que, même dans les bois ordinaires, les fibres ligneuses, contrairement à l'assertion de

[1] *Ueber das Steigen des Saftes d. Pflanzen* ; *Flora*, 1858, pp. 1-12 ; trad. dans *Ann. d. Sc. nat.*, X, 1858, pp. 5-19.

[2] *On Circulation and the Formation of Wood* ; *Trans. of the Linn. Soc.*, XXV, 1866, pp. 405-429, pl. 54.

[3] *Botan. Zeitung*, 1843.

M. Rominger, servent aussi de conduits au liquide séveux, grâce aux nombreuses ponctuations qui en permettent le passage à travers leurs parois. M. Hofmeister [1] est même arrivé à démontrer que les parois des cellules ligneuses sont beaucoup plus perméables que celles du parenchyme lui-même.

3° *Rayons médullaires.* — Les vaisseaux et les cellules ligneuses sont donc simultanément les conduits par lesquels s'élève la séve, et quant aux rayons médullaires, leur rôle tout secondaire se réduit à la distribution horizontale à laquelle ils peuvent concourir.

Il est presque inutile de dire que, contrairement à ce que pensait un célèbre botaniste, les méats intercellulaires ne servent pas de canaux à la séve, puisqu'ils renferment habituellement de l'air.

Force d'ascension. — La mesure de cette force a été donnée par les belles expériences de Hales, qui ont été répétées par MM. Mirbel et Chevreul, récemment par M. Hofmeister et par quelques autres physiologistes. C'est la Vigne que le physiologiste anglais a soumise à ses expériences. Son appareil était fort simple : après avoir coupé transversalement un cep de Vigne un peu au-dessus du sol, il ajustait sur la section un tube de verre recourbé en S, dont la branche librement ouverte et dressée était fort longue. Un collet de jonction obligeait la séve qui sortait par la tranche horizontale du cep à entrer dans ce tube manométrique ; or, on avait versé dans celui-ci, par sa branche ouverte, du mercure en quantité suffisante pour remplir la courbure inférieure de l'S ; la séve, repoussant ce mercure, l'obligeait à s'élever dans la branche verticale de l'appareil en proportion de la force avec laquelle elle sortait elle-même du végétal. La hauteur du mercure ainsi soutenu donnait la mesure de la force d'impulsion du liquide séveux. Dans une expérience, la colonne mercurielle fut égale à 32 pouces 1/4, ce qui équivalait à une hauteur de 36 pieds 5 pouces 1/3 d'eau ($11^m,650$); dans un autre cas, elle atteignit une longueur de 38 pouces, ce qui revenait à une colonne d'eau haute de 43 pieds 5 pouces 1/3 ($13^m,570$). Hales calcula que cette force d'impulsion était environ 5 fois plus grande que celle du sang dans l'artère crurale d'un cheval, 7 fois plus grande que la force du sang dans la même artère d'un chien, et 8 fois plus grande que la force du sang dans la même artère d'un daim.

---

[1] Ueber Spannung, Ausflussmenge, etc.; *Flora* de 1862, n° 7, 8, 9, 10, 11.

Diverses circonstances de l'ascension. — Dans ses expériences du même genre, M. Hofmeister s'est attaché à déterminer les diverses circonstances du phénomène, dont voici les principales : 1° Si l'on adapte à la même plante deux ou plusieurs tubes manométriques fixés à des niveaux différents, on constate que la force de la séve et la promptitude avec laquelle elle se manifeste diminuent avec la hauteur au-dessus du sol. On conçoit en effet que l'impulsion initiale imprimée par les racines doit s'affaiblir avec la distance. 2° Ainsi que Hales l'avait observé, il existe une variation diurne qui peut atteindre de 0^m,25 à 0^m,50 à la fin de mai et au commencement de juin, et dont l'amplitude s'accuse beaucoup plus nettement sur les tubes en S placés près du sol que sur ceux qui se trouvent à un niveau plus. élevé. 3° La différence de hauteur de la colonne mercurielle soulevée dans deux tubes placés à des niveaux différents équivaut souvent à une colonne d'eau qui s'étendrait d'un niveau à l'autre; mais plus ordinairement elle est plus grande pendant que la force d'ascension de la séve va en augmentant dans le végétal, ou plus faible si cette même force ascensionnelle suit une marche décroissante. 4° La direction dressée ou couchée des parties du végétal qui sont situées au-dessus du point d'application d'un tube manométrique n'exerce qu'une influence très-limitée sur la tension de la séve. 5° L'écoulement de séve par les entailles ou par les sections transversales, qui constitue les *pleurs* de la Vigne et de divers autres végétaux ligneux, n'est pas limité au premier printemps. Sans doute leurs parties situées hors de terre ne laissent plus couler de liquide à partir de l'époque où leurs premières feuilles se sont montrées; mais les racines pleurent pendant tout l'été, si on les coupe, et la force avec laquelle elles chassent alors le liquide n'est pas plus faible qu'au printemps. Ainsi, sur un pied de Vigne, cette force a fait équilibre à une colonne mercurielle de 0^m,699 le 21 juin, de 0^m,618 le 5 juillet, de 0^m,748 le 8 juillet, de 0^m,515 le 1er août, et de 0^m,535 le 1er septembre. 6° Au contraire, la quantité de liquide qui s'écoule dans un temps donné, mesurée comparativement, à différents moments de l'année, est beaucoup plus considérable au printemps que plus tard. 7° Les influences extérieures qui influent le plus puissamment sur l'ascension de la séve sont la température et surtout l'humidité, tant du sol que de l'air. Au commencement du printemps, c'est la température qui agit avec le plus de force, la terre étant alors imbibée d'eau; plus tard et à partir du moment où la chaleur est devenue assez forte, c'est l'action de l'humidité qui devient prédominante, à ce point que ses variations se traduisent nettement par celles qu'éprouve la force d'ascension de la séve.

Causes de l'ascension de la séve. — La marche ascendante de la séve dans les plantes est le résultat final de différentes actions qui ordinairement concourent au résultat général, mais qui parfois aussi s'exercent isolément. Parmi ces actions diverses, il faut distinguer celles qui résident dans les tissus mêmes, dans leur texture et leur manière d'être, de celles qui résultent des rapports des feuilles et plus généralement de la surface des plantes avec l'atmosphère ; les premières peuvent agir en l'absence des feuilles et des autres organes aériens, tandis que c'est exclusivement dans ceux-ci que résident les dernières.

A. *Causes d'ascension inhérentes aux tissus*. — Ce sont les plus nombreuses, et leur énergie est assez grande pour que seules elles pussent rendre compte de l'ascension de la séve au sommet des plus grands arbres.

1° La *succion* par les parties jeunes des racines, s'opérant à l'aide de l'imbibition des tissus superficiels et par le phénomène de l'endosmose, imprime au liquide déjà contenu dans la plante, par l'effet d'une introduction préalable, une impulsion puissante. On conçoit, en effet, que l'eau du sol ne peut entrer dans les tissus déjà pleins sans repousser une portion du liquide qui s'y trouvait avant lui. C'est donc une force agissant à l'extrémité des racines pour chasser la séve de bas en haut, et, pour ce motif, Dutrochet et De Candolle l'appellent *vis a tergo* (force agissant par derrière). Cette première action est considérable ; elle peut expliquer à elle seule l'expérience bien connue de Dutrochet, dans laquelle une racine, tronquée successivement de plus en plus près de son extrémité absorbante, émettait toujours de l'eau par sa section. Mais cette force d'impulsion initiale par l'effet de l'absorption ne pourrait élever la séve à une hauteur indéfinie, car son effet s'affaiblit à mesure que la colonne liquide soulevée par elle devient plus haute et par conséquent plus pesante ; enfin à une certaine hauteur, il doit y avoir équilibre entre elle et la résistance qu'elle rencontre.

2° La *capillarité* a été regardée de tout temps comme devant contribuer puissamment à l'élévation du liquide séveux dans les vaisseaux et les fibres ligneuses. La cavité de ces éléments anatomiques est tellement étroite que l'effet physique qui en est la conséquence peut en acquérir une grande énergie. Or, cet effet se traduit de deux manières également importantes : d'un côté, il élève le liquide dans ces tubes végétaux vraiment capillaires, et le répand ainsi dans les diverses parties de l'organisme ; de l'autre, il maintient en place, par suite de l'adhérence aux parois, la colonne qui a été soulevée par une action quelconque. Les intéressantes expériences de M. Jamin ont prouvé la puissance considérable avec laquelle est susceptible d'agir la capillarité ; elles ont montré que ce phénomène physique peut agir avec une force égale à plusieurs atmosphères et par conséquent capable d'élever l'eau à une grande hauteur.

3° L'*imbibition* des parois des cellules et des vaisseaux agit avec une grande énergie pour déterminer l'ascension de la séve. C'est, à proprement parler, une modification de la capillarité, puisqu'elle résulte de l'entrée des liquides dans les vides extrêmement étroits et par conséquent capillaires au plus haut degré qui existent entre les molécules des tissus. Son effet essentiel consiste à élever de proche en proche le liquide de bas en haut pour réparer les pertes que peut subir un point quelconque du végétal. Supposons, en effet, qu'aux extrémités de celui-ci l'évaporation enlève le contenu liquide des cellules et dessèche les parois de ces cavités ; ces parois desséchées se trouvant en contact avec celles des cellules voisines, qui sont imbibées d'humidité, s'imbiberont à leurs dépens, et ainsi de proche en proche, l'endosmose intervenant aussi, il s'opérera nécessairement un mouvement ascendant de ce même liquide. M. Hofmeister a même été conduit par ses expériences à voir dans l'imbibition la cause principale du mouvement de la séve dans le corps ligneux.

C'est en exagérant la puissance de cette cause d'ascension que M. Unger est allé jusqu'à dire que le suc nourricier monte par les parois mêmes des tissus et non par les cavités que circonscrivent ces parois, théorie évidemment beaucoup trop exclusive.

4° Les *variations de température* concourent encore à produire les mouvements de la séve dans les plantes ; seulement leur action ne peut être ni permanente ni toujours la même. Le principal rôle sous ce rapport est réservé à l'air qui se trouve mêlé en bulles à ce liquide ; si la température s'élève, cet air est dilaté et chasse devant lui la colonne liquide qui le surmonte ; celle-ci s'élève donc aussi. Le contraire a lieu quand la température baisse, et alors la diminution de volume peut amener une augmentation de succion. Cette influence doit agir surtout au printemps, époque où les variations de température sont fréquentes et très-étendues. Mais, comme le fait justement observer M. Jul. Sachs, il ne faut pas confondre l'écoulement de liquide qui peut en résulter alors avec les pleurs proprement dits. Ceux-ci peuvent faire sortir d'une racine plusieurs fois son volume de liquide dans l'espace de peu de jours, tandis que la séve que peut expulser une élévation notable de température ne dépasse pas 2 ou 3 pour 100 de ce même volume.

B. *Cause d'ascension résidant à la surface des plantes.* — Toutes les parties aériennes des plantes jettent dans l'atmosphère de la vapeur d'eau en quantités fort diverses selon les circonstances ; l'organe essentiel de cette évaporation ou, comme le disent les physiologistes, de cette *transpiration*, est la feuille, dont la surface, en général fort étendue relativement à son volume, est très-propre à établir des rapports directs entre l'être végétal et l'atmosphère. Ce phénomène important, que j'aurai bientôt à considérer en lui-même, s'accomplit uniquement aux dépens de l'eau qui jusqu'alors a formé la séve presque en totalité. La quantité d'eau qui sort ainsi de la plante est considérable, comme nous le verrons ; il en résulterait donc que les organes qui contiennent ce liquide seraient bientôt vidés en grande partie si le vide qui se fait dans leur intérieur ne produisait sur les parties adjacentes l'effet d'une puissante succion qui en fît affluer de nouveau liquide pour combler ce vide et réparer les pertes subies par les couches plus superficielles de l'organe. L'effet qui a été produit par ces couches superficielles sur celles qui les avoisinent s'exerce nécessairement de proche en proche sur des points de plus en plus éloignés de la surface évaporante, d'où résulte un puissant appel de liquide qui fait sentir son influence jusqu'aux extrémités inférieures des racines.

Cet appel de séve par la surface des organes est certainement l'une des causes les plus puissantes, si ce n'est même la plus puissante parmi toutes celles qui déterminent la marche ascendante de la séve ; l'intensité en a été montrée clairement par les premières expériences du docteur Boucherie, dans lesquelles on a vu des arbres entiers coupés à leur pied ou profondément entaillés au bas de leur tronc absorber par leur section diverses solutions au point de s'en imprégner jusqu'à leurs extrémités : mais il est évident qu'elle ne peut agir avec quelque énergie qu'à partir du moment où le végétal possède des feuilles en rapport direct avec l'atmosphère, par conséquent, à partir de l'ouverture des bourgeons. Il y a donc certainement de l'exagération dans la théorie formulée et développée par M. Boehm [1], selon laquelle la diffusion dans ses diverses manifestations et la capillarité ne concourant pas à l'ascension de la séve, ce liquide ne s'élèverait qu'en obéissant à la succion qui résulte de la transpiration, c'est-à-dire par la pression atmosphérique.

En résumé, les cinq actions que je viens d'énumérer peuvent parfaitement déterminer la marche de la séve, à partir des extrémités des racines qui absorbent l'humidité du sol jusqu'aux feuilles qui occupent les sommités du végétal, et dans lesquelles ce liquide doit subir de profondes modifications.

** Séve élaborée ou sucs nourriciers.*

La séve brute ne peut nourrir. — J'ai dit plus haut (*voy.* p. 715, 717) que la séve brute ou ascendante ne peut fournir immédiatement aux plantes les matériaux de leur accroissement. Les raisons sur lesquelles cet énoncé a été appuyé sont décisives : néanmoins il peut sembler convenable d'y joindre une démonstration par l'expérience. Or, M. Hanstein nous en donnera les éléments [2]. Si, comme l'a constaté cet observateur, sur de jeunes branches d'arbres qui n'ont pas encore ouvert leurs bourgeons, au printemps, on enlève un anneau complet d'écorce assez loin de l'extrémité, les bourgeons situés au-dessous de cette dénudation du corps ligneux se développent avec plus de vigueur que ceux qui sont situés au-dessus ; mais si ce même anneau est enlevé tout près (3 à 5 centim.) du sommet de la branche, les bourgeons situés au-dessus de la décortication annulaire ne peuvent se développer et périssent. Cependant si, dans les mêmes conditions, on n'enlève qu'un anneau incomplet, c'est-à-dire qu'on laisse les deux bords de la plaie réunis par une ligne d'écorce, les bourgeons du haut s'ouvrent et se développent. L'explication de ces faits est facile. L'écorce renfermant en dépôt, dans certains de ses tissus, des sucs nourriciers qui se sont formés pendant la période végétative antérieure, les bourgeons supérieurs n'en peuvent recevoir, pour leur développement, dans le premier cas, qu'une assez faible quantité, à cause de l'interruption opérée dans l'écorce ; dans le second cas, ils n'en reçoivent à peu près pas, et c'est la séve brute qui seule arrive librement jusqu'à eux ; aussi ne se développent-ils pas. Enfin, dans le troisième cas, l'espèce d'isthme

[1] Wird das Saftsteigen, etc. *Sitzungsberichte*, 1864 ; in-8, 39 p., 1 pl.
[2] Die Milchsaftgefaesse, etc., in-4 de 92 pag. et 10 pl. Berlin ; 1864

qui réunit les deux portions de l'écorce au-dessus et au-dessous
de l'incision permet l'arrivée jusqu'aux bourgeons de ces sucs qui
leur sont indispensables. Ainsi la séve absorbée par les racines
n'est pas un aliment suffisant pour les parties en voie d'accroissement, bien que, dans son trajet ascendant à travers le corps
ligneux, elle ait pu se charger de certaines substances nutritives
qui se trouvaient en dépôt dans celui-ci.

**Les sucs nourriciers circulent par l'écorce, et généralement de
haut en bas.** — La séve brute, absorbée par les racines, après
être montée par le corps ligneux, arrive aux feuilles, dans toute
l'étendue desquelles elle est distribuée par les vaisseaux et les cellules allongées des nervures. Là elle perd une grande partie de son
eau par la transpiration ; elle subit l'influence des phénomènes respiratoires, qui la modifient profondément ; elle devient enfin très-
différente de ce qu'elle était auparavant, et elle constitue dès lors
les sucs élaborés qui seuls peuvent fournir à la formation de nouveaux tissus, au développement de nouveaux organes. Les sucs
éminemment nourriciers qui se sont formés ainsi prennent pour
canaux la portion corticale des faisceaux fibro-vasculaires de la
feuille ; ils passent de là dans l'écorce de la tige et peuvent finalement arriver, par la même voie, jusqu'aux extrémités radicellaires
où ils doivent entretenir l'accroissement énergique et continuel
que nous savons avoir lieu dans cette partie du végétal.

Bien que les sucs nourriciers, ordinairement désignés sous le
nom de *Séve descendante*, ne forment pas la matière d'un écoulement comparable à celui qu'amènent, pour la séve brute, une entaille faite au corps ligneux, une section transversale de la tige
ou de la racine, il est néanmoins facile d'en reconnaître l'existence
par l'observation directe, et de la démontrer par des expériences
concluantes.

L'une des plus simples consiste à faire, autour d'une tige ou
d'une branche d'un Dicotylédon ligneux, une ligature très-serrée
ou mieux encore d'enlever un anneau complet d'écorce. La marche
descendante des sucs nourriciers est arrêtée par l'obstacle infranchissable qu'on a créé par l'un ou l'autre de ces moyens ; ils s'a-
massent donc au-dessus de cet obstacle et y déterminent une
formation abondante de tissus nouveaux ; aussi se forme-t-il, au-
dessus de la ligature ou de la décortication annulaire, un fort renflement périphérique ou un bourrelet ligneux circulaire qui manque
au bord inférieur de ce même anneau. M. Trécul a reconnu que
le bois de ce bourrelet renferme des vaisseaux très-sinueux, dont

les sinuosités montrent que les sucs nourriciers se sont dirigés en tout sens comme pour trouver une issue. J'emprunterai encore à M. Hanstein (*l. c.*, p. 52 et suiv.) les données expérimentales suivantes.

Lorsqu'on plante une bouture dans les conditions convenables pour la reprise, elle ne tarde pas à développer des racines sur sa partie inférieure et une ou plusieurs pousses feuillées dans sa partie supérieure. Ceci posé, le botaniste allemand a fait des boutures prises sur des espèces très-diverses, après avoir enlevé un anneau d'écorce, sur chacune d'elles, à une faible distance du bout inférieur. Il les a plantées ensuite, ou bien il les a plongées dans l'eau; mais, dans l'un et l'autre cas, sans les enfoncer jusqu'au bois dénudé. Dans ces conditions, les racines sont sorties, non de l'extrémité inférieure enfoncée dans la terre ou dans l'eau, mais bien de la lèvre supérieure de la plaie. Au reste, tous les jardiniers savent très-bien que cette lèvre supérieure, où s'arrêtent et s'accumulent fortement les sucs nourriciers, est très-disposée à la production de racines; aussi ont-ils soin de faire d'abord une décortication annulaire ou une forte ligature aux rameaux qu'ils se proposent de bouturer ou marcotter, lorsqu'il s'agit d'espèces chez lesquelles l'enracinement ne s'opère qu'avec difficulté.

M. Hanstein a fait d'autres boutures de la même manière, mais avec cette différence capitale qu'il avait laissé sur chacune une bande longitudinale d'écorce qui joignait l'un à l'autre les deux bords de l'écorce au-dessus et au-dessous de la décortication. Les racines se sont produites alors au bas des boutures, comme si l'écorce était restée dans son état naturel. Ensuite, sur des boutures ordinaires, qui déjà s'étaient enracinées par leur portion inférieure, il a enlevé un anneau d'écorce. Les racines, ne recevant plus de sucs nourriciers, n'ont pas tardé à périr, et il s'en est formé de nouvelles au-dessus de la décortication annulaire.

Enfin, le même savant a fait sur des boutures une décortication annulaire, non plus à peu de distance de leur bout inférieur, mais, au contraire, assez haut. De petites racines sont nées alors au bas des rameaux bouturés, et le développement de ces nouvelles productions a été d'autant plus fort, qu'entre elles et la décortication il y avait une plus grande longueur d'écorce.

Tous ces faits sont assez démonstratifs pour qu'il ne semble pas nécessaire d'en développer les conséquences évidentes par elles-mêmes.

Les sucs nourriciers ne descendent pas toujours. — Dans tout ce qui précède, on vient de voir que la marche générale des sucs élaborés et nourriciers est descendante; elle les porte des feuilles, dans lesquelles et par lesquelles ils ont pris leurs propriétés caractéristiques, vers les racines auxquelles ils doivent fournir la matière de leur accroissement, après avoir alimenté, sur leur trajet, la zone génératrice; mais ce serait une erreur que de croire, comme on l'a professé jusqu'à ces derniers temps, qu'il en est toujours ainsi, et que dès lors l'expression usuelle de *séve descendante* est rigoureusement exacte. Souvent, en effet, ils sont amenés, par les besoins de la végétation, à suivre une marche différente ou même contraire, et tout ce qu'on peut dire de général à cet égard, c'est qu'ils vont toujours aux parties du végétal où se font des développements. Quelle que soit leur situation, ces parties sont essentiellement l'extrémité de la tige et des ramifications où se développent les organes aériens, la couche génératrice où se forment le nouveau bois et la nouvelle écorce, enfin, pour les racines, l'extrémité par laquelle s'opère leur allongement. M. Jul. Sachs (Handb., p. 376) distingue, avec raison, trois cas dans le transport des sucs nourriciers plastiques : 1° ils vont du point où ils se sont produits à celui où ils seront employés; 2° ils marchent du lieu d'origine vers celui où ils doivent déterminer un dépôt de substances nutritives; 3° ils peuvent se porter d'un point où s'était opéré précédemment un dépôt de matières nutritives vers celui où ces matières doivent être consommées pour de nouveaux développements.

La marche habituelle de la végétation nous offre des exemples nombreux et démonstratifs des deux premiers cas; quant au troisième, il se montre nettement dans les végétaux où il existe des amas considérables de substances nutritives, notamment dans ceux qui sont pourvus de tubercules. C'est ainsi qu'un tubercule de Pomme de terre s'épuise pour nourrir les pousses qui en proviennent. J'en ai même vu un, abandonné sur une planche, dans une cave obscure, se couvrir d'une nouvelle génération de petits tubercules bien féculents, dont le poids total était de 11^{gr},65, tandis que lui-même s'était réduit graduellement à une peau mince qui pesait seulement 0^{gr},70, et cela sans qu'un seul jet feuillé eût pu concourir à cette formation, puisque cette végétation, qui avait eu lieu dans une obscurité profonde, n'en avait pas développé un seul. Il est à peine besoin de faire observer que, dans ce cas, les sucs nourriciers qui avaient fourni au développement des productions nouvelles, avaient nécessairement marché de bas en haut.

Au reste, la marche des sucs est habituellement semblable lorsqu'une Pomme de terre plantée développe une tige feuillée. Jusqu'à ce que cette tige ait des racines capables de la nourrir, elle reçoit du tubercule-semence les éléments de sa nutrition, qui marchent alors nécessairement de bas en haut. Aussitôt que cette nouvelle plante est nourrie par ses racines, ses sucs nourriciers se meuvent de haut en bas, et vont particulièrement former de nouveaux tubercules en terre.

En général, lorsqu'on fait une ligature ou une décortication annulaire à une branche pendante, comme au Saule pleureur ou à un autre arbre pleureur, le bourrelet se forme, comme d'ordinaire, au bord qui regarde l'extrémité de cette branche, et qui, dans ce cas, par l'effet du renversement, se trouve en bas; cependant, les faits que présentent fréquemment les boutures plantées en sens inverse de leur direction naturelle, c'est-à-dire le petit bout en bas, offrent, sous un rapport analogue, beaucoup de singularité. Ainsi Knight[1] a vu celles de Groseillier former un renflement ligneux ou une sorte de bourrelet à leur bout le plus gros, dont la situation naturelle aurait été en bas sur la plante entière, et que le renversement opéré avec intention avait mis en haut. J'ai vu moi-même[2], dans un cas semblable, une sorte de décurrence ligneuse partir de bas en haut, au niveau des pousses qu'avaient données plusieurs boutures renversées de Saule blanc et une de Troène (*Ligustrum*).

Tissus conducteurs des sucs nourriciers. — Les vaisseaux proprement dits, manquant dans l'écorce, restent par cela même toujours étrangers au transport des sucs élaborés. Mais, parmi les tissus divers qui constituent l'enveloppe corticale de la tige, y en a-t-il qui aient plus spécialement que les autres la fonction essentielle de conduire ces liquides? Les observations suivies qu'on a faites dans ces dernières années de ces divers tissus corticaux, ont permis de répondre à cette question. M. Hanstein, dans son beau Mémoire sur les Laticifères, qui a été couronné en 1863 par l'Académie des sciences de Paris, et publié par lui, en allemand, l'année suivante, est celui qui a le plus puissamment contribué à lever les difficultés qui existaient à cet égard.

Le tissu qui, en général, forme la plus grande partie des

---

[1] *A selection*, etc., p. 106.
[2] *Bull. de la Soc. bot. de France*. 1854. I, pp. 174-178.

couches corticales, est le liber, dont j'ai fait connaître la nature et la composition dans le premier chapitre de ce II° livre (*voy.* pp. 135 et 151). L'observation a appris que les cellules allongées et à parois épaisses dont il est formé restent étrangères au transport des sucs dont il s'agit; mais M. Hartig, en 1853, et surtout M. H. v. Mohl en 1855, ont reconnu qu'outre ces fibres, que jusqu'alors on avait regardées, à tort, comme l'élément anatomique le plus essentiel de l'écorce, il existe des cellules allongées généralement en cylindres et à parois minces, pourvues de places comme criblées, qui forment une zone entre la couche fibreuse libérienne et le cambium, dans les végétaux où la première est unique, et qui, plus ordinairement, c'est-à-dire dans les espèces à plusieurs couches libériennnes, constituent autant de zones alternant avec ces couches. Ces cellules sont les *tubes cribreux* de M. Hartig, les *cellules treillisées* ou *grillagées* de M. H. v. Mohl (*voy.* p. 153), que ce dernier savant avait d'abord nommées *vasa propria*, dans les faisceaux isolés des Monotycolédons. Ces tubes cribreux, se superposant l'un à l'autre par des parois minces et grillagées, forment un système qui accompagne les faisceaux fibro-vasculaires dans toutes les parties des plantes, et qu'on retrouve en outre çà et là isolés par places. Leur existence est plus générale que celle des laticifères et même des fibres du liber. — D'un autre côté, M. Nægeli a décrit comme existant chez beaucoup de plantes des cellules à parois minces et délicates, allongées en tubes étroits, qui sont placées en dehors de la couche génératrice ou du cambium, aux éléments duquel elles ressemblent, tout en en restant distinctes, et qu'il a nommées, pour ce motif, *cambiformes* (ou en forme de cellules du cambium). Enfin, nous avons vu que beaucoup de faisceaux offrent comme élément essentiel de leur constitution les cellules allongées sur lesquelles M. Caspary a le premier attiré l'attention, et qu'il a nommées *cellules conductrices* (*voy.* p. 20), à cause de leur contenu mucilagineux ou albuminoïde, qui ne peut être regardé que comme appartenant aux sucs nourriciers et élaborés. Ces cellules conductrices remplacent assez souvent les tubes cribreux.

Ces différentes sortes de cellules allongées et à parois minces sont les conduits spéciaux des sucs plastiques et nutritifs. Le contenu de toutes est analogue, riche en matières azotées, notablement dense, plus ou moins mucilagineux; de plus, la nature de leurs parois, particulièrement les grands pores grillagés des tubes cribreux, les rendent propres à servir de canaux pour des sucs;

enfin, des expériences ingénieuses, faites surtout par M. Hanstein, et que je regrette de ne pouvoir rapporter faute d'espace, ne laissent pas de doutes sur le rôle important de ces éléments anatomiques. C'est donc là, au total, un point définitivement acquis à la physiologie des plantes.

Rôle du latex. — Le rôle que peut jouer dans l'organisme végétal le liquide plus ou moins opaque et coloré qui remplit les tubes laticifères, c'est-à-dire le *latex*, a été apprécié de manières très-diverses depuis environ quarante années. MM. C.-H. Schultz, De Candolle et d'autres physiologistes, y ont vu le suc éminemment nourricier ou vital, ou la séve descendante ; après eux, une opinion contraire a prévalu pendant plusieurs années, et l'a fait descendre au rang de simple liquide sécrété, par conséquent résultant de la nutrition et ne pouvant y concourir. Enfin, à la date de quelques années [1], M. Trécul, se basant sur ce qu'il existerait des rapports intimes et même des communications libres entre les laticifères et les vaisseaux proprement dits, et que ceux-ci renfermeraient du latex dans certaines circonstances, a regardé ce liquide comme un suc nourricier plus ou moins désoxydé, analogue au sang veineux des animaux, qui, en passant dans les vaisseaux proprement dits, viendrait s'y oxygéner de manière à représenter ensuite le sang artériel des animaux. De là, il a qualifié les laticifères de *vaisseaux veineux*, et les vaisseaux proprement dits de *vaisseaux artériels*. C'est après la publication de cette nouvelle théorie que l'Académie des sciences de Paris a proposé l'étude des laticifères comme sujet du concours à la suite duquel les deux mémoires de MM. Dippel et Hanstein ont été couronnés par elle.

Aujourd'hui, et dans l'état actuel de la science, sans qu'on soit autorisé à voir dans le latex le véritable suc nourricier, on ne peut nier que, avec des matériaux purement sécrétés, comme le caoutchouc, etc., il ne renferme des substances organisables qui interviennent dans la nutrition. La distribution de ces tubes ou de leurs analogues, les *tubes utriculeux* (Schauchgefaesse, en allemand) de M. Hanstein, dans toutes les parties des plantes où s'étendent les faisceaux fibro-vasculaires et l'écorce, la disparition générale de ce suc dans les parties vieilles, enfin diverses expériences, notamment celles de M. E. Faivre sur le *Ficus elastica*, autorisent à voir dans le latex une provision de nourriture que la plante peut utiliser pour son développement, mais qui n'est pas

---

[1] *Ann. des Sciences nat.*, 1857, VII, p. 288-301.

le vrai suc plastique, éminemment organisable, dont l'élaboration essentielle est confiée aux organes foliacés.

N'y a-t-il qu'un seul et unique suc nourricier? — Déjà ce que je viens de dire relativement au suc élaboré, qui a pour conduits principaux les tubes cribreux, ainsi qu'au latex, autorise cette conclusion que les plantes peuvent avoir au moins deux liquides servant à leur nutrition. M. Julius Sachs va plus loin, et il admet qu'outre les sucs riches en matières azotées que conduisent les tubes dont il vient d'être fait mention, il existe encore un liquide élaboré spécial, destiné à fournir à la formation des matières non azotées en général, comme l'amidon, l'inuline, le sucre, etc., et que ce suc a pour conduits propres le parenchyme, soit de l'écorce, soit de la moelle, soit de la périphérie des faisceaux. Cette idée est ingénieuse, sans doute, mais elle me semble encore trop peu établie pour que je fasse ici autre chose que la signaler comme méritant d'être soumise à l'attention des physiologistes et au contrôle de l'expérience.

Je ferai toutefois observer que les matières hydrato-carbonées dont il s'agit subissent certainement, en maintes circonstances et dans des organes très-divers, des résorptions et des régénérations qui obligent à admettre un transport de ce qui peut en résulter ou les produire. Ainsi, pour ne parler que de l'une d'entre elles, l'amidon peut exister à peu près partout dans les végétaux ; et nous venons de le voir (voy. p. 731) se transportant par exemple d'un tubercule-semence de Pomme de terre à la plante qui en provient, même aux tubercules qui en naissent directement. Le bois des arbres lui-même en renferme pendant l'hiver, dans la moelle, dans les rayons médullaires, dans le parenchyme ligneux, parfois aussi dans les fibres. Or, comme l'ont montré M. Hartig, M. Payen et surtout récemment M. A. Gris, cette substance est absorbée graduellement au printemps de manière à disparaître pour un temps que le dernier de ces observateurs dit ne pas dépasser quelques semaines. Elle se reforme ensuite dans les mêmes tissus, qu'elle ne tarde pas à remplir, dans beaucoup de cas. On sent que ces faits sont favorables à la théorie de M. Jul. Sachs que je viens de rappeler.

ARTICLE III. PHÉNOMÈNES MODIFICATEURS DE LA SÈVE.

§ 1. — Transpiration.

Dans l'article précédent, je me suis borné à énoncer ce fait capital que la sève absorbée à l'état brut, dans le sol, par les racines, s'élève jusqu'aux feuilles dans lesquelles elle subit une modification profonde, une véritable élaboration qui la fait passer à l'état de sucs nourriciers et plastiques, nommés ordinairement séve descendante. J'ai dit aussi que cette élaboration était l'effet de deux phénomènes essentiels à la vie végétale, appelés *Transpiration* et *Respiration*. Ce sont ces deux importants phénomènes que je dois maintenant étudier avec quelque détail dans cet article, en eux-mêmes et tels qu'ils s'accomplissent dans l'ensemble de la plante.

En quoi consiste la transpiration. — On a nommé *Transpiration* l'expulsion, s'opérant par la surface des organes, d'une quantité plus ou moins considérable de vapeur d'eau. Quelques auteurs, plutôt physiciens et chimistes que physiologistes, n'ont vu dans ce phénomène qu'un fait physique identique à l'évaporation de l'eau contenue dans un vase ouvert, et l'un d'eux a même comparé un végétal absorbant l'eau du sol par ses racines, et l'élevant ensuite jusqu'à ses feuilles qui l'évaporent, à la mèche d'une lampe à alcool qui pompe le liquide par sa partie inférieure et l'élève par l'effet de la capillarité jusqu'à son extrémité supérieure, où il se réduit en vapeur au contact de l'air.

Différences entre transpiration et simple évaporation. — Tout ingénieuses que semblent cette assimilation et cette comparaison, elles ne sont pas justes. En effet, ce n'est pas seulement l'eau de la séve qui s'échappe en vapeur : une quantité de matières organiques, très-faible sans doute, mais néanmoins appréciable, soit par l'analyse, soit par d'autres moyens, sort en même temps du végétal, montrant ainsi clairement qu'il y a dans ce phénomène plus qu'une simple évaporation. En outre, ce qui montre encore que les propriétés inhérentes à l'être vivant interviennent dans l'accomplissement de ce fait, c'est que, comme l'a prouvé particulièrement M. H. v. Mohl, les cellules vivantes transpirent beaucoup moins qu'elles ne commencent à le faire aussitôt qu'on a éteint en elles la vie par une action quelconque. On n'est donc pas fondé à regarder la transpiration comme un pur et simple fait physique.

Où s'opère la transpiration? — Si l'on remonte à la source de ce phénomène, on reconnaît que c'est dans la profondeur même des tissus, particulièrement du parenchyme des organes foliaires, qu'il s'accomplit d'abord en réalité. Là chaque cellule vivante est une cavité remplie d'un liquide qui a l'eau pour base, et circonscrite par une membrane perméable, autour de laquelle les méats intercellulaires remplis d'air forment une petite atmosphère ambiante. La surface des cellules, en contact avec cette atmosphère circonscrite, y transpire; or, ces méats, assez souvent dilatés en canaux aérifères, aboutissant aussi parfois à des lacunes, forment un système continu qui va se terminer dans les chambres sous-stomatiques ou au moins sous l'épiderme; il s'ensuit que la vapeur parcourt tout ce système et vient finalement se rendre dans l'atmosphère, soit par l'ostiole des stomates, soit en moindre proportion à travers les pores invisibles de l'épiderme. Nous n'avons aucun moyen pour observer, ni à plus forte raison pour mesurer la production de vapeur qui s'opère ainsi dans l'épaisseur des tissus, et dès lors nous ne pouvons en considérer que le résultat final, c'est-à-dire l'émission de cette même eau vaporisée à la surface des organes. Il est donc entendu que, dans ce qui va suivre, il ne s'agira que de la transpiration superficielle, la seule qui soit accessible à nos observations.

Tout organe en contact avec l'atmosphère transpire ou du moins peut théoriquement transpirer; mais l'état des surfaces exerce une puissante influence sous ce rapport. Ainsi, sur les tiges ligneuses, la présence d'une couche subéreuse parfois très-développée, ou même d'une écorce épaisse et devenue extérieurement inerte par l'âge, fait naître un puissant obstacle à l'accomplissement du phénomène; il en est de même pour les organes que recouvre une forte cuticule ou une couche de matière grasse ou cireuse. D'un autre côté, l'absence de stomates dans l'épaisseur de la couche épidermique diminue, mais n'empêche pas la transpiration. Il est facile de comprendre d'après cela que ce phénomène doit s'opérer surtout à la surface des organes pourvus de stomates, largement étendus en surface eu égard à leur volume, couverts enfin d'un épiderme qui soit d'ordinaire facilement perméable. Ces diverses conditions se trouvent en général réunies dans les feuilles et leurs modifications; aussi est-ce en majeure partie dans les feuilles que s'opère le phénomène qui nous occupe, et que dès lors on est amené à l'étudier.

Transpiration aux deux faces des feuilles. — Les stomates, avec leur ostiole librement ouvert, offrant une sortie naturelle à la matière de la transpiration, on conçoit d'avance que le phénomène doit s'opérer essentiellement par les points de la surface des feuilles où se trouvent ces orifices. Quelques physiologistes ont même pensé que c'était uniquement par ces points que ces organes transpiraient. S'il en était réellement ainsi, comme on a vu

plus haut (*voy.* p. 105) que les stomates sont fort inégalement répartis sur les feuilles, il s'ensuivrait que celles de diverses
plantes se comporteraient de manières fort différentes quant à
leur transpiration. Or les inégalités, sous ce rapport, sont moins
grandes qu'elles ne paraîtraient devoir l'être d'après cette seule
considération.

En effet, l'expérience a prouvé, non-seulement que la transpiration n'est pas en rapport exact avec le nombre des stomates, mais
encore qu'elle s'opère, plus faiblement, il est vrai, par les portions
d'épiderme sur lesquelles ces petits appareils n'existent pas, et
où il n'y a par conséquent que des pores invisibles. C'est à cette
expulsion de vapeur par les pores invisibles que De Candolle, qui
n'en avait pas une idée bien nette, donnait le nom de *Déperdition
insensible* par lequel il la distinguait de la transpiration opérée
à l'aide des stomates, qu'il appelait l'*Exhalaison aqueuse.* Il
est évident que cette distinction n'est pas admissible.

M. Unger et M. Garreau ont déterminé comparativement par
l'expérience la transpiration des deux faces de la même feuille, et
son rapport avec le nombre des stomates. Voici des données empruntées textuellement au travail du dernier de ces observateurs [1].

PLANTES	NOMBRE PROPORTIONNEL DES STOMATES, PAR FACE		QUANTITÉ PROPORTIONNELLE D'EAU TRANSPIRÉE
Atropa Belladonna.	face supérieure.	10	48
	— inférieure.	55	60
Dahlia.	face supérieure.	22	50
	— inférieure.	33	100
Canna æthiopica.	face supérieure.	0	5
	— inférieure.	25	35
Tilia europæa.	face supérieure.	0	20 et 18
	— inférieure.	60	49 et 46
Althæa officinalis.	face supérieure.	20	30
	— inférieure.	110	50
Tropæolum majus.	face supérieure.	10	15
	— inférieure.	80	50

On voit, par l'exemple du Tilleul, qu'une face supérieure sans
stomates peut transpirer les 2/5 de ce que fait la face inférieure
abondamment pourvue de ces petits appareils. On voit aussi qu'il
n'y a pas proportion exacte entre le nombre des stomates et l'intensité de la transpiration, puisque le Dahlia, avec presque moitié moins de stomates que l'*Atropa*, a transpiré près de deux fois
plus; que la face inférieure des feuilles de la Capucine (*Tropæolum*),

<hr>

[1] *Ann. des sciences nat.* 1850. XIII. p. 521-546.

bien que portant huit fois plus de stomates que la supérieure,
a transpiré seulement deux fois plus que celle-ci. Ce défaut de
proportionnalité tient sans doute à l'inégalité des ostioles stigmatiques, au plus ou moins d'épaisseur de la cuticule, à la perméabilité variable de l'épiderme, et probablement aussi aux actions
qui ont pour siége l'intérieur même des feuilles.

Quantité d'eau transpirée. — Il importe au plus haut point
d'apprécier l'abondance de la transpiration, soit dans différentes
espèces de plantes, soit, pour une même plante, aux différents
moments de la journée et de l'année. Aussi les physiologistes se
sont-ils attachés depuis longtemps à cette détermination. Dès
1679, Mariotte a fait connaître les résultats d'expériences entre-
prises par lui dans ce but, sur des branches feuillées qu'il enfer-
mait dans un ballon de verre; la vapeur émise se condensait sur
les parois du récipient, et il pesait ensuite l'eau ainsi formée pour
obtenir l'expression de la transpiration. Cette méthode laissait
évidemment à désirer sous le rapport de l'exactitude; néanmoins
c'est également par elle que Guettard obtint les résultats qu'il
consigna dans deux mémoires très-remarquables[1]. Hales, en 1724,
fit usage d'un moyen plus rigoureux pour arriver à la même détermination. Dans sa principale expérience, ayant élevé un Soleil
(*Helianthus annuus* L.) dans un pot de jardin, il couvrit ce vase
d'une lame de plomb, et il cimenta bien ensuite toutes les join-
tures, ne laissant d'ouvert au-dessus de la terre du pot qu'un tube
de verre étroit et long de 9 pouces ($0^m,224$). La plante avait un
peu plus d'un mètre de haut; il la pesa matin et soir, pendant
quinze jours, en été; il connut ainsi la perte de poids qu'elle subissait chaque jour et qui exprimait la quantité d'eau que la
transpiration lui avait enlevée, plus la diminution que subissait
le pot lui-même. En déduisant celle-ci, il reconnut que la plus
grande transpiration, pendant douze heures d'un jour fort sec et
fort chaud, avait été d'une livre 14 onces (environ $0^{kil},930$), et
que celle d'un pied moyen, pendant douze heures de jour, s'élevait à 1 livre 4 onces (environ $0^{kil},624$). En mesurant la surface
de son Soleil, et la comparant à celle du corps d'un homme, il
arriva à ce résultat final que, pour des surfaces égales, la transpiration de l'homme est, relativement à celle de la plante,
comme 165 est à 50, ou comme 3 1/3 sont à 1. On voit, par les
résultats de cette expérience, que beaucoup d'autres, faites soit

---

[1] *Mém. de l'Acad. des sciences de Paris*, 1748 et 1749.

par Hales, soit par divers physiologistes postérieurs, sont venues confirmer, quelle énorme quantité d'eau jettent incessamment dans l'atmosphère les plantes qui croissent à la surface de la terre, surtout dans les lieux où les pieds en sont très-nombreux, comme dans les champs en culture, les pelouses, les prairies et les forêts. J'ajouterai, pour fournir un autre terme de comparaison, que, d'après Schübler, le *Poa annua*, qui croît sur un pied carré de terre, transpire en moyenne et par jour 55,12 pouces cubes d'eau.

La transpiration est moindre que l'évaporation d'une masse d'eau. — Il était intéressant de comparer la quantité d'eau transpirée par une surface donnée de feuille à l'évaporation que subit une masse d'eau sur une étendue égale. Cette comparaison a été faite par M. Unger[1], qui a trouvé qu'à égalité de conditions la plante émet, en moyenne, trois fois moins de vapeur dans l'air que ne le fait une masse d'eau offrant la même étendue de surface libre. D'un autre côté, M. J. Sachs a reconnu qu'une branche de Peuplier blanc, dont les feuilles avaient 2700 cent. carrés d'étendue superficielle, avait transpiré, dans l'espace de 110 heures, 480 cent. cubes d'eau qui, sur cette surface foliaire, auraient fait une couche de $1^{mm},8$ de hauteur. Pendant le même temps, la couche évaporée par une masse d'eau de même surface était épaisse de plus de 5 millim., c'est-à-dire 2,8 fois plus haute.

Circonstances qui font varier la transpiration. — La transpiration subit des variations nombreuses dont les causes ne sont pas toutes déterminées avec assez de précision jusqu'à ce jour, et dont les unes dépendent de la plante elle-même, tandis que les autres résultent des conditions extérieures.

A. *Causes de variation extérieures.* — 1° La plus puissante d'entre elles est la *lumière*. Une lumière solaire vive exalte la transpiration, tandis que l'obscurité l'amoindrit au point de presque l'anéantir. Certaines expériences de Guettard avaient déjà mis ce fait en évidence; malheureusement aucun observateur n'a démontré jusqu'à ce jour que la lumière agisse, dans ce cas, par elle-même et indépendamment de la chaleur qui l'accompagne.

2° *L'humidité de l'air* qui entoure la plante exerce encore sur ce phénomène une puissante influence. Plus elle est considérable, moins la plante transpire, et réciproquement. Toutefois, dans une atmosphère saturée d'humidité, les plantes perdent

[1] Anat. u. Phys., p. 335.

encore, au jour, une quantité d'eau appréciable à la balance, et j'ai même pu reconnaître une très-légère déperdition pour des plantes tenant au sol et plongées sous l'eau, au soleil.

3° La *chaleur* rend aussi la transpiration plus forte, mais nous manquons encore de données précises à cet égard.

4° Enfin l'*agitation de l'air* favorise l'émission de vapeur d'eau, mais dans des proportions très-faibles.

B. *Causes de variation inhérentes à la plante.* — Elles sont en général plus difficiles à constater, surtout à mesurer que les précédentes ; aussi la science réclame-t-elle de nouvelles recherches à ce sujet.

1° La *texture* est certainement la plus puissante de ces causes de variation ; mais tout ce qu'on peut dire de plus net à cet égard, c'est que, entre différentes espèces, les herbes à tissu délicat et croissant rapidement occupent le rang supérieur quant à l'abondance de leur transpiration, tandis qu'au rang inférieur se trouvent les plantes à feuilles coriaces, couvertes d'une épaisse cuticule, les végétaux toujours verts et ceux à feuilles charnues.

2° L'*âge* paraît agir de telle sorte que les feuilles arrivées à peu près à leur développement complet transpirent plus qu'elles ne l'ont fait dans leur jeunesse et qu'elles ne le feront à mesure qu'elles vieilliront.

3° Enfin il paraît exister pour chaque plante une *variation diurne* de la transpiration, et cela sans qu'on puisse attribuer cette périodicité à l'une ou à l'autre des causes que je viens d'indiquer. M. Unger a fait des observations à ce sujet, et il dit avoir constaté que, chaque jour, toutes choses égales d'ailleurs, un maximum se produit de midi à deux heures, tandis qu'un minimum arrive avec la nuit.

Rapport de l'eau absorbée et transpirée. — Il importerait de reconnaître quelle portion de l'eau absorbée journellement par les racines est expulsée par la transpiration ; mais la science n'est pas encore fixée à cet égard, à cause de l'imperfection des méthodes par lesquelles Sénebier a cru reconnaître que ce rapport était de 15 à 13, et Woodward a été conduit à admettre qu'il est de 100 à 97, 8.

§ 2. — Respiration.

Application de ce mot. — Le premier point à déterminer dans l'histoire de la *Respiration*, consiste à fixer le sens qu'on peut donner à ce mot. Les physiologistes de ce siècle l'ont employé généralement pour désigner les échanges de gaz que l'organisme végétal fait avec l'atmosphère, c'est-à-dire l'absorption de ceux qu'il emprunte à l'enveloppe gazeuse de notre globe et l'expulsion de ceux qu'il y verse à la suite d'élaborations qui se sont opérées dans la profondeur de ses tissus. Avec cette acception usuelle, il indique plutôt un ensemble de phénomènes qu'un phénomène unique. D'un autre côté, reprenant une idée qui avait été exprimée vaguement, au siècle dernier, par Ingenhousz et l'appuyant sur des expériences faites avec soin, M. Garreau a distingué, dans l'ensemble des faits qu'on réunit habituellement sous la seule désignation de *Respiration végétale*, deux ordres de phénomènes qui s'exécuteraient simultanément dans plusieurs circonstances, mais qui peuvent aussi s'accomplir isolément, et dont l'un, consistant en une inspiration d'oxygène atmosphérique et dans un dégagement corrélatif de gaz acide carbonique, constituerait seul la respiration, tandis que l'autre, caractérisé par la décomposition à l'intérieur des tissus, sous l'influence de la lumière solaire, de l'acide carbonique absorbé soit dans l'air, soit dans le sol, ainsi que par un dégagement consécutif d'oxygène, serait un simple phénomène de nutrition, indépendant de la respiration proprement dite. Cette distinction vient d'être adoptée et formulée en théorie générale par M. Jul. Sachs, dans son *Handbuch*, et ce savant physiologiste allemand en conclut qu'il existe une analogie complète entre la respiration des plantes et celle des animaux. L'analogie est en effet évidente, dans cette manière de voir, puisque les deux catégories d'êtres vivants absorbent de même l'oxygène atmosphérique pour le combiner ensuite en acide carbonique avec du carbone faisant déjà partie de leur propre substance. Par là s'écrouleraient, comme étant sans fondement, les théories presque universellement professées par rapport au contraste physiologique entre les deux règnes : ces théories consistent en effet en ce que, les animaux viciant constamment l'air par leur respiration dont le produit est de l'acide carbonique, les végétaux ont pour mission spéciale d'assainir l'atmosphère par la leur en décomposant cet acide carbonique pour verser à sa place de l'oxygène.

Toutefois quelque séduisante que soit la nouvelle théorie, elle me semble faire naître des difficultés sérieuses et même reposer plutôt sur des mots que sur des faits. Toute respiration réunit des actes corrélatifs de deux natures : 1° inspiration de gaz atmosphériques, immédiate pour les êtres qui vivent hors de l'eau, médiate pour ceux qui habitent le milieu aquatique ; 2° expulsion de substances gazeuses dont le dégagement s'est opéré dans l'intérieur de l'organisme. Or, pourquoi refuser de considérer comme un acte respiratoire l'absorption d'acide carbonique et sa décomposition qui sont effectuées pendant le jour, par toutes les parties vertes, avec une énergie remarquable, et sans lesquelles l'accroissement ne peut avoir lieu, pour admettre exclusivement comme telle l'absorption d'oxygène que divers organes, dans les mêmes conditions, exécutent dans des proportions beaucoup moindres et qui n'amène qu'une perte de substance? L'assimilation avec la vie animale n'est-elle pas en ce cas poussée un peu trop loin?

Quoi qu'il en soit à cet égard, ce n'est pas ici le lieu pour discuter une pareille question. D'ailleurs, comme l'ordre même des études physiologiques m'amène à exposer maintenant l'ensemble des inspirations et expirations gazeuses qui s'opèrent dans les plantes, je prendrai le mot de respiration comme les réunissant toutes, c'est-à-dire que je décrirai la marche de ce phénomène en le circonscrivant entre les limites que les physiologistes presque sans exception lui assignent dans leurs ouvrages.

Division des organes d'après leur respiration. — Dans l'ensemble des actes qui sont compris ici sous la dénomination générale de Respiration, le plus important pour la vie végétale est l'absorption du gaz acide carbonique qui existe toujours mêlé à l'air, dans la proportion de 4 à 6 dix-millièmes, et sa réduction dans l'intérieur des tissus, c'est-à-dire sa décomposition dont les conséquences sont, d'une part, la fixation de son carbone, d'autre part un dégagement d'oxygène. Ces deux phénomènes fondamentaux et corrélatifs sont intimement liés à l'existence de la chlorophylle, et leur accomplissement n'a lieu que sous l'influence de la lumière solaire; en d'autres termes, ils sont l'apanage exclusif des organes verts et plus particulièrement des feuilles vertes, ou même des organes foliacés qui, malgré leur coloration autre que la verte, renferment dans les cellules de leur parenchyme des grains de chlorophylle en même temps que des principes colorants de nature différente.

Les organes, quels qu'ils soient, dont les cellules ne renferment pas de chlorophylle ne peuvent décomposer l'acide carbonique ni par conséquent concourir à l'accroissement du végétal. Les feuilles vertes elles-mêmes sont mises par l'obscurité dans la même impuissance, de telle sorte que la nuit suspend pour elles tout concours à la nutrition.

Il y a donc une importante distinction à opérer relativement à la réduction de l'acide carbonique, soit absorbé dans l'atmosphère, soit amené du sol en solution dans l'eau qui a fourni la matière de la séve brute, soit enfin produit dans l'épaisseur des organes comme résultat de certaines assimilations : la Respiration chlorophyllienne et diurne est caractérisée par la réduction ou décomposition de l'acide carbonique et par une exhalation d'oxygène, tandis que le phénomène auquel on pourrait donner le nom de Respiration générale, parce qu'il appartient à tous les organes de la plante sans exception, même aux feuilles en l'absence de la lumière solaire, non-seulement ne décompose pas le gaz acide, mais encore en détermine une expiration en même temps qu'une inspiration d'oxygène. Cette seconde partie des phénomènes respiratoires est souvent appelée Respiration nocturne ou des organes colorés. Je crois qu'il convient d'abandonner l'une et l'autre de ces dénominations, la première parce que tous les organes colorés (*voy.* p. 383 pour la signification de ce mot) et les feuilles vertes elles-mêmes (d'après M. Garreau) possèdent, comme nous allons le voir, ce mode de respiration pendant le jour, la seconde parce que le dégagement d'acide carbonique, même pendant le jour, n'est pas exclusivement propre aux organes colorés.

1. **Respiration chlorophyllienne.** — **Historique.** — Le rôle des feuilles et des autres organes verts n'a été reconnu qu'à une époque assez peu reculée. Les physiologistes antérieurs au dernier tiers du dix-huitième siècle étaient convaincus que ces parties étaient nécessaires à la vie des plantes, soit comme siége essentiel de la transpiration, soit comme agents d'absorption; mais ils n'avaient et ne pouvaient même, à cause de l'état des sciences, particulièrement de la chimie à cette époque, avoir aucune idée tant soit peu précise à cet égard. « Les particules dont les feuilles se saisissent, disait Hales en 1730[1], sont sans doute les matériaux dont les principes les plus subtils et les plus raffinés des végétaux sont formés... Les feuilles servent aux végétaux comme les poumons aux animaux. » Bonnet fit les premiers pas dans la voie qui devait conduire en peu de temps à la découverte de la respiration végétale. Ayant mis des feuilles fraîches de Vigne dans de l'eau de source, il remarqua qu'il en partait continuellement, au soleil, des bulles d'air dont les plus volumineuses correspondaient à la face inférieure; ce

____
[1] Stat. des vég.; trad. de Buffon, p. 275.

dégagement de gaz cessait la nuit. Il n'avait pas lieu non plus quand les feuilles étaient mises dans de l'eau bouillie, c'est-à-dire privée d'air par l'ébullition. Malheureusement, il interpréta mal ces faits, et crut que les bulles de gaz observées par lui sortaient non des feuilles mais de l'eau dont elles étaient séparées par ces organes. Peu après, J. Priestley fit l'importante découverte que le gaz dont on observe le dégagement quand on met des feuilles fraîches dans de l'eau de source, au soleil, provenait bien de ces organes et consistait en oxygène; d'où il pensa que les feuilles améliorent l'état de l'atmosphère en y versant le gaz qu'on nommait alors air déphlogistiqué ou air vital. A son tour, Ingenhousz constata par des expériences variées, que, si sous l'influence solaire, les feuilles, plongées dans de l'eau de source ou « tirée récemment des entrailles de la terre », améliorent l'état de l'atmosphère en y versant de l'air déphlogistiqué (oxygène), elles le vicient au contraire en l'absence de la lumière solaire en exhalant « un air malfaisant et nuisible » (acide carbonique).

Il restait à reconnaître l'origine de l'oxygène dégagé au soleil ; Sénebier eut ce mérite : en disant que ce gaz résulte de la décomposition par la plante de l'acide carbonique absorbé dans l'air par les feuilles ou dans la terre avec l'eau par les racines, il formula la théorie que les expériences de Th. de Saussure et de plusieurs savants modernes n'ont fait que confirmer.

Preuve expérimentale de la décomposition de l'acide carbonique de l'air. — La plupart des expériences par lesquelles on a voulu prouver l'absorption et la décomposition de l'acide carbonique ont été faites sur des feuilles ou des rameaux feuillés, qui ont été fraîchement détachés et placés dans des flacons remplis d'eau ordinaire, c'est-à-dire aérée et tenant en dissolution une certaine quantité de cet acide. Il est certain cependant que, dans ce mode d'expérimentation, on s'écarte beaucoup de l'état naturel des choses, et qu'il y a des motifs pour attaquer comme peu légitimes à certains égards les conclusions qu'on étend de simples fragments de végétaux, placés dans ces conditions exceptionnelles, aux végétaux vivants, tenant au sol et flottant dans l'air. Aussi, dans ces dernières années, plusieurs observateurs, M. Boussingault, MM. Vogel et Wittwer, M. Rauwenhoff, etc., ont-ils eu recours à des appareils qui leur ont permis d'observer l'action de rameaux feuillés tenant à leur pied et introduits dans des récipients de verre remplis d'air. La première en date et la plus célèbre des expériences ainsi dirigées est celle de M. Boussingault sur la

Vigne. Je crois devoir en rapporter et les détails et les résultats.

Dans l'été de 1840, cet éminent chimiste-physiologiste[1], fit pénétrer, dans un ballon de 15 litres de capacité et muni de trois tubulures, un rameau d'une Vigne en pleine végétation, sur lequel se trouvaient une vingtaine de feuilles. Un tube effilé, adapté à une tubulure supérieure, donnait accès à l'air extérieur; par la troisième tubulure, qui était sur le côté, le ballon communiquait avec un appareil propre à doser exactement l'acide carbonique, et par lequel venait passer l'air de ce ballon, obéissant à l'appel d'un aspirateur, à raison de 12 litres par heure. Par suite de cette disposition, l'air arrivait dans l'appareil analyseur après avoir passé par le ballon qui renfermait le rameau de Vigne. Deux expériences faites le jour, de onze heures à trois heures, ont montré dans l'air qui avait été en contact avec les feuilles, au soleil, une fois 0,0002 d'acide carbonique tandis que l'air extérieur en contenait 0,00045 ou un peu plus du double, une autre fois 0,0001 du même gaz tandis qu'il y en avait 0,0004 dans l'air extérieur. Pendant la nuit le résultat était inverse : l'air qui avait traversé le ballon contenait en général une proportion d'acide carbonique deux fois plus considérable que celle que l'analyse montrait au même moment dans l'atmosphère. Ainsi le passage de l'air à travers le ballon qui contenait les feuilles, tout rapide qu'il était, suffisait, soit pour lui enlever jusqu'aux trois quarts de son acide carbonique, pendant le jour et au soleil, soit pour y en ajouter une proportion double pendant la nuit.

Les expériences faites en Allemagne, d'après une marche analogue, par MM. Vogel et Wittwer, du 13 mars à la fin de mai, de jour et de nuit, sur le *Viburnum Tinus* L., un *Pelargonium* et une Calcéolaire, par un temps le plus souvent couvert, ont donné des résultats semblables[2].

Rapport de l'oxygène exhalé à l'acide carbonique inspiré. — Ce rapport peut être cherché dans deux conditions différentes : 1° dans de l'air additionné de gaz acide; 2° dans l'air normal et tel qu'il se trouve dans l'atmosphère, c'est-à-dire ne contenant que 4 à 6 dix-millièmes de ce même gaz.

1° *Dans de l'air additionné artificiellement d'acide carbonique.* — C'est dans des atmosphères artificielles, c'est-à-dire dont l'air avait reçu depuis 7 jusqu'à 10 centièmes de son volume en gaz

---

[1] Écon. rur., I, p. 61.

[2] *Ueber den Einfluss der Vegetation*, dans les Mémoires de l'Acad. de Munich, VI, 1851, pp 265-345.

acide que Th. de Saussure a fait les belles expériences par lesquelles il a démontré la décomposition de ce gaz par les organes verts, au soleil. Voici le résumé d'une de ces expériences : 7 plantes de Pervenche, hautes de $0^m,2$, ayant 10 centimètres cubes de volume, dont les racines plongeaient dans de l'eau que contenait un vase particulier, furent introduites dans un récipient qui contenait 290 centimètres cubes d'air préalablement additionné de 7 1/2 centièmes de gaz acide carbonique. Pendant 6 jours, le tout fut exposé au soleil de cinq heures du matin à onze heures. Le septième jour, les plantes n'avaient pas souffert ; l'atmosphère qui les contenait n'avait pas changé de volume, mais elle ne renfermait plus d'acide carbonique, et la proportion d'oxygène s'y était élevée de 21 à 24 1/2 centièmes. Comme l'acide carbonique renferme un volume d'oxygène égal au sien, les 431 centimètres cubes de ce gaz qui avaient été absorbés auraient dû être remplacés par tout autant d'oxygène ; or, l'atmosphère du récipient n'avait reçu que 292 centimètres cubes de ce dernier gaz ; Saussure en conclut dès lors qu'il en manquait 139 centimètres cubes que la plante s'était assimilés en même temps qu'elle avait produit 139 centimètres cubes de gaz azote. Il reconnut d'ailleurs que, par cette décomposition de gaz acide, les Pervenches avaient fixé 120 milligrammes (ou 2,28 grains) de carbone, tandis que des plantes semblables qui avaient végété, pendant le même temps, dans de l'air dépouillé d'acide carbonique avaient plutôt perdu que gagné du carbone.

Des expériences analogues faites sur la Menthe aquatique, le *Lythrum Salicaria* L., le Pin de Genève et sur la tige largement aplatie, presque foliacée, de l'*Opuntia vulgaris* Mill., donnèrent des résultats semblables ; d'où le savant génevois conclut que les plantes, en décomposant l'acide carbonique, s'assimilent une partie de l'oxygène qui y était contenu, en même temps qu'elles en fixent le carbone.

Les résultats de ces expériences, en particulier de celle sur les Pervenches, ont été contestés récemment par M. Boussingault [1] qui a montré que la quantité d'azote indiquée par Th. de Saussure comme ayant été dégagée par ces plantes est exagérée puisqu'elle surpasserait même la proportion de ce corps simple contenue dans les tissus, au commencement de l'observation. Il semble cependant difficile de contester, d'après les travaux de divers

[1] Sur la nature des gaz produits, etc.; *Comptes rendus*, LIII, 1861, pp. 862-884.

chimistes, notamment de MM. Daubeny, Draper, Cloëz et Gratiolet, qu'il ne s'opère, pendant la réduction de l'acide carbonique, un dégagement d'azote en même temps que d'oxygène, dégagement qui, d'après MM. Cloëz et Gratiolet, aurait lieu aux dépens de la substance même des plantes. Toutefois il existe si peu d'accord entre les résultats des recherches qui ont été faites jusqu'à ce jour touchant ce dégagement d'azote, qu'il y a tout lieu d'appeler encore de nouvelles études sur cette question hérissée de difficultés.

Quant au rapport entre l'acide carbonique inspiré et l'oxygène exhalé, M. Boussingault a reconnu qu'il est sujet à varier. Sur 25 expériences, 8 lui ont donné un volume d'oxygène exhalé un peu plus grand que celui de l'acide carbonique absorbé ; le contraire a eu lieu dans les autres observations. Il paraît donc qu'en général un peu d'oxygène du gaz acide reste dans l'organisme.

2° *Dans l'air atmosphérique normal.* — Pour les plantes qui vivent dans les conditions normales, c'est-à-dire qui ont leurs organes verts flottant dans l'atmosphère, tout semble autoriser à admettre, avec MM. Vogel et Wittwer (*loc. cit.*, p. 345), que ceux-ci exhalent une quantité d'oxygène plus grande que celle que renfermait l'acide carbonique gazeux emprunté par eux à l'atmosphère, et cela parce que ces organes verts décomposent en même temps la portion de cet acide qui est entrée à l'état de dissolution dans l'eau qu'ont absorbée les racines. M. Unger a même essayé de montrer[1], par un calcul basé sur l'expérience de M. Boussingault, que les plantes ne fixeraient pas une grande quantité de carbone si, comme paraît le croire notre célèbre expérimentateur, et comme le dit formellement M. Liebig, elles ne l'empruntaient qu'à l'atmosphère. En effet, dit-il, dans cette expérience, une branche de Vigne, portant une vingtaine de feuilles, n'a pris, en quatre heures, que 12 centimètres cubes d'acide carbonique pesant $0^{gr},0236$. Pendant 12 heures de jour, en supposant que les circonstances fussent restées toujours également favorables, elle aurait pris $0^{gr},0718$, et en 6 mois, ou pendant tout le temps de sa végétation, 6266,4 centimètres cubes, ou $12^{gr},3237$ qui contiennent $5^{gr},5838$ de carbone. Évidemment, ajoute M. Unger, cette quantité de carbone serait beaucoup trop faible pour fournir au développement d'une pareille branche de Vigne.

Le même botaniste a cherché à déterminer expérimentalement

[1] *Anat. u Phys.*, p. 538.

le gain en carbone que peuvent faire des plantes, soit en totalité, soit seulement par la respiration de leurs feuilles, conformément à l'observation de M. Boussingault. Dans ce but, au commencement d'avril 1853, il déplanta soigneusement cinq jeunes arbres (deux Peupliers, un Tilleul, un Hêtre, un Noisetier) qu'il pesa aussitôt et qu'il replanta sans retard dans une bonne terre de jardin. Pendant l'année, il compta et mesura toutes les feuilles. Le 3 avril 1854, il déplanta de nouveau avec le plus grand soin ces mêmes arbres, qui avaient végété avec vigueur, et il les pesa pour reconnaître de combien leur poids s'était augmenté ; puis il déduisit, de cette augmentation totale, celle qui devait provenir du carbone. Il trouva ainsi que les deux Peupliers, par exemple, ayant gagné en carbone, l'un 303, l'autre 202 grammes, on pouvait attribuer à l'acide carbonique de l'air réduit par les feuilles 19^{gr},7 pour le premier, 16^{gr},8 pour le second. Si ces nombres étaient exacts, ils autoriseraient à faire très-large la part du carbone que les racines amènent dans l'organisme végétal ; mais ils ne sont pas à l'abri de toute critique, et d'ailleurs les expériences directes de M. Corenwinder tendent à établir que l'intervention de l'acide carbonique de l'air pour la fixation du carbone est plus importante que ne l'admet le savant Allemand.

Décomposition du gaz acide par différentes plantes. — Les feuilles ne décomposent pas toutes avec la même énergie l'acide carbonique à la lumière. Th. De Saussure a posé cette règle générale que celles qui sont très-minces, surtout laciniées, sont les plus actives sous ce rapport, tandis que celles dont la surface est peu étendue relativement à leur volume réel exercent une action beaucoup plus faible. Comme exemples, il cite la Salicaire qui décompose en un jour jusqu'à 7 ou 8 fois son volume d'acide carbonique, tandis que, par opposition, diverses plantes grasses n'agissent que sur le cinquième ou même sur le dixième de cette quantité.

Respiration des feuilles à l'ombre. — Il est assez difficile de dire rien de bien précis relativement à la manière dont se comportent les organes verts à l'ombre. Une première difficulté résulte de ce que le mot ombre s'applique à des intensités de lumière très-diverses selon l'opacité et même selon l'étendue du corps qui intercepte les rayons du soleil ; ensuite il est certain que toutes les plantes ne se comportent pas de même en l'absence de la lumière solaire directe et que, s'il en est qui ne végètent avec vigueur que dans des lieux découverts et par conséquent éclairés le plus long-temps possible par les rayons du soleil, il en est d'autres qui ne viennent qu'à des places plus ou moins ombragées. Les forêts vierges de l'Amérique répandent une ombre tellement épaisse, que, d'après les voyageurs, à peine y verrait-on parfois pour lire en plein midi ; cependant on sait combien est abondante et vigoureuse la végétation qui en couvre le sol et qui s'y attache aux arbres. Et toutes les plantes qui croissent dans ces conditions attestent par leur verdure qu'elles décomposent l'acide carbonique ! Dans nos propres pays, ne voyons-nous pas aussi différents végétaux végéter à l'ombre des forêts, quelques-uns même ne venir habituellement que là ? Dans un arbre, les branches inférieures et celles du centre sont en majeure partie placées à l'ombre, et leurs feuilles sont vertes, et elles végètent malgré cette situation. Enfin la lumière du jour, par un ciel couvert, n'est pas autre chose qu'une ombre parfois même assez épaisse, et devant produire le même effet.

Ces faits me semblent montrer que, dans la nature, contrairement à ce que disent beaucoup de physiologistes, l'interception des rayons directs du soleil qui produit l'ombre, tout en affaiblissant beaucoup la décomposition de l'acide carbonique par les organes verts, pour la généralité des plantes, beaucoup moins pour celles qui habitent les lieux ombragés, ne la supprime pas entièrement. Th. De Saussure dit [1] avoir vu des plantes de marais (*Polygonum Persicaria*, *Lythrum Salicaria*) répandre de l'oxygène dans une atmosphère de gaz azote, à une lumière faible et diffuse. J'ai moi-même expérimenté comparativement sur plusieurs espèces dont les feuilles fraîches étaient placées sous l'eau, les unes au soleil, et les autres derrière des écrans plus ou moins épais, à l'ombre d'arbres ou même d'un mur. J'ai constaté que le dégagement d'oxygène diminuait rapidement avec l'intensité lumineuse, mais sans cesser néanmoins dans ces conditions [2].

Au reste, les physiologistes qui ont dit avoir vu l'ombre amener un dégagement d'acide carbonique en place d'oxygène, et une inspiration de ce dernier gaz, ont probablement réuni, pour la plupart, les effets de l'ombre avec ceux de l'obscurité. C'est ce qui me paraît avoir eu lieu notamment pour Grischow [3] dans son expérience souvent citée sur deux branches de *Cheiranthus incu-*

---

[1] Recherch. chim., p. 54.

[2] Recherches expérimentales sur la respiration ; *Comptes rendus*, XLII. 1856. pp. 37-39.

[3] Physikalisch-chemische Untersuchungen über die Athmungen, etc.; in-8 de xiv et 225 pag. Leipzig, 1819.

nus L., qui a duré quatorze heures, et pour laquelle il n'indique pas le moment de la journée où il a opéré.

II. **Respiration générale, ses caractères.** — Si l'acte respiratoire dont je viens de m'occuper s'opère uniquement dans les organes pourvus de chlorophylle et sous l'influence de la lumière, celui dont il va être question maintenant appartient à tous les organes et s'effectue constamment ou à une seule exception près. Il justifie donc, par sa généralité, la qualification de *Respiration générale* sous laquelle je le désigne ici. Il constitue même, aux yeux de MM. Garreau et Jul. Sachs, la véritable respiration des plantes, tandis que la décomposition de l'acide carbonique rentrerait dans le cadre des fonctions plus spécialement nutritives. Comme je l'ai déjà dit en passant, il consiste en ce que la plante absorbe de l'oxygène dans l'air qui l'entoure, et verse en échange dans l'atmosphère de l'acide carbonique qu'elle a formé dans ses tissus par la combinaison de cet oxygène avec du carbone, qui faisait déjà partie de sa substance. Cette respiration est donc opposée de tout point à la respiration chlorophyllienne : elle a lieu de nuit comme de jour, tandis que celle-ci n'est effectuée que de jour; elle a pour résultat général de vicier l'air, lorsque l'autre l'assainit; enfin, elle détermine dans la plante une perte de substance, au lieu que l'autre a pour effet un dépôt de carbone, c'est-à-dire une augmentation de la matière du végétal.

Mais la respiration générale ne s'opère pas avec la même énergie dans tous les organes. Elle est à son maximum dans les organes colorés, c'est-à-dire dépourvus de chlorophylle, tandis que dans ceux où cette matière existe elle peut s'affaiblir beaucoup, et même être suspendue dans certaines circonstances. D'ailleurs, comme ces mêmes organes sont en même temps doués de la faculté de décomposer l'acide carbonique, il en résulte un mélange d'effets qui en complique sensiblement l'examen; aussi étudierai-je d'abord ce phénomène là où il s'offre constamment isolé et par cela même très-net, c'est-à-dire dans les organes dépourvus de chlorophylle; il ne me restera plus ensuite qu'à jeter un coup d'œil sur le même phénomène s'opérant dans les parties dont les cellules renferment de la matière verte.

Respiration des organes sans chlorophylle. — 1° *Fleurs.* — La plus énergique est celle des fleurs, et surtout de leurs organes reproducteurs, principalement des étamines. La quantité d'oxygène qu'elles absorbent et d'acide carbonique qu'elles exhalent, en proportion égale ou à fort peu près, tant de jour que de nuit, est considérable. Elles surpassent souvent, sous ce rapport, les feuilles elles-mêmes observées à l'obscurité. C'est ce que montrent nettement les observations de Th. de Saussure [1]. Celles-ci nous apprennent qu'une fleur simple de Giroflée (*Matthiola incana* R. Br.) a absorbé, en 24 heures, 11 fois son volume d'oxygène, tandis qu'une fleur double n'en a pris que 7,7 fois son volume. Pendant ce temps, les organes reproducteurs de la première avaient pris 18 fois leur volume de ce gaz; des feuilles de la même plante, en 24 heures de séjour à l'obscurité, n'en prirent que 4 fois leur volume. Pour la Capucine (*Tropæolum majus* L.) une fleur simple a pris 8,5 et une fleur double 7,25 son volume d'oxygène, tandis que les organes sexuels de la première en avaient absorbé 16,3 fois, des feuilles 8,3 fois leur volume. Une fleur mâle de Courge (*Cucurbita Melopepo*) ayant pris 12 fois son volume d'oxygène en 24 heures, et ses étamines 16 fois en 10 heures, une fleur femelle en absorba seulement 3,5 fois en 24 heures; les feuilles tenues à l'obscurité opérèrent une absorption de 6,7 fois leur volume en 24 heures. Enfin je citerai, comme exemple très-remarquable, le *Passiflora serratifolia*, dont la fleur n'a pas pris moins de 18,5 fois son volume d'oxygène en 24 heures, tandis que ses feuilles, pendant le même espace de temps, n'en ont absorbé que 5,25 fois leur volume. On voit donc que, dans cette forte consommation d'oxygène que font les fleurs, les étamines entrent pour la plus forte part, ce qui explique pourquoi les fleurs doubles par la transformation de ces organes en pétales opèrent une absorption beaucoup plus faible que les fleurs simples, et pourquoi, d'un autre côté, dans les plantes unisexuées, les fleurs mâles dépassent beaucoup, à cet égard, les fleurs femelles dont le pistil fait disparaître une assez faible quantité de ce gaz.

Il faut ajouter que la quantité de gaz oxygène consommée par les fleurs est plus grande au soleil qu'à l'ombre, effet qui est certainement dû en majeure partie à l'influence de l'élévation de température produite par la lumière directe de cet astre.

Le dégagement considérable d'acide carbonique et la forte absorption d'oxygène qu'opèrent les fleurs, joints à l'influence des odeurs, rendent très-bien compte des accidents qu'elles occasionnent fréquemment dans les lieux d'habitation fermés et peu étendus où l'on en réunit une grande quantité.

2° *Bourgeons.* — Les bourgeons près de s'ouvrir ou du moins

---

[1] De l'Action des fleurs sur l'air; *Annales de chimie et de phys.*, XXI. 1822, pp. 279-305.

dont les feuilles ne sont pas encore tout à fait sorties, sont le siége d'un dégagement abondant d'acide carbonique, amené comme toujours par une absorption correspondante et préliminaire d'oxygène, au sujet duquel les expériences de M. Garreau [1] fournissent des données précises. Ainsi 12 bourgeons de Lilas (*Syringa vulgaris* L.) détachés, comme tous ceux qui ont été mis en observation, avec une lame mince du bois qui leur servait de base, pesant $9^{gr}0$ frais et $2^{gr}0$ après dessiccation à 110°, ont dégagé, en 24 heures, 70 centimètres cubes d'acide carbonique, dont 18 centimètres cubes avaient été produits pendant le jour; 10 bourgeons fermés de *Pavia rubra*, pesant frais $9^{gr}00$ et secs $1^{gr}45$, ont donné, en 24 heures, 56 centimètres cubes de gaz acide, dont 13 produits dans le jour. Enfin, je citerai encore 3 bourgeons de Tilleul qui, commençant à s'ouvrir, ont produit 46 centimètres cubes du même gaz, sur lesquels 24 appartiennent à la période diurne. M. Garreau conclut de toutes ses expériences que les bourgeons, en respirant, consomment plus de carbone que les feuilles, et que l'acide expiré est d'autant plus abondant que ces parties, à égalité de poids et de surface, contiennent plus de matières protéiques.

3° *Embryons en voie de germination.* — Je me bornerai à rappeler le dégagement d'acide carbonique opéré par les graines et spécialement en elles par l'embryon en germination. (*Voy.* pour les détails p. 696 et suiv.)

4° *Tiges ligneuses et racines.* — Les expériences de Th. De Saussure nous ont appris que ces parties des plantes absorbent de l'oxygène et dégagent une égale quantité d'acide carbonique, de telle sorte que, dans un récipient, elles ne changent pas sensiblement le volume de l'atmosphère confinée qui les renferme.

5° *Phanérogames sans chlorophylle.* — On sait qu'il existe une catégorie de Phanérogames, en général plus ou moins nettement parasites, dont les feuilles, réduites à l'état d'écailles et toutes les parties normalement vertes dans les autres végétaux, sont dépourvues de cette couleur, et manquent par conséquent de chlorophylle. Les Orobanches, *Monotropa*, le *Cytinus*, etc., en sont des exemples bien connus. Or, ces plantes, dans leur ensemble, sont par cela même privées de la faculté de décomposer l'acide carbonique à la lumière, et en tout temps elles donnent un dégagement de ce gaz. Le soleil, n'agissant sur elles qu'en

---

[1] De la respiration dans les plantes; *Ann. des sc. nat.*, 1851, XV, pp. 5-36, pl. 1; et Nouvelles Recherches sur la respiration; *Ann. des sc. nat.*, 1851, XVI, pp. 271-292.

raison de la chaleur qu'il produit, active seulement le dégagement de gaz acide. Ces propriétés remarquables, qui rendent la nutrition de ces plantes assez difficile à expliquer en l'absence du parasitisme, ont été constatées expérimentalement par M. Lory [1], qui a examiné, sous ce rapport, l'*Orobanche Teucrii* Holl. et Sch., l'*O. Galii* Dub., et trois autres, ainsi que le *Lathræa squamaria* L. et le *Neottia Nidus avis* Rich. Pour donner une idée de la différence qui existe entre ces plantes et celles à chlorophylle, j'emprunterai à ce savant les détails des deux expériences suivantes : 1° Deux parts pesant chacune 7^{gr}5, l'une d'*Orobanche Teucrii*, l'autre de *Teucrium Chamædrys* (plante verte) feuillé, ont été mises dans deux ballons égaux, contenant chacun un mélange de six volumes d'air et d'un volume d'acide carbonique. Ces ballons ont été placés à la lumière, de 9 heures du matin à 5 heures du soir, le lendemain, dans un lieu où ils recevaient le soleil pendant l'après-midi. Au bout de ce temps, le ballon contenant le *Teucrium* ne renfermait plus trace d'acide carbonique; ce gaz avait été tout décomposé ; quant à celui qui renfermait l'*Orobanche*, le gaz qui s'y trouvait s'est montré composé alors de : azote, 100 ; oxygène, 9,35; acide carbonique, 57,75. On voit donc que la proportion de ce dernier gaz avait augmenté considérablement et à peu près autant que l'oxygène y avait diminué. 2° Un ballon contenant 750^{cme} d'air ordinaire a reçu trois pieds fleuris d'*Orobanche Teucrii*, pesant 9^{gr}7 ; il a été placé au même lieu que les deux premiers. Au bout de 55 heures, le gaz qui le remplissait a donné à l'analyse, pour 100 parties : acide carbonique, 5,5 ; oxygène, 15,0 ; azote, 79,5. Ainsi l'acide carbonique produit avait remplacé l'oxygène inspiré. J'ajouterai que, dans une expérience faite sur le *Cytinus Hypocistis*, M. Chatin a vu 22^{cme} de cette plante dégager, en 12 heures, au soleil, 50^{cme} d'acide carbonique.

6° *Champignons.* — Ces végétaux cryptogames étant dépourvus de chlorophylle, ressemblent, pour leur respiration, à celles d'entre les plantes phanérogames qui en sont également privées. On doit à Grischow, sur ce sujet, des expériences dont je ne crois pas devoir reproduire les détails [2], et dans lesquelles diverses espèces, ayant été placées dans des quantités déterminées d'air sans acide carbonique, en ont peu ou pas augmenté le volume, en en

---

[1] Observations sur la respiration et la structure des Orobanches; thèse in-4 de 25 pag.; Paris, 1847 ; et *Ann. des sc. nat.*, 1847, VIII. pp. 158-172.

[2] *Loc. cit.*, pp. 160-165.

diminuant notablement l'oxygène, au point même quelquefois de le faire disparaître, et en remplaçant ce gaz par une proportion en général un peu plus faible, quelquefois sensiblement plus forte de gaz acide. Humboldt avait cru reconnaître que ces Cryptogames dégageaient en même temps de l'hydrogène; mais Grischow indique avec doute et seulement dans un cas (*Amanita muscaria*) la présence de *traces* (Spuren) de ce gaz dans l'air où avait été faite l'expérience. Rien ne semble donc moins établi que ce fait anormal. — Les observations de M. Pasteur montrent que les Mucédinées ne diffèrent pas, quant à leur respiration, des Champignons plus élevés en organisation et plus volumineux.

Respiration générale dans les organes verts. — 1° *A l'obscurité.* — Placés à l'obscurité ou à une lumière très-faible, les feuilles et les organes verts en général reproduisent les faits que je viens d'exposer relativement aux organes et aux plantes sans chlorophylle. De là, tirant de ce cas particulier une désignation générale, les physiologistes donnent souvent à ce mode de respiration le nom de respiration *nocturne*, qui est peu convenable, puisqu'il ne rappelle que la face la plus circonscrite de ce phénomène commun à tout le règne végétal. Si les parties vertes sont réduites, pendant un temps prolongé, à ce genre de respiration, par leur séjour à l'obscurité, elles ne produisent plus de chlorophylle et ne consolident plus leurs tissus ; elles deviennent dès lors aqueuses par défaut de transpiration, peu savoureuses, molles, pâles, en un mot *étiolées.*

L'énergie avec laquelle les feuilles accomplissent cet acte respiratoire varie beaucoup d'une espèce à l'autre, surtout d'après la texture et l'épaisseur de ces organes. Th. De Saussure a donné, dès 1804, un tableau dans lequel il a consigné les résultats de ses expériences sur 57 espèces de plantes. Il a reconnu que les feuilles charnues consomment moins d'oxygène et dégagent moins d'acide carbonique que les autres feuilles ; que celles qui, au contraire, occupent le plus haut degré de l'échelle sous ces deux rapports, sont celles des arbres dépouillés en hiver ; que les arbres toujours verts sont inférieurs à ces derniers ; enfin que, parmi les herbes, celles des marais ou des eaux le cèdent notablement à celles qui croissent sur la terre sèche. Les nombres extrêmes sont fournis d'un côté par l'Abricotier et le Hêtre, dont les feuilles ont consommé 8 fois leur volume d'oxygène pendant 24 heures d'obscurité, et de l'autre l'*Agave americana* (plante grasse) et l'*Alisma Plantago* (plante de marais), qui n'en ont pris la première que 0,8 de son volume, la dernière que 0,7, pendant le même espace de temps.

Dans un travail récent[1], M. Boussingault a déterminé la proportion d'oxygène absorbé et d'acide carbonique dégagé, par centimètre carré des feuilles du *Nerium Oleander* L. Il a reconnu que, pendant 24 heures de séjour à l'obscurité, l'absorption du premier de ces gaz avait été de $0^{cmc}21$, et le dégagement du second de $0^{cmc}203$, par une température de 22° C. Il a de plus constaté ce fait, important pour l'explication de l'accroissement des plantes et de leur rôle dans la nature, que, à surfaces égales et pour des temps égaux, une feuille décompose beaucoup plus d'acide carbonique qu'elle n'en forme dans l'obscurité. Dix-huit expériences faites dans des atmosphères riches en acide carbonique ont montré que, au soleil, un mètre carré de feuilles de *Nerium* décompose, en moyenne, 1 litre 108 d'acide carbonique par heure; à l'obscurité, cette même surface n'a formé, en moyenne, que 0 litre 7, c'est-à-dire près de 16 fois moins, par heure, du même gaz.

Antérieurement, MM. Vogel et Wittwer avaient observé une inégalité tout aussi prononcée entre l'absorption diurne et l'exhalaison nocturne; ainsi, dans l'une de leurs expériences, une plante, qui avait pris à l'air 24^{cmc} d'acide carbonique, n'en rejeta que deux pendant la nuit suivante, donnant ainsi un excédant de 22^{cmc} pour l'absorption. Enfin, M. Corenwinder[2] va jusqu'à dire, d'après ses analyses, que, le matin, il suffit souvent à une plante de trente minutes d'insolation pour réparer toute la perte qu'elle a pu faire en carbone pendant la nuit précédente.

L'une des causes qui peuvent faire le plus varier l'énergie du phénomène respiratoire est la température : en s'élevant, elle l'augmente notablement. D'un autre côté, la même feuille, aux différents moments de son existence, varie sous le même rapport : jeune elle prend proportionnellement plus d'oxygène qu'elle ne le fera lorsqu'elle sera parvenue à l'état adulte et surtout plus tard encore.

2° *A la lumière.* — L'absorption de l'oxygène atmosphérique et le dégagement d'acide carbonique par les feuilles pendant le jour, sont des faits trop peu établis ou même trop contestés encore pour que je croie devoir y insister beaucoup. A la suite de ses

---

[1] Sur les fonctions des feuilles; *Comptes rendus*. LXI, 1865, pp. 605-615, 657-665.
[2] Recherches sur l'assimilation du carbone; *Annal. de chim. et de phys.*, 1858, LIV, pp. 521-556, pl. 1

expériences, M. Garreau le premier (*loc. cit.*) a cru pouvoir affirmer la réalité de ce phénomène dans les termes suivants : « Les feuilles et les parties vertes des plantes font des inspirations d'oxygène, le jour, à l'ombre et par des temps sombres ; l'oxygène inspiré se transforme, dans les conditions précitées, en acide carbonique qui est partiellement inspiré. Les feuilles pendant le jour, au soleil et à l'ombre, expirent de l'acide carbonique, et ce gaz est expiré en quantité d'autant plus grande que la température est plus élevée. L'acide trouvé dans les appareils ne représente pas, à beaucoup près, tout celui qui a été expiré, la majeure partie étant réduite à mesure de l'expiration. Il existe dans les feuilles, à l'ombre et au soleil, deux actions simultanées et inverses, l'une comburante, l'autre réductrice, et c'est à la prédominance de l'effet de la seconde sur celui de la première qu'est due l'accumulation du carbone dans les plantes. En raison de la simultanéité de ces deux actes opposés, on doit considérer le premier comme constituant la respiration des plantes, et le second comme faisant partie des fonctions plus spécialement nutritives. »

Des idées semblables ont été exprimées, en Allemagne, par M. Traube[1], dans un mémoire où nous trouvons, parmi les conclusions, les phrases suivantes : « Les plantes absorbent de l'oxygène, non-seulement pendant la germination, mais encore à toute époque de leur accroissement, même à la lumière solaire. Comme on le sait, l'oxygène absorbé par les plantes à l'obscurité est toujours transformé en acide carbonique. Il est incontestable que le même phénomène a lieu à la lumière solaire ; seulement, dans ce dernier cas, on ne peut manifester l'acide carbonique produit, parce qu'il est immédiatement décomposé par les parties vertes. »

D'un autre côté, depuis la publication des travaux de M. Garreau, des observateurs ont été conduits par des expériences faites avec soin à contredire les énoncés de ce savant. Notamment M. Corenwinder, qui a porté toute son attention sur cette question importante, disait dans son mémoire de 1858 cité plus haut : « Les végétaux exposés à l'ombre exhalent presque tous, dans leur jeunesse, une petite quantité d'acide carbonique. Le plus souvent, dans l'âge adulte, cette exhalation cesse d'avoir lieu. » Dans un travail plus récent[2], il formule, comme conclusion de ses

---

[1] Ueber die Respiration ; *Monatsbericht, etc.*, 1859, pp. 85-94. Anal. dans *Bull. Soc. bot. de Fr.*, 1859, VI, pp. 62-63.

[2] Recherches chimiques sur la végétation ; 2e mém.; *Mém. de la Soc. des sc., etc., de Lille;* 1863 et *Ann. des sciences nat.*, 1864, I, pp. 297-313.

expériences analytiques, l'énoncé suivant : « Les feuilles adultes, exposées au soleil, n'expirent pas d'acide carbonique, puisqu'elles jouissent de la propriété de décomposer cet acide, d'assimiler le carbone et d'exhaler de l'oxygène. Sous un ciel couvert, au grand jour, elles n'en exhalent pas davantage ; mais quand on les transporte dans un appartement qui n'est éclairé que par des fenêtres latérales, alors elles en laissent dégager en proportion plus ou moins sensible, si elles n'y sont pas exposées directement aux rayons du soleil. »

M. Jul. Sachs lui-même, qui adopte cependant la théorie de M. Garreau, n'admet pas comme étant à l'abri de toute objection les expériences et les énoncés de ce savant. Il fait observer en effet, que l'apparence d'un dégagement d'acide carbonique, au grand jour, par des branches feuillées introduites dans un récipient dont le fond était occupé par de l'eau de baryte, tient probablement à ce que ce réactif lui-même a seul déterminé la sortie d'une certaine quantité de gaz acide qui existait dans les feuilles, formé antérieurement, et qui sans cela n'en serait sorti que la nuit.

Au total, la question importante soulevée par M. Garreau n'est pas encore arrivée à une solution complète dans le sens avec lequel ce savant la considère. Je crois donc qu'il n'existe pas de motifs suffisants pour s'écarter à ce sujet des idées qui ont régné jusqu'à ce jour dans la science et qu'appuient les travaux des physiologistes les plus distingués.

Respiration des fruits. — Les fruits méritent une mention spéciale à cause du changement qui s'opère dans leur respiration aux différentes époques de leur développement. Th. De Saussure a prouvé[1], contrairement aux assertions de Bérard, que tant qu'ils sont verts, ils exercent sur l'air, soit au soleil, soit à l'obscurité, la même influence que les feuilles, mais avec moins d'intensité. Plus tard, la faculté de décomposer l'acide carbonique diminue en eux à mesure qu'ils approchent de la maturité et finit par disparaître.

Respiration dans des atmosphères sans oxygène. — D'après Th. De Saussure, les plantes pourvues de leurs parties vertes paraissent seules pouvoir végéter dans des milieux dépourvus de gaz oxygène, parce qu'elles-mêmes y versent une certaine quantité de ce gaz sur lequel elles agissent ensuite. La quantité d'oxygène qui est nécessaire à certaines pour rester vivantes, mais

[1] De l'Influence des fruits verts sur l'air ; *Mém. de la Soc. de Phys.*, etc., *de Genève*. I, 1821, pp. 245-287.

sans prendre de développement, est *inappréciable*, dit l'illustre Génevois; par là s'expliquent sans doute les observations de MM. J.-H. et G. Gladstone[1] qui disent avoir vu des plantes rester vertes et en bonne santé, pendant quinze jours dans l'hydrogène pur, pendant près de trois semaines dans l'azote, même pendant quatre semaines dans l'oxyde de carbone pur.

Expiration d'oxyde de carbone. — Des expériences récentes de M. Boussingault[2] ont conduit cet habile observateur à un résultat curieux et tout à fait inattendu : c'est que les organes verts peuvent rejeter dans l'atmosphère une quantité sans doute faible, mais cependant appréciable à l'analyse, de gaz oxyde de carbone, c'est-à-dire d'une matière éminemment nuisible aux animaux qui la respirent. Comme c'est en partie sur des plantes de marais qu'a été faite cette observation, M. Boussingault se demande si cette expiration due aux plantes qui croissent naturellement dans ces localités, ne serait pas la cause essentielle ou tout au moins l'une des principales causes de l'insalubrité qui rend les pays marécageux éminemment funestes à la santé de l'homme.

Toutefois ce curieux résultat avait été d'abord présenté comme général par notre éminent chimiste-physiologiste, et il signalait comme tout aussi général le mélange d'une fort petite quantité d'hydrogène protocarboné à l'oxyde de carbone. Le tableau qui résume les résultats de ses expériences, dans son mémoire, porte la quantité totale de ces gaz combustibles à : $1^{cmc}12$ pour le Pin maritime, $0^{cmc}87$ pour les plantes aquatiques, $0^{cmc}38$ pour le *Nerium*, $0^{cmc}70$ pour le Pêcher, $0^{cmc}84$ pour le Saule et $0^{cmc}44$ pour le Lilas, relativement à 100 d'oxygène dégagé. Plus tard, dans une lettre adressée à M. Chevreul[3], ce premier énoncé a été modifié en ce sens que le dégagement d'oxyde de carbone par les plantes serait une conséquence de leur submersion. « Je crois être arrivé, dit M. Boussingault, à cette conclusion que les feuilles, je puis même dire les branches, en fonctionnant dans des conditions aussi semblables que possible aux conditions normales, émettent de l'oxygène qui ne présente pas d'indices du gaz combustible que j'ai constamment trouvé dans l'oxygène des plantes submergées fonctionnant dans les appareils que j'ai décrits. » Enfin M. Cloez ayant fait des recherches spéciales, en vue de reconnaître si en effet les plantes aquatiques exhalent de l'oxyde de carbone

---

[1] *Philos. Magazine*, sept. 1851.
[2] Sur les fonctions des feuilles; *Compt. rend.*, LIII. 1861, pp. 882-883.
[3] *Comptes rendus*, LVII, 1863, pp. 412-414.

en même temps que de l'oxygène, en a obtenu des résultats décidément négatifs. « Les résidus gazeux soumis à l'analyse eudiométrique ne contiennent pas, dit-il [1], de traces appréciables de gaz combustibles : on peut les considérer comme de l'azote pur. » — Ainsi rien n'est moins prouvé jusqu'à ce jour que le dégagement de gaz oxyde de carbone par les plantes végétant dans les conditions normales.

A l'histoire de la respiration végétale se rattachent encore quelques questions d'un intérêt secondaire pour l'intelligence de la vie des plantes, et que dès lors je passerai sous silence pour ne pas étendre outre mesure cet article déjà forcément un peu long.

ARTICLE IV. — ASSIMILATION.

Je me contenterai d'inscrire ici le titre de cet article que l'état actuel de la chimie et de la physiologie végétale ne permettent pas de traiter d'une manière tant soit peu satisfaisante. En s'appuyant sur les nombreuses observations et expériences qui ont été faites jusqu'à ce jour, on peut reconnaître l'origine des matières qui doivent alimenter l'organisme végétal; on peut étudier en eux-mêmes et suivre dans leur marche à travers les organes les liquides qui doivent fournir à ceux-ci les matériaux de leur nutrition et de leur développement; mais là se termine, du moins aujourd'hui, le champ ouvert à nos recherches. L'élaboration de ces matières nutritives qui a pour résultat l'assimilation des unes, la modification ou la transformation des autres, outre qu'elle sort presque entièrement du domaine de la physiologie pour entrer dans celui de la chimie organique, est encore couverte de voiles que la science ne pourra déchirer sans des efforts aussi pénibles que persévérants. Comme le dit avec raison M. Jul. Sachs, il n'existe pas même aujourd'hui une théorie de l'assimilation et des changements de matières qui s'opèrent dans le végétal. Je n'essaierai donc pas d'effleurer même un sujet encore inabordable, et je terminerai ici la première partie de ces *Éléments* dans laquelle j'ai eu à faire connaître l'organisation et la vie des plantes, et à laquelle j'ai donné la dénomination générale de BOTANIQUE PHYSIOLOGIQUE.

[1] *Comptes rendus*, LVII, 1863, p. 357.

DEUXIÈME PARTIE

BOTANIQUE SYSTÉMATIQUE OU ART DE DÉCRIRE ET CLASSER LES PLANTES

Importance de cette partie de la science. — L'étude des organes des plantes, des éléments anatomiques dont ils sont composés et des phénomènes qui s'accomplissent en eux est certainement bien faite pour piquer la curiosité et pour fixer l'attention des esprits éclairés, des hommes qui, dans le merveilleux spectacle de la nature, aiment à voir autre chose que des formes inertes ou des êtres créés seulement pour le plaisir des yeux ; mais celui qui, en s'y livrant avec persévérance, aura su en acquérir la connaissance la plus approfondie n'aura considéré le règne végétal que par un seul de ses côtés et ne sera par conséquent encore qu'un botaniste incomplet. Au milieu des végétaux si divers, dont la puissance créatrice a paré la terre et dont elle a fait le principe essentiel de l'existence des animaux et de l'homme lui-même, il ne verra que des formes isolées, sans rapport entre elles, qu'il confondra le plus souvent l'une avec l'autre, ou parmi lesquelles une longue habitude pourra seule lui apprendre à reconnaître empiriquement, et par cela même en l'exposant à de nombreuses erreurs, celles qui lui sont utiles et celles dont l'emploi peut faire naître pour lui des inconvénients, parfois même des dangers. Il sentira donc, pour peu que son esprit ait une tendance philosophique, ou pour peu qu'il tienne à éviter des confusions qui peuvent lui devenir funestes, à se créer un moyen d'établir un ordre, un classement de ces nombreuses formes végétales qu'il a le désir ou même un besoin réel de connaître ; il voudra se procurer un guide qui puisse le diriger au milieu du désordre apparent mais non réel de la nature ; dès lors il en viendra nécessairement, d'abord à conserver la description des plantes qu'il a vues une fois et qu'il a intérêt à reconnaître ou à faire reconnaître aux autres partout où elles peuvent se trouver; en second lieu, à remarquer celles qui se ressemblent pour les grouper, celles qui diffèrent pour les séparer; en un mot, il fera pour elles un classement qui satisfasse son esprit et qui d'ailleurs ait une utilité pratique soit pour lui, soit pour ceux qu'il veut faire profiter des résultats de ses observations.

Cette nécessité manifeste de la description et du classement méthodique des végétaux a donné naissance à la botanique descriptive et systématique. Cette partie importante de la science a même été créée la première, parce qu'on a d'abord cherché à reconnaître les plantes pour les appliquer à la médecine, à l'économie domestique, à la culture, avant de songer à les examiner en elles-mêmes et dans leur organisation. Ajoutons que, pour les décrire et les classer, il suffisait d'en observer les formes extérieures, ce qui n'exigeait que le secours des yeux ou tout au plus de verres faiblement grossissants; tandis que, pour pénétrer dans les détails de leur organisation intime et de leur structure, il a fallu des moyens d'observation très-perfectionnés, dont la découverte a été l'une des plus précieuses acquisitions des temps modernes.

De là sont venues des idées sans fondement, qui ont cours encore de nos jours parmi les personnes étrangères à la science, et qui font consister la botanique entière dans l'art de décrire et de classer les végétaux. L'ensemble de ces *Éléments* montre, j'ose le croire, que cet art, loin de constituer la botanique entière, n'en forme qu'une simple division, et que, si l'on doit regarder comme un botaniste incomplet celui qui a négligé l'étude des formes végétales, on peut déclarer tout aussi incomplet celui qui n'a jamais pénétré dans les détails de leur vie ni de leur organisation.

La nécessité de grouper méthodiquement les plantes et d'établir ensuite un classement entre les groupes ainsi formés est devenue évidente dès l'instant où, en regardant tant soit peu attentivement autour de soi, on a reconnu que plusieurs centaines de formes distinctes de ces êtres pouvaient vivre dans un faible rayon autour d'une ville, à plus forte raison entre les limites d'un pays tant soit peu étendu; mais elle l'est devenue surtout depuis que la facilité des relations et l'extension de la navigation ont permis d'étendre les explorations à la surface presque entière de la terre. Le nombre des formes végétales ou des espèces connues, soit cultivées dans les jardins, soit conservées en échantillons desséchés dans les collections nommées *Herbiers*, s'est accru ainsi d'après une progression dont il n'est pas inutile de donner une idée, et qui, fort lente pendant une longue suite de siècles, est devenue très-rapide dans les temps modernes, surtout depuis environ une cinquantaine d'années.

Coup d'œil sur le nombre des plantes connues successivement. — Les savants grecs et romains, n'attachant guère d'autre intérêt aux plantes qu'en raison de l'usage qu'on pouvait en faire en médecine, n'en avaient distingué et catalogué qu'un nombre fort restreint, même comparativement à l'ensemble de celles qui composent la riche végétation de leur pays. Les œuvres d'Hippocrate (cinquième et quatrième siècles avant J. C.) en mentionnent seulement 234, et l'*Histoire des plantes* de Théophraste (310 à 225 avant J. C.), dont il reste neuf livres, en indique d'une manière moins vague environ 500. Ce nombre ne s'accrut guère pendant deux ou trois siècles, puisque Dioscoride, qui vivait au commencement de notre ère, et dont l'ouvrage, divisé en cinq livres, a été le code de la science botanique pendant une longue série de siècles, n'en décrit que 600, bien que ses voyages en Grèce, en Asie-Mineure et en Italie eussent pu facilement lui procurer la connaissance d'un bien plus grand nombre. Si Pline, qui vivait presque à la même époque (mort en 79 après J. C.), a traité de 800 plantes, c'est surtout parce qu'il a mis peu de critique dans son vaste travail, et que, comme Dioscoride et encore plus que lui, il a négligé la nature pour les livres.

Il faut franchir tout le moyen âge et arriver à la renaissance pour voir l'étude des plantes occuper de nouveau les hommes éclairés. Pendant cette longue suite de siècles, c'étaient uniquement des *Simples*, c'est-à-dire des plantes médicinales, qu'on cherchait à connaître empiriquement, et le nombre de celles auxquelles on s'attachait était bien restreint. Même à la renaissance, époque glorieuse pour l'intelligence humaine, les botanistes obéirent d'abord à une tendance funeste qui entrava les progrès de la science, et leurs efforts eurent pour objet à peu près unique de reconnaître les plantes qu'ils avaient sous les yeux dans les descriptions extrêmement vagues des anciens, plutôt que d'observer eux-mêmes les traits distinctifs par lesquels ils auraient pu les caractériser. Ils comprirent cependant, enfin, que la nature seule devait être leur livre ; dès le seizième siècle, ils commencèrent à l'étudier attentivement, et aussitôt le nombre des plantes dont ils acquirent la connaissance commença de s'accroître d'autant plus notablement qu'alors aussi s'ouvrit, avec Belon, Rauwolf, Prosper Alpin, Acosta, Pison et Margraff, etc., l'ère des voyages ayant pour but d'enrichir l'histoire naturelle et plus particulièrement la botanique. Dès le milieu du seizième siècle, Conrad Gesner décrivait 800 espèces de plantes, dont il accompagnait même la description de 400 figures gravées tantôt sur bois, tantôt sur cuivre, très-supérieures aux essais informes qui avaient été faits depuis le français Corbichon (1482, cité par Adanson) et l'allemand Cuba (1486). En 1576, le célèbre L'Ecluse ou Clusius, d'Arras, qui avait voyagé dans toute l'Europe centrale et méridionale, décrivit, avec une précision inconnue jusqu'à lui, environ 1 400 sortes de plantes, dont il donna même de bonnes figures au trait. Peu après, en 1587, Dalechamp traita, dans son *Histoire générale*, de 2 731 plantes ; enfin dans les dernières années du même siècle, les deux frères Jean et Gaspard Bauhin, fils d'un médecin d'Amiens, qui s'était retiré en Suisse, embrassèrent dans leurs études l'ensemble du règne végétal, tel que les travaux antérieurs, leurs voyages et leurs études approfondies le leur avaient fait connaître. Gaspard ne put terminer l'ouvrage immense qu'il avait entrepris, mais il en publia, en 1596, sous le titre de *Phyto-Pinax*, la table complète dans laquelle il ne catalogua pas moins de 6 000 plantes, et son frère Jean en décrivit 5 266 dans son grand ouvrage qui fut publié en 1650, après sa mort.

La fin du dix-septième siècle (1694) vit paraître les *Institutiones rei herbariæ* de notre célèbre Tournefort, ouvrage important qui fit notablement avancer la science sous plusieurs rapports. Les voyages de ce grand botaniste dans le midi de l'Europe et dans le Levant lui avaient permis d'élargir considérablement le cercle des connaissances acquises avant lui ; aussi ne signala-t-il pas moins de 10 146 plantes différentes distinguées pour la plupart avec plus de précision qu'auparavant. Il semblerait qu'en fort peu d'années le nombre de celles dont s'enrichit la science fut très-considérable, puisque, en 1704, dans son *Histoire générale des plantes*, l'anglais Jean Ray en décrivit 18 655 ; mais cet accroissement rapide n'était qu'apparent, parce que beaucoup de formes, à peine différentes, étaient admises par cet auteur comme très-distinctes, et grossissaient considérablement la liste. En effet, lorsque le Suédois Linné, l'immortel réformateur de l'histoire naturelle, publia la première édition de son *Species plantarum*, en

1753, il n'y admit comme suffisamment caractérisés et distincts que 6 200 types spécifiques de plantes, et malgré les nombreux voyages qui furent faits pendant sa vie, surtout à son instigation, malgré les nombreuses correspondances qu'il entretint avec les botanistes les plus distingués de son époque, il n'éleva plus tard ce nombre qu'à 8 551, parmi lesquels figuraient 7 728 Phanérogames.

C'est surtout à la fin du dix-huitième siècle et pendant le cours du dix-neuvième, que les acquisitions de la botanique se sont multipliées dans une proportion inattendue, par l'effet, soit de l'attention avec laquelle on a exploré les pays même les plus connus déjà, soit et surtout des nombreuses expéditions que d'intrépides botanistes ont dirigées vers les contrées les plus éloignées et les plus inhospitalières.

Au commencement même de ce siècle (1805-1807), Persoon, dans son excellent et commode *Synopsis plantarum*, caractérisa près de 20 000 espèces de plantes phanérogames, et comme on connaissait déjà 6 000 espèces environ de Cryptogames, on voit que le total des végétaux décrits à cette époque peu éloignée de nous s'élevait de 25 000 à 26 000.

En 1819, De Candolle commençait la seconde édition de sa *Théorie élémentaire de la Botanique*, ouvrage remarquable pour la hauteur des vues et pour l'esprit philosophique qui y règne, par ces mots, qui résumaient l'état de la science à ce moment : « Trente mille espèces de végétaux différents sont connues aujourd'hui sur la surface du globe. »

En 1824, Steudel publia, sous le titre de *Nomenclator botanicus*, le relevé de toutes les plantes dont la description ou au moins l'indication étaient consignées dans les ouvrages publiés jusqu'à cette date ; son livre ne donna pas moins de 59 684 noms de Phanérogames et de 10 965 noms de Cryptogames, ou en tout de 70 649. A la vérité, un relevé de cette étendue ne pouvant être fait par un seul homme avec une critique rigoureuse, beaucoup de doubles emplois étendaient considérablement ses listes. La même observation s'applique à la seconde édition de cet ouvrage, publiée en 1841, dans laquelle Steudel a consigné 78 000 noms de plantes phanérogames.

Depuis cette époque, il n'a plus été publié de relevé général des végétaux connus ; mais les découvertes s'étant multipliées avec au moins autant de rapidité que pendant les années précédentes, il est certain que le nombre total des plantes décrites a dépassé beaucoup le chiffre auquel Steudel était arrivé, même en le prenant tout entier et sans en déduire les doubles et triples emplois. Au commencement de 1845, dans son livre intéressant intitulé : *Musée botanique de M. Benj. Delessert*, M. Lasègue se croyait autorisé par ses recherches à porter le total des plantes déjà connues à 95 000, dont 80 000 seraient des Phanérogames et 15 000 des Cryptogames. Cette évaluation est presque identique à celle qu'a faite, en 1846, le savant botaniste anglais Lindley, qui admettait alors, comme déjà connues, environ 81 000 Phanérogames, se divisant en 66 435 Dicotylédons et 15 952 Monocotylédons. — On n'a donc pas à craindre d'être taxé d'exagération en admettant qu'environ 100 000 Phanérogames sont aujourd'hui connues des botanistes, et, quant aux Cryptogames, que plus de 25 000 figurent déjà dans les ouvrages et les mémoires qui leur ont été spécialement consacrés.

Nombre probable des végétaux qui existent sur la terre. — On ne peut former à ce sujet que des conjectures plus ou moins vraisemblables ; et ces conjectures elles-mêmes conduisent à des nombres fort différents, suivant les différentes manières qui sont concurremment admises aujourd'hui relativement à ce qu'on doit entendre par espèces végétales. En prenant sous ce rapport, comme il le faut en bien des circonstances, une sorte de moyenne entre les opinions extrêmes, on est conduit à penser que la population végétale du globe doit comprendre de 150 000 à 200 000 formes spécifiques distinctes, pour les Phanérogames, et peut-être un nombre peu inférieur pour les Cryptogames, dont les formes les plus simples sont si multipliées, que les plus éminents cryptogamistes de notre époque n'en parlent pas autrement que comme si elles existaient en quantité presque infinie. Quelque élevés que puissent paraître ces nombres, un calcul dû à M. Alphonse De Candolle montre qu'ils ne peuvent être entachés d'exagération.

« La surface du globe terrestre, dit ce savant botaniste[1], abstraction faite des parties couvertes d'eau, est de 6 825 000 lieues. Si l'on suppose 200 000 Phanérogames, ce qui est un des chiffres les plus élevés qu'on ait supposés, il y aurait, par lieue carrée, 0,29 espèces, disons 0,03. Or, les localités très-restreintes et même les plus pauvres ont infiniment plus d'espèces dans une lieue carrée. Ainsi, au sommet du Pic du Midi de Bagnères, on compte 71 Phanérogames sur 200 mètres de surface (Ramond) ;

[1] Géogr. botan. raisonnée (1855), p. 1174.

en Ecosse, dans les plaines tourbeuses les plus monotones, il y a 50 à 100 Phanérogames par mille anglais carré, et dans les environs de Londres, qui ne sont pas d'une abondance excessive en plantes spontanées, on a compté 400 espèces dans un mille carré. »

Les détails et renseignements qui précèdent me semblent mettre en pleine évidence l'importance majeure de la Botanique systématique pour la connaissance du règne végétal, et, dans cette branche de la science, la nécessité d'un ordre absolu et de méthodes rigoureuses. Or, pour créer cet ordre nécessaire, les botanistes ont dû : 1° établir, parmi les êtres si nombreux qui faisaient l'objet de leurs études, des groupes d'importance diverse, et par cela même, en quelque sorte subordonnés les uns aux autres ; 2° rattacher ensuite ces groupes entre eux par un lien méthodique qui permît, selon les besoins, de passer du plus simple au plus composé, ou réciproquement ; en d'autres termes, ils ont dû d'abord considérer les plantes comme formant, en raison de leurs ressemblances, des groupes subordonnés les uns aux autres, et relier ensuite ces groupes par des classements basés sur la subordination de ces groupes, c'est-à-dire par des *Classifications*. Ce sont là deux points de vue différents auxquels je dois me placer successivement pour faire connaître les bases de la Botanique systématique.

CHAPITRE XIV

GROUPES FONDAMENTAUX DES PLANTES

Distinction de l'espèce et du genre. — Il ne faut pas un examen bien attentif pour reconnaître qu'il existe entre différentes plantes, considérées isolément et comme constituant autant d'êtres distincts et séparés ou d'individus, des ressemblances plus ou moins accusées, et par cela même de divers ordres ; que, par exemple, tous les pieds de Froment qui occupent un champ se ressemblent au point d'offrir dans toutes leurs parties une configuration semblable, et de ne différer les uns des autres que par des nuances légères ou dans des parties d'une faible importance ;

qu'il en est de même pour toutes les autres plantes, dont chacune a, dans l'état sauvage ou cultivé, des analogues qu'on peut très-bien prendre pour elle, puisqu'ils la représentent exactement. En embrassant par la pensée tous ces individus si analogues entre eux, on acquiert l'idée d'un groupe tout à fait fondamental, qui sert de base à tous les autres, et auquel on a donné le nom d'*Espèce* (species). Ainsi l'espèce du Froment ordinaire comprend tous les pieds de cette plante qui existent à la surface du globe, comme celles de la Pomme de terre, de la Vigne cultivée, etc., comprennent tous les pieds de Pomme de terre et de Vigne.

D'un autre côté, il n'est pas beaucoup plus difficile de reconnaître que des plantes, qui ont entre elles une certaine ressemblance générale, offrent en même temps des différences assez marquées pour qu'on ne puisse les confondre l'une avec l'autre. Ainsi, il existe des Rosiers à fleur blanche, d'autres à fleur jaune, d'autres à fleur rose ou plus ou moins rouge ; la forme des feuilles, de la fleur, du calice fructifère, etc., varie de l'un à l'autre, et néanmoins tout le monde les reconnaît au premier coup d'œil pour des Rosiers, mais pour des Rosiers constituant des espèces distinctes et séparées. De même nos jardins renferment un Groseillier à fruits en grappe, rouges ou devenus blancs par la culture et toujours fortement acides ; un autre, appelé vulgairement *Cassis*, dont les fruits, également en grappe, sont noirs et odorants ainsi que les feuilles ; un troisième, connu sous le nom de *Groseillier à Maquereau*, dont les fruits sont solitaires et dont les feuilles, toujours petites, sont accompagnées chacune d'un fort piquant à trois pointes. Il n'est personne qui ne remarque une ressemblance marquée entre les fleurs, les fruits, l'ensemble même de ces trois arbustes, et qui cependant, tout en leur reconnaissant cette analogie, ne les distingue sans difficulté l'un de l'autre comme trois espèces bien caractérisées. Cette analogie des organes les plus importants indique clairement que les différentes espèces de Rosiers, comme les trois espèces de Groseilliers à fruits comestibles, appartiennent à une sorte de groupe d'un ordre plus élevé que l'espèce, et qui comprend, dans un cas, tous les Rosiers nonseulement de nos jardins mais encore des champs et de la terre entière ; dans l'autre cas, tous les Groseilliers en grand nombre qui existent dans la nature. Ce groupe d'ordre supérieur à l'espèce, résultant le plus souvent de la réunion de plusieurs espèces, mais quelquefois aussi réduit à une seule, a été nommé *Genre* genus). La circonscription en est quelquefois très-étendue, comme par exemple pour les genres Bruyère (*Erica*), Séneçon (*Senecio*), Morelle (*Solanum*), dont chacun réunit plusieurs centaines d'espèces ; les traits distinctifs ou *Caractères* en sont souvent clairement accusés, comme dans les deux exemples que j'en ai cités ; mais assez souvent aussi l'étendue en est beaucoup moindre et la limite en est assez peu nette ou devient même assez peu distincte pour que les botanistes diffèrent entre eux d'opinion quant à la manière de la tracer.

Les espèces et les genres sont la base nécessaire de tout classement, non-seulement en botanique, mais encore pour l'histoire naturelle tout entière ; aussi ces deux groupes fondamentaux ont-ils été l'objet d'une attention spéciale. L'espèce en particulier a fourni, dans ces derniers temps, la matière d'écrits fort nombreux et a donné lieu à une controverse dont on ne peut guère prévoir la fin. Ce n'est pas dans un ouvrage élémentaire qu'il peut être permis d'aborder ou même de résumer de pareilles discussions ; toutefois, comme il importe de donner une idée aussi nette que possible de cette nature de groupe et de celui dont il est lui-même l'élément constitutif, je dois m'arrêter quelques instants sur l'un et l'autre.

ARTICLE PREMIER. -- DE L'ESPÈCE.

Définitions de l'espèce. -- Définir exactement l'espèce, ce serait lui assigner des caractères essentiels et rigoureusement distinctifs, c'est-à-dire mettre fin à toute incertitude sur ce sujet. Or, c'est là précisément la difficulté fondamentale à propos de laquelle il règne dans la science une extrême divergence, et de cette difficulté résultent le nombre ainsi que la diversité des définitions qui en ont été proposées.

Au milieu de cette diversité, on voit que tous les auteurs ont insisté avant tout sur deux caractères qui, en effet, sont fondamentaux : c'est d'abord que tous les individus dont la collection constitue l'espèce se ressemblent plus entre eux qu'ils ne ressemblent à tout autre ; en second lieu, c'est que ces individus donnent naissance par génération à d'autres individus semblables à eux. Mais, de ces deux caractères essentiels, ressemblance réciproque et descendance, les uns, comme MM. Is. Geoffroy-Saint-Hilaire et Chevreul, attachent plus d'importance au premier ; d'autres, et en particulier M. Flourens, insistent principalement sur le second ; quelques-uns enfin les font intervenir l'un et l'autre à peu près au même degré. Les définitions proposées par ces derniers, qui me semblent donner satisfaction plus complète à l'esprit, ne diffèrent guère entre elles que par la forme. Telle est, d'abord, celle trop étendue de De Candolle : « L'Espèce est la collection de tous les individus qui se ressemblent plus entre eux qu'ils ne ressemblent à d'autres ; qui peuvent, par une fécondation réciproque, produire des individus fertiles, et qui se reproduisent par la génération, de telle sorte qu'on peut par analogie les supposer tous sortis originairement d'un seul individu ; » telle est encore, et surtout celle beaucoup plus précise de Cuvier : « L'Espèce est la réunion des individus descendus l'un de l'autre ou de parents communs, et de ceux qui leur ressemblent autant qu'ils se ressemblent entre eux. » Celle-ci me semble caractériser, avec toute la netteté suffisante, le type fondamental sur lequel repose l'édifice entier des classifications en histoire naturelle.

Mutabilité ou permanence des espèces. — La somme des ressemblances offertes par les individus qu'on peut supposer issus de parents communs et qui produisent d'autres individus semblables à eux constitue ce qu'on nomme fréquemment le *type de l'espèce* ou le *type spécifique*. Ce type est-il fixe et invariable, ou, au contraire, est-il susceptible de varier sous l'influence de causes diverses ? L'une et l'autre de ces deux opinions contradictoires ont été professées et soutenues avec autant d'ardeur que de talent. La plupart des naturalistes, se basant sur ce que nous apprennent l'observation actuelle et les documents historiques, regardent les types spécifiques comme sujets seulement à des modifications d'une importance toute secondaire et par conséquent comme nous révélant encore aujourd'hui les effets primitifs de l'action créatrice ; d'autres, au contraire, à l'exemple de notre célèbre Lamarck, pensent que les types créés à l'origine ont subi et subissent encore, sous l'influence de causes diverses, des modifications profondes qui donnent graduellement naissance à des types spécifiques différents des premiers et tout aussi distincts que pouvaient l'être ceux-ci. Dès lors, comme l'a développé récemment l'ingénieux auteur d'un ouvrage anglais qui a fait sensation dans le monde savant, nos formes actuelles d'êtres vivants pourraient n'être, selon eux, que des descendants successivement modifiés de celles qui ont existé à des époques géologiques reculées.

Mais, quelque séduisantes que puissent être les théories basées sur le principe de la mutabilité indéfinie des espèces, elles n'ont pas pour elles l'appui des faits plus que celle qui leur est opposée ; je crois même pouvoir dire qu'elles reposent plutôt sur des déductions ingénieuses, sur des généralisations hardies, que sur des faits précis ; d'ailleurs la science positive, et en particulier la botanique systématique, loin de pouvoir y puiser des éléments de progrès, sont forcées d'en faire abstraction, sous peine de substituer le vague à la précision, et de se voir forcées de considérer tous leurs travaux comme les matériaux d'un édifice bâti sur un terrain éternellement mouvant. Ces motifs me paraissent suffisants pour que je croie devoir baser ce qui va suivre sur le principe de la fixité des espèces.

Variétés; races, variations. — La fixité du type fondamental de l'espèce n'empêche pas que, parmi les individus sans nombre dont elle est formée, certains, se trouvant soumis à des conditions différentes, n'en subissent une influence quant à leur taille, à la couleur de leurs fleurs, à la configuration de leurs feuilles, ou sous d'autres rapports d'une importance secondaire. Si ces légères modifications du type fondamental ont lieu quelquefois dans la nature et pour des plantes sauvages, à plus forte raison se produisent-elles fréquemment pour celles que la culture place dans des conditions toutes spéciales et exceptionnelles. Les individus qui s'écartent ainsi à certains égards du véritable type spécifique, constituent des types inférieurs dans lesquels on reconnaît les caractères essentiels de l'espèce en même temps que les caractères secondaires et spéciaux qui se sont produits en eux. Ces types inférieurs sont désignés en général sous le nom de *Variétés*; mais eux-mêmes peuvent offrir les particularités qui les distinguent empreintes plus ou moins profondément dans leur organisation, et de là résultent deux degrés différents de variétés.

1° Le plus souvent la modification du type spécifique n'est pas assez inhérente à l'organisme pour se transmettre régulièrement par voie de semis ; elle constitue alors une *variété* pure et simple. Dans ce cas, les graines qu'elle développe reproduiront en général un mélange de plantes ayant tous les caractères du type pur de l'espèce, avec d'autres rappelant la variété, souvent aussi avec quelques-unes constituant des variétés différentes. Aussi est-ce toujours au semis qu'on recourt, dans la culture, lorsqu'on désire obtenir des variétés nouvelles.

2° Dans d'autres cas, la déviation du type spécifique qui caractérise la variété est assez profondément empreinte dans le végétal pour pouvoir se transmettre régulièrement ou à peu près régulièrement aux individus qui proviennent de ses graines. On distingue habituellement sous le nom de *races* ces variétés transmissibles par le semis.

L'existence de races, on le comprend sans peine, fait naître une difficulté majeure ; comment en effet distinguer une espèce légitime et une race pure et simple, puisque l'un des caractères essentiels de l'espèce est de produire par génération des individus semblables à elle, et que les races en produisent aussi? En général, la distinction entre les deux résulte de ce que le maintien des races dans toute leur pureté exige les soins continuels de l'homme, sans quoi elle ne tarde pas à *dégénérer*, comme le disent les cultivateurs, c'est-à-dire à perdre ses caractères propres et à reprendre tous ceux de l'espèce pure. Ainsi nos plantes potagères ont donné des races que l'on cultive habituellement ; mais toute négligence prolongée dans leur culture en affaiblit d'abord et en fait finalement disparaître les particularités caractéristiques. Dans les cas où il n'en est pas ainsi, ou bien pour les plantes spontanées dont on ne peut suivre les générations successives, la difficulté reste entière, et on conçoit qu'alors les uns considèrent comme des espèces légitimes certains types que les autres relégueront au rang de simples races.

Enfin il arrive fréquemment qu'une plante subisse une modification accidentelle et passagère, ou même simplement localisée, comme par exemple lorsqu'une seule de ses branches produit des feuilles panachées ou laciniées, etc. Ces modifications sont tellement superficielles, s'il est permis de s'exprimer ainsi, qu'elles ne passent pas d'un individu à l'autre, et que, nées le plus souvent sans cause appréciable, elles s'éteignent de même. Dans d'autres cas, elles tiennent essentiellement à la localité, à un concours de circonstances extérieures, etc.; aussi disparaissent-elles par un changement de localité ou de circonstances extérieures. Ces modifications, les plus légères de toutes et par suite les moins constantes, sont distinguées sous le nom de *variations*.

Malheureusement pour les besoins de la classification, si les limites entre les espèces et les races ne sont pas toujours faciles à reconnaître, les transitions sont souvent bien ménagées aussi entre les races et les variétés, entre les variétés et les variations. De Candolle caractérisait les races comme transmissibles par voie de semis, les simples variétés comme transmissibles par greffes, boutures, marcottes, en un mot, par les procédés de culture qui reposent sur la division d'un individu en parties qu'on amène à

vivre ensuite pour leur propre compte; enfin les simples variations n'auraient été transmissibles par aucun procédé de multiplication. Mais ici, comme dans une foule d'autres cas, ces caractères
s'effacent fréquemment, et nous voyons, par exemple, tous les
jours, dans les jardins, les variations les plus légères, comme de
simples panachures de feuilles ou de corolles, qui se sont produites sur une branche isolée, même sur un simple rameau, se
conserver et s'étendre ensuite par la greffe, de manière à pouvoir
être finalement multipliées presque à l'infini.

Circonscription des espèces. — Ce que je viens de dire montre
que l'application pratique des principes posés quant à la notion
de l'espèce et à sa distinction doit rencontrer des difficultés de
plus d'un genre. Puisqu'il n'est pas toujours facile de reconnaître
si une forme végétale a la valeur d'une espèce, d'une race ou
d'une variété, on sent qu'un vaste champ se trouve ainsi ouvert à
l'appréciation individuelle, j'oserais presque dire à l'arbitraire.
De là, dans ces dernières années, les botanistes se sont divisés
d'après deux manières de voir et de procéder : les uns n'admettant
comme espèces que des formes tranchées et nettement caractérisées; les autres élevant au rang de types spécifiques des modifications même légères auxquelles ils ont cru reconnaître des caractères suffisamment fixes. Il en est résulté que tel type qui constitue une seule espèce pour les premiers est démembrée par les
derniers en un nombre considérable de types qualifiés par eux de
spécifiques. Je n'ai à juger ni l'une ni l'autre de ces deux manières d'envisager les espèces végétales; mais je crois pouvoir dire
que, si la méthode du morcellement des types regardés auparavant
comme uniques a pu déterminer quelquefois une étude plus attentive de certains d'entre eux, par une triste compensation elle
tend à faire de la détermination des plantes une œuvre à peu près
impossible sans le secours d'échantillons types, et par cela même
à rendre la botanique systématique inabordable.

ARTICLE II. — DU GENRE.

La notion de genre se relie étroitement à celle d'espèce. En
effet, comme le dit fort bien M. Naudin, « pour qu'il y ait espèce,
il faut que le groupe d'individus qui la constituent contraste,
dans un degré quelconque, avec d'autres groupes d'individus
pareillement semblables entre eux, et pouvant cependant être
rapprochés les uns des autres par quelques points communs qui

les rendent comparables. » Or, c'est ce rapprochement d'après des points communs entre des espèces voisines qui donne le genre.

Longtemps la notion de genre a été peu nette dans l'esprit des botanistes ; elle a même été souvent confondue par eux avec celle d'espèce, et cette confusion est l'une des causes auxquelles est dû le peu de précision de beaucoup de travaux anciens. Plus que tout autre, Tournefort a eu le mérite de réformer cette partie de la science; les groupes génériques ont été circonscrits par lui avec un sentiment si parfait des analogies que Linné, ayant cru souvent devoir les modifier ensuite, surtout en leur donnant plus d'étendue, chaque jour amène les botanistes modernes à rompre les associations formées par ce dernier pour remonter jusqu'à la manière de voir du célèbre auteur des *Institutiones*.

Caractères des genres. — Les points de rapprochement des espèces en genres, c'est-à-dire les *caractères génériques*, sont toujours pris dans les parties les plus essentielles des plantes, par conséquent dans les organes de la fleur et du fruit. En général, les organes de la végétation montrent, de leur côté, une ressemblance marquée dans les espèces que rapproche une analogie manifeste entre les organes de la reproduction ; mais il peut aussi en être plus ou moins autrement, même dans des genres nettement circonscrits. Dans tous les cas, des caractères tirés des seules parties végétatives ne peuvent servir à l'établissement de groupes génériques.

Circonscription des genres. — On comprend sans peine que la valeur des caractères puisés dans les parties de la fleur et du fruit puisse être appréciée de manières diverses par différentes personnes, et que dès lors l'un puisse voir des motifs pour l'établissement d'un genre là où l'autre n'en trouverait pas de suffisants pour un pareil groupement. L'immortel réformateur de l'histoire naturelle, Linné, donnait en général une large circonscription aux genres qu'il admettait ; après lui, une étude plus attentive des caractères, la découverte d'un grand nombre de nouvelles plantes qui ont fait reconnaître des analogies non soupçonnées auparavant, souvent aussi une appréciation différente des mêmes particularités organiques, ont motivé la subdivision de ces groupes, et finalement la tendance actuelle porte fréquemment à une multiplication des genres qu'on ne peut guère s'empêcher de trouver exagérée, surtout pour certaines catégories de plantes.

Nombre des genres connus successivement. — Ces divers

motifs rendent compte de l'accroissement rapide qu'a subi graduellement le nombre des genres admis en botanique. En 1694, Tournefort en reconnaissait 694. Environ 40 années plus tard, en 1737, Linné, dans la première édition de son ouvrage intitulé *Genera plantarum* (Les genres de plantes), en caractérisa 935, et 27 années lui suffirent pour en élever le nombre à 1239, dans la sixième édition de cet ouvrage (1764). Enfin, en 1789, le célèbre ouvrage de A. L. de Jussieu (*Genera plantarum*, etc.) en fit connaître 1902. Si le dix-huitième siècle avait amené une augmentation presque du simple au triple dans le nombre des genres décrits, le dix-neuvième a été bien plus productif encore, sous ce rapport. Dès 1805-1807, Persoon faisait connaître, dans son *Synopsis*, 2303 genres pour les seules Phanérogames; Steudel, dans la première édition de son *Nomenclator*, publiée en 1824, en signalait 3933 pour le règne végétal entier, et en 1841, dans la deuxième édition, il a pu en relever 6722 pour les seules Phanérogames. Un peu avant cette dernière époque avait paru en Allemagne, de 1836 à 1840, le grand *Genera* d'Endlicher, qui rattachait l'ensemble des végétaux connus à 6895 genres, dont cet important ouvrage exposait en détail les caractères, et cinq suppléments publiés, dans le cours d'une douzaine d'années, par ce célèbre botaniste, augmentèrent encore ce nombre dans une proportion sensible. Enfin, en ce moment, on n'a pas à craindre d'être taxé d'exagération en évaluant à près de 8000 le nombre des groupes génériques dont les caractères ont été tracés par les botanistes.

ARTICLE III. — GROUPES D'ORDRES SUPÉRIEURS.

Les espèces et les genres sont les bases essentielles de tout classement établi dans le règne végétal; les nombreuses classifications qui ont été proposées ne portent pas et ne pouvaient même porter sur autre chose que sur ces groupes fondamentaux. Ils sont, en effet, pour la botanique, ce que seraient les différents matériaux avec lesquels un architecte pourrait construire des édifices divers de style et d'aspect sans avoir à les modifier eux-mêmes sensiblement. Mais il est facile de comprendre que là ne peut se borner le groupement des plantes. Pour des motifs que j'aurai à faire connaître lorsque je m'occuperai des classifications, les botanistes ont été amenés à former des groupes plus considérables et d'ordres de plus en plus élevés; ces groupes sont successivement les *Ordres* et les *Classes*, au-dessus desquelles existent encore quelquefois des *Embranchements*.

Un *Ordre* (ordo) est un grand groupe formé de la réunion d'un certain nombre de genres. Lorsque le rapprochement de ces genres est basé sur un seul caractère commun ou au plus sur un petit nombre de caractères choisis arbitrairement, le groupe purement *artificiel* qui en résulte conserve la seule dénomination d'ordre; mais s'il repose sur la comparaison de tous les organes, de telle sorte que les diverses plantes qu'il embrasse aient une ressemblance générale et comme un air de famille, le groupe *naturel* ainsi constitué est qualifié d'*Ordre naturel* ou *Famille*. J'aurai bientôt à revenir plus en détail sur ce sujet.

Quant au grand groupe appelé *Classe* (classis), il n'est pas autre chose qu'une réunion d'ordres; il peut être artificiel ou naturel, de même que les ordres et pour les mêmes motifs. Enfin les *Embranchements* sont de très-grandes divisions du règne végétal. Tels sont ceux des Acotylédons, des Monocotylédons et des Dicotylédons qui, réunis, comprennent l'ensemble des végétaux connus.

ARTICLE IV. — NOMENCLATURE BOTANIQUE.

Plus que toute autre science, l'histoire naturelle, dont les cadres embrassent un nombre considérable d'êtres divers, a besoin d'une nomenclature méthodique et régulière, qui permette de donner à chacun de ces êtres un nom suffisamment distinctif pour le désigner sans confusion possible avec aucun autre. Cependant ce précieux élément de progrès lui a manqué jusqu'à une date peu éloignée de nous, et elle ne l'a dû qu'au génie de l'immortel Linné, dont les travaux ont marqué pour elle l'ère d'une véritable rénovation. Jusqu'au grand botaniste suédois, les noms des espèces avaient été donnés sans règle fixe; à mesure que des espèces avaient été ajoutées à celles qui étaient déjà connues, au nom de celles-ci on avait joint des mots qui appartenaient en propre aux nouvelles venues et qui, rappelant quelques-uns de leurs caractères, servaient à les distinguer. Il s'était formé de la sorte, en guise de noms de plantes, de longues phrases sans verbe, subdivisées même en parties que réunissaient des *qui*, *quæ*, *quod*, phrases que la mémoire la plus heureuse était incapable de retenir et qui, d'après l'expression de J. J. Rousseau, ressemblaient à des évocations magiques plutôt qu'à des noms de plantes. Linné sentit que la science était perdue si elle continuait à suivre cette voie funeste, et son génie l'amena à poser quelques principes dont l'application faite heureusement par lui-même fit bientôt disparaître tout le mal. La nomenclature créée par ce grand homme a été nommée nomenclature *binaire*, d'après son principe fondamental, et *Linnéenne*, du nom de son auteur. Voici quels en sont les principes fondamentaux.

1° Les noms de toutes les plantes sont empruntés à la langue latine, la seule qu'on puisse appeler universelle, puisqu'elle est connue de tous les hommes qui ont reçu une éducation libérale, langue éminemment euphonique, et qui est susceptible, plus qu'aucune langue moderne, d'une expressive concision. Les objections formulées de nos jours contre l'adoption du latin, quand elles ne sont pas dictées par une prétentieuse ignorance, manquent entièrement de base; car la barbarie et la rudesse qu'on reproche à certaines dénominations latines de plantes tiennent uniquement à l'introduction inconsidérée d'une foule de noms propres, empruntés à des langues modernes dont le génie et les consonnances contrastent d'une manière fâcheuse avec le génie et la douceur de la langue de Cicéron et de Virgile.

2° Chaque plante appartenant à une espèce qui rentre dans un genre est désignée par deux mots, dont le premier (*nom générique*) est un substantif indiquant le genre, dont le second (*nom spécifique*, appelé aussi par Linné *nom trivial*) est un adjectif se rapportant avec le premier, ou plus rarement un substantif pris en quelque sorte adjectivement et toujours écrit alors, comme le nom générique lui-même, avec une lettre capitale.

Cette nomenclature est calquée sur le modèle de nos propres noms : le nom générique correspond à notre nom de famille, tandis que l'adjectif spécifique est analogue à notre prénom. Or, il est évident qu'elle permet de désigner une multitude de plantes avec un petit nombre de substantifs génériques et d'adjectifs spécifiques, puisqu'il n'y a pas de motifs pour que ceux-ci ne soient également employés dans plusieurs genres différents. Pour reprendre les deux exemples que j'ai déjà cités plus haut, le Rosier à fleur blanche, celui à fleur jaune, un à fleur rose quelconque, etc., etc., appartenant tous au même genre Rosier, porteront tous également le même nom générique *Rosa*, qui indique leur analogie réciproque; mais à ce substantif ils ajouteront les épithètes spécifiques, le 1ᵉʳ d'*alba*, le 2ᵐᵉ de *sulphurea*, le 3ᵐᵉ de *gallica* ou autre, d'où l'on aura *Rosa alba*, *R. sulphurea*,

R. gallica, etc. De même, le genre Groseillier s'appelant en latin *Ribes*, on nommera *R. rubrum* celui à fruit rouge (ou blanc par la culture) acide, *R. nigrum*, celui à fruit noir ou le Cassis des jardiniers, *R. Grossularia* celui à épines et à fruits solitaires.

3° Dans les cas où l'on veut désigner une variété, on ajoute au nom de l'espèce un second adjectif qui appartient en propre à la variété.

4° Comme le même nom peut être donné à des plantes différentes par divers botanistes, soit à l'insu des uns les autres, soit avec des intentions particulières, comme d'ailleurs il importe souvent, pour bien reconnaître l'application à faire d'un nom, d'apprendre quel est l'auteur qui s'en est servi le premier, enfin comme il est utile, au point de vue historique, de savoir à qui est due la dénomination spécifique de chaque plante, on joint à cette dénomination même l'abréviation du nom de l'auteur qui l'a proposée. Ainsi *Rosa gallica* Lin. ou L. signifie que Linné est le premier qui ait appelé un Rosier du nom spécifique *gallica*; il signifie aussi que l'arbuste dont on parle est bien celui que Linné comprenait sous ce nom, et non tout autre pour lequel un auteur quelconque aurait pu se servir de la même dénomination. Dans ce dernier cas, et pour être plus précis, on ajoute à l'autorité adoptée celle qu'on exclut, ou qui a fait un autre usage du même nom, en interposant entre les deux *non* ou *nec* : ainsi *Viola montana* Thuil. non Lin., signifie que la plante dont on parle est bien celle que Thuillier appelait *Viola montana*, dans sa *Flore des environs de Paris*, et non pas celle que Linné nommait auparavant de la même manière.

Synonymie botanique. — Aux notions précédentes se relie naturellement celle de la synonymie qui, dans tous les ouvrages de botanique descriptive, est jointe au nom adopté par l'auteur pour chaque plante. — On conçoit en effet que la même espèce ait pu recevoir de divers auteurs plusieurs noms différents. Les motifs en sont : 1° qu'elle a pu être rattachée successivement a des genres distincts et que, dans chacun d'eux, elle a dû être nommée; 2° ou bien qu'elle a été décrite, à peu d'intervalle, par deux auteurs, qui n'avaient pas connaissance du travail l'un de l'autre et dont chacun a dû lui donner un nom ; 3° ou encore que certains botanistes ont cru devoir subdiviser une espèce, primitivement regardée comme unique, en deux ou plusieurs ayant nécessairement chacune son nom particulier ; 4° ou bien enfin que, mu par des considérations personnelles, parfois

même peu justifiées, un auteur a substitué une nouvelle dénomination à celle qui était admise jusqu'alors, etc. Pour épargner aux lecteurs des recherches longues et pénibles, qui leur
seraient même souvent impossibles par défaut de ressources bibliographiques suffisantes, les botanistes joignent toujours au
nom qu'ils adoptent pour chaque plante le relevé de ceux sous
lesquels elle figure dans d'autres ouvrages, avec la citation abrégée de ces ouvrages eux-mêmes. Ce relevé est la *Synonymie* qui,
en même temps qu'elle permet d'embrasser d'un coup d'œil
l'histoire bibliographique de chaque espèce, épargne beaucoup
de temps et de recherches à ceux qui en font usage. — Voici un
exemple de synonymie pris au hasard dans la Flore de Paris de
MM. Cosson et Germain, reproduit, à quelques citations près, et
suivi de son explication. Il est relatif à une espèce de Graminée
commune dans les bois, les buissons, etc. : *Festuca silvatica* Huds.,
Angl., I, 38, non Vill. — (*Triticum silvaticum* Moench, Hass.,
n. 103. — *Bromus silvaticus* Poll., Palat., n. 118. — *Brachypodium silvaticum* Beauv., Agrost., 100). — Cela signifie :
1° que le nom adopté pour la plante par les deux auteurs est
celui de *Festuca silvatica*, qui lui a été donné par Hudson, dans
sa Flora anglica, 1ᵉʳ volume, page 38, et que Villars avait employé
ce même nom pour une plante différente ; 2° que la même espèce
figure, sous le nom de *Triticum silvaticum* dans la Flore de Hesse
de Moench, sous celui de *Bromus silvaticus* dans l'Histoire des
plantes du Palatinat, par Pollich, enfin sous celui de *Brachypodium silvaticum* dans l'Agrostographie de Palisot de Beauvois.
On sait donc ainsi que cette Graminée a été rattachée successivement à 4 genres différents, en conservant toujours le même
adjectif spécifique. — Le même ouvrage nous apprendrait, et cela
dans un espace tout aussi restreint, qu'une petite Graminée,
commune dans nos champs au premier printemps, et que
MM. Cosson et Germain appellent *Mibora minima*, avait été
d'abord nommée par Linné *Agrostis minima*, puis *Chamagrotis
minima* par Borkhausen, *Knappia agrostidea* par Smith, enfin,
Mibora verna par Palisot de Beauvois. L'inconvénient sérieux,
mais inévitable, de la multiplicité des noms existant malheureusement, non-seulement en botanique, mais encore dans les autres
branches de l'histoire naturelle, en horticulture et partout où il
s'agit de nommer des êtres divers, une synonymie dressée avec
soin l'amoindrit à un très-haut degré.

ARTICLE V. — DESCRIPTION DES PLANTES.

L'art de décrire les plantes n'est pas arrivé immédiatement à
la rigueur ni à la régularité qu'il a acquises par les travaux des
botanistes modernes. Avant Linné, les descriptions portaient dans
chaque ouvrage le cachet propre que leur imprimait l'esprit de
l'auteur ; concises chez les uns, elles étaient plus ou moins dif-
fuses chez d'autres ; rarement les diverses parties en étaient coor-
données entre elles méthodiquement, et si elles pouvaient avoir
un certain intérêt littéraire, elles manquaient trop souvent de la
précision qui doit être le principal caractère d'un travail scientifique. Linné opéra une réforme utile dans cette partie de la botanique ; il assujettit les descriptions à un ordre rigoureux, et, si
par là il donna aux ouvrages consacrés à la description des plantes
une uniformité presque complète, il en bannit aussi le vague, les
inutilités : c'est dire qu'il les rendit à la fois succincts et précis.

Caractères. — Les descriptions sont le signalement des plantes,
et par conséquent elles expriment les différentes manières d'être
de toutes leurs parties. Ces différentes manières d'être sont ce
qu'on nomme des *Caractères*. Les caractères sont loin d'avoir tous
la même valeur ; l'importance de l'organe qui les fournit, leur
permanence plus ou moins grande, leur connexité plus ou moins
directe avec d'autres, établissent parmi eux des différences dont
il importe de tenir grand compte dans l'usage qu'on en fait. Je
ferai observer que le mot caractère est employé dans deux sens
différents : 1° comme je viens de le dire ; 2° comme désignant
l'ensemble des traits distinctifs d'une espèce, d'un genre ou d'un
groupe plus élevé.

Ordre à suivre dans une description. — Dans toute description, les caractères doivent être exposés avec précision, au moyen
des termes consacrés dans la science, et qui ont déjà trouvé place
dans ces *Éléments*. Ils doivent être présentés comparativement,
c'est-à-dire que, lorsqu'un caractère a aidé à distinguer une espèce, il doit être indiqué pour toutes les espèces du même genre,
fût-ce négativement dans les cas où il fait défaut. C'est là un point
malheureusement négligé dans un trop grand nombre d'ouvrages
de botanique descriptive. — On ne doit mentionner, dans la description des espèces, que les caractères qui n'ont pas été déjà
indiqués parmi ceux des groupes d'ordres supérieurs ; ce serait
en effet répéter sans utilité des indications plus générales qui ont

été données auparavant. On décrit les organes d'après un ordre qui a été fixé par Linné, et qui est celui selon lequel ils se produisent en général sur les plantes. On dépeint donc successivement la racine et les parties souterraines en général, la tige, les feuilles, l'inflorescence, la fleur et le fruit. Pour chaque organe en particulier, on indique d'abord les caractères importants qui résultent de sa présence ou de son absence, de sa situation, de sa forme et de l'état de sa surface; on en donne ensuite les caractères secondaires fournis par ses dimensions, sa durée, sa consistance, sa couleur et les autres petits détails analogues.

Parties de l'histoire complète d'une espèce. — Les espèces ne sont pas décrites dans tous les ouvrages avec les mêmes détails ; dans la plupart de ceux qui ont pour objet de faire connaître la végétation d'un pays déterminé, ouvrages qu'on nomme des *Flores* (Floræ), on ne donne guère que ce qui est indispensable pour les faire reconnaître et trouver dans les localités où elles viennent; mais dans les flores conçues d'après un large plan, et dans quelques autres ouvrages descriptifs, on réunit tous les éléments d'une histoire complète. On présente alors pour chaque espèce, et en autant d'alinéas, les parties suivantes : 1° le nom admis par l'auteur du livre, avec l'autorité ; 2° une *diagnose*, c'est-à-dire une phrase dans laquelle sont résumés les caractères essentiellement distinctifs ; 3° la synonymie ; 4° la description détaillée, rédigée dans l'ordre que j'ai déjà indiqué ; 5° l'histoire, c'est-à-dire la patrie de la plante, les conditions dans lesquelles elle croît naturellement et les localités où on la rencontre, sa durée, l'époque à laquelle elle fleurit et mûrit son fruit ; 6° ses applications et usages ; 7° enfin les observations critiques auxquelles elle peut donner lieu.

De ces différentes parties les flores abrégées, qui sont les plus nombreuses, donnent seulement le nom suivi d'une courte synonymie, une diagnose et les renseignements relatifs à la durée, aux lieux où se trouve la plante, enfin à la fleuraison.

ARTICLE VI. — PRÉPARATION DES PLANTES ET HERBIERS.

Utilité des herbiers. — On nomme *Herbier* (herbarium, hortus siccus) une collection de plantes préparées par compression et dessiccation, de manière à pouvoir être conservées à peu près indéfiniment entre des feuillets de papier collé qu'on réunit eux-mêmes par paquets susceptibles d'être disposés en une sorte de bibliothèque. Un herbier est indispensable à quiconque veut faire des plantes une étude sérieuse. En effet, la description la plus détaillée, le dessin le plus parfait ne peuvent remplacer l'objet lui-même. Un herbier l'emporte sur toute figure (herbarium præstat omni icone), a dit Linné ; on peut en dire autant de toute description. La vue seule d'un échantillon même sec, et par cela même plus ou moins déformé, donne une excellente idée de l'aspect général, du port, de tout ce qui suffit souvent pour faire reconnaître une plante sans dissection ; en outre, un peu d'exercice apprend à faire de ces fragments desséchés, pourvu qu'ils n'aient pas été écrasés dans la préparation, une dissection presque aussi complète que s'ils étaient frais, et à y puiser par conséquent une foule de renseignements instructifs. D'ailleurs, on doit avoir le soin d'accompagner chaque plante, préparée pour l'herbier, d'une étiquette sur laquelle on inscrit, outre le nom de l'espèce à laquelle elle appartient, l'indication du lieu et de l'époque où elle a été recueillie, de la couleur de sa fleur, et divers renseignements qui permettent d'en compléter la description. — Un herbier offre aussi un grand intérêt, par les souvenirs qu'il éveille, à tous ceux qui, sans vouloir approfondir l'étude des plantes, désirent cependant en avoir quelques notions, et qui tiennent à ne pas rester entièrement étrangers à la connaissance de ces êtres qui, sur tous les points de la surface de la terre et presque en tout temps, charment par leur variété et leur beauté, provoquent l'admiration par les merveilles de leur organisation, fournissent à nos besoins, à nos plaisirs, et jouent, dans l'ordre général de la nature, un rôle d'utilité majeure.

Pour faire un herbier, il faut savoir récolter d'abord et ensuite préparer les plantes qui doivent le composer. Il faut donc être fixé sur les soins qu'exigent la récolte et la préparation des échantillons.

Herborisations. — On nomme *Herborisation* l'exploration d'un pays faite en vue d'en observer et d'en récolter les plantes. Le botaniste qui herborise doit se former un costume commode et solide, qui le mette le plus possible à l'abri des inconvénients auxquels exposent de longues courses à travers les campagnes, faites par tous les temps et à travers tous les accidents possibles de terrain. Il doit être muni des objets suivants : 1° un ouvrage peu volumineux sur la flore du pays qu'il visite, afin de pouvoir, sur place, sinon déterminer les espèces qu'il rencontre avec toute la rigueur qu'il apportera plus tard à leur étude par un examen attentif, du moins les reconnaître et juger ainsi de l'intérêt qu'elles lui offrent ; 2° un instrument pour arracher les plantes. L'espèce de petite bêche, appelée *Houlette*, rend de bons services et se fabrique de diverses manières. L'une des meilleures est celle que représente la figure 461, dont le fer, qui en est la partie essentielle, peut être enlevé ou vissé au manche à volonté. On se sert aussi fort avantageusement d'une sorte de grand couteau à lame épaisse et très-solidement emmanchée (fig. 462) qu'on peut faire confectionner partout, et qu'on porte

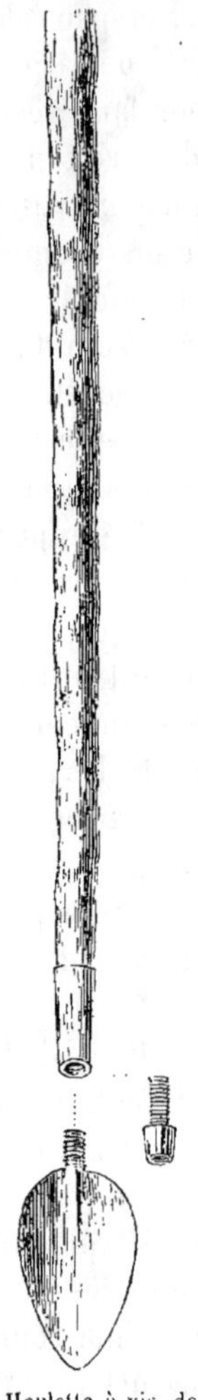

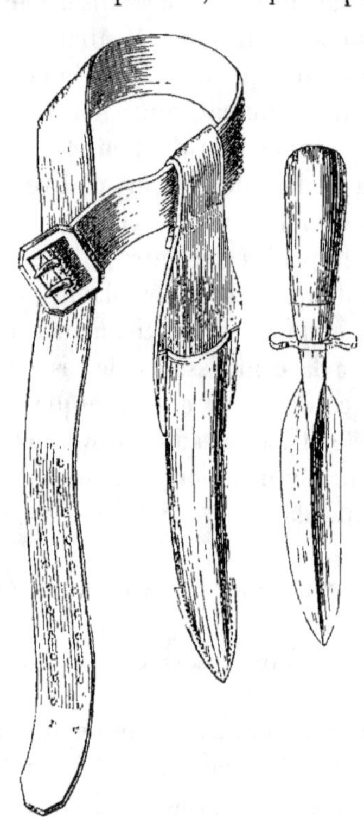

FIG. 461. — Houlette à vis, dont le fer mobile peut être, à volonté, enlevé ou vissé au manche (empruntée au *Guide du botaniste herborisant*, de M. B. Verlot).

FIG. 462. — Couteau à arracher les plantes, surtout au milieu des pierres et dans les fissures des rochers, avec la gaine et la ceinture qui servent à le porter (Verlot, même ouvrage).

sans difficulté au moyen d'une gaine fixée à une ceinture ; enfin l'instrument le plus commode, à mon avis, est une petite pioche

à fer long, épais et étroit, munie d'un manche court et fort, dont la
figure 463, A, B, C, représente différentes formes usitées aujour-

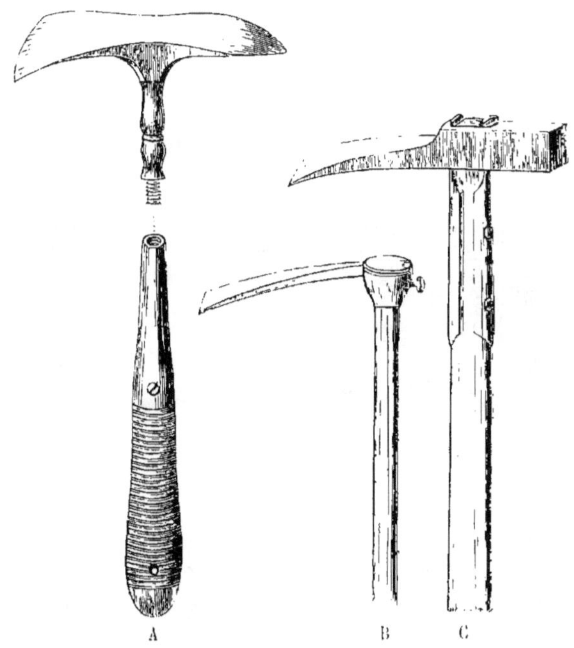

FIG. 463. — Trois modèles de petites pioches ou piochons à arracher les plantes. — A,
piochon Haquin (1/8) ; — B, piochon Decaisne (1/5) ; — C, piochon Cosson (environ
1/12) (Verlot, *Guide du botan. herbor.*).

d'hui; 3° une *Boîte à herborisations* (vas Dillenianum) en fer-blanc,
formant un cylindre long d'environ 0^m,50 et un peu aplati, s'ouvrant en dessus par une grande porte à charnière, et peinte en vert;
cette boîte est soutenue par une courroie qui permet de la porter
en bandoulière en conservant toute la liberté de ses mouvements.
On peut en varier la forme et les dimensions; mais l'une des meilleures est celle que représente la figure 464, dans laquelle un petit
compartiment séparé permet, soit de mettre à part les très-petites
plantes, soit de loger différents objets utiles pour les longues
excursions. Enfermées dans cette boîte aussitôt qu'elles ont été
cueillies, les plantes s'y conservent fraîches jusqu'au soir, surtout
si, quand le soleil est ardent, on les asperge de temps en temps avec
quelques gouttes d'eau. Toutefois beaucoup de fleurs, comme
celles des Lins, des Cistes, des *Geranium*, même les Roses, etc., laissent tomber leurs pétales pendant le séjour qu'elles y font, et l'on
éprouve le vif regret de ne pouvoir préparer, à son retour, que

des échantillons privés de leur principal ornement ; en outre,

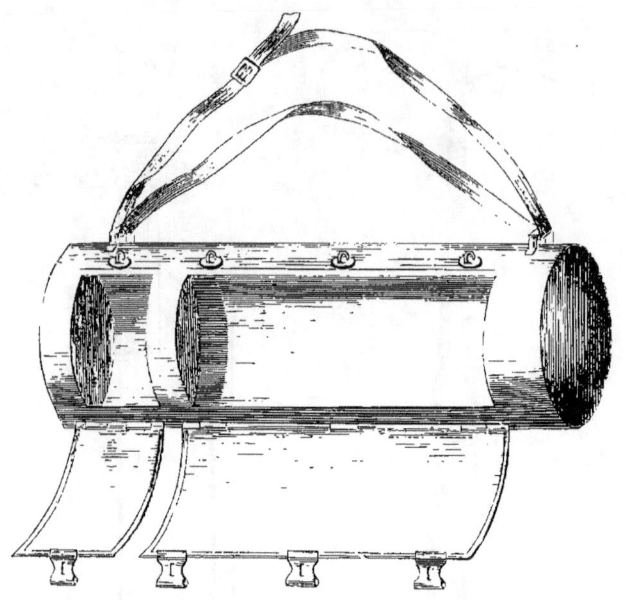

Fig. 464. — Boîte pour herborisations, représentée ouverte afin de montrer ses deux compartiments inégaux ; elle est munie de la courroie qui sert à la porter (1/9) (même ouvrage).

beaucoup de feuilles se fanent plus ou moins, se roulent ou se raccornissent pendant le même temps, ce qui en rend la préparation longue et difficile, au retour de l'herborisation. D'autres inconvénients graves résultent de ce que, dans une exploration productive, la boîte est promptement remplie, et surtout de ce que, de retour après une journée de marche souvent fatigante, on se voit forcé, sous peine de perdre le fruit de son excursion, de consacrer à la préparation des plantes le temps qu'on aimerait à donner au repos.

On remédie à ces graves inconvénients en ajoutant à la boîte ou même en y substituant un livre moyen in-folio, en papier fort et collé, dont les feuillets soient séparés par d'épais onglets de manière à être fort lâches, dont la couverture soit en gros carton revêtu de bon parchemin à l'extérieur et à l'intérieur, et qui porte deux courroies à boucle, de manière à pouvoir être fortement serré. Pour les voyages dans lesquels on espère une récolte abondante on peut, en place de ce livre, avoir deux forts cartons couverts de parchemin ou de grosse toile, entre lesquels on serre, avec deux courroies à boucle, des feuillets de papier gris sans colle. Aussitôt que les échantillons sont récoltés, on les place entre ces feuillets ou dans le livre; étant frais, ils gardent leur port naturel et s'aplatissent par conséquent en conservant le plus possible leur aspect; leurs feuilles s'étalent presque sans soin ; leurs fleurs sont peu exposées à perdre les pétales, et la première pression qu'ils subissent ainsi permet de les laisser dans le même état jusqu'au lendemain matin. Pendant plusieurs voyages dans les Pyrénées, faits en vue d'en récolter les plantes en nombreux échantillons, pour une publication spéciale, j'ai reconnu par moi-même les avantages immenses qu'offre, en pareil cas, cette manière d'herboriser.

Choix des échantillons. — Tout échantillon destiné à l'herbier doit offrir les éléments d'une description complète, ou bien il faut réunir assez d'échantillons pour posséder les éléments de cette description. Il s'ensuit que, si la plante est de petite taille, on doit la prendre entière, racine comprise, au moment de la fleuraison ; si elle ne porte pas en même temps de fruits en bon état, on y joindra un échantillon en fructification. Quant aux plantes trop grandes pour entrer dans un herbier, on en prend une ou plusieurs branches de manière à réunir feuilles, fleurs, fruits, et on recueille à part les feuilles radicales, dans les cas très-nombreux où elles ont une configuration à elles propre. — On doit cueillir ces échantillons, autant que possible, par un temps sec, après que la rosée s'est dissipée.

Préparation des plantes. — La préparation des plantes pour l'herbier consiste à les dessécher le plus rapidement possible, en leur enlevant leur eau de végétation par la pression entre des feuilles de papier buvard ou sans colle. La pression la plus avantageuse s'obtient, non pas au moyen d'une presse sous laquelle on règle mal l'effort produit et qui écrase d'abord pour ne plus presser ensuite dès que les objets ont cédé à l'action exercée sur eux, mais bien à l'aide d'une planche chargée d'un poids ou d'une pierre. Par ce dernier moyen on peut graduer la pression en se servant de poids plus ou moins forts, et l'on obtient en outre un effet constant. D'ailleurs, en voyage, on trouve partout une planche, fût-ce un tiroir de table, et des pierres ou des poids de nature quelconque.

La première opération à faire est d'étaler les échantillons sur le papier qui doit servir à les dessécher. On doit, autant que possible, conserver à chacun le port qui lui est naturel, sans toutefois lui laisser en divers points de grandes inégalités d'épaisseur. Avec un peu d'habitude on arrive sans peine à ce résultat en pressant d'abord simplement avec la main et en se servant ensuite de quelques petites plaques de métal, morceaux de plomb ou pièces de monnaie, posées sur les parties qu'on veut maintenir. Il est bon d'ouvrir au moins une fleur par échantillon, pour en montrer les organes intérieurs ; mais on doit se garder de les étaler toutes, de manière à produire ces ridicules soleils dont sont chargés certaines plantes, préparées avec un soin fâcheux. Les tiges et toutes les parties trop épaisses sont amincies par derrière, ou bien on en enlève l'intérieur par une ouverture pratiquée longitudinalement. Si les plantes sont petites, on en réunit plusieurs sur une même feuille. Cette opération toujours longue de l'étalage est singulièrement abrégée lorsqu'on a mis les échantillons en presse dans le grand livre à herborisation ou entre les cartons, aussitôt après les avoir cueillis ; on n'a plus, dans ce cas, en les transportant sur le papier à dessiccation, qu'à régulariser l'arrangement des parties. Quand plusieurs organes s'appliquent l'un sur l'autre, il est bon d'interposer entre eux des morceaux de papier qui les empêchent de se coller ensemble.

Aussitôt qu'on a disposé, en les étalant, les échantillons que peut porter une feuille de papier, on les recouvre de plusieurs autres feuilles de ce même papier formant *coussinet ;* sur celui-ci on étale une autre couche d'échantillons à laquelle on superpose un nouveau coussinet, et ainsi de suite, tant qu'il reste des plantes à préparer. On forme ainsi une pile qu'on soumet à une pression modérée. Si les plantes ont été préparées le soir, au retour de l'herborisation, dès le lendemain matin, on les retire de la presse et on les transporte dans de nouveau papier bien sec, pour les presser ensuite de nouveau. Ce changement de papier doit être fait régulièrement soir et matin, jusqu'à ce que les plantes soient parfaitement desséchées, ce qu'il est facile de reconnaître au toucher et à l'aspect ; il exige du soin, car sans cela on peut aisément déranger la situation et la disposition qu'on a données aux organes. Pour ne rien déranger, le mieux est, après avoir enlevé le papier qui couvre une couche, d'en poser sur celle-ci quelques feuilles, sur lesquelles on applique la main bien ouverte, de manière à maintenir le tout en place ; on passe l'autre main sous quelques feuilles du papier qui porte cette même couche ou sous le coussinet sous-jacent et, d'un mouvement rapide, on renverse le tout à la fois pour le poser à côté de la pile à changer. Il ne reste plus qu'à enlever le papier humide, qu'on a ainsi retourné de manière qu'il se trouve en dessus.

Même après en avoir acquis l'habitude, on doit consacrer beaucoup de temps à ce changement de papier, lorsqu'on a une certaine quantité d'échantillons à préparer; bien plus, après des récoltes abondantes, des heures entières se passent soir et matin à ce travail purement manuel et peu attrayant; aussi a-t-on cherché des procédés de dessiccation, à la fois sûrs et expéditifs, qui pussent dispenser de cette fastidieuse manipulation. En voici un fort simple, dont l'expérience m'a démontré les avantages et qui m'a permis de préparer, en un mois, plusieurs milliers d'échantillons dans lesquels les feuilles avaient conservé leur verdure, et même dans lesquels des couleurs de fleurs fort délicates étaient restées inaltérées, notamment le bleu tendre de certains Lins.

Dans ce genre de dessiccation, après avoir soumis les plantes à une première pression, pendant une nuit, on en divise la pile par paquets minces, ne comprenant chacun qu'une ou deux couches d'échantillons. On pose ces petits paquets l'un à côté de l'autre sur le parquet, sur les meubles, de sorte que le contact de l'air desssèche le papier humide; au bout de quelques heures, on les remet en pile et on les presse de nouveau. On les étale encore comme la première fois après quelques heures de pression, et ainsi de suite. Par ce moyen, l'humidité, que la pression extrait des plantes pour en imbiber le papier buvard, se dissipe à l'air, et celles-ci ne tardent pas à rester parfaitement sèches. En général, pour les espèces de consistance et d'épaisseur moyennes, trois ou quatre jours amènent une dessiccation complète. Un autre avantage de ce procédé résulte de ce qu'il n'oblige pas à se munir d'une grande quantité de papier, ce qui, dans un voyage, supprime un grand embarras, quelquefois même une impossibilité absolue.

Bory-Saint-Vincent a proposé, pour faciliter et abréger la dessiccation, un appareil qu'il a nommé *Coquette*, parce qu'il conserve très-bien les couleurs. Il consiste en une forte planche rectangulaire, amincie vers les bords et percée d'un grand nombre de trous pour livrer aisément passage à l'air. Après avoir posé sur cette planche la pile de papier renfermant les plantes, on applique sur le tout un fort canevas des mêmes dimensions à peu près, muni d'une tringle de gros fil de fer à chacun de ses deux grands bords, et auquel sont fixées deux courroies transversales, destinées à se boucler avec la planche. On presse le mieux qu'on peut la pile de plantes en serrant les courroies, et on expose l'appareil, ainsi garni, au soleil. La coquette dessèche rapidement ; mais elle rend souvent les échantillons cassants et leurs feuilles friables ; ils sont alors peu propres à la conservation en herbier. — On substitue quelquefois à la planche percée de trous et au canevas deux châssis rectangulaires en fer, sur lesquels sont tendus deux treillis de fil de fer à petites mailles. On met le papier qui contient les plantes entre ces deux châssis, qu'on serre fortement avec une grosse ficelle disposée en croix, après quoi on place le tout au soleil ou à quelque distance d'un foyer. Les avantages et les inconvénients sont les mêmes pour cet appareil que pour la coquette.

Dans toute dessiccation de plantes, la pression qu'on exerce doit être graduée ; modérée d'abord, elle devient d'autant plus forte que les échantillons approchent davantage de la siccité. Si l'on néglige cette précaution et qu'on presse d'abord fortement, les parties qui se trouvent superposées se collent l'une à l'autre ; les fleurs, les fruits s'écrasent, et l'échantillon ne peut à peu près plus servir pour un examen analytique. Excès pour excès, il vaut beaucoup mieux presser trop peu que trop.

Il est des plantes douées d'une vitalité si persistante que, après avoir été pressées fortement, elles continuent à végéter pendant plusieurs mois, même pendant des années entières. Il faut donc les tuer avant de les dessécher. On y parvient en les trempant, pendant quelques minutes, dans de l'eau bouillante, ou mieux en les laissant un peu plus longtemps plongées dans l'alcool.

Les détails qu'on vient de lire me semblent pouvoir mettre les botanistes débutants à même de récolter et préparer les plantes qu'ils destinent à leur herbier ; toutefois je les aurais développés davantage si je n'avais pu leur indiquer un ouvrage qui leur fournît, à cet égard, tous les renseignements désirables ; mais cet ouvrage [1], dû à M. B. Verlot, existe depuis quelques mois, et je puis le leur recommander comme le meilleur guide qu'ils puissent suivre.

Arrangement des plantes en herbier. — Une fois desséchés, les échantillons doivent prendre place dans l'herbier. Pour cela, ceux d'une même espèce sont mis dans un feuillet double de grand papier fort et collé, où le plus souvent on les laisse libres. Dans les établissements publics on les fixe au moyen de petits

----

[1] Guide du botaniste herborisant, etc., par M. B. Verlot ; in-18 de xv et 595 pages, avec fig. intercalées. Paris, 1855 ; chez J. B. Baillière et fils.

colliers de papier maintenus avec de courtes épingles sur une feuille simple de papier blanc, très-fort, qu'on met elle-même dans un feuillet double. Les anciens botanistes collaient leurs plantes et ils en réunissaient plusieurs espèces sur une même page, quand les dimensions des échantillons le permettaient. On doit se garder de les imiter sous ces deux rapports. — On fixe à un coin de chaque feuillet une étiquette portant le nom de la plante, l'indication de la localité où on l'a trouvée, de l'époque à laquelle on l'a récoltée en fleur et en fruit; si on l'a reçue, soit en don, soit par échange, on écrit le nom du donateur, qui souvent permet de lever de sérieuses difficultés, et qui d'ailleurs fournit parfois une autorité à invoquer. Enfin on arrange les espèces par genres et les genres par groupes d'ordres plus élevés, suivant la classification qu'on adopte.

Préservation des herbiers. — Quelque soin qu'on mette à la préparation et à la conservation des herbiers, on ne peut empêcher que souvent des insectes n'attaquent les échantillons et n'en amènent trop promptement la destruction. En général, un herbier fréquemment consulté et par cela même souvent manié, est peu exposé à ce danger; mais à mesure que ces collections deviennent plus considérables, les études dont elles sont l'objet se localisent davantage, et le danger s'accroît. Le meilleur moyen qu'on ait trouvé jusqu'à ce jour pour éloigner les insectes et les détruire s'ils apparaissent, consiste à mouiller les échantillons sur leurs deux faces, au moyen d'un pinceau-brosse, large et mince, avec une solution de 30 ou au plus 35 grammes de deutochlorure de mercure ou sublimé corrosif par litre d'alcool commercial. Sur les parties épaisses, comme les réceptacles des Composées, le centre de l'ombelle des Ombellifères, les grosses tiges herbacées, etc., on laisse tomber plusieurs gouttes de ce liquide afin de les en imprégner. Pour abréger cette opération, toujours longue et qui doit être faite avec précaution à cause des propriétés fortement toxiques de la substance employée, on a souvent recours à un bain de la solution alcoolique, placée dans un grand plat très-large et peu profond, dans lequel on plonge successivement les échantillons en les tenant au moyen de longues brucelles. On les met ensuite pendant quelque temps, pour les sécher, entre des feuilles de papier, après quoi on les range dans l'herbier. Malgré cet empoisonnement, il est prudent de regarder de temps en temps les plantes les plus sujettes aux ravages des insectes, et de détruire sans retard ceux que parfois

on y remarque encore, et qui dans ce cas sont toujours peu
nombreux.

CHAPITRE XV

CLASSIFICATIONS

Nécessité des classifications. — La nécessité de classer méthodiquement les végétaux a été sentie aussitôt que le nombre de
ceux qui avaient été déjà décrits est devenu tant soit peu considérable. Une fois entrés dans cette voie, les botanistes y ont marché
d'un pas d'autant plus résolu que les progrès qu'ils y faisaient
pouvaient seuls rendre l'étude du règne végétal fructueuse, abor-
dable même; grâce à leurs efforts, la botanique n'a pas tardé à
prendre, sous se rapport, le pas sur les autres sciences, qui plus
tard lui ont emprunté sa méthode et ses règles. Ainsi a été créée
une branche importante, la *Taxonomie* (*voy.* p. 4), dont la connaissance et la pratique sont éminemment profitables, non-seulement pour l'étude du règne végétal, mais encore à un point de vue
général. En effet, comme le dit Cuvier, « cette habitude que l'on
prend nécessairement, en étudiant l'histoire naturelle, de classer
dans son esprit un très-grand nombre d'idées, est l'un des avantages de cette science dont on a le moins parlé, et qui deviendra
peut-être le principal, lorsqu'elle aura été généralement introduite
dans l'éducation commune ; on s'exerce par là dans cette partie
de la logique qui se nomme la méthode. Or, cet art de la méthode,
une fois qu'on le possède bien, s'applique avec un avantage infini
aux études les plus étrangères à l'histoire naturelle. Tel jeune
homme qui n'avait cru faire de cette science qu'un objet d'amu-
sement, est surpris lui-même, à l'essai, de la facilité qu'elle
lui donne pour débrouiller tous les genres d'affaires. »

Deux sortes de classifications. — On a suivi successivement
deux marches différentes pour classer méthodiquement les végétaux, et il en est résulté deux sortes de classifications ou de méthodes. L'une, fort simple, a été suivie la première ; elle consistait à choisir arbitrairement un organe, à en observer avec soin
toutes les manières d'être et à diviser ensuite les plantes selon
qu'elles présentaient soit l'une soit l'autre de ces manières d'être

ou caractères. Il est évident qu'un pareil classement, dont la base était choisie d'une manière arbitraire, était purement artificiel, et que le hasard seul pouvait faire que certaines de ses divisions laissassent les uns à côté des autres des groupes ayant entre eux une analogie marquée dans l'ensemble de l'organisation. Mais cet inconvénient n'avait pas beaucoup de gravité au point de vue où s'étaient placés les auteurs, puisque tout ce qu'ils avaient voulu était simplement de disposer les espèces et les genres dans un ordre méthodique tel, qu'on pût, sans trop de peine, parvenir à trouver la place qu'occupait chacun d'eux dans le cadre qu'ils avaient tracé. On a nommé cette sorte de classifications du règne végétal *Classifications artificielles, Méthodes artificielles, Systèmes.*

Dans la seconde sorte de classement, les botanistes se sont proposé un tout autre but et ont suivi une marche entièrement différente. Ayant remarqué que certaines plantes offrent entre elles une ressemblance générale et comme un air de famille, tandis que d'autres n'ont aucun point de rapprochement, ils ont cherché à classer le règne végétal de telle manière que les espèces, les genres et même les groupes plus élevés, fussent d'autant plus rapprochés dans la méthode qu'ils se ressemblent davantage, d'autant plus éloignés au contraire qu'ils ont moins de points communs. Ils ont donc cherché à faire que leur classement fût comme l'image de la nature, et que le rapprochement des plantes dans la classification fût en raison des analogies qu'elles peuvent offrir. Pour cela, ils ont basé leur classement sur l'examen de l'organisation entière, tous les organes d'une plante pouvant offrir des ressemblances avec ceux d'une autre plante. Pour ce motif, on a donné à ce genre de classification le nom de *Méthode naturelle.* Je dois examiner ces deux sortes de classements, en insistant principalement sur le dernier dont l'histoire détaillée est l'objet essentiel de cette deuxième partie.

ARTICLE PREMIER. — CLASSIFICATIONS ARTIFICIELLES OU SYSTÈMES.

Systèmes antérieurs à celui de Linné. — Jusque vers la fin du seizième siècle, les botanistes n'ont pas même essayé de classer les végétaux dans un ordre méthodique. On ne peut en effet regarder comme des classements méthodiques la division des espèces de plantes qu'ils connaissaient d'après leurs propriétés ou d'après d'autres considérations également indépendantes de l'organisation.

Césalpin. — Ce fut un Italien, André Césalpin, de Florence, qui ouvrit la voie et que son génie conduisit aussitôt bien en avant de ses contemporains. Jusqu'à lui les botanistes avaient porté toute leur attention sur les organes de la végétation ; seul parmi eux, Conrad Gesner avait écrit que les caractères tirés de la fleur, du fruit et de la graine priment les autres en importance ; mais ses préceptes à ce sujet ne portèrent des fruits que beaucoup plus tard. Césalpin en apprécia toute la sagesse et, se proposant d'établir une classification méthodique des plantes connues à son époque, il en chercha la base dans l'organisation du fruit et surtout de la graine, dont il étudia les parties constitutives avec une sagacité merveilleuse. Dans son livre intitulé : *Libri XVI de plantis*, qui parut à Florence, en 1583, il distribua 840 espèces végétales en quinze classes, dont le caractère distinctif et la coordination furent tirés en premier lieu du fruit, dans lequel il reconnut la situation tantôt supère tantôt infère ; en second lieu et surtout de la graine, où il distingua fort bien l'embryon, ses parties et les différentes positions qu'il peut affecter, relativement à la graine elle-même, considérée toute entière. Malheureusement il établit comme division fondamentale du règne végétal la distinction des arbres et arbrisseaux d'un côté, des sous-arbrisseaux et herbes de l'autre, de manière à briser toutes les analogies, et il ne fut que trop suivi en cela par ses successeurs, comme lui-même avait suivi ses prédécesseurs.

J. Rai ; Tournefort. — Un siècle entier se passa sans qu'aucun autre essai de classification fît faire un nouveau pas à la science ; mais à la fin du dix-septième siècle plusieurs furent publiés à fort peu d'années d'intervalle : en Angleterre par Morison en 1680, et par Jean Rai de 1682 à 1693 ; en Allemagne par Knaut en 1687, par Rivin en 1690 ; en Hollande par Hermann en 1690 ; enfin en France par Tournefort en 1694. De ces divers systèmes, les plus remarquables sont : 1° celui de J. Rai, dans lequel est proclamé pour la première fois ce principe, dont nous verrons l'application à la méthode naturelle, que le caractère de plus haute valeur qu'on puisse employer pour diviser les plantes est celui qui est tiré du nombre des cotylédons, d'où résulte la distinction des Phanérogames en Dicotylédons et Monocotylédons ; 2° celui de Tournefort basé sur les caractères que fournit la fleur et en particulier la corolle. Celui-ci eut beaucoup de succès et domina même jusqu'à la publication du système de Linné.

Pour ce motif, il semble utile de présenter ici le tableau des vingt-deux classes qu'il comprenait.

Herbes et sous-ar-brisseaux	à fleurs	pétalées	simples	monopétales	régulières	campaniformes . . 1
						infundibuliformes ou rotacées . . . 2
					irréguliè-res	anomales 3
						labiées 4
				polypétales	régulières	cruciformes 5
						rosacées 6
						en ombelle 7
						caryophyllées . . . 8
						liliacées 9
					irréguliè-res	papillonacées . . . 10
						anomales 11
			composées			flosculeuses . . . 12
						semi-flosculeuses 13
						radiées 14
		apétales				15
	sans fleurs					16
	sans fleurs ni fruits					17
Arbres et arbustes à fleurs	apétales					18
	en chaton ou amentacées					19
	monopétales					20
	polypétales	régulières				21
		irrégulières-papillonacées				22

Système de Linné. — Le dernier et le plus parfait, sans contredit, des systèmes généraux de classification des plantes est celui que le célèbre Ch. Linné publia, en 1735. Ce grand homme, à qui l'histoire naturelle tout entière, mais plus particulièrement la botanique, dut une réforme devenue alors nécessaire à divers points de vue, naquit en 1707, à Roëshult, dans la Smolande (Suède). Qu'il me soit permis de retracer en quelques lignes les principales phases de son existence aussi tourmentée que glorieuse. Son père, pasteur protestant très-peu fortuné, voulait lui donner une éducation libérale, et le mit au collége de *Vexia*. Il y fit si peu de progrès que ses maîtres déclarèrent reconnaître en lui une complète incapacité. Sur leur décision, il fut retiré du collége et mis en apprentissage chez un cordonnier. Dans cette nouvelle condition, sa passion irrésistible pour la botanique lui faisait oublier, dans une herborisation à laquelle il consacrait chaque dimanche, l'ennui de son travail manuel et la dureté de son maître. Pendant une de ces excursions, il rencontra le docteur Rothmann, qui herborisait aussi, et qui, frappé de la parfaite connaissance des plantes que lui révéla la conversation de ce jeune homme, lui fournit les moyens de se rendre à Lund, pour y étudier sous le professeur Stobæus. Là ses ressources étaient si faibles qu'il était obligé de recourir pour vivre à la pratique du métier qu'il avait appris, et de raccommoder les chaussures de ses camarades. Cependant son application et ses progrès dans les sciences naturelles attirèrent sur lui l'attention du professeur Olaüs Celsius, qui se l'associa pour ses travaux, lui donna place à sa table et lui ouvrit sa bibliothèque. Enfin, s'étant rendu à l'université d'Upsal, il put y poursuivre ses études sans endurer autant de privations, la protection du professeur Rudbeck l'ayant mis à même de donner des leçons sur la science qui lui était familière. Néanmoins ses moyens d'existence étaient toujours tellement limités qu'il fit à pied un long et pénible voyage en Laponie, dans lequel il réunit les éléments de la flore de ces vastes et rudes contrées, et que, s'étant ensuite rendu en Hollande, ce fut comme simple jardinier qu'il entra chez un riche amateur de plantes, nommé Cliffort, qui ne tarda pas à reconnaître le mérite supérieur de son modeste employé. Devenu l'ami et nommé directeur des jardins de cet homme distingué, Linné écrivit chez lui et publia en 1736 son bel ouvrage intitulé *Hortus Cliffortianus*, qu'avait précédé d'une année son *Systema naturæ*, composé de tableaux des trois règnes de la nature et offrant, pour le règne végétal, l'exposé de son système. Dès ce moment, sa place fut marquée parmi les savants les plus distingués de son époque, et, après son retour dans sa patrie, il fut nommé professeur à cette université d'Upsal qui avait été le théâtre de ses premiers succès et dont ses travaux immortels ont fait la gloire.

Linné a nommé son système *Méthode sexuelle*, parce qu'il en a basé toutes les divisions sur les organes sexuels des plantes : les classes sur les caractères fournis par les étamines, et les ordres sur ceux que présente le pistil. Comme il le dit en tête de l'exposé de ce système que renferme son ouvrage intitulé *Classes plantarum* (Liége, 1758), les botanistes auteurs de classifications artificielles qui l'avaient précédé avaient trop négligé les étamines et les pistils; cependant ces organes se recommandaient à leur attention par l'importance des fonctions qu'ils remplissent et qui en font l'essence même de la fleur. D'ailleurs, ajoute-t-il, les étamines ont une haute valeur pour caractériser les genres. Ajoutons que les caractères qu'il a su trouver dans ces organes sont faciles à reconnaître, que les divisions auxquelles ils ont donné lieu s'enchaînent méthodiquement, que de nombreux élèves, sacrifiant leur propre gloire à celle du maître, n'ont cessé de perfectionner son œuvre, et on s'expliquera sans peine que le système linnéen ait fait oublier tous les autres, et qu'il ait été seul usité jusqu'à l'époque encore récente où il a dû s'effacer devant la méthode naturelle, expression dernière et la plus élevée de la botanique systématique.

En raison même de l'extrême simplicité des caractères tirés des organes reproducteurs, je me bornerai à présenter le tableau synoptique des vingt-quatre classes que Linné en a tirées. J'ajouterai des détails explicatifs sur les ordres que comprennent ces classes. Cet exposé, quoique succinct, donnera une connaissance suffisante de ce système, d'après lequel ont été disposés plusieurs ouvrages généraux, ainsi que la plupart des flores publiées avant ces dernières années, et avec lequel par conséquent les botanistes doivent être familiarisés.

Fleurs visibles.

fleurs hermaphrodites à étamines —

libres et distinctes —

  égales ou irrégulièrement inégales —

    définies —
      1 étamine . . . . . 1 Monandrie   (voy. p. 541, pour l'étymologie des noms des 15 premières classes).
      2 étamines . . . . 2 Diandrie.
      3 étamines . . . . 3 Triandrie.
      4 étamines . . . . 4 Tétrandrie.
      5 étamines . . . . 5 Pentandrie.
      6 étamines . . . . 6 Hexandrie.
      7 étamines . . . . 7 Heptandrie.
      8 étamines . . . . 8 Octandrie.
      9 étamines . . . . 9 Ennéandrie.
      10 étamines . . . . 10 Décandrie.
      une douzaine d'étamines . . . . . . 11 Dodécandrie.

    indéfinies —
      Étam. nombreuses, périgynes . . . . 12 Icosandrie (de εἴκοσι, vingt)   (voy. p 558).
      Étam. nombreuses, hypogynes . . . . 13 Polyandrie.

  régulièrement inégales —
    4 étamines didynames . . . 14 Didynamie   (voy. p. 534).
    6 étamines tétradynames . . 15 Tétradynamie

soudées —

  entre elles. —
    par les filets —
      en un seul faisceau. 16 Monadelphie   (voy. p 535).
      en deux faisceaux. . 17 Diadelphie
      en deux ou plusieurs faisceaux . . . . . 18 Polyadelphie
    par les anthères . . . . 19 Syngénésie   (voy. p. 556).
  avec le pistil. . . . . 20 Gynandrie   (voy. p. 585).

fleurs unisexuées ou mélangées d'hermaphrodites. —
  mâles et femelles sur chaque pied. 21 Monœcie   (voy. p. 452).
  id. sur des pieds distincts 22 Diœcie
  unisexuées avec hermaphrodites. 23 Polygamie

Pas de fleurs visibles. . . . . 24 Cryptogamie.

Ordres Linnéens. — Les subdivisions des classes, ou les ordres, dans le système de Linné, sont distinguées d'après des caractères tirés principalement du pistil.

1° Ceux des treize premières classes sont établis d'après le nombre des styles, qu'à ce nombre correspondent autant d'ovaires distincts et séparés, ou que tous les ovaires élémentaires soient soudés en un seul corps. Ces ordres sont appelés *Monogynie*, quand il existe un seul style, *Digynie* pour deux styles, *Trigynie* pour trois styles, *Tétragynie* pour quatre styles, etc., enfin *Polygynie* pour plusieurs styles qu'on ne compte pas. Ainsi le Lis blanc, dont la fleur possède six étamines, libres et égales entre elles, avec un seul style, appartient à l'hexandrie-monogynie, c'est-à-dire à la classe (6ᵉ) de l'hexandrie et dans celle-ci à l'ordre de la monogynie; la Renoncule des jardins, dont la fleur a un grand nombre d'étamines hypogynes et beaucoup de pistils, rentre dans la polyandrie-polygynie, c'est-à-dire dans la classe (13ᵉ) de la polyandrie et, dans cette classe, à l'ordre de la polygynie.

2° La didynamie (14ᵉ cl.) n'a que deux ordres appelés *Gymnospermie* et *Angiospermie*. On a vu (p. 668) ce que l'on nomme aujourd'hui plantes gymnospermes et angiospermes; mais Linné, qui a créé ces deux mots, faisait du premier une application spéciale et inexacte; il ne l'employait en effet que pour désigner les végétaux (Labiées et Borraginées) qui ont un pistil gynobasique (*voy.* p. 580), dont il décrivait le fruit comme composé de quatre graines nues, c'est-à-dire sans péricarpe, parce qu'il en prenait l'enveloppe péricarpienne, appliquée sur la graine, pour le spermoderme lui-même. Par opposition, il rangeait dans son ordre angiospermie, les plantes à étamines didynames dont le péricarpe est très-apparent et forme une capsule.

3ᶜ La tétradynamie (15ᶜ cl.) forme deux ordres, selon que le fruit des plantes (Crucifères) qu'elle comprend est une silique ou une silicule; de là ces deux ordres sont appelés *Tétradynamie siliqueuse* et *Tétradynamie siliculeuse*.

4° Les classes monadelphie, diadelphie et polyadelphie (16ᵉ, 17ᵉ, 18ᵉ cl.) forment leurs ordres d'après le nombre des étamines qu'offre la fleur. Ces ordres empruntent donc leur nom aux treize premières classes : *Monadelphie-pentandrie*, *M.-décandrie*, etc.; *Diadelphie-décandrie*, etc.

5° Dans la syngénésie (19ᵉ cl.) Linné a établi six ordres; mais le 6ᵉ, qu'il nommait *Syngénésie-Monogamie*, ne comprenait que des plantes à fleurs non composées, dont les anthères ne tiennent même parfois que faiblement les unes aux autres (*Viola*, *Jasione*); il n'a pas été adopté par la généralité des botanistes qui, en le supprimant, n'ont laissé dans cette classe que les plantes du vaste groupe naturel des Composées. Ainsi considérée, cette classe forme cinq ordres, appelés : *Polygamie égale*, *P. superflue*, *P. frustranée*, *P. nécessaire*, *P. séparée*. Les deux premiers sont de beaucoup les plus nombreux. Dans la Polygamie égale, toutes les fleurs du capitule sont également hermaphrodites et fertiles. On peut aisément reconnaître cet ordre, parce que ces capitules ont toutes les corolles semblables, soit toutes ligulées, comme dans les Chicorées, soit toutes tubulées, comme dans les Chardons. Dans la Polygamie superflue, le capitule a les fleurs du disque hermaphrodites, celles de la circonférence femelles et fertiles; celles-ci ayant en général la corolle ligulée et formant rayon, il en résulte que la plupart des Composées radiées ou rayonnées se rangent dans cet ordre (*Aster*, *Anthemis*, *Tagetes*, etc.). La Polygamie frustranée est caractérisée par des fleurs hermaphrodites et fertiles au disque, neutres et par conséquent stériles à la circonférence (*Centaurea*, *Helianthus*, *Coreopsis*). Dans la Polygamie nécessaire les fleurs centrales sont stériles; mais leur pollen féconde celles de la circonférence qui sont femelles et fertiles (*Calendula* ou Souci, *Arctotis*, *Silphium*). Enfin la Polygamie séparée, que Linné n'avait pas encore créée dans ses premiers ouvrages, comprend le petit nombre de plantes syngénèses ou Composées, dans lesquelles, outre l'involucre commun à tout le capitule, on trouve un involucre propre à chaque fleur (*Echinops*).

6° Dans la Gynandrie (20ᵉ cl.) les ordres sont déterminés par le nombre des étamines : *Diandrie*, *Triandrie*, *Hexandrie*, etc.

7° Pour la formation des ordres de la Monadelphie et de la Diadelphie (21ᵉ et 22ᵉ cl.) interviennent tous les caractères qui ont servi à former les classes antérieures, et par conséquent aussi les noms de ces classes employés comme noms d'ordres : ainsi *Monœcie-Monandrie*, *M.-Triandrie*, etc., *M.-Monadelphie*, *M.-Diadelphie*, etc. ; *Diœcie-Diandrie*, etc., *D.-Syngénésie*, *D.-Gynandrie*, etc.

8° La Polygamie (23ᵉ cl.) est subdivisée en trois ordres : *Polygamie-Monœcie*, *P.-Diœcie* et *P.-Triœcie*, selon que les fleurs unisexuées et hermaphrodites sont réunies sur un même pied, ou réparties sur deux, ou enfin sur trois pieds différents.

9° Quant à la Cryptogamie, qui comprend tous les végétaux dépourvus de fleurs, plus particulièrement d'étamines et de pistils, c'est-à-dire ceux qu'une organisation beaucoup moins élevée que celle des Phanérogames fait placer constamment aux degrés inférieurs de l'échelle végétale, Linné y admet quatre ordres, qui correspondent à autant de grands groupes naturels pris dans leur sens le plus large, savoir : les Fougères (*Filices*), les Mousses (*Musci*), les Algues (*Algæ*), les Champignons (*Fungi*). Il y faisait entrer d'abord, par erreur, les Figuiers (*Ficus*), dont alors il ne connaissait pas les fleurs, et sous le nom de *Lithophyta*, les Eponges avec les Polypiers, qui appartiennent au règne animal.

Tel est, dans son ensemble et ses détails, ce système qui, malgré quelques défauts à peu près inséparables des classifications artificielles, méritait certainement la vogue dont il a joui et dont l'établissement a marqué un progrès réel pour la science.

Méthode analytique ou Clef analytique. — Je ne puis passer entièrement sous silence la *Clef analytique* ou *dichotomique*, peu proprement appelée aussi d'ordinaire *Méthode analytique*, qui, presque toujours, aujourd'hui, est jointe aux ouvrages de botanique descriptive disposés d'après les familles naturelles, afin de faciliter la détermination des espèces, c'est-à-dire la découverte de leur nom, et par conséquent pour amener à trouver tous les détails consignés dans ces ouvrages sur leur histoire. Ce n'est pas une méthode de classement, mais un simple moyen de détermination. Son principe fondamental est d'opposer toujours l'un à l'autre deux caractères entre lesquels on ne puisse hésiter, et d'enchaîner successivement une série de ces oppositions, dont la dernière comprend l'objet de la recherche à laquelle on se livre. Ces clefs peuvent avoir deux formes : celle de tableaux synoptiques, ou bien celle de phrases réunies de deux en deux, plus rarement par trois, au moyen d'une accolade et s'enchaînant par des numéros qui conduisent de l'une à l'autre. Parfois aussi, afin d'abréger le temps nécessaire pour chaque détermination, on combine ces deux dispositions l'une avec l'autre. Lamark a le premier donné, dans sa Flore française (1778), un exemple complet et étendu d'une pareille clef; De Candolle en a fait aussi un excellent usage dans l'édition entièrement refondue qu'il a publiée de l'ouvrage de Lamark. Aujourd'hui presque tous les floristes y recourent, avec un avantage réel pour tous ceux qui se servent de leurs ouvrages. En réalité, les deux tableaux synoptiques ci-dessus, des systèmes de Tournefort et de Linné, ne sont pas autre chose que deux clefs analytiques, dans lesquelles on peut voir des exemples de ce guide destiné à conduire pas à pas, de l'ensemble du règne végétal à celle de ses divisions qui est le but de la recherche à laquelle on se livre.

ARTICLE II. — MÉTHODE NATURELLE.

Sa prééminence sur les systèmes. — La méthode qui a été nommée *naturelle* l'emporte incontestablement sur tous les systèmes à différents points de vue : 1° basée sur la recherche des analogies et des ressemblances que les plantes peuvent avoir entre elles, elle est beaucoup plus philosophique et donne à l'esprit une satisfaction bien plus complète ; 2° comme elle repose sur toutes les parties de l'organisation végétale, elle en procure une connaissance approfondie, tandis que les systèmes, étant basés chacun sur l'emploi d'un petit nombre de caractères, peuvent laisser dans une entière ignorance des autres. C'est ainsi que la pratique journalière du système de Linné n'apprend à connaître que les modifications extérieures des étamines et des pistils, notions utiles sans doute, mais complétement insuffisantes pour donner une idée même de la seule organisation florale ; 3° s'attachant à rapprocher les plantes qui se ressemblent, à éloigner celles qui diffèrent les unes des autres, elle mérite d'être regardée comme une image fidèle de l'œuvre de la nature, et elle justifie ainsi de tout point la dénomination de Méthode naturelle qui lui a été donnée. C'est pour exprimer ce groupement d'après les ressemblances, qu'on donne aux groupes naturels ainsi formés le nom de *Familles*, qui a été introduit en réalité dans la science, en 1709, par le botaniste de Montpellier Magnol, bien que, d'après A. de Jussieu, le prince Fréd. Cesi en eût fait usage, dès l'année 1628, dans ses *Tabulæ phytoscopicæ*, ouvrage bien peu connu, puisqu'il n'est pas même cité par l'érudit Adanson, dans sa table chronologique des auteurs de botanique.

Premiers essais de méthode naturelle. — Il existe certains groupes tellement naturels que presque tous les auteurs de classifications artificielles se sont efforcés de les faire entrer dans leur cadre sans les morceler, et il est curieux de voir que Linné, dont le système était éminemment artificiel, en le publiant, le vantait parce qu'il avait conservé autant d'ordres naturels qu'aucun autre [1]. Mais, plus qu'aucun de ses prédécesseurs, ce grand homme avait senti l'immense intérêt qu'aurait, non pas la distinction de quelques ordres naturels épars au milieu d'un ensemble artificiel, mais l'exécution d'une méthode naturelle complète,

(1) Classes vel ordines naturales admisit tot, quot ulla methodus alia. Lin.. classes plant , p. 440.

embrassant le règne végétal tout entier. Aussi, dès ses premiers ouvrages, il proclamait que la méthode naturelle était le premier but vers lequel dût tendre la botanique systématique ; et il ajoutait : J'ai travaillé pendant longtemps à découvrir la méthode naturelle ; j'en ai obtenu bien des parties, mais je n'ai pu la terminer, et je continuerai à m'en occuper tant que je vivrai.

Linné. — Il ne se contenta pas de s'exprimer en termes si catégoriques ; dès 1738, il publia, dans ses *Classes plantarum*, sous le titre de Fragments de la méthode naturelle, une liste de genres distribués dans soixante-cinq ordres naturels. Il n'indiqua aucun des motifs qui l'avaient conduit à ce groupement, et même son élève Giseke rapporte, dans ses *Prælectiones*, que lui ayant demandé sur quels caractères il s'était basé, il en reçut cette réponse : « Vous désirez apprendre de moi les caractères des ordres naturels ; j'avoue que je ne puis les donner. » C'était donc une œuvre à laquelle l'avait conduit ce tact merveilleux qui était l'un des côtés les plus heureux de son génie. Plus tard, en 1764, dans une édition de son *Genera*, il publia une nouvelle liste de ses ordres, réduits cette fois à cinquante-huit ; mais ce nouveau travail ne pouvait être regardé comme un progrès relativement au premier.

Bernard de Jussieu. — En 1759, Louis XV, voulant faire planter un jardin botanique dans le parc de Trianon, près de Versailles, chargea Bernard de Jussieu, démonstrateur de botanique au Jardin du roi, à Paris, et botaniste resté célèbre, bien qu'il n'ait laissé qu'un fort petit nombre d'écrits, de l'arrangement et de la direction de cette plantation. Bernard de Jussieu, qui s'était beaucoup préoccupé de l'établissement de la méthode naturelle, réalisa sur le terrain cette méthode telle qu'il l'entendait ; mais il ne publia rien à ce sujet, et nous ne connaissons de ce travail fondamental que ce qui en a été livré au public par son neveu, A. L. de Jussieu. Celui-ci a inséré en tête de son propre *Genera plantarum* le catalogue des soixante-cinq ordres naturels, qui avaient été adoptés dans le jardin de Trianon, avec la liste des genres rattachés à chacun d'eux. Ces ordres sont plus naturels que ceux qu'admettait Linné ; en outre, leur coordination en groupes supérieurs et en embranchements était conçue, paraît-il, par Bernard de Jussieu, comme basée sur les caractères dont nous verrons que A. L. de Jussieu a lui-même, plus tard, fait usage, c'est-à-dire sur ceux que fournit l'embryon pour la formation des trois embranchements des Acotylédons, Monocotylédons et Dycotylédons, et sur l'insertion des étamines, hypogyne, périgyne et épigyne (*voy.* p. 538 et suiv.) pour les subdivisions premières de ces embranchements. C'est ce que dit formellement A. L. de Jussieu, dans l'un de ses mémoires[1]. Il ne faut donc pas être surpris qu'on ait fait souvent à Bernard de Jussieu l'honneur du premier établissement de la méthode naturelle, bien qu'il n'ait rien écrit à ce sujet.

Adanson. — Quatre années seulement après la plantation du jardin de Trianon, en 1763, parut le premier ouvrage consacré spécialement à la méthode naturelle, je veux dire les *Familles des plantes*, par Adanson (2 in-8; Paris, 1763). Ce botaniste, justement célèbre et aussi remarquable pour sa profonde érudition que pour l'originalité de ses idées, qui arrivait parfois jusqu'à la bizarrerie, était élève de Bernard de Jussieu, et connaissait certainement les principes d'après lesquels ce savant avait établi son œuvre, ainsi que l'application pratique qu'il en avait faite à Trianon; cependant, s'il dut en tirer des indications utiles pour la formation de ses cinquante-huit familles de plantes, il est incontestable qu'il appuya l'établissement de ces groupes sur des bases tout à fait différentes, qui lui semblaient devoir donner à son œuvre une rigueur mathématique, et qui, cependant, contribuèrent plutôt à en amoindrir la valeur réelle. Les plantes devant être d'autant plus rapprochées dans la méthode qu'elles ont entre elles une plus grande ressemblance de caractères, il imagina de faire autant de classifications artificielles des genres qu'il serait possible de trouver de caractères puisés dans l'organisation végétale. Les genres qui se trouveraient rapprochés les uns des autres dans le plus grand nombre de ces systèmes, devaient, par conséquent, offrir entre eux le plus de points de rapprochement, ou, en d'autres termes, auraient entre eux la plus grande analogie, comme se ressemblant par un plus grand nombre de points. Conformément à ce principe, il exécuta soixante-cinq systèmes différents. Pour arriver à ce nombre, on conçoit qu'il dut s'appuyer sur des considérations fort diverses; aussi ces classifications sont-elles basées, non-seulement sur tous les organes et sur les différents points de vue auxquels ces organes peuvent être considérés, mais encore sur la figure ou le port des végétaux, sur leur taille, leur durée, les localités où ils croissent, les substances qu'ils fournissent, leur saveur, leur odeur, leurs vertus médicinales, etc. Or,

[1] Exposition d'un nouvel ordre de plantes, etc.; *Mém. de l'Acad. des sc.* pour 1774; pages 175-197.

s'écartant tout à fait en cela des idées de Bernard de Jussieu, Adanson n'admettait pas que les caractères pussent différer notablement entre eux pour la valeur et l'importance, puisqu'il dit formellement « qu'une méthode, pour être naturelle, doit fonder ses divisions sur l'examen de toutes les parties prises ensemble, sans donner à aucune une préférence exclusive sur les autres. » Les conséquences de cette opinion devaient être peu avantageuses à la méthode qu'il s'agissait d'établir. Il en résultait d'abord que les familles ne pouvaient être rattachées à des groupes d'ordre supérieur, et, en second lieu, que, dans la formation des familles, il devait s'opérer des groupements peu naturels. Tous les soixante-cinq systèmes étant basés sur des caractères considérés comme à peu près équivalents, si des genres se trouvaient rapprochés dans plusieurs de ces classifications, fussent-elles fondées sur des considérations de très-faible valeur, tandis qu'ils étaient éloignés les uns des autres dans ceux qui reposaient sur les caractères fournis par les organes les plus importants, ils devaient être réunis dans un même groupe ; sans doute la perspicacité d'Adanson a pu lui faire éviter, dans plusieurs cas, les conséquences fâcheuses qui seraient provenues de l'application rigoureuse de son principe fondamental ; néanmoins on ne peut s'empêcher d'attribuer à cette cause plusieurs des rapprochements hétérogènes que présentent certaines de ses familles. Au total, et malgré les côtés faibles de son œuvre, Adanson n'en mérite pas moins la vive reconnaissance des botanistes comme ayant le premier publié un ouvrage rempli de science et d'érudition sur la méthode naturelle, comme ayant été aussi le premier à donner les caractères de ses familles, c'est-à-dire à indiquer les traits de ressemblance entre les plantes qu'il groupait ainsi, enfin comme ayant établi un grand nombre de rapprochements heureux. Sans partager la partialité de quelques botanistes modernes, qui n'ont pas hésité à lui attribuer la création de la méthode naturelle, on ne peut lui contester l'honneur d'avoir posé plusieurs des assises fondamentales dans ce magnifique monument élevé par la science moderne. Voici les noms des 58 groupes naturels qu'il admettait :

1, Byssus. — 2, Champignons. — 3, Fucus. — 4, Hépatiques. — 5, Fougères. — 6, Palmiers. — 7, Gramens. — 8, Liliacées. — 9, Gingembres. — 10, Orchis. — 11, Aristoloches. — 12, Eléagnus. — 13, Onagres. — 14, Myrtes. — 15, Ombellifères. — 16, Composées. — 17, Campanules. — 18, Bryones. — 19, Aparines. — 20, Scabieuses. — 21, Chèvrefeuilles. — 22, Airelles.

— 23, Apocins. — 24, Bourraches. — 25, Labiées. — 26, Verveines. — 27, Personées. — 28, Solanums. — 29, Jasmins. — 30, Anagallis. — 31, Salicaires. — 32, Pourpiers. — 33, Joubardes. — 34, Alsines. — 35, Blitons. — 36, Jalaps. — 37, Amarantes. — 38, Espargoutes. — 39, Persicaires. — 40, Garous. — 41, Rosiers. — 42, Jujubiers. — 43, Légumineuses. — 44, Pistachiers. — 45, Tithymales. — 46, Anones. — 47, Châtaigniers. — 48, Tilleuls. — 49, Géranions. — 50, Mauves. — 51, Câpriers. — 52, Crucifères. — 53, Pavots. — 54, Cistes. — 55, Renoncules. — 56, Arons. — 57, Pins. — 58, Mousses.

Antoine-Laurent de Jussieu. — Neveu de Bernard de Jussieu, et non-seulement formé à son école, mais encore initié à ses travaux, Antoine-Laurent de Jussieu fit de la méthode naturelle l'objet de ses études pendant toute sa vie; si, venu après son oncle et après Adanson, il ne peut en être proclamé l'auteur exclusif, du moins il mérite d'être regardé comme l'ayant perfectionnée, régularisée et complétée, et comme ayant attiré sur elle l'attention sérieuse des botanistes par l'admirable ouvrage dont elle lui a fourni le sujet [1]. Mais d'abord il avait fait une première application de ses idées sur ce sujet, à l'arrangement des plantes dans l'École botanique du Jardin des Plantes de Paris, qui était encore disposée d'après le système de Tournefort, et dont la replantation lui fut confiée par Bernard de Jussieu, alors très-âgé et affligé de cécité. En même temps il exposa, dans deux mémoires successifs présentés à l'Académie des sciences en 1773 et 1774, et insérés dans les volumes pour ces deux années du recueil de ce corps savant, les principes qu'il regardait comme devant servir de base à l'établissement de la méthode naturelle. Dans cette première période de ses travaux, il admettait 92 familles, dont son fils, Ad. de Jussieu, nous a conservé la liste avec l'indication des genres que comprenait chacune d'elles [2]. Il rattachait ces groupes naturels à 14 classes fondées sur les caractères d'importance majeure dont son oncle avait déjà reconnu la valeur et fait usage, nous apprend-il lui-même, et qui sont restés également fondamentaux jusqu'à nos jours, à de légères nuances d'opinion près, aux yeux de tous les botanistes qui ont écrit sur la coordination des végétaux en groupes naturels. A partir de ce moment, A. L. de Jussieu ne cessa pas de travailler à perfectionner son œuvre, et, en 1789, il en publia l'exposé détaillé

---

[1] *Genera plantarum secundum ordines naturales disposita, juxta methodum in horto regio parisiensi exaratam, anno 1774; in-8 de 498 pag.; Paris, 1789.*

[2] *Ann. des sciences nat.*, VIII, 1837, pp. 231-239.

dans son immortel *Genera*, qui marqua pour la botanique le commencement d'une ère nouvelle.

Les principes d'après lesquels il s'est dirigé pour la formation des familles et de la méthode naturelle en général, sont tout autres que ceux qui guidaient Adanson. Bien qu'admettant que tous les organes des plantes doivent entrer en considération, il dit qu'ils sont loin de fournir tous des caractères d'égale valeur. D'un autre côté, le plus ou moins de constance de ces caractères établit entre eux, à ses yeux, une sorte de gradation, de telle sorte qu'un seul caractère constant équivaut à plusieurs variables ou les surpasse même en valeur. Quant à cette sorte de gradation ou à la *subordination des caractères*, elle résulte de ce que Jussieu en distingue trois ordres : 1° les caractères *primaires uniformes* (primarii uniformes), qui sont constants, uniformes dans chaque famille, et essentiels, c'est-à-dire tirés d'organes dont l'existence est générale. Ils sont fournis par les cotylédons de l'embryon, l'insertion des étamines ou celle de la corolle, quand elle est staminifère ; 2° les caractères *secondaires presque uniformes* (secundarii subuniformes), qui ne sont sujets qu'à un petit nombre d'exceptions dans une même famille, comme la présence ou l'absence de l'albumen, et sa nature, celle du calyce ou de la corolle non staminifère, la monopétalie ou polypétalie de la corolle, la situation du pistil relativement au calyce ; 3° les caractères *tertiaires demi-uniformes* (tertiarii semi-uniformes), qui se montrent tantôt à peu près constants, tantôt, au contraire, variables. Dans cette troisième catégorie rentrent la nature du calyce, à sépales libres ou soudés entre eux, les rapports de nombre, de longueur et d'adhérence réciproque des étamines, le nombre et l'organisation des ovaires, le nombre des loges du fruit et sa déhiscence, etc. Réunis, les caractères d'ordre inférieur peuvent distinguer une famille ; mais isolés, ils n'ont pas une valeur ordinale, et ne peuvent servir qu'à l'établissement des genres.

En se basant sur ces principes déduits par lui de l'observation approfondie de la nature, A. L. de Jussieu forma cent ordres naturels ou familles (comprenant 1 754 genres), pour chacune desquelles il indiqua les caractères qui la distinguent, ainsi que les genres qu'elle renferme ; ceux-ci, à leur tour, étaient accompagnés de leurs caractères. Mais, à cette époque déjà éloignée de nous, le nombre des végétaux observés était assez peu considérable ; même parmi ceux qui avaient été décrits, beaucoup n'avaient fourni matière qu'à une description très-succincte et dès lors incomplète, ou à une simple diagnose, ou bien ils étaient fort imparfaitement connus. Dans cet état de choses, leurs analogies restaient si obscures qu'on ne pouvait les ranger qu'avec doute dans une famille quelconque, ou même qu'il était impossible de les rattacher à aucune. Dans le premier cas, Jussieu a presque toujours accompagné les genres auxquels il donnait une place pour ainsi dire provisoire, de réflexions empreintes de son sentiment merveilleux des affinités, et qui, souvent, ont conduit plus tard à en trouver le véritable classement; dans le second cas, il a relégué les genres (au nombre de 137) trop imparfaitement connus de son temps, ou dont les affinités étaient alors complétement obscures, dans un chapitre final intitulé : Plantes dont la place est incertaine (*plantæ incertæ sedis*). Lui-même a plus tard rapporté beaucoup de ces genres à leur famille, et divers botanistes ont achevé cette portion de son œuvre.

C'est dans la constitution même des familles que Jussieu voyait avec raison la partie fondamentale de la méthode naturelle; le titre même de son ouvrage le dit assez : *Genres des plantes disposés en ordres naturels;* mais puisque certains caractères ont une généralité et une constance grâce auxquelles on les retrouve dans un nombre plus ou moins considérable de familles, il était possible de les faire servir à l'établissement de groupes d'ordre supérieur qui auraient le double avantage de former des séries de ces familles rattachées entre elles par des traits communs d'une haute valeur, et de rendre plus facile en même temps que plus méthodique la marche qui, de l'ensemble du règne végétal, permet d'arriver jusqu'à chaque famille en particulier. C'est ainsi que A. L. de Jussieu a formé, au-dessus des ordres naturels, 15 classes, qui, à leur tour, se rattachent en dernière analyse à trois vastes embranchements, divisions primaires du règne végétal.

Parmi ces derniers deux nous sont déjà bien connus; ce sont ceux des *Monocotylédons* et des *Dicotylédons*. Le troisième, celui des *Acotylédons*, correspond à la vingt-quatrième classe du système de Linné, la Cryptogamie, et renferme tous les végétaux inférieurs en organisation, sans fleurs, dont les corps reproducteurs ne constituent pas une graine, mais une *spore*, c'est-à-dire une formation très-simple, homogène dans toutes ses parties, composée d'une seule cellule, soit nue, soit couverte d'une enveloppe externe. Là rien n'est analogue à un corps cotylédonaire, d'où a été tirée la dénomination d'Acotylédons.

Dans son *Genera*, il ne donnait à ses 15 classes qu'un simple numéro d'ordre; mais plus tard, cédant aux observations qui lui avaient été faites à ce sujet, il a désigné chacune d'elles sous un nom qui en rappelle le caractère essentiellement distinctif. En donnant ici l'aperçu synoptique de ces classes et des divisions supérieures auxquelles elles se rattachent, j'y joindrai l'indication des familles qui forment la partie essentielle de la méthode.

TABLEAU DE LA MÉTHODE NATURELLE DE A. L. DE JUSSIEU

ACOTYLÉDONS		1. Acotylédonie	Champignons, Algues, Hépatiques, Mousses, Fougères, Naïades.
MONOCOTYLÉDONS	hypogynes	2. Monohypogynie	Aroïdées, Massettes, Souchets, Graminées.
	périgynes	3. Monopérigynie	Palmiers, Asperges, Joncs, Lis, Ananas, Asphodèles, Narcisses, Iris.
	épigynes	4. Monoépigynie	Bananiers, Balisiers, Orchidées, Morrènes.
DICOTYLÉDONS — Apétales à étamine	épigynes	5. Epistaminie	Aristoloches.
	périgynes	6. Péristaminie	Chalefs, Thymélées, Protées, Lauriers, Polygonées, Arroches.
	hypogynes	7. Hypostaminie	Amarantes, Plantains, Nictages, Dentelaires.
Monopétales à corolle	hypogynes	8. Hypocorollie	Lisimachies, Pédiculaires, Acanthes, Jasminées, Gattiliers, Labiées, Scrofulaires, Solanées, Borraginées, Liserons, Polémoines, Bignones, Gentianes, Apocinées, Sapotilliers.
	périgynes	9. Péricorollie	Plaqueminiers, Rosages, Bruyères, Campanulacées.
	épigynes (Épicorollie) — anthères soudées.	10. Synanthérie	Chicoracées, Cinarocéphales, Corymbifères.
	anthères distinctes.	11. Corisanthérie	Dipsacées, Rubiacées, Chèvrefeuilles.
Polypétales à fleurs hermaphrodites; étamines	épigynes	12. Epipétalie	Aralies, Ombellifères.
	hypogynes	13. Hypopétalie	Renonculacées, Papavéracées, Crucifères, Câpriers, Savoniers, Érables, Malpighies, Millepertuis, Guttiers, Orangers, Azedarachs, Vignes, Géraines, Malvacées, Magnoliers, Anones, Ménispermes, Vinettiers, Tiliacées, Cistes, Rutacées, Caryophyllées.
	périgynes	14. Péripétalie	Joubarbes, Saxifrages, Cactes, Portulacées, Ficoïdes, Onagres, Myrtes, Mélastomes, Salicaires, Rosacées, Légumineuses, Térébinthacées, Nerpruns.
unisexuées		15. Diclinie	Euphorbes, Cucurbitacées, Orties, Amentacées, Conifères.

Méthode naturelle depuis A. L. de Jussieu. — La méthode naturelle, telle qu'elle est exposée dans le *Genera* d'A. L. de Jussieu, est devenue, dans ces derniers temps, l'objet des études de tous les botanistes, et elle n'a pas tardé à faire abandonner le système de Linné qui, depuis environ trois quarts de siècle, était suivi dans tous les ouvrages de botanique descriptive. C'est surtout aux grands travaux de Rob. Brown, de De Candolle, d'Aug. Saint-Hilaire, de Kunth, etc., qu'elle a dû la suprématie aujourd'hui incontestée dont elle jouit. Mais les nombreux travaux qui ont eu pour objet d'en perfectionner l'ensemble et les détails y ont amené des modifications dont il importe d'avoir une idée, et qui ont porté : 1° sur le nombre et la circonscription des familles ; 2° sur l'établissement de groupes intermédiaires entre celles-ci et les grandes divisions du règne végétal, groupes que la plupart des botanistes nomment *classes*, tandis que Lindley les appelle *alliances* ; 3° sur les embranchements et les grandes coupes à établir dans l'ensemble du règne végétal ; 4° sur l'ordre à suivre dans la série de ces grandes coupes.

Accroissement du nombre des familles. — Diverses causes ont amené un accroissement considérable dans le nombre des familles admises. Nous avons vu que Jussieu, après ses cent ordres naturels, avait laissé sans les classer un assez grand nombre de genres. A mesure que l'organisation de ces genres a été mieux connue et que la découverte de nouvelles plantes y a fait reconnaître des analogies non soupçonnées auparavant, on a vu dans beaucoup d'entre eux le type de nouvelles familles. En second lieu, d'autres groupes naturels ont eu pour types des plantes découvertes depuis le commencement de ce siècle. Enfin plusieurs des familles établies par Jussieu n'ont pas tardé à devenir tellement étendues que les modifications du type ordinal, pour lesquelles ce célèbre botaniste n'avait formé que des sous-familles ou des *tribus*, ont semblé pouvoir caractériser des groupes naturels distincts et séparés ; il en est résulté par conséquent la division de chacune de ces familles primitives en plusieurs autres. Pour ces divers motifs, le nombre des familles généralement admises s'élève aujourd'hui à trois cents environ.

Établissement de classes naturelles. — Lorsque l'une des familles naturelles établies par A. L. de Jussieu a été subdivisée en plusieurs, les caractères qui avaient déterminé ce botaniste à la former n'en restaient pas moins manifestes, et ils indiquaient un lien commun entre ces groupes nouveaux. Il existait donc là une

sorte de grande famille en embrassant plusieurs autres d'une circonscription moins étendue, c'est-à-dire une classe naturelle
ayant des caractères tranchés. Des rapports analogues existent
aussi entre d'autres familles qui ne proviennent pas du démembrement d'un groupe primitif, de telle sorte qu'on peut concevoir
le règne végétal comme formant des familles de deux degrés différents, c'est-à-dire des classes naturelles et des familles proprement dites. Rob. Brown a insisté le premier sur l'importance
qu'aurait, pour le perfectionnement de la méthode naturelle, la
formation de classes bien caractérisées, et plusieurs botanistes
de notre époque ont suivi avec empressement l'impulsion donnée
dans ce sens par le grand botaniste anglais.

Série ascendante ou descendante. — Le règne végétal, une fois
divisé en groupes naturels, peut être comparé à une carte géographique, représentation fidèle d'un pays dans lequel chaque province touche à plusieurs autres ou en est séparée par une faible
distance ; de même chaque famille a des affinités de divers degrés
avec plusieurs autres. Toutefois, comme un ouvrage quelconque
ne peut ressembler à une carte et qu'il ne peut indiquer que successivement les différents sujets dont il traite, il s'ensuit que les
familles ne peuvent y être mentionnées que l'une à la suite de
l'autre, c'est-à-dire par liste ou en série disposée de telle sorte
que chacun de ces ordres naturels y soit placé entre les deux avec
lesquels il a les affinités les plus marquées. Cette série elle-même
peut être et a été en effet présentée de deux manières contraires.
Nous avons vu que Jussieu la commence par les familles que comprend l'embranchement des Acotylédons, après quoi il passe aux
Monocotylédons pour arriver enfin aux Dicotylédons. Sa série est
donc ascendante, puisqu'elle part des végétaux les plus simples
en organisation pour s'élever graduellement à ceux qui possèdent
des organes de plus en plus nombreux, et qui sont par cela même
de plus en plus parfaits. La plupart des botanistes l'ont imité et
ont procédé comme lui du simple au composé.

De Candolle a cru devoir, au contraire, ranger les familles en
série descendante, par ce motif que les végétaux les plus simples
sont aussi les moins connus et les plus difficiles à observer, à
cause de leurs faibles dimensions, qui ne permettent de les étudier
qu'avec le secours du microscope. Il lui a dès lors semblé convenable de placer en tête de la série les familles dans lesquelles l'organisation est à la fois la plus complète et la plus facile à étudier
par suite de la multiplicité et de la séparation des organes; aussi

a-t-il commencé par les Dicotylédons, parmi lesquels il a placé d'abord les Polypétales; il est descendu ensuite aux Monocotylédons, et il a fini par les Acotylédons. Cette série descendante, ou marchant du composé au simple, a été suivie dans le grand ouvrage dont la publication, commencée par lui en 1824, se poursuit encore sous la direction de son fils, M. Alph. de Candolle, et avec la collaboration de divers savants, travail immense qui a pour titre : *Prodromus systematis naturalis regni vegetabilis*, et qui comprendra bientôt toutes les espèces dicotylédones connues jusqu'à ce jour.

Modifications apportées aux grandes divisions du règne végétal. — Les grandes divisions du règne végétal, dans la méthode de Jussieu, en sont la partie la moins naturelle à certains égards, et en particulier relativement aux quinze classes à la distinction desquelles cette méthode conduit [1]. Aussi est-ce sur cette partie qu'ont porté les modifications proposées, depuis environ cinquante années, par les auteurs de presque tous les grands ouvrages descriptifs. Je présenterai le tableau des plus connues d'entre ces modifications, en ne donnant sur chacune que les détails explicatifs absolument nécessaires.

1° *De Candolle.* — En 1813, dans sa *Théorie élémentaire de la botanique*, ce savant illustre a donné une division du règne végétal en neuf grandes classes, qu'il a réduites à huit, dans la seconde édition de cet ouvrage datée de 1819. Cet arrangement méthodique des groupes naturels porte le titre suivant, qui est parfaitement explicite : « Esquisse d'une série linéaire, et par conséquent artificielle, pour la disposition des familles naturelles du règne végétal. » Il partage l'ensemble des végétaux connus en deux grandes divisions : les *vasculaires* ou *cotylédonés*, et les *cellulaires* ou *acotylédonés*. Les premiers sont ceux dans la structure desquels entrent à la fois des cellules et des vaisseaux, qui de plus produisent des graines dont l'embryon a un corps cotylédonaire distinct; les seconds ne sont composés que de tissu cellulaire et se reproduisent par des spores (*voy.* p. 806) en place de graines. Toutefois l'association de ces deux caractères disparates tirés, l'un de la structure, l'autre de la présence ou absence du corps cotylédonaire, a conduit de Candolle à scinder mal à propos l'embranchement des Acotylédons de Jussieu pour comprendre parmi les

---

[1] ...Ordines plerique vere naturales, licet eorum classica dispositio, concedente auctore non minus candido quam docto sæpe artificialis, et quandoque, ut mihi videtur, principiis ambiguis innixa. Rob. Br., *Prodr. Fl. Nov. Holl.*, p. X.

cotylédonés des végétaux (Fougères, Equisétacées, Lycopodinées, Marsiléacées) qui sont à la fois vasculaires et pourvus de simples spores. — Les végétaux vasculaires ou cotylédonés sont ensuite partagés en *Exogènes* (ou *dicotylédonés*) et *Endogènes* (ou *monocotylédonés*); mais j'ai déjà montré (*voy.* p. 176 et suiv.) que ces deux mots consacrent une inexactitude anatomique; d'ailleurs l'adjonction des Fougères et autres Acotylédons supérieurs aux Endogènes n'est pas plus fondée quant à leur structure et à leur développement que quant à la nature de leurs corps reproducteurs. — Les divisions inférieures à celles-ci s'expliquent par elles-mêmes; je n'ajoute donc que le tableau général de cette division du règne végétal.

MÉTHODE DE DE CANDOLLE.

CLASSES.

I. Végétaux vasculaires ou cotylédonés — exogènes ou dicotylédonés — à périanthe double :
1. *Thalamiflores*, à pétales distincts, hypogynes.
2. *Calyciflores*, à pétales distincts ou plus ou moins soudés entre eux, toujours périgynes.
3. *Corolliflores*, à corolle monopétale, hypogyne.

à périanthe simple :
4. *Monochlamydés*.

endogènes ou monocotylédonés :
5. *Phanérogames*, à fructification visible, régulière.
6. *Cryptogames*, « à fructification cachée, inconnue ou irrégulière. »

II. Végétaux cellulaires ou acotylédonés :
7. *Foliacés*, ayant des expansions foliacées.
8. *Aphylles*, n'ayant pas d'expansions foliacées.

2° *Lindley*. — Ce savant et ingénieux botaniste anglais, qui a été ravi, il y a peu de temps, à la science, avait d'abord adopté la division générale et les classes établies par de Candolle; mais en 1839, dans un article de son *Botanical Register* (1839, Misc., p. 77), il a proposé une division et des classes différentes à quelques égards. C'est d'après cet ordre nouveau, encore un peu modifié, qu'il a rangé, en 1845-1847, les familles dont il présente l'histoire dans son important ouvrage qui a pour titre : *the Vegetable Kingdom* (le Règne végétal). Je me contenterai de donner le tableau de cette division du règne végétal en sept grandes classes ou coupes primaires, dont les caractères distinctifs sont assez faciles à comprendre pour n'exiger qu'un petit nombre d'éclaircissements. A ce premier ordre de groupes Lindley rattache trois cent trois familles, qui elles-mêmes sont réparties en cinquante-six *Alliances* ou groupes de second ordre, c'est-à-dire intermédiaires entre les familles et les grandes classes, en d'autres termes, constituant ce que j'ai indiqué comme des classes naturelles.

MÉTHODE DE LINDLEY

Végétaux sans fleurs (Acotylédons ou Cryptogames.

1. *Thallogènes;* n'ayant pas une tige et des feuilles distinctes, mais une formation ambiguë ou un *Thalle* (thallus).

2. *Acrogènes;* à tige et feuilles distinctes, croissant en longueur par l'extrémité de la tige.

Végétaux à fleurs (Phanérogames).

Fleurs naissant d'une tige.

Fleur naissant d'une formation analogue à un thalle. . . 3. *Rhizogènes.*

Bois le plus jeune au centre; un seul cotylédon (Monocotylédons).

4. *Endogènes;* feuilles persistantes, à nervures parallèles; bois de la tige toujours confus.

5. *Dictyogènes;* feuilles tombantes, à nervures formant un réseau; bois en cercle qui entoure une moelle.

Bois en couches concentriques, le plus jeune extérieur; deux cotylédons (Dicotylédons).

6. *Gymnogènes;* graines nues.

7. *Exogènes;* graines contenues dans un péricarpe.

Sous le nom de Rhizogènes, Lindley réunit en une classe distincte des végétaux parasites, dépourvus de couleur verte et fort singuliers, tant d'aspect que d'organisation, dans lesquels la fleur naît d'une tige souvent fort réduite, qui porte de simples écailles et qu'il croyait pouvoir comparer au thalle des Acotylédons inférieurs. — Parmi les Monocotylédons, il réunit sous le nom commun de Dictyogènes ceux dont les feuilles rappellent celles des Dicotylédons par leurs nervures ramifiées et anastomosées en un réseau à petites mailles, comme les Ignames (*Dioscorea*), et notre *Tamus,* les *Smilax,* etc. — Enfin, parmi les Dicotylédons, il sépare en une classe à part les Gymnospermes, appelés par lui Gymnogènes, et en cela il a été suivi par la généralité des botanistes.

3° *Endlicher.* — Etienne Endlicher, célèbre botaniste autrichien, a publié, à Vienne, de 1836 à 1840, un ouvrage d'importance majeure, intitulé *Genera plantarum secundum ordines naturales disposita,* dans lequel se trouvent décrits, avec tous les développements que comporte aujourd'hui l'état avancé de la science, 277 familles et 6895 genres. Les familles sont groupées en cinquante-deux classes, analogues aux Alliances de Lindley, et ces classes, à leur tour, se rattachent à des coupes supérieures,

de trois ordres différents, que le savant allemand nomme : celles
du premier ordre *régions*, celles du deuxième ordre *sections*,
celles du troisième ordre *cohortes*. Je ne crois pas nécessaire de
donner le tableau de cette division. Je dirai seulement que le règne
végétal entier s'y trouve divisé en deux régions : 1° les *Thallophytes*,
qui ont un thalle, et qui sont les Acotylédons inférieurs ; 2° les
Cormophytes, qui ont une tige caractérisée et qui réunissent les
Acotylédons supérieurs avec tous les Phanérogames. — Les Cormophytes forment trois sections : *a*, les *Acrobryés*, dans lesquels
la tige s'accroît uniquement par le sommet ; ce sont les Acotylédons supérieurs et quelques Phanérogames (Cycadées et Rhizan-
thées, ou Rhizogènes de Lindley) ; *b*, les *Amphibryés*, dont la tige
s'accroît par des faisceaux qui ont leur origine à la périphérie ; ce
sont les Monocotylédons ; *c*, enfin les *Acramphibryés*, dont la
tige croît à la fois par le sommet et par la périphérie ; ce sont
les Dicotylédons subdivisés en quatre cohortes : *Gymnospermes*
(Conifères seules), *Monochlamydés* (apétales de Jussieu), *Gamopétales* (monopétales), et *Dialypétales* (polypétales).

4° *M. Brongniart.* — L'école botanique du Jardin des Plantes
de Paris, disposée en 1774 par A. L. de Jussieu d'après sa méthode, avait conservé le même arrangement jusqu'en 1843. A
cette époque, la nécessité de la replanter et d'en doubler presque
l'étendue fournit à M. Brongniart l'occasion d'y introduire une
modification à lui propre de l'ordre primitif. Cette coordination
des familles a été alors exposée par son savant auteur dans un
volume intitulé : *Enumération des genres de plantes cultivées au
Muséum d'histoire naturelle de Paris*, ouvrage qui, en 1850, a eu
une seconde édition. C'est cette méthode que je crois devoir suivre
dans la seconde partie de ces *Eléments*, parce que, basée sur celle
de Jussieu, elle offre, relativement à celle-ci, quelques changements utiles qui la mettent en harmonie avec les données de la
science actuelle, et qu'elle offre en outre certaines des grandes
coupes proposées dans ces derniers temps, dont l'assentiment
général des botanistes a justifié l'adoption. Avant de donner le
tableau de cette méthode, je dois en développer la marche générale et signaler les principales particularités qu'elle présente.

La série des familles est ascendante pour M. Brongniart ; elle
commence donc par les Acotylédons, ou végétaux sans fleurs,
désignés par lui sous le nom linnéen de *Cryptogames ;* elle s'élève
ensuite aux *Phanérogames* ou végétaux à fleurs. Ce sont là
les deux coupes primaires du règne végétal, qualifiées par ce

savant botaniste, de *divisions*. Chacune de celles-ci est partagée en deux *embranchements* basés, pour les Cryptogames sur le mode général d'accroissement, pour les Phanérogames sur le nombre des cotylédons de l'embryon. Ce dernier caractère donne les deux embranchements des *Monocotylédons* et des *Dicotylédons*; quant au premier, il a servi à former les embranchements des *Amphi-gènes* et des *Acrogènes*. Les Amphigènes sont les Cryptogames inférieures que Lindley nommait Thallogènes; le nom que leur donne M. Brongniart est tiré de ce que le thalle qui les constitue grandit dans tous les sens, tandis que la tige bien caractérisée des Acrogènes ne subit qu'un allongement par son sommet. On voit, au total, que M. Brongniart divise les Cryptogames comme le faisait Lindley.

Sur les quatre embranchements, celui des Dicotylédons est seul subdivisé en deux sous-embranchements : *Gymnospermes* et *Angiospermes*, d'après le caractère que fournissent les graines nues dans les premiers, protégées par un péricarpe dans les derniers. Lindley s'était déjà servi du caractère des graines nues pour former sa grande classe des Gymnogènes; Endlicher avait aussi formé un groupe à part sous le nom de Gymnospermes; mais il avait eu le tort de n'y placer que les Conifères et d'en séparer les Cycadées.

Le sous-embranchement des Angiospermes, en raison de sa vaste étendue et de la diversité des types qu'il renferme, subit plusieurs subdivisions successives. Il est partagé en deux séries : les *Dialypétales* (Polypétales) et les *Gamopétales*. Cette division correspond à celle qu'opérait Jussieu, à cela près que la série des Apétales est supprimée par M. Brongniart, qui a dispersé parmi les Dialypétales les familles dont elle était formée. Cette suppression a été amenée par des motifs d'une haute valeur. Comme le dit notre éminent botaniste, les Apétales ne paraissent être en général qu'un état imparfait des Dialypétales; aussi les familles essentiellement polypétales renferment-elles souvent des plantes à fleur apétale; réciproquement on voit dans quelques familles apétales des genres dont la fleur a des pétales plus ou moins nette-ment indiqués. On peut prévoir que plus nos connaissances s'éten-dront et plus les rapports des Apétales avec les Dialypétales se multiplieront. L'utilité de cette fusion avait été déjà sentie par divers botanistes, et on doit savoir gré à M. Brongniart de l'avoir effectuée.

Une autre modification essentielle apportée par ce savant aux principes de Jussieu, consiste à n'admettre que deux sortes d'insertion des étamines : hypogyne et périgyne. Sous le seul nom de cette dernière il comprend en même temps l'insertion épigyne qu'on voit, en divers cas, passer à l'insertion périgyne, à ce point qu'il est parfois impossible de tracer une limite entre les deux. Quant à l'hypogynie et à la périgynie, malgré un petit nombre de cas ambigus, elles sont généralement bien distinctes l'une de l'autre.

Pour une série ascendante, c'est-à-dire si l'on veut s'élever graduellement des types simples à ceux qui sont de plus en plus composés, les Gymnospermes doivent précéder les Angiospermes, et les Dialypétales doivent être placés avant les Gamopétales, dans lesquels, comme l'a fait observer Adrien de Jussieu, la soudure des pétales et des sépales entre eux, même des étamines avec la corolle, éloigne le plus possible la fleur de son état primitif de bourgeon et caractérise par conséquent le type le plus élevé. Cependant, la méthode de M. Brongniart ayant été appliquée à la plantation d'un jardin dans lequel cet ordre naturel aurait offert des inconvénients pratiques sérieux, c'est l'ordre inverse qui a été adopté relativement aux Dicotylédons ; mais ce savant botaniste s'exprime catégoriquement à ce sujet. « Si j'avais eu, dit-il, l'intention de passer du simple au composé, comme pour les Monocotylédons, j'aurais dû commencer par les Gymnospermes, puis par les Dialypétales, et finir par les Gamopétales, et, dans un livre, ce serait probablement la marche la plus naturelle à suivre. » Les motifs qui l'ont déterminé à renverser cet ordre naturel en vue d'un jardin n'existent pas ici ; je rétablirai donc la série des classes et des familles telle qu'il dit lui-même qu'elle doit être.

L'auteur de la méthode dont il est question en ce moment a mis un soin particulier à la formation de classes naturelles. Celles qu'il admet sont au nombre de 58, dans lesquelles rentrent 296 familles. La plupart de ces grands groupes sont très-naturels, et il est peu probable que la circonscription en soit désormais notablement modifiée ; quelques-uns s'appuient sur une analogie moins marquée et pourront, dès lors, être modifiés par l'effet de travaux ultérieurs ; mais, au total, l'ensemble de l'œuvre repose sur une connaissance si complète du règne végétal, sur un sentiment si profond des affinités, qu'il serait difficile, sinon impossible, de trouver un classement en plus parfaite harmonie avec l'état actuel des connaissances botaniques.

Voici le tableau des grandes coupes et des classes de cette méthode :

Divisions				Classes
Cryptogames	Amphigènes			1, Algues. — 2, Champignons. — 3, Lichénées.
	Acrogènes			4, Muscinées. — 5, Filicinées.
Phanérogames — monocotylédons — périspermés	périanthe nul ou non pétaloïde; albumen amylacé.			6, Glumacées. — 7, Joncinées. — 8, Aroïdées.
	périan. 0 ou double; album. sans tumidon.			9, Pandanoïdées.—10, Phœnicoïdées. — 11, Lirioïdées.
	périan. double; album. farineux.			12, Brómélioïdées. — 13, Scitaminées.
	apérispermés.			14, Orchioïdées. —15, Fluviales.
gymnospermes.				16, Cycadoïdées.— 17, Conifères.
Dicotylédons — Angiospermes — Dialypétales — périgynes	apérispermés (albumen 0).			18, Amentacées.—19, Légumineuses.— 20, Rosinées.— 21, Myrtoïdées. — 22, Rhamnoïdées. — 23, Protéinées. — 24, Daphnoïdées.—25, Œnothérinées.— 26, Cucurbitinées.
	périspermés (embryon droit, axile).			27, Asarinées. — 28, Santalinées.— 29, Ombellinées. — 30, Hamamélinées.—31, Passiflorinées. —32, Saxifraginées.—33, Crassulinées.
	cyclospermés (embr. courbe)			34, Cactoïdées. — 35, Caryophyllinées.
	incomplète, corolle 0.			36, Polygonoïdées. — 37. Urticinées. — 38, Pipérinées.
hypogynes; fleur	complète; calyce décidu; albumen		double.	39, Nymphéinées.
			épais, charnu ou corné.	40, Renonculinées. — 41, Magnolinées. — 42, Berbérinées. — 43, Papavérinées.
			nul ou très-mince.	44, Cruciférinées.
	persistant	Oligostémonées (étam. peu nombr.)		45, Violinées — 46, Célastroïdées. 47, Æsculinées. — 48, Hespéridées.— 49, Thérébinthinées.— 50, Géranioïdées—51, Polygalinées. — 52, Crotoninées.
		Polystémonées.		53, Malvoïdées. — 54, Guttifères.
Gamopétales — hypogynes	isogynes (carpelles symétr.).			55, Diospyroïdées.—56. Ericoïdées. — 57, Primulinées.
	anisogynes	anisostémonées (androcée non symétrique).		58, Verbéninées. —59, Sélaginoïdées. — 60, Personées
		isostémonées.		61, Solaninées.—62, Aspérifoliées.—63, Convolvulinées.— 64, Asclépiadinées.
	périgynes.			65, Cofféinées.—66, Lonicérinées. — 67, Astéroïdées. — 68, Campanulinées.

Il me reste maintenant, pour compléter cette seconde partie, à parcourir le règne végétal, afin de faire connaître les types divers qui le constituent. Mais, dans un ouvrage élémentaire, dans lequel l'espace est très-limité, on sent qu'il m'est impossible d'exposer les caractères de toutes les familles ; obligé par cela même de me borner, je m'arrêterai particulièrement sur celles que le programme de la licence ès sciences naturelles indique comme devant être connues des candidats à ce grade universitaire ; je glisserai, au contraire, légèrement sur celles dont la connaissance n'est pas rigoureusement exigée, et je passerai même sous silence celles qui, soit à ce point de vue, soit en elles-mêmes, n'offrent qu'un faible intérêt. J'insisterai beaucoup plus sur la division des Cryptogames que sur celle des Phanérogames, pour le motif suivant : la première partie de ces *Éléments* a été consacrée à peu près en totalité à l'étude de l'organisation et de la vie des végétaux pourvus de fleurs ; ceux qui en sont dépourvus ont été négligés par moi, excepté quant à l'organisation de leur tige. Il reste donc à combler relativement à eux cette lacune volontaire et à donner une idée de leur organisation spéciale, ainsi que des phénomènes de leur vie, surtout de leur reproduction qui offre un immense intérêt et sur laquelle les beaux travaux des botanistes de nos jours nous ont révélé des faits aussi curieux qu'inattendus. Cet exposé me semble pouvoir être présenté fructueusement dans l'histoire particulière de chacun des grands types que réunit cette vaste portion de la série végétale ; voilà pourquoi je l'ai renvoyé à la seconde partie de ces *Éléments*.

CHAPITRE XVI

ÉTUDE SPÉCIALE DES FAMILLES DE PLANTES

PREMIÈRE DIVISION. — CRYPTOGAMES

La grande division des Cryptogames comprend un nombre très-considérable de végétaux, dans lesquels la structure anatomique passe par une série de perfectionnements successifs, depuis ceux dont chaque individu consiste en une seule cellule isolée, comme les Algues et Champignons unicellulaires, jusqu'à ceux dont les organes végétatifs complets et très-bien formés (racine, tige, feuilles) réunissent à peu près toutes les modifications connues de cellules et de vaisseaux. Les proportions de ces plantes varient tout autant, et c'est même parmi elles qu'on observe les extrêmes connus, puisque d'un côté la plupart des Algues unicellulaires sont d'une telle exiguïté qu'elles ne peuvent être observées qu'au microscope, sous de forts grossissements, et que de l'autre on voit des Fougères former des arbres hauts de quinze à vingt mètres, ou même certaines Algues marines, comme les gigantesques *Macrocystis* des mers australes, atteindre, selon les rapports des voyageurs, jusqu'à des centaines de mètres de longueur.

Quant aux organes reproducteurs de ces plantes, ils diffèrent entièrement de ceux des Phanérogames, car on ne trouve jamais en eux rien qui rappelle ni les étamines ni les pistils de celles-ci. Les observations faites dans ces dernières années ont fait reconnaître deux sexes chez un grand nombre d'entre elles, et tout semble autoriser à penser que celles où l'on n'a pas fait encore cette découverte sont cependant sexuées comme les autres; mais les formations auxquelles est dû chez elles l'accomplissement d'une véritable fécondation, sont d'une nature particulière, comme on le verra par la description que je devrai en donner pour les divers groupes naturels compris dans cette division. — Enfin, les Cryptogames ne possèdent pas de véritables graines, et les corps chargés de les multiplier, désignés généralement sous le nom de *Spores* (Spora Hedw., Sporula Rich., Gongylus Gaertn., etc.) sont exclusivement ou du moins essentiellement constitués par un embryon, dont la simplicité est extrème, puisqu'il se réduit le plus souvent à une seule cellule. L'extrème simplicité de cet embryon lui a fait refuser cette dénomination par Richard qui, en raison de cette opinion, appelait les Cryptogames *Inembryonés* [1]. Cette même simplicité de l'embryon justifie la dénomination d'Acotylédons, que Jussieu a donnée à ces végétaux et dont la signification est certainement plus en harmonie avec les faits que celle de Cryptogames, qui exprimait seulement, pour Linné, l'ignorance dans laquelle on était à son époque relativement à leur mode de reproduction; seulement ce dernier mot est tellement passé dans le langage usuel de la science qu'il y aurait plus d'inconvénients que d'avantages à en abandonner l'emploi.

Embranchements des Cryptogames. — J'ai déjà indiqué la subdivision opérée parmi les Cryptogames, par M. Brongniart, en deux embranchements : les *Amphigènes* et les *Acrogènes*. On a vu

[1] Anal. du fruit; Paris, 1808; in-12 de xii et 111 pag.

que les Amphigènes n'ont qu'un thalle, c'est-à-dire une formation commune dans laquelle on ne distingue point axe et appendices, qui d'ailleurs peut s'accroître indifféremment par toute
sa périphérie, tandis que les Acrogènes, plus parfaits, ont une tige
distincte, qui porte des feuilles vertes, pourvues même presque
toujours de stomates. Cette tige croît uniquement par son sommet, sans grossir graduellement, par formation de nouvelles
parties, dans sa portion déjà existante. — Ajoutons que les amphigènes sont toujours exclusivement composés de tissu cellulaire,
tandis que les Acrogènes ont, pour la plupart, des vaisseaux, et
que ceux en petit nombre qui en sont dépourvus possèdent dans
leur tige et dans les nervures de leurs feuilles des cellules allongées, réunies en un corps central ferme, qui semble être déjà
une ébauche de faisceau ligneux.

D'autres caractères différentiels viennent confirmer cette séparation en deux embranchements. Les corps reproducteurs des
Cryptogames amphigènes sont réduits généralement à un embryon
nu, tandis que ceux des Acrogènes se rapprochent de l'organisation des graines, en ce qu'ils sont revêtus d'un tégument propre ;
aussi distingue-t-on ordinairement ces derniers corps sous le nom
de *Séminules*, réservant la dénomination de Spores pour ceux
des Amphigènes. Dans l'un et l'autre cas, ces mêmes corps se
développent sans que jamais un funicule les rattache à la plante
mère.

En germant, les spores des Amphigènes produisent une nouvelle plante directement et sans intermédiaire ; au contraire, la
germination des séminules des Acrogènes donne naissance à une
formation particulière, tantôt composée de filaments rameux,
tantôt, et plus fréquemment, étalée en une sorte de petite feuille.
Cette formation a été nommée *Prothalle* ou *Proembryon* (Prothal-
lium, Proembryo). C'est d'elle que part la nouvelle plante, soit
qu'il s'y produise un bourgeon qui se développe bientôt en tige,
soit qu'elle porte les organes sexuels et qu'elle soit dès lors le
siége de la fécondation, à laquelle est dû le germe qui doit se
développer en un nouvel individu.

En résumé, thalle dans les Amphigènes, axe et feuilles chez
les Acrogènes qui, en outre, sont presque tous vasculaires ;
spores nues se développant immédiatement en une nouvelle plante
dans les premiers, dans les derniers séminules produisant
d'abord un prothalle, duquel provient ensuite la tige avec toutes
les parties qu'elle porte ; tels sont les caractères essentiels par

lesquels se distinguent l'un de l'autre les deux embranchements des Cryptogames.

Premier embranchement. — AMPHIGÈNES.

Cet embranchement des Cryptogames est le plus vaste des deux, et il semble même impossible d'en apprécier la richesse en espèces, à cause de la petitesse qui rend beaucoup de celles-ci fort difficiles à observer. Il forme les trois classes des *Algues*, des *Champignons* et des *Lichénées*, cette dernière, beaucoup moins considérable que les deux autres, et, en outre, d'une autonomie assez douteuse.

Première classe. — ALGUES.

Les Algues (Algæ) sont des végétaux cellulaires qui croissent dans les eaux ou tout au moins dans les lieux humides. Elles sont dépourvues de véritables racines et se fixent par des filaments non absorbants ou par de simples *Crampons*. — Leur configuration générale varie beaucoup, ainsi que leurs dimensions qui atteignent les deux extrêmes connus dans le règne végétal : les unes sont purement filamenteuses ; d'autres s'étalent en membranes tantôt d'un beau vert gai, tantôt olivacées, brunâtres ou colorées en rouge vif ; d'autres enfin resserrent une portion de leur thalle en une fausse-tige qui peut se ramifier à la manière des tiges ordinaires et qui porte des expansions minces, d'apparence foliacée. Chacun des filaments qui constituent les premières est formé, dans certaines, d'une seule cellule, développée en un long tube simple ou rameux, ailleurs de plusieurs cellules superposées en file unique ou en files juxtaposées ; les expansions des secondes sont composées de cellules généralement courtes, semblables ou peu dissemblables entre elles, affectant toutefois, dans quelques cas, des dispositions particulières, curieuses, comme par exemple dans l'*Hydrodictyon* ou Filet d'eau, dans lequel elles se joignent par chacun de leurs deux bouts avec deux cellules voisines, de telle manière que cinq ou six d'entre elles circonscrivent un grand vide hexagonal ou pentagonal, et qu'au total il en résulte un véritable filet contourné lui-même tout entier en forme de sac ; enfin la fausse-tige des dernières est parfois formée d'un tissu cellulaire homogène, plus lâche même au centre, tandis que souvent elle offre une portion intérieure ferme, que recouvre une zone externe moins consistante, composée de cellules plus courtes et analogue à une écorce.

La coloration offre, dans les Algues, une fixité assez grande et se relie même assez directement aux détails de l'organisation et de la reproduction pour avoir été utilisée dans certains classements de ces végétaux. Trois teintes dominent dans ces plantes : la verte, l'olivâtre ou brunâtre, la rouge. L'existence de la chlorophylle dans les cellules des Algues vertes leur donne la faculté de décomposer l'acide carbonique et de dégager de l'oxygène à la lumière. On pourrait penser que les Algues colorées sont dépourvues de cette propriété ; mais récemment M. Rozanoff a constaté, sur plusieurs espèces de cette catégorie, un dégagement d'oxygène, qui devient très-abondant à la lumière, à la température de 15 à 20° centigrades[1]. Ce phénomène remarquable lui paraît avoir pour siége la matière colorante ou pigment rouge qu'il croit pouvoir regarder comme l'organe essentiel de l'assimilation dans ces plantes. Ces observations confirment celles de De Candolle qui avait reconnu 42 pour 100 d'oxygène dans le gaz dégagé, à la lumière, par une Algue marine colorée en rouge, comme l'indique le nom d'*Ulva purpurea* sous lequel il la désigne.

Au point de vue de leur station, c'est-à-dire des milieux et des circonstances dans lesquels elles viennent, les Algues présentent des particularités qui méritent d'être mentionnées. Presque toutes croissent dans la profondeur des eaux douces ou salées, et elles forment même, avec les Phanérogames de la famille des Zostéracées, l'unique population végétale de la mer. Celles qui habitent les eaux salées sont souvent désignées sous la dénomination collective de *Thalassiophytes*, tandis qu'on appelle *Hydrophytes* celles qui se trouvent dans les eaux douces ; mais plus habituellement la qualification d'Hydrophytes est appliquée en raison de sa signification et par conséquent à toutes les Algues qui croissent dans l'eau. Leur distribution dans les mers du globe est soumise à des lois fixes, les unes venant sur les côtes, même aux endroits que la basse mer laisse chaque jour à découvert, tandis que d'autres n'habitent qu'à des profondeurs considérables ; enfin leurs espèces sont réparties en différents points de la portion liquide du globe. Le fait le plus curieux peut-être à cet égard est celui de la présence, sur une grande étendue, au milieu de l'océan Atlantique, de pieds innombrables d'une seule espèce dont on ignore l'origine. Cette espèce est le *Sargassum vulgare* Ag., plante munie d'ampoules remplies d'air qui lui permettent de flotter à la

---

[1] Notice sur le pigment rouge des Floridées ; *Comptes rendus*, LXII, 1866, p. 831-834.

surface. C'est entre les 22e et 36e degrés de latitude nord, les 23e et 43e degrés de longitude occidentale, dans un espace d'environ 40000 milles carrés, que se montrent ces sortes de prairies flottantes, comme les appela Christophe Colomb. Cette portion de l'Océan est appelée pour ce motif *mer de Sargasse* (mar de Zargasso en portugais). L'accumulation des plantes y est, au reste, assez inégale, puisque les navires en sont entourés à certains endroits, tandis qu'ailleurs la mer s'en montre à peu près dépourvue sur une assez grande étendue. On a pensé généralement que c'étaient des plantes qui, après avoir crû fixées au sol, au fond de la mer, avaient été coupées par des animaux et que le remou du grand courant accumulait dans ces parages; mais Meyen a reconnu, sur de jeunes individus, un point central qui n'a jamais pu être fixé et tout autour duquel la plante avait grandi; il en a donc conclu que le *Sargassum* naît et grandit flottant.

Outre les Algues aquatiques, il en est certaines qui croissent seulement sous l'influence de l'air humide; il en est même quelques-unes (Saprolégniées), qui s'attachent au corps des petits animaux morts et tombés dans l'eau, ainsi que des poissons; enfin, M. Al. Braun en a découvert un assez grand nombre, pour lesquelles il a formé son genre *Chrytridium*, qui viennent en parasites sur d'autres Algues d'eau douce (*OEdogonium*). Ces petits végétaux parasites sont rangés aujourd'hui parmi les Champignons par quelques botanistes, notamment par M. de Bary, pour des motifs qui ne me semblent pas tout à fait déterminants.

Reproduction des Algues. — C'est surtout au point de vue des phénomènes qui amènent leur reproduction que les Algues méritent de fixer l'attention. Les beaux travaux de divers habiles observateurs de notre époque, surtout de M. Thuret et de M. Pringsheim, ont jeté sur ce sujet un jour inespéré et nous ont révélé des faits d'autant plus intéressants qu'ils élargissent notablement le cercle de nos connaissances sur la question fondamentale de l'origine des êtres. Ne pouvant entrer dans des détails très-développés à ce sujet, je prendrai les exemples qui me paraîtront conduire le plus sûrement à se faire une idée générale sur ce sujet.

Ses divers modes. — La production, dans les Algues, de spores susceptibles de germer et de se développer en un nouvel individu, s'opère de manières diverses :

1° Une action directe est exercée par des formations jouant le rôle d'organes mâles sur une petite masse protoplasmique dépourvue alors d'enveloppe de cellulose et qui après cette action, devient une spore. On ne peut se refuser à voir une véritable fécondation dans cette influence d'un corps manifestement mâle sur un autre qui est évidemment femelle. Nous verrons même que, dans certains cas, on a pensé que la substance du corps mâle vient se fondre dans celle de la femelle. Il y a donc dans ce cas, *reproduction sexuelle*. La formation qui constitue le sexe mâle ne ressemble en rien à une anthère avec son pollen : elle consiste en une poche celluleuse qu'on nomme *Anthéridie* pour rappeler son analogie de fonctions avec l'anthère ; mais tandis que l'anthère produit du pollen, dans l'anthéridie prennent naissance de petits corps d'une tout autre nature qui, dès leur mise en liberté, sont doués de locomotilité. Cette surprenante propriété rappelle celle que possèdent les animalcules infusoires ; elle s'exécute par l'agitation vive de cils vibratiles d'une extrême ténuité. Elle a fait donner à ces singuliers corps mâles par les uns le nom de *Spermatozoïdes*, par les autres celui d'*Anthérozoïdes* qui me semble préférable en ce qu'il n'expose pas à confondre ces petits corps avec ceux qui sont appelés de même dans le règne animal. — La reproduction sexuelle n'a pas été encore constatée dans toutes les Algues, et, fait curieux, c'était surtout dans celles qui occupent les rangs ou inférieurs ou peu élevés de la série, qu'on l'avait observée ; mais une découverte toute récente de MM. Thuret et Bornet montre qu'elle s'opère aussi, même avec des particularités inattendues, dans celles de ces plantes que leur organisation fait placer au rang supérieur. Il semble donc permis de penser qu'elle est générale pour cette vaste classe de Cryptogames.

2° Un nombre assez peu considérable d'Algues ont une *reproduction ambiguë* que quelques-uns regardent comme sexuelle, tandis que la plupart des botanistes ne trouvent, dans les espèces où on la voit s'accomplir, rien d'analogue à des sexes distincts. Elle a lieu pour des Algues filamenteuses et par la mise en rapport direct de deux cellules voisines, placées au même niveau dans deux filaments adjacents. Cette mise en communication, de laquelle résulte la formation d'une spore, a été nommée *Conjugation* ; divers botanistes l'appellent *Copulation* ; mais ce mot me semble préjuger une question qui n'est pas encore résolue.

3° Enfin, une *reproduction non sexuelle* donne naissance à des spores dont on a cru pouvoir distinguer quelques modifications parmi lesquelles la plus remarquable a été désignée sous le nom de *Zoospores* ou spores motiles. Celles-ci appartiennent aux Algues peu élevées en organisation; le nom par lequel on les désigne rappelle leur merveilleuse propriété de se mouvoir comme spontanément, depuis leur sortie de la plante-mère jusqu'au moment où elles se fixent pour germer et se développer en un nouvel individu.

Ajoutons à ces diverses sortes de reproduction que plusieurs Algues se multiplient par scissiparité : certaines de leurs cellules végétatives s'isolent, s'étendent ensuite, se subdivisent et deviennent ainsi chacune graduellement un nouvel individu. La figure 478 montre la cellule *a′ a′*, lorsqu'elle vient de se détacher du filament auquel elle avait appartenu jusqu'alors. Elle n'aurait pas tardé à commencer son développement individuel. Schacht rapporte avoir vu de même, à Madère, une Algue marine conformée en expansions à une seule couche de cellules, de laquelle se détachaient des fragments dont les cellules s'isolaient bientôt et germaient ensuite, si l'on peut désigner ainsi leur accroissement en une nouvelle plante.

Zoospores. — Ce sont des corpuscules ovoïdes ou turbinés, paraissant provenir, dans tous les cas, d'une sorte de coagulation ou de condensation de la matière qui occupe l'intérieur d'une cellule et à laquelle on donne le nom vague mais commode d'*Endachrome*. Leur grand axe ne mesure d'ordinaire que 1 ou 2 centièmes de millimètre, excepté dans un petit nombre de cas (*Vaucheria*), dans lesquels il devient notablement plus long. L'une de leurs deux extrémités est un peu plus proéminente que l'autre et se distingue en outre parce que la matière intérieure verte ou olivâtre y est rare, tandis qu'elle est agglomérée dans tout le reste. Cette partie se trouve en avant quand la zoospore nage; on l'a nommée le *Rostre*; c'est à elle que se rattachent le plus souvent les *cils vibratiles* à l'agitation desquels est dû le mouvement. Ces cils sont d'une telle ténuité qu'on ne peut les découvrir, sous les meilleurs microscopes, qu'en arrêtant peu à peu leur mouvement au moyen d'une goutte d'extrait aqueux d'opium ou en tuant la zoospore avec un peu d'iode, ou enfin en l'observant avec attention au moment où une dessication lente la fixe au verre du porte-objet. Il en existe deux chez les *Bryopsis, Conferva*, etc., quatre dans les *Ulothrix, Chætophora, Draparnaldia*, etc. Les *OEdogonium* et *Derbesia* en offrent une couronne autour de la base de leur rostre, tandis que les zoospores des *Vaucheria*, que

représente la figure 465, en ont toute la surface couverte, mais
les montrent aussi beaucoup plus courts
que d'habitude.—Les zoospores des Algues
olivacées ou brunes diffèrent en général
de celles des Algues vertes, parce qu'elles
ont deux cils inégaux attachés non sur le
rostre, mais plus bas, sur un point rougeâtre situé de côté : le plus long se porte
en avant, tandis que le plus court, dirigé
en arrière, semble faire l'office de gouvernail. En général, les zoospores montrent

Fig. 465. — Zoospore du *Vaucheria Ungeri* Th., dont le
rostre est très-faiblement accusé, en haut (50/1).

de même un point rougeâtre, mais situé à la base du rostre ; on le
nomme *point oculiforme*.

C'est ordinairement le matin, de très-bonne heure (à 8 heures
seulement pour les *Vaucheria*, même dans l'après-midi pour
l'*Enteromorpha clathrata*, d'après M. Thuret), que les zoospores
sont expulsées de la plante mère, avec une sorte de violence, par
l'effet d'une endosmose qui, introduisant de l'eau dans la cavité
où elles se sont formées, augmente par cela même le volume du
contenu mucilagineux et distend les parois. On a remarqué plusieurs fois que les zoospores, avant leur sortie, s'agitaient dans
la cellule où elles étaient contenues et venaient frapper à plusieurs
reprises contre un point de la paroi cellulaire de manière à en
amener la rupture (Schacht). La lumière paraît influer sur leur
émission, car M. Thuret l'a vue s'arrêter, par un temps sombre,
pendant un ou deux jours, pour recommencer ensuite quand le
ciel se découvrait. Une fois libres, elles nagent, pendant quelques
heures, rarement pendant plus d'un jour, en portant leur rostre
en avant. En général, elles se dirigent vers la lumière ; cependant celles de quelques espèces semblent la fuir, et celles
des *Vaucheria*, du *Codium tomentosum* s'y montrent indifférentes.

Pour germer, les zoospores se fixent par leur extrémité ros-
trale ; leurs cils disparaissent, elles s'arrondissent, après quoi
elles ne tardent pas à former une sorte d'épatement ou de petit
crampon à leur point d'attache, et à s'allonger par leur extrémité
libre pour se développer en un nouvel individu. Mais, comme
nous le verrons plus loin pour l'*Œdogonium* (*voy.* p. 830), il
existe dans diverses Algues deux sortes de zoospores bien distinctes par leur volume et dont les plus grosses sont appelées par
M. Al. Braun *Macrogonidies*, tandis que les petites reçoivent de

ce botaniste le nom de *Microgonidies*. De même, les observations de M. Pringsheim sur l'*Hydrodictyon* nous ont appris que les zoospores en général germant fort peu de temps après leur sortie, il en est qui peuvent rester comme endormies, supporter même la dessiccation, et cela pendant quelques mois, pour recommencer ensuite à végéter et pour germer au retour de circonstances favorables. Ce botaniste propose d'appeler *Chronizoospores* ces zoospores à longue existence qui, dans l'*Hydrodictyon*, jouent un rôle essentiel pour la conservation de l'espèce, et dont le développement amène la production successive de deux autres générations de zoospores desquelles la dernière seule développe un nouvel individu d'*Hydrodictyon*[1].

Après avoir distingué les différents modes de reproduction des Algues, je dois maintenant rapporter des exemples de chacun.

A. Reproduction sexuelle. — 1° *Vaucheria*. Les Vauchéries sont des Algues vertes qui croissent, pour la plupart, dans les fossés remplis d'eau douce ; elles consistent en filaments verts, formés chacun d'une seule cellule qui s'étend en un long tube grêle, simple ou rameux. A la date de quelques années, on connaissait en elles la reproduction par ces grosses zoospores veloutées à leur surface, dont j'aurai bientôt à indiquer la formation (fig. 465, p. 825) et qui naissent à l'extrémité de chaque filament ; on y avait remarqué également des corps reproducteurs qui prennent naissance le long de leurs filaments, et à côté de chacun de ceux-ci on avait vu une sorte de petit crochet ou appendice en forme de petite corne recourbée que Vaucher avait pris pour une anthère, mais qu'on s'était contenté, après lui, d'appeler appendice en corne ou *Cornicule*.

La figure 466, qui représente la portion inférieure d'une de ces plantes à filament rameux, montre la situation et la disposition de ces deux natures de corps latéraux. Le long du rameau *b b*, elle en offre quatre paires et un groupe qui en réunit trois, une cornicule entre deux corps reproducteurs. C'est à M. Pringsheim que revient le mérite d'avoir découvert le rôle des cornicules et la marche de la fécondation[2]. Je l'indiquerai d'après lui telle qu'elle s'opère dans le *Vaucheria sessilis* DC., espèce de nos fossés pleins d'eau.

La cornicule se développe d'ordinaire plus tôt que le corps

[1] *Monatsbericht*, 1860, et *Ann. des sc. nat.*, 1860, XIV. p. 52-72, pl. 2-5.
[2] *Monatsbericht*, 1855, p. 135-165. 1 pl.; trad. dans *Ann. des sc. nat.*, 1855. III. p. 565-582. pl. 15.

situé à côté d'elle : celui-ci est appelé *Sporange*, c'est-à-dire réceptacle de spores, parce qu'il forme une enveloppe dans la-

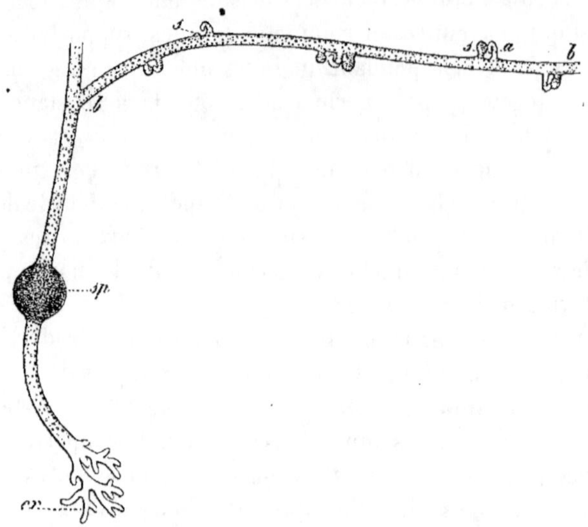

Fig. 466. — Portion inférieure du *Vaucheria tovarensis* Karst. (d'après M. Karsten) :
cr, base radiciforme ou crampon par lequel se fixait la plante ; *sp*, spore qui l'a
produite ; *b b*, rameau latéral ; *s s*, sporanges à différents degrés de développement ; *a*, anthéridies (assez fortement grossi).

quelle s'organisera une spore. Comme le montre la figure 467,
en *a*, la cornicule forme déjà un crochet lorsque le sporange *s*
n'est encore qu'à l'état de mamelon fort peu proéminent. La cavité
de l'une et de l'autre est alors en parfaite continuité avec celle du
filament dont ils ne sont chacun qu'une simple production latérale. La cornicule continue de développer son crochet, au point
de faire souvent un tour complet, comme celui que la figure 468

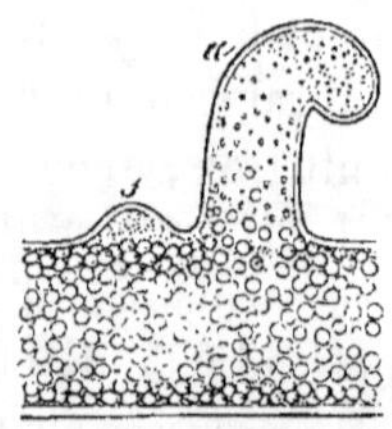

Fig. 467. — Portion d'un filament de *Vaucheria ses-
silis* DC. portant une jeune
cornicule *a* et un sporange
naissant *s* (200/1. — D'après
M. Pringsheim).

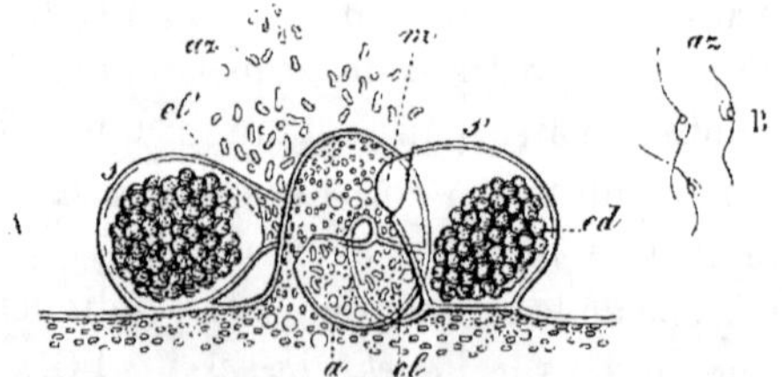

Fig. 468. — A, fécondation du *Vaucheria sessilis* DC. (reprod. d'après M. Pringsheim) : *a*, anthéridie ouverte au
sommet et d'où sont sortis les anthérozoïdes *az* ; *cl*, cloison qui la sépare du bas de la cornicule ; *s'*, sporange
qui vient de s'ouvrir et à l'orifice duquel ressort le mucilage *m* ; *ed*, masse de chlorophylle ; *s*, sporange venant
d'être fécondé ; *cl'*, membrane naissante de la spore. —
B, trois anthérozoïdes (*az*) montrant leurs 2 cils (200/1

montre situé entre deux sporanges *s, s'*. En même temps le sporange s'accroît en un corps ovoïde qui ne tarde pas à s'allonger
en une sorte de bec ou de fort mamelon du côté qui regarde la
cornicule. Il prend ainsi la forme générale d'un ovule demi-ana-
trope, comme on le voit très-bien pour *s'* (fig. 468). Arrivés à cet
état, ces deux corps séparent leur cavité de celle du tube qui les
porte, grâce à l'apparition subite d'une cloison transversale à la
base même du sporange, et plus ou moins haut dans la cornicule,
ainsi qu'on le voit en *cl*. Toute la portion terminale de celle-ci,
a, se trouve ainsi devenue une cellule distincte d'où la chlorophylle disparaît à fort peu près et où bientôt se montrent de
nombreux petits corps en forme de bâtonnets qu'on voit s'agiter
dans leur prison ; cette agitation fait reconnaître dans ces petits
corps des anthérozoïdes, et par conséquent la cellule *a* est une
anthéridie. De son côté, le sporange, arrivé à la forme que j'ai
décrite, renferme beaucoup de grains de chlorophylle rapprochés
en une grosse masse centrale *ed*, autour de laquelle règne une
couche de mucilage incolore qui la sépare de la paroi cellulaire. Ce mucilage se montre peu de temps après en grande
quantité vers le bec du sporange. Puis ce bec lui-même s'ouvre
au sommet et une portion du mucilage fait d'abord saillie par
cette ouverture, comme en *m*, pour ensuite se détacher en une
goutte ronde dont la sortie laisse un espace vide dans le bec du
sporange. L'anthéridie s'étant ouverte au sommet pendant ce temps,
les anthérozoïdes en sortent en grand nombre et nagent non loin
de l'orifice du sporange, comme le montre *az*, paraissant chercher
cet orifice. Plusieurs y entrent après quelques essais, au nombre
de 20, 30 ou même davantage, et on les voit s'agiter dans la portion vide du bec. Pendant plus d'une demi-heure, ils se portent
vers la surface du mucilage que ne recouvre alors aucune membrane, et comme s'ils étaient repoussés par la viscosité de cette
matière, ils reculent pour s'avancer de nouveau. Tout à coup on
distingue à la surface libre de ce mucilage une ligne d'une extrême ténuité, *cl'*, premier indice d'une membrane-enveloppe ;
M. Pringsheim ne doute pas que l'apparition de cette ligne ne soit
due à la pénétration d'un anthérozoïde ; quoi qu'il en soit à cet
égard, la fécondation est alors opérée. Les anthérozoïdes restés
dans le bec du sporange s'y meuvent de plus en plus lentement ;
ensuite on les y voit encore, mais sans mouvement pendant plusieurs heures. La membrane, *cl'*, qui s'est montrée d'abord d'une
ténuité extrême, aussitôt après la fécondation, gagne peu à peu en

épaisseur, comme on le voit en *cl* (fig. 469), et se fait aisément reconnaître pour celle de la spore ; celle-ci n'est qu'une grosse cellule qui remplit le sporange, et dont la paroi s'épaissit graduellement par couches successives, tandis que son contenu, auquel beaucoup d'Algologues donnent l'épithète de *gonimique*, pâlit et se décolore. Arrivée à son état parfait, elle s'isole de la plante mère et va donner naissance à un nouvel individu, comme l'a fait celle que l'on voit en *sp*, sur la figure 466 (p. 827). Les anthéro-

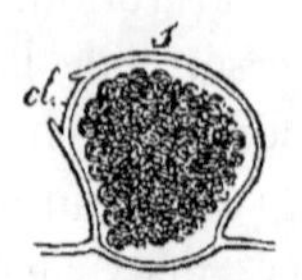

Fig. 469. — Sporange (*s*) du *Vaucheria sessilis* DC. représenté quelque temps après la fécondation, quand la membrane de la spore, en *cl*, a gagné considérablement en épaisseur (200/1. — D'après M. Pringsheim).

zoïdes, au moment où ils nagent librement dans l'eau, n'ont que 1/180ᵉ de ligne (environ 1/80ᵉ de millimètre) de longueur ; ils montrent un point sombre et ils portent deux cils inégaux dirigés l'un en avant, l'autre en arrière, comme le montre B (fig. 468).

2º *OEdogonium*. — Les *OEdogonium* sont de très-petites plantes de nos eaux douces et tranquilles, qui consistent en une file de quelques cellules dissemblables. La figure 470 représente un pied entier, fortement grossi de l'*OEdogonium ciliatum* (*Vesiculifera ciliata* Hass.) sur lequel ont été faites les observations de M. Pringsheim [1], dont je présenterai le résumé.

Les cellules qui composent un *OEdogoninm* sont de quatre sortes : 1º les cellules végétatives, *a a a*, qui en forment le corps, et dans chacune desquelles se produit une zoospore ou spore motile, *z*, que Vaupell [2] regarde comme due à un développement spécial de l'utricule primordiale isolée des parois ; 2º de grosses cellules, *s s*, ordinairement ovoïdes, deux ou trois fois plus épaisses que les autres, souvent solitaires, parfois au nombre de deux, comme dans l'individu figuré ici, dans lesquelles naîtra une spore immobile, à la suite de la fécondation ; elles constituent dès lors l'organe femelle et deviendront un sporange ; 3º soit sur le pied pourvu d'un sporange, soit sur des pieds distincts, des cellules plus courtes que celles à zoospores, et qui, dans l'*OE. ciliatum*, se trouvent situées plus haut que l'organe femelle ; c'est en elles que naît une spore motile spéciale qui sera l'origine première de l'anthéridie ; 4º enfin, l'extrémité du filament entier,

---

[1] Ueber die Befruchtung etc.; *Monatsbericht* de mai 1856, p. 225-237, 1 pl.; trad. dans *Ann. des sc. nat.*, 1856, V, p. 250-261, pl. 15.

[2] Sur la reprod. et la fécond. du genre *OEdogonium*; *Ann. des sc. nat.*, 1859, XI, p. 192-204, pl. 4 et 5.

dans quelques espèces, consiste en une cellule étroite et très-allongée qui n'est pas autre que la soie, *st*. Voici maintenant l'enchaînement merveilleux des faits qui amènent la fécondation dans ces petites plantes.

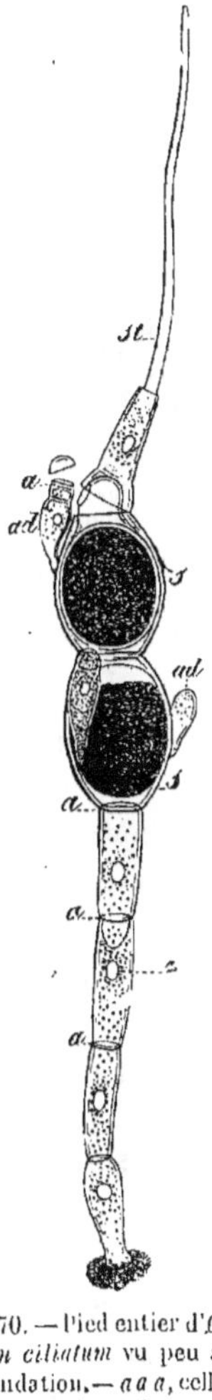

Dans chacune des cellules de la troisième sorte prend naissance une zoospore semblable de configuration à celles, *z*, qui se sont produites dans les cellules végétatives ordinaires (*a a*), mais plus petite, ce qui la fait nommer par M. Al. Braun Microgonidie, tandis que le même botaniste appelle les premières Macrogonidies. M. Pringsheim, se préoccupant surtout de la destination de cette zoospore, qui est de produire l'organe fécondant, la désigne sous le nom de *Androspore*. Chacune d'elles sort en déterminant la rupture de la cellule où elle est née, de la manière que montre la figure 471. Une fois libres, les androspores s'agitent dans l'eau pendant quelque temps, après quoi elles vont se fixer sur la cellule femelle ou à sa base. On en voit une qui vient de s'attacher au côté droit du sporange inférieur, sur la figure 470. Bientôt elles s'accroissent et se développent en une petite formation celluleuse dans laquelle la cellule inférieure, oblongue et renflée vers le haut, supporte d'abord une et puis deux petites cellules trèscourtes et superposées. M. Pringsheim nomme cette formation entière Plantule mâle ou Petit mâle (Männchen); c'est qu'en effet les deux cellules qui la terminent sont chacune une anthéridie dans laquelle se produit un gros anthérozoïde arrondi en arrière, pointu ou formant le coin en avant. Pendant que ceci a lieu, l'organe femelle subit lui-même un changement notable; il s'y passe des faits analogues à ceux que nous avons vus dans le sporange du

Fig. 470. — Pied entier d'*Œdogonium ciliatum* vu peu avant la fécondation. — *a a a*, cellules végétatives; dans chacune d'elles se forme une zoospore *z*; *s s*, deux sporanges sur lesquels se sont fixées des androspores *ad*; *a*, anthéridie dont le couvercle s'est détaché; *st*, soie (200/1. — D'après M. Pringsheim).

Vaucheria jusqu'à son ouverture : la masse de chlorophylle qui semblait d'abord le remplir est surmontée d'un mucilage très-finement granuleux qui, augmentant graduellement de volume, rejette vers un côté le filament terminal *st* (fig. 470) ; ressortant alors notablement, il se conforme en une utricule qui offre elle-même une grande ouverture tournée du côté où se trouve l'organe mâle. Le reste de ce mucilage s'affaisse ensuite, de sorte qu'il reste dans le haut du sporange un vide communiquant avec l'extérieur et au fond duquel se trouve la matière mucilagineuse incolore. On voit très-bien le sporange supérieur de la figure 470 ouvert de cette manière. Un peu auparavant, l'anthérozoïde enfermé dans l'anthéridie supérieure *a* (fig. 470), en agissant contre le haut de cet organe,

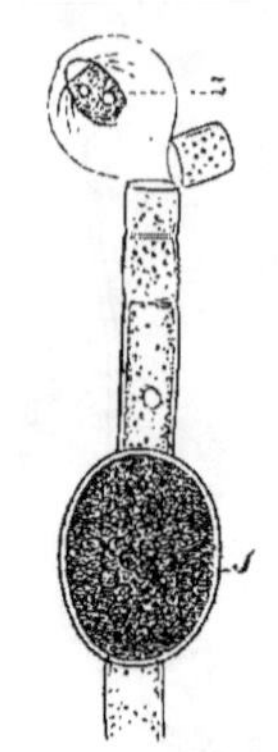

Fig. 471. — Portion d'un pied d'*OEdogonium ciliatum* sur lequel on voit une androspore, *z*, sortant de la cellule où elle s'est produite ; *s*, sporange (200/1. — D'après M. Pringsheim).

en a détaché la paroi supérieure en manière de couvercle ; mais lui-même n'est sorti de la cavité qu'après que le sporange s'est ouvert. Puis celui qui occupait l'anthéridie inférieure sort à son tour, grâce à la disparition presque complète de la cloison qui séparait ces cavités. Les anthérozoïdes nagent alors pendant quelque temps, en agitant leurs cils vibratiles et comme s'ils cherchaient cet orifice de l'organe femelle dans lequel l'un d'eux ne tarde pas à pénétrer. La figure 472 montre l'état des choses au moment où cet anthérozoïde, *az*, y étant entré, applique son extrémité pointue contre le mucilage *c*, non recouvert encore d'une membrane. Il semble tâter en divers points la surface de cette matière ; puis, dit M. Pringsheim, il est comme absorbé par celle-ci, ou, ainsi que l'a vu M. de Bary, pour l'*OEdogonium vesicatum*, la

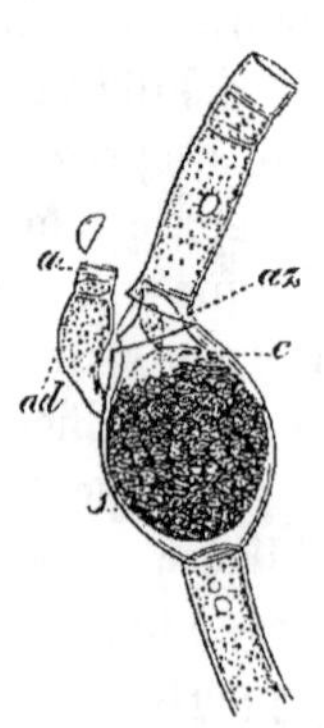

Fig. 472. — Fécondation de l'*OEdogonium ciliatum*. Sorti de l'anthéridie *a*, dont il a soulevé le haut comme un couvercle, l'anthérozoïde *az* est entré dans le vide qu'offre le haut du sporange *s*, et s'est mis en contact avec le mucilage *c* incolore, qui surmonte la masse verte ; *ad*, androspore développée en plantule mâle que terminent deux anthéridies *a*, dont la supérieure seule s'est ouverte (200/1. — D'après M. Pringsheim).

substance comme gélatineuse de ce corpuscule, qui est dépourvu d'enveloppe membraneuse, se fond peu à peu avec celle du mucilage femelle, de même qu'une petite goutte d'eau se confond avec une goutte plus volumineuse. Après cette fusion la fécondation est accomplie et on ne voit plus de traces du singulier agent qui l'a effectuée. Une membrane apparaît aussitôt à la surface du globule fécondé ; dès lors la spore existe : elle n'a plus qu'à consolider ses parois et compléter sa formation, puis à s'isoler pour germer en un nouvel individu.

L'exactitude de ces faits surprenants a été reconnue par plusieurs observateurs, notamment par M. Carter[1], qui a observé surtout l'*OEdogonium dioïcum*, ainsi que par Vaupell (*loc. cit.*) qui toutefois, sur son *OE. setigerum*, n'a pu voir l'anthérozoïde pénétrer dans le mucilage de la spore, et qui regarde dès lors la fécondation comme due au simple contact de l'anthérozoïde avec ce même mucilage.

3° *Fucus* ou *Varechs*. — C'est à M. Thuret qu'on doit la constatation de la marche d'après laquelle s'opère la fécondation chez les *Fucus* et chez les Algues marines analogues. Cette belle découverte a même précédé toutes celles qui ont été faites relativement aux manières diverses d'après lesquelles les corps reproducteurs femelles des Algues sont fécondés par les anthérozoïdes, puisqu'elle a été communiquée à l'Académie des sciences dès le 25 avril 1853, et publiée peu de jours après cette date. Déjà, en 1845, dans un travail exécuté en commun avec M. Decaisne, ce savant distingué avait fait connaître de petits corps motiles, existant dans ces plantes, et qu'il regardait comme des anthérozoïdes ; mais cette manière de voir avait été combattue notamment par M. Nægeli, et il fallait une démonstration expérimentale pour mettre hors de doute et la nature de ces corps et leur rôle. Cette démonstration a été donnée par lui d'abord en 1855, ensuite en 1857, et toute incertitude a dès lors disparu. Je résumerai ici le plus succinctement possible, d'après les mémoires de ce savant[2], la succession de faits qui a lieu dans le *Fucus vesiculosus* L., espèce fort commune sur nos côtes de l'Océan.

Les organes reproducteurs des *Fucus* en général occupent des cavités creusées dans l'épaisseur de leur substance, sous

---

[1] On specific character, fecundation, etc.; *The Annals and Magaz. of nat. History.* anv. 1858. p. 29-30, pl. 5.

Recherches sur la fécondation des Fucacées, etc.; *Ann. des sc. nat.*, 1855. II, p. 197-214, pl. 12-15 ; et Deuxième note sur la fécond. des Fucacées ; *Mém. de la soc. de Cherbourg.* V, 1857.

l'épiderme, et qui, d'abord entièrement closes, s'ouvrent ensuite à l'extérieur par un petit trou ou *Ostiole*. Les parois de ces cavités ou *Conceptacles* sont chargées dans toute leur étendue d'une grande quantité de poils celluleux ou *Paraphyses*, qui convergent vers l'ostiole et favorisent ainsi la sortie des corps reproducteurs; ceux-ci se trouvent interposés à ces poils et sont de deux sortes. Dans l'espèce dont il s'agit ici, une coupe longitudinale des conceptacles portés sur certains pieds, comme celle que reproduit la figure 473, n'y montre que de gros corps ovoïdes,

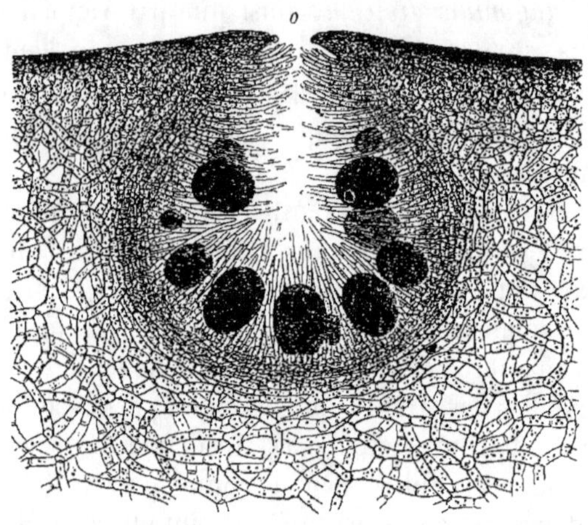

Fig. 473. — Coupe verticale d'un conceptacle femelle de *Fucus vesiculosus* L., montrant son ostiole *o*, de nombreux sporanges, les poils pluricellulés qui tapissent les parois de cette cavité et le tissu de la fronde qui entoure le conceptacle (50/1. — D'après M. Thuret).

portés chacun sur un pédicule court, en une seule cellule, tels en un mot que la figure 474 en montre un isolé et fortement grossi. Chacun de ces corps étant un sporange, le conceptacle est femelle. Sur d'autres pieds, aucun conceptacle ne renferme de sporanges, mais ils offrent tous des sortes de poils rameux, comme celui qu'on voit représenté sur la figure 475, à chacun desquels s'attachent plusieurs anthéridies ovoïdes, *aaa*. Ces derniers conceptacles sont donc mâles, et la plante, ayant ses deux sexes sur des pieds séparés, est par conséquent dioïque. — Chaque sporange est un sac fermé, composé de trois couches ou enveloppes concentriques dont l'interne est fort délicate. Son contenu jaune-brun reste indivis dans quelques genres (*Himanthalia, Cystosira*, etc.); il se partage en deux ou en quatre, dans d'autres; enfin il se montre bientôt divisé en huit par des lignes convergentes, dans les *Fucus* (fig. 474). Peu après que cette division a eu lieu, le sac externe du sporange s'ouvre et laisse sortir tout son contenu avec les deux autres sacs, dont le moyen plus ferme lui conserve sa forme. La division que tracent des lignes déjà visibles apprend que dans chaque sporange se produisent huit spores. Le contour de celles-ci

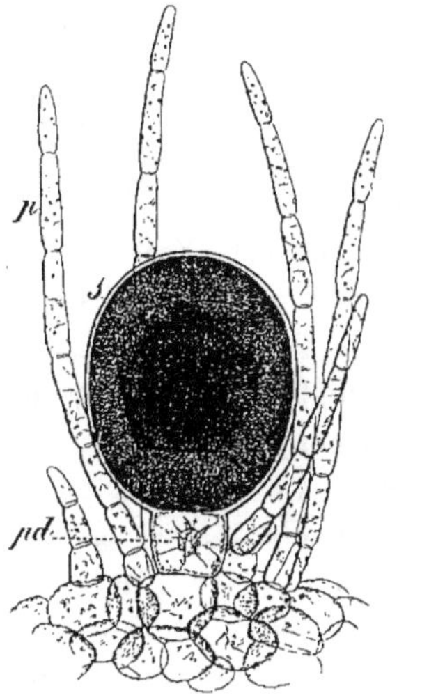

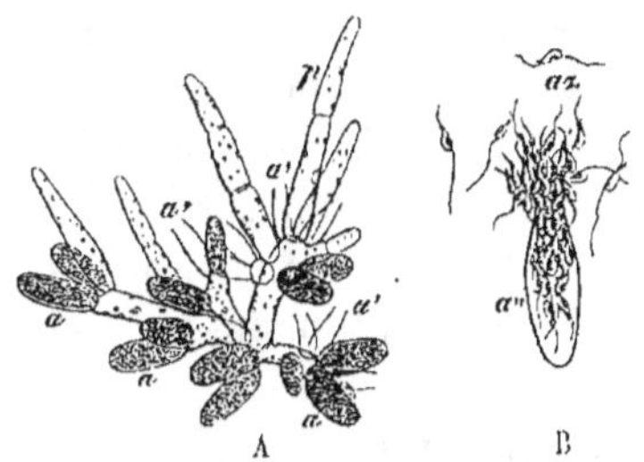

FIG. 474. — *Fucus vesiculosus* L. : sporange entier *s* dont le contenu se montre divisé par des lignes en huit fragments ; *pd*, cellule qui sert de pédicule à ce sporange ; *p*, poils pluricellulés ou paraphyses qui tapissent les parois du conceptacle (150/1. — D'après M. Thuret).

FIG. 475. — *Fucus vesiculosus* L. : A, sorte de poil rameux, *p*, qui porte plusieurs anthéridies encore fermées, *a*, et d'autres déjà vidées, *a'* (150/1). — B, Une anthéridie *a''* représentée au moment où elle s'est ouverte pour laisser sortir les anthérozoïdes, *az* (500/1. — D'après M. Thuret).

s'arrondit bientôt sensiblement de manière à en rendre la distinction facile, comme on le voit, en *sp*, sur la figure 476 qui les

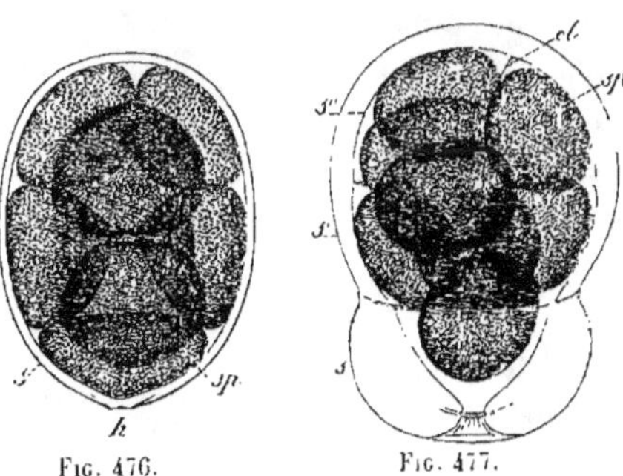

FIG. 476.

FIG. 477.

Fig. 476. — *Fucus vesiculosus* L. : masse de huit spores *sp* qui est sortie du sac externe du sporange, encore enfermée dans les deux sacs plus internes *s* ; *h*, hile ou point par lequel le sac moyen tenait au fond du sac externe (150/1. — D'après M. Thuret).

Fig. 477. — *Fucus vesiculosus* L. : masse de huit spores, *sp* (ou octospores) qui se sont sensiblement arrondies ; elle s'est dégagée du sac moyen *s*, tout en restant dans le sac interne *s'* ; de la face interne de celui-ci, *s''*, partent des lignes d'une extrême ténuité, *cl*, qui semblent être des cloisons ayant subdivisé la cavité du sporange en autant de loges qu'il y a de spores (150/1. — D'après M. Thuret).

montre encore enfermées dans le sac moyen *s*; mais ce sac à son tour ne tarde pas à se dissoudre dans sa partie supérieure, et dès lors la masse des huit spores ressort par l'ouverture qui s'est ainsi formée. Elle est enveloppée seulement par le sac interne transparent et délicat *s's'*, figure 477, duquel partent intérieurement des lamelles extrêmement ténues, *cl*, restes probablement de cloisons qui s'étendaient entre les spores *sp*. Ce sac interne n'adhère que par sa base au sac moyen, *s*, largement ouvert. Enfin la dernière enveloppe se dissout elle-même dans sa moitié supérieure, et les spores, devenues libres, flottent dans l'eau. Dans cet état, elles forment de petites sphères dont la matière comme gélatineuse n'est enveloppée d'aucune membrane. Vers la même époque, les anthéridies se sont ouvertes sous l'action des anthérozoïdes, qui en sont sortis aussitôt, de la manière que montre la figure 475, B. Ces petits corps sont ovoïdes à un bout, pointus à l'autre; ils sont munis de deux cils vibratiles dirigés l'un en avant, l'autre en arrière, et, vers leur milieu, ils offrent un point rougeâtre. Après leur sortie de l'anthéridie, ils s'agitent très-vivement dans l'eau, et leur agitation se prolonge quelquefois jusqu'au lendemain. S'ils rencontrent une spore, ils s'attachent en grand nombre à toute sa surface, comme le montre en B la figure 478, et ils lui impriment un mouvement rapide de rotation sur elle-même dont la durée n'est, en moyenne, que de six à huit minutes. Dès lors la fécondation est opérée; la spore se montre aussitôt revêtue d'une membrane très-mince de cellulose, qui n'existait pas auparavant, et qui n'a plus qu'à gagner ensuite en consistance; après cela elle est apte à germer. Toute remarquable qu'est cette rotation imprimée à la spore par les anthérozoïdes, M. Thuret ne la regarde pas comme indispensable pour la fécondation de toutes les espèces de *Fucus*; le contact de

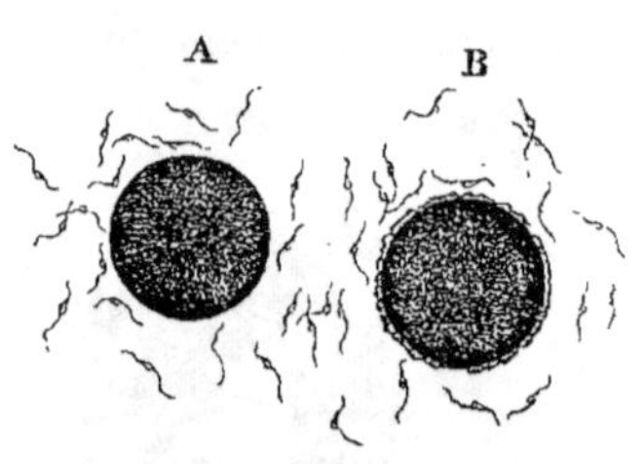

Fig. 478. — Fécondation chez le *Fucus vesiculosus* L. — A, une spore dont les anthérozoïdes s'approchent. — B, une autre spore contre laquelle beaucoup d'anthérozoïdes se sont appliqués pour lui imprimer une rotation sur elle-même (150/1. — D'après M. Thuret).

ces petits corps est seul essentiel, d'après lui; aussi les spores qui y ont été soustraites sont-elles restées toujours incapables de germer et se sont-elles décomposées sans s'allonger ni se subdiviser, démontrant ainsi la nécessité de la fécondation.

4° *Floridées*. — Les exemples précédents, qu'il aurait été facile de multiplier davantage, si l'espace me l'avait permis, suffisent pour prouver que la reproduction sexuelle existe pour des Algues de types divers, placés les uns aux rangs inférieurs de la série, les autres à un niveau notablement plus élevé ; mais ceux de ces végétaux que la complication de leur forme et de leur organisation fait placer dans le haut de cette même série et que leur élégance, la vivacité de leur coloration, le plus souvent rose ou rouge, a fait appeler par Lamouroux *Floridées*, comme s'ils étaient les fleurs de la mer, semblaient échapper à cette loi, qu'on était cependant porté à regarder comme générale. On avait bien remarqué chez eux des productions celluleuses particulières, composées de petites cellules incolores, dont chacune renferme un corpuscule hyalin ; mais l'opinion émise par quelques botanistes que ces petites cellules sont des anthérozoïdes, et par conséquent que les productions celluleuses qui en sont formées sont des anthéridies, ne semblait reposer que sur des analogies éloignées, puisque ces prétendus anthérozoïdes sont toujours immobiles, dépourvus de cils vibratiles, et que d'ailleurs on n'avait remarqué en eux aucun rapport avec la fructification. Il était réservé à M. Thuret, à qui la science doit tant et de si belles découvertes sur la reproduction des Algues, de dissiper encore l'obscurité qui régnait sur ce point. Dans une note toute récente [1], qui résume des observations faites par lui en commun avec M. Bornet, il expose de quelle manière s'opère la fécondation, jusqu'ici problématique, des Floridées, et il révèle à ce sujet des faits du plus haut intérêt.

La plupart de ces Algues portent deux sortes de fructifications sur des individus distincts : 1° des *Tétraspores*, ou des spores développées par groupes de quatre ; 2° des agglomérations de spores indivises qu'on a nommées fructification capsulaire ou *Cystocarpe*. Généralement d'autres individus produisent les anthéridies. Or, c'est sur les Cystocarpes encore jeunes que s'exerce l'action des singuliers anthérozoïdes contenus dans celles-ci, c'est-à-dire la fécondation. Les observations de M. Nægeli avaient appris que, dans un état peu avancé, ces corps ne sont composés que d'un petit nombre de cellules et sont surmontés d'un poil unicellulaire caduc. MM. Thuret et Bornet ont reconnu que ce poil joue, pour la fécondation, un rôle qui n'est pas sans analogie avec celui du style des Phanérogames. Pour ce

---

[1] *Comptes rendus de l'Académie des sciences*, séance du 10 sept. 1866, LXIII, p. 444-447.

motif, ils lui donnent la dénomination de *Trichogyne*. D'après leurs observations, le cystocarpe examiné, par exemple, dans l'*Helminthora divaricata* J. Ag., n'a été d'abord qu'une seule cellule qui, en s'allongeant, a été divisée, par des cloisons transversales, en quatre cellules superposées. La supérieure de celles-ci continue seule à se développer, et à son sommet apparaît une petite protubérance qui ne tarde pas à s'allonger en un long poil hyalin, souvent un peu renflé à son extrémité. Sorties des anthéridies, les petites vésicules qui constituent les anthérozoïdes, si elles viennent en contact avec la partie supérieure de ce poil, y adhèrent, souvent plusieurs à la fois. On les voit même nettement, dans certaines espèces, surtout dans le *Chondria tenuissima*, s'y implanter par un petit prolongement fort court, mais cependant bien visible. Par suite de l'action qu'elles exercent ainsi sur elle à distance, la cellule que surmonte le trichogyne commence à se gonfler et à se cloisonner; puis elle se transforme en peu de temps en une petite masse celluleuse, qui n'est pas autre chose que le jeune cystocarpe. Pendant ce développement, le trichogyne, ayant rempli sa fonction, se flétrit, disparaît peu à peu, et il n'en reste déjà plus de vestige lorsque le cystocarpe n'est pas encore arrivé à son développement complet. — Le nombre très-considérable des corpuscules-anthérozoïdes qu'émettent les anthéridies des Floridées explique, disent MM. Thuret et Bornet, comment la fécondation peut s'accomplir dans ces plantes, malgré les obstacles que semblent y opposer la dioïcité de la plupart d'entre elles, l'immobilité des corpuscules fécondants et la nature fugace du trichogyne.

Ainsi, dans ce grand et beau groupe d'Algues, la fécondation s'opère d'après une marche toute spéciale, et les anthérozoïdes agissent à distance sur la cellule qui doit devenir finalement un amas de spores.

Au total, il est permis aujourd'hui plus que jamais de regarder la sexualité comme un fait général dans cette grande classe de cryptogames, et si l'on n'a pu encore en constater partout l'existence, on ne peut guère douter, en considérant toutes les découvertes qui ont été faites depuis une douzaine d'années, que de nouvelles recherches n'achèvent bientôt de dissiper toutes les obscurités ou les incertitudes qui restent encore à cet égard.

B. Reproduction ambiguë ou conjugation. — Ce phénomène extrêmement curieux, qui a été d'abord signalé par O. F. Müller, puis par Hedwig, et qui a été ensuite étudié avec soin par Vaucher, s'observe dans les Algues vertes et d'eau douce de la section des Zygnémées, que constituent de longs filaments grêles, composés chacun d'une seule file de cellules. Il a lieu également dans les singulières Algues microscopiques comprises dans le groupe des Diatomées, où il a été observé pour la première fois par le botaniste anglais, M. Thwaites. Parmi les premiers de ces végétaux je prendrai pour exemple une espèce commune dans les eaux non courantes de nos pays, le *Spirogyra quinina* L. (*Zygnema quininum* Ag.), dont la figure 479 représente deux portions de filaments réunissant chacune quelques cellules sous différents états.

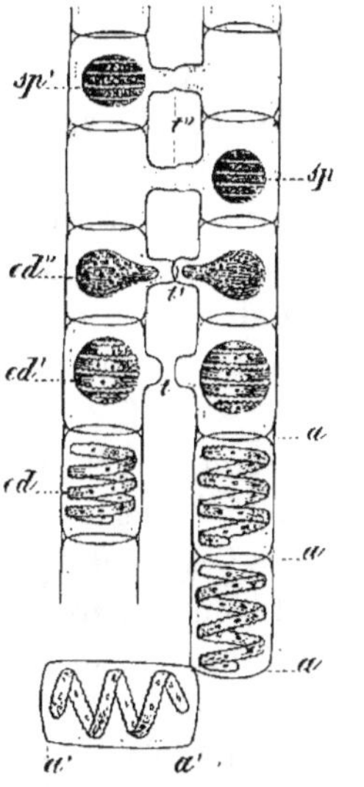

Dans leur état normal, chacune des cellules qui se superposent pour former un filament constitue un cylindre *a a*, *a a*, moins de deux fois plus long que large et dans lequel se trouve une sorte de ruban vert contourné en spirale *ed*, qui a valu au genre dans lequel se range cette espèce le nom de *Spirogyra*. Pour arriver à la production d'une spore, deux cellules placées au même niveau, dans deux filaments adjacents, se renflent, au milieu de leur longueur et sur les deux côtés en regard, chacune en un mamelon obtus *t*. Les deux mamelons ainsi produits, s'allongeant peu à peu, ne tardent pas à se toucher par leur sommet, comme en *t'*. Déjà, pendant qu'ils se formaient et se dirigeaient l'un vers l'autre, la matière verte en ruban ou l'*endrochrome*, *ed*, s'était isolé des parois et s'était pelotonné en globule *ed'* marqué nettement d'une trace spirale ; quand ils sont arrivés en contact l'un avec l'autre, le globule des deux cellules symétriques voisines s'est plus fortement resserré, et la matière gélatineuse qui le forme commence à se porter vers la cavité du mamelon adjacent, comme on le voit en *ed''*. Bientôt les deux portions de la membrane de la cellule qui sont ainsi arrivées à se toucher se soudent intimement entre elles, après quoi une

Fig. 479. — Conjugation dans le *Spirogyra quinina* Link. — *a a a*, cellules normales avec leur ruban vert *ed* ; *a' a'*, une cellule normale qui se désarticule pour se développer en un nouvel individu ; *t*, mamelons de conjugation encore séparés ; *t'*, deux autres arrivés au contact ; *t''*, deux autres paires soudées en tube de communication ; *ed'*, *ed''*, états successifs de l'endochrome avant la réunion ; *sp*, *sp'*, deux spores (fortement grossi. — D'après M. Karsten).

résorption a lieu sur ce point, et par suite un tube de communication relie l'une à l'autre les deux cavités cellulaires adjacentes. Alors l'endochrome de l'une des deux se porte vers l'autre et s'y réunit à celui que renfermait celle-ci. L'ensemble des deux matières, ainsi confondues, s'arrondit en un seul globule sp, sp', qui n'est pas autre chose qu'une spore. Quant à la cellule qui a concouru à cette formation en fournissant sa matière verte, elle ne renferme plus qu'un liquide incolore.

L'idée qui se présente naturellement à l'esprit à la vue de cet étrange phénomène, c'est que l'un des deux filaments conjugués joue le rôle de mâle relativement à l'autre; mais on voit sur la figure 479 qu'une cellule qui a donné son contenu vert pour former une spore sp, peut être surmontée d'une autre qui, au contraire, reçoive le supplément de matière nécessaire à la production de la sienne sp'. Donc si de ces deux cellules, qui se suivent dans un même filament, l'une était mâle, la suivante serait femelle, et par conséquent il faudrait appliquer l'idée de sexualité, non pas aux filaments, mais à chacun de leurs éléments constitutifs, ce qui ne semble guère admissible.

Reproduction des Saprolégniées. — Je rangerai ici la reproduction des Saprolégniées qui me semble ressembler beaucoup plus à une conjugation qu'à une fécondation sexuelle. Ces plantes sont rangées aujourd'hui par M. de Bary parmi les Champignons, surtout parce qu'elles viennent dans l'eau en parasites sur des animaux ou des végétaux en voie de décomposition, et parce qu'elles manquent de chlorophylle ; mais leur mode de développement et leurs zoospores, que M. Thuret a fort bien décrites et figurées, semblent les rattacher plutôt aux Algues, parmi lesquelles les ont classées, au reste, presque tous les botanistes. Elles forment les genres *Saprolegnia*, *Achlya*, *Pythium*. Les phénomènes remarquables qui amènent leur reproduction ont été étudiés avec soin par M. Pringsheim[1], qui se prononce pour leur sexualité, sans dissimuler toutefois les difficultés que rencontre la démonstration de cet énoncé. Voici, en résumé, comment les choses se passent, d'après cet habile observateur, pour le *Saprolegnia monoïca*.

Les filaments de cette Algue émettent des ramifications nombreuses, dont les unes restent stériles, tandis que les autres se développent, à leur extrémité, en des corps de deux formes et de

---

[1] *Monatsbericht*, 1857, p. 3-18 et *Jahrbücher*, I, p. 289-305.

deux natures. Les uns, *s*, figure 480, forment un globule relativement volumineux, agglomèrent leur contenu, d'abord uniformément granuleux, en plusieurs petits globules qui sont tout autant de spores. Pour ce motif, le savant allemand, cédant peut-être un peu trop à la tendance qui fait donner par les cryptogamistes un nom particulier aux modifications les plus légères du même organe, appelle ces sporanges *Oogonies* et les spores qu'ils contiennent *Oospores*. Par une circonstance fort singulière, la membrane de ces sporanges se perce çà et là de perforations, dont quelques-unes se voient très-bien sur celui que représente la figure. Les autres rameaux *r* se renflent faiblement à leur extrémité et forment ainsi une petite ampoule ovoïde, *a a*, qu'une cloison basilaire isole bientôt en cellule distincte. Ces ampoules sont, pour M. Pringsheim, des anthéridies. Elles contiennent des corpuscules motiles, d'une petitesse extrême, puisque notre auteur en évalue la longueur à 1/500 de millimètre, qui seraient, d'après lui, des anthérozoïdes. Les ampoules *a* viennent s'appliquer contre le sporange, et par les perforations de ses parois, ils envoient des tubes déliés, *t*, qui s'enfoncent dans sa cavité et y atteignent

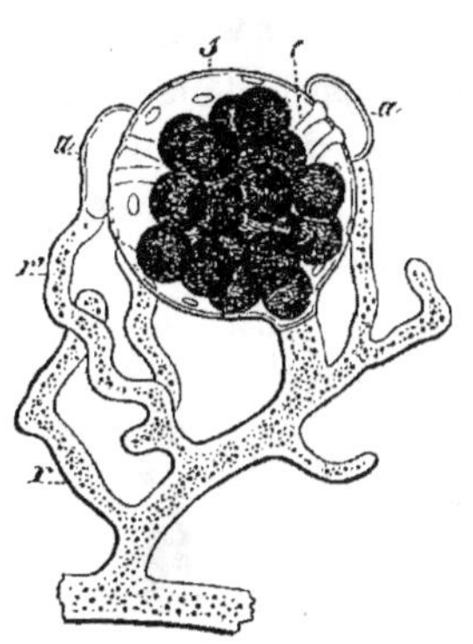

Fig. 480. — Reproduction dans le *Saprolegnia monoïca*. — *r*, rameau resté stérile ; *r'*, rameaux qui se sont renflés au sommet en ampoules *a* ou anthéridies ; *s*, sporange ; *c*, tubes de communication émis par les ampoules (200/1. — D'après M. Pringsheim).

les spores. Là, dit le savant allemand, ces tubes s'ouvrent à leur extrémité et versent au milieu des spores les corpuscules qui sont les agents de leur fécondation. Mais cette dernière partie du phénomène n'est pas à beaucoup près aussi bien établie que les autres par suite de l'extrême difficulté des observations. Dans tous les cas, l'émission des tubes de communication entre les ampoules et les spores rappelle assez ce qui a lieu dans la vraie conjugation.

C. **Reproduction non sexuelle.** — C'est sans l'intervention de sexes que se produisent dans les Algues tantôt des spores immobiles, comme les tétraspores des Floridées, tantôt des spores motiles ou zoospores. Dans l'un et l'autre cas, cette production est due à l'agglomération et à la condensation de l'endochrome en un ou plusieurs amas qui se dessinent ensuite de plus en plus nettement et finissent par s'isoler en corps reproducteurs distincts et séparés. Ces spores sont de simples amas de matière verte ou brunâtre, comme gélatineuse, entièrement nus et qui se couvrent ensuite d'une membrane sans qu'on puisse rattacher le moment où celle-ci apparaît à un acte particulier, comme on peut le faire pour celles sur lesquelles s'exerce une action fécondante. Je n'insisterai pas sur ce sujet, et je me bornerai à présenter pour exemple la formation de la volumineuse zoospore des *Vaucheria* que nous avons vus, en outre, pourvus d'une reproduction sexuelle.

Les filaments simples ou rameux qui forment ces Algues renferment un endochrome vert uniformément réparti dans leur tube continu. Lorsqu'ils vont former leur zoospore, ce contenu semble s'agglomérer à leur extrémité, qui devient par là d'un vert plus foncé, tandis que la teinte s'éclaircit un peu plus bas, sur une faible largeur. La bande claire de séparation entre la portion foncée du sommet et l'endochrome normal devient peu à peu de moins en moins colorée et finalement incolore, même nettement limitée à mesure que l'amas du sommet se condense davantage. Enfin, comme le montre la figure 481, la matière vert foncé qui s'est ainsi condensée et qui est devenue très-nettement séparée de l'endochrome normal *ed*, se fait jour à travers une ouverture assez étroite dont se perce le sommet du filament ; elle sort alors en se moulant, en raison de l'étroitesse de l'ouverture qui lui livre passage, au point de s'étrangler parfois en deux moitiés *z*, *z'*, qui peuvent même se séparer, montrant ainsi l'absence de toute enveloppe à sa surface. Une fois sortie, la zoospore prend sa forme ovoïde définitive (*voy.* fig. 465, p. 825), et

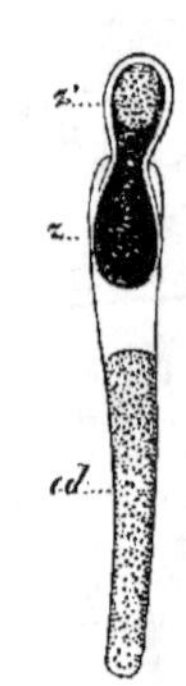

Fig. 481. — Extrémité d'un filament de *Vaucheria Ungeri* vu au moment où par son extrémité sort une zoospore qui se resserre, pour passer, en deux moitiés *z*, *z'* rattachées par un étranglement ; *ed*, l'endochrome normal (50/1. — D'après M. Thuret).

elle se montre bientôt en état de germer pour produire un nouvel individu.

Subdivision des Algues. — La subdivision des Algues a été basée longtemps sur de simples caractères extérieurs. M. Decaisne, le premier, a établi parmi ces végétaux une classification physiologique ou fondée sur le mode de production et sur l'état de leurs spores. Il a formé ainsi parmi elles les quatre groupes secondaires des *Zoosporées* ou Algues pourvues de zoospores, des

Synsporées ou Algues formant leurs spores par conjugation, des *Aplosporées* ou à spores simples et indivises, comprenant les *Fucus*, Laminaires et genres voisins, enfin des *Choristosporées* ou Algues à tétraspores. Cette division a été modifiée par M. Thuret, à la suite de ses belles recherches sur la reproduction de ces plantes, et réduite à trois sections par la réunion, sous le nom commun de *Zoosporées*, des Zoosporées de M. Decaisne, de ses Synsporées et de celles d'entre ses Aplosporées qui ont des zoospores. — Le savant algologue anglais Harvey a basé sa classification sur le caractère peu physiologique de la couleur des spores, et il a obtenu ainsi les trois sections suivantes : 1° *Chlorospermées*, à spores vertes; plantes vertes également pour la plupart, mais passant aussi à une teinte olivâtre, même pourpre; ce sont à peu près les Zoosporées et Synsporées de M. Decaisne : 2° *Rhodospermées*, ou à spores roses; plantes rouges, rarement tirant au brun ou au vert et se multipliant les unes par des spores renfermées dans des conceptacles, les autres par des tétraspores ; ce sont les Choristosporées de M. Decaisne; 3° *Mélanospermées*, ou à spores brun-olivâtre plus ou moins foncé, plantes de couleur olivâtre, parfois brunâtre ; ce sont à peu près les Aplosporées de M. Decaisne. Au total, la classe des Algues peut être divisée en trois ordres, conformément à la classification de M. Decaisne, modifiée par M. Thuret.

ALGUES à spores	motiles ou zoospores		ZOOSPORÉES (Confervées, Œdogoniées, Vauchériées, Saprolégniées... Ectocarpées, Laminariées, Cutlériées...).
	immobiles	vertes ou brunes	APLOSPORÉES (Batrachospermées, Fucacées...).
		rouges, développées 4 par 4	CHORISTOSPORÉES (Rytiphlées, Chondriées.)

M. Brongniart, dont l'ouvrage est antérieur aux derniers travaux dont les Algues ont été l'objet, adoptait trois ordres nommés de même, mais circonscrits entre des limites un peu différentes, au moins pour les deux premiers, et dans lesquels il rangeait 10 familles : 5 pour le premier, 3 pour le second, et 2 pour le troisième.

Usages des Algues. — Les Algues ne peuvent être rangées parmi les végétaux dont l'homme tire un grand parti ; néanmoins plusieurs d'entre elles rendent des services qu'il est bon de rappeler en quelques lignes. Les espèces, de moyenne ou grande taille, qui croissent le long des côtes, fournissent à l'agriculture un engrais précieux ; aussi les recueille-t-on avec soin. On les réunit vulgairement toutes sous le nom commun de Varechs, et les agriculteurs de la Bretagne, par exemple, distinguent les Varechs d'échouage, composés de plantes ou de fragments que la mer a rompus et rejetés sur la plage, et les Varechs de rochers qu'ils vont récolter sur place, à la basse mer, et qu'ils mettent, pour cet objet, en coupe réglée ; ceux-ci sont préférés aux premiers à cause de la supériorité de leur action. Croissant avec une rapidité remarquable, ces Varechs fournissent des récoltes successives à quelques mois d'intervalle ; Greville a reconnu que six mois suffisaient au *Laminaria esculenta* Lamou. pour atteindre deux mètres de longueur. — Végétant au sein de l'eau salée, les Algues marines ont été utilisées en grande quantité pour l'extraction des sels de soude, jusqu'à ce que la chimie ait su trouver dans cette eau elle-même une mine inépuisable du précieux alcali ; mais si, dès ce moment, les Varechs ont, sous ce rapport, perdu beaucoup de leur première importance, ils en ont par compensation acquis une nouvelle, grâce à la découverte de l'iode, substance aujourd'hui essentielle à la photographie et à la médecine.— Plusieurs de ces plantes marines se réduisent par l'ébullition dans l'eau douce en une gelée qui, constitue un aliment sain et assez nourrissant, parfois même agréable ; on vend, pour cet objet, sur le marché, à Valparaiso, l'*Urvillea utilis* ; en Écosse, en Irlande, en Bretagne, etc., diverses Laminaires, l'*Iridæa edulis*, l'*Ulva latissima*, des *Chondrus*, surtout le *Rhodomenia palmata*, sont consacrés au même usage par les pauvres ou dans les temps de disette. M. Schultz-Schulzenstein a même proposé un procédé simple qu'il dit propre à rendre tous les Varechs comestibles et qui consiste à les sécher, puis à les pulvériser et à en laver à grande eau la poudre pour dissoudre les sels qu'ils renferment. C'est la poudre ainsi obtenue que l'ébullition dans l'eau douce réduit en gelée alimentaire. — Une espèce des mers de Chine, le *Glœopeltis tenax*, fournit à l'industrie chinoise une matière qu'elle emploie abondamment à titre de colle, de vernis, ainsi que pour la confection de carreaux de vitres et de lanternes. — Enfin les grandes Algues desséchées par un séjour d'au moins quatre mois à l'air libre, sont un bon combustible recherché sur toutes nos côtes de Bretagne, parce qu'il dégage beaucoup de chaleur avec peu de fumée. Lapylaie les appelle le gros bois des pauvres.

Deuxième classe. — CHAMPIGNONS.

§ 1. — Généralités.

La classe des Champignons est encore plus nombreuse que celle des Algues, et elle forme une série parallèle à celle-ci plutôt qu'elle ne vient se placer à sa suite dans la série ascendante. Elle commence également par des végétaux d'une extrême simplicité, formés d'une seule cellule, pour en comprendre ensuite de plus en plus complexes dans leur organisation, quoique toujours uniquement cellulaires, et dont certains même nous offrent les premiers exemples de l'existence d'un vrai latex contenu dans des tubes spéciaux.

Rôle des Champignons. — Ces innombrables végétaux, réduits, pour la plupart, à de très-faibles dimensions, jouent, dans l'ordre de la nature, un rôle important et en général destructeur. Condamnés à se nourrir exclusivement de substances organiques, ils s'attachent à des êtres organisés, soit morts, soit même vivants, ou tout au moins aux matières qui ont fait partie de ces êtres organisés.

Ces diverses matières, qui pour eux remplacent le sol et leur fournissent les matériaux nécessaires à leur nutrition, ont permis de les diviser en deux catégories : 1° ceux qui vivent sur des matières organisées mortes ou plus ou moins en voie de décomposition, auxquels M. de Bary [1] donne la dénomination collective de *Saprophytes;* 2° ceux qui s'attachent aux végétaux et animaux vivants, c'est-à-dire les *Parasites.* Arrêtons-nous quelques instants sur ces deux catégories de Champignons, qui, bien que fort distinctes en général, offrent cependant des points de contact ou même de vraies transitions, à ce point que certaines espèces commencent à vivre en parasites et plus tard se nourrissent à la manière des Saprophytes; ainsi beaucoup de celles qui commencent leur développement sur les feuilles ou sur d'autres parties de végétaux vivants, ne peuvent arriver à leur état parfait que lorsque ces mêmes organes sont morts et plus ou moins décomposés (*Rhytisma, Phacidium, Polystigma,* etc.).

1° **Saprophytes.** — La plupart des Champignons de cette catégorie ne viennent que sur une sorte de matière ou sur des ma-

---

[1] Morphologie und Physiologie der Pilze, Flechten, und Myxomyceten; in-8 de XII et 316 pag., avec fig. interc. et 1 planche. Leipzig, 1866 (formant le 2ᵉ vol., 1ʳᵉ partie, du *Handbuch des physiol. Botanik,* édité et en partie rédigé par M. Hofmeister).

tières peu diverses; cependant quelques-uns, comme le *Penicillium glaucum*, la plus commune des moisissures, peuvent se développer sur des objets très-différents. La rapidité avec laquelle beaucoup d'entre eux amènent la désagrégation des corps qui les nourrissent, est l'un des effets les plus puissants que puisse produire une cause minime en apparence. Ainsi le *Merulius lacrymans* DC., le Champignon des caves, auquel Persoon avait donné la qualification expressive de *destruens*, accélère considérablement la destruction des poteaux, poutres et planches dans les endroits humides. Ainsi encore un autre Champignon, qui paraissait être le *Dematium* (ou *Xylostroma*) *giganteum* Chev., c'est-à-dire le premier état, encore stérile, d'un Champignon d'ordre plus élevé, détruisit en deux ou trois années, à la fin du dernier siècle et au commencement de celui-ci, en France, le vaisseau de quatre-vingts canons *le Foudroyant*, en Angleterre, la frégate *Reine-Charlotte*. M. C. Dupin va même jusqu'à dire que les Champignons sont un véritable fléau pour la marine, à cause de la pourriture sèche qu'ils déterminent dans les bois de construction,

2° **Parasites**. — Parmi ceux-ci la plupart se développent sur les végétaux vivants; certains ne respectent pas même les animaux auxquels ils causent des maladies spéciales et dont ils peuvent déterminer la mort.

a. *Parasites des végétaux*. — Les parasites des végétaux, parmi lesquels plusieurs causent annuellement des pertes considérables à la grande comme à la petite culture, se distinguent en *Endophytes* ou *Entophytes* et *Épiphytes*, selon qu'ils se développent à l'intérieur même des tissus ou qu'ils ne s'attachent qu'à la surface des organes.

Entophytes. — Jusqu'à ces derniers temps, le mode de propagation des Entophytes et la manière dont ils envahissent la plante qui doit les nourrir étaient entièrement inconnus. C'est en particulier à M. Kühn et à M. de Bary qu'on a dû récemment sur ce sujet de précieuses observations. On sait aujourd'hui que les spores du parasite ne s'insinuent jamais dans la plante nourricière et germent à l'extérieur. Leur germination consiste dans le développement d'un filament très-délié qui est l'organe d'infection; celui-ci traverse l'épiderme et arrive ainsi dans le tissu sous-jacent. Dès lors toute la portion du jeune parasite qui est restée en dehors sèche, périt et disparaît, tandis que celle qui est intérieure, si la plante dans laquelle elle a pénétré est capable de la nourrir, commence à croître rapidement, étend et multiplie ses filaments, produit même souvent tout le long de ceux-ci des suçoirs qui percent la paroi des cellules pour s'introduire dans leur cavité et en absorber le contenu, et elle arrive enfin à l'état de développement complet sous lequel le Champignon peut produire sa fructification que, de manière ou d'autre, il vient montrer à l'extérieur.

On observe des particularités fort curieuses relativement à la voie par laquelle le filament germinatif traverse l'épiderme. Dans certains de ces parasites, il s'introduit constamment à travers le passage que lui offre l'ostiole des stomates, tandis que dans certains autres, il évite les stomates, même quand il les rencontre devant lui, et perce directement la paroi des cellules épidermiques, sans se laisser arrêter par la cuticule, fût-elle notablement épaisse. Du nombre de ces derniers est le *Peronospora infestans* Casp., qui produit la maladie spéciale de la Pomme de terre. Un autre fait bien digne de remarque c'est que non-seulement chaque espèce d'Entophyte est attachée à une espèce de plante, mais encore qu'elle y pénètre souvent à un moment fixe et par un organe également déterminé. Ainsi, par exemple, M. Kühn a constaté que le Charbon (*Ustilago*) et la Carie (*Tilletia Caries* Tul.) envahissent nos céréales quand elles sont encore très-jeunes, en y pénétrant vers le collet, et M. de Bary a reconnu que la Rouille blanche des Crucifères (*Cystopus candidus* Lév.) ne s'introduit que par les cotylédons de ces plantes, lorsqu'elles viennent de germer. Enfin les parasites intérieurs ne fructifient en général que dans un organe déterminé de la plante envahie par eux.

Épiphytes. — Quant aux Champignons extérieurs ou *Épiphytes*, ils étendent leurs filaments végétatifs à la surface de l'épiderme, et c'est au moyen de très-petits renflements latéraux remplissant le rôle de suçoirs, qu'ils prennent à l'organe sur lequel ils s'appliquent les matériaux de leur nutrition. Je citerai comme exemple celui qui produit la maladie de la Vigne, et qui, en enlaçant de ses filaments les grains du raisin, en dessèche et durcit l'épiderme, d'où il résulte que celui-ci, ne pouvant plus suivre l'accroissement des tissus sous-jacents, se rompt et amène ainsi la destruction de ces mêmes grains. D'abord nommé *Oïdium Tuckeri* par le savant cryptogamiste anglais, M. Berkeley, il a été reconnu plus tard comme étant, ainsi que la généralité des *Oïdium*, un état particulier d'un *Erysiphe*, Champignon plus élevé en organisation; dès lors le même savant l'a nommé *Erysiphe Tuckeri*. Qu'il me soit permis de rappeler à ce propos que l'application de

soufre en fleurs ou trituré en poudre très-fine, c'est-à-dire le sou-
frage, a été reconnue comme le procédé le plus efficace et le plus
commode pour la destruction de ce redoutable parasite, et que
l'emploi de ce procédé, qui amène annuellement aujourd'hui la
conservation de la récolte dans tous les vignobles où il est fait
convenablement, a eu pour origine et pour point de départ, en
France, et ensuite dans tous les pays qui produisent du vin, les
expériences faites, sous ma direction, en 1850, à Versailles, ainsi
que le rapport dans lequel j'en ai fait connaître les résultats et
et qui a paru dans le *Moniteur universel* du 9 septembre de la
même année (p. 2948). Le soufre agit, dans ce cas, par le gaz
acide sulfureux qui résulte de sa combustion lente, à l'air, sous
l'influence de la chaleur solaire. L'expérience a montré récemment que la même substance agit avec une aussi complète efficacité sur d'autres espèces de Champignons épiphytes voisines de
celle qui attaque la Vigne, notamment sur le Blanc des Rosiers,
du Pêcher, etc.

Dans ce même ordre de parasites se rangent divers Champignons justement redoutés des agriculteurs, surtout les Rhizo-
ctones qui enlacent de leurs filaments les racines de la Luzerne
(Luzerne couronnée), de la Garance, des arbres fruitiers, les bulbes
du Safran (Tacon du Safran), etc.

b. *Parasites des animaux.* — Deux catégories de Champignons
se développent sur des animaux vivants ; soit, comme le pensent
la plupart des médecins, que ceux-ci se trouvent déjà plus ou
moins malades ; soit, comme le fait semble incontestable dans
certains cas, que ces parasites eux-mêmes altèrent rapidement la
santé de l'individu aux dépens duquel ils vivent. Ceux de la première catégorie sont fort simples en organisation, et même, pour
plusieurs d'entre eux, divers observateurs contestent que les corpuscules, dans lesquels on a vu un être vivant parasite, soient
autre chose que des cellules animales plus ou moins complétement
désagrégées et déformées. Cette catégorie comprend le *Tricho-
phyton tonsurans* Malmsten (*Herpes tonsurans*) de la Teigne, l'*Oïdium albicans* Rob. du Muguet, l'*Achorion Schœnleinii* Remak
(*Porrigo*) du Favus, etc. — Les Champignons parasites de la seconde catégorie attaquent essentiellement des insectes, et, pour
ce motif, ils sont souvent désignés par la qualification commune d'*entomophages*. Quelques-uns sont peu élevés dans la série,
comme le *Botrytis Bassiana* qui, en envahissant le Ver à soie (*Bom-
byx Mori*) à l'état de chenille, lui donne la maladie promptement

mortelle de la muscardine. Ce qu'on sait aujourd'hui sur la manière dont les entophytes introduisent leur filament germinatif dans la plante à l'intérieur de laquelle ils doivent s'étendre, permet de présumer que ceux dont il s'agit maintenant pénètrent de la même manière dans le corps de leur victime. — D'autres sont d'un ordre plus élevé et appartiennent à l'ancien grand genre Sphéric. Ils étendent leurs filaments végétatifs dans les tissus de l'insecte et finalement émettent une production extérieure fructifère, qui, dans certaines espèces, peut atteindre jusqu'à 0ᵐ10 environ de longueur. M. Durieu de Maisonneuve a même signalé dernièrement ce fait remarquable qu'une redoutable invasion de chenilles dans les bois des Landes de Gascogne a été arrêtée par un Champignon entomophage habituellement rare, le *Sphæria militaris*, qui a fait périr un nombre immense de ces chenilles et surtout de leurs chrysalides. Des développements analogues ont donné naissance à l'idée des *Guêpes végétantes*, de l'*Animal-plante* du Mexique, etc.

Composition chimique des Champignons. — La science possède aujourd'hui un assez grand nombre d'analyses de Champignons ; ce qu'elles ont établi de plus général, c'est que ces végétaux contiennent en général environ 90 pour 100 d'eau, de la mannite et du sucre fermentescible. Ils sont riches en substances azotées et en phosphates ; beaucoup renferment aussi une forte proportion de mucilage. On y trouve divers acides, principalement les acides oxalique, malique, citrique, fumarique, etc. Enfin certains d'entre eux contiennent un principe très-vénéneux, que Letellier a nommé Amanitine, que d'autres appellent Fongine, dont la nature n'est pas parfaitement déterminée et à l'action duquel sont dus de trop fréquents empoisonnements. Les Champignons dépourvus de cette dangereuse substance constituent un aliment sain, agréable et nutritif ; quant à ceux dans lesquels elle existe, on doit éviter soigneusement de s'en nourrir. Toutefois, comme l'ont prouvé les expériences de Fréd. Gérard, une préparation spéciale peut rendre inoffensives les espèces vénéneuses. Le principe nuisible, quel qu'il soit et quelque nom qu'on lui donne, étant soluble dans le vinaigre et dans l'eau salée, le procédé imaginé par ce naturaliste consiste à mettre 500 grammes de Champignons, coupés chacun en 4 ou en 8 morceaux, selon leur grosseur, dans un litre d'eau additionnée de 2 ou 3 cuillerées de bon vinaigre et de 2 cuillerées de sel de cuisine. Après une macération de deux heures dans ce liquide, on lave à plusieurs eaux; on met enfin ces Champignons dans de l'eau froide qu'on chauffe jusqu'à la faire bouillir pendant une demi-heure. Il ne reste plus qu'à laver, égoutter et préparer enfin pour la table. — Une précaution utile, dans tous les cas où l'on se propose de manger des Champignons, consiste à les saupoudrer préalablement de sel marin, et, au bout d'au moins une demi-heure, à les presser fortement entre les mains pour en extraire le plus de jus possible.

Les qualités de certains Champignons comme aliment ont fait souvent essayer de les cultiver; mais, au total, le Champignon de couche (*Agaricus campestris* L.) est le seul qu'on sache encore obtenir par une culture régulière et suivie qui, à Paris, a pris une extension considérable dans les jardins maraîchers et dans les galeries souterraines des carrières. Dans le département des Landes, on sème aussi avec succès l'*Agaricus Palomet* et le *Boletus edulis;* et pour cela, d'après Thore, on se contente d'arroser le sol, dans un bosquet de Chênes, avec de l'eau dans laquelle on a fait bouillir de ces Champignons. Il a été reconnu, en effet, que les spores de diverses espèces supportent la température de 100°, même de 110° (d'après Schmitz, pour le *Peziza repanda*) sans perdre la faculté de germer.

Structure des Champignons. — Ces végétaux sont toujours uniquement formés de tissu cellulaire. Mais les plus simples d'entre eux sont constitués par une seule cellule allongée en tube simple ou rameux (*Peronospora*, plusieurs Mucorinées); ceux qui les suivent par ordre de complication consistent en filaments composés d'une file de cellules cylindroïdes superposées. Dans l'un et l'autre cas, ces filaments sont souvent désignés par les botanistes sous la dénomination latine de *Hypha*, ou sous celle de *Flocons* (Flocci). Enfin les Champignons plus volumineux et plus complexes sont composés d'un nombre considérable de filaments cellulaires réunis les uns aux autres en une substance molle et comme spongieuse, dans laquelle ils suivent ordinairement une marche plus ou moins sinueuse. On peut donc théoriquement concevoir ces derniers comme une agrégation d'un grand nombre d'individus filamenteux. Une exception à cette structure générale est formée par les Champignons microscopiques qui constituent les ferments (*Hormiscium*, *Torula*, *Cryptococcus*); ceux-ci consistent simplement en cellules arrondies, ou ovoïdes, ou oblongues, qui se placent l'une à la suite de l'autre en chapelet.

§ 2. — Végétation et développement des Champignons.

Le mode de végétation et de formation des Champignons est caractéristique pour eux. La germination de la spore produit un premier filament qui s'allonge, se ramifie peu à peu, et dont les ramifications rampantes s'anastomosent entre elles çà et là; en un mot, ce premier développement donne naissance à une production généralement filamenteuse, plus rarement condensée en un corps solide, à une sorte de tissu qui constitue la partie fondamentale et végétative de la plante, c'est-à-dire ce qu'on appelle son *Mycelium* (Trattin.; Carcithium Neck.; Rhizopodium Heyne et Ehrenb.). Ce mycélium peut persister plus ou moins longtemps sans que l'individu qu'il compose alors tout entier possède le moyen de se reproduire; mais, lorsqu'il a suffisamment pris force, il émet, plus ou moins perpendiculairement à sa propre direction générale, soit un ou plusieurs filaments simples ou rameux qui, à leur extrémité, se conforment en cellules reproductrices ou *Spores*, soit des formations d'ordinaire beaucoup plus volumineuses que le mycélium lui-même, qu'on regarde vulgairement comme étant le Champignon tout entier, et qui ne sont cependant pour lui qu'un simple support de la fructification ou un *Réceptacle* (Receptaculum Lév.; Encarpium Tratt.). Les exemples suivants expliqueront ce développement.

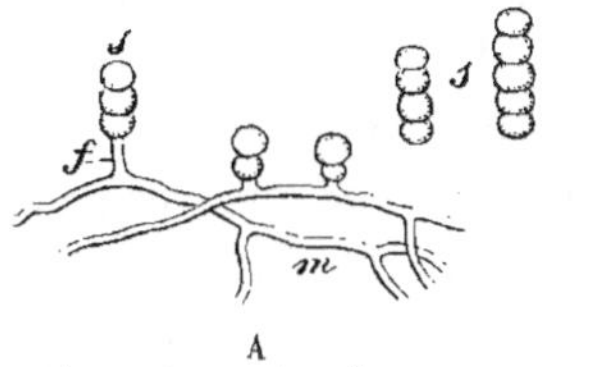

La figure 482 montre quelques fragments du mycélium, *m*, du *Xenodochus brevis*, et on voit qu'il en naît latéralement de très-courts filaments fructifères, *f*, qui se développent, presque en entier, en deux ou plusieurs spores arrondies ou un peu déprimées, *s*, superposées en manière de chapelet.

Fig. 482. — A, portion fortement grossie du *Xenodochus brevis* : *m*, mycélium ; *f*, filaments fructifères très-courts dont chacun se termine en un chapelet de spores, *s*. — B, deux séries isolées, l'une de quatre, l'autre de cinq spores, *s*. (D'après M. Bonorden.)

Sur la figure 483, qui représente l'*Helminthophora tenera*, on voit s'élever du mycélium, *m*, un filament fructifère, *f*, formé d'une file de cellules cylindriques, duquel partent plusieurs rameaux terminés chacun par une spore *s*, pluriloculaire. Enfin la figure 484 est destinée à montrer la manière d'être des Champignons supérieurs; on y remarque, s'élevant d'un mycélium *h*, analogue d'aspect à une racine rameuse, le

corps volumineux qu'on prend ordinairement pour tout le Champignon, et dans lequel on distin-
gue un *Pied* ou *Stipe* (Stipes) *a*,
supportant un *Chapeau* (Pileus) *b*,
vrai réceptacle de la fructification.

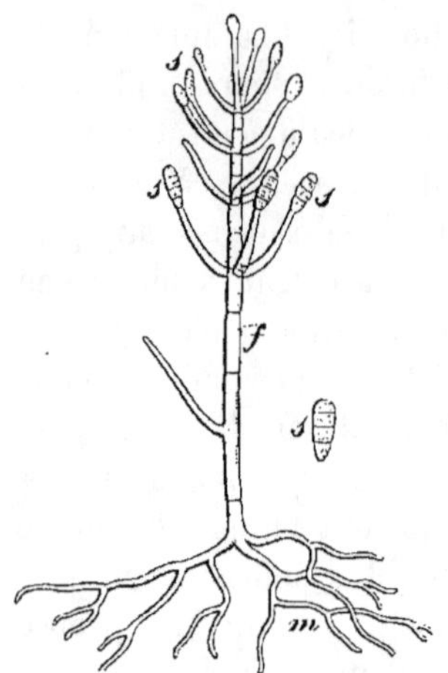

Fig. 483. — *Helminthophora tenera;* pied fortement grossi : *m*, mycélium ; *f*, filament
fructifère rameux, dont chaque rameau se
termine par une spore cloisonnée, *s ;* à
côté se trouve une de ces spores entièrement développée. (D'après M. Bonorden.)

Fig. 484. — *Secotium erythrocephalum;* un
individu adulte dans lequel on voit s'élever
du mycélium radiciforme *h* la portion fructifère divisée en pied ou stipe *a* et chapeau *b*.
(D'après M. Tulasne. — 1/1.)

La connaissance du mode de développement des Champignons
rend compte de différents faits sans cela fort obscurs. — Ainsi la
rapidité avec laquelle ces végétaux apparaissent a été de tout
temps proverbiale et a même donné lieu à des suppositions étranges. Elle s'explique parce que, là où rien ne se montrait à l'extérieur, il existait un mycélium qui prenait en quelque sorte des
forces pour le développement de son appareil reproducteur ; dès
lors celui-ci a pu se former en peu de temps. Il est cependant remarquable que, d'après la masse de substance qui se produit
ainsi, la quantité de cellules qui prennent naissance dans un
temps fort limité est faite pour exciter toute notre surprise. — On
voit souvent dans les prairies apparaître des Champignons rangés
en cercle, et chaque année a lieu une apparition analogue sur des
cercles de plus en plus grands. C'est là ce qu'on appelle vulgairement *cercles magiques, cercles de sorcières.* Ce fait tient à l'existence dans le sol d'un mycélium, que son accroissement amphi-
gène étend graduellement de plus en plus loin du point central où
il a pris naissance ; or, comme la vie se porte dans ses parties
périphériques à mesure qu'elle abandonne celles du centre, l'apparition des Champignons hors du sol a lieu d'après la même loi.

— Enfin dans la culture du Champignon de couche, lorsqu'on a préparé avec les soins convenables-le tas de fumier en partie décomposé dont on forme une meule, on y plante des morceaux de *Blanc*, c'est-à-dire de mycélium conservé d'une culture antérieure et entremêlé au fumier ou au terreau au milieu duquel il s'est produit. Grâce à l'humidité et à la chaleur, ce mycélium entre bientôt en végétation et il ne tarde pas à produire son appareil de reproduction, c'est-à-dire la partie comestible du Champignon. En Italie, on obtient des récoltes abondantes de *Polyporus esculentus* ou *tuberosus* en arrosant simplement la *Pietra fungaia* ou pierre à Champignons, mélange compacte de terre et de débris végétaux entremêlés du mycélium de cette espèce, qu'on recueille et conserve pour cet usage.

Divers états du mycélium. 1° Dans la grande majorité des cas, les filaments végétatifs restent distincts et séparés, seulement anastomosés parfois çà et là ; ils forment alors un mycélium *filamenteux* ou *floconneux* ou *nématoïde*, comme l'appelle M. Léveillé. — 2° Parfois ces mêmes filaments se soudent entre eux par paquets, de manière à composer des sortes de longs cordons ramifiés et ressemblant assez à des racines ; il en résulte alors un mycélium *fibreux*, comme celui que montre la figure 484 (p. 851), en *h*. Le *Phallus impudicus* offre ainsi une sorte de racine principale, très-ramifiée, dont l'épaisseur arrive jusqu'à deux millimètres et dont la longueur peut dépasser un mètre. On observe des mycéliums fibreux dans la plupart des Champignons d'ordre supérieur. Beaucoup de productions de ce genre avaient été regardées comme appartenant à des Champignons particuliers qu'on avait rattachés aux genres *Hypha*, *Hyphasma*, *Fibrillaria*, *Dematium*, *Byssus*, *Rhizomorpha*, etc., etc. ; mais il a été démontré, dans ces derniers temps, que ce ne sont que des mycéliums encore stériles d'espèces connues sous d'autres noms, à l'état de fructification. — 3° Les filaments du mycélium se feutrent assez fréquemment de manière à produire, dans leur ensemble, l'apparence de membranes qui peuvent acquérir des dimensions considérables en longueur et largeur, et que l'on a prises pour des Champignons particuliers ; tel est le *Racodium cellare* Pers., qui forme souvent sur les tonneaux, dans les caves, un revêtement brun-olivâtre, étendu sur des mètres entiers de surface ; tels sont encore la plupart des *Mycoderma*, les *Xylostroma*, *Athelia*, pour plusieurs desquels on a constaté que la fructification leur fait prendre la forme de genres élevés en organisation. Ces Mycéliums

membraneux sont aussi appelés *hyménoïdes* par M. Léveillé. —
4° La forme la plus singulière que puissent prendre les Mycéliums
consiste en corps pleins, de configurations diverses, tantôt charnus, tantôt subéreux ou durs, que les *mycologues* (botanistes
s'occupant des Champignons; de μύκης, Champignon, et λόγος,
discours, traité), ont pris pour un genre particulier de ces végétaux (*Sclerotium* Tode), et dont ils ont décrit successivement
jusqu'à quatre-vingts espèces. Le premier, M. Léveillé soutint,
en 1843, que ces prétendus Champignons ne sont pas autre
chose que des mycéliums dont les filaments se sont ramassés,
enchevêtrés, soudés intimement et qui, à un moment donné,
émettent des réceptacles sous la forme de Champignons de genres et d'espèces bien caractérisés. Cette idée heureuse et basée
d'ailleurs sur des observations, obtint peu de faveur auprès des
botanistes; mais, plus récemment, MM. Tulasne l'ont appuyée
sur des faits tellement démonstratifs qu'ils ont rendu le doute
impossible. Les Mycéliums de ce genre sont qualifiés par M. Léveillé de *tuberculeux* ou *scléroïdes*. J'en citerai, comme un
exemple fort remarquable, l'Ergot du seigle qui se développe à
la place du grain de cette céréale. Cette production singulière,
que représente la figure 485, *er*, avait été décrite sous le nom de
Sclerotium Clavus DC., et, en outre, elle
avait donné lieu à des hypothèses fort
diverses. MM. Tulasne nous ont appris
qu'en la plantant superficiellement dans
de la terre humide, elle donne naissance
à un nombre plus ou moins grand de
petits Champignons, qui n'en sont que
le réceptacle, dans chacun desquels on
distingue nettement un pied *a*, et un
renflement ou un chapeau globuleux *b*,
sorte de Sphéric qui a été nommée *Claviceps purpurea* Tul. La figure 485 représente l'ergot à l'état fertile, c'est-à-
dire le *Sclerotium Clavus* ayant produit
plusieurs *Claviceps purpurea*.

Fig. 485. — Ergot de seigle, *er*,
ayant produit plusieurs *Claviceps purpurea* Tul., dont chacun montre son pied *a* et son
chapeau *b*. (1/1. — D'après
M. Tulasne.)

Durée du mycélium. — Le mycélium étant la partie végétative
des Champignons, et en quelque sorte l'analogue de l'axe des
végétaux plus élevés, a comme celui-ci une durée très-variable
selon les espèces. Quelquefois il est annuel, monocarpique, et ne
fructifie par conséquent qu'une fois; plus souvent il persiste plus

ou moins longtemps et alors il donne plusieurs fructifications annuelles successives. On trouvera là-dessus, dans l'excellent ouvrage déjà cité de M. de Bary, des détails et des exemples que le défaut d'espace ne me permet pas de reproduire ici.

§ 5. — Reproduction des Champignons.

Pour en prendre une idée suffisante, il faut l'étudier successivement : 1° dans l'appareil entier dans lequel elle se produit, 2° dans les corps reproducteurs eux-mêmes.

Appareil reproducteur. — L'appareil reproducteur considéré tout entier, c'est-à-dire la formation qui émane du mycélium et qui donne les corps reproducteurs, en d'autres termes le réceptacle compris avec le sens le plus large de ce mot, se présente, dans la classe entière des Champignons, avec des configurations diverses : tantôt (A) il consiste en un simple filament simple ou rameux, comme celui que représente la figure 483 (p. 851), et tantôt (B) il forme des masses plus ou moins volumineuses qui répondent seules à l'idée qu'on se fait vulgairement des Champignons et auxquelles semble s'appliquer plus convenablement qu'aux premiers la qualification de réceptacle. Parmi ces réceptacles non filamenteux, on peut distinguer, avec M. de Bary, quatre modifications : 1° le réceptacle *gymnocarpe* ou portant les corps reproducteurs à découvert, 2° celui des Hyménomycètes volvacés, 3° celui des Gastromycètes et des Tubéracées, 4° enfin celui des Pyrénomycètes. Donnons quelques détails explicatifs sur les uns et les autres.

A. Les *Filaments fructifères* partent du mycélium, en général perpendiculairement à sa direction générale, et atteignent au plus quelques millimètres de longueur. Ils sont quelquefois simples, plus souvent ramifiés. Lorsqu'ils consistent en une seule cellule allongée en tube (par exemple, Péronosporées), leur extrémité se renfle graduellement, s'isole, par une cloison transversale, du reste du tube, et forme ainsi une spore. Si ces mêmes filaments sont composés d'une file de cellules, c'est leur cellule terminale qui subit un changement analogue et qui devient une spore, ou pour parler plus rigoureusement, dans laquelle se produit une spore. Plusieurs spores peuvent ainsi se former successivement, dans diverses espèces, au bout de chaque filament et de chacun de ses rameaux, ce qui explique le nombre presque infini de corps reproducteurs produits par les moisissures que nous voyons apparaître sur toutes les substances, sous l'influence de l'humidité et de la chaleur, et ce qui rend compte également de la facilité prodigieuse avec laquelle se propagent ces petits végétaux; plus souvent toutefois, la production d'une spore met fin à la vie du filament qui l'a donnée.

B. α. — Les *Réceptacles solides gymnocarpes* sont ceux qui portent les corps reproducteurs à découvert, sur leur surface libre, sans que jamais ceux-ci aient été abrités sous une enveloppe particulière ni enfermés dans une cavité close formée par la substance même du Champignon. Cette catégorie est de beaucoup la plus nombreuse des quatre. La couche de substance qui porte les corps reproducteurs et de laquelle ils émanent est désignée sous les noms d'*Hyménium* (Pers.) ou *couche fructifère;* de là on appelle *Hyménomycètes* les Champignons où cette organisation existe et qui sont, à peu d'exceptions près, ceux que l'on connaît vulgairement sous ce dernier nom. La configuration extérieure de ces réceptacles varie selon les genres et les espèces : tantôt ils sont étendus en expansions planes, plus ou moins membraneuses, dont toute la face libre est occupée par l'hyménium (Urédinées), et tantôt ils s'élèvent en corps proéminents, de formes diverses, sur lesquels l'hyménium est limité à une portion de la surface (Champignons ordinaires).

C'est particulièrement pour les réceptacles proéminents qu'il est essentiel de connaître les principales d'entre les formes sous lesquelles ils s'offrent et les parties qu'on y distingue. Ces formes tiennent en grande partie à la disposition et à la situation de l'Hyménium. Il est lisse et sans proéminences notables à sa surface, dans les Pézizes, les Clavaires, etc., tandis qu'ailleurs il forme des plis ou des lames très-saillantes, perpendiculaires à la direction générale de la substance qui les porte. Ainsi tout le monde sait que, dans le Champignon de couche, l'Oronge et dans tous les autres Agarics qui croissent en grand nombre dans nos contrées, le réceptacle a une forme analogue à celle que représente la figure 484 (p. 851); tout le dessous de son chapeau est occupé par un nombre considérable de lames libres qui rayonnent du centre à la circonférence et qui sont tapissées par l'hyménium; dans le singulier genre *Cyclomyces*, ces lames sont en forme de cercles concentriques, et dans les Bolets elles s'anastomosent entre elles un grand nombre de fois de manière à former une infinité de tubes étroits et profonds, librement ouverts à un bout; dans le genre *Fistulina*, le chapeau, sessile ou à peu près et dimidié, a sa face inférieure chargée de petites tubes libres et distincts les uns des autres dont l'intérieur est tapissé par l'hyménium.

β. Dans les *Hyménomycètes volvacés* le réceptacle se distingue du précédent uniquement parce que, à l'état jeune, il est contenu dans une enveloppe qui se rompt plus tard et qui se montre sous deux états différents : tantôt elle renferme le chapeau avec le pied qui le supporte, et alors la substance en est plus ou moins épaisse ; elle constitue alors une *Volve* (Volva Micheli, *Velum universale* Fr.) ; tantôt elle n'a que l'étendue nécessaire pour réunir le pied aux bords du chapeau (*Velum partiale* Fr.) ; dans ce dernier cas, elle est ordinairement membraneuse. Lorsque l'accroissement du chapeau la distend et la déchire, elle reste adhérente aux bords de celui-ci, formant ce que les mycologues appellent du nom latin de *Cortina*, ou bien elle se détache de ces bords pour demeurer fixée au pied sous la forme d'une lame circulaire étendue tout autour de ce pied, ce qui la fait appeler l'*Anneau* (Annulus).

γ. La nature du *réceptacle des Gastromycètes* (de γαστήρ, ventre, et μύκης, Champignon) est déjà presque suffisamment indiquée par le nom donné à ces Champignons. Il consiste, en effet, en un corps arrondi ou ovoïde, plus ou moins rétréci dans le bas, dont toute la portion centrale est constituée par un tissu continu, mais creusé d'un grand nombre de chambres closes, dont les parois portent une immense quantité de corps reproducteurs. L'ensemble de ce réceptacle contenant la fructification est habituellement désigné sous la dénomination spéciale de *Péridie* (Peridium), et sa portion intérieure, à la fois lacuneuse et fructifère, reçoit celle de *Gleba*. Chacune des cloisons qui séparent deux chambres ou lacunes l'une de l'autre a ses deux faces tapissées par l'hyménium et le milieu de son épaisseur occupé par le tissu propre du Champignon. A la maturité, ces cloisons se désagrégent ; une large ouverture se forme dans le haut du réceptacle, qui parfois semble s'ouvrir avec régularité, et les spores, devenues libres, sortent en nombre incalculable sous l'apparence d'un petit nuage qui a valu aux plus communs de ces végétaux (*Lycoperdon*, *Bovista*) le nom vulgaire de Vesse-loup.

Dans les Tubéracées, dont les Truffes (*Tuber*) sont des exemples bien connus, le réceptacle est encore un péridie qui est né d'un mycélium et qui en a été accompagné pendant les premiers temps, pour rester finalement seul sous l'apparence d'un tubercule solide. Pendant la jeunesse, il y existait aussi des chambres, mais longues, étroites et comme ramifiées. De bonne heure, les filaments élémentaires qui composaient le tissu des parois de ces cavités s'y sont étendus au point de les remplir en entier, et, comme il reste de l'air entre ces filaments, le tissu feutré qu'ils constituent est blanc ou blanchâtre. D'un autre côté, les portions du tissu fondamental entre les filaments duquel il y a, non pas de l'air mais un liquide, produisent l'effet de lignes noires ou brun foncé, tandis que le tissu hyménial qui est intermédiaire entre les deux a une nuance grisâtre ; telle est l'origine des marbrures qu'offre la substance d'une Truffe coupée transversalement.

δ. Les *Pyrénomycètes* constituent une série très-nombreuse de petits Champignons qui croissent principalement sur les parties ligneuses des Phanérogames, et que, pour ce motif, De Candolle appelait Hypoxylées. Leur nom est tiré de ce que leurs corps reproducteurs se produisent dans des cavités nommées *Conceptacles* ou *Périthèces* (Conceptacula, Perithecia), dans le milieu desquelles un tissu cellulaire mou et finalement gélatineux ressemble à un *Noyau* ou nucléus (de πυρήν, noyau, et μύκης, Champignon). Les périthèces se forment dans l'épaisseur des tissus du Champignon, sous sa couche externe qualifiée de corticale ; ils sont d'abord entièrement clos, mais finalement ils s'ouvrent à l'extérieur par un ostiole. Dans certains d'entre eux, les conceptacles, soit isolés, soit groupés, sont portés immédiatement sur un mycélium peu apparent, et chacun d'eux constitue un réceptacle ; mais dans ceux qui occupent un rang plus élevé, plusieurs sont réunis sur un réceptacle commun que les mycologues appellent *Stroma*, et qui parfois prend la forme d'un pied terminé par un renflement à la surface duquel s'ouvrent ces cavités. On en voit un exemple sur la figure 485 (p. 853).

Corps reproducteurs. — Les corps reproducteurs des Champignons prennent naissance de diverses manières qui rappellent ce que nous avons vu pour les Algues : tantôt par reproduction non sexuelle, très-rarement par reproduction ambiguë et conjugation, quelquefois aussi par reproduction sexuelle caractérisée. Dans l'état actuel de nos connaissances, le premier de ces trois modes est de beaucoup le plus fréquent et tous les corps reproducteurs auxquels il donne naissance peuvent être compris sous la dénomination commune de *Spores*. Certaines des modifications qu'on en a distinguées ne méritaient guère de recevoir un nom particulier, et, sous ce rapport comme sous plusieurs autres, la mycologie n'a nullement gagné à la multiplicité des dénominations proposées ; malheureusement cette multiplicité est telle que M. Léveillé a pu remplir dix colonnes imprimées en petit texte, d'un format grand in-8 (art. MYCOLOGIE du *Dictionn.* d'Orbigny), avec le simple relevé de celles qu'ont reçues successivement les différentes parties des Champignons.

1. Reproduction non sexuelle. — *Spores.* — Toute spore est une simple cellule ; mais tandis que le plus souvent cette cellule garde sa cavité indivise, quelquefois elle finit par la subdiviser. Elle peut naître et se produire de deux manières différentes : 1° dans l'intérieur d'une cellule-mère et grâce à la formation de cellules nouvelles par le protoplasma ; 2° sur une cellule-mère, à son extrémité et en apparence à l'extérieur de sa cavité. La première de ces formations est qualifiée d'*endosporée* ou *ascigère* ; la seconde est dite *exosporée* ou *acrosporée* ou *ectosporée*.

A. *Formation endosporée.*— Les cellules-mères dans lesquelles s'organisent les spores, dans ce cas, sont appelées *Thèques* ou *Asques* (Thecæ, Asci) ; et de là les Champignons pour lesquels a lieu ce mode de formation reçoivent l'épithète de *thécasporés* ou la dénomination générale de *Ascomycètes*. M. de Bary a reconnu que dans ces cellules-mères les spores peuvent se former d'après deux modes qui constituent deux modifications caractérisées de la marche générale ; voici d'abord en résumé en quoi consiste le plus habituel de ces modes. — Les cellules-mères ou thèques se produisent sur les filaments essentiellement constitutifs du Champignon, soit comme cellule terminale, soit comme cellules latérales, c'est-à-dire comme ramifications, soit des deux manières à la fois. Presque toujours elles sont accompagnées d'autres cellules allongées en poils, c'est-à-dire de paraphyses. On voit, sur la figure 486, un groupe de trois thèques, *t*, et de deux paraphyses, *p*. Chaque thèque produit à son intérieur des spores (ou cellules secondaires, cellules-filles) au nombre, en général, de 8, quelquefois aussi de 2 (*Erysiphe guttata*), ou de 4 (divers *Erysiphe*), ou de 9 (*Exoascus*), ou de 16 (*Ascobolus sexdecimsporus*, plusieurs *Hypocrea*), ou même beaucoup plus (*Diatrype, Tympanis*). Dans sa jeunesse, elle est remplie d'un protoplasma granuleux (comme on le voit pour celle de droite, sur la figure 486), au milieu duquel se montre un nucléus globuleux. Bientôt ce protoplasma se retire de la partie inférieure de la thèque, où il reste un liquide incolore ; puis quand cette cellule a atteint toute sa longueur, à la place de son nucléus primitif, on en voit deux plus petits, puis 4, puis enfin 8, autour desquels le protoplasma se ramasse et se condense ; enfin autour de chacune de ces masses protoplasmiques apparaît une membrane ; dès lors les spores existent et n'ont plus qu'à consolider leur membrane pour arriver ensuite graduellement à leur forme définitive.

La seconde sorte de formation endosporée que distingue M. de Bary diffère de la première en ce que toute la masse de protoplasma, contenue dans la thèque, se partage en deux ou plusieurs cellules-filles entre lesquelles il se forme des cloisons émanant des parois de cette cellule-mère. Il y a donc, dans ce second cas, formation de spores par division de la cellule-mère, tandis que dans le premier il y avait formation cellulaire libre, s'opérant sous l'influence des nucléus.

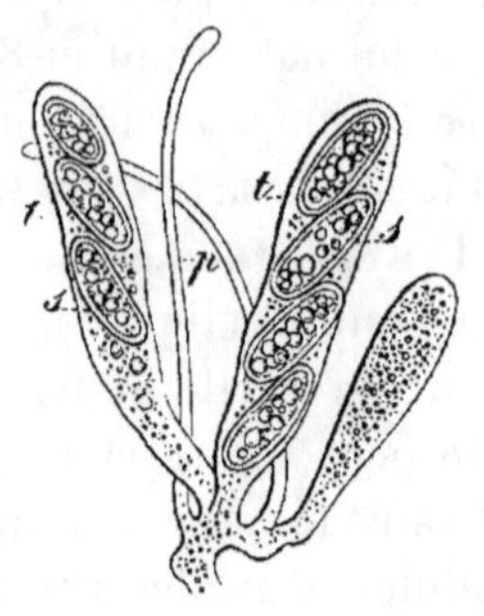

Fig. 486. — *Cenangium Frangulæ ;* groupe de trois thèques *t*, à différents états de développement et de deux paraphyses *p* ; *s*, spores contenues dans deux de ces thèques. La thèque du milieu est la plus avancée. (Fortement grossi. — D'après M. Tulasne.)

B. *Formation acrosporée.* — Dans ce mode de formation, dont la figure 487 montre les détails, les filaments constitutifs du réceptacle, *c*, se renflent à leur extrémité libre et forment ainsi une cellule, *b*, *b'*, qu'on peut considérer comme la cellule-mère des spores et qu'on a nommée *Baside* (Lév.), ou *Sporophore*. A son tour, chaque baside développe à son extrémité de petits prolongements tubulés (*b''* en B) généralement au nombre de 4 (2 dans les *Dacrymyces*, *Octaviania*, *Calocera* ; de 6 à 9, et en

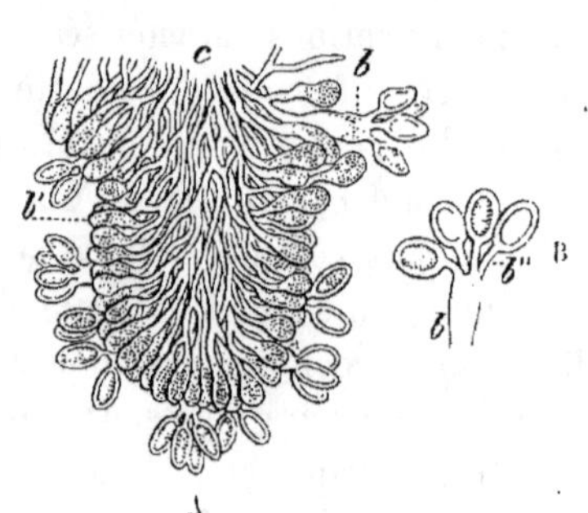

Fig. 487. — *Secotium erythrocephalum* Tul. ; sa fructification. — A, coupe transversale d'un fragment de l'hyménium avec le tissu qui le supporte ; *c*, filaments constitutifs qui montrent leurs renflements terminaux en basides *b b'* ; ces dernières, *b'*, sont restées stériles. — B, une baside *b* isolée et surmontée de quatre spicules *b''* dont chacune a donné une spore. (400/1. — D'après M. Tulasne.)

moyenne 8, pour les Phalloïdées, *Geaster*, etc.), qu'on appelle *Spicules* ou *Stérigmates*, et ceux-ci ne tardent pas à se renfler chacun en un gros corps arrondi ou ovoïde, c'est-à-dire en une spore. Enfin une cloison transversale se produit à la base de chaque spore qui, dès lors, a sa cavité propre et n'a plus qu'à s'isoler pour aller reproduire la plante. — La formation des spores sur des basides appartient aux Champignons supérieurs, Gastromycètes et Hyménomycètes, auxquels on applique souvent, pour ce motif, la dénomination commune de *Basidiosporés*.

Un célèbre mycologue anglais, M. Berkeley, croit devoir distinguer sous un nom particulier les spores produites par l'une et par l'autre des deux formations précédentes. Réservant le nom de spores à celles que donne la formation acrosporée, il nomme *Sporidies* celles qui résultent de la formation endosporée.

Modification des spores. — Les corps reproducteurs qui résultent de la formation endosporée ne paraissent pas offrir de modifications bien notables; mais il en est autrement pour celles que donne le développement acrosporé. Quoique ne pouvant m'étendre beaucoup sur ce sujet, je dois en faire l'objet de quelques indications indispensables.

Conidies. — M. Fries a nommé *Conidies* (Conidia) de petits corps reproducteurs qu'il regarde comme différant des spores, quoiqu'ils soient susceptibles de germer, et auxquels cependant il semble difficile d'assigner des caractères tant soit peu distinctifs. Toutefois, si l'on tient à conserver cette dénomination, dont se servent habituellement les mycologues, il semble qu'on peut la réserver pour les petits corps qui se produisent sur les filaments fertiles des Champignons filamenteux ou Hyphomycètes. Là, ces conidies prennent naissance par formation acrosporée, d'après le mode que nous venons de voir pour les Basidiosporés, mais isolément l'une après l'autre. Les choses se passent pour elles de deux manières différentes : 1° la cellule terminale du filament fertile ou de ses ramifications, jouant le rôle de baside ou, si l'on veut, de spicule, se renfle en un corps reproducteur qu'une cloison basilaire vient ensuite isoler de son support; peu après, au-dessous de cette première spore, il s'en forme de la même manière une nouvelle qui la rejette de côté; une troisième suit la seconde, et ainsi de suite, souvent jusqu'à plusieurs fois successivement. Ces spores, ainsi chassées de leur place, tantôt restent sur le filament, ramassées en une petite masse, tantôt aussi se détachent dès que celle qui vient après chacune d'elles a pris quelque peu d'accroissement, mais en restant attachées par une matière glutineuse près du point où elles ont pris naissance. — 2° Lorsque la cellule terminale du filament fertile s'est renflée en spore (ou conidie), celle qui est immédiatement au-dessous se renfle à son tour de la même manière; puis la troisième, la quatrième, etc., se comportant de même, il se produit un chapelet plus ou moins long de ces corps reproducteurs, qui se conserve plus ou moins longtemps, selon que les étranglements qui existent entre eux sont plus ou moins prononcés, et par conséquent d'une rupture plus ou moins facile. La figure 482 (p. 850) peut donner une idée de ces conidies superposées en chapelet..

Il existe des conidies chez un très-grand nombre de Champignons; même beaucoup d'entre eux commencent par produire cette sorte de corps reproducteurs, et ensuite ils en forment d'autres faisant partie d'appareils plus complets.

Stylospores et *Pycnides*. — Dans ce dernier cas, on les voit, lorsqu'ils sont arrivés à un état plus avancé, développer des conceptacles particuliers, constituant des corps arrondis, ovoïdes ou turbinés, qui s'ouvrent à leur sommet pour livrer passage à une sorte de spores nées en nombre immense dans leur intérieur. Ces conceptacles ont reçu le nom de *Pycnides* de MM. Tulasne, qui ont montré que plusieurs fois on les avait pris, non pour de simples appareils de reproduction, mais pour des espèces particulières de Champignons. Quant aux spores qui prennent naissance dans les

pycnides, ces éminents mycologues les nomment *Stylospores* parce que chacune d'elles termine une sorte de rétrécissement en pédicule ou stérigmate. La figure 488 représente, en A, une portion de la paroi solide, *c*, d'une pycnide avec les nombreuses stylospores, *s*, *s*, qui la tapissent intérieurement.

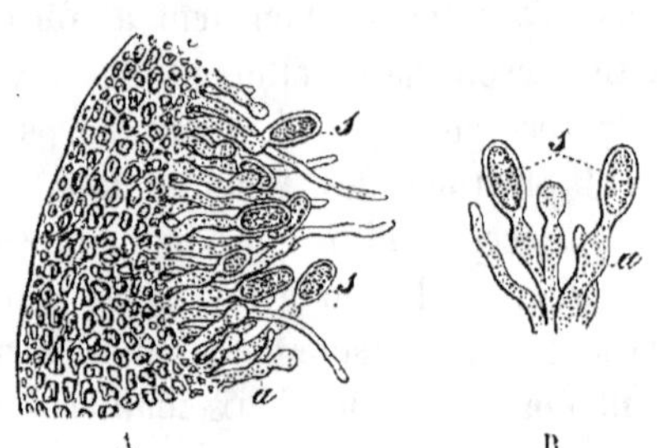

Fig. 488. — *Cenangium Frangulæ* Tul. : A, coupe transversale de la paroi d'une pycnide; *c*, substance même de la paroi; *s s*, stylospores; *a*, leurs basides. — B, Groupe de stylospores avec deux paraphyses. (Fortement grossi. — D'après MM. Tulasne.)

Comme on le voit surtout en B, chacune de celles-ci est séparée par une sorte de pédicule ou par un stérigmate de la cellule oblongue, *a*, qui lui a donné naissance et qui peut très-bien être regardée comme sa baside.

Spermaties et *Spermogonies*. — C'est avec beaucoup de doute que je range ici l'espèce de corps reproducteurs auxquels MM. Tulasne ont donné le nom de *Spermaties*; en effet, le rôle en est extrêmement obscur; on ne les a pas encore vus germer, et même ces botanistes, à qui l'on en doit la découverte, présument qu'ils pourraient bien être analogues à des anthérozoïdes. Quoi qu'il en soit à cet égard, la figure 489 peut en donner une idée. Ce sont des corps d'une extrême exiguïté, *a*, qui ont la forme de bâtonnets droits ou arqués, et qui sont produits successivement en grand nombre à l'extrémité, ainsi que sur les côtés de filaments cellulaires spéciaux. Ceux-ci à leur tour tapissent la paroi interne de conceptacles particuliers que MM. Tulasne ont appelés *Spermogonies*.

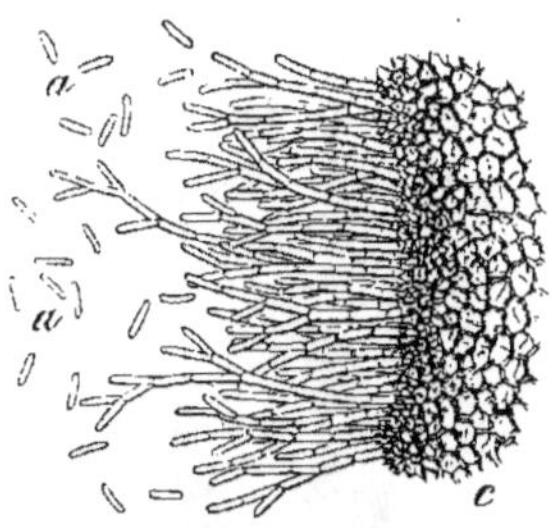

Fig. 489. — *Triblidium quercinum* Pers. Portion de la coupe transversale d'une spermogonie ; *c*. substance des parois de la spermogonie; *a a*, spermaties venant de se détacher des filaments sur lesquels elles se sont produites. (Très-fortement grossi. — D'après MM. Tulasne.)

Zaospores. — Nous avons vu que la plupart des Algues possèdent des zoospores ; cette singulière sorte de corps reproducteurs se retrouve dans la classe des Champignons ; mais jusqu'à ce jour on n'en a constaté l'existence que dans un fort petit nombre de ces végétaux. J'en donnerai comme exemple celles du *Peronospora infestans* Casp., le redoutable entophyte qui, d'après les remarquables expériences de M. Speerschneider, répétées ou confirmées par MM. Hoffmann, de Bary, etc., est la cause même de la maladie de la Pomme de terre, et non, comme l'ont avancé et le soutiennent encore diverses personnes, le produit d'un développement consécutif à un état morbide antérieur.

De même que la généralité des entophytes, ce Champignon germe à l'extérieur de la plante nourricière, sous l'influence de l'humidité ; son tube germinatif perce l'épiderme et la couche subéreuse encore mince qui recouvrent les jeunes tubercules de Pomme de terre, pour aller développer un mycélium dans leur intérieur. Les filaments de ce mycélium envahissent ensuite peu à peu les parties aériennes de la plante, déterminant le brunissement et l'altération des tissus qu'ils parcourent. Arrivés dans les feuilles, ils se répandent entre les cellules de ces organes, surtout dans le parenchyme lacuneux qui en avoisine la face inférieure. Ceux d'entre eux qui parviennent dans les chambres sous-stomatiques ne tardent pas à devenir le point de départ de filaments fructifères, *f* (fig. 490), plus épais qu'eux-mêmes, perpendiculaires à la direction générale de ce mycélium, *m*, et qui sortent de la feuille par l'ostiole des stomates, *st*. Parvenus ainsi à l'air libre,

en nombre immense, les filaments fertiles forment chacun, vers
leur extrémité, 2 à 5 rameaux grêles et pointus qu'on voit se gonfler bientôt en un petit renflement, *zs*. Celui-ci grossit et devient
finalement un corps relativement assez gros (*zs*, fig. 491, A), terminal, ovoïde, finissant en ma-
melon pointu. Ce corps n'est

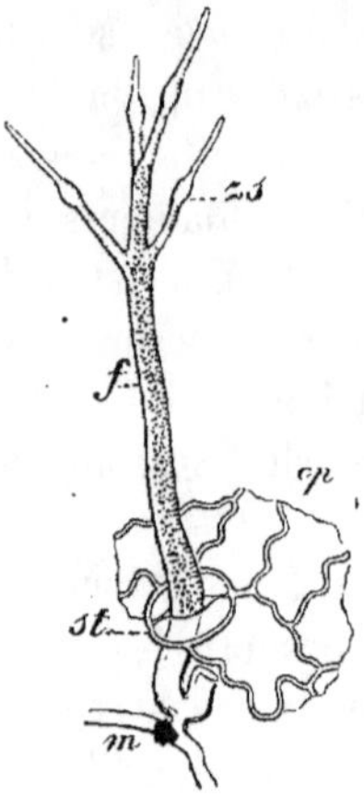

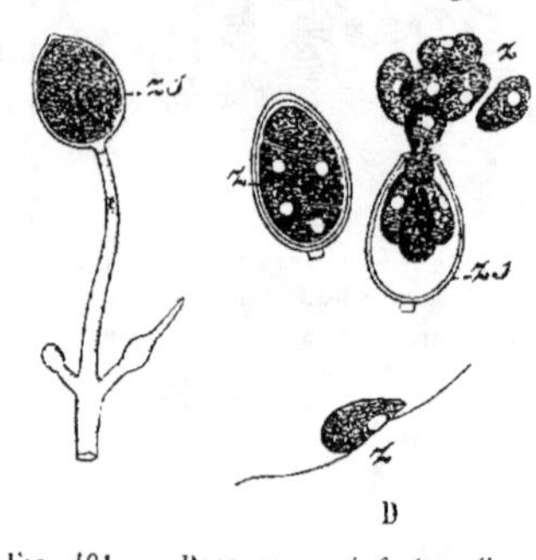

FIG. 490. — Portion de l'épiderme, *cp*, d'une
feuille de Pomme de terre dans l'épaisseur de laquelle existe le *Peronospora
infestans* Casp. — *m*, un filament du mycélium de celui-ci; *f*, filament fertile
qui en est né et qui sort par le stomate *st*; *zs*, zoosporange naissant. (200/1.
— D'après M. de Bary.)

FIG. 491. — *Peronospora infestans* Casp. —
A, extrémité d'un filament fertile portant
un gros zoosporange *zs* qui va se détacher.
(500/1). — B, zoosporange qui s'est isolé
et dont le contenu se divise; *z*, zoospores qu'il renferme. — C, zoosporange
zs se vidant de ses zoospores *z*. — D, zoo-
pore adulte *z*. (500/1 pour B, C, D. —
D'après M. de Bary.)

que la cellule dans laquelle vont apparaître plusieurs zoospores,
c'est-à-dire un sporange de zoospores ou un *Zoosporange*. Le
zoosporange, alors rempli d'un protoplasma homogène, se détache,
et, s'il tombe dans une goutte d'eau, il ne tarde pas à y prendre un
développement remarquable. Il grossit ; son enveloppe devient plus
épaisse et se divise même en deux couches superposées (fig. 491,
B); en même temps dans sa matière protoplasmique se creusent
des vacuoles dont chacune est comme le centre d'une petite masse
circonscrite par des lignes très-déliées. Chacune des masses indiquées par ces lignes est une zoospore. Le zoosporange représenté sur la figure 491 B en renfermait dix, dont cinq se voient
du côté qui a été dessiné. Bientôt un trou se forme au sommet de
l'enveloppe commune, et par cette voie sortent les zoospores qui
se montrent alors, comme en *z*, sur la figure 491 C, sous la forme
d'un petit corps plus ou moins irrégulièrement ovoïde, mou, sans
enveloppe de cellulose, offrant une vacuole intérieure. Elles
restent quelques instants groupées et immobiles devant l'orifice du

zoosporange, *zs*, par lequel elles sont sorties, après quoi elles commencent à s'agiter dans le liquide sous leur forme définitive D. Elles sont alors aplaties en dessous, très-convexes en dessus, pointues en avant, arrondies en arrière. Leur vacuole est très-voisine de leur face aplatie, et un peu en arrière de la place qu'elle occupe s'attachent deux cils vibratiles inégaux, dont le plus court, dirigé en avant, est leur organe moteur, tandis que le plus long se porte en arrière pour servir en quelque sorte de gouvernail. Au bout d'une demi-heure environ, leur mouvement se ralentit; puis elles se fixent, s'arrondissent, perdent leurs cils, laissent alors reconnaître à leur surface une enveloppe de cellulose extrêmement mince, et dès lors elles commencent à émettre leur filament germinatif, qui se développe en un nouveau pied.

II. **Reproduction ambiguë ou conjugation.** — Le curieux phénomène de la conjugation n'a été observé jusqu'à présent que sur deux Mucorinées, le *Syzygites megalocarpus* Ehrenb., et le *Rhizopus nigricans* Ehrenb. La manière dont il s'opère dans ces deux Champignons est semblable pour l'ensemble et pour le résultat final ; mais elle diffère quelque peu quant à certains détails. La figure 492 représente fortement grossie la première de ces deux espèces et sa conjugation. Le Champignon lui-même consiste, comme on le voit, en un filament délié, *f*, régulièrement dichotome ; ses ramifications sont dressées. Pour la conjugation, sur deux d'entre elles adjacentes, on voit apparaître, l'un en regard de l'autre et à la même hauteur,

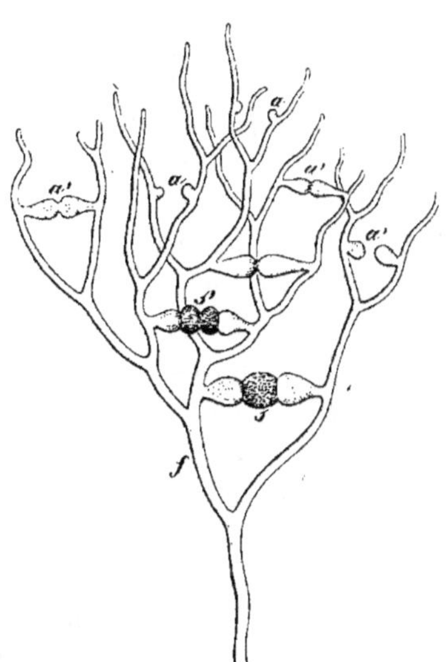

Fig. 492. — *Syzygites megalocarpus* Ehr. Un pied montrant la conjugation à divers degrés. — *f*, filament dichotome qui constitue le Champignon ; *a a*, mamelons de conjugation plus ou moins développés ; *a' a' a'*, les mêmes arrivés au contact ; *s'*, spore encore formée de deux moitiés non confondues ; *s*, spore dont les deux moitiés se sont unies en un seul globule. (Fortement grossi. — D'après M. Bonorden.)

deux petits mamelons, *a a*, qui grandissent bientôt, en se rapprochant l'un de l'autre. Ils ne tardent pas à se renfler en massue tout en s'allongeant, puis à se toucher et à se souder par leurs extrémités ainsi arrivées au contact. Le protoplasma s'amasse alors dans les deux portions voisines de la jonction qui se renflent même, comme en *s′*; après quoi les deux globules ainsi formés se confondent en un seul, *s*, qui est la spore. Pour distinguer le corps reproducteur qui s'est formé de cette étrange manière, on le nomme souvent *Zygospore* (de ζυγή, mariage; jonction). Une particularité fort remarquable c'est que cette spore, à membrane épaisse et verruqueuse, produit en germant un filament duquel provient directement un nouvel individu sans formation de mycélium.

III. Reproduction sexuelle. — Jusqu'à ce jour la reproduction s'opérant par le concours d'organes de deux sortes ou par deux sexes n'a été observée que sur quelques Champignons. La principale raison paraît en être que ceux dont la sexualité est le mieux établie sont des entophytes, et que ce remarquable phénomène s'y passe à l'intérieur même des tissus de la plante nourricière. Tels sont les *Peronospora*, dont j'ai fait connaître les zoospores, et la Rouille des Crucifères (*Cystopus candidus* Lév.). Quant aux autres, le rôle de leurs formations qu'on a présumé représenter le sexe mâle n'est pas nettement démontré. Ces formations sont surtout les spermaties, dont j'ai déjà parlé, ainsi que celles qui existent sur l'hyménium des Hyménomycètes (Agarics, etc.), et que M. Léveillé a nommées *Cystides* (Paraphyses Phœb., Anthéridies, Anthères, Pollinaries d'autres mycologues). Ce sont des sortes de grosses cellules généralement ovoïdes, qui font saillie à la surface de l'hyménium, surtout au bord des lamelles chez les Agarics, mais dans lesquelles on n'a jamais rien vu qui vînt à l'appui des idées théoriques exprimées sur leur compte. Elles sont si volumineuses, dans les Agarics-Coprins, qu'on peut les distinguer à l'œil nu. Parfois assez nombreuses, dans certaines espèces, quoique toujours beaucoup moins que les basides, elles sont fort clair-semées ou manquent même dans d'autres. Au total, M. de Bary conclut de l'étude qu'il en fait que, d'après les faits publiés à leur sujet jusqu'à ce jour, il y a tout lieu d'admettre que ce sont simplement des productions analogues à des poils.

Le phénomène que, dans ces végétaux, les mycologues s'accordent aujourd'hui à regarder comme une fécondation, rappelle tellement ce que j'ai décrit et figuré comme ayant lieu pour les *Saprolegnia* (voy. p. 840, fig. 480), que j'aurai bien peu de choses à dire ici sur ce sujet. Ainsi, dans les *Peronospora* et le *Cystopus*, le mycélium qui serpente au milieu des tissus de la plante nourricière produit, d'après M. de Bary, deux sortes de rameaux dont les uns sont femelles et se renflent à leur extrémité en un gros globule ou *Oogone*, tandis que les autres sont mâles et forment à leur extrémité une petite ampoule ovoïde, aplatie d'un côté, convexe de l'autre, qui est regardée comme une anthéridie. Celle-ci s'applique par sa face aplatie contre l'oogone, au centre duquel s'est ramassée la matière protoplasmique en globule à féconder nommé *Gonosphérie*. Elle émet alors un tube grêle qui perce les parois de l'oogone et arrive jusqu'au globule central. Bien que ce tube fécondateur ne s'ouvre pas à son extrémité, son action virtuelle, analogue à celle du tube pollinique sur la vésicule embryonnaire, opère la fécondation de la gonosphérie qui, dès lors, se couvre d'une membrane de cellulose et devient ainsi une spore appelée par le même savant *Oospore*.

Dans le *Cystopus candidus*, mise plus tard à découvert par la désorganisation du tissu de la plante nourricière, cette oospore germe et devient un grand zoosporange dont le contenu s'organise en nombreuses zoospores. Enfin celles-ci, devenues libres, s'agitent pendant deux ou trois heures, puis s'arrêtent, se couvrent d'une membrane, germent et, par les stomates des cotylédons, introduisent leur tube germinatif dans de jeunes Crucifères dans l'intérieur desquelles se développera un nouveau pied de *Cystopus*.

Polymorphisme des Champignons. — Une même espèce de Champignons, dans le cours de son existence, peut le plus souvent développer l'une après l'autre, parfois même simultanément, plusieurs des différentes sortes de corps reproducteurs que je me suis efforcé de faire connaître. Par là, son aspect, ses caractères les plus frappants, se modifient à ce point que la même espèce, sous ses différents états, a été prise presque toujours pour tout autant d'espèces, trop souvent même pour tout autant de genres distincts et séparés. C'est à établir cette importante vérité, à la démontrer par une multitude d'observations précises et de faits incontestables, que MM. Tulasne ont consacré plusieurs années d'études attentives. Le résultat de ces recherches persévérantes a été consigné par eux dans un magnifique ouvrage qu'on peut considérer comme l'un des plus beaux monuments élevés à la science dans le cours de ces dernières années [1]. Une fois la route ouverte,

---

[1] Selecta Fungorum Carpologia, ea documenta et icones potissimum exhibens quæ varia fructuum et seminum genera in eodem Fungo simul aut vicissim adesse demon-

d'autres mycologues l'ont suivie avec plus ou moins d'ardeur et de succès, surtout MM. de Bary, Hoffmann, Œrsted, etc., et aujourd'hui l'identité de divers Champignons, entre lesquels on n'aurait pas osé soupçonner même une analogie tant soit peu prochaine, est parfaitement démontrée. On sent qu'il m'est impossible d'aborder même le simple résumé des faits en très-grand nombre qui établissent cette identité ; mais je devais signaler le résultat général qui en est la conséquence inattendue.

§ 4. — Classification des Champignons.

On a proposé différents modes de subdivision de la vaste classe des Champignons. Celui qui a servi de base à presque tous les travaux modernes sur ces végétaux, est dû au savant suédois Fries, dont l'ouvrage général sur les Champignons est encore le code des mycologues. En modifiant un peu cette classification, M. Brongniart a divisé la classe entière en quatre ordres qui comprennent neuf familles.

Premier ordre, Hyphomycètes ou Champignons filamenteux. — Mycélium filamenteux produisant des filaments fertiles qui portent les spores ou les sporanges. — Cet ordre renferme les trois familles des *Mucédinées, Mucorées, Urédinées*.

Deuxième ordre, Gastéromycètes ou Champignons ventrus. — Mycélium produisant des excroissances fongueuses, vulgairement regardées comme le Champignon entier, qui constituent un péridie renfermant les spores dans des thèques ou sur des basides. — Familles : *Tubéracées, Lycoperdacées, Clathracées*.

Troisième ordre, Hyménomycètes ou Champignons à hyménium. — Mycélium produisant des excroissances fongueuses (vulgairement prises pour le Champignon même) sur lesquelles une partie de la surface est formée par les basides ou par les thèques. — Familles : *Agaricinées, Pézizées*.

Quatrième ordre, Scléromycètes. — Mycélium produisant des excroissances fongueuses qui contiennent un ou plusieurs péridies durs, renfermant des thèques. — Famille unique : *Hypoxylées*.

Classification de M. de Bary. — Dans la préface de son récent ouvrage général sur la morphologie et la physiologie des Champignons, M. de Bary établit, parmi ces végétaux, quatre ordres qui

extrent, junctis studiis ediderunt L. R. Tulasne et C. Tulasne ; 3 gr. in-4° : I, 1861, xxviii et 242 pag., 5 tab.; II, 1863, xix et 319 pag., 54 tab.; III, 1865, xvi et 221 pag., 22 tab.

se subdivisent en treize familles, savoir : 1. Phycomycètes ou Champignons-Algues, subdivisés en *Saprolégniés, Péronosporés, Mucorinés.* — 2. Hypodermés ou Champignons entophytes, partagés en *Urédinés* et *Ustilaginés.* — 3. Basidiomycètes ou Champignons à basides, formant les *Trémellinés, Hyménomycètes* et *Gastromycètes.* — 4. Ascomycètes ou Champignons à thèques, comprenant les familles suivantes : *Protomycètes, Tubéracés, Onygénés, Pyrénomycètes, Discomycètes.*

Troisième classe. — Lichénées.

La classe des Lichénées comprend l'unique famille des *Lichens* (Lichenes). Les végétaux désignés sous ce nom se présentent, pour la plupart, sous la forme d'expansions foliacées ou même de simples croûtes grisâtres, plus rarement jaunâtres ou orangées, étalées sur le sol, et plus fréquemment sur l'écorce des arbres, sur les rochers, les tuiles et ardoises des toits, même quelquefois sur les pièces de fer exposées à l'air. Ces expansions constituent le *Thalle* (Thallus). A leur face inférieure elles portent des filaments radiciformes, purs et simples crampons, qui les attachent aux corps sous-jacents, qu'on a nommés *Rhizines* et dont l'ensemble est souvent désigné sous la dénomination collective d'*Hypothalle* (Hypothallus).

Forme générale. — Le thalle des Lichens peut affecter trois configurations et manières d'être différentes, qui ont fait distinguer trois catégories de ces végétaux : 1° les Lichens *fruticuleux*, tenant à leur support par une base étroite, s'élèvent verticalement en productions grêles simples, ou plus souvent ramifiées ; l'ensemble du végétal a un peu l'aspect d'une tige effeuillée, parfois à ramifications nombreuses, longues et grêles; 2° les Lichens *foliacés* ont leur thalle étendu en expansion mince et plus ou moins ample, le plus souvent lobée et ondulée sur ses bords, qui s'étale sur son support en n'y adhérant toutefois que par un point ou par un petit nombre de points épars ; 3° les Lichens *crustacés* ont leur mince thalle étalé et appliqué sur le support sur lequel il a l'apparence d'une simple croûte et auquel il adhère par toute sa face inférieure, au point qu'on ne peut l'en détacher sans le réduire en morceaux.

Structure anatomique. — La constitution anatomique élémentaire du thalle est analogue à celle des Champignons, puisque sa substance résulte de même de l'union et de l'enchevêtrement d'un grand nombre de filaments, ou *hypha* celluleux, dont chacun conserve aussi une certaine indépendance d'accroissement. Quant à sa structure immédiate, telle que la montrent, sous le microscope, des coupes transversales minces, elle n'a guère été étudiée avec soin que sur les Lichens fruticuleux et foliacés. Or, l'observation a montré que là le thalle comprend deux régions ou zones différentes : l'une externe, appelée *Écorce, Couche corticale* (Stratum corticale), à tissu serré ; l'autre interne, nommée *Moelle, Couche médullaire* (Stratum medullare), à tissu plus lâche. A la réunion de ces deux couches on en a généralement distingué une troisième, caractérisée seulement parce que au tissu fondamental s'interposent beaucoup de cellules arrondies, le plus souvent vertes, d'un vert bleuâtre dans quelques genres, qu'on a nommées *Gonidies*, et qui font donner à cette région du thalle les noms de zone ou couche *gonidique*, ou *gonimique* (Stratum Gonimon). Il est à peine besoin de dire que ces couches sont toutes exclusivement celluleuses, et que les vaisseaux signalés dernièrement, en Angleterre, par MM. Jones et Archer, comme ayant été trouvés par eux dans l'*Evernia Prunastri*, n'appartenaient pas à ce Lichen. La couche corticale a ses éléments anatomiques continus à ceux de la couche médullaire. Cette même couche externe diffère souvent aux deux faces du thalle, ou même elle peut manquer à l'inférieure.—Certains Lichens ont une structure beaucoup plus simple et n'offrent pas de couches ou zones distinctes par leur structure : tels sont les *Collema* qui, à l'état frais, semblent n'être, entre deux membranes épidermiques, qu'une masse gélatineuse, dans laquelle serpentent des sortes de longs chapelets espacés, formés chacun d'une file de gonidies, et que traversent, en deux sens perpendiculaires, de rares filaments cellulaires. Ces Lichens homogènes ont été qualifiées, par Wallroth, de *homœomères*, tandis que ceux à zones distinctes ont reçu de ce botaniste l'épithète de *hétéromères*.

Appareils reproducteurs. — Au point de vue de la reproduction, les Lichens rappellent entièrement ce que nous avons vu dans les Ascomycètes ou Champignons à thèques. Leurs spores se forment de même, au nombre le plus souvent de huit, quelquefois moins ou davantage, dans une cellule-mère, qui n'est pas autre chose qu'une thèque. A leur tour ces thèques oblongues ou en massue, parallèles entre elles et perpendiculaires à la direction générale du tissu qui les porte, disposées en couche unique, et entremêlées de paraphyses, se groupent en grand nombre et en contractant une adhérence réciproque, sur certains points du thalle où l'ensemble produit l'effet d'un petit disque ou écusson. Ces disques, nommés *Apothécies*, souvent aussi *Scutelles*, se distinguent ordinairement par leur couleur du thalle lui-même. Dans chacun d'eux la réunion des thèques, avec les paraphyses entremêlées, forme l'*Hymenium*, ou *Lame proligère*, ou *Thalamium*, qui repose sur une assise de cellules très-fines, appelée *Hypothecium*. Enfin la lame proligère est comme encadrée dans une lame de tissu à laquelle on a donné le nom d'*Excipulum*.

Les apothécies sont étalées et placées à nu à la surface du thalle dans tous les Lichens qu'on dit, pour ce motif, *gymnocarpes*; elles sont, au contraire, enfoncées dans le thalle même et conformées en une cavité qui s'ouvre pour la sortie des spores, dans ceux qu'on distingue des premiers par la qualification d'*angiocarpes*.

Les observations des lichénographes de nos jours, particulièrement de M. L. R. Tulasne, ont fait reconnaître dans les Lichens des spermogonies avec leurs spermaties, des pycnides avec leurs stylospores; ces appareils de reproduction ayant été déjà décrits dans l'article relatif aux Champignons, je n'ai pas à m'en occuper ici. Je ferai seulement observer que l'analogie remarquable qui existe entre les diverses sortes de corps reproducteurs, chez les Lichens et chez les Champignons, appuie fortement l'opinion des botanistes qui regardent la classe des Lichénées comme devant être réunie à celle des Champignons.

Sorédies. — Il existe enfin des formations particulières qui, indépendantes des organes reproducteurs, sont cependant susceptibles de se développer en nouveaux individus. On les nomme *Sorédies*. Ce sont des sortes de petites masses superficielles, presque pulvérulentes, que forment des gonidies entremêlées de filaments rameux, et que recouvre une couche comme fibreuse, qui finit par être percée. Quand les circonstances sont favorables, cette portion fibreuse s'accroît et se relève en un mamelon qui, par son développement progressif, peut devenir un nouvel individu.

Germination. — A leur germination, les spores des Lichens produisent un plexus filamenteux, que divers auteurs ont appelé *Protothalle*, qui a été comparé au mycélium des Champignons, et duquel provient le thalle émanant soit d'un seul point, soit de plusieurs.

Usages. — Dans la nature les Lichens constituent la première végétation qui apparaisse dans les endroits les plus arides, même sur les roches les plus dûres. En se désagrégeant, après leur mort, ils laissent une faible quantité de terreau sur lequel peuvent venir d'autres Cryptogames encore fort petites, mais un peu plus élevées en organisation, comme des Mousses. Celles-ci à leur tour ajoutent par leur décomposition à ce commencement de terre végétale, et peu à peu une série de ces végétations infimes, se succédant et se détruisant de manière à accumuler leurs débris, prépare la place où pourront enfin végéter des plantes plus par-faites, plus grandes, comme des Phanérogames. — Pour l'homme les Lichens sont d'une utilité restreinte. Parmi eux je citerai le *Cenomyce rangiferina*, dont se nourrissent, en Laponie, les Rennes qui savent le trouver même sous la neige ; le *Physcia Islandica* ou Lichen d'Islande, à cause de son usage médicinal ; les *Roccella* et quelques autres espèces, desquelles on obtient la matière colo-rante appelée orseille ; les *Parmelia*, *Lecanora*, etc., avec les-quels on prépare le tournesol en pains, dont on fait journelle-ment usage dans les laboratoires de chimie et qui est bien dis-tinct du tournesol en drapeaux extrait du *Crozophora tinctoria*.

Deuxième embranchement. — ACROGÈNES.

L'embranchement des Cryptogames acrogènes, dont les carac-tères distinctifs ont été déjà indiqués (*voy.* p. 818), est divisé par M. Brongniart en deux classes : les MUSCINÉES et les FILICINÉES.

Quatrième classe. — MUSCINÉES.

Cette classe est caractérisée par M. Brongniart dans les termes suivants. — *Organes mâles :* Anthéridies. *Organes femelles :* Cap-sules renfermées dans une coiffe tubulée, insérées à l'aisselle des feuilles, lorsqu'il y a une tige et des feuilles distinctes. — Elle comprend les deux familles des Hépatiques et des Mousses. — Je m'occuperai avec détail de cette dernière ; quelques mots suffi-ront ensuite pour la première.

Famille des Mousses (Musci).

Les Mousses sont de charmants petits végétaux, remarquables pour leur fraîche verdure, qui croissent en abondance sur la terre, les troncs, les vieux murs, etc., à condition qu'ils y trou-vent une assez grande humidité. Les premières, dans la série, elles possèdent une tige, des racines et des feuilles bien caracté-risées. Toutefois, malgré cette complication de formes, elles sont entièrement cellulaires, et l'axe solide de leur tige, comme les nervures de leurs feuilles, ne renferment que des cellules plus ou moins allongées, à parois plus ou moins épaisses, et pas de vaisseaux. Même leurs feuilles sont dépourvues de stomates qu'on trouve cependant sur la partie dans laquelle se développent leurs séminules, c'est-à-dire sur leur urne ou capsule.

Végétation. — La tige des Mousses est simple ou rameuse, et sa portion inférieure forme souvent une sorte de rhizome souterrain. En général de ses nœuds inférieurs partent des racines qui sont toutes adventives et qui sortent fréquemment de l'aisselle des feuilles. Celles-ci sont petites, sessiles, entières ou plus rarement dentelées, spiralées et disposées en cycles assez divers (1/2, 1/3, 2/5, 3/8, etc.). Rarement elles manquent de nervure ; ordinairement elles en offrent une seule qui est médiane et qui atteint leur sommet, le dépasse même en manière de petite pointe, ou au contraire ne parcourt qu'une partie de leur longueur ; dans un petit nombre d'espèces elles ont deux nervures, alors presque toujours incomplètes. Leur lame est formée d'un seul plan de cellules courtes, plus rarement de deux couches superposées.

Multiplication. — Les Mousses se propagent fréquemment par de petits bourgeons axillaires, sortes de bulbilles, qu'on a nommés *Propagines*, et qui, émettant des racines sur leur partie inférieure, peuvent ensuite, après s'être détachées, se développer chacun en un nouveau pied. C'est de cette manière que se propagent les espèces qui ne fructifient pas dans nos contrées.

Reproduction. — La reproduction dans les Mousses s'opère par des organes de deux sexes très-nettement caractérisés, même dont l'un rappelle par sa configuration le pistil des Phanérogames. Cette reproduction est donc sexuelle, et elle donne lieu au développement immédiat d'un véritable fruit, appelé *Capsule*, *Sporange*, *Urne*, dans lequel se produisent des séminules en nombre considérable. L'organe mâle est une *Anthéridie* ou une formation dans laquelle naissent des Anthérozoïdes ; l'organe femelle est appelé quelquefois pistil ; mais plus souvent et plus convenablement on le nomme *Archégone* (Archegonium), dénomination que reçoit l'organe femelle des Cryptogames acrogènes en général. Les anthéridies et les archégones peuvent être séparés sur des pieds différents ou réunis sur le même pied, et alors soit plus ou moins espacés, soit rapprochés en un même groupe ; il y a donc des mousses dioïques, monoïques, même hermaphrodites dans le dernier cas et selon l'expression employée habituellement par

les bryologues ou botanistes étudiant particulièrement ces végétaux
(de βρύον, mousse, et λόγος, discours, traité). Ces organes reproducteurs sont entourés par une sorte d'involucre de feuilles plus
ou moins différentes des feuilles ordinaires. M. Schimper appelle
cet involucre : *Périgone* (Perigonium) quand il accompagne les
anthéridies, c'est-à-dire quand il appartient à la *fleur mâle*, pour
parler le langage des bryologues ; *Périgyne* (Perigynium) quand
il entoure seulement des archégones ; et *Périgame* (Perigamium)
quand il embrasse une réunion des deux, c'est-à-dire une fleur
hermaphrodite. Plus tard le fruit sortira du milieu d'un autre involucre formé postérieurement et qui a reçu le nom de *Périchèze*
(Perichœtium).

La figure 493 représente, d'après un *Bryum*, un groupe réunissant plusieurs anthéridies et plusieurs
archégones *a a' a''*, entremêlés de quelques-uns de ces poils, formés chacun
d'une seule file de cellules, que nous connaissons déjà sous le nom de *Paraphyses*.

Anthéridies et anthérozoïdes. — Les
anthéridies *b* sont des sacs oblongs ou
cylindracés, rétrécis en un court pédicule
à leur base, dont les parois très-minces
sont formées d'une seule couche de cellules, et dans la cavité desquels sont contenues finalement de nombreuses petites
cellules arrondies, extrêmement délicates,
libres et contenant chacune un anthérozoïde, entremêlées d'un liquide mucilagineux. Arrivées à cet état et sous l'action de l'eau, ces anthéridies s'ouvrent au

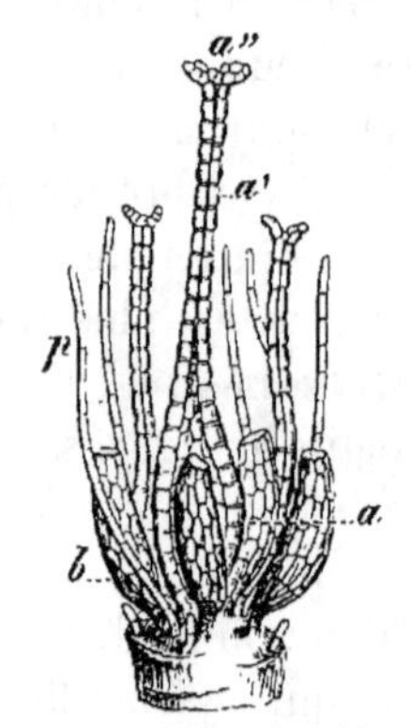

Fig. 493. — Groupe d'archégones
a a' a'' et d'anthéridies *b*, entremêlés de paraphyses *p*, pris sur
le *Bryum bimum*. (Fortement
grossi. — D'après M. Schimper.)

sommet pour laisser sortir tout leur contenu ; devenues alors libres, les petites cellules-mères des anthérozoïdes sont résorbées et
laissent ainsi à nu chacune un anthérozoïde qui a la forme d'un
fil très-délié, contourné sur lui-même de manière à former à peu
près deux tours de spire et portant à son extrémité antérieure
deux longs cils vibratiles qui sont pour lui l'organe moteur.
D'après les observations de M. Schimper et surtout de M. E. Roze,
leur filament s'épaissit, vers le milieu de sa longueur ou plus en
arrière, par addition de granules auxquels ce dernier botaniste
attribue un rôle important dans l'acte de la fécondation. Les anthérozoïdes des Mousses ont été découverts en 1834 par M. Unger,

Archégones. — Les Archégones adultes, c'est-à-dire pouvant subir la fécondation, ressemblent beaucoup à un pistil de Phanérogame : ils offrent, en effet, un renflement inférieur *a*, creusé d'une cavité dans laquelle on trouve une cellule qui, d'après M. E. Roze, et contrairement aux énoncés de M. Hofmeister, n'aurait été jusqu'à la fécondation qu'un globule protoplasmique sans membrane-enveloppe, analogue, par conséquent, aux gonosphéries des Amphigènes. Ce renflement est surmonté d'un prolongement tubulé *a'* analogue à un style, que surmonte un évasement *a''*, percé à son centre et comparable à un stigmate. Mais ces analogies s'arrêtent à la forme, car l'ovaire des Phanérogames se développe lui-même en fruit, tandis que nous allons voir que, dans les Mousses, le fruit provient uniquement du développement spécial de la cellule contenue dans la cavité de l'archégone.

Développement de la capsule. — La fécondation de cet archégone est opérée par les anthérozoïdes qui sont toujours fort nombreux et qui arrivent jusqu'à lui par l'intermédiaire d'une goutte d'eau. Comment s'opère-t-elle? On l'ignore encore. M. Hofmeister croit qu'un anthérozoïde pénètre dans le canal stylaire de l'archégone; M. E. Roze nie le fait et n'en admet pas même la possibilité. Quoi qu'il en soit, la cellule intra-ovarienne, qu'on nomme *Cellule germinative*, fécondée, prend un développement rapide, et pendant qu'elle grossit, se subdivise et passe à l'état de masse cellulaire; sa base s'allonge en un filet qui peu à peu acquiert une grande longueur et qui forme ainsi le *pédicule* du fruit ou la *Soie*. Les parois de l'archégone ne croissant plus que faiblement elles-mêmes ne peuvent bientôt plus contenir le fruit avec son support. Elles se rompent transversalement vers le bas du renflement ovarien, d'où résulte une portion basilaire, sorte de petit godet ou de gaine courte qui entoure la base de la soie et qu'on nomme la *Vaginule* ou *Gaînule*, tandis que tout le reste, emporté par le fruit ou la capsule, forme sur celle-ci une sorte de capuchon destiné à tomber plus tôt ou plus tard et appelé

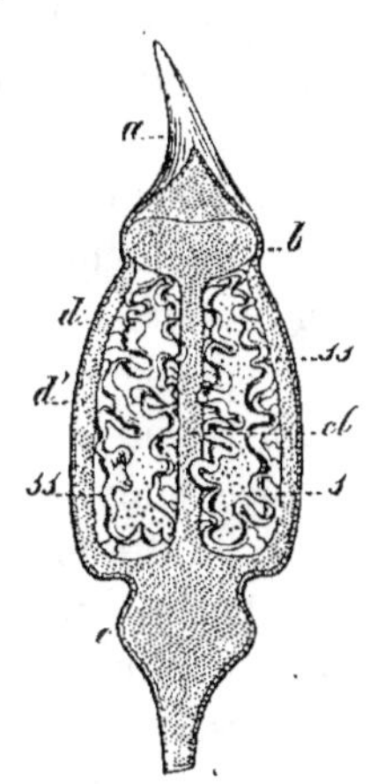

Fig. 494. — *Polytrichum formosum* : coupe verticale de sa capsule adulte; *c*, apophyse; *d*, épiderme; *d'*, couches sousépidermiques; *ss*, parois du sac sporigère ou sporange propre dans lequel se trouvent libres les séminules *s*; *cl*, columelle continue avec le renflement supérieur *b*; *a*, opercule. (5/1. — D'après M. Schimper.)

la *Coiffe* (Calyptra). D'après M. Schimper, la vaginule serait le résultat d'un développement spécial du réceptacle qui porte l'archégone. La capsule elle-même reste fort peu apparente jusqu'à ce que la soie ait atteint toute sa longueur ; alors elle grossit, et à son intérieur se produisent de nombreuses évolutions qui l'amènent à son état parfait, sous lequel la figure 494 en montre la coupe verticale.

Sous la capsule, l'extrémité supérieure de la soie s'est renflée en une sorte de gros nœud plein, *c*, qu'on nomme l'*Apophyse* et dont l'épiderme porte ici des stomates ainsi que celui du bas de la capsule. Un rétrécissement ou *col* prononcé surmonte l'apophyse. La capsule elle-même était d'abord pleine et formée d'un tissu cellulaire homogène ou à peu près ; mais bientôt, vers le milieu de la distance entre son centre et sa surface et dans environ les deux tiers inférieurs de sa hauteur, une assise unique de cellules a pris une teinte plus foncée grâce à l'accumulation, à l'intérieur de ses cellules, d'un protoplasma finement granuleux. Chaque cellule de cette couche s'est divisée successivement trois fois de suite, de telle sorte que la couche elle-même, d'abord très-mince, a pris graduellement beaucoup d'épaisseur. Enfin la troisième génération de ces cellules successives s'est comportée à peu près comme le font les cellules-mères du pollen ou les utricules polliniques, et a développé ainsi quatre séminules que sa propre résorption a finalement laissées libres, comme on le voit en *s*. Le tissu adjacent, en dehors et en dedans, à cette zone sporigère s'est organisé, pendant ce temps, en membrane distincte qui a fini même par grandir au point de former de nombreuses sinuosités, à l'intérieur de la capsule, comme on le voit en *s s* ; cette membrane, dont le feuillet intérieur se continue en haut ou en bas avec le feuillet extérieur, est le *Sac sporigère* ou le *Sporange* proprement dit, qui devra s'ouvrir au sommet pour laisser sortir les séminules, et que des sortes de cloisons fort minces et espacées, faciles à voir sur la figure, rattachent aux tissus adjacents. Entouré par ce sac, le tissu primitif est resté dans l'axe même de la capsule, en une colonne *cl*, tantôt grêle, tantôt épaisse, qu'on nomme la *Columelle* ; cette colonne, se dilatant au delà du haut du sac, y a formé un épanouissement épais et de même consistance, *b*. D'un autre côté, en dehors du sac, se sont dessinées nettement les parois mêmes de la capsule dans lesquelles un épiderme, *d*, se distingue des couches cellulaires sous-jacentes, *d'*, qui sont au nombre généralement de trois. Enfin, le sommet de la capsule a pris l'apparence d'une sorte de couvercle, *a*, nommé pour ce motif *Opercule* (operculum), qui tombera presque toujours pour amener la déhiscence, et qui, relevé en cône dans le Polytric, se montre ailleurs très-surbaissé ou presque plan. Enfin, à la réunion des parois de la capsule avec l'opercule et sous celui-ci, le prolongement des assises de cellules qui constituent ces parois épaissit ses membranes cellulaires surtout longitudinales, et se déchire en lanières plus ou moins nombreuses qui, au bord de la capsule ouverte par sa partie supérieure, après la chute de l'opercule, se montreront comme une ou deux rangées de dents en nombre variable selon les espèces, mais très-fixe dans chaque espèce. La réunion de ces dents est le *Péristome* (peristomium) : simple, s'il ne comprend qu'une rangée de dents, double quand il en comprend deux qui, alors, alternent entre elles. Il n'existe pas de péristome dans les *Gymnostomum* qui en tirent leur nom; il forme quatre dents dans les *Tetraphis*, 8 dans les *Splachnum*, 16 dans les *Grimmia*, etc., 32 dans les *Tortula*, etc., 32 ou 64 dans les *Polytrichum*; d'où l'on voit que ces dents sont toujours au nombre de 4 ou de multiples de 4.

Pour la déhiscence, la coiffe, qui forme un cône à parois continues ou fendues d'un côté, se détache; l'opercule lui-même tombe ensuite et le sac sporigère, s'ouvrant dans le haut, laisse sortir les séminules. Le genre *Andræa* qui, pour ce motif, est devenu le type d'une tribu particulière, s'écarte de toutes les autres Mousses en ce que sa capsule s'ouvre par quatre fentes longitudinales à la manière de quatre fenêtres, son opercule restant adhérent à l'extrémité de la columelle.

A la germination, la séminule absorbe de l'humidité, se gonfle et rompt son enveloppe externe ou *Epispore*; sa cellule interne ou *Endospore* fait hernie par la déchirure et s'allonge en un petit filament à plusieurs cellules en

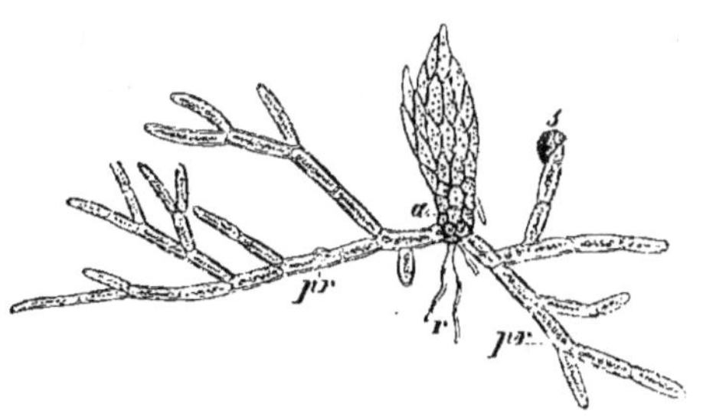

Fig. 495. — *Funaria hygrometrica* : son prothalle *pr, pr*; *s*, la séminule de laquelle il est provenu ; *a*, bourgeon émané de lui qui a déjà donné en dessous trois radicelles adventives *r*, en dessus un commencement de pousse feuillée. (Fortement grossi. — D'après M. Schimper.)

file, qui se ramifie de plus en plus; il peut même partir d'autres filaments de la cellule initiale. Ainsi se forme un plexus délié dont l'ensemble constitue le *Prothalle* ou *Proembryon* filamenteux ou *nématoïde*, représenté sur la figure 495, production préliminaire à la formation d'une nouvelle plante qui naîtra d'elle sous l'apparence d'un bourgeon, *a*, donnant des racines, *r*, en bas et en haut une tige feuillée.

Nombre, usages et distribution géographique. — Le nombre des espèces de Mousses connues aujourd'hui est considérable; en effet, dans son article spécial qui a paru en 1846, dans le Dictionnaire d'Orbigny, M. Montagne le portait à 2353 espèces réparties dans 152 genres, et certainement les importants travaux descriptifs qui ont été publiés dans ces vingt dernières années, ont assez élargi le cercle de nos connaissances pour qu'on puisse évaluer à environ 3000 les espèces dont on possède maintenant la description. Il est bon de rappeler que Linné en caractérisait 111 dans son *Species;* ce simple rapprochement indique assez l'attention avec laquelle les botanistes ont étudié, depuis un siècle, ce charmant groupe de Cryptogames.—L'utilité de ces petits végétaux est fort restreinte, il faut en convenir; toutefois, dans l'ordre de la nature, ils jouent un rôle d'une assez grande importance en s'établissant là où, avant eux, des Lichens seuls avaient pu croître, et en produisant dans un temps assez court une quantité de détritus et de terreau suffisante pour la végétation de plantes plus développées. — En outre, les *Sphagnum*, Mousses aquatiques, contribuent essentiellement à la formation de la tourbe. Ces mêmes *Sphagnum* sont devenus, dans ces derniers temps, une matière importante pour la culture des plantes monocotylédones épiphytes pour lesquelles ils constituent le sol le plus avantageux. — On emploie aussi beaucoup de Mousses diverses pour les emballages et pour quelques usages locaux.— Ces petites plantes aimant une température fraîche et surtout l'humidité, c'est principalement dans les régions tempérées et un peu froides, ainsi que dans les parties élevées et couvertes des pays chauds, qu'on les rencontre. Pour le même motif, leur végétation est suspendue en été et recommence en automne, avec l'abaissement de la température et le retour de l'humidité.

Famille des Hépatiques (Hepaticæ).

Elle forme en quelque sorte la transition des Amphigènes aux Acrogènes en ce que certaines des plantes qui la composent (*Marchantia, Anthoceros, Pellia*) n'ont qu'une expansion verte et foliacée sans tige, tandis que les autres ont un port analogue à celui des Mousses. La capsule des Hépatiques ressemble assez à celle des Mousses, mais elle manque de columelle, et elle s'ouvre en deux ou quatre valves, quelquefois aussi par dents ou déchirures irrégulières. En outre, elle renferme un organe particulier de dissémination appelé *Elatère*, qui consiste en filaments spiraux fixés par un bout, libres par l'autre, très-hygroscopiques et par suite susceptibles de mouvements divers sous l'influence des alternatives d'humidité et de sécheresse ; ces filaments proviennent de la rupture, en deux spires parallèles, de la paroi de cellules longuement tubulées.

Cinquième classe. — FILICINÉES.

La classe des Filicinées, dont le nom rappelle la famille des Fougères (*Filices*), comprend les Cryptogames acrogènes supérieures ou vasculaires, dans lesquelles la fécondation a lieu dès la première jeunesse et sur le prothalle, avec le concours d'anthérozoïdes en long fil ou ruban spiral. La plante adulte ne porte pas d'organes sexuels, mais bien des capsules ou sporanges attachés à des feuilles, soit normales, soit modifiées. Toutefois, sous tous ces rapports, une exception remarquable est formée par la famille des Characées, dans laquelle on voit une extrême simplicité anatomique des organes végétatifs s'allier à une grande complication de l'appareil reproducteur. Cette classe comprend les familles des Characées, Equisétacées, Lycopodiacées, Fougères et Marsiléacées.

Famille des Characées (Characeæ).

Les Characées, qui croissent dans les eaux douces de presque toute la terre, forment une petite famille que les uns (Endlicher, Payer), se basant sur la simplicité des organes végétatifs, abaissent jusqu'à la comprendre parmi les Algues, tandis que les autres, en considération des organes reproducteurs et du mode d'accroissement de la tige, la placent parmi les Acrogènes et même, comme M. Brongniart, au rang le plus élevé. Or, ces deux dernières considérations ont, en effet, plus d'importance que la première, d'autant plus que les plantes submergées, comme le sont les Characées, ont toujours une structure anatomique fort simple. D'un autre côté, l'analogie manifeste que M. Pringsheim a fait ressortir entre les Mousses et les Characées, autoriserait à retirer cette dernière famille de la classe des Filicinées pour la placer dans celle des Muscinées à laquelle la relient les organes reproducteurs et la germination.

Végétation. — Les Characées sont toutes réunies, par beaucoup de botanistes, dans le genre *Chara* L.; elles sont partagées par d'autres, à l'exemple d'Agardh, en deux genres distincts : les *Nitella* et les *Chara*. Dans toutes, la tige est articulée, et de chacun de ses nœuds partent des branches verticillées qui, à leur tour, portent des rameaux également verticillés. Les feuilles, ou les organes regardés comme tels par M. Al. Braun, sont réduites à l'aspect de petits ramules simples, en poinçon, de l'aisselle desquels partent souvent des ramifications. La portion inférieure de cette tige forme un rhizome simple, dont les entre-nœuds sont plus ou moins renflés et qui porte des racines adventives simples, filiformes et tubulées. — Dans les *Nitella*, chaque entre-nœud est formé d'une seule cellule cylindrique, placée à nu, tandis que, dans les *Chara*, cette cellule fondamentale est recouverte d'une couche d'autres cellules en tube long et étroit, tordues plus ou moins en spirale autour d'elle. Dans les unes et les autres, le contenu liquide exécute un mouvement rotatoire qui devient facilement visible grâce aux granules qu'il transporte, et qui, l'élevant d'un côté dans un sens sensiblement spiral, le fait descendre du côté opposé, selon la direction que tracent, sur la paroi interne de la cellule, deux larges bandes obliques de grains de chlorophylle séparées par deux lignes incolores. Cette circulation intérieure ou rotation a été l'objet des observations et des expériences d'un grand nombre de botanistes et de physiciens. — Les tiges des Characées sont d'ordinaire fortement incrustées de carbonate de chaux.

Reproduction. — Les Characées ont des organes reproducteurs de deux sortes ou deux sexes bien caractérisés ; mais on ignore encore quand et comment l'organe mâle ou l'Anthéridie agit sur l'organe femelle ou le Sporange. Ces plantes sont tantôt monoïques, l'anthéridie étant alors située dans le voisinage immédiat du sporange, au-dessous de lui le plus souvent (*Chara*), rarement dioïques, comme quelques *Nitella*.

L'anthéridie, qu'on a longtemps appelée simplement *Globule* et que Fritzsche nommait anthère, s'offre sous la forme d'un globule rouge ou orangé, formé de huit cellules, qui ont toutes la forme d'une plaque triangulaire à bords dentés, de manière à s'engrener l'une avec l'autre. Chacune de ces cellules renferme un liquide incolore, et sa paroi interne est tapissée de granules auxquels est due la coloration de l'organe entier. Quatre d'entre elles en forment l'hémisphère supérieur et les quatre qui en composent l'hémisphère inférieur laissent, à leur point de concours, qui est la base de ce globule, une ouverture par laquelle celui-ci s'attache à la cellule qui lui sert de support. Du milieu de la face interne de chaque plaque part perpendiculairement une cellule oblongue ou en bouteille, et ces huit cellules vont se rencontrer au centre de l'anthéridie, où elles se réunissent par l'intermédiaire d'une certaine quantité de cellules arrondies, beaucoup plus petites. De ce tissu cellulaire central partent en tout sens de nombreux filets allongés, hyalins, composés d'une grande quantité de cellules courtes, superposées en file unique et dans chacune desquelles se produit un anthérozoïde. A la déhiscence, les huit plaques s'isolent, chacune emportant avec elle la cellule implantée à son centre, ainsi qu'une portion du tissu cellulaire central et plusieurs filets à anthérozoïdes. Bientôt ceux-ci se font jour à travers la paroi des cellules dans lesquelles ils ont pris naissance et vont nager au milieu de l'eau sous la forme d'un filet très-grêle, formant sur lui-même deux ou trois tours de spire, qui porte à son bout antérieur deux longs cils vibratiles, et dont l'extrémité postérieure est notablement renflée. — Les anthéridies se développent un peu avant les sporanges. — Ceux-ci sont ovoïdes et composés d'une membrane interne lisse, ferme, crustacée, constituée par cinq lames dirigées en spirale, que recouvre une enveloppe formée de cinq cellules incolores, longuement tubulées, enroulée en spirale autour de l'enveloppe interne et se terminant à son sommet en une sorte de couronne à cinq dents. Le sporange, appelé *Nucule* avant ces dernières années, est décrit par divers auteurs, notamment par Endlicher, comme renfermant un grand nombre de sporules ou séminules très-petites; mais M. Brongniart a établi que ces prétendues séminules sont des grains de fécule, et qu'il n'existe dans chaque sporange qu'une seule séminule qui en remplit toute la cavité.

Germination. — Elle a été observée par Vaucher qui a vu les sporanges, conservés dans l'eau à partir de leur maturité, qui arrive en automne, émettre au printemps suivant, par leur sommet, entre les cinq dents qui les surmontent, un tube facilement reconnaissable pour une nouvelle tige. Il semblerait dès lors que la germination des Characées a lieu tout autrement que celle des autres Acrogènes, c'est-à-dire sans formation préalable de prothalle; mais récemment M. Pringsheim, ayant examiné très-attentivement la première formation qui sort du sporange, a reconnu qu'elle est toujours aphylle, tandis que la vraie tige porte toujours des organes que, depuis M. Al. Braun, on qualifie de feuilles, qu'elle a d'ailleurs un développement indépendant, en un mot qu'elle constitue une formation distincte de la vraie tige, c'est-à-dire un vrai prothalle, comparé par lui à celui des Mousses et qu'il nomme Prothalle-branche (Zweigvorkeim). L'exception que formaient, sous ce rapport, les Characées disparaîtrait ainsi, d'après ce savant.

Multiplication. — Les Characées ont, pour la plupart, un moyen particulier de multiplication, dû à la formation, sur la partie inférieure de leur tige, de petits corps, que MM. Montagne et Durieu de Maisonneuve ont fort bien étudiés et qui constituent de véritables bulbilles, susceptibles de se développer en nouvelles plantes. Ces bulbilles proviennent d'un développement particulier des nœuds et d'un amoncellement d'amidon dans les cellules qui les constituent. De plus, les entre-nœuds eux-mêmes peuvent se renfler et donner ainsi un corps susceptible, de son côté, en s'isolant, de produire un nouveau pied, plus rapidement même que les bulbilles.

Usages. — Ils sont entièrement nuls.

Famille des Équisétacées (Equisetaceæ).

Cette petite famille tire son nom de son unique genre, les *Equisetum*, en français Prêles ou vulgairement Queues-de-cheval. Elle est aussi nettement caractérisée que la précédente ; mais les plantes qui la forment, avec un port à elles propre, participent cependant aux caractères généraux des Acrogènes, comme l'ont fort bien démontré les observations et expériences dont elles ont été l'objet dans ces dernières années. Ajoutons que si les Équisétacées aujourd'hui vivantes sont peu nombreuses et jouent un rôle peu important dans le monde actuel, il n'en a pas été de même aux époques géologiques reculées, pendant lesquelles des *Equisetum* de grande taille et des *Calamites*, plantes rangées par M. Brongniart dans la même famille, paraissent avoir occupé une place considérable dans la végétation de la terre.

Végétation. — Les *Equisetum* sont des plantes herbacées, par conséquent de taille peu élevée, qui possèdent un rhizome souterrain en général, même très-profondément enfoncé dans le sol à cause de la singulière faculté qu'il possède de se développer de haut en bas. Ce rhizome est la partie vivace de la plante, et il contribue tellement à sa multiplication qu'on ne peut détruire certaines espèces dans les terres où elles se sont une fois établies. Il est composé, comme la tige aérienne, d'entre-nœuds ou articles, qui tantôt sont creusés d'une cavité centrale (*Equisetum limosum, ramosissimum*, etc.), et tantôt en sont dépourvus (*E. arvense*, etc.), mais qui, dans tous les cas, offrent, vers leur extérieur, deux rangées de lacunes alternes entre elles. Extérieurement les entre-nœuds sont régulièrement prismatiques, à angles émoussés; chacun d'eux sort d'une gaîne lobée à son bord libre, et qui s'attache au nœud. Vers la base de cette gaîne et du point correspondant au milieu des faces du prisme, naissent des verticilles de racines, ainsi que les ramifications du rhizome et les tiges aériennes. A ces mêmes places se produisent, dans plusieurs espèces, des tubercules qui ne sont que des ramifications latérales renflées. J'ai exposé plus haut (*voy.* p. 189-191) la structure de cet axe. — La tige des Prêles forme extérieurement des saillies longitudinales ou côtes qui s'étendent sans interruption d'un nœud à l'autre, et ces côtes alternent entre elles dans deux entre-nœuds superposés, de telle sorte qu'au-dessus et au-dessous d'une côte, sur l'un d'eux, se trouve un sillon dans celui qui le surmonte et dans celui qu'il surmonte lui-même. — A chaque nœud se trouve une gaîne tubuleuse, insensiblement et peu évasée, dont le bord est divisé plus ou moins profondément en longues dents ou lobes lancéolés qui se forment par simple déchirement; chaque dent est dans le prolongement d'une côte de l'entre-nœud que surmonte et continue la gaîne. C'est à la base de cette gaîne et entre les côtes que naissent, sur les tiges rameuses, des ramifications verticillées qui reproduisent elles-mêmes l'organisation et la manière d'être de la tige, manquant cependant quelquefois de cavité centrale (*Eq. silvaticum, arvense*), et qui restent simples le plus souvent ou qui parfois se ramifient à leur tour de la même façon. A peu près tous les botanistes, depuis Mirbel, considèrent les gaînes comme n'étant chacune qu'un verticille de feuilles soudées et n'ayant pas atteint leur état parfait; mais M. Duval-Jouve, après en avoir étudié la formation première, par un bourrelet cellulaire continu, ainsi que le développement, s'appuyant d'ailleurs sur leur situation à l'aisselle des ramifications, telle que leurs lobes ou dents alternent avec celles-ci, émet des doutes sur la légitimité de cette assimilation.

Reproduction. — L'appareil reproducteur des Équisétacées ne vient pas sur toutes les tiges, et il en est qui restent tout à fait stériles, chez certaines espèces. Les tiges fertiles sont entièrement simples (*E. maximum* Lam., *E. arvense* L.) ou n'émettent que

tard leurs ramifications (*E. silvaticum* L., *E. pratense* Ehrh.);
au contraire, les tiges stériles sont toujours très-rameuses, et se
développent postérieurement aux premières. Les deux sortes existent dans les espèces dont on vient de lire les noms, tandis que
dans les *Eq. palustre* L., *hiemale* L., *limosum* L., etc., les tiges sont
toutes semblables entre elles, qu'elles portent ou non des corps
reproducteurs. — L'appareil reproducteur forme un épi terminal,
serré et composé de plusieurs verticilles de petits corps ou réceptacles conformés chacun en clou à tête, divisé par conséquent en
un court pédicule et un disque terminal appelé quelquefois *Clypéole*. Sous ce clypéole s'attachent 5-7 sporanges, conceptacles ou
Sporocarpes ovoïdes, qui s'ouvrent par une fente longitudinale, à
leur côté interne, pour laisser sortir des séminules nombreuses et
d'une conformation toute spéciale. En effet, chacune d'elles, examinée après sa sortie du sporange et à sec, se montre comme un
petit corps arrondi, faiblement relevé en mamelon au sommet et
portant attachés à sa base deux filaments en croix, qui sont un peu
épaissis à leurs quatre extrémités libres. Ces filaments sont très-
hygroscopiques ; ils sont dus à ce que la cellule-mère de la séminule
s'est rompue selon une double spirale. Ce sont des élatères ou organes de dissémination que la sécheresse déroule et que l'humidité
enroule, de telle sorte que le tout offre, sous la loupe, une agitation très-curieuse, selon que ces filaments sèchent à l'air ou que
l'haleine de l'observateur vient les humecter. Jusqu'à une époque
encore peu éloignée, les botanistes ont voulu voir quatre étamines
dans les quatre branches de la croix formée par ces deux élatères,
la séminule étant comparée alors à un pistil ; il en résultait, à leurs
yeux, une fleur hermaphrodite tétrandre et monogyne.

Germination et fécondation. — La germination des séminules
des Prêles a été observée, il y a quarante-cinq années environ,
par Vaucher, puis par Agardh ; mais c'est seulement dans ces derniers temps qu'on en a acquis une connaissance exacte et complète. La cellule propre ou interne de la séminule grandit et ressort par la déchirure que son grossissement a déterminé dans la
membrane externe ; elle se subdivise en deux cellules et se prolonge par l'une de ses extrémités en une radicelle. Puis de nouvelles cellules s'ajoutent graduellement aux premières, et finissent par former une sorte de petite feuille verte, longue seulement
de quelques millimètres, dont la base tient au sol par plusieurs
radicelles, et qui, du côté opposé, se montre irrégulièrement
lobée et dentée. Cette petite feuille germinative est le prothalle

ou proembryon, que M. Duval-Jouve appelle *Sporophyme*[1]. Dès 1849, M. Thuret a découvert que ce prothalle porte des anthéridies qui occupent l'extrémité de ses lobes. Cette découverte importante a été confirmée en 1850 par M. Milde qui, deux années plus tard, a découvert, sur cette même formation, les archégones. Ces deux appareils reproducteurs ont été ensuite observés par MM. Hofmeister, Bischoff, et récemment par M. Duval-Jouve, qui s'est assuré que les prothalles ne portent en général chacun que l'un des deux et sont par cela même unisexués. — Les anthéridies occupent l'extrémité des lobes et lobules; elles consistent en une enveloppe ovoïde, dont les parois sont formées d'une seule couche de cellules, et qui s'ouvre au sommet pour laisser échapper de nombreux anthérozoïdes conformés en un ruban spiral, rétréci dans sa moitié antérieure qui porte un grand nombre de longs cils vibratiles. — Les archégones naissent sur la portion basilaire épaisse et presque charnue du prothalle. A l'état adulte, chacun d'eux forme comme un petit puits à quatre files longitudinales de cellules qui s'étalent à son orifice. Sa cavité centrale est étroite et tubulée; elle se dilate inférieurement en un vide arrondi, qu'occupe presque en entier un globule protoplasmique dont la fécondation fera d'abord une cellule et qui ensuite, par les subdivisions successives et le développement de celle-ci, deviendra une nouvelle plante. M. Duval-Jouve nomme cette cellule germe d'une nouvelle plante *Pseudembryon*. — Cette fécondation étant analogue à celle que nous étudierons sur les Fougères, je réserverai pour l'article relatif à cette famille les détails auxquels l'histoire de ce phénomène peut donner lieu.

Usages. — Les usages des Équisétacées sont fort limités et se réduisent à peu près à ce que leur revêtement de silice (*voy.* p. 190) fait de leur tige une véritable lime végétale. Aussi emploie-t-on ces tiges et particulièrement celles de l'*Equisetum hiemale* L. pour polir les métaux et les bois durs.

Famille des Lycopodiacées (Lycopodiaceæ).

La famille des Lycopodiacées tire son nom du genre Lycopode, *Lycopodium* L., qui la forme à lui seul presque tout entière, si on lui conserve la circonscription étendue que lui donnait Linné. Ce genre était rangé par Jussieu parmi les Mousses, dans une section qu'il désignait comme fausses-Mousses, *Musci spurii*.

---

[1] Duval-Jouve, *Histoire naturelle des Equisetum de France*, 1864.

Végétation.—En effet, les Lycopodiacées ont en général l'aspect et la fraîcheur de Mousses de dimensions sensiblement plus fortes que de coutume. Elles sont presque toujours vivaces et même chacun de leurs pieds peut vivre fort longtemps, sa tige rampante et fixée au sol par des racines adventives poussant à une extrémité tandis qu'elle se détruit graduellement à l'autre. Cette tige semble quelquefois dressée ; mais ce n'est alors qu'une simple branche qui prend l'apparence de tige, et la vraie tige possède, dans ce cas, les caractères de rhizome. — La tige grêle de ces Cryptogames offre cette particularité fort rare de se ramifier par vraie dichotomie, à son sommet, grâce à la production de deux bourgeons terminaux équivalents ; seulement, les deux pousses qui en proviennent ne restent pas toujours d'égale force, et alors l'une ressemble plus tard à une branche née de l'autre.— Sa structure anatomique est caractéristique (*voy.* p. 188).— Les feuilles, toujours petites, ressemblent pour l'aspect général à celles des Mousses ; mais à leur unique nervure médiane, formée de cellules allongées, correspondent des stomates. Elles sont disposées en quatre séries longitudinales, par faux-verticilles de quatre, parmi lesquelles les latérales sont presque toujours plus grandes que les intermédiaires.

Reproduction. — L'appareil reproducteur de ces végétaux consiste en conceptacles ou sporanges placés à l'aisselle des feuilles, mais portés un peu hors de cette aisselle même, sur la base de celles-ci ; en outre, ces feuilles sont quelquefois modifiées sur certains points de la plante et là réduites de telle sorte que leur rapprochement donne lieu à la formation de sortes d'épis fructifères. Les sporanges sont de deux sortes : 1° les uns ont la forme d'un tétraèdre dont les angles seraient fortement émoussés ; ils renferment chacun dans leur unique loge quatre grosses séminules arrondies avec des lignes plus ou moins proéminentes selon les angles d'un tétraèdre. Ces grosses spores ou séminules sont appelées *Macrospores*, et les sporanges qui les renferment sont désignés sous les noms de *Sphérothèques, Oophoridies, Macrosporanges.* — 2° Les autres conceptacles sont ovoïdes, un peu aplatis et chacun d'eux contient, à l'état adulte, une grande quantité de corps fort petits qui se sont produits par quatre dans l'intérieur de cellules-mères finalement résorbées. Ces petits corps sont nommés *Microspores*, et les conceptacles dans lesquels ils se produisent reçoivent indifféremment les deux dénominations de *Comiothèques* et *Microsporanges*. Jusqu'à ce jour il ne paraît pas qu'on ait vu germer les microspores ; même M. Hofmeister rapporte avoir trouvé ces petits corps, cinq mois après le semis, remplis de cellules dont certaines contenaient des anthérozoïdes. Ce seraient donc des anthéridies. Cependant si celles d'entre les espèces de l'ancien grand genre *Lycopodium* pour lesquelles on a établi le genre *Selaginella*, possèdent à la fois des macrosporanges et des microsporanges, celles qu'on laisse aujourd'hui seules dans le genre *Lycopodium* réformé n'offrent que la seconde sorte de ces corps reproducteurs. Comment donc ces plantes peuvent-elles se reproduire? C'est un problème dont la solution nous manque encore. De là sont venues quelques hypothèses au moins hardies, notamment celle devant laquelle n'a pas reculé M. Spring, savant botaniste belge, à qui l'on doit une bonne monographie des Lycopodiacées, d'après laquelle l'un des deux sexes de ces Cryptogames, primitivement dioïques, serait perdu, et tous les pieds qui en restent aujourd'hui seraient la continuation directe des pieds mâles qui existaient à l'origine, et qui ne se seraient propagés que par simple division depuis la disparition du sexe femelle.

Germination et fécondation. — D'après les observations de M. Hofmeister, lorsque les macrospores germent, elles se remplissent d'une formation parenchymateuse qui fait à peine saillie à travers la déchirure que ce développement intérieur détermine dans leur enveloppe. Cette formation est le prothalle dont la portion saillante porte quelques archégones constitués chacun par deux assises superposées comprenant quatre cellules chacune, entourant un vide tubulé qui s'ouvre à l'extérieur et qui s'élargit inférieurement en une cavité arrondie, occupée par une cellule-embryon ou un pseudo-embryon, pour parler comme M. Duval-Jouve. C'est ce pseudo-embryon qui se développera bientôt en une nouvelle plante. Mais comment et à quel moment s'opère la fécondation de cet archégone? Il règne encore à cet égard une complète obscurité.

Usages et généralités. — Les Lycopodiacées croissent sur la terre et sur les troncs d'arbres, principalement dans les contrées intertropicales, où on les trouve dans les lieux bas et humides. Un petit nombre habitent l'Europe, même septentrionale, principalement sur les montagnes ou dans les endroits couverts. La verdure fraîche et permanente de diverses Sélaginelles les fait employer en bordures et gazons dans les grandes serres et jardins d'hiver. On emploie en assez grande quantité, sous le nom de *Poudre de Lycopode*, les microspores des *Lycopodium Selago* et surtout *clavatum*, espèces indigènes, en médecine et aussi sur les théâtres, à cause de leur inflammabilité, pour imiter les éclairs.

Rôle dans les temps géologiques. — Je ne puis me dispenser de faire observer que, si la famille des Lycopodiacées ne joue aujourd'hui qu'un rôle fort peu important à la surface du globe, il en a été tout autrement aux époques géologiques reculées, comme pendant la période houillère ou même antérieurement, c'est-à-dire aux premiers temps de la création du règne végétal. Alors elle paraît avoir presque égalé la famille des Fougères, pour le nombre des espèces comme pour les fortes dimensions des individus, et elle a été représentée par des genres nombreux, tels que les *Lepidodendron* Sternb., *Ulodendron* Rhode, *Halonia* Lindl. et Hutt., *Lepidophloios* Sternb., *Psaronius* Corda, etc.

Isoétées. — La généralité des botanistes rangent aujourd'hui dans la famille des Lycopodiacées, et comme en formant une tribu, le groupe des *Isoétées* qui ne comprend que le genre *Isoetes* L. Ce petit groupe a été souvent considéré comme une famille distincte et séparée, qu'on a placée de manières assez diverses, et même que certains auteurs ont réunie aux Marsiléacées (Lindley, etc.), sans motifs bien sérieux. Les organes reproducteurs des *Isoetes* indiquent en eux une grande analogie avec les Lycopodiacées. Ce sont des plantes généralement submergées, dont tout l'axe se réduit à un rhizome très-court et déprimé, portant les racines en dessous, une touffe serrée de feuilles en dessus. Leurs racines sont tubuleuses et leurs feuilles sont linéaires, parfois longues. Ces feuilles sont creusées chacune de quatre séries longitudinales de lacunes, et elles sont parcourues dans leur longueur par un seul faisceau vasculaire. Leur base élargie porte, à son côté supérieur, la fructification. Celle-ci consiste en sporanges placés au-dessous d'une petite écaille en cœur, ovoïdes, assez gros, uniloculaires, mais ayant intérieurement des filaments transversaux qui partent d'une éminence postérieure et qui vont s'attacher en avant. Ces filaments ont été pris à tort pour des cloisons par quelques botanistes; ils portent les corps reproducteurs. Ceux-ci sont des microspores et des macrospores contenues : les premières, dans les sporanges placés à la base des feuilles voisines du centre de la touffe; les dernières, dans ceux que portent les feuilles placées plus extérieurement. D'après cette différence, on voit qu'il y a des microsporanges et des macrosporanges que Wahlenberg appelait *Capsulæ fariniferæ* et *Capsulæ graniferæ*. — D'après Mettenius, les macrospores, en germant, forment un prothalle celluleux qui les remplit et qui porte à un bout quelques archégones en petit nombre. — Les microspores produisent intérieurement beaucoup de cellules-mères d'anthérozoïdes qui en sortent et laissent ensuite les anthérozoïdes libres, de telle sorte que la fécondation peut dès lors s'opérer.

Famille des Fougères (Filices).

Les Fougères forment un grand groupe naturel qui se place incontestablement au premier rang parmi les Cryptogames au point de vue de la beauté et de l'élégance. Aussi aujourd'hui beaucoup de ces végétaux sont-ils cultivés dans les jardins, où ils occupent l'une des places les plus distinguées dans les collections d'agrément.

Végétation. — Les Fougères sont vivaces ; elles varient de taille, depuis les *Hymenophyllum* et *Trichomanes* qui ont seulement quelques centimètres de hauteur, jusqu'à celles qu'on qualifie justement d'*arborescentes*, parce que leur tronc simple, en colonne, surmonté d'un faisceau de grandes feuilles à la manière des Palmiers, s'élève jusqu'à quinze et vingt mètres, et en fait par conséquent de véritables arbres cryptogames. Leur tige a trois manières d'être générales qui leur donnent des ports différents. 1° Le plus souvent, elle constitue en terre un rhizome horizontal qui porte des feuilles assez espacées et de nombreuses racines adventives, et qui, croissant par son extrémité antérieure, se détruit graduellement par la postérieure ; c'est ce qui a lieu notamment dans nos espèces indigènes. 2° Dans des espèces assez peu nombreuses, elle est superficielle et rampe soit à la surface du sol, soit contre l'écorce des arbres, de manière alors à grimper et même à devenir voluble, comme dans les *Lygodium*. 3° Dans les espèces arborescentes, la tige forme d'abord un court rhizome horizontal ou oblique ; mais au bout d'une ou deux années, elle se redresse pour s'élever désormais verticalement. Sa portion développée en premier lieu, se détruisant ensuite généralement, il en résulte que ces grands végétaux sont comme posés sur le sol auquel les attachent des racines en nombre immense qui se sont développées successivement, à partir d'un niveau de plus en plus élevé, et qui, en se superposant, en épaississent beaucoup la partie inférieure. — Quant à la structure caractéristique de cette tige et à son aspect extérieur, je dois renvoyer à ce que j'en ai déjà dit (*voy.* p. 185-188).

Les feuilles des Fougères sont le plus souvent appelées *Frondes* par les botanistes qui, pour la plupart, les regardent plutôt comme des rameaux foliifères que comme analogues aux feuilles ordinaires. Il est certain que cette manière de voir semble souvent justifiée par l'immense développement et l'extrême subdivision de beaucoup d'entre elles, ou encore par cette circonstance que, dans certaines de ces plantes (*Gleichenia*, *Schizæa*), leur portion grêle, analogue au pétiole des feuilles normales, se bifurque ou même forme une véritable dichotomie qui semblerait appartenir bien plutôt à un rameau qu'à un simple pétiole ; mais, d'un autre côté, on passe par une série de transitions des feuilles parfaitement indivises à celles qui offrent le plus de divisions, de telle sorte que, si aucun motif n'empêche d'assimiler les premières aux feuilles ordinaires, on est conduit à en faire autant pour les dernières. Le pétiole n'est jamais embrassant ni engaînant à sa base, ni articulé, d'où il résulte que la feuille tombe en se désorganisant peu à peu, et que finalement elle laisse sur la tige une cicatrice arrondie ou plus fréquemment un peu allongée. Toutes les subdivisions du pétiole et les nervures sont également continues, ainsi que la portion membraneuse du limbe, de sorte que, malgré la multiplicité des divisions que peut offrir ce dernier, les feuilles ne sont jamais composées en réalité ; il est cependant quelques espèces dans lesquelles ces organes tombent nettement. Une autre particularité caractéristique consiste en ce que le tissu des nervures ne passe pas graduellement, comme dans les autres plantes, au tissu plus court de la partie mince du limbe, et que par suite ces nervures forment des lignes bien tranchées et brusquement limitées. La division et subdivision des nervures a aussi fourni aux Ptéridographes (botanistes s'occupant des Fougères, de πτέρις, Fougère et γράφω, j'écris ou je décris), pour la distinction des espèces, des caractères d'autant plus utiles qu'ils s'appliquent également à la détermination de celles dont on n'observe aujourd'hui que les restes fossiles. Cette division s'opère d'après les trois modes penné, flabellé ou en éventail, et réticulé, qui tous offrent diverses modifications secondaires. — Le pétiole des Fougères porte généralement, dans sa portion inférieure, des sortes de lamelles membraneuses et sèches ou de poils écailleux, qu'on désigne par l'expression latine de *Ramenta*, et qui le font alors qualifier de *ramentacé*. Enfin, un autre caractère de ces feuilles résulte de ce qu'elles sont toujours (excepté dans les Ophioglossées) enroulées en crosse ou circinées dans leur jeunesse. — Quant à leur structure anatomique, elle rappelle ce que nous avons vu pour la généralité des Phanérogames, si ce n'est dans les *Hymenophyllum* où leur limbe ne comprend qu'une seule couche de cellules parenchymateuses, et ne porte pas de stomates.

Reproduction. — La fructification des Fougères est toujours fixée à la face inférieure des feuilles qui quelquefois, sous son influence, se modifient et réduisent leur portion membraneuse au point de prendre l'apparence de simples supports dont la réunion forme une sorte de panicule (*Osmunda, Aneimia*). Elle consiste en sporanges, ordinairement appelés Capsules, qui contiennent chacun des séminules nombreuses, et qui s'attachent en général sur le trajet des nervures, plus rarement sur toute la surface du limbe (*Acrostichum*). Ces capsules se réunissent d'ordinaire plusieurs ensemble en groupes nommés *Sores* (Sori) arrondis, ou ovales, ou allongés, ou enfin linéaires, et ces sores eux-mêmes sont tantôt nus ou à découvert, tantôt plus ou moins recouverts par un repli membraneux qu'on nomme *Indusie* (Indusium). La figure 496, A, montre, sous un fragment de feuille du Polystic Fougère mâle, deux sores pourvus de leur indusie réniforme, *i*, qui est fixé par son centre et dont les bords libres laissent ressortir en partie les capsules, *c*. Celles-ci, considérées en particulier, se montrent conformées de manières diverses, et leurs parois membraneuses sont presque toujours renforcées sur une étendue déterminée, les cellules qui les forment sur ces points, et qui s'a-

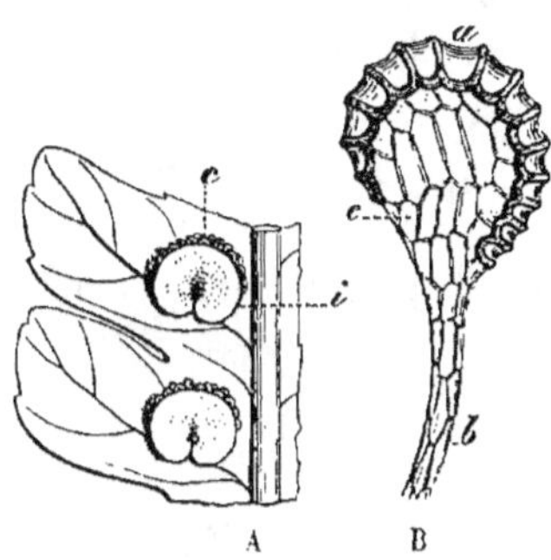

Fig. 496. — *Polystichum Filix-mas* DC. — A, portion d'une feuille vue par sa face inférieure, avec deux sores ; *i*, indusie ; *c*, capsules qui débordent. (5/1). — B, une capsule entière : *b*, son pédicule ; *a*, anneau ; *c*, parois membraneuses. (100/1.)

lignent en une bande plus ou moins longue, ayant épaissi fortement leurs parois. Cette bande de cellules à parois fermes et épaissies constitue l'*Anneau* (Annulus) qui contribue essentiellement à la déchirure des parois membraneuses et, par suite, à la sortie des séminules. La figure 496 B montre la disposition la plus fréquente de l'anneau, *a*, et peut en faire comprendre l'action. On voit qu'il suit à peu près les 2/5 de la circonférence verticale de la capsule, et que ses cellules ont leur membrane fortement épaissie intérieurement et sur les côtés par lesquels elles adhèrent l'une à l'autre. Ces mêmes côtés forment ainsi comme un U pour chacune d'elles. Tant que la cellule est en pleine vie et remplic de liquide, les branches de l'U restent à peu près parallèles et écartées ; mais, à la maturité, le contenu liquide diminuant, les portions membraneuses de la paroi cellulaire s'affaissent, les deux branches de l'U tendent à se rapprocher et, comme cet effet se répète sur toute la file de ces cellules, l'anneau tend à se redresser ; mais il ne peut le faire sans déchirer les parois minces de la capsule ; et c'est en effet ce qui a lieu. — L'anneau peut être *complet*, c'est-à-dire décrire un cercle entier (*Trichomanes*, fig. 502, A, p. 896), ou plus souvent incomplet, comme sur la figure 496, A ; il peut être dirigé longitudinalement, ou transversalement, ou même obliquement ; enfin il peut se raccourcir beaucoup ou même manquer en entier ; toutes ces diverses manières d'être fournissent, pour la subdivision de la famille des Fougères en tribus, des caractères que j'exposerai plus loin, en m'appuyant sur des figures. — Les séminules, contenues dans les capsules, sont ovoïdes ou arrondies, ou plus ou moins polyédriques, lisses ou striées, ou verruqueuses, etc. ; en un mot, elles offrent diverses modifications dont l'exposé appartient aux ouvrages descriptifs.

Germination et fécondation. — Pour la germination, la cellule propre de la séminule ou l'endospore augmente de volume en absorbant de l'humidité, détermine la rupture de l'épispore et fait saillie par l'ouverture qui s'est ainsi formée. Elle peut même s'allonger beaucoup et devenir un assez long tube, comme on le remarque sur la figure 497, où on la voit sortir de la séminule, *s*. Là on remarque aussi qu'une radicelle, *r*, en est déjà née. Bientôt des cloisonnements s'opérant dans les sens transversal et longitudinal, il provient peu à peu de cette cellule primaire une petite expansion celluleuse, *pr*, qui n'est pas autre chose que le prothalle ou proembryon naissant. Cette formation primordiale est d'abord à peu près triangulaire, échancrée à son bord antérieur ; elle s'élargit plus tard vers son bord postérieur qui s'échancre à son tour, et finalement elle a l'apparence d'une petite feuille verte, arrondie, avec deux

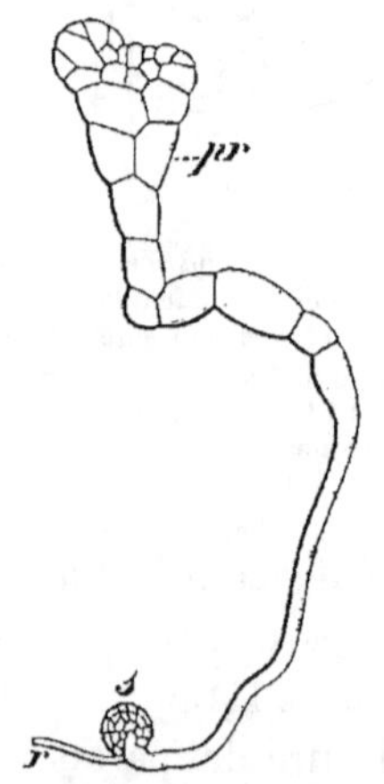

Fig. 497. — *Asplenium septentrionale* Hoffm. Germination : *s*, séminule dont la germination a donné déjà une radicelle, *r*, et un jeune prothalle, *pr*. (100/1. — D'après M. Hofmeister.)

échancrures, antérieure et postérieure, sensiblement épaissie dans sa portion moyenne, fort mince dans le reste de son étendue où elle n'offre qu'une assise de cellules, enfin appliquée sur la terre humide, à laquelle l'attachent de nombreux poils radicellaires qui partent de sa face inférieure. C'est à cette même face inférieure que se trouvent, en arrière les anthéridies, en avant les archégones, et cette situation facilite beaucoup la fécondation à cause de l'eau qui se trouve sous le prothalle au contact de la terre humide.

Les *anthéridies* sont de petits corps arrondis ou ovoïdes, proéminents sur la face inférieure du prothalle, dont les parois sont formées d'une seule couche de cellules. On en voit une sur la figure 498, A, coupée transversalement vers le milieu de sa hauteur. Dans leur cavité, se développe une masse de petites cellules très-délicates, *a'*, qui finissent par se désagréger et dans chacune desquelles se produit un anthérozoïde ; alors, arrivée à son état parfait, l'anthéridie se déchire en étoile à son sommet, sous l'influence de l'humidité ; les petites cellules qui la remplissaient en sortent, tournoient dans l'eau, crèvent bientôt et laissent ainsi leur anthérozoïde libre, nageant dans le liquide. Les anthérozoïdes adultes se montrent, comme en B, figure 498, sous la forme d'un étroit ruban spiral, rétréci postérieurement en pointe plus ou moins longue, pourvu dans sa portion antérieure de cils longs et nombreux. Ces petits corps spiraux traînent avec eux une vésicule que M. Hofmeister regardait comme formée des restes de leur cellule-mère, mais qui, selon M. E. Roze, en est bien distincte et joue un rôle essentiel dans la fécondation. D'après cet habile cryptogamiste, « cette vésicule est adhérente *extérieurement* à un filament granuleux qui est attaché lui-même à l'extrémité antérieure de l'anthérozoïde ». — Les anthéridies et les anthérozoïdes des Fougères ont été découverts, en 1844, par M. Nægeli.

Les *archégones*, dont la découverte a été faite en 1846-1847 par M. Leszczyc-Suminski, sont placés vers l'échancrure anté-

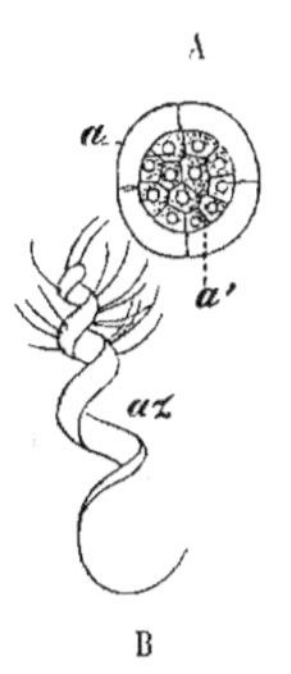

Fig. 498. — *Pteris serrulata.* — A, une anthéridie coupée transversalement : *a*, sa paroi d'une seule couche de cellules ; *a'*, masse des cellules-mères d'anthérozoïdes. (200/1). — B, un anthérozoïde libre, *az*, isolé. (800/1. — D'après M. Hofmeister.)

rieure du prothalle et à sa face inférieure. Ils sont beaucoup moins nombreux que les anthéridies, et il est rare qu'un prothalle en porte plus de huit. La figure 499 montre deux de ces appareils femelles, à deux différents degrés de développement, coupés dans leur longueur de manière à montrer leur intérieur. L'un, *ar*, n'est pas encore tout à fait adulte : il forme un petit dôme fermé, dont les parois sont constituées par une seule couche de cellules ; celles-ci entouraient une file centrale de cellules su-
perposées ; mais la résorption des cloisons transversales, dans toute la portion de l'archégone qui déborde la face même du prothalle, n'a laissé à la place

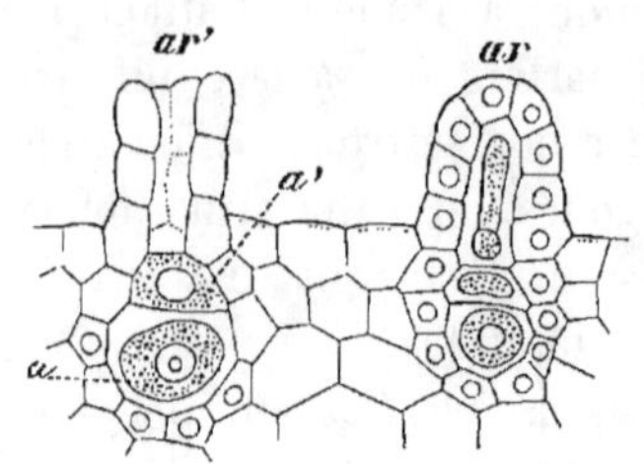

Fig. 499. — *Ptéris serrulata.* — Portion de la coupe transversale menée à travers la portion antérieure et médiane d'un prothalle, passant par deux archégones *ar*, *ar'*, ce dernier déjà ouvert au sommet; *a*, cellule basilaire qui va être fécondée; *a'*, cellule qui sera bientôt résorbée. (200/1. — D'après M. Hofmeister.)

de ces cellules qu'une masse allongée gélatineuse ; quant aux deux cellules de cette file qui sont plus enfoncées, on voit qu'elles ont persisté, mais que la supérieure tend à se résorber elle-même et que, dans l'inférieure, qui est seule en pleine acti-vité vitale, il s'est déjà formé un fort globule protoplasmique avec un gros nucléus central, globule que M. Hofmeister regarde comme une cellule. — L'archégone, *ar'*, est arrivé à son déve-loppement complet et peut être fécondé. Il s'est ouvert à son ex-trémité, de sorte qu'il forme comme un petit puits d'où a dis-paru la matière gélatineuse qui existait dans le premier, *ar ;* au fond de ce puits et enfoncées dans le tissu même du prothalle se montrent encore deux cellules centrales : l'une, *a*, volumineuse et bien vivante, sur laquelle s'opérera la fécondation et qui se déve-loppera ensuite en une nouvelle plante; l'autre, *a'*, qui ne tardera pas à disparaître.

On n'a pu encore surprendre la nature sur le fait de manière à savoir exactement comment s'effectue la fécondation. Il est ex-trèmement probable que les anthérozoïdes arrivent, par l'inter-médiaire d'une goutte d'eau, aux archégones qui, pour faciliter l'accomplissement du phénomène, se courbent alors de manière à reporter leur ouverture tout contre la surface du prothalle. M. Leszczyc-Suminski avait dit catégoriquement qu'un anthéro-zoïde pénètre dans un archégone et que sa portion amincie postérieure, pénétrant dans la vésicule basilaire, s'y développe en embryon ; mais cette assertion a été reconnue non fondée. Il y a donc encore là un point important à éclaircir.

Quoi qu'il en soit, la vésicule basilaire fécondée devient une cellule ; cette cellule se divise ensuite successivement de manière à produire bientôt un corps cellulaire, enfermé dans la base de l'archégone, qui s'amplifie pour le loger, comme on peut le voir, en *e*, sur la figure 500. Mais bientôt, l'accroissement considé-

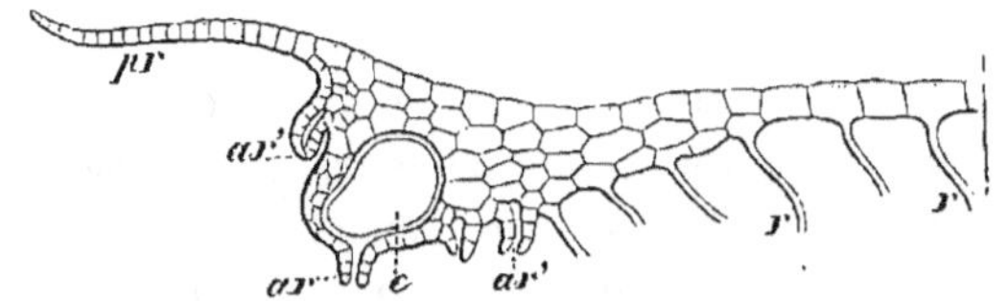

Fig. 500. — *Pteris serrulata :* coupe verticale d'un prothalle dans lequel un archégone *ar* a été fécondé et a déjà développé son embryon en une grosse masse parenchymateuse *c*; *ar'*, *ar'*. archégones non fécondés ; *r*, poils radicellaires ; *pr*, portion marginale et mince du prothalle. (150/1. — D'après M. Hofmeister.)

rable de cette masse distend l'ouverture de la cavité dans laquelle elle s'est formée ; elle fait saillie au dehors, et, dès lors, sa portion saillante commence à se développer inférieurement en racine, supérieurement en un axe qui donne successivement plusieurs feuilles et s'allonge lui-même en tige. La figure 501 montre l'état de la nouvelle plante ainsi produite, au moment où elle tient encore au prothalle, *pr*, par sa portion cellulaire primitive, *e*, et où elle a produit d'un côté une racine, *r*, de l'autre une première feuille, *a*, déjà bien formée, ainsi qu'une seconde feuille, *a'*, encore extrêmement jeune, qui s'élève en bec au-dessus du mamelon végétatif, extrémité de la tige naissante.

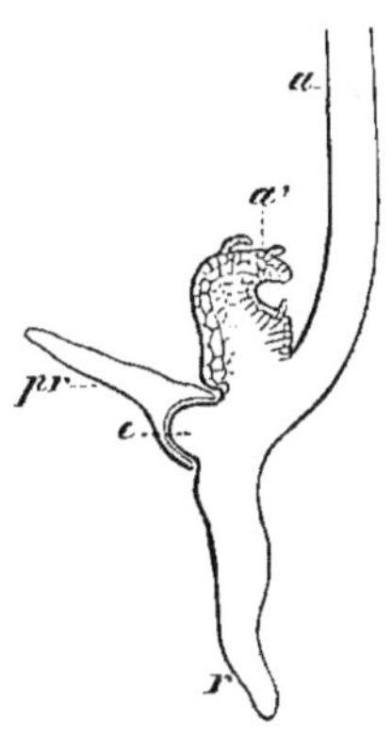

Fig. 501. — *Pteris serrulata.* Coupe verticale d'une très-jeune plante : *e*, masse primitive née dans l'archégone, sur le prothalle *pr*; *r*, racine ; *a*, première feuille ; *a'*, seconde feuille encore naissante. (50/1. — D'après M. Hofmeister.)

Distribution géographique, usages, etc. — Les espèces de Fougères décrites jusqu'à ce jour dépassent 5000, et sur ce nombre au moins 1000 à 1200 sont cultivées comme plantes d'agrément à cause de la fraîcheur, de la légèreté de leur feuillage, de l'élégance et de la beauté de leur port. La plupart de ces plantes habitent les parties à la fois chaudes et humides des contrées intertropicales ; elles abondent au Brésil et dans l'Inde où ces deux conditions se trouvent réunies, tandis qu'elles sont rares en Afrique par la raison contraire. Elles sont surtout multipliées dans les îles et d'autant plus que l'étendue en est moindre. Ainsi, comparées à la végétation totale, elles comptent pour 1/10 aux Antilles, 1/9 à l'île de France, 1/5 à 1/4 dans l'Océanie, 1/3 à Sainte-Hélène, et au moins 1/2 à Juan Fernandez et Tristan d'Acugna. La zone où elles existent en plus forte proportion, de l'équateur aux pôles, est celle qui s'étend de 10° à 25° de latitude ; elles sont moins abondantes dans les pays tempérés et le deviennent un peu plus dans les contrées septentrionales. — Les usages de ces Cryptogames sont assez divers, mais, au total, de médiocre importance. Plusieurs ont été ou sont encore employées en médecine, surtout la Fougère mâle (*Polystichum Filix mas* DC.) et la Capillaire (*Adiantum Capillus Veneris* L.). Le rhizome de l'*Asplenium Baromez* Willd., vulgairement nommé Agneau de Scythie, est en grand renom chez les Chinois. Quelques-unes sont alimentaires, soit par leurs feuilles jeunes et tendres comme le sont celles des espèces indigènes, qu'on mange dans le nord de l'Europe, et l'herbe entière du *Ceratopteris thalictroides* Brongn., de l'Asie tropicale, soit par leur rhizome ou leur tige assez féculents, par exemple, le *Pteris esculenta* Forst., à la Nouvelle-Hollande et le *Cyathea medullaris* Sw., à la Nouvelle-Zélande.

Subdivision des Fougères. — Cette famille est subdivisée en huit tribus, que plusieurs botanistes qualifient de familles, regardant alors le groupe entier comme une classe.

TRIBUS.

		Capsules pédiculées, anneau continu au pédicule.		*Polypodiées* (avec Cyathées).
Fougères avec un anneau	qui forme une bande	Capsules sessiles ou à peu près	anneau complet	oblique ou excentrique. . . . . *Gleichéniées.*
				transversal. . . *Hyménophyllées*
			anneau incomplet, très-court	vertical, plus ou moins basilaire. *Parkériées.*
				transversal. . . *Osmundacées.*
	qui forme une calotte terminale.			*Lygodiées* (ou Schizéacées).
Fougères sans anneau	Capsules groupées ou soudées en sores ; feuilles circinées..			*Marattiées.*
	Capsules en sorte d'épi distique ; feuilles non circinées dans la jeunesse.			*Ophioglossées.*

1. Les *Polypodiées* forment une tribu plus nombreuse⸱à elle

seule que toutes les autres ensemble. La figure 496 (p. 890) en montre les caractères essentiellement distinctifs. Elle se divise naturellement en deux sous-tribus, les Polypodiées proprement dites et les Cyathées. Cette dernière est regardée par M. Brongniart comme une tribu distincte. Elle est caractérisée parce que ses capsules, souvent sessiles, s'attachent sur un support commun proéminent; elle comprend la plupart des Fougères arborescentes.

Genres principaux. — 1° Polypodiées vraies : *Polypodium* L., *Pteris* L., *Blechnum* L., *Diplazium* Sw., *Nephrodium* Rich., *Aspidium* Sw., *Adiantum* L., *Acrostichum* L., etc.

2° Cyathées : *Alsophila* R. Br., *Cyathea* Sm., etc.

II. Les *Hyménophyllées* sont peu nombreuses et bien caractérisées, tant par leurs feuilles à une seule couche de cellules, sans stomates, que par leurs capsules sessiles (fig. 502, A), ayant vers leur équateur un anneau complet, et insérées comme en épi sur un long réceptacle ou filet qui se prolonge au delà d'elles.

Genres : *Hymenophyllum* Sm., *Trichomanes* R. Br.

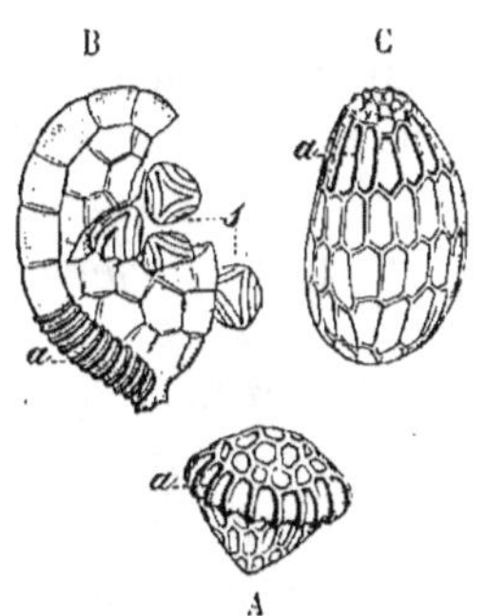

Fig. 502. — A, capsule du *Trichomanes elatum*; a, son anneau. — B, capsule du *Parkeria pteridioides*; a, anneau; s, séminules. — C, capsule de l'*Aneimia fraxinifolia*; a, anneau (50/1.)

III. Les *Parkériées* sont fort peu nombreuses et sont comprises dans les deux genres *Parkeria* Hook., *Ceratopteris* Brongn. Endlicher les réunit aux Polypodiées, desquelles les distinguent leurs capsules (figure 502, B) sessiles ou à peu près, dont l'anneau, *a*, tout basilaire, est fort court.

IV. Les *Lygodiées* ou Schizéacées se distinguent nettement par leurs capsules (fig. 502, C) ovoïdes, sessiles, munies d'un anneau, *a*, en calotte terminale ou à peu près, formé de cellules rayonnantes; ces capsules s'ouvrent par une fente longitudinale. Certaines (*Lygodium*) sont grimpantes.

Genres : *Aneimia* Sw., *Schizaea* Sm., *Lygodium* Sw., *Mohria* Sw.

V. Les *Osmondées*, réduites aux deux genres *Osmunda* L., *Todea* Willd., ont leurs capsules (fig. 505, A) brièvement pédiculées, ovoïdes, presque arrondies, munies d'un court anneau transversal et dorsal, *a*; elles s'ouvrent, par une fente longitudinale, presque en deux valves.

VI. Les *Gleichéniées* sont remarquables par leurs feuilles dont le pétiole est dichotome ; leurs capsules (fig. 503, B) sessiles ont un large anneau complet, dirigé un peu obliquement, et elles s'ouvrent par une fente longitudinale.

Genres · *Gleichenia* Sm., *Platyzoma* R. Br.

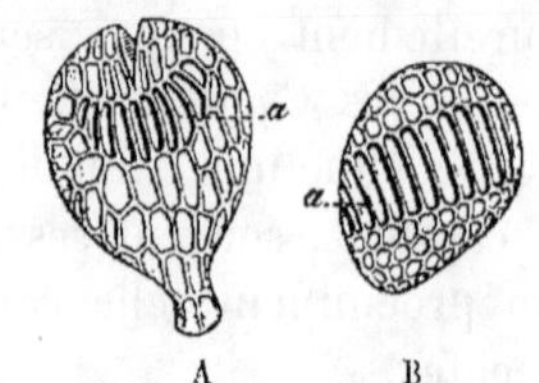

Fig. 503. — A, capsule du *Todea Africana* ; *a*, anneau. — B, capsule du *Mertensia gracilis* ; *a*, anneau. (50/1.)

VII. Les *Marattiées* ont leurs capsules sans anneau, sessiles et rangées, en sores arrondis ou ovales, sur une seule ligne circulaire ou sur deux lignes adjacentes. Libres et distinctes, mais juxtaposées dans le genre *Angiopteris* Hoffm., elles se soudent entre elles en une sorte de godet arrondi dans le genre *Kaulfussia* Blum., et ailleurs en deux pièces adjacentes qui font ressembler assez bien un sore à une gousse avec

Fig. 504. — *Marattia elata* ; portion d'une feuille avec deux sores, l'un *a*, à demi ouvert, se montrant presque de profil, l'autre *a'* très-ouvert et vu par-dessus. (4/1.)

ses deux valves ; c'est ce que montre, pour le *Marattia elata*, la figure 504.

VIII. Les *Ophioglossées* se distinguent de toutes les Fougères parce que leurs feuilles ne se roulent pas en crosse dans la jeunesse et que leurs capsules, sans anneau, sessiles, tantôt distinctes, tantôt soudées en deux files, comme on le voit sur la figure 505, s'ouvrent transversalement en deux valves plus ou moins complètes.

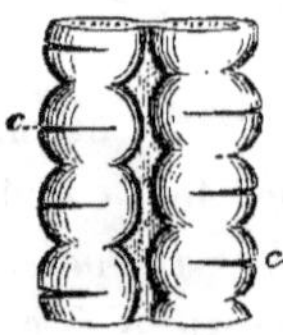

Fig. 505. — Fragment d'un épi d'*Ophioglossum vulgatum* L. — *cc*, fente médiane par laquelle s'ouvre chaque capsule. (3/1.)

Genres : *Ophioglossum* L., *Botrychium* Sw., etc.

Famille des Marsiléacées (Marsileaceæ).

La famille qui est aujourd'hui admise sous ce nom tiré de celui du genre *Marsilea* L. a été nommée d'abord Rhizospermées par

De Candolle, à l'exemple de Roth, et par quelques autres auteurs Rhizocarpées. Endlicher en fait sa classe VIII, *Hydropterides*. La circonscription en est tracée de manières assez diverses, les uns (Lindley, etc.) y faisant entrer les Iséétées que leurs caractères rattachent bien plus naturellement aux Lycopodiacées, tandis que les autres la subdivisent en deux familles distinctes, les Marsiléacées et les Salviniacées, que M. Brongniart regarde comme de simples tribus, à la première desquelles il donne le nom de Pilulariées. Enfin Payer non-seulement admettait comme familles séparées ces deux tribus, mais encore il en détachait la famille des Azollées qu'il transportait même dans la classe des Filicinées distincte, pour lui, de celle des Rhizocarpées.

Pour faire connaître l'organisation et les caractères des Marsiléacées, j'en décrirai les trois types essentiellement constitutifs, savoir les genres *Pilularia* L. et *Marsilea* L. qui forment la tribu des Pilulariées, et le genre *Salvinia* Michel. qui, avec les *Azolla* Lamk., constitue celle des Salviniées.

I. *Pilularia.* — La Pilulaire (*P. globulifera* L.) est une plante de nos contrées qui croît dans les endroits humides, au bord des étangs et des mares, qui même parfois devient flottante. Elle a une tige grêle, rampante, rameuse, souvent fort longue, fixée au sol par de nombreuses racines adventives à peu près simples, qui porte des feuilles dressées, ordinairement fasciculées, filiformes, dont l'ensemble produit l'effet d'un gazon serré. Cette tige renferme un faisceau vasculaire qui entoure une moelle peu volumineuse. Quant aux feuilles, elles sont circinées dans leur jeunesse ; elles sont dépourvues de stomates ; elles ne renferment qu'un faisceau vasculaire et sont creusées de lacunes : on les regarde généralement comme réduites à un pétiole sans limbe. — L'appareil reproducteur de cette plante consiste dans des *Sporocarpes* ou conceptacles axillaires, globuleux, revêtus d'un feutre vert et plus tard brun, brièvement pédiculés, dont la ressemblance avec des pilules a valu à la plante son nom générique, et qui n'ont que trois ou quatre millimètres de diamètre. Ces sporocarpes sont creusés chacun de quatre loges longitudinales, munies d'un tégument propre qui peut se séparer de l'enveloppe commune, comme les tranches d'une orange se séparent de sa peau. Chaque loge présente, sur le milieu de sa face externe, un placenta longitudinal, médiocrement proéminent, auquel s'attachent, dans le haut, une trentaine de petits corps transparents, en forme de massue, qui renferment des sortes de granules inégaux, nageant dans un liquide gélatineux. M. Nægeli a découvert et M. Hofmeister a reconnu après lui, que ces granules possèdent deux membranes dont l'externe crève bientôt pour laisser l'interne faire saillie·sous la forme d'un petit boyau court; celle-ci s'ouvrant ensuite, laisse sortir de très-petites cellules à anthérozoïdes. Les corps de cette première sorte sont donc tout autant d'anthéridies. Vers la base du même placenta s'attachent douze à vingt corps plus gros, ovoïdes ou obovés, qui sont autant de séminules destinées à germer, et dans la constitution desquelles entrent : 1° une grosse cellule intérieure, renfermant de l'amidon et des gouttes d'huile au milieu d'un liquide mucilagineux, et dont la membrane est résistante; 2° plus en dehors une membrane blanche, coriace, formée de très-petites cellules et offrant un mamelon terminal; 3° enfin, tout à l'extérieur, une couche de cellules gélatineuses. — Quelques heures après que les séminules ont été mises en liberté, elles entrent en germination. Pour cela, au sommet de leur cellule interne ou fondamentale et dans le mamelon entr'ouvert de leur tégument cellulaire moyen, se produit une petite formation parenchymateuse qui fait à peine saillie et qui constitue le petit prothalle de cette plante. Une cellule située au centre de ce prothalle s'isole, s'arrondit en grossissant et se fait bientôt reconnaître comme celle qui devra être fécondée et qui occupe la cavité basilaire de l'archégone unique porté sur ce corps; un petit canal s'ouvre de cette cavité jusqu'au sommet de l'archégone alors sensiblement allongé, qui se termine par trois ou quatre cellules un peu divergentes. A la même époque, les anthéridies ont émis leurs petites cellules dont la déchirure et la résorption ont laissé libres les anthérozoïdes, conformés en fil spiral. Ceux-ci peuvent, grâce à l'humidité du sol, se porter vers l'archégone et en opérer la fécondation. Dès lors, la cellule-embryon fécondée commence à subir une série de divisions et de développements dont le résultat final est une nouvelle plante.

II. *Marsilea*. — Les *Marsilea* sont des plantes d'assez faibles dimensions, qui vivent au fond des mares peu profondes. Le *M. quadrifolia* L. est assez commun en France, et le *M. pubescens* Ten. croît dans nos départements méditerranéens. Elles ont un rhizome rampant, plus ou moins rameux, fixé au sol par de nombreuses racines adventives bien développées, et duquel partent des feuilles longuement pétiolées, dont le limbe est formé de quatre folioles disposées en deux paires croisées, qui s'attachent à deux niveaux un peu différents. Leur appareil reproducteur consiste en sporocarpes ou conceptacles ovoïdes, sensiblement comprimés par les côtés, longs de 6-7 millimètres, qui sont portés presque toujours par deux sur un court pédicule faisant corps, dans sa moitié inférieure, avec le pétiole de la feuille à l'aisselle de laquelle il est né, et qui se bifurque dans sa portion supérieure libre.— Les sporocarpes sont d'abord verts et deviennent ensuite bruns ou noirâtres. Ils s'ouvrent par une fente longitudinale, complète sur un côté, mais qui ne s'étend que dans une faible portion de l'autre. Leur intérieur est partagé en deux moitiés symétriques par une cloison longitudinale parallèle aux deux faces un peu aplaties ; en outre des cloisons horizontales divisent chaque moitié en huit ou neuf loges superposées. La grande cloison médiane est formée, en arrière, d'une matière comme mucilagineuse, susceptible d'absorber beaucoup d'eau, d'augmenter considérablement de volume à la suite de cette absorption et qui, par là, contribue essentiellement à la dissémination des corps reproducteurs. Dans chacune de ces nombreuses loges, se trouvent, du côté extérieur, sur une bande horizontale, plusieurs anthéridies qui ont la forme de sacs pédiculés, claviformes, et des séminules ellipsoïdes, sessiles, dont la cellule fondamentale, à parois très-minces, est couverte d'une enveloppe assez épaisse, jaune, transparente, puis d'un tégument plus externe qui manque au sommet et qui est formé d'éléments prismatiques, disposés dans le sens rayonnant, enfin d'une couche toute extérieure de matière gélatineuse et transparente.

Lorsque le sporocarpe s'ouvre, la portion mucilagineuse de sa cloison longitudinale absorbe une telle quantité d'eau et par suite s'allonge à tel point qu'elle ressort sous la forme d'une longue production épaisse qui emporte toutes les cloisons horizontales avec la bande d'anthéridies et de séminules. Celles-ci ne tardent pas à germer et à développer un prothalle analogue à celui de la Pilulaire, dans le milieu duquel se forme également un archégone constitué et disposé de la même manière. Les anthéridies émettent aussi leurs anthérozoïdes ainsi que nous l'avons vu pour la Pilulaire, et, la fécondation opérée, la cellule-embryon se développe de même en une masse cellulaire, qui ensuite complique sa structure et achève son organisation en une nouvelle plante. Pendant le développement de cette plante on voit apparaître l'une après l'autre et alternativement, avec assez de régularité, une feuille vers le haut, une radicelle vers le bas. Les trois ou quatre premières feuilles sont de simples petits filets verts ; il en vient ensuite où le pétiole se dilate au sommet en une petite lame spatulée ; puis la suivante porte deux folioles ; enfin arrivent les feuilles parfaites, à quatre folioles.

III. *Salvinia*. — Les *Salvinia* sont de petites plantes qui flottent à la surface des eaux douces et tranquilles. Le *S. natans* Schreb. se trouve dans l'Europe méridionale et abonde sur quelques fossés pleins d'eau, à Bordeaux. C'est l'espèce qui a été surtout étudiée. Sa tige grêle, rameuse, longue de 10-12 centim., émet en dessous de nombreuses radicelles chargées de poils radicaux et en dessus des feuilles ovales, rapprochées, vertes à leur face supérieure où elles offrent de petites verrues, rougeâtres à l'inférieure, qui est chargée de poils raides. — De petits rameaux descendants portent chacun quatre à huit sporocarpes arrondis, un peu déprimés, mesurant 3 ou 4 millimètres de diamètre, relevés extérieurement de dix à douze côtes longitudinales, tubulées intérieurement. Ces sporocarpes sont les uns mâles, les autres femelles, et en général un seul de ces derniers est accompagné de plusieurs des premiers. Du bas de leur unique loge part un placenta sous la forme d'une petite colonne renflée en massue supérieurement, qui porte, dans les mâles un grand nombre de petites anthéridies, dans les femelles une moindre quantité de grosses séminules. Ces derniers corps sont ovoïdes, munis d'un pédicule à plusieurs files de cellules, et ils offrent une cellule interne à membrane très-ferme, avec une couche externe assez lâche, trilobée au sommet. Ils ont environ 1/4 ou 1/3 de millimètre de longueur. La germination des séminules s'opère à peu près comme dans les deux plantes dont il vient d'être question, avec quelques différences de détail. Ainsi le petit prothalle terminal, à trois angles émoussés, renferme trois ou quatre archégones dont un seul est fécondé d'ordinaire et donne une nouvelle plante en parcourant une série de développements successifs que M. Pringsheim a étudiés avec soin, mais que je ne puis exposer ici ; la séminule, en germant, développe graduellement une petite masse parenchymateuse qui ressort quelque peu par la rupture de la couche externe sous la forme d'un corps à trois angles émoussés, qui n'est pas autre chose que le prothalle ; en outre, d'après cet habile observateur, ces archégones, avant la fécondation, perdent la portion supérieure de leur tube qui se détache comme s'enlèverait un couvercle. Quant aux anthérozoïdes, M. Hofmeister dit qu'ils ressemblent beaucoup à ceux des Fougères et qu'ils sont très-vifs lorsqu'ils sortent de leur cellule-mère.

Pour faciliter la distinction des familles qui composent la classe des Filicinées, j'en résumerai les caractères essentiellement distinctifs sous la forme synoptique, de la manière suivante :

CLASSE DES FILICINÉES. — FAMILLES.

Tige uniquement cellulaire ; — grosses anthéridies à nu sur la plante adulte.. . . . . *Characées.*

Tige cellulo-vasculaire ; anthéridies petites, sur le prothalle ou rarement dans des conceptacles.

— Plantes sans feuilles normales vertes, à ramifications verticillées. Séminules munies d'élatères. . . . . . . *Équisétacées.*

— Plantes feuillées ; pas d'élatères.

Fructification épiphylle ; prothalle en petite feuille.

Feuilles petites, rarement linéaires, non circinées. — Conceptacles de deux sortes sur la base des feuilles. . . . . *Lycopodiacées.*

Feuilles grandes, presque toujours circinées à l'origine. — Sporanges d'une seule sorte, à la face inférieure des feuilles. . . . . . . *Fougères.*

Anthéridies et séminules logées ensemble ou séparément dans des conceptacles indépendants des feuilles ; prothalle fort peu développé. . . . . *Marsiléacées.*

DEUXIÈME DIVISION. — PHANÉROGAMES

Plantes pourvues de fleurs dont les parties fondamentales sont les étamines avec leur pollen et le pistil contenant les ovules, rarement des ovules nus (Gymnospermes) : — graines ayant pour base essentiellement constitutive un embryon composé de tissu cellulaire et qui offre déjà les organes végétatifs fondamentaux de la plante adulte. — Accroissement de la tige résultant de l'addition de faisceaux nouveaux ou de couches nouvelles.

Troisième embranchement. — MONOCOTYLÉDONS.

Embryon à un seul cotylédon. — Végétaux sans pivot persistant et n'ayant déjà de bonne heure ou même dès la germination que des racines adventives. — Tige formée de faisceaux fibrovasculaires, non disposés en zones concentriques, épars au milieu d'une masse cellulaire, plus serrés et plus grêles vers la circonférence que vers le centre, sans rayons médullaires. — Feuilles à nervures parallèles, rarement réticulées. — Fleurs le plus souvent trimères.

1re série. — Périspermés (ou Albuminés).

Embryon accompagné d'un périsperme ou albumen, excepté
dans un petit nombre de genres de la famille des Aracées (*Scindapsus* Schott, *Pothos* L., *Lasia* Lour., *Dracontium* L., *Simplo-
carpus* Salisb., *Orontium* L.). — Plantes généralement terrestres.

§ 1. — Périanthe nul ou, quand il existe, le calyce non pétaloïde. — Albumen amylacé
(exceptionnellement charnu dans les Joncacées, Restiacées, Xyridées, Commélynacées, d'après Endlicher, Lindley, etc.).

Sixième classe. — Glumacées.

CLASSE DES GLUMACÉES.		FAMILLES.
Périanthe nul; or-ganes reproduc-teurs protégés par des glumes et glu-melles (v. p. 457).	Tige aérienne à plusieurs nœuds, arrondie; feuilles à gaîne ouverte, distiques. — Embryon com-plexe, appliqué par une grande expansion dor-sale contre l'albumen.	*Graminées.*
	Tige continue dans sa portion aérienne, généra-lement triangulaire; feuilles à gaîne fermée (en tube), tristiques. — Embryon simple, en toupie, logé dans l'extrémité de l'albumen. . .	*Cypéracées.*

Famille des Graminées (Gramineæ).

Grande famille très-naturelle, qui se classe au premier rang par
son utilité majeure, les plantes qui la composent fournissant à
l'homme et aux animaux herbivores la base de leur alimentation.

Plantes annuelles ou plus ordinairement vivaces, de tailles
très-diverses, depuis le *Mibora minima*, haut de cinq ou six
centimètres, jusqu'aux Bambous, qui atteignent trente mètres
de hauteur. Tige généralement herbacée, devenant dure et plus
ou moins ligneuse dans le Roseau (*Arundo Donax* L.) et les
Bambous (*Bambusa* Schreb, *Chusquea* Kth., etc.), constituant un
Chaume (Culmus. *Voy.* p. 181), presque toujours fistuleuse,
ordinairement simple, parfois ramifiée, soit uniquement à sa base
de sorte que la plante semble avoir plusieurs tiges (ce qui constitue
pour les agriculteurs le *tallement*, les plantes qui tallent), soit à
la manière ordinaire et par des branches qui, dans les Bambous,
naissent après la première année, après la chute des gaînes.

Feuilles distiques, naissant de toute la circonférence des nœuds,
en une longue gaîne qui s'enroule autour de la tige sans souder
ses deux bords, et qui est surmontée d'un limbe à nervures parallèles, presque toujours linéaire, mais devenant, en général, plus
large dans les espèces des pays chauds; à l'angle formé par le

limbe sur le sommet de la gaîne se montre une *Ligule* (Ligula) ou *Languette*, membrane plus ou moins sèche et translucide, qui continue la couche interne de la gaîne, et qui, par ses variations de longueur, de forme, etc., aide à la distinction de beaucoup d'espèces. Dans les Bambous, le limbe se rétrécit inférieurement en pétiole.

Fleurs disposées en épillets qui se groupent à leur tour en épi composé ou plus souvent en grappe composée ou panicule (*voyez* p. 468-470), le plus souvent hermaphrodites, quelquefois uni-sexuées et alors en général monoïques, parfois polygames. Épillets uniflores ou pluriflores, parfois réunissant des fleurs normales et des fleurs imparfaites qui se trouvent tantôt au bas, tantôt au haut, deux dispositions constantes au point de pouvoir servir à la dis-tinction de deux grands types dans la famille. Glume presque tou-jours à deux folioles opposées mais insérées à deux niveaux un peu différents, dont la plus basse tend à avorter et reste dès lors par-fois plus petite ou manque même tout à fait; très-rarement (*Leersia*) la glume entière peut manquer. — Dans chaque fleur en parti-culier se trouve une glumelle ou balle de deux paillettes, l'externe et inférieure (*voy.* p. 458) imparinerviée, l'interne et supérieure parinerviée. La paillette imparinerviée prolonge assez souvent sa nervure médiane, beaucoup plus rarement aussi quelques-unes des latérales (*Ægilops*, *Lagurus*) en pointes ou filets grêles, parfois très-longs (Blés dits barbus, *Stipa*, etc.) qu'on nomme *Arêtes* ou *Barbes* (*Arista*). On voit quelquefois aussi des glumes à folioles pourvues d'arête ou *aristées*; mais presque toujours elles sont *mutiques* ou sans arête. L'arête peut sortir de la paillette à différents points, selon les plantes : ordinairement elle en prolonge le sommet (*Festuca*, *Triticum*, etc.); ailleurs elle part d'un peu plus bas que le sommet (*Bromus*), ou du milieu du dos de la foliole (*Avena*) ou même presque de sa base (*Aira*).

La figure 506 montre une fleur de Graminée isolée, dans laquelle, la paillette imparinerviée ayant été enlevée, c'est du côté qu'elle occupait, c'est-à-dire du côté extérieur qu'est vu cet ensemble d'organes. La paillette parinerviée ou supérieure, *g*, est restée en place et, comme elle se montre par sa face externe relativement à l'axe floral, on remarque sans peine ses deux bords reployés, avec les deux carènes formées par ce ploiement, et parcourues chacune par une nervure.

Sur un cercle plus intérieur que la glumelle se montre le verti-cille des paléoles *g'* qui constituent la *Glumellule* (*voy.* p. 459). Ce

verticille est complet, c'est-à-dire à trois folioles, dans les Bambusées et la plupart des Stipacées; mais il est réduit à deux de ses
parties dans la généralité des
Graminées par l'avortement
de la paléole interne. Les deux
paléoles restantes sont alors
situées, comme le montre la
figure 506, en *g'*, au côté externe ou inférieur de la fleur
et symétriquement l'une par
rapport à l'autre. Leur configuration est très-variable.

L'androcée des Graminées
comprend, dans l'immense
majorité des cas, trois étamines à longs filets capillaires,
à anthères biloculaires, attachées au filet assez au-dessus
de leur base, comme on le voit
en *a*, et qui, après leur déhiscence, écartent leurs deux

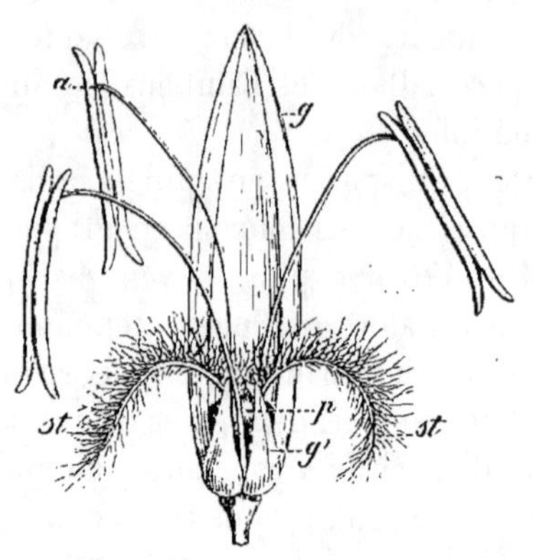

Fig. 506. — *Lolium perenne* L. : fleur isolée, dont
on a enlevé la paillette imparinerviée, afin de
montrer la face interne de la paillette parinerviée *g*, les deux paléoles de la glumellule *g'*, et
le pistil *p*, avec ses deux stigmates plumeux *st*.
Les trois étamines sont restées en place, et l'une
d'elles montre l'insertion de l'anthère, en *a*.
(6/1.)

loges l'une de l'autre de manière à devenir comme fourchues aux
deux bouts, ainsi qu'on le remarque sur la figure. Ces étamines
alternent avec les paléoles et se trouvent par conséquent, une
externe, deux internes. L'étamine externe manque dans la Flouve
(*Anthoxanthum*) qui reste ainsi diandre; et ce sont, au contraire,
les deux internes qui ont avorté dans les genres *Nardus* et *Lygeum*, devenus ainsi monandres. Quelques Graminées présentent
des étamines plus nombreuses : on en trouve quatre dans le genre
Tetrarrhena, six dans le Riz (*Oryza*) dans les *Bambusa*, *Nastus*, et
quelques autres Bambusées; enfin on en observe de dix-huit à
quarante dans le *Pariana* où la multiplicité de ces organes se
relie à l'unisexualité.

Le pistil des Graminées est unique. Son ovaire, toujours uniloculaire, a des parois épaisses, qui même s'épaississent encore souvent, dans sa partie supérieure, de manière à former presque deux
lèvres fort inégales, ainsi que le montre la figure 507 B, en *p*. Il
renferme un seul ovule *ov'*, anatrope, attaché largement sur une
étendue plus ou moins considérable de la paroi supérieure, parfois près de sa base, et qui remplit presque entièrement la cavité
ovarienne. Il porte deux styles chargés d'un grand nombre de

longs poils stigmatiques, ou, comme on le dit ordinairement, deux stigmates plumeux *st* (fig. 506 et 507), qui s'atta-chent en général l'un à côté de l'autre, mais qui parfois aussi (*Bromus*) sont tout à fait latéraux, et qui quelque-fois aussi se soudent entre eux à leur base sur une plus ou moins grande longueur(*Coix*). Fort rarement il existe trois stigmates, et, dans quelques genres(*Lygeum, Zea*), au con-

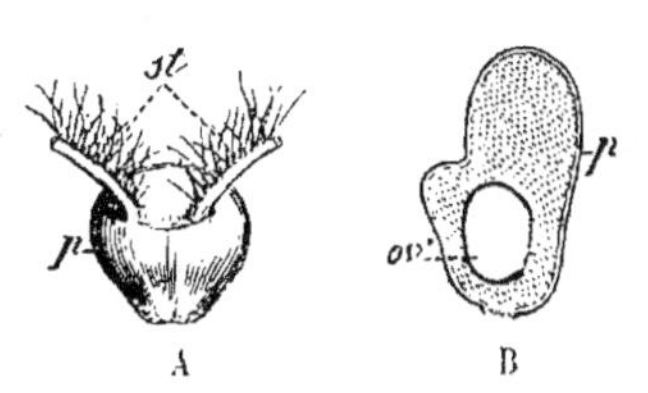

Fig. 507. — *Lolium perenne* L. — A, ovaire, *p*, vu de face et avec la base des deux stigmates plu-meux *st*. — B, l'ovaire du même vu de côté et sur une coupe longitudinale, pour montrer en place l'ovule *or'*, et le grand épaississement su-périeur des parois ovariennes *p*. (10/1.)

traire, on n'en trouve qu'un seul. Dans les Froments, le Seigle, etc., le haut de l'ovaire est chargé de poils.

Pendant le développement de l'ovaire, après la fécondation, les téguments de l'ovule se sont soudés avec les parois ovariennes, d'où résulte cette sorte de fruit qu'on nomme un *Caryopse* (*voy.* p. 657). La graine forme la majeure partie du volume de ce fruit, et elle-même renferme un gros albumen farineux, contre lequel s'applique, vers sa base et dans une direction oblique, un embryon remarquable parce que de sa portion moyenne et tigel-laire part une grande expansion ovale, plane ou faiblement ar-quée, qui ressemble assez à un écusson et que cette ressemblance a fait nommer par Gærtner *Scutellum*. Cet *Écusson* s'applique sans intermédiaire par sa face dorsale contre l'albumen, et en avant de lui se trouve un bourgeon, nommé *Blaste* par Richard, qui résulte de la superposition de plusieurs cônes foliacés. Les botanistes sont loin de s'entendre quant à la signification mor-phologique de ces diverses parties. Richard, comparant cette sin-gulière organisation à celle de certains embryons macropodes (*voy.* p. 680), dont la tigelle porte une grande production ex-centrique, regardait l'écusson comme une formation tigellaire. A. de Jussieu et M. Brongniart ont adopté cette opinion. D'un autre côté, beaucoup de botanistes, surtout allemands, y voient le cotylédon de l'embryon, bien que cette assimilation soulève quelques difficultés assez graves. Dans la théorie de Richard, le cotylédon serait formé par le cône extérieur du blaste, sur lequel on voit une ouverture qui semble être la fente gemmulaire.

Les usages des Graminées sont si nombreux et si importants qu'ils font de cette grande famille la plus essentielle de toutes pour l'homme et les animaux. Ne pouvant, faute d'espace, énumérer en détail toutes les espèces utiles, je me bornerai à rappeler les céréales qui sont indiquées plus haut (p. 60). Je mentionnerai aussi : 1° les espèces dont le grain sert à nourrir les volatiles en général, comme le *Phalaris Canariensis* ou Graine des Canaries, Millet long ; le *Setaria Italica*, Millet à grappes ou Panis d'Italie ; le *S. Germanica* ou Moha de Hongrie ; le *Panicum milia-ceum* ou Millet commun, etc. ; 2° les espèces sacchariféres, surtout la Canne à sucre ou *Saccharum officinarum* L., le Sorgho à sucre ou *Holcus saccharatus* L., etc. ; 3° les espèces odorantes, comme le Vetiver ou *Andropogon muricatum*, notre Flouve, *Anthoxanthum odoratum* L., les *Andropogon Iwarancusa* et *Schœnanthus*, de l'Inde ; 4° les Graminées à tige dure et par cela même pouvant être employées à des usages très-divers, telles que la Canne de Provence (*Arundo Donax* L.) et les Bambous ; 5° les espèces qui ser-vent à faire les ouvrages de sparterie, savoir le Spart ou *Lygeum Spartum* et surtout le *Macrochloa tenacissima* ; 6° enfin les espèces fourragères qui sont tellement nombreuses, tellement variées selon les pays et les sols, que je ne puis songer à les indiquer.

La division généralement adoptée pour la famille des Grami-nées est celle de Kunth, qui partage ces plantes en treize tribus. Je me bornerai à rapporter les noms de ces tribus et de leurs principaux genres.

1. Oryzées (*Leersia* Sol., *Oryza* L., *Zizania* L.).

2. Phalaridées (*Lygeum* L., *Zea* L., *Coix* L., *Alopecurus* L., *Phleum* L., *Phalaris* L., *Holcus* L., *Anthoxanthum* L.).

3. Panicées (*Milium* L., *Panicum* Kth., *Setaria* Palis., *Pennise-tum* Palis., *Penicillaria* Sw.).

4. Stipacées (*Stipa* L., *Macrochloa* Kth., *Aristida* L.).

5. Agrostidées (*Agrostis* L., *Gastridium* L., *Polypogon* Desf.).

6. Arundinacées (*Calamagrostis* Adans., *Arundo* Kth., *Phrag-mites* Trin., *Gynerium* H. B.).

7. Pappophorées (*Pappophorum* Schreb., *Echinaria* Desf.).

8. Chloridées (*Cynodon* Rich., *Chloris* Sw., *Eleusine* Gærtn.).

9. Avénacées (*Aira* L., *Avena* L., *Arrhenatherum* Palis.).

10. Festucacées (*Poa* L., *Glyceria* R. Br., *Briza* L., *Melica* L., *Festuca* L., *Bromus* L.).

11. Hordéacées (*Lolium* L., *Triticum* L., *Secale* L., *Elymus* L., *Hordeum* L., *Ægilops* L.).

12. Rottbœlliacées (*Nardus* L., *Lepturus* R. Br., *Rottboel-lia* R. Br., *Tripsacum* L.).

13. Andropogonées (*Saccharum* L., *Erianthus* Rich., *Andropogon* L., *Ischæmum* L.).

Famille des Cypéracées (Cyperaceæ).

Ainsi nommée du genre Souchet (*Cyperus*).

Plantes pour la plupart vivaces, à rhizome quelquefois longuement traçant. Tige constituant un chaume arrondi ou trigone à nœuds peu nombreux, rapprochés sur la portion souterraine, de sorte que l'entre-nœud supérieur en forme toute la portion aérienne; feuilles graminées, tristiques, ayant leur gaîne en tube continu, sans vraie ligule, à limbe linéaire, quelquefois rudimentaire ou avorté. Fleurs en épillets qui deviennent parfois très-longs et qu'il semble alors difficile de ne pas appeler des épis. Pas de glume, mais quelquefois, à sa place, les bractées des fleurs inférieures restées incomplètes. Chaque fleur a une glumelle ou balle d'une paillette externe; rarement deux paillettes opposées dont l'interne est reployée en ampoule continue autour de l'ovaire (utricule des *Carex*). Étamines le plus souvent au nombre de 3, à anthère basifixe, souvent entourées de soies qui paraissent représenter un périanthe décomposé en filaments. Pistil à ovaire uniloculaire, à un seul ovule anatrope, dressé; le plus souvent 3 styles et stigmates, réduits quelquefois à 2. Pour fruit un achaine; graine contenant un albumen amylacé, abondant, dans la base duquel est logé un petit embryon en forme de toupie.

Genres principaux : *Carex* L., *Schœnus* L., *Isolepis* R. Br., *Scirpus* L., *Eriophorium* L., *Cyperus* L., etc.

Septième classe. — Joncinées.

Périanthe à sépales glumacés ou verts; pétales glumacés ou plus rarement corolloïdes. Embryon souvent en dehors de l'albumen (Brongn.).

Cette classe comprend les 5 familles des Restiacées, Ériocaulonées, Xyridées, Commélynacées, Joncacées. Les quatre premières offrent un caractère commun sur lequel Endlicher s'était appuyé pour en former sa classe des *Enantioblastées*; or, ce mot signifie qu'elles ont l'embryon opposé au hile, c'est-à-dire appliqué contre l'albumen à l'extrémité de la graine qui est diamétralement opposée au point d'attache. Cette situation résulte de ce que les ovules desquels viennent ces graines étaient orthotropes.

CLASSE DES JONCINÉES. — FAMILLES.

Ovules orthotro-pes; embryon placé à l'extré-mité de l'al-bumen diamé-tralement op-posée au hile.

Fleurs généralement unisexuées, à pé-rianthe imparfait ou ayant son ver-ticille interne ga-mophylle dans les mâles seulement; ovules solitaires.

— Périanthe glumacé, de 2-6 fo-lioles distinctes, sur deux rangs, les inférieures persis-tantes; 2-3 étamines; ovaire à 2-3 loges, contenant cha-cune 1 ovule suspendu. . . *Restiacées.*

— Fleurs très-petites, en capitules très-serrés; périanthe sur deux rangs, dont l'extérieur à 2-3 folioles épaisses, et l'intérieur gamophylle, dans les mâles; 4-6 étamines le plus souvent; ovaire à 2-3 loges uniovulées. . . . . . *Ériocaulonées*

Fleurs hermaphro-dites, rarement po-lygames; périan-the bien formé, à deux rangs trimè-res, l'interne péta-loïde; ovules plus ou moins nom-breux dans cha-que loge.

— Périanthe double : l'externe glumacé, ayant sa foliole an-térieure plus grande, l'in-terne régulier, pétaloïde, plus ou moins longuement tubulé à sa base; ovules très-nombreux; style trifide. . . *Xyridées.*

— Périanthe double : l'externe ca-lycinal, régulier, persistant, l'interne pétaloïde, souvent avec une pièce dissemblable; ovules peu nombreux; style simple. . . . . *Commélynacées.*

Ovules anatropes; embryon logé dans la base de l'albumen. . . . . *Joncacées.*

Famille des Joncacées (Juncaceæ).

Tirant son nom du genre Jonc (*Juncus* L.).

Herbes presque toutes vivaces, pourvues d'un rhizome généra-lement écailleux, croissant dans presque tous les pays, mais sur-tout dans les contrées tempérées. Tige noueuse, ordinairement simple, feuillée; feuilles alternes, entières, engaînantes à leur base, tantôt minces et linéaires, tantôt plus ou moins cylindri-ques. Fleurs hermaphrodites, plus rarement unisexuées par l'effet d'un avortement, petites, régulières; périanthe de 6 folioles per-sistantes, semblables entre elles, vertes ou sensiblement scarieuses, quelquefois presque pétaloïdes; 6 étamines opposées aux folioles du périanthe et insérées sur leur base, avec anthères biloculaires, introrses; pistil formé d'un ovaire libre, à 3 loges parfois con-fondues supérieurement par résorption des cloisons, surmonté d'un style simple que terminent 3 stigmates. Capsule trivalve, à déhiscence loculicide, rarement septifrage; graines à test mem-braneux, généralement lâche; embryon très-petit, logé dans la portion basilaire d'un volumineux albumen charnu-consistant ou même presque corné.

Genres principaux : *Juncus* L., *Luzula* DC.

Huitième classe. — Aroïdées.

Périanthe nul ou très-imparfait ; fleurs sessiles sur un spadice
simple et le plus souvent enveloppées par une spathe, souvent
unisexuées. Pistil composé de 1 à 6 carpelles uni ou pluriovulés.
Embryon entouré par l'albumen (Brongn.).

CLASSE DES AROÏDÉES.	FAMILLES.
Plantes herbacées ou sous-frutescentes, souvent grimpantes et épiphytes ; feuilles pétiolées, à limbe large, avec de fortes nervures réticulées. Fleurs unisexuées, plus rarement hermaphrodites, en spadice simple, pourvu d'une spathe monophylle (excep. *Orontium*) ; périanthe nul, excepté chez les hermaphrodites ; ovaire à 1, 2, 3 ou plusieurs loges ; ovules rarement anatropes, dressés ; style nul ou court ; stigmate symétrique. — Baie ; test coriace, souvent épais, distinct de l'endocarpe.	*Aracées.*
Herbes de marais ; feuilles graminées, à nervures parallèles. Fleurs unisexuées, très-serrées en spadices nus : périanthe imparfait ; ovaire uniloculaire, à 1 ovule anatrope, pendant ; style grêle, terminé en stigmate unilatéral. Fruit à peu près sec ; test membraneux, très-mince, adhérent à l'endocarpe.	*Typhacées.*

Famille des Aracées (Araceæ).

Cette grande famille, presque propre aux pays chauds, tire son
nom du genre *Arum* L. Les plantes qui la forment renferment un
suc laiteux ou non, âcre ou même vénéneux. Beaucoup d'entre
elles ont un rhizome souterrain raccourci et renflé en tubercule
féculent qui devient même alimentaire après qu'on l'a débarrassé
de son principe âcre et volatil ; beaucoup d'autres espèces ont une
longue tige qui grimpe sur les arbres et qui émet en abondance
de grosses racines aériennes. Leurs feuilles varient beaucoup de
configuration, mais en général elles ont un limbe bien développé,
large, entier ou lobé, généralement pédinervié (*voy.* fig. 132 et
p. 326), assez souvent pelté, parfois perforé (*voy.* p. 528). Dans ces
dernières années, on a découvert plusieurs Aracées dont les feuilles
offrent un aspect métallique ou des teintes diverses qui leur donnent une rare beauté et en font des plantes d'agrément très-
élégantes.

La famille des Aracées est très-remarquable pour le perfectionnement graduel qu'y subit la fleur, de l'un à l'autre des groupes
dont elle est composée. En effet, la grande majorité de ces plantes
possède séparément des fleurs mâles réduites à une étamine, des
fleurs femelles consistant uniquement en un pistil, les unes et les
autres sans indice de périanthe. On arrive de là aux *Richardia,*

dans lesquels chacun des pistils, qui occupent le bas de l'inflorescence, entouré d'étamines imparfaites, forme une ébauche de fleur hermaphrodite, tandis que tout le haut du spadice ne comprend que des fleurs mâles; on vient ensuite aux *Calla*, qui ont de vraies fleurs hermaphrodites nues, chaque pistil étant entouré d'un cercle d'étamines; enfin on s'élève aux *Orontium* et aux *Acorus*, qui, avec quelques genres voisins, formaient pour Lindley une famille à part, et qui ont de vraies fleurs hermaphrodites périanthées.

Des variations nombreuses s'observent aussi dans la manière d'être des étamines et du pistil. Les premières, sauf le cas où elles se groupent autour de l'organe femelle pour constituer des fleurs hermaphrodites, sont réduites à une anthère presque sessile; elles sont extrorses et leurs deux loges sont en général comme immergées dans un épais connectif tronqué à son extrémité supérieure; elles se soudent aussi assez souvent entre elles, deux ou plusieurs ensemble, de manière qu'il en résulte l'apparence d'une seule anthère à plusieurs loges. Ces loges s'ouvrent par un pore terminal, et même on voit le pollen en sortir en restant plus ou moins fortement agglutiné sous la forme d'un petit cordon et presque d'un ver qui serait expulsé lentement. De son côté, le pistil subit des variations du même ordre, et ses ovules, quelquefois solitaires, en général plus ou moins nombreux, sont ou basilaires ou pariétaux, dressés et alors sessiles, ailleurs aussi portés par un funicule allongé à l'extrémité duquel ils affectent différentes directions.

Quelques Aracées sont alimentaires par leur tubercule féculent et elles sont cultivées en grand, pour ce motif. Une culture prolongée pendant une longue suite de siècles, dans l'Inde et en Égypte, a fait disparaître le principe âcre dans quelques-unes; quant aux autres, la dessiccation et la coction les débarrassent de ce même principe. Le *Colocasia antiquorum* Schott a été cultivé comme plante alimentaire, dès la plus haute antiquité, dans l'Inde et en Égypte; le Taro des Océaniens (*Colocasia esculenta* Schott et *C. macrorrhiza* Schott) l'est également dans toutes les îles intertropicales de l'Océanie; des *Amorphophallus* sont l'objet de cultures dans le nord de l'Inde et dans l'archipel indien; le *Xanthosoma edule* Schott, des *Caladium* sont également utilisés pour leur amidon dans l'Amérique méridionale; enfin il n'est pas jusqu'à nos *Arum* dont on n'emploie de même la fécule dans quelques localités, d'où vient pour l'*A. maculatum* L. le nom vulgaire anglais de Portland Sago ou Sagou de Portland. L'herbe des Aracées est habituellement âcre, à ce point que l'imprudent qui mâche, par exemple, un petit fragment de feuille du *Dieffenbachia Seguinæ* Schott, espèce des Antilles, éprouve presque aussitôt un gonflement de la langue assez fort pour amener des conséquences funestes; néanmoins les pousses jeunes du *Xanthosoma sagittæfolium* Schott sont un légume recherché dans les Antilles où on les nomme vulgairement Chou caraïbe. Je signalerai enfin comme espèces intéressantes et utiles les *Acorus*, surtout l'*A. Calamus* L., dont le rhizome non tubéreux est aromatique, un peu âcre toutefois, et fréquemment employé comme tel en médecine ainsi que par les confiseurs et liquoristes.

La famille des Aracées est partagée en deux sections que M. Brongniart qualifie de simples tribus, tandis que Schott et Endlicher les élèvent au rang de sous-familles ou sous-ordres qu'ils subdivisent en plusieurs tribus : ce sont 1° les *Colocasiées* (Brongn., Aracées Schott, Endl.) caractérisées par l'absence du périanthe à leurs fleurs. Genres principaux : *Pistia* L.; *Cryptocoryne* Fisch.; *Arisarum* Tourn., *Arum* L., *Dracunculus* Tourn.; *Colocasia* Ray, *Xanthosoma* Schott, *Philodendron* Schott; *Dieffenbachia* Schott, *Richardia* Kunth; 2° les *Callacées*, dans lesquelles les fleurs sont devenues hermaphrodites, nues dans les Callées proprement dites, savoir : *Calla* L., *Monstera* Adans. et *Scindapsus* Schott, pourvues d'un périanthe régulier dans les Orontiées et Acoroïdées, comme les *Pothos* L., *Anthurium* Schott, *Dracontium* L., *Orontium* L... *Acorus* L.

§ 2. — Périanthe nul ou double, sépaloïde ou pétaloïde. Albumen charnu ou corné, oléo-albumineux, sans amidon.

Fleurs sessiles, petites, en spadice.	Périanthe nul ou très-imparfait..	Classe 9.	PANDANOÏDÉES.
	Périanthe double, vert et sépaloïde.. . . .	Classe 10.	PHŒNICOÏDÉES.
Fleurs non en spadice, généralement grandes et belles, à parianthe double, coloré.		Classe 11.	LIRIOÏDÉES.

Neuvième classe. — PANDANOÏDÉES.

Fleurs unisexuées, sessiles sur un spadice. Périanthe nul ou très-imparfait. Albumen charnu, huileux (Brongn.)

Ce groupe considéré par M. Brongniart comme formant les 3 familles des Cyclanthées, Freycinétiées et Pandanées, constituait pour les botanistes antérieurs la famille des Pandanées. Les végétaux qui le forment sont propres aux régions les plus chaudes du glôbe. L'organisation en est encore assez imparfaitement connue ; elle avait été, pour Gaudichaud, l'objet d'études approfondies dont les résultats n'ont été malheureusement consignés que sur des planches sans texte, même sans explication.

	CLASSE DES PANDANOÏDÉES.	FAMILLES.
Feuilles indivises, longues et étroites, roides, épineuses sur les bords, serrées sur 3 spires parallèles. Fleurs sans périanthe. — Ancien monde, surtout îles d'Asie.	Tige droite, arborescente, rameuse. Fleurs unisexuées ; ovaires uniloculaires, uniovulés.	*Pandanées.*
	Tige radicante ou grimpante ; fleurs polygames ; ovaires uniloculaires, à nombreux ovules pariétaux.	*Freycinétiées.*
Feuilles amples, à limbe inerme, bifide, ou partagé en éventail. Fleurs mâles et femelles, entremêlées sur le même spadice, généralement munies d'un périanthe plus ou moins complet. — Amérique méridionale, surtout au Pérou.		*Cyclanthées* [1].

Dixième classe. — Phœnicoïdées.

Fleurs sessiles sur un spadice simple ou rameux, renfermées dans une spathe simple ou multiple, souvent unisexuées. Périanthe double, sépaloïde. Étamines 3, 6, ou nombreuses. Pistil formé de 1 à 3 carpelles uniovulés. Fruit 1-3-sperme, indéhiscent. Albumen corné ou huileux (Brongn.).

Cette classe ne comprend guère que la famille des Palmiers, à côté de laquelle M. Brongniart place les deux petits genres *Nipa* Thunb. et *Phytelephas* R. et Pav., le premier de l'Inde, le dernier du Pérou, pour lesquels il admet les deux petites familles des *Nipacées* et des *Phytéléphasiées*. Endlicher plaçait ces deux genres à la suite des Pandanées, mais comme en étant distincts, tout en ayant de l'affinité avec cette famille.

Famille des Palmiers (Palmæ).

Les Palmiers sont les plus beaux et les plus majestueux des Monocotylédons, on peut presque dire des Phanérogames, ce qui les a fait qualifier par Linné de Princes du règne végétal. Leurs espèces aujourd'hui connues s'élèvent au nombre d'environ 600,

---

[1] Je crois devoir rappeler que ce sont les feuilles jeunes d'une espèce de cette petite famille, le *Carludovica palmata* R. et P., qui fournissent la matière des chapeaux dits de Panama. Ces feuilles sont fendues en lanières étroites, que la dessiccation enroule sur elles-mêmes par les bords, qu'on blanchit en les exposant alternativement à la rosée et au soleil, et qu'on tisse ensuite.

et se trouvent réparties en proportions presque égales dans l'ancien et le nouveau monde; en effet, M. de Martius, dans son grand et splendide ouvrage sur cette famille, en attribue 275 à l'Amérique et 307 au reste du monde. La plupart d'entre elles, exigeant une haute température, se trouvent circonscrites dans une zone large de 10° au nord et autant au sud de l'équateur; elles diminuent en nombre dans les deux zones qui s'étendent entre la précédente et chacun des deux tropiques; enfin elles deviennent peu nombreuses au delà des tropiques. Celles qui atteignent les plus hautes latitudes sont, pour l'hémisphère nord, le *Chamærops excelsa* Thunb., qui arrive dans le nord de la Chine, et le *C. Hystrix* Fraser, qui se trouve dans la Géorgie et la Floride; le Dattier qui fructifie très-bien à Elche, province de Valence, en Espagne, et qui peut végéter mais non fructifier sur nos côtes de Provence; surtout le *Chamærops humilis* L., le Palmier nain des colons algériens, qui croît encore spontanément à Nice, par 43° 44′; pour l'hémisphère austral, le *Jubæa spectabilis* H. B. K., qui atteint 33° lat. S. dans le Chili, et l'*Areca sapida* Soland., dont la limite méridionale, à la Nouvelle-Zélande, se trouve par 38° 22′ lat. S.

Le port le plus ordinaire, dans ces beaux végétaux, est celui que j'ai déjà indiqué et figuré (*voy.* p. 172, fig. 84) : leur tige s'élance en colonne, souvent très-grèle, et son extrémité porte une belle touffe de feuilles gigantesques; ailleurs elle reste assez courte pour que certaines espèces en deviennent acaules; ou, au contraire, elle devient sarmenteuse au point de changer certains Palmiers (*Calamus* ou Rotangs, *Dæmonorops*, *Plectocomia*) en véritables lianes monocotylédones et d'acquérir jusqu'à près de 600 mètres de longueur (Rumph.). On a déjà vu quelle est la structure de cette tige (*voy.* p. 174 et suiv.), et comment s'opère son accroissement.

Les feuilles des Palmiers sont toutes simples et elles sont même d'abord indivises; elles restent telles dans quelques espèces de petite taille et même dans une grande espèce américaine, le *Manicaria saccifera* Gærtn.; mais en général elles ne tardent pas à se déchirer et se diviser d'après les deux types penné et flabellé ou en éventail, au point de paraître composées. Elles acquièrent, dans les Palmiers arborescents, des proportions énormes qui dépassent tout ce qui existe dans les autres Pharénogames; ainsi on en voit souvent de pennées qui mesurent 10-12 mètres de longueur et dont le pétiole a la grosseur et la force d'une branche; parmi celles en éventail, les Lataniers, surtout le Talipot (*Cory-*

pha umbraculifera L.), le *Lodoicea* en portent dont le limbe atteint et dépasse même quelquefois 10 mètres de tour. Lorsqu'elles sont encore très-jeunes, ces feuilles forment, au sommet de la tige, un volumineux bourgeon qui, dans plusieurs espèces, est récolté comme un excellent légume et reçoit le nom vulgaire de Choupalmiste; tels sont surtout ceux de l'*Oreodoxa oleracea* Mart., le meilleur de tous, de l'*Euterpe oleracea* Mart., etc.

Les fleurs des Palmiers sont toujours petites, réunies en nombre très-considérable, en spadices simples ou plus ordinairement rameux, parfois énormes, pourvus tantôt d'une spathe générale simple, sans spathes secondaires, tantôt d'une spathe générale et de spathes secondaires, plus rarement de spathes secondaires sans spathe générale (*Metroxylon*). Les spathes générales deviennent quelquefois très-grandes, ligneuses, et on en voit qui forment une sorte de nacelle longue d'au moins un mètre, à parois épaisses de plus d'un centimètre. Ces fleurs sont petites, tantôt hermaphrodites, tantôt et plus souvent polygames-monoïques, même dioïques dans quelques genres (*Phœnix, Chamædorea, Borassus, Latania,* etc.). Leur calyce et leur corolle sont réguliers, l'un et l'autre, également verdâtres, alternes entre eux, formés chacun de 3 folioles tantôt libres, tantôt plus ou moins soudées entre elles, et dont les 3 calycinales sont ordinairement plus courtes ou même fort courtes. Les étamines sont généralement au nombre de 6, insérées sur le torus ou sur le bas du périanthe, opposées à celui-ci, quelquefois monadelphes; leur anthère biloculaire, introrse, linéaire, s'ouvre longitudinalement; on n'en voit que trois dans certains *Phœnix* et *Areca*, tandis qu'elles deviennent assez fréquemment plus nombreuses, et qu'il y en a, par exemple, six à neuf dans les *Chamærops*, jusqu'à douze dans les *Thrinax*, six, neuf ou douze dans les *Oreodoxa*, jusqu'à vingt-quatre dans les *Attalea*, enfin, un grand nombre dans les *Seaforthia, Arenga, Caryota.* — Le pistil est libre, composé normalement de trois carpelles qu'un avortement réduit quelquefois à deux ou même à un seul; il a dès lors de une à trois loges qui renferment en général chacune un, beaucoup plus rarement deux ovules dressés, orthotropes ou plus ou moins complétement anatropes; aux loges répondent tout autant de styles très-courts, distincts ou plus ordinairement confondus, et un égal nombre de stigmates simples.

Le fruit, accompagné à sa base du périanthe persistant, forme une baie ou une drupe parfois fibreuse (*Cocos*), qui, comme l'ovaire, varie pour le nombre des loges et par conséquent des graines, dont chacune remplit une des cavités. Ces graines ont ordinairement leur test plus ou moins uni à l'endocarpe lignifié; leur albumen est volumineux, corné, oléagineux, assez souvent creusé d'une cavité centrale pleine de liquide (lait de coco), et il contient, dans une fossette périphérique, un petit embryon indivis, conique ou cylindrique, dont l'extrémité radiculaire est à la périphérie, recouverte par une lame mince de la substance albumineuse. Le fruit des Palmiers varie considérablement de grosseur ; les deux extrêmes sont, d'un côté, celui du *Chamærops humilis*, qui n'a que la grosseur d'une cerise ordinaire, et de l'autre ceux du Cocotier et surtout du *Lodoicea Sechellarum* Labill., vulgairement nommé Coco de mer, Coco des Maldives ou des Séchelles, qui atteint une longueur de 0^{m}50 et un poids de vingt et vingt-cinq kilogrammes.

M. de Martius a divisé la famille des Palmiers en cinq tribus, dont voici les noms avec ceux de leurs principaux genres.

1. Arécinées : *Chamædorea* Mart., *Euterpe* Mart., *Oreodoxa* Willd., *Areca* L., *Seaforthia* R. Br., *Ceroxylon* H. B., *Arenga* L., *Caryota* L.

2. Calamées : *Calamus* L., *Dæmonorops* Bl., *Plectocomia* Mart., *Sagus* Gærtn.

3. Borassinées : *Borassus* L., *Latania* Commers., *Hyphæne* Gærtn., *Manicaria* Gærtn.

4. Coryphinées : *Corypha* L., *Livistona* R. Br., *Sabal* Adans., *Chamærops* L., *Thrinax* L. f., *Phœnix* L.

5. Cocoïnées : *Attalea* H. B. K., *Elæis* Jacq., *Cocos* L., *Maximiliana* Mart., *Jubæa* H. B. K.

Je ne puis m'étendre beaucoup ici sur l'utilité majeure des Palmiers et de leurs diverses parties pour les habitants des régions chaudes du globe. Ils en emploient le bois pour la charpente de leurs demeures et pour la fabrication d'objets très-variés, les feuilles pour en faire leurs toits, des nattes, des paniers, des chapeaux, même en guise de papier tout fait sur lequel ils écrivent avec une pointe d'acier; par des incisions pratiquées à la tige ou par la section des spadices jeunes, préalablement frappés et meurtris, ils en obtiennent en abondance une séve qui, évaporée, leur donne du sucre, et qui, fermentée, devient le vin de palme, d'où la distillation extrait ensuite une eau-de-vie appelée arrack. Les fruits de plusieurs sont comestibles, comme celui du Dattier, du Doum (*Hyphæne*) qu'on vend sur les marchés du Caire ; la volumineuse graine du Cocotier renferme une émulsion rafraîchissante et de

saveur agréable; son albumen encore jeune est une crème fort
bonne à manger soit en nature, soit préparée, et à la maturité,
non-seulement il sert d'aliment, mais encore il fournit une huile
comestible quand elle est fraîche, excellente d'ailleurs à brûler. Le
péricarpe de l'*Elæis guineensis* donne l'huile de palme, bonne pour
la fabrication des savons, des bougies, combustible quand elle a
été épurée, etc., dont le seul port de Liverpool importe plus de
vingt mille tonnes par année. Des matières textiles de diverses
natures sont empruntées à ces beaux végétaux. Après leur chute,
les feuilles de diverses espèces laissent leur portion engaînante
qui se décompose en fibres résistantes, tantôt grossières et alors
utiles pour la fabrication de cordes, de nos balais pour les rues,
de brosses, etc., tantôt assez fines pour qu'on en fasse des tissus;
le tronc de l'*Iriartea (Ceroxylon) andicola* Spreng., les feuilles du
Copernicia cerifera Mart., se couvrent d'une couche de cire qu'on
emploie en grande quantité; le tronc des Sagoutiers (*Metroxylon
Rumphii* Mart., *M. lœve* Mart., etc.), du *Corypha Gebanga* Bl.,
a toute sa portion cellulaire interne tellement gorgée d'amidon
qu'un pied abattu au moment où l'arbre commence à montrer
son spadice fournit la matière de trois cents à quatre cents kilog.
de sagou, etc., etc.; enfin je me bornerai à rappeler, pour donner
une idée de la multiplicité des usages des Palmiers, que, d'après
les Indiens, ceux du Cocotier égalent en nombre les jours de
l'année, et qu'un poëme tamoul en énumère huit cent un pour
le Rondier (*Borassus flabelliformis* L.).

Onzième classe. — Lirioïdées.

Périanthe double, pétaloïde (rarement sépaloïde), libre ou
adhérent à l'ovaire; étamines 3-6; pistil 3-carpellé; ovules bisériés, nombreux (rarement 2-1). Fruit capsulaire ou bacciforme; albumen corné ou charnu (Brongn.).

Dans cette classe, le type floral des Monocotylédons acquiert
son développement parfait et sa plus grande régularité; la plupart de ces plantes ont de grandes et belles fleurs qui les font
cultiver en quantité pour l'ornement des jardins; aussi en
formant avec la plupart d'entre elles une classe qui ne correspond pas entièrement à celle des Lirioïdées de M. Brongniart,
Endlicher lui donnait-il le nom de *Coronariæ*. En outre, c'est
spécialement dans ce groupe qu'on observe des bulbes, de telle
sorte que si toutes les Lirioïdées ne sont pas bulbeuses, on

peut dire que toutes les Monocotylédones bulbeuses sont des Lirioïdées. M. Brongniart comprend dans cette classe les familles suivantes : Mélanthacées, Liliacées, Gilliésiées, Amaryllidées, Hypoxidées, Astéliées, Taccacées, Dioscoréacées, Iridacées, Burmanniacées.

CLASSE DES LIRIOÏDÉES. — FAMILLES.

Ovaire	Étamines	Plantes	Caractères	Familles
Ovaire supère.			Périanthe à préfloraison indupliquée ; étamines extrorses, au moins dans le bouton ; ovaire à 3 carpelles folliculaires, opposés aux sépales, cohérents seulement dans l'axe et se séparant à la maturité du fruit ; 3 styles généralement séparés. Capsule septicide ; graines nombreuses, à test mince.	Mélanthacées.
			Périanthe à préfloraison valvaire ou imbriquée ; étamines introrses ; ovaire 3-loculaire, à carpelles largement unis et inséparables ; style simple. Capsule presque toujours loculicide ; graines nombreuses, à test ordinairement crustacé, fragile et noir.	Liliacées.
Ovaire infère.	6 étamines, rarement davantage.	Plantes en général bulbeuses ; feuilles à nervures parallèles. Fleurs généralement hermaphrodites.	Plantes bulbeuses. Fleurs accompagnées de spathes ; périanthe tout corollin, tombant ou marcescent ; anthères à 2 loges parallèles. Fruit en général capsulaire, s'ouvrant en 3 valves ; graines inappendiculées.	Amaryllidacées.
			Plantes à racine tubéreuse ou fibreuse. Fleurs pourvues de 1 ou 2 bractées ; périanthe persistant ; calyce d'un tissu ordinairement plus ferme que celui des pétales. Fruit indéhiscent ; graines appendiculées au hile.	Hypoxidées
		Plantes à tubercules volumineux, souvent grimpantes ; feuilles pétiolées à nervures réticulées. Fleurs généralement dioïques.	Plantes volubles ; ovaire à 3 loges contenant 1 ou 2 ovules anatropes. Capsule ou baie à graines peu nombreuses.	Dioscoréacées.
			Plantes à feuilles toutes radicales ; ovaire uniloculaire, à 3 placentas pariétaux ; ovules nombreux, anatropes ou campylotropes. Baie polysperme.	Taccacées.
	3 étamines.		Périanthe entièrement pétaloïde et tombant ou fugace ; étamines extrorses, opposées aux sépales ; ovaire triloculaire. Capsule s'ouvrant en 3 valves par déhiscence loculicide. Graines en général nombreuses, globuleuses ou aplaties par pression réciproque.	Iridacées.
			Périanthe persistant, plus ou moins ferme ; étamines introrses, alternes aux sépales. Ovaire triloculaire ou uniloculaire par brièveté des 3 cloisons. Capsule surmontée du périanthe persistant ; graines nombreuses, très-petites, allongées-linéaires.	Burmanniacées

Famille des Liliacées (Liliaceæ).

Ainsi nommée du genre Lis (*Lilium*).

Plantes généralement bulbeuses, rarement frutescentes ou même arborescentes, et alors leur tige grossissant pendant toute leur vie. Feuilles en général longues et étroites, sessiles, parfois cependant rétrécies inférieurement en pétiole (*Funkia, Lilium giganteum*), planes ou canaliculées, embrassantes ou engainantes à leur base, quelquefois épaisses et succulentes (*Aloé, Bulbine*), spiralées en général selon 13/21, rarement distiques. Fleurs régulières ou peu irrégulières, complètes ; périanthe à deux rangs également pétaloïdes, trimères, à folioles libres ou plus ou moins connées inférieurement ; 6 étamines opposées au périanthe, à anthères introrses, biloculaires, à filets souvent subulés, libres, rarement monadelphes. Pistil libre, de 3 carpelles, à 3 loges contenant en général de nombreux ovules anatropes ou amphitropes, attachés à l'angle interne sur deux rangs, rarement réduits à 2 ou 1 par loge (*Dracæna*) ; des glandes septales ou logées dans l'épaisseur des cloisons ovariennes ; style terminal, simple, surmonté d'un stigmate simple ou trilobé. Capsule à 3 loges s'ouvrant par déhiscence loculicide, quelquefois bacciforme (*Asparagus*), à graines ordinairement nombreuses dont le test est membraneux et pâle, ou plus souvent crustacé, fragile et noir, et dont l'albumen volumineux et charnu entoure un embryon droit, rarement arqué (*Allium, Arthropodium*).

M. Brongniart admet dans la grande famille des Liliacées sept tribus, dont voici les noms avec ceux de leurs principaux genres.

1. Xérotées : *Xanthorrhœa* Sm., *Xerotes* R. Br., *Aphyllanthes* Tourn., *Dasylirion* Zucc.

2. Asparagées : *Smilax* Tourn., *Dracæna* Vandel., *Cordyline* Commers., *Dianella* Lamk., *Asparagus* L., *Ruscus* Tourn., *Convallaria* Desf.

3. Aspidistrées : *Ophiopogon* Ait., *Aspidistra* Ker.

4. Hyacinthinées : *Muscari* Tourn., *Hyacinthus* L., *Scilla* L., *Ornithogalum* L., *Allium* L., *Anthericum* L.

5. Aloïnées : *Asphodelus* L., *Aloe* Tourn.

6. Hémérocallidées : *Hemerocallis* L., *Polianthes* L., *Funkia* Spr., *Phormium* Forst.

7. Tulipacées : *Yucca* L., *Methonica* Herm., *Lilium* L., *Fritillaria* L., *Tulipa* Tourn., *Erythronium* L.

Les Liliacées sont remarquables surtout pour leur beauté qui en fait admettre dans les jardins un grand nombre appartenant aux genres *Tulipa, Hyacinthus, Lilium, Fritillaria, Hemerocallis,* etc. Quelques-unes sont alimentaires, soit par leur bulbe, comme l'Oignon (*Allium Cepa* L.), l'Ail commun (*A. sativum* L.), l'Échalote (*A. Ascalonicum* L.), etc., comme quelques Lis, au Japon, le *Camassia esculenta* Lindl. et le *Scilla esculenta* Ker, dans l'Amérique du Nord, soit par leur tige naissante, comme l'Asperge. Il en est aussi de médicinales, surtout la Salsepareille qui paraît être la racine de divers *Smilax* peu connus, dont l'un porte particulièrement le nom de *Smilax Sassaparilla* L.

Famille des Amaryllidacées (Amaryllidaceæ).

Nom tiré du genre *Amaryllis* L.

Les plantes qui forment cette famille sont, peut-on dire, des Liliacées à ovaire infère. Elles ont le même port et sont de même bulbeuses, à quelques exceptions près ; leurs feuilles, semblables du reste à celles des Liliacées, sont généralement distiques. De même leur fleur offre le type parfait monocotylédon ; mais souvent le périanthe y porte, à sa gorge, une couronne pétaloïde qui peut même être fort développée, qui ajoute souvent à sa beauté, et dont la nature a été interprétée de manières très-diverses. L'ovaire est également triloculaire et multiovulé, pourvu aussi de glandes septales, mais dont le conduit déférent vient s'ouvrir au fond du tube du périanthe. Le fruit est capsulaire et s'ouvre en trois valves ; il renferme beaucoup de graines curieuses, dans certains cas, par leur apparence de bulbilles, et qui forment des masses charnues constituées en presque totalité, tantôt par un tégument ovulaire hypertrophié, tantôt par un très-gros albumen charnu.

Les principaux genres de cette famille sont : *Narcissus* L., *Pancratium* L., *Crinum* L., *Amaryllis* L., *Leucoium* L., *Galanthus* L. — *Alstrœmeria* L. — *Agave* L., *Fourcroya* Vent.

Famille des Iridacées (Iridaceæ).

Nom tiré du genre *Iris* L.

Les Iridiacées ou Iridées sont des herbes à rhizome tantôt allongé, tantôt raccourci au point de devenir bulbiforme ou passant parfois à l'état de bulbe solide. Leurs feuilles sont distiques, ensiformes et équitantes ou ployées fortement sur leur ligne médiane de manière à ne montrer que leur face inférieure et à embrasser, à leur base, chacune celle qui se trouve vis-à-vis d'elle. Leurs fleurs sont régulières ou à peine irrégulières et complètes, bien caractérisées par leurs trois étamines extrorses; leur ovaire offre, dans ses trois loges, de nombreux ovules attachés à l'angle interne, en deux ou plusieurs files longitudinales; il porte un style terminal simple, surmonté de trois stigmates, ou divisé plus ou moins, dans sa partie supérieure, en trois branches qui, chez les Iris, deviennent grandes, pétaloïdes et portent vers le milieu de leur face externe autant de petits replis constituant réellement les stigmates. — Le fruit est une capsule à trois angles ou trois lobes, à parois tantôt membraneuses, tantôt fermes ou même dures, qui s'ouvre, par déhiscence loculicide, en trois valves septifères; les graines, en général nombreuses, épaisses ou aplaties par la pression réciproque, ont un test le plus souvent mince, et un albumen volumineux, charnu plus ou moins ferme, dans l'axe duquel est logé l'embryon.

Genres principaux : *Sisyrinchium* L., *Moræa* L., *Iris* L., *Tigridia* L., *Gladiolus* Tourn., *Ixia* L., *Crocus* Tourn.

Beaucoup d'Iridées sont de fort belles plantes d'ornement, comme les Glaïeuls (*Gladiolus*), les Iris, les *Ixia*, les Safrans (*Crocus*), etc. Le rhizome de quelques-unes, surtout de l'Iris de Florence (*Iris Florentina* L.), qui sent la Violette, est employé en médecine et dans la parfumerie; ses propriétés fortement purgatives, quand il est frais, légèrement excitantes, lorsqu'il est sec, se retrouvent dans l'*I. pallida* L. et l'*I. Germanica* L. ou Iris Flambe, qui sont beaucoup plus communs; le périanthe de la dernière de ces espèces, broyé avec de la chaux, constitue le Vert d'Iris des peintres. Enfin, on emploie à divers usages le Safran, formé des stigmates du *Crocus sativus* L., qu'on sait être cultivé en vue de ce produit, en France, dans le Gâtinais, et aussi dans le Levant.

§ 3. — Périanthe double; albumen amylacé.

Périanthe double, l'interne ou tous deux pétaloïdes. Albumen amylacé.	Périanthe régulier; étamines toutes fertiles.	Classe 12.	BROMÉLIOIDÉES.
	Périanthe irrégulier; sur les 6 étamines normales, toujours 1 ou plusieurs stériles ou pétalisées.	Classe 13.	SCITAMINÉES.

Douzième classe. — BROMÉLIOIDÉES.

Périanthe régulier, libre ou adhérent à l'ovaire; étamines 3-6 ou rarement plus, toutes fertiles (Brongn.).

CLASSE DES BROMÉLIOÏDÉES.   FAMILLES.

Périanthe à 2 rangs dissemblables, l'extérieur vert, l'interne pétaloïde; 3 stigmates distincts			*Broméliacées.*
Périanthe à rangs semblables, colorés; stigm. 1, indivis ou faiblement 3-lobé.	Périanthe corollin, rarement velu en dehors; étamines 6 ou nombreuses, rarement 3; ovaire 3-loc., multiovulé, rarement 1-loc. et uniovulé.	Périanthe tubulé, laineux et d'aspect grossier extérieurement; sur les 6 étamines, les 3 oppositipétales sans anthères ou 0; ovaire 3-loc., en général avec 1 ovule pelté par loge .	*Hæmodoracées.*
		Herbes vivaces, terrestres ou plus souvent petits arbres à tige dichotome; étamines 6 ou 12-18; ovaire infère, 3-loc., multiovulé. Capsule s'ouvrant incomplétement au sommet en 3 valves. .	*Velloziacées.*
		Herbes aquatiques; étamines 6, ou seulement 3 oppositipétales; ovaire libre, 3-loc. et multiovulé, ou 1-loc. et 1-ovulé	*Pontédériacées.*

Familles des Broméliacées (Bromeliaceæ).

Nom tiré de l'Ananas cultivé : *Bromelia Ananas* L. (*Ananassa sativa* Lindl.).

Plantes vivaces, pour la plupart épiphytes, toutes américaines, et ne dépassant que très-rarement les tropiques, généralement acaules avec un rhizome vivace. Racines fibreuses. Feuilles rapprochées en touffe au bas de la plante, longues, et plus ou moins étroites, canaliculées, engainantes à la base, roides, bordées de dents épineuses, à épiderme épais, souvent écailleux ou comme farineux à sa surface; celles du centre se colorent souvent de plus en plus, établissant une transition aux feuilles florales et aux bractées dont la teinte est en général vive, rouge, orangée ou jaune. — Fleurs complètes, régulières ou à peu près, pourvues chacune d'une bractée scarieuse, en épi, ou en grappe soit simple, soit rameuse; calyce assez court, ayant ses deux divisions supérieures plus ou moins longuement connées d'ordinaire, à préfloraison valvaire; pétales plus ou moins connés à leur base où ils portent en général intérieurement une écaille ou une crète, à préfloraison tordue, marcescents; anthères introrses, biloculaires. Ovaire à trois loges renfermant des ovules anatropes plus ou moins nombreux, supère (*Tillandsia*), ou demi-infère (*Pitcairnia*), ou infère (*Billbergia, Bromelia*). En général, l'ovaire libre devient une capsule triloculaire, trivalve, à déhiscence loculicide et à graines normales, offrant un petit embryon logé dans la base d'un albumen farineux abondant, tandis que l'ovaire infère donne une baie, dont les graines ont la chalaze prolongée supérieurement; la graine surmonte ordinairement un long funicule qui se déchire souvent en aigrette à l'extérieur. — Ce qu'on nomme vulgairement le fruit, dans l'Ananas, est la réunion de fruits charnus nombreux, où les graines ont avorté, avec trois bractées pour chacun d'eux devenues également charnues et confondues dans la masse commune.

Genres principaux : *Ananassa* Lindl., *Bromelia* L., *Æchmea* R. et P., *Billbergia* Thunb., *Pitcairnia* L'Hérit., *Tillandsia* L., *Pourretia* R. et P.

L'Ananas est la seule Broméliacée qui ait une utilité réelle, soit à cause de son fruit délicieux, en vue duquel il est l'objet de cultures importantes, en pleine terre dans les pays chauds, en serre chaude dans nos jardins, soit pour les fibres textiles qu'on extrait de ses feuilles.

Treizième classe. — Scitaminées.

Périanthe irrégulier, adhérent à l'ovaire, une des divisions souvent labelliforme ; étamines souvent en partie stériles ou pétaloïdes, souvent une seule fertile (Brongn.).

Cette classe est formée de végétaux remarquables pour l'irrégularité extrême de leur fleur, dans laquelle l'androcée n'est jamais complet et arrive jusqu'à se réduire à une seule étamine qui peut même ne conserver qu'une loge fertile. Les étamines qui auraient complété l'androcée normal, tantôt restent seulement imparfaites et stériles, tantôt et plus souvent se changent en expansions pétaloïdes irrégulières, dont certaines s'unissent fréquemment et contribuent beaucoup à déterminer l'irrégularité de la fleur. Dans le périanthe complexe qui est ainsi produit, on remarque une pièce en général plus grande que les autres, qu'on nomme ordinairement *labelle* et que M. Lestiboudois appelle *Synème* pour indiquer qu'elle provient d'étamines stériles soudées entre elles.

CLASSE DES SCITAMINÉES.	FAMILLES.
Plus d'une étamine fertile ; fleur médiocrement irrégulière ; périanthe non compliqué de pièces additionnelles	*Musacées.*
Une seule étamine fertile ; fleur très-irrégulière ; périanthe avec des pièces additionnelles. { Anthère de l'étamine fertile à 2 loges ; graine à deux albumens.	*Zingibéracées.*
Anthère de l'étamine fertile à 1 seule loge ; un seul albumen comme d'ordinaire.	*Cannacées.*

Famille des Musacées (Musaceæ).

Nom tiré des Bananiers : *Musa.*

Grands et magnifiques végétaux herbacés qui prennent souvent les proportions et le port d'arbres, mais dont le faux-tronc est alors essentiellement composé de gaînes foliaires se recouvrant l'une l'autre. Feuilles souvent très-grandes, alternes, simples, munies d'un fort pétiole engaînant à sa base, qui se prolonge en une grosse côte des deux côtés de laquelle partent les nervures du limbe, égales entre elles et parallèles, très-nombreuses et transversales ou obliques. Fleurs complètes, en longues grappes (vulgairement Régimes), dans lesquelles elles se trouvent en fascicules plus ou moins nombreux, à l'aisselle de grandes bractées alternes-distiques : périanthe corollin, à six parties inégales sur deux rangs, distinctes ou connées de diverses manières, et qui, dans les *Musa*, forment deux pièces, l'une externe et grande en comprenant cinq, l'autre constituée par la sixième pièce isolée et plus courte. Six étamines, à anthère introrse, biloculaire, dont au moins la postérieure, sur les six, est imparfaite et stérile. Ovaire infère, à trois loges contenant des ovules anatropes nombreux (Uraniées) ou solitaires (Héliconiées); style simple et stigmate triparti. Fruit tout charnu et alors indéhiscent, ou plus ou moins charnu en dehors avec l'endocarpe dur, et alors déhiscent; graines quelquefois accompagnés d'une élégante collerette bleue ou rouge en manchette frangée, à test dur, et à embryon allongé ou en forme de Champignon, atteignant le hile avec sa radicule infère ou centripète.

1. Héliconiées : *Heliconia* L. — 2. Uraniées : *Musa* Tourn., *Strelitzia* Banks, *Ravenala* Adans.

Les Musacées sont à peu près propres à la zone intertropicale : les Héliconiées croissent dans le nouveau monde, les Uraniées dans l'ancien; mais la culture a propagé dans toutes les contrées chaudes les Bananiers, *Musa paradisiaca* L., *M. sapientum* L., *M. Sinensis* Sw., qui comptent parmi les végétaux alimentaires les plus importants à cause du fruit d'abord féculent, puis sucré et sans graines, nommé Banane, qu'ils produisent en abondance. En Abyssinie, le gigantesque *Musa Ensete* Bruce fournit à des populations entières leur principale nourriture par ses racines et sa fausse-tige. Le *M. textilis* Nee (des Philippines) donne l'excellent et durable Chanvre de Manille ou Avaca.

Famille des Zingibéracées (Zingiberaceæ).

Cette famille, dont le nom est tiré du genre *Zingiber* Gærtn. ou Gingembre, reçoit aussi quelquefois le nom d'Amomées que lui avait donné Jussieu (dans Mirbel, *Elém.*, p. 584) ou même celui de Scitaminées qu'employait R. Brown. Elle est formée de plantes presque toutes intertropicales et asiatiques, dont un petit nombre seulement se trouvent en Amérique et en Afrique.

Ces plantes ont un rhizome souvent tubéreux, qui les rend vivaces; elles sont les unes acaules, les autres pourvues d'une tige simple et feuillée ; leurs feuilles ont un pétiole longuement engainant à sa base, et un limbe plan, entier, partagé par une forte côte de laquelle partent de nombreuses nervures latérales, fines, égales et parallèles entre elles, obliques ou transversales. Leurs fleurs très-irrégulières et complètes, en épis ou en grappes soit simples, soit rameuses, ont un calyce court, tubuleux, à bord entier ou trifide, et un rang interne, composé des 3 pétales unis à des staminodes, qui offre un limbe à 6 divisions inégales, l'une d'elles, postérieure, plus grande, constituant le labelle. Il n'est resté de l'androcée normal qu'une étamine fertile, dont l'anthère biloculaire, surmontée d'un appendice dû au prolongement du connectif, cache entre ses deux loges comme dans un étui le style filiforme et long, que termine un stigmate épaissi, généralement creusé en entonnoir; l'ovaire infère a 3 loges multiovulées. Le fruit capsulaire s'ouvre en 3 valves par déhiscence loculicide, et il renferme des graines nombreuses le plus souvent, dont l'embryon est logé dans l'axe d'un albumen nucellaire amylacé qu'il déborde, à son extrémité radiculaire, pour atteindre le hile, et a son cotylédon comme coiffé d'un albumen embryonnaire peu volumineux.

Genres principaux : *Zingiber* Gærtn., *Curcuma* L., *Amomum* L., *Hedychium* L., *Costus* L.

Les Zingibéracées sont remarquables pour la nature aromatique de leur rhizome, assez souvent aussi de leur fruit et de leur graine, qui donne à plusieurs espèces une certaine importance. Le rhizome de quelques *Curcuma* fournit une sorte d'Arrow-root, de qualité secondaire et jaunâtre. On retire du *Curcuma longa* L. et de quelques autres le Jaune de Curcuma, qu'on nomme aussi Safran des Indes.

Famille des Cannacées (Cannaceæ).

Nom tiré des *Canna* ou Balisiers ; on nomme aussi cette famille *Marantacées*, du genre *Maranta*.

Les Cannacées ressemblent aux Zingibéracées pour le port et pour la plupart de leurs caractères ; mais leurs feuilles offrent souvent une sorte de nodosité à l'union du limbe et du pétiole ; de plus leurs fleurs, extrêmement irrégulières, n'ont conservé qu'une étamine fertile, à une seule loge normale, attachée sur le côté d'un filet qui s'est pétalisé, tandis que la seconde loge s'est atrophiée. En outre, tandis que l'étamine fertile des Zingibéracées est la supérieure du rang interne de l'androcée, celle des Cannacées est la latérale de droite de ce même verticille ; le style se pétalise lui-même fréquemment (*Canna*). Quant à l'ovaire infère, il est tantôt formé de 3 carpelles, et alors triloculaire, tantôt réduit à un seul, et, dans ce cas, uniloculaire, uniovulé. Les graines renferment un seul albumen amylacé, consistant, et, dans quelques genres (*Thalia, Maranta, Calathea,* etc.), creusé d'un ou deux canaux qui partent de la chalaze pour pénétrer profondément dans sa substance, et dans lesquels se trouvent des vaisseaux au milieu d'un tissu particulier.

Genres principaux : *Thalia* L., *Maranta* Plum., *Calathea* G. F. W. Meyer, *Canna* L.

C'est du rhizome féculent du *Maranta arundinacea* L. qu'on extrait, aux Antilles, la plus estimée des fécules, l'Arrow-root. Dans les mêmes îles on mange cuits ceux du *M. Allouya* Jacq. Divers *Canna* sont aujourd'hui fréquemment cultivés comme plantes d'agrément ; on en a obtenu, dans ces dernières années, plusieurs variétés et hybrides d'une grande beauté.

2ᵉ série. — Apérispermées ou Exalbuminées. — (Périsperme ou Albumen nul).

| Apérispermées ou à graines sans albumen. | Périanthe presque toujours irrégulier, double, à 2 rangs également pétaloïdes, l'interne ayant une de ses pièces dissemblable ou un labelle ; fleurs gynandres. Graines à embryon très-imparfait, indivis et homogène (*Aschidoblastées* A. Juss.) . . . . | Classe 14. Onchioïdées. |
| | Périanthe régulier, double ou quelquefois nul, le rang externe sépaloïde, l'interne pétaloïde ; étamines indépendantes du pistil. Graines à embryon bien développé . . . . | Classe 15. Fluviales. |

Quatorzième classe. — ORCHIOÏDÉES.

CLASSE DES ORCHIOÏDÉES.	FAMILLES.

Labelle presque toujours bien distinct; étamines et style confondus en un seul corps; presque toujours une seule anthère; pollen à grains cohérents au moins 4 par 4; ovaire 1-loculaire, à 3 placentas pariétaux . . . . *Orchidées.*

Labelle non ou à peine distinct; 3 étamines à filets ne tenant au style que par la base et à 2 niveaux différents; pollen à grains séparés; ovaire triloculaire, à 3 placentas axiles . . . . *Apostasiées.*

Famille des Orchidées (Orchideæ).

Nom tiré du genre *Orchis*.

Grande et belle famille qui a reçu, dans l'espace de moins d'un siècle, une extension considérable ; en effet, en 1774, Linné en décrivait 105 espèces, et, en 1789, Jussieu en caractérisait 13 genres. Aujourd'hui on en connaît plus de 3000 espèces, dont les deux tiers environ sont cultivés dans les serres, et, dans son ouvrage sur ces plantes, qui a été publié de 1830 à 1840, Lindley en a décrit 393 genres.

Les Orchidées sont des herbes vivaces, d'un port particulier, les unes terrestres, les autres, en beaucoup plus grand nombre, épiphytes; celles-ci existent en très-grande quantité dans les forêts des régions intertropicales, où elles s'attachent à l'écorce des arbres au moyen de grosses racines adventives aériennes, et parmi elles quelques-unes (*Vanilla*) allongent considérablement leur tige de manière à devenir des lianes. Les espèces terrestres ont, dans le sol ou au milieu des détritus végétaux, un faisceau de racines ordinaires, et, en outre, deux tubercules ovoïdes ou palmés par lesquels elles se multiplient d'année en année (*voy.* p. 276 et suiv.), et qui, portant chacun un bourgeon à sa partie supérieure, sont formés, dans tout le reste de leur masse, par une racine adventive courte et épaisse dont on voit même la pilorhize. Les espèces épiphytes ont un rhizome plus ou moins étendu, duquel naissent le plus souvent des rameaux, tantôt courts et fortement renflés en sortes de tubercules aériens qu'on nomme *Pseudo-bulbes*, tantôt allongés, mais alors en général plus ou moins épaissis en fuseau, auxquels il semble difficile de refuser la même dénomination, à cause des transitions insensibles par lesquelles on passe des uns aux autres. Quant aux Orchidées qu'on peut dire caulescentes et à celles que le grand allongement de leur tige rend sarmenteuses, elles sont dépourvues de tout renflement.

Les racines aériennes des Orchidées ont une structure que j'ai indiquée (*voy.* p. 216).

Les feuilles des Orchidées sont indivises, sessiles, nervées parallèlement ; elles forment une rosette, dans les espèces terrestres ; dans les épiphytes, elles sont généralement portées par les pseudobulbes qu'elles terminent au nombre, constant pour chacune, de 1, 2 ou 3 ; enfin, dans les espèces caulescentes, elles sont alternes-distiques, uniformément espacées ; la substance en est molle et herbacée, particulièrement dans les espèces terrestres ; elle durcit et devient tout à fait coriace dans la majorité des épiphytes ; le plus souvent vertes, elles se montrent aussi maculées ou comme marbrées à leur face supérieure dans plusieurs *Phalænopsis*, *Cypripedium*, etc., rouges ou rougeâtres à leur face inférieure, et parfois elles offrent des dessins d'une rare élégance formés par des lignes semblables à des filets d'or ou d'argent (*Anœctochilus*, *Microchilus*).

Les fleurs, quelquefois solitaires, plus souvent réunies en épis ou en grappes, sont généralement remarquables pour leur élégance, leur extrême variété de coloration et la singularité de leur forme, souvent aussi pour leur longue durée. Elles offrent, en outre, dans certaines de ces plantes, des exemples surprenants de dimorphisme qui échappent jusqu'à ce jour à toute explication : Ainsi la même inflorescence du *Vanda Lowii* Batem. porte à sa base deux ou trois fleurs qui, par leur couleur, leur texture, même un peu par la forme de leurs divisions, diffèrent entièrement de celles qui les suivent au nombre de 20 à 25 ; même à côté du genre *Catasetum*, on avait formé ceux des *Myanthus* et *Monachanthus* pour des plantes dont les fleurs ont été reconnues ensuite comme étant de simples formes de celles qui appartiennent aux *Catasetum*, et l'on a vu aussi des fleurs ayant le caractère de ces trois genres réunies sur le même pied, avec des transitions de l'un à l'autre. Certains *Cycnoches* ont présenté des singularités du même ordre. Une autre particularité digne de remarque, c'est que, dans la grande majorité des Orchidées, la fleur tourne d'un demi-cercle avant l'époque de son épanouissement, par l'effet d'une torsion opérée sur son ovaire infère ou sur son pédicule, et qu'une fois épanouie, la situation normale de ses parties est et reste renversée. C'est dans cette situation renversée qu'on la décrit et que je la décrirai ici, bien que plusieurs genres (Épidendrées) ne la présentent pas.

Le périanthe est double, à deux rangs formés chacun de trois folioles, entre lesquelles il s'opère quelquefois des soudures qui semblent en diminuer le nombre (*Cypripedium*). Dans le rang interne, ou corolle, l'une des pièces prend des dimensions, une configuration, le plus souvent même une coloration qui la distinguent des autres ; on la nomme le *Labelle* ou *Tablier* (Labellum). L'orientation naturelle de la fleur est telle que le calyce a deux sépales supérieurs et un inférieur, et par conséquent que la corolle, alternant avec lui, offre un pétale supérieur et deux inférieurs. Ce pétale normalement supérieur est le labelle ; mais le renversement habituel de la fleur entière le reporte au côté inférieur. La base du labelle, dans quelques genres, se creuse en dessous en une bosse plus ou moins saillante ou en un éperon, qu'on voit notamment dans nos *Orchis*, et qui s'allonge parfois à un tel degré qu'il a valu à l'*Angrecum sesquipedale* Pet. Th., de Madagascar, son nom spécifique. Le rang externe est habituellement moins irrégulier que l'interne ; souvent même il est régulier, tandis que ce dernier est irrégulier.

Les organes reproducteurs sont confondus en un seul corps plus ou moins allongé qu'on nomme *Gynostème* (Gynostema, de γυνή, femme ou femelle, et στῆμα, étamine) ou *Colonne*. Le nombre normal des étamines ainsi confondues avec le style paraît être de trois, dont une seule est généralement fertile ou pourvue d'anthère, tandis que les deux autres sont indiquées uniquement par deux petits mamelons latéraux, ou même ne semblent avoir laissé aucune trace appréciable. L'anthère surmonte le gynostème, couchée sur son extrémité soit horizontalement, soit dans un sens plus ou moins oblique ; rarement (Néottiées) elle est droite. Elle a deux loges quelquefois confondues en une seule par suite de l'avortement de la cloison, plus fréquemment subdivisées chacune en deux ou même quatre logettes ; elle repose dans une cavité nommée par Richard *Clinandre* (Clinandrium) ; pour la déhiscence, sa paroi libre se détache comme un couvercle, laissant alors à découvert les *Masses polliniques* ou *Pollinies* (voy. p. 547), au nombre de deux, quatre ou huit, que forment les grains de pollen cohérents de différentes manières et à divers degrés : tantôt unis quatre par quatre en petits groupes que des filaments élastiques rattachent à un axe commun, ou qui sont assez faiblement adhérents pour céder à un léger tiraillement, ou pour que l'eau seule les isole (pollen pulvérulent) ; tantôt, au contraire, tous unis en une masse compacte et semblable à un morceau de cire (pollen céracé). Les pollinies sont le plus souvent pourvues d'un prolongement ou d'une petite queue nommée *Caudicule* (Caudicula), qui elle-même va se relier à un petit bec nommé *Rostelle*, (Rostellum) et situé au-dessus du stigmate, par l'intermédiaire d'une glande appelée *Rétinacle* (Retinaculum); celle-ci est recouverte fréquemment d'un repli semblable à une poche, auquel on a donné le nom de *Bursicule* (Bursicula). Lorsqu'il n'existe pas de caudicule, les pollinies sont libres. — Dans les *Cypripedium*, l'étamine qui partout ailleurs est fertile se trouve réduite à une sorte de processus et ce sont, au contraire, les deux autres, stériles partout ailleurs, qui se trouvent ici bien développées et pourvues de pollen. M. Brongniart a reconnu que les trois étamines sont fertiles dans le genre *Uropedium*, de la même tribu des Cypripédiées. Enfin, M. Reichenbach fils a décrit et figuré, sous le nom d'*Arundina pentandra*, une plante de Sumatra qui, outre les trois étamines des *Uropedium*, faisant partie du gynostème, offre deux corps allongés latéraux qui semblent ne pouvoir représenter que des étamines. L'existence de cette plante peut faire penser que l'androcée des Orchidées comprend non pas trois étamines, mais six, comme l'avaient déjà présumé quelques botanistes.

Le pistil se compose : d'un ovaire infère, dont la loge unique porte, attachés à trois placentas pariétaux, de très-nombreux ovules anatropes; d'un style confondu dans le gynostème, dont le canal aboutit à une fossette située près de l'extrémité de celui-ci, à sa face antérieure, et qui est enduite d'une matière visqueuse; cette fossette est le stigmate.

Le fruit des Orchidées est une capsule ovoïde ou oblongue, ou même parfois très-longue (Vanille), qui renferme une grande quantité de graines tellement petites qu'on en a comparé l'ensemble à de la sciure de bois, ce qui les a fait qualifier de *scobiformes*. Ce fruit s'ouvre d'une manière toute spéciale : il s'y forme six fentes longitudinales qui détachent six valves; trois de ces valves sont étroites et alternent avec trois plus larges qui portent les placentas sur leur ligne médiane. Ces six pièces restent cohérentes aux deux extrémités du fruit, d'où il résulte que les fentes forment comme autant de longues fenêtres; les trois larges pièces paraissent constituer les véritables valves; elles finissent assez souvent par se détacher entièrement, tandis que les trois autres restent en place. Cependant ce mode d'ouverture, que présentent par exemple nos espèces indigènes, n'est pas le seul qui ait lieu dans la famille, ainsi que l'a bien montré M. Prillieux : quelquefois les six pièces de la capsule deviennent libres au sommet en restant fixées par la base (*Leptotes*); ailleurs il ne se forme que trois fentes, au lieu de six, et les trois valves qui en résultent restent cohérentes au sommet (*Cattleya*) ou s'y séparent (*Fernandezia*); il peut même s'en produire seulement deux qui distinguent deux pièces de largeur inégale (*Pleurothallis*); dans les Vanilles, ces deux pièces inégales se séparent au sommet et les deux fentes ne descendent quelquefois que jusqu'à la moitié de la longueur du fruit; enfin il paraît que parfois il ne se produit qu'une seule fente (*Angrecum*).

Les graines sont non-seulement fort petites, mais encore très-simples d'organisation, puisqu'elle se réduisent à un tégument cellulaire mince, dans lequel est logé à l'aise un embryon ovoïde, semblable à ses deux extrémités.

Lindley a divisé la grande famille des Orchidées en sept tribus dont voici les noms avec ceux de quelques-uns des genres qui s'y rapportent.

1. Malaxidées : *Pleurothallis* R. Br., *Stelis* Sw., *Liparis* Rich., *Malaxis* Sw., *Dendrobium* Sw.

2. Épidendrées : *Cœlogyne* Lindl., *Isochilus* R. Br., *Epidendrum* L., *Lælia* Lindl., *Cattleya* Lindl., *Bletia* R. et P., *Phajus* Lour.

3. Vandées : *Vanda* R. Br., *Renanthera* Lour., *Angrecum* Pet. Th., *Oncidium* Sw., *Fernandezia* R. et P., *Odontoglossum* Kth., *Brassia* R. Br., *Maxillaria* R. et P., *Catasetum* Rich., *Notylia* Lindl., *Ionopsis* H. B. K., *Calanthe* R. Br.

4. Ophrydées : *Orchis* L., *Ophrys* Sw., *Satyrium* Sw., *Gymnadenia* R. Br.

5. Aréthusées : *Limodorum* Tourn., *Cephalanthera* Rich., *Sobralia* R. et P., *Vanilla* Sw.

6. Néottiées : *Neottia* R. Br., *Epipactis* Hall., *Spiranthes* Rich.

7. Cypripédiées : *Cypripedium* L., *Uropedium* Lindl.

Les Orchidées épiphytes sont, en immense majorité, circonscrites entre les deux tropiques où on les trouve croissant en général sur le tronc des arbres, surtout dans les forêts de l'Amérique. Elles manquent entièrement dans les contrées tempérées où elles sont remplacées par les espèces terrestres qui sont beaucoup plus nombreuses, à latitude égale, dans l'hémisphère austral que dans l'hémisphère boréal; elles font entièrement défaut dans l'Afrique australe et dans le sud de l'Amérique méridionale, tandis qu'un petit nombre arrivent à une latitude élevée, dans le nord, et que le *Calypso borealis* atteint même 68° de latitude boréale.

Abstraction faite de l'immense intérêt qu'offrent les plantes de cette famille pour la culture d'agrément, on ne peut pas dire qu'elles aient une grande importance ; on peut cependant citer comme utiles : 1° les espèces terrestres dont les tubercules desséchés, après avoir été plongés dans l'eau bouillante, constituent le salep qui nous vient surtout de la Perse, et qu'on prépare dans ce pays avec les tubercules d'espèces mal connues, mais qu'on peut obtenir aussi de nos *Orchis Morio* L., *mascula* L. et *militaris* L.; 2° les Vanilles, dont quelques espèces mal déterminées, confondues très-probablement sous le nom de *Vanilla aromatica* Sw., et plus certainement le *V. planifolia* Andr., fournissent ces fruits délicieusement aromatiques dont l'emploi est journalier; 3° enfin l'*Angrecum fragrans* Pet. Th., des îles Mascareignes, dont les feuilles sèches, ayant un parfum analogue à celui de la Fève de Tonka (*Dipterix*), sont apportées sous les noms de Thé de Bourbon, Faham ou Faam, et sont employées avantageusement dans le traitement de la phthisie.

Quinzième classe. — FLUVIALES.

Cette classe renferme les cinq familles des Hydrocharidées, Butomacées, Alismacées, Naïadées, Lemnacées.

CLASSE DES FLUVIALES.   FAMILLES.

Plantes aquatiques fixées au sol, de proportions ordinaires.	Ovules nombreux par loge.	Fleurs dioïques, rarement hermaphrodites, accompagnées d'une spathe multiflore pour les mâles, uniflore pour les femelles et hermaphrodites ; ovaire infère, 1-6 loculaire ; 5-6 stigmates bifides. Fruit à placentas pulpeux-gélatineux	*Hydrocharidées.*
		Fleurs hermaphrodites, sans spathe ; ovaires supères, au nombre de 6 ou plus, verticillés, 1-loculaires, à nombreux ovules attachés sur toute la paroi; stigmates indivis.	*Butomacées.*
	1 ou rarement 2 ovules par loge.	Fleurs hermaphrodites ou monoïques. Périanthe (nul dans le *Lilæa*) ayant les 5 folioles internes insérées plus haut ou bien pétaloïdes ; 5-6 ovaires ou plus, verticillés ou capités, à 1 ovule dressé ou à 2 collatéraux généralement..	*Alismacées.*
		Fleurs monoïques, rarement dioïques. Périanthe nul dans les mâles; 1, 2 ou 4 ovaires, à 1 ovule presque toujours pendant et orthotrope, rarement dressé et anatrope.	*Naïadées.*

Plantes flottantes, très-petites, ayant la tige et les feuilles confluentes en fronde ordinairement lenticulaire. Fleurs monoïques : 1-2 étamines; ovaire 1-loculaire, à 1 ou plusieurs ovules dressés . . . . .   *Lemnacées.*

Quatrième embranchement. — Dicotylédones.

Embryon pourvu de deux cotylédons opposés, rarement partagés en un nombre variable de divisions profondes regardées d'ordinaire comme autant de cotylédons verticillés. — Tige présentant des faisceaux fibro-vasculaires qui forment, autour d'une moelle centrale, un cylindre parcouru par des rayons médullaires et divisible en une zone interne ligneuse et une zone externe corticale ; accroissement en grosseur par des couches concentriques se formant entre les deux zones ligneuse et corticale. — Feuilles à nervures réticulées. — Fleurs presque toujours pentamères ou di-tétramères.

Premier sous-embranchement. — Gymnospermes.

Ovules nus (non renfermés dans un pistil clos et surmonté d'un stigmate), recevant directement l'influence du pollen (Brongn.). Végétaux polyembryonés, du moins primitivement ; graines pourvues d'un albumen charnu-oléagineux.

EMBRANCHEMENT DES GYMNOSPERMES.

Anthères disposées en gros chatons, formées d'un grand nombre de lobes simples ou groupés, dispersés à la face inférieure d'écailles épaisses (Brongn.). Graines plus ou moins charnues extérieurement. Tige tantôt courte et renflée, tantôt en colonne simple, rarement et fort peu ramifiée, à couches ligneuses très-peu nombreuses, produites chacune pendant plusieurs années de végétation. Feuilles grandes, pennées. . . . . Classe 16. Cycadoïdées.

Anthères disposées en chatons, bilobées ou à lobes en nombre défini, portées sur une écaille membraneuse représentant le connectif (Brongn.). Graines à tégument sec, quelquefois membraneux, en général ligneux, souvent ailées. Tige ramifiée en cime généralement élancée ou conique, à couches ligneuses annuelles. Feuilles très-petites ou linéaires, très-rarement planes, toujours simples. . . . . Classe 17. Conifères.

Seizième classe. — Cycadoïdées.

Cette classe ne renferme que la famille des *Cycadées*, appelée aussi quelquefois *Cycadéacées*.

Les Cycadées sont des végétaux dont le port rappelle celui des Palmiers, mais dans des proportions réduites, et qui croissent tous, soit dans la zone intertropicale, soit au delà du tropique du Capricorne, dans l'Afrique australe et dans l'Australie. Leurs feuilles pennées ont des folioles coriaces, à nervures longitudinales, sans côte médiane, excepté dans le genre *Cycas* ; elles sont circinées dans la jeunesse. — Leurs fleurs sont dioïques : les mâles se réduisent à des anthères fort petites, ovoïdes, s'ouvrant par une fente longitudinale, souvent groupées quatre par quatre, portées en grand nombre à la face inférieure des écailles de gros chatons terminaux ; elles couvrent toute cette face dans les unes (*Cycas, Encephalartos*), ou seulement deux portions latérales (*Zamia*). Quelques botanistes (Endlicher, etc.) ont pris fort à tort ces anthères pour autant de grains de pollen. — Les fleurs femelles affectent deux dispositions : 1.º dans les *Cycas*, les ovules nus qui les constituent sont attachés aux dents marginales de feuilles modifiées et réduites, qui sont rapprochées en touffe terminale ; 2º ailleurs elles sont réunies en cônes assez semblables aux mâles et formés aussi d'écailles portant chacune deux ovules sous son extrémité réfléchie. Les ovules sont toujours orthotropes, à un tégument.

Genres principaux : *Cycas* L., *Encephalartos* Lehm., *Zamia* L., *Dioon* Lindl.

La moelle volumineuse des Cycadées est gorgée d'amidon qu'on en extrait, dans les pays où ces végétaux abondent, pour en faire une sorte de sagou, qui paraît être consommé sur place.

Dix-septième classe. — Conifères.

CLASSE DES CONIFÈRES		FAMILLES.
Fleurs femelles groupées sur un axe commun, en cône.	Ovules orthotropes renversés ; pollen composé, chaque grain formé de 3 parties (*voy.* p. 547).	*Abiétinées.*
	Ovules orthotropes, dressés ; pollen à grains simples, globuleux	*Cupressinées.*
Fleurs femelles solitaires, c'est-à-dire ovule solitaire dans une cupule ouverte	Fleurs mâles nues ; pollen simple (à 3 membranes chez l'If) ; ovule dressé, orthotrope ou anatrope, à 1 ou 2 téguments. Embryon à peu près de même longueur que l'albumen	*Taxinées.*
	Fleurs mâles munies d'un périanthe qui se rompt transversalement ; ovule dressé, orthotrope, à 5 enveloppes tégumentaires. Embryon beaucoup plus court que l'albumen.	*Gnétacées.*

La classe des Conifères a été établie, à titre de simple famille, par Jussieu dans son *Genera* ; mais, en raison de la diversité et de la netteté des types qu'elle réunit, elle est considérée aujourd'hui comme un groupe d'un ordre plus élevé, qui comprend les quatre familles des : 1º *Abiétinées* (Abietineæ), dont le nom vient du genre *Abies*, Sapin ; 2º *Cupressinées* (Cupressineæ), qui tire le sien du genre *Cupressus*, Cyprès ; 3º *Taxinées* (Taxineæ), nommée d'après le genre *Taxus*, If ; 4º *Gnétacées* (Gnetaceæ), dont le nom est emprunté aux *Gnetum*, genre tout exotique. Le tableau ci-dessus donne les caractères essentiels par lesquels se distinguent ces quatre familles ; j'ajouterai les observations suivantes :

I. Les *Abiétinées* sont des arbres dont plusieurs atteignent les plus fortes proportions; c'est même parmi elles que se trouve le *Sequoia gigantea* Endl., de la Californie, le colosse du règne végétal, dont les Anglais ont fait leur *Wellingtonia*, tandis que les Américains du nord lui ont donné, sans plus de motifs, le nom de *Washingtonia*. Ces arbres ont pour la plupart des feuilles linéaires ou aciculées, groupées même par faisceaux de deux à cinq dans les *Pinus*, qui, cependant, deviennent très-petites et appliquées dans les *Sequoia*, ou s'élargissent, au contraire, en un limbe ovale-lancéolé, dans les *Dammara*. — Leurs fleurs mâles forment des chatons à écailles nombreuses, pétiolées, spiralées, dont chacune porte, adhérentes à sa face inférieure, deux loges d'anthère qui s'ouvrent longitudinalement; les *Cunninghamia* ont trois loges par écaille, et les *Dammara* en offrent dix ou douze sur deux rangs. Le pollen très-abondant, jaune, et qui, entraîné par les pluies, a souvent fait croire à des pluies de soufre, a une forme caractéristique (*voy.* p. 547), et présente dans la production de son tube pollinique une marche qu'on a observée aussi dans d'autres genres de Conifères (*voy.* p. 548). — Les fleurs femelles sont également réunies en chatons à nombreuses écailles spiralées sur un axe commun, qui portent chacune, en dessous une bractée libre et adnée, et en dessus deux ovules collatéraux, à un seul tégument, dont le micropyle, dirigé vers la base de l'écaille, se prolonge en col destiné à s'oblitérer plus tard. Il n'y a qu'un ovule par écaille dans les *Dammara* et *Araucaria;* on en compte trois dans les *Cunninghamia*, cinq à sept dans le genre *Sequoia* et jusqu'à neuf dans le *Sciadopitys*.

En durcissant et se lignifiant plus ou moins, les écailles ovulifères forment le *Cône* ou *Strobile* qui cache les graines sans péricarpe. Celles-ci ont le test coriace ou ligneux, développé, soit d'un côté, soit tout autour, en une aile tombante à la maturité. Leur embryon a la radicule infère relativement à l'écaille, et sa tigelle cylindrique porte rarement deux cotylédons entiers, plus souvent de trois à quinze digitations linéaires que les botanistes regardent en général comme autant de cotylédons verticillés, tandis que quelques-uns, et je partage leur opinion, n'y voient que des segments de deux cotylédons. Cet embryon égale à peu près en longueur, comme dans les Cupressinées et les Taxinées, l'albumen charnu-oléagineux dont il occupe l'axe.

Genres principaux : *Pinus* L. (*Pinus* Tourn., *Abies* Tourn., *Larix* Tourn.), *Araucaria* Juss., *Dammara* Rumph., *Sequoia* Endl.

II. Les *Cupressinées* sont également des arbres et plus rarement des arbrisseaux ; mais leurs feuilles sont en général très-petites et appliquées sur les ramules qu'elles cachent. Leurs fleurs, tant mâles que femelles, forment des chatons ; mais les écailles mâles portent à leur sommet une sorte de disque pelté-excentrique au-dessous duquel se montrent des loges d'anthères, parallèles entre elles, à déhiscence longitudinale, dont le nombre est le plus souvent de cinq, et se réduit parfois jusqu'à deux ou s'élève jusqu'à douze. Les chatons femelles ont des écailles peu nombreuses, sans bractée, qui portent à leur base des ovules dressés, au nombre de deux dans les *Juniperus*, de trois, six, neuf et jusqu'à quinze sur plusieurs rangées transversales, dans les autres genres. — Le cône a un petit nombre d'écailles, en général plus ou moins charnues, épaisses, durcissant ou séchant plus tard. La graine ressemble à celle des Abiétinées ; mais son embryon a la radicule supère et deux cotylédons le plus souvent indivis.

Genres principaux : *Juniperus* L., *Callitris* Vent., *Biota* Don, *Thuia* L., *Cupressus* Tourn., *Taxodium* Rich., *Cryptomeria* Don.

III. Les *Taxinées* se partagent en deux séries qui se rapprochent l'une des Abiétinées, l'autre des Cupressinées, et qui sont regardées par Endlicher comme deux familles distinctes, les Taxinées et les Podocarpées. Ce sont des arbres ou des arbrisseaux dont les feuilles sont linéaires ou plus ou moins élargies, au point même de devenir aussi longues au moins que larges et bilobées chez le *Salisburia* ou Gingko. Le caractère essentiel de la famille qu'elles constituent résulte de ce qu'elles n'ont plus que des fleurs femelles solitaires, entourées chacune par des écailles imbriquées, et consistant en un seul ovule orthotrope, ou même réduites à un ovule anatrope, terminal, sur un pédoncule nu, qui, plus tard, se renfle et devient plus ou moins charnu sous la graine (*Podocarpus*). Dans le premier cas, la graine est entourée d'une sorte de cupule charnue, qui s'est développée après la fécondation. L'embryon a ses deux cotylédons indivis.

Genres principaux : *Taxus* Tourn., *Podocarpus* L'Hérit., *Dacrydium* Sol., *Salisburia* Sm.

IV. Les *Gnétacées* forment une sorte de transition entre les Gymnospermes et les Angiospermes. Ce sont des arbres ou des arbustes sarmenteux, à rameaux noueux-articulés, dont les feuilles opposées sont tantôt réduites à l'état de petites écailles sous les nœuds (*Ephedra*), tantôt grandes et bien développées (*Gnetum*). Ce qu'elles offrent de plus caractéristique, c'est : 1° que

leurs fleurs mâles ont un périanthe membraneux, tubulé, d'a-
bord clos, qui s'ouvre transversalement au sommet pour livrer
passage à une étamine solitaire ou à plusieurs, soudées en colonne,
dont l'anthère offre 1-4 loges s'ouvrant au sommet par une
fente courte; 2° que leurs fleurs femelles, nues ou bien réunies
par deux dans un involucre de deux folioles opposées, sont réduites à un ovule orthotrope, dont le tégument externe a son
ouverture dépassée par un prolongement en tube que forme le
tégument interne; entre ces deux enveloppes il s'en trouve une
troisième qui est courte. Le tégument externe est regardé par
divers botanistes comme un ovaire ouvert supérieurement; il devient charnu dans les *Gnetum* et reste sec dans les *Ephedra*, où
ce sont les écailles inférieures dont la fleur est accompagnée qui
deviennent charnues. La graine unique est dressée, munie d'un
test membraneux ou coriace, et son embryon, beaucoup plus
court que l'albumen, a ses deux cotylédons indivis, souvent soudés.

Cette famille est réduite aux deux genres *Ephedra* L., *Gnetum* L., auxquels M. D. Hooker croit devoir joindre son curieux
Welwitschia mirabilis, végétal africain anormal sous presque tous
les rapports.

— Les Conifères s'étendent à presque toutes les contrées du
globe, mais elles sont surtout nombreuses en espèces comme en
individus dans les régions tempérées et assez froides, dans lesquelles on les voit former de vastes forêts, principalement dans les
localités montagneuses. Certaines d'entre elles arrivent presqu'à
la limite de la végétation arborescente. — Partout où elles existent, elles comptent parmi les végétaux les plus utiles : leur bois
sert pour les constructions, pour la mâture, pour la confection
d'une foule d'objets divers, comme combustible; la résine qui en
coule naturellement et surtout dont on détermine l'écoulement au
moyen d'entailles, dans l'opération du *résinage* ou *gemmage;* le
goudron qu'on en obtient par une sorte de distillation ; leur graine
comestible quand elle devient grosse, comme dans les *Araucaria*,
dans nos Pins Pignon, Cembro, etc.; jusqu'à leurs feuilles dont
M. de Pannewitz a appris à extraire une matière textile qu'on a
nommée Laine des bois, tout leur donne une utilité majeure. D'un
autre côté, leur fraîche verdure perpétuelle et l'élégance de leur
forme leur font assigner une place distinguée dans toutes les plantations d'agrément, dans lesquelles elles ont encore le mérite de
rompre, à cause de leur port spécial, l'uniformité d'aspect qu'auraient des masses trop étendues d'arbres feuillus.

Deuxième sous-embranchement. — ANGIOSPERMES.

Ovules renfermés dans un ovaire clos et recevant l'influence de la fécondation par l'intermédiaire d'un stigmate.

1re série. — DIALYPÉTALES.

Pétales distincts et séparés ou nuls.

§ 1. PÉRIGYNES. — Étamines et pétales insérés sur le calyce infère ou supère.

† *Apérispermées* (ou *Exalbuminées*).

Périsperme ou albumen presque toujours nul, quelquefois existant, mais alors peu épais.

1° Fleurs diclines :

Fleurs apétales, n'ayant qu'un calyce imparfait, petites et réunies en chatons. . . . . Cl. 18. AMENTACÉES.
Fleurs pétalées, souvent grandes, bien séparées . . . . Cl. 26. CUCURBITACÉES.

2° Fleurs hermaphrodites :

Une corolle en général assez grande.

— Étamines opposées aux sépales, ou en nombre double ou indéfini.

— — Pistil en général pluri-carpellé; jamais de légume. Fleurs régulières.

— — — Pistil unicarpellé; légume. Fleurs presque toujours irrégulières. . . . . Cl. 19. LÉGUMINEUSES.

— — — Corolle à préfloraison imbriquée; étamines presque toujours indéfinies.

— — — — Feuilles alternes, stipulées. Styles distincts ou incomplétement réunis. . . Cl. 20. ROSINÉES.

— — — — Feuilles opposées, sans stipules. Style et stigmate indivis. . Cl. 21. MYRTOÏDÉES.

— — — Corolle à préfloraison contournée; étamines en nombre défini . . Cl. 25. ŒNOTHÉRINÉES.

— Étamines alternes aux sépales et en même nombre. Cl. 22. RHAMNOÏDÉES.

Corolle 0, ou rarement représentée par de petites écailles pétaloïdes.

— Préfloraison valvaire; pistil uni-carpellé; ovules 1, 2 ou plusieurs dressés. . . . . Cl. 23. PROTÉINÉES.

— Préfloraison imbriquée; pistil de 1-2 carpelles, chacun à 1-2 ovules suspendus. . . . . Cl. 24. DAPHNOÏDÉES.

Dix-huitième classe. — AMENTACÉES.

Fleurs diclines; calyce imparfait, souvent supère; corolle nulle; étamines variables; pistil à 2-3 ou 6 carpelles, à 2, 3 ou 6 stigmates, uniloculaire ou pluriloculaire; ovules solitaires ou géminés, nombreux dans les Salicinées. Fruit indéhiscent, monosperme; graine sans albumen; embryon à radicule supère (fruit déhiscent, à graines nombreuses et embryon à radicule infère dans les Salicinées) (Brongn.).

Jussieu avait formé une famille des Amentacées qui correspondait à peu près à cette classe, qui néanmoins ne renfermait ni les *Casuarina*, que leur port avait fait placer à côté des *Ephedra* parmi les Conifères, ni les *Juglans* qui se trouvaient parmi les Térébinthacées, à côté desquelles les laisse encore Endlicher; d'un autre côté, la famille des Amentacées de Jussieu comprenait les *Ulmus*, *Celtis* et *Fothergilla* qui en sont éloignés aujourd'hui et qui appartiennent aux familles des Celtidées et Hamamélidées. — Au total, la classe des Amentacées de M. Brongniart réunit les familles des Juglandées, Quercinées, Bétulacées, Myricacées, Casuarinées et, avec quelque incertitude, celle des Salicinées.

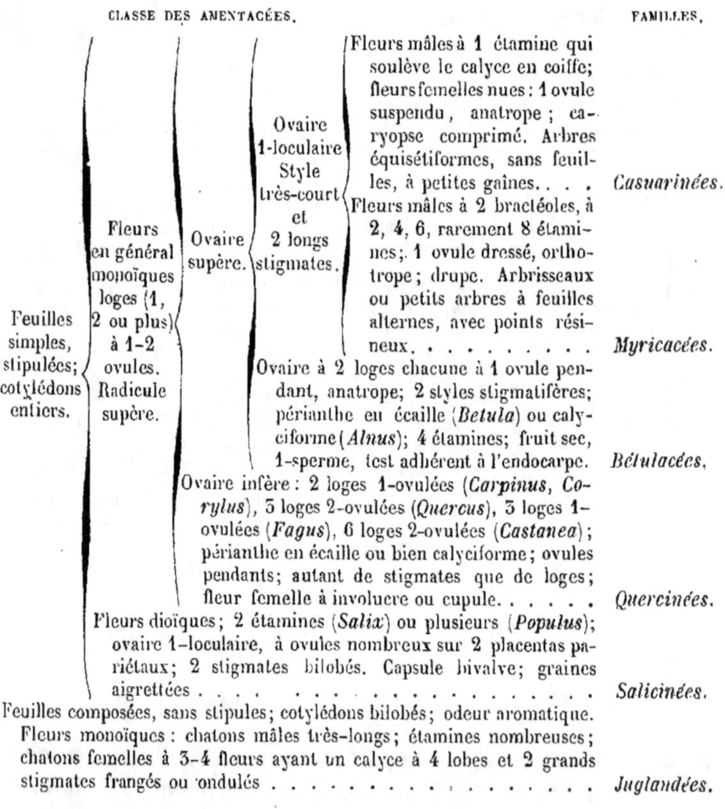

CLASSE DES AMENTACÉES.   FAMILLES.

Feuilles simples, stipulées; cotylédons entiers.

Fleurs en général monoïques loges (1, 2 ou plus) à 1-2 ovules. Radicule supère.

Ovaire supère.

Ovaire 1-loculaire Style très-court et 2 longs stigmates.

Fleurs mâles à 1 étamine qui soulève le calyce en coiffe; fleurs femelles nues : 1 ovule suspendu, anatrope; caryopse comprimé. Arbres équisétiformes, sans feuilles, à petites gaînes. . . . . **Casuarinées.**

Fleurs mâles à 2 bractéoles, à 2, 4, 6, rarement 8 étamines; 1 ovule dressé, orthotrope; drupe. Arbrisseaux ou petits arbres à feuilles alternes, avec points résineux. . . . . **Myricacées.**

Ovaire à 2 loges chacune à 1 ovule pendant, anatrope; 2 styles stigmatifères; périanthe en écaille (*Betula*) ou calyciforme (*Alnus*); 4 étamines; fruit sec, 1-sperme, test adhérent à l'endocarpe. **Bétulacées.**

Ovaire infère : 2 loges 1-ovulées (*Carpinus, Corylus*), 3 loges 2-ovulées (*Quercus*), 3 loges 1-ovulées (*Fagus*), 6 loges 2-ovulées (*Castanea*); périanthe en écaille ou bien calyciforme; ovules pendants; autant de stigmates que de loges; fleur femelle à involucre ou cupule. . . . . . **Quercinées.**

Fleurs dioïques; 2 étamines (*Salix*) ou plusieurs (*Populus*); ovaire 1-loculaire, à ovules nombreux sur 2 placentas pariétaux; 2 stigmates bilobés. Capsule bivalve; graines aigrettées . . . . **Salicinées.**

Feuilles composées, sans stipules; cotylédons bilobés; odeur aromatique. Fleurs monoïques : chatons mâles très-longs; étamines nombreuses; chatons femelles à 3-4 fleurs ayant un calyce à 4 lobes et 2 grands stigmates frangés ou ondulés . . . . **Juglandées.**

La classe des Amentacées comprend les arbres forestiers et d'avenues qu'on désigne sous la dénomination commune d'*arbres feuillus*, pour les distinguer des Conifères; ce sont ceux qui nous donnent la plupart de nos bois de charpente et de construction, de chauffage, de menuiserie, même d'ébénisterie. En outre, quelques-uns sont alimentaires par leurs graines farineuses, comme le Châtaignier, ou charnues-oléagineuses, comme le Noisetier (*Corylus*), les Noyers (*Juglans*), Pacaniers (*Carya*), le Hêtre (*Fagus*). Ces mots suffisent pour en faire apprécier l'importance majeure.

Genres principaux : 1° *Casuarinées* (Casuarineæ), Filao ou *Casuarina* Rumph., (en général de l'Australie).

2° *Myricacées* (Myricaceæ) : *Myrica* L., *Comptonia* Banks.

3° *Bétulacées* (Betulaceæ) : *Alnus* Tourn., *Betula* Tourn.

4° *Quercinées* (Quercineæ) : *Castanea* Tourn., *Fagus* Tourn., *Quercus* L., *Corylus* Tourn., *Carpinus* L.

5° *Salicinées* (Salicineæ) : *Salix* Tourn., *Populus* Tourn.

6° *Juglandées* (Juglandeæ) : *Juglans* L., *Carya* Nutt.

Dix-neuvième classe. — LÉGUMINEUSES.

Calyce imbriqué ou valvaire; corolle imbriquée ou valvaire, papillonacée ou régulière; étamines 10 ou nombreuses, périgynes ou hypogynes; pistil unicarpellé (très-rarement à plusieurs carpelles), uniovulé ou ordinairement multiovulé. Fruit : légume rarement indéhiscent; graine rarement albuminée; embryon droit ou replié (Brongn.).

Cette classe correspond à la famille des Légumineuses de Jussieu. On la divise ordinairement en trois familles : les *Papillonacées* (Papillonaceæ), nommées d'après la forme de la corolle; les *Cæsalpiniées* (Cæsalpinieæ) et les *Mimosées* (Mimoseæ), dont les noms sont tirés des genres *Cæsalpinia* et *Mimosa;* on y rattache ensuite avec doute les *Moringées* (Moringeæ), formées du seul genre *Moringa* Burm., ou Ben, que distingue surtout un fruit organisé en capsule longue et étroite, à trois valves et uniloculaire. Néanmoins, Endlicher y établit une autre division : il réunit les Papillonacées proprement dites aux Cæsalpiniées, comme périgynes, sous le premier de ces deux noms, et il admet ensuite, en familles distinctes, les Swartziées déjà distinguées par De Candolle, à insertion hypogyne et embryon courbe, ainsi que les Mimosées également hypogynes mais à embryon droit.

Les Légumineuses forment un groupe aussi nombreux qu'important, dans lequel presque tous les caractères sont sujets à varier, et qui néanmoins est assez naturel pour ne pouvoir être méconnu. Les végétaux qui le forment sont des herbes, des arbrisseaux, ou des arbres de toutes dimensions; leurs feuilles sont alternes, très-rarement simples (*Cercis*, *Bauhinia*), presque toujours composées-pennées à divers degrés et stipulées. Leurs fleurs sont le plus souvent irrégulières et alors à corolle, dans la plupart des cas, papillonacée; leur calyce et leur corolle pentamères ont en haut ou vers l'axe, le premier deux sépales, la dernière son pétale impair, qui forme l'étendard ou l'analogue, et qui en est en réalité la pièce régulière; il résulte de cette situation que, quand le calyce est bilabié, sa lèvre supérieure n'a que deux divisions et l'inférieure en a trois, cas inverse de l'ordinaire. Cette situation est néanmoins renversée dans le *Trifolium resupinatum* L. La corolle est à cinq pétales distincts; mais souvent les deux pétales de sa carène sont plus ou moins connés; même dans plusieurs *Trifolium* elle devient monopétale quoique papillonacée; d'un autre côté, dans les Mimosées, elle devient à la fois monopétale et régulière; elle se réduit au seul étendard dans les *Amorpha*, quelques Cæsalpiniées et elle manque entièment dans un petit nombre de genres (*Dialium*, *Copaifera*, *Ceratonia*, etc.).

L'androcée est le plus souvent formé de 10 étamines diadelphes unies de telle sorte que 9 d'entre elles forment un faisceau, la dixième restant libre; dans les *Adesmia*, elles composent deux faisceaux de cinq; assez souvent elles sont monadelphes, ou entièrement libres; leur nombre se réduit quelquefois et il descend jusqu'à deux dans le *Dialium* qui en tire son nom; au contraire, elles deviennent nombreuses dans la plupart des *Mimosa*, *Acacia*, *Inga*, etc.; leurs anthères sont toujours biloculaires et introrses. Le pistil est essentiellement unicarpellé et uniloculaire, rarement divisé en deux loges par une inflexion dés bords du carpelle ou de la nervure médiane; quelquefois, à une époque plus ou moins avancée, le fruit qui en provient s'étrangle et se ferme entre les graines (*voy.* p. 642), ou bien il s'y produit des fausses-cloisons transversales qui le partagent en nombreuses loges superposées. Dans un très-petit nombre de cas, quelques-uns des cinq carpelles qu'appelle la symétrie apparaissent, soit en partie et accidentellement (*Wistaria sinensis*, *Gleditschia* souvent digynes), ou constamment, comme dans le *Cæsalpinia digyna* et le genre *Diphaca*, qui ont deux pistils, soit en entier, comme dans le curieux genre *Affonsea* A. S. H. Ce pistil renferme un nombre très-variable d'ovules amphitropes ou anatropes; il porte un style et un stigmate simples. Quant au fruit, c'est toujours un légume; j'en ai déjà indiqué les principales modifications; j'ajouterai que, dans le *Detarium*, il prend l'apparence d'une drupe monosperme, son endocarpe durcissant en noyau, tandis que son mésocarpe devient épais, et comme farineux. La graine est très-généralement dépourvue d'albumen; mais j'ai déjà dit (*voy.* p. 677), qu'elle en a un dans quelques genres; son embryon a les cotylédons grands, plus ou moins épais et charnus, et, dans son ensemble, il est tantôt droit, tantôt et plus souvent courbé, sa radicule se reployant le long de la fente qui règne entre les cotylédons; ce caractère a fait distinguer les Légumineuses en *rectembryées* et *curvembryées*.

CLASSE DES LÉGUMINEUSES.　　　　　　　　　　　　　　　　　FAMILLES.

Pistil à un seul carpelle; légume.

Préfloraison imbriquée; insertion périgyne; fleur le plus souvent irrégulière; étamines définies.

Calyce le plus souvent bilabié; corolle papillonacée; étamines généralement adelphes; embryon courbe . . . . . *Papillonacées*

Calyce à 5 divisions plus ou moins profondes, égales ou à peu près; corolle irrégulière non papillonacée ou régulière; étamines libres; embryon droit en général. . . . . *Cæsalpiniées.*

Préfloraison valvaire; insertion hypogyne; fleur régulière, même parfois gamopétale; étamines libres en nombre défini ou indéfini . . . . *Mimosées.*

Pistil de 5 carpelles; capsule longue et étroite, trigone, trivalve. . . *Moringées.*

Genres principaux :

1. *Papillonacées* (Papilionaceæ). — Tribu 1ᵉ, Podalyriées : *Anagyris* Tourn., *Brachysema* R. Br., *Chorosema* Labill., *Pultenæa* Sm., *Mirbelia* Sm. — Tribu 2ᵉ, Lotées : *a.* Génistées : *Crotalaria* L., *Lupinus* Tourn., *Adenocarpus* DC., *Ononis* L., *Ulex* L., *Spartium* DC., *Genista* Lamk., *Cytisus* L., *Anthyllis* L. — *b.* Trifoliées : *Medicago* L., *Melilotus* Tourn., *Trifolium* Tourn., *Lotus* L. — *c.* Galégées : *Amorpha* L., *Psoralea* L., *Indigofera* L., *Robinia* L., *Colutea* L. — *d.* Astragalinées : *Phaca* L., *Astragalus* L., *Biserrula* L. — Tribu 3ᵉ, Viciées : *Cicer* Tourn., *Pisum* Tourn., *Ervum* L., *Vicia* L., *Lathyrus* L. — Tribu 4ᵉ, Hédysarées : *Coronilla* L., *Ornithopus* L., *Hippocrepis* L., *Arachis* L., *Adesmia* DC., *Desmodium* DC., *Hedysarum* L., *Onobrychis* Tourn. — Tribu 5ᵉ, Phaséolées : *Glycine* L., *Erythrina* L., *Wistaria* Nutt., *Apios* Boerh., *Phaseolus* L., *Dolichos* L. — Tribu 6ᵉ, Dalbergiées : *Dalbergia* L., *Dipterix* Schreb. — Tribu 7ᵉ, Sophorées : *Sophora* L., *Virgilia* Lamk., *Styphnolobium* Schott.

II. *Cæsalpiniées* (Cæsalpinieæ) : *Hæmatoxylon* L., *Gymnocladus* L., *Poinciana* L., *Cæsalpinia* Plum., *Swartzia* Willd., *Tamarindus* L., *Hymenæa* L., *Bauhinia* L., *Cercis* L., *Copaifera* L., *Ceratonia* L., *Gleditschia* L.

III. *Mimosees* (Mimoseæ) : *Entada* Adans., *Mimosa* Adans., *Acacia* Neck., *Albizzia* Duraz., *Inga* Plum.

La classe des Légumineuses est l'une des plus nombreuses et des plus importantes à tous les points de vue. Les végétaux qui la composent se trouvent dans toutes les parties du globe et sous tous les climats, mais ils abondent surtout dans les pays chauds, plus dans l'hémisphère boréal que dans l'austral, dans l'ancien continent que dans le nouveau. — Le bois des espèces ligneuses est de bonne qualité, généralement compacte et durable, à grain fin et souvent bien veiné ou vivement coloré; aussi plusieurs de nos bois d'ébénisterie en proviennent-ils, comme le Palissandre (Cæsalpiniée mal connue), le Courbaril (*Hymenæa Courbaril*, etc.), et les bois tinctoriaux, le bois de Campêche (*Hæmatoxylon campechianum* L.), le bois de Brésil (*Cæsalpinia echinata* Lamk.), le Sappan (*C. Sappan* L.), etc. — Les plantes tinctoriales les plus précieuses sont les Indigotiers (*Indigofera*) qui fournissent l'indigo.— Plusieurs sont alimentaires, soit par leurs graines, pour l'homme, comme les Haricots, Pois, Lentilles, Pois-chiche, Fève, etc., ou pour les animaux, comme les Vesces, Gesses, etc., soit par leur gousse même, comme les Haricots verts, les Pois mange-tout, la Caroube ou fruit du *Ceratonia Siliqua* L., etc. Il en est d'oléagineuses, surtout l'Arachide (*Arachis hypogæa* L.). Plusieurs sont médicinales : la Casse, le Séné, le Tamarin, la Réglisse.— Parmi elles se trouvent nos fourrages artificiels les plus importants, la Luzerne (*Medicago*), le Sainfoin (*Onobrychis*), les Trèfles (*Trifolium pratense* L., *repens* L.), etc.; les Lupins, la Serradelle (*Ornithopus sativus* Brot.). — Beaucoup sont des plantes d'agrément qui occupent une place distinguée dans les jardins; enfin il n'est guère de points de vue auxquels les Légumineuses ne se recommandent et ne viennent se classer parmi les végétaux les plus intéressants.

Vingtième classe. — ROSINÉES.

Calyce à sépales imbriqués ou valvaires; pétales en préfloraison imbriquée; étamines nombreuses, rarement définies; pistil à carpelles au nombre d'un à cinq, ou nombreux, libres ou rarement soudés incomplétement; ovules, un ou plusieurs; embryon droit (Brongn.).

Cette classe correspond à la famille des Rosacées de Jussieu. Elle renferme les familles suivantes : *Pomacées* (Pomaceæ) ainsi nommée de la nature du fruit des végétaux qui la forment, *Spiréacées* (Spiræaceæ), *Rosacées* (Rosaceæ), *Amygdalées* (Amygdaleæ),

Chrysobalanées (Chrysobalaneæ), les cinq dernières tirant leur nom de l'un de leurs genres.

CLASSE DES ROSINÉES.   FAMILLES.

2 ou plusieurs carpelles connés ou distincts ; pour fruit, pomme, achaines ou follicules.

Ovaire infère, généralement à 5 loges (quelquefois moins), chacune à 2 ovules anatropes, ascendants, rarement pluriovulées ; autant de styles libres ou connés dans le bas ; pour fruit une pomme à pepins ou à osselets. . . . . *Pomacées.*

Pistils plus ou moins nombreux, libres et distincts.

Pistils verticillés, au nombre de 5, quelquefois moins ou plus, chacun à 2 ou plusieurs ovules, devenant autant de follicules, c'est-à-dire déhiscents. . . . . *Spiréacées.*

Pistils nombreux, uni- ou biovulés, devenant autant d'achaines, c'est-à-dire indéhiscents . . . . *Rosacées.*

Pistil unicarpellé ; drupe.

Style terminal ou à peu près ; 2 ovules suspendus. *Amygdalées.*

Style latéral ou basilaire ; 2 ovules dressés . . . *Chrysobalanées.*

Dans la classe des Légumineuses, le fruit est la partie la moins variable ; dans celle des Rosinées c'est celle qui varie le plus, comme le montre le tableau ci-dessus ; au contraire, la fleur est très-uniforme : elle est toujours régulière, à pétales et étamines nettement périgynes, le tube du calyce offrant, jusqu'au niveau de l'insertion de ces organes, un revêtement jaunâtre, d'apparence glanduleuse. D'un autre côté, la graine varie peu et offre un tégument mince avec un embryon droit, à grands cotylédons aplatis, épais.— Quant aux organes végétatifs, ils offrent aussi des caractères communs, les feuilles étant toujours alternes et stipulées, sans ponctuations glanduleuses, ce qui permet de distinguer aisément ces végétaux de ceux de la classe suivante. Du reste, ces feuilles sont simples dans les Amygdalées, les Chrysobalanées, la plupart des Pomacées, en général composées-pennées dans le reste de la classe. Néanmoins il y a beaucoup de diversité entre ces végétaux, sous le rapport de leur durée et de leurs proportions, puisque les uns sont des herbes, parfois très-petites et même annuelles, tandis que les autres sont des arbrisseaux et des arbres souvent moyens, quelquefois aussi de belles dimensions.

Genres principaux :

I. *Pomacées* (Pomaceæ) : *Cydonia* Tourn., *Pirus* Lindl., *Mespilus* Lindl., *Eriobotrya* Lindl., *Cratægus* Lindl.

II. *Spiréacées* (Spiræaceæ) : *Kerria* DC., *Spiræa* L.

III. *Rosacées* (Rosaceæ) : *Rosa* Tourn., *Rubus* L., *Fragaria* L., *Potentilla* L., *Dryas* L., *Geum* L., *Agrimonia* Tourn., *Alchimilla* Tourn., *Sanguisorba* L.

IV. *Amygdalées* (Amygdaleæ) : *Amygdalus* L., *Prunus* L.

V. *Chrysobalanées* (Chrysobalaneæ) : *Chrysobalanus* L.

Les Rosinées, à l'exception des Chrysobalanées qui croissent dans les parties intertropicales de l'Amérique et de l'Afrique, appartiennent essentiellement aux pays tempérés et aux contrées un peu froides de l'hémisphère boréal, surtout dans l'ancien monde. — Pour donner une idée de l'intérêt qu'offrent les végétaux de ce beau groupe, il suffit de dire qu'il comprend tous nos arbres fruitiers, et avec eux les Fraisiers et le Framboisier; parmi les végétaux d'ornement, les Rosiers, les Potentilles, les Spirées, le *Kerria*, etc.; des espèces médicinales précieuses, comme le Kousso d'Abyssinie (*Brayera anthelminthica* Kth.); enfin des végétaux utiles à d'autres points de vue.

Vingt et unième classe. — Myrtoïdées.

Calyce et corolle à préfloraison imbriquée; étamines rarement définies, ordinairement nombreuses, indéfinies; pistil à 1, 2, 3, 5 carpelles, rarement plus, soudés ou libres; ovules 1, 2, ou nombreux; graines horizontales ou dressées; embryon à radicule infère (Brongn.). — Végétaux ligneux, à feuilles opposées, généralement marquées de points translucides, odorantes, entières, sans stipules; fleurs régulières; style et stigmate indivis.

CLASSE DES MYRTOÏDÉES.   FAMILLES

Calyce et corolle chacun en un rang; étamines introrses; carpelles connés en ovaire infère.	Carpelles en un seul verticille.	Étamines libres, quelquefois adelphes, indéfinies, très-rarement définies, égales tout autour du pistil; ovaire pluriloculaire, à ovules nombreux, généralement pendants, rarement 1-loculaire, à ovules basilaires, dressés. Capsule ou baie. Feuilles ponctuées	*Myrtacées.*
		Étamines indéfinies, soudées en un urcéole très-court d'un côté, prolongé de l'autre en une longue lame pétaloïde, stérile ou anthérifère; ovaire 2-6-loculaire, multiovulé. Fruit volumineux, indéhiscent ou operculé. Feuilles non ponctuées . . .	*Lécythidées*
	Carpelles formant un ovaire à deux étages de loges multiovulées, qui devient un fruit couronné, à graines nombreuses, pourvues d'un tégument épais, succulent, translucide. Calyce épais, coloré, dilaté au-dessus de l'ovaire; pétales imbriqués; étamines libres, indéfinies. Feuilles non ponctuées, ni odorantes		*Granatées.*

Calyce à divisions nombreuses, colorées, sur plusieurs rangs, les internes représentant peut-être la corolle; étamines nombreuses, extrorses, plurisériées, les internes stériles; plusieurs carpelles distincts, à 1 ovule ascendant, libres dans le tube du calyce. Feuilles aromatiques. . . . . *Calycanthées.*

Genres principaux :

I. *Myrtacées* (Myrtaceæ) : *Calythrix* Labill., *Melaleuca* L., *Eucalyptus* L'Hérit., *Callistemon* R. Br., *Metrosideros* R. Br. — *Psidium* L., *Myrtus* Tourn., *Syzygium* Gærtn., *Caryophyllus* Tourn., *Eugenia* Michel., *Jambosa* Rumph.

II. *Lécythidées* (Lecythideæ) : *Bertholletia* H. B., *Lecythis* Lœfll., *Barringtonia* Forst.

III. *Granatées* (Granateæ) : *Punica* Tourn.

IV. *Calycanthées* (Calycantheæ) : *Calycanthus* L.

Vingt-deuxième classe. — RHAMNOÏDÉES.

Calyce à préfloraison valvaire, à 4, 5 sépales ; pétales petits ou nuls ; étamines alternant avec les sépales ; pistil à 2, 3, 4 carpelles soudés ; ovules 1, 2 par carpelle, dressés ; albumen nul ou peu épais ; embryon droit, à radicule infère (Brongn.).

M. Brongniart range dans cette classe les *Pénéacées*, les *Rhamnacées*, et avec doute les *Stackhousiacées*. La seconde d'entre ces familles a seule de l'importance.

CLASSE DES RHAMNOÏDÉES.   FAMILLES.

Calyce à limbe 4-fide, rarement 5-fide ; pétales petits, concaves ; étamines introrses, biloculaires, gén'ralement cachées dans la concavité des pétales ; ovaire libre ou adhérent, le plus souvent à 3 loges, chacune avec 1 ovule anatrope, dressé. Fruit drupacé ou capsulaire à coques ; embryon à cotylédons plans, charnus et radicule courte, avec albumen charnu, peu abondant, ou nul. Végétaux ligneux, à feuilles ordinairement alternes ; fleurs régulières, petites, verdâtres. . . . . . . *Rhamnacées.*

Calyce tubulé, 4-lobé ; pétales 0 ; étamines alternes au calyce, à 2 loges introrses, attachées en dedans et à la base d'un très-gros connectif charnu ; ovaire libre, à 4 loges, chacune à 2 ovules ascendants, très-rarement à 4 ; stigmate à 4 lobes finalement séparables et alternes aux loges (A. Juss.). Capsule à 4 valves ; albumen 0 ; embryon à très-grosse tigelle conique et cotylédons fort petits. Sous-arbrisseaux à petites feuilles persistantes, décussées, imbriquées ; du Cap . . . . . *Pénéacées.*

Genres principaux :

I. *Rhamnacées* (Rhamnaceæ) : *Phylica* L., *Colletia* Commers., *Ceanothus* L., *Rhamnus* Juss., *Zyzyphus* Tourn., *Paliurus* Tourn.

II. *Pénéacées* (Peneaceæ) : *Penæa* L., *Sarcocolla* Kth.

Vingt-troisième classe. — PROTÉINÉES.

Calyce à préfloraison valvaire, à 4 sépales (rarement 2) ; corolle 0 ; étamines en nombre égal aux sépales, alternes ou opposées ; pistil unicarpellé ; ovules, 1, 2 ou plusieurs, dressés.

Embryon à radicule infère (Brongn.); végétaux ligneux ; feuilles sans stipules.

CLASSE DES PROTÉÏNÉES.	FAMILLES.
Calyce 2–4 lobé, souvent coloré en dedans; 4 étamines introrses, biloculaires, alternes aux sépales, ou 8 dont 4 alternes et 4 opposées ; ovaire libre dans le tube du calyce persistant et accrescent, à 1 ovule anatrope, ascendant; style simple et stigmate latéral; fruit indéhiscent ; albumen charnu, mince. Végétaux ligneux; feuilles entières ou dentées, tombantes, à poils écailleux, discoïdes, argentés ou brunâtres	*Éléagnées.*
Calyce à 4 sépales libres ou souvent soudés plus ou moins, parfois irrégulier; 4 étamines introrses, biloculaires, opposées aux sépales qui les portent vers l'extrémité ; ovaire libre, à 1-2 ou plusieurs ovules; style long et stigmate indivis, quelquefois bilobé, souvent oblique. Fruit indéhiscent ou déhiscent, et alors en follicule ligneux. Végétaux presque tous ligneux, à feuilles persistantes, coriaces, souvent très-divisées, quelquefois composées	*Protéacées.*

Genres principaux :

I. *Eléagnées* (Elæagneæ) : *Hippophae* L., *Elæagnus* L.

II. *Protéacées* (Proteaceæ): *a.* Protées : *Aulax* Berg., *Petrophila* R. Br., *Protea* L., *Leucospermum* R. Br., *Persoonia* Sm. —*b.* Grévillées : *Grevillea* R. Br., *Hakea* Schrad., *Lambertia* Sm., *Rhopala* Aubl., *Stenocarpus* R. Br. — *c.* Banksiées : *Banksia* L., *Dryandra* R. Br.

Les Protéacées, aussi remarquables pour leur port et leur aspect propre que pour leur organisation, ont une distribution géographique spéciale. Elles appartiennent essentiellement à l'hémisphère austral, et se trouvent principalement au delà du tropique du Capricorne, en Australie et au Cap de Bonne-Espérance, en nombre beaucoup moindre dans la Nouvelle-Zélande et l'Amérique du Sud. Quelques-unes s'élèvent au nord de ce même tropique, dans la Nouvelle-Hollande, même dans l'Asie équatoriale ; quelques autres atteignent et dépassent même l'équateur, en Amérique et en Afrique ; aucune n'a été encore observée en deçà du tropique du Cancer. — Quant à l'utilité de ces végétaux, elle est à peu près nulle; mais certains d'entre eux trouvent place dans les serres à cause de leur beauté ou de leur aspect étrange.

Vingt-quatrième classe. — DAPHNOÏDÉES.

Calyce à préfloraison imbriquée ; pétales nuls ou peu développés ; étamines définies, en nombre égal à celui des sépales ou double, rarement moindre ; pistil à 1 ou 2 carpelles soudés ; 1 ou 2 ovules suspendus dans chaque carpelle ; embryon à radicule supère (Brongn.).

M. Brongniart comprend dans sa 24ᵉ classe quatre familles : Thyméléacées, Hernandiacées, Lauracées, Gyrocarpées. La dernière est réunie à la précédente par M. Meissner dans sa récente Monographie des Lauracées, et quant à la seconde, elle est trop peu importante pour que je m'en occupe.

CLASSE DES DAPHNOÏDÉES.   FAMILLES.

Fleurs régulières : calyce tubuleux, à limbe en général 4-fide, portant quelquefois à la gorge des écailles pétaloïdes ; étamines 2-loculaires, introrses, en nombre égal aux lobes ou double, quelquefois moindre ; ovaire libre, 1-loculaire, en général irrégulier ; style plus ou moins latéral, simple ; stigmate en tête. Drupe ; graine sans albumen ; embryon à cotylédons plans-convexes, charnus. Arbrisseaux ou arbres, rarement herbes ; liber tenace ; feuilles entières, sans stipules. *Thyméléacées*.

Fleurs régulières ; périanthe calycinal, à 4-6 lobes sur 2 rangs alternes ; étamines en nombre égal aux sépales, ou multiple, les fertiles alternant avec les stériles, toutes ou une partie extrorses, s'ouvrant par des valvules, à 2 ou 4 loges ; ovaire libre, 1-loculaire, à 1-3 ovules. Drupe ou baie, à 1 graine sans albumen. Arbres, rarement arbustes, quelquefois herbes volubles, parasites (*Cassyta*) ; feuilles entières, généralement coriaces, persistantes, sans stipules. . . . . . . *Lauracées*.

Genres principaux :

I. *Thyméléacées* (Thymeleaceæ) : *Lagetta* L., *Dais* L., *Gnidia* L., *Pimelea* Banks et Sol., *Passerina* L., *Daphne* L.

II. *Lauracées* (Lauraceæ) : 1ᵉʳ sous-ordre, Laurinées : *Cinnamomum* Burm., *Persea* Gærtn., *Sassafras* C. Bauh., *Laurus* Tourn., *Lindera* Thunb. ; 2ᵉ sous-ordre, Gyrocarpées : *Gyrocarpus* Jacq. ; 3ᵉ sous-ordre, Cassytées : *Cassyta* L.

Les Lauracées sont des végétaux aromatiques, des contrées tropicales et chaudes, qui croissent pour la plupart en Asie et en Amérique, en petite quantité dans l'Australie, qui sont fort peu nombreux en Afrique et dont aucun n'est indigène en Europe. Le bois des espèces arborescentes est en général dur, d'un grain serré, liant, bien veiné, en un mot très-propre à la confection de meubles et d'objets divers ; l'écorce de plusieurs est aromatique : il suffit d'en donner pour exemple celle du *Cinnamomum zeylanium* Burm., qui constitue la Cannelle de Ceylan et celle du *C. Cassia* Bl., qui est la Cannelle de Chine. Le Camphre, le Benjoin sont encore des produits qui donnent de l'intérêt à cette famille et dont le premier y est assez répandu. Le *Laurus nobilis* L., ou Laurier commun doit son emploi journalier comme condiment au principe aromatique de ses feuilles. Le *Persea gratissima* Gærtn., vulgairement nommé Avocatier, Laurier Avocat, donne l'un des fruits les plus estimés et les plus répandus dans les pays tropicaux et subtropicaux ; enfin plusieurs Lauracées sont médicinales.

Vingt-cinquième classe. — Œnothérinées.

Calyce à préfloraison valvaire ; corolle à préfloraison contournée ; étamines en nombre indéfini, souvent double des sépales ; pistil à carpelles en nombre égal à celui des sépales ou rarement moindre ; ovules solitaires ou géminés, suspendus, ou nombreux et diversement dirigés ; radicule supère, rarement infère (Brongn.).

Les familles rangées dans cette classe par M. Brongniart sont les suivantes : Lythrariées, Mélastomacées, Mémécylées, Combrétacées, Œnothérées, Haloragées, auxquelles sont jointes avec doute les Rhizophorées et les Nyssacées. Ce grand groupe est assez analogue à celui qu'Endlicher a formé sous le nom de *Calycifloræ*.

CLASSE DES ŒNOTHÉRINÉES.　　　　　　　　　　FAMILLES.

Anthères à déhiscence longitudinale. Feuilles penninerves.

Ovaire infère.

Ovaire à 2 ou plusieurs loges, rarement à 1 loge uniovulée.

Ovaire à 1 seule loge avec 2, 4, rarement 5 ovules suspendus par un long funicule ; calyce 4-5-fide ; 4-5 pétales, ou 0 ; étamines 8-10 le plus souvent ; fruit drupacé, indéhiscent. Végétaux ligneux ; feuilles alternes ou opposées, sans stipules. . . . . **Combrétacées.**

Albumen charnu ; calyce à 4 divisions ; pétales 4 ou 0 ; étamines variables ; ovaire à 1-4 loges pluriovulées ; ovules suspendus. Fruit sec. Plantes aquatiques ou de marais. . . . . **Haloragées.**

Pas d'albumen.

Calyce très-souvent avec une bractée en cupule, 4-12-parti, persistant ; autant de pétales ; ovaire à 2-3-4 loges. Fruit indéhiscent, à 1 graine qui germe avant de tomber. Arbres à feuilles coriaces, opposées, stipulées. **Rhizophorées**

Tube du calyce souvent prolongé au-dessus de l'ovaire, à limbe 4-parti en général, valvaire ; 4 pétales à préfloraison tordue. Ovaire à 4 loges pluriovulées. Fruit polysperme. Herbes ou arbrisseaux, sans stipules. . **Œnothérées.**

Ovaire supère. Calyce persistant, le plus souvent tubuleux ou campanulé, relevé de nervures ou côtes, souvent à 2 rangées de dents ; pétales insérés à la gorge du calyce ainsi que les étamines qui sont en nombre double ou triple ; ovaire à 2-6 loges ; style et stigmate simples. Capsule enveloppée dans le calyce ; graines nombreuses, sans albumen. Feuilles opposées, sans stipules. **Lythrariées.**

Anthères à déhiscence par pores terminaux. Feuilles à 3, 5, 7 fortes nervures longitudinales et à veines transversales, sans stipules. — Calyce libre, ou uni à l'ovaire par des cloisons, plus rarement adhérent, à limbe 5-fide le plus souvent, en préfloraison valvaire ; autant de pétales à préfloraison tordue ; étamines en nombre double ; ovaire pluriloculaire, multiovulé ; style et stigmate simples. Graines nombreuses, à test crustacé, sans albumen. . . . . **Mélastomacées.**

Genres principaux :

I. *Haloragées* (Halorágeæ) : *Hippuris* L., *Myriophyllum* Vaill., *Haloragis* Forst., *Trapa* L.

II. *OEnothérées* (OEnothereæ) : *Circæa* Tourn., *Lopezia* Cavan., *Fuchsia* Plum., *Epilobium* L., *Clarkia* Pursh, *OEnothera* L., *Jussieua* L.

III. *Combrétacées* (Combretaceæ) : *Combretum* Loefl., *Terminalia* L.

IV. *Rhizophorées* (Rhizophoreæ) : *Rhizophora*, *Bruguiera* Lamk.

V. *Mélastomacées* (Melastomaceæ) : *Lavoisiera* DC., *Centradenia* G. Don, *Rhexia* L., *Lasiandra* DC., *Melastoma* Burm., *Osbeckia* L., *Charianthus* G. Don.

VI. *Lythrariées* (Lythrarieæ) : *Lagerstroemia* L., *Nesæa* Comm., *Lythrum* L., *Cuphea* Jacq., *Peplis* L.

Vingt-sixième classe. — CUCURBITINÉES.

Fleurs diclines : calyce adhérent, à préfloraison valvaire ; corolle à préfloraison imbriquée ou introfléchie ; étamines extrorses à anthères adnées ; pistil ordinairement tricarpellé, multiovulé, rarement uniovulé (Brongn.).

CLASSE DES CUCURBITINÉES.   FAMILLES.

Plantes grimpantes, herbacées ou sous-frutescentes, à vrilles solitaires. Feuilles équilatérales, sans stipules. Calyce et corolle pentamères ; 5-5 étamines ; pépon ou baie.

Fleurs monoïques ou dioïques : calyce à limbe 5-denté ou 5-lobé ; corolle monopétale, campanulée ou rotacée ; étamines 5, dont 2 biloculaires et 1 uniloculaire, à anthères extrorses, linéaires, sinueuses ; ovaire infère, à 3-5 carpelles formant 6-10 loges et 3-5 placentas pariétaux, à ovules nombreux, horizontaux, anatropes, très-rarement 1-loculaire, à 1 ovule pendant ; styles 3, plus ou moins connés ; stigmates épais. Pépon ; graines nombreuses, comprimées ; albumen 0 ; cotylédons foliacés, radicule courte, centrifuge. Feuilles simples, alternes, palminerves, rudes, chacune avec 1 vrille impaire, latérale . . . . *Cucurbitacées.*

Fleurs dioïques : calyce 3-5-parti ; 5 pétales distincts ou soudés ; étamines 5, extrorses, à 1-2 loges adnées, s'ouvrant en long ; ovaire infère ou demi-infère, à 3 loges ; ovules en général peu nombreux, anatropes, ascendants ; 3 styles distincts. Baie ; graines peu nombreuses, dressées ; cotylédons charnus ; albumen 0. Feuilles palminerves ; vrilles solitaires, axillaires. . . . . *Nhandirobées.*

Herbes et sous-arbrisseaux non grimpants, sans vrilles, stipulés ; feuilles à nervures pennées, palmées ou peltées, inéquilatérales. Fleurs monoïques : sépales et pétales libres, souvent 2 dans les fleurs mâles ; étamines nombreuses, à 2 loges adnées au connectif rectiligne ; ovaire infère, ailé, 3-loculaire, à 3 placentas axiles, souvent 2-fides ; ovules nombreux ; 3 styles plus ou moins connés et bilobés ou bifides. Capsule loculicide ; graines très-nombreuses, très-petites ; albumen 0. . . . . *Bégoniacées.*

Genres principaux :

1. *Cucurbitacées* (Cucurbitaceæ) : *a*. Telfairiées : *Telfairia* Hook. — *b*. Cucurbitées : *Anguria* L., *Bryonia* L., *Citrullus* Neck., *Momordica* L., *Cucumis* L., *Cucurbita* L., *Elaterium* Jacq. — *c*. Sicyoïdées : *Sicyos* L., *Sechium* P. Br.

II. *Nhandirobées* (Nhandirobeæ) : *Fevillea* L., *Zanonia* L.

III. *Bégoniacées* (Begoniaceæ) : *Casparya* A. DC., *Begonia* Pl., *Mezierea* Gaudic.

Les Nhandirobées et Bégoniacées sont toutes intertropicales, d'Asie et d'Amérique, très-peu d'entre ces dernières d'Afrique ; les Cucurbitacées croissent entre les tropiques pour la plupart, quelques-unes dans les pays tempérés ; elles abondent dans l'Inde et sont peu communes en Amérique. — Beaucoup de Bégoniacées sont cultivées comme plantes d'agrément. — Les Cucurbitacées sont d'un grand intérêt à cause des fruits comestibles de plusieurs d'entre elles qui, pour ce motif, sont cultivées dans tous les jardins potagers et même dans les champs des pays un peu chauds. Je citerai : les Courges dont les nombreuses sortes se rattachent, d'après Duchesne et M. Naudin, le savant monographe de cette famille, à trois espèces : 1° *Cucurbita maxima* Duches., en français Potiron ; 2° *C. Pepo* DC., en français Citrouille, Giraumon, Pépon, etc.; 3° *C. moschata* Duches., en français Courge musquée, C. Muscade, Melonnée, etc. Les Melons dont les innombrables variétés, rangées par les botanistes sous diverses espèces, n'en constituent, pour M. Naudin, qu'une seule, le *Cucumis Melo* L.; les Concombres et Cornichons, ou *Cucumis sativus* L.; la Pastèque ou Melon d'eau, *Citrullus vulgaris* Schrad. D'autres sont cultivées, soit pour des usages divers, comme la Calebasse ou Courge-bouteille (*Lagenaria vulgaris* Ser.), dont le fruit, de formes très-diverses, selon les variétés, durcit assez à l'extérieur pour servir de bouteille économique et non fragile, soit en qualité de plantes ornementales. Parmi ces dernières on peut citer le *Cucurbita perennis* A. Gray, de l'Amérique du Nord, qui supporte les hivers de Paris, et qui forme de charmants rideaux de verdure, parsemés de fleurs jaunes et de fruits verts striés de jaune qui ont la grosseur ainsi que la forme d'une pomme; des *Momordica*, des *Cucumis*, *Trichosanthes*, le *Thladiantha*, etc. Le *Telfairia pedata* Hook. (*Joliffia* Boj.), des côtes S. E. de l'Afrique, est cultivé dans les îles Bourbon et de France pour l'huile excellente que donnent ses graines. Quelques espèces sont médicinales, notamment la Coloquinte (*Citrullus Colocynthis* Schr.).

†† *Périspermées* (ou *Albuminées*).

Embryon droit, situé dans l'axe d'un albumen charnu ou corné.

M. Brongniart a reconnu que les Crassulinées font seules exception au caractère général de cette section, leurs graines manquant d'albumen et ce caractère les reliant ainsi à quelques genres (*Mamillaria, Rhipsalis*) de la famille des Cactées qui vient après elles dans la section suivante, c'est-à-dire dans les Cyclospermées ; mais ces mêmes Crassulinées ont l'embryon droit, ce qui justifie leur classement. Le même botaniste établit, parmi les Dicotylédones dialypétales, périgynes et périspermées, les sept classes suivantes : Asarinées, Santalinées, Ombellinées, Hamamélinées, Passiflorinées, Saxifraginées et Crassulinées. Voici le tableau synoptique dressé d'après les caractères essentiellement distinctifs de ces sept classes, auxquelles appartiennent trente-trois familles.

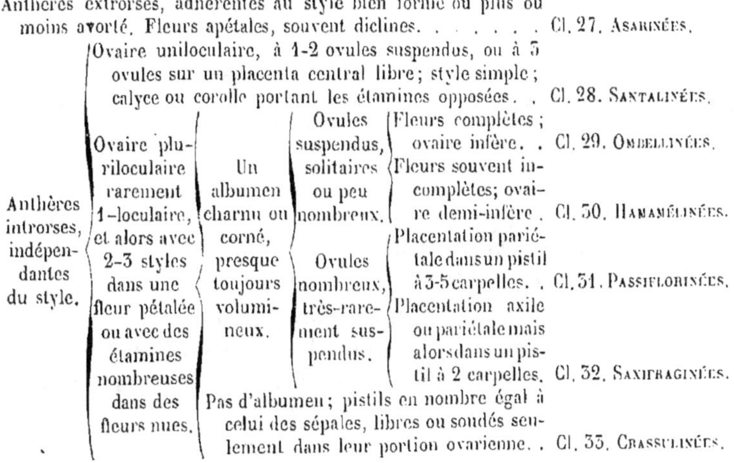

PÉRISPERMÉES OU ALBUMINÉES.

Anthères extrorses, adhérentes au style bien formé ou plus ou moins avorté. Fleurs apétales, souvent diclines. . . . . . . Cl. 27. Asarinées.

Anthères introrses, indépendantes du style.

Ovaire pluriloculaire rarement 1-loculaire, et alors avec 2-3 styles dans une fleur pétalée ou avec des étamines nombreuses dans des fleurs nues.

Un albumen charnu ou corné, presque toujours volumineux.

Ovaire uniloculaire, à 1-2 ovules suspendus, ou à 5 ovules sur un placenta central libre ; style simple ; calyce ou corolle portant les étamines opposées. . Cl. 28. Santalinées.

Ovules suspendus, solitaires ou peu nombreux.

Fleurs complètes ; ovaire infère. . Cl. 29. Ombellinées.

Fleurs souvent incomplètes ; ovaire demi-infère . Cl. 30. Hamamélinées.

Ovules nombreux, très-rarement suspendus.

Placentation pariétale dans un pistil à 3-5 carpelles. . Cl. 31. Passiflorinées.

Placentation axile ou pariétale mais alors dans un pistil à 2 carpelles. Cl. 32. Saxifraginées.

Pas d'albumen ; pistils en nombre égal à celui des sépales, libres ou soudés seulement dans leur portion ovarienne. . Cl. 33. Crassulinées.

Vingt-septième classe. — Asarinées.

Fleurs souvent diclines ; calyce à 3, 4 ou 5 sépales, adhérent ou rarement libre ; corolle nulle ; étamines extrorses, adhérentes au style dans les fleurs hermaphrodites, ou au style avorté dans les fleurs diclines ; pistil à plusieurs carpelles soudés, à placentas axiles ou pariétaux ; graines nombreuses, à albumen charnu ou corné ; embryon droit, petit (Brongn.).

M. Brongniart comprend dans cette classe les familles des Aristolochiacées, Népenthacées, Cytinacées, Rafflésiacées, et avec doute celle des Balanophorées.

| CLASSE DES ASARINÉES. | | FAMILLES. |

Végétaux terrestres, la plupart grimpants ou sarmenteux, à feuilles vertes; ovaire pluriloculaire. — Fleurs hermaphrodites : calyce quelquefois régulier, à limbe trilobé, beaucoup plus souvent irrégulier, à long tube en siphon et limbe de formes diverses; étamines en général 6, rarement 5, ou 12 à 36, quelquefois avec filet, plus souvent à anthère adnée au style, 2-loculaires, s'ouvrant longitudinalement; ovaire infère, à 6 loges (rarement 4) multiovulées; 6 styles (rarement 3 ou plus) plus ou moins soudés dans le bas. Capsule en général à 6 angles, septicide, à 6 valves; graines nombreuses, aplaties; albumen dense, abondant, charnu, presque corné; embryon très-petit. . . . . *Aristolochiacées.*

Fleurs dioïques : calyce 4-parti; 16 étamines soudées en colonne et anthères ramassées en globe; ovaire libre, 4-loculaire, multiovulé; stigmate sessile, discoïde. Capsule loculicide, à 4 valves; graines nombreuses, à test lâche, tubuleux, et embryon presque aussi long que l'albumen charnu. . . . . *Népenthacées.*

Végétaux parasites, acaules ou à tige courte, sans chlorophylle; ovaire 1-loculaire. — Plantes formées d'une tige presque nulle, et d'une fleur gigantesque, d'abord embrassée par des bractées : calyce à 5, plus rarement 4 divisions; anthères nombreuses, portées en cercle sur une masse centrale commune, multiloculaires et s'ouvrant par un pore terminal; ovaire 1-loculaire, à nombreux placentas couverts d'ovules et traversant sa cavité. . *Rafflésiacées.*

Plantes acaules ou à tige et alors petites; calyce à 3-4-6 lobes; anthères 2-loculaires, à déhiscence longitudinale; ovaire 1-loculaire, à placentas pariétaux ou pendants, multiovulés. . . . . *Cytinacées.*

I. *Aristolochiacées* (Aristolochiaceæ) : *Asarum* A. Gray, *Bragantia* Lour., *Aristolochia* Tourn.

II. *Népenthacées* (Nepenthaceæ) : *Nepenthes* L.

III. *Rafflésiacées* (Rafflesiaceæ) : *Rafflesia* R. Br.

IV. *Cytinacées* (Cytinaceæ) : *Cytinus* L., *Hydnora* Thunb.

Les Aristolochiacées et surtout les Rafflésiacées nous montrent les fleurs les plus grandes que l'on connaisse. Dans les *Aristolochia gigantea* Mart. et *cordiflora* Mutis, le limbe du périanthe atteint et dépasse quelquefois 0^m,30 de long sur 0^m,25 de large; dans l'*A. Weddellii* Detre, il est étroit mais long de 0^m,40; dans le *Rafflesia Patma* Bl., la fleur régulière mesure 0^m,50 à 0^m,60 de diamètre; enfin celle du *R. Arnoldi* R. Br. atteint jusqu'à 1 mètre environ de largeur.

Vingt-huitième classe. — SANTALINÉES.

Calyce libre ou adhérent à l'ovaire, à préfloraison valvaire, portant les étamines sur ses divisions ou à leur base; corolle nulle; ovaire 1 loculaire; ovule solitaire, suspendu, ou trois ovules suspendus au sommet d'un placenta central libre ; albumen très-épais, charnu ; embryon très-petit, ovale (Brongn.).

Les trois familles des Loranthacées, des Santalacées et des Olacinées forment cette classe à laquelle M. Brongniart rattache avec doute les Cératophyllées et les Chloranthacées.

CLASSE DES SANTALINÉES.

		FAMILLES.
Ovaire infère.	Herbes, arbustes et arbres à feuilles alternes, entières, sans stipules ; souvent avec des suçoirs qui s'attachent à des racines. Périanthe simple, à 4-5 lobes, coloré intérieurement ; 5 ovules portés sur un placenta central, libre ; fruit monosperme, sec ou drupacé.	Santalacées.
	Arbustes toujours verts, dichotomes, parasites sur tiges ; à feuilles vertes, opposées, entières, coriaces, un peu charnues, sans stipules. Fleurs unisexuées et alors petites, verdâtres, apétales, ou hermaphrodites, et alors belles et pétalées ; étamines en nombre égal aux divisions du périanthe simple ou de la corolle, s'y insérant et opposées ; 1 ovule anatrope, suspendu ; baie 1-sperme.	Loranthacées.

Ovaire supère. Arbres ou arbrisseaux parfois grimpants, à feuilles alternes, entières, coriaces, sans stipules. Calyce petit, tronqué ou denticulé, persistant ; 4-6 pétales ; étamines hypogynes, en nombre double des pétales, en général la moitié stérile ; ovaire 1-loculaire, à 2-5 ovules, ou pluriloculaire à loges 1-ovulées ; ovules anatropes, suspendus ; drupe 1-loculaire, 1-sperme . . . . *Olacinées.*

I. *Santalacées* (Santalaceæ) : *Quinchamalium* Juss., *Thesium* L., *Leptomeria* R. Br., *Osyris* L., *Santalum* L.

II. *Loranthacées* (Loranthaceæ) : *Misodendron* Banks, *Viscum* L., *Arceuthobium* Bieb., *Loranthus* L.

III. *Olacinées* (Olacineæ) : *Icacina* A. Juss., *Olax* L.

Les Santalacées croissent dans les parties tempérées des deux hémisphères, plus rarement dans l'Asie et l'Australie tropicales ; leur produit le plus remarquable est le Santal blanc et citrin, bois parfumé des *Santalum*, fort recherché en Orient. Les Loranthacées sont presque toutes intertropicales. Le Gui, *Viscum album* L., l'*Arceuthobium Oxycedri* Bieb., et le *Loranthus europæus* L., arrivent en Europe ; c'est du premier et du dernier qu'on retire la glu. — Les Olacinées sont peu nombreuses, de la zone intertropicale et de la Nouvelle-Hollande extratropicale, sans utilité notable.

Vingt-neuvième classe. — OMBELLINÉES.

Calyce adhérent, limbe très-court ; pétales à préfloraison valvaire ; étamines en nombre égal et opposées aux sépales ; pistil à 1-2-5 carpelles uniovulés ; ovule suspendu. Graine à albumen corné : embryon petit, à radicule supère (Brongn.).

Dans cette classe, aux Ombellifères, Araliacées et Cornacées, M. Brongniart rattache avec doute les Garryacées.

CLASSE DES OMBELLINÉES.   FAMILLES.

Style simple. Arbres et arbustes, à feuilles opposées, entières ou dentées, sans stipules. Fleurs le plus souvent en capitules et ombelles involucrés, tétramères; ovaire infère. à 2 ou plus rarement 5 loges uniovulées; drupes distinctes ou soudées plusieurs ensemble, à noyau 2-loculaire, plus rarement 3-loculaire. Embryon dans l'axe et presque de la longueur de l'albumen charnu. *Cornacées.*

Autant de styles ou stigmates que de carpelles. { Arbres ou arbrisseaux, rarement herbes vivaces, à feuilles simples ou composées, sans stipules. Fleurs en ombelles ou capitules disposés en grappe simple ou composée; 5-10 pétales à large base, valvaires; isostémones, rarement diplostémones [1]; ovaire 2-15-loculaire; styles autant que de loges, distincts ou plus ou moins connés; fruit en baie ou sec, n'isolant au plus que l'endocarpe de ses loges. *Araliacées.*

Végétaux herbacés, quelquefois sous-frutescents, très-rarement arborescents; feuilles souvent toutes radicales, en général divisées, à pétiole engaînant; fleurs en ombelle simple ou composée; 5 pétales onguiculés, infléchis au sommet; isostémones; ovaire 2-loculaire; 2 styles libres; fruit sec, se divisant en 2 méricarpes (carpelles) suspendus à un filet biparti. . . . . *Ombellifères.*

I. *Cornacées* (Cornaceæ) : *Benthamia* Lindl., *Cornus* L., *Aucuba* Thunb.

II. *Araliacées* (Araliaceæ) : *Panax* L., *Aralia* L., *Sciadophyllum* R. Br., *Hedera* L., *Adoxa* L.

Les Cornacées appartiennent aux contrées tempérées et froides de l'hémisphère boréal, surtout à l'Amérique du Nord et aux montagnes du Népaul. Le fruit de notre *Cornus Mascula* L., est comestible. — Les Araliacées croissent dans les pays intertropicaux ou voisins des tropiques, et certaines arrivent jusque dans les parties tempérées des deux hémisphères. Quelques-unes sont médicinales, surtout le *Panax Jin-Seng* Nees, de la Tartarie et du nord de la Chine, dont la racine est en grand renom chez les Chinois et les Japonais. L'*Aralia* (*Didymopanax*) *papyrifera* Hook. fournit la matière du papier de riz. Notre Lierre (*Hedera Helix* L.) est souvent planté à cause de son éternelle verdure.

---

[1] Les rapports entre le nombre des étamines et celui des pétales ou bien des sépales s'expriment brièvement et commodément par quatre mots : *Isostémonie*, fleurs *isostémones*, quand il y a autant d'étamines que de pétales ou de sépales; *Diplostémonie*, fleurs *diplostémones*, quand il y a deux fois plus d'étamines que de pétales ou de sépales; *Méiostémonie*, fleurs *méiostémones*, quand il y a moins d'étamines que de pétales ou de sépales; enfin *Pléiostémonie*, fleurs *pléiostémones*, lorsqu'on veut dire vaguement qu'il existe plus d'étamines que de pétales ou de sépales.

Famille des Ombellifères (Umbelliferæ).

Grande famille des plus naturelles, dont le nom est tiré de son inflorescence. Aux caractères essentiels que j'en ai donné dans le tableau synoptique de la classe j'ajouterai quelques détails.

Les Ombellifères connues jusqu'à ces derniers temps sont des herbes annuelles ou vivaces, parfois de haute taille (*Ferula*) et quelques-unes d'entre elles seulement deviennent des arbrisseaux, comme notre *Bupleurum fruticosum* L.; mais récemment on en a trouvé, dans la Nouvelle-Calédonie, deux espèces qui forment de véritables arbres et pour lesquelles MM. Brongniart et Gris ont créé leur genre *Myodocarpus*. Ces plantes sont pourvues de sucs propres assez divers pour leur donner des propriétés variées. Leur tige est presque toujours sillonnée, à nœuds complets, très-marqués, et elle renferme une moelle volumineuse, entremêlée de faisceaux fibro-vasculaires et de laticifères; cette moelle se déchire souvent et la rend fistuleuse. Leurs feuilles sont rarement entières et alors en général, comme dans les *Bupleurum*, elles paraissent être réduites à un phyllode; le plus souvent elles sont divisées, même à plusieurs degrés, en segments tellement distincts qu'elles semblent arriver au troisième degré de composition ou même à un degré encore supérieur; en même temps, elles deviennent fort grandes. Leur pétiole se dilate à sa base en une gaîne qui embrasse la tige, qu'on voit même devenir (*Angelica*, etc.) d'autant plus ample, du bas vers le haut de la tige, que le limbe lui-même est plus fortement réduit.

Les fleurs des Ombellifères sont ordinairement blanches, moins souvent jaunes, rarement rougeâtres et même bleues (*Didiscus*). Elles sont toujours en ombelle, soit simple (*Astrantia*, *Hydrocotyle*, etc.), même à rayons tellement raccourcis qu'elle passe à l'état de capitule (*Eryngium*), soit et plus habituellement composée (*voy.* p. 454). Elles sont hermaphrodites et régulières; mais quelquefois l'avortement de l'un ou l'autre des organes sexuels les rend unisexuées, même dioïques (*Trinia*), et dans quelques cas, celles qui occupent la périphérie de l'ombelle ont leurs trois pétales externes notablement plus longs que les autres, de manière à devenir irrégulières. Le calyce a toujours le limbe si réduit qu'il est à peine distinct; cependant il forme, dans quelques genres (*OEnanthe*), cinq dents très-visibles, qui grandissent même après la fleuraison. Les cinq pétales alternes au calyce sont remarquables surtout parce que l'inflexion de leur extrémité les fait paraître échancrés au premier coup d'œil, bien qu'ils soient réellement aigus et même acuminés. Cinq étamines alternent avec les pétales et s'insèrent, ainsi que la corolle, sur un disque épigyne qui couvre le haut de l'ovaire ; dans le bouton elles ont le filet reployé en dedans, et leur anthère introrse, à déhiscence longitudinale, a ses deux loges courtes et renflées au point de se montrer plus ou moins didyme. Les deux styles, finalement divergents, forment à leur base un renflement appelé *Stylopode* ; comme les deux carpelles auxquels ils appartiennent, ils sont situés l'un en haut ou vers l'axe, l'autre en bas.

Le fruit des Ombellifères mérite une attention spéciale, à cause des caractères qu'on en tire pour la subdivision de cette famille. A sa maturité, il se partage en ses deux carpelles qui ont les caractères d'achaines, qu'on nomme *Méricarpes* (Mericarpia), et qui pendent à l'extrémité d'un support commun, susceptible de se partager lui-même en Y, appelé *Carpophore* (Carpophorum). Chaque méricarpe peut offrir à sa surface cinq *côtes* (Juga) longitudinales *primaires* et quatre *côtes secondaires* : l'une des côtes primaires suit la ligne médiane du carpelle ; deux autres, symétriques entre elles, longent de plus ou moins près les bords du plan d'union, c'est-à-dire de la *face commissurale*, et sont distinguées sous le nom de *Côtes suturales* ; enfin les deux autres sont intermédiaires aux précédentes. Entre les cinq côtes primaires il existe nécessairement quatre sillons ou *Vallécules* (Valleculæ) ; dans chaque valléscule il peut se trouver une côte secondaire. L'existence des unes ou des autres de ces deux sortes de côtes, et, pour chacune d'elles, le plus ou moins de développement qu'elles prennent, soit toutes à la fois, soit une partie seulement, fournissent des caractères importants. D'un autre côté, dans les sillons et même à la face commissurale, un suc propre brunâtre occupe généralement des cavités linéaires qui se dessinent, par transparence, comme des lignes plus ou moins apparentes ; ces lignes sont les *Bandelettes* (Vittæ), dont les variations de nombre et de manières d'être servent pour le classement des plantes dont il s'agit. Enfin, l'albumen corné qui occupe la majeure partie de la cavité du spermoderme, et sur lequel se moule la face commissurale du méricarpe, a sa face interne tantôt plane, tantôt reployée par ses deux côtés ou involutée, de manière à se montrer creusé d'un large sillon longitudinal médian, tantôt enfin infléchi de manière à former un arc vertical ; la face commissurale de chaque méricarpe est plane dans le premier cas, qui a fait distinguer des Ombellifères *orthospermées*, canaliculée sur sa ligne moyenne dans le second qui caractérise les plantes *campylospermées*, incurvée dans le troisième, qui en fait qualifier quelques-unes de *cælospermées*. On reconnaît ces trois états différents en faisant des coupes transversales ou longitudinales du fruit.

La famille des Ombellifères est habituellement divisée aujourd'hui comme elle l'a été par De Candolle dans le *Prodromus* (vol. IV), en trois sous-familles fort inégales d'étendue, caractérisées par les états que je viens de signaler pour la face commissurale des méricarpes. Ces trois grandes divisions comprennent dix-sept tribus.

1° Orthospermées : *Hydrocotyle* Tourn., *Didiscus* DC.; *Mulinum* Pers.; *Sanicula* Tourn., *Astrantia* Tourn., *Eryngium* Tourn.; *Apium* Hoffm., *Trinia* Hoffm., *Ammi* Tourn., *Carum* Koch, *Sium* Koch, *Bupleurum* Tourn.; *OEnanthe* L., *Fœniculum* Adans., *Seseli* L.; *Angelica* Hoffm., *Archangelica* Hoffm.; *Ferula* Tourn., *Peucedanum* L., *Anethum* Tourn., *Pastinaca* Tourn.; *Siler* Scop.; *Cuminum* L.; *Laserpitium* Tourn.; *Daucus* Tourn.

2° Campylospermées : *Caucalis* L.; *Scandix* Gærtn., *Chæro-phyllum* L.; *Conium* L., *Smyrnium* L.

3° Cœlospermées : *Bifora* Hoffm.; *Coriandrum* L.

Les Ombellifères croissent pour la plupart dans les parties tempérées ou un peu froides de l'hémisphère boréal ; elles sont rares entre les tropiques, excepté sur les grandes montagnes dont l'altitude leur permet de trouver un climat plus doux, et le long des mers ; enfin elles sont peu abondantes au delà du tropique du Capricorne.

Trois principes distincts donnent aux Ombellifères des propriétés qui varient d'une espèce à l'autre, selon que chacun d'eux y est plus ou moins abondant ; ce sont : 1° un liquide aqueux et âcre ; 2° un suc laiteux et gommo-résineux ; 3° des huiles essentielles. La prédominance du premier les rend vénéneuses ; il suffit de citer les plantes auxquelles on applique le nom de Ciguës pour donner une idée de l'énergie avec laquelle agissent certaines d'entre elles. Le second principe les rend simplement stimulantes et détermine l'emploi fréquent en médecine de plusieurs de leurs espèces et plus encore des gommes-résines qu'on en extrait, telles que l'assa fœtida, qui provient de divers *Ferula* de Perse, le galbanum que donne le *Galbanum officinale ;* l'ammoniacum qu'on obtient du *Dorema Ammoniacum* et du *Ferula orientalis ;* etc.

Les Ombellifères dans lesquelles n'existent ni l'un ni l'autre de ces principes sont inoffensives et deviennent souvent alimentaires. Enfin, les huiles essentielles rendent aromatiques les espèces où elles existent, et surtout leurs fruits, vulgairement appelés graines (Anis, Cumin, Carvi, Coriandre, Fenouil, etc.). Les Ombellifères alimentaires le sont tantôt par leur racine, comme la Carotte, l'Arracacha, l'une des principales plantes alimentaires de l'Amérique chaude, le Panais, le Chervi, le Cerfeuil bulbeux, le Persil dit à grosse racine, etc., tantôt par leur tige, comme le Céleri-Rave et l'Angélique ; tantôt enfin par leurs feuilles, comme le Céleri ordinaire, le Persil, le Cerfeuil, etc.

Trentième classe. — Hamamélinées.

Calyce souvent imparfait ou nul ; corolle souvent nulle ; ovaire semi-adhérent, 1-2-3-carpellé, à ovules suspendus, solitaires, géminés ou définis ; graines à albumen charnu, mince ; embryon à cotylédons ovales, foliacés, à radicule supère (Brongn.).

M. Brongniart range dans cette classe les familles suivantes : Bruniacées, Alangiées, Hamamélidées, Balsamifluées et avec doute les Platanées.

Trente et unième classe. — Passiflorinées.

Calyce libre ou adhérent à l'ovaire ; étamines en nombre défini, égal à celui des sépales ou multiple ; pistil à 3-5 carpelles réunis par leurs bords ; placentation pariétale ; ovules nombreux ou définis ; embryon à cotylédons plats, ovales, renfermé dans un albumen charnu (Brongn.).

Sept familles composent cette classe ; ce sont : les Homalinées, Samydacées, Passifloracées, Malesherbiacées, Turnéracées, Papayacées, Loasacées. Ces familles sont toutes exotiques, propres aux contrées chaudes ; pressé par le défaut d'espace, je ne m'y arrêterai point.

Trente-deuxième classe. — Saxifraginées.

Calyce libre ou adhérent à l'ovaire ; étamines en nombre double ou multiple des pétales, rarement égal ; pistils en nombre égal aux sépales ou réduits à deux, soudés entre eux ; placentation axile ou pariétale ; graines nombreuses ; albumen charnu ou corné, épais (Brongn.).

Cette classe comprend les Ribésiacées, les Saxifragacées, les Philadelphacées et les Francoacées.

CLASSE DES SAXIFRAGINÉES.   FAMILLES.

Carpelles 2, rarement 3 ou 5.

Arbrisseaux parfois épineux, à feuilles alternes, simples, en général palmatifides. Fleurs régulières : calyce coloré, tubulé au-dessus de l'ovaire infère, à limbe 5-fide, plus rarement 4-fide ; pétales petits ou très-petits, insérés à la gorge du calyce, alternes ; isostémones ; ovaire infère, 1-loculaire, à 2 placentas pariétaux, multiovulés ; 2 styles libres ou plus ou moins connés. Baie ombiliquée ; graines à test gélatineux et albumen subcorné . . . . *Ribésiacées*

Herbes, arbustes, quelquefois arbres, à feuilles simples, le plus souvent sans stipules. Fleurs régulières, pentamères, pentapétales, isostémones ou diplostémones ; pistil de 2 carpelles, plus rarement 3 ou 5, distincts ou plus ou moins cohérents ; ovaire à tous les degrés depuis la liberté jusqu'à l'entière adhérence, multiovulé. Capsule dissociant finalement ses carpelles ; graines petites, nombreuses ; albumen charnu . . . . *Saxifragacées.*

Carpelles en même nombre que les sépales.

Arbrisseaux à feuilles opposées ; fleurs hermaphrodites, régulières, 4-10-mères, diplostémones ou polyandres ; ovaire infère ou demi-infère, à 3-4-10 loges multiovulées ; autant de styles libres ou connés ; capsule s'ouvrant dans le haut ; albumen charnu. . . . *Philadelphacées.*

Herbes. Fleurs en grappe : calyce à 4 divisions ; 4 pétales ; 8 étamines fertiles alternant avec 8 stériles ; ovaire libre, 4-loculaire, multiovulé ; stigmate sessile, 4-lobé. Capsule 4-valve. . . . . *Francoacées.*

I. *Saxifragacées* (Saxifragaceæ) : *Chrysosplenium* Tourn., *Saxifraga* L., *Hoteia* Dene et Morr., *Weinmannia* L., *Cunonia* L., *Hydrangea* L., *Escallonia* Mutis.

II. *Ribésiacées* (Ribesiaceæ) . *Ribes* L.

III. *Philadelphacées* (Philadelphaceæ) : *Philadelphus* L., *Deutzia* Thunb.

IV. *Francoacées* (Francoaceæ) : *Francoa* Cavan.

Les Saxifragacées ne se recommandent guère que par l'élégance de beaucoup d'entre elles ; ainsi les Saxifrages font l'un des principaux ornements des montagnes, surtout de l'Europe, et plusieurs figurent dans les jardins ; les *Hydrangea*, l'*Hoteia*, etc., sont des végétaux d'ornement très-répandus. — Parmi les Ribésiacées, il faut citer d'abord les trois Groseillers cultivés pour leurs fruits (*Ribes rubrum, nigrum* et *Grossularia*), et ensuite ceux qu'on plante fréquemment pour l'ornement des jardins et des parcs, comme les *R. sanguineum, aureum*, etc. — C'est à titre d'arbustes très-florifères qu'on cultive les Seringats, tant l'odorant (*Philadelphus coronarius* L.) que l'inodore (*P. inodorus* L.), ainsi que les *Deutzia scabra* L., et *gracilis* Sieb., importés du Japon.

Trente-troisième classe. — CRASSULINÉES.

Calyce libre ou adhérent à l'ovaire ; étamines en nombre double des pétales, rarement égal ; pistils en nombre égal aux pétales, libres ou soudés entre eux ; graines sans albumen (Brongn.).

Cette classe ne comprend que les familles des Datiscées, des Élatinées et des Crassulacées, dont les deux premières sont peu considérables.

CLASSE DES CRASSULINÉES.   FAMILLES.

Fleurs apétales, presque toujours dioïques ; ovaire infère, béant au sommet, 1-loculaire, à 3-5 placentas pariétaux médians, multiovulé ; styles suturaux, géminés, libres ou connés par paires ; capsule ; albumen charnu . . . . *Datiscacées.*

Fleurs péta- lées, presque toujours her- maphrodites ; ovaire libre, clos, pluriloculaire ; albumen nul ou très- mince.

Herbes annuelles, de marais, non charnues ; feuilles opposées ; stipules interpétiolaires. Fleurs axillaires, 3-5-mères, presque toujours diplostémones ; 5-5 carpelles cohérents en ovaire 3-5-loculaire, à styles libres ; capsule ; graines nombreuses ; cotylédons courts . . . . *Élatinées.*

Plantes charnues, herbacées ou sous-frutescentes ; feuilles en général alternes ; stipules 0. Fleur régulièrement symétrique, presque toujours 5-mère, isostémone ou diplostémone ; une écaille à la base de chaque ovaire ; carpelles le plus souvent distincts, plus rarement unis en ovaire pluriloculaire, à styles libres ; capsules folliculaires, plus rarement capsule unique loculicide ; graines nombreuses ; cotylédons très-courts. . . . . *Crassulacées.*

I. *Datiscacées* (Datiscaceæ) : *Datisca* L., *Tetrameles* R. Br.

II. *Élatinées* (Elatineæ) : *Elatine* L., *Bergia* L.

III. *Crassulacées* (Crassulaceæ) : 1° Crassulées : *Tillæa* Miche., *Crassula* Haw., *Rochea* DC., *Bryophyllum* Salisb., *Cotyledon* DC., *Umbilicus* DC., *Sedum* L., *Sempervivum* L. — 2° Diamorphées : *Diamorpha* Nutt., *Penthorum* L.

Quoique peu nombreuses, les Élatinées sont dispersées presque partout, excepté dans les pays froids. — Les Crassulacées croissent dans les parties tempérées-chaudes de l'ancien continent, surtout dans l'Afrique australe qui possède la moitié des espèces connues, au second rang, autour de la Méditerranée et en Europe, dans les Canaries et l'Asie moyenne ; l'Amérique du Nord et tropicale en nourrit un certain nombre. Ce sont des plantes sans utilité réelle, mais souvent pourvues de fleurs assez brillantes pour que beaucoup soient cultivées comme espèces d'agrément.

† † † *Cyclospermées.*

Embryon courbe, embrassant un albumen farineux plus ou moins volumineux. (Ce caractère manque seulement dans les genres *Mamillaria* et *Rhipsalis*, de la famille des Cactées, qui ont l'embryon droit sans albumen, et qui établissent ainsi la transition aux Crassulacées.)

CYCLOSPERMÉES.

Pétales et étamines nombreux, rangés sur une spirale à
plusieurs tours; ovaire infère. . . . . Classe 34. CACTOÏDÉES.
Pétales et étamines peu nombreux et verticillés; ovaire
supère. . . . . Classe 35. CARYOPHYLLINÉES.

Trente-quatrième classe. — CACTOÏDÉES.

Calyce adhérent à l'ovaire, imbriqué; pétales nombreux, imbriqués, multisériés; étamines nombreuses; pistils 3-13, à placentas pariétaux ou axiles; albumen peu abondant ou nul; embryon courbe ou presque droit (Brongn.).

CLASSE DES CACTOÏDÉES.   FAMILLES.

Arbrisseaux ou arbres épineux, à tige très-épaisse, charnue extérieurement, tantôt en colonne cannelée, plus ou moins élancée, tantôt courte et très-renflée, tantôt aussi formée d'articles successifs en raquette, dans ces cas, aphylles ou à feuilles très-réduites et fugaces, très-rarement vrais arbrisseaux feuillés (*Pereskia*); périanthe formant au-dessus de l'ovaire une nombreuse série de folioles spiralées, qui deviennent graduellement sépales, puis pétales; ovaire uniloculaire, à placentas pariétaux, multiovulé; style simple et plusieurs stigmates linéaires; baie polysperme; embryon courbe, rarement droit; albumen mince ou nul. . . . . *Cactées*

Herbes ou sous-arbrisseaux, à feuilles épaisses et charnues, persistantes, sans stipules; calyce à tube charnu, à limbe le plus souvent 5-parti en lobes inégaux; pétales nombreux, étroits, insérés au haut du tube calycinal, ainsi que les étamines; ovaire à 4-20 loges multiovulées, à placenta sur le bas de la nervure médiane de chaque carpelle; capsule déprimée, tronquée, polysperme; embryon périphérique, courbe, grand; albumen plus ou moins volumineux . . . . *Mésembryanthémées*

1. *Cactées* ou *Cactacées* (Cacteæ) : *Cactus* L., *Echinocactus* Link et Otto, *Mamillaria* Haw., *Cereus* Haw., *Epiphyllum* Pfeif., *Rhipsalis* Gærtn., *Opuntia* Tourn., *Pereskia* Plum.

II. *Mésembryanthémées* (Mesembryanthemeæ) : *Mesembryanthemum* L..

Les Cactées sont toutes américaines, et les Mésembryanthémées toutes de l'Afrique australe, à l'exception d'un très-petit nombre qui viennent dans la Nouvelle-Hollande extra-tropicale et dans la région méditerranéenne. — Les dernières n'ont guère d'usage qui mérite d'être signalé. Parmi les premières, l'*Opuntia vulgaris* L., aujourd'hui naturalisé autour de la Méditerranée, et jusque dans le département des Pyrénées-Orientales, produit un fruit sucré, qu'on mange en immense quantité, sous les noms de Figue de Barbarie, Figue d'Inde. L'*Opuntia coccinellifera* Mill., vulgairement Nopal, nourrit la Cochenille fine, qui fournit la plus belle des matières colorantes rouge-pourpre. On sait que les Espagnols, quand ils possédaient le Mexique, conservaient avec une extrême jalousie le monopole de ce produit précieux, et qu'un Français, Thierry de Menonville parvint, au péril de sa vie, à leur enlever deux pieds de cette plante, grâce auxquels il en introduisit la culture à Saint-Domingue. — La singularité de forme et la beauté peu commune des fleurs dans les plantes de ces deux familles, en font cultiver un grand nombre dans nos jardins.

Trente-cinquième classe. — CARYOPHYLLINÉES.

Fleurs régulières; pétales en nombre égal aux sépales, ou nuls; étamines en nombre égal à celui des sépales ou double, rarement indéfini (Portulacées), hypogynes ou périgynes; pistil 2-5-carpellé, toujours libre; placenta central libre (souvent c'est la columelle restée seule après la résorption des cloisons), multiovulé, ou ovules solitaires portés sur un funicule naissant du fond de l'ovaire; albumen farineux, central, épais; radicule rapprochée du hile et de la chalaze (Brongn.).

Huit familles composent cette classe qui constitue le type essentiel des Cyclospermées; ce sont : les Portulacées, Paronychiées, Alsinées, Silénées, Amarantacées, Basellées, Chénopodées, Phytolaccacées. M. Brongniart y rattache, en outre, avec doute la famille des Nyctaginées, dont les affinités sont fort obscures. Les Alsinées et Silénées ne sont que le résultat d'une division de la grande famille des Caryophyllées de Jussieu, à laquelle MM. Fenzl et Endlicher rattachent comme une sous-famille les Paronychiées établies en ordre distinct par Aug. Saint-Hilaire, et que je regarderai aussi comme séparées, tout en conservant les Caryophyllées telles qu'elles étaient généralement admises. — La classe des Caryophyllinées de M. Brongniart correspond presque exactement à la 27e (*Oleraceæ*) et à la 48e (*Caryophyllineæ*) d'Endlicher.

CLASSE DES CARYOPHYLLINÉES.   FAMILLES.

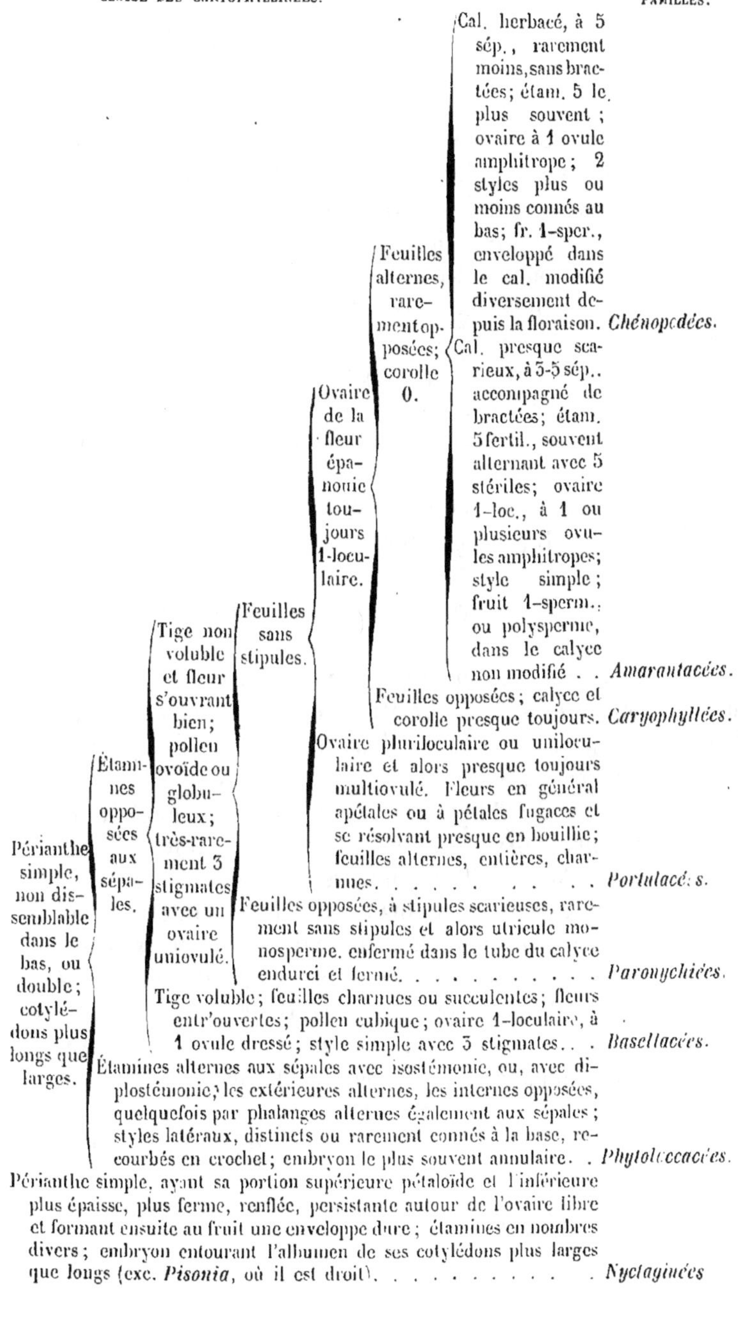

Périanthe simple, non dissemblable dans le bas, ou double; cotylédons plus longs que larges.

— Étamines opposées aux sépales.

— — Tige non voluble et fleur s'ouvrant bien; pollen ovoïde ou globuleux; très-rarement 3 stigmates avec un ovaire uniovulé.

— — — Feuilles sans stipules.

— — — — Ovaire de la fleur épanouie toujours 1-loculaire.

— — — — — Feuilles alternes, rarement opposées; corolle 0.

Cal. herbacé, à 5 sép., rarement moins, sans bractées; étam. 5 le plus souvent; ovaire à 1 ovule amphitrope; 2 styles plus ou moins connés au bas; fr. 1-sper., enveloppé dans le cal. modifié diversement depuis la floraison. *Chénopodées.*

Cal. presque scarieux, à 5-5 sép., accompagné de bractées; étam. 5 fertil., souvent alternant avec 5 stériles; ovaire 1-loc., à 1 ou plusieurs ovules amphitropes; style simple; fruit 1-sperm., ou polysperme, dans le calyce non modifié . . *Amarantacées.*

— — — — — Feuilles opposées; calyce et corolle presque toujours. *Caryophyllées.*

— — — — Ovaire pluriloculaire ou uniloculaire et alors presque toujours multiovulé. Fleurs en général apétales ou à pétales fugaces et se résolvant presque en bouillie; feuilles alternes, entières, charnues. . . . . *Portulacées.*

— — — — Feuilles opposées, à stipules scarieuses, rarement sans stipules et alors utricule monosperme, enfermé dans le tube du calyce endurci et fermé. . . . . *Paronychiées.*

— — Tige voluble; feuilles charnues ou succulentes; fleurs entr'ouvertes; pollen cubique; ovaire 1-loculaire, à 1 ovule dressé; style simple avec 3 stigmates. . . *Basellacées.*

— Étamines alternes aux sépales avec isostémonie, ou, avec diplostémonie, les extérieures alternes, les internes opposées, quelquefois par phalanges alternes également aux sépales; styles latéraux, distincts ou rarement connés à la base, recourbés en crochet; embryon le plus souvent annulaire. . *Phytolaccacées.*

Périanthe simple, ayant sa portion supérieure pétaloïde et l'inférieure plus épaisse, plus ferme, renflée, persistante autour de l'ovaire libre et formant ensuite au fruit une enveloppe dure; étamines en nombres divers; embryon entourant l'albumen de ses cotylédons plus larges que longs (exc. *Pisonia*, où il est droit). . . . . *Nyctaginées*

I. *Portulacées* (Portulaceæ) : *Mollugo* L., *Montia* Michel., *Claytonia* L., *Calandrinia* H. B. K., *Talinum* Adans., *Portulaca* Tourn.

II. *Paronychiées* (Paronychieæ) : *Polycarpon* L., *Loefflingia* L., *Scleranthus* L., *Paronychia* Juss., *Illecebrum* Gœrtn. fil., *Corrigiola* L., *Telephium* Tourn.

III. *Caryophyllées* (Caryophylleæ). Ce beau groupe naturel est divisé en deux sous-familles considérées par beaucoup de botanistes comme deux familles distinctes et séparées.

A. Alsinées, caractérisées par leurs sépales libres ou à peu près, leurs pétales non onguiculés et leur pistil sessile : *Cerastium* L., *Holosteum* L., *Stellaria* L., *Arenaria* L., *Sagina* L., *Alsine* L., *Spergula* L.

B. Silénées, à sépales longuement soudés en tube, et pétales pourvus d'un long onglet ; pistil porté sur un gynophore : *Dianthus* L., *Gypsophila* L., *Saponaria* L., *Silene* L., *Cucubalus* Tourn., *Lychnis* Tourn.

IV. *Amarantacées* (Amarantaceæ) : *Iresine* Willd., *Gomphrena* L., *Polycnemum* L., *Achyranthes* L., *Ærua* L., *Amarantus* L., *Celosia* L.

V. *Basellacées* (Basellaceæ) : *Basella* L., *Ullucus* Lozano, *Boussingaultia* H. B. K.

VI. *Chénopodées* (Chenopodeæ), nommées Salsolacées par Moquin-Tandon : *Salicornia* L., *Corispermum* Juss., *Spinacia* Tourn., *Atriplex* L., *Blitum* L., *Chenopodium* L., *Beta* L., *Camphorosma* L. — *Suæda* Forsk., *Salsola* L.

VII. *Phytolaccacées* (Phytolaccaceæ) : *Rivina* L., *Phytolacca* L.

VIII. *Nyctaginées* (Nyctagineæ) : *Mirabilis* L. (*Nyctago* Juss.), *Boerhaavia* L., *Bougainvillea* Commers., *Pisonia* L.

De ces diverses familles, la plus belle et la plus intéressante est celle des Caryophyllées qui a de nombreux représentants dans nos contrées et à laquelle appartiennent diverses plantes recherchées à juste titre pour l'ornement des jardins, comme les Œillets (*Dianthus*), les *Silene*, les Lychnides, etc., etc. — Plusieurs Amarantacées se recommandent également par la place qu'elles occupent dans les jardins d'agrément ; telles sont surtout le *Celosia* vulgairement connu sous les noms d'Amarante, Crête de coq, des *Achyranthes*, *Gomphrena*, etc. — Les Chénopodées n'ont pas pour elles la beauté ; mais, par compensation, plusieurs d'entre elles sont alimentaires, comme l'Épinard (*Spinacia*), la Bette ou Poirée (*Beta*), et l'Arroche de nos potagers, le *Chenopodium Quinoa*, cultivé à une grande altitude sur la Cordillère du Pérou, pour sa graine farineuse. D'autres, croissant sur les terrains salés des bords des mers, donnent à l'incinération du carbonate de soude; aussi étaient-elles récoltées soigneusement pour la préparation de la soude d'Alicante, de Narbonne, etc., jusqu'au moment où le procédé Leblanc a permis d'obtenir en abondance et plus économiquement la même matière par la décomposition du sel marin ou chlorure de sodium.

§ 2. Hypogynes. — Étamines et pétales indépendants du calyce, insérés sous l'ovaire.

† Fleurs incomplètes; corolle manquant constamment.

Un calyce; albumen unique.	Étamines en nombre défini, en général plus nombreuses que les sépales; albumen farineux. . .	Classe 36. Polygonoïdées.
	Étamines en même nombre que les sépales (3, 4, 5) auxquels elles sont opposées; albumen nul ou charnu	Classe 37. Urticinées.
Fleurs sans calyce; deux albumens.		Classe 38. Pipérinées.

Trente-sixième classe. — Polygonoïdées.

Calyce imbriqué, à 4, 5, 6 sépales; étamines définies, généralement plus nombreuses que les sépales; pistil uniloculaire, uniovulé, à 2 ou 3 styles (di- ou tricarpellé?); graine dressée, avec albumen amylacé; embryon à radicule supère (Brongn.).

Cette classe ne renferme que la famille des *Polygonées* (Polygoneæ), qui tire son nom du genre *Polygonum* L., en français Renouée. Les végétaux qui la composent sont, pour la plupart des herbes, quelques-uns des arbrisseaux ou même des arbres. Ils croissent, en grande majorité, dans les contrées tempérées de l'hémisphère boréal; ceux qui habitent l'Amérique intertropicale sont des arbrisseaux et plus souvent encore des arbres (*Coccoloba, Triplaris*; ces derniers curieux parce que l'intérieur de leur tronc sert habituellement de demeure à des myriades de fourmis). Leurs feuilles simples, en général alternes, ont le pétiole engainant, ou plus ordinairement accompagné d'une stipule engainante ou *Ochrea* (voy. p. 389). Leurs fleurs hermaphrodites, quelquefois unisexuées par l'effet d'un avortement, ont un calyce souvent coloré partiellement ou en totalité, dont les sépales sont parfois connés dans le bas, les intérieurs souvent plus grands que les autres; ce calyce persiste autour du fruit, en s'accroissant assez fréquemment ou même en devenant succulent (*Coccoloba*). Les

étamines varient de nombre, en général dans un rapport déterminé avec les sépales, puisqu'on en voit deux devant chacun des
sépales extérieurs et une devant les intérieurs. L'ovaire, libre ou à
peu près, renferme un ovule basilaire, orthotrope, et porte autant de styles que l'ovaire offre d'angles. Le fruit est un achaine
ou un caryopse lenticulaire ou trigone, rempli par une graine
dont l'embryon a une longue radicule supère, se trouve souvent
vent appliqué contre un côté de l'albumen et a même parfois de
grands cotylédons foliacés et flexueux qui s'entremêlent à la
masse de celui-ci.

Triplaris L., *Coccoloba* Jacq., *Polygonum* L., *Fagopyrum*
Tourn., *Oxyria* Hill, *Rumex* L., *Rheum* L.

Plusieurs Polygonées se recommandent par leur utilité. Il en
est de médicinales, comme les espèces mal connues de *Rheum*
dont les parties souterraines constituent la Rhubarbe de Chine,
et le *Rheum Rhaponticum* L., qui fournit le Rhapontic, quelques
Rumex et *Polygonum*. Certaines sont alimentaires, surtout les
Fagopyrum esculentum Mœnch et *tataricum* Gærtn., qui sont cultivés en grand comme céréales et que l'on connaît sous les noms
de Blé sarrasin, Blé noir ; quelques-unes sont potagères, notamment l'Oseille (*Rumex acetosa* L.), l'Oseille-Épinard ou Épinard
immortel (*R. Patientia* L.), les Rhubarbes (*Rheum undulatum* L.,
R. palmatum L., etc.), qui, surtout en Angleterre, sont cultivées
dans tous les jardins pour leurs volumineux pétioles avec lesquels
on fait des confitures, des tartes, etc.). Le *Polygonum tinctorium*
Lour. est, en Chine, une plante tinctoriale d'une grande importance, à cause de l'indigo qu'on en extrait ; enfin, plusieurs
figurent parmi les plantes d'ornement, comme les *Polygonum*
orientale L., et *cuspidatum* Sieb., plusieurs *Rheum*, à cause
de leurs grandes et belles feuilles, divers *Coccoloba* cultivés
dans les serres, etc.

Trente-septième classe. — URTICINÉES.

Calyce à 3, 4 ou 5 sépales valvaires ou imbriqués ; étamines en
nombre égal aux sépales auxquels elles sont opposées ; pistil
uniloculaire, uniovulé, à un ou deux stigmates (uni- ou dicarpellé) ; graine à albumen nul ou charnu ; embryon droit ou courbe,
à radicule supère (Brongn.).

Herbes ou arbres, à feuilles alternes, stipulées, à stipules souvent fugaces.

Cette classe comprend les Urticacées, Artocarpées, Moracées, Celtidées et Cannabinées.

CLASSE DES URTICINÉES. — FAMILLES.

Fruit sec sans enveloppe charnue. Herbes à suc presque toujours aqueux et à stipules persistantes en général.

Fleurs dioïques : les mâles à 5 sépales imbriqués, et 5 étamines droites dans le bouton, à anthère allongée ; les femelles à calyce monophylle ; ovule orthotrope, dressé ; 2 longs stigmates filiformes ; albumen 0 . . *Cannabinées.*

Fleurs polygames : 4-5 sépales distincts ou un peu soudés ; autant d'étamines infléchies dans le bouton, à anthère plus ou moins courte ; ovule orthotrope, dressé ; style simple et stigmate en houppe ; un albumen . . *Urticacées.*

Fruit charnu ou sec avec enveloppe charnue. Arbres à suc le plus souvent laiteux et à stipules caduques.

Fleurs unisexuées ; les femelles réunies en inflorescences serrées ; fruit sec dans une enveloppe charnue. Suc laiteux.

Fleurs monoïques ou dioïques : les mâles à calyce 3-4-parti, à 3-4 étamines d'abord infléchies ; les femelles à calyce de 4-5 sépales ; ovule amphitrope, pariétal ; fruit sec dans le calyce charnu ; embryon en crochet dans l'albumen . . . . *Moracées.*

Fleurs monoïques ou dioïques, parfois nues ; étamines non infléchies ; ovule soit orthotrope dressé, soit amphitrope pariétal, soit anatrope pendant ; achaines ou utricules dans le calyce ou l'involucre charnus et souvent soudés avec leurs voisins ; albumen 0 . . . . . . *Artocarpées.*

Fleurs polygames, solitaires ou en grappes ; calyce à 5 sépales libres ou soudés à la base, persistant ; ovule amphitrope, pendant ; 2 longs stigmates ; drupe ; albumen charnu, quelquefois très-mince. . . . . . *Celtidées.*

I. *Cannabinées* (Cannabineæ) : *Cannabis* Tourn., *Humulus* L.

II. *Celtidées* (Celtideæ) : *Celtis* Tourn., *Ulmus* L., *Planera* Gmel.

III. *Moracées* (Moraceæ) : *Morus* Tourn., *Ficus* Tourn., *Dorstenia* Plum., *Broussonetia* Vent.

IV. *Artocarpées* (Artocarpeæ) : *Artocarpus* L., *Antiaris* Lesch., *Cecropia* L.

V. *Urticacées* (Urticaceæ) : *Urtica* Tourn., *Pilea* Lindl., *Parietaria* Tourn., *Boehmeria* Jacq.

Cette classe renferme un grand nombre de végétaux intéressants ou même d'une importance réelle, dont je dois me borner à indiquer rapidement les principaux ; ce sont l'Arbre à pain (*Artocarpus incisa* L.), et le Jaquier (*A. integrifolia* L.), dont les volumineuses têtes fructifères ou syncarpes sont au nombre des aliments principaux dans l'Océanie et dans l'Inde ; le *Galactodendron utile* H. B., dont le suc laiteux remplace le lait de vache dans les environs de Caracas ; les Figuiers (*Ficus*) dont plusieurs espèces comptent parmi les arbres fruitiers, tandis que certaines, surtout le *Ficus elastica* L., par leur suc laiteux concrété à l'air, fournissent une partie du caoutchouc qu'on emploie aujourd'hui en immense quantité; les Mûriers (*Morus alba* L. et *nigra* L.) dont la feuille nourrit le ver à soie; le *Broussonetia papyrifera* Vent., dont l'écorce est employée par les Chinois et les Japonais pour la fabrication de leur papier; le Chanvre cultivé (*Cannabis sativa* L.), dont le liber isolé et préparé est l'une de nos deux matières textiles végétales habituelles; le Houblon (*Humulus Lupulus* L.) dont on sait que les sortes de cônes foliacés, chargés de glandes, servent à la préparation de la bière; plusieurs arbres d'avenue, dont le bois a des usages variés, comme l'Orme (*Ulmus campestris* L.), les *Celtis* ou Micocouliers, le *Planera*, etc.

Trente-huitième classe. — Pipérinées.

Calyce nul; fleurs souvent hermaphrodites; pistil à un ou plusieurs carpelles, libres ou soudés, à un ou plusieurs ovules dressés; albumen double; embryon au sommet de la graine, à radicule supère (Brongn.).

Cette classe comprend les deux familles des Pipéracées et des Saururées, que je me contente de nommer.

†† Fleurs complètes, offrant des pétales, au moins dans une partie des genres de chaque classe.

A. Calyce se détachant pendant ou après la floraison.

M. Brongniart fait observer que ce caractère a d'autant plus d'importance qu'il indique une hypogynie complète dans toutes les fleurs qui le présentent; néanmoins il manque dans la classe des Nymphéinées, dans les Sarracéniées et les Résédacées, ainsi que dans quelques genres épars au milieu de familles qui le présentent en général.

* Albumen double, l'externe amylacé.

Trente-neuvième classe. — Nymphéinées.

Calyce persistant, à 4 ou à 5 sépales; pétales multisériés; étamines nombreuses, introrses, presque périgynes; pistil à carpelles nombreux, uniovulés ou multiovulés (Brongn.). Plantes aquatiques, pourvues d'un gros rhizome vivace, à feuilles arrondies ou ovales, en cœur à la base ou peltées, nageantes, plus rarement émergées, à fleurs généralement grandes et belles. L'albumen manque dans l'une des trois familles de cette classe, les Nélumbonées.

Pistils nombreux, distincts et séparés, 1-loculaires et 1-2-ovulés, disposés sans ordre appréciable et enfoncés chacun dans une fossette spéciale d'un volumineux torus en cône renversé ; pas d'albumen . . . *Nélumbonées.*

Carpelles verticillés, libres ou plus souvent unis en un pistil ; 2 albumens.

- 2 ou plusieurs pistils distincts, à ovaire 1-loculaire, contenant 2-3 ovules anatropes, superposés et suspendus, attachés à la suture ventrale . . . . *Cabombacées.*
- Plusieurs carpelles unis en un pistil unique à ovaire pluriloculaire, à gros style court et stigmate pelté, rayonné ; ovules anatropes nombreux, attachés sur toute la surface des cloisons. . . . . *Nymphéacées.*

I. *Cabombacées* (Cabombaceæ) : *Cabomba* Aubl.

II. *Nélumbonées* (Nelumboneæ) : *Nelumbium* Juss.

III. *Nymphéacées* (Nymphæaceæ) : *Euryale* Lindl., *Victoria* Lindl., *Nymphæa* Neck., *Nuphar* Sm.

Une rare beauté distingue en général ces plantes dont les élégants *Nymphæa* et *Nuphar* de nos eaux douces donnent une bonne idée. Rien n'égale, sous ce rapport, l'admirable *Nelumbium speciosum*, la plante sacrée des anciens Égyptiens et des Indous, ni surtout le gigantesque *Victoria regia* Lindl., l'une des merveilles du règne végétal.

** Albumen épais, charnu ou corné.

Carpelles libres, uniloculaires, 1 ou en général plusieurs ; étamines extrorses.

- Symétrie florale quinaire pour le périanthe, rarement quaternaire ; pétales alternes aux sépales ou 0 ; étamines indéfinies. . . . . Classe 40. RENONCULINÉES.
- Symétrie florale binaire ou ternaire.
  - 3 sépales avec 6 ou plusieurs pétales ; étamines et pistils nombreux . . Classe 41. MAGNOLINÉES.
  - 4-6 sépales avec autant de pétales et d'étamines opposés ; 1 à 6 pistils. . . . . Classe 42. BERBÉRINÉES
- Pistil composé de 2 ou plusieurs carpelles, en général 1-loculaire, à placentation pariétale ; étamines introrses. . . . . Classe 43. PAPAVÉRINÉES.

Quarantième classe. — RENONCULINÉES.

Calyce à 5 sépales imbriqués (rarement 4 ou 6) ; pétales alternes avec les sépales, unisériés ou nuls ; étamines nombreuses, extrorses ; pistil à carpelles définis ou indéfinis, uni- ou pluriovulés. Fruit : achaines, follicules ou capsules rarement charnues ; graines à albumen corné ou charnu ; embryon petit, droit (Brongn.).

Dans cette classe, aux familles des Renonculacées et Dilléniacées, M. Brongniart rattache avec doute celle des Sarracéniées, petit groupe que la singularité de ses caractères rend très-difficile à placer dans la série.

Herbes, rarement sous-arbrisseaux ou même arbrisseaux grimpants et
alors à feuilles opposées par exception ; fleurs régulières ou irrégulières ; calyce libre, de 3-5 sépales souvent colorés ; pétales généralement en même nombre et alternes, de formes diverses, assez souvent 0 ; pistils libres, parfois peu nombreux et alors pluriovulés,
très-rarement un seul pluricarpellé, plus souvent indéfinis et uniovulés ; ces derniers deviennent des achaines 1-spermes; les premiers
des follicules ou très-rarement des capsules. . . . . *Renonculacées*
Végétaux presque tous ligneux, souvent grimpants, à feuilles coriaces ;
fleurs à périanthe double, régulier et androcée le plus souvent unilatéral ; calyce de 5 sépales coriaces, persistants ainsi que les étamines ; 5 pétales alternes au calyce, égaux et réguliers ; pistils libres,
presque toujours nombreux, uni- ou pluriovulés ; capsules folliculaires
ou en baie, surmontées des styles, à 1, 2 ou plusieurs graines pourvues d'une arille (*voy.* p. 672) . . . . *Dilléniacées.*

I. *Renonculacées* (Ranunculaceæ) : *a*. Clématidées, *Clematis* L.
— *b*. Anémonées : *Thalictrum* Tourn., *Anemone* Hall., *Adonis*
Dill., *Myosurus* Dill. — *c*. Renonculées : *Ranunculus* Hall., *Ficaria* Dill. — *d*. Helléborées : *Helleborus* Adans., *Nigella* Tourn.,
Aquilegia Tourn., *Delphinium* Tourn., *Aconitum* Tourn. —
e. Pæoniées : *Pæonia* Tourn., *Actæa* L.

II. *Dilléniacées* (Dilleniaceæ) : *Dillenia* L., *Hibbertia* Andr.,
Tetracera L.

La grande famille des Renonculacées est un des ces groupes par
enchaînement dans lesquels on passe naturellement d'un genre à
l'autre, et qui néanmoins offrent une grande différence entre les
premiers et les derniers termes de cette série. Je rappellerai
que c'est à elle que A. L. de Jussieu a fait la première application
des principes qu'il posait comme devant conduire à l'établissement de la Méthode naturelle. — Les Renonculacées sont presque
toutes des plantes âcres ou vénéneuses, mais dont le principe actif
disparaît le plus souvent par la cuisson ou même par la dessiccation. — Beaucoup sont cultivées à cause de l'élégance de leurs
fleurs ; ce sont surtout : les Anémones, Renoncules, Dauphinelles
(*Delphinium*), Ancolies (*Aquilegia*), etc.

Quarante et unième classe. — MAGNOLINÉES.

Calyce à 3 sépales ; pétales 6 ou plus, bisériés, imbriqués,
rarement 0 ; étamines nombreuses, extrorses ; pistils nombreux,
rarement définis, libres ou quelquefois soudés, à un ou plusieurs
ovules : albumen charnu ; embryon petit, droit (Brongn.).

Végétaux ligneux, exotiques, des pays chauds ou tempérés-

chauds, à feuilles simples, alternes, sans stipules (excepté chez
les Magnoliacées).

<table>
<tr><td colspan="2">CLASSE DES MAGNOLINÉES.</td><td>FAMILLES.</td></tr>
<tr><td rowspan="2">Fleurs hermaphrodites.</td><td>Ovaires nombreux, 1-loculaires, à 2 ovules, ou bien à plusieurs qui sont pendants; graines charnues extérieurement, à long funicule extensible; albumen uni et continu comme de coutume. . . . .</td><td>*Magnoliacées*.</td></tr>
<tr><td>Ovaires nombreux, 1-loculaires, à 1 ovule dressé, ou bien à plusieurs ascendants; fruit souvent charnu ou pulpeux; graines sèches dans toutes leurs parties; albumen ruminé.</td><td>*Anonacées*.</td></tr>
<tr><td rowspan="2">Fleurs unisexuées.</td><td>Calyce 2-4-fide ; corolle 0 ; étamines monadelphes; ovaire unique, libre, 1-loculaire. à 1-2 ovules dressés; fruit charnu, s'ouvrant en deux valves; albumen ruminé . .</td><td>*Myristicacées*.</td></tr>
<tr><td>Calyce à 3 ou 6 sépales ; 6-9 pétales ; étamines indéfinies, libres ou syngénèses ; ovaires nombreux, 1-loculaires, à 2 ovules superposés, pendants ; baie ; albumen uni et continu . . . .</td><td>*Schizandracées*.</td></tr>
</table>

I. *Magnoliacées* (Magnoliaceæ) : *Magnolia* L., *Liriodendron* L., *Illicium* L., *Drymis* Forst.

II. *Anonacées* (Anonaceæ) : *Anona* Adans., *Unona* Don, *Asimina* Adans.

III. *Myristicacées* (Myristicaceæ) : *Myristica* L.

IV. *Schizandracées* (Schizandraceæ) : *Schizandra* Rich., *Kadsura* Juss.

Quarante-deuxième classe. — Berbérinées.

Calyce bisérié, à 4 ou 6 sépales; 4 ou 6 pétales opposés aux
sépales (rarement nuls) ; étamines définies, opposées aux pétales;
pistils 1-6, carpelles libres, à un ou plusieurs ovules ; albumen
charnu ou corné ; embryon droit ou courbe (Brongn.). — Végétaux
frutescents souvent grimpants, plus rarement herbacés, à feuilles
alternes, sans stipules, ou pourvues de très-petites stipules caduques.

<table>
<tr><td colspan="2">CLASSE DES BERBÉRINÉES.</td><td>FAMILLES.</td></tr>
<tr><td rowspan="2">Fleurs unisexuées, en général très-petites; ovaires 1-loculaires, ordinairement plusieurs, à 1 ovule ou à plusieurs attachés sur toute la paroi interne; arbrisseaux sarmenteux, sans stipules.</td><td>Ovaires à 1 ovule amphitrope avec le micropyle supère ; albumen peu développé, quelquefois 0; embryon grand. Feuilles simples. . . . .</td><td>*Menispermacées*.</td></tr>
<tr><td>Ovaires à plusieurs ovules campylotropes ou anatropes ; albumen volumineux et embryon très-petit. Feuilles composées. . . . . . .</td><td>*Lardizabalées*.</td></tr>
<tr><td colspan="2">Fleurs hermaphrodites; ovaire unique, 1-loculaire, à plusieurs ovules anatropes sur un placenta pariétal, ou basilaires; stigmate en général épais, pelté, ombiliqué. Herbes ou arbrisseaux non sarmenteux, à feuilles bordées de dents piquantes, souvent épineux, très-petites stipules caduques. . . . .</td><td>*Berbéridées*.</td></tr>
</table>

I. *Ménispermacées* (Menispermaceæ) : *Menispermum* Tourn., *Cocculus* DC., *Cissampelos* L.

II. *Lardizabalées* (Lardizabaleæ) : *Lardizabala* R. et P., *Hollbœllia* Wall.

III. *Berbéridées* (Berberideæ) : *Berberis* L., *Mahonia* Nutt., *Nandina* Thunb., *Epimedium* L.

Je mentionnerai comme espèces utiles dans cette classe notre Épine-Vinette commune (*Berberis vulgaris* L.), dont les petites baies acides servent à faire des confitures, et les Ménispermacées médicinales, notamment le *Cocculus palmatus* DC., dont la racine nous arrive sous le nom de racine de Colombo.

Quarante-troisième classe. — Papavérinées.

Calyce à 2 ou 3 sépales; corolle à 4 ou 6 pétales, en deux rangées alternantes, les intérieurs opposés aux pétales; ovaire à 2 ou plusieurs carpelles, ordinairement 1-loculaire, à placentation pariétale; albumen charnu; embryon droit (Brongn.). — Végétaux herbacés, rarement sous-frutescents, à feuilles alternes, sans stipules.

CLASSE DES PAPAVÉRINÉES.   FAMILLES.

Fleurs régulières : calyce à 2 sépales (très-rarement 3) situés à droite et à gauche, caducs; 4 pétales (très-rarement 6), à préfloraison plissée ou chiffonnée ; étamines indéfinies; ovaire libre, formé de 2 ou plusieurs carpelles et 1-loculaire, à placentas pariétaux multiovulés; ovules amphitropes ou anatropes; style simple ou 0 ; stigmates connés, en nombre égal à celui des carpelles, quelquefois double; capsule polysperme; albumen volumineux, charnu-oléagineux, et, dans son axe, embryon très-petit. Suc le plus souvent laiteux ou coloré. . . *Papavéracées.*

Fleurs irrégulières : calyce à 2 sépales libres, souvent dentés, colorés, caducs; 4 pétales inégaux, connivents, les 2 latéraux ou intérieurs symétriques, ayant en général une petite aile dans le haut, le postérieur plus grand, le plus souvent éperonné, ou l'antérieur et le postérieur éperonnés ; 6 étamines diadelphes, formant 2 phalanges, antérieure et postérieure, où l'anthère médiane est 2-loculaire, et les 2 latérales 1-loculaires; ovaire uni- ou pluriovulé ; stigmate 2-lobé. Fruit sec, 1-sperme indéhiscent, ou polysperme 2-valve. Suc aqueux. *Fumariacées.*

I. *Papavéracées* (Papaveraceæ) : *Eschscholtzia* Cham., *Chelidonium* Tourn., *Glaucium* Tourn., *Papaver* Tourn., *Argemone* Tourn., *Bocconia* Plum.

II. *Fumariacées* (Fumariaceæ) : *Fumaria* DC., *Corydalis* DC., *Ceratocapnos* Durieu, *Dielytra* DC.

Ces deux familles, d'abord réunies, appartiennent aux parties tempérées de l'hémisphère boréal, surtout à l'Europe et à l'Amérique septentrionale. — Les Papavéracées doivent à leur latex d'être en général narcotiques et âcres, et ces propriétés y sont plus ou moins prononcées selon qu'avec ce suc elles contiennent différentes proportions de mucilage. Ce même suc, concrété après sa sortie par des incisions superficielles pratiquées à la capsule du *Papaver somniferum* L., constitue l'opium.

*** Albumen nul ou très-mince.

Quarante-quatrième classe. — CRUCIFÉRINÉES.

Calyce et corolle à 4 parties (excepté dans les Résédacées), en préfloraison imbriquée, quelquefois irrégulières. Pistil bi- tricarpellé, à placentation pariétale ; graines sans albumen ou à albumen très-mince ; embryon courbé ou replié (Brongn.).

CLASSE DES CRUCIFÉRINÉES.   FAMILLES

Fleurs régulières : 4 sépales ; 4 pétales alternes aux sépales ; 6 étamines tétradynames ; silique ou silicule. Herbes la plupart annuelles ou bisannuelles, rarement sous-arbrisseaux, sans stipules. . . . . *Crucifères.*

Fleurs régulières ou irrégulières; sépales, pétales, étamines en nombres divers, celles-ci jamais tétradynames. Capsule ou baie. Végétaux herbacés ou ligneux, souvent stipulés.

{
Fleurs régulières ou un peu irrégulières : 4 sépales libres ou plus ou moins connés ; pétales 4 et plus rarement 8, ou 0 ; étamines 6, 8 ou nombreuses ; ovaire presque toujours stipité, 1-loculaire, à placentas pariétaux, au nombre de 2 ou plus ; capsule allongée ou baie. Herbes la plupart annuelles, souvent arbustes, parfois arbres ; feuilles alternes, sans stipules, ou à stipules souvent petites. *Capparidées.*

Fleurs irrégulières, avec 1 bractée : calyce 4-7-parti ; pétales 4-7, chacun à 5 ou plusieurs divisions, ou nuls ; étamines de 3 à 40, insérées sur un disque charnu, saillant au côté postérieur de la fleur ; ovaire 1-loculaire, béant au sommet, à 3-6 placentas pariétaux, multiovulés. Capsule polysperme. Herbes, rarement sous-arbrisseaux, ou arbrisseaux ; feuilles alternes, à stipules très-petites, glanduliformes. . . . . *Résédacées.*
}

Famille des Crucifères (Cruciferæ).

Cette grande et importante famille, l'une des plus naturelles, appartient essentiellement aux contrées tempérées de l'hémisphère boréal et s'étend à ses parties froides dans des proportions assez notables ; elle manque presque dans les régions chaudes, où ses rares représentants ne se montrent qu'à de grandes hauteurs ; elle regagne sensiblement au delà du tropique du Capricorne, sans toutefois y devenir très-riche en espèces. — Elle comprend des herbes, pour la plupart annuelles, et quelques sous-arbrisseaux, dont les feuilles simples, mais souvent dentées,

pinnatifidés ou lyrées, sont fréquemment réunies toutes au bas
de la tige, et dont les caulinaires sont toujours alternes. — Les
fleurs régulières et complètes sont disposées presque toujours,
sans bractées, en grappes corymbiformes qui s'allongent de plus
en plus à mesure que les fleurs s'épanouissent et que les fruits
se développent; elles sont blanches ou jaunes, moins souvent
purpurines et rarement bleues. Le calyce a 4 sépales souvent
dressés et par là connivents, dont les deux latéraux s'attachent un peu plus bas que les deux autres, et se creusent fréquemment à leur base en bosse ou en sac vers l'extérieur. Les 4
pétales alternent avec le calyce et offrent un long onglet lorsque celui-ci est resserré en tube. Les 6 étamines libres, tétradynames, dont l'anthère biloculaire et introrse s'ouvre longitudinalement, sont disposées de telle sorte que les deux courtes
sont latérales et ont le filet courbé en anse vers le dehors, à sa
base, comme pour faire place à une glande qui s'élève du torus en
dedans de chacune d'elles, tandis que les 4 longues semblent
former deux paires l'une en avant, l'autre en arrière. On a proposé des hypothèses très-diverses pour rattacher ce nombre et
cette disposition à la symétrie normale de la fleur; il m'est impossible de m'en occuper ici; mais je dirai que l'étude organogénique de diverses espèces m'a toujours montré, dans le bouton
très-jeune, les 4 étamines destinées à devenir longues indiquées
par 4 mamelons régulièrement verticillés autour du pistil naissant, et les 2 courtes à l'état de 2 mamelons placés sur un cercle
visiblement plus extérieur, comme si elles appartenaient à un
autre verticille resté incomplet. — Le pistil et le fruit qui lui
succède offrent aussi des particularités caractéristiques et inex-
pliquées, dont certaines m'ont déjà occupé; ce sont notamment :
les deux placentas pariétaux dans un pistil biloculaire, et le
stigmate, surmontant un style simple, dont les 2 lobes sont superposés aux 2 placentas, au lieu d'alterner avec eux. Quelque
torturées que soient les hypothèses par lesquelles on a cherché
à rendre compte de ce fait, elles ne lèvent pas la difficulté. Pour
les caractères de la silique et de la silicule, voy. p. 661. J'ajouterai seulement que ce fruit peut subir quelques modifications
dont la plus remarquable consiste en ce qu'il devient quelquefois
lomentacé, comme certains légumes, c'est-à-dire que, dans l'intervalle entre les graines, alors unisériées et même espacées, il
se resserre, soude ses parois avec la cloison, formant ainsi des
intersections pleines qui se rompent à la maturité (*Raphanus* et

genres voisins). Les graines, horizontales ou pendantes, manquent d'albumen, et leur embryon recourbé de diverses manières a fourni à De Candolle la base d'une division des Crucifères en 5 sous-ordres, de la manière suivante :

1° Pleurorhizées (à cotylédons accombants; *voy.* p. 681) : *Matthiola* R. Br., *Cheiranthus* R. Br., *Nasturtium* R. Br., *Arabis* L., *Cardamine* L , *Lunaria* L., *Alyssum* L., *Cochlearia* L., *Thlaspi* Dill., *Iberis* L., *Anastatica* Gœrtn., *Cakile* Tourn.

2° Notorhizées (à cotylédons incombants) : *Malcolmia* R. Br., *Hesperis* L., *Sisymbrium* L., *Camelina* Cr., *Capsella* Vent., *Lepidium* R. Br., *Isatis* L., *Myagrum* Tourn.

3° Orthoplocées (à cotylédons incombants, ployés en long de manière à embrasser la radicule, comme sur la fig. 490, p. 681) : *Brassica* L., *Sinapis* Tourn., *Crambe* Tourn., *Raphanus* Tourn.

4° Spirolobées (à cotylédons incombants, enroulés en spirale) : *Bunias* R. Br., et *Erucaria* Gœrtn.

5° Diplécolobées (à cotylédons incombants, linéaires, repliés deux fois sur eux-mêmes transversalement) : *Senebiera* Poir., *Subularia* L., *Heliophila* Burm.

Les Crucifères ont en général une saveur piquante et un peu âcre, due à une essence sulfurée, qui est ou plutôt devient l'essence de Moutarde par l'effet d'une sorte de fermentation en présence de l'eau. Cette saveur existe surtout dans les parties herbacées des espèces annuelles et dans la racine des vivaces. L'existence de cette matière explique la mauvaise odeur que dégagent ces plantes quand elles pourrissent. — Plusieurs d'entre elles sont antiscorbutiques, avant toutes, le *Cochlearia officinalis* L. — Adoucies et modifiées par la culture, plusieurs Crucifères sont devenues des plantes potagères du plus haut intérêt; tels sont : le Chou (*Brassica oleracea* L.), avec ses variétés presque sans nombre; le Navet (*B. Napus* L.), la Rave (*Brassica Rapa* L.), le Radis (*Raphanus sativus* L.), le *Crambe maritima* L., ou Chou marin, etc. Il en est de tinctoriales, comme le Pastel (*Isatis tinctoria* L.), qui a précédé l'indigo et que celui-ci a fait à peu près abandonner. Les graines de plusieurs sont oléagineuses, comme celles du Colza (*Brassica campestris* L. *oleifera* DC.), de la Cameline (*Camelina sativa* Cr.), de la Navette (*Brassica Napus oleifera* DC.); enfin, pour ne pas prolonger cette énumération, je me bornerai à citer encore la graine des Moutardes noire et blanche (*Sinapis nigra* L. et *alba* L.), dont la première est employée en grande quantité préparée en moutarde pour la table, mais de qualité inférieure et aussi en sinapismes, tandis que la seconde donne les moutardes de qualité supérieure et se vend également en grande quantité à titre d'évacuant très-usité, surtout en Angleterre.

II. *Capparidées* (Capparideæ) : *Capparis* L., *Cleome* L.

III. *Résédacées* (Resedaceæ) : *Reseda* L., *Astrocarpus* Neck.

B. Dialypétales hypogynes à fleurs complètes, CALYCE PERSISTANT EN GÉNÉRAL APRÈS LA FLORAISON.

* **Oligostémonées** : étamines généralement en nombre défini.

M. Brongniart range dans cette catégorie les huit classes suivantes : Violinées, Célastroïdées, Æsculinées, Hespéridées, Térébinthinées, Géranioïdées, Polygalinées, Crotoninées

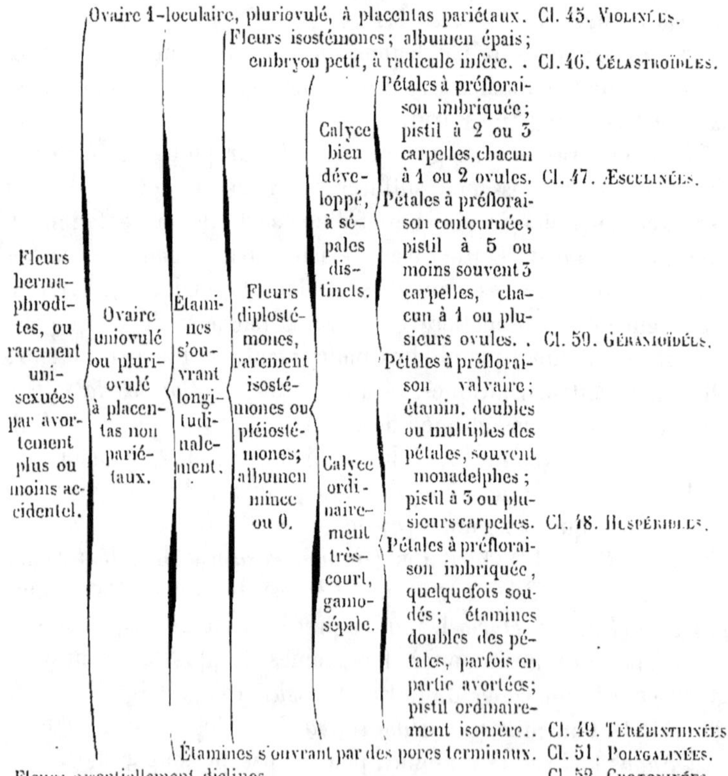

Fleurs hermaphrodites, ou rarement unisexuées par avortement plus ou moins accidentel.

- Ovaire uniovulé ou pluriovulé à placentas non pariétaux.
  - Étamines s'ouvrant longitudinalement.
    - Fleurs diplostémones, rarement isostémones ou pléiostémones; albumen mince ou 0.
      - Calyce bien développé, à sépales distincts.
        - Pétales à préfloraison imbriquée; pistil à 2 ou 3 carpelles, chacun à 1 ou 2 ovules. Cl. 47. ÆSCULINÉES.
        - Pétales à préfloraison contournée; pistil à 5 ou moins souvent 3 carpelles, chacun à 1 ou plusieurs ovules. . Cl. 50. GÉRANIOÏDÉES.
      - Calyce ordinairement très-court, gamosépale.
        - Pétales à préfloraison valvaire; étamin. doubles ou multiples des pétales, souvent monadelphes; pistil à 3 ou plusieurs carpelles. Cl. 48. HESPÉRIDÉES.
        - Pétales à préfloraison imbriquée, quelquefois soudés; étamines doubles des pétales, parfois en partie avortées; pistil ordinairement isomère.. Cl. 49. TÉRÉBINTHINÉES.
    - Fleurs isostémones; albumen épais; embryon petit, à radicule infère. . Cl. 46. CÉLASTROÏDÉES.
  - Étamines s'ouvrant par des pores terminaux. Cl. 51. POLYGALINÉES.
  - Ovaire 1-loculaire, pluriovulé, à placentas pariétaux. Cl. 45. VIOLINÉES.

Fleurs essentiellement diclines . . . . Cl. 52. CROTONINÉES.

Quarante-cinquième classe. — VIOLINÉES.

Calyce et corolle à préfloraison imbriquée ; étamines définies, rarement plus nombreuses que les pétales ; pistil à 3, 4, 5 carpelles ; ovaire uniloculaire, à placentas pariétaux ; graines à albumen charnu ; embryon droit (Brongn.).

Dans cette classe rentrent les Violacées, Droséracées, Frankéniacées et avec doute les Sauvagésiacées.

Les *Violacées* (Violaceæ) sont des herbes et des sous-arbrisseaux qui croissent dans les parties tempérées de l'hémisphère boréal, plus rarement dans l'hémisphère austral ou entre les tropiques, et quelques arbrisseaux propres à l'Amérique équatoriale ; leurs feuilles simples, en général alternes, sont stipulées. Leurs fleurs hermaphrodites, irrégulières (excepté *Alsodeia* Pet.-Th.), ont 5 sépales libres, persistants, inégaux, imbriqués ; 5 pétales alternes au calyce, dont le plus grand, impair, se creuse en sac ou en éperon à sa base ; 5 étamines alternes aux pétales, dont les anthères introrses, plus ou moins agglutinées entre elles, ont le connectif prolongé en appendice au-dessus des deux loges, et parmi elles deux sont développées inférieurement en une glande ou en un filet qui se loge dans l'éperon du grand pétale ; un ovaire libre, à 3 carpelles et à 3 placentas pariétaux, surmonté d'un style souvent terminé en un renflement qui porte un stigmate de configurations diverses. Le fruit est une capsule qui s'ouvre en 3 valves, portant sur leur ligne médiane des graines le plus souvent nombreuses, ovoïdes ou globuleuses, à test dur et à volumineux albumen dont l'embryon occupe l'axe presque entier.

Viola L., *Ionidium* Vent.

Outre les Pensées, qui sont sorties du *Viola tricolor* L., de nos campagnes, soit seul, soit croisé avec le *V. altaica* K. et K., il faut citer les *Ionidium Ipecacuanha* Vent., *Poaya* A. S. H., *parviflorum* Mart., etc., succédanées de l'Ipécacuanha, dont l'usage est fréquent dans les parties chaudes de l'Amérique du Sud, leur patrie. Des propriétés analogues existent dans la généralité des Violacées, à des degrés divers.

Quarante-sixième classe. — CÉLASTROÏDÉES.

Sépales petits, imbriqués ; corolle à pétales sessiles, imbriqués ou valvaires ; étamines en nombre égal aux pétales ; pistil à 2 ou 3 carpelles ; ovules 2 ou plusieurs, ordinairement définis, dressés ;

graines à albumen charnu ou corné, épais; embryon petit, à radicule infère (Brongn.).

Sur les cinq familles des Ampélidées ou Vinifères, Hippocra-
téacées, Célastrinées, Staphyléacées et Pittosporées, que contient
cette classe, je ne m'occuperai que de la première.

Les *Ampélidées*, dont la Vigne (*Vitis vinifera* L.) est le représentant le plus connu et le plus intéressant, sont des végétaux
ligneux, le plus souvent grimpants; leurs feuilles sont alternes
ou opposées, au moins dans le bas de la plante, simples et lobées, ou composées et alors soit digitées soit pennées; elles ont
souvent des stipules pétiolaires et des vrilles dues à des organes
dégénérés et transformés. Leurs fleurs sont petites, complètes et
régulières : le calyce en très-court godet, à 4-5 dents, alterne avec
5 pétales libres ou soudés par le bas, ou bien, dans la Vigne, cohérents par le haut; 5 étamines, biloculaires et introrses, sont opposées aux pétales et s'attachent souvent à un disque en anneau
dont le bord forme 5 festons; enfin l'ovaire libre est creusé de 2
loges (Vitées), qui renferment chacune 2 ovules anatropes, collatéraux, ascendants, ou de 3-6 loges (Léées), à un seul ovule analogue; il se termine en style court, que surmonte un stigmate
capité ou pelté. Le fruit est une baie à 2-3-6 loges qui contiennent
chacune 1 ou 2 graines dressées, dont le test est dur, et dont l'embryon court, à radicule infère, est logé dans la partie inférieure
d'un albumen presque corné.

1° Vitées : *Cissus* L., *Vitis* L. — 2° Léées : *Leea* L.

Quarante-septième classe. — Æsculinées.

Sépales imbriqués, assez développés; corolle à pétales ordinairement onguiculés, arrondis, à préfloraison imbriquée; étamines
en nombre double des pétales, rarement égal; pistil à 2 ou 3
carpelles, chacun à 1 ou 2 ovules suspendus ou dressés; graines
sans albumen; embryon à radicule supère ou infère (Brongn.).

Cette classe renferme les Vochysiacées, Sapindacées, Hippocastanées, Acérinées, Malpighiacées et, avec doute, les Rhizobo-
lées. Les Hippocastanées sont les seules qui aient, dans nos contrées, des représentants dans le Marronnier d'Inde (*Æsculus
Hippocastanum* L.), et les *Pavia* qu'on plante souvent, surtout le
premier, en allées ou en massifs.

Quarante-huitième classe. — Hespéridées.

Calyce imbriqué, ordinairement très-court ; corolle à pétales oblongs, sessiles, à préfloraison valvaire ou presque valvaire ; étamines doubles ou multiples des pétales, souvent monadelphes ; pistil à trois ou plusieurs carpelles, à 1-2 ou rarement plusieurs ovules suspendus ; graines à albumen nul ou charnu : embryon à radicule supère (Brongn.).

Huit familles sont rangées dans cette classe : Burséracées, Aurantiacées, Cédrélacées, Méliacées, Ximéniées, Nitrariacées, Erythroxylées et, avec doute, Humiriacées.

La famille des *Aurantiacées* (Aurantiaceæ), que Jussieu avait établie sous le nom de *Aurantia*, les Orangers, mais en y comprenant quelques genres qui ont dû en être séparés, comprend des arbres et arbrisseaux indigènes de l'Asie tropicale, dont certains ont été introduits dans tous les pays chauds. Ces végétaux offrent de nombreuses ponctuations translucides, dues à de petits réservoirs remplis d'une huile essentielle qui leur donne une odeur aromatique ; leurs feuilles alternes, sans stipules, sont pennées, mais réduites quelquefois (*Citrus*) à leur foliole terminale articulée au bout d'un pétiole ailé. De l'aisselle de ces feuilles sortent des épines qui ne sont que des rameaux dégénérés. Leurs fleurs, complètes et régulières, ont : un calyce libre, en godet court, à 4-5 dents ou lobes ; des pétales en même nombre et alternes, sans onglet et fixés par une large base ; des étamines, à anthères introrses et biloculaires, en nombre double ou multiple de celui des pétales et assez souvent monadelphes jusque vers le milieu du filet ; un ovaire à 5 ou plusieurs loges, dont les ovules anatropes (1-2 ou plusieurs) sont attachés à l'angle interne, et qui porte un style terminal assez épais, surmonté d'un stigmate capité. A ces fleurs succède un fruit souvent volumineux, dont le mésocarpe est épais et presque spongieux, et dont les loges, en général monospermes, sont remplies d'une pulpe contenue dans des cellules nées de leurs parois après la fécondation. Les graines, sans albumen, sont parfois polyembryonées ; l'embryon a les cotylédons charnus, souvent inégaux, et la radicule très-courte.

Triphasia Lour., *Limonia* L., *Citrus* L.

Parmi ces végétaux, en général fort beaux, se trouvent l'Oranger (*Citrus Aurantium* Risso), le Bigaradier (*C. vulgaris* Risso), le Limonier (*C. Limonium* Risso), le Cédratier (*C. medica* Risso), etc.

Quarante-neuvième classe. — Térébinthinées.

Calyce imbriqué, ordinairement très-court; corolle à préfloraison imbriquée, rarement valvaire ou contournée, quelquefois gamopétale; étamines en nombre double des pétales, rarement en
partie avortées; pistil ordinairement isomère, régulier ou réduit
par avortement; ovules définis, ordinairement 1 ou 2; albumen
nul, ou rarement charnu ou corné; embryon à radicule généralement supère (Brongn.).

CLASSE DES TÉRÉBINTHINÉES.   FAMILLES.

Des stipules; pistil gynobasique, ou à 4-5 ovaires unis à un style
central, basilaire. Fleurs régulières, hermaphrodites : calyce à 4-5
sépales libres ou soudés au bas; autant de pétales; diplostémones;
anthères à déhiscence apicilaire; 1 ovule dressé par ovaire; 4-5
drupes ou baies 1-spermes; albumen 0 ou presque. Végétaux ligneux,
à suc amer . . . . *Ochnacées.*

Ovules solitaires; drupes.

Un seul ovule suspendu dans chacun des 4-5 ovaires libres, à styles terminaux, bientôt connés.
Fleur complète, 4-5-mère, diplostémone; 4-5
drupes 1-spermes; albumen 0. Ligneux; feuilles
alternes, le plus souvent composées; très-amers. *Simarubacées.*

Un ovule ascendant dans un ovaire soit solitaire,
soit seul fertile, avec d'autres carpelles réduits
au style. Fleurs en général unisexuées, isostémones ou diplostémones; drupe 1-sperme; albumen 0. Ligneux; feuilles alternes, simples ou
composées . . . . *Anacardiacées.*

Pas de stipules; pistil non gynobasique.

Ovules 2 ou plus par loge; fruit très-rarement charnu.

Fleurs hermaphro-
dites.

5 ovaires distincts, à 2 ovules dressés et
autant de styles, ou moins de carpelles
par avortement. Fleurs pentamères, diplostémones; capsules coriaces, 5, s'ouvrant par la suture ventrale. . . . . . *Connaracées.*

Ovaires plus ou moins soudés, styles connés au moins dans le haut.

Endocarpe s'isolant en double
valve ligneuse. Fleurs régulières ou irrégulières, 4-5-
mères, à corolle quelquefois
gamopétale ou 0. isostémones
ou diplostémones; capsule divisible en coques. Albumen 0
ou charnu. Ligneux; feuilles
souvent ponctuées. . . . . . . *Rutacées.*

Endocarpe ne s'isolant pas. Fleurs
régulières, 4-5-mères, diplostémones ; capsule loculicide
ou septicide en coques; albumen charnu. Herbes vivaces ou
sous-arbrisseaux; feuilles al-
ternes, ponctuées. . . . . . *Zanthoxylées.*

Fleurs unisexuées ou polygames, régulières, 3-4-
5-mères, isostémones ou diplostémones; ovaires
libres ou soudés (ainsi que les styles), biovulés;
fruits fort divers, rarement charnus; albumen
charnu. Ligneux. . . . . *Diosmacées.*

I. *Connaracées* (Connaraceæ) : *Connarus* L.

II. *Anacardiacées* (Anacardiaceæ) : *Pistacia* L., *Schinus* L., *Rhus* L., *Mangifera* L., *Anacardium* Roth.

III. *Zanthoxylées* (Zanthoxyleæ) : *Zanthoxylon* L., *Ptelea* L., *Ailantus* Desf.

IV. *Simarubacées* (Simarubaceæ) : *Quassia* L.

V. *Ochnacées* (Ochnaceæ) : *Ochna* Schreb.

VI. *Diosmacées* (Diosmaceæ) : *Dictamnus* L., *Diosma* Berg., *Correa* Sm., *Eriostemon* Sm., *Cneorum* L.

VII. *Rutacées* (Rutaceæ) : *Ruta* Tourn.

Cinquantième classe. — Géranioïdées.

Sépales imbriqués, rarement valvaires, assez grands ; corolle à préfloraison contournée, rarement imbriquée, souvent irrégulière ; étamines 5-10, souvent en partie avortées ; pistil à 5 ou 3 carpelles ; ovules 1 ou plusieurs, suspendus ; albumen 0 ou mince, charnu ; embryon droit, à radicule supère (Brongn.).

Cette classe comprend les Zygophyllées, Oxalidées, Linacées, Géraniacées, Tropéolées, Balsaminées, auxquelles sont rattachées avec doute les Coriariées et les Limnanthées.

CLASSE DES GÉRANIOÏDÉES.   FAMILLES.

Feuilles stipulées.

— Fleurs régulières, 4-5-mères, diplostémones ; ovaire porté sur un torus convexe, à 4-5 loges contenant chacune 2 ou plusieurs ovules anatropes, ordinairement suspendus ; style indivis ; stigmate entier, ou 4-5-lobé. Embryon droit. Feuilles opposées, à stipules persistantes. . . . . *Zygophyllées.*

— Fleurs souvent un peu irrégulières, pentamères, diplostémones, souvent avec portion des étamines stériles ; 5 ovaires, à 2 ovules semianatropes, dont l'un ascendant, l'autre suspendu, distincts mais fixés en dedans à une colonne centrale longuement prolongée entre les styles adnés ; ceux-ci, plus tard, se détachent en emportant chacun un fruit. Embryon courbe. Feuilles alternes ou opposées. . . . . *Géraniacées.*

Feuilles sans stipules.

Pistil non gynobasique.

Fleurs régulières.

— Albumen charnu, volumineux 10 étamines monadelphes ; ovaire 5-lobé, à 5 loges, 1-multiovulées ; 5 styles . . . . *Oxalidées.*

— Albumen 0. 5 étamines monadelphes, avec ou sans le rudiment de 5 oppositipétales ; ovaire à 4-5 loges plus ou moins complétement partagées en 2 logettes ; 2 ovules suspendus ; styles 3 ou 5. . . . . *Linacées.*

Fleurs irrégulières.

— 5 carpelles pluriovulés ; stigmate sessile ; capsule 5-valve, à déhiscence élastique, plus rarement drupe à noyau 5-lobé, 5-loculaire. *Balsaminées.*

— 2-3 carpelles uniovulés ; style 2-5-fide ; fruit charnu, trilobé ou sec à coques. . . . . . *Tropéolées.*

Pistil gynobasique, à 3-5 carpelles et loges contenant 1 ovule dressé ; style central, 3-5-fide ; 3-5 achaines. Fl. régulières. *Limnanthées.*

I. *Zygophyllées* (Zygophylleæ) : *Tribulus* Tourn., *Zygophyllum* L., *Gayacum* Plum., *Melianthus* Tourn.

II. *Oxalidées* (Oxalideæ) : *Oxalis* L.

III. *Linacées* (Linaceæ) : *Linum* L., *Radiola* Dill.

IV. *Géraniacées* (Geraniaceæ) : *Geranium* L'Herit., *Erodium* L'Herit., *Pelargonium* L'Herit.

V. *Tropéolées* (Tropæoleæ) : *Tropæolum* L.

VI. *Balsaminées* (Balsamineæ) : *Impatiens* L., *Balsamina* Gærtn.

VII. *Limnanthées* (Limnantheæ) : *Limnanthes* R. Br.

Pour cette classe, je citerai : 1° le Lin commun (*Linum usitatissimum* L.), dont le liber roui et peigné constitue la plus précieuse de nos matières textiles végétales, et dont la graine fournit l'huile employée habituellement pour la peinture; 2° le Gayac (*Gayacum officinale* L.), des Antilles, dont le bois, extrêmement dur et résistant, s'emploie journellement pour des roulettes, poulies, etc., et en médecine. Beaucoup de plantes de cette classe sont cultivées pour la beauté de leur fleur, comme la Balsamine, la Capucine, divers *Geranium* et *Pelargonium*, *Oxalis*, etc.

Cinquante et unième classe. — POLYGALINÉES.

Fleurs hermaphrodites; préfloraison du calyce et de la corolle imbriquée; étamines s'ouvrant par des pores terminaux; ovaire à ovules solitaires, suspendus; graines à albumen charnu (Brongn.).

Le type principal de cette classe est constitué par la famille des *Polygalées* (Polygaleæ), dans laquelle les fleurs irrégulières ont : un calyce de 4 ou 5 sépales dont les 2 latéraux plus grands, pétaloïdes, forment les ailes (*voy.* fig. 248, p. 493); une corolle de 3 ou parfois 5 pétales, dont l'antérieur est en carène; 8 étamines le plus souvent monadelphes, dont l'anthère est en général uniloculaire; un ovaire libre et comprimé, à 2 loges contenant 1 ovule suspendu. La petite famille des Trémandrées, qui appartient à la Nouvelle-Hollande, s'en distingue par ses fleurs régulières, dans lesquelles les étamines sont libres.

Cinquante-deuxième classe. — CROTONINÉES.

Fleurs régulières, diclines, souvent apétales; étamines quelquefois en nombre plus que double des sépales, à anthères extrorses; carpelles à 1 ou 2 ovules suspendus; graines à albumen charnu, huileux; embryon à radicule supère et à cotylédons plats (Brongn.).

M. Brongniart range ici avec les Euphorbiacées les Antides-mées et les Forestiérées qu'Endlicher plaçait près des Urticacées avec lesquelles, du reste, la première des trois a aussi de l'affi-nité. Dans son travail récent sur les Euphorbiacées, M. J. Müller (d'Argovie) laisse les Antidesmées réunies à cette grande famille, et quant aux Forestiérées, il a été reconnu que ce sont des Oléacées.

Famille des Euphorbiacées (Euphorbiaceæ).

Cette vaste famille tire son nom du grand genre *Euphorbia* L. Les végétaux qui la composent offrent une extrême diversité de port et de durée, les uns étant des herbes annuelles ou vivaces, tandis que les autres sont ligneux et deviennent des arbustes ou des arbres de proportions diverses ; il y a même des Euphorbes africaines auxquelles leur tige fortement charnue donne tout à fait l'aspect de Cactées. Tous renferment en abondance un suc laiteux plus ou moins âcre, souvent très-vénéneux. Leurs feuilles sont alternes ou opposées, simples, le plus souvent stipulées. — Leurs fleurs sont toujours unisexuées, tantôt monoïques, tantôt dioïques, dans le premier cas rapprochées parfois (*Euphorbia*) à ce point que certains botanistes ont pu prendre chacun de leurs groupes, composé des deux sexes, pour une seule fleur herma-phrodite. Le calyce manque rarement, mais le plus souvent il existe seul, tandis qu'ailleurs on voit aussi des pétales, soit sé-parés (*Phyllanthus*, *Cluytia*, etc.), soit même soudés en corolle gamopétale (*Jatropha*). Les étamines varient depuis l'unité jus-qu'à un nombre indéfini ; mais leurs anthères biloculaires sont extrorses. Le pistil a le plus souvent 5 carpelles chacun avec 1 ovule (très-rarement 2) suspendu à l'angle interne sous un pro-cessus qui vient en coiffer le micropyle. Il n'existe parfois que 2 carpelles (*Mercurialis*) ou un seul (*Eremocarpus*, *Peripterygium*), tandis que leur nombre peut s'élever à 9 (*Anisonema*), à une quinzaine (*Hura*), etc. Les styles, simples ou bifides, sont en nombre égal à celui des carpelles. — Le fruit, rarement charnu, est une capsule qui se divise en autant de coques bivalves qu'il comprend de carpelles ; sa division en coques a lieu avec une élasticité qui atteint son maximum dans le *Hura crepitans*. Cha-que loge renferme parfois 2 graines, ordinairement une seule pourvue d'un albumen en général volumineux, charnu-oléagineux, et dans laquelle l'embryon, à cotylédons plats, a la radicule supère, mais non en rapport, par l'effet d'un changement dans sa direction première, avec le micropyle dont les bords se sont épaissis en caroncule.

Dans sa Monographie des Euphorbiacées, publiée, en 1866, dans le *Prodromus*, M. J. Müller (d'Argovie) admet 10 tribus réparties dans 2 séries.

Première série : Euphorbiacées sténolobées : à cotylédons demi-cylindriques, pas plus larges ou à peine plus larges que la radicule ; de la Nouvelle-Hollande. — 3 tribus : 1° Calétiées, 2° Ricinocarpées et 3° Ampérées, nommées d'après les genres *Caletia* J. Müll., *Ricinocarpus* J. Müll. et *Amperea* A. Juss.

Deuxième série : Euphorbiacées platylobées : à cotylédons plats, deux ou plusieurs fois aussi larges que la radicule ; répandues sur tout le globe. — 7 tribus : 4° Phyllanthées, *Andrachne* L., *Antidesma* Burm., *Phyllanthus* J. Müll. (438 esp.). — 5° Bridéliées : *Bridelia* Willd. — 6° Crotonées : *Croton* J. Müll. (453 esp.) — 7° Acalyphées : *Hevea* Aubl., *Crozophora* Neck., *Mercurialis* Tourn., *Acalypha* L. (215 esp.), *Ricinus* Tourn. — 8° Hippomanées : *Cluytia* Martyn, *Manihot* Plum., *Jatropha* L., *Hura* L., *Hippomane* L. — 9° Daléchampiées : *Dalechampia* Plum. — 10° Euphorbiées : *Euphorbia* L. (725 esp.).

Les Euphorbiacées se recommandent par leurs propriétés médicinales ; mais il en est aussi qui donnent des matières utiles à divers titres : comme les *Manihot utilissima* Pohl et *palmata* J. Müll. var. *Aipi*, dont la volumineuse racine féculente fournit la Cassave, sorte de pain de l'Amérique chaude, et dont la fécule granulée artificiellement est le Tapioca ; *l'Hevea guyanensis* Aubl., dont le latex concrété forme les 4/5 du caoutchouc employé, etc.

** **Polystémonées :** étamines généralement en nombre indéfini.

Ce caractère appartient à deux classes que M. Brongniart distingue seulement par la préfloraison de leur calyce.

Cinquante-troisième classe. — MALVOÏDÉES.

Calyce à préfloraison valvaire ; corolle à préfloraison contournée ; étamines souvent monadelphes ou en partie stériles ; albumen mince, mucilagineux ; embryon à cotylédons foliacés (Brongn.). — Végétaux en grande majorité ligneux, à feuilles alternes, simples, très-rarement composées-digitées, accompagnées de 2 stipules libres à la base du pétiole.

Cette classe correspond exactement à la 49ᵉ d'Endlicher, nommée

Columniferæ; elle comprend 4 familles : Buttnériacées, Sterculiacées, Malvacées, Tiliacées.

CLASSE DES MALVOÏDÉES.

FAMILLES.

Pétales réunis, à la base de l'onglet, entre eux et avec le tube staminal; anthères 1-loculaires, réniformes et attachées par leur échancrure. Fleurs régulières, complètes : calyce calyculé, 5-fide ou 5-parti, persistant; 5 pétales inéquilatéraux; étamines indéfinies, monadelphes; carpelles unis en un pistil à 5-5 loges pluriovulées, ou séparés en ovaires généralement nombreux et uniovulés; styles connés inférieurement et en nombre égal à celui des carpelles; capsule pluriloculaire, loculicide à loges polyspermes dans le premier cas; coques monospermes dans le second Végétaux la plupart herbacés ou sous-frutescents, mucilagineux, à feuilles entières ou palmées; des pays chauds ou tempérés . . . . *Malvacées.*

Pétales séparés ou 0; étamines biloculaires; calyce rarement persistant.

Étamines à anthère extrorse, nombreuses et monadelphes, ou en même nombre que les sépales et alors libres.

Calyce coriace, chargé en dehors de poils cotonneux étoilés, gamophylle, pentamère. Fleurs assez souvent unisexuées, régulières ou un peu irrégulières; 5 pétales ou 0; étamines indéfinies, monadelphes; ovaire à 5 carpelles, plus rarement 3 ou 2, en général multiovulés; fruits divers, souvent ayant l'endocarpe chargé de poils à l'intérieur. . . . . *Sterculiacées*

Calyce herbacé ou pétaloïde, non cotonneux, mais parfois velu dans des fleurs isostémones, gamophylle, 4-5-mère. Fleurs hermaphrodites, régulières; 5 pétales ou 0; androcée isostémone et oppositipétale, ou diplostémone, ou pléiostémone, en partie stérile; pistil à 4-5 carpelles, rarement plus, à loges bi-pluriovulées; en général capsule . . . . *Buttnériacées.*

Étamines à anthère introrse, biloculaire, indéfinies et libres, rarement polyadelphes. Fleurs presque toujours hermaphrodites, 4-5-mères, parfois apétales; ovaire libre, à 2-10 loges pluriovulées; fruit hérissé de pointes ou de soies, ou lisse et alors relevé de côtes ou d'ailes, sec ou charnu. . . . . *Tiliacées.*

I. *Buttnériacées* (Buttneriaceæ) : *Astrapæa* Lindl., *Hermannia* L., *Buttneria* Loefl., *Theobroma* L., *Lasiopetalum* Sm.

II. *Sterculiacées* (Sterculiaceæ) : *Adansonia* L., *Bombax* L., *Cheirostemon* H. B., *Helicteres* L., *Sterculia* L.

III. *Malvacées* (Malvaceæ) : *Malope* L., *Lavatera* L., *Althæa* Cav., *Malva* L., *Hibiscus* L., *Gossypium* L., *Abutilon* Gærtn., *Sida* Kth.

IV. *Tiliacées* (Tiliaceæ) : *Tilia* Juss., *Grewia* Juss., *Corchorus* L., *Heliocarpus* L., *Sparmannia* Thunb.

Je citerai : parmi les Buttnériacées, le Cacaotier (*Theobroma Cacao* L.); parmi les Sterculiacées, le Baobab (*Adansonia digitata* L.), de l'Afrique intertropicale, arbre dont le tronc, avec une hauteur relativement très-faible, égale ou surpasse en épaisseur les plus gigantesques; parmi les Malvacées, les Cotonniers

(*Gossypium*) qui, par les poils dont leurs graines sont revêtues, fournissent à l'industrie l'une de ses bases ; parmi les Tiliacées, les Tilleuls (*Tilia*). J'ajouterai qu'un grand nombre de plantes de ces familles sont les unes médicinales, quelques-unes industrielles, d'autres ornementales, comme la Passerose (*Althæa rosea* Cav.), des *Lavatera*, *Abutilon*, etc.

Cinquante-quatrième classe. — GUTTIFÈRES.

Calyce à sépales imbriqués ; corolle à préfloraison contournée (rarement imbriquée) (Brongn.).

CLASSE DES GUTTIFÈRES.   FAMILLES.

				FAMILLES
Albumen 0 ; radicule infère. (Brongn.)	Feuilles opposées ou verticillées.		Fleurs très-rarement jaunes ; rameaux articulés ; ovaire uni- bi-pluriloculaire, avec style simple ; cotylédons grands, épais. Ligneux ; à feuilles coriaces, lustrées	*Clusiacées.*
			Fleurs en général jaunes ; rameaux inarticulés ; ovaire 3-5-loculaire, avec 3-5 styles distincts ; étamines polyadelphes ; cotylédons courts. Ligneux ou herbacés ; feuilles ponctuées . . .	*Hypéricinées.*
	Feuilles alternes.		Graines chauves. Fleurs avec bractées souvent en capuchon ; pétales souvent soudés en coiffe ; étamines indéfinies ; stigmate sessile	*Marcqraviacées.*
		Graines aigrettées ou laineuses.	Étamines indéfinies, libres, ou 8-10 adelphes ; ovaire 2-5-loculaire ; graines peu nombreuses ; albumen farineux, peu abondant.	*Réaumuriacées.*
			Étamines définies ; ovaire 1-loculaire ; graines nombreuses ; albumen 0 . .	*Tamariscinées.*
Souvent un albumen ; radicule ordinairement supère. (Brongn.)	Ovaire 1-loculaire, à placentas pariétaux.		Calyce à 5 sépales sur 2 rangs ; 5 pétales très-fugaces ; étamines indéfinies ; ovules orthotropes ; style simple ; albumen farineux . . .	*Cistinées.*
			Calyce 4-7-12-parti ou 3-4-5-phylle sur un rang ; pétales en même nombre ou 0 ; étamines indéfinies ; ovules anatropes ; style simple ou parti ; plus ou moins d'albumen.	*Bixacées.*
	Ovaire pluriloculaire.	Calyce peu ou pas accrescent ; fruit sans ailes calycinales.	Calyce et corolle isomères (à 3-4-5 parties) ; étamines indéfinies ; pistil à 2-3-5 loges et ovules suspendus ; albumen charnu ou dur, ou 0. Ligneux ; à feuilles en général alternes et persistantes, coriaces, sans stipules. . .	*Ternstrœmiacées.*
			Calyce à 3 sépales avec corolle de 5 pétales ; étamines indéfinies ; ovaire 3-loculaire ; par loge 2 ovules suspendus ; albumen charnu ou corné. Ligneux ; feuilles alternes, stipulées.	*Chlénacées.*
			Calyce à 5 sépales tous accrescents ou, sur 5, 2-3 grandissaut en ailes avec le fruit ; étamines indéfinies ; ovaire à 3 loges chacune avec 2 ovules suspendus ; style et stigmate simples ; albumen 0. Grands arbres ; stipules terminales en cornet.	*Diptérocarpées.*

2e série. — Dicotylédones gamopétales.

Pétales soudés entre eux en corolle monopétale.

§ 1. Hypogynes. — Étamines et corolle insérées sous l'ovaire libre,
sur le torus.

† **Isogynes.** — Pistil ordinairement composé de carpelles en nombre égal à celui des sépales.

Ce caractère subit néanmoins un certain nombre d'exceptions.

GAMOPÉTALES ISOGYNES.

Ovaire pluri-loculaire; isostémonie rare et alors étamines alternes aux pétales.
— Étamines en nombre multiple des pétales ou égal et alors alternes avec eux; loges de l'ovaire 1-2-ovulées. Drupe. . . . . . . Classe 55. Diospyroïdées.
— Étamines en nombre double des pétales ou égal et alors alternes avec eux; loges de l'ovaire uniovulées ou multiovulées; capsule ou baie. . . . . Classe 56. Ericoïdées.

Ovaire 1-loculaire, à placenta central libre; étamines en nombre égal aux pétales auxquels elles sont opposées. . . . . Classe 57. Primulinées.

Cinquante-cinquième classe. — Diospyroïdées.

Corolle régulière, à préfloraison contournée ou imbriquée; étamines en nombre multiple des pétales ou égales et alternes; ovaire à carpelles soudés, en nombre égal aux divisions de la corolle, rarement moindre, uni-biovulés. Fruit : drupe à plusieurs nucules libres ou soudées; albumen charnu ou nul (Brongn.).

1° Ovules suspendus; radicule supère : *Ébénacées;* (?) *Oléacées; Ilicinées.*

2° Ovules dressés; radicule infère : *Empétracées; Sapotacées;* (?) *Styracées;* (?) *Napoléonées.*

Cinquante-sixième classe. — Ericoïdées.

Corolle à préfloraison imbriquée; étamines en nombre double des pétales ou en nombre égal et alternes avec eux, souvent indépendantes de la corolle; pistil à plusieurs carpelles soudés; stigmate symétrique; ovaire à loges en nombre égal aux pétales (rarement moindre), uniovulées ou multiovulées. Fruit : capsule ou baie, albumen charnu (Brongn.).

Cette classe est essentiellement formée des Éricacées et des Epacridées, auxquelles se rattachent les petites familles des Pyrolacées, Monotropées et Brexiacées, ces deux dernières avec doute. Je ne m'occuperai que des deux premières pour lesquelles Endlicher a formé sa 39e classe, *Bicornes.*

Calyce à 4-5-6 divisions plus ou moins profondes, infère ou supère ;
corolle tombante ou marcescente, de formes diverses, en général tubulée ou en grelot, dentée, rarement partagée et presque polypétale,
à 4-5-6 divisions ; anthères biloculaires, ordinairement extrorses dans
le bouton, à déhiscence par deux pores terminaux plus rarement longitudinale, portant souvent vers leur base des appendices en soies ;
ovaire supère ou infère ; style et stigmate simples, celui-ci avec une
indusie annulaire ; baie ou drupe avec l'ovaire infère, presque toujours capsule avec l'ovaire supère. Végétaux ligneux, de taille peu
élevée, la plupart à petites feuilles acéreuses, sans stipules, de presque
tous les pays, très-abondants au Cap, rares à la Nouvelle-Hollande. . *Ericacées.*
Calyce 5-parti, souvent coloré, persistant ; corolle de formes diverses ;
anthères uniloculaires ; ovaire 2-10-loculaire, à loges uniovulées et
alors fruit en général drupacé, ou multiovulées et alors fruit capsulaire.
Arbustes ou petits arbres, à feuilles alternes, rapprochées, entières,
quelquefois dentées. Presque tous de la Nouvelle-Hollande. . . . . *Epacridées.*

I. *Éricacées* (Ericaceæ) : — *a.* Éricées : *Calluna* Salisb.,
Erica L., *Andromeda* L., *Clethra* L., *Arbutus* Tourn. — *b.* Vac-
cinées : *Vaccinium* L., *Oxycoccos* Pers., *Thibaudia* Pav. — *c.* Rhododendrées : *Azalea* L., *Rhododendron* L., *Kalmia* L., *Ledum* L.

II. *Épacridées* (Epacrideæ) : *Epacris* Sm., *Leucopogon* R. Br.,
Styphelia Sm.

Cinquante-septième classe. — PRIMULINÉES.

Corolle à préfloraison contournée, régulière ; étamines opposées
aux pétales, toutes fertiles ; pistil symétrique ; ovaire uniloculaire,
à placenta central libre, multiovulé, pauciovulé ou quelquefois
uniovulé (Brongn.).

A cette classe appartiennent les Primulacées, Myrsinéacées,
Théophrastacées, Ægicéracées, Plumbaginées. On peut distinguer
parmi ces familles deux modifications du type général constituées
1° par les Primulacées auxquelles se rattachent intimement les
Myrsinéacées et Théophrastacées, 2° par les Plumbaginées.

Famille des Primulacées (Primulaceæ).

Herbes à feuilles tantôt toutes radicales, tantôt caulinaires, simples, alternes, opposées ou verticillées, sessiles ou à peu près, sans
stipules. — Fleurs complètes, régulières : calyce fendu ou partagé
presque toujours en 5, en général persistant ; corolle gamopétale,
rotacée, ou campanulée ou en entonnoir, à 5 lobes alternes au
calyce ; 5 étamines attachées à la gorge ou au tube de la corolle,
à filet très-court et anthère biloculaire, introrse, s'ouvrant longitudinalement ; ovaire supère, très-rarement demi-infère (*Samolus*),
renfermant, sur son placenta central libre, de nombreux ovules

amphitropes; style terminal et stigmate indivis. Capsule s'ouvrant en autant de dents ou de valves entières ou bifides qu'il y a de lobes au calyce: rarement (*Anagallis* et *Centunculus*) pyxide; graines presque toujours nombreuses, ayant l'embryon rectiligne, dirigé parallèlement au hile, c'est-à-dire avec la radicule éloignée du micropyle, au milieu d'un albumen charnu ou presque corné.

Androsace Tourn., *Primula* L., *Cyclamen* Tourn., *Lysimachia* Mœnch, *Trientalis* L.; *Anagallis* Tourn.; *Hottonia* L.; *Samolus* Tourn.

Les Primulacées croissent presque toutes dans les parties tempérées de l'hémisphère boréal, principalement sur les montagnes. Elles ne se recommandent point par leur utilité, mais par l'élégance de leurs fleurs qui en font admettre dans les jardins diverses espèces appartenant surtout aux genres *Primula*, *Cyclamen*, *Anagallis*, etc.

Les *Myrsinéacées* et les *Théophrastacées* sont, peut-on dire, des Primulacées ligneuses, et qui d'ailleurs ont pour fruit une drupe ou une baie devenue même monosperme par avortement dans la plupart d'entre elles. En outre, les premières n'ont que leurs 5 étamines fertiles, à anthère introrse, tandis que les dernières ont 5 étamines fertiles à anthère extrorse et, de plus, alternant avec les lobes de la corolle, des productions pétaliformes qui paraissent être des étamines stériles.

Quant aux *Plumbaginées* (Plumbagineæ), plantes herbacées-vivaces ou sous-frutescentes, comme les *Armeria* Willd. et les *Statice* Willd., qui abondent le long de nos mers, ou bien arbrisseaux, comme les *Plumbago* Tourn., dont une espèce est commune dans notre Midi, elles offrent cette particularité remarquable que, quand leur corolle est gamopétale, les 5 étamines opposées à ses lobes en sont indépendantes, tandis que, lorsque leurs 5 pétales restent distincts et séparés, les étamines adhèrent à la base de leur onglet. D'un autre côté, leur ovaire ne renferme qu'un ovule anatrope, suspendu à un long placenta central en forme de filament qui se recourbe dans le haut pour en porter le micropyle en haut. Il existe de plus une singulière production qui part du plafond de la cavité ovarienne et qui descend comme un bouchon vers le micropyle. Cet ovaire porte 5 styles (plus rarement 3 ou 4) distincts.

†† **Anisogynes.** — Pistil composé d'un nombre de carpelles moindre que celui des sépales, ordinairement bicarpellé.

* *Anisostémonées* : Étamines en partie avortées, au nombre de 4 didynames ou de 2.

GAMOPÉTALES HYPOGYNES ANISOSTÉMONÉES.

1 ou plus souvent 2 carpelles à 1-2 ovules.	Feuilles opposées. Radicule infère. . .	Classe 58. VERBÉNINÉES.
	Feuilles en général alternes. Radicule supère.	Classe 59. SÉLAGINOÏDÉES.
2 carpelles multiovulés.		Classe 60. PERSONNÉES.

Cinquante-huitième classe. — VERBÉNINÉES.

Corolle à préfloraison imbriquée, labiée ou rarement régulière; pistil à 2 carpelles, rarement à 1; carpelles à ovules géminés, rarement solitaires ou nombreux, dressés. Fruit : achaines ou drupes, rarement capsule; radicule infère. Feuilles opposées (Brongn.).

M. Brongniart comprend dans cette classe les Labiées, les Verbénacées, les Stilbinées et il y ajoute avec doute les Plantaginées.

CLASSE DES VERBÉNINÉES.   FAMILLES.

Ovaire 4-lobé, gynobasique, reposant sur un disque épais, à 2 carpelles formant chacun 2 loges uniovulées; ovules dressés. Fleurs en cymes dichotomes, opposées, axillaires : calyce libre, persistant, 5-denté; corolle bilabiée, rarement unilabiée; 4 étamines didynames, parfois réduites aux 2 inférieures; style en général bifide au sommet; 4 achaines au fond du calyce; albumen charnu, presque nul. Herbes ou arbustes, à tige tétragone et à feuilles simples, décussées. . . . . . . *Labiées.*

Ovaire ni lobé, ni gynobasique. — Achaine 1-sperme ou capsule 2-loculaire; étamines non didynames.

Drupe charnue ou sèche, à 2-4 noyaux 1-2-loculaires, finalement isolés par disparition de l'épicarpe, ou baie 2-4-loculaire. Corolle le plus souvent bilabiée, moins fréquemment régulière; étamines didynames, les 2 supérieures souvent stériles; style simple; stigmate en général indivis; carpelles formant chacun 2 loges uniovulées. . . . . *Verbénacées.*

Arbrisseaux du Cap, à petites feuilles roides, coriaces, subaciculaires, verticillées ou ramassées. Fleurs régulières, à 3 bractées, en épis serrés : calyce et corolle 5-mères; 5 étamines, la supérieure stérile ou 0. Ovaire 2-loculaire; ovules solitaires, dressés; capsule 2-sperme ou achaine 1-sperme. . . . . *Stilbinées.*

Herbes à feuilles toutes radicales, plus rarement sous-arbrisseaux; fleurs en épi, à une bractée chacune, tétramères, régulières; corolle scarieuse, persistante; 4 étamines, très-rarement 1; achaine osseux, 1-sperme, ou capsule 2-loculaire, à déhiscence transversale; albumen charnu . . . . . . *Plantaginées.*

1. *Labiées* (Labiatæ) : *Teucrium* L., *Phlomis* L., *Marrubium* L., *Stachys* Benth., *Lamium* L., *Nepeta* L., *Melissa* Tourn., *Thymus* L., *Hyssopus* L., *Mentha* L., *Rosmarinus* L., *Salvia* L., *Lavandula* L.

II. *Verbénacées* (Verbenaceæ) : *Verbena* L., *Lantana* L., *Tectona* L., *Callicarpa* L., *Clerodendron* L., *Vitex* L.

III. *Stilbinées* (Stilbineæ) : *Stilbe* Berg.

IV. *Plantaginées* (Plantagineæ) : *Plantago* L., *Littorella* L.

Les Labiées sont répandues sur presque tout le globe, à part les pays très-froids; mais elles abondent surtout entre 40 et 50° de latit. N., et vont en diminuant de là vers le nord et le sud. Ce sont des plantes éminemment aromatiques, circonstance qui détermine les usages de plusieurs d'entre elles, comme la Sauge, le Thym, la Menthe, le Romarin, etc. Plusieurs sont cultivées comme espèces d'agrément ou comme condiments. — Les Verbénacées croissent principalement entre les tropiques, et diminuent rapidement à mesure qu'on s'en éloigne; les ligneuses habitent les pays chauds; les herbacées appartiennent aux contrées tempérées. L'une des plus remarquables d'entre elles, au point de vue de l'utilité, est le *Tectona grandis* L. fil., bien connu sous le nom de Tek, grand arbre de l'Inde, dont le bois est le meilleur de tous pour les constructions navales. Plusieurs Verbénacées sont ornementales.

Cinquante-neuvième classe. — Sélaginoïdées.

Corolle à préfloraison imbriquée, labiée ou rarement régulière : pistil à 2 ou 1 carpelle; carpelles uniovulés ou à ovules géminés. Fruit : achaines ou drupes; embryon à radicule supère. Feuilles généralement alternes (Brongn.).

Aux Globulariées, Sélaginées et Myoporinées, M. Brongniart réunit avec doute, dans cette classe, les Jasminées, dont il est très-difficile de déterminer la place, à cause des rapports anormaux dans lesquels sont, l'un relativement à l'autre, l'androcée à 2 étamines et la corolle tantôt à 4, tantôt à 5, ou même à 6 divisions; dans le premier cas, les étamines sont placées devant les deux pétales extérieurs; dans le second, l'un de ces pétales est remplacé par 2 avec lesquels alterne l'une des étamines; enfin, dans le dernier, les deux pétales externes sont remplacés chacun par 2, et les étamines se trouvent au milieu de chacune des 2 paires. C'est d'après le fruit que M. Brongniart classe les Jasminées.

Soixantième classe. — Personnées.

Corolle à préfloraison imbriquée, labiée; pistil à 2 carpelles multiovulés. Fruit : capsule ou baie biloculaire, polysperme. — Feuilles opposées, rarement alternes (Brongn.).

M. Brongniart range ici les 8 familles suivantes : Acanthacées, Pédalinées, Bignoniacées, Utriculariacées, Cyrtandracées, Gesnériacées, Orobanchées et Scrofulariacées. Cette classe correspond exactement à la 37ᵉ d'Endlicher, qui porte également le nom de *Personatæ*.

CLASSE DES PERSONNÉES.   FAMILLES.

		Placenta central libre, multiovulé ; 2 étamines à anthère 1-loculaire et filet plat ; style très-court, épais et stigmate à 2 lèvres inégales. Plantes aquatiques ou de marais	*Utriculariacées.*
Graines sans albumen.	Placentas axiles ou pariétaux ; ovaire le plus souvent biloculaire.	Ovules et graines peu nombreux.	Capsule inerme, 2-loculaire, s'ouvrant avec élasticité et alors sa cloison se partageant sur sa ligne médiane ; graines soutenues par des processus du placenta ; étamines 2 ou 4 didynames. . . . . *Acanthacées.*
			Fruit drupacé ou presque capsulaire, en général cornu, ou ayant les angles prolongés en épines, à déhiscence septicide, plus souvent l'endocarpe s'isolant en noyau ligneux indéhiscent et perforé ; étamines didynames. . . . . *Pédalinées.*
		Ovules et graines très-nombreux.	Ovaire biloculaire ; capsule à 2 valves qui, en s'ouvrant, laissent à nu la cloison séminifère ; 4 étamines didynames ; graines en général horizontales, larges, ailées. Feuilles le plus souvent composées. . . . . . *Bignoniacées.*
			Ovaire uniloculaire, à 2 placentas pariétaux qui parfois, par leur développement en fausses-cloisons, le divisent en 4 cavités ; étamines 4, didynames, dont le plus souvent 2 sans anthère ; graines petites, sans aile. Feuilles simples, entières. Ancien continent. . . . . *Cyrtandracées.*
Albumen charnu.	Ovaire uniloculaire, à placentas pariétaux.		Plantes terrestres, à feuilles vertes, opposées ; ovaire souvent infère ou demi-infère, plus rarement libre, à 2 placentas latéraux ; embryon presque aussi long que l'albumen charnu. Amérique. . . . . *Gesnériacées.*
			Plantes parasites, sans chlorophylle ; feuilles-écailles alternes ; ovaire libre, à placentas géminés antérieurs et postérieurs ; embryon très-petit dans un albumen charnu volumineux . . . . *Orobanchées.*
	Ovaire biloculaire, libre, à placentas axiles ; calyce et corolle 5-mères, rarement 4-mères, celle-ci le plus souvent bilabiée ou personnée ; étamines alternes à la corolle, rarement 5, ordinairement 4 didynames, quelquefois 2 ; style terminal, simple ; stigmate entier ou échancré ou bifide. Capsule à déhiscences diverses ; embryon en général droit dans l'axe d'un albumen charnu		*Scrofulariacées.*

I. *Acanthacées* (Acanthaceæ) : *Thunbergia* L., *Ruellia* L., *Barleria* L., *Acanthus* Tourn., *Justicia* L.

II. *Pédalinées* (Pedalineæ) : *Pedalium* L., *Martynia* L.

III. *Bignoniacées* (Bignoniaceæ) : *Catalpa* Juss., *Tecoma* Juss., *Bignonia* Juss., *Crescentia* L., *Sesamum* L.

IV. *Utriculariacées* (Utriculariaceæ) : *Utricularia* L., *Pinguicula* Tourn.

V. *Cyrtandracées* (Cyrtandraceæ) : *Cyrtandra* Forst., *Æschynanthus* Jack, *Streptocarpus* Lindl.

VI. *Gesnériacées* (Gesneriaceæ) : *Gesneria* L., *Tidæa* Decais., *Gloxinia* L'Hérit., *Trevirania* Willd., *Achimenes* P. Br.

VII. *Orobanchées* (Orobancheæ) : *Orobanche* L., *Lathræa* L., *Clandestina* Tourn.

VIII. *Scrofulariacées* (Scrofulariaceæ) : *Salpiglossis* R. et P., *Calceolaria* Feuil., *Verbascum* L., *Linaria* Tourn., *Antirrhinum* Juss., *Paulownia* Sieb. et Zucc., *Scrofularia* L., *Chelone* L., *Nycterinia* Don, *Mimulus* L., *Gratiola* L., *Sibthorpia* L., *Buddleia* L., *Digitalis* L., *Veronica* L., *Rhinanthus* L., *Pedicularis* Tourn., *Euphrasia* Tourn.

Le principal mérite des plantes qui forment les familles des Personnées résulte de la beauté de la plupart d'entre elles ; aussi en cultive-t-on beaucoup dans les jardins, surtout de celles qui appartiennent à la vaste famille des Scrofulariacées, ainsi qu'à celles, moins considérables quoique étendues, des Gesnériacées, Cyrtandracées, Bignoniacées et Acanthacées. On peut citer, en outre, quelques espèces utiles soit en médecine, soit même dans l'économie domestique et dans l'industrie, comme le Sésame (*Sesamum indicum* DC.), qui est cultivé en grand dans le Levant, en Afrique et en Amérique pour sa graine, de laquelle on extrait une huile excellente, propre à divers usages.

** *Isostémonées* : étamines en nombre égal aux divisions de la corolle.

GAMOPÉTALES HYPOGYNES ISOSTÉMONÉES.

Feuilles alternes.	Corolle à préfloraison valvaire, plissée ou imbriquée.	Pistil à 2 carpelles soudés, multiovulés ; capsule ou baie 2-loculaire ; radicule infère	Classe 61. SOLANINÉES.
		Pistil à 2 carpelles biovulés, le plus souvent subdivisés chacun en 2 loges ; radicule infère ou latérale. . .	Classe 62. ASPÉRIFOLIÉES.
	Corolle à préfloraison contournée ou plissée-tordue.		Classe 63. CONVOLVULINÉES.
Feuilles opposées.			Classe 64. ASCLÉPIADINÉES.

Soixante et unième classe. — Solaninées.

Corolle à préfloraison valvaire, plissée ou imbriquée; pistil à 2 carpelles soudés, multiovulés. Fruit : capsule ou baie biloculaire, polysperme; graines à albumen charnu, épais; embryon à radicule infère, souvent courbé. Feuilles alternes ou géminées par confluence (Brongn.).

Cette classe ne comprend que la famille des Solanées; celle des Cestrinées, que M. Brongniart en regarde comme distincte et dont le principal caractère consiste dans un embryon droit, par opposition à toutes les autres plantes du même grand groupe qui ont le leur plus ou moins arqué, n'en est pas détachée par la généralité des botanistes : elle forme pour Lindley la tribu des Solanées *rectembryées*, tandis que le reste de la famille reçoit de ce botaniste le nom de Solanées *curvembryées*. Les caractères essentiels assignés à la classe deviennent ainsi ceux de la famille elle-même, groupe important, composé d'herbes, d'arbustes et même d'arbres à suc aqueux, propres en très-grande majorité aux contrées chaudes, dont un petit nombre seulement arrivent dans les pays tempérés ou un peu froids, et qui sont en général narcotiques, ou même tout à fait vénéneux. C'est en qualité de narcotiques qu'on emploie, en médecine, plusieurs d'entre ces plantes, surtout la Jusquiame noire (*Hyoscyamus niger* L.), la Stramoine (*Datura Stramonium* L.), et la Belladone (*Atropa Belladonna* L.). Ces propriétés existent aussi fort prononcées dans le Tabac (*Nicotiana Tabacum* L. et *rustica* L.), qui renferme un alcaloïde très-vénéneux, la nicotine, et dont l'usage, emprunté aux sauvages de l'Amérique, s'est répandu chez tous les peuples. Néanmoins, à côté de ces végétaux doués de propriétés énergiques ou dangereuses, il en est plusieurs dont la culture obtient des fruits alimentaires qui sont même consommés en grande quantité, comme l'Aubergine (*Solanum Melongena* L.), originaire de l'Inde, la Tomate ou Pomme d'amour (*Lycopersicum esculentum* Mill., et *L. cerasiforme* Dun.), venue d'Amérique; ou qu'on emploie comme condiments, savoir le Piment (*Capsicum annuum* L.); enfin l'un d'eux, la Pomme de terre (*Solanum tuberosum* L.), est le don le plus précieux que nous ait fait le nouveau monde. Ajoutons que beaucoup de Solanées figurent parmi les plantes ornementales cultivées dans nos jardins, comme les *Petunia, Datura, Solanum, Fabiana, Habrothamnus,* etc.

a. Rectembryées : *Cestrum* L., *Vestia* Willd., *Habrothamnus* Endl.

b. Curvembryées : *Lycium* L., *Mandragora* Tourn., *Lycopersicum* Tourn., *Solanum* L. (plus de 900 esp.), *Capsicum* Tourn., *Physalis* L., *Atropa* L., *Hyoscyamus* Tourn., *Datura* L., *Nicotiana* L., *Petunia* Juss., *Fabiana* R. et P.

Soixante-deuxième classe. — ASPÉRIFOLIÉES.

Corolle à préfloraison imbriquée (rarement contournée); pistil à 2 carpelles, chacun à 2 ovules (rarement plusieurs). Fruit : 4 achaines, drupes à 4 nucules, ou capsule uniloculaire à placentas pariétaux; graines à albumen nul ou plus ou moins épais; embryon droit à radicule supère ou latérale. — Feuilles alternes : suc aqueux (Brongn.).

M. Brongniart range ici les Borraginées, Cordiacées, Hydrophyllées et avec doute les Hydroléacées. Les Cordiacées ne forment que l'une des 4 tribus des Borraginées dans la Monographie de cette famille par A. P. De Candolle (1845-1846).

Famille des Borraginées (Borragineæ).

Elle est composée d'herbes, d'arbrisseaux et même de quelques arbres, remarquables par les poils roides dont ils sont hérissés, et qui les rendent souvent fort rudes au toucher. Ces végétaux ont les feuilles alternes, simples, sans stipules. Leurs fleurs, complètes, régulières ou quelquefois un peu irrégulières, réunissent les principaux caractères des Solanées au pistil et au fruit des Labiées. Des premières elles ont la symétrie pentamère, c'est-à-dire un calyce gamosépale, à 5 divisions égales; une corolle gamopétale, à 5 lobes presque toujours égaux, mais munie de plus, en général, à la gorge, d'appendices tels que écailles oppositipétales ou faisceaux de poils; 5 étamines alternes à la corolle, biloculaires et introrses; des Labiées elles possèdent le pistil gynobasique, quadrilobé, divisé de même par deux fausses-cloisons en 4 loges uniovulées, mais dans lesquelles l'ovule est suspendu. Le fruit est aussi analogue à celui des Labiées, quelquefois drupacé, et les graines ont un embryon à radicule supère, assez souvent entouré d'une couche mince d'albumen.

Les Borraginées se trouvent dans les parties tempérées de toute la terre, surtout dans la région méditerranéenne et l'Asie moyenne. Elles manquent dans les pays très-froids et sont à peine représentées entre les Tropiques.

Cordia Plum., *Ehretia* L., *Tournefortia* L., *Heliotropium* Tourn., *Cerinthe* Tourn., *Echium* Tourn., *Borrago* Tourn., *Symphytum* Tourn., *Anchusa* L., *Lithospermum* Tourn., *Pulmonaria* Tourn., *Myosotis* A. DC., *Cynoglossum* Tourn.

Les Borraginées sont en général mucilagineuses, ce qui en fait et surtout en faisait employer quelques-unes comme adoucissantes. L'Héliotrope (*Heliotropium Peruvianum* L.) est fréquemment cultivé dans les jardins, à cause de l'odeur suave de ses fleurs, et quelques autres espèces de la même famille, *Myosotis*, *Anchusa*, *Omphalodes*, etc., comptent également comme plantes ornementales. Enfin la racine de l'*Anchusa tinctoria* L. est employée pour la teinture en rouge, sous le nom d'*Orcanette*.

Soixante-troisième classe. — Convolvulinées.

Corolle à préfloraison contournée ou plissée-tordue ; pistil à 2-3-5 carpelles pauciovulés ; ovules dressés ; graines à albumen mince, charnu ou mucilagineux ; embryon à cotylédons foliacés et à radicule infère. — Feuilles alternes, rarement opposées ; suc souvent laiteux. (Brongn.).

Les Polémoniacées, Nolanacées et Convolvulacées constituent cette classe. La seconde de ces familles a été détachée de la troisième dans laquelle divers botanistes la laissent encore comme simple tribu.

CLASSE DES CONVOLVULINÉES.   FAMILLES.

Ovaire unique, à 2, 3, 4 loges ; style le plus souvent 2-3-fide au sommet.

Calyce à 5 divisions ainsi que la corolle ; 5 étamines alternes ; ovaire 5-loculaire, à ovules solitaires ou nombreux par loge, amphitropes ; style simple, 5-fide au sommet. Capsule à 5 angles, à 3 loges. Albumen charnu, abondant. *Polémoniacées.*

Calyce à 5 sépales égaux ou inégaux, persistant ; corolle gamopétale, régulière, entière ou à 5 lobes ; 5 étamines alternes ; ovaire à 2 ou 4 loges 1-2-ovulées ; ovules dressés, anatropes : style entier, ou plus ou moins bifide au sommet. Capsule ou baie sèche, à 1-4 loges 1-2-spermes ; albumen mucilagineux ; cotylédons foliacés, plissés . . . . *Convolvulacées.*

Plusieurs ovaires distincts avec un seul style central, terminé par un stigmate en tête ; autant de drupes distinctes ; embryon filiforme en anneau autour d'un albumen charnu. . . . . *Nolanacées.*

I. *Polémoniacées* (Polemoniaceæ) : *Phlox* L., *Gilia* R. et P., *Polemonium* L., *Cobæa* Cav.

II. *Convolvulacées* (Convolvulaceæ) : *Quamoclit* Tourn., *Batatas* Rumph., *Ipomæa* L., *Convolvulus* L., *Calystegia* R. Br., *Evolvulus* L., *Cuscuta* Tourn.

III. *Nolanacées* (Nolanaceæ) : *Nolana* L.

Les Polémoniacées croissent, pour la plupart, en Amérique, en dehors de la zone intertropicale. Plusieurs sont ornementales. — Les Convolvulacées croissent dans les régions chaudes; on en trouve de moins en moins en s'éloignant de l'Équateur. On en cultive beaucoup à cause de leurs fleurs. Plusieurs sont médicinales, comme le Jalap, la Scammonée, etc., toutes énergiquement purgatives. La Batate (*Batatas edulis* Choisy) est du plus haut intérêt par son tubercule alimentaire, qui la fait cultiver en grand dans les pays chauds et tempérés-chauds.

Soixante-quatrième classe. — Asclépiadinées.

Corolle à préfloraison valvaire ou contournée; pistil à 2 carpelles multiovulés (rarement 1-2-ovulés); graines à albumen corné ou charnu (rarement 0); embryon à cotylédons plats, foliacés. Feuilles opposées; suc souvent laiteux. Fleurs régulières (Brongn.).

Cinq familles forment cette classe : Gentianées, Asclépiadées, Apocynées, Loganiacées, Spigéliacées.

CLASSE DES ASCLÉPIADINÉES. FAMILLES.

Ovaire 1-loculaire, à placentas pariétaux, plus ou moins proéminents, rarement atteignant l'axe. Ovules très-nombreux, anatropes; style simple et stigmate 2-fide ou à 2 lamelles; calyce persistant, de 4-5 (parfois 6-8) sépales distincts ou plus ou moins connés; corolle gamopétale et androcée isomère. Capsule bivalve; graines très-petites, nombreuses; albumen charnu, volumineux. Feuilles opposées, sans stipules. *Gentianées.*

Ovaire à 2, rarement plusieurs loges.

Feuilles sans stipules; albumen mince ou 0.

Pollen cohérent en masses polliniques en même nombre que les loges ou logettes des 5 anthères, suspendues aux cinq angles d'un gros stigmate charnu et unique; 2 ovaires multiovulés; 2 styles; 2 follicules; graines comprimées, souvent aigrettées au micropyle. Calyce 5-parti; corolle gamopétale, à 5 divisions, souvent appendiculée à la gorge, à préfloraison ordinairement valvaire; 5 étamines à filets soudés en un tube qui enveloppe les ovaires. . . . . *Asclépiadées.*

Pollen à grains libres. 5 sépales en général libres, ordinairement persistants; corolle gamopétale, à 5 divisions, en préfloraison contournée; 5 étamines libres; 2 ovaires distincts ou soudés en un seul biloculaire; ovules en général indéfinis; 2 styles connés dès leur base ou peu au-dessus; stigmate unique, épanoui ordinairement en anneau à sa base; fruit folliculaire ou charnu; graines avec ou sans aigrette. Végétaux le plus souvent ligneux. . *Apocynées.*

Feuilles stipulées, rarement sans stipules avec corolle valvaire.

Calyce 5-fide; ovaire 2-loculaire, à 2 placentas basilaires, stipités, à 6-12 ovules; style articulé sous le stigmate qui est cilié : capsule à 2 coques. . . *Spigéliacées*

Calyce 4-5-10-fide; ovaire 2-loculaire, à 2 placentas adnés à la cloison, multiovulés, très-rarement uni-ovulés; style continu avec le stigmate qui est en tête ou pelté; capsule ou baie. . . . . *Loganiacées.*

I. *Gentianées*(Gentianeæ) : *Gentiana* L., *Swertia* L., *Chironia* L., *Menyanthes* L., *Erythræa* Reneal., *Villarsia* Vent.

II. *Asclépiadées* (Asclepiadeæ) : *Periploca* L., *Cynanchum* L., *Asclepias* L., *Hoya* R. Br., *Stapelia* L.

III. *Apocynées* (Apocyneæ) : *Strychnos* L., *Tanghinia* Pet.-Th., *Cerbera* L., *Plumeria* L., *Vinca* L., *Echites* P. Br., *Apocynum* L., *Nerium* L.

IV. *Loganiacées* (Loganiaceæ) : *Logania* P. Br.

V. *Spigéliacées* (Spigeliaceæ) : *Spigelia* L.

Les Gentianées, plantes des prés et pâturages, sont presque également réparties sur tout le globe. Les Asclépiadées et les Apocynées appartiennent essentiellement à la zone intertropicale et sont rares en dehors. Celles-ci sont presque toutes âcres, vénéneuses même, tandis que les Gentianées sont simplement amères et fréquemment employées comme telles. Plusieurs espèces de ces trois familles sont cultivées pour l'ornement des jardins.

§ 2. GAMOPÉTALES PÉRIGYNES. — Étamines et corolle insérées sur le calyce infère.

Dans cette catégorie rentrent les 4 classes des Cofféinées, Lonicérinées, Astéroïdées et Campanulinées.

GAMOPÉTALES PÉRIGYNES.

Feuilles opposées ou verticillées, à stipules interpétiolaires. . Classe 65. COFFÉINÉES.

Feuilles sans stipules, presque toujours alternes.

Corolle à préfloraison imbriquée ; style et stigmate sans appareil collecteur du pollen . . . . Classe 66. LONICÉRINÉES.

Corolle à préfloraison valvaire ou valvaire-plissée ; presque toujours des organes collecteurs du pollen.

Fleurs en capitules involucrés, synanthérées, à ovule solitaire, dressé ; des poils collecteurs. . . . . . . Classe 67. ASTÉROÏDÉES.

Fleurs très-rarement en capitules involucrés ; étamines libres ou soudées diversement ; presque jamais ovule solitaire dressé et, dans ce cas, étamines libres ; stigmate souvent indusié. . . . . Classe 68. CAMPANULINÉES.

Soixante-cinquième classe. — COFFÉINÉES.

Corolle à préfloraison valvaire ou contournée ; étamines symétriques, insérées sur la corolle ; stigmate sans organe collecteur ; graines ordinairement ascendantes ; albumen corné ; embryon à cotylédons plats, foliacés, à radicule généralement infère. Feuilles opposées ou verticillées, avec stipules (Brongn.).

Cette classe ne comprend que la grande famille des Rubiacées.

Famille des Rubiacées (Rubiaceæ).

La famille des Rubiacées, qui emprunte son nom au genre *Rubia* ou Garance, est l'une des plus vastes du règne végétal. Elle est représentée dans nos contrées par des herbes d'un port spécial. Elle est composée de végétaux en général ligneux, arbres ou arbustes, plus rarement herbacés, dont la tige ou au moins les rameaux sont ordinairement tétragones. Leurs feuilles sont opposées, simples et entières ; elles sont accompagnées de stipules caulinaires, dont on voit alors une paire de chaque côté de la tige, ou qui se soudent plus ou moins complétement l'une à l'autre (*voy.* p. 387). Dans les espèces de nos pays et leurs analogues, qu'on nomme pour ce motif *étoilées*, il existe des feuilles verticillées, sans stipules intermédiaires ; mais nous avons vu (p. 588) les raisons sur lesquelles de Candolle s'est fondé pour soutenir que, dans chacun de ces verticilles, il y a réellement deux feuilles opposées et des stipules intermédiaires entre elles ; en effet, ces plantes, après leur germination, n'ont que deux feuilles opposées avec de petites stipules qui se montrent ensuite de plus en plus grandes, à mesure que la tige se développe.

Les fleurs sont régulières et complètes : le calyce a son limbe supère, court, tronqué ou à 4-6 dents ou lobes ; la corolle, insérée sur le tube calycinal, est gamopétale, à 4-6 divisions ; les étamines, alternes à ces divisions, s'attachent à la gorge et ont leur filet court avec l'anthère introrse, biloculaire ; l'ovaire infère offre deux ou plusieurs loges qui contiennent chacune, tantôt un seul ovule pendant ou dressé ou même attaché au milieu de l'angle interne, tantôt deux ovules collatéraux, tantôt enfin des ovules nombreux ; le sommet de cet ovaire est couronné d'un disque épigyne et surmonté d'un style simple avec un stigmate à autant de divisions qu'il y a de loges au pistil.

Le fruit est capsulaire ou charnu, avec autant de loges qu'en avait l'ovaire, et des graines en nombres divers ; dans celles-ci l'albumen est plus ou moins corné et dans son axe, vers sa base, se trouve l'embryon à radicule le plus souvent infère.

Les Rubiacées se partagent en deux sous-ordres dans lesquels ont été établies 15 tribus.

1° Cofféacées : ovules solitaires, plus rarement géminés ; loges du fruit presque toujours 1-spermes : *Opercularia* A. Rich.; *Galium* L., *Rubia* Tourn., *Asperula* L.; *Anthospermum* L. ; *Spermacoce* L.; *Cephælis* Sw., *Coffea* L.; *Pæderia* L., *Cordiera* A. Rich.

2° Cinchonacées : loges multiovulées dans le pistil et poly-spermes dans le fruit : *Hamelia* Jacq.; *Isertia* Schreb.; *Hedyotis* Lamk.; *Bouvardia* Salisb., *Cinchona* L.; *Gardenia* Ell.

Les Rubiacées croissent en très-grand nombre entre les tropiques, ou elles forment jusqu'à la trentième partie de la végétation entière ; elles diminuent rapidement de nombre au delà de ces deux cercles. — Plusieurs d'entre elles ont un haut intérêt : à titre de plantes médicinales, comme les Quinquinas (*Cinchona*), arbres dont l'écorce est le plus précieux des médicaments végétaux, et qui croissent à une altitude déterminée, sur la Cordillère de l'Amérique du Sud ; l'Ipécacuanha (*Cephælis Ipecacuanha* Willd.), arbuste brésilien dont la racine pulvérisée constitue un purgatif journellement employé, etc.; à titre d'excitant devenu indispensable aux peuples civilisés, dans la graine du Caféier (*Coffea arabica* L.); à titre de plantes tinctoriales, comme la Garance (*Rubia tinctorum* L.), espèce du midi de l'Europe, dont la culture se pratique surtout dans le département de Vaucluse, en Hollande, dans le Levant, etc.; enfin à titre d'espèces ornementales, à cause de la beauté ou du parfum de leurs fleurs qui font cultiver dans les serres les *Bouvardia, Gardenia*, etc., etc.

Soixante-sixième classe. — LONICÉRINÉES.

Corolle à préfloraison imbriquée ; étamines insérées sur la corolle, souvent en partie avortées, à anthères libres ; stigmate sans organe collecteur ; graines suspendues ; albumen charnu ou nul : embryon à radicule supère. — Feuilles opposées, sans stipules (Brongn.). Ovaire infère.

CLASSE DES LONICÉRINÉES.   FAMILLES.

Ovaire à 1 loge, à 1 ovule suspendu ; fleurs en capitule, isostémones ; corolle tubulée, 4-5-lobée ; fruit sec, indéhiscent, surmonté du calyce accru ; embryon droit, dans un albumen charnu. . . . . *Dipsacées.*

Ovaire à 2-5 loges dont parfois certaines vides ou stériles.

Calyce 4-5-fide ; corolle gamopétale ou dialypétale, régulière ou irrégulière, 4-5-fide ; isostémonie ; ovaire 2-5-loculaire, parfois à une seule loge fertile et à 1 ovule; fruit sec ou charnu, quelquefois 1-sperme ; embryon très-petit dans un albumen charnu. . . . . *Caprifoliacées.*

Calyce et corolle 4-5-fides ; presque toujours meiostémonie; ovaire 3-loculaire, ayant 2 loges vides, plus petites ; fruit sec, indéhiscent, 1-sperme ; albumen 0. . . . . *Valérianacées.*

I. *Caprifoliacées* (Caprifoliaceæ) : *Linnæa* Gronov., *Lonicera* L., *Viburnum* L., *Sambucus* Tourn.

II. *Valérianacées* (Valerianaceæ) : *Valeriana* L., *Centranthus* DC., *Valerianella* Mœnch.

III. *Dipsacées* (Dipsaceæ) : *Dipsacus* Tourn., *Cephalaria* Schrad., *Scabiosa* L.

Soixante-septième classe. — Astéroïdées.

Corolle à préfloraison valvaire ; étamines symétriques, insérées sur la corolle, à anthères soudées ; stigmate accompagné de poils collecteurs ; ovaire uniloculaire ; ovule solitaire, dressé ; albumen 0 ; embryon à radicule infère. Feuilles alternes ou opposées, sans stipules (Brongn.).

Cette classe ne renferme que la famille des Composées.

Famille des Composées (Compositæ).

Cette famille est la plus vaste du règne végétal; elle renferme environ 1/10 de toutes les Phanérogames connues ; elle est d'ailleurs assez nettement caractérisée pour qu'on reconnaisse sans peine au premier coup d'œil les plantes qui y rentrent. Ces plantes sont des herbes pour la plupart vivaces, quelquefois des arbrisseaux, rarement des arbres ; leur suc est aqueux pour les unes, laiteux pour les autres. Leurs feuilles sont presque toujours alternes, plus rarement opposées, quelquefois verticillées, en général simples, dans certains cas composées, et toujours sans stipules. — Leurs fleurs sont réunies en capitules (*voy.* p. 474 et suiv.) munis d'un involucre dont les écailles ou bractées peuvent être disposées de manières diverses (*voy.* p. 455), et dans lesquels la base commune des fleurs ou le réceptacle s'offre aussi sous différents états (*voy.* p. 476); de cette diversité résultent des caractères importants pour le classement.

Dans chaque fleur considérée en particulier, le calyce semble manquer le plus souvent parce qu'il s'est décomposé en poils qui grandissent ensuite avec le fruit et dont l'ensemble constitue l'aigrette (*voy.* p. 657); celle-ci offre, d'une plante à l'autre, des variations assez nombreuses que j'ai déjà signalées. La corolle, insérée sur un disque épigyne, est gamopétale, tubuleuse, et son limbe, le plus souvent à 5 dents ou divisions, est tantôt régulier, tantôt irrégulier. Pour les formes de ces corolles et les diverses combinaisons des fleurs qui les offrent, je renverrai à ce que j'ai déjà dit (*voy.* p. 517). La nervation caractéristique de cette corolle a été aussi indiquée plus haut (*voy.* p. 522). L'androcée comprend 5 étamines insérées sur le tube de la corolle, dont les filets sont distincts et séparés, tandis que les anthères, qui sont biloculaires, introrses et qui s'ouvrent dans toute leur longueur, à leur face interne, sont syngénèses (*voy.* p. 536); leur connectif, dépassant les loges, forme sur chacune d'elles un appendice terminal, et à leur base elles s'articulent sur le filet. L'ovaire infère renferme, dans sa loge unique, un seul ovule anatrope, dressé, et en outre, deux singuliers cordons ou bandelettes, de nature et de rôle inconnus, qui descendent de la base du style et arrivent vers le micropyle. Le style qui surmonte cet ovaire est cylindrique, parfois renflé comme en bulbe à sa base et divisé supérieurement en deux branches qui portent les papilles stigmatiques rangées et situées de manières assez différentes et assez fixes pour qu'en les combinant avec l'arrangement des poils collecteurs (*voy.* p. 586) on ait pu en déduire la subdivision de la famille en tribus.

Le fruit des Composées est un achaine généralement surmonté d'une aigrette et dont la graine unique, dressée sur un très-court funicule, a le test cohérent avec l'endocarpe, un tégument interne assez épais, translucide, et un embryon orthotrope, à radicule courte, infère.

Cette immense famille est tellement naturelle que la division en offre des difficultés réelles. Les travaux spéciaux dont elle a été l'objet, surtout de la part de Cassini, Lessing et de Candolle y ont fait établir un grand nombre de sections de divers ordres, rattachées à 8 tribus, qui elles-mêmes sont réunies en 3 grands sous-ordres ou sous-familles. Voici le tableau abrégé de ces sous-ordres et tribus avec quelques exemples de genres choisis parmi les principaux de ceux en très-grand nombre qui y rentrent.

A. Tubuliflores : fleurs hermaphrodites, à corolle régulière, formant 5 ou plus rarement 4 dents. 1° Vernoniacées : *Vernonia* Schreb., *Elephantopus* L., *Gundelia* Tourn. — 2° Eupatoriacées : *Ageratum* L., *Stevia* Cav., *Adenostyles* Cass., *Petasites* Tourn., *Tussilago* Tourn. — 3° Astéroïdées : *Aster* Nees, *Callistephus* Cass., *Erigeron* DC., *Bellis* L., *Solidago* L., *Conyza* Less., *Baccharis* L., *Inula* Gærtn., *Dahlia* Cav. — 4° Sénécionidées : *Silphium* L., *Zinnia* L., *Guizotia* Cass., *Coreopsis* L., *Helianthus* L., *Bidens* L., *Verbesina* Less., *Tagetes* Tourn., *Madia* Molin., *Anthemis* DC., *Leucanthemum* Tourn., *Pyrethrum* Gærtn., *Chrysanthemum* DC., *Artemisia* L., *Helichrysum* DC., *Cineraria* Less., *Senecio* Less. — 5° Cynarées : *Calendula* Neck., *Carlina* Tourn., *Centaurea* Less., *Carthamus* Tourn., *Cynara* Vaill., *Cirsium* Tourn., *Carduus* Gærtn., *Onopordon* Vaill.

B. Labiatiflores : Fleurs tantôt hermaphrodites à corolle généralement bilabiée, tantôt unisexuées à corolle ligulée ou bilabiée. — 6° Mutisiacées : *Mutisia* L. fil., *Chætanthera* R. et P., *Onoseris* DC. — 7° Nassauviacées : *Nassauvia* Commers., *Moscharia* R. et P., *Leukeria* Lag.

C. Liguliflores : Fleurs toutes hermaphrodites, à corolle ligulée : *Scolymus* Cass., *Leontodon* L., *Scorzonera* L., *Tragopogon* L., *Prenanthes* Gærtn., *Lactuca* L., *Crepis* L., *Hieracium* Tourn., *Cichorium* Tourn.

Les Composées sont répandues sur toute la terre; ce qu'on peut dire de plus général quant à leur distribution géographique, c'est que les régions tempérées-chaudes sont celles où elles se montrent en plus grand nombre, et que leur proportion va en diminuant de là vers l'équateur comme vers les pôles. Le nouveau monde en possède beaucoup plus que l'ancien. Elles se plaisent surtout dans les îles voisines des tropiques et le long des mers. Les Tubuliflores ont leur principal siége entre les tropiques, les Labiatiflores appartiennent presque toutes à l'Amérique où on les observe au delà de l'équateur et du tropique du Capricorne, en particulier sur la Cordillère; les Liguliflores dominent dans les parties tempérées de l'hémisphère boréal.

Diverses Composées sont employées en médecine principalement comme toniques ou comme excitantes. Le nombre en est trop grand pour que j'essaye d'en faire l'énumération. Plusieurs occupent une place importante dans les jardins potagers, comme : l'Artichaut (*Cynara Scolymus* L.), le Cardon (*Cynara Cardunculus* L.), les Laitues (*Lactuca*) et leurs nombreuses variétés, la Chicorée dite sauvage (*Cichorium Intybus* L.), et la Chicorée blanche ou frisée (*C. Endivia* L.), la Scorzonère (*Scorzonera Hispanica* L.), le Salsifis (*Tragopogon porrifolium* L.), etc. Il en est d'oléifères par leur graine, savoir : le *Guizotia oleifera* DC., cultivé pour ce motif dans l'Inde et en Abyssinie, le Madi du Chili (*Madia sativa* Molin.), dont on a essayé la culture en France, même le Tournesol des jardins (*Helianthus annuus* L.). Certaines Composées sont tinctoriales; ainsi la corolle du *Carthamus tinctorius* L. sert à teindre la soie en un rouge-minium fort beau, mais malheureusement peu durable; le *Serratula tinctoria* L., espèce indigène, renferme, dans ses feuilles, un principe colorant jaune. Enfin, j'ajouterai que de nombreuses Composées sont des plantes d'ornement fort répandues dans les jardins; telles sont : la Reine-Marguerite (*Callistephus sinensis* Cass.), le Dahlia (*Dahlia variabilis*

DC.), les Œillets d'Inde (*Tagetes erecta* et *patula* L.), les *Zinnia*, Pyrèthres, Chrysanthèmes, etc.

Soixante-huitième classe. — CAMPANULINÉES.

Corolle à préfloraison valvaire ou valvaire-plissée ; étamines symétriques, presque toujours indépendantes de la corolle, souvent soudées par les anthères ; stigmate accompagné généralement d'un organe collecteur pour le pollen ; graines à albumen charnu-huileux ; embryon à cotylédons étroits, non foliacés. Feuilles alternes, sans stipules ; suc laiteux (Brongn.).

M. Brongniart réunit dans cette classe les familles des Calycérées, Goodéniacées, Lobéliacées, Campanulacées, auxquelles il rattache avec doute celles des Stylidées et des Brunoniacées. Je ne m'occuperai que de celle des Campanulacées et j'ajouterai quelques mots sur celle des Lobéliacées.

Les *Campanulacées* (Campanulaceæ) sont des herbes annuelles ou vivaces, et deviennent quelquefois sous-frutescentes. Leurs feuilles généralement alternes sont simples, entières, plus souvent dentées ou crénelées, dans quelques cas lobées, souvent différentes de forme au bas de la plante et plus haut sur la tige (*voy.* p. 314, *fig.* 116). Leurs fleurs sont régulières et complètes : calyce supère ou à demi, persistant, à 5, plus rarement 3, 6, 8 lobes plans ou infléchis, se prolongeant dans le bas en une sorte de processus descendant qui répond aux sinus : corolle supère, gamopétale, le plus souvent marcescente, campanulée ou tubulée, ayant autant de lobes que le calyce ; étamines insérées, comme la corolle, sur un disque annulaire intérieur au calyce, le plus souvent indépendantes de la corolle, ayant les anthères introrses, biloculaires, conniventes ou très-légèrement adhérentes pour se séparer et s'écarter après l'anthèse : ovaire infère ou demi-infère, généralement à 5 loges (quelquefois 2 ou jusqu'à 8) contenant de nombreux ovules horizontaux et anatropes, portés sur des placentas axiles. Style terminal, simple, chargé de poils collecteurs qui présentent un phénomène curieux (*voy.* p. 586, fig. 390 A, B) ; il porte un stigmate indivis ou qui plus généralement forme autant de lobes qu'il existe de loges à l'ovaire. — Le fruit de ces plantes est une capsule qui conserve l'organisation de l'ovaire, dont la déhiscence a lieu, soit au sommet par de courtes fentes loculicides, soit par des trous, soit par des fissures transversales ; elle renferme beaucoup de très-petites graines dont l'embryon, à cotylédons fort courts, occupe l'axe d'un albumen charnu.

Jasione L., *Platycodon* DC., *Wahlenbergia* Schrad., *Phyteuma* L., *Campanula* L., *Specularia* Heist., *Michauxia* L'Hérit.

Les Campanulacées croissent principalement dans les contrées tempérées de l'hémisphère boréal; elles sont peu nombreuses entre les tropiques et redeviennent fréquentes au delà du tropique du Capricorne, surtout au cap de Bonne-Espérance. Ce sont, pour la plupart, des plantes élégantes; aussi plusieurs d'entre elles, parmi les Campanules, *Platycodon*, etc., sont-elles fréquemment cultivées; mais on ne peut guère citer que la Raiponce (*Campanula Rapunculus* L.), comme espèce usuelle.

Les *Lobéliacées* (Lobeliaceæ) se rapprochent beaucoup des Campanulacées, mais elles s'en distinguent surtout par leur fleur irrégulière, dont les 5 pétales sont soudés entre eux de diverses façons, le plus souvent de telle sorte qu'ils forment une lèvre plus ou moins large et simplement trilobée, avec une autre à deux pièces étroites, distinctes ou à peu près (*voy.* p. 516, *fig.* 297); en outre, leurs 5 étamines adhèrent entre elles à la fois par les anthères (introrses, biloculaires) et par la partie supérieure des filets. Leur ovaire infère ou demi-infère a 2 ou 3 loges multiovulées, ou quelquefois une seule par suite de la brièveté des cloisons. Le fruit est tantôt indéhiscent, charnu ou presque sec, tantôt capsulaire, et les graines très-petites qu'il renferme en grand nombre offrent, dans l'axe d'un albumen charnu, un embryon qui le traverse presque en entier.

Lobelia L., *Tupa* G. Don, *Siphocampylus* Pohl.

Les Lobéliacées croissent surtout dans les contrées intertropicales et tempérées-chaudes; elles sont néanmoins nombreuses dans l'hémisphère austral. Celles d'entre elles qui s'avancent haut vers le nord, dans l'hémisphère boréal, sont presque toutes américaines; car, pour l'ancien continent, il n'en possède qu'une en Europe et une dans le Kamtschatka. Ces plantes sont très-âcres et vénéneuses à un haut degré; cependant on en cultive quelques-unes à cause de la belle couleur de leur corolle, les unes en pleine terre, comme les *Lobelia Erinus* L., *fulgens* Willd., *cardinalis* L., les autres en serre, comme divers *Siphocampylus*, *Tupa*, etc.

TROISIÈME PARTIE

GÉOGRAPHIE BOTANIQUE

Son objet. — La distribution des plantes à la surface de notre globe n'a pas été déterminée à l'origine et ne s'opère pas non plus de nos jours par l'effet de circonstances purement fortuites, telles par conséquent qu'elles échappent à toute recherche analytique; au contraire, chacune d'elles exigeant pour vivre des conditions particulières de température, d'humidité, de sol, de lumière même, ne se développe et ne se propage que là où ces conditions nécessaires pour elle se trouvent réunies. Non-seulement les individus végétaux isolés, mais encore les espèces qu'il composent, même les groupes d'ordres divers et de plus en plus élevés que forment ces espèces, se montrent également assujettis à ces lois, à la vérité d'autant moins rigoureusement que la circonscription en est plus étendue. Déterminer ces conditions essentielles à la végétation dans leurs rapports avec la répartition des plantes sur la terre, constater ensuite où et comment celles-ci sont distribuées sur les différents points d'un pays et sur l'ensemble de la terre tout entière, tels sont les objets que se propose la géographie botanique. Il est facile de comprendre que cette partie de la science doit être examinée, dans un ouvrage élémentaire, après celles dont je me suis déjà occupé et même qu'elle ne peut y être exposée que fort sommairement; car, pour apprécier l'influence que les circonstances extérieures sont susceptibles d'exercer sur la végétation, il faut déjà connaître la marche normale et les exigences de cette végétation; pour étudier avec fruit la répartition des espèces, des genres et des familles à la surface du globe, il faut avoir déjà au moins quelques notions de ces espèces, de ces genres, de ces familles, sous peine de ne confier à sa mémoire que des mots qui ne rappellent rien à l'esprit, c'est-à-dire de se livrer à une étude sans résultat précis ni profitable.

Division.—On vient de voir que sous le nom de géographie botanique, on réunit deux études assez distinctes, dont l'une prépare l'autre ou lui sert de base ; la marche logique est en effet : 1° d'étudier les espèces végétales et secondairement les autres groupes de plantes quant à leur répartition sur la terre, en recherchant les causes appréciables de cette répartition ou du moins celles dont elle peut éprouver les effets ; 2° cette base posée, de relever les faits de distribution des plantes tels que l'observation directe nous les montre, c'est-à-dire d'examiner les différentes contrées de la terre pour tracer le tableau de la végétation propre à chacune d'elles, en d'autres termes pour faire le relevé des végétaux qu'elle nourrit. M. Alph. de Candolle à qui la science doit, sur cette branche de la science, un ouvrage fondamental[1], donne à la première de ces études, le nom de *Botanique géographique*, tandis qu'il appelle la seconde *Géographie botanique proprement dite*. Cette dernière appartient à peu près exclusivement aux ouvrages descriptifs, particulièrement aux Flores ; c'est donc uniquement à la première que sera consacré le court exposé suivant. Toutefois avant de commencer cet exposé, je dois donner quelques notions et définir quelques expressions usitées qui ont trait à la départition des plantes sur la terre.

Flore et tapis végétal. — La végétation de la terre ou seulement d'une contrée, même d'une localité restreinte, peut être envisagée à deux points de vue différents : quant à sa richesse en espèces et quant à la multiplicité des individus qui appartiennent à chaque espèce. L'ensemble des espèces qu'on trouve dans un pays en constitue la *Flore*; d'où l'on voit que ce mot est employé avec deux sens différents, tantôt avec la signification que je viens d'indiquer, et tantôt pour désigner les ouvrages qui ont pour objet spécial de faire connaître la végétation d'un pays. Quant à la multiplicité des individus sur une surface donnée, abstraction faite du nombre des espèces auxquelles ils appartiennent, elle donne ce qu'on appelle le *Tapis végétal*, par une expression empruntée à Thurmann, l'auteur d'un ouvrage remarquable sur la géographie botanique[2], ou, comme il la nommait, sur la

---

[1] *Géographie botanique raisonnée* ou exposition des faits principaux et des lois concernant la distribution géographique des plantes de l'époque actuelle ; 2 in-8 ; Paris, 1855 : I de xxxii et 606 p. avec une carte ; II. p. 607-1365.

[2] *Essai de phytostatique* appliqué à la chaîne du Jura et aux contrées voisines ; Berne, 1849 ; 2 in-8.

Phytostatique du Jura. Il est facile de faire sentir la différence complète qui existe entre les sens des deux mots Flore et Tapis végétal : deux localités ayant la même étendue peuvent offrir, l'une des espèces très-variées, mais représentées chacune par un petit nombre d'individus, l'autre fort peu d'espèces y comptant chacune des pieds très-multipliés. La première aura une flore riche avec l'apparence d'une végétation pauvre, tandis que la seconde aura un tapis végétal très-fourni et l'apparence d'une végétation luxuriante, bien que sa flore puisse être d'une extrême pauvreté. C'est ce dernier cas qui se présente dans la plupart des prairies et le premier se montre, par exemple, sur les sables des bords de la Méditerranée qui semblent presque entièrement nus et qui cependant nourrissent un assez grand nombre d'espèces.

Plantes sociales, cosmopolites, disjointes. — Quelquefois le tapis végétal est bien fourni, par suite de la multiplicité considérable des individus qu'on y trouve appartenant à une seule espèce ou tout au plus à un fort petit nombre d'espèces ; c'est que ces plantes sont peu exigeantes, d'une multiplication facile, en général d'un tempérament peu délicat, et que, trouvant, dans la localité où on les observe, un ensemble de conditions qui leur convient, elles excluent tout autre végétal des surfaces dont elles se sont une fois emparées. Vivant habituellement en société de leurs semblables, elles sont, pour ce motif, appelées plantes *sociales* ; telles sont nos Bruyères, les *Stipa* qui peuplent les steppes de la Russie, etc. Des qualités assez analogues permettent à d'autres espèces de réussir dans des localités nombreuses et diverses ; celles-ci sont quelquefois désignées par le mot de *cosmopolites*, dont le sens est certainement trop large dans ce cas. Le nombre de ces dernières est peu considérable, et ce sont principalement des espèces aquatiques auxquelles l'uniformité du milieu qu'elles habitent permet de rencontrer dans des localités même distantes des conditions presque identiques. Enfin il existe des espèces *disjointes* qu'on est surpris d'observer croissant également bien dans deux ou trois pays séparés l'un de l'autre par de grands intervalles.

Aire, ses limites, etc. — Si l'on fait le relevé de toutes les localités dans lesquelles se rencontre une espèce végétale, on reconnaît qu'elle se montre sur une certaine portion de la surface terrestre, en dehors de laquelle on ne la retrouve plus ou seulement dans de rares exceptions. Cette portion de la surface terrestre qu'elle habite, ou qui constitue son *habitation*, considérée dans son ensemble, est appelée son *aire*. Les aires diffèrent d'une espèce à l'autre pour l'étendue et pour le contour, mais, sous ce dernier rapport, moins qu'on ne serait porté à le penser *a priori*; car M. Alph. De Candolle, qui a étudié ce sujet avec un soin extrême, a reconnu que leur forme générale ou moyenne est une ellipse dirigée de l'est à l'ouest, et peu allongée. La ligne au delà de laquelle la plante ne se montre plus, est la *limite* de son aire ; la ligne où elle se termine du côté du pôle est sa *limite polaire*; celle qui la circonscrit du côté de l'équateur est sa *limite équatoriale*. Mais dans tout l'espace compris entre ces limites elle ne se rencontre pas avec la même fréquence. On y remarque généralement comme un centre plus ou moins étendu dans lequel elle abonde, prospère, et à partir duquel elle semble rayonner, en devenant de moins en moins fréquente, en général même de moins en moins luxuriante à mesure qu'elle s'en éloigne. C'est là ce qu'on nomme ordinairement le *centre de création* de l'espèce, expression qui repose sur une hypothèse généralement admise, mais qui donne prise à diverses objections. — D'un autre côté, sur cette étendue qui constitue son aire, l'espèce ne trouve point partout les conditions de sol, de température, etc., sans lesquelles les individus qui lui appartiennent ne peuvent exister ; aussi ne croit-elle que sur les points, toujours analogues entre eux pour un même type spécifique, où ces conditions sont réunies. Cette réunion de conditions caractérise la *station* particulière de la plante; par exemple, les bois, les prairies, les marais, les terres salées, etc., constituent autant de stations distinctes, habitées par telle ou telle plante, et où l'on doit toujours chercher chacune d'elles. Il faut se garder de confondre l'habitation et la station d'une espèce ; nous venons de voir que le premier de ces mots désigne seulement la localité où elle se trouve, abstraction faite de toute autre considération, tandis que le second rappelle l'ensemble des conditions spéciales qui lui permet de venir en un point et non en un autre. Dire qu'une plante se trouve dans les environs de Paris, c'est en indiquer seulement l'habitation ou, comme on le dit plus ordinairement, l'*habitat*; ajouter qu'on l'y trouve dans les marais, parmi les décombres, dans les bois, etc., c'est en désigner la station.

Ces notions posées, examinons les influences qui peuvent amener les individus de chaque espèce végétale à croître dans une localité plutôt que dans une autre. Ces influences sont celles : 1° des agents impondérables, chaleur et lumière ; 2° des milieux, eau, atmosphère, sol ; 3° des êtres organisés, surtout de l'homme dont l'action raisonnée, ou, dans beaucoup de cas, involontaire peut amoindrir et même neutraliser toutes les autres.

Influence de la température. — Toute plante a besoin, pour entrer en végétation, d'un certain degré de chaleur au-dessous duquel elle reste comme engourdie. Dès que la température a dépassé ce minimum, l'organisme végétal se réveille; son développement commence; il devient de plus en plus rapide à mesure que la chaleur augmente, et cela jusqu'à un certain terme; celui-ci une fois atteint, la végétation languit et s'arrête encore, et un nouvel accroissement de chaleur en détermine l'arrêt définitif avec la mort. Il y a donc un certain nombre de degrés entre lesquels la végétation suit une marche ascendante, pour se ralentir ensuite, et en-dessous comme en-dessus desquels elle est d'abord stationnaire, pour cesser ensuite à jamais. On voit donc que l'insuffisance comme l'excès de chaleur agissent à deux degrés différents et successifs. De là vient que les hivers ordinaires suspendent seulement le développement des plantes, amènent pour elles un simple engourdissement, tandis que les froids exceptionnels en font périr un grand nombre. — Le degré de froid qui amène l'arrêt de la végétation et celui qui cause la mort varient considérablement pour les différentes espèces végétales; c'est ce qu'on indique vulgairement en qualifiant les unes de délicates et les autres de rustiques ; mais, en moyenne, c'est vers 0° que cesse tout développement, et les végétaux des contrées tempérées ou froides supportent des gelées à plusieurs degrés au-dessous de 0° avant que leur mort survienne. Dans ce dernier cas, on a pensé que la plante périt parce que ses sucs, en se congelant, augmentent de volume, déchirent par cela même les cellules qu'ils remplissaient et déterminent ainsi dans les tissus une désorganisation avec laquelle la vie cesse nécessairement. Il est certain que des froids rigoureux amènent mécaniquement des déchirures considérables dans les végétaux; c'est ainsi, par exemple, que dans les parties froides de l'Europe, les fortes gelées font éclater des arbres avec une sorte d'explosion. Néanmoins il est facile de reconnaître que, dans la grande majorité des cas, la mort par le froid n'est pas la conséquence de la congélation des sucs; car nous voyons différentes plantes de nos pays devenir roides, n'être à peu près qu'un glaçon après une forte gelée, et reprendre ensuite pourvu qu'elles soient dégelées lentement ; en outre, la plupart des espèces propres aux pays chauds succombent à une température de quelques degrés au-dessus de 0° et qui ne peut dès lors congeler leurs sucs.

Le point d'arrêt par insuffisance de chaleur, qui constitue ce qu'on pourrait appeler le 0° du thermomètre végétal, varie pour les différentes espèces; en général, il correspond à une température de plus en plus basse en allant de celles qui habitent les régions chaudes, à celles qui se trouvent dans les contrées froides ou à des altitudes considérables, et qu'on nomme espèces *alpines* en appliquant aux plantes de toutes les hautes montagnes une désignation qui n'indiquait d'abord que celles des Alpes. Aussi tandis qu'il faut plusieurs degrés au-dessus de 0° pour mettre en activité la végétation des plantes tropicales, les plantes septentrionales et alpines poussent et fleurissent aussitôt que fond la neige qui les couvrait; même M. Martins rapporte avoir vu en fleurs la Soldanelle alpine sous une voûte de neige.

L'excès de température arrête la végétation, probablement moins par lui-même que par la sécheresse qu'il détermine; ses effets se manifestent souvent d'une manière analogue en apparence à ceux que produit le froid; c'est ainsi que les bois appelés Catingas dans le Brésil, sont dépouillés de feuilles pendant la saison chaude et sèche, comme le sont ceux des régions tempérées pendant la saison froide.

L'activité de la végétation étant, jusqu'à une certaine limite, en rapport avec l'élévation de la température, quelques botanistes ont cru pouvoir comparer une plante à un thermomètre; mais M. Alph. De Candolle a fait sentir le peu de justesse de cette comparaison; en effet, la marche d'un thermomètre comprend une série d'oscillations déterminées par les exhaussements et abaissements alternatifs de la température, tandis que celle de la végétation ne comprend que des accroissements séparés par des temps d'arrêt, sans possibilité de mouvements rétrogrades.

La conséquence de ce qui précède c'est que, pour les plantes, il y a : 1° des température *utiles*, comprises entre le minimum et le maximum végétatifs; 2° des températures *inutiles* au-dessous de ce minimum et au-dessus de ce maximum, jusqu'au terme où surviennent les températures *nuisibles*.

Au total, puisque chaque plante a besoin, pour pousser et se reproduire, d'une certaine chaleur et qu'elle succombe à certains froids, comme elle souffre ou périt sous l'action de températures trop hautes, il existe une relation directe et nécessaire entre elle et le climat. Afin d'exprimer cette relation d'une manière précise et saisissante à la fois, Humboldt a imaginé de tracer sur une mappemonde des lignes qu'il a nommées *isothermes* ou d'égale chaleur moyenne, parce que chacune d'elles passe par tous les points de la terre qui possèdent la même température moyenne annuelle. Si la température diminuait régulièrement et dans la même proportion pour chaque méridien terrestre, à mesure qu'on s'éloigne de l'équateur, ces lignes isothermes seraient parallèles aux cercles de latitude ; mais il n'en est pas ainsi. Il en résulte que les lignes isothermes diffèrent complétement des cercles de latitude et que leur marche sur la terre est très-sinueuse, à ce point que parfois deux localités entre lesquelles il existe une différence de 10 et quelquefois 15 degrés en latitude ont la même température moyenne annuelle. Malheureusement la température moyenne annuelle n'est qu'une expression fort imparfaite des climats, parce qu'elle peut être la même pour deux d'entre eux qui diffèrent complétement l'un de l'autre. En effet, le peu de variations de température que subit l'immense masse des mers procure aux îles et aux contrées littorales, un climat remarquablement uniforme, doux en hiver et modérément chaud en été, tandis que la grande facilité avec laquelle les grandes surfaces de terre sèche se réchauffent et se refroidissent alternativement, rend le centre des continents très-froid en hiver et très-chaud en été. D'autres causes amènent ce dernier résultat, sur les côtes orientales de l'ancien comme du nouveau monde. Il existe donc deux sortes dissemblables de climats dont la température moyenne annuelle ne donne nullement l'expression, savoir : les climats *uniformes* ou *maritimes* ou *marins* et les climats *excessifs* ou *continentaux*. Citons quelques exemples des uns et des autres. Dublin, par 53° 21′ de latit. N., a 9°5 de température moyenne annuelle, et, grâce à sa situation dans une île, la température moyenne de son hiver n'est pas inférieure à + 4°, tandis que celle de son été ne dépasse pas + 15°5; Berne, placée assez avant dans le continent européen, à la latitude de 46° 56′, possède une température moyenne annuelle de 9°6, par conséquent presque identique à la précédente; cependant ses hivers sont assez rigoureux pour que sa température moyenne hiémale soit seulement de 0″, et ses étés sont assez chauds pour que leur température moyenne s'élève à + 19°2. De même la température moyenne annuelle est de 12° 7 à Nantes, de 12° 6 à Péking; or, ces deux chiffres semblables n'indiquent guères l'extrême différence qui existe entre les climats de ces deux villes dont la première a + 4° 7 en hiver,

+ 20°5 en été, tandis que la seconde a — 5°1 en hiver, + 28°1 en été.

Reconnaissant le peu de signification des isothermes pour rendre compte de l'action de la température sur les végétaux, Humboldt y a joint deux autres natures de lignes dont l'une, appelée par lui *isochimène*, réunit toutes les localités qui possèdent la même température moyenne hiémale, dont l'autre, nommée *isothère*, passe par tous les lieux qui ont la même température moyenne estivale. Ces lignes fournissent une expression beaucoup plus exacte des climats, et par conséquent des conditions qu'y rencontrent les végétaux; toutefois à ce dernier point de vue, il faut y joindre encore une autre donnée, celle du maximum de froid qu'amènent les hivers rigoureux; car, ce maximum de froid ou minimum de température détermine une grande mortalité parmi les végétaux même indigènes, à moins que la neige ne vienne couvrir toutes leurs parties souterraines d'un véritable abri qui en amoindrisse considérablement les effets.

Pour s'expliquer la présence d'une plante dans telle localité, son absence dans telle autre, il faut ajouter à ces données déjà fondamentales, quelques autres considérations dont l'intérêt, toujours grand, acquiert parfois une importance majeure. Ainsi l'on doit tenir grand compte de la température du sol dans lequel s'étendent les racines et de l'action directe des rayons solaires sur les organes aériens. L'action de la température du sol est très-importante pour la végétation; si l'observation de chaque jour ne suffisait pas pour la mettre en évidence, on n'aurait, afin de la reconnaître, qu'à examiner le rôle essentiel qu'on lui fait jouer dans la culture des plantes de serre, pour lesquelles on trouve de grands avantages à réchauffer la terre. Quant à la différence de chaleur qu'éprouvent les plantes exposées au soleil comparativement à un thermomètre placé à l'ombre, ou, en termes généraux, quant aux effets de l'insolation, ils ont été évalués par M. Alph. De Candolle, pour les plantes croissant en Europe, entre 44 et 47° de latitude N., à l'action produite par un degré de température mesurée au moyen d'un thermomètre situé à l'ombre, pour celles qui se trouvent sous le 57ᵉ degré de latitude N., à 2°5 de température mesurée de la même manière.

Influence de la lumière. — L'influence de la lumière sur les plantes est difficile à isoler de celle de la chaleur, et d'ailleurs il n'est guère possible d'en exprimer les effets avec la rigueur ni avec la commodité que le thermomètre donne pour cette dernière : cependant certains faits de végétation la mettent en évidence. Ainsi les espèces qui croissent habituellement dans les bois et à l'ombre, ne peuvent changer cette manière d'être et ne prospèrent pas dans les endroits découverts, où la lumière est fort vive. La culture est obligée de tenir compte de cette action et de graduer l'intensité de la lumière à laquelle les plantes sont soumises en raison des habitudes naturelles qui les distinguent. Cette même action se manifeste d'une manière appréciable aux yeux par la couleur des fleurs. On sait que la corolle des espèces qui croissent à de grandes hauteurs sur les montagnes, a des couleurs très-vives, l'atmosphère plus pure et d'ailleurs moins épaisse à ce niveau laissant aux rayons de soleil qui les frappent un plus grand pouvoir éclairant. Il y a même quelques espèces auxquelles la flexibilité de leur tempérament, si l'on peut ainsi parler, permet de prospérer à des altitudes très-différentes, et dans lesquelles la teinte de la fleur s'avive à mesure qu'elles atteignent un niveau plus élevé. On en voit notamment un exemple dans l'*Anthyllis vulneraria* dont la corolle varie ainsi en certains lieux, d'un rose très-pâle, même du blanc pur, à un rouge pourpre intense. — L'influence de la lumière explique la différence marquée qui existe entre les plantes des terres découvertes, avec leur air de vigueur, leur verdure intense, leur odeur aromatique et celles des bois, ou plus généralement des lieux ombragés, que distinguent des caractères opposés.

Influence du sol. — L'influence du sol sur la distribution géographique des plantes est l'une de celles qu'on s'est le plus occupé à déterminer ; on a recueilli, dans ce but, des faits en grand nombre ; mais le groupement de ces faits et la discussion dont ils ont fourni les éléments ont conduit à des conclusions divergentes, ou même opposées.

L'idée la plus ancienne et la plus répandue consiste à admettre que les différentes natures de sol, considérées relativement à leur composition chimique, ont toutes une flore qui leur est propre et qui les caractérise. Cette opinion semble reposer sur une base physiologique ; car, si chaque plante, ayant sa composition propre, exige une nature déterminée d'aliment, elle ne pourra vivre que là où ses racines rencontreront cet aliment qui lui est nécessaire. Cette idée trouve d'ailleurs une justification facile lorsqu'on n'examine qu'une surface de pays peu étendue ; mais elle semble beaucoup moins légitimée, elle est même souvent contredite lorsqu'on essaye de l'appliquer à une grande contrée.

Dans l'application qu'il s'agit d'en faire, la première question qu'on ait à résoudre consiste à subdiviser les sols en classes assez nettement tranchées pour qu'on puisse s'attendre à trouver pour chacune d'elles une flore spéciale. Or, cette classification offre déjà beaucoup de difficulté, et les efforts qu'on a faits pour l'établir n'ont abouti qu'à faire distinguer des sols calcaires, des sols siliceux et des sols argileux. On a même bientôt reconnu que la catégorie des sols argileux est bien moins nettement caractérisée que les deux autres. On a dû admettre également que les plantes qui se rattachent à chacune de ces sortes de terre tiennent à elle avec des degrés divers d'énergie. De là M. Unger en a distingué trois catégories qu'il a désignées par les mots allemands de *bodenstete, bodenholde, bodenvage;* ces mots reviendraient, en français, à ceux de plantes *propres, préférentes, indifférentes.*

Il est clair que les plantes indifférentes ne sont que très-imparfaitement caractéristiques; que les plantes préférentes ne fournissent qu'une caractéristique entachée de nombreuses exceptions; enfin que les plantes propres à tel ou tel sol sont celles qui doivent fournir les meilleurs arguments en faveur de la théorie de l'action chimique.

Jusqu'à ce jour on a publié de nombreuses listes d'espèces considérées comme caractéristiques des sols calcaires, siliceux et argileux; mais la comparaison de ces listes a montré que la plupart des plantes qu'elles comprennent sont indiquées comme appartenant à des sols différents dans différents pays. Il a donc fallu retrancher beaucoup de ces indications comme se détruisant l'une l'autre. Ces éliminations faites, il reste comme paraissant caractéristiques : 1° pour les sols calcaires : Buis, *Polypodium calcareum, Asclepias Vincetoxicum, Gentiana cruciata, Carlina acaulis, Anthyllis vulneraria, Astragalus glycyphyllos, Helianthemum vulgare, Euphorbia Cyparissias,* Hêtre, *Pirus Aria,* plusieurs Orchidées, surtout le *Cypripedium Calceolus, Ononis, Melampyrum,* etc., parmi les plantes cultivées, le Sainfoin (*Onobrychis sativa*), le Trèfle, etc. ; 2° pour les sols siliceux : Châtaignier, *Calamagrostis arenaria, Elymus arenarius* et nombreuses Graminées, *Digitalis purpurea, Plantago arenaria, Jasione montana,* ainsi qu'un certain nombre de plantes diverses auxquelles leur présence habituelle sur les sables a fait donner l'épithète spécifique de *arenaria;* 3° pour les terres argileuses : *Tussilago Farfara, T. Petasites, Arctium Lappa, Inula dysenterica, Cichorium Intybus, Thlaspi campestre,* etc. M. de Gasparin fait observer que les plantes de la dernière de ces trois catégories indiquent l'existence d'un sous-sol imperméable et humide plutôt que celle de l'argile.

La théorie qui attribue à la composition chimique du sol une influence capitale sur la distribution des espèces a été depuis longtemps l'objet de sérieuses objections. Plus les études de géographie botanique se sont multipliées, plus on a comparé entre eux de pays différents au point de vue de la végétation qu'ils nourrissent, et plus on a été conduit à restreindre la liste des plantes qui jusqu'alors avaient été indiquées comme caractéristiques de tel ou tel sol. On conçoit qu'il ait dû en être ainsi quand on songe que les racines ne sont que rarement implantées dans une couche de terre formée sans mélange, par la désagrégation d'une roche homogène ; mais que le plus souvent elles s'étendent dans la couche superficielle appelée terre végétale, dont la formation est due à la réunion de matières diverses et qui, dans la généralité des cas, renferme de l'argile, du sable et du calcaire, seulement dans des proportions relatives variables d'un lieu à l'autre. Déjà A. P. De Candolle, à la suite de ses nombreuses herborisations en France, en était venu à dire qu'il avait trouvé presque toutes les plantes naissant spontanément dans presque tous les terrains minéralogiques. Son fils a donné un caractère plus précis encore à cet énoncé ; en prenant pour base le mémoire de M. Hugo von Mohl sur l'influence du sol[1], et en comparant les indications relatives à 755 espèces de la Suisse ou de l'Autriche, avec les données fournies par l'étude de la flore d'autres parties de l'Europe, il a été conduit à cette conclusion que, sur 383 qui sont citées comme propres à une nature de sol ou au moins comme ayant pour elle une préférence marquée, 26 seulement restent comme n'ayant été trouvées encore que sur des terrains primitifs et 31 sur des sols calcaires. Il s'empresse même d'ajouter : « Quelques années encore d'observations plus exactes sur différents points du globe, et nous verrons certainement diminuer ces chiffres déjà réduits. »

Si le sol exerce, en vertu de sa composition chimique, une influence aussi limitée qu'on vient de le voir sur la distribution des plantes, à quoi peut-on attribuer son action, puisqu'elle semble incontestable dans la plupart des cas ? Une réponse à cette question, donnée d'abord par quelques botanistes avec assez d'incertitude et d'hésitation, a été formulée de la manière la plus nette et la plus

[1] Ueber den Einfluss der Bodens auf die Vertheilung der Alpenpflanzen, dissert. de 1838, réimpr. dans *Vermischte Schriften*, pp. 393-428.

catégorique par Thurmann. Le remarquable ouvrage de ce géologue-botaniste a pour objet essentiel de démontrer que c'est aux propriétés physiques du sol, particulièrement à sa désagrégation plus ou moins complète, à l'avidité avec laquelle il retient l'eau ou à la facilité avec laquelle il la laisse passer, qu'on doit attribuer l'influence dont on avait cherché la cause uniquement dans sa composition chimique ; que, pour citer un seul exemple, les sables ont tous la même flore, qu'ils soient calcaires ou siliceux, etc. Cependant, il ressort de l'ouvrage même de ce savant, que l'état physique du sol se relie directement à sa composition chimique, de telle sorte que son influence ne peut être attribuée à l'un ou à l'autre exclusivement, mais doit être considérée comme résultant de l'un et de l'autre à la fois.

Influence de l'eau. — L'influence de l'eau sur la répartition des végétaux à la surface du globe tient à l'importance et à la complexité de son action ; elle intervient, en effet, dans la végétation, comme aliment, comme véhicule nécessaire des matières solubles nutritives, comme entretenant la fraîcheur de la terre, enfin, comme jouant, pour quelques espèces, le rôle de milieu, et pourrait-on presque dire, de sol. Dans ce dernier cas, il est évident qu'elle détermine la distribution géographique plus que toute autre cause ; or, comme elle se présente, dans tous les pays, avec une remarquable uniformité de composition et d'état physique, même de température, elle détermine ce double résultat, d'abord qu'elle a partout une flore spéciale analogue ou du moins comparable, ensuite que la plupart des plantes qui lui appartiennent essentiellement se distinguent par l'ampleur de leur diffusion.

Quant aux plantes non aquatiques, elles ont, relativement à ce liquide, des exigences fort diverses. Certaines de leurs espèces ne croissent que sur les terres décidément humides ; d'autres préfèrent celles qui sont simplement fraîches ; il en est enfin qui supportent la sécheresse avec plus ou moins de facilité. Sous ces divers rapports, la quantité d'eau qui tombe annuellement et la répartition des pluies aux différentes époques de l'année sont des facteurs importants de la distribution géographique des plantes. Ainsi la longue sécheresse qui règne pendant l'été, dans les contrées méridionales, oppose un obstacle infranchissable à la diffusion dans ce sens des plantes qui exigent une fraîcheur constante dans le sol, et détermine par cela même, la limite équatoriale de leur aire ; réciproquement, l'humidité presque incessante des pays plus ou moins septentrionaux peut arrêter du côté du nord les espèces organisées de manière à végéter malgré la sécheresse. Cependant, il ne faut pas oublier que la chaleur, en combinant son action avec celle de l'humidité, peut modifier à un haut degré l'influence de celle-ci.

Influence des êtres organisés. — D'après la nature de ces êtres, les influences qu'ils exercent peuvent être distinguées selon qu'elles proviennent de plantes agissant sur d'autres plantes, ou selon qu'elles sont produites par des animaux et par l'homme lui-même.

1° **Influence des plantes.** — Le règne végétal nous offre, à la surface de la terre, le spectacle d'une lutte de tous les lieux et de tous les instants. Lorsqu'une plante s'est établie sur un point quelconque, elle résiste à tout envahissement étranger; parfois même, comme dans le cas des espèces sociales, elle exclut à peu près toute autre espèce de surfaces considérables, auxquelles elle constitue ainsi une flore d'une extrême pauvreté, bien qu'elle les couvre d'un tapis continu. Parmi les espèces qui se disputent le sol, il est à peine besoin de dire que les plus vigoureuses et les moins exigeantes relativement aux circonstances extérieures, ou celles qui s'accommodent le mieux du sol dont elles se sont emparées, doivent nécessairement avoir le dessus sur toutes les autres. Une autre conséquence qui s'offre d'elle-même à l'esprit, c'est que les terres le mieux caractérisées par leur composition chimique ou par leur état physique, ont la flore la plus spéciale et la moins variée, tandis que le contraire a lieu pour les localités où s'étend une couche épaisse de terre végétale, produite par la désagrégation de roches diverses, dont les débris ont été mélangés, remaniés par les eaux et les vents, et à laquelle, en outre, se sont ajoutés peu à peu des débris tant végétaux qu'animaux.

La lutte s'établit, sur la terre, non-seulement entre les herbes, mais encore entre les végétaux ligneux, ou entre ceux-ci et les espèces herbacées. Ainsi, dans nos forêts d'Europe, nous voyons souvent les arbres céder la place à la végétation plus basse qui forme le sous-bois, ou même simplement le tapis herbacé; il en résulte la production de clairières qui tendent sans cesse à s'agrandir. Le contraire a lieu, en général, pour la végétation vigoureuse de l'Amérique du Sud, où on voit fréquemment les forêts s'étendre graduellement et gagner peu à peu sur les prairies.

L'ombre elle-même influe puissamment sur la distribution des plantes; celle des forêts exclut de vastes surfaces de terre toutes les espèces qui ne sont pas organisées en vue de cette situation particulière, et ne laisse prospérer, sous le couvert des arbres, qu'un nombre restreint de végétaux qui redoutent une lumière vive, aussi bien que la transpiration abondante à laquelle elles seraient soumises dans des endroits découverts. Plus l'ombrage est épais, plus est faible le nombre des végétaux capables de résister à son action ; aussi, le sol reste-t-il nu ou à fort peu près dans les forêts de Conifères où végètent seules les Pyroles, l'Airelle Myrtille et quelques autres espèces.

2° *Influence des animaux et de l'homme.* — Le bétail, les animaux sauvages contribuent à la dissémination de diverses plantes : celles dont la graine est renfermée dans un péricarpe ou dans un involucre muni de crochets ou d'aspérités, s'accrochent aux poils des Mammifères, particulièrement à la laine des moutons, et sont ainsi transportés souvent à de grandes distances. On sait que le Port-Juvénal, près de Montpellier, les abords du port de Marseille et quelques autres endroits où l'on débarque et lave les laines transportées de différents pays, ont une flore particulière et très-changeante, composée de plantes exotiques qui naissent des graines apportées involontairement avec les toisons. Les oiseaux granivores disséminent avec leurs excréments, quelquefois aussi d'autres manières, des fruits et des graines en général d'un faible volume ; ainsi les Grives sèment le Gui sur les arbres qui doivent le nourrir. Mais le grand disséminateur des plantes est l'homme. Soit avec intention, soit indépendamment de sa volonté, il introduit partout où il va des graines d'espèces propres à sa patrie. Si, dans le nouveau pays où elles sont ainsi transportées, elles trouvent un climat et des conditions extérieures favorables, elles s'y naturalisent, et souvent elles ne tardent pas à y devenir très-communes. Ainsi, la plupart des plantes qui croissent dans nos champs, les Coquelicots, le Bluet, etc., nous sont venues du Levant, et les agriculteurs ne savent que trop avec quelle déplorable facilité elles se conservent et se propagent, grâce à cette culture même, dont l'un des principaux objets est précisément de les détruire. Un autre exemple fort remarquable de ces transports d'espèces est signalé par Aug. Saint-Hilaire, comme ayant eu lieu dans l'Amérique du Sud. Au Brésil, rapporte ce botaniste-voyageur, nos Violettes, la Bourrache (qui déjà paraît nous être venue du Levant), le Fenouil, quelques *Geranium* de nos pays, se sont parfaitement naturalisés autour de Sainte-Thérèse. L'Avoine y est devenue fort commune dans les pâturages. Partout où retrouve, dans les parties méridionales de ce pays, nos Mauves, nos *Anthemis*, notre Marrube. Un *Myagrum* d'Europe, dix années à peine après sa première apparition sur les murs de Montevidéo, s'était si complétement naturalisé, qu'il garnissait déjà tout l'espace situé entre la ville et son faubourg. Dans les vastes plaines du Rio de la Plata et de l'Uruguay, le Chardon-Marie (*Silybum Marianum* Gærtn.) et le *Cynara Cardunculus*, venus d'Europe, se sont emparés de vastes surfaces qu'ils couvrent entièrement et qu'ils ont rendues inutiles comme pàturages.

Toutefois, à côté de ces importations qui se sont opérées avec tant de facilité et, pourrait-on presque dire, d'elles-mêmes, il en est qui ont rencontré des obstacles insurmontables. Ainsi, les recherches de M. Planchon ont démontré que les nombreuses espèces apportées avec des laines au Port-Juvénal, près de Montpellier, ne font guère qu'y paraître et disparaître; quelques-unes se reproduisent, mais sans s'étendre; enfin 6 seulement depuis deux siècles ont pris, dans le pays, le caractère de plantes entièrement naturalisées et même communes.

Quant aux introductions faites avec intention, on ne peut en citer qu'un bien petit nombre qui aient ajouté définitivement à une flore. Les exemples les plus saillants peut-être sont ceux du *Jussieua grandiflora* qui, jeté dans la rivière du Lez, près de Montpellier, par Millois, jardinier-chef du Jardin des Plantes de cette ville, y est devenu assez abondant pour gêner la navigation, et de l'*Aponogeton distachyum* qui, placé par Farel dans les parties peu profondes et limoneuses de la même rivière, y prospère, à Lavalette, mais sans s'être étendu beaucoup au delà.

Au total, des plantes se répandent sur les pas de l'homme en assez grand nombre pour modifier notablement la flore de divers pays, et pour qu'il soit quelquefois devenu difficile, dans l'état actuel des choses, d'en reconnaître la physionomie primitive.

Stations et habitations des plantes. — Les diverses influences dont je viens de m'occuper amènent ou au moins permettent la présence de telle ou telle espèce, sur tel ou tel point de la surface du globe; elles déterminent donc les stations et les habitations. Ce sont les conditions de sol et d'humidité qui caractérisent les stations, tandis que les habitations sont essentiellement subordonnées à la température, au degré d'humidité, aux transports, en un mot aux actions générales qui règlent ou favorisent la dissémination et la conservation des plantes.

1° *Stations.* Le nombre des stations admises comme distinctes par les botanistes varie assez selon l'appréciation qu'ils en font. A. P. De Candolle reconnaissait les suivantes comme les mieux caractérisées : 1° L'*eau de mer* ou plus généralement l'*eau salée*, dans laquelle croissent les plantes *marines*. Ce sont principalement des Algues, et, parmi les Phanérogames, les Zostéracées : — 2° Les *marais salés* où viennent les plantes *maritimes* ou *littorales* ou *salines* qui exigent, pour végéter, du sel marin, à ce point qu'on les retrouve même loin du littoral des mers et dans l'intérieur des terres, auprès des sources salées ou dans les sols naturellement imprégnés de sel. Ces plantes sont surtout des Chénopodées (*Suæda, Salsola, Salicornia, Atriplex*, etc.) à feuilles charnues ou glauques; dans les pays chauds, ce sont des arbres, les *Rhizophora, Bruguiera, Avicennia*, dont les racines plongent dans la terre, sous l'eau de la mer, et qui forment sur le littoral même une bordure de bois habités par des animaux de toute sorte ; — 3° Les *eaux douces* qu'habitent les plantes *aquatiques* : ces plantes peuvent être divisées en *lacustres*, propres aux lacs dont l'eau est profonde ou du moins ne tarit jamais (*Nymphæa alba, Nuphar, Scirpus lacustris, Utricularia*, la plupart des *Potamogeton*) ; en plantes de fossés et d'étangs, qui passent insensiblement aux précédentes (*Butomus umbellatus, Veronica Anagallis*, etc.); en plantes des sources ou *fontinales* (*Montia fontana, Veronica Beccabunga*) ; en plantes *inondées* ou croissant dans les lieux que l'eau couvre pendant l'hiver et le printemps, mais qui restent à sec en été (*Limosella, Péplis, Juncus bufonius*, etc.) ; — 4° Les *marais* et *marécages* passent par des transitions graduées aux prairies marécageuses; on les a distingués en trois sous-stations : *a*, les tourbières dont les plantes (*plantæ turfosæ*) sont en général sociales et possèdent de longues racines ; tels sont : des *Drosera*, l'*Oxycoccos*, l'*Andromeda polifolia*, le *Comarum palustre*, etc., et comme cryptogames, avant tout, les *Sphagnum ; b*, les endroits herbeux reposant sur un sous-sol spongieux, très-humide, formé le plus souvent par une ancienne tourbière, qui cède sous le pied pour se relever ensuite. Là croissent les plantes qualifiées de *plantæ uliginosæ*, comme les *Pinguicula, Caltha palustris, Primula farinosa*, etc. ; *c*, les marais proprement dits, souvent à sec en été, où viennent les plantes *marécageuses* ou *palustres*, comme le *Bidens cernua*, le *Cineraria palustris*, le *Scheuchzeria*, etc. ; — 5° Les *prairies* et les *pâturages* sont peuplés de plantes sociales, vivaces, qui excluent les espèces annuelles et qui étouffent les jeunes pieds de végétaux ligneux quand il y en germe accidentellement. La flore de cette station varie beaucoup selon que la terre est légère ou compacte, sèche ou humide, voisine de la mer, ou située soit dans l'intérieur des terres, soit sur des montagnes. Le fond en est formé le plus souvent, dans nos contrées, de Graminées auxquelles s'entremêlent des Légumineuses, des Composées, etc. ; — 6° Les *terres cultivées* présentent, avec les plantes que les soins de l'homme y entretiennent, une végétation adventice, parasite, que les labours et les sarclages sont destinés à détruire. Dans nos champs, ce sont les Coquelicots (*Papaver Rhæas, dubium, Argemone*), le Bluet (*Centaurea Cyanus*), le *Sinapis arvensis*, la Nielle (*Lychnis Githago* Lamk.), etc., puis, après la moisson, surviennent des espèces plus tardives ou qui se plaisent dans les terres découvertes, comme la Petite Oseille (*Rumex Acetosella*), le *Stachys arvensis*, l'*Echium vulgare*, que Linné appelait *plantæ arvenses* ou plantes des guérets, des jachères. Dans les rizières croissent aussi quelques plantes spéciales, notamment le *Suffrenia filiformis;* parmi les Lins, le *Silene rubella* L., etc. Dans les vignes, surtout de nos départements méridionaux, ce sont des Amarantes, des *Chenopodium*, le *Tragus racemosus*, quelques *Helianthemum*, etc. Toutefois il n'existe pas entre ces différentes terres cultivées une ligne de démarcation tellement prononcée que les plantes adventices de l'une ne passent quelquefois à une autre ; — 7° Les *rochers*, les *pierrailles*, les *graviers* nourrissent les plantes qualifiées de *rupestres, saxatiles, petrosæ, glareosæ*. Il faut y rattacher les *murailles* sur lesquelles viennent les plantes *pariétales*, comme le *Cheiranthus Cheiri*, les Pariétaires, l'*Antirrhinum majus*, le *Chelidonium*, des *Sedum*, le *Sempervivum tectorum*, etc. — 8° Les *décombres* et le *tour des habitations* sont peuplés de plantes *rudérales*, généralement avides de matières azotées ; — 9° Les *sables* et 10° les *lieux stériles* forment deux stations assez vagues, soit à cause de la diversité qu'elles peuvent présenter elles-mêmes, soit à cause de la variété des plantes qui les préfèrent. — 11° Les *forêts* forment l'un des traits les plus saillants de la végétation de chaque pays, mais elles varient beaucoup pour la situation, pour l'essence ou les essences d'arbres qui les composent, etc. Il faut y distinguer les arbres eux-mêmes qui les forment, et la végétation plus humble qui vient sous leur abri. J'ai déjà dit plus haut combien cette dernière subit une influence puissante de la part du couvert plus ou moins touffu que forment les premiers ; — 12° Les *buissons* et les *haies* ont des plantes à elles propres ou à peu près, la plupart volubles ou grimpantes de toute façon (*Calystegia sepium, Tamus,* Houblon, *Clematis,* etc.), qui y cherchent un appui et qui d'ailleurs y trouvent le léger ombrage dont elles ont besoin; — 13° A. P. De Candolle considère comme une station les *montagnes;* mais il fait observer avec raison qu'elles réunissent en réalité plusieurs stations distinctes et séparées; — 14° Enfin, il comprend dans sa classification la *terre* et ses *cavités* ou cavernes, pour les plantes souterraines, et les *végétaux* eux-mêmes pour les parasites qu'ils nourrissent.

Habitations. — L'examen des nombreuses questions qui se rattachent aux habitations des plantes est d'un intérêt manifeste: malheureusement il ne peut trouver place dans un ouvrage de la nature de celui-ci. Je me bornerai donc à indiquer les principales d'entre ces questions, en renvoyant aux livres spéciaux les lecteurs qui voudraient pénétrer plus avant dans cette étude.

Centres de création. — Comment la végétation s'est-elle répandue sur la surface de notre globe où il existe un grand nombre d'îles et où les continents, séparés les uns des autres par des mers, sont subdivisés eux-mêmes par de grandes chaînes de montagnes en diverses portions distinctes et séparées? Différentes hypothèses ont été proposées en réponse à cette question. Linné supposait que toutes les plantes, aujourd'hui existantes, avaient pu provenir d'une grande montagne située sous l'équateur, et réunissant par conséquent, de la base au sommet, tous les climats de la terre; mais si, à la rigueur, et en admettant de puissants moyens de transport qui nous sont inconnus, on peut s'expliquer ainsi le peuplement des régions chaudes, il n'en sera pas de même pour celui des pays froids, auxquels les plantes n'auraient pu arriver qu'à travers de vastes espaces brûlants qui auraient été pour elles un obstacle infranchissable. — Buffon, de son côté, croyait que la végétation terrestre pouvait tirer son origine des régions polaires, et que, se propageant ensuite de proche en proche, elle avait subi une série de modifications graduelles pour arriver finalement à son état actuel. Mais, il semble étrange de placer l'origine de toute végétation dans les seules parties du globe qui en soient dépourvues par suite de la rigueur de leur climat, et d'élever sur cette base l'hypothèse d'une altération profonde des formes végétales en faveur de laquelle aucun fait ne dépose.

L'idée qui est le plus généralement professée aujourd'hui, consiste à admettre des *centres de création,* c'est-à-dire des lieux dont la puissance créatrice aurait fait comme des foyers de production, et à partir desquels les plantes se seraient répandues en rayonnant; mais des objections peuvent encore être élevées contre cette théorie; aussi, désespérant de trouver dans le monde actuel l'explication des faits de distribution des espèces végétales sur notre globe, est-on remonté, dans ces dernières années, à des époques géologiques antérieures et a-t-on fait dériver nos végétaux actuels de ceux qui sont venus successivement peupler alors la surface de la terre.

Limites polaires et équatoriales. — La limite polaire des espèces est déterminée par les températures basses exerçant leur action de manières diverses. Tantôt les froids de l'hiver tuent les plantes; les gelées tardives nuisent aux jeunes pousses, empêchent les fleurs de s'épanouir ou de donner des fruits, tandis que celles qui surviennent de bonne heure, en automne, ne laissent pas aux graines le temps d'acquérir leur état parfait; l'action est alors directe. Elle est indirecte, lorsque les plantes ne reçoivent pas, durant la période végétative annuelle, la somme de chaleur qui leur est nécessaire pour végéter, fleurir et fructifier. L'une et l'autre de ces actions mettent un terme à l'extension de l'espèce vers le nord, et en déterminent par conséquent la limite polaire. — La limite équatoriale est, au contraire, déterminée par la chaleur et la sécheresse qui agissent simultanément, de telle sorte qu'il est très-difficile d'isoler l'action de l'une et de l'autre. Une chaleur trop forte amène souvent la stérilité par dessèchement des germes, et si elle s'unit à une humidité surabondante, elle cause la phyllomanie ou un développement exagéré de feuilles qui entraîne, par balancement, l'absence de fleurs. Néanmoins, ces deux effets ne sont que subordonnés relativement à la sécheresse à laquelle revient en fait la principale part dans l'arrêt des plantes du côté de l'équateur.

Limites en altitude. — A mesure qu'on s'élève dans l'atmosphère, on constate une diminution progressive dans la température de l'air, ainsi que l'ont vivement ressenti tous ceux qui sont arrivés à une grande altitude et ceux qui ont fait une ascension aérostatique. Ce décroissement dans la température de l'air avec la hauteur fait qu'une haute montagne possède, de sa base à son sommet couvert de neiges éternelles, une succession de climats analogue à celle qu'on observerait en se portant, du lieu où elle est située, jusqu'aux régions glacées du nord. Or, puisqu'en allant de l'équateur vers les pôles, à des

climats brûlants on en voit succéder d'autres qui sont d'abord
tempérés-chauds, puis tempérés-froids, puis froids, et qu'à
chacun d'eux correspondent des caractères particuliers, dans la végétation spontanée, il doit en être, et il en est en effet de même
pour une haute montagne. Aussi voit-on s'étager sur ses pentes
des zones successives de végétation en harmonie avec le climat
de ces zones : après avoir vu apparaître et disparaître ensuite
différentes espèces d'arbres, on ne rencontre plus que des arbustes de plus en plus chétifs, puis de simples herbes basses, après
lesquelles apparaissent les neiges et les glaces éternelles qui
arrêtent toute végétation. La limite supérieure de ces zones successives est déterminée surtout par la température, comme l'était
la limite polaire dans le sens des latitudes; parfois aussi, à cette
cause essentielle il s'en joint de secondaires, telles que la sécheresse qui règne à de grandes hauteurs sur quelques chaînes,
comme les Apennins, le Jura, les Carpathes, et qui concourt
puissamment à y établir la délimitation supérieure en altitude.
Quant à la limite inférieure, elle est beaucoup plus vague, par
cela même plus difficile à reconnaître et du reste beaucoup moins
importante à déterminer.

Aire des espèces, des genres et des familles. — Il y avait
évidemment un grand intérêt à mesurer la portion de la surface terrestre sur laquelle s'étendent, en moyenne, les espèces,
les genres et les familles; les botanistes ont porté leur attention
sur ce point important. Venu en dernier lieu, M. Alph. de Candolle non-seulement a résumé tout ce qu'on avait appris avant lui,
mais encore s'est livré lui-même à de longues et patientes in-
vestigations qui ont beaucoup avancé cette partie de la botanique
géographique. C'est aussi particulièrement dans son ouvrage
vraiment fondamental, que je puiserai les éléments du court résumé suivant.

Les espèces ne sont pas toutes répandues sur une portion également étendue de la surface terrestre, en d'autres termes, elles
n'ont pas toutes des aires égales. En outre, dans l'étendue de
leur aire, les unes sont représentées par un grand nombre d'individus, tandis que d'autres n'y comptent presque partout que
des représentants largement disséminés ou même rares. Comme
base de toute recherche, dans cette voie, s'offre d'abord la solution du problème qui a pour objet de calculer l'aire des espèces.
Diverses méthodes ont été essayées dans ce but; celle de M. Alph.
De Candolle consiste à diviser la surface de la terre en une cer-

taine quantité de régions, circonscrites aussi nettement que possible, et à relever ensuite les espèces qui croissent dans une seule de ces régions, ou bien à la fois dans deux, trois, ou dans un nombre quelconque. Le savant génevois a distingué cinquante de ces régions, parmi lesquelles certaines sont fort peu étendues, tandis que d'autres occupent une vaste surface. Cette division une fois établie, on voit que les espèces ont une aire d'autant plus grande qu'elles se trouvent à la fois dans un plus grand nombre de régions; seulement, cette conclusion, quoique ayant l'apparence d'une parfaite rigueur, repose sur une supposition non entièrement fondée, c'est que chaque espèce occupe la surface entière des régions dans lesquelles on constate sa présence. Il est essentiel de faire observer que les 50 régions tracées sur la surface de la terre, pour servir de base au calcul des aires, sont purement géographiques, et n'ont dès lors aucun rapport avec les régions purement botaniques dont le tracé avait été fait antérieurement par divers botanistes, notamment par Schouw et par M. Alph. de Candolle lui-même, d'après des caractères déduits uniquement de la végétation. Une autre observation qu'il importe de faire, c'est que les déterminations d'aires spécifiques auxquelles on arrive par cette méthode, ne sont pas acquises définitivement, puisqu'elles dépendent de la connaissance que l'on a des régions; elle doit donc être modifiée si de nouvelles explorations font, par exemple, découvrir une plante dans une région où on ne la connaissait point auparavant. D'un autre côté, les découvertes qui ont lieu chaque jour, font connaître des espèces nouvelles cantonnées dans une seule région, et, au total, les voyages botaniques enrichissent la science d'un plus grand nombre d'espèces inconnues et locales que de localités nouvelles pour des espèces déjà connues auparavant. L'aire moyenne des espèces se trouve modifiée pour ces deux motifs.

Il est encore plus utile de rechercher l'aire moyenne des espèces, selon les familles et les grandes divisions du règne végétal auxquelles elles se rapportent, qu'au point de vue de ces espèces elles-mêmes, considérées isolément. Les relevés qui ont été faits dans ce sens ont montré que les plantes le plus largement répandues sur la terre sont les Cryptogames inférieures; qu'après elles, sous ce rapport, viennent les Cryptogames supérieures, et que les Phanérogames sont encore plus étroitement circonscrites. Même, parmi ces dernières, l'aire moyenne des Monocotylédones est plus vaste que celle des Dicotylédones, ce qui, en dernière analyse, conduit à cette loi générale que les plantes sont d'autant plus largement répandues sur la terre que leur organisation est moins parfaite.

L'aire moyenne des espèces est intéressante à examiner à quelques points de vue particuliers. — 1° *suivant les stations*. Les plantes aquatiques l'emportent en général sur toutes les autres pour l'étendue de leur aire. Celles d'entre elles qui croissent submergées se placent au premier rang sous ce rapport; toutefois, les Characées, dont les espèces sont très-localisées, font à cet égard une exception remarquable. Les espèces qui habitent les terrains marécageux ou fort humides, celles qui peuplent le littoral des mers et les terres salées ont également une grande extension. Il en résulte que les familles dans lesquelles la plupart des espèces appartiennent à ces catégories, ont l'aire moyenne la plus large. Les plantes des terrains cultivés et celles des décombres, des murailles, des haies, qui suivent partout les pas de l'homme, ont également une aire très-vaste; enfin, après elles se rangent celles des terrains arides, des déserts et généralement des lieux incultes. — 2° *suivant la durée et la taille*. De nombreuses comparaisons ont appris que les espèces annuelles ont l'aire la plus étendue; que les herbes vivaces viennent après elles sous ce rapport; qu'enfin les sous-arbrisseaux et les arbrisseaux, puis les arbres, se trouvent au dernier rang. De là ressort cette loi générale que l'aire moyenne des Phanérogames est d'autant plus grande que leur durée est plus courte; or, la taille des plantes est généralement en rapport avec leur durée, et l'on peut dès lors changer l'expression de cette loi en celle-ci : l'aire moyenne des plantes est d'autant plus grande que leur taille moyenne est plus petite. — 3° *suivant les fruits et les graines*. Il semble *a priori* que les ailes et les aigrettes que portent beaucoup de fruits et des graines, les poils et les crochets qui en garnissent aussi un certain nombre, doivent en favoriser beaucoup la dissémination, et par cela même contribuer à leur donner une aire plus étendue. Il en est ainsi, en effet, pour un certain nombre de familles (Apocynées, Bignoniacées, Œnothérées, etc.), pour lesquelles il est reconnu que les espèces munies de ces moyens de transport sont plus largement disséminées que les autres; cependant, même pour elles, la différence n'est pas très-marquée. Mais, pour la généralité des plantes pourvues d'appendices qui semblent spécialement destinés à favoriser la dissémination des graines, l'aire n'est pas agrandie pour cela. Ainsi, parmi les

Composées, non-seulement les espèces fort nombreuses dont l'achaine est aigretté ne sont pas plus répandues sur la terre que les autres, mais on a même constaté que, lorsqu'il existe une différence entre les espèces aigrettées et celles qui ne le sont pas, elle est en faveur de l'extension de l'aire de ces dernières. Le volume des graines influe encore sur leur dissémination; celles qui sont petites et produites en quantité favorisent l'extension des espèces auxquelles elles appartiennent.

Étendue des aires d'espèces en général. — L'étude attentive des aires a conduit à des conséquences importantes que je résumerai en peu de lignes : 1° Aucune espèce phanérogame ne s'étend sur toutes les terres de notre globe. Quelques espèces vont des régions arctiques jusqu'aux contrées tempérées, et disparaissent ensuite pour se retrouver dans l'hémisphère austral ; mais aucune ne croît à la fois dans les terres équatoriales et dans les pays avancés vers les pôles; 2° On ne connaît qu'un très-petit nombre d'espèces qui se trouvent sur une étendue égale à la moitié de la surface de la terre. Les recherches de M. Alph. de Candolle lui en ont fait reconnaître seulement 18; 3° Celles qui s'étendent sur le tiers au moins de la superficie des terres connues, ne dépassent pas 117, d'après le même botaniste; 4° Parmi ces 135 espèces dont l'aire est très-vaste, aucune n'est ligneuse; 5° 108 d'entre elles habitent principalement ou même uniquement les parties tempérées et froides de l'hémisphère boréal; 6° Une particularité très-digne d'être signalée, c'est que toute espèce qui existe à la fois sur deux continents, se trouve également dans les îles intermédiaires; 7° Parmi les 117 espèces dont il vient d'être question en dernier lieu, on compte 73 Dicotylédones et 44 Monocotylédones; ainsi sur 100 de ces Phanérogames, les Dicotylédones sont relativement aux Monocotylédones dans la proportion de 62 à 38. Or, comme dans le règne végétal entier, les Dicotylédones sont relativement aux Monocotylédones dans le rapport de 83 à 17, on voit qu'il existe proportionnellement plus de Monocotylédones que de Dicotylédones à aire très-étendue : ce résultat vient à l'appui de la loi dont on a vu plus haut l'énoncé; 8° L'aire moyenne générale des Phanérogames, dans tous les pays, est d'environ 1/150 de la surface terrestre entière.

Un mot sur la géographie des plantes cultivées. — Bien que la répartition des plantes cultivées sur la surface de la terre soit soumise aux influences qui déterminent celle des plantes spontanées, elle ressent avant tout les effets de l'intervention de l'homme.

Grâce aux soins que nous leur donnons, nous parvenons à les faire croître bien en dehors et au delà de leurs limites naturelles. Par exemple, en circonscrivant dans le court espace de la belle saison la végétation des plus délicates d'entre elles, nous parvenons à en couvrir la surface presque entière de contrées d'où les froids de l'hiver les excluraient sans cela. C'est ainsi que la Pomme de terre, les Haricots, etc., sont cultivés jusque dans les pays froids. Toutefois il est, sous ce rapport, des difficultés que l'art ne peut parvenir à lever, si ce n'est dans les jardins et à grands frais; de là résultent les limites des cultures. En outre, là où les conditions naturelles sont telles que l'agriculture la plus avancée ne puisse obtenir des plantes cultivées en grand des produits ou assez abondants pour être rémunérateurs, ou assez bons pour entrer avantageusement dans la consommation, la culture n'en est essayée qu'exceptionnellement. Il résulte de là que l'extension des plantes cultivées s'arrête à des limites, les unes naturelles, les autres économiques, et que celles-ci sont même parfois plus restreintes que les premières.

L'exposé qui précède, tout succinct qu'il est, résume les données les plus essentielles que possède aujourd'hui la science en matière de Botanique géographique. Pour compléter la troisième partie de ces *Éléments*, il resterait maintenant à résumer de même la Géographie botanique proprement dite, ou, en d'autres termes, à examiner successivement les différentes contrées du globe pour tracer le tableau circonstancié de la végétation qu'elles présentent; mais une pareille étude, qui consisterait essentiellement en de longues énumérations d'espèces et de familles, ne serait ici nullement à sa place; je la passerai donc entièrement sous silence, et je terminerai ici en même temps et cette troisième partie et ces *Éléments*.

FIN

TABLE ALPHABÉTIQUE DES FIGURES

TABLE ALPHABÉTIQUE

DES ESPÈCES, GENRES, FAMILLES, CLASSES, ETC.

MENTIONNÉS DANS CET OUVRAGE

N. B. — Les noms latins sont imprimés en italiques.

TABLE ALPHABÉTIQUE DES MOTS TECHNIQUES :

TABLE ALPHABÉTIQUE

DES MOTS TECHNIQUES EMPLOYÉS ET EXPLIQUÉS

DANS CES ÉLÉMENTS DE BOTANIQUE

N. B. — 1° Les mots latins sont en caractères italiques ; les mots français, allemands, etc., en caractères romains. — 2° Excepté dans un petit nombre de cas, les mots sont au singulier et les adjectifs au masculin. — 3° Pour ne pas prolonger outre mesure cette table déjà fort longue, on n'y a pas inscrit, en fait de noms latins, ceux qui ne diffèrent du mot français correspondant que par la terminaison. — 4° Les pages indiquées sont surtout celles où se trouve l'explication ou la définition.

FIN DE LA TABLE ALPHABÉTIQUE DES MOTS TECHNIQUES

TABLE MÉTHODIQUE DES MATIÈRES

LIVRE DEUXIÈME

DEUXIÈME PARTIE

BOTANIQUE SYSTÉMATIQUE OU ART DE DÉCRIRE ET CLASSER LES PLANTES.

TROISIÈME PARTIE

FIN DE LA TABLE DES MATIÈRES

PARIS. — IMP. SIMON RAÇON ET COMP., RUE D'ERFURTH, 1.

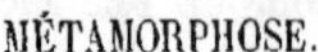

Une production de *chaleur* très-appréciable au thermomètre a lieu pendant la fleuraison de diverses plantes, surtout de la famille des Aroïdées. Ce phénomène remarquable a été observé d'abord en 1777 par Lamarck sur l'*Arum italicum* Mill., puis avec plus de soin, sur l'*A. maculatum* L., par Sénebier qui a constaté jusqu'à près de 9° C. d'excès sur l'air ambiant. A Madagascar, Hubert, en plaçant un thermomètre entre plusieurs *Arum cordifolium* fleuris, l'a vu s'élever à 25° au-dessus de la température de l'air, au lever du soleil. Ce fait a été ensuite étudié attentivement par MM. de Vriese, Brongniart, Gœppert, etc. M. J. E. Planchon a vu la fleur du *Victoria regia* Lindl. élever le thermomètre de 6° C. au-dessus de la température de l'air, etc. Il a été reconnu que cette chaleur résulte d'une absorption considérable d'oxygène que Th. de Saussure a vue s'élever, en vingt-quatre heures, jusqu'à trente fois le volume des fleurs, c'est-à-dire d'une respiration énergique s'opérant dans les organes reproducteurs.

ARTICLE III. — ORIGINE DES ORGANES FLORAUX OU MÉTAMORPHOSE.

Pour former les fleurs et leurs organes, la nature, ai-je dit plus haut, n'a pas eu besoin de recourir à des formations nouvelles : de simples modifications amenées quelquefois par transitions insensibles, plus souvent produites sans nuances intermédiaires lui ont suffi pour métamorphoser les organes végétatifs et spécialement les feuilles en organes reproducteurs. Cette assertion qui a pu sembler hasardée doit être maintenant justifiée.

Passage des feuilles : 1° aux sépales ; 2° aux pétales. — Entre une feuille normale, avec sa couleur verte, sa texture en général assez ferme, soutenue par des nervures bien dessinées, et un pétale de Rose, de Pivoine, etc., avec ses vives couleurs, son tissu délicat, on ne voit d'abord qu'une complète dissemblance : cependant il existe des plantes chez lesquelles la transition s'opère de l'une à l'autre par des modifications graduelles qui établissent une chaîne continue entre ces deux extrêmes. J'en prendrai pour exemple la Pivoine à fleurs blanches (*Pæonia albiflora* Pall.), en m'appuyant sur une nombreuse série de figures fidèles.

Les feuilles de cette plante sont divisées en trois segments subdivisés à leur tour, de manière à paraître, au total, composées au second ou même au troisième degré ; quant à ses fleurs, elles offrent une corolle à grands pétales, d'abord rosés, puis blancs, profondément échancrés. Ces deux états extrêmes, si dissemblables, sont reliés l'un à l'autre par la série suivante d'intermédiaires.

Les feuilles inférieures prennent seules la grandeur et la multiplicité de divisions qui caractérisent l'état normal de cet organe. Plus haut sur la tige, elles sont plus petites, moins riches en segments, telles enfin que celle qui est représentée par la figure 183. Plus près de la fleur, elles sont petites et n'offrent que trois segments indivis, comme sur la figure 184. Plus haut encore,

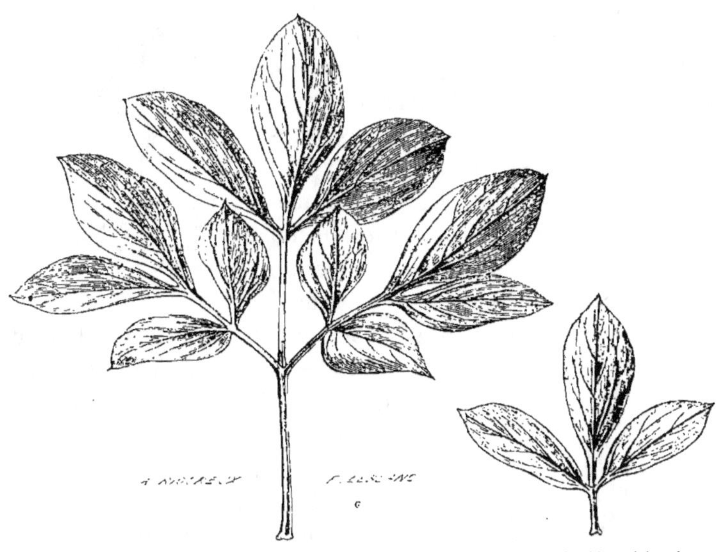

Fig. 183. — Feuille placée un peu haut sur la tige du *Pæonia albiflora* Pall.; elle est beaucoup plus petite et possède moins de segments que les inférieures (fig. 183 à 188, presque 1/1).

Fig. 184. — Feuille voisine de la fleur chez le *Pæonia albiflora* Pall.; trois segments simples; base non dilatée.

et touchant presque à ce qu'on regarde comme le calyce, on les voit, comme sur la figure 185, réduites à un limbe indivis, nettement nervé; mais déjà on peut reconnaître alors que leur portion basilaire ou vaginale tend à s'amplifier. Cette tendance s'est réalisée visiblement dans la petite feuille A, figure 186, très-voisine de celles qu'on regarde habituellement comme formant la première rangée de sépales. On voit en effet que le limbe de cette feuille est encore bien caractérisé, parcouru par des nervures fortement accusées, mais en même temps que sa portion vaginale, sans nervures visibles à l'extérieur, est déjà très-prononcée. Elle le devient encore plus dans la petite feuille B (fig 186), dans laquelle le limbe ne forme plus qu'une languette étroite. Le décroissement de ce dernier continuant d'avoir lieu en raison inverse de l'accroissement de la partie vaginale, on voit les sépales passer successivement par les formes A et B (figure 187), qui, l'une et l'autre, n'ont conservé comme dernier vestige du limbe qu'un filet terminal de plus en plus petit, au sommet d'une expansion due tout entière à la portion vaginale de la feuille, et dont la dernière s'est même creusée à son bord supérieur d'une profonde échancrure en même temps qu'elle prenait de plus fortes proportions et que sa texture devenait déjà sensiblement pétaloïde. Que manque-t-il à ce dernier sépale pour former un vrai pétale pareil à celui que représente la figure 188 ? Un simple agrandissement qui aura pour conséquence de donner au tissu encore plus de délicatesse, et en même temps la disparition du très-petit filet qui constituait le dernier vestige du limbe de la feuille.

Il est donc démontré, par la série de formes qui viennent d'être décrites et figurées, que les feuilles de la Pivoine à fleur blanche, et il

Fig. 185.— *Pæonia albiflora* Pall. Feuille très-voisine de la fleur; elle est indivise; sa base un peu dilatée.

A   B

Fig. 186.— *Pæonia albiflora* Pall.— A, état intermédiaire entre la feuille que représente la figure 185 et celle, B, où le limbe ne forme plus qu'une étroite languette terminale.

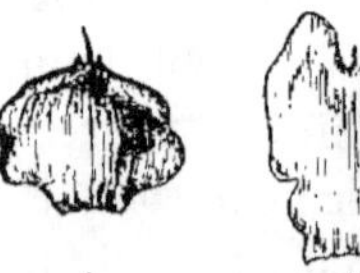

A   B

Fig. 187. — *Pæonia albiflora* Pall. — Deux sépales, dont l'un A est presque tronqué supérieurement, tandis que l'autre B, plus intérieur, est profondément échancré; limbe réduit à un très-petit filet.

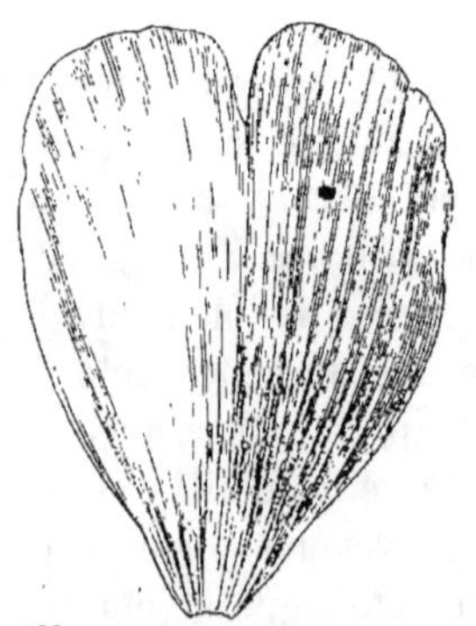

Fig. 188. — *Pæonia albiflora* Pall.; un de ses pétales normaux.

en est de même chez les autres Pivoines, se modifient graduellement pour former les sépales et les pétales de cette plante, et même que c'est leur portion vaginale, rudimentaire ou nulle dans les feuilles ordinaires, qui grandit à mesure que le limbe diminue jusqu'à disparaître, pour former les folioles des deux enveloppes florales.

Cependant si les Pivoines révèlent la nature du calyce et de la corolle par les modifications graduelles des feuilles, peut-être laissent-elles encore un léger hiatus entre leurs sépales et leurs pétales, ceux-ci se montrant tout à coup plus grands, plus colorés et plus délicats que ceux-là ; mais dans le *Magnolia grandiflora* L., dont la fleur est

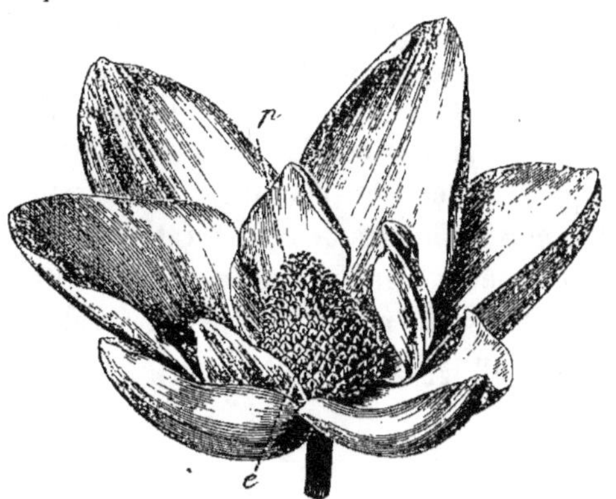

Fig. 189. — Fleur entière du *Magnolia grandiflora* L., représentée à un tiers environ de sa grandeur naturelle.— *e*, masse des étamines ; *p*, masse des pistils.

représentée sur la figure 189, le calyce comprend trois folioles externes qui diffèrent si peu des intérieures, regardées comme les pétales, qu'on le décrit habituellement comme *corolliforme*, c'est-à-dire comme semblable à une corolle.

La difficulté de distinction entre les deux enveloppes florales devient aussi grande que possible dans le *Camellia japonica* L., particulièrement dans ses variétés à fleurs doubles qui occupent un rang des plus distingués dans les jardins. Ici les sépales et pétales forment, de l'extérieur à l'intérieur de la

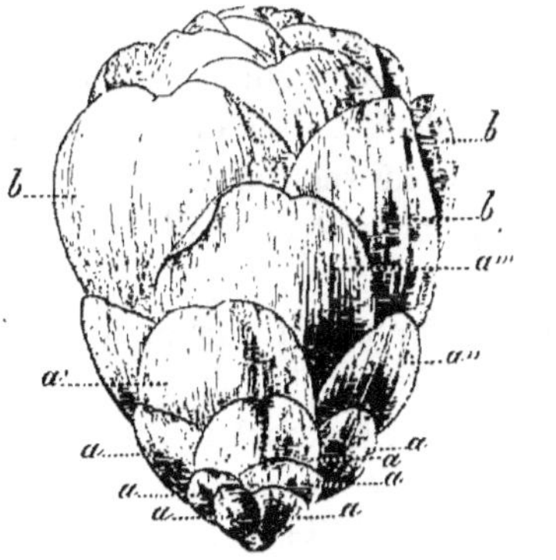

Fig. 190. — Bouton entr'ouvert de *Camellia japonica* L., var. *Chandleri elegans*, montrant le passage parfaitement graduel des sépales aux pétales. (Voyez dans le texte la signification des lettres.) (1/1.)

fleur, une spire continue dans laquelle on ne peut dire où cesse le calyce ni où commence la corolle. Par exemple, dans le bouton opposées, entre lesquelles est placé le style (*p*), l'une est restée normale et fertile (*e*), tandis que l'autre a dégénéré en une sorte de cueilleron pétaloïde, échancré (*e′*), terminant un onglet élastique. Il est facile de reconnaître, pour ce staminode, le filet de l'étamine dans l'onglet et son anthère dans le cueilleron, dont l'échancrure indique même la séparation des deux loges transformées. Il est remarquable que, dans l'état jeune, ce faux pétale vienne, comme le montre la figure 408, s'interposer par ses côtés entre les deux paires de vrais pétales, recouvert par les uns, *c c*, et recouvrant à son tour les autres, *c′ c′*. — Chez divers Monocotylédons (Cannacées, Zingibéracées), la fleur devient fort singulière, parce que toutes ses étamines, une seule exceptée, se transforment en staminodes de configurations et de dimensions diverses, dont même certains se soudent entre eux pour devenir de faux pétales qui rendent cette organisation florale très-difficile à ramener au type normal.

CHAPITRE XI

PLAN DE LA FLEUR

Sous ce titre, que je prends avec intention assez vague, je réunirai deux ordres de considérations, qui se rattachent l'un à l'autre, et au sujet desquels il y aurait lieu de présenter des développements étendus dans un ouvrage moins succinct que de simples *Éléments*. Jusqu'à présent, en effet, je n'ai envisagé les organes floraux qu'isolément et sans me préoccuper de leur situation relative; cependant la connaissance de celle-ci jette beaucoup de jour sur l'organisation florale et elle nous apprend que la constitution de cet ensemble complexe est assujettie à des lois précises, qui établissent une admirable harmonie là où souvent le premier coup d'œil pourrait faire croire au désordre et à l'irrégularité. Cette situation relative doit être étudiée d'abord dans chaque verticille floral en particulier, ensuite dans la réunion de tous les verticilles. Sous le premier rapport, on la reconnaît beaucoup plus sûrement dans le bouton encore fermé que dans la fleur épanouie, où souvent son état réel s'efface par suite de

Cette feuille 40 doit être remplacée.

l'espacement des organes ; pour ce motif, on l'a désignée sous les noms de *Préfloraison* (præfloratio Rich.) ou d'*Estivation* (æstivatio Linn.) tirés, le premier, de ce qu'il indique la disposition des parties avant l'épanouissement, le second, de ce que les fleurs se montrent généralement en été. On reconnaît sans peine que ces deux mots sont analogues à ceux de Préfoliaison et Vernation (*voy.* p. 412), par lesquels on a désigné l'arrangement des feuilles dans le bourgeon avant son ouverture au printemps. — Quant à l'arrangement relatif des verticilles, il n'est pas autre chose que la *Symétrie florale*, qui résulte des rapports de position des organes, non-seulement présents dans la fleur, mais encore absents pour une cause quelconque et pour lesquels ses lois permettent de déterminer la place qu'ils auraient dû occuper. J'aurai à m'occuper succinctement de l'une et de l'autre ; mais cette étude ne peut être faite utilement qu'après que j'aurai donné préalablement la notion de ce qu'on a nommé des *Diagrammes*.

Diagrammes. — On nomme *Diagramme* (διάγραμμα, figure ou plan géométrique) le plan géométrique ou la projection horizontale d'une fleur, c'est-à dire l'indication figurative de toutes ses parties représentées, non quant à leur configuration réelle, mais bien quant à leur nombre et à leur situation relative. Les verticilles floraux y sont tous indiqués, depuis le calyce, qui, étant extérieur dans la fleur, est dessiné à la limite de la figure, jusqu'au gynécée qui occupe le centre de celle-ci, de même qu'il est placé, dans l'organisation naturelle, au milieu de tous les autres verticilles. Ainsi, dans le diagramme de la fleur du *Sedum rubens* L., qui forme la figure 409, le cercle *s*1, *s*2, *s*3, *s*4, *s*5 représente le calyce ; le cercle *c*1, *c*2, *c*3, *c*4, *c*5, la corolle ; les cinq étamines *e* composent le troisième cercle ou l'androcée, et on voit que les festons tracés au contour de chacune d'elles indique la direction introrse de leurs anthères ; enfin, au centre de la figure, se montre la coupe transversale de l'ovaire, par l'examen de laquelle on reconnaît que le gynécée se compose de carpelles renfermant chacun deux rangées d'ovules à leur angle interne. Ce diagramme est, en outre, orienté, c'est-à-dire

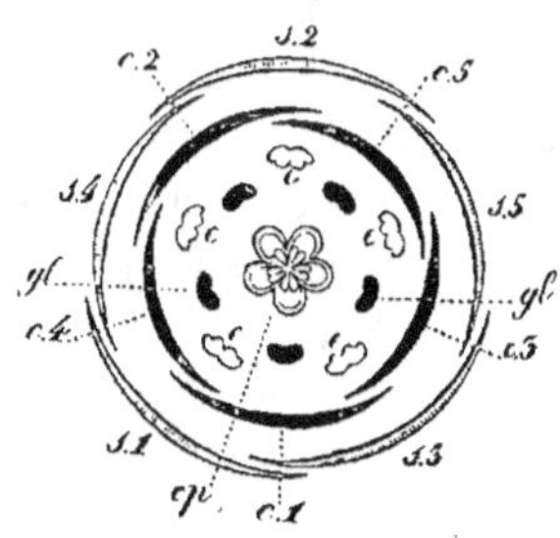

Fig. 409. — Diagramme de la fleur du *Sedum rubens* L. — *s*, calyce ; *c*. corolle, l'un et l'autre en préfloraison quinconciale ; *e*, androcée ; *gl*, disque ; *cp*, gynécée.

que son sépale supérieur $s2$ est celui qui touchait à l'axe et qui
était ainsi réellement supérieur dans la nature. Il existe même sur
cette figure un verticille de cinq marques noires gl, qui représentent un disque de cinq corps glanduleux, situé entre l'androcée
et le gynécée. Nous verrons encore bientôt que ce ne sont pas là
les seules données résumées par un diagramme ; d'où on peut
sentir déjà de quelle utilité majeure sont ces sortes de plans géométriques pour la connaissance des fleurs.

ARTICLE PREMIER. — PRÉFLORAISON.

La *Préfloraison* ou *Estivation* est, comme je viens de le dire, la
disposition des organes floraux considérés dans un même verticille,
avant l'épanouissement de la fleur. Elle peut être étudiée dans tous
les verticilles ; mais elle n'offre en réalité des caractères tranchés,
et par conséquent un intérêt réel que dans ceux dont les pièces
sont notablement étendues en largeur, par conséquent dans le
calyce et la corolle. Quant à l'androcée et au gynécée, il n'y a rien
à en dire, si ce n'est que, pour le premier, on voit les étamines
qu'il comprend affecter parfois un arrangement spécial dans le
bouton, comme chez les Myrtacées, où elles se recourbent fortement pour porter l'anthère au fond de la fleur, et chez les Mélastomacées, où non-seulement elles se réfléchissent également, dans
beaucoup de cas, mais où encore elles viennent parfois se loger
dans des sortes de petits puits formés par des lames qui relient
l'ovaire au calyce.

Ses principales sortes. — Chacune des deux enveloppes florales
étant la réunion d'un certain nombre d'organes foliacés portés par
un axe, il s'ensuit que leurs pièces doivent reproduire les modes
généraux de disposition des feuilles sur la tige, c'est-à-dire le
verticille et la spirale. Cette différence de disposition en entraîne de correspondantes dans l'arrangement relatif des parties
d'un même verticille ; seulement, s'il est facile de dire, dans la
plupart des cas, quand la préfloraison résulte de la situation ver-
ticillée ou quand elle est la conséquence de la situation spiralée,
il y en a aussi dans lesquels il est difficile de se prononcer à cet
égard, et peut-être est-il plus simple alors de constater les faits
sans chercher à les interpréter par des hypothèses plus ou moins
plausibles.

1° Préfloraison *valvaire.* — Si les folioles (sépales ou pétales) viennent se toucher uniquement par leurs bords, c'est-à-dire comme le font les pièces ou valves d'un fruit, d'une gousse, par exemple, la préfloraison est *valvaire* (Præfloratio valvaris). On en voit un exemple en *s* sur la figure 410, prise sur une Mauve, et les calyces de toutes les autres Malvacées sont dans le même cas. Les pièces d'une enveloppe florale en préfloraison valvaire sont nécessairement verticillées. — Ce premier mode subit deux modifications qui

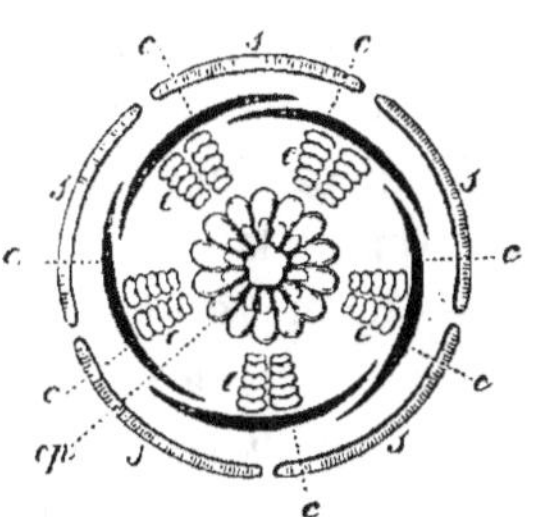

Fig. 410. — Diagramme de la fleur d'une Mauve (*Malva*). — *s*, calyce en préfloraison valvaire; *c*, corolle, en préfloraison tordue; *e*, androcée; *cp*, gynécée.

constituent les préfloraisons *induplicative* et *réduplicative* (Pr. induplicativa; Pr. reduplicativa). Dans la première (C, fig. 411), les folioles se touchent l'une l'autre, non par leur bord même, mais par une portion reployée en dedans; elles se trouvent donc en contact par une certaine étendue de leur face externe; dans la seconde (B, fig. 411), elles replient leurs bords en dehors et se touchent ainsi par une portion de leur face interne. On voit des exemples trèsmarqués de la préfloraison induplicative dans le *Clematis Viticella* L., où les portions repliées en dedans sont plus minces et moins colorées que le reste du périanthe. Quant à la préfloraison réduplicative, De Candolle en cite pour exemples diverses Ombellifères.

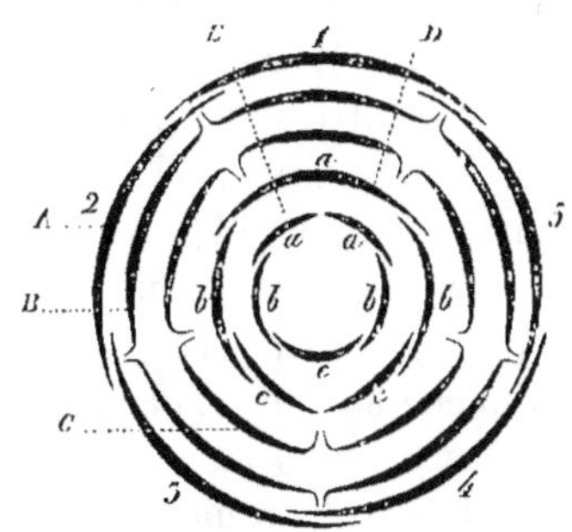

Fig. 411. — Réunion de cinq préfloraisons différentes : A, imbriquée; B, réduplicative; C, induplicative; D, vexillaire; E, cochléaire.

2' Préfloraison *tordue* ou *contournée*. — Elle nous est présentée, sur le diagramme qui forme la figure 410, par la corolle *ccc*. Elle consiste en ce que chaque foliole a un bord extérieur, et l'autre intérieur; en d'autres termes, en ce que l'un des bords s'applique en dehors, et l'autre en dedans des deux folioles adjacentes, ou encore que l'un des bords est recouvrant et l'autre recouvert. Ici également, l'enveloppe florale a ses parties verticillées. On voit des exemples de cette estivation dans le *Nerium* et les Apocynées en général, dans les *Phlox*, les Lins, etc. — La préfloraison *enveloppante*

ou *convolutive*, que distinguait De Candolle, est une légère modification dans laquelle les folioles, ayant une grande largeur, arrivent jusqu'au centre de la fleur, y semblent tordues autour de
l'axe idéal de celle-ci et s'enveloppent entièrement l'une l'autre,
comme dans le *Matthiola annua* Sweet ou la Quarantaine.

3° Préfloraison *imbriquée* ou *imbricative*. — Ce mot est employé
dans deux sens assez différents en apparence et cependant analogues : lorsque les folioles ne forment qu'un tour de spire, l'une
d'elles (1 en A, fig. 411) est extérieure ou bien a ses deux
bords recouvrants, une autre (5) est intérieure ou a ses deux bords
recouverts, et les intermédiaires (2, 3, 4) sont recouvertes par un
bord, recouvrantes par l'autre. Mais si les folioles spiralées sont
nombreuses et deviennent d'autant plus grandes qu'elles sont plus
intérieures, elles s'imbriquent comme les tuiles sur un toit; on
voit cette disposition très-nettement sur le bouton du Camellia
(fig. 190, p. 442).

4° La préfloraison *quinconciale*, représentée, d'après le *Crassula
rubens*, sur la figure 409, tant pour le calyce que pour la corolle,
est la réduction, par raccourcissement extrême de l'axe, du cycle
2/5 (*voy.* p. 373). Les folioles de l'enveloppe florale font deux tours
de spire, d'où il résulte que deux d'entre elles sont extérieures
($s\,1$, $s\,2$ pour le calice; $c\,1$, $c\,2$ pour la corolle), deux autres sont
intérieures ($s\,4$, $s\,5$; $c\,4$, $c\,5$), et la cinquième ($s\,3$; $c\,3$) est extérieure par un bord, intérieure par l'autre. Le calyce des Roses, des
Œillets, etc., fournit des exemples de cette disposition qui se
traduit même aux yeux, dans les premières de ces plantes, par la
présence, seulement aux bords recouvrants, de petits prolongements foliacés vulgairement nommés barbes[1].

5° Dans la préfloraison *chiffonnée*, les folioles étant très-larges
et obligées de se loger dans un espace étroit, se plissent et se chiffonnent irrégulièrement. On voit encore des traces évidentes de ce
chiffonnement sur les pétales de la fleur entr'ouverte du Coquelicot
(fig. 178, p. 429).

Les modes précédents de préfloraison appartiennent aux périanthes réguliers; seulement quoique réguliers, ceux-ci sont formés parfois de folioles dont les deux côtés sont inégaux pour ce
motif que les bords recouverts ne prennent pas en général, par

---

[1] C'est ce qu'exprime le distique suivant :

> Quinque sumus fratres : unus barbatus et alter;
> Imberbis alii ; sum semiberbis ego.

suite de la gêne éprouvée par eux, un développement égal à celui des bords ou côtés recouvrants, que rien ne vient contrarier dans leur croissance. Quant aux deux modes suivants, ils ne se trouvent, au contraire, que dans les périanthes dont l'irrégularité est prononcée.

6° La préfloraison *vexillaire* se voit en D (fig. 411). Elle appartient essentiellement aux corolles papillonacées dont l'étendard *a* (vexillum) recouvre les deux ailes *b b*, qui, à leur tour, recouvrent les deux pièces de la carène *c c*.

7° Enfin, la préfloraison *cochléaire* ou en cuiller consiste en ce qu'une foliole grande et fortement creusée en cuiller (cochlear) (ex. : *Aconitum*), ou bien, comme en E (fig. 410), deux folioles soudées en une lèvre supérieure concave recouvrent les autres pièces de l'enveloppe florale.

Les caractères tirés de la préfloraison ont une utilité reconnue, surtout depuis R. Brown, pour la distinction des familles de plantes.

ARTICLE II. — SYMÉTRIE.

La symétrie de la fleur est la disposition relative des verticilles dont elle est formée. Elle forme pour le botaniste un sujet d'études attrayant, instructif, mais dans lequel il est trop souvent conduit à faire intervenir des hypothèses hasardées en vue d'expliquer les organisations ou énigmatiques ou anormales. Je me bornerai ici à peu de détails sur cet objet qui, pour être traité à fond, exigerait des développements hors de proportion avec le cadre de cet ouvrage.

Loi fondamentale. — La loi fondamentale qui régit la symétrie de la fleur est que les pièces de deux verticilles consécutifs alternent entre elles, c'est-à-dire que les pétales correspondent à l'intervalle entre les sépales ou alternent avec ceux-ci ; que les étamines alternent avec la corolle et les carpelles avec les étamines. Cette symétrie parfaite est rarement réalisée tout entière dans la nature ; cependant on l'observe dans la fleur du *Sedum rubens* L. (*Crassula rubens* L., Syst.), dont la figure 409 (p. 626) est le diagramme. On y voit en effet cinq pétales alternant avec les cinq sépales ; cinq étamines alternes aux pétales, et enfin cinq carpelles alternes aux étamines.

La symétrie peut exister avec des verticilles composés d'un plus ou moins grand nombre de pièces, pourvu que tous ceux de

la fleur soient semblables sous ce rapport. Ainsi dans le *Circæa
lutetiana* L., de nos bois humides, chaque verticille n'a que deux
parties et ils alternent tous régulièrement entre eux ; dans certaines Iridées (*Sisyrinchium*), les quatre verticilles ont chacun
trois parties ; ils en ont quatre dans l'*Isnardia* comme dans
quelques autres Onagrariées ; enfin nous venons de voir qu'ils en
possèdent 5 dans le *Sedum rubens* L. Pour indiquer ces différences
de nombre dans les verticilles floraux, on les qualifie de *dimères*
(δίς, deux fois pour deux, et μερίς, partie ; c'est-à-dire à deux
parties), quand ils sont formés de deux pièces, de *trimères* pour
trois parties, *tétramères* pour quatre, *pentamères* pour cinq, etc.
On applique ces mêmes qualifications à la fleur elle-même, et on
dit que celle du *Circæa* est *dimère*, ou à symétrie binaire, que
celle du *Sisyrinchium* est *trimère* ou à symétrie ternaire, etc.

Déguisements et altérations de la symétrie. — Dans un grand
nombre de plantes, et on pourrait même dire dans la plupart
d'entre elles, la symétrie florale est déguisée, masquée, ou même
altérée par diverses causes qu'il est nécessaire d'indiquer.

1° *Multiplication.* — On nomme ainsi la répétition, s'opérant
une ou plusieurs fois, d'un verticille floral, par suite de laquelle
le nombre des parties qui le constitueraient normalement se
trouve multiplié. Quand ce sont les pétales qui se multiplient, ils
forment deux ou plusieurs verticilles concentriques et alternes
entre eux ; dans le même cas, les étamines composent souvent de
même deux ou plusieurs verticilles alternes ; mais si elles deviennent fort nombreuses, elles substituent l'arrangement en spirale à celui par verticilles. Ainsi on peut voir sur le gynophore
du *Magnolia grandiflora* L.(fig. 386,p.583) des points spiralés, en
a, dont chacun indique où se trouvait une étamine, et on reconnaît
ainsi que celles-ci étaient également spiralées. Ce dernier cas est
constant pour le gynécée, lorsque ses carpelles se multiplient ;
c'est ce que montrent et la même figure 386 pour le *Magnolia* et
surtout la figure 351 (p. 564) pour le *Myosurus*. Quant aux pétales
multipliés, pour montrer en quoi ils déguisent la symétrie, je rappellerai que les *Papaver*, avec un calyce de deux sépales, ont une
corolle de quatre pétales, comme on le voit sur les figures 176
et 179 (p. 423 et 424) ; il n'y aurait donc pas alternance ni par
conséquent symétrie dans cette fleur. Mais on reconnaît sans
peine que, sur ces quatre pétales, deux sont plus extérieurs que
les deux autres qui sont dirigés en croix par rapport à eux ; il y
a donc réellement là deux verticilles de pétales alternant entre

eux, et par conséquent symétric. De même, les *Epimedium*, de la famille des Berbéridées, ont quatre étamines opposées à quatre pétales, et ceux-ci se trouvent, à leur tour, devant quatre sépales : aucun de ces trois verticilles ne semble ainsi alterner avec ses voisins. Mais, ce qu'on a vu chez les Pavots se reproduit trois fois ici : le calyce a deux verticilles binaires alternes entre eux, et il en est absolument de même pour la corolle comme pour l'androcée ; d'où l'on reconnaît que la symétrie binaire existe réellement, mais dissimulée par la multiplication.

2° *Dédoublement.* — Si la multiplication répète les verticilles, le *dédoublement* (diremptio) répète chaque organe en particulier, à la vérité d'après d'autres lois. On reconnaît qu'il a eu lieu quand, à la place d'un seul et unique organe, il en existe deux ou plusieurs qui, dans le plan symétrique de la fleur, ne comptent en réalité que pour un. On a distingué des dédoublements *collatéraux* et des dédoublements *parallèles*. Les premiers ont lieu lorsqu'un organe est remplacé par deux ou plusieurs situés dans un même plan et alors semblables entre eux ; les derniers se produisent lorsque deux ou plusieurs organes, en remplaçant un seul, se placent l'un devant l'autre, sur deux ou plusieurs plans parallèles. Dans ce dernier cas, on admet généralement que les parties de l'organe dédoublé peuvent n'être pas semblables entre elles ; que, par exemple, un pétale peut donner, par dédoublement, une étamine placée devant lui. La théorie des dédoublements due à Dunal et Moquin-Tandon, développée et appliquée avec succès par Aug. Saint-Hilaire et d'autres botanistes modernes, a jeté du jour sur beaucoup d'organisations florales obscures ; mais les conséquences et les applications en ont été exagérées dans bien des cas.

3° *Soudure.* — Les soudures peuvent rendre la symétrie difficile à reconnaître lorsqu'elles s'opèrent inégalement entre les différentes pièces d'un verticille. Ainsi j'ai cité (p. 494) le calyce des *Ulex* comme paraissant formé de deux portions presque entièrement libres, ce qui ne serait guère en harmonie avec l'existence, dans ces plantes, d'une corolle de cinq pétales ; mais l'une de ces deux parties étant terminée par deux dents et l'autre par trois, on reconnaît par cela même que ce calyce est pentamère comme la corolle ; seulement les cinq folioles qu'il unit se sont soudées presque jusqu'au sommet, d'un côté par deux, de l'autre par trois.

4° *Arrêt ou défaut de développement.* — C'est le défaut de développement d'un organe, c'est-à-dire son absence, ou l'arrêt

qu'il éprouve parfois dans son accroissement de manière à rester méconnaissable, qui contribue le plus souvent à altérer la symétrie florale. Pour en citer un exemple, lorsque, dans la fleur de la plupart des Labiées, après un calyce et une corolle pentamères l'un et l'autre, on ne trouve qu'un androcée de quatre étamines, on comprend sans peine qu'il manque une cinquième étamine placée sous le sépale supérieur, là où se trouve un espace vide ; aussi n'est-on pas surpris de la voir apparaître pour rétablir la symétrie dans des monstruosités de ces plantes. Dans les genres de cette famille où il n'existe que deux étamines, la symétrie est encore plus fortement altérée ; mais en général, comme nous l'avons vu pour les Sauges (fig. 319, p. 529), il reste des traces facilement reconnaissables des deux étamines qui ont subi, non pas comme celle dont il vient d'être question, un défaut de développement, mais un arrêt qui l'a empêchée de compléter sa croissance.

Effets de ces diverses causes. — Sous les diverses influences qui viennent d'être indiquées, la symétrie d'un grand nombre de fleurs est ou déguisée ou altérée de manières diverses, et c'est un exercice instructif que de chercher à la retrouver dans ces circonstances. Je me bornerai, sur ce sujet, à deux exemples pour lesquels je puis invoquer des figures déjà données.

Les plantes de la famille des Primulacées ont la fleur pentamère dans tous ses verticilles ; mais leurs cinq étamines sont opposées aux pétales élémentaires de la corolle au lieu d'alterner avec eux ; la symétrie n'existe donc pas pour leur androcée. Or, si l'on examine la coupe longitudinale de la fleur de l'une d'elles, le *Samolus Valerandi* L. (fig. 272, p. 505), on y verra cinq écailles, *e'*, placées précisément là où devraient se trouver les cinq étamines normales. La plupart des botanistes ont pensé que ces étamines avaient subi un arrêt de développement chez le *Samolus* et dans quelques *Lysimachia*, une suppression complète chez la généralité des autres plantes de la même famille, et que, d'un autre côté, les cinq étamines oppositipétales provenaient d'un dédoublement parallèle de la corolle.

Dans la Mauve, dont la figure 410 (p. 628) montre le diagramme, on voit de même que les étamines, *e*, sont oppositipétales, ce qui conduit à une explication analogue à la précédente ; mais en outre, on y trouve devant chaque pétale deux rangées parallèles d'étamines dirigées vers le centre de la fleur. Pour expliquer cette organisation, on a dit que chacune des cinq étamines avait subi un dédoublement collatéral et un dédoublement parallèle. Sans doute on peut objecter que ce sont là des hypothèses ; mais, comme elles rendent compte des faits, elles semblent par cela même suffisamment justifiées.

TABLE

PROVISOIRE

LIVRE DEUXIÈME

PARIS. — IMP. SIMON RAÇON ET COMP., RUE D'ERFURTH, 1.